Franz-Josef Lintermann, Udo Schaefer

Elektrotechnik

Allgemeine Grundbildung

4. Auflage

Bestellnummer 00815

Bildungsverlag EINS
westermann

service@bv-1.de
www.bildungsverlag1.de

Bildungsverlag EINS GmbH
Ettore-Bugatti-Straße 6-14, 51149 Köln

ISBN 978-3-427-**00815**-6

westermann GRUPPE

Vorwort

Das vorliegende Werk **Elektrotechnik – Allgemeine Grundbildung** ist ein fachsystematisch aufgebautes Lehrbuch, das auf die aktuellen Lehrpläne der Elektroberufe für Industrie und Handwerk abgestimmt ist. Es beinhaltet in lerndidaktisch sinnvoll aufbereiteter Weise das erforderliche Fachwissen zur Bewältigung typischer Handlungssituationen aus dem Bereich der Lernfelder 1 bis 6 und vermittelt somit die erforderliche Fachkompetenz, die im 1. Teil der Abschlussprüfung verlangt wird. In dieser Auflage sind zudem einführend grundlegende Begriffe des neuen inhaltlichen Schwerpunkts „Datenschutz und Informationssicherheit" eingearbeitet (z. B. DSGVO), der fester Bestandteil der ab 2018 geltenden neuen Ausbildungsverordnung jedes Elektroberufs ist.

Zugunsten einer kompakten, umfassenden Darstellung von elektrotechnisch und informationstechnisch relevantem Basiswissen, das besonders im Zuge der fortschreitenden Digitalisierung und den damit verbundenen Entwicklungen in der Arbeitswelt (Industrie 4.0) an Bedeutung gewinnt, wird auf eine durchgehende Handlungssituation verzichtet. Der Praxisbezug wird jedoch in jedem Abschnitt durch ein typisches Anwendungsbeispiel mit Lösungsvorschlag hergestellt.

Des Weiteren finden sich am Ende eines jeden Themenbereichs Aufgaben zur Wiederholung, Vertiefung bzw. zur Selbstkontrolle und zur selbständigen Anwendung.

Als Ergänzung zum elektro- und informationstechnischen Basiswissen stehen auf der Internetseite **www.westermann.de/links/00815** zusätzliche Informationsmodule zu den lernfeldübergreifenden Bereichen **Projekt und Projektmanagement** (Infomodul A), **Wissensmanagement und Arbeitsmethoden** (Infomodul B: Internetrecherche, Kommunikation, Angebots- und Rechnungserstellung, Dokumentation und Präsentation) sowie **Grundlagen der technischen Kommunikation** (Infomodul C: Zeichnerische Darstellungsformen, Stromlaufpläne, Struktogramme) als Download zur Verfügung.

Sofern erforderlich lassen sich darüber hinaus fehlende mathematische Vorkenntnisse mithilfe von Infomodul D (**Grundkenntnisse der Mathematik:** Theorie und Übungsaufgaben) individuell erarbeiten, wiederholen oder vertiefen.

Englische Fachbezeichnungen sind im Fachbuch integriert. Zusätzlich steht ein ausführliches **zweisprachiges Sachwortverzeichnis** (Infomodul E) auf der genannten Internetseite als Download zur Verfügung, welches der schnellen Suche von Fachbegriffen dient. Des Weiteren befindet sich dort zu den im Buch grundsätzlich beschriebenen, elektrotechnischen und elektronischen Bauelementen auch eine Sammlung von Datenblättern und Herstellerunterlagen, die praxisnah für Projekte bzw. individuell auf eine Schülergruppe angepasste Handlungsaufgaben verwendet werden können.

Somit kann **Elektrotechnik – Allgemeine Grundbildung** im schulischen Lernbetrieb für jede vom Fachlehrer konzipierte und auf den jeweiligen Ausbildungsberuf zugeschnittene komplexe Handlungssituation bedarfsorientiert als Informationsquelle eingesetzt werden; die chronologische Bearbeitung der einzelnen Kapitel ist nicht zwingend erforderlich. Eine Markierung im Inhaltsverzeichnis dient als Orientierungshilfe für eine mögliche Zuordnung der Kapitel zu den Lernfeldern (LF 1 bis LF 6) der aktuellen Elektroberufe.

Aufgrund seiner Struktur ist das Buch sowohl für Auszubildende im Bereich der aktuellen Elektroberufe als auch für Fachschüler, technische Assistenten und Schüler an technischen Gymnasien geeignet.

Inhaltsverzeichnis

1.

Grundlagen der Elektrotechnik

LF 1	**1.1**	**Elektrische Spannung**	13
	1.1.1	Elektrische Ladung	13
	1.1.2	Potenzielle Energie	13
	1.1.3	Elektrisches Potenzial	14
	1.1.4	Elektrische Spannung	15
	1.1.5	Spannungsquellen	16
	1.1.6	Spannungsarten	17
		Aufgaben	17
LF 1	**1.2**	**Elektrische Stromstärke**	19
	1.2.1	Elektrischer Stromkreis	19
	1.2.2	Elektrische Stromstärke	20
	1.2.3	Strömungsgeschwindigkeit und Signalgeschwindigkeit	21
	1.2.4	Stromarten	21
	1.2.5	Stromdichte	22
		Aufgaben	23
LF 1	**1.3**	**Elektrischer Widerstand**	23
	1.3.1	Begriff des elektrischen Widerstandes	23
	1.3.2	Definition des elektrischen Widerstandes	24
	1.3.3	Elektrischer Leitwert	24
	1.3.4	Ohmsches Gesetz	25
	1.3.5	Widerstandskennlinie	25
	1.3.6	Abhängigkeit des Leiterwiderstandes von Abmessungen und Werkstoff	26
	1.3.7	Abhängigkeit des Widerstandes von der Temperatur	29
	1.3.8	Widerstandskenngrößen	30
	1.3.9	Widerstandsbauelemente	32
		Aufgaben	46
LF 1	**1.4**	**Elektrische Energie und elektrische Leistung**	48
	1.4.1	Elektrische Energie	48
	1.4.2	Elektrische Leistung	50
	1.4.3	Wirkungsgrad	50
		Aufgaben	52
LF 1	**1.5**	**Zusammenschaltung elektrischer Widerstände**	54
	1.5.1	Reihenschaltung	54
		Aufgaben	58
	1.5.2	Parallelschaltung	61
		Aufgaben	65
	1.5.3	Gemischte Schaltungen	66
		Aufgaben	73

LF 5	**1.6**	**Grundbegriffe des Wechselstroms**	78
	1.6.1	Darstellung und Kenngrößen sinusförmiger Wechselspannungen und Wechselströme	78
	1.6.2	Phasenverschiebung	80
	1.6.3	Überlagerung von Spannungen	82
	1.6.4	Effektivwerte	83
	1.6.5	Leistung bei Wechselspannung	85
		Aufgaben	86
LF 5	**1.7**	**Grundbegriffe des Drehstroms**	88
	1.7.1	Erzeugung einer Dreiphasen-Wechselspannung	88
	1.7.2	Verkettung	89
	1.7.3	Sternschaltung	90
	1.7.4	Dreieckschaltung	92
	1.7.5	Leistung bei Dreiphasen-Wechselspannung	94
		Aufgaben	95
LF 5	**1.8**	**Elektrisches Feld und Kondensator**	96
	1.8.1	Elektrisches Feld	96
		Aufgaben	99
	1.8.2	Kondensatoren	100
		Aufgaben	111
	1.8.3	Kondensator im Wechselstromkreis	114
		Aufgaben	118
LF 5	**1.9**	**Magnetisches Feld und Spule**	119
	1.9.1	Magnetisches Feld	119
		Aufgaben	129
	1.9.2	Kraftwirkung im magnetischen Feld	130
		Aufgaben	134
	1.9.3	Elektromagnetische Induktion	136
		Aufgaben	143
	1.9.4	Induktivität im Wechselstromkreis	145
		Aufgaben	149
	1.9.5	Transformator und Übertrager	150
		Aufgaben	153
LF 5	**1.10**	**Zusammenschaltung von R, L und C**	154
	1.10.1	Schaltungen mit ohmschen und induktiven Widerständen	154
		Aufgaben	159
	1.10.2	Schaltungen mit ohmschen und kapazitiven Widerständen	161
		Aufgaben	163
	1.10.3	Schaltungen mit ohmschen, induktiven und kapazitiven Widerständen	163
		Aufgaben	168
	1.10.4	Der elektrische Schwingkreis	170
		Aufgaben	174

2. Elektronische Bauelemente und ihre Grundschaltungen

LF 6	**2.1**	**Halbleiterwerkstoffe**	176
	2.1.1	Aufbau der Halbleiterwerkstoffe	176
	2.1.2	Eigenleitung in reinen Halbleitern	177
	2.1.3	Störstellenleitung	177
	2.1.4	PN-Übergang	179
	2.1.5	Kennzeichnung von Halbleiter-Bauelementen	180
		Aufgaben	181
LF 6	**2.2**	**Dioden**	182
	2.2.1	Diodenkennlinie	182
	2.2.2	Arbeitspunkteinstellung	184
	2.2.3	Diodenschaltungen	185
		Aufgaben	192
LF 6	**2.3**	**Dioden mit besonderen Eigenschaften**	193
	2.3.1	Z-Diode	193
	2.3.2	Fotodioden	196
	2.3.3	Leuchtdioden	197
	2.3.4	Sonstige Dioden	199
		Aufgaben	200
LF 6	**2.4**	**Bipolare Transistoren**	200
	2.4.1	Prinzipieller Aufbau	201
	2.4.2	Transistorkennlinien	202
	2.4.3	Transistorkenndaten	205
	2.4.4	Transistorgrenzwerte	207
		Aufgaben	209
	2.4.5	Transistor als Schalter	210
		Aufgaben	218
	2.4.6	Transistor als Verstärker	219
		Aufgaben	231
		Aufgaben	238
LF 6	**2.5**	**Feldeffekttransistoren**	239
	2.5.1	Sperrschicht-Feldeffekttransistor, J-FET	240
	2.5.2	MOS-Feldeffekttransistor	244
	2.5.3	Grundschaltungen mit FET	248
	2.5.4	IGBT	252
		Aufgaben	253
LF 6	**2.6**	**Mehrstufige Transistorverstärker**	254
	2.6.1	Kopplungsarten	254
	2.6.2	Kleinsignalverstärker	255
	2.6.3	Leistungsverstärker	256
	2.6.4	Kühlkörper	258
	2.6.5	Differenzverstärker	260
		Aufgaben	263
LF 6	**2.7**	**Integrierte Bauelemente**	264
	2.7.1	Operationsverstärker	265
	2.7.2	Operationsverstärker als Komparator (comparator)	269
	2.7.3	Operationsverstärker als Spannungsverstärker	271
	2.7.4	ICs mit digitalen Funktionen	277
		Aufgaben	280

LF 6 **2.8** **Generatorschaltungen** ... 283
2.8.1 Sinusgeneratoren ... 283
2.8.2 Rechteck-Generatoren ... 286
2.8.3 Dreieck- und Sägezahn-Generatoren ... 286
Aufgaben ... 288

LF 6 **2.9** **Mehrschichthalbleiter** ... 289
2.9.1 Vierschichtdiode ... 289
2.9.2 Thyristor ... 291
2.9.3 DIAC ... 295
2.9.4 TRIAC ... 296
Aufgaben ... 300

3. Grundlagen der Messtechnik

LF 1,6 **3.1** **Grundbegriffe** ... 301
3.1.1 Prüfen, Messen, Eichen ... 301
3.1.2 Messwerk, Messinstrument, Messgerät ... 301
3.1.3 Empfindlichkeit ... 302
3.1.4 Innenwiderstand und Kennwert ... 302
3.1.5 Eigenverbrauch ... 302
3.1.6 Messfehler ... 303
3.1.7 Sinnbilder auf den Skalen der Messinstrumente ... 304
Aufgaben ... 305

LF 1,6 **3.2** **Messinstrumente** ... 305
3.2.1 Messwerke ... 305
3.2.2 Vielfachmessinstrumente (Multimeter) ... 309
Aufgaben ... 312
3.2.3 Oszilloskop ... 312
Aufgaben ... 322

LF 1,6 **3.3** **Messung elektrischer Größen** ... 323
3.3.1 Messung der Stromstärke ... 323
3.3.2 Messung der Spannung ... 324
3.3.3 Messung des Widerstandes ... 326
3.3.4 Messung der Leistung ... 328
3.3.5 Messung der Energie ... 329
3.3.6 Messung der Frequenz ... 330
3.3.7 Fehlerortbestimmung ... 331
Aufgaben ... 332

4. Elektroenergieversorgung

LF 5 **4.1** **Erzeugung, Übertragung und Verteilung elektrischer Energie** ... 335
4.1.1 Erzeugung elektrischer Energie ... 335
4.1.2 Übertragung elektrischer Energie ... 341
4.1.3 Verteilung elektrischer Energie ... 344
4.1.4 Smart Grid ... 345
Aufgaben ... 347

LF 5 **4.2** **Energieversorgungsgeräte** ... 347
4.2.1 Grundlagen ... 347
Aufgaben ... 352
4.2.2 Chemische Spannungsquellen ... 353
Aufgaben ... 361
4.2.3 Energieversorgung für DV-Anlagen und -geräte ... 362
Aufgaben ... 368

5. Elektrotechnische Systeme und Installationen

LF 2 **5.1** **Elektrischer Hausanschluss** ... 369
5.1.1 Hausanschlussraum ... 371
5.1.2 Schutzpotenzialausgleich ... 371
5.1.3 Elektrizitätszähler und Stromkreisverteiler ... 372
Aufgaben ... 378

LF 2 **5.2** **Elektrische Leitungen und Kabel** ... 378
5.2.1 Leitungsarten ... 379
5.2.2 Verlegearten ... 381
5.2.3 Bemessung elektrischer Leitungen ... 383
5.2.4 Installationszonen ... 391
5.2.5 Installationsdosen ... 391
5.2.6 Leitungsverbindungen ... 393
Aufgaben ... 394

LF 2 **5.3** **Überstromschutzeinrichtungen** ... 395
5.3.1 Leitungsschutzsicherungen ... 395
5.3.2 Leitungsschutzschalter ... 400
5.3.3 Sonstige Schutzeinrichtungen ... 402
5.3.4 Selektivität ... 402
Aufgaben ... 403

LF 2 **5.4** **Installationsschaltungen** ... 404
5.4.1 Anschluss einer Schutzkontaktsteckdose ... 404
5.4.2 Ausschaltung ... 405
5.4.3 Serienschaltung ... 405
5.4.4 Wechselschaltung ... 405
5.4.5 Kreuzschaltung ... 407
5.4.6 Stromstoßschaltung ... 409
5.4.7 Dimmerschaltungen ... 410
5.4.8 Netzfreischaltung ... 410
5.4.9 Ausstattungswert ... 411
5.4.10 Leistungsbedarf und Anschlusswert ... 418
Aufgaben ... 419

LF 2 **5.5** **Installationen im Badezimmer** ... 420
5.5.1 Schutzbereiche ... 420
5.5.2 Zusätzlicher Schutzpotenzialausgleich ... 422
Aufgaben ... 423

LF 2 **5.6** **Prüfung und Inbetriebnahme** ... 423
5.6.1 Erstprüfungen ... 423
5.6.2 Wiederholungsprüfungen ... 427
Aufgaben ... 428

6.
Schutzmaßnahmen gegen gefährliche Körperströme

LF 2,5	**6.1**	**Gefährdung des Menschen durch den elektrischen Strom**	429
LF 2,5	**6.2**	**Verhalten bei Stromunfällen**	431
LF 2,5	**6.3**	**Netzsysteme**	431
LF 2,5	**6.4**	**Schutzmaßnahmen gegen gefährliche Körperströme**	433
	6.4.1	Schutz gegen direktes Berühren	433
	6.4.2	Schutz bei indirektem Berühren	434
	6.4.3	Sicherheitsvorschriften bei Arbeiten in Niederspannungsanlagen	439
		Aufgaben	440
	6.4.4	Schutzarten elektrischer Betriebsmittel	442
		Aufgaben	443

7.
Grundlagen der Informationsverarbeitung

LF 3	**7.1**	**Grundbegriffe der Informationstechnik**	444
	7.1.1	Informationen, Zeichen, Daten	444
	7.1.2	Analoge und digitale Signale	444
	7.1.3	Zahlensysteme	446
	7.1.4	Codes	449
		Aufgaben	456
LF 3	**7.2**	**Digitale Signalverarbeitung**	456
	7.2.1	Die logischen Grundfunktionen	456
	7.2.2	Zusammengesetzte Grundfunktionen	457
	7.2.3	Entwerfen von digitalen Schaltungen	458
		Aufgaben	471
	7.2.4	Schaltnetze	473
		Aufgaben	483
	7.2.5	Schaltwerke	484
		Aufgaben	497
LF 3	**7.3**	**Speicherprogrammierbare Steuerungen**	501
	7.3.1	Aufbau einer SPS	503
	7.3.2	Funktionsprinzip einer SPS	505
	7.3.3	Programmierung einer SPS	507
		Aufgaben	512

8.
Informationstechnische Systeme

LF 4	**8.1**	**Computer**	513
	8.1.1	Barebone	514
	8.1.2	Notebook	515
	8.1.3	Netbook	517
	8.1.4	Tablets	518
	8.1.5	Smartphone	520
	8.1.6	Desktop-PC	522
	8.1.7	Sonstige Geräteklassen	522
		Aufgaben	524

LF 4 **8.2 Computer-Hardware** ... 524
8.2.1 Motherboard ... 526
8.2.2 Prozessor ... 528
8.2.3 Chipsatz ... 532
8.2.4 Elektronische Speicher ... 534
8.2.5 Bussysteme ... 539
8.2.6 Schnittstellen ... 547
8.2.7 Laufwerke und Speichermedien ... 561
8.2.8 Erweiterungskarten ... 569
8.2.9 Netzteil ... 572
8.2.10 Eingabegeräte ... 573
8.2.11 Bildgebende Komponenten ... 576
8.2.12 Drucker ... 584
8.2.13 Ergonomie am Arbeitsplatz ... 589
8.2.14 Recycling und Umweltschutz ... 591
8.2.15 Prüfsiegel ... 591
8.2.16 Elektromagnetische Verträglichkeit ... 593
Aufgaben ... 595

LF 4 **8.3 Computer-Software** ... 599
8.3.1 Systemsoftware ... 599
8.3.2 Anwendungssoftware ... 607
8.3.3 Malware ... 608
8.3.4 Urheberrechtsschutz ... 611
Aufgaben ... 612

LF 4 **8.4 Computer-Inbetriebnahme** ... 612
8.4.1 Bootvorgang ... 612
8.4.2 Verhalten bei BIOS/UEFI-Fehlern ... 614
8.4.3 Softwareinstallation ... 614
8.4.4 Dateisysteme ... 617
8.4.5 Bedienung, Benutzerverwaltung und Rechtevergabe ... 619
Aufgaben ... 620

LF 4 **8.5 Computer-Vernetzung** ... 620
8.5.1 Unterscheidungsmerkmale bei Kommunikationsnetzen 621
8.5.2 Internet ... 623
8.5.3 PC im LAN ... 625
8.5.4 IP-Adressierung ... 631
8.5.5 WLAN ... 635
8.5.6 PC mit DSL-Anschluss ... 636
8.5.7 Cloud-Computing ... 638
8.5.8 Fehlerbeseitigung in PC-Netzen ... 640
8.5.9 Datenschutz und Datensicherheit ... 641
Aufgaben ... 643

Kennbuchstaben für Objekte (Betriebsmittel) in Schaltplänen nach DIN EN 81346-2: 2010 ... 645

Sachwortverzeichnis ... 647

Bildquellenverzeichnis ... 658

Informationsmodule auf der Internetseite **www.westermann.de/links/00815**

Infomodul A		
A.1	Projekt und Projektmamagement	1
A.2	Definitionsphase	3
A.3	Planungsphase	5
A.4	Durchführungsphase	12
A.5	Abschlussphase	12
Infomodul B	**Wissensmanagement und Arbeitsmethoden**	13
B.1	Informationsbeschaffung	13
B.2	Internet-Recherche	13
B.3	Teamarbeit	16
B.3.1	Konfliktlösung	18
B.4	Arbeits- und Problemlösungstechniken	18
B.5	Kommunikation	19
B.6	Geschäftsbrief	21
B.7	Angebots- und Rechnungserstellung	23
B.8	Dokumentation	27
B.9	Präsentation	29
Infomodul C	**Grundlagen der technischen Kommunikation**	33
C.1	Zeichnerische Darstellungsformen	33
C.1.1	Schaltungstechnische Zeichnungen	36
C.1.1.1	Montagepläne	36
C.1.1.2	Schaltpläne	38
C.1.1.3	Ablaufpläne	46
	Aufgaben	52
C.1.2	Maschinentechnische Zeichnungen	53
C.1.2.1	Blattgrößen und Maßstäbe	54
C.1.2.2	Maße und Toleranzen	54
C.1.2.3	Darstellungsarten	55
	Aufgaben	63
Infomodul D	**Grundkenntnisse der Mathematik**	68
D.1	Grundrechnungsarten	68
D.2	Zahlenarten	69
D.3	Reihenfolge der Rechenoperationen	70
	Aufgaben	70
D.4	Rechnen mit Brüchen Erweitern und Kürzen	71
	Aufgaben	71
D.5	Rechnen mit Potenzen Berechnen des Potenzwertes	74
	Aufgaben	74
D.6	Dreisatz- und Prozentrechnung Dreisatzrechnung	77
	Aufgaben	77
D.7	Rechnen mit physikalischen Größen	80
	Aufgaben	80
D.8	Rechnen mit allgemeinen Zahlen	82
	Aufgaben	82
D.9	Gleichungen	86
	Aufgaben	86

D.10	Zeichnerische Darstellung von Funktionsgleichungen	89
	Aufgaben	89
D.11	Winkelfunktionen	
	Winkelmaße	92
	Aufgaben	93
D.13	Berechnung von Längen und Flächen	98
	Aufgaben	99
D.14	Berechnung von Körpern und Gewichtskräften	102
	Aufgaben	103
Infomodul E	**Fachliches Englisch**	105
	Datenblätter und Herstellerunterlagen	

1. Grundlagen der Elektrotechnik

1.1 Elektrische Spannung

1.1.1 Elektrische Ladung

Alle Körper sind aus Atomen aufgebaut, deren Elementarteilchen elektrische Ladungen besitzen. Zur Erklärung der meisten Vorgänge in der Elektrotechnik genügt ein einfaches Modell vom Aufbau eines Atoms. Danach besteht jedes Atom aus einem Atomkern und einer Atomhülle.

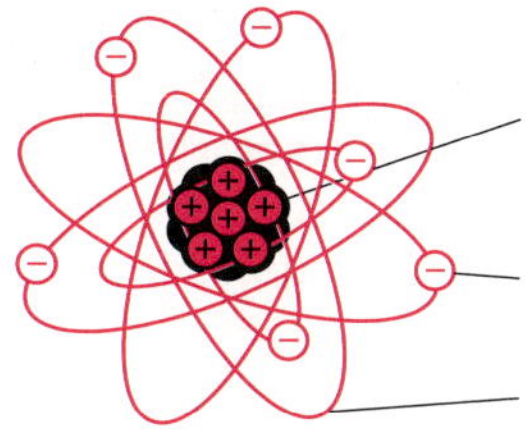

Bild 1.1: Atommodell von Kohlenstoff

Der **Atomkern** besteht aus elektrisch **positiv geladenen Protonen** und elektrisch **ungeladenen Neutronen**.

Die **Atomhülle** besteht aus elektrisch **negativ geladenen Elektronen**.

Während die Massen von Protonen und Neutronen gleich groß sind, beträgt die Masse eines Elektrons etwa 1/2000 davon. Die elektrischen Ladungen von Proton und Elektron sind gleich groß. Da die Anzahl der Protonen im Kern immer gleich der Anzahl der Elektronen in der Hülle ist, ist ein Atom im Normalzustand elektrisch neutral, d. h. ungeladen.

Körper können jedoch durchaus elektrisch geladen sein, wenn sie einen Überschuss oder einen Mangel an Elektronen besitzen.

- Ein Körper ist **positiv geladen**, wenn in ihm **Elektronenmangel** herrscht.
- Ein Körper ist **negativ geladen**, wenn in ihm **Elektronenüberschuss** herrscht.

Nähern sich zwei elektrisch geladene Körper einander, so kann man je nach Ladung erkennen:

Gleichartige elektrische Ladungen stoßen sich ab.

Ungleichartige elektrische Ladungen ziehen sich an.

Das **Formelzeichen für die elektrische Ladung ist *Q***. Die Größe einer elektrischen Ladung wird angegeben in der **Einheit 1 Coulomb (1 C)**. Die Ladung 1 C entspricht etwa $6{,}25 \cdot 10^{18}$ Elementarladungen. Als Elementarladung bezeichnet man die Ladung eines Elektrons.

1.1.2 Potenzielle Energie

Am Erdboden wirkt auf einen Körper infolge der Erdanziehung die Gewichtskraft F_G. Soll der Körper in die Höhe h gehoben werden, so muss an ihm die Hubkraft F_H angreifen, die so groß wie F_G und dieser entgegengerichtet ist.

Bewegt sich der Körper unter dem Einfluss von F_H über die Höhe h, so wird an ihm eine Arbeit verrichtet. Arbeit ist in der Physik das Produkt aus Kraft und Weg, wenn beide gleichgerichtet sind:

$$\boldsymbol{W = F_H \cdot h}$$

Die beim Heben an dem Körper verrichtete Arbeit kann er beim Herunterfallen wieder abgeben, indem er z. B. einen anderen Körper hochzieht. In der erhöhten Lage besitzt der Körper also die Fähigkeit, Arbeit zu verrichten. Diese Eigenschaft des Körpers bezeichnet man als Energie der Lage oder als potenzielle Energie.

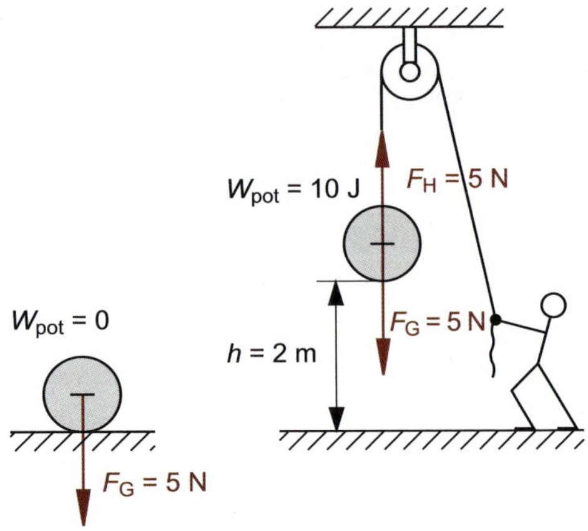

Bild 1.2: Potenzielle Energie (mechanisch)

> Als **Energie** bezeichnet man das **Arbeitsvermögen eines Körpers.**
> **Potenzielle Energie** ist **Energie der Lage** (Lagenenergie).
>
> $\boldsymbol{W_{pot} = F_H \cdot h}$ $\quad$ 1 J = 1 Nm = 1 N · 1 m

Energiebeträge werden in der Einheit 1 Joule (1 J) angegeben. Ein Körper besitzt die Energie 1 J, wenn er durch eine Kraft von 1 Newton (1 N) um die Höhe 1 Meter (1 m) gehoben wurde.

1.1.3 Elektrisches Potenzial

Ruht eine positive elektrische Ladung Q auf einer negativ geladenen Platte, so wirkt auf Q – infolge der elektrischen Anziehung zwischen ungleichartigen Ladungen – eine anziehende Kraft F_A. In dieser Lage besitzt Q keine potenzielle Energie (vergleichbar einem Körper, der auf dem Erdboden liegt; Bild 1.3 a).

Soll Q über den Weg s von der negativen Platte getrennt werden, so muss an ihr eine Kraft F angreifen, die so groß wie F_A und dieser entgegengerichtet ist. Beim Zurücklegen des Weges s wird also an der Ladung Q eine Arbeit (Trennungsarbeit) verrichtet (Bild 1.3 b). Am Ende des Weges s besitzt Q die an ihr verrichtete Arbeit in Form von potenzieller Energie.

Da die Kraft F_A mit zunehmender Ladung Q größer wird, ist auch die potenzielle Energie W_{pot} am Ende des Weges s umso größer, je größer Q ist. Dividiert man nun W_{pot} durch die Größe der Ladung Q, so erhält man die potenzielle Energie der Ladung 1 Coulomb (1 C); man bezeichnet diese als elektrisches Potenzial φ (sprich fi); es wird in der Einheit 1 Volt (1 V) angegeben.

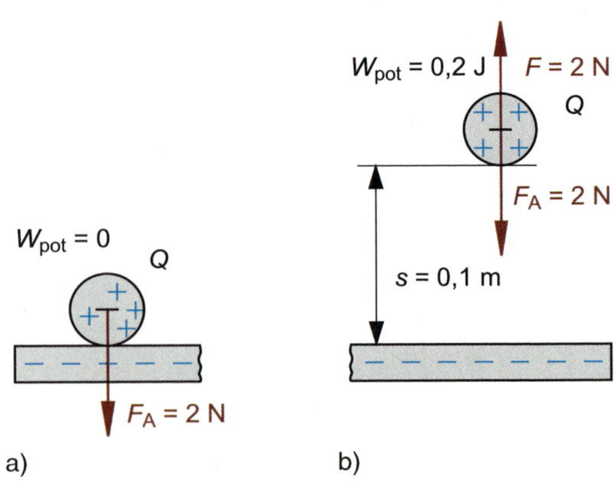

Bild 1.3: Potenzielle Energie (elektrisch)

Das **elektrische Potenzial** gibt an

- wie groß die an der Ladung 1 Coulomb verrichtete Trennungsarbeit ist, d.h.
- wie groß die potenzielle Energie ist, die eine Ladung von 1 Coulomb besitzt.

$$\varphi = \frac{W_{pot}}{Q} \qquad 1\,V = \frac{1\,J}{1\,C}$$

Zur Verdeutlichung des Potenzialbegriffs betrachten wir Bild 1.4. Wird die Ladung $Q = 1$ C über einen Weg s bewegt, so erkennt man: Mit zunehmendem Abstand s von der negativen Platte nimmt die anziehende Kraft ab. Da sich die Ladung aber gleichzeitig der positiven Platte nähert, nimmt die abstoßende Kraft zu.

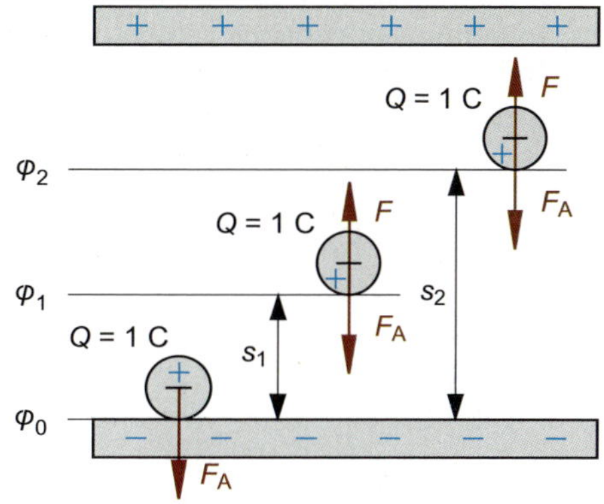

Bild 1.4: Elektrisches Potenzial

In dem Raum zwischen den beiden geladenen Platten wirkt auf eine elektrische Ladung an jeder Stelle die gleiche Kraft F_A. Da die potenzielle Energie einer Ladung von 1 C als elektrisches Potenzial bezeichnet wird, ist das Potenzial φ_2 größer als das Potenzial φ_1. Das elektrische Potenzial hängt also nur noch von dem Abstand s ab, den die positive Ladung 1 C von der negativen Platte hat. Ist dieser Abstand $s = 0$ (die Ladung liegt auf der Platte), so ist auch das elektrische Potenzial 0.

1.1.4 Elektrische Spannung

In jedem Abstand von der negativen Platte herrscht ein anderes Potenzial. Den Unterschied zwischen zwei elektrischen Potenzialen nennt man **elektrische Spannung**; sie wird mit dem **Formelzeichen *U*** bezeichnet und – wie das Potenzial – in der **Einheit 1 Volt (1 V)** angegeben.

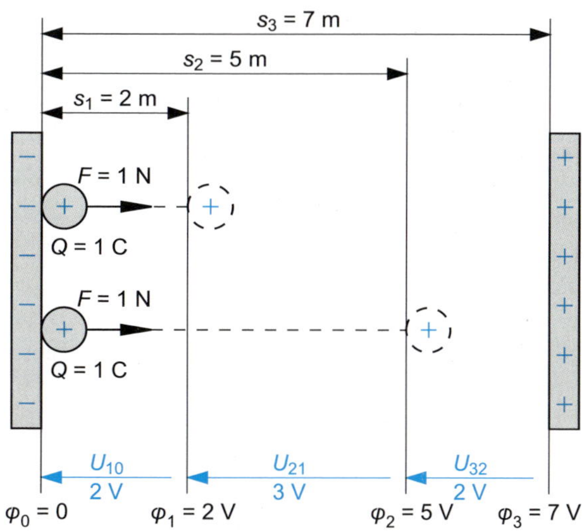

Bild 1.5: Elektrische Spannung

Elektrische Spannung ist der Unterschied zwischen zwei Potenzialen (**Potenzialdifferenz**).

$$U_{21} = \varphi_2 - \varphi_1$$

Eine elektrische Spannung liegt immer zwischen zwei Punkten mit unterschiedlichen Potenzialen.

Zur eindeutigen Festlegung in elektrischen Schaltungen ordnet man der elektrischen Spannung eine Richtung zu, eine sogenannte **Zählrichtung**, die durch einen Pfeil dargestellt wird.

Der **Spannungspfeil** zeigt immer vom höheren zum niedrigeren Potenzial.

An Bild 1.5 erkennt man, dass das Potenzial eines Punktes genau so groß ist wie die Spannung dieses Punktes gegenüber dem Nullpotenzial. In elektrischen Schaltungen ist das **Nullpotenzial** gleich dem **Erdpotenzial** oder dem **Massepotenzial**.

1.1.5 Spannungsquellen

Eine elektrische Spannung entsteht, wenn ungleichartige Ladungen gegen ihre Anziehungskraft voneinander getrennt werden. Zur Ladungstrennung muss Trennungsarbeit (zugeführte Energie, W_{zu}) aufgewendet werden, die als potenzielle Energie in den getrennten Ladungen gespeichert wird. Die pro Ladungseinheit (1 C) gespeicherte Energie wird als Spannung (gegenüber dem Nullpotenzial) bezeichnet.

Elektrische Spannung wird durch die Trennung ungleichartiger elektrischer Ladungen erzeugt.

Technische Einrichtungen zur Spannungserzeugung bezeichnet man als **Spannungsquellen**. Jede Spannungsquelle besitzt (mindestens) zwei Anschlüsse (Klemmen) mit unterschiedlichen Potenzialen. Die Klemme mit Elektronenüberschuss ist der Minuspol. Die Klemme, an der Elektronenmangel herrscht, ist der Pluspol.

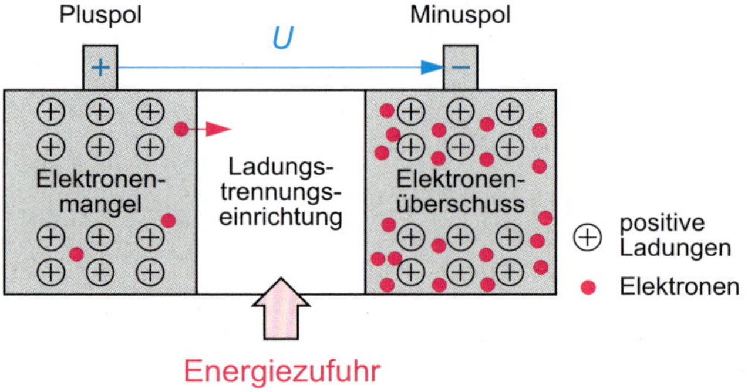

Bild 1.6: Prinzip einer Spannungsquelle

Eine **Spannungsquelle** ist ein Energiewandler, der die zugeführte Energie in elektrische Energie umwandelt.

Am Pluspol einer Spannungsquelle herrscht Elektronenmangel; am Minuspol herrscht Elektronenüberschuss.

An der Spannungsquelle zeigt der Spannungspfeil immer vom Pluspol (höheres Potenzial) zum Minuspol (niedrigeres Potenzial).

Je nach Art der zugeführten Energie gibt es technisch sehr unterschiedliche Spannungsquellen. Die größte Bedeutung für die Energieversorgung von Industrie, Wirtschaft und privaten Haushalten haben **Generatoren**, die in Elektrizitätswerken aus fossilen Brennstoffen (Kohle, Erdöl, Erdgas), aus Wasserkraft oder aus Atomenergie gewonnene mechanische Energie in elektrische Energie umwandeln. Daneben gewinnen regenerative Energiequellen (Wind, Sonne, Biogas) zunehmend an Bedeutung für die Energieerzeugung.

Die so gewonnene Energie wird über flächendeckende Verteilnetze den Verbrauchern zur Verfügung gestellt (vgl. Kap. 4.1.3).

Zur Energieversorgung kleinerer Verbraucher werden vielfach sogenannte **chemische Spannungsquellen** verwendet. Das sind **Batterien** (Primärelemente), die nur einmal entladen werden und dann entsorgt werden müssen und **Akkus** (Sekundärelemente), die nach ihrer Entladung erneut aufgeladen werden können. Daneben werden immer häufiger **Brennstoffzellen** benutzt, bei denen aus der Reaktion von Wasserstoff und Sauerstoff direkt elektrische Energie gewonnen wird (vgl. Kap. 4.2.2.3). Derartige Spannungsquellen kommen in vielfältigen Ausführungen in mobilen Geräten – vom Akkubohrer über Taschenlampen und Fotogeräte bis zu Handys und Laptops – zum Einsatz.

Daneben kann aus jeder Energieform eine elektrische Spannung erzeugt werden. So gewinnen z. B. **Thermoelemente** elektrische Energie aus Wärme, **Fotoelemente** (Solarzellen) aus Licht, **Mikrofone** aus Schall. Diese Geräte dienen weniger zur Energieerzeugung als vielmehr zur Umwandlung nichtelektrischer Größen in Signalspannungen für die Messtechnik (vgl. Kap. 3) sowie für die Steuerungs- und Kommunikationstechnik.

1.1.6 Spannungsarten

Der zeitliche Verlauf einer elektrischen Spannung kann in einem **Liniendiagramm** dargestellt werden. Dabei wird gezeigt, wie eine Spannung mit fortschreitender Zeit ihre Größe und ihre Polarität ändert.

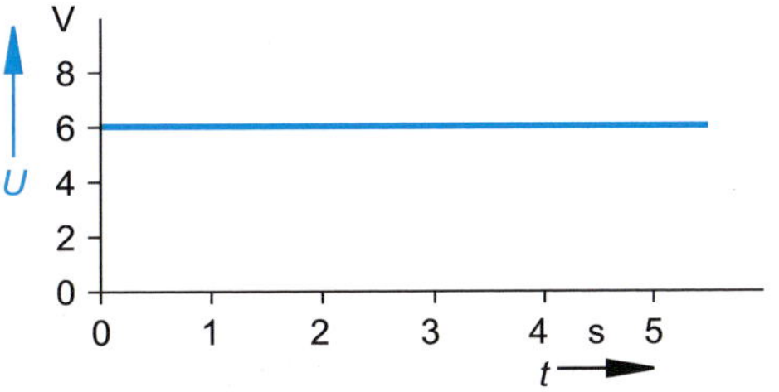

Bild 1.7: Gleichspannung

Grundsätzlich unterscheidet man:
Gleichspannung, die mit fortschreitender Zeit sowohl ihre Polarität als auch ihre Größe unverändert beibehält, und

Wechselspannung, bei der die Polarität dauernd wechselt; dabei ändert sich zwangsläufig auch ihre Größe. Die Spannung im Versorgungsnetz der EVU (Elektrizitäts-Versorgungs-Unternehmen) ist eine sinusförmige Wechselspannung. Dabei wiederholt sich der Kurvenverlauf immer im gleichen Zeitraum (Periode); man spricht daher von einer periodischen Wechselspannung.

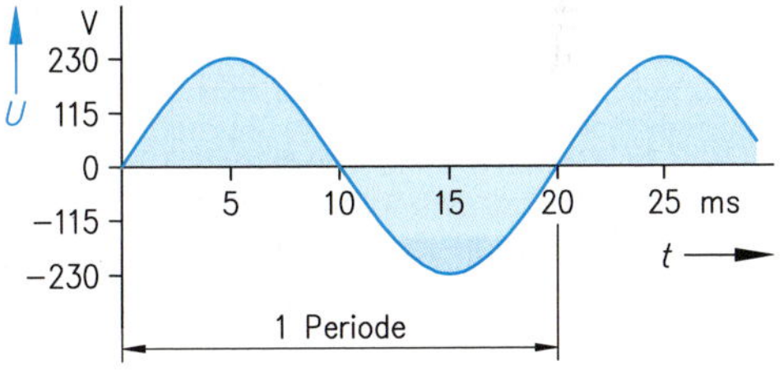

Bild 1.8: Wechselspannung

Daneben gibt es viele verschiedene Kurvenformen, die sich aber mithilfe geeigneter Verfahren immer in überlagerte Grundformen zerlegen lassen.

Aufgaben

1. Beschreiben Sie mit eigenen Worten Ihre Modellvorstellung vom Aufbau eines Atoms. Beantworten Sie dabei im Zusammenhang folgende Fragen:
   a) Aus welchen Grundbausteinen sind Atome aufgebaut?
   b) Wie sind diese Bausteine im Modell angeordnet?
   c) Was stellen Sie sich unter einer Elektronenschale vor?
   d) Wie sind die Atombausteine elektrisch geladen?
   e) Was ergibt sich bei einem Massenvergleich der Bausteine?

2. In allen Beispielen ist die zum Heben der Körper verrichtete Arbeit gleich groß und beträgt 1 200 J.
   a) Ordnen Sie die Beispiele nach der Größe der Gewichtskraft (vom größten zum kleinsten Gewicht).
   b) Wie groß ist die Gewichtskraft in Beispiel ①?
   c) Geben Sie an, wievielmal die Gewichtskraft in den Beispielen ② bis ④ größer ist als in ①.

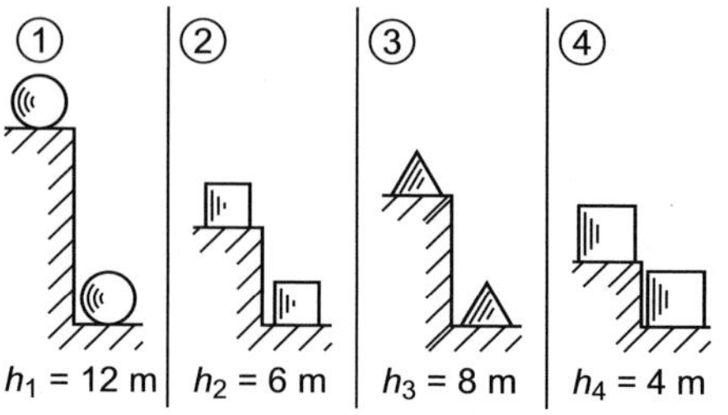

3. In der nebenstehenden Darstellung wurden 5 elektrisch geladene Kugeln von einer positiv geladenen Platte getrennt. Die oberste Kugel besitzt in der gezeichneten Lage eine Energie von W_1 = 1 J.
   a) Geben Sie die Energie der übrigen Kugeln an.
   b) Auf welchem Potenzial befinden sich die Kugeln?

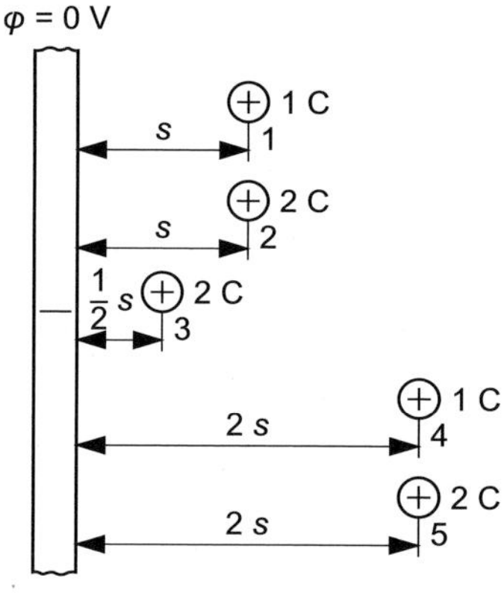

4. Die drei Ladungen wurden von der Null-Linie verschoben. Dazu war für die Ladung Q_3 eine Kraft von F_3 = 100 N erforderlich.
   a) Geben Sie die Größe der Kräfte an, die zum Verschieben der Ladungen Q_1 und Q_2 erforderlich sind.
   b) Geben Sie die Energie der Ladungen in den gezeichneten Positionen an.
   c) Wie groß ist das elektrische Potenzial auf den Linien 1, 2 und 3?
   d) Geben Sie die Spannungen U_{31}, U_{21} und U_{23} an.

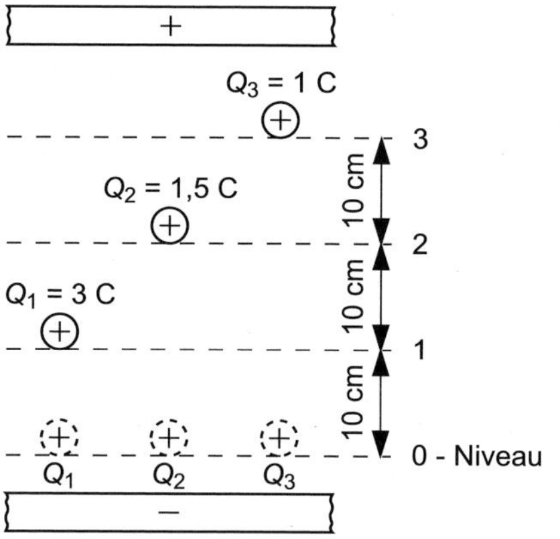

5. a) Wie groß sind die Potenziale φ_1 und φ_2?
   b) Wie groß ist die Spannung U_{12}?

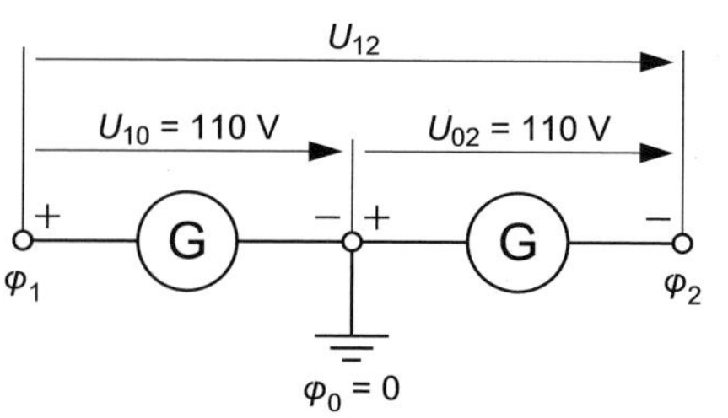

6. Wie groß ist in den beiden Bildern
   a) das Potenzial am Pluspol und
   b) das Potenzial am Minuspol?

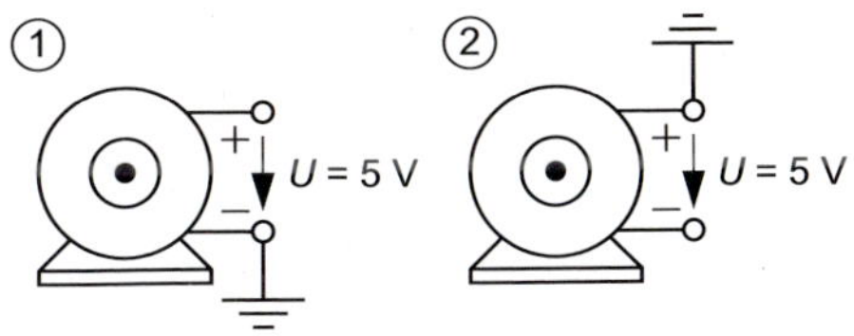

1.2 Elektrische Stromstärke

1.2.1 Elektrischer Stromkreis

Bild 1.9 zeigt einen Generator (Spannungsquelle), an den über zwei isolierte Kupferdrähte (Leitung) eine Glühlampe (Verbraucher) angeschlossen ist. Wird der Generator angetrieben, so leuchtet die Lampe auf; beim Leuchten strahlt sie Licht und Wärme ab. Eine solche Anordnung ist ein elektrischer Stromkreis.

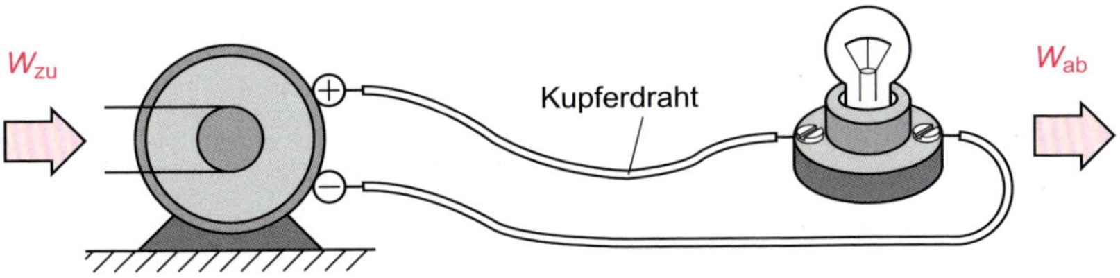

Bild 1.9: Aufbau eines Stromkreises

Ein **elektrischer Stromkreis** besteht aus Spannungsquelle, Leitung und Verbraucher.

Das grundsätzliche Prinzip eines elektrischen Stromkreises ist in Bild 1.10 dargestellt. In der Spannungsquelle wird die zugeführte mechanische Energie in elektrische Energie umgewandelt. Die Leitung überträgt diese elektrische Energie zum Verbraucher (z.B. eine Lampe) und dieser wandelt die ihm zugeführte elektrische Energie in Licht und Wärme um.

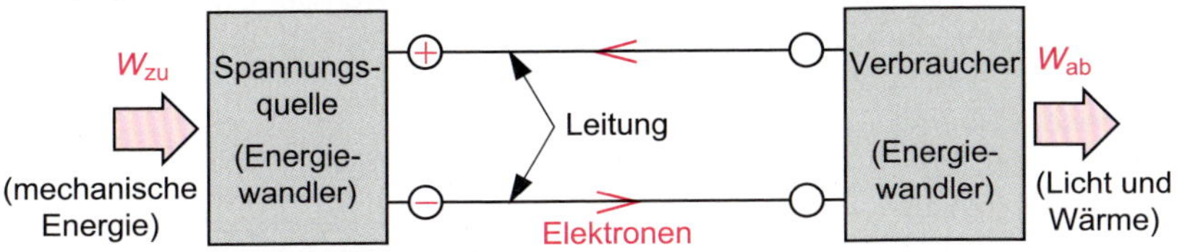

Bild 1.10: Prinzip eines Stromkreises

Ein **elektrischer Stromkreis** ist im Prinzip ein System zur Übertragung elektrischer Energie.

Der **Stromkreis** ist ein über Spannungsquelle, Leitung und Verbraucher **geschlossener Leiterkreis**, in dem die Elektronen vom Minuspol über den Verbraucher zum Pluspol fließen.

Elektrischer Strom

- ist die **gerichtete Bewegung elektrischer Ladungen** in einem Stromkreis und
- kann nur fließen, **wenn der Stromkreis geschlossen ist.**

In der Elektrotechnik werden Stromkreise durch Schaltpläne unter Verwendung von Symbolen mit zugeordneten Bezeichnungen dargestellt (vgl. Infomodul C unter **www.westermann.de/links/00815**).

Bild 1.11 zeigt den Stromlaufplan des Stromkreises aus Bild 1.9. Durch die roten Pfeile in diesem Schaltplan wird die Richtung des elektrischen Stromes angegeben. Es fällt auf, dass die im Stromlaufplan eingetragene Richtung entgegengesetzt zur Richtung des Elektronenflusses ist. Diese eingetragene Richtung bezeichnet man als technische Stromrichtung.

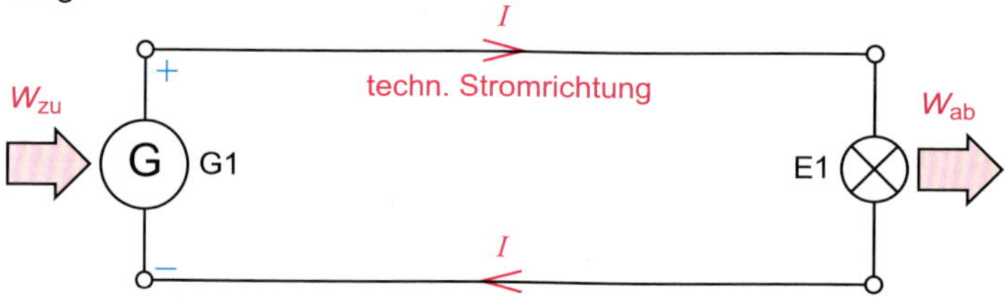

Bild 1.11: Schaltplan eines Stromkreises

Die **technische Stromrichtung führt vom Pluspol** der Spannungsquelle über den Verbraucher **zum Minuspol.**

1.2.2 Elektrische Stromstärke

Die elektrische Spannung gibt an, wie groß die Energie ist, die durch die Ladung 1 C von der Spannungsquelle zum Verbraucher übertragen wird. In Stromkreisen, die mit der gleichen Spannung arbeiten, trägt jedes Coulomb also die gleiche Energie. Benötigt der Verbraucher viel Energie (z. B. eine Waschmaschine), so müssen mehr Ladungen über die Leitung fließen als bei einem Verbraucher, der in der gleichen Zeit weniger Energie umsetzt (z. B. eine kleine Signallampe). Zum Betrieb unterschiedlicher Verbraucher müssen bei gleicher Spannung also auch verschieden große Ströme fließen.

Um diese verschiedenen Ströme genau angeben zu können, definiert man den Begriff der elektrischen Stromstärke I; die **Einheit der Stromstärke ist 1 Ampere (1 A)**. In einem Stromkreis beträgt die Stromstärke 1 A, wenn in 1 Sekunde eine Ladung von 1 C fließt.

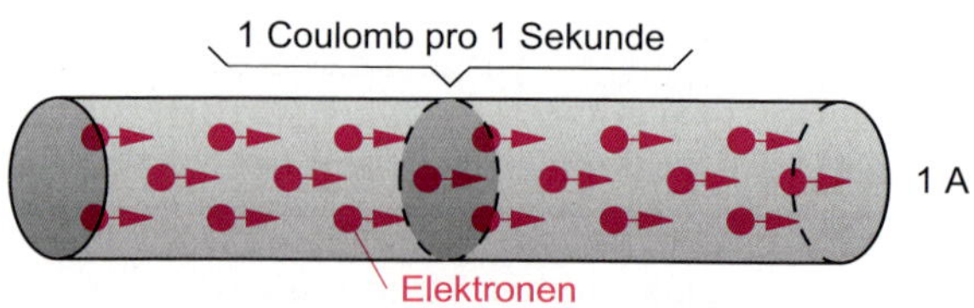

Bild 1.12: Definition der elektrischen Stromstärke

Die **elektrische Stromstärke** gibt an, wie groß die elektrische Ladung ist, die in einer Sekunde durch den Querschnitt eines Leiters fließt.

$$I = \frac{\boldsymbol{Q}}{\boldsymbol{t}} \qquad 1\,\text{A} = \frac{1\,\text{C}}{1\,\text{s}}$$

In einem geschlossenen Stromkreis ist die Stromstärke an allen Stellen gleich.

1.2.3 Strömungsgeschwindigkeit und Signalgeschwindigkeit

Elektrische Ladungen bewegen sich in einem elektrischen Strom relativ langsam durch einen metallischen Leiter. Zum Beispiel beträgt die **Strömungsgeschwindigkeit *v*** in einem Kupferleiter von 1 mm^2 Querschnitt bei einer Stromstärke von 1 A weniger als 1 mm/s.

Im Gegensatz zu dieser geringen Strömungsgeschwindigkeit elektrischer Ladungen ist die Geschwindigkeit, mit der sich der Bewegungsimpuls im Leiter fortpflanzt, sehr groß. Sie beträgt je nach Art der Leitung zwischen 50 % und 90 % der Lichtgeschwindigkeit (c = 300 000 km/s). Sie wird als **Signalgeschwindigkeit** bezeichnet und gibt an, wie schnell sich ein Signal entlang einer Leitung fortpflanzt.

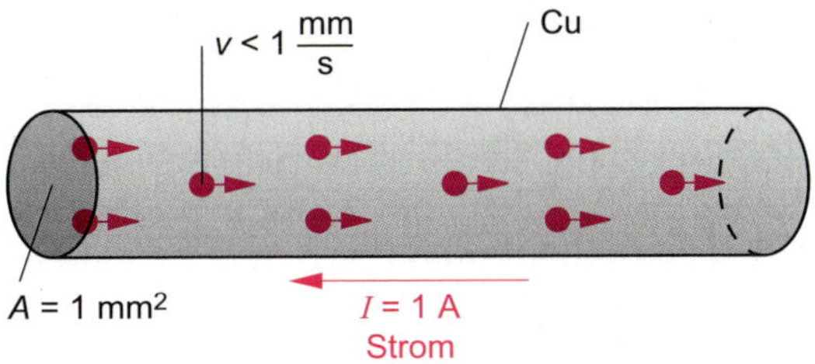

Bild 1.13: Strömungsgeschwindigkeit

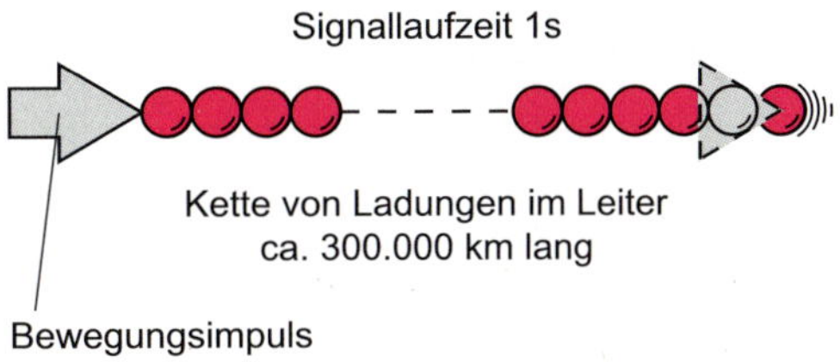

Bild 1.14: Signalgeschwindigkeit

1.2.4 Stromarten

Wie bei der elektrischen Spannung, so unterscheidet man auch bei der elektrischen Stromstärke grundsätzlich zwei Stromarten:

Ein **Gleichstrom** fließt dauernd in die gleiche Richtung; seine Stromstärke ist in jedem Zeitpunkt gleich groß.

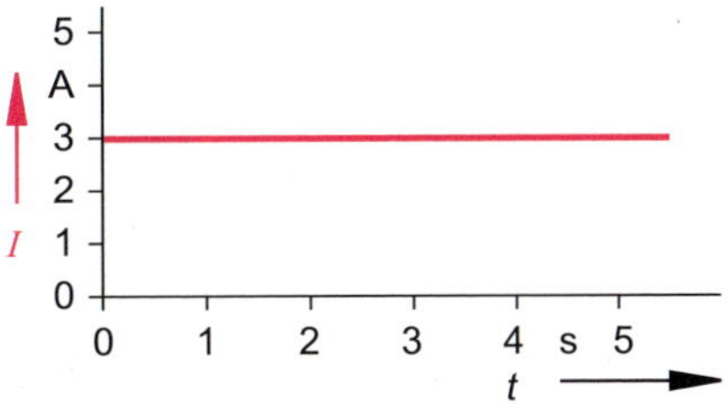

Bild 1.15: Gleichstrom

Ein **Wechselstrom** wechselt dauernd seine Richtung; dabei ändert sich auch die Stromstärke ständig. Der zeitliche Verlauf des technischen Wechselstromes ist sinusförmig; er wiederholt sich immer im gleichen Zeitraum, einer Periode.

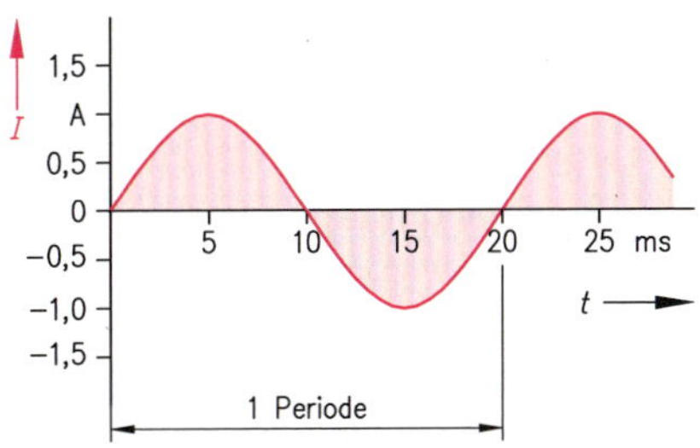

Bild 1.16: Sinusförmiger Wechselstrom

Neben den periodischen Wechselströmen gibt es auch Ströme, die ihre Richtung nicht in gleichen Zeitabständen wechseln, sogenannte **nichtperiodische Wechselströme**, z. B. Sprechwechselströme, wie sie in Mikrofonen erzeugt werden.

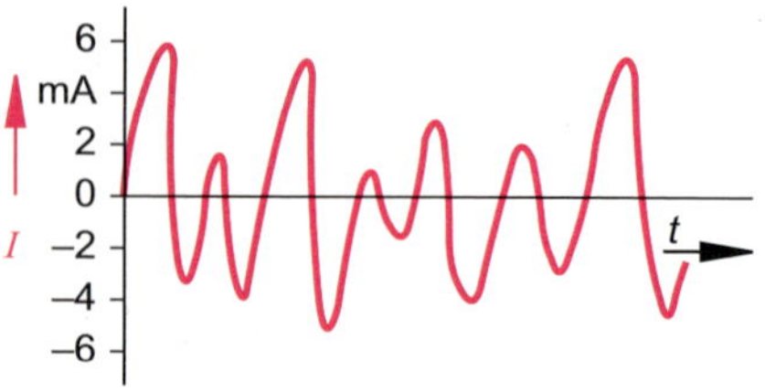

Bild 1.17: Nicht-periodischer Wechselstrom

Fließen in einem Leiter gleichzeitig ein Gleichstrom und ein Wechselstrom, so ergibt sich durch Überlagerung ein sogenannter **Mischstrom**. Dieser behält zwar seine Richtung bei, ändert aber ständig seine Stärke; er wird auch als **pulsierender Gleichstrom** bezeichnet.

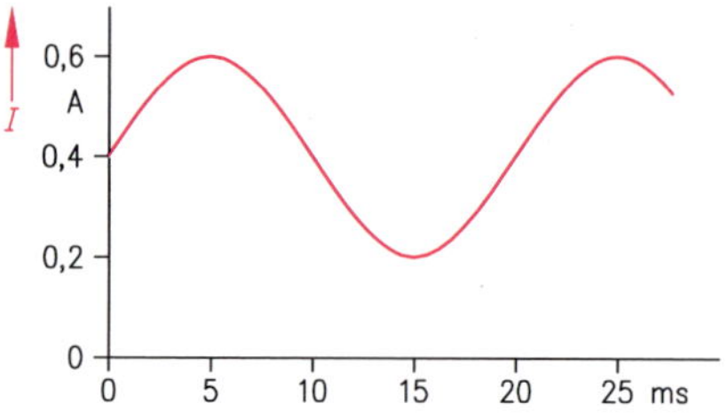

Bild 1.18: Mischstrom (pulsierender Gleichstrom)

1.2.5 Stromdichte

In einem Lampenstromkreis fließt der gleiche Strom durch den dicken Draht der Leitung und durch den sehr dünnen Draht des Glühfadens in der Lampe. Dabei wird der Glühfaden offensichtlich wesentlich stärker erwärmt als die Leitung. Wie weit dies durch die unterschiedlichen Metalle von Leitung und Glühfaden verursacht wird, soll hier nicht weiter untersucht werden.

Die Temperaturzunahme eines Leiters wird nicht allein von der Stromstärke, sondern vom Verhältnis der Stromstärke I zum Querschnitt A des Leiters bestimmt; dieses Verhältnis bezeichnet man als **Stromdichte *S*.**

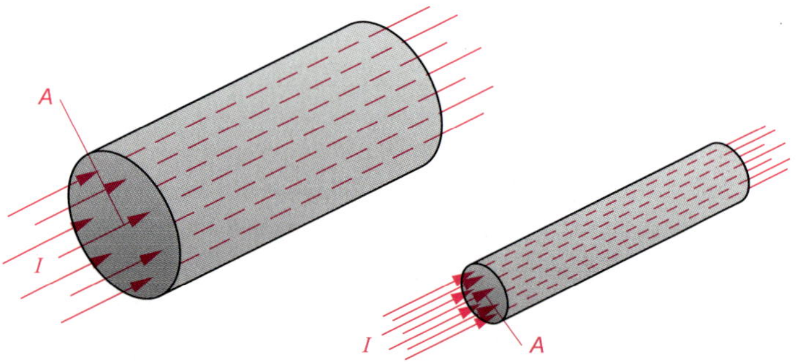

Bild 1.19: Zur Definition der Stromdichte

Die **Stromdichte *S*** gibt an, wie groß die Stromstärke je Quadratmillimeter (mm^2) in einem Leiterquerschnitt A ist.

$$\boldsymbol{S} = \frac{\boldsymbol{I}}{\boldsymbol{A}} \qquad 1\,\frac{\text{A}}{\text{mm}^2} = \frac{1\,\text{A}}{1\,\text{mm}^2}$$

Die in einem Leiter entwickelte Wärme ist umso größer, je größer die Stromdichte ist.

Diese Erkenntnis findet eine wichtige praktische Anwendung bei **Schmelzsicherungen** zum Schutz von elektrischen Leitungen (Leitungsschutzsicherungen), die heute allerdings meist durch Leitungsschutzschalter (Automaten) ersetzt sind (vgl. Kap. 5.3).

Aufgaben

1. a) Beschreiben Sie mit eigenen Worten, was Sie unter einem elektrischen Strom und einem elektrischen Stromkreis verstehen.
   b) Nennen Sie die Hauptbestandteile eines Stromkreises und erklären Sie, welche Aufgaben die genannten Teile im Stromkreis erfüllen.
2. Welche Ladungsmenge muss pro Sekunde durch einen Leiterquerschnitt strömen, wenn die Stromstärke 4,5 A betragen soll?
3. Durch einen Leitungsdraht wird in einer Zeit von 2 min eine Ladungsmenge von 60 C bewegt. Berechnen Sie die Stromstärke in diesem Leiter in Ampere (A) und in Milliampere (mA).
4. Wird der Stromkreis durch den Schalter Q1 geschlossen, so leuchtet die Lampe E1 sofort auf, obwohl die elektrischen Ladungen eine ganz geringe Strömungsgeschwindigkeit haben.
   a) Begründen Sie diesen Sachverhalt.
   b) Berechnen Sie die Signallaufzeit vom Schalter bis zur Lampe (Signalgeschwindigkeit = 90 % der Lichtgeschwindigkeit).

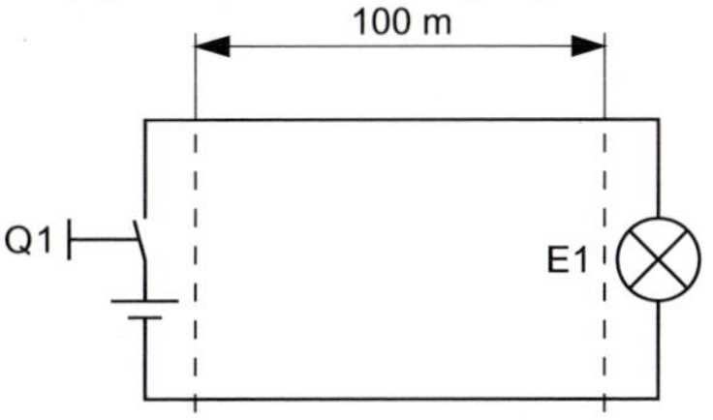

5. Was verstehen Sie unter der „technischen Stromrichtung"?
6. Worin besteht der grundsätzliche Unterschied zwischen Gleich- und Wechselstrom?
7. Nach welchen Merkmalen können Wechselströme unterschieden werden?
8. Beim technischen Wechselstrom im Versorgungsnetz der EVU dauert 1 Periode 20 ms.
   a) Wie viele Perioden können demnach in 1 Sekunde ablaufen?
   b) Wie oft wechselt in 1 Sekunde die Stromrichtung?
9. In der Zuleitung zu einem Verbraucher (4 mm^2, Cu) fließt ein Strom von 22,8 A. Wie groß ist die Stromdichte in der Leitung?
10. Nach den Vorschriften über die Belastbarkeit isolierter Leitungen beträgt die höchstzulässige Stromstärke für Kupferleiter in Rohr verlegt bei einem Querschnitt von 1,5 mm^2 genau 16,5 A; bei 25 mm^2 beträgt sie 85 A.
    a) Berechnen Sie für beide Querschnitte die bei Höchststromstärke auftretende Stromdichte.
    b) Versuchen Sie den Unterschied der zulässigen Stromdichte zu erklären.

1.3 Elektrischer Widerstand

1.3.1 Begriff des elektrischen Widerstandes

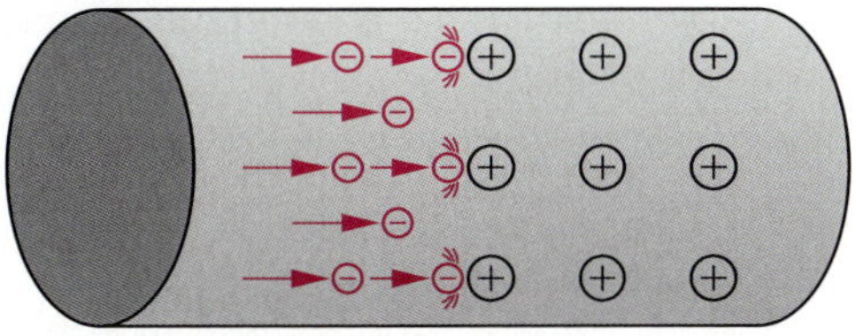

Bild 1.20: Widerstand eines Leiters

Nach üblichen Modellvorstellungen über den elektrischen Strom in einem metallischen Leiter bewegen sich die Elektronen zwischen den Atomrümpfen des Metallgitters hindurch. Dabei kommt es zu Zusammenstößen der Elektronen mit den positiven Atomionen, was zu einer Erwärmung des Leiters führt. Durch diese Zusammenstöße werden die Elektronen aber auch in ihrer Fortbewegung stark gehemmt. Ein elektrischer Leiter hat also die Eigenschaft, dem elektrischen Strom einen Widerstand entgegenzusetzen.

! **Elektrischer Widerstand** ist die Eigenschaft eines elektrischen Leiters, die Fortbewegung elektrischer Ladungen zu behindern.

Der elektrische Widerstand von Leitern oder Bauelementen wird in Schaltplänen durch das nebenstehende Schaltzeichen dargestellt; dabei soll das Seitenverhältnis 1 : ≤ 2 sein.

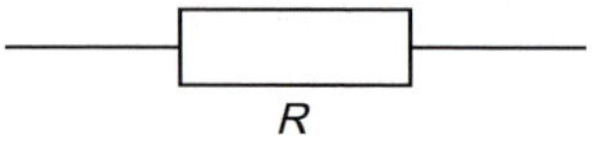

1.3.2 Definition des elektrischen Widerstandes

Bild 1.21 zeigt den Schaltplan eines Versuchs, der nacheinander mit zwei verschiedenen Leitern durchgeführt wird. Im Schaltplan ist der zu untersuchende Leiter durch das Widerstandsschaltzeichen dargestellt. An der Spannungsquelle wird die Spannung von Null ausgehend jeweils um 2 V erhöht. Am Strommesser (A) wird bei jedem Spannungswert die Stromstärke abgelesen. Die Messergebnisse sind in der Tabelle zusammengestellt.

Bildet man für alle Wertepaare der Tabelle das Verhältnis U/I, so ergibt sich für die Messung am ersten Leiter ein konstanter Wert von 40 V/A (Volt pro Ampere) und für den zweiten Leiter ein konstanter Wert von 20 V/A. Die beiden Werte geben also an, wie groß die Spannung sein muss, wenn durch den betreffenden Leiter ein Strom von 1 A fließen soll. Bei der Messung am ersten Leiter ist offensichtlich eine doppelt so große Spannung erforderlich wie am zweiten Leiter.

	Messung am 1. Leiter		**Messung am 2. Leiter**	
U	I	U/I	I	U/I
V	A	V/A	A	V/A
0	0	–	0	–
2	0,05	40	0,1	20
4	0,10	40	0,2	20
6	0,15	40	0,3	20
8	0,20	40	0,4	20
10	0,25	40	0,5	20
12	0,30	40	0,6	20

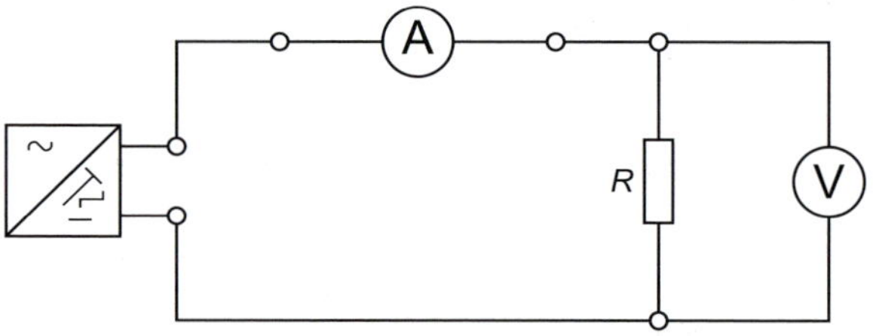

Bild 1.21: Messung zum Begriff des elektrischen Widerstandes

Daraus lässt sich schließen, dass der erste Leiter dem Strom doppelt so viel Widerstand entgegensetzt wie der zweite Leiter. Das Verhältnis U/I ergibt also eine Kennzahl, die als **elektrischer Widerstand** mit dem **Formelzeichen *R*** bezeichnet wird; er wird angegeben in der **Einheit 1 Ohm (1 Ω)**. Ein Leiter hat einen Widerstand von 1 Ω, wenn für einen Strom von 1 A eine Spannung von 1 V erforderlich ist.

Der **elektrische Widerstand** ist definiert als **Verhältnis von Spannung zu Stromstärke**.

$$\boldsymbol{R} = \frac{\boldsymbol{U}}{\boldsymbol{I}} \qquad 1\,\Omega = \frac{1\,\text{V}}{1\,\text{A}}$$

Der elektrische Widerstand gibt an, wie groß die Spannung an einem Leiter ist, in dem ein Strom von 1 A fließt.

1.3.3 Elektrischer Leitwert

Bildet man in dem Versuch in Bild 1.21 den Wert I/U, so ergibt sich ein Wert, der umso größer wird, je besser der Leiter den elektrischen Strom leitet. Man bezeichnet diesen Wert als **elektrischen Leitwert** mit dem **Formelzeichen *G***; er wird angegeben in der **Einheit 1 Siemens (1 S)**.

Ein Draht hat einen Leitwert von 1 S, wenn sich bei einer angelegten Spannung von 1 V eine Stromstärke von 1 A einstellt.

> Der **elektrische Leitwert** ist definiert als **Verhältnis von Stromstärke zu Spannung**.
>
> $$G = \frac{I}{U} \qquad 1\,\text{S} = \frac{1\,\text{A}}{1\,\text{V}}$$
>
> Der elektrische Leitwert gibt an, wie groß die Stromstärke in einem Leiter ist, an dem eine Spannung von 1 V liegt.
>
> Der elektrische Leitwert ist der Kehrwert des elektrischen Widerstandes.
>
> $$G = \frac{1}{R} \qquad 1\,\text{S} = \frac{1}{1\,\Omega}$$

1.3.4 Ohmsches Gesetz

Vergleicht man in der Tabelle in Bild 1.21 die gemessenen Stromstärken mit den jeweils eingestellten Spannungen, so erkennt man, dass beide im selben Verhältnis zunehmen.

> Bei einem elektrischen Leiter ist die Stromstärke der angelegten Spannung direkt proportional. $I \sim U$

Vergleicht man weiter die bei gleicher Spannung fließenden Ströme mit den angeschlossenen Widerständen, so sieht man, dass bei Verdopplung des Widerstandes von 20 Ω auf 40 Ω die Stromstärke auf die Hälfte absinkt.

> Bei einem elektrischen Leiter ist die Stromstärke dem Widerstand umgekehrt proportional. $I \sim 1/R$

Diese Gesetzmäßigkeiten im Zusammenhang zwischen Spannung, Stromstärke und Widerstand eines elektrischen Leiters werden in dem nach seinem Entdecker benannten **ohmschen Gesetz** zusammengefasst.

> Bei einem elektrischen Leiter ist die Stromstärke
> - der angelegten Spannung direkt proportional und
> - dem Widerstand umgekehrt proportional.
>
> $$I = \frac{U}{R}$$

1.3.5 Widerstandskennlinie

Trägt man die Messergebnisse aus der Tabelle in Bild 1.21 in ein Diagramm ein, das die Abhängigkeit der Stromstärke von der Spannung darstellt, so ergeben sich die in Bild 1.22 rot eingetragenen **Widerstandskennlinien**. An der Widerstandskennlinie eines elektrischen Bauelements lässt sich ablesen, wie sich in diesem Bauelement die Stromstärke ändert, wenn die angelegte Spannung geändert wird.

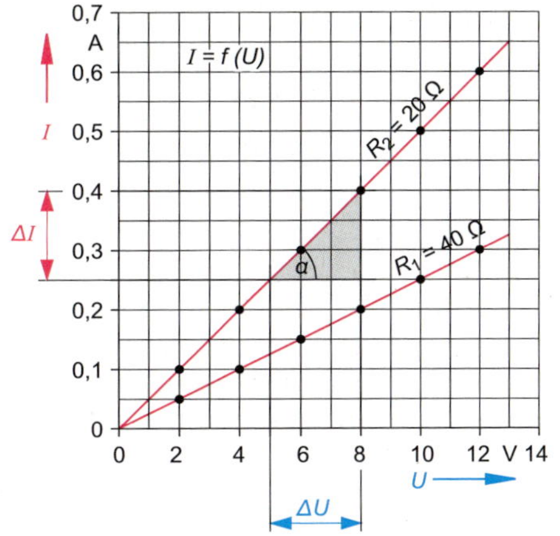

Bild 1.22: Widerstandskennlinien

Die **Widerstandskennlinie** eines elektrischen Bauelements zeigt die durch das Bauelement bestimmte Abhängigkeit der Stromstärke von der Spannung ($I = f(U)$).

Solange der Widerstand einen konstanten Wert hat, ist die Kennlinie eine Gerade. Wie man aus dem Diagramm erkennt, ist die Steigung der Kennlinie (vgl. Infomodul D.10 unter **www.westermann.de/links/00815**) umso größer, je kleiner der Widerstand ist.

An der Steigung der Widerstandskennlinie erkennt man die Größe des Widerstandes.
Je größer der Widerstand, umso kleiner die Steigung der Kennlinie.

Um einen Widerstand zu bestimmen, kann man also die Steigung seiner Kennlinie berechnen. Dazu dient das in Bild 1.22 eingezeichnete rechtwinklige Dreieck mit den Katheten ΔI und ΔU, in dem die Kennlinie die Hypotenuse bildet.

Die Steigung der Kennlinie ergibt sich daraus als Tangens des Winkels α.

$$S \mathrel{\widehat{=}} \tan \alpha = \frac{\Delta I}{\Delta U} \mathrel{\widehat{=}} G = \frac{1}{R}$$

($\tan\alpha$ vgl. Infomodul D unter **www.westermann.de/links/00815**)

Die Steigung der Kennlinie entspricht dem Leitwert und damit dem Kehrwert des Widerstandes.

1.3.6 Abhängigkeit des Leiterwiderstandes von Abmessungen und Werkstoff

Für einen Versuch zur Ermittlung der Abhängigkeit des Leiterwiderstandes von seinen Abmessungen benutzen wir zwei Drähte aus **gleichem Werkstoff**, die genau die **gleiche Länge *l*** und genau den **gleichen Querschnitt *A*** haben.

In **Messung 1** wird nur der obere Leiter angeschlossen und die Spannung auf 10 V eingestellt. Dabei stellt sich eine Stromstärke von 0,1 A ein. Daraus errechnet sich ein Widerstand von:

$$R = \frac{U}{I} = \frac{10\ \text{V}}{0{,}1\ \text{A}} = \mathbf{100\ \Omega}$$

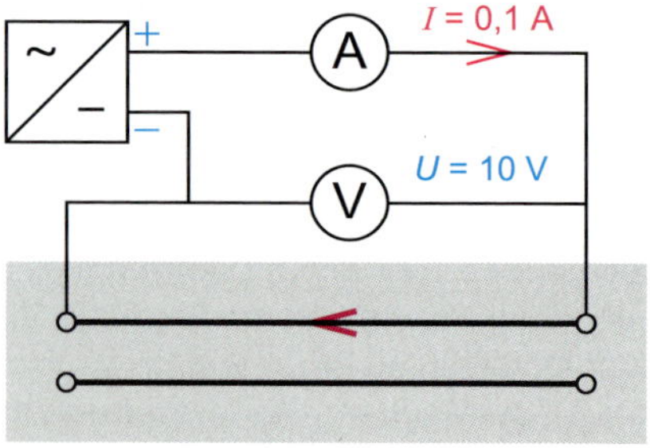

Bild 1.23: Messung 1

In **Messung 2** sind die zwei Leiter an beiden Enden miteinander verbunden, sodass sie praktisch wie **ein Leiter mit doppeltem Querschnitt** wirken. Werden wieder 10 V angelegt, so fließen über jeden Leiter 0,1 A, aus der Spannungsquelle also 0,2 A. Über den Leiter mit dem doppelten Querschnitt fließt also der doppelte Strom, d. h. dass der Widerstand des Doppelleiters nur noch halb so groß ist wie der des einfachen Leiters.

$$R = \frac{U}{I} = \frac{10\,\text{V}}{0{,}2\,\text{A}} = \mathbf{50\,\Omega}$$

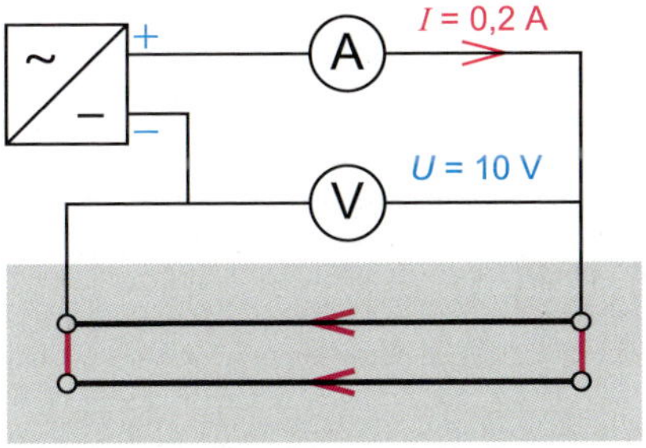

Bild 1.24: Messung 2

Der Widerstand eines elektrischen Leiters nimmt im selben Verhältnis ab, wie der Querschnitt des Leiters zunimmt.

Widerstand und Querschnitt eines Leiters sind einander **umgekehrt proportional**.

$$\boldsymbol{R \sim 1/A}$$

In **Messung 3** werden die Leiter so angeschlossen, dass sich **ein Leiter mit doppelter Länge** ergibt. Werden wieder 10 V angelegt, so ergibt die Strommessung einen Wert von 0,05 A. Die Stromstärke im Leiter mit doppelter Länge ist also bei gleicher Spannung halb so groß. Der Leiter mit der doppelten Länge hat also einen doppelt so großen Widerstand.

$$R = \frac{U}{I} = \frac{10\,\text{V}}{0{,}05\,\text{A}} = \mathbf{200\,\Omega}$$

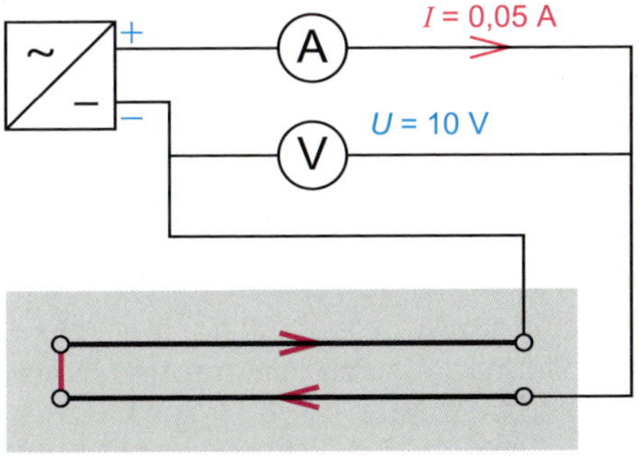

Bild 1.25: Messung 3

Der Widerstand eines elektrischen Leiters **nimmt** im selben Verhältnis **zu** wie die Länge des Leiters.
Widerstand und Länge eines Leiters sind **direkt proportional**.

$$\boldsymbol{R \sim l}$$

Auch der Werkstoff hat einen Einfluss auf den Widerstand eines elektrischen Leiters. Je dichter die Atomrümpfe im Kristallgitter zusammenliegen, umso öfter stoßen die strömenden Ladungen mit ihnen zusammen.

Um den Einfluss des Werkstoffs auf den Leiterwiderstand rechnerisch zu erfassen, definiert man einen Werkstoffkennwert, der ausschließlich von der Art des Werkstoffs abhängt und der für jeden Werkstoff messtechnisch ermittelt werden muss. Man bezeichnet diesen Kennwert als **spezifischen Widerstand** ϱ (sprich Rho) und definiert ihn so, dass er dem Leiterwiderstand direkt proportional ist.

Der spezifische Widerstand eines Werkstoffs ist dem Leiterwiderstand direkt proportional. $\boldsymbol{R \sim \varrho}$

Mit dieser Festlegung erhält man nun – zusammen mit den Abhängigkeiten von Querschnitt und Länge – die Gleichung zur Berechnung des Widerstandes von Leitern.

Gleichung zur Berechnung des Leiterwiderstandes:

$$R = \frac{l \cdot \varrho}{A}$$

Aus dieser Gleichung lässt sich nun ableiten,

- wie der spezifische Widerstand gemessen werden kann und
- was man sich unter dem spezifischen Widerstand vorstellen kann.

Setzt man in der Widerstandsgleichung die Zahlenwerte für A und l **gleich 1, so wird der Zahlenwert von** R **gleich dem Zahlenwert von** ϱ**. Praktisch bedeutet das: Misst man an einem Leiter von 1 m Länge und 1 mm² Querschnitt den Widerstand, so ist dies der spezifische Widerstand des Werkstoffs.** Er wird gemessen bei 20 °C (mittlere Raumtemperatur).

Zur Berechnung von Leiterwiderständen wird oft anstelle des spezifischen Widerstandes auch ein „spezifischer Leitwert", also der Kehrwert von ϱ, verwendet. Dieser wird als **Leitfähigkeit** γ (sprich Gamma) bezeichnet.

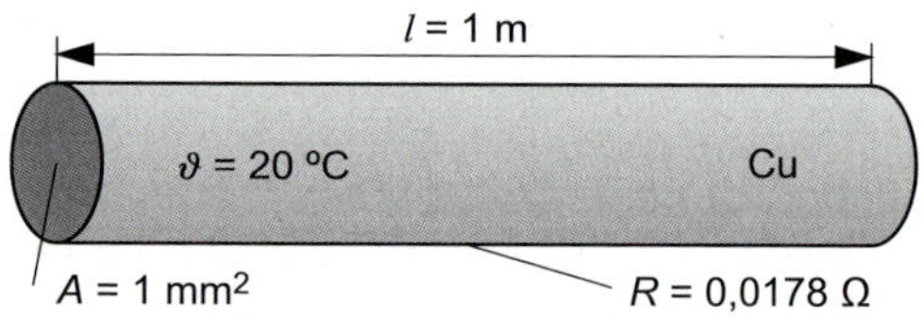

Bild 1.26: Spezifischer Widerstand von Kupfer

Der spezifische Widerstand wird auch **für Isolierstoffe** angegeben. Da diese Werkstoffe jedoch nicht in Form von Drähten verwendet werden, **wird** ihr spezifischer Widerstand **an einem Würfel von 1 cm Kantenlänge gemessen**. Daher ergibt sich als Einheit für den spezifischen Widerstand von Isolierstoffen $\Omega \cdot \text{cm}^2/\text{cm} = \Omega \cdot \text{cm}$.

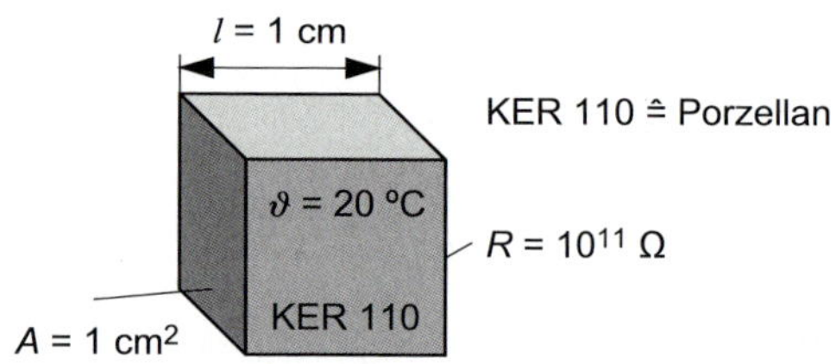

Bild 1.27: Spezifischer Widerstand von Isolierstoffen

Mit der fortschreitenden Miniaturisierung der Strukturen und immer kleineren Leiterquerschnitten nimmt die Stromdichte in Schaltungen der Mikro- und Nanoelektronik stetig zu. Dies führt beispielsweise bei metallischen Leiterbahnen zu einer unerwünschten Materialwanderung infolge vermehrter Zusammenstöße der Leitungselektronen mit den Metallionen des Metallgitters. Hierdurch können – insbesondere bei Gleichstrom – Hohlräume (Voids) in der Leiterbahn entstehen, welche den Querschnitt der Leiterbahn reduzieren und bis zur völligen Unterbrechung führen können. Die abgetragenen Materialmengen können sich dann an anderen Stellen anhäufen und dort Kurzschlüsse erzeugen. Den Vorgang dieser Materialwanderung bezeichnet man als **Elektromigration**.

1.3.7 Abhängigkeit des Widerstandes von der Temperatur

Wie schon beim Begriff der Stromdichte deutlich geworden ist, bedeutet ein heftigeres Schwingen der Atomrümpfe im Metallgitter eine höhere Temperatur des Leiters. Dabei ist es gleichgültig, ob die höhere Temperatur durch einen Strom im Leiter verursacht wird oder ob sie durch Wärmezufuhr von außen (z. B. durch eine Flamme) entsteht. In jedem Fall führt die heftigere Wärmebewegung zu häufigeren und intensiveren Zusammenstößen der strömenden Ladungen mit den Atomrümpfen. Die Folge des Temperaturanstiegs ist also eine Widerstandszunahme.

! Mit steigender Temperatur nimmt der Widerstand von Leiterwerkstoffen zu.

Damit unterscheiden sich die Leiterwerkstoffe ganz wesentlich von den Halbleitern, bei denen der Widerstand mit steigender Temperatur abnimmt (vgl. Kap. 2.1.2).

Zur Berechnung der **Widerstandsänderung ΔR**, die bei einer Temperaturänderung – Erwärmung oder Abkühlung – eintritt, sind maßgebend:

- Die Größe der erfolgten **Temperaturänderung $\Delta\vartheta$** (sprich Delta-Theta). Sie errechnet sich als Differenz zwischen der Endtemperatur ϑ_2 und der Bezugstemperatur 20 °C ($\Delta\vartheta = \vartheta_2 - 20\,°C$).
- Die Größe des erwärmten bzw. abgekühlten Widerstandes bei der Bezugstemperatur R_{20}, also vor der Temperaturänderung.
- Ein Werkstoffkennwert, der als Temperaturbeiwert α bezeichnet wird und für jeden Werkstoff messtechnisch ermittelt werden muss.

Die **Widerstandsänderung durch Temperaturänderung** ist

- der Temperaturdifferenz ($\Delta\vartheta$),
- dem Widerstandswert bei 20 °C (R_{20}) und
- dem Temperaturbeiwert α

direkt proportional.

$$\Delta R = R_{20} \cdot \alpha \cdot \Delta\vartheta$$

Der Temperaturbeiwert α eines Werkstoffes gibt an, um wie viel Ohm ein Widerstand, der bei 20 °C einen Wert von 1 Ω hat, zunimmt, wenn er um 1 °C erwärmt wird.

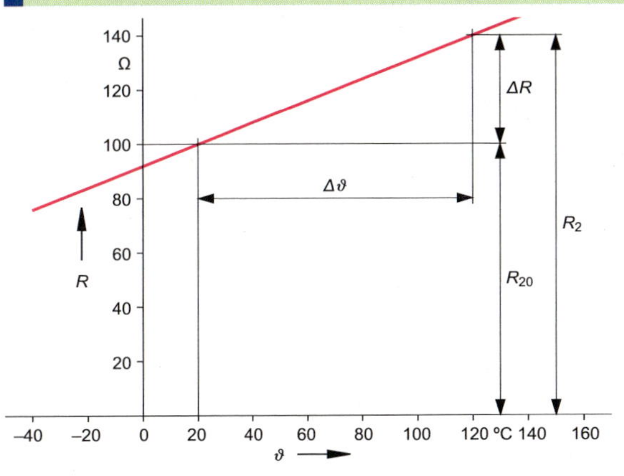

Zahlenangaben für die Temperaturbeiwerte der verschiedenen Werkstoffe findet man in Tabellenbüchern.

Zwischen dem Widerstandswert R_{20} bei 20 °C, der Widerstandsänderung ΔR und dem Widerstandswert R_2 bei der Endtemperatur ergibt sich aus Bild 1.28 die Beziehung:

$$R_2 = R_{20} + \Delta R$$

Bild 1.28: Widerstandszunahme bei Temperaturanstieg

1.3.8 Widerstandskenngrößen

Bei der **Auswahl eines Widerstandes** für den Einsatz in einer Schaltung müssen vor allem die folgenden Kenngrößen beachtet werden.

a) Nennwert, Bemessungswert

Als Bemessungswert oder Nennwert wird der durch die Bauart bedingte Widerstandswert bezeichnet, der nach der Fertigung nicht mehr verändert werden kann; er gilt für eine Temperatur von 20 °C. Er wird auf dem Bauteil als Klartext oder durch Farbringe oder Farbpunkte angegeben.

Mit Ausnahme von Spezialwiderständen liefern die Hersteller Widerstände mit Bemessungswerten, die in internationalen Normreihen festgelegt sind.

Reihen für die Nennwerte von Widerständen und Kondensatoren nach DIN IEC 63: 1985-12											
Vorzugswerte				**Vorzugswerte mit kleiner zulässiger Abweichung**							
E3	E6	E12	E24	E48	E96	E48	E96	E48	E96	E48	E96
zulässige Abweichung				zulässige Abweichung							
über 20 %	±20 %	±10 %	±5 %	±2 %	±1 %	±2 %	±1 %	±2 %	±1 %	±2 %	±1 %
1,0	1,0	1,0	1,0	100	100	178	178	316	316	562	562
			1,1		102		182		324		576
		1,2	1,2	105	105	187	187	332	332	590	590
			1,3		107		191		340		604
	1,5	1,5	1,5	110	110	196	196	348	348	619	619
			1,6		113		200		357		634
		1,8	1,8	115	115	205	205	365	365	649	649
			2,0		118		210		374		665
2,2	2,2	2,2	2,2	121	121	215	215	383	383	681	681
			2,4		124		221		392		698
		2,7	2,7	127	127	226	226	402	402	715	715
			3,0		130		232		412		732
	3,3	3,3	3,3	133	133	237	237	422	422	750	750
			3,6		137		243		432		768
		3,9	3,9	140	140	249	249	442	442	787	787
			4,3		143		255		453		806
4,7	4,7	4,7	4,7	147	147	261	261	464	464	825	825
			5,1		150		267		475		845
		5,6	5,6	154	154	274	274	487	487	866	866
			6,2		158		280		499		887
	6,8	6,8	6,8	162	162	287	287	511	511	909	909
			7,5		165		294		523		931
		8,2	8,2	169	169	301	301	536	536	953	953
			9,1		174		309		549		976

Bild 1.29: Internationale Normreihen

Die Widerstandsnormreihen werden mit dem Buchstaben E gekennzeichnet, die nachfolgende Zahl gibt die Anzahl der Widerstandswerte einer Reihe pro Dekade an (Dekade: abgeleitet von der metrischen Vorsilbe „deka“, d.h. 10^1). Üblicherweise werden tabellarisch nur die Widerstandswerte einer einzelnen Dekade dargestellt, da sich die Werte anderer Dekaden jeweils nur um eine Zehnerpotenz voneinander unterscheiden. Bei den Widerstandsreihen E3 bis E24 wird in Bild 1.29 beispielsweise die Dekade von 1 Ω bis 10 Ω angegeben, wobei 10 Ω bereits als erster Widerstand der nächsten Dekade angehört, die dann die Widerstände von 10 Ω bis 100 Ω umfasst (d.h. bei Reihe E3 die Werte 10 Ω, 22 Ω und 47 Ω). Bei den Reihen E48 und E96 wird die Dekade von 100 Ω bis 1 kΩ angegeben; wegen der großen Anzahl innerhalb einer Dekade werden diese Widerstandswerte jeweils auf vier gleichfarbig getönte Spalten verteilt.

b) Toleranz

Die Fertigungstoleranz gibt an, in welchen Grenzen die bei der Serienfertigung unvermeidbaren Abweichungen von den Nennwerten zulässig sind. Nach den internationalen Normreihen sind bestimmte Grenzen für die Fertigungstoleranz festgelegt.

Die Toleranz wird – genau wie der Nennwert – als Zahl oder als Farbmarkierung auf dem Widerstand angegeben. Der internationale Farbcode legt die Farben zur Kennzeichnung von Widerständen fest (Bild 1.30).

Ringfarbe oder Punktfarbe		**1. Stelle** 1. Ziffer	**2. Stelle** 2. Ziffer	**3. Stelle** Multiplikator	**4. Stelle** Toleranz in %
Schwarz	(sz)	–	0	$10^0 = 1$	–
braun	(br)	1	1	10^1	±1
rot	(rt)	2	2	10^2	±2
orange	(or)	3	3	10^3	–
gelb	(gb)	4	4	10^4	–
grün	(gn)	5	5	10^5	±0,5
blau	(bl)	6	6	10^6	±0,25
violett	(vl)	7	7	10^7	±0,1
grau	(gr)	8	8	10^8	–
weiß	(ws)	9	9	10^9	–
gold	(au)	–	–	10^{-1}	±5
silber	(ag)	–	–	10^{-2}	±10
ohne Farbe		–	–	–	±20

Bild 1.30: Internationaler Farbcode

Trägt ein Widerstand fünf Ringe, so gilt der dritte Ring als weitere Ziffer, der vierte Ring als Multiplikator, der fünfte Ring gibt die Toleranz in % an. Auf diese Weise sind zum Beispiel die Widerstände der Normreihen E48 und E96 (Bild 1.29) gekennzeichnet.

Bild 1.31 zeigt einige Beispiele für die Anwendung des Farbcodes bei vierfach und fünffach beringten Widerständen. Das Zählen der Ringe (1. Stelle, 2. Stelle usw.) beginnt immer an der Seite des Widerstandes, an der die Ringe am nächsten liegen; im linken Beispiel wird also von links nach rechts gezählt, im rechten Beispiel von rechts nach links.

Nennwert: $68 \cdot 10^2$ Ω = 6,8 kΩ, Toleranz ±10 %, d.h. der tatsächliche Wert kann zwischen 6,12 kΩ und 7,48 kΩ liegen

Nennwert: $825 \cdot 10^1$ Ω= 8,25 kΩ, Toleranz ±2 %, d.h. der tatsächliche Wert kann zwischen 8,085 kΩ und 8,415 kΩ liegen

Bild 1.31: Farbkennzeichnung von Widerständen

c) Belastbarkeit

Als Belastbarkeit bezeichnet man die in Watt (W) angegebene Leistung des Widerstandes (Nennleistung). Liegt der Widerstand an einer Spannung und wird von einem Strom durchflossen, so wird die ihm zugeführte elektrische Energie in Wärme umgewandelt. Als Folge dieser Energieumwandlung steigt die Temperatur des Widerstandswerkstoffes. Um eine Zerstörung des Widerstands- und Isolationsmaterials zu vermeiden, muss die entstehende Wärme fortlaufend an die Umgebung abgeführt werden. Je mehr Wärme ein Bauelement abführen kann, desto mehr elektrische Energie kann es pro Sekunde umwandeln, d. h. desto mehr elektrische Leistung kann dem Bauelement zugeführt werden, ohne dass es zerstört wird. Die für ein Bauelement **höchstzulässige Leistung nennt man Belastbarkeit**.

Eine wesentliche Rolle bei der Wärmeabgabe an die Umgebung spielt die **Oberfläche des Bauelements**.

Ein wichtiger Gesichtspunkt für die Wärmeabgabe eines Widerstandes ist die **Umgebungstemperatur** (ϑ_u). Ist der Unterschied zwischen der maximalen Temperatur des Widerstandes (ϑ_0) und der Umgebungstemperatur gering, so ist die Wärmeabgabe schlecht. Das bedeutet, dass die Belastbarkeit mit zunehmender Umgebungstemperatur abnimmt. Die Hersteller geben daher in ihren Datenblättern Kennlinien an, aus denen die Belastbarkeit in Abhängigkeit von der Umgebungstemperatur zu entnehmen ist.

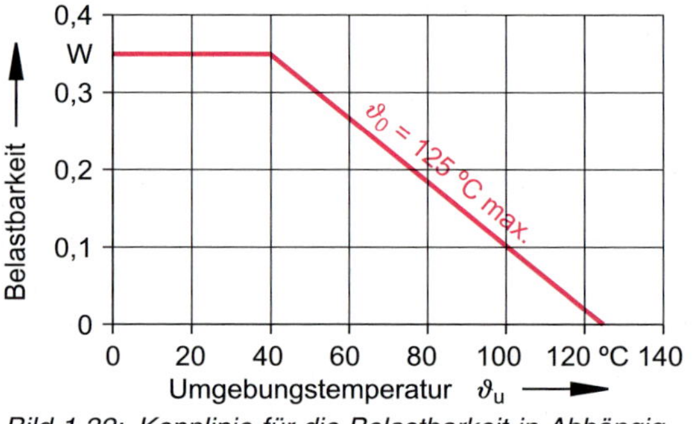

Bild 1.32: Kennlinie für die Belastbarkeit in Abhängigkeit von der Umgebungstemperatur

d) Spannungsfestigkeit

Die Spannungsfestigkeit eines Widerstandes steigt mit dem Widerstandswert. Die in den Datenblättern angegebene Spannungsfestigkeit ist das Maximum und darf nicht überschritten werden. Mit der Formel $U^2 = P \cdot R$ kann die tatsächliche Spannungsfestigkeit bei einem bestimmten Widerstandswert berechnet werden; sie darf den Maximalwert nicht übersteigen.

e) Grenzstrom

Der Grenzstrom eines Widerstandes sinkt mit dem Widerstandswert. Der in den Datenblättern angegebene Grenzstrom ist das Maximum und darf nicht überschritten werden. Mit der Formel $I^2 = P/R$ kann der tatsächliche Grenzstrom bei einem bestimmten Widerstandswert berechnet werden; er darf das Maximum nicht übersteigen.

f) Impulsfestigkeit

Bei Impulsbelastung erhöht sich die angegebene Belastbarkeit um einen Faktor, der von der Häufigkeit und der Länge der Impulse abhängt. Besonders gut geeignet für Impulslasten sind Draht- und Metallfolienwiderstände.

1.3.9 Widerstandsbauelemente

Der bisher eingeführte Begriff „elektrischer Widerstand" ist eine Eigenschaft elektrischer Leiter, Verbraucher (z.B. Glühlampen, Elektroherde, Motoren usw.) und sonstiger Bauelemente (z.B. Relais, Übertrager, Dioden, Transistoren usw.). Diese Eigenschaft ist in der Regel unerwünscht und verursacht vielfach kostspielige Energieverluste.

Daneben gib es ein Bauelement, das nur wegen seiner Eigenschaft „Widerstand“ in elektrischen Schaltungen eingesetzt wird; dieses Bauelement bezeichnet man einfach als Widerstand.

Das Wort Widerstand wird also in der Elektrotechnik mit zwei verschiedenen Bedeutungen verwendet:

- Widerstand als **Eigenschaft** von Leitungen und Bauelementen (physikalischer Begriff; R kursiv; engl. resistance) und
- Widerstand als **Name** für ein Bauelement (R gerade; engl. resistor).

Widerstände als Bauelemente kommen in allen Bereichen der Elektrotechnik und Elektronik zum Einsatz und müssen daher mit sehr unterschiedlichen Kenngrößen hergestellt werden. Dabei ergab sich inzwischen eine unvorstellbar große Zahl verschiedener Ausführungen von Widerständen in allen nur denkbaren Technologien. Letztlich unterscheidet man Widerstände aber grundsätzlich hinsichtlich der Herstellungsverfahren und Bauformen in Drahtwiderstände und Schichtwiderstände.

1.3.9.1 Drahtwiderstände

Drahtwiderstände werden als Wicklung aus Widerstandsdraht auf einen wärmefesten Isolierstoffkörper (z. B. Keramik, Glasfaserkordel) aufgebracht. Der Widerstandsdraht ist durch einen Lacküberzug oder durch Oxidierung der Oberfläche isoliert, um einen Windungsschluss zu verhindern.

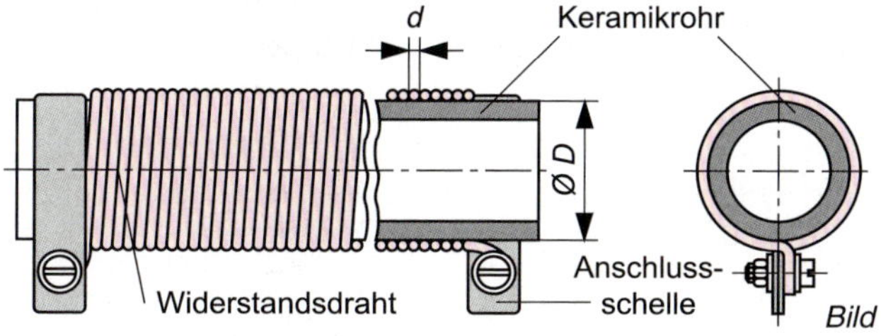

Bild 1.33: Aufbau eines Drahtwiderstandes

Als Widerstandswerkstoff werden Legierungen mit einem möglichst großen spezifischen Widerstand (z. B. Manganin, Nickelin, Konstantan) verwendet, um die Drahtlänge und damit die Abmessungen des Bauteils gering zu halten. Außerdem ändert sich bei diesen Stoffen der Widerstandswert bei Erwärmung nur unwesentlich.

Der Oberflächenschutz gegen Verschmutzung und Korrosion wird erreicht durch Lacküberzüge, eine Kunststoffummantelung oder eine nicht brennbare Silikonzementumhüllung. Durch die Anordnung des Widerstandes auf einem Keramikrohr wird eine bessere Wärmeableitung und eine hohe Durchschlagsfestigkeit erreicht.

Drahtgewickelte Widerstände werden überall dort eingesetzt, wo eine hohe Belastbarkeit bei geringen Abmessungen und gleichzeitig eine hohe Betriebssicherheit gefordert werden. Die Grenze der Belastbarkeit ist hauptsächlich durch die Wärmefestigkeit des Trägerkörpers und des Oberflächenschutzes gegeben.

Einige Beispiele für Drahtwiderstände, wie sie in Datenbüchern dargestellt werden, sehen Sie in Bild 1.34. Vollständige Datenblätter verschiedener Hersteller stehen Ihnen unter **www.westermann.de/links/00815** als Download zur Verfügung.

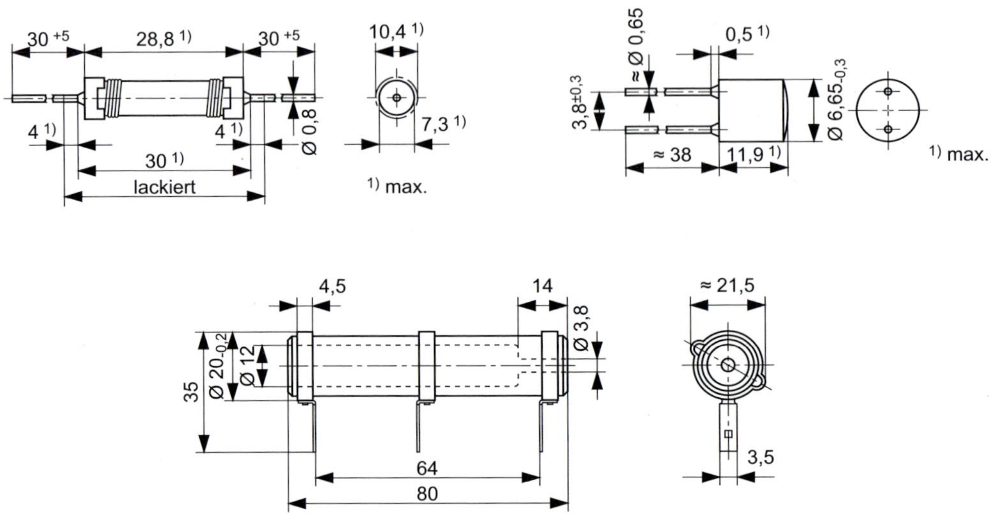

Bild 1.34: Beispiele für Drahtwiderstände

1.3.9.2 Schichtwiderstände

Schichtwiderstände werden nach der Art des verwendeten Widerstandsmaterials unterschieden (z. B. Kohleschicht-, Metallschicht-, Edelmetallschicht-, Metalloxidschicht-Widerstände).

Die Herstellung erfolgt nach verschiedenen Verfahren (z. B. tauchen, aufdampfen usw.). Dabei wird das Widerstandsmaterial in einer geschlossenen Schicht auf das Trägermaterial (z. B. Keramik) aufgebracht. Die Größe des Widerstandswertes wird weitgehend durch die Dicke der Schicht bestimmt. Der Feinabgleich auf den gewünschten Widerstandswert erfolgt durch Einschleifen von Rillen, wodurch man schmale Leiterbahnen mit hohen Widerstandswerten erhält. Bei Dick- und Dünnfilm-Chipwiderständen werden zunehmend lasertrimmbare Widerstände verwendet, bei denen die Kerben zum Abgleich durch einen gesteuerten Laserstrahl erzeugt werden.

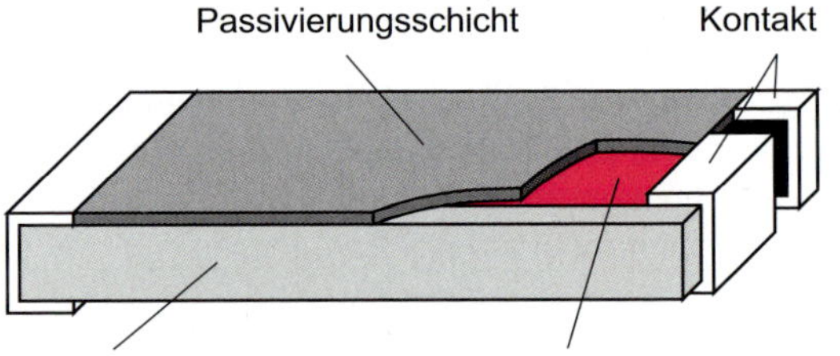

Bild 1.35: Typische Konstruktion eines trimmbaren Widerstandes

In Bild 1.36 sind einige Schichtwiderstände in der handelsüblichen Form dargestellt. Neben den Normalausführungen (a, b) werden Schichtwiderstände für viele Spezialanwendungen hergestellt. So besteht z. B. der Edelmetallschicht-Schutzwiderstand (c) aus einem Spezialglas-Rohrkörper, auf dessen Innenwand die Edelmetall-Widerstandsschicht aufgebracht ist. Ein weiteres Beispiel ist der Kohleschicht-Widerstand für Koaxialleitungen (d).

Im Zuge der fortschreitenden Miniaturisierung von Widerstandsbauelementen für die Elektronik werden immer neue Bauformen entwickelt.

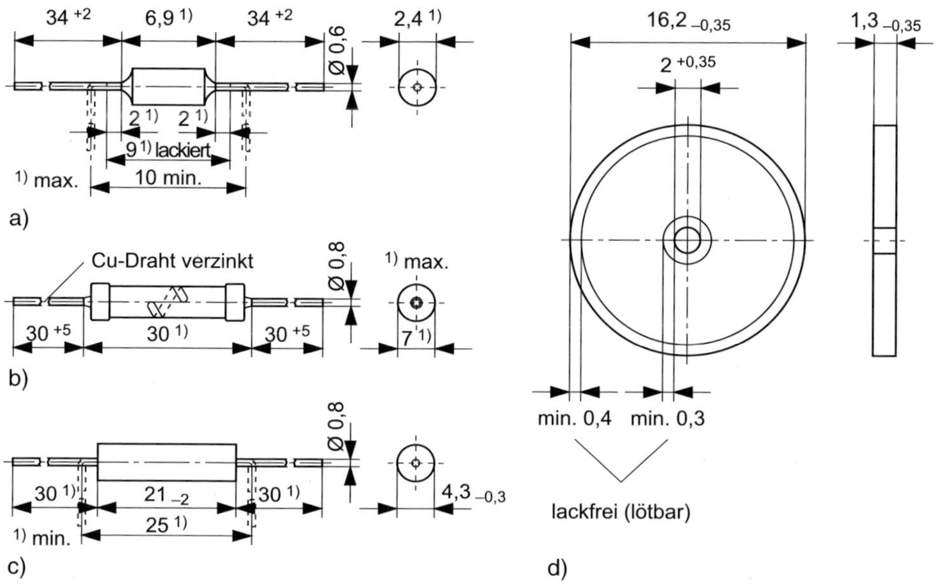

Bild 1.36: Beispiele für Schichtwiderstände

Diese winzigen Bausteine werden in flachen und zylindrischen Bauformen hergestellt. Die Bezeichnung MELF (Metal Electrode Facebonding) ist ein Produktname für eine weitverbreitete Bauform oberflächenmontierbarer zylinderförmiger Widerstände in Dünnfilm-Metallschicht-Technologie.

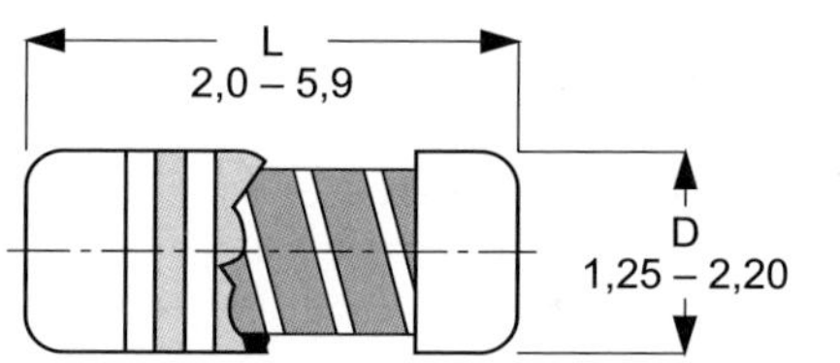

Bild 1.37: Metallfilm-Miniaturwiderstand (MELF)

Die Bemühungen der Hersteller von passiven Bauelementen (z. B. Widerstände, Kondensatoren) mit der Miniaturisierung von ICs Schritt zu halten, führten zur Entwicklung integrierter Widerstands- und Kondensator-Arrays, wodurch sich eine deutliche Platzeinsparung auf Leiterplatten ergab.

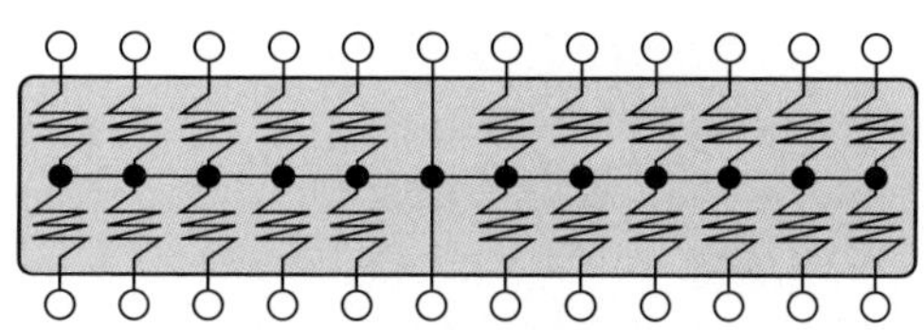

Bild 1.38: Widerstandsnetzwerk

Diese Widerstandsnetzwerke sind äußerlich nicht mehr von elektronischen ICs zu unterscheiden. Sie sind in sogenannten **DIP**-Gehäusen (Dual-In-Line-Package) untergebracht, bei denen die Anschlüsse (PINs) in zwei Reihen angeordnet sind. Die Festlegung der Anschlussnummern erfolgt bei DIP-Gehäusen in der Draufsicht, wobei Anfang und Ende durch die Einkerbung markiert sind. Die Bauelemente sind als oberflächenmontierbare Bausteine in SMD-Technologie ausgeführt (**SMD** = Surface Mounted Devices).

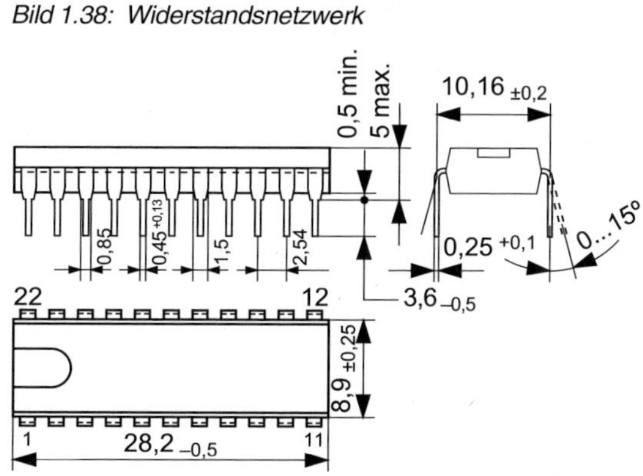

Bild 1.39: DIP-Gehäuse

1.3.9.3 Veränderbare Widerstände

Neben den Festwiderständen, bei denen der Widerstandswert unveränderbar festliegt, werden häufig Widerstände benötigt, deren Werte zwischen einem Anfangs- und einem Endwert mechanisch eingestellt werden können.

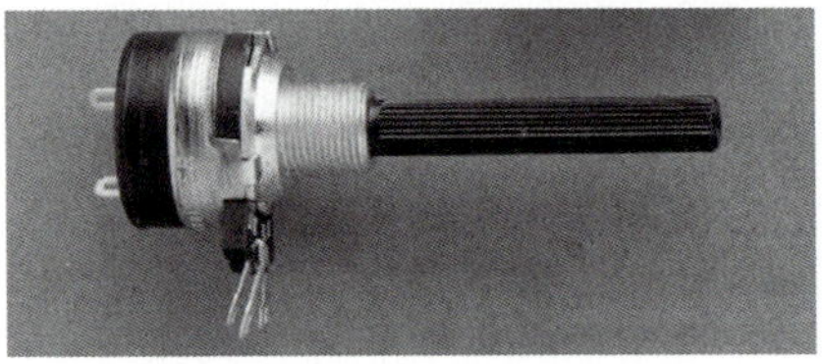

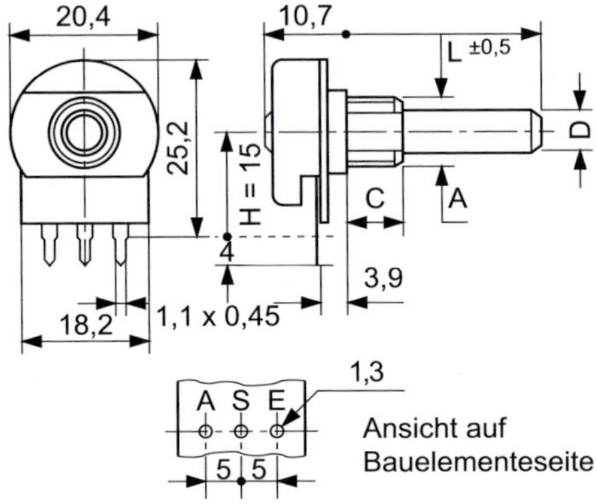

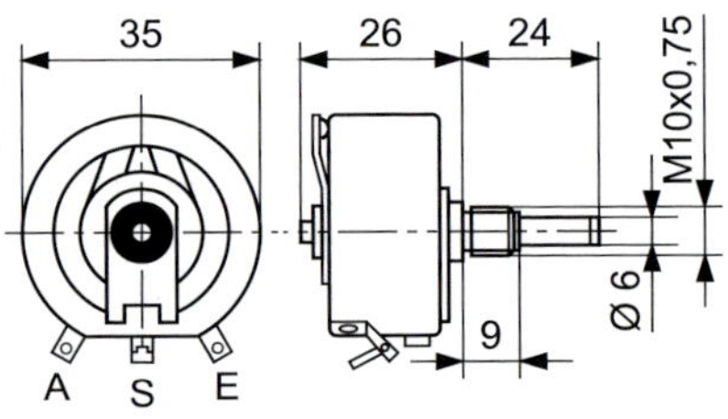

Hochlast-Drahtpotenziometer

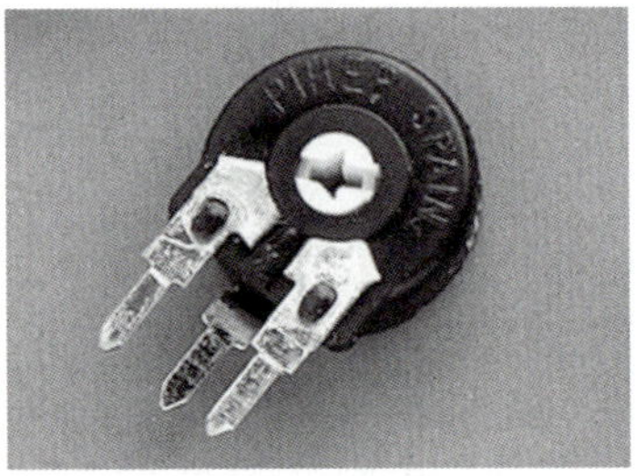

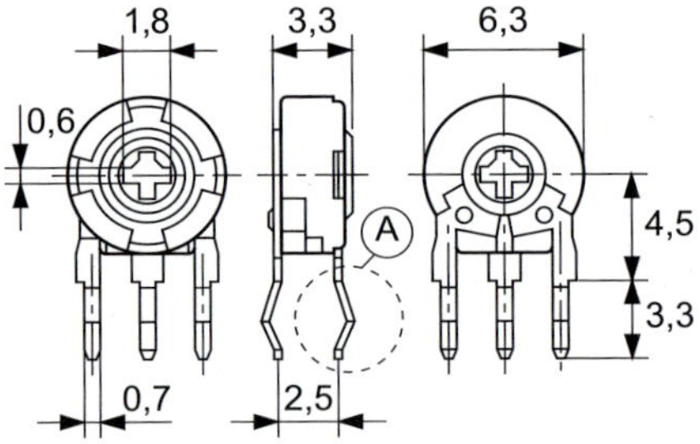

Kohleschicht-Trimmer

Bild 1.40: Beispiele für veränderbare Widerstände

Veränderbare Widerstände werden sowohl als Drahtwiderstände als auch als Schichtwiderstände (mit Kohle- oder Metallschicht) hergestellt.

Sie haben üblicherweise drei Anschlussstellen (Lötfahnen oder Lötstifte) und können somit als Spannungsteiler (Potenziometer; vgl. Kap. 1.5.3.1) eingesetzt werden.

Kann die Einstellung über eine Drehachse mithilfe eines Drehknopfes erfolgen, so spricht man von einem **Drehpotenziometer**.

Ist zur Einstellung ein Werkzeug erforderlich, so bezeichnet man das Bauteil als **Trimmer**.

1.3.9.4 Lineare und nichtlineare Widerstände

Untersucht man das Verhalten von Widerstandsbauelementen in einem Stromkreis durch Messen von Spannung und Stromstärke (wobei der Einfluss der Temperatur unbeachtet bleibt), so führt dies zu zwei unterschiedlichen Ergebnissen.

Bei ansteigender Spannung ändert sich der Widerstandswert nicht, d. h. die anliegende Spannung und die sich damit einstellende Stromstärke haben keinen Einfluss auf den Widerstandswert. Trägt man die Messwerte in ein Strom-Spannungs-Diagramm ein, ergibt sich eine gerade oder lineare Widerstandskennlinie. Daher bezeichnet man solche Widerstandsbauelemente als lineare Widerstände oder ohmsche Widerstände.

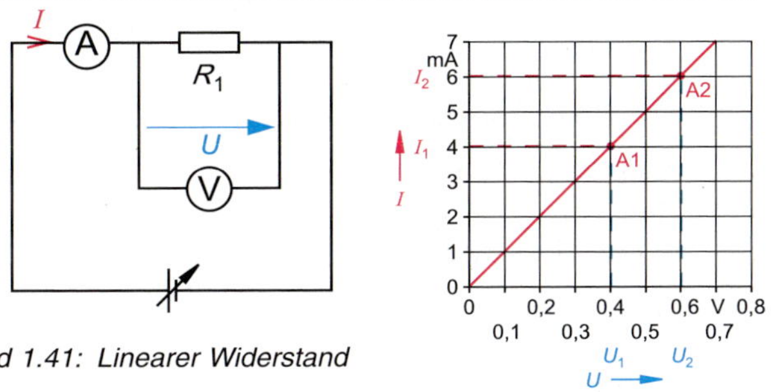

Bild 1.41: Linearer Widerstand

Lineare Widerstände (ohmsche Widerstände) haben einen unveränderlichen festen Widerstandswert; er ist von den Betriebsgrößen der Schaltung unabhängig.

Für jeden beliebig gewählten Arbeitspunkt auf einer linearen Widerstandskennlinie errechnet sich derselbe Widerstandswert.

Als **Arbeitspunkt einer Schaltung** bezeichnet man den Punkt in einem I-U-Diagramm, in dem die Betriebswerte der Schaltung abzulesen sind.

- **Beispiel**

Nach der Widerstandskennlinie in Bild 1.41 beträgt der Widerstandswert

- im Arbeitspunkt A1: $R_{A1} = \frac{U_1}{I_1} = \frac{0{,}4\ \text{V}}{4\ \text{mA}} = \mathbf{100\ \Omega}$
- im Arbeitspunkt A2: $R_{A2} = \frac{U_2}{I_2} = \frac{0{,}6\ \text{V}}{6\ \text{mA}} = \mathbf{100\ \Omega}$

Ändert sich bei der Messung der Widerstandswert (z. B. einer Diode; vgl. Kap. 2.2) mit der Größe der angelegten Spannung, so ergibt sich im Strom-Spannungs-Diagramm eine gekrümmte oder nichtlineare Kennlinie. Bauelemente mit gekrümmten Widerstandskennlinien bezeichnet man als nichtlineare Widerstände.

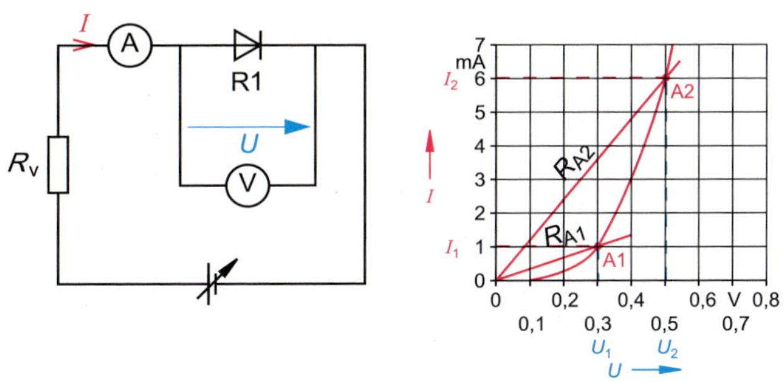

Bild 1.42: Nichtlinearer Widerstand (Diode)

Nichtlineare Widerstände haben keinen festen Widerstandswert. Ihr Widerstandswert ist von den Betriebsgrößen der Schaltung abhängig.

Für jeden beliebig gewählten Arbeitspunkt auf einer nichtlinearen Widerstandskennlinie errechnet sich ein anderer Widerstandswert.

Beispiel

Für die Widerstandskennlinie in Bild 1.42 ergibt sich für den Widerstand

- im Arbeitspunkt A1: $R_{A1} = \frac{U_1}{I_1} = \frac{0{,}3\ \text{V}}{1\ \text{mA}} = \mathbf{300\ \Omega}$
- im Arbeitspunkt A2: $R_{A2} = \frac{U_2}{I_2} = \frac{0{,}5\ \text{V}}{6\ \text{mA}} = \mathbf{83{,}3\ \Omega}$

Das Widerstandsverhalten von nichtlinearen Widerständen wird von den Herstellern in Datenblättern meist durch Kennlinien angegeben.

1.3.9.5 Temperaturabhängige Widerstände

a) Kaltleiter (PTC-Widerstände)

Kaltleiter sind Widerstandsbauelemente, die in kaltem Zustand den elektrischen Strom besser leiten als in warmem Zustand. Ihr Temperaturbeiwert α (vgl. Kap. 1.3.7) ist positiv; daher werden sie auch als PTC-Widerstände (**P**ositive **T**emperature **C**oefficient) bezeichnet.

Der Widerstandswert von **Kaltleitern (PTC-Widerständen)** nimmt mit steigender Temperatur zu.

Eigentlich ist jeder metallische Leiter ein Kaltleiter; allerdings ist die Widerstandszunahme sehr gering, sie beträgt bei einem Temperaturanstieg von 1 K etwa 0,4 % (K = Kelvin = Grad Celsius). Bei PTC-Widerständen hingegen steigt der Widerstand bei einer Temperaturerhöhung von etwa 20 K auf den 10- bis 1000-fachen Wert des Kaltwiderstandes an.

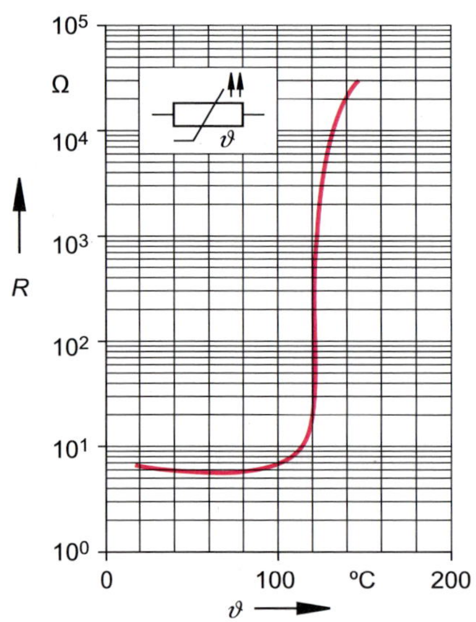

Grenzdaten

max. Betriebsspannung ($\vartheta_u = 25\,°C$) .... $U_{max} = 20\ \text{V}$
max. Betriebstemperatur .... $\vartheta_{max} = 160\,°C$

Kenndaten

Widerstandswert ($\vartheta_u = 25\,°C$) .... $R_{25} = 6\ \Omega + 70\,\%\ -50\,\%$
Bezugstemperatur .... $\vartheta = 80\,°C$
(Beginn des steilen Widerstandsanstiegs)
Bezugswiderstand .... $R_0 = 11\ \Omega$
Endtemperatur .... $\vartheta_{End} = 155\,°C$
(Ende des steilen Wideranstiegs)
Endwiderstand .... $R_{End} \geqq 4\ \text{k}\Omega$

Bild 1.43: Schaltzeichen, Kennlinie und Daten eines PTC-Widerstandes

PTC-Widerstände werden aus Mischungen verschiedener Metalloxide und keramischen Materialien hergestellt. Sie sind in vielen verschiedenen Bauformen und in sehr kleinen Abmessungen erhältlich.

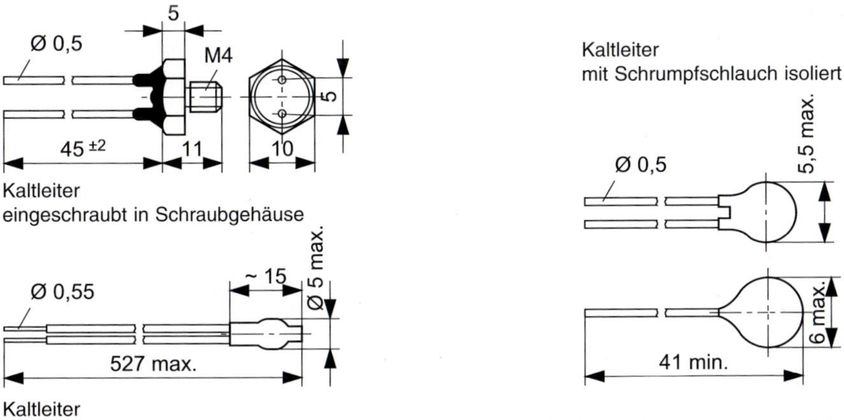

Bild 1.44: Bauformen von PTC-Widerständen

In der Anwendung unterscheidet man

- Kaltleiter als fremderwärmter PTC-Widerstand und
- Kaltleiter als eigenerwärmter PTC-Widerstand.

Diese beiden Möglichkeiten lassen sich anhand der Strom-Spannungs-Kennlinie erläutern.

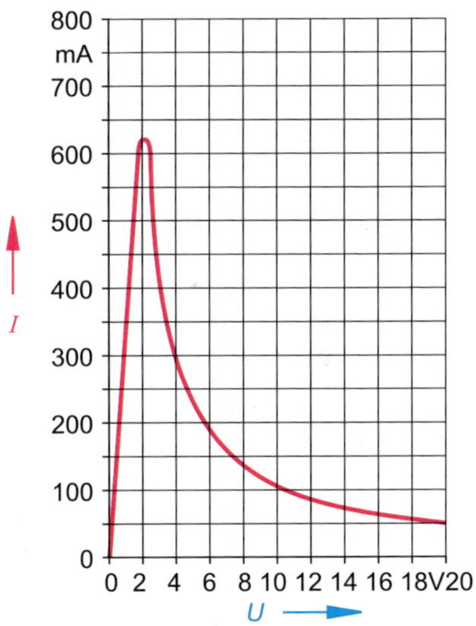

Bild 1.45: Strom-Spannungs-Kennlinie eines PTC

Fremderwärmte PTC-Widerstände

Im Bereich kleiner Spannungen (im Beispiel $U \leq 2$ V) verhält sich der PTC-Widerstand wie ein ohmscher Widerstand *($I \sim U$)*, da die Leistungsaufnahme in diesem Bereich so gering ist, dass sie nicht zur Erwärmung des Widerstandes führt. Die Betriebstemperatur des Bauelements und damit sein Widerstandswert hängen nur von der Umgebungstemperatur ab, d.h. der Widerstandswert wird durch **Fremderwärmung** bestimmt.

Fremderwärmte PTC-Widerstände sind für Mess- und Regelaufgaben bestens geeignet. Aufgrund ihrer geringen Abmessungen (vgl. Bild 1.44) und der damit verbundenen geringen thermischen Trägheit eignen sie sich besonders als Temperaturfühler zur Überwachung von Motoren und sonstigen Geräten zum Schutz vor unzulässiger Erwärmung.

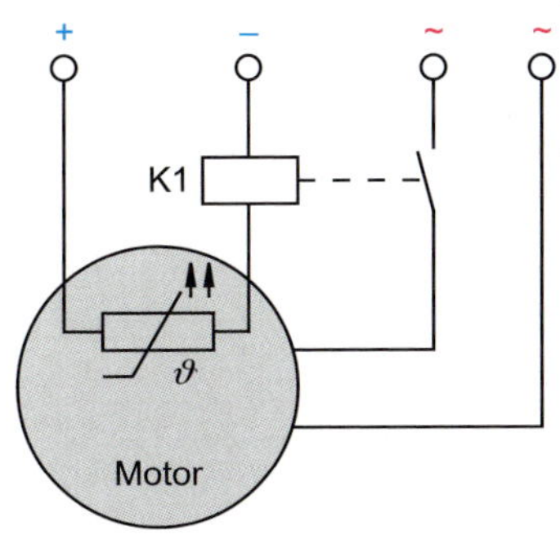

Bild 1.46: PTC-Widerstand als Temperaturfühler

Eigenerwärmte PTC-Widerstände

Bei Spannungen über 2 V führt die aufgenommene Leistung zu einer **Eigenerwärmung** des PTC-Widerstandes (vgl. Bild 1.45). Hierbei stellt sich ein Temperaturgleichgewicht ein: Bei fallender Temperatur erhöht sich infolge des abnehmenden Widerstandswertes die Leistungsaufnahme, die Temperatur steigt wieder an; bei steigender Temperatur führt die Zunahme des Widerstandswertes zur Verringerung der Leistungsaufnahme und zu einem Absinken der Temperatur des Kaltleiters.

Dieser Regelmechanismus ist auch bei einer Spannungsänderung wirksam: Eine Erhöhung der Betriebsspannung bewirkt zunächst einen größeren Strom, der zu einer weiteren Erwärmung führt. Infolgedessen steigt der Kaltleiterwiderstand an, die Stromstärke verringert sich. Die vom PTC-Widerstand aufgenommene Leistung ist also in weiten Bereichen spannungsunabhängig.

Eigenerwärmte PTC-Widerstände finden Anwendung als automatische Kurzschluss- und Überstromsicherung in elektrischen Geräten. Die Widerstände müssen so bemessen sein, dass die Nennstromstärke des zu schützenden Bauteils zu keiner Erwärmung des PTC-Widerstandes führt. Steigt die Stromstärke durch Überlastung oder Kurzschluss auf einen unzulässigen Wert, so wird der Kaltleiterwiderstand in kurzer Zeit hochohmig und begrenzt den Strom auf einen geringen Restwert. Nach dem Beseitigen der Störung stellt sich der ursprüngliche Zustand wieder ein, der PTC-Widerstand wirkt also als zerstörungsfreie Sicherung.

Weitere Anwendungsmöglichkeiten ergeben sich bei Temperaturmesseinrichtungen, Flüssigkeits-Niveaufühler u. Ä.

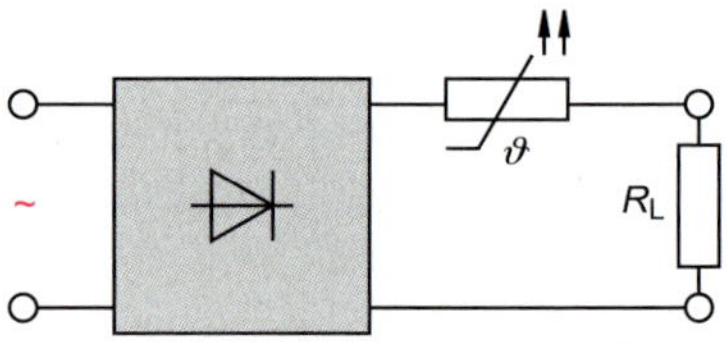

Bild 1.47: PTC-Widerstand als Überlastungsschutz

b) Heißleiter (NTC-Widerstände)

Heißleiter sind Widerstandsbauelemente, die in warmem Zustand den elektrischen Strom besser leiten als in kaltem Zustand. Wegen ihres negativen Temperaturbeiwertes werden sie auch als NTC-Widerstände (Negative Temperature Coefficient) bezeichnet.

> Der Widerstandswert von **Heißleitern (NTC-Widerständen)** nimmt mit steigender Temperatur ab.

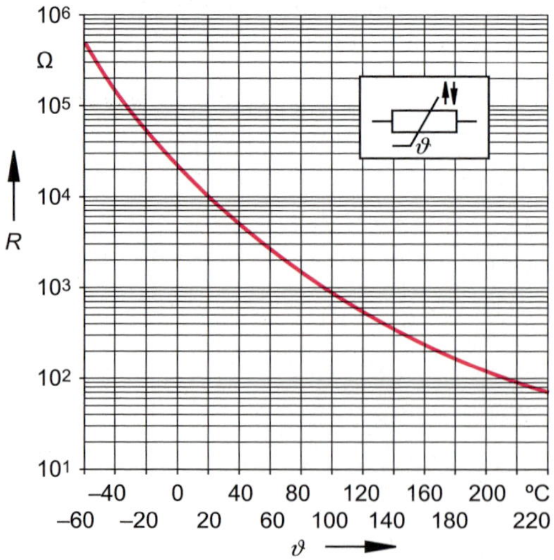

Grenzdaten

obere Grenztemperatur	ϑ_{max} = +225 °C
untere Grenztemperatur	ϑ_{min} = –55 °C
Belastbarkeit bei ϑ_u = 25 °C ..	P_{max} = 40 mW
max. zulässiger Dauerstrom ..	I_{max} = 20 mA

Kenndaten

Nennwiderstand (Kaltwiderstand)	R_{20} = 10 kΩ
Spannungsmaximum	U_1 = 4 V
Strom im Spannungsmaximum	I_1 = 1 mA
kleinster Warmwiderstand	R_{min} = 90 Ω

Bild 1.48: Schaltzeichen, Kennlinie und Daten eines NTC-Widerstandes

NTC-Widerstände zeigen das grundsätzliche Temperaturverhalten von Halbleiterwerkstoffen (vgl. Kap. 2.1). Ausgangsmaterialien zur Herstellung von PTC-Widerständen sind verschiedene Schwermetalloxide; sie werden zu scheiben-, stab- oder perlenförmigen Bauelementen geformt.

NTC-Widerstände können – ähnlich wie PTC-Widerstände – als fremderwärmte oder eigenerwärmte Widerstände verwendet werden.

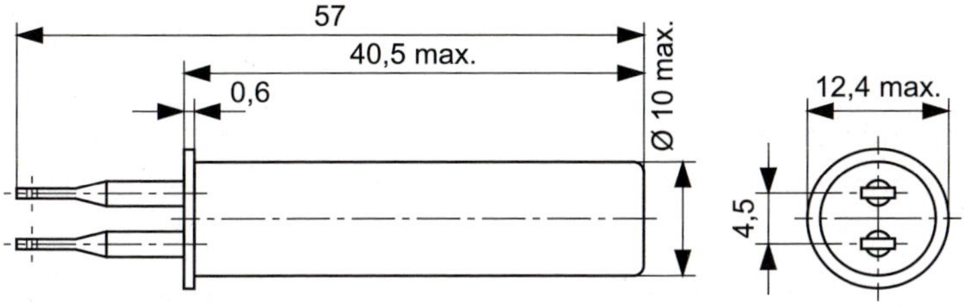

Heißleiter mit Fühlergehäuse

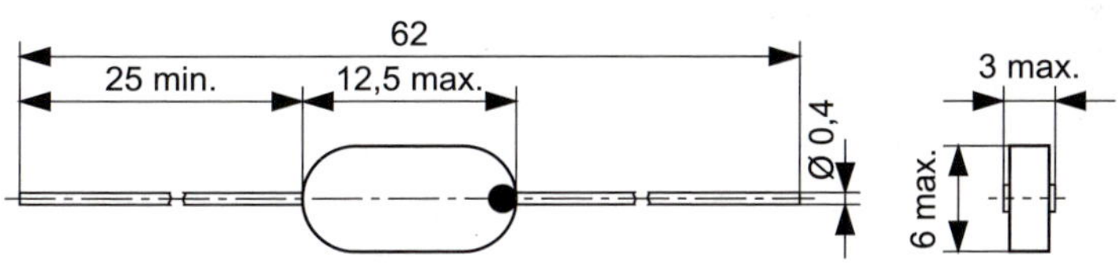

Heißleiter mit Lack überzogen

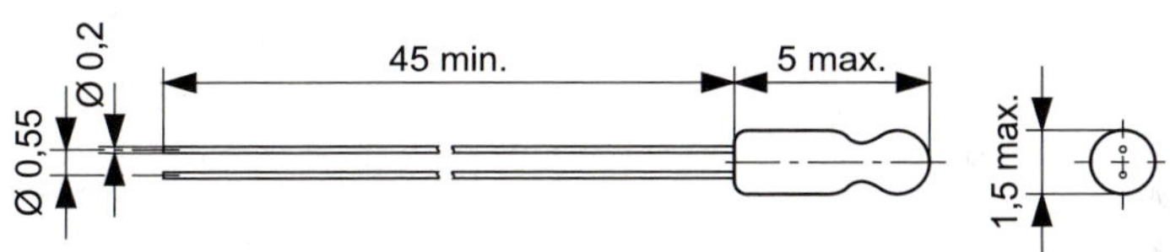

Heißleiter mit Glas eingeschmolzen

Bild 1.49: Bauformen von NTC-Widerständen

Fremderwärmte NTC-Widerstände

Fremderwärmte NTC-Widerstände dienen zur Temperaturmessung in Physik, Chemie und Medizin. Ihr großer Temperaturbeiwert ermöglicht es, Temperaturdifferenzen von ein zehntausendstel Grad Celsius (10^{-4} °C) zu messen. In Haushaltsgeräten (z. B. Elektroherde, Waschmaschinen, Kühlgeräte usw.) werden NTC-Widerstände zur Temperaturregelung eingesetzt. Auch zur Temperaturkompensation in Rundfunk- und Fernsehgeräten werden fremderwärmte Heißleiter verwendet.

Hierbei kann der Heißleiter als Temperaturfühler in eine Spule eingebaut werden. Eine Erhöhung der Spulentemperatur vergrößert den Widerstand der Kupferspule und verringert den Widerstand des Heißleiters. Allerdings ist die Widerstandsabnahme des Heißleiters viel größer als die Widerstandszunahme der Kupferspule. Aus diesem Grund schaltet man einen temperaturunabhängigen Widerstand (R_p) parallel zum NTC-Widerstand. Bei richtiger Bemessung von R_p kann die Widerstandszunahme der Kupferspule durch die Widerstandsabnahme der Parallelschaltung sehr genau kompensiert werden.

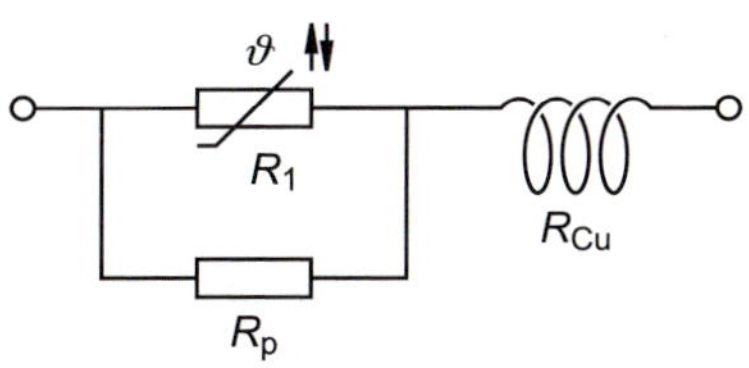

Bild 1.50: NTC-Widerstand zur Temperaturkompensation

Bei der Temperaturmessung ist die Schaltung so zu bemessen, dass keine Eigenerwärmung des Heißleiters erfolgt; sein Widerstandswert wird also nur von der Umgebungstemperatur bestimmt. Steigt diese an, so sinkt der Widerstand des Heißleiters. Dadurch steigt die Spannung am Voltmeter. Dieses kann in °C geeicht werden und zeigt dann sofort die Temperatur an.

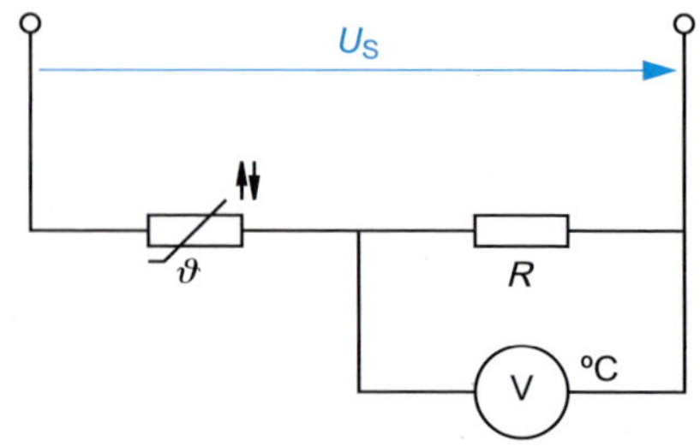

Bild 1.51: Temperaturmessschaltung

Eigenerwärmte NTC-Widerstände

Eigenerwärmte NTC-Widerstände können in der Steuerungstechnik zur Schaltzeitbeeinflussung von Relais eingesetzt werden; damit können z. B. Ansprechverzögerungen von 0,1 s bis zu einigen Sekunden erzielt werden.

Beim Einschalten von S1 hat der kalte Heißleiter einen hohen Widerstand und verursacht dadurch einen hohen Spannungsabfall, sodass das Relais K1 nicht ansprechen kann. Durch den fließenden Strom heizt der Heißleiter auf, sein Widerstand sinkt und die Stromstärke im Relais steigt. Nach dem Ansprechen des Relais wird der Heißleiter kurzgeschlossen, damit er sich bis zum nächsten Einschaltvorgang abkühlen kann.

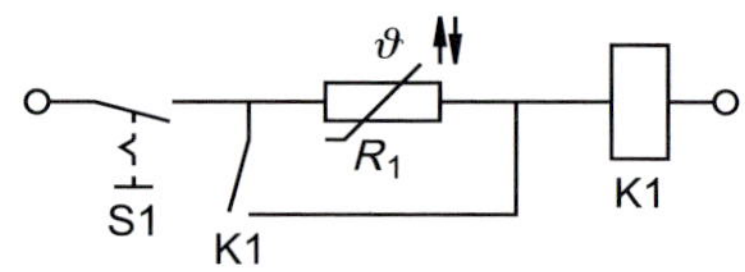

Bild 1.52: Ansprechverzögerung mit einem NTC-Widerstand

Eigenerwärmte NTC-Widerstände werden weiter verwendet in Stabilisierungsschaltungen sowohl für Gleich- als auch für Wechselspannung.

1.3.9.6 Magnetfeldabhängige Widerstände

Bewegte elektrische Ladungen werden in einem magnetischen Feld abgelenkt (vgl. Kap. 1.9.2.3). Dieses physikalische Prinzip wird bei magnetisch veränderbaren Widerständen, den sogenannten Feldplatten, ausgenutzt.

Der Widerstand einer **Feldplatte** nimmt mit steigender Magnetflussdichte zu.

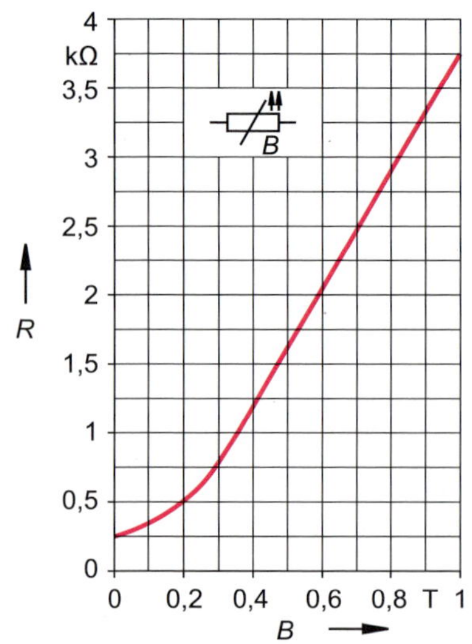

Grenzdaten

max. Verlustleistung (ϑ_u = 25 °C) . . . . . . P_{tot} = 700 mW

Kenndaten (ϑ_u = 25 °C)

Grundwiderstand . . . . R_0 = 250 Ω

Toleranz des Grundwiderstandes . . . . . . ±20 %

Widerstand bei B = 0,3 T . . . . R_B = 750 Ω

Widerstand bei B = 1 T . . . . R_B = 3,75 kΩ

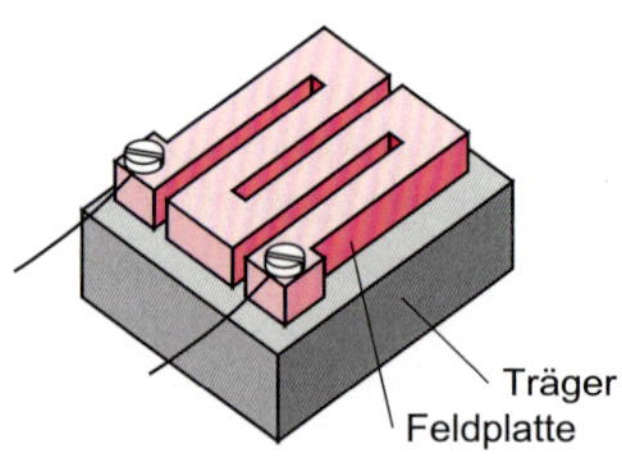

Bild 1.53: Schaltzeichen, Kennlinie, Daten und prinzipieller Aufbau einer Feldplatte

Bei der Herstellung von Feldplatten werden sehr dünne (ca. 25 μm) Plättchen auf eine Trägerplatte aufgebracht und mäanderförmig geätzt, um einen möglichst großen Grundwiderstand zu erzielen.

Feldplatten sind mit sehr kleinen Abmessungen herstellbar, sodass sie im Luftspalt von magnetischen Kreisen untergebracht werden können.

Sie können zur Messung von magnetischen Flussdichten und zur indirekten Messung der Stromstärke verwendet werden; hierbei wird die Stärke des durch den elektrischen Strom verursachten Magnetfeldes gemessen.

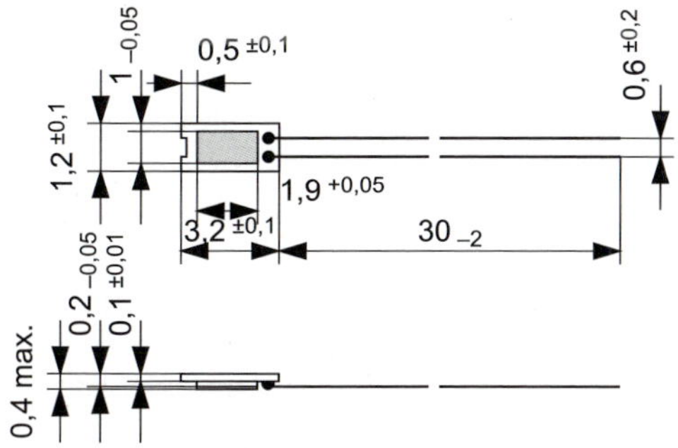

Gewicht etwa 0,017 g

1.54: Bauform einer Feldplatte

1.3.9.7 Lichtabhängige Widerstände

Der lichtabhängige Widerstand, auch als **Fotowiderstand** oder **LDR** (**L**ight **D**ependent **R**esistor) bezeichnet, ändert seine Leitfähigkeit unter dem Einfluss von Licht.

! Der Widerstandswert von **Fotowiderständen** nimmt mit zunehmender Beleuchtung ab.

In der Kennlinie ist der Widerstandswert eines Fotowiderstandes in Abhängigkeit von der Beleuchtungsstärke dargestellt. Die Beleuchtungsstärke (Formelzeichen E) wird in Lux (lx) gemessen. (Die Beleuchtungsstärke einer 25-W-Glühlampe beträgt in einem Abstand von 1 m etwa 50 lx.) Im unbeleuchteten Zustand ist der Fotowiderstand sehr hochohmig. Schon geringe Beleuchtungsstärken setzen den Widerstandswert sehr stark herab.

Allerdings arbeiten Fotowiderstände relativ träge. Die lichtabhängige Änderung des Widerstandswertes von seinem Dunkelwert auf den Hellwert und umgekehrt dauert einige Millisekunden, sodass sehr schnelle Lichtänderungen nicht erfasst werden können.

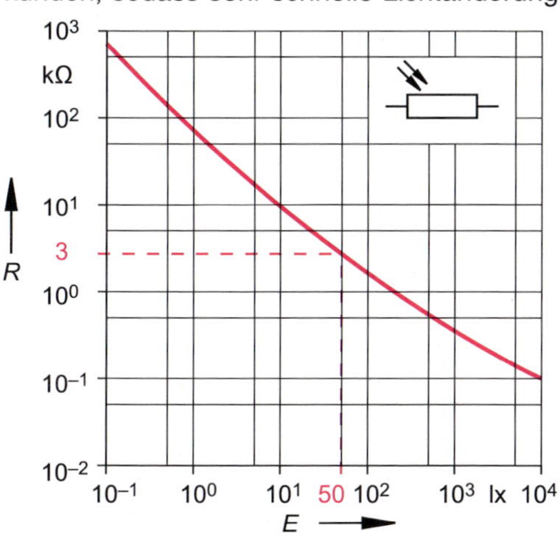

Grenzdaten

max. Betriebsspannung	U_{max}	= 100 V
Verlustleistung	P_{tot}	= 300 mW

Kenndaten

Dunkelwiderstand	R_0	≥ 800 kΩ
Hellwiderstand bei 50 lx	R_{50}	= 3 kΩ

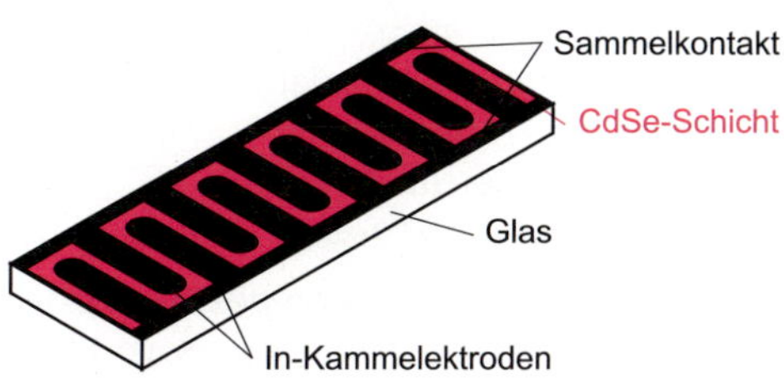

Bild 1.55: Schaltzeichen, Kennlinie, Daten und prinzipieller Aufbau eines Fotowiderstandes

Fotowiderstände bestehen aus einer lichtempfindlichen Schicht (z. B. Cadmium-Selen), die auf eine Trägerplatte aus Glas oder Keramik aufgedampft ist.

Sie können als Bauelemente mit sehr kleinen Abmessungen hergestellt werden.

Fotowiderstände werden eingesetzt in lichtabhängigen Steuerungen, wie Lichtschranken zum Öffnen von Türen, zum Einschalten von Rolltreppen und zur Zählung von Massenartikeln auf einem Fließband oder als Belichtungsmesser.

Als Belichtungsmesser bezeichnet man eine Anordnung, die zur Messung der Beleuchtungsstärke E geeignet ist. Schaltet man einen Fotowiderstand mit einem Milliamperemeter und einer Spannungsquelle in Reihe, so ist die angezeigte Stromstärke umso größer, je größer die Beleuchtungsstärke ist. Die Skala des Messinstruments kann also direkt in Lux geeicht werden.

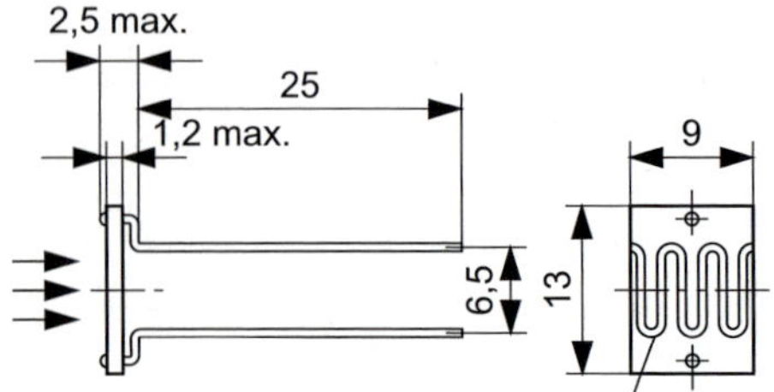

Bild 1.56: Bauform eines Fotowiderstandes

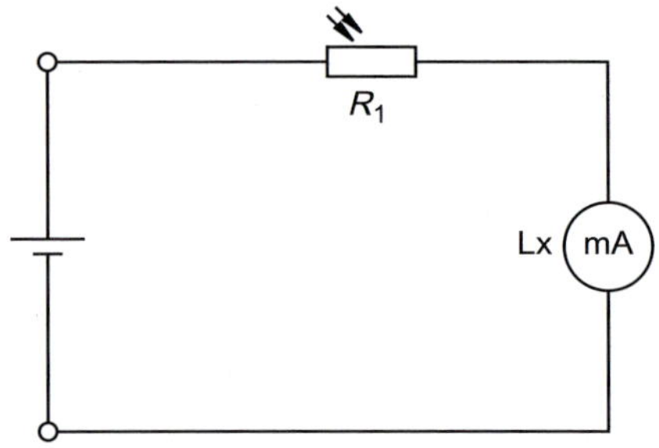

Bild 1.57: Belichtungsmesser

1.3.9.8 Spannungsabhängige Widerstände

Varistoren (**Var**iable res**istor**) sind Widerstandsbauelemente, deren Widerstand mit steigender Spannung kleiner wird; sie werden auch als VDR (**V**oltage **D**ependent **R**esistor) bezeichnet.

! Der Widerstandswert von **Varistoren (VDR)** nimmt mit steigender Spannung ab.

Die Kennlinie in Bild 1.59 zeigt die Abhängigkeit des Widerstandes von der Spannung. Man erkennt, dass der Widerstandswert des Varistors im Bereich der zulässigen Betriebsspannung (z. B. $U \leq 60$ V) größer als 1 MΩ ist. Die Widerstandsänderung ist in diesem Bereich sehr gering. Mit steigender Spannung verringert sich der Widerstand des Varistors auf Werte, die kleiner als 0,1 Ω sind.

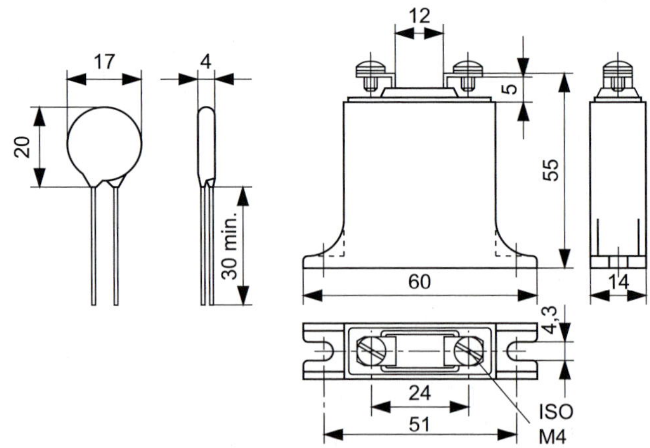

Bild 1.58: Bauformen von Varistoren

Für die Stromstoßbelastung des Varistortyps in Bild 1.59 gilt Folgendes: Über den Varistor darf einmalig für 20 µs ein Strom von 2000 A fließen; für eine Dauer von 2 ms darf der Strom höchstens 20 A betragen. Entsprechende Wertetripel von Anzahl, Zeit und Stoßstromstärke sind der Tabelle zu entnehmen.

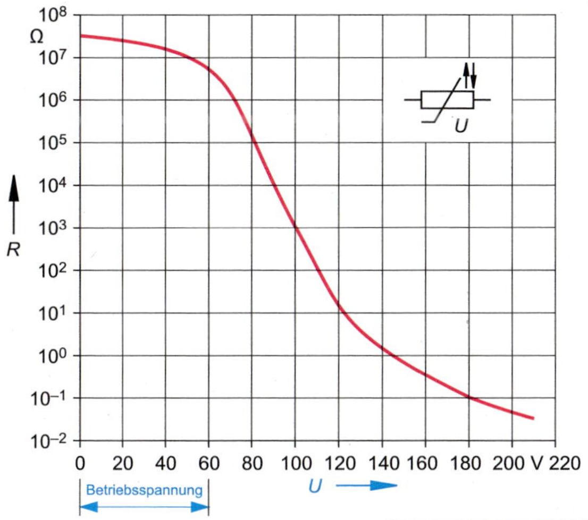

Grenzdaten
max. Belastbarkeit .... P_{max} = 0,4 W
max. Betriebsspannung .... U_{max} = 60 V

Kenndaten
Varistorspannung bei I = 1 mA . U = 82 V
Ansprechzeit .... t < 25 ns

Höchstzulässiger Stoßstrom in Abhängigkeit von Anzahl und Dauer der Stoßstrombelastungen während der gesamten Betriebszeit

Anzahl	t = 20 μm	t = 2 ms
1	200 A	20 A
100	500 A	13 A
10000	150 A	6 A
∞	35 A	5 A

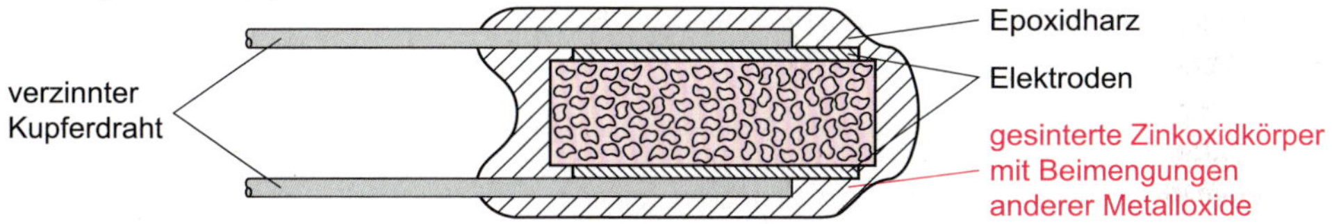

Bild 1.59: Schaltzeichen, Kennlinie, Daten und prinzipieller Aufbau eines Varistors

Varistoren werden in vielen verschiedenen Bauformen und Größen je nach Belastbarkeit und Verwendungszweck hergestellt. Varistoren werden in allen Bereichen der Elektrotechnik und Elektronik zum Schutz von Bauteilen und Geräten gegen Überspannungen eingesetzt.

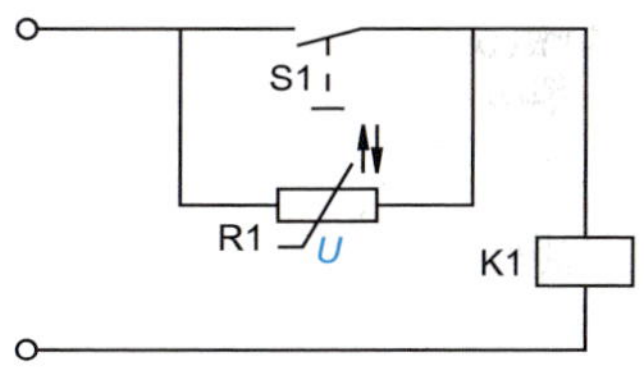

Bild 1.60: Funkenlöschung

Werden z. B. Stromkreise mit Relais (K1) oder Spulen abgeschaltet, so entstehen infolge der Induktivität (vgl. Kap. 1.9.3.4) hohe Spannungsspitzen, die an den Schalterkontakten zur Bildung von Funken führen. Zur Funkenlöschung kann ein Varistor (R1) parallel zum Schalter (S1) gelegt werden. Im Augenblick des Abschaltens steigt die Spannung am sich öffnenden Kontakt. Der Widerstandswert des parallel liegenden Varistors nimmt ab. Dadurch wird ein weiterer Spannungsanstieg und eine daraus folgende Funkenbildung verhindert.

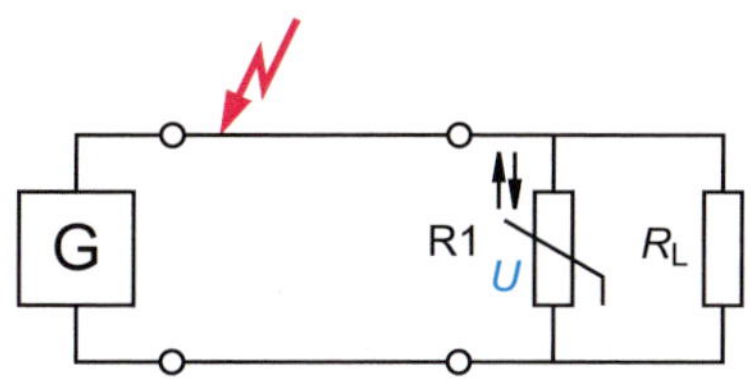

Bild 1.61: Varistor als Überspannungsschutz

Eine Überspannung kann auch über die Anschlussleitung an einen Verbraucher herangeführt werden. Dies geschieht, wenn infolge einer Störung die Anschlussleitung mit Geräten oder Leitungen in Berührung kommt, die eine höhere Spannung führen. In diesen Fällen kann der angeschlossene Verbraucher durch Parallelschalten eines Varistors geschützt werden.

Aufgaben

1. Was verstehen Sie unter dem elektrischen Widerstand eines Leiters?
2. Ein Leiter hat einen Widerstand von 12 Ω.
   Was bedeutet diese Aussage?
3. Durch einen Widerstand von 10 kΩ fließt ein Strom von 10 mA.
   Wie groß ist die am Widerstand liegende Spannung?
4. An einem Widerstand von 460 Ω liegt eine Spannung von 230 V.
   a) Berechnen Sie die Stromstärke in diesem Widerstand.
   b) Welchen Leitwert hat dieser Widerstand?
5. Das Diagramm zeigt die Kennlinien von drei verschiedenen Widerständen.
   a) Woran erkennen Sie „auf einen Blick", welcher der drei Widerstände den größten bzw. den kleinsten Wert hat?
   b) Beschreiben Sie, wie Sie in einem solchen Diagramm die Größe eines Widerstandes ablesen können.
   c) Bestimmen Sie die Größe der drei Widerstände.
   d) Welche Spannung muss an den Widerstand R_2 gelegt werden, damit eine Stromstärke von 3 A auftritt?
   e) Wie groß ist die Stromstärke im Widerstand R_1, wenn eine Spannung von 25 V anliegt?
   f) Um welchen Betrag muss die Spannung geändert werden, wenn im Widerstand R_3 die Stromstärke von 1,5 A auf 1 A abnehmen soll?

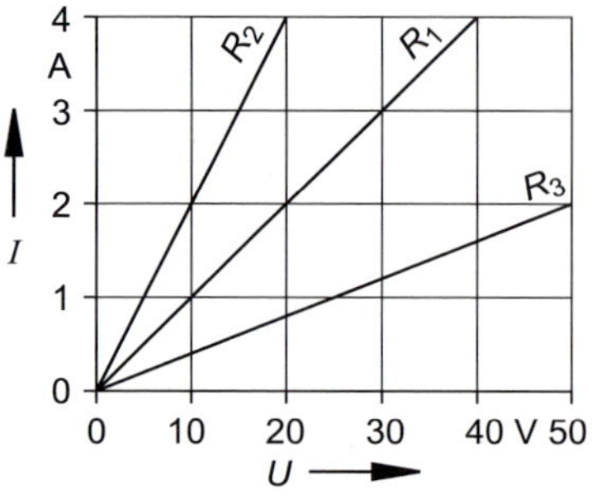

6. a) Welche Abhängigkeit ist in nebenstehendem Diagramm dargestellt?
   b) Bei welcher Spannung wurde diese Kurve aufgenommen?
   c) Beschreiben Sie eine Versuchsanordnung zur Aufnahme dieser Kurve.
   d) Wo würde die Kurve verlaufen, wenn zur Durchführung des Versuchs die doppelte Spannung gewählt würde?

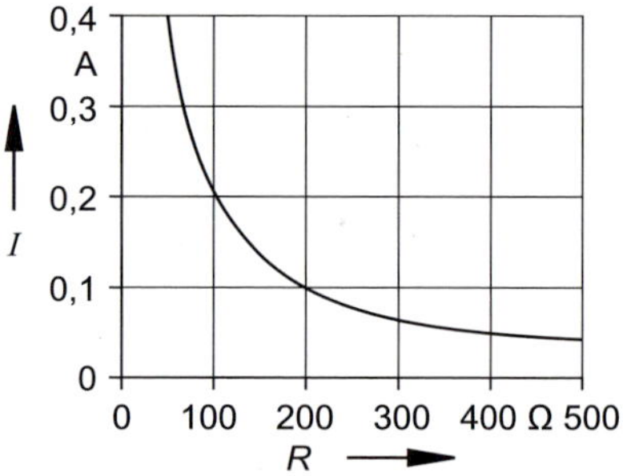

7. Von welchen Größen ist der Widerstand eines elektrischen Leiters abhängig?
8. Ein Kupferdraht mit einem spezifischen Widerstand von 0,0178 $\Omega mm^2/m$ hat einen Querschnitt von 1,5 mm^2 und ist 26 m lang.
   Wie groß ist sein Widerstand?
9. In einem Aluminiumdraht mit einer Leitfähigkeit von 36 $m/\Omega mm^2$ und einem Querschnitt von 1,5 mm^2 fließt bei einer Spannung von 3,5 V ein Strom von 2,24 A. Berechnen Sie die Länge des Drahtes.
10. Was verstehen Sie bei einem Leiterwerkstoff unter
    a) dem spezifischen Widerstand und
    b) der Leitfähigkeit?
11. a) Welche Abhängigkeit besteht zwischen der Temperatur eines elektrischen Leiters und seinem Widerstandswert?
    b) Wie lässt sich diese Abhängigkeit erklären?
12. Von welchen Größen hängt die durch Temperaturänderung hervorgerufene Widerstandsänderung ab?
13. Was verstehen Sie unter dem Temperaturbeiwert eines Werkstoffes?

14. Der Glühfaden einer Lampe (Wolfram, α = 0,0048 1/°C) hat bei Zimmertemperatur einen Widerstand von 36,5 Ω.
    a) Welchen Widerstand nimmt er bei einer Temperatur von 2500 °C an?
    b) In welchem Verhältnis steht die Einschaltstromstärke zur Betriebsstromstärke?

15. Wodurch unterscheiden sich drei Widerstände von 1,5 kΩ, wenn je einer von ihnen zur Normreihe E6, E12 und E24 gehört?

16. Ein Widerstand der Reihe E6 hat laut Aufdruck einen Wert von 470 Ω.

    Zwischen welchen Grenzwerten darf aufgrund der in dieser Normreihe zulässigen Toleranz der Widerstand liegen?

17. Geben Sie den Widerstandswert und die Normreihe der beiden Widerstände an.

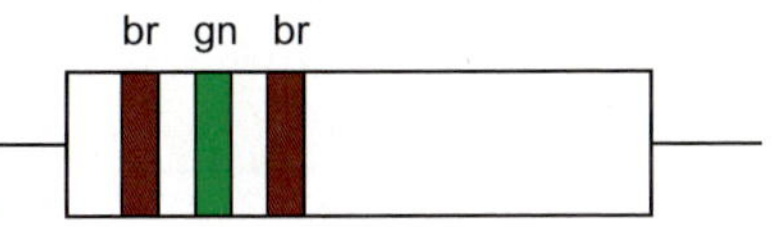

a)

b)

18. Welche Merkmale sind bei der Auswahl von Widerständen zu beachten?

19. a) Welcher Zusammenhang besteht zwischen der Belastbarkeit und der Wärmeabgabe eines Widerstandes?
    b) Von welchen Größen wird die Wärmeabgabe eines Widerstandes bestimmt?

20. Was ist gemeint, wenn man von linearen und nichtlinearen Widerständen spricht?

21. Was verstehen Sie unter einem PTC-Widerstand?

22. Entnehmen Sie aus der Kennlinie des PTC-Widerstandes (Bild 1.43) die Widerstandswerte bei den Temperaturen ϑ_1 = 100 °C, ϑ_2 = 120 °C und ϑ_3 = 140 °C.

23. Welcher Unterschied besteht zwischen fremderwärmten und eigenerwärmten PTC- bzw. NTC-Widerständen?

24. Ein NTC-Widerstand (Kennlinie Bild 1.48) wird von ϑ_1 = 20 °C auf ϑ_2 = 100 °C erwärmt. Um welchen Betrag ändert sich sein Widerstandswert?

25. Nennen Sie häufige Anwendungen für PTC- bzw. NTC-Widerstände.

26. Was verstehen Sie unter einer Feldplatte?

27. Zur Messung der Magnetflussdichte von Dauermagneten wird eine Feldplatte (Kennlinie Bild 1.53) eingesetzt. Bei einer Messspannung von 9 V wird die Stromstärke durch die Feldplatte gemessen. (Der Innenwiderstand des Messinstrumentes kann vernachlässigt werden.)

    Wie groß ist jeweils die Magnetflussdichte für die Stromstärken I_1 = 12 mA, I_2 = 4,8 mA und I_3 = 2,6 mA?

28. Was ist ein LDR?

29. Geben Sie Anwendungsbeispiele für Fotowiderstände an.

30. Was entnehmen Sie aus der Kennlinie eines Varistors (Bild 1.58)?

31. Wo werden Varistoren mit welchen Aufgaben eingesetzt?

1.4 Elektrische Energie und elektrische Leistung

1.4.1 Elektrische Energie

Ein elektrischer Stromkreis mit Spannungsquelle, Leitungen und Verbraucher dient sowohl in der Energietechnik als auch in der Kommunikationstechnik zur Übertragung elektrischer Energie.

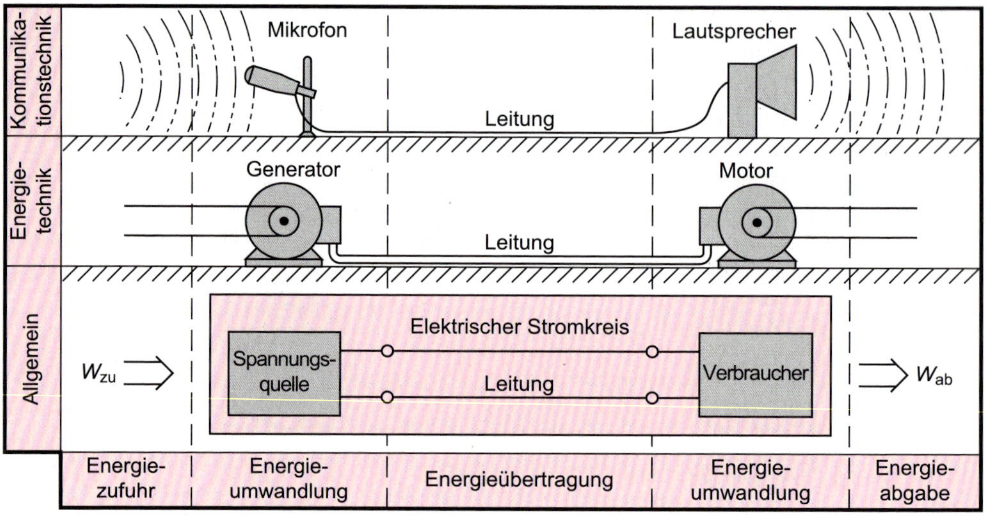

Bild 1.62: Elektrischer Stromkreis als Übertragungssystem für elektrische Energie

In der **Spannungsquelle** wird die von außen in Form von mechanischer Energie (Generator), Schallenergie (Mikrofon) o. Ä. zugeführte Energie (W_{zu}) durch Umwandlung in elektrische Energie in den Stromkreis eingespeist.

Die **Leitung** überträgt die von der Spannungsquelle abgegebene elektrische Energie zum Verbraucher. Hierbei geht ein Teil der zu übertragenden Energie verloren; die Leitung wird durch den Strom erwärmt. Diese Leitungsverluste lassen wir vorerst noch unberücksichtigt.

Im **Verbraucher** (Lastwiderstand oder kurz Last) wird die über die Leitung zugeführte elektrische Energie in eine andere Energieform, z. B. mechanische Energie (Motor) oder akustische Energie (Lautsprecher), umgewandelt und damit vom Stromkreis wieder abgegeben (W_{ab}).

Die Berechnung der von einem Stromkreis übertragenen elektrischen Energie erfolgt nach folgenden Überlegungen:

- Spannung ist die pro Ladungseinheit übertragene Energie *(W/Q)* und
- Stromstärke ist die Anzahl der pro Zeiteinheit über die Leitung fließende Ladungsmenge *(Q/t)*.

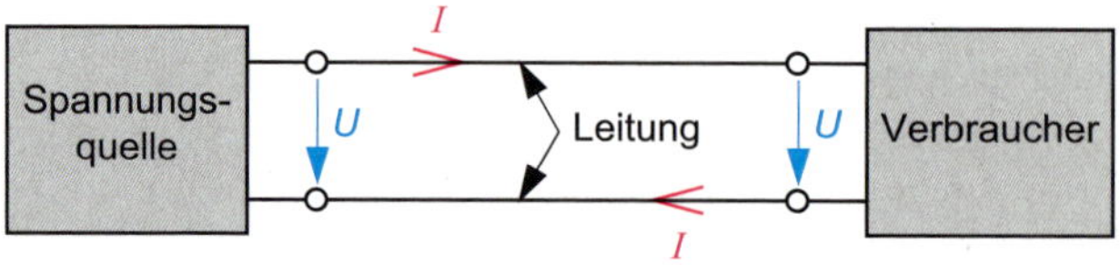

$$U = \frac{W}{Q} \rightarrow W = U \cdot Q$$

$$I = \frac{Q}{t} \rightarrow Q = I \cdot t$$

Bild 1.63: Berechnung der elektrischen Energie

Daraus ergibt sich:

> Die durch einen Stromkreis zu einem Verbraucher übertragene elektrische Energie errechnet sich aus
> - der am Verbraucher liegenden Spannung *U*,
> - der vom Verbraucher aufgenommenen Stromstärke *I* und
> - der Einschaltdauer *t* des Verbrauchers.
>
> $\boldsymbol{W = U \cdot I \cdot t}$ 1 Ws = 1 V · 1 A · 1 s

Als Produkt aus den Einheiten der Spannung (1 V), der Stromstärke (1 A) und der Zeit (1 s) ergibt sich die Einheit der elektrischen Energie als **1 Wattsekunde**; sie entspricht der Einheit 1 Joule (**1 Ws = 1 J**; vgl. Kap. 1.1.2). Die Angabe der Einschaltdauer in Sekunden ergibt für den praktischen Gebrauch viel zu große Zahlenwerte; man verwendet daher die Einheit 1 Stunde (1 h). Damit ergibt sich als gebräuchliche **Einheit der elektrischen Energie 1 Wattstunde (1 Wh)** bzw. bei größeren Energiebeträgen **1 Kilowattstunde (1 kWh)**.

1 kWh ist die Energieeinheit, in der die EVU messen, wie groß die von einem Verbraucher aus dem Versorgungsnetz entnommene Energie ist. Die zur Energiemessung verwendeten Messinstrumente werden als Zähler (vgl. Kap. 3.3.5) bezeichnet und vom EVU zur Verfügung gestellt.

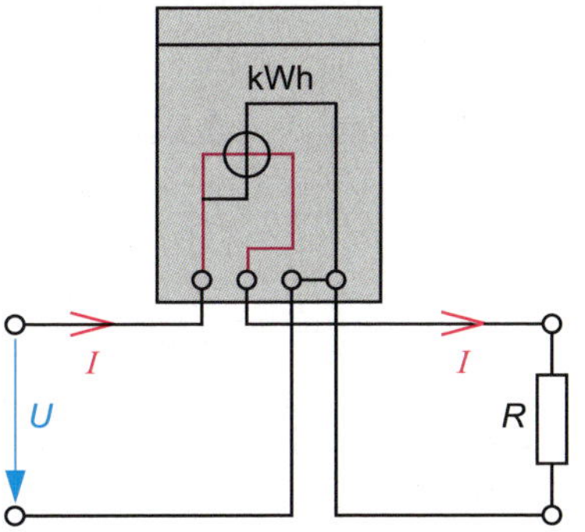

Bild 1.64: Anschluss eines Kilowattstundenzählers

Aus dem vom Zähler angezeigten Energieverbrauch *(W)* und dem vom EVU festgelegten Kilowattstundenpreis *(k)* ergeben sich die vom Kunden zu zahlenden Energiekosten.

> **Energiekosten = Energieverbrauch · Kilowattstundenpreis**
>
> $\boldsymbol{K = W \cdot k}$ 1 Euro = 1 kWh · 1 Euro/kWh

Der Preis für 1 kWh ist je nach Art des Verbrauchers (Industrie, Landwirtschaft, Gewerbe, Haushalt) und Größe des Energieverbrauchs in Tarifen gestaffelt und schwankt in weiten Grenzen.

In der Regel setzt sich der vom Kunden an das EVU zu zahlende Endpreis zusammen aus

- einem verbrauchsunabhängigen Betrag (Bereitstellungspreis) und
- einem verbrauchsabhängigen Betrag (Arbeitspreis, Kilowattstundenpreis).

Je höher nach einem Tarif der Bereitstellungspreis ist, desto geringer ist der Arbeitspreis. Beim Anschluss einer Anlage wird der jeweils günstigste Tarif in Zusammenarbeit des EVU mit dem Betreiber der Anlage ermittelt.

1.4.2 Elektrische Leistung

Verbraucher sind Energiewandler, die die ihnen zugeführte Energie in eine andere Energieform umwandeln (vgl. Bild 1.62). Dabei ist ein wesentliches Merkmal solcher Energiewandler die Zeit *(t)*, die es dauert, bis ein bestimmter Energiebetrag umgesetzt ist.

Um die Leistungsfähigkeit von Energiewandlern beurteilen zu können, definiert man ganz allgemein den **Begriff der Leistung**.

> Die **Leistung *P*** eines Verbrauchers (Energiewandlers) ist definiert als das Verhältnis der von ihm umgewandelten Energie *W* zu der dafür benötigten Zeit *t*.
>
> $$\boldsymbol{P = \frac{W}{t}} \qquad 1\,\text{W} = \frac{1\,\text{J}}{1\,\text{s}}$$
>
> Die Leistung gibt an, wie viel Energie (in Joule) ein Wandler in 1 Sekunde aus einer Energieform in eine andere umwandeln kann.

Aus der Definition der Leistung *(P = W/t)* und der Gleichung zur Berechnung der elektrischen Energie *(W = U · I · t)* ergibt sich eine sehr einfache Beziehung zur Berechnung der elektrischen Leistung von Verbrauchern und Bauelementen.

> **Elektrische Leistung** ist das Produkt aus Spannung und Stromstärke.
>
> $$\boldsymbol{P = U \cdot I} \qquad 1\,\text{W} = 1\,\text{V} \cdot 1\,\text{A}$$
>
> Ein Bauelement (Lastwiderstand, Verbraucher) hat eine Leistung von 1 Watt (1 W), wenn es an einer Spannung von 1 Volt (1 V) eine Stromstärke von 1 Ampere (1 A) aufnimmt.

In vielen praktischen Fällen steht einer der beiden Faktoren *U* und *I* für die Berechnung der Leistung nicht zur Verfügung, dafür ist aber der Widerstand des Verbrauchers *R* bekannt. In diesen Fällen lässt sich mithilfe des ohmschen Gesetzes die Leistung aus *I* und *R* bzw. aus *U* und *R* direkt berechnen.

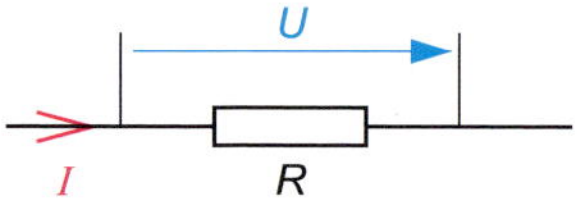

$P = U \cdot I$
↓
$I \cdot R$

$P = I^2 \cdot R$

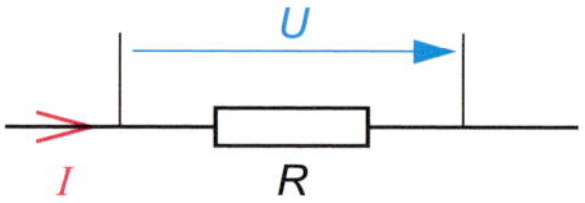

$P = U \cdot I$
↓
$\frac{U}{R}$

$P = \frac{U^2}{R}$

Die verschiedenen Methoden zur direkten und indirekten Messung der elektrischen Leistung finden Sie in Kap. 3.3.4.

1.4.3 Wirkungsgrad

Bei der Umwandlung von Energie durch einen Energiewandler treten immer Verluste auf. Zum Beispiel wird ein Elektromotor gebaut, um elektrische Energie in mechanische Energie umzuwandeln. Dabei ist es unvermeidbar, dass in dem Motor aus den verschiedensten Ursachen (Wicklungswiderstand, Reibung) Wärme entsteht. Es wird also ein Teil der zugeführten elektrischen Energie nicht wie gewollt in mechanische Energie, sondern in Wärme umgewandelt. Solche ungewollten Energieumwandlungen bezeichnet man als **Energieverluste**.

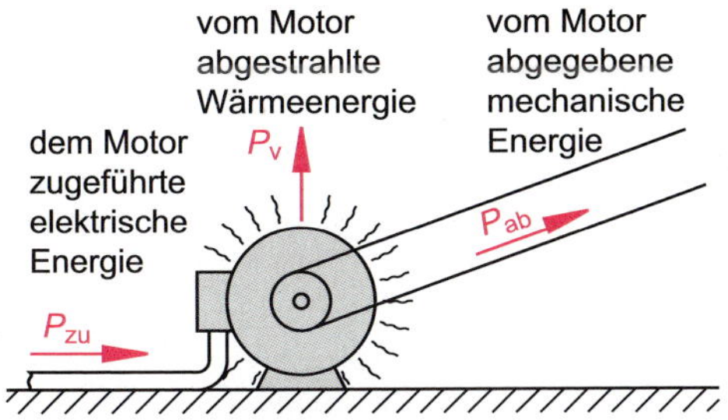

Bild 1.65: Verlustbehafteter Energieumwandler

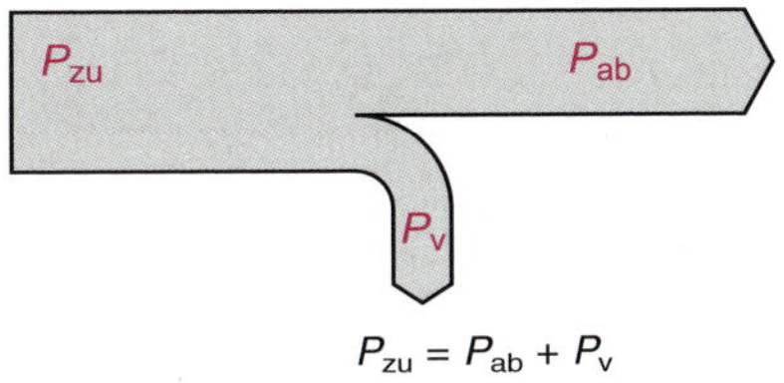

Bild 1.66: Leistungsschema eines Energiewandlers

In der Praxis bezieht man diese Verlustbetrachtung eines Energiewandlers (z. B. des Motors) auf die pro Sekunde umgewandelte bzw. verlorene Energie, also auf die Leistung. In dem zugehörigen Leistungsschema wird der Zusammenhang weiter verdeutlicht.

Zur Beurteilung der Güte eines Energiewandlers definiert man den **Wirkungsgrad** η (sprich Eta).

> Der **Wirkungsgrad** η eines Energiewandlers ist das **Verhältnis von abgegebener zu zugeführter Leistung.**
>
> $$\eta = \frac{P_{ab}}{P_{zu}}$$

Der Wirkungsgrad ist eine reine Verhältniszahl und hat daher keine Einheit; er wird in der Praxis meist in Prozent (%) angegeben. Die auf dem Leistungsschild von Motoren angegebene Leistung ist die abgegebene Leistung P_{ab}. Mit dem ebenfalls dort angegebenen Wirkungsgrad lässt sich daraus die zugeführte Leistung berechnen.

Wirken in einer Anlage mehrere Energiewandler zusammen, so ergibt sich der Wirkungsgrad der Anlage als Verhältnis der am letzten Wandler abgegebenen Leistung zu der am ersten Wandler zugeführten Leistung.

Für Vorausberechnungen und zum besseren Überblick ist es erforderlich zu wissen, wie die Wirkungsgrade der einzelnen Wandler am Gesamtwirkungsgrad beteiligt sind. Zur Klärung dieser Frage dient das folgende Beispiel, in dem eine Turbine einen Generator antreibt.

Der Turbine wird Energie in Form von Dampf unter hohem Druck zugeführt (P_{Tzu}); der Generator gibt elektrische Energie (P_{Gab}) ab. Sowohl in der Turbine (P_{TV}) als auch im Generator (P_{GV}) entstehen Verluste. Da die Turbine durch eine starre Kupplung mit dem Generator verbunden ist, ist die abgegebene Leistung der Turbine gleich der zugeführten Leistung des Generators ($P_{Tab} = P_{Gzu}$).

Aus diesem Zusammenhang ergibt sich nach Bild 1.67:

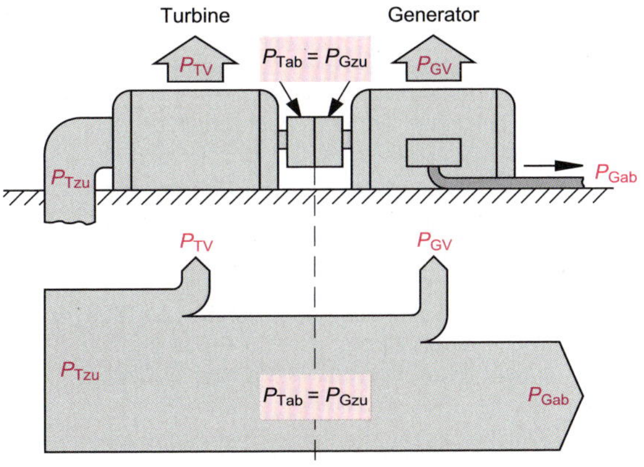

Bild 1.67: Gesamtwirkungsgrad einer Anlage

! Der **Gesamtwirkungsgrad einer Anlage** ist das Produkt aus den Wirkungsgraden der einzelnen Energiewandler.

$$\eta_T = \frac{P_{T\,ab}}{P_{T\,zu}} \qquad \eta_G = \frac{P_{G\,ab}}{P_{G\,zu}}$$

$$\eta_{Ges} = \frac{P_{G\,ab}}{P_{T\,zu}} = \frac{P_{T\,ab}}{P_{T\,zu}} \cdot \frac{P_{G\,ab}}{P_{G\,zu}}$$

$$\boldsymbol{\eta_{Ges} = \eta_T \cdot \eta_G}$$

Aufgaben

1. Ordnen Sie die folgenden Energieumwandlungen (Großbuchstaben) den unten angegebenen technischen Geräten und Anlagen (Kleinbuchstaben) zu, in denen sie ablaufen.
   - Ⓐ Bewegungsenergie → elektrische Energie
   - Ⓑ Energie der Lage → Energie der Bewegung → elektrische Energie
   - Ⓒ elektrische Energie → Bewegungsenergie
   - Ⓓ chemische Energie (Kohle) → Wärme → Bewegungsenergie → elektrische Energie
   - Ⓔ chemische Energie (Batterie) → elektrische Energie → Wärme → Lichtenergie
   - Ⓕ elektrische Energie → Bewegungsenergie → Lagenenergie
   - Ⓖ elektrische Energie → Wärme
   - Ⓗ Schallenergie → Bewegungsenergie → elektrische Energie
   - Ⓘ Kernenergie → Wärme → kinetische Energie → elektrische Energie
   - Ⓙ elektrische Energie → Bewegungsenergie → Schallenergie

   - ⓐ Taschenlampe
   - ⓑ elektr. Heizofen
   - ⓒ Kernkraftwerk
   - ⓓ Generator
   - ⓔ Lautsprecher
   - ⓕ Wasserkraftwerk
   - ⓖ Mikrofon
   - ⓗ Elektromotor
   - ⓘ Kohlekraftwerk
   - ⓙ Aufzug

2. Ein Verbraucher ist an 230 V angeschlossen und entnimmt aus dem Versorgungsnetz in 10 h eine Energie von 4,6 kWh. Wie groß ist die Stromstärke in der Zuleitung zu diesem Verbraucher?

3. a) Wie stellen die EVU fest, wie viel elektrische Energie ein Verbraucher aus dem Versorgungsnetz entnommen hat?
   b) Zeichnen Sie eine Messschaltung.

4. Wie groß ist die elektrische Energie, die in dem Widerstand in Wärme umgesetzt wird?

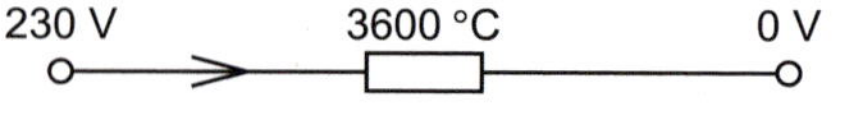

5. Wie hoch sind die monatlichen (30 Tage) Betriebskosten für einen Verbraucher, der an 230 V einen Strom von 1,8 A aufnimmt und täglich 6 h und 15 min eingeschaltet ist, bei einem Kilowattstundenpreis von 32 Cent?

6. Welcher Zusammenhang besteht zwischen den physikalisachen Begriffen Arbeit und Leistung?

7. Bei allen Energiewandlern treten folgende drei Begriffe auf:
   1. zugeführte Leistung P_{zu},
   2. abgegebene Leistung P_{ab} und
   3. Verlustleistung P_V.

   a) Erläutern Sie kurz diese drei Begriffe.
   b) Geben Sie eine mathematische Gleichung an, die den Zusammenhang der drei Begriffe darstellt.

8. a) Berechnen Sie die von dem Motor aufgenommene Stromstärke.
   b) Wie groß ist die von dem Motor umgesetzte Energie?

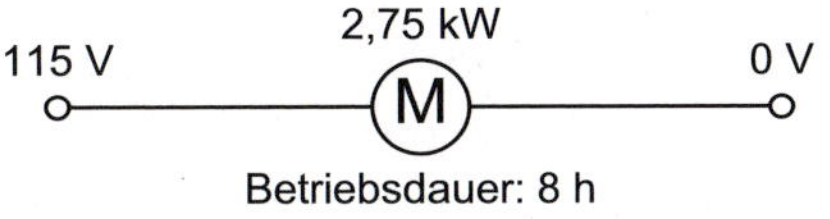

9. Der Wirkungsgrad eines Elektromotors beträgt 91 %. Was bedeutet diese Aussage?

10. Die auf dem Leistungsschild von Elektromotoren angegebene Leistung (Nennleistung) ist die höchstzulässige Leistung, die der Motor im Dauerbetrieb abgeben kann.

    Ein Gleichstrommotor für 230 V hat eine Nennleistung von 2,8 kW und einen Wirkungsgrad von 85 %. Berechnen Sie die Stromstärke im Volllastbetrieb.

11. Die bei elektrischen Bauelementen angegebene Nennleistung gibt an, welche Leistung das Bauteil im Dauerbetrieb aufnehmen darf, ohne zerstört zu werden. (Dies gilt z. B. für Glühlampen, Widerstände, Dioden, Transistoren usw.)

    Angabe auf dem Sockel einer Glühlampe: 230 V; 100 W
    a) Welchen Widerstand hat die Lampe?
    b) Berechnen Sie die Stromstärke beim Anschluss der Lampe an die Nennspannung.
    c) Welche Leistung hat die Lampe bei Anschluss an 115 V?

12. Eine Glühlampe nimmt an einer Spannungsquelle eine Leistung von 60 W auf. Wie groß ist die Leistungsaufnahme der Lampe, wenn die angelegte Spannung
    a) verdoppelt wird,
    b) verdreifacht wird,
    c) auf die Hälfte verkleinert wird,
    d) um 10 % erhöht wird,
    e) um 20 % verkleinert wird?

13. Die nebenstehende Aufstellung enthält die in einem Haushalt angeschlossenen Verbraucher mit ihrer Leistung und ihrer durchschnittlichen täglichen Einschaltdauer. Der Kilowattstundenpreis beträgt 32 Cent (Monat = 30 Tage).
    a) Ermitteln Sie die Höhe der monatlichen Energiekosten.
    b) Wie lange kann beispielsweise der Boiler eingeschaltet bleiben, bis er für 1 Euro elektrische Energie verbraucht hat?
    c) Welche monatliche Kosten entstehen allein durch die Beleuchtung?

Verbraucher	**Leistung kW**	**tägliche Einschaltdauer h**
Herd	4,5	1
Bügeleisen	0,9	1
Kühlschrank	0,2	3
Spülmaschine	3,4	1
Waschmaschine	4,6	0,5
Boiler	4,0	1
4 Glühlampen	je 0,1	2
2 Glühlampen	je 0,06	4
2 Glühlampen	je 0,04	4
Fernsehgerät	0,2	4

1.5 Zusammenschaltung elektrischer Widerstände

Sollen mehrere Widerstände miteinander und mit einer Spannungsquelle zusammengeschaltet werden, so gibt es dafür verschiedene Möglichkeiten.

1.5.1 Reihenschaltung

1.5.1.1 Begriff der Reihenschaltung

Schaltet man mehrere Widerstände so zusammen, dass der Ausgang des 1. Widerstandes mit dem Eingang des 2. Widerstandes, der Ausgang des 2. Widerstandes mit dem Eingang des 3. usw verbunden ist, so werden in dieser Schaltung offensichtlich **alle Widerstände vom selben Strom durchflossen**. Eine solche Widerstandsschaltung wird als Reihenschaltung bezeichnet.

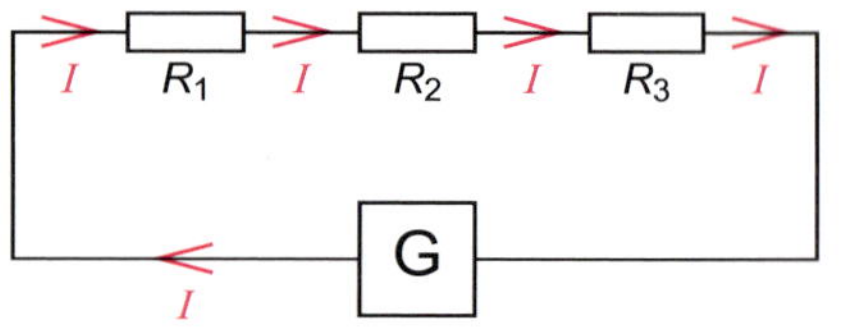

Bild 1.68: Reihenschaltung

Widerstände sind in Reihe geschaltet, wenn sie vom selben Strom durchflossen werden.

In Schaltplänen erkennt man eine Reihenschaltung von Widerständen daran, dass zwischen den einzelnen Widerständen keine Stromverzweigung stattfindet.

1.5.1.2 Spannungsteilung in der Reihenschaltung

Fließt ein Strom durch einen Widerstand, so liegt an dem Widerstand eine Spannung. Diese Spannung gibt an, wie viel Energie pro Ladungseinheit in dem Widerstand in Wärme umgewandelt wird.

Werden nun in einer Reihenschaltung mehrere Widerstände nacheinander vom selben Strom durchflossen, so werden die strömenden Ladungen in jedem der Widerstände einen **Teil der Energie pro Ladungseinheit** abgeben, die ihnen in der Spannungsquelle erteilt wurde; es wird also an jedem Widerstand eine **Teilspannung** auftreten. Die Teilspannungen an den einzelnen Widerständen müssen zusammen genauso groß sein wie die Spannung der Spannungsquelle, denn insgesamt können die elektrischen Ladungen nur so viel Energie abgeben, wie ihnen von der Spannungsquelle mitgegeben wurde.

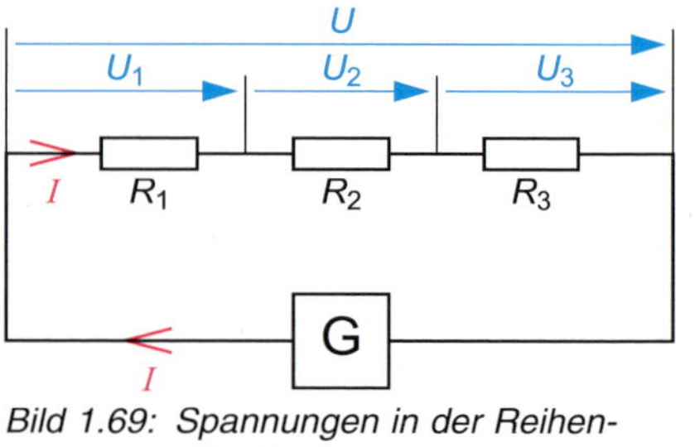

Bild 1.69: Spannungen in der Reihenschaltung

In einer Reihenschaltung ist die **Gesamtspannung gleich der Summe der Teilspannungen** (2. kirchhoffsches Gesetz).

$$U = U_1 + U_2 + U_3 + \dots$$

Die Größe der einzelnen Teilspannungen lässt sich mithilfe des ohmschen Gesetzes ($U = I \cdot R$) aus der Stromstärke und dem jeweils betreffenden Widerstand berechnen. Bildet man das Verhältnis zweier Spannungen, so fällt das I heraus und es ergibt sich:

> In einer Reihenschaltung stehen die Spannungen im selben Verhältnis zueinander wie die Widerstände.
>
> $$\frac{U_1}{U_2} = \frac{R_1}{R_2}$$

Bei der Berechnung von Widerstandsschaltungen gibt es fast immer mehrere Lösungswege; dies wird im folgenden Beispiel dargestellt.

■ **Beispiel:**

Wie groß ist die Spannung U_1 in der Schaltung?

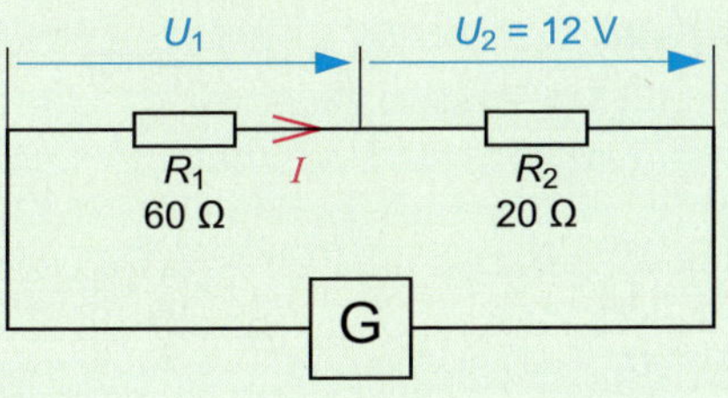

Lösung 1

$$\frac{U_1}{U_2} = \frac{R_1}{R_2}$$

$$U_1 = \frac{R_1}{R_2} \cdot U_2$$

$$= \frac{60\,\Omega}{20\,\Omega} \cdot 12\,\text{V}$$

$$U_1 = \mathbf{36\,V}$$

Lösung 2

$$I = \frac{U_2}{R_2}$$

$$= \frac{12\,\text{V}}{20\,\Omega}$$

$$I = 0{,}6\,\text{A}$$

$$U_1 = I \cdot R_1$$

$$= 0{,}6\,\text{A} \cdot 60\,\Omega$$

$$U_1 = \mathbf{36\,V}$$

1.5.1.3 Gesamtwiderstand der Reihenschaltung

Mehrere in Reihe geschaltete Widerstände können immer durch einen einzigen Widerstand so ersetzt werden, dass bei gleicher Spannung auch die Stromstärke gleich bleibt. Diesen Ersatzwiderstand bezeichnet man als Gesamtwiderstand R_g der Reihenschaltung; seine Größe lässt sich aus dem 2. kirchhoffschen Gesetz mithilfe des ohmschen Gesetzes herleiten.

$$U = U_1 + U_2 + U_3 + \ldots$$

$$I \cdot R_g = I \cdot R_1 + I \cdot R_2 + I \cdot R_3 + \ldots$$

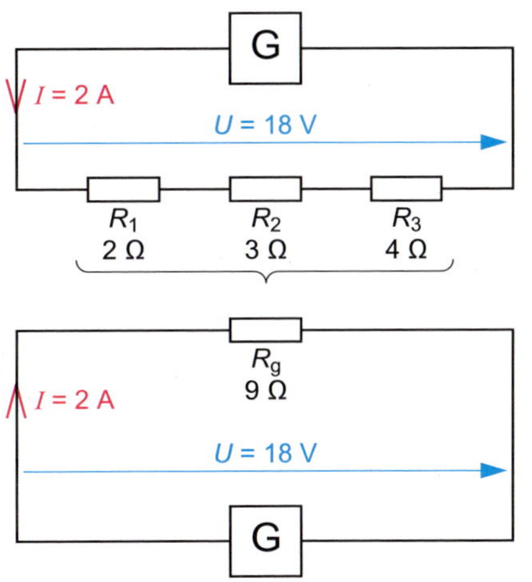

Bild 1.70: Gesamtwiderstand

> Der **Gesamtwiderstand** R_g (Ersatzwiderstand) einer Reihenschaltung ist gleich der Summe der Teilwiderstände.
>
> $$\boldsymbol{R_g = R_1 + R_2 + R_3 + \ldots}$$

■ **Beispiel:**

Wie groß ist der Widerstand R_2 in der Schaltung?

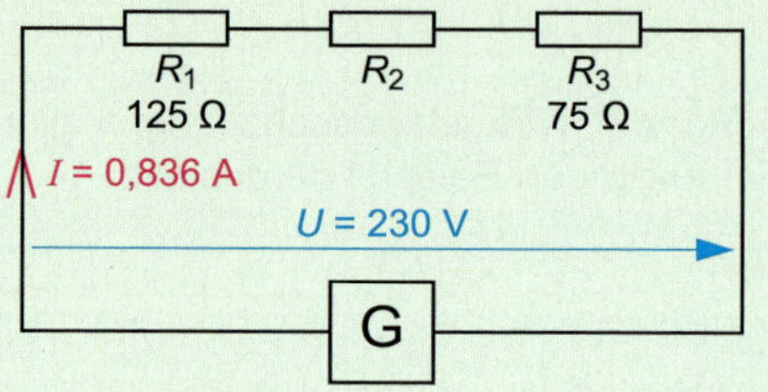

Lösung 1

$$R_g = \frac{U}{I} = \frac{230\ \text{V}}{0{,}836\ \text{A}}$$

$$R_g = 275\ \Omega$$

$$R_g = R_1 + R_2 + R_3$$

$$R_2 = R_g - R_1 - R_3 = 275\ \Omega - 125\ \Omega - 75\ \Omega$$

$$R_3 = 75\ \Omega$$

Lösung 2

$$U_1 = I \cdot R_1 = 0{,}836\ \text{A} \cdot 125\ \Omega$$

$$U_1 = 104{,}5\ \text{V}$$

$$U_3 = I \cdot R_3 = 0{,}836\ \text{A} \cdot 75\ \Omega$$

$$U_3 = 62{,}7\ \text{V}$$

$$U = U_1 + U_2 + U_3$$

$$U_2 = U - U_1 - U_3 = 230\ \text{V} - 104{,}5\ \text{V} - 62{,}7\ \text{V}$$

$$U_2 = 62{,}8\ \text{V}$$

$$R_2 = \frac{U_2}{I} = \frac{62{,}8\ \text{V}}{0{,}836\ \text{A}}$$

$$\boldsymbol{R_2 = 75\ \Omega}$$

1.5.1.4 Kennliniendarstellung der Reihenschaltung von zwei Widerständen

Die Zusammenhänge der elektrischen Größen in einer Reihenschaltung lassen sich mithilfe der Widerstandskennlinien (vgl. Kap. 1.3.5) verdeutlichen.

In der in Bild 1.71 dargestellten Reihenschaltung liegt R_1 mit einem Anschluss am Minuspol der Spannungsquelle, der als Nullpotenzial gekennzeichnet ist. Die Kennlinie von R_1 verläuft daher durch den Nullpunkt der Spannungsachse des Diagramms. Die Steigung der Kennlinie ergibt sich aus der Größe des Widerstandes.

R_2 liegt mit einem Anschluss am Pluspol der Spannungsquelle, dessen Potenzial um 100 V über dem Minuspol liegt; die Kennlinie von R_2 schneidet daher die Spannungsachse des Diagramms bei 100 V.

Der zweite Anschluss von R_2 ist mit dem zweiten Anschluss von R_1 verbunden und liegt daher auf einem Potenzial, das niedriger als 100 V ist. Die Kennlinie von R_2 verläuft daher vom 100-V-Punkt aus nach links ansteigend.

Die Kennlinien der beiden Widerstände schneiden sich im Arbeitspunkt A der Schaltung (vgl. Kap. 1.3.9.4). In diesem Arbeitspunkt lassen sich aus dem Diagramm auf der I-Achse die Stromstärke und auf der U-Achse die Teilspannungen an den Widerständen ablesen.

Eine besondere Bedeutung gewinnt die Kennliniendarstellung der Reihenschaltung, wenn einer der beiden Widerstände eine gekrümmte (nichtlineare) Kennlinie hat, wie z. B. temperaturabhängige Widerstände, Varistoren, Fotowiderstände, Dioden usw.

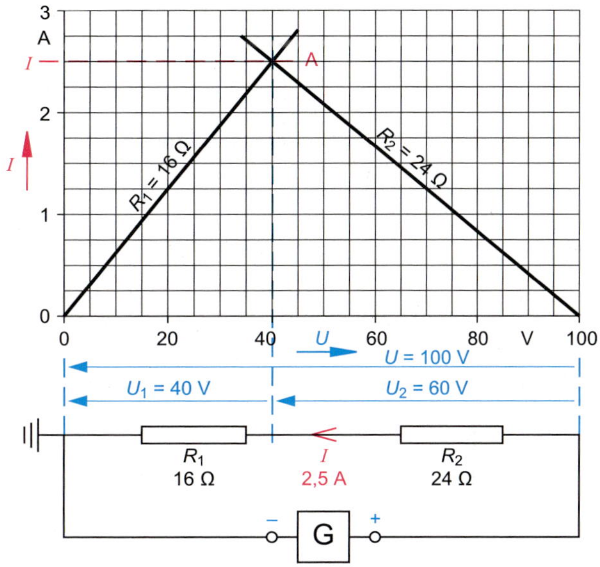

Bild 1.71: Kennlinien einer Reihenschaltung

1.5.1.5 Leistung in der Reihenschaltung

Werden mehrere Widerstände in Reihe geschaltet, so ist darauf zu achten, dass keiner von ihnen mit einer Leistung belastet wird, die seine **Nennleistung** (Belastbarkeit, vgl. Kap. 1.3.8) übersteigt. Es muss also deutlich unterschieden werden zwischen der in einer Schaltung an einem Widerstand auftretenden Leistung einerseits und der auf diesen Widerstand aufgedruckten Nennleistung andererseits.

Im gleichen Diagramm, in dem die Widerstandskennlinie dargestellt ist, kann auch eine Linie für die höchstzulässige Leistung (Leistungshyperbel) eingezeichnet werden.

Um einzelne Punkte dieser Linie zu berechnen, dividiert man die auf dem Widerstand angegebene Nennleistung durch verschiedene Spannungswerte ($I = P/U$) und erhält die jeweils zugehörigen Stromwerte. Jedes Wertepaar von U und I ergibt einen Punkt der Leistungshyperbel.

Aus der Nennleistung und dem Widerstandswert lassen sich die für den Widerstand höchstzulässigen Werte von Spannung ($P = U^2/R$) und Stromstärke ($P = I^2 \cdot R$) berechnen. Diese beiden Werte lassen sich auch aus dem Diagramm am Schnittpunkt der Widerstandskennlinie mit der Leistungshyperbel ablesen. Übersteigt die am Widerstand liegende Spannung den Wert U_{max}, so steigt nach der Kennlinie auch die Stromstärke an und die Leistung wird größer als die Nennleistung; der Widerstand wird überlastet.

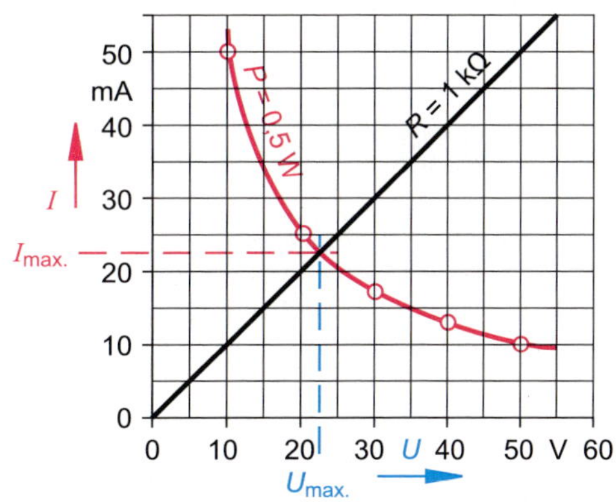

Bild 1.72: Leistungshyperbel

! Die an einem Widerstand auftretende Leistung darf seine zulässige Nennleistung nicht übersteigen. $\boldsymbol{P_{max} \leq P_{zul}}$

Da in der Reihenschaltung am größten Widerstand die größte Spannung liegt und alle Widerstände vom selben Strom durchflossen werden, ergibt sich am größten Widerstand die größte Leistung *($P = U \cdot I$)*.

Die in den einzelnen Widerständen einer Reihenschaltung umgesetzten Leistungen stehen im selben Verhältnis zueinander wie die Widerstände.

$$\frac{P_1}{P_2} = \frac{R_1}{R_2}$$

In einer Reihenschaltung ist die Gesamtleistung gleich der Summe der Teilleistungen an den Einzelwiderständen.

$$P_g = P_1 + P_2 + P_3 + \ldots$$

■ **Beispiel:**

Berechnen Sie für den Widerstand R_1

a) den Widerstandswert und
b) die Belastbarkeit (Leistung) sowie
c) die Gesamtleistung der Schaltung.

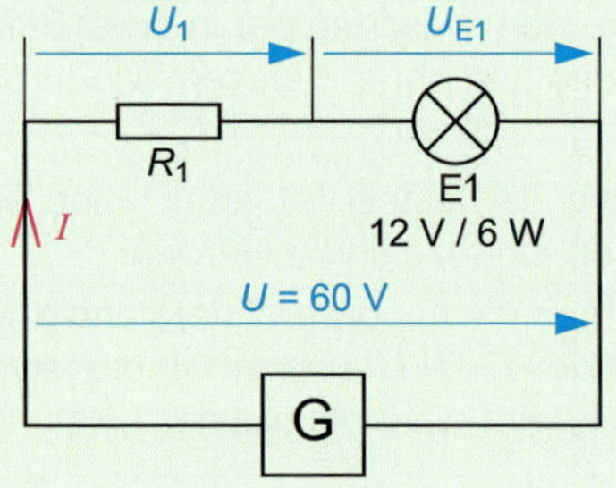

Lösung

a) $I = \frac{P_{E1}}{U_{E1}} = \frac{6\,W}{12\,V}$; $I = 0{,}5$ A

$U_1 = U - U_{E1} = 60\,V - 12\,V$; $U_1 = 48$ V

$R_1 = \frac{U_1}{I} = \frac{48\,V}{0{,}5\,A}$; $R_1 = \mathbf{96\,\Omega}$

b) $P_1 = U_1 \cdot I = 48\,V \cdot 0{,}5\,A$; $P_1 = \mathbf{24\,W}$

c) $P_g = P_1 + P_{E1} = 24\,W + 6\,W$; $P_g = \mathbf{30\,W}$

Aufgaben

1. In der nebenstehenden Reihenschaltung liegt die Klemme 2 auf Nullpotenzial (Masse, Erde).
   a) Wie groß ist die Gesamtspannung?
   b) Welche Potenziale treten in den Punkten 1 bis 4 auf?
   c) Wie groß ist die Stromstärke in der Schaltung?
   d) Wie groß sind die Widerstände R_2 und R_3?
   e) Welche Potenziale treten an den Klemmen 1 bis 4 auf, wenn das Nullpotenzial von Klemme 2 nach Klemme 3 verlegt wird?
   f) Wie ändern sich die Spannungen in der Schaltung durch die unter e) angegebene Verlegung des Nullpotenzials?

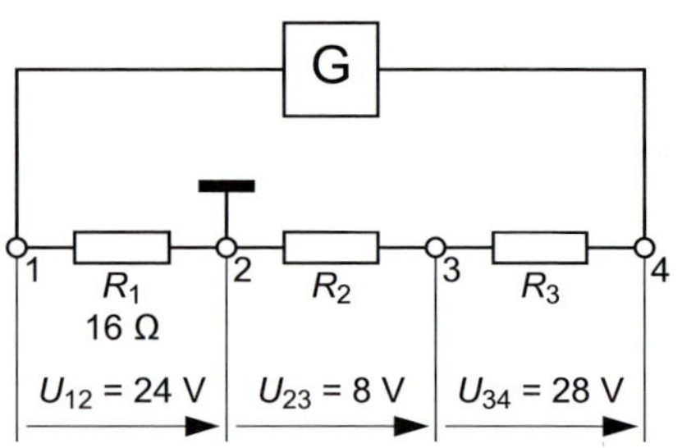

2. a) Der Schalter Q1 ist geöffnet. Wie groß sind U_2 und U_S?
   b) Der Schalter Q1 ist geschlossen. Wie groß sind U_2 und U_S?

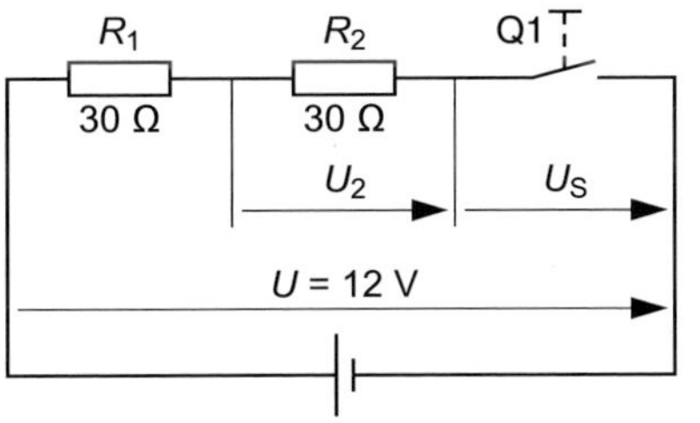

3. a) Berechnen Sie die Spannungen an den einzelnen Widerständen bei geöffnetem Schalter.
   b) Wie groß sind die Spannungen U_1 und U_2, wenn der Schalter Q1 geschlossen ist?

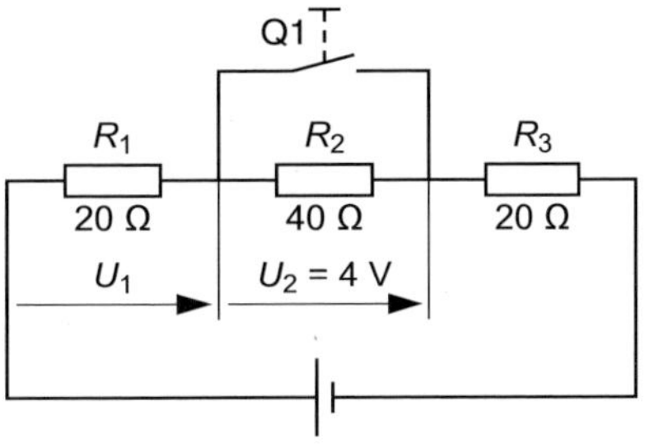

4. In der gegebenen Schaltung kann der Widerstand R_1 verändert werden; ist er auf 20 Ω eingestellt, so liegt an ihm eine Spannung von 3 V.
   a) Wie groß sind U_1 und I, wenn R_1 auf 10 Ω eingestellt wird?
   b) Der Widerstand R_1 wird auf 40 Ω eingestellt.
   Wie groß sind in diesem Fall U_1 und I?

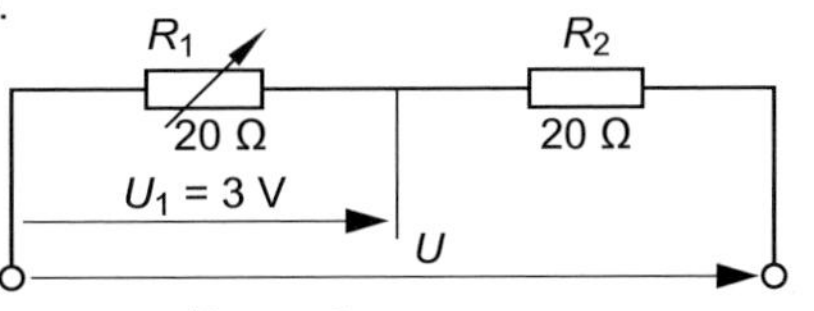

5. Der Schalter Q1 wird geschlossen.
   Wie groß sind in diesem Fall
   a) die Stromstärke I_2 und
   b) die Stromstärke I?

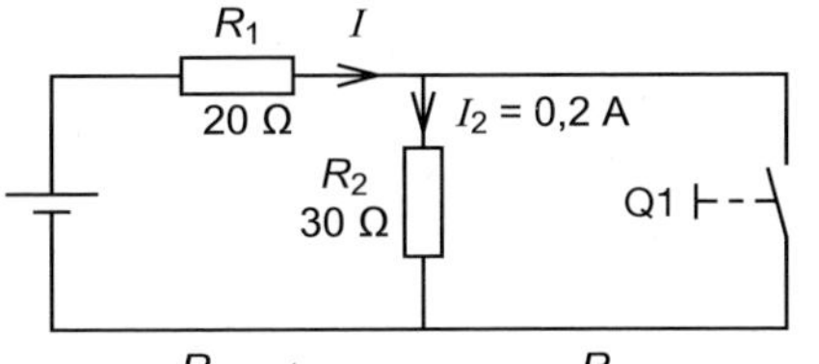

6. Der Stellwiderstand R_1 wird vergrößert.
   Wie verändern sich dadurch
   a) die Spannung U_1,
   b) die Stromstärke I und
   c) die Spannung U_2?

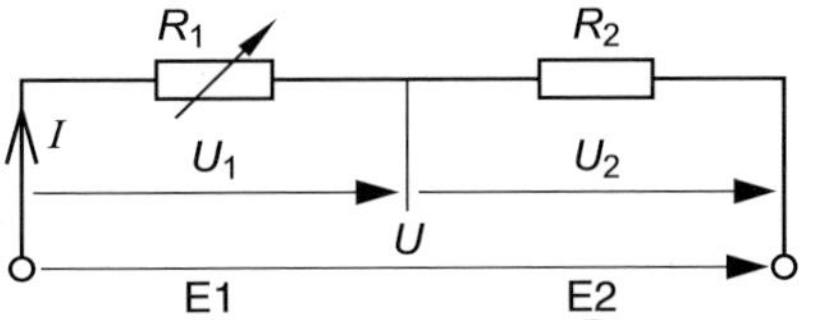

7. Der Glühfaden der Lampe E2 brennt durch.
   Wie groß werden in diesem Fall
   a) die Spannung U_1 und
   b) die Spannung U_2?

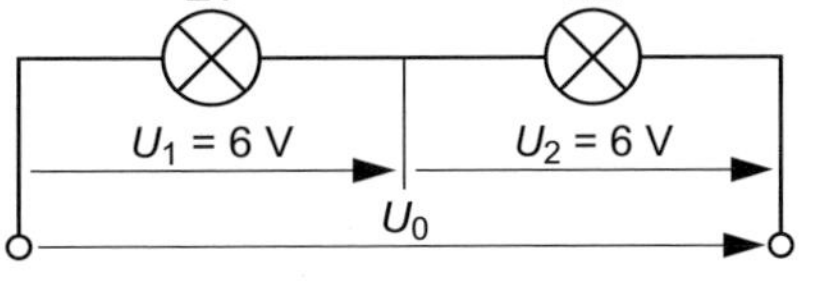

8. a) Konstruieren Sie in einem I-U-Diagramm mithilfe der in der Schaltung gegebenen Werte die Kennlinien der Widerstände R_1 und R_2.
   b) Entnehmen Sie aus dem Diagramm die Werte für R_2, U_1 und U_2.
   c) Zeichnen Sie in das Diagramm anstelle von R_1 den Widerstand R_3 = 80 Ω ein.
   d) Entnehmen Sie aus dem Diagramm alle Werte, die sich gegenüber dem Zustand a) geändert haben, weil R_3 die Stelle von R_1 eingenommen hat.

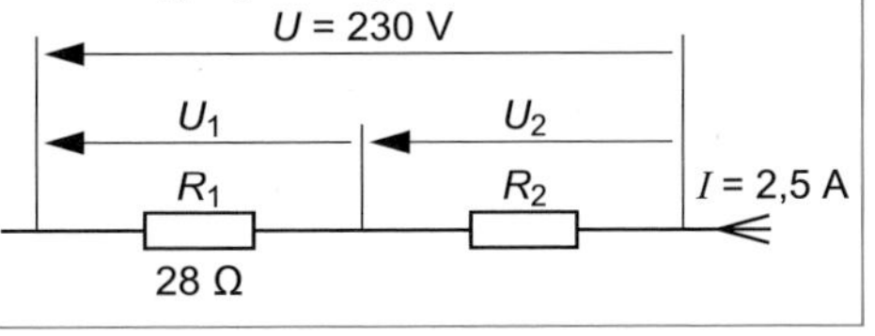

9. Das Diagramm zeigt die Kennlinien zweier in Reihe geschalteter Widerstände.
   a) Entnehmen Sie aus dem Diagramm die Widerstandswerte für R_1 und R_2.
   b) Zeichnen Sie die Schaltung. Achten Sie darauf, dass an den Widerständen die dem Diagramm entsprechenden Potenziale liegen.
   c) Entnehmen Sie aus dem Diagramm alle Betriebsgrößen der Schaltung (Arbeitspunkt).

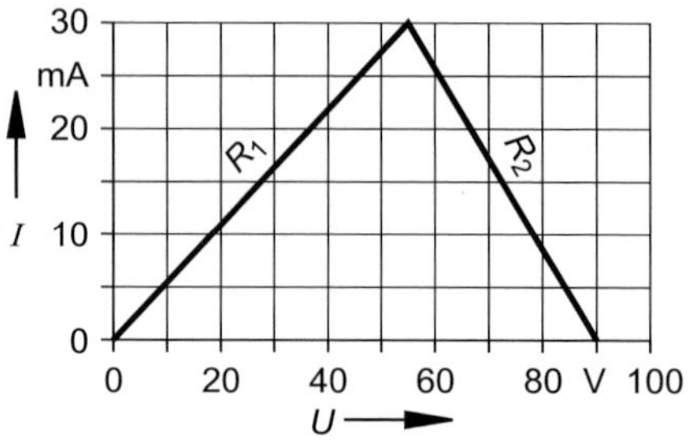

10. Ordnen Sie die Lampen in der Reihenschaltung
    a) nach der Leuchthelligkeit (hellste zuerst) und
    b) nach ihrem Widerstand (größter zuerst).

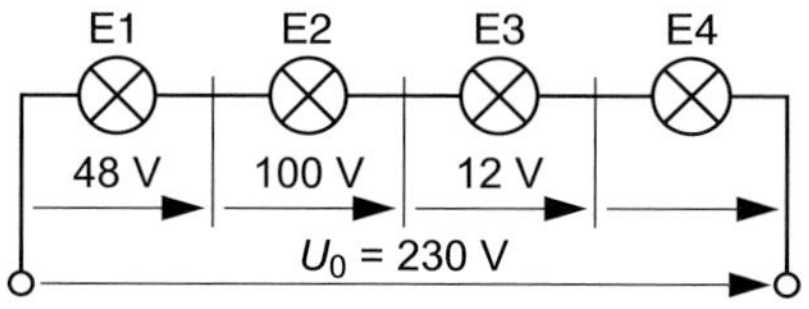

11. a) Berechnen Sie die Stromstärke im Relais.
    b) Berechnen Sie die Leistung des Relais in der Schaltung.

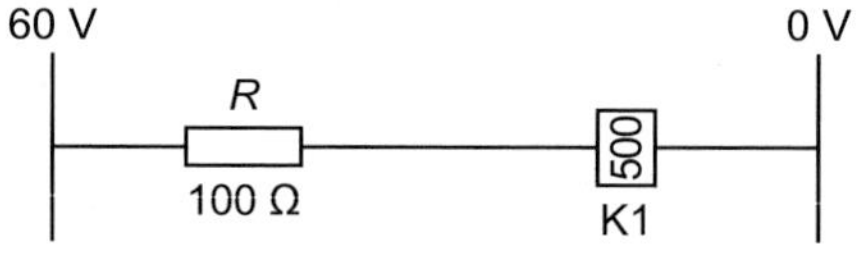

Während des Betriebs steigt die Temperatur der Relaiswicklung von 20 °C auf 70 °C.

   c) Berechnen Sie die Widerstandsänderung der Relaiswicklung.
   d) Berechnen Sie die Betriebsstromstärke im Relais.
   e) Berechnen Sie die Betriebsleistung des Relais.

12. Eine Reihenschaltung mit den drei Widerständen $R_1 = 100\ \Omega$, $R_2 = 200\ \Omega$ und $R_3 = 400\ \Omega$ nimmt einen Strom von $I = 0{,}2$ A auf.
    a) Wie groß ist die in den einzelnen Widerständen umgesetzte Leistung?
    b) Wie groß ist die Gesamtleistung der Schaltung?
    c) Berechnen Sie die Teilspannungen an den Widerständen und die Gesamtspannung an der Schaltung.

13. Drei Widerstände $R_1 = 1\ \text{k}\Omega$, $R_2 = 4\ \text{k}\Omega$ und $R_3 = 1\,875\ \Omega$ liegen in Reihe an einer Gesamtspannung von 115 V. Alle Widerstände haben eine Belastbarkeit von 1 W.
    a) Zeichnen Sie die Schaltung.
    b) Tragen Sie alle Größen (mit Formelzeichen) in die Schaltung ein.
    c) Berechnen Sie die Teilspannungen.
    d) Berechnen Sie für die drei Widerstände die aufgrund der Belastbarkeit höchstzulässigen Spannungen.
    e) Wird einer der Widerstände überlastet?
    f) Zeichnen Sie die Kennlinien der drei Widerstände in ein I-U-Diagramm ein.
    g) Zeichnen Sie in das gleiche Diagramm die Leistungshyperbel ein.
    h) Überprüfen Sie anhand des Diagramms die Richtigkeit der Ergebnisse unter d) und e).
    i) Mit wie viel Prozent ihrer Belastbarkeit sind die drei Widerstände in dieser Schaltung beansprucht?

14. Zwei Glühlampen mit den Nennwerten 115 V/60 W sind in Reihe an eine Gesamtspannung von 230 V angeschlossen. Nachdem eine der beiden Lampen durchgebrannt ist, wird sie durch eine andere mit den Nennwerten 115 V/100 W ausgetauscht.

    Was wird geschehen? Begründen Sie Ihre Antwort durch eine Rechnung.

15. Um die Versorgungsspannung von 60 V auf die Nennspannung einer Lampe (24 V/12 W) herabzusetzen, soll ein Vorwiderstand R_V mit der Lampe E1 in Reihe geschaltet werden.
    a) Zeichnen Sie die Schaltung.
    b) Wie groß muss die Spannung am Vorwiderstand sein?
    c) Berechnen Sie die Größe des Vorwiderstandes.
    d) Wie groß muss die Belastbarkeit des Vorwiderstandes sein?

1.5.2 Parallelschaltung

1.5.2.1 Begriff der Parallelschaltung

Verbindet man mehrere Widerstände so mit einer Spannungsquelle, dass jeder einzelne Widerstand mit einem Anschluss unmittelbar an den Pluspol und mit dem anderen Anschluss unmittelbar an den Minuspol angeschlossen ist, so liegen in dieser Schaltung offensichtlich **alle Widerstände an derselben Spannung**. Eine solche Schaltung wird als Parallelschaltung bezeichnet.

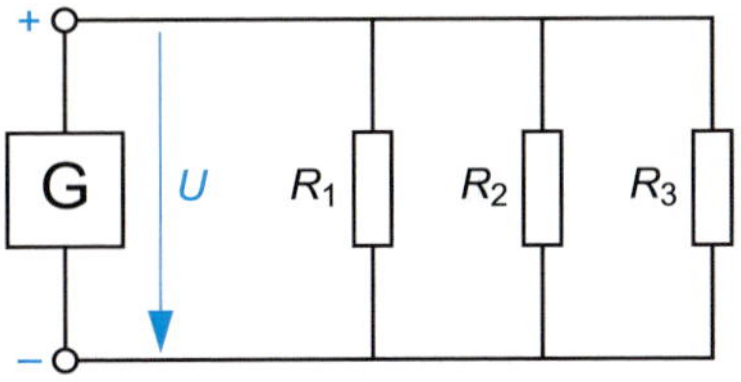

Bild 1.73: Parallelschaltung

Widerstände sind parallel geschaltet, wenn sie an derselben Spannung liegen.

In Schaltplänen erkennt man parallel geschaltete Widerstände daran, dass sie mit beiden Anschlüssen direkt miteinander verbunden sind.

1.5.2.2 Stromverzweigung in der Parallelschaltung

In nebenstehender Schaltung fließt in jedem der drei parallel geschalteten Widerstände ein Strom, dessen Stärke jeweils nach dem ohmschen Gesetz ($I = U/R$) berechnet werden kann. Betrachtet man die Ströme I_1, I_2 und I_3 in Bezug auf den Punkt A, so fließen alle von diesem Punkt weg. Da nur der von der Spannungsquelle kommende Strom I auf den Punkt A zu gerichtet ist, muss er genau so groß sein wie die wegfließenden Ströme zusammen. Der ankommende **Gesamtstrom I** teilt sich also am **Stromverzweigungspunkt A** auf in die **Teilströme I_1, I_2 und I_3**. Am Punkt B vereinigen sich die Teilströme wieder zum Gesamtstrom.

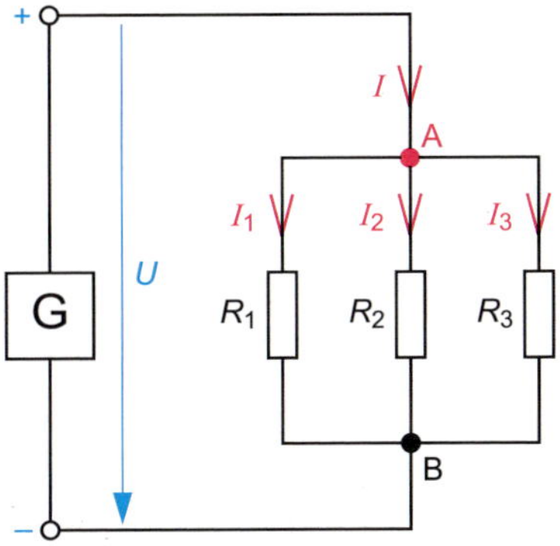

Bild 1.74: Ströme in der Parallelschaltung

An einem Stromverzweigungspunkt ist die Summe der zufließenden Ströme gleich der Summe der abfließenden Ströme (1. kirchhoffsches Gesetz).

$$I = I_1 + I_2 + I_3 + ...$$

In der Parallelschaltung ist der Gesamtstrom gleich der Summe der Teilströme.

Die Größe der einzelnen Teilströme lässt sich mithilfe des ohmschen Gesetzes ($I = U/R$) aus der Spannung und dem jeweils betreffenden Widerstand berechnen. Bildet man das Verhältnis zweier Ströme, so fällt U heraus und es ergibt sich:

> In einer Parallelschaltung stehen die Ströme im umgekehrten Verhältnis zueinander wie die Widerstände.
>
> $$\frac{I_1}{I_2} = \frac{R_2}{R_1}$$
>
> In einer Parallelschaltung fließt durch den kleinsten Widerstand der größte Strom.

■ Beispiel:

Wie groß ist die Stromstärke I_1 in der Schaltung?

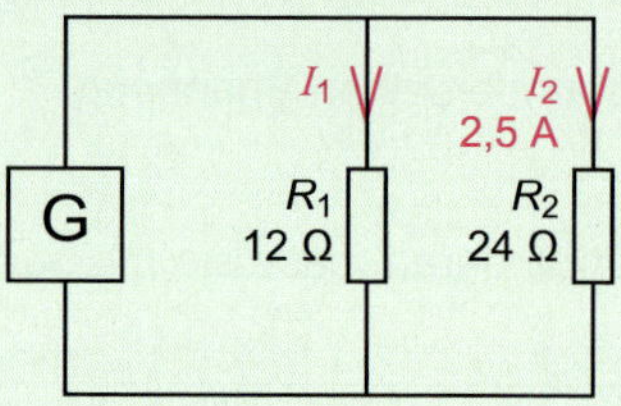

Lösung 1

$$\frac{I_1}{I_2} = \frac{R_2}{R_1}$$

$$I_1 = \frac{R_2}{R_1} \cdot I_2$$

$$= \frac{24\,\Omega}{12\,\Omega} \cdot 2{,}5\,\text{A}$$

$$I_1 = \mathbf{5\,A}$$

Lösung 2

$$U = I_2 \cdot R_2$$

$$= 2{,}5\,\text{A} \cdot 24\,\Omega$$

$$U = 60\,\text{V}$$

$$I_1 = \frac{U}{R_1}$$

$$= \frac{60\,\text{V}}{12\,\Omega}$$

$$I_1 = \mathbf{5\,A}$$

Für die Darstellung von Stromverzweigungen in Schaltplänen gelten nach DIN EN 60617, Teil 3 (vgl. Infomodul C, Kap. 1.2.2 unter **www.westermann.de/links/00815**), folgende Regeln:

- Stoßen in einer Stromverzweigung nicht mehr als drei Leitungsenden zusammen, so muss die Verbindung im Schaltplan nicht durch einen Punkt gekennzeichnet werden (Bild 1.75 a).
- Kreuzen sich zwei Leitungen und die Kreuzung ist nicht durch einen Punkt markiert, so besteht zwischen den beiden gekreuzten Leitungen keine elektrische Verbindung (Bild 1.75 b).

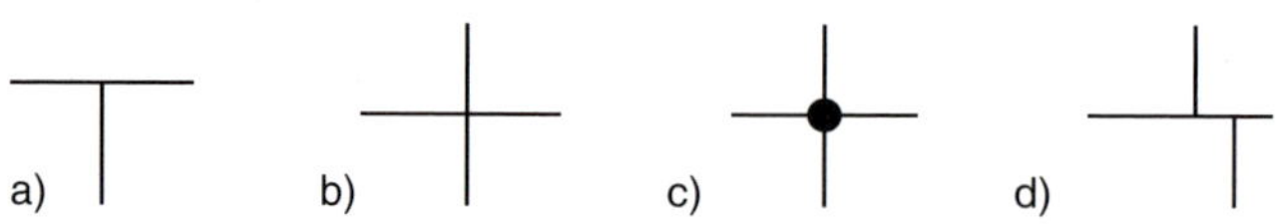

Bild 1.75: Zeichnerische Darstellung von Stromverzweigungen

- Soll zwischen den beiden gekreuzten Leitungen eine elektrisch leitende Verbindung bestehen, so ist eine der beiden Darstellungsarten c) oder d) in Bild 1.75 zu wählen.

1.5.2.3 Ersatzwiderstand der Parallelschaltung

Mehrere parallel geschaltete Widerstände können immer durch einen einzigen Widerstand so ersetzt werden, dass bei gleicher Spannung auch der Gesamtstrom in der Schaltung gleich bleibt. Die Größe dieses **Ersatzwiderstandes** $\boldsymbol{R_E}$ lässt sich aus dem 2. kirchhoffschen Gesetz mithilfe des ohmschen Gesetzes herleiten.

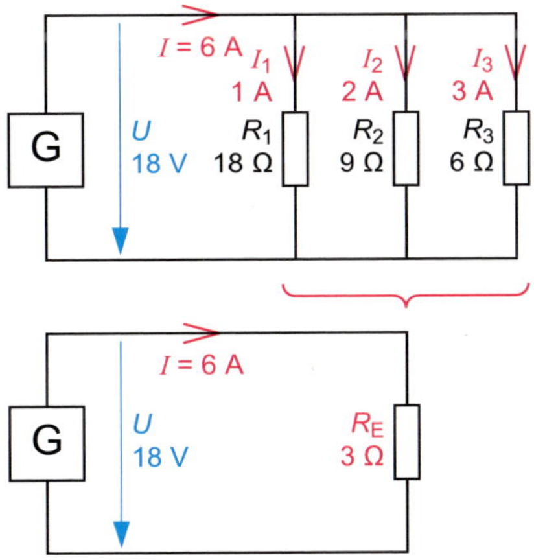

Bild 1.76: Ersatzwiderstand

$$I = I_1 + I_2 + I_3 + \ldots$$

$$\frac{U}{R_E} = \frac{U}{R_1} + \frac{U}{R_2} + \frac{U}{R_3} + \ldots$$

Bei der Parallelschaltung ist der **Kehrwert des Ersatzwiderstandes** gleich der Summe der Kehrwerte der Teilwiderstände.

$$\boldsymbol{\frac{1}{R_E} = \frac{1}{R_1} + \frac{1}{R_2} + \frac{1}{R_3} + \ldots}$$

In einer Parallelschaltung ist der Ersatzwiderstand immer kleiner als der kleinste Teilwiderstand.

■ **Beispiel:**

Berechnen Sie für die Schaltung die Größe des Widerstandes R_2.

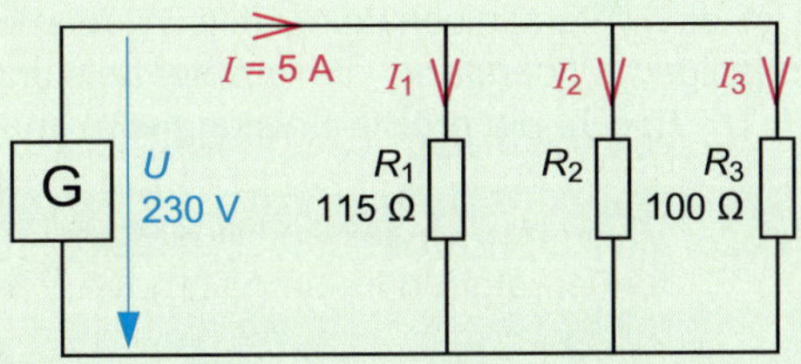

Lösung 1

$R_E = \frac{U}{I} = \frac{230\ \text{V}}{5\ \text{A}}$

$R_E = \mathbf{46\ \Omega}$

$\frac{1}{R_E} = \frac{1}{R_1} + \frac{1}{R_2} + \frac{1}{R_3}$

$\frac{1}{R_2} = \frac{1}{R_E} - \frac{1}{R_1} - \frac{1}{R_3}$

$= \frac{1}{46\ \Omega} - \frac{1}{115\ \text{V}} - \frac{1}{100\ \Omega}$

$R_2 = \mathbf{328{,}6\ \Omega}$

Lösung 2

$I_1 = \frac{U}{R_1} = \frac{230\ \text{V}}{115\ \Omega}$

$I_2 = \mathbf{2\ A}$

$I_3 = \frac{U}{R_3} = \frac{230\ \text{V}}{100\ \Omega}$

$I_3 = \mathbf{2{,}3\ A}$

$I = I_1 + I_2 + I_3$

$I_2 = I - I_1 - I_3$

$= 5\ \text{A} - 2\ \text{A} - 2{,}3\ \text{A}$

$I_2 = 0{,}7\ \text{A}$

$R_2 = \frac{U}{I_2} = \frac{230\ \text{V}}{0{,}7\ \text{A}}$

$R_2 = \mathbf{328{,}6\ \Omega}$

Zeichnet man die Kennlinien parallel geschalteter Widerstände in ein I-U-Diagramm, so ergibt sich eine einfache Möglichkeit zur Ermittlung des Ersatzwiderstandes.

Addiert man die Teilströme bei einer beliebigen Spannung (z. B. 36 V), so erhält man mit dem Gesamtstrom bereits einen Punkt der Ersatzwiderstandskennlinie.

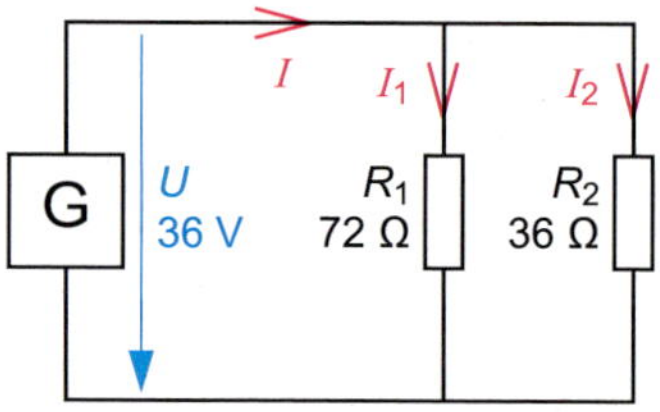

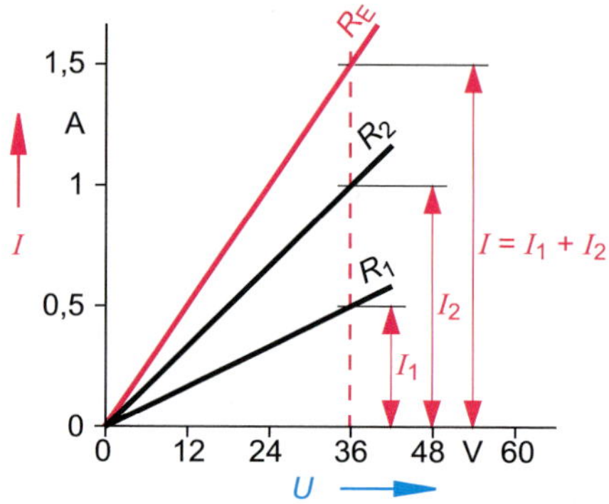

Bild 1.77 Kennliniendarstellung

! In der Kennliniendarstellung parallel geschalteter Widerstände ergibt sich die Kennlinie des Ersatzwiderstandes durch Addition der Teilströme bei beliebigen Spannungen.

Diese Möglichkeit besteht nur bei Widerständen mit einer linearen Kennlinie.

1.5.2.4 Leistung in der Parallelschaltung

Hinsichtlich der Leistung, die in den einzelnen Widerständen einer Parallelschaltung umgesetzt wird, gelten grundsätzlich die gleichen Überlegungen, die bei der Reihenschaltung erörtert wurden.

Da in einer Parallelschaltung alle Widerstände an derselben Spannung liegen, wird an demjenigen Widerstand die größte Leistung auftreten, in dem der größte Strom fließt ($P = U \cdot I$), d. h. die größte Leistung wird im kleinsten Widerstand umgesetzt.

Die in den einzelnen Widerständen einer Parallelschaltung umgesetzten Leistungen stehen im umgekehrten Verhältnis zueinander wie die Widerstände.

$$\frac{P_1}{P_2} = \frac{R_2}{R_1}$$

In einer Parallelschaltung ist die Gesamtleistung gleich der Summe der Leistungen an den Einzelwiderständen.

$$P_G = P_1 + P_2 + P_3 + \ldots$$

■ **Beispiel:**

Für die Schaltung sind zu berechnen:
a) die Leistung des Widerstandes R_1,
b) die Leistung des Ersatzwiderstandes,
c) die Spannung an der Schaltung.

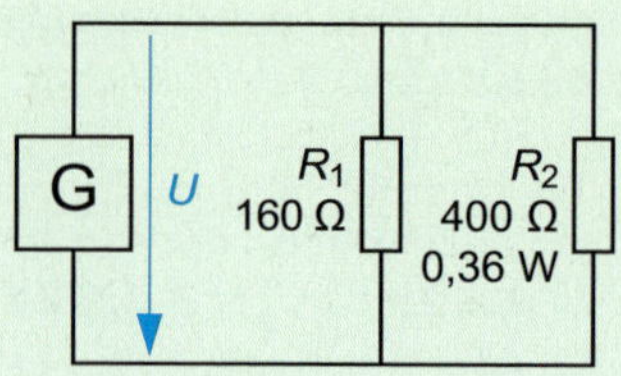

Lösung

a) $\frac{P_1}{P_2} = \frac{R_2}{R_1}$

$P_1 = \frac{R_2}{R_1} \cdot P_2$

$= \frac{400\,\Omega}{160\,\Omega} \cdot 0{,}36\text{ W}$

$P_1 = \mathbf{0{,}9\text{ W}}$

b) $P_G = P_1 + P_2$

$= 0{,}9\text{ W} + 0{,}36\text{ W}$

$P_G = \mathbf{1{,}26\text{ W}}$

c) $P_1 = \frac{U^2}{R_1}$

$U = \sqrt{P_1 \cdot R_1}$

$= \sqrt{0{,}9\text{ W} \cdot 160\,\Omega}$

$U = \mathbf{12\text{ V}}$

Aufgaben

1. Eine Parallelschaltung mit den Widerständen $R_1 = 100\,\Omega$, $R_2 = 250\,\Omega$ und dem unbekannten Widerstand R_3 ist an eine Spannungsquelle angeschlossen. Durch R_1 fließt ein Strom von 0,24 A und durch R_3 ein Strom von 0,16 A.
   a) Zeichnen Sie den Schaltplan.
   b) Tragen Sie alle Ströme und Spannungen mit Richtungspfeil und Formelzeichen in die Schaltung ein.

   Berechnen Sie
   c) die Spannung an der Parallelschaltung,
   d) die Stromstärke in R_2,
   e) den Widerstandswert von R_3 und
   f) die Stromstärke in der Spannungsquelle.

2. Wie groß sind die Stromstärken I_1, I_2 und I, wenn der Schalter Q1 geschlossen ist?

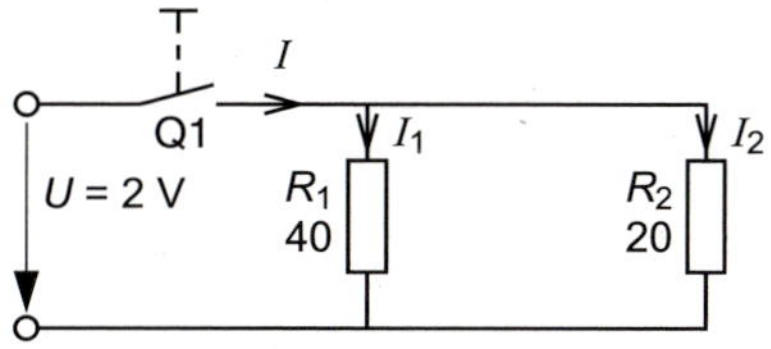

3. Der Schalter Q1 wird geschlossen.
   Wie groß sind in diesem Fall die Stromstärken I_1, I_2 und I?

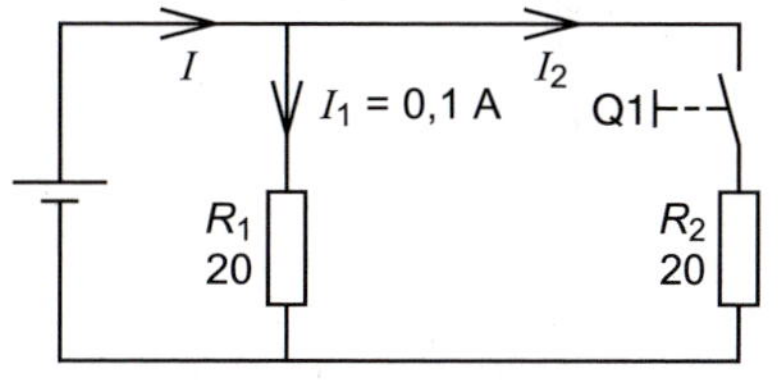

4. a) Wie groß ist I bei der dargestellten Schalterstellung?
   b) Wie groß ist I, wenn der Schalter Q1 geöffnet ist?

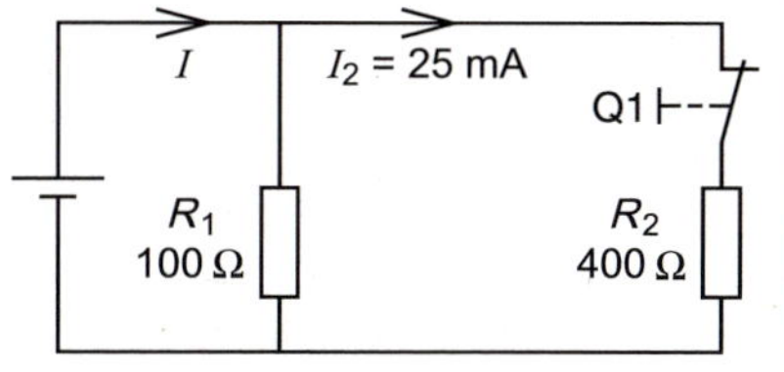

5. a) Der Widerstand R_1 wird auf 10 Ω eingestellt. Wie groß sind I_1 und I?
   b) Der Widerstand R_1 wird auf 40 Ω eingestellt. Wie groß sind in diesem Fall I_1 und I?

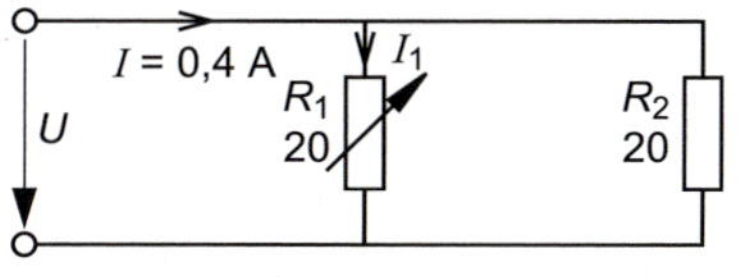

6. Ordnen Sie die Lampen in der Parallelschaltung
   a) nach ihrem Widerstand (größter zuerst) und
   b) nach ihrer Leuchthelligkeit (hellste zuerst).

   Welcher Zusammenhang zwischen Energieumsatz und Widerstand einer Lampe wird bei einem Vergleich von a) und b) deutlich?

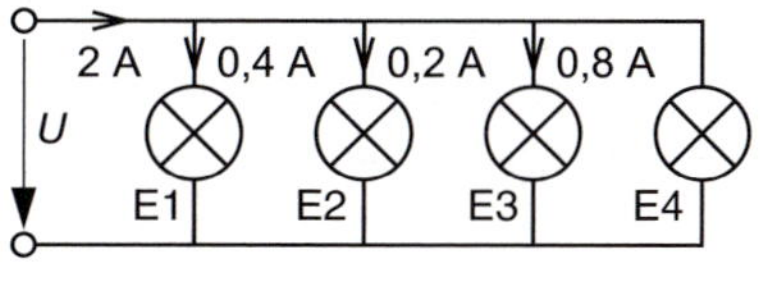

7. Eine Parallelschaltung besteht aus den Widerständen R_1 = 27,5 Ω, R_2 = 55 Ω und R_3 = 82,5 Ω. Die gesamte Schaltung entnimmt der Spannungsquelle eine Leistung von 72 W.

   Wie verteilt sich diese Leistung auf die einzelnen Widerstände?

   Berechnen Sie die Teilleistungen
   a) über Spannung und Ströme und
   b) mithilfe der Widerstands- und Leistungsverhältnisse.

8. Drei Widerstände sind parallel geschaltet und nehmen an einer Spannung von 230 V die Ströme I_1 = 1,25 A, I_2 = 2,25 A und I_3 = 3 A auf.
   a) Stellen Sie die drei Widerstände durch ihre Kennlinien in einem I-U-Diagramm dar.
   b) Ermitteln Sie in dem gleichen Diagramm die Kennlinie des Ersatzwiderstandes.
   c) Überprüfen Sie das Ergebnis Ihrer zeichnerischen Lösung durch eine Rechnung.

9. In der gegebenen Schaltung nimmt R_1 einen Strom von 3,2 A auf. R_2 ist um 15 % größer als R_1; er hat eine Belastbarkeit von 600 W.

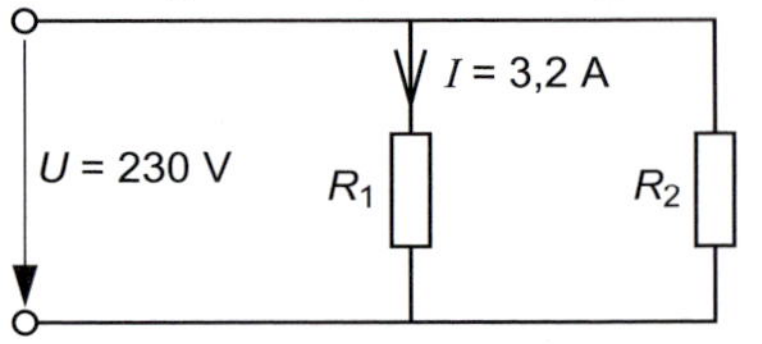

   Berechnen Sie
   a) die Größe des Widerstandes R_1 und
   b) die in R_1 umgesetzte Leistung.
   c) Überprüfen Sie, ob der Widerstand R_2 aufgrund seiner begrenzten Belastbarkeit in der Schaltung verwendet werden kann.

10. Die Widerstände R_1 und R_2 sind parallel geschaltet.

    Entwickeln Sie eine Gleichung zur Berechnung des Ersatzwiderstandes R_E, in der die Kehrwerte der Widerstände R_1 und R_2 nicht mehr auftreten.

11. Eine beliebige Anzahl gleich großer Widerstände sind parallel geschaltet.

    Entwickeln Sie schrittweise mit 3 Widerständen, 4 Widerständen usw. eine Gleichung zur Berechnung des Ersatzwiderstandes von beliebig vielen *(n)* Parallelwiderständen.

1.5.3 Gemischte Schaltungen

In der elektrotechnischen Praxis entstehen meist Widerstandsschaltungen, die aus Reihenschaltungen und Parallelschaltungen zusammengesetzt sind. In solchen **gemischten Schaltungen** können zwei oder mehrere Teilwiderstände, die miteinander in Reihe bzw. parallel geschaltet sind, zu einem Ersatzwiderstand zusammengefasst werden. Dadurch entsteht eine **Ersatzschaltung**, in der wiederum Teilwiderstände miteinander oder mit schon vorher gebildeten Ersatzschaltungen vereinigt werden können. Dies lässt sich so weit fortführen, bis sich für die gesamte Schaltung ein einziger Ersatzwiderstand ergibt.

Liegt die Schaltung an einer Spannungsquelle, so lassen sich mithilfe des ohmschen Gesetzes und der kirchhoffschen Gesetze alle Spannungen und Ströme der Schaltung berechnen.

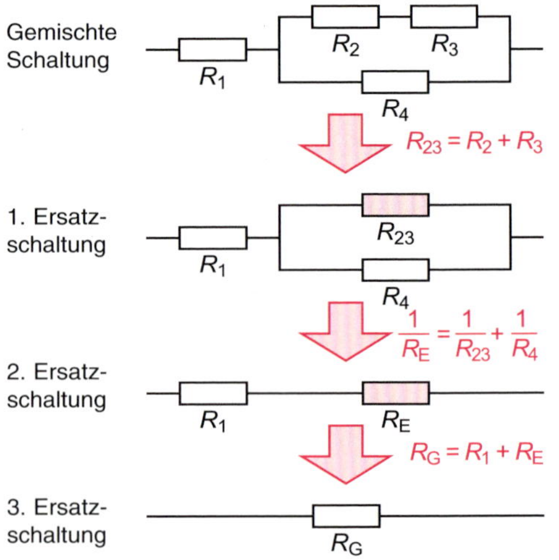

Bild 1.78: Berechnung des Gesamtwiderstandes

■ **Beispiel:**

a) Berechnen Sie alle Spannungen und Ströme, die in der Schaltung auftreten.

b) Bestimmen Sie die Potenziale an den Punkten A und B.

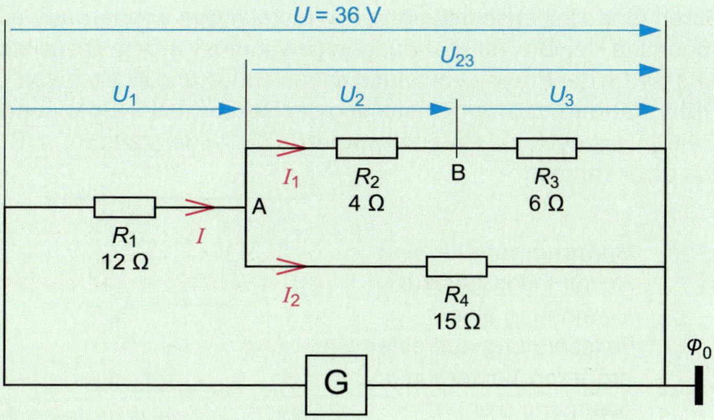

Lösung a)

$R_{23} = R_2 + R_3 = 4\,\Omega + 6\,\Omega$

$R_{23} = \mathbf{10\,\Omega}$

$\frac{1}{R_E} = \frac{1}{R_{23}} + \frac{1}{R_4} = \frac{1}{10\,\Omega} + \frac{1}{15\,\Omega}$

$\frac{1}{R_E} = \frac{3+2}{30\,\Omega} = \frac{5}{30\,\Omega}$

$R_E = \mathbf{6\,\Omega}$

$R_g = R_1 + R_E = 12\,\Omega + 6\,\Omega$

$R_g = \mathbf{18\,\Omega}$

$I = \frac{U}{R_G} = \frac{36\text{ V}}{18\,\Omega}$

$I = \mathbf{2\text{ A}}$

$U_1 = I \cdot R_1 = 2\text{ A} \cdot 12\,\Omega$

$U_1 = \mathbf{24\text{ V}}$

$U_{23} = U - U_1 = 36\text{ V} - 24\text{ V}$

$U_{23} = \mathbf{12\text{ V}}$

$I_1 = \frac{U_{23}}{R_{23}} = \frac{12\text{ V}}{10\,\Omega}$

$I_1 = \mathbf{1{,}2\text{ A}}$

$U_2 = I_1 \cdot R_2 = 1{,}2\text{ A} \cdot 4\,\Omega$

$U_2 = \mathbf{4{,}8\text{ V}}$

$U_3 = I_1 \cdot R_3 = 1{,}2\text{ A} \cdot 6\,\Omega$

$U_3 = \mathbf{7{,}2\text{ V}}$

$I_2 = \frac{U_{23}}{R_4} = \frac{12\text{ V}}{15\,\Omega}$

$I_2 = \mathbf{0{,}8\text{ A}}$

b) $U_{23} = \varphi_A - \varphi_0$

$\varphi_A = U_{23} + \varphi_0 = 12\text{ V} + 0\text{ V}$

$\varphi_A = \mathbf{12\text{ V}}$

$U_2 = \varphi_A - \varphi_B$

$\varphi_B = \varphi_A - U_2 = 12\text{ V} - 4{,}8\text{ V}$

$\varphi_B = \mathbf{7{,}2\text{ V}}$

1.5.3.1 Spannungsteiler

Durch eine Reihenschaltung von Widerständen können aus einer größeren Versorgungsspannung kleinere Teilspannungen gewonnen werden. Diese Möglichkeit zur Spannungsteilung wird in der Praxis sehr häufig angewendet, und zwar sowohl unter Verwendung von **Festwiderständen**, z. B. zur Einstellung der Basis-Emitter-Spannung eines Transistors (vgl. Kap. 2.4.6.1), als auch mit **Potenziometern** (Stellwiderständen), z. B. zur Regulierung der Helligkeit einer Lampe.

> **!** **Spannungsteiler** sind Schaltungen, die zur Gewinnung einer Teilspannung aus einer größeren Versorgungsspannung dienen.

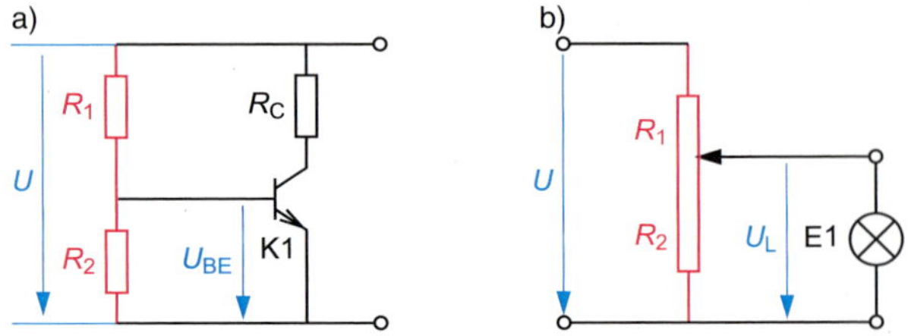

Bild 1.79: Spannungsteilerschaltung a) mit Festwiderständen b) mit Potenziometer

Der nebenstehende Spannungsteiler besteht aus den Festwiderständen R_1 und R_2. An die Klemmen a und b kann ein Verbraucher (Lastwiderstand) angeschlossen werden.

Solange kein Verbraucher angeschlossen ist, handelt es sich um eine einfache Reihenschaltung, die man als **unbelasteten Spannungsteiler** bezeichnet; die Spannung zwischen den Klemmen a und b bezeichnet man als **Leerlaufspannung**.

Wird ein **Lastwiderstand R_L** an die Klemmen a und b angeschlossen, so ergibt sich eine gemischte Schaltung, die als **belasteter Spannungsteiler** bezeichnet wird. Durch den Lastwiderstand sinkt der Widerstand der Parallelschaltung von R_2 und R_L und damit auch der Gesamtwiderstand der Schaltung. Die Gesamtstromstärke I steigt und verursacht an R_1 eine höhere Spannung, wodurch die Lastspannung zwischen a und b absinkt.

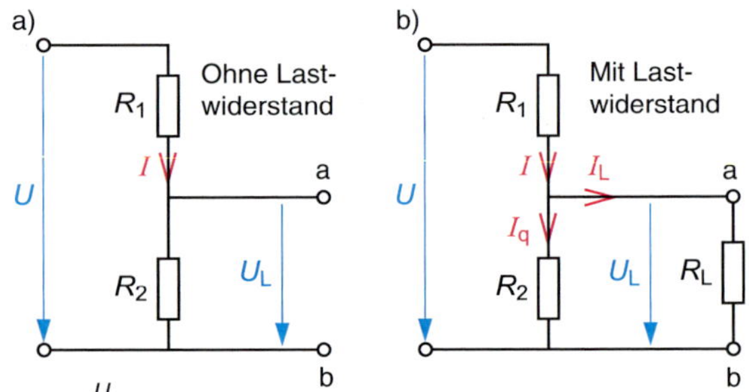

a)

$$I = \frac{U}{R_1 + R_2}$$

$$U_L = I \cdot R_2$$

$$U_L = \frac{R_2}{R_1 + R_2} \cdot U$$

R_L Lastwiderstand
U_L Lastspannung
R_2 Querwiderstand
I_Q Querstrom

b)

$$R_E = \frac{R_2 \cdot R_L}{R_2 + R_L}$$

$$I = \frac{U}{R_1 + R_E}$$

$$U_L = I \cdot R_E$$

$$U_L = U \cdot \frac{R_E}{R_1 + R_E}$$

Bild 1.80: Unbelasteter (a) und belasteter (b) Spannungsteiler

Der Einfluss des Lastwiderstandes R_L auf die Größe der Lastspannung U_L wird durch das Diagramm deutlich. Beträgt der Lastwiderstand $R_L = 0\ \Omega$ (Kurzschluss zwischen a und b), so ist $U_L = 0$ V. Mit steigendem Lastwiderstand steigt U_L und nähert sich immer mehr der Leerlaufspannung an. An dem Verlauf der Kurve erkennt man, dass U_L sich in Abhängigkeit von R_L umso weniger ändert, je größer R_L im Vergleich zum **Querwiderstand R_2** ist.

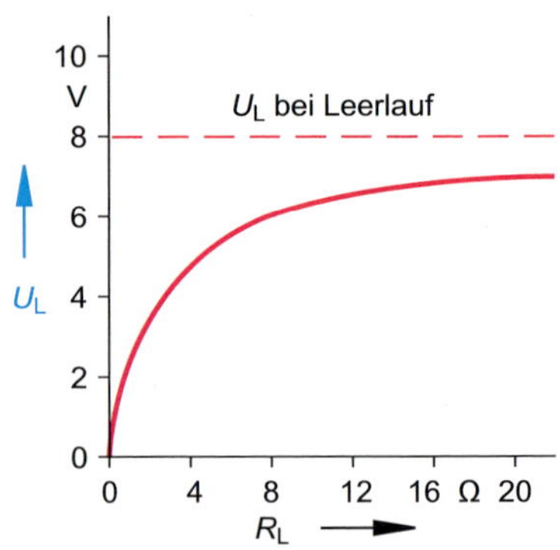

Bild 1.81: Abhängigkeit der Lastspannung vom Lastwiderstand

Die **Lastspannung U_L eines Spannungsteilers** ist bei sich änderndem Lastwiderstand R_L umso stabiler, je größer die vorkommenden Lastwiderstände im Vergleich zum Querwiderstand R_2 sind.

■ **Beispiel:**

Ein Spannungsteiler mit einem Gesamtwiderstand von $R = 46\ \Omega$ liegt an einer Versorgungsspannung von $U = 230$ V und wird im Leerlauf auf eine Ausgangsspannung von $U_2 = 24$ V eingestellt.

a) Wie groß sind die Widerstände R_1 und R_2?

b) Wie groß ist die Ausgangsspannung U_2', wenn die Lampe E1 angeschlossen ist?

c) Welche Leistung P_{E1}' hat die Lampe in diesem Fall?

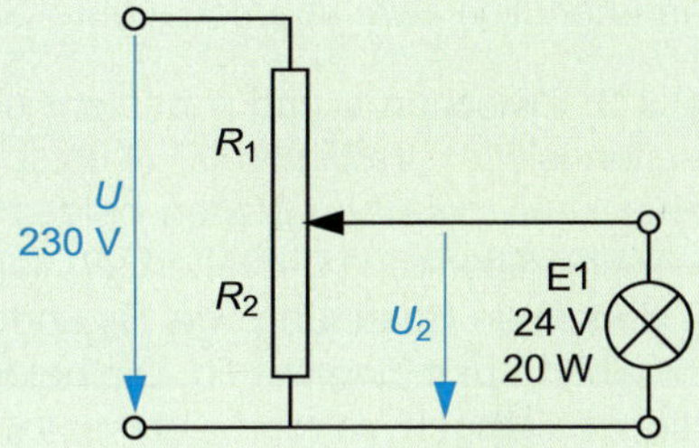

Lösung

a) $I = \frac{U}{R} = \frac{230\ \text{V}}{46\ \Omega}$; $I = \mathbf{5\ A}$

$R_2 = \frac{U_2}{I} = \frac{24\ \text{V}}{5\ \text{A}}$; $R_2 = \mathbf{4{,}8\ \Omega}$

$R_1 = R - R_2 = 46\ \Omega - 4{,}8\ \Omega$; $R_1 = \mathbf{41{,}2\ \Omega}$

b) $R_{E1} = \frac{U_{E1}^2}{P_{E1}} = \frac{(24\ \text{V})^2}{20\ \text{W}}$; $R_{E1} = \mathbf{28{,}8\ \Omega}$

$R_P = \frac{R_{E1} \cdot R_2}{R_{E1} + R_2} = \frac{28{,}8\ \Omega \cdot 4{,}8\ \Omega}{28{,}8\ \Omega + 4{,}8\ \Omega}$; $R_P = \mathbf{4{,}1\ \Omega}$

$R_g = R_1 + R_P = 41{,}2\ \Omega + 4{,}1\ \Omega$; $R_g = \mathbf{45{,}3\ \Omega}$

$I' = \frac{U}{R_g} = \frac{230\ \text{V}}{45{,}3\ \Omega}$; $I' = \mathbf{5{,}08\ A}$

$U_2' = I \cdot R_P = 5{,}08\ \text{A} \cdot 4{,}1\ \Omega$; $U_2' = \mathbf{20{,}8\ V}$

c) $P_{E1}' = \frac{U_2'^2}{R_{E1}} = \frac{(20{,}8\ \text{V})^2}{28{,}8\ \Omega}$; $P_{E1}' = \mathbf{15\ W}$

1.5.3.2 Brückenschaltung

Bei der Behandlung gemischter Schaltungen wurde bisher so verfahren, dass als Reihen- oder Parallelschaltung erkennbare Schaltungsteile durch Ersatzwiderstände dargestellt und damit die Schaltungen schrittweise vereinfacht wurden.

Diese Verfahrensweise versagt bei der Brückenschaltung. Ganz gleich welche Widerstände man in Betracht zieht, stellt man fest, dass sie weder in Reihe noch parallel geschaltet sind.

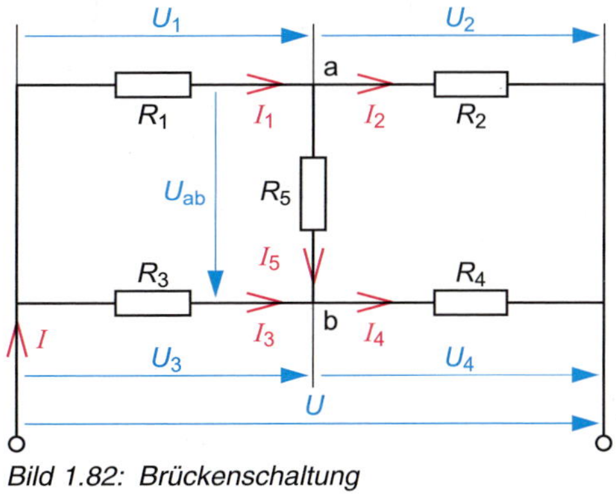

Bild 1.82: Brückenschaltung

Um die Schaltung mit den bisher erworbenen Mitteln zu bearbeiten, zerlegt man sie in einen Spannungsteiler, der aus den Widerständen R_1 und R_2 gebildet wird, und einen zweiten Spannungsteiler mit den Widerständen R_3 und R_4. Die Abgriffe a und b der beiden Spannungsteiler werden durch R_5 überbrückt; man bezeichnet R_5 daher auch als Brückenwiderstand und die Schaltung als **Brückenschaltung**.

Ist der Brückenwiderstand R_5 beliebig verstellbar, so ergeben sich in den Grenzlagen null und unendlich zwei überschaubare Schaltungen:

R_5 = 0: Zwischen a und b besteht eine widerstandslose Verbindung (Kurzschluss); daher kann zwischen diesen beiden Punkten keine Spannung bestehen. R_1 liegt also an derselben Spannung wie R_3 und R_2 an derselben Spannung wie R_4. Die beiden Parallelschaltungen werden vom selben Gesamtstrom durchflossen und liegen also in Reihe zueinander.

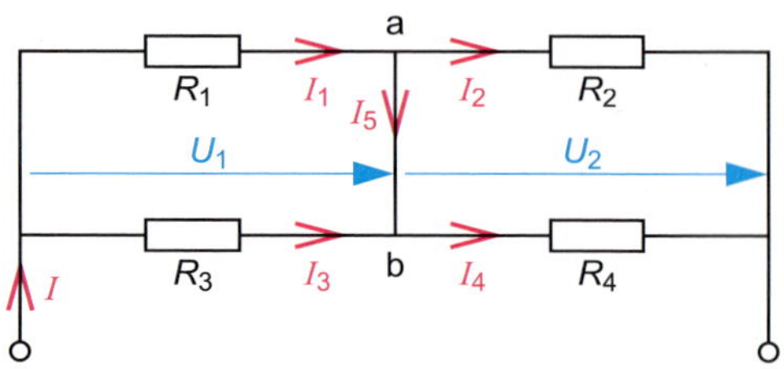

Bild 1.83a: Ersatzschaltung für R_5 = 0

Besteht vor dem Einlegen der Kurzschlussbrücke eine Spannung zwischen a und b, so fließt über die Brücke ein Strom I_5.

R_5 = ∞: Zwischen a und b besteht keine leitende Verbindung mehr, daher findet an diesen Punkten keine Stromverzweigung mehr statt. R_1 wird vom selben Strom durchflossen wie R_2 und R_3 vom selben Strom wie R_4. Die beiden Reihenschaltungen liegen an derselben Gesamtspannung; sie sind also parallel geschaltet.

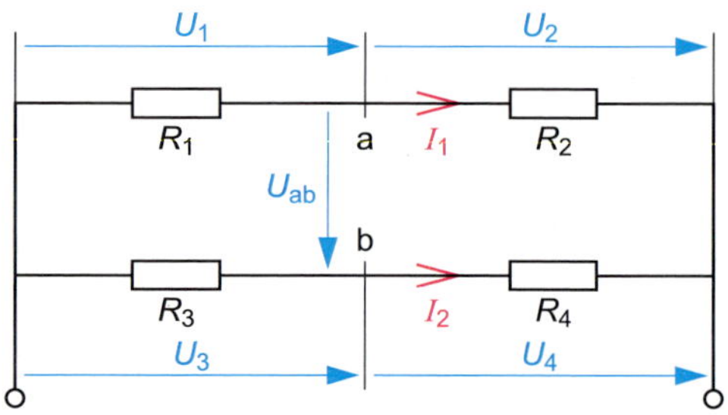

Bild 1.83b: Ersatzschaltung für R_5 = ∞

Ein Sonderfall der Brückenschaltung ergibt sich, wenn die Teilwiderstände der beiden Spannungsteiler so bemessen sind, dass in den Punkten a und b das gleiche Potenzial auftritt. In diesem Fall fließt über den Brückenwiderstand oder ein Messinstrument im Brückenzweig kein Strom; die Brücke ist abgeglichen. Es ist:

$$\frac{R_1}{R_2} = \frac{R_3}{R_4}$$

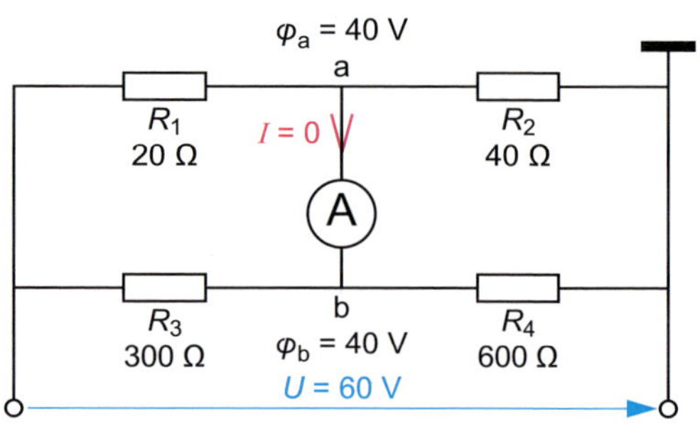

Bild 1.83c: Abgeglichene Brückenschaltung

Eine **Brückenschaltung ist abgeglichen**, wenn die Widerstandsverhältnisse der beiden Spannungsteiler gleich sind.

Brückenschaltungen sind besonders geeignet für genaue Widerstandsmessungen (vgl. Kap. 3.3.3).

■ **Beispiel:**

Ein unbekannter Widerstand R_x soll mithilfe einer Brückenschaltung gemessen werden. Bei folgenden Widerstandswerten ist die Brücke abgeglichen:

$R_1 = 1{,}5\ \text{k}\Omega$, $R_3 = 450\ \Omega$,
$R_4 = 1{,}2\ \text{k}\Omega$

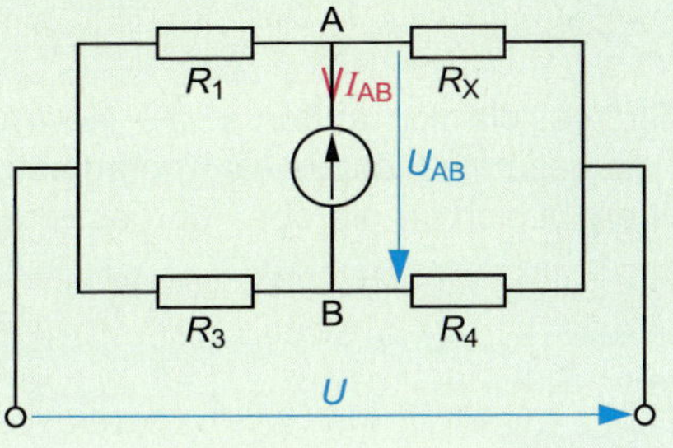

Lösung

$$\frac{R_x}{R_1} = \frac{R_4}{R_3}$$

$$R_x = \frac{R_4 \cdot R_1}{R_3} = \frac{1200\ \Omega \cdot 1500\ \Omega}{450\ \Omega}$$

$$\boldsymbol{R_x = 4000\ \Omega}$$

1.5.3.3 Widerstandsnetzwerke

Widerstandsnetzwerke sind Schaltungen, in denen viele Widerstände und Spannungsquellen beliebig zusammengeschaltet sind. Solche Schaltungen lassen sich mithilfe der kirchhoffschen Gesetze berechnen. Dazu bringt man diese Gesetze in eine allgemeine Form.

Das **1. kirchhoffsche Gesetz** lautet:

„An einem Stromverzweigungspunkt (Knoten) ist die Summe der zufließenden Ströme gleich der Summe der abfließenden Ströme". Zählt man nun die auf einen Knoten zufließenden Ströme positiv (+) und die abfließenden Ströme negativ (−), so lautet das 1. kirchhoffsche Gesetz in seiner allgemeinen Form:

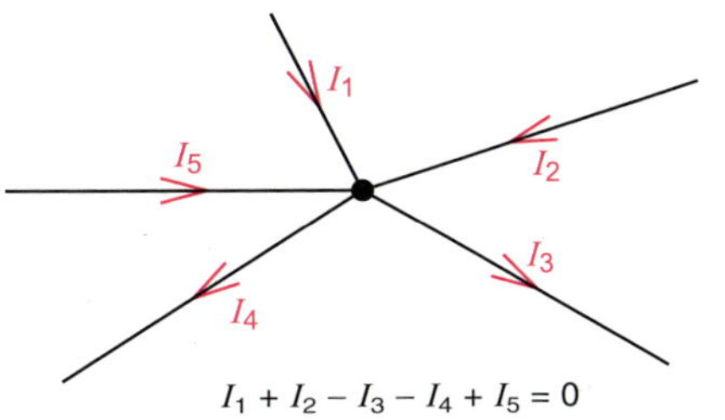

Bild 1.84a: 1. kirchhoffsches Gesetz

An einem Stromverzweigungspunkt (Knoten) ist die Summe aller Ströme gleich null (**Knotenregel**).

$$\boldsymbol{\Sigma I = 0}$$

Das **2. kirchhoffsche Gesetz** lautet:

„In einer Reihenschaltung ist die Gesamtspannung gleich der Summe der Teilspannungen."

Wendet man dieses Gesetz auf eine geschlossene Leiterschleife (Masche) an, in der sowohl Widerstände als auch Spannungsquellen liegen, so ergibt sich bei Einhaltung der Regel für die Richtung von Spannungspfeilen (vgl. Kap. 1.1.4), dass diese Pfeile an den Spannungsquellen in Bezug auf die Stromrichtung umgekehrt gerichtet sind wie die Pfeile an den Widerständen. Zum Aufstellen der kirchhoffschen Gleichung legt man nun zunächst eine beliebige Zählrichtung Z für die Schleife fest. Die Spannungen, deren Pfeile in Zählrichtung zeigen, werden positiv (+) gezählt, die Spannungen, deren Pfeile gegen die Zählrichtung zeigen, werden negativ (−) gezählt.

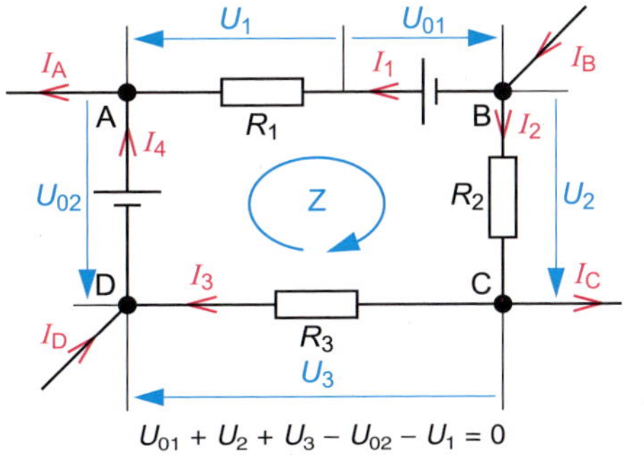

Bild 1.84b: 2. kirchhoffsches Gesetz

Damit kann man das 2. kirchhoffsche Gesetz ganz allgemein formulieren:

> In einer geschlossenen Netzschleife (Masche) ist die Summe aller Spannungen gleich null (**Maschenregel**).
>
> $$\Sigma U = 0$$

Für Ströme, die von außen in die Netzmasche hereinfließen oder aus ihr hinausfließen, kann die gesamte Masche als Knoten betrachtet und die Knotenregel angewendet werden. Damit ergibt sich für die oben dargestellte Masche:

$$-I_A + I_B - I_C + I_D = 0$$

■ **Beispiel:**

In der oben stehenden Schaltung sind die nachfolgend angegebenen Größen bekannt. Berechnen Sie die Stromstärke I_1.

Lösung

Gegeben:

$I_A = 2{,}5\ \text{A}$;	$I_B = 3{,}6\ \text{A}$;	$I_C = 1{,}7\ \text{A}$
$R_1 = 2{,}4\ \Omega$;	$R_2 = 1{,}8\ \Omega$;	$R_3 = 3{,}2\ \Omega$
$U_{01} = 12\ \text{V}$;	$U_{02} = 24\ \text{V}$	

Lösungsweg:

1. Maschengleichung mit Spannungsabfällen $(I \cdot R)$ ansetzen.
2. Knotengleichungen so ansetzen, dass alle unbekannten I durch bekannte I und I_1 ersetzt werden.
3. Knotengleichung in Maschengleichungen einsetzen.

1. $U_{01} + I_2 \cdot R_2 + I_3 \cdot R_3 - U_{02} - I_1 \cdot R_1 = 0$

2. Knoten B:

$I_B - I_1 - I_2 = 0$

ⓐ $I_2 = I_B - I_1$

Knoten C:

$I_2 - I_C - I_3 = 0$

ⓑ $I_3 = I_2 - I_C$

ⓐ in ⓑ:

ⓒ $I_3 = I_B - I_1 - I_C$

3. $U_{01} + (I_B - I_1) R_2 + (I_B - I_1 - I_C) R_3 - U_{02} - I_1 \cdot R_1 = 0$

$I_1 \cdot R_1 + I_1 \cdot R_2 + I_1 \cdot R_3 = U_{01} + I_B \cdot R_2 + I_B \cdot R_3 - I_C \cdot R_3 - U_{02}$

$$I_1 = \frac{U_{01} + I_B \cdot R_2 + (I_B - I_C) R_3 - U_{02}}{R_1 + R_2 + R_3}$$

$$= \frac{12\ \text{V} + 3{,}6\ \text{A} \cdot 1{,}8\ \Omega + (3{,}6\ \text{A} - 1{,}7\ \text{A})\, 3{,}2\ \Omega - 24\ \text{V}}{2{,}4\ \Omega + 1{,}8\ \Omega + 3{,}2\ \Omega}$$

$I_1 = \mathbf{0{,}076\ A}$

Das Überlagerungsprinzip

Eine andere Möglichkeit zur Berechnung von Widerstandsnetzwerken ist das sogenannte Überlagerungsprinzip. Hierbei geht man davon aus, dass sich in der Schaltung die von den verschiedenen Spannungsquellen verursachten Ströme überlagern.

Die Stromstärke I im Widerstand R_4 ergibt sich aus der Überlagerung von Strom I_{x1}, der von der Spannungsquelle U_{01} verursacht wird, und Strom I_{x2}, der von der Spannungsquelle U_{02} erzeugt wird.

$$\boldsymbol{I = I_{x1} + I_{x2}}$$

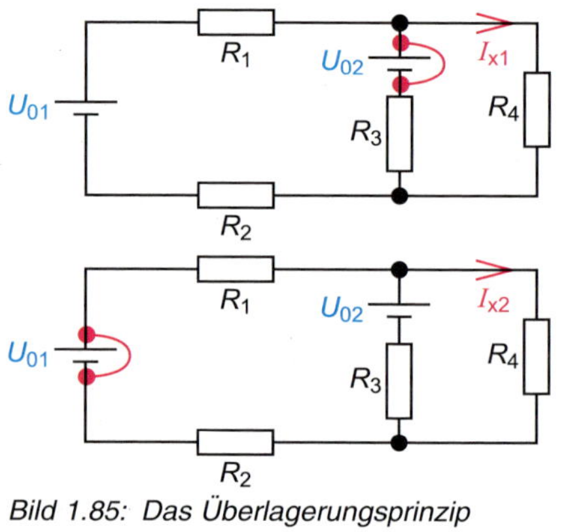

Bild 1.85: Das Überlagerungsprinzip

Zur Berechnung von I_{x1} denkt man sich die Spannungsquelle U_{02} kurzgeschlossen. Zur Berechnung von I_{x2} denkt man sich die Spannungsquelle U_{01} kurzgeschlossen.

Sind mehr als zwei Spannungsquellen in der Schaltung, so denkt man sich jeweils alle bis auf eine kurzgeschlossen.

■ **Beispiel:**

In der obenstehenden Schaltung sind die nachfolgend angegebenen Größen bekannt. Berechnen Sie die Stromstärke I_x im Widerstand R_4.

Lösung

Gegeben: $R_1 = 4{,}2\ \Omega$ $R_2 = 8{,}6\ \Omega$; $R_3 = 12{,}4\ \Omega$;

$R_4 = 16{,}4\ \Omega$; $U_{01} = 12\ \text{V}$; $U_{02} = 6\ \text{V}$.

$$R_{34} = \frac{R_3 \cdot R_4}{R_3 + R_4} = \frac{12{,}4\ \Omega \cdot 16{,}4\ \Omega}{12{,}4\ \Omega + 16{,}4\ \Omega} = 7{,}06\ \Omega$$

$$R_{G1} = R_1 + R_2 + R_{34} = 4{,}2\ \Omega + 8{,}6\ \Omega + 7{,}06\ \Omega = 19{,}86\ \Omega$$

$$I_{x1} = \frac{R_{34} \cdot U_{01}}{R_{G1} \cdot R_4} = \frac{7{,}06\ \Omega \cdot 12\ \text{V}}{19{,}86\ \Omega \cdot 16{,}4\ \Omega} = 0{,}26\ \text{A}$$

$$R_{124} = \frac{(R_1 + R_2) \cdot R_4}{R_1 + R_2 + R_4} = \frac{(4{,}2\ \Omega + 8{,}6\ \Omega) \cdot 16{,}4\ \Omega}{4{,}2\ \Omega + 8{,}6\ \Omega + 16{,}4\ \Omega} = 7{,}19\ \Omega$$

$$R_{G2} = R_3 + R_{124} = 12{,}4\ \Omega + 7{,}19\ \Omega = 19{,}59\ \Omega$$

$$I_{x2} = \frac{R_{124} \cdot U_{02}}{R_{G2} \cdot R_4} = \frac{7{,}19\ \Omega \cdot 6\ \text{V}}{19{,}59\ \Omega \cdot 16{,}4\ \Omega} = 0{,}134\ \text{A}$$

$$I_x = I_{x1} + I_{x2} = 0{,}26\ \text{A} + 0{,}134\ \text{A} = \mathbf{0{,}394\ A}$$

Aufgaben

1. Bestimmen Sie den Gesamtwiderstand der gegebenen Schaltung.
   (Lösungshinweis: Beachten Sie die aktuelle Zeichnungsnorm, bei der bei sich senkrecht kreuzenden Linien elektrisch *keine* Verbindung besteht!)

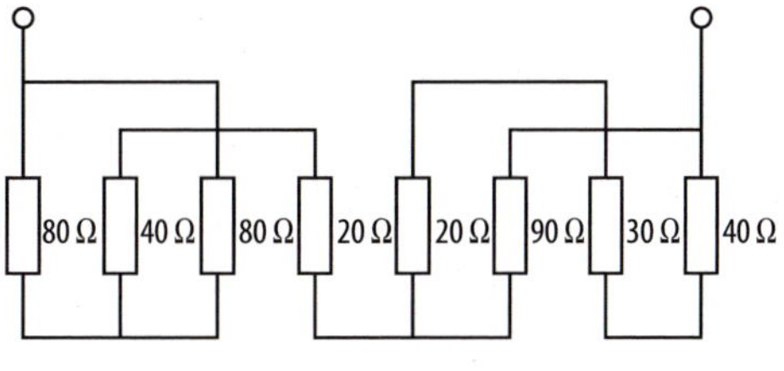

2. a) In welchem Widerstand ist die Stromstärke am größten?
   b) Welche Widerstände werden von demselben Strom durchflossen?
   c) An welchem Widerstand tritt die größte Spannung auf?
   d) Welche Widerstände liegen an derselben Spannung?
   e) Welche Widerstände müssen die höchste Belastbarkeit haben?

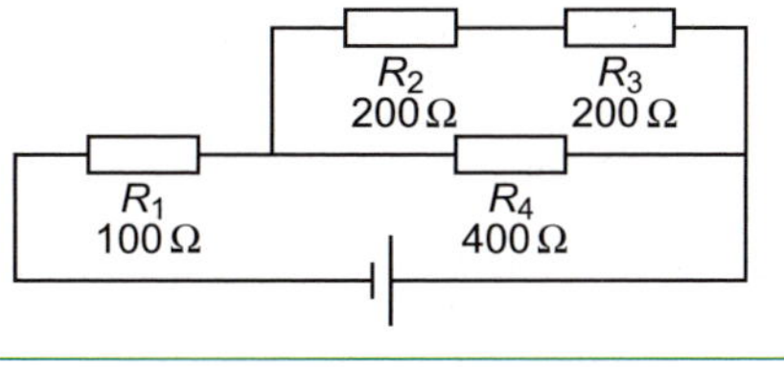

3. a) Wie groß ist die Stromstärke im Relais K1?
   b) Wie groß ist das Potenzial im Punkte A?
   c) Wie groß muss die Belastbarkeit des Widerstandes R_1 sein?

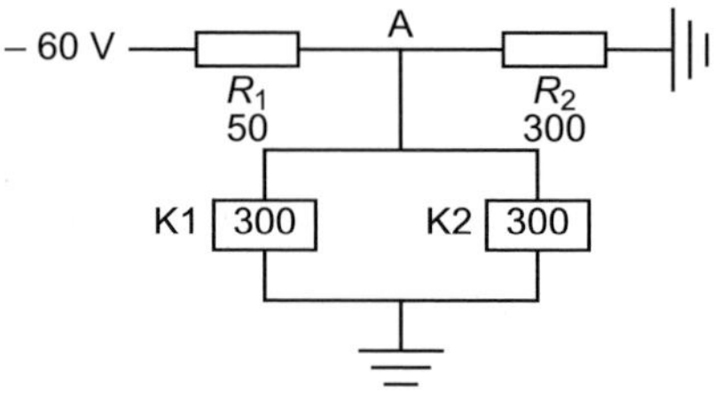

4. a) Zeichnen Sie die Schaltung so um, dass Reihen- und Parallelschaltungen deutlich erkennbar werden.
   b) Bestimmen Sie den Gesamtwiderstand der Schaltung.

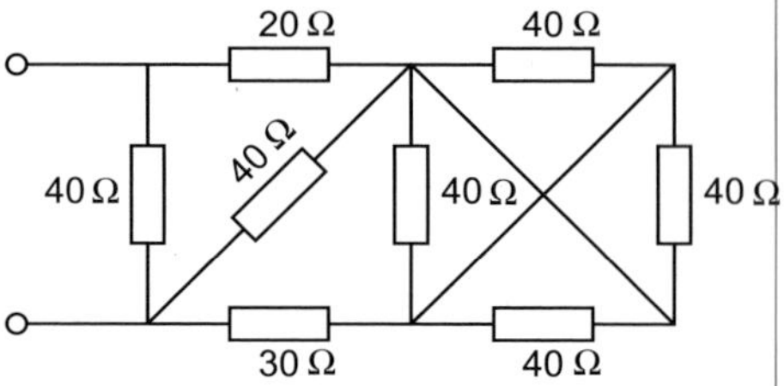

5. Bestimmen Sie die Stromstärke im Relais K1,
   a) wenn S1 betätigt ist,
   b) wenn S1 und S2 betätigt sind,
   c) wenn S1, S2 und S3 betätigt sind,
   d) wenn S1 und S3 betätigt sind.

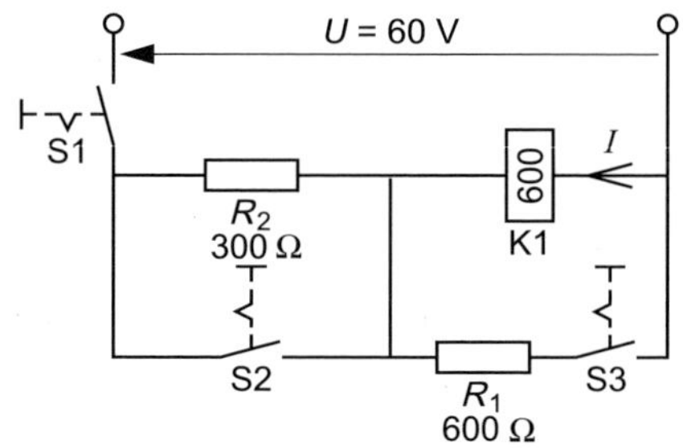

6. a) Geben Sie die Potenziale an den Klemmen 1 bis 8 an.
   b) Geben Sie die Spannungen U_{12}, U_{45}, U_{56}, U_{78}, U_{32} an.
   c) Berechnen Sie die Stromstärke I.
   d) Welche Ströme, Spannungen und Potenziale ändern sich, wenn anstelle von Klemme 6 die Klemme 1 geerdet wird?

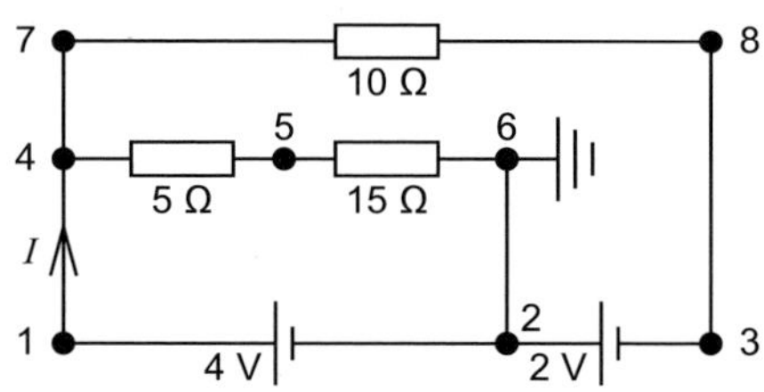

7. a) Wie viele verschiedene Widerstandswerte lassen sich durch Betätigung der Schalter mit dieser Schaltung einstellen? (Jede Schalterkombination ergibt einen anderen Gesamtwiderstand.)
   b) An welchem der sechs Widerstände entsteht in allen Schaltungsmöglichkeiten der größte Spannungsabfall? Begründen Sie Ihre Ausage.
   c) Zeichnen Sie die jeweils in Betrieb befindliche Widerstandsschaltung (ohne Schalter) für alle möglichen Schalterstellungen.
   d) Berechnen Sie für jede Widerstandsschaltung den Gesamtwiderstand.

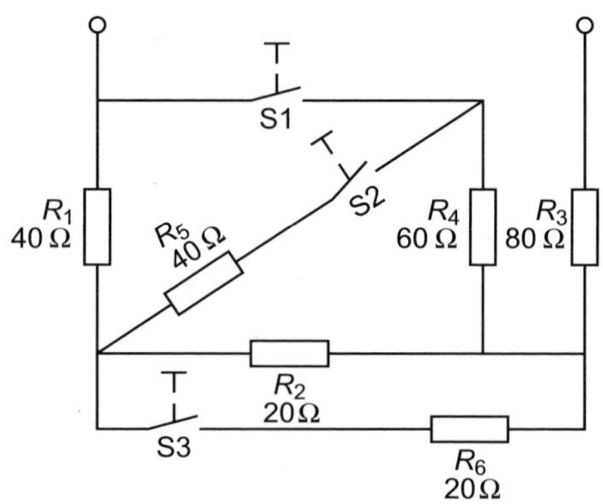

8. Das Diagramm zeigt die Kennlinien zweier in Reihe geschalteter Widerstände.
   a) Entnehmen Sie aus dem Diagramm die Widerstandswerte für R_1 und R_2.
   b) Zeichnen Sie die Schaltung. Achten Sie darauf, dass an den Widerständen die dem Diagramm entsprechenden Potenziale anliegen.
   c) Entnehmen Sie aus dem Diagramm alle Betriebsgrößen der Schaltung.

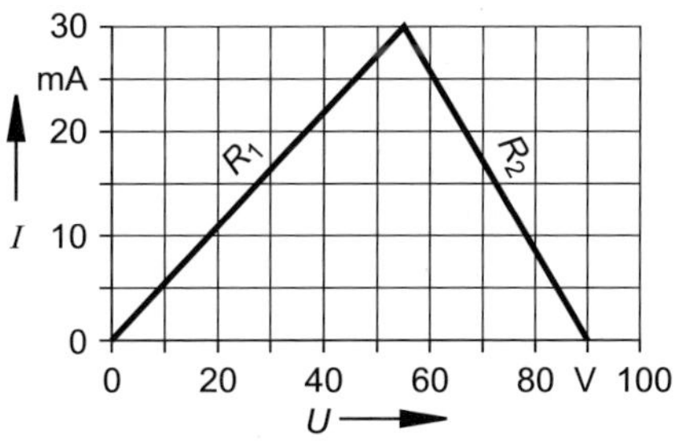

9. a) Konstruieren Sie in einem I-U-Diagramm mithilfe der in der Schaltung gegebenen Werte die Kennlinien der Widerstände R_1 und R_2.
   b) Entnehmen Sie aus dem Diagramm die Werte für R_2, U_1 und U_2.
   c) Zeichnen Sie in das Diagramm anstelle von R_1 den Widerstand R_3 = 80 Ω ein.
   d) Entnehmen Sie aus dem Diagramm alle Werte, die sich gegenüber dem Zustand a) in der Schaltung geändert haben, weil R_3 die Stelle von R_1 eingenommen hat.

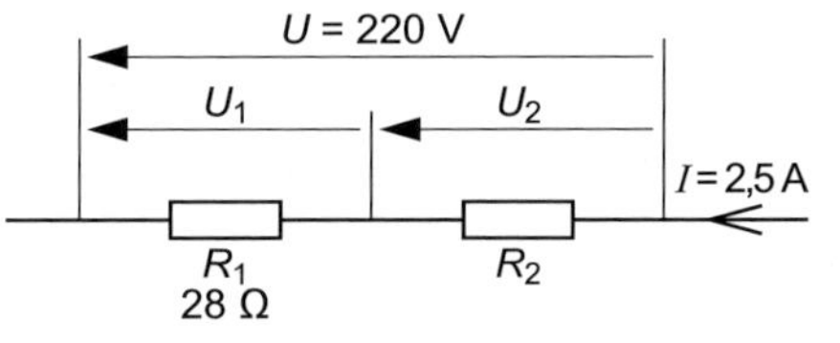

10. a) Auf welchen Widerstand R_2 muss der Spannungsteiler im Leerlauf eingestellt werden, damit U_L = 120 V beträgt?
    b) Auf welchen Wert sinkt die Spannung U_L ab, wenn eine Lampe von 120 V/ 0,5 A an den Ausgang des Spannungsteilers angeschlossen wird?
    c) Wie viele gleiche Lampen dürfen parallel an den Ausgang des Spannungsteilers angeschlossen werden, ohne dass die Spannung U_L unter 100 V absinkt?

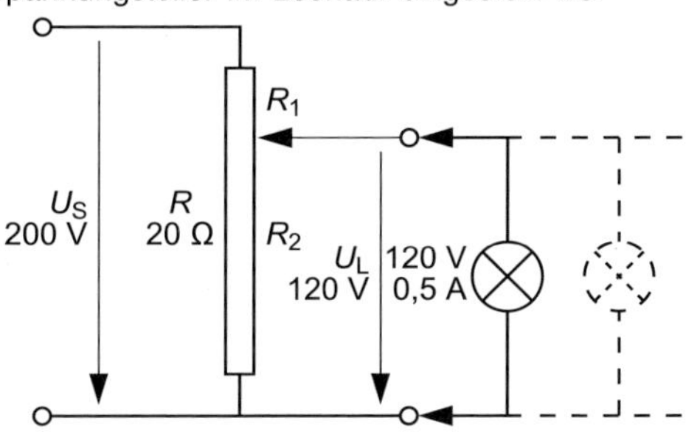

11. Ein Spannungsteiler hat einen Gesamtwiderstand von R = 40 Ω und liegt an einer Spannung von U = 60 V.
    a) Der Spannungsteiler soll im Leerlauf auf eine Ausgangsspannung von U_2 = 24 V eingestellt werden.
       Wie groß sind die Widerstände R_1 und R_2?
    b) An den Ausgang wird eine Lampe mit 24 V/12 W angeschlossen.
       Auf welchen Wert U_2 sinkt die im Leerlauf eingestellte Ausgangsspannung ab?
    c) Zeichnen Sie die Schaltung.
    d) Stellen Sie die Größen der Schaltung in einem I-U-Diagramm dar. Bezeichnen Sie die Kennlinien der Widerstände R_1, R_2, R_{E1} und R_P sowie die Arbeitspunkte im Leerlauf (A) und bei Belastung (B).
    e) Wie groß ist die Leistung der Lampe E1 in der gezeichneten Schaltung?

12. Berechnen Sie für die Schaltungen (1) bis (3)
    a) die Lastspannungen U_L und die Lastströme I_L,
    b) die Lastspannungen U_L', wenn der Lastwiderstand jeweils auf 200 Ω herabgesetzt wird,
    c) die infolge der Widerstandsänderung auftretende Änderung der Lastspannung ΔU_L.
    d) Welcher Zusammenhang wird beim Vergleich der Spannungsänderungen erkennbar?

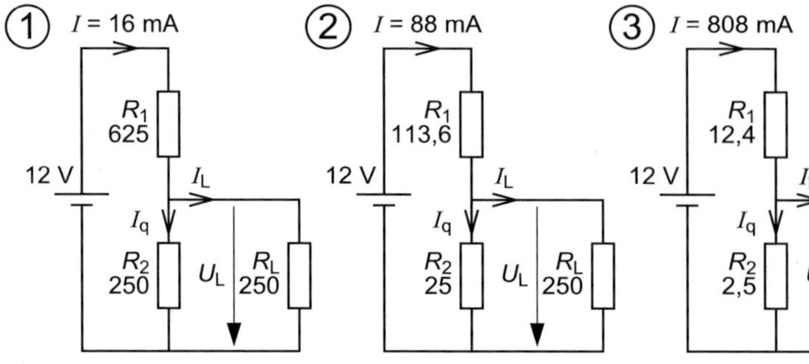

13. a) Wie groß ist die Spannung U_{AB}?
    b) Bestimmen Sie die Stromrichtung im Messinstrument.
    c) Auf welchen Wert muss R_3 eingestellt werden, um die Brücke abzugleichen?
    d) Durch Zuschalten eines Widerstandes zu R_4 soll die Brücke abgeglichen werden. Wie muss dieser Widerstand geschaltet werden, und wie groß muss er sein?
    e) Durch Zuschalten eines Widerstandes zu R_2 soll die Brücke abgeglichen werden. Wie muss dieser Widerstand geschaltet werden, und wie groß muss er sein?
    f) Welche Stromstärke zeigt das Messinstrument in der gegebenen Schaltung an?

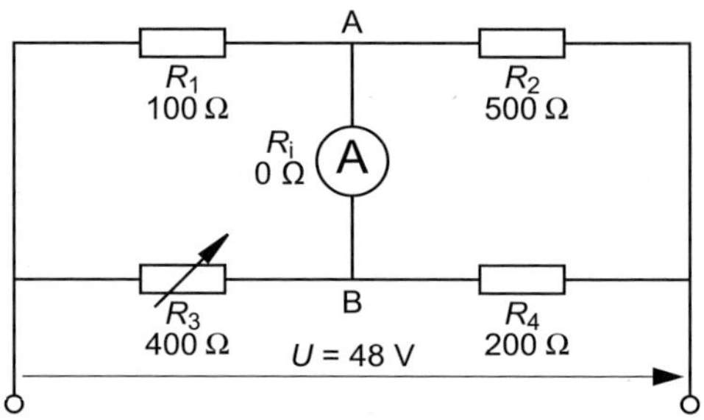

14. a) Stellen Sie die Kennlinien der Widerstände der gegebenen Schaltung in einem I-U-Diagramm dar.
    b) Kennzeichnen Sie im Diagramm die Punkte a und b.
    c) Zeichnen Sie die Spannung U_{ab} in das Diagramm ein.
    d) Bestimmen Sie die Potenziale in den Punkten a und b und berechnen Sie daraus die Spannung U_{ab}.

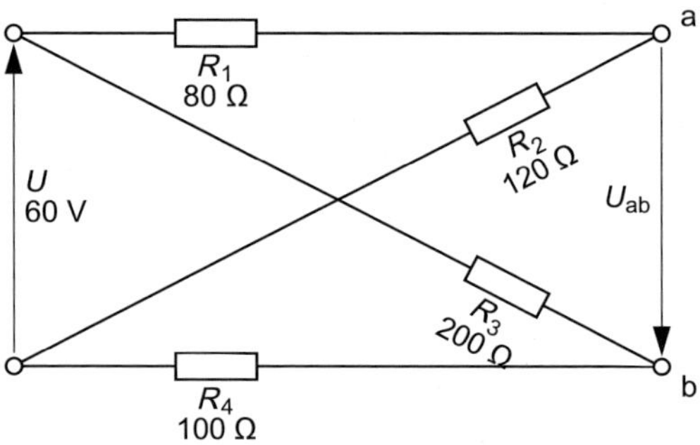

15. Zwischen welchen Werten ist das Potenzial am Punkt A einstellbar?

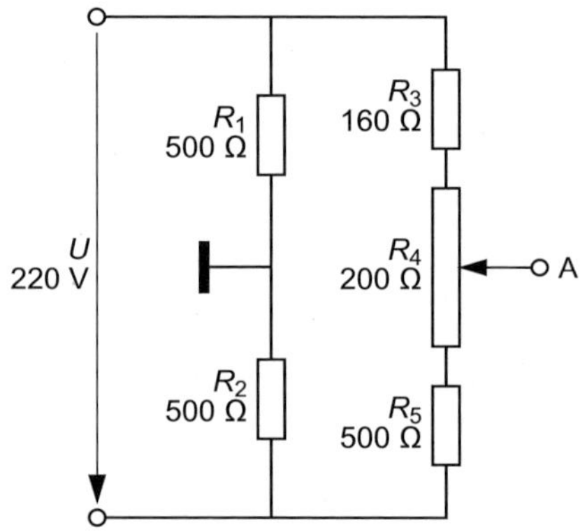

16. Von der nebenstehenden Netzmasche sind folgende Werte bekannt:
$R_1 = 20\ \Omega$, $R_2 = 25\ \Omega$, $R_3 = 50\ \Omega$, $U_1 = 20$ V, $U_2 = 15$ V.
Berechnen Sie die Größen U_3, I_1, I_2, I_3, I_A, I_B, I_C.

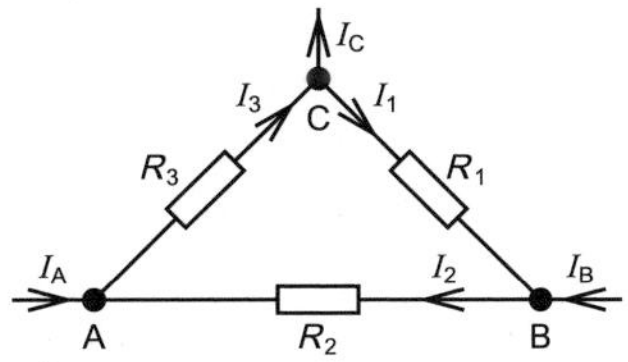

17. In der nebenstehenden Masche eines Netzwerkes sind folgende Größen gegeben:
$I_1 = 4$ A, $I_2 = 4{,}8$ A, $U_{01} = 12$ V, $U_{02} = 24$ V, $R_1 = 6\ \Omega$, $R_2 = 6\ \Omega$, $R_3 = 6\ \Omega$.
Berechnen Sie die Werte aller nicht gegebenen Stromstärken und Spannungen.

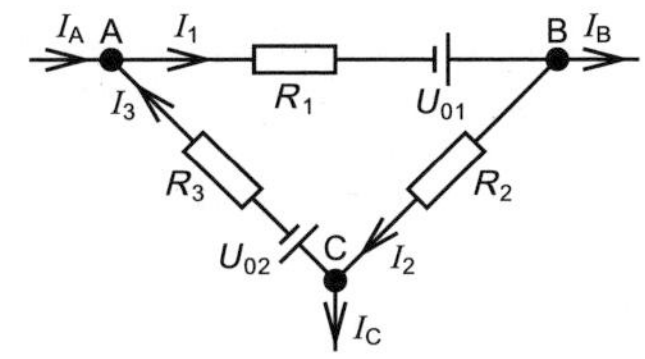

18. Nebenstehende Abbildung zeigt eine einzelne Masche aus einem größeren Netzwerk. Darin sind folgende Werte bekannt:
$I_A = 2$ mA, $I_B = 3$ mA, $R_1 = 2$ kΩ, $R_2 = 5$ kΩ, $R_3 = 1$ kΩ, $U_{01} = 5$ V, $U_{02} = 10$ V.
Gesucht: I_1, I_2, I_3, I_C, U_1, U_2, U_3.

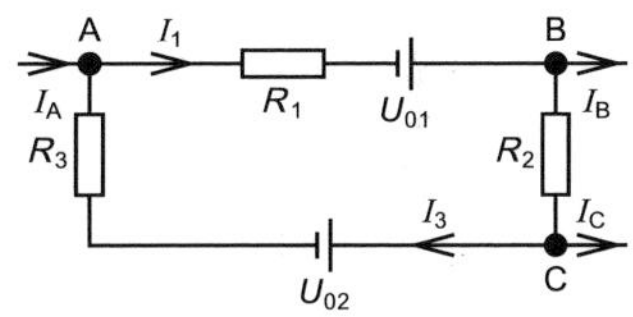

19. Die nebenstehende Netzmasche ist Teil eines größeren Maschennetzes. Darin sind folgende Werte gegeben:
$U_{01} = 4$ V, $U_{02} = 6$ V, $R_1 = 5$ kΩ, $R_2 = 10$ kΩ, $R_3 = 3$ kΩ, $I_A = 4$ mA, $I_B = 2$ mA.
Berechnen Sie die Werte aller nicht gegebenen Stromstärken der Schaltung.

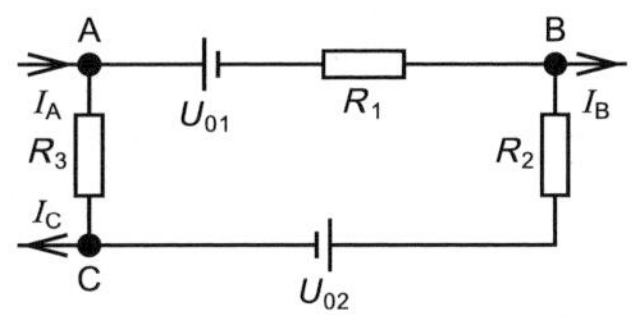

20. Nebenstehende Abbildung zeigt die Zusammenschaltung von vier Spannungsquellen.
Welche Spannungen treten zwischen den Punkten A und B sowie zwischen den Punkten C und D der Schaltung auf?

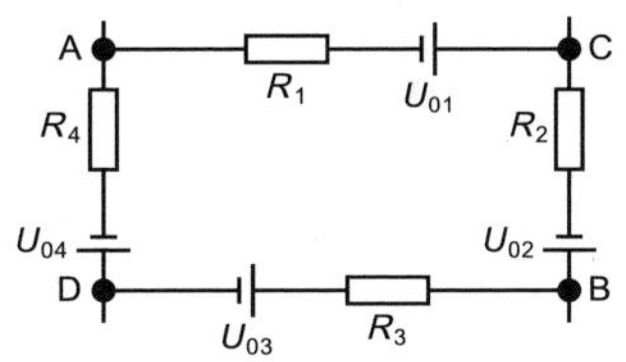

21. In der nebenstehenden Brückenschaltung sind die Widerstände $R_1 = 3{,}2\ \Omega$, $R_2 = 2{,}6\ \Omega$, $R_4 = 12{,}4\ \Omega$, $R_5 = 6{,}2\ \Omega$ sowie die Spannungsabfälle $U_2 = 5{,}6$ V und $U_5 = 3{,}1$ V bekannt.
Berechnen Sie die Werte aller nicht gegebenen Ströme, Spannungen und Widerstände der Schaltung.

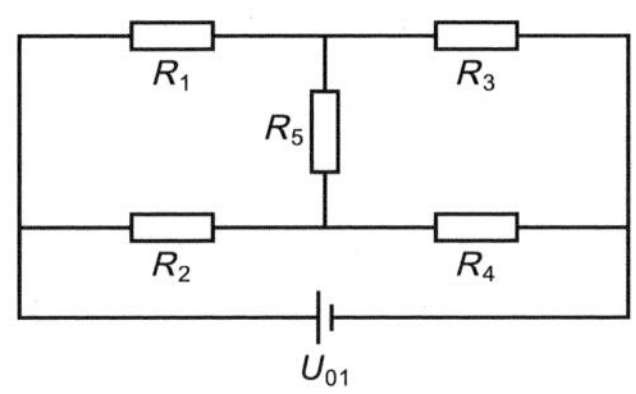

22. In dem nebenstehend dargestellten Teil eines Netzwerkes sind folgende Größen bekannt:
$R_1 = 2{,}4\ \Omega$, $R_3 = 4\ \Omega$, $R_4 = 3{,}09\ \Omega$, $R_5 = 4{,}8\ \Omega$, $U_1 = 4{,}2$ V, $U_2 = 7{,}8$ V, $U_5 = 12$ V, $I_A = 0{,}6$ A, $I_B = 0{,}9$ A.
a) Berechnen Sie alle nicht gegebenen Ströme, Spannungen und Widerstände der Schaltung.
b) Welche Werte müssen zwei Widerstände haben, die zwischen den Punkten A und B sowie zwischen den Punkten B und C angeschlossen werden sollen?

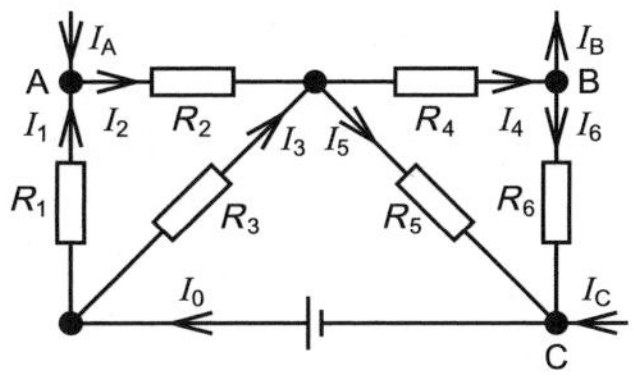

23. In der nebenstehenden Schaltung betragen die Urspannungen $U_{01} = 60$ V und $U_{02} = 36$ V.
Die Widerstände haben folgende Werte: $R_1 = 2\,\Omega$, $R_2 = 8\,\Omega$, $R_3 = 28\,\Omega$, $R_4 = 30\,\Omega$, $R_5 = 22\,\Omega$.
Berechnen Sie die Stromstärke I_x.

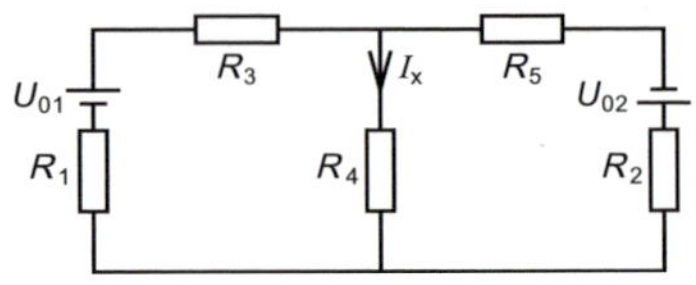

24. Zwei ungleiche Spannungsquellen mit den Urspannungen $U_{01} = 12$ V und $U_{02} = 14$ V sowie den Innenwiderständen $R_{i1} = 0{,}2\,\Omega$ und $R_{i2} = 0{,}4\,\Omega$ sind parallel geschaltet und mit einem Lastwiderstand von $R_L = 6\,\Omega$ belastet.
Wie groß ist der Strom im Lastwiderstand und wie verteilt er sich auf die beiden Spannungsquellen?

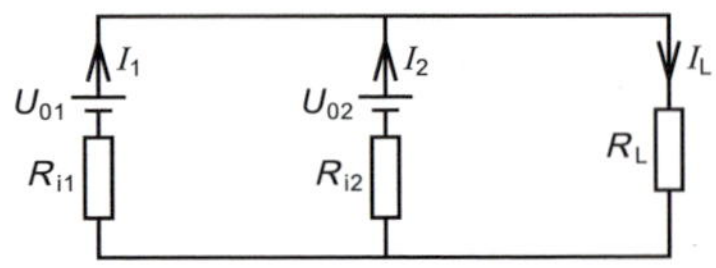

25. In der nebenstehenden Schaltung sind folgende Werte gegeben:
$R_1 = 3\,\Omega$, $R_2 = 5\,\Omega$, $R_3 = 4\,\Omega$, $R_4 = 1\,\Omega$, $U_{01} = 4{,}5$ V, $U_{02} = 6$ V, $U_{03} = 7{,}5$ V.
Berechnen Sie die Größe der eingetragenen Ströme.

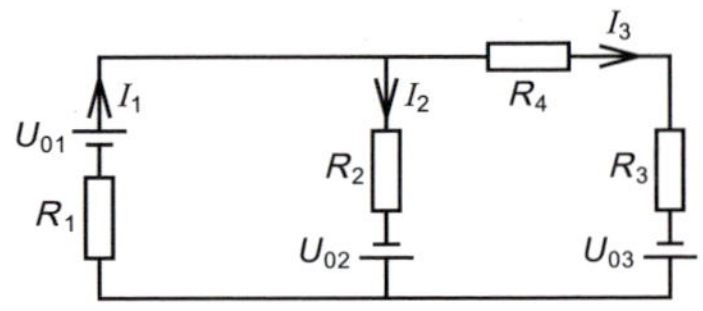

1.6 Grundbegriffe des Wechselstroms

1.6.1 Darstellung und Kenngrößen sinusförmiger Wechselspannungen und Wechselströme

Bei der gleichförmigen Drehung einer Leiterschleife in einem homogenen Magnetfeld wird in der Schleife eine Wechselspannung induziert. Die Größe dieser Spannung kann sowohl in Abhängigkeit vom Winkel α, den die Leiterschleife mit der Nulllage bildet, als auch in Abhängigkeit von der Zeit, die die Schleife für eine Umdrehung benötigt, im **Liniendiagramm** dargestellt werden.

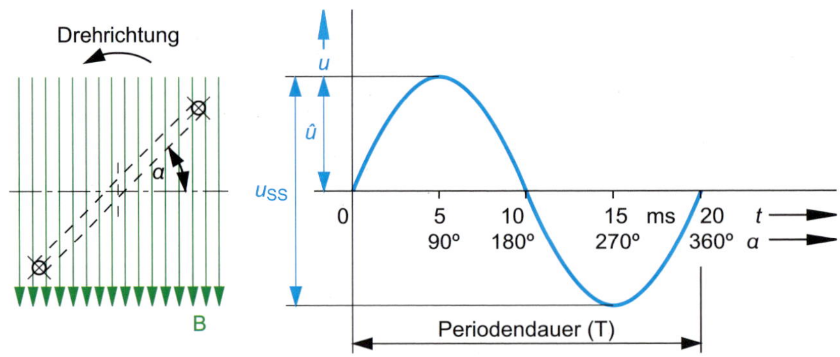

Bild 1.86: Liniendiagramm einer sinusförmigen Wechselspannung

Aus dem Diagramm sind folgende Kennwerte der Wechselspannung zu entnehmen:

- u = **Augenblickswert**; Momentanwert; dieser Spannungswert ist von der Zeit abhängig; er ändert sich fortwährend
- $\hat{u}$ = **Maximalwert**; Höchstwert, Scheitelwert; der höchste Spannungswert in einer Periode

- u_{SS} = **Spitze-Spitze-Wert**; der Spannungswert zwischen dem positiven und dem negativen Maximalwert
- T = **Periodendauer**; die Zeit, in der die Wechselspannung alle ihre Augenblickswerte einmal durchläuft
- f = $1/T$ **Frequenz**; sie ist der Kehrwert der Periodendauer und gibt die Anzahl der Perioden pro Sekunde an; sie hat die Einheit **1/s = 1 Hz (Hertz)**

Die Kurvenform der Wechselspannung in Bild 1.86 folgt einer Sinusfunktion (vgl. Infomodul D, Kap. 11 unter **www.westermann.de/links/00815**) nach der Gleichung

$$u = \hat{u} \cdot \sin\alpha$$

Die Sinusfunktion ist für die gesamte Elektrotechnik von herausragender Bedeutung, denn auch alle anders geformten periodischen Wechselspannungen (z. B. rechteck-, dreieck- oder sägezahnförmige) können in eine Reihe von reinen, sich überlagernden Sinusschwingungen zerlegt werden.

Bild 1.87 zeigt, wie das Liniendiagramm der Sinusfunktion aus dem Einheitskreis ($r = 1$) entwickelt wird. Dabei kann auf der waagerechten Achse der Drehwinkel sowohl im Gradmaß (0 bis 360°) als auch im Bogenmaß (0 bis 2π) aufgetragen werden.

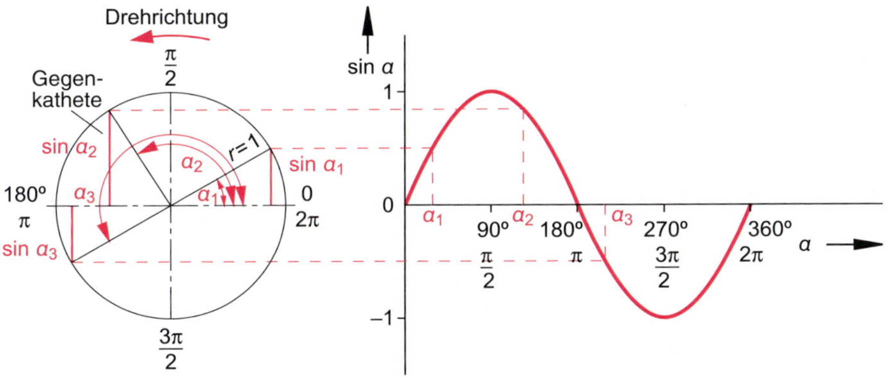

Bild 1.87: Konstruktion des Liniendiagramms der Sinusfunktion aus dem Einheitskreis

In gleicher Weise kann auch das Liniendiagramm der sinusförmigen Wechselspannung konstruiert werden (Bild 1.88). Man benutzt dazu einen sogenannten Spannungszeiger, der sich gegen den Uhrzeigersinn um seinen Anfangspunkt dreht und dessen Zeigerlänge dem Maximalwert der Wechselspannung entspricht.

Die Gegenkathete des Winkels α stellt den Augenblickswert der Wechselspannung dar; diese Darstellung wird als **Zeigerdiagramm** bezeichnet.

In der Zeigerdarstellung bedeutet eine höhere Frequenz, dass sich der Spannungszeiger pro Sekunde um einen größeren Winkel dreht. Dies wird durch den Begriff der Winkelgeschwindigkeit $\omega = \alpha/t$ angegeben.

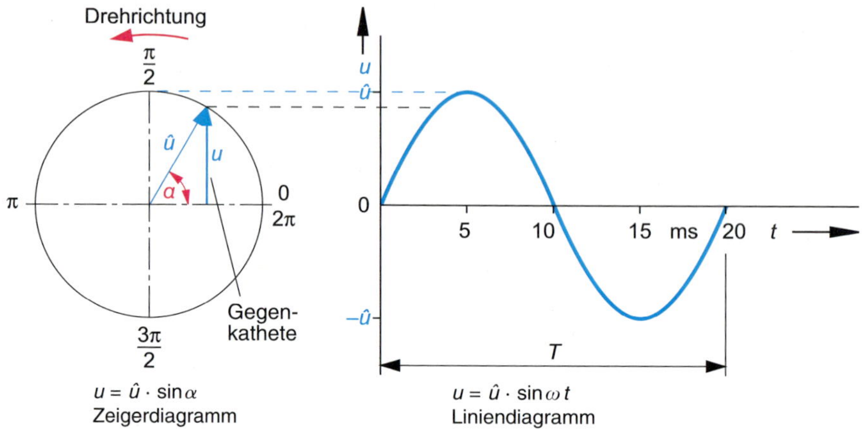

Bild 1.88: Darstellungsarten einer sinusförmigen Wechselspannung

Die Winkelgeschwindigkeit wird in der Elektrotechnik als **Kreisfrequenz** ω **(Einheit 1/s)** bezeichnet. Die Kreisfrequenz einer Wechselspannung erhält man, indem man den Vollwinkel eines ganzen Zeigerumlaufs (360° = 2π) durch die dafür benötigte Zeit (Periodendauer *T*) dividiert.

> Die **Kreisfrequenz** einer Wechselspannung gibt die Winkelgeschwindigkeit des umlaufenden Zeigers an.
>
> $\boldsymbol{\omega = \frac{2\pi}{T}}$ mit $f = \frac{1}{T}$ ergibt sich $\boldsymbol{\omega = 2\pi \cdot f}$

Mithilfe der Kreisfrequenz kann der Augenblickswert einer Wechselspannung in Abhängigkeit von der Zeit angegeben werden.

Aus $\omega = \alpha/t$ ergibt sich $\alpha = \omega \cdot t$ und damit $u = \hat{u} \cdot \sin \omega t$ (vgl. Bild 1.88).

1.6.2 Phasenverschiebung

Zwei Wechselspannungen mit gleicher Frequenz, die sich nur in der Größe ihrer Maximalwerte unterscheiden, jedoch im gleichen Zeitpunkt ihre Nulldurchgänge bzw. ihre positiven und negativen Höchstwerte durchlaufen, bezeichnet man als „**phasengleich**“ oder „**in Phase**“.

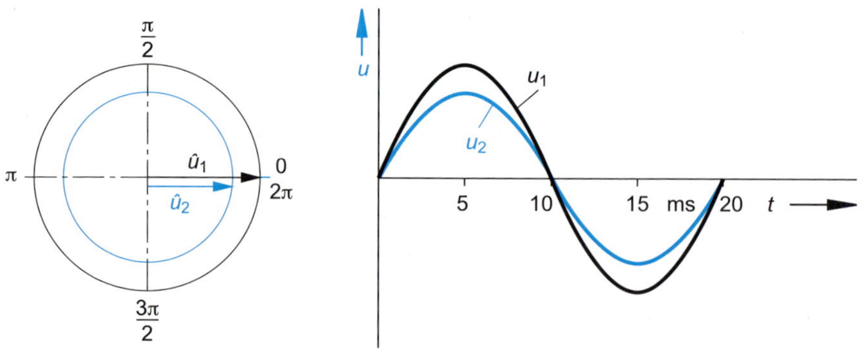

Bild 1.89: Phasengleiche Wechselspannungen

Wechselspannungen sind in Phase (oder phasengleich), wenn sie ihre Null- bzw. Maximalwerte im selben Zeitpunkt durchlaufen.

Die beiden Wechselspannungen in Bild 1.90 haben ebenfalls die gleiche Frequenz, durchlaufen jedoch zu verschiedenen Zeitpunkten ihre Null- bzw. ihre Maximalwerte; solche Spannungen nennt man „**phasenverschoben**".

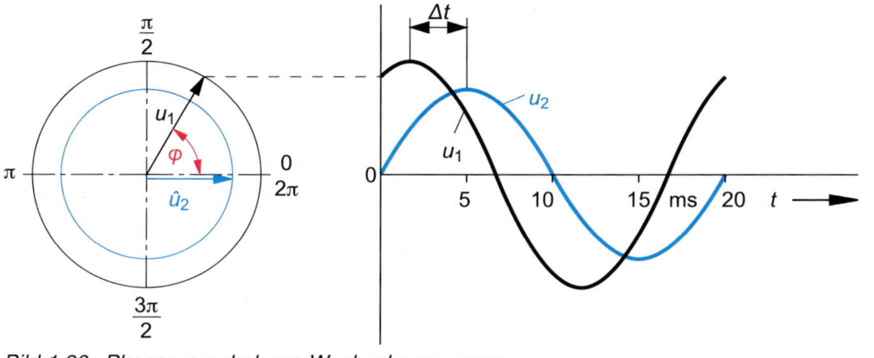

Bild 1.90: Phasenverschobene Wechselspannungen

Wechselspannungen sind phasenverschoben, wenn sie ihre Null- bzw. Maximalwerte nicht zum gleichen Zeitpunkt durchlaufen.

Im Liniendiagramm ist die Phasenverschiebung als **Phasenverschiebungszeit Δt** sichtbar; im Zeigerdiagramm durch den **Phasenverschiebungswinkel** φ. Aus der Kreisfrequenz $\omega = \varphi/\Delta t$ ergibt sich die Beziehung zwischen Phasenverschiebungswinkel und Phasenverschiebungszeit: $\boldsymbol{\varphi = \omega \cdot \Delta t}$

■ **Beispiel:**

Im Liniendiagramm von zwei phasenverschobenen Wechselspannungen misst man die Phasenverschiebung $\Delta t = 5$ ms. Die Frequenz der beiden Spannungen beträgt $f = 50$ Hz.

Wie groß ist der Phasenverschiebungswinkel φ?

Lösung $\varphi = \omega \cdot \Delta t$

$\varphi = 2\pi \cdot f \cdot \Delta t$

$\varphi = 2\pi \cdot 50\ \text{Hz} \cdot 5\ \text{ms}$

$\varphi = \frac{\pi}{2}\ \textbf{rad} \mathrel{\hat{=}} \mathbf{90°}$

Aus dem Liniendiagramm in Bild 1.90 erkennt man, dass die Spannung u_1 früher ihren Maximalwert erreicht als u_2. Man sagt: Die Spannung u_1 eilt der Spannung u_2 voraus.

Die Angabe der Phasenverschiebungszeit Δt liefert nur dann eine brauchbare Aussage über die Größe der Phasenverschiebung, wenn die Frequenz bekannt ist. In der Praxis wird daher üblicherweise der Phasenverschiebungswinkel φ angegeben. Die Angabe z. B. $\varphi = 90°$ bedeutet, dass die voreilende Wechselspannung bereits ihren Maximalwert erreicht hat, wenn die nacheilende Spannung ihren Nullpunkt durchläuft; diese Angabe gilt für jede Frequenz.

1.6.3 Überlagerung von Spannungen

1.6.3.1 Überlagerung einer Gleichspannung und einer Wechselspannung

An Bauteilen in elektronischen Schaltungen liegen oft gleichzeitig Gleich- und Wechselspannungen an. Die Gesamtspannung kann im Liniendiagramm ermittelt werden, indem man zu jedem Augenblickswert der Wechselspannung den gleichbleibenden Wert der Gleichspannung addiert. Das Ergebnis ist eine um den Betrag der Gleichspannung in den positiven Bereich verschobene Wechselspannung, die man auch als **Mischspannung** bezeichnet.

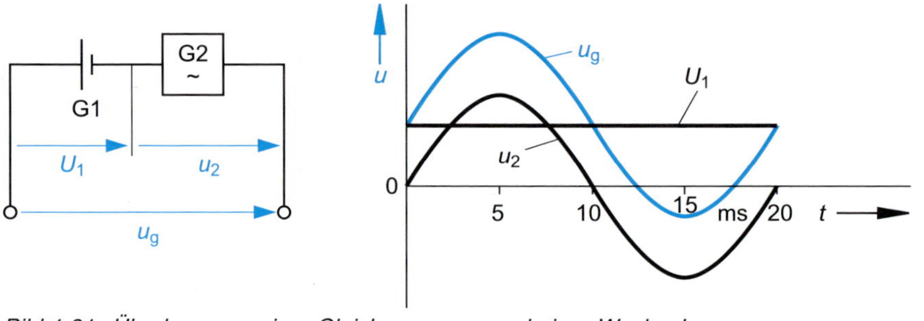

Bild 1.91: Überlagerung einer Gleichspannung und einer Wechselspannung

Eine **Mischspannung** entsteht durch Überlagerung einer Gleichspannung mit einer Wechselspannung.

1.6.3.2 Überlagerung von phasengleichen Wechselspannungen

Im Liniendiagramm werden die Wechselspannungen addiert, indem man in jedem Zeitpunkt die Augenblickswerte der Einzelspannungen addiert.

Im Zeigerdiagramm erhält man die Gesamtspannung, indem man die Zeiger der Einzelspannungen nach Größe und Richtung aneinanderreiht. Die Länge des resultierenden Zeigers entspricht der Gesamtspannung.

Die Überlagerung von phasengleichen sinusförmigen Wechselspannungen gleicher Frequenz ergibt eine sinusförmige Wechselspannung mit derselben Frequenz und derselben Phasenlage.

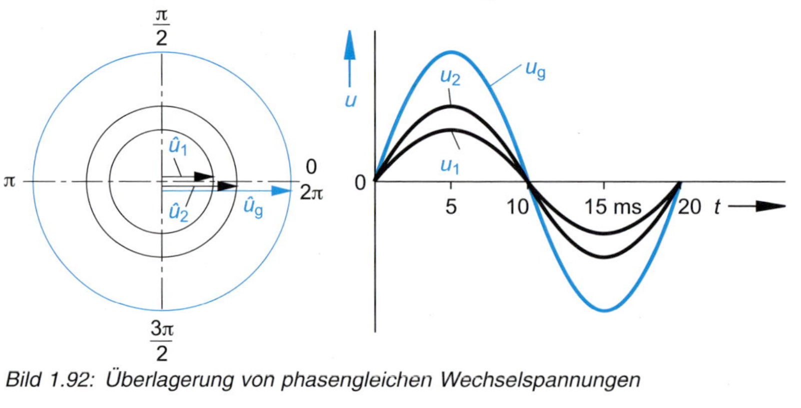

Bild 1.92: Überlagerung von phasengleichen Wechselspannungen

1.6.3.3 Überlagerung phasenverschobener Wechselspannungen

Hier kann die Addition der Teilspannungen grundsätzlich genauso erfolgen wie bei phasengleichen Wechselspannungen. Im Zeigerdiagramm ist allerdings die Phasenlage, d. h. die Richtung der Zeiger zu beachten. Die Zeiger der Einzelspannungen müssen phasenrichtig aneinandergelegt werden. Dabei ergeben sich die Phasenverschiebungswinkel zwischen den Einzelspannungen und der Gesamtspannung.

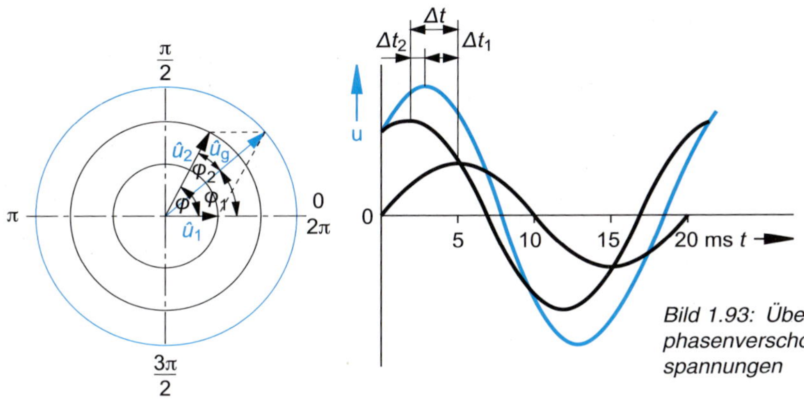

Bild 1.93: Überlagerung von phasenverschobenen Wechselspannungen

Die Überlagerung phasenverschobener sinusförmiger Wechselspannungen gleicher Frequenz ergibt eine sinusförmige Wechselspannung mit derselben Frequenz; sie ist gegenüber den Einzelspannungen phasenverschoben.

Die Überlagerung von Wechselspannungen unterschiedlicher Frequenz kann zu allen möglichen Kurvenformen führen, die hier nicht ausgeführt werden können.

1.6.4 Effektivwerte

Schaltet man einen Widerstand von 4 Ω an eine Gleichspannung von 4 V, so ergibt sich eine Stromstärke von 1 A und der Leistungsmesser zeigt 4 W an.

$$P = \frac{U_2}{R_1} = \frac{(4\ \text{V})^2}{4\ \Omega} = 4\ \text{W} \qquad P = I_2 \cdot R_1 = (1\ \text{A})^2 \cdot 4\ \Omega = 4\ \text{W}$$

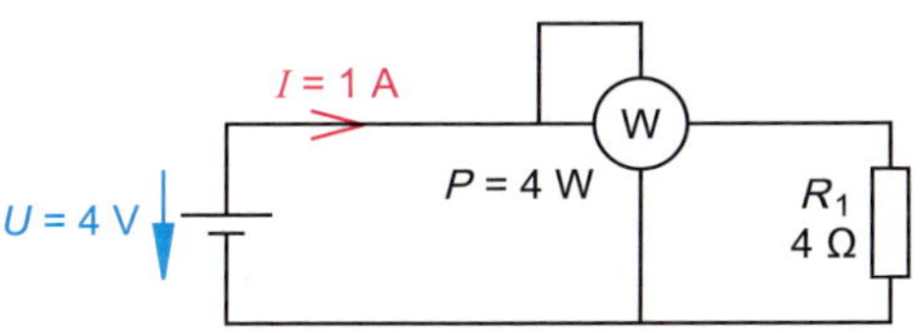

Bild 1.94: Leistung im Gleichstromkreis

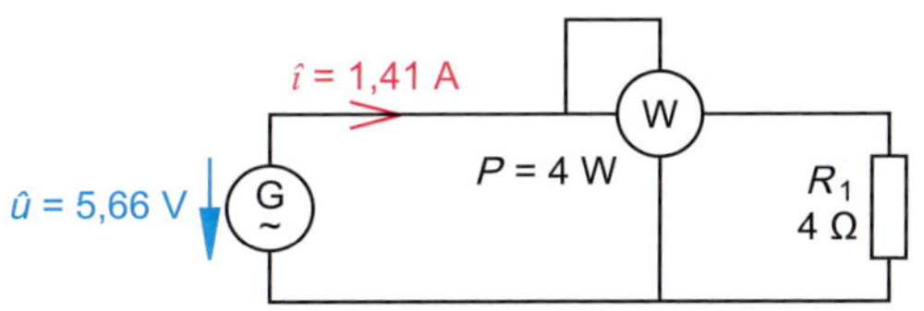

Bild 1.95: Leistung im Wechselstromkreis

Schaltet man den gleichen Widerstand an eine Wechselspannung und steigert die Spannung so lange, bis der Leistungsmesser wieder 4 W anzeigt, so ergibt sich für die Spannung ein Maximalwert von 5,66 V und eine Stromstärke von 1,41 A. Daraus ergibt sich eine Maximalleistung von $\hat{p} = \hat{u}^2/R_1 = (5{,}66\ \text{V})^2/4\ \Omega = 8$ W. Wie ist dieses Ergebnis zu verstehen?

Mit dem Augenblickswert der Wechselspannung ändert sich natürlich auch die vom Widerstand aufgenommene Augenblicksleistung; sie beträgt in dem Augenblick, in dem Spannung und Stromstärke ihren Maximalwert durchlaufen (wie oben berechnet), $\hat{p} = 8$ W.

Berechnet man die Wechselstromleistung für mehrere Augenblickswerte der Spannung, so erkennt man, dass sie sich zwischen dem Wert null und dem Maximalwert sinusförmig ändert. Die Mittellinie zwischen 0 und $\hat{p}$ stellt den Mittelwert der Wechselstromleistung dar. Dieser Mittelwert ist ein über die Zeit gleichbleibender Wert und erhält wie die Gleichstromleistung das Formelzeichen P; er errechnet sich zu:

$$P = \frac{\hat{p}}{2} = \frac{1}{2} \cdot \frac{\hat{u}^2}{R_1} = \frac{8\,\text{W}}{2} = 4\,\text{W}$$

Bei Leistungsangaben für Wechselstromkreise handelt es sich immer um diesen Mittelwert. Auch Leistungsmesser zeigen grundsätzlich den Mittelwert an (vgl. Bild 1.95).

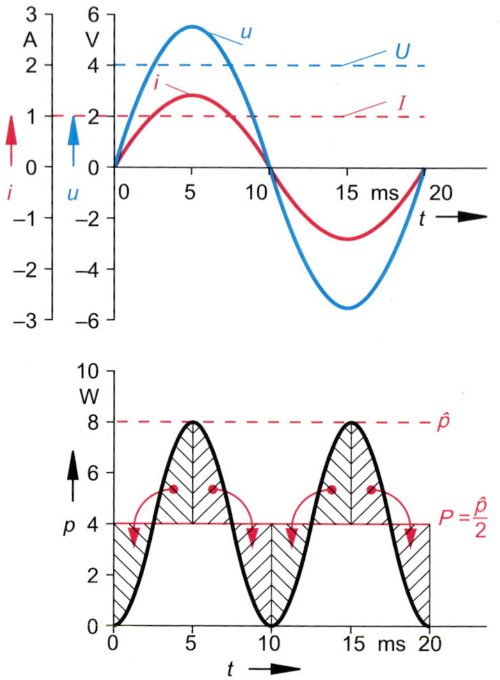

Bild 1.96: Wechselstromleistung

Vergleicht man nun

- die von der Gleichspannung $U = 4$ V im Widerstand $R_1 = 4\,\Omega$ umgesetzte Leistung mit
- dem von der Wechselspannung $\hat{u} = 5{,}66$ V im gleichen Widerstand erzeugten Mittelwert der Leistung,

so erkennt man, dass sich in beiden Fällen die gleiche Leistung von $P = 4$ W ergibt.

Es ist also:

Gleichstromleistung	=	Mittelwert der Wechselstromleistung
$\frac{U^2}{R_1}$	=	$\frac{1}{2} \cdot \frac{\hat{u}^2}{R_1}$
U	=	$\frac{1}{\sqrt{2}} \cdot \hat{u}$

Den Spannungswert einer Wechselspannung, der mit dem Wert einer Gleichspannung hinsichtlich der in einem Widerstand erzielten Leistung gleichzusetzen ist, bezeichnet man als **Effektivwert der Wechselspannung *U***; er hat damit auch das gleiche Formelzeichen wie eine Gleichspannung.

Da sich die Leistung auch aus der Stromstärke berechnen lässt ($P = I_2 \cdot R$), kann man auf die gleiche Weise den **Effektivwert des Wechselstroms *I*** bestimmen.

Der **Effektivwert einer Wechselspannung bzw. eines Wechselstromes** ist der Wert der Wechselspannung bzw. des Wechselstromes, der an einem ohmschen Widerstand die gleiche Leistung bewirkt wie eine Gleichspannung bzw. ein Gleichstrom mit demselben Wert.

Für **sinusförmige Wechselspannungen bzw. Wechselströme** gilt:

$$U = \frac{\hat{u}}{\sqrt{2}} \quad \text{bzw.} \quad I = \frac{\hat{i}}{\sqrt{2}}$$

Für die Schaltung in Bild 1.95 ergibt sich damit:

$$U = \frac{\hat{u}}{\sqrt{2}} = \frac{5{,}66\ \text{V}}{\sqrt{2}} = 4\ \text{V} \quad \text{bzw.} \quad I = \frac{\hat{i}}{\sqrt{2}} = \frac{1{,}41\ \text{A}}{\sqrt{2}} = 1\ \text{A}$$

1.6.5 Leistung bei Wechselspannung

Bei ohmschen Widerständen sind Spannung und Stromstärke in Phase und die Leistung wird mit den Effektivwerten von Wechselspannung und Wechselstrom berechnet wie bei Gleichstrom.

$$P = U \cdot I$$

Die an einem ohmschen Widerstand umgesetzte Leistung ist immer positiv (vgl. Bild 1.96) und wird vom Stromkreis abgegeben bzw. vom Widerstand in Wärme umgesetzt; sie wird als wirksame Leistung oder kurz als **Wirkleistung (*P*)** bezeichnet.

Besteht zwischen Spannung und Strom eine Phasenverschiebung von 90°, so ergibt sich bei der Multiplikation der Augenblickswerte *(p = u · i)* eine Leistung, die gleich groß im positiven wie im negativen Bereich ist.

Versteht man nun unter positiver Leistung eine vom Stromkreis abgegebene Leistung, so muss man unter negativer Leistung eine vom Verbraucher an den Stromkreis zurückgegebene Leistung verstehen. Insgesamt wird in diesem Fall keine Leistung vom Stromkreis abgegeben.

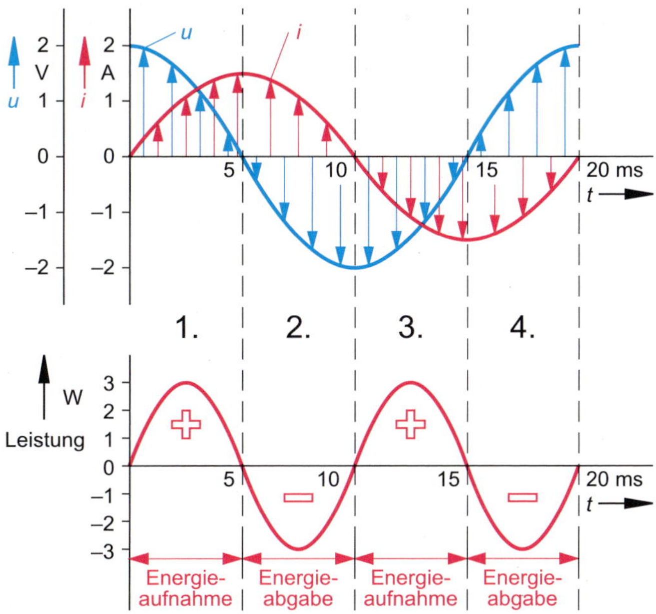

Bild 1.97: Leistung bei 90° Phasenverschiebung

Die Spannungsquelle und die Leitung werden jedoch durch sie belastet; sie wird als **Blindleistung (*Q*)** bezeichnet und tritt in allen Stromkreisen mit induktiver oder kapazitiver Belastung auf.

In den meisten praktischen Fällen ist die Phasenverschiebung zwischen Spannung und Strom weder null noch 90°, sie liegt zwischen diesen beiden Werten. Die dabei auftretenden Zusammenhänge lassen sich in einem Zeigerdiagramm verdeutlichen.

Den Strom I, der seiner Spannung U um den Winkel φ nacheilt, zerlegt man

- in einen Teil I_W (Wirkstrom), der mit U in Phase ist und Wirkleistung ergibt, und
- in einen Teil I_B (Blindstrom), der gegenüber U um 90° nacheilt und Blindleistung ergibt.

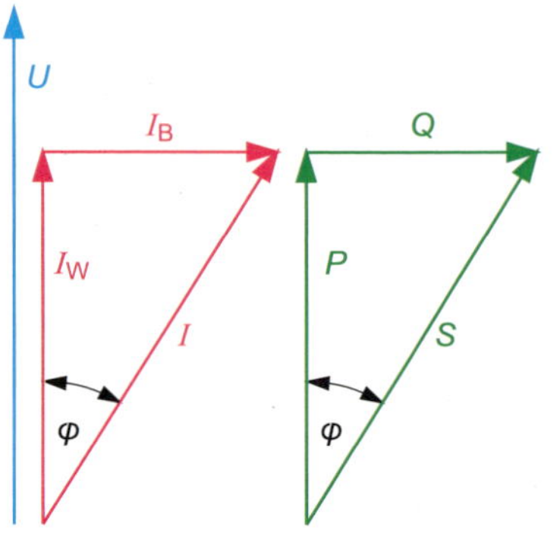

Bild 1.98: Zeigerdiagramm der Leistungen

Zusammengefasst ergibt sich aus den Diagrammen mithilfe der Winkelfunktionen:

Scheinleistung S: ergibt sich, wenn man die Phasenverschiebung unberücksichtigt lässt

$$\boldsymbol{S = U \cdot I}$$

Wirkleistung P: ergibt sich, wenn Spannung und Strom in Phase sind

$P = U \cdot I_W$ $\qquad$ $\boldsymbol{P = U \cdot I \cdot \cos\varphi}$ $\qquad$ $P = S \cdot \cos\varphi$

Blindleistung Q: ergibt sich, wenn zwischen Spannung und Strom eine Phasenverschiebung von 90° besteht

$Q = U \cdot I_B$ $\qquad$ $\boldsymbol{Q = U \cdot I \cdot \sin\varphi}$ $\qquad$ $Q = S \cdot \sin\varphi$

Leistungsfaktor: ist das Verhältnis von Wirkleistung zu Scheinleistung

$$\boldsymbol{\cos\varphi = P/S}$$

Blindfaktor: ist das Verhältnis von Blindleistung zu Scheinleistung

$$\boldsymbol{\sin\varphi = Q/S}$$

Zwischen diesen Leistungen ergibt sich aus dem Leistungsdiagramm auch die Beziehung:

$$S^2 = P^2 + Q^2 \quad \text{bzw.} \quad S = \sqrt{P^2 + Q^2}$$

Aufgaben

1. Eine sinusförmige Wechselspannung kann in einem Zeigerdiagramm dargestellt werden. Zeigen Sie anhand einer Skizze, wie man aus dem Zeigerdiagramm den Scheitelwert, den Augenblickswert und den Phasenwinkel entnehmen kann.
2. Zeichnen Sie das Liniendiagramm und das Zeigerdiagramm für die Wechselspannung U = 3 V und f = 50 Hz. Der Zeiger soll für den Phasenwinkel φ = 60° dargestellt werden (Maßstäbe: 1 cm ≙ 1 V, 1 cm ≙ 1,5 ms).
3. Mit einem Oszilloskop wird die Periodendauer von zwei sinusförmigen Wechselspannungen gemessen. Aus dem Messergebnis ergibt sich, dass $T_1 = 2 \cdot T_2$ ist. Welche Aussage kann über die Frequenzen f_1 und f_2 der Wechselspannungen gemacht werden?
4. Wie viele Millisekunden nach dem Nulldurchgang erreicht eine sinusförmige Wechselspannung mit der Frequenz f = 1 kHz ihren Scheitelwert?

5. Die Frequenz der im nebenstehenden Liniendiagramm dargestellten Wechselspannungen beträgt $f = 50$ Hz. Geben Sie die Phasenverschiebungen und den Phasenverschiebungswinkel zwischen den Spannungen u_1 und u_2, u_1 und u_3 sowie u_2 und u_3 an.

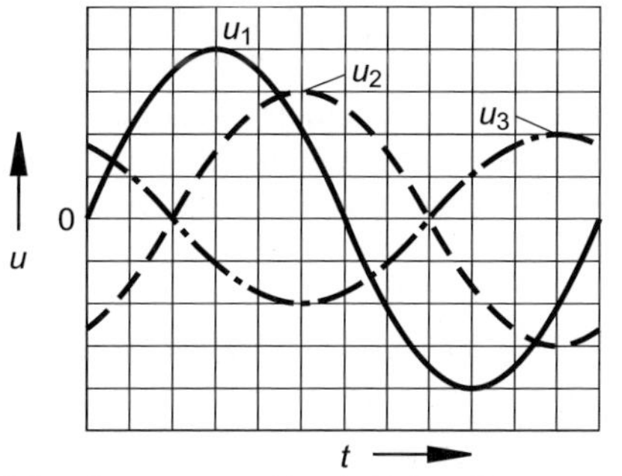

6. Zwei sinusförmige Wechselspannungen mit der gleichen Frequenz $f = 50$ Hz und den Scheitelwerten $\hat{u} = 3$ V und $\hat{u} = 2$ V sind um $\varphi = 60°$ phasenverschoben (u_1 eilt u_2 voraus).
   a) Zeichnen Sie die beiden Spannungen in ein Liniendiagramm und in ein Zeigerdiagramm.
   b) Wie groß ist die Phasenverschiebungszeit zwischen u_1 und u_2?
   c) Wie groß ist der Augenblickswert u_2, wenn die Spannung u_1 ihren Scheitelwert erreicht hat?
   d) Die beiden Spannungen werden überlagert. Addieren Sie die Spannungen im Liniendiagramm und im Zeigerdiagramm.
   e) Ermitteln Sie aus den Diagrammen den Scheitelwert der Gesamtspannung u_g sowie die Phasenverschiebungszeit und den Phasenverschiebungswinkel zwischen u_g und u_1 sowie zwischen u_g und u_2.

7. Warum können Wechselspannungen mit unterschiedlichen Frequenzen nicht in einem Zeigerdiagramm addiert werden?

8. Eine Gleichspannung von $U = 6$ V und eine Wechselspannung mit $U = 12$ V werden überlagert. Wie groß sind der größte (U_{max}) und der kleinste (U_{min}) Augenblickswert der entstehenden Mischspannung?

9. Die Leistung des Widerstandes beträgt an der Gleichspannungsquelle $P = 2$ W (siehe nebenstehende Schaltung).
   a) Wie groß ist die Leistungsaufnahme an der Wechselspannungsquelle?
   b) Wie groß müsste der Scheitelwert der Wechselspannung sein, wenn der Widerstand die gleiche Leistung aufnehmen soll wie an der Gleichspannungsquelle?

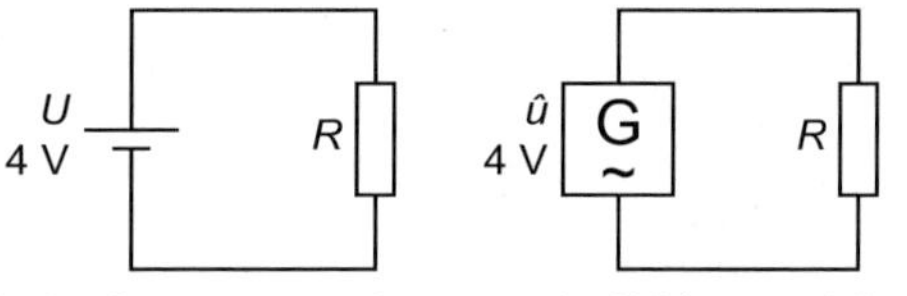

10. An einen Widerstand ($R = 10\ \Omega$) werden nacheinander die in den nebenstehenden Liniendiagrammen dargestellten Wechselspannungen angelegt.
    Berechnen Sie für jede Wechselspannung die Leistung des Widerstandes und daraus ihren Effektivwert.

11. In einer Wechselstromschaltung eilt der Strom von $I = 1{,}8$ A gegenüber der Spannung von $U = 230$ V um eine Phasenverschiebung von $\varphi = 30°$ nach.
    Berechnen Sie die Wirkleistung, die Blindleistung und die Scheinleistung.

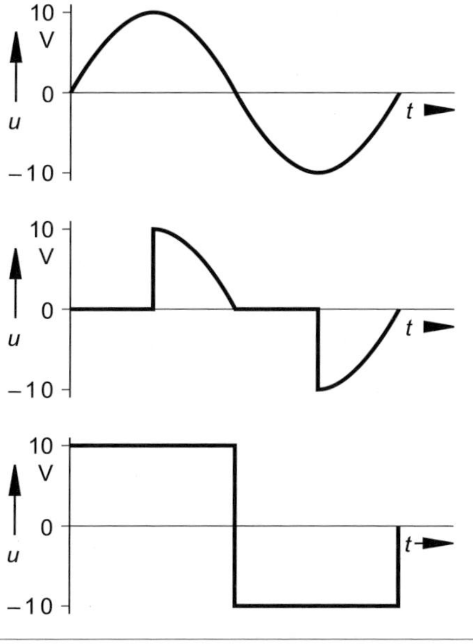

1.7 Grundbegriffe des Drehstroms

Der Name **Drehstrom** ist allgemein üblich für einen **Dreiphasen-Wechselstrom** (bzw. eine Dreiphasen-Wechselspannung) und deutet an, dass mit einem solchen Strom in elektrischen Maschinen ein Drehfeld erzeugt werden kann.

1.7.1 Erzeugung einer Dreiphasen-Wechselspannung

Wird eine Spule (Leiterschleife) mit gleichförmiger Geschwindigkeit in einem homogenen Magnetfeld gedreht, so entsteht in ihr eine sinusförmige Wechselspannung (vgl. Kap. 1.6.1; Bild 1.86).

Verbindet man drei um 120° gegeneinander versetzte Spulen starr miteinander und dreht diese Anordnung gleichförmig in einem homogenen Magnetfeld, so entsteht in jeder der drei Spulen eine sinusförmige Wechselspannung.

Da die drei um **120° räumlich** versetzten Spulen die einzelnen Stellungen im Magnetfeld zeitlich nacheinander durchlaufen, ergeben sich in den drei Spulen drei Wechselspannungen, die um **120° zeitlich** gegeneinander verschoben sind.

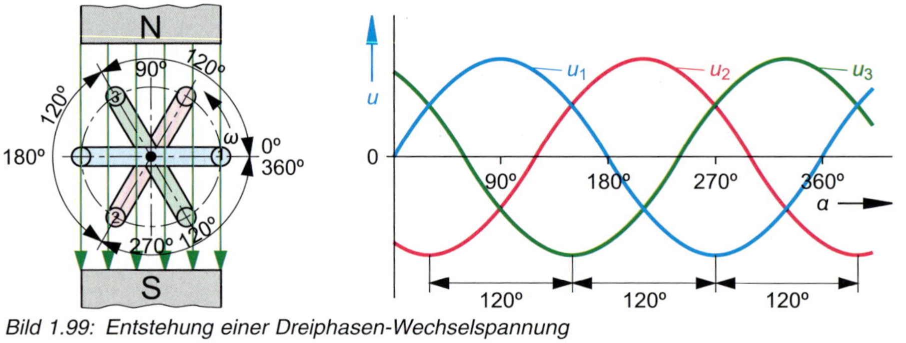

Bild 1.99: Entstehung einer Dreiphasen-Wechselspannung

> **!** Als **Dreiphasen-Wechselspannung** bezeichnet man ein System von drei Wechselspannungen, die gegeneinander um **120° phasenverschoben** sind.

Die Darstellung von Dreiphasen-Wechselspannungen kann mit den gleichen Mitteln erfolgen wie bei jeder Wechselspannung.

Die Phasenverschiebung ist in beiden Darstellungen sehr deutlich zu erkennen.

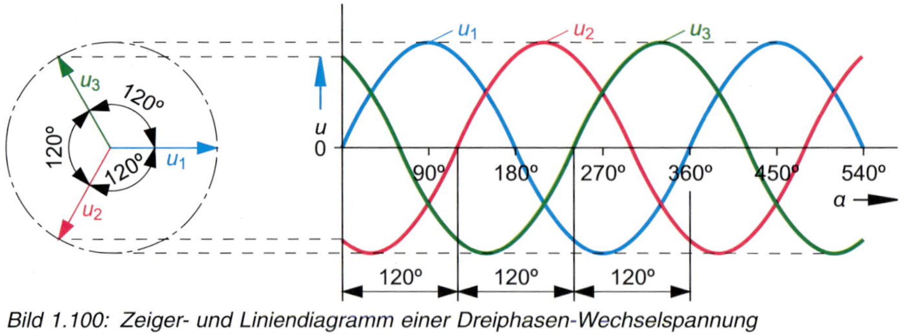

Bild 1.100: Zeiger- und Liniendiagramm einer Dreiphasen-Wechselspannung

1.7.2 Verkettung

Die drei um 120° gegeneinander versetzten Spulen bezeichnet man als **Stränge** mit den Buchstaben U, V und W. Die Anfänge der Stränge tragen die Bezeichnungen U1, V1, W1, die Enden U2, V2, W2.

In einem Drehstromgenerator sind diese drei Stränge völlig gleich ausgeführt, sodass in jeder Strangwicklung die gleiche Spannung entsteht.

Betrachtet man die Größe dieser drei um 120° gegeneinander phasenverschobenen Spannungen an einem konkreten Beispiel (Bild 1.102), so erkennt man, dass ihre Summe in jedem Augenblick gleich null ist.

In dem Augenblick, in dem u_1 seinen positiven Maximalwert durchläuft, haben u_2 und u_3 die Größe des halben Maximalwertes, sind dabei jedoch negativ, denn es ist:

$$u_1 + u_2 + u_3 =$$
$$300\ \text{V} + (-150\ \text{V}) + (-150\ \text{V}) = \mathbf{0}$$

Wird an jeden der drei Stränge ein ohmscher Widerstand (z. B. von 100 Ω) angeschlossen, so ergeben sich drei gleich große Wechselströme (i_1, i_2, i_3), die mit den Wechselspannungen (u_1, u_2, u_3) in Phase sind. Es ist also:

$$i_1 + i_2 + i_3 =$$
$$3\ \text{A} + (-1{,}5\ \text{A}) + (-1{,}5\ \text{A}) = \mathbf{0}$$

Dieser Zusammenhang, der schon im Liniendiagramm deutlich wird, kann durch die Schaltungsdarstellung vollkommen einsichtig gemacht werden.

Man erkennt, dass die Summe der Ströme, die in den von U2, V2 und W2 kommenden Leitungen fließen, gleich null ist. Diese drei Leitungen könnten also zu einer einzigen Leitung zusammengefasst werden. Dadurch ergibt sich aus den drei getrennten Stromkreisen der einzelnen Stränge ein einziges System, in dem die drei Stromkreise miteinander verkettet sind.

> **!** Unter **Verkettung** versteht man die Zusammenschaltung der drei Stränge einer Dreiphasen-Wechselspannung zu einem gemeinsamen System.

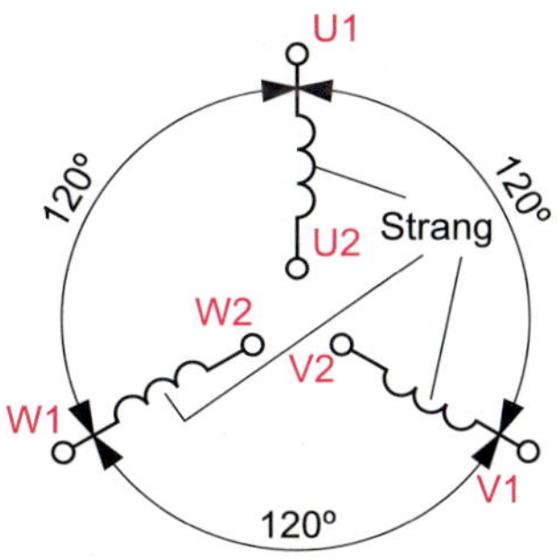

Bild 1.101: Bezeichnung der Stranganschlüsse

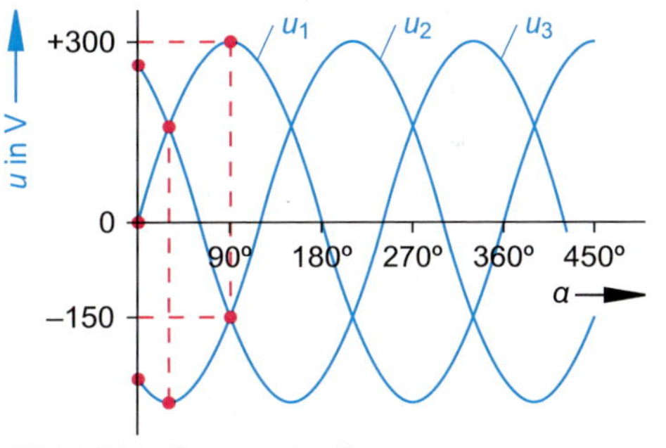

Bild 1.102: Summe der Spannungen

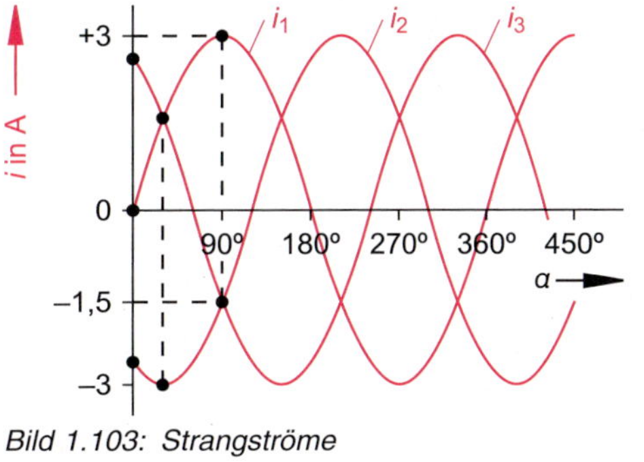

Bild 1.103: Strangströme

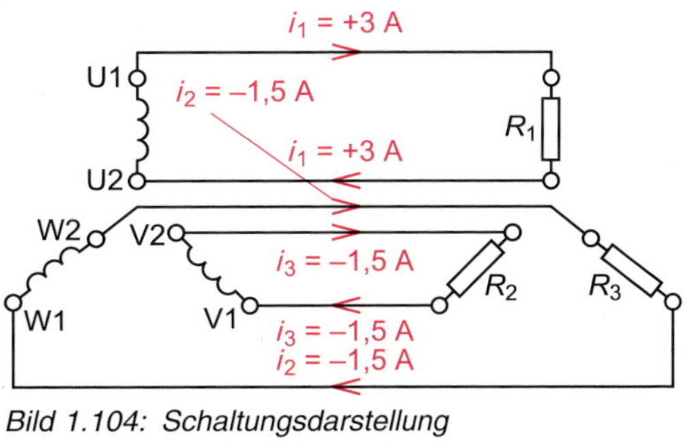

Bild 1.104: Schaltungsdarstellung

1.7.3 Sternschaltung

Werden die Enden U2, V2 und W2 der drei Wicklungsstränge eines Generators miteinander verbunden, so entsteht die sogenannte **Sternschaltung**.

Der Verbindungspunkt wird als Stern- oder Mittelpunkt, der von diesem Punkt ausgehende Leiter als Mittelpunkt- oder **Neutralleiter (N-Leiter)** bezeichnet.

Die von den Punkten U1, V1 und W1 ausgehenden Leitungen L1, L2 und L3 nennt man **Außenleiter**.

Dieses System bezeichnet man als **Vierleitersystem**.

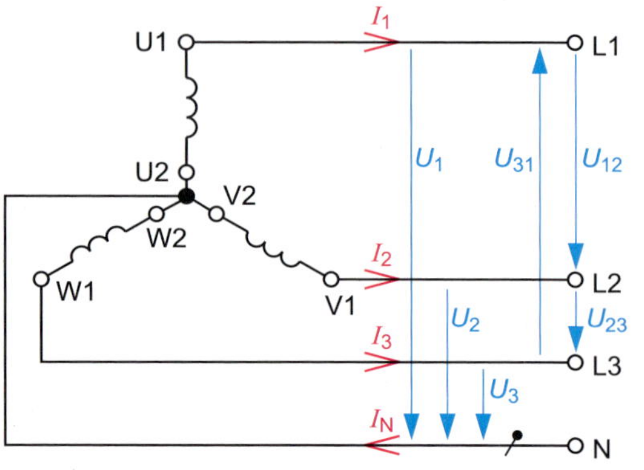

Bild 1.105a: Bezeichnungen in der Sternschaltung

In dieser Schaltung gibt es sechs Spannungen:

- die Spannungen U_1, U_2 und U_3, die jeweils zwischen Außenleiter und N-Leiter gemessen werden – sie entsprechen den Strangspannungen – und
- die sogenannten Außenleiterspannungen U_{12}, U_{23} und U_{31}, die jeweils zwischen den entsprechenden Außenleitern liegen.

Zur Ermittlung der Außenleiterspannungen verwendet man das Zeigerdiagramm, z. B. der Spannungen U_1 und U_2. Reiht man die Zeiger dieser beiden Spannungen nach Größe und Richtung aneinander, so stellt der resultierende Zeiger die Spannung U_{12} dar.

Die Berechnung dieses Dreiecks kann mithilfe der Kosinusfunktion (vgl. Infomodul D; Kap. 11 unter **www.westermann.de/links/00815**) erfolgen:

$$\cos 30° = \frac{\frac{U_{12}}{2}}{U_1} \rightarrow U_1 = \frac{U_{12}}{2 \cdot \cos 30°}$$

$$\cos 30° = 0{,}866$$

$$U_1 = \frac{U_2}{2 \cdot 0{,}866} = \frac{U_{12}}{1{,}73}$$

$$U_1 = \frac{U_{12}}{\sqrt{3}} \quad \text{oder} \quad U_{12} = \sqrt{3} \cdot U_1$$

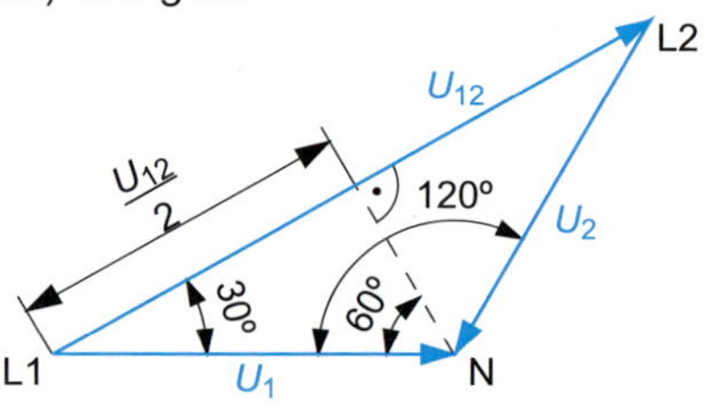

Bild 1.105b: Zeigerdiagramm der Spannungen

Den Faktor $\sqrt{3}$ bezeichnet man als **Verkettungsfaktor**.

Wie aus Bild 1.105 zu erkennen ist, fließt der Strom im Außenleiter in voller Stärke durch den jeweiligen Strang.

Für die **Sternschaltung** gilt:

- Die **Außenleiterspannungen** (U) sind um den Verkettungsfaktor ($\sqrt{3}$) größer als Strangspannungen (U_{Str}).

$$\boldsymbol{U = \sqrt{3} \cdot U_{Str}}$$

- Die **Außenleiterströme** (I) sind genauso groß wie die Strangströme (I_{Str}).

$$\boldsymbol{I = I_{Str}}$$

Im Versorgungsnetz der EVU betragen die Spannungen zwischen Außenleiter und N-Leiter jeweils 230 V; die Außenleiterspannungen sind um den Verkettungsfaktor $\sqrt{3}$ größer, betragen damit also 400 V (Bild 1.106).

Auf der Verbraucherseite können die Lastwiderstände auch im Stern geschaltet sein. Sind es z.B. gleich große ohmsche Widerstände, so sind die drei Ströme gleich groß; man spricht in diesem Fall von einer **symmetrischen Belastung**. Die Ströme sind außerdem mit ihren Strangspannungen in Phase.

Aufgrund der Phasenverschiebung zwischen den Strömen ergibt sich im N-Leiter kein Strom, es ist $I_N = 0$.

Der N-Leiter kann in solchen Systemen völlig entfallen; es ergibt sich ein sogenanntes **Dreileitersystem**.

Im Zeigerdiagramm lassen sich diese Zusammenhänge sehr übersichtlich darstellen. Man erkennt wieder, wie sich durch Aneinanderreihen sowohl der Spannungs- als auch der Stromzeiger jeweils null ergibt.

Symmetrische Belastungen entstehen durch alle elektrischen Maschinen. In Energieverteilungen versucht man, alle drei Stränge (praktisch meist als Phasen bezeichnet) möglichst gleichmäßig zu belasten.

Eine völlig symmetrische Lastverteilung ist jedoch in den wenigsten Fällen möglich; an die drei Stränge (Phasen) sind unterschiedliche Lastwiderstände angeschlossen. In diesen Fällen spricht man von einer **unsymmetrischen Belastung**.

Bei der unsymmetrischen Belastung kommt praktisch nur das Vierleitersystem zur Anwendung. Hierbei liegt jeder der Verbraucher (R_1, R_2, R_3) an der Strangspannung. Diese beträgt bei 400 V Außenleiterspannung bekanntlich 230 V.

Damit lassen sich die Ströme nach dem ohmschen Gesetz berechnen. Es ergeben sich im Beispiel die Werte:

$I_1 = 2{,}3$ A; $I_2 = 1{,}0$ A und $I_3 = 4$ A.

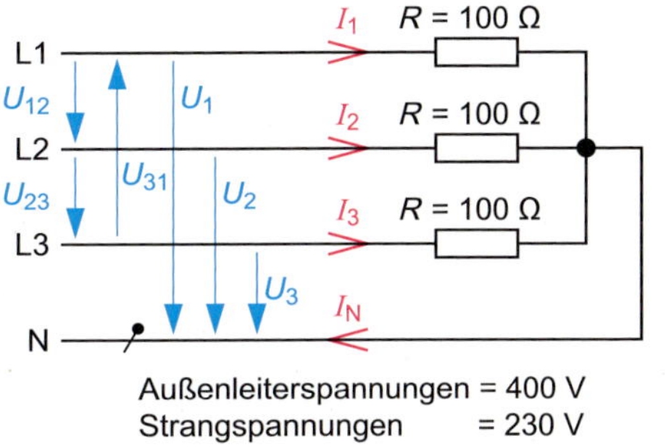

Bild 1.106: Symmetrische Belastung

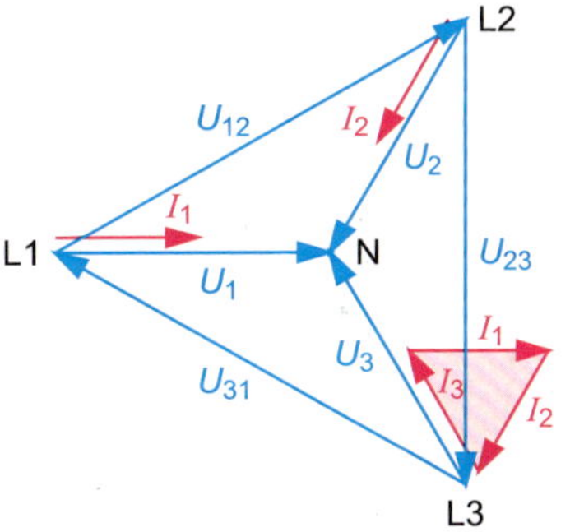

Bild 1.107: Zeigerdiagramm zu Bild 1.105a

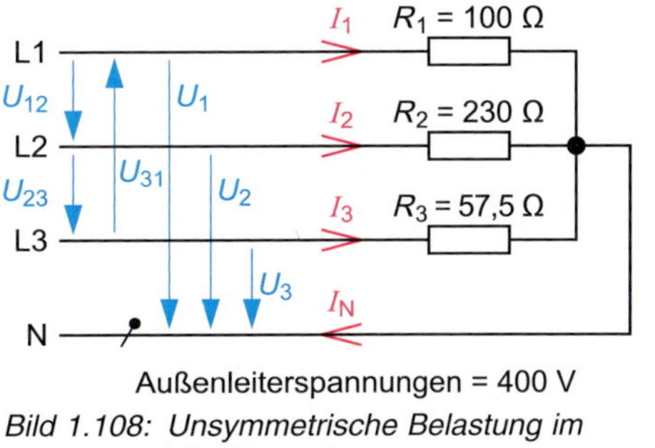

Bild 1.108: Unsymmetrische Belastung im Vierleiternetz

Wie in Bild 1.107, so lassen sich auch bei diesem Belastungsfall die Zusammenhänge am übersichtlichsten in einem Zeigerdiagramm darstellen.

Die Stromzeiger der drei unterschiedlichen Ströme sind nach Größe und Richtung aneinandergereiht. Der resultierende Zeiger I_N zeigt vom Anfang dieser Zeigerreihe zu ihrem Ende; dieser Strom fließt über den N-Leiter.

Entnimmt man z. B. aus I_3 den Maßstab, indem man die Länge des Zeigers durch die Stromstärke dividiert, so kann man damit aufgrund der Länge des Zeigers auch zahlenmäßig die Größe von I_N bestimmen.

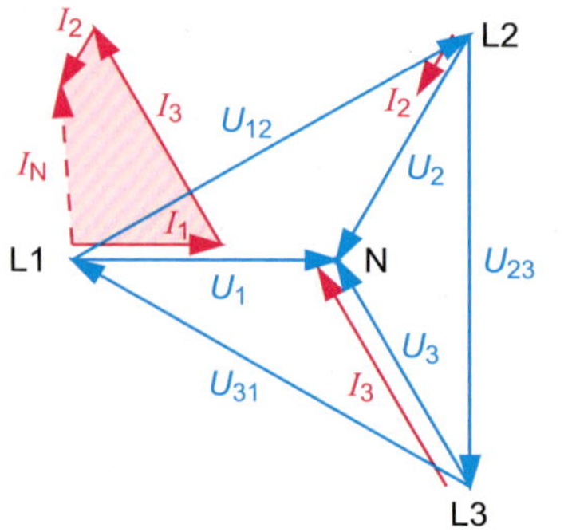

Bild 1.109: Zeigerdiagramm zu Bild 1.106

Eine unsymmetrische Belastung ohne N-Leiter (Dreileitersystem) sollte möglichst vermieden werden. Hierbei bleiben die Außenleiterspannungen (U_{12}, U_{23}, U_{31}) konstant, die Strangspannungen sind jedoch lastabhängig, wodurch sich an dem Strang mit dem größten Widerstand die größte Strangspannung ergibt; dabei kann es zu unzulässigen Überspannungen kommen.

Im Zeigerdiagramm zeigen sich diese Zusammenhänge in einer Verschiebung des Sternpunkts.

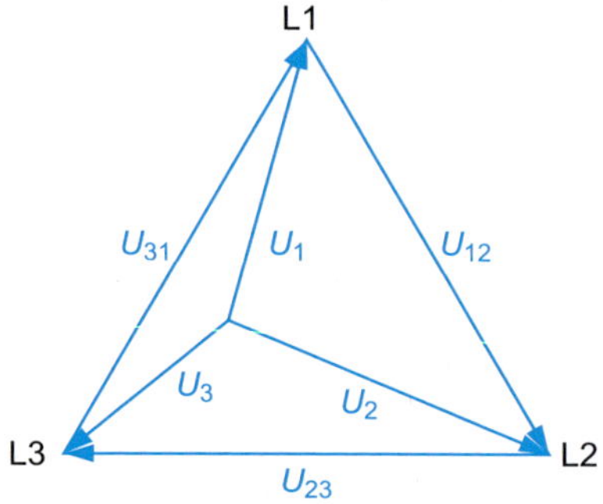

Bild 1.110: Dreileiternetz mit unsymmetrischer Belastung

Dreileiternetze findet man nur bei symmetrisch aufgebauten Verbrauchern (z. B. Motoren, Heizöfen u. Ä.) sowie bei Hochspannungsnetzen. In Niederspannungsnetzen verwendet man wegen der dort immer auftretenden Unsymmetrien ausschließlich das Vierleitersystem, weil dabei alle Verbraucher eine gleich große Spannung erhalten; allerdings ergibt sich im N-Leiter ein Ausgleichsstrom.

1.7.4 Dreieckschaltung

Verbindet man die Enden der Verbraucherstränge nach nebenstehender Abbildung miteinander, so ergibt sich ein geschlossener Leiterkreis, in dem die Strangspannungen gleich den Leiterspannungen sind. Diese Schaltung wird aufgrund der Darstellungsform als **Dreieckschaltung** bezeichnet. Diese Schaltungsart ergibt ein Dreileiternetz. Auch in Vierleiternetzen können Verbraucher im Dreieck geschaltet werden.

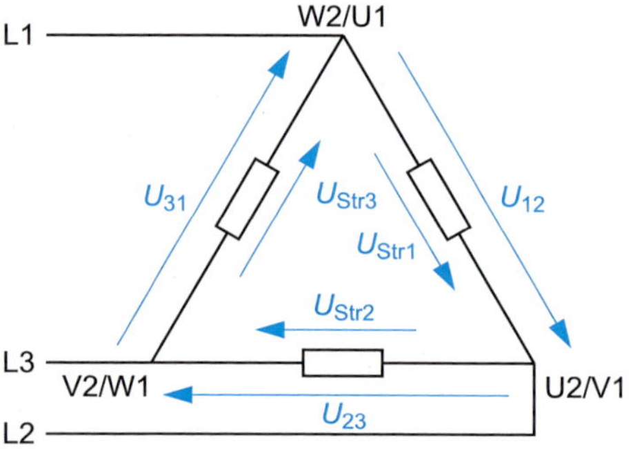

Bild 1.111: Dreieckschaltung

Betrachtet man die in der Dreieckschaltung auftretenden Ströme, so erkennt man, dass hier (anders als in der Sternschaltung) die Leiterströme nicht mehr gleich den Strangströmen sind.

Wendet man auf den Knotenpunkt A den 1. kirchhoffschen Satz an, so ergibt sich:

$$I_1 + I_{Str3} = I_{Str1} \Rightarrow I_1 = I_{Str1} - I_{Str3}$$

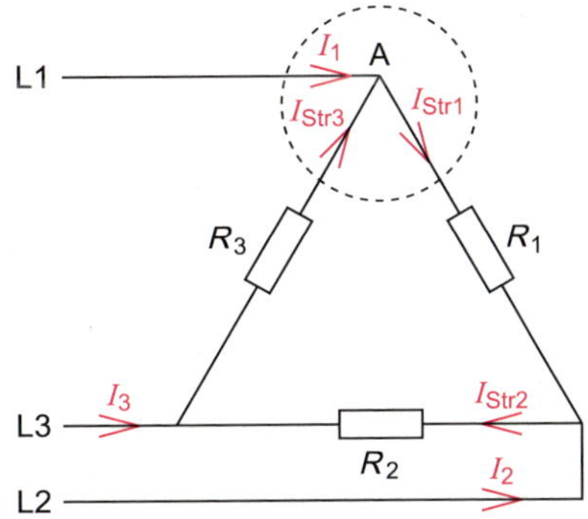

Bild 1.112a: Ströme in der Dreieckschaltung

Zur Ermittlung der Außenleiterströme wird das Zeigerdiagramm der Strangströme verwendet.

Reiht man die Ströme I_{Str1} und I_{Str3} des Knotenpunktes A nach Größe und Richtung aneinander, so stellt der resultierende Zeiger den Außenleiterstrom I_1 dar.

Die Berechnung dieses Dreiecks erfolgt mit der Kosinusfunktion:

$$\cos 30° = \frac{\frac{I_1}{2}}{I_{Str}} = \frac{I_1}{2 \cdot I_{Str}} \qquad \cos 30° = 0{,}866$$

$$I_1 = 2 \cdot 0{,}866 \cdot I_{Str} = 1{,}73 \cdot I_{Str} = \sqrt{3} \cdot I_{Str}$$

Mit $\sqrt{3}$ ergibt sich hier für die Ströme der gleiche **Verkettungsfaktor** wie bei den Spannungen in der Sternschaltung.

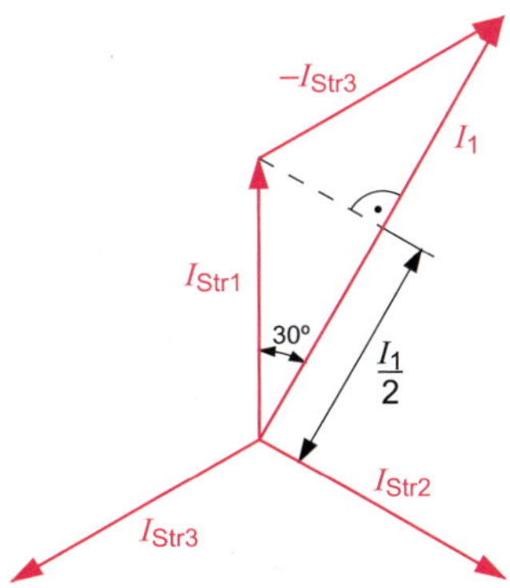

Bild 1.112b: Zeigerdiagramm der Ströme

Für die **Dreieckschaltung** gilt:

- Die **Außenleiterströme** (I) sind um den Verkettungsfaktor ($\sqrt{3}$) größer als die Strangströme (I_{Str}).

  $$\boldsymbol{I = \sqrt{3} \cdot I_{Str}}$$

- Die **Außenleiterspannungen** (U) sind genauso groß wie die Strangspannungen (U_{Str}).

  $$\boldsymbol{U = U_{Str}}$$

Bei **unsymmetrischer Belastung** liegen in den einzelnen Strängen (Phasen) unterschiedliche Widerstände. Die gleich großen Außenleiterspannungen verursachen bei unterschiedlich großen Widerständen entsprechend unterschiedlich große Ströme, die jedoch untereinander den Phasenverschiebungswinkel von 120° beibehalten. Dies führt auch hier – ähnlich wie bei den Spannungen in der Sternschaltung – zu Unsymmetrien im Zeigerdiagramm der Ströme.

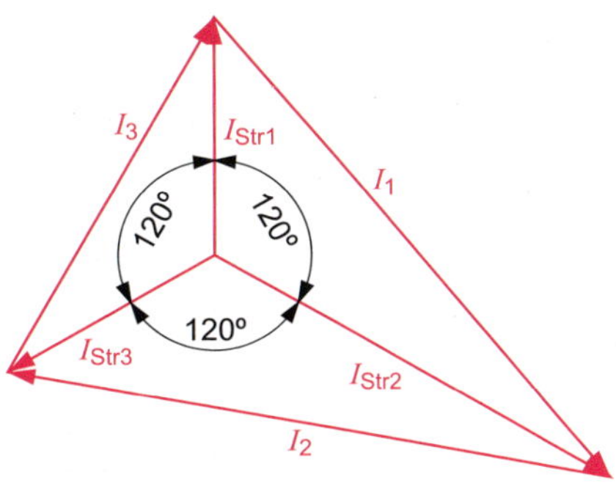

Bild 1.113: Stromdiagramm bei unsymmetrischer Belastung

1.7.5 Leistung bei Dreiphasen-Wechselspannung

Zur Ermittlung der Leistung eines symmetrischen ohmschen Verbrauchers am Dreiphasen-Wechselspannungsnetz berechnet man zunächst die einzelnen Strangleistungen mithilfe der Strangspannungen und Strangströme und summiert dann die einzelnen Strangleistungen zur Gesamtleistung. Es ergibt sich:

- für jeden Strang

Sternschaltung	**Dreieckschaltung**
$U_{Str} = \frac{U}{\sqrt{3}}$	$I_{Str} = \frac{I}{\sqrt{3}}$
$I_{Str} = I$	$U_{Str} = U$
$P_{Str} = U_{Str} \cdot I_{Str}$	$P_{Str} = U_{Str} \cdot I_{Str}$

- für alle drei Stränge

$P_Y = 3 \cdot \frac{U}{\sqrt{3}} \cdot I_{Str}$	$P_\Delta = 3 \cdot U_{Str} \cdot \frac{I}{\sqrt{3}}$
$P_Y = \sqrt{3} \cdot U \cdot I$	$P_\Delta = \sqrt{3} \cdot U \cdot I$

Man kann also für beide Schaltungen die Leistung mit derselben Formel berechnen.

- **Beispiel:**

Berechnen Sie die Leistungsaufnahme der Stern- und der Dreieckschaltung bei einer Außenleiterspannung von $U = 400$ V.

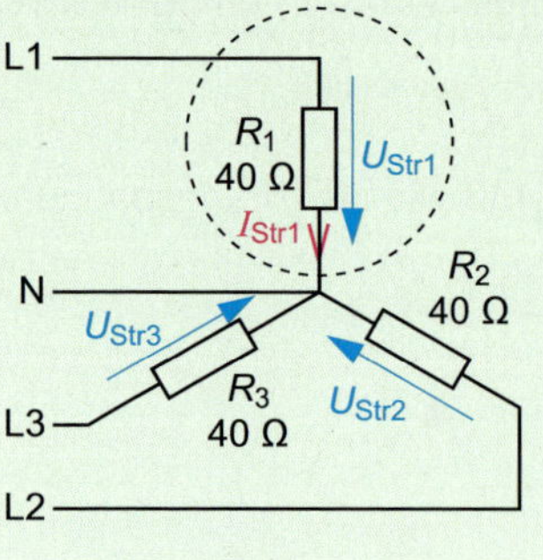

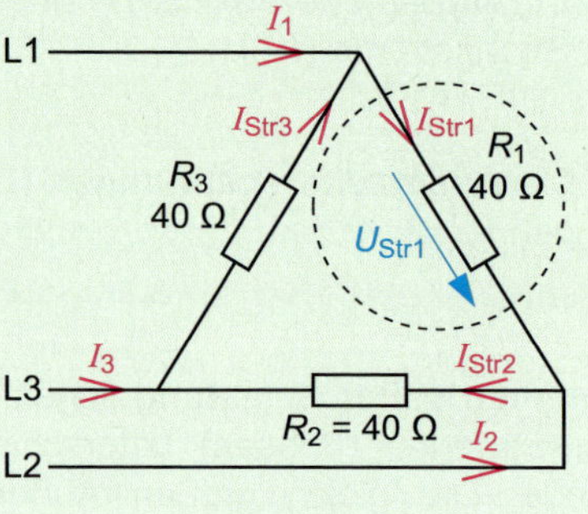

$I_{Str} = \frac{U_{Str}}{R} = \frac{230\text{ V}}{40\ \Omega} = 5{,}75\text{ A}$

$I = I_{Str} = 5{,}75\text{ A}$

$P_Y = \sqrt{3} \cdot U \cdot I$

$= 1{,}73 \cdot 400\text{ V} \cdot 5{,}75\text{ A}$

$P_Y = 3\,979\text{ W} = \mathbf{4\ kW}$

$I_{Str} = \frac{U_{Str}}{R} = \frac{400\text{ V}}{40\ \Omega} = 10\text{ A}$

$I = \sqrt{3} \cdot I_{Str} = 1{,}73 \cdot 10\text{ A} = 17{,}3\text{ A}$

$P_\Delta = \sqrt{3} \cdot U \cdot I$

$= 1{,}73 \cdot 400\text{ V} \cdot 17{,}3\text{ A}$

$P_\Delta = 11\,971\text{ W} = \mathbf{12\ kW}$

Das Beispiel zeigt, dass sich bei gleicher Belastung der Stränge und gleicher Außenleiterspannung für die Dreieckschaltung die dreifache Leistung der Sternschaltung ergibt.

Berücksichtigt man auch die Phasenverschiebung zwischen Spannung und Strom, wie sie bei induktiv oder kapazitiv belasteten Stromkreisen auftritt, so ergeben sich für symmetrisch belastete Dreiphasen-Wechselspannungsnetze ähnlich wie bei Einphasen-Wechselspannungsnetzen die Gleichungen (vgl. Kap. 1.6.5) für:

Wirkleistung	$P = \sqrt{3} \cdot U \cdot I \cdot \cos\varphi$
Blindleistung	$Q = \sqrt{3} \cdot U \cdot I \cdot \sin\varphi$
Scheinleistung	$S = \sqrt{3} \cdot U \cdot I$

Aufgaben

1. Was verstehen Sie unter einer Dreiphasen-Wechselspannung?
2. a) Erläutern Sie den Begriff Verkettung.
   b) Welche Möglichkeiten der Verkettung gibt es bei Dreiphasen-Wechselspannung?
3. Welcher Zusammenhang besteht zwischen Außenleiterspannung und Strangspannung sowie zwischen Außenleiterstrom und Strangstrom
   a) bei der Sternschaltung und
   b) bei der Dreieckschaltung?
4. Wodurch kommt es zu einem Strom im N-Leiter?
5. Was versteht man unter
   a) Wirkleistung, Blindleistung und Scheinleistung?
   b) In welchen Belastungsfällen treten diese Leistungen auf?
6. Ein Drehstrommotor in Dreieckschaltung nimmt bei einem Leistungsfaktor von 0,85 eine Leistung von 2,5 kW auf.
   Wie groß ist der Außenleiterstrom beim Anschluss an ein 400/230-V-Netz?
7. In einem Nachtspeicherofen sind die drei Heizwiderstände wie im Bild gezeigt an ein Drehstromnetz angeschlossen. Berechnen Sie
   a) die Ströme durch die einzelnen Widerstände,
   b) die Ströme in den Zuleitungen,
   c) die Leistungsaufnahme jedes Heizwiderstandes und
   d) die Gesamtleistung des Speicherofens.

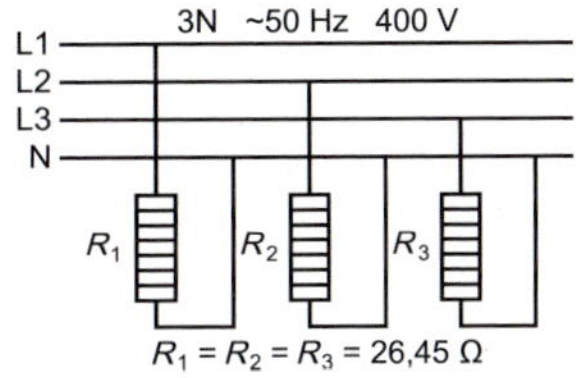

8. Berechnen Sie für die nebenstehende Schaltung
   a) die von den einzelnen Verbrauchern aufgenommenen Stromstärken und
   b) die Stromstärken in den Außenleitern.
   c) Ermitteln Sie die Stromstärke im N-Leiter zeichnerisch mithilfe eines Zeigerdiagramms.

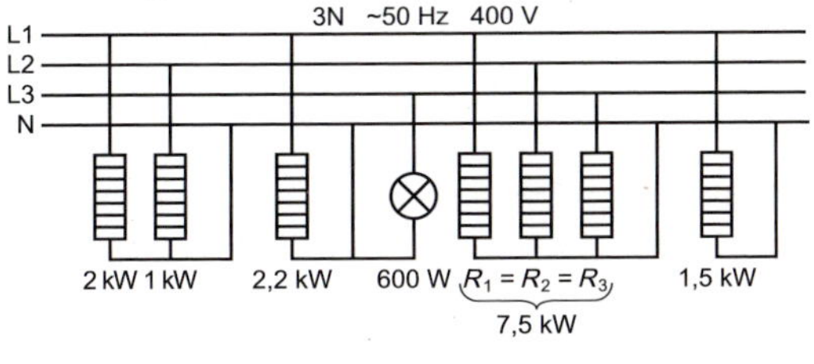

1.8 Elektrisches Feld und Kondensator

1.8.1 Elektrisches Feld

Zwei elektrisch entgegengesetzt geladene Metallkugeln sind in einem geringen Abstand voneinander fest angeordnet, sodass sie sich nicht aufgrund ihrer Ladungen aufeinander zu bewegen können. Wird nun eine Probeladung in den Raum zwischen diesen beiden Kugeln gebracht, so wirkt auf diese eine Kraft F, die von den beiden Kugeln ausgeht (Bild 1.114). Ist die Probeladung Q z. B. positiv, so wird sie von der positiven Ladung Q_1 abgestoßen und gleichzeitig von der negativen Ladung Q_2 angezogen. Größe und Richtung der auf die Probeladung wirkenden Kraft F sind von dem Ort abhängig, an dem sich die Probeladung befindet. Den Raum, in dem auf einen geladenen Gegenstand eine Kraft wirkt, bezeichnet man als elektrisches Feld.

Ein **elektrisches Feld** ist ein Raum, in dem auf elektrisch geladene Gegenstände Kräfte wirken.

1.8.1.1 Feldlinien

Die in einem elektrischen Feld wirkenden Kräfte werden durch Feldlinien dargestellt.

Feldlinien geben die Richtung der Kraft auf eine positive Ladung in den einzelnen Punkten eines elektrischen Feldes an.

Feldlinien treten senkrecht aus der Oberfläche des positiven Pols aus und enden wieder senkrecht auf der Oberfläche des negativen Pols.

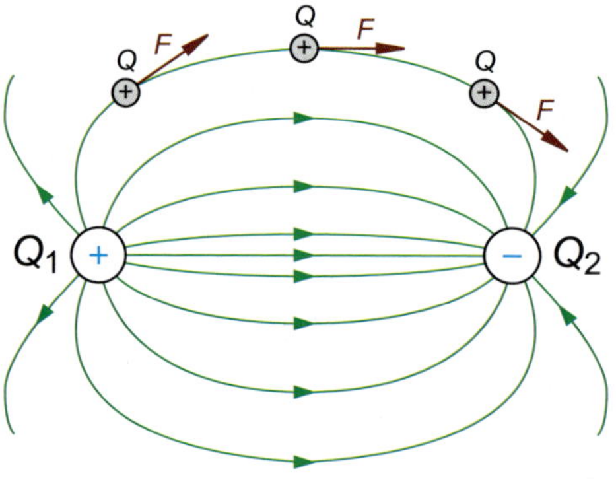

Bild 1.114: Elektrisches Feld zweier entgegengesetzt geladener Kugeln

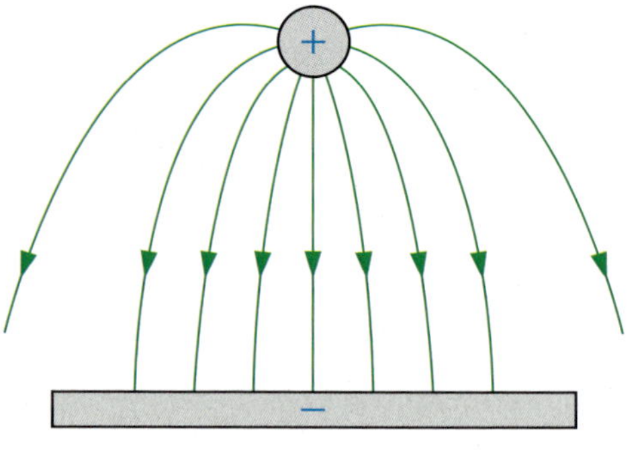

Bild 1.115: Elektrisches Feld zwischen Kugel und Platte

Der Verlauf der Feldlinien wird von der Form der Gegenstände bestimmt, durch deren Ladung das Feld erzeugt wird. Die Regel, dass Feldlinien immer senkrecht aus einem Körper austreten oder in ihn eintreten, wird in jedem Fall erfüllt.

Felder wie in den Bildern 1.114 und 1.115 bezeichnet man als **inhomogene Felder**.

Im Gegensatz dazu ergibt sich zwischen zwei parallel zueinander angeordneten Platten (abgesehen von praktisch auftretenden Randerscheinungen) ein völlig gleichförmiges Feld, in dem die Feldlinien gerade, parallel und in gleichem Abstand voneinander verlaufen; man bezeichnet es als **homogenes Feld**.

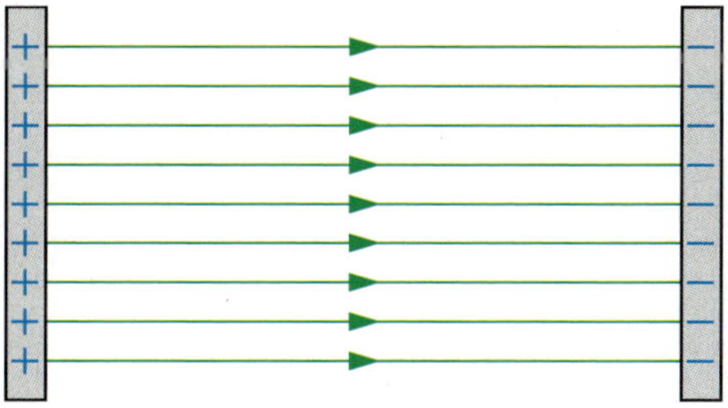

Bild 1.116: Homogenes Feld

1.8.1.2 Elektrische Feldstärke

Um die Stärke elektrischer Felder zu bestimmen, misst man die Kraft, die an einer bestimmten Stelle des Feldes auf eine Probeladung wirkt. Um vergleichbare Werte zu erhalten, dividiert man die Größe der Kraft durch die Größe der elektrischen Probeladung und erhält die Kraft pro Ladungseinheit; sie wird als elektrische Feldstärke bezeichnet.

> Die **elektrische Feldstärke *E*** an einem bestimmten Punkt eines elektrischen Feldes ist gleich der Kraft *F*, die dort auf eine Ladung *Q* von 1 C wirkt.
>
> $$\boldsymbol{E} = \frac{\boldsymbol{F}}{\boldsymbol{Q}} \qquad 1\frac{\text{N}}{\text{C}} = 1\frac{1\,\text{N}}{1\,\text{C}} = \frac{1\,\text{N}}{1\frac{\text{J}}{\text{V}}} = \frac{1\,\text{N}}{1\frac{\text{Nm}}{\text{V}}} = 1\frac{\text{V}}{\text{m}}$$

Die sich ergebende Einheit 1 N/C (Newton pro Coulomb) ist in der Praxis nicht verwendbar und wird daher umgerechnet in die Einheit 1 V/m (Volt pro Meter).

Im Feldlinienbild wird die Feldstärke durch die Dichte der Feldlinien dargestellt. So ist z. B. die Feldstärke an der Oberfläche der Kugel (Bild 1.114) am größten. Im homogenen Feld zwischen zwei Platten (Bild 1.116) ist die Feldliniendichte überall gleich.

1.8.1.3 Feldstärke und Spannung

Zwischen zwei voneinander isolierten und entgegengesetzt geladenen Platten besteht eine elektrische Spannung. Gleichzeitig befindet sich zwischen den Platten ein elektrisches Feld. Zwischen Spannung und elektrischem Feld besteht offensichtlich eine enge Beziehung. Je größer die an den Platten liegende Spannung, desto größer ist die elektrische Feldstärke im Raum zwischen den Platten. Vergrößert man den Abstand der Platten bei konstant bleibender Spannung, so wird die Feldstärke kleiner. Genaue Messungen ergeben, dass die Feldstärke im umgekehrten Verhältnis zum Plattenabstand steht.

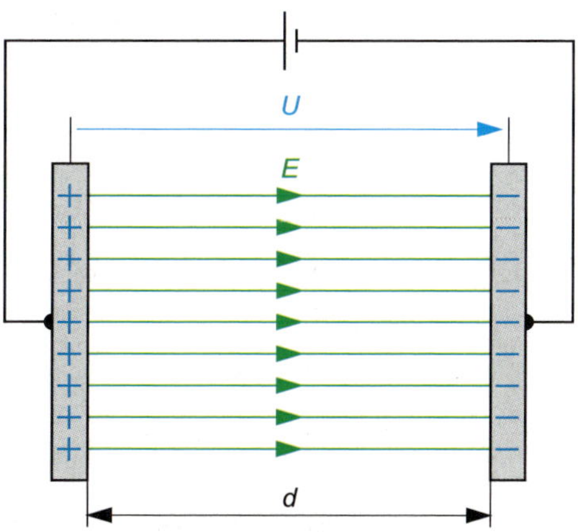

Bild 1.117: Spannung und Feldstärke im homogenen Feld

Die **elektrische Feldstärke** ***E*** zwischen zwei entgegengesetzt geladenen Platten ist

- proportional zur anliegenden Spannung *U* und
- umgekehrt proportional zum Plattenabstand *d*.

$$E = \frac{U}{d} \qquad 1\,\frac{\text{V}}{\text{m}} = \frac{1\,\text{V}}{1\,\text{m}}$$

1.8.1.4 Influenz und Polarisation

Ein **elektrischer Leiter** enthält gleich viele positive und negative Ladungen. Die negativen Ladungen (Elektronen) sind frei beweglich, während die positiven Ladungen fest im Gitter verankert sind.

Gerät eine Metallplatte in ein elektrisches Feld, so werden die Elektronen entgegen der Feldrichtung bis an den äußersten Rand der Metalloberfläche verschoben. Auf der Gegenseite bleiben gleich viele feststehende positive Ladungen zurück.

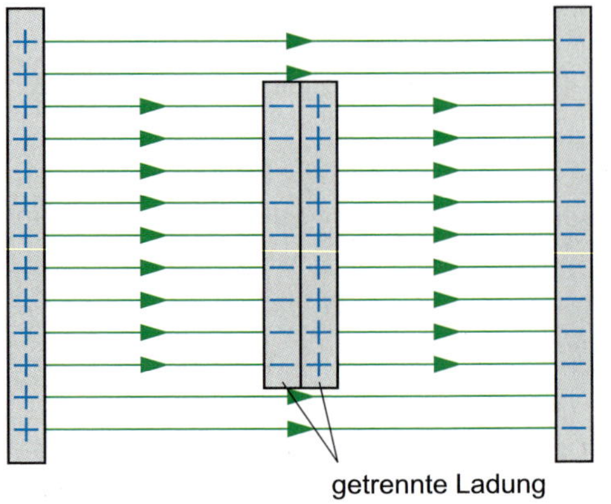

Bild 1.118: Ladungstrennung auf einer Metallplatte

Die Trennung der elektrischen Ladungen eines metallischen Leiters unter der Einwirkung eines elektrischen Feldes bezeichnet man als **Influenz**.

Trennt man die Metallplatte, so entsteht zwischen den beiden Teilen infolge der Influenz ein elektrisches Feld, das genau so stark und entgegengesetzt gerichtet ist wie das äußere Feld, sodass sich beide Felder aufheben; der Raum zwischen den Platten ist also feldfrei.

Der durch Influenz entstehende feldfreie Raum wird technisch genutzt, um empfindliche Schaltungsteile oder Messplätze vor der Einwirkung elektrischer Felder zu schützen (faradayscher Käfig).

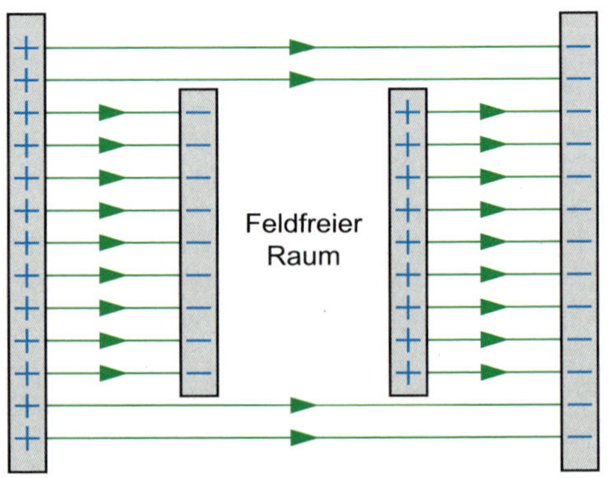

Bild 1.119: Faradayscher Käfig

Ein **elektrischer Nichtleiter** enthält keine beweglichen Ladungen. Dennoch bleibt das elektrische Feld auch auf einen Isolierstoff nicht ohne Wirkung. Die Ladungen verbleiben in ihrem Molekül oder Atom, verlagern jedoch ihren Schwerpunkt entsprechend der auf sie wirkenden Feldstärke. Dadurch sind im Molekül oder Atom des Isolierstoffes positive und negative Ladungen nicht mehr gleichmäßig verteilt; es entstehen zwei entgegengesetzte Pole; die Moleküle werden polarisiert.

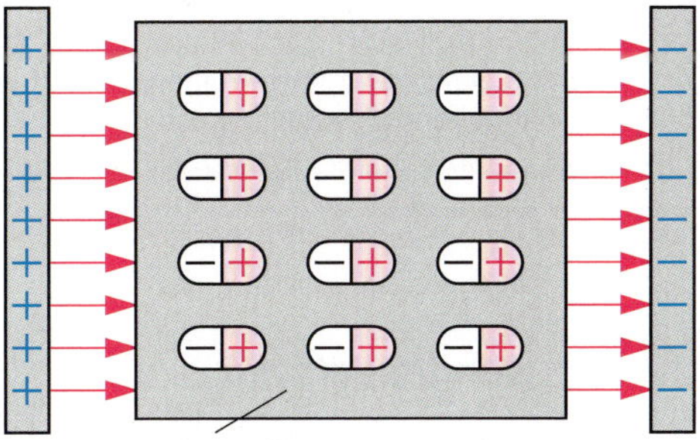

Bild 1.120: Polarisation

Die Bildung von Molekülen mit zwei entgegengesetzt geladenen Polen (Dipole) in einem elektrischen Nichtleiter (Isolierstoff) unter der Einwirkung eines elektrischen Feldes bezeichnet man als **Polarisation**.

Steigt die Spannung zwischen den Platten und damit die Feldstärke weiter an, so kann es zur Zerstörung des Isolierstoffs und zu einer kurzzeitig leitenden Verbindung kommen; man spricht dann von einem Durchschlag.

Als **Durchschlagsfestigkeit** E_d eines Werkstoffes bezeichnet man den Höchstwert der elektrischen Feldstärke, bei dem noch kein Durchschlag erfolgt.

Die Werte der Durchschlagsfestigkeit liegen für Luft bei ca. 2,5 kV/mm, für Papier bei ca. 4 kV/mm und für Kondensatorkeramik bei bis zu 50 kV/mm.

Durch elektrische Felder und elektrostatische Aufladung können empfindliche elektronische Bauelemente und Schaltungen beschädigt werden (vgl. Kap. 2.5.2).

Aufgaben

1. Skizzieren Sie das elektrische Feld
   a) zwischen einer positiv geladenen Platte und einer negativ geladenen Kugel,
   b) zwischen zwei konzentrischen Leitern (Koaxialkabel), wobei der innere Zylinder positiv und der äußere negativ geladen ist (siehe Bild).

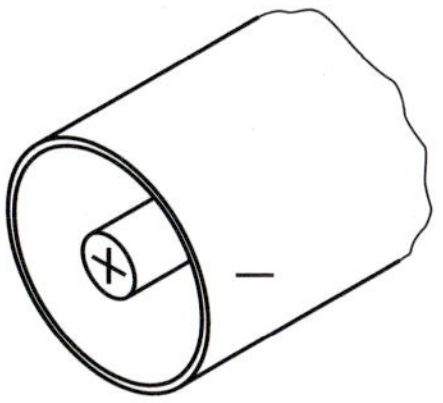

2. Wie kann das Vorhandensein eines elektrischen Feldes nachgewiesen werden?
3. Mit einem Feldstärkemesser wird eine Feldstärke von $E = 1\,200$ N/C angezeigt. Wie groß ist an dieser Stelle die Kraft, die auf eine Ladung von 0,5 mC wirkt?
4. Schildern Sie, was abläuft, wenn eine Metallplatte in ein elektrisches Feld gebracht wird. Wie heißt dieser Vorgang?
5. Was versteht man unter einem faradayschen Käfig? Worauf beruht seine Wirkung und wozu wird er eingesetzt?
6. Was wird unter Polarisation verstanden und wann tritt sie auf?
7. Erklären Sie die Beobachtung, dass es bei gleicher Spannung zwischen zwei Polen eher dort zu einer Funkenentladung kommt, wo der Abstand am kleinsten ist.

8. Vorhanden sind zwei Plattenpaare. Der Abstand zwischen dem einen Plattenpaar ist d_1 = 2 cm; der zweite Plattenabstand ist nur d_2 = 2 mm. An beide Plattenpaare wird eine Spannung von je 300 V geschaltet.

   Berechnen Sie die Feldstärke der beiden homogenen Felder.

1.8.2 Kondensatoren

1.8.2.1 Kapazität

Kondensatoren bestehen aus zwei gleich großen **Elektroden** (Metallfolien, Elektrolyte), die durch ein **Dielektrikum** (Keramik, Kunststoff, Papier, Luft) gegeneinander isoliert sind.

Zur Darstellung von Kondensatoren in Schaltplänen wird das nebenstehende Schaltsymbol verwendet.

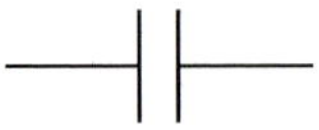

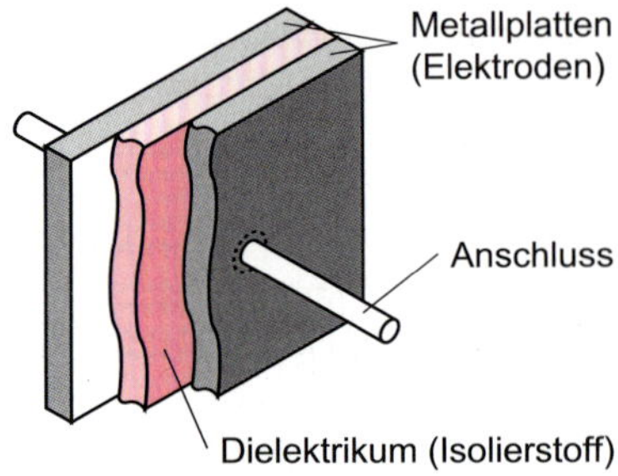

Bild 1.121: Aufbau eines Kondensators

Wird ein Kondensator an eine Gleichspannung gelegt, so fließt für kurze Zeit ein Strom. Während dieser Zeit steigt die Spannung am Kondensator auf den Wert der angelegten Spannung (Bild 1.122 a).

Trennt man den Kondensator von der Spannungsquelle, so behält er seine Spannung bei; er hat elektrische Energie gespeichert und wirkt selbst wie eine Spannungsquelle (Bild 1.122 b).

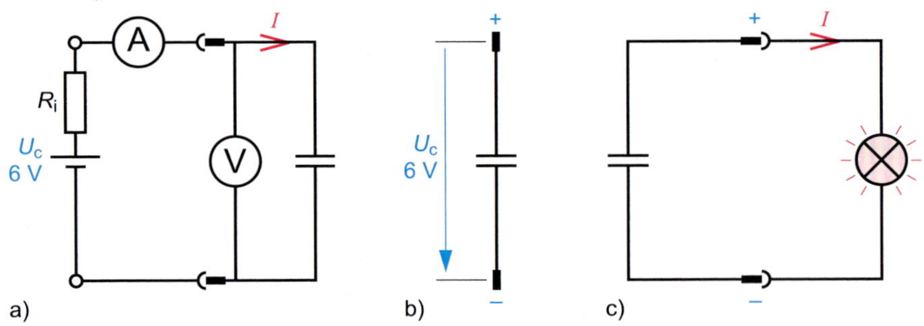

Bild 1.122: Kondensator als Energiespeicher

Schließt man eine Lampe (Verbraucher) an den geladenen Kondensator an, so leuchtet diese kurz auf; die Kondensatorspannung geht auf null zurück (Bild 1.122 c).

! Ein **Kondensator** kann elektrische Energie aufnehmen, speichern und wieder abgeben.

Zum Vergleich des Speichervermögens verschiedener Kondensatoren gibt man die Ladung Q an, die der einzelne Kondensator bei einer angelegten Spannung von 1 V aufnimmt. Dieses Speichervermögen nennt man Kapazität; sie wird mit dem Formelzeichen C bezeichnet und in der Einheit 1 Farad (1 F) angegeben.

Die **Kapazität *C*** eines Kondensators gibt an, wie groß die elektrische Ladung *Q* ist, die der Kondensator an der Spannung $U = 1\ \text{V}$ aufnimmt.

$$\boldsymbol{C = \frac{Q}{U}} \qquad 1\ \text{F} = \frac{1\ \text{C}}{1\ \text{V}}$$

Die Kapazität 1 F ist sehr groß und kommt bei den in der Elektrotechnik gebräuchlichen Kondensatoren sehr selten vor. Die in der Praxis verwendeten Kondensatoren liegen in den Größenordnungen Mikrofarad ($1\ \mu\text{F} = 1 \cdot 10^{-6}\ \text{F}$), Nanofarad ($1\ \text{nF} = 1 \cdot 10^{-9}\ \text{F}$) und Picofarad ($1\ \text{pF} = 1 \cdot 10^{-12}\ \text{F}$).

Die Kapazität eines Kondensators wird bestimmt von seinen Baugrößen:

- Sie steigt im selben Verhältnis wie die **Oberfläche *A*** der beiden Elektroden ($C \sim A$).
- Sie wird im selben Verhältnis größer, wie der **Abstand *d*** der beiden Elektroden kleiner wird ($C \sim 1/d$).
- Sie ist abhängig von der Art des Werkstoffes, der als Dielektrikum verwendet wird; hierzu wird eine Werkstoffkennzahl angegeben, die als **Dielektrizitätskonstante** ε bezeichnet wird ($C \sim \varepsilon$).

Die Zusammenfassung dieser drei Abhängigkeiten ergibt die Gleichung zur Berechnung der Kapazität eines Plattenkondensators:

$$C = \frac{\varepsilon \cdot A}{d}$$

Setzt man die Plattenfläche $1\ \text{m}^2$ und den Plattenabstand 1 m ein, so ist der gemessene Wert der Kapazität gleich dem Wert der Dielektrizitätskonstanten des verwendeten Dielektrikums; ihre Einheit ergibt sich zu 1 F/m.

Die kleinste Dielektrizitätskonstante ergibt sich, wenn sich zwischen den Platten ein Vakuum (oder angenäherte Luft) befindet. Diese Dielektrizitätskonstante bezeichnet man als **elektrische Feldkonstante** ε_0.

Die Dielektrizitätskonstante eines Werkstoffes wird in der Praxis nicht direkt angegeben; man setzt sie ins Verhältnis zu ε_0 und bezeichnet diese Verhältniszahl als relative Dielektrizitätskonstante oder kurz als **Dielektrizitätszahl** ε_r.

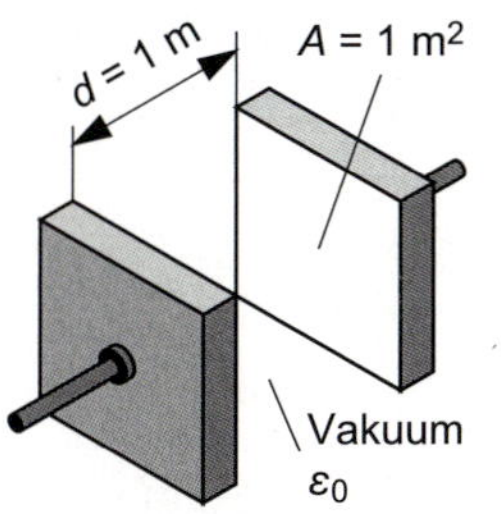

Bild 1.123: Elektrische Feldkonstante

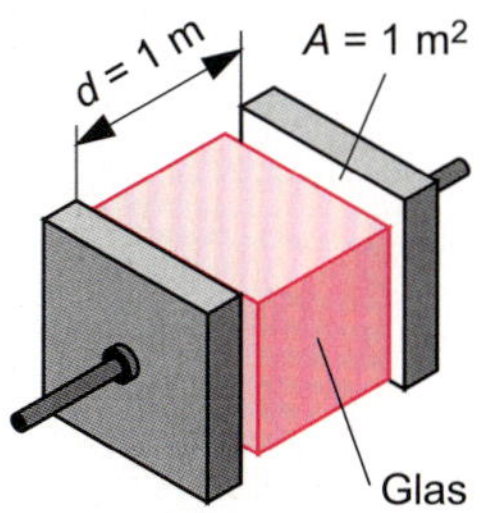

Bild 1.124: Dielektrizitätszahl

Die **Dielektrizitätszahl** ε_r eines Werkstoffes gibt an, auf das Wievielfache die Kapazität eines Kondensators durch das verwendete Dielektrikum vergrößert wird (im Vergleich zu Luft).

1.8.2.2 Zusammenschaltung von Kondensatoren

Kondensatoren können ebenso wie Widerstände in Reihe oder parallel geschaltet werden.

In der **Reihenschaltung** nimmt jeder einzelne Kondensator die gleiche Ladung Q auf. Damit ergibt sich nach der Gleichung $U = Q/C$ an jedem Kondensator eine Teilspannung, die nur noch von seiner Kapazität abhängt.

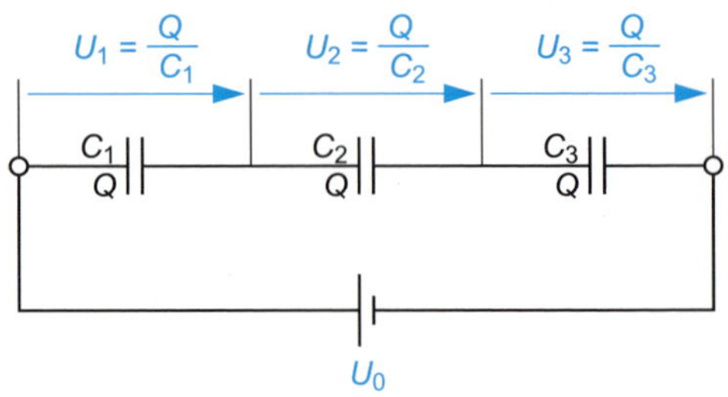

Bild 1.125: Reihenschaltung von Kondensatoren

Wie bei der Reihenschaltung von Widerständen ergibt sich die Gesamtspannung nach dem 2. kirchhoffschen Gesetz:

$$U = U_1 + U_2 + U_3 + \ldots$$

Mit $U = \frac{Q}{C}$ ergibt sich daraus: $\frac{Q}{C_{ges}} = \frac{Q}{C_1} + \frac{Q}{C_2} + \frac{Q}{C_3} + \ldots$

Damit ergibt sich die **Kapazität der Reihenschaltung**:

$$\frac{1}{C_{ges}} = \frac{1}{C_1} + \frac{1}{C_2} + \frac{1}{C_3} + \ldots$$

Daraus folgt:

- Die Gesamtkapazität einer Reihenschaltung von Kondensatoren ist immer kleiner als die kleinste Einzelkapazität.
- Die Spannungen stehen im umgekehrten Verhältnis zueinander wie die Kapazitäten.

$$\frac{U_1}{U_2} = \frac{C_2}{C_1}$$

In der **Parallelschaltung** liegt jeder einzelne Kondensator an der gleichen Spannung. Damit ergibt sich nach der Gleichung $Q = C \cdot U$, dass die Ladung der einzelnen Kondensatoren von ihrer Kapazität abhängt.

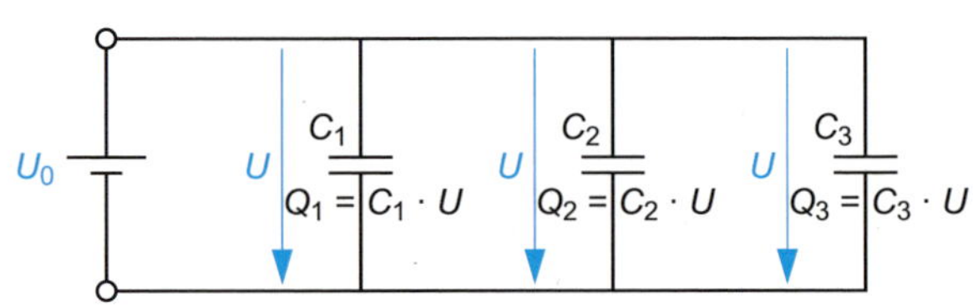

Bild 1.126: Parallelschaltung von Kondensatoren

Die Gesamtladung in der Schaltung ist gleich der Summe der Teilladungen in den einzelnen Kondensatoren (entsprechend dem 1. kirchhoffschen Gesetz für die Ströme in der Parallelschaltung von Widerständen). Damit ergibt sich:

$$Q_{ges} = Q_1 + Q_2 + Q_3 + \ldots$$

Mit $Q = C \cdot U$ ergibt sich daraus:

$$C_{ges} \cdot U = C_1 \cdot U + C_2 \cdot U + C_3 \cdot U + \ldots$$

Damit ergibt sich die **Kapazität der Parallelschaltung**:

$$\boldsymbol{C_{ges} = C_1 + C_2 + C_3 + \ldots}$$

Daraus folgt:

- Die Gesamtkapazität einer Parallelschaltung von Kondensatoren ist gleich der Summe der Einzelkapazitäten.
- Die Ladungen der einzelnen Kondensatoren stehen im selben Verhältnis zueinander wie die Kapazitäten.

$$\boldsymbol{\frac{Q_1}{Q_2} = \frac{C_1}{C_2}}$$

1.8.2.3 Aufladung und Entladung

Bei der **Aufladung** bildet ein ungeladener Kondensator im Einschaltaugenblick einen Kurzschluss. Um einen unzulässig hohen Anfangsladestrom zu verhindern, muss ein Kondensator über einen Vorwiderstand aufgeladen werden.

Am Vorwiderstand liegt in jedem Augenblick die Spannung $U_R = U_0 - U_C$. Die Stromstärke in der Schaltung ergibt sich also nach der Gleichung

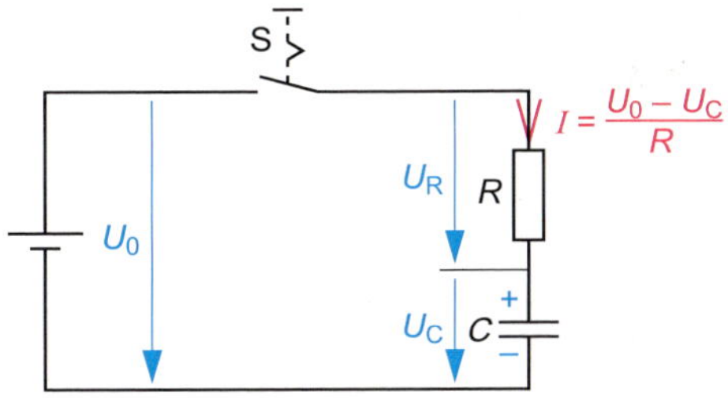

Bild 1.127: Ladeschaltung

$$I = \frac{U_R}{R} = \frac{U_0 - U_c}{R}$$

Der **Ladestrom des Kondensators** (rote Linie in Bild 1.128) nimmt im selben Verhältnis ab, wie die Kondensatorspannung zunimmt.

Ein Kondensator ist geladen, wenn seine Spannung U_C genauso groß ist wie die angelegte Spannung U_0; I und U_R sind dann null.

Ein geladener Kondensator sperrt den Gleichstrom.

Die **Ladezeit** wird bestimmt

- durch die Größe des Vorwiderstandes R, der den Anfangsladestrom festlegt. Je größer R, desto größer t_L;
- durch die Kapazität C. Je größer C (umso mehr Ladung nimmt der Kondensator bei der angelegten Spannung auf), desto größer t_L.

Die **Zeitkonstante** ist das Produkt aus R und C.

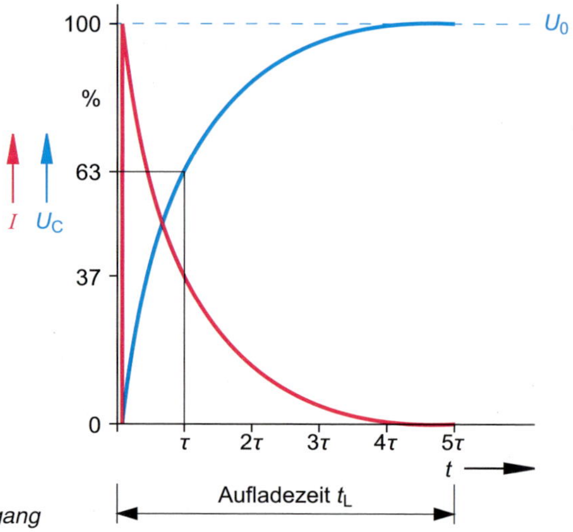

Bild 1.128: Ladevorgang

$$\tau = \boldsymbol{R} \cdot \boldsymbol{C} \qquad 1\,\Omega \cdot 1\,\text{F} = 1\,\frac{\text{V}}{\text{A}} \cdot 1\,\frac{\text{As}}{\text{V}} = 1\,\text{s}$$

Nach der Zeit von 1 τ ist ein Kondensator auf 63 % der angelegten Spannung U_0 aufgeladen.

Innerhalb jedes weiteren Zeitabschnitts von 1 τ nimmt die Spannung um 63 % der jeweiligen Restspannung $U_0 - U_C$ zu.

Nach einer Ladezeit t_L von fünf Zeitkonstanten gilt ein Kondensator praktisch als geladen.

$$\boldsymbol{t_L = 5 \cdot \tau}$$

Die **Entladung** verläuft genau umgekehrt wie die Aufladung.

Wird der Schalter S geschlossen, so wird der Kondensator über den Widerstand R entladen. Da die Spannung U_C mit abfließender Kondensatorladung abnimmt, wird auch der Strom kleiner.

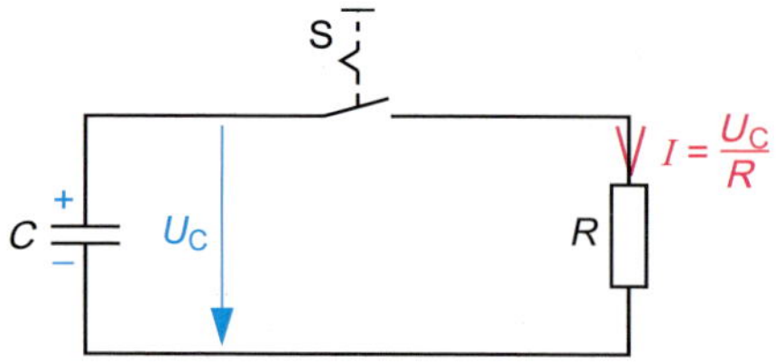

Bild 1.129: Entladeschaltung

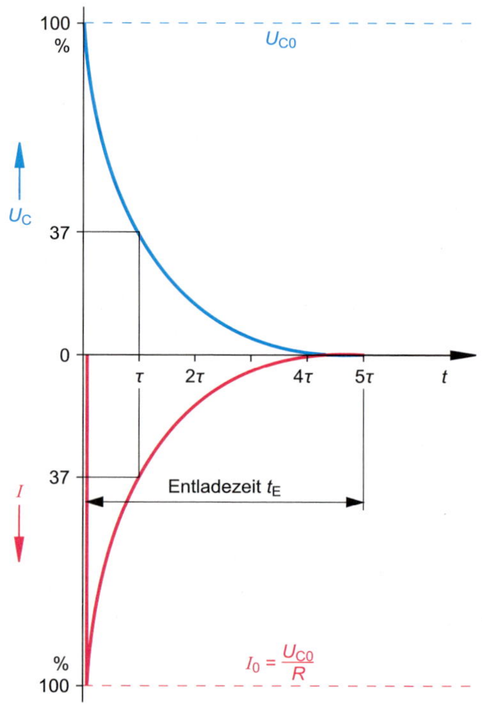

Bild 1.130: Entladevorgang

Ein Kondensator entlädt sich innerhalb der ersten Zeitkonstanten auf 37 % seiner Anfangsspannung.

Nach einer Entladezeit t_E von fünf Zeitkonstanten gilt ein Kondensator praktisch als entladen.

$$t_E = 5 \cdot \tau$$

Die Stromkurve in Bild 1.130 ist auf der negativen Achse aufgetragen, um zu verdeutlichen, dass der Entladestrom in umgekehrter Richtung wie der Ladestrom fließt.

1.8.2.4 Bauformen von Kondensatoren

a) Kunststofffolien-Kondensator

Kunststofffolien-Kondensatoren in herkömmlicher Bauform sind **Wickelkondensatoren**, bei denen als Dielektrikum flexible Isolierfolien aus Polystyrol oder Polypropylen verwendet werden; als Elektroden dienen vorwiegend Aluminiumfolien.

Diese Kondensatoren haben eine relativ hohe Eigeninduktivität, die sich aus der Länge des Wickelelementes bestimmt.

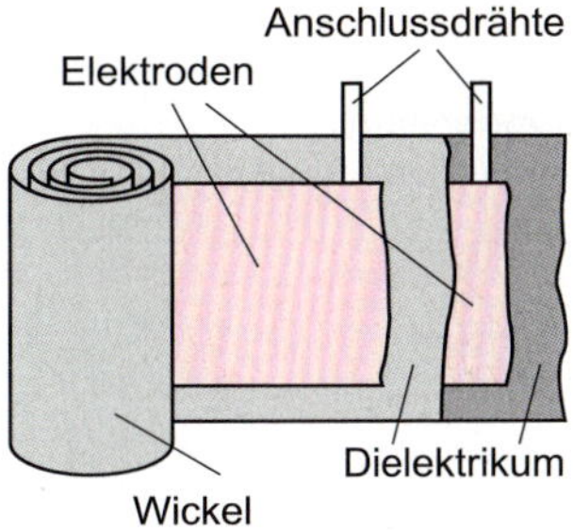

Bild 1.131: Wickelkondensator

b) Metallisierte Kunststofffolien-Kondensatoren

Diese Kondensatoren werden als **Schichtkondensatoren** hergestellt. Dabei wird eine Vielzahl der metallisierten Folien übereinander geschichtet. Die Metallbeläge sind an den Stirnseiten durch Kontaktschichten so verbunden, dass jede zweite Schicht auf der einen Seite und die dazwischen liegende Schicht auf der anderen Seite anliegt.

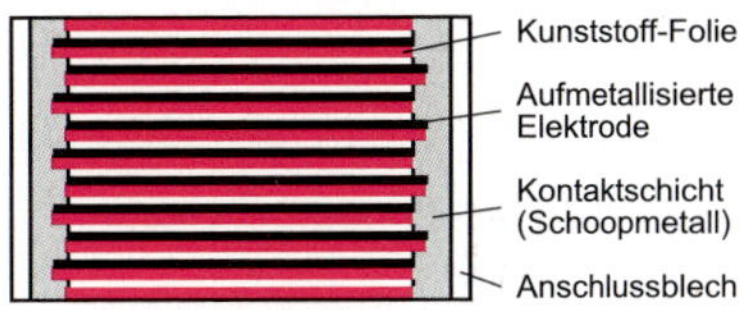

Bild 1.132: Schichtkondensator

Die meistverwendete **SMD-Bauform** bietet eine Reihe von Vorteilen und kann andere Kondensatortechnologien ersetzen; sie stellt praktisch den Standard für Elektronikschaltungen dar.

Kondensatoren dieser Bauart sind RoHS-konform, für Anwendungstemperaturen bis 125 °C und für bleifreie Lötprozesse geeignet.

Bild 1.133: SMD-Kondensatoren

Metallisierte Kunststofffolien-Kondensatoren besitzen die Eigenschaft der **Selbstheilung**. Der bei einem Durchschlag entstehende Lichtbogen verdampft die dünnen Metallschichten in der Umgebung der Durchschlagstelle. Die Fehlerstelle wird dadurch vom leitenden Metall befreit und einwandfrei isoliert. Ein Selbstheilvorgang dauert weniger als 10 μs und verursacht eine nur sehr geringe Abnahme der Kapazität.

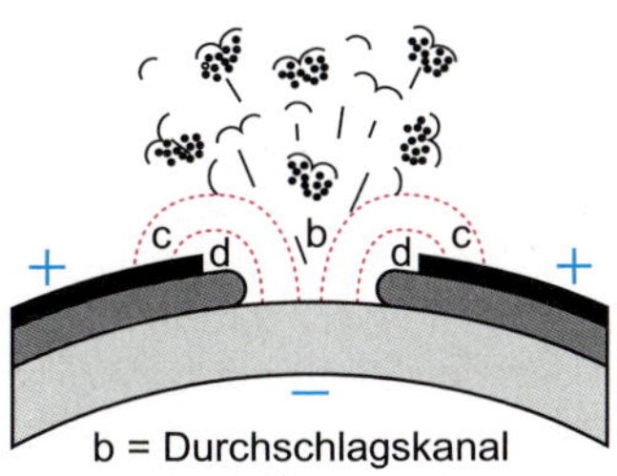

b = Durchschlagskanal
c = Stromfluss
d = entmetallisierte Zone

Bild 1.134: Selbstheilung

Neben der SMD-Bauform werden metallisierte Kunststofffolien-Kondensatoren je nach Verwendungszweck auch in anderen Bauformen hergestellt.

Sie werden sowohl bei Gleichspannung als auch bei überlagerten Wechselspannungen eingesetzt zur Glättung, zur Kopplung bzw. Entkopplung und als Schwingkreiskondensatoren.

Wickelkondensator
für allgemeine Anforderungen

Wickelkondensator
für erhöhte Anforderungen

Schichtkondensator
selbstheilend

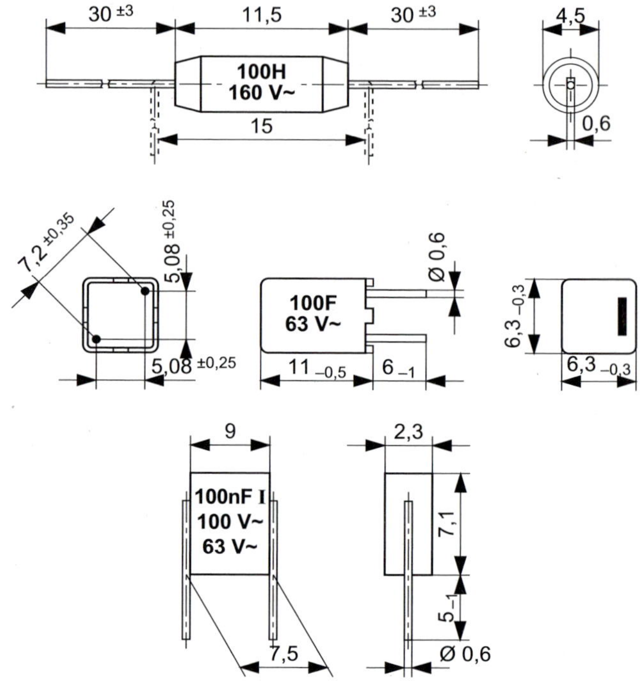

Bild 1.135: Bauformen von Kunststoffkondensatoren

c) Keramikkondensatoren

Als Keramikkondensatoren werden Kondensatoren bezeichnet, bei denen Oxidkeramik als Dielektrikum verwendet wird. Bei der Herstellung dieser keramischen Werkstoffe werden Metalloxide mit geeigneten Plastifizierungsmitteln vermischt, zu dünnen Röhrchen oder Folien gepresst und anschließend bei hohen Temperaturen gesintert. Dabei entsteht Keramik mit sehr hohen Dielektrizitätszahlen und geringen Verlustfaktoren.

Keramikkondensatoren werden als Vielschichtkondensatoren (MLCC = Multi-Layer Ceramic Capacitor) in bedrahteter Bauweise und als Chip-Kondensatoren für die Oberflächenmontage (SMD) auf Leiterplatten gefertigt. Sie kommen in vielen Bereichen der Elektrotechnik und Elektronik zum Einsatz, z. B. in der HF-Technik in Schwingkreisen und Filtern sowie zur Siebung und Kopplung.

Cap
bedrahtete
Bauform

Chip
unbedrahtete
Bauform

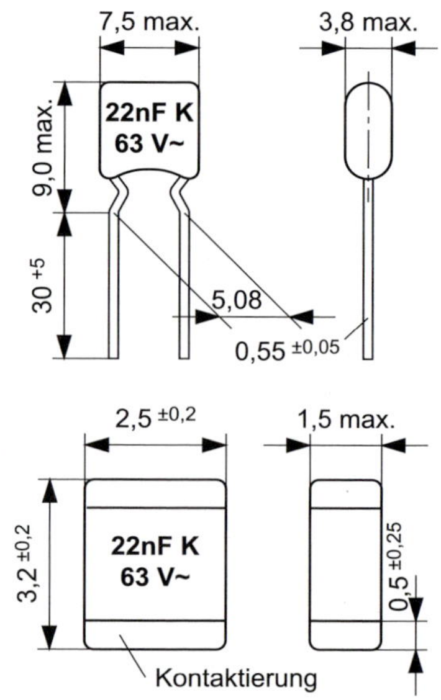

Bild 1.136: Bauformen von Keramik-Vielschichtkondensatoren

d) Elektrolytkondensatoren

Um Kondensatoren mit sehr großen Kapazitätswerten bei relativ geringen Abmessungen zu erhalten, müssen die Belagflächen möglichst groß und der Abstand zwischen den Belägen möglichst klein gemacht werden. Ein sehr dünnes Dielektrikum erhält man durch Oxidieren der Oberfläche eines Metallbelags. Metalloxid ist ein guter Isolator mit hinreichend hohen Dielektrizitätszahlen. Die Gegenelektrode wird durch eine leitende Flüssigkeit (Elektrolyt) gebildet, die zerstörungsfrei auf der hauchdünnen Oxidschicht der Metallelektrode aufliegt.

Nach der Art des für die Anode (Pluspol) verwendeten Werkstoffes unterscheidet man zwei Gruppen von Elektrolytkondensatoren:

Aluminium-Elektrolytkondensatoren enthalten als Anode eine Aluminiumfolie, deren Oberfläche durch Ätzen aufgeraut und dadurch wesentlich vergrößert wird. Auf diese Folie wird durch einen elektrochemischen Prozess eine dünne Aluminiumoxidschicht als Dielektrikum aufgebracht. Die Katode (Minuspol) wird durch einen Elektrolyten gebildet, der in einer dünnen Papier- oder Gewebeschicht gebunden und durch eine zweite Aluminiumfolie kontaktiert wird. Al-Elkos werden als Wickelkondensatoren hergestellt. Die Wickel werden in Metallgehäuse (meist Aluminium) mit einer isolierenden Umhüllung eingebaut.

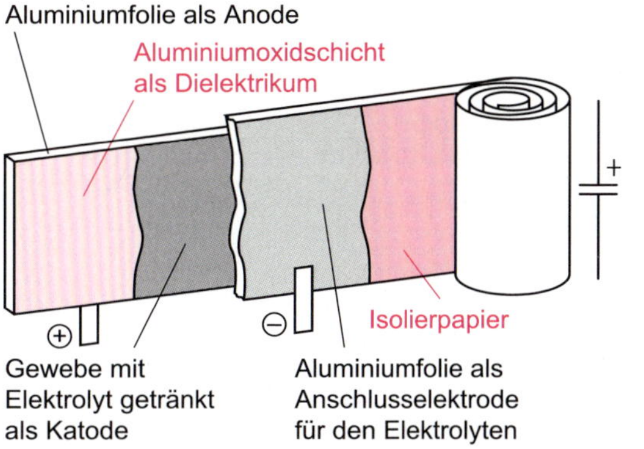

Bild 1.137: Aufbau und Schaltsymbol eines Al-Elkos

Tantal-Elektrolytkondensatoren haben eine Anode aus gepresstem und gesintertem Tantal (ein graues, hartes Metall), die infolge der unregelmäßigen Körnung des Metalls eine aufgeraute und damit große Oberfläche hat.

Das Dielektrikum wird von einer Tantaloxidschicht gebildet, die durch elektrolytische Oxidation auf der Anode erzeugt wird. Die Gegenelektrode (Katode) besteht in der nassen Ausführung aus einem Elektrolyten (hochleitende Säure) und bei der trockenen Ausführung aus Mangandioxid.

Aufgrund ihrer hohen Zuverlässigkeit werden Tantal-Elkos häufig in Anwendungen mit widrigen Umgebungsbedingungen verwendet. Dabei kann es zum Überschreiten der maximal zulässigen kurzzeitigen Strom- und Spannungsbelastung kommen, was zum Überhitzen und möglicherweise zum Durchbrennen des Bausteins führen kann. Daher werden auch Tantal-Elkos mit eingebauter Sicherung angeboten, die in diesen Fällen Schutz bieten, indem sie den Stromkreis bei zu hohen Stromstärken unterbrechen.

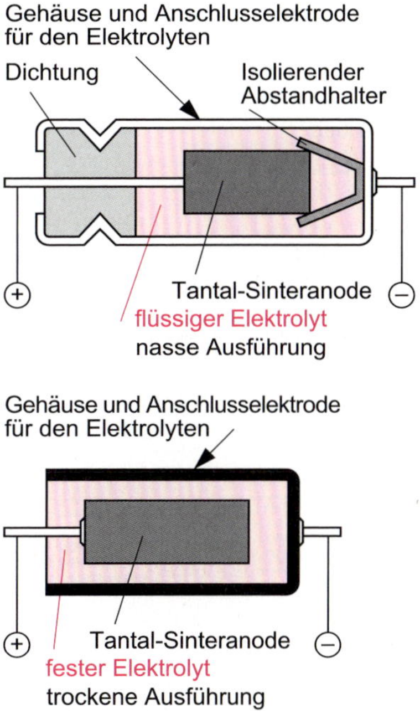

Bild 1.138: Tantal-Elkos

Elkos beider Arten (Al und Tantal) funktionieren nur dann einwandfrei, wenn an der Anode der Pluspol und an der Katode der Minuspol angeschlossen ist. Bei Falschpolungen baut sich die isolierende Oxidschicht ab, wodurch der Kondensator zerstört wird.

> **!** **Elektrolytkondensatoren** können nur bei Gleichspannung verwendet werden, falsche Polung führt zu ihrer Zerstörung. Daher ist der Anodenanschluss auf dem Gehäuse stets mit dem Symbol „+“ gekennzeichnet.

„Ungepolte“ Elkos bestehen aus zwei in Reihe geschalteten Kondensatoren mit entgegengesetzter Polung, sodass einer der beiden Kondensatoren jeweils in Falschpolung betrieben wird. Solche ungepolten Elkos werden nur für Sonderanwendungen in Wechselstromschaltungen hergestellt.

Al-Elko
Standard-Bauform
Al-Gehäuse mit Isolierumhüllung

Al-Elko
Bauform für kompakten Schaltungsaufbau
Metallgehäuse mit Isolierumhüllung

Al-Elko
Bauform für Stromversorgungen und Schaltnetzteile
Al-Gehäuse mit Isolierumhüllung

Tantal-Elko
Bauform zur Bestückung von Leiterplatten
Sinterausführung, trocken; kunststoffumpresst

Tantal-Perl-Kondensator
Bauform für erhöhte Anforderungen
Kunstharzumhüllung

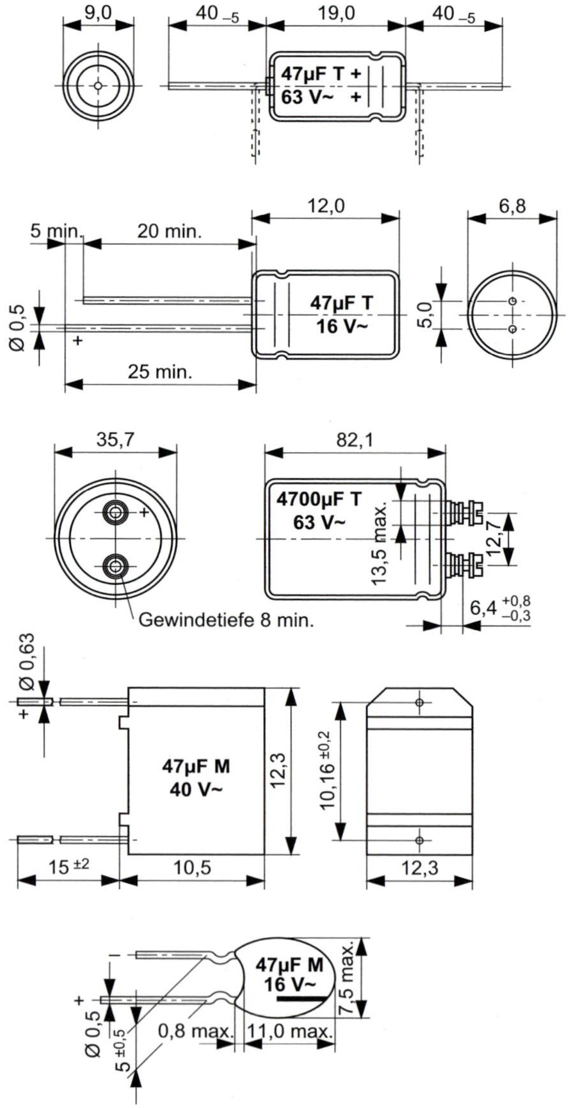

Bild 1.139: Bauformen von Elektrolytkondensatoren

Elektrolytkondensatoren sind universell einsetzbar. Sie werden sowohl in der Unterhaltungs- und Industrieelektronik als auch in der Kraftfahrzeugelektronik und in der Datentechnik verwendet. Ein weiteres breites Anwendungsfeld sind Stromversorgungsgeräte und Schaltnetzteile. Für die Energieelektronik werden besondere Hochleistungsbauformen hergestellt.

e) Doppelschicht-Kondensatoren

Eine der jüngsten Weiterentwicklungen im Bereich der passiven Bauelemente ist der elektrochemische Doppelschichtkondensator (Superkondensator).

Der Aufbau eines Doppelschichtkondensators gleicht dem eines Plattenkondensators mit besonders großer Oberfläche der Elektroden, die aus Aktivkohle bestehen. Als Elektrolyt wird eine wässrige Salzlösung verwendet, die Spannungen von 2 V bis 3 V ermöglicht.

Die eigentliche Doppelschicht besteht aus Ionen, die sich beim Anlegen einer Spannung an der positiven bzw. negativen Elektrode sammeln und dabei ein hauchdünnes Dielektrikum mit einer Dicke von wenigen Nanometern bilden (1 nm = 10^{-9} m).

Standardausführungen werden mit Kapazitätswerten von 100 F bis 300 F geliefert. Trotz der niedrigen Gebrauchsspannung von 2,5 V können durch Reihen- und Parallelschaltung riesige Kapazitäten mit gewünschter Nennspannung aufgebaut werden.

Superkondensatoren sind in metallischen laserverschweißten Gehäusen untergebracht und trotzen den heftigsten Temperaturschwankungen. Sie haben eine große Lebensdauer und sind weitgehend wartungsfrei. Aufgrund ihrer prismatischen Bauform ermöglichen sie eine hohe Packungsdichte beim Aufbau von größeren Einheiten.

Ein bevorzugtes Einsatzgebiet für Superkondensatoren sind USV-Systeme (USV = Unterbrechungsfreie Stromversorgung; vgl. Kap. 4.2.4.2). Sie sind hierfür besonders geeignet, weil die gespeicherte Energie schneller – allerdings nur relativ kurzzeitig – abgegeben werden kann als von Batterien, da sie in elektrischer Form gespeichert ist und keine elektrochemische Umwandlung abläuft. Weitere Anwendungsbereiche ergeben sich in der Automobilindustrie sowie zur

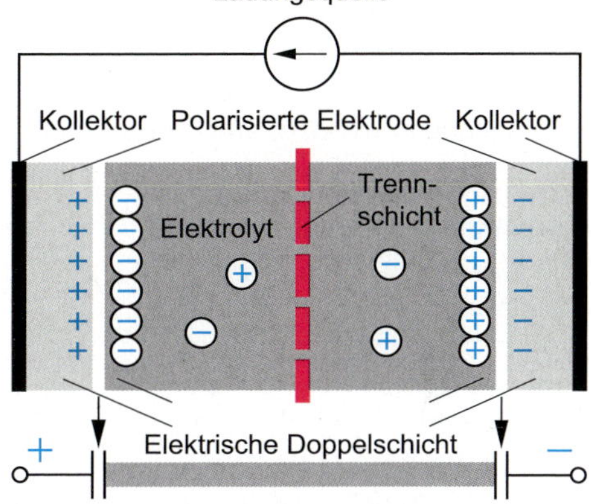

Bild 1.140: Doppelschichtkondensator

Nennkapazität:	C_R	100 F	200 F	300 F
Kapazitätstoleranz:	–	±20 %	±20 %	±20 %
Betriebsspannung:	U_R	2,5 V	2,5 V	2,5 V
Betriebsstrom:	I_C	30 A	45 A	50 A
Innenwiderstand:	R_{DC}	12 mΩ	7 mΩ	6 mΩ
Max. Energie: ±20 %	E_{max}	313 J	625 J	938 J
Arbeitstemperatur:	T_{op}	–30 °C ... +65 °C		
Lagertemperatur:	T_{st}	–40 °C ... +70 °C		
Gewicht:	m	65 g	80 g	90 g
Volumen:	V	0,075 *l*	0,075 *l*	0,075 *l*

Bild 1.141a: Technische Angaben zu Superkondensatoren

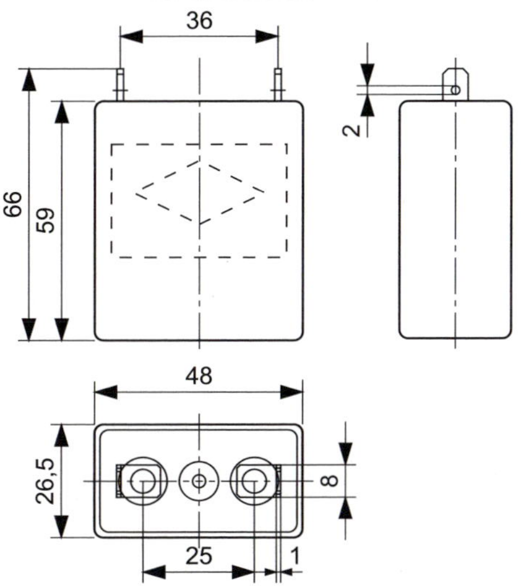

Bild 1.141b: Bauform von Superkondensatoren

Unterstützung, Schonung oder als Ersatz für Batterien im Rahmen neuer Antriebstechnologien. Auch beim Fahrrad im Stillstand versorgt ein „Supercap“ für Minuten die vordere wie die hintere Beleuchtung mit Energie.

f) Veränderbare Kondensatoren

Bei **Drehkondensatoren** taucht ein drehbarer Plattensatz (Rotor) in einen feststehenden Plattensatz (Stator). Je größer bei einer Drehung des Rotors die sich gegenüberliegenden Plattenflächen werden, umso größer wird die Kapazität des Kondensators.

Luft-Trimmkondensatoren bestehen ähnlich wie Drehkondensatoren aus einem feststehenden und einem drehbaren Plattensatz. Sie sind wesentlich kleiner als Drehkondensatoren. Die Einstellung des Kapazitätswertes erfolgt mit einem Werkzeug (z. B. Schraubendreher).

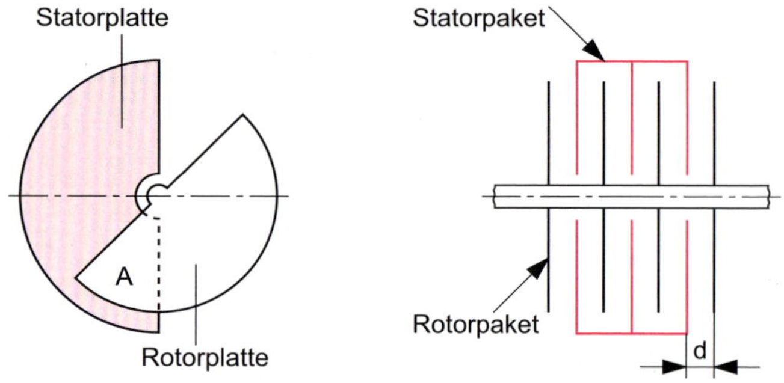

Bild 1.142: Aufbau eines Drehkondensators

Keramik-Trimmkondensatoren bestehen aus zwei Keramikscheiben, die je zur Hälfte mit einer aufgedampften Silberschicht versehen sind. Durch Drehen der Rotorscheibe kann die wirksame Plattenfläche und damit die Kapazität eingestellt werden.

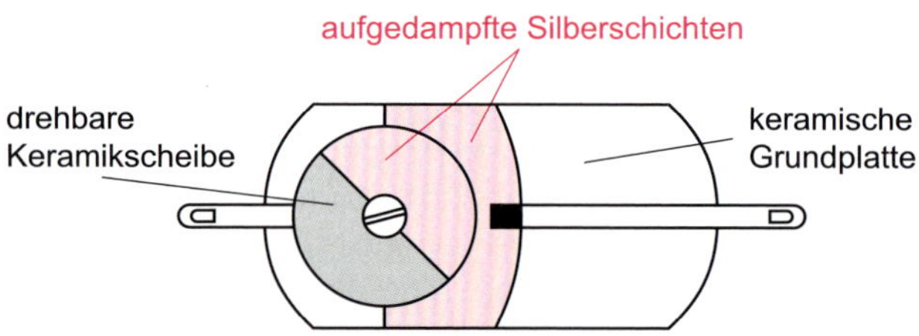

Bild 1.143: Keramik-Trimmkondensator

1.8.2.5 Nenngrößen von Kondensatoren

Bei der Auswahl eines Kondensators für den Einsatz in einer Schaltung muss besonders auf folgende Herstellerangaben geachtet werden:

a) Nennkapazität C_N

Jeder Kondensator besitzt eine bestimmte Kapazität, für die er bemessen ist und nach der er benannt ist. Nennwerte sind in international festgelegten Reihen (IEC-Reihen) abgestuft und werden meistens in pF oder μF angegeben. Der Nennwert ist oft in Ziffern aufgedruckt oder bei kleinen Abmessungen durch Farbpunkte oder Farbringe codiert. Hierbei gelten die in Bild 1.30 dargestellten Farbzuordnungen.

Nennwert	Kennbuchstabe	Toleranz in %	
E24	B	±0,1	für Nennwerte < 10 pF in pF > 10 pF in %
	C	±0,25	
	D	±0,5	
	F	±1	
	G	±2	
	H	±2,5	
	J	±5	
E12	K	±10	üblich bei Elkos
E6	M	±20	
	R	+30 −20	
	S	+50 −20	
	T	+50 −10	
	Z	+80 −20	

Bild 1.144a: Kondensatorkennzeichnung Nennkapazität

b) Kapazitätstoleranz

Toleranz ist die zulässige relative, in Prozent ausgedrückte Abweichung des Kapazitätswertes vom Nennwert. Die Toleranz wird bei +20 °C gemessen und gilt nur für den Zeitpunkt der Auslieferung. Nach längerer Lagerung oder längerem Gebrauch kann die Toleranz überschritten werden. Sie wird in Klarschrift auf den Kondensator aufgedruckt, durch Farbpunkte codiert oder durch große Kennbuchstaben angegeben.

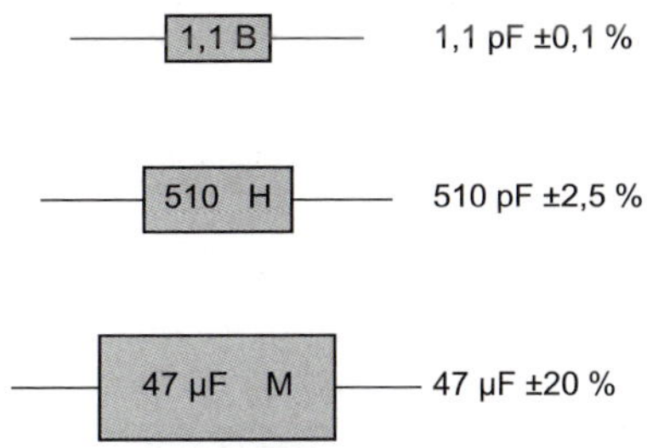

Bild 1.144b: Kondensatorkennzeichnung Kapizitätstoleranz

c) Nennspannung U_N

U_N ist die höchstzulässige Spannung, mit der der Kondensator im Dauerbetrieb bei einer Umgebungstemperatur von $T \leq +85\,°C$ betrieben werden darf. Die Angabe der Nennspannung erfolgt direkt mit Ziffern oder indirekt durch Farbcodierung oder mit kleinen Kennbuchstaben.

Die Angabe **33 G h** steht für:

Nennkapazität: 33 pF
Toleranz: ±2 %
Nennspannung: 1 000 V

Buchstaben	U_N in V	Farbe	U_N in V	U_N in V bei Tantal-Elkos
a	50–	schwarz	–	4
b	125–	braun	100	6
c	160–	rot	200	10
d	250–	orange	300	15
e	350–	gelb	400	20
f	500–	grün	500	25
g	700–	blau	600	35
h	1 000–	violett	700	50
u	250	grau	800	–
v	350	weiß	900	–
w	500	silber	1 000	–
		gold	2 000	–
		ohne Farbe	500	–

Bild 1.144c: Kondensatorkennzeichnung Nennspannung

Aufgaben

1. Was bedeutet die Aussage: Ein Kondensator hat die Kapazität $C = 10\,\mu F$?
2. Ein Kondensator wird an eine Spannung von 200 V geschaltet und nimmt eine Ladung von 0,2 mC auf.
   a) Wie groß ist seine Kapazität?
   b) Welche Ladung nimmt dieser Kondensator auf, wenn er an 100 V geschaltet wird?
3. Vorhanden sind zwei Kondensatoren mit den Kapazitäten $C_1 = 2\,\mu F$ und $C_2 = 10\,\mu F$.
   Machen Sie eine Aussage über die Spannungen an den Kondensatoren, wenn beide Kondensatoren die gleiche Ladung haben.
4. Welche Möglichkeiten hat ein Kondensatorhersteller, große Kapazitätswerte bei möglichst geringen äußeren Abmessungen zu erzielen?
5. Zwei Kondensatortypen mit sonst gleichen Abmessungen werden mit verschiedenen Isolierstoffen als Dielektrikum hergestellt. Beim Kondensator Typ 1 wird Papier mit $\varepsilon_r = 1{,}8$ und beim Typ 2 Hartpapier mit $\varepsilon_r = 7{,}2$ als Dielektrikum verwendet.
   Wie unterscheiden sich die Kapazitätswerte der beiden Typen?
6. Worauf ist es zurückzuführen, dass Kondensatoren sehr großer Kapazität (z. B. Elkos) häufig eine geringere maximal zulässige Spannung aufweisen als Kondensatoren mit kleineren Kapazitätswerten?
   Hinweis: Wird die Nennspannung (maximal zulässige Spannung) überschritten, so kann es zur Zerstörung des Dielektrikums kommen. Dabei werden die polarisierten Moleküle durch die Feldkräfte aus ihrem Verband gerissen; man spricht vom Durchschlag des Kondensators.

7. Vorhanden sind 2-μF-Kondensatoren (in ausreichender Menge). Benötigt werden jedoch die folgenden Kapazitätswerte:
 4 μF; 6 μF; 1 μF; 0,5 μF; 3 μF; 1,4 μF.
 Geben Sie jeweils eine geeignete Zusammenschaltung an.
8. Die drei Kapazitäten C_1 = 1 μF, C_2 = 2 μF, C_3 = 3 μF sind in Reihe geschaltet und besitzen eine Ladung von je 0,1 mC.
 a) An welchem Kondensator liegt die größte Spannung?
 b) Wie groß ist die Gesamtspannung?
9. a) Wie wird die Zeitkonstante einer RC-Schaltung berechnet?
 b) Welche Bedeutung hat die Zeit τ für die Aufladung eines Kondensators?
10. Ein Kondensator mit der Kapazität C = 2 μF wird über einen Vorwiderstand R = 1 kΩ an eine Spannungsquelle mit U_0 = 36 V geschaltet. Berechnen Sie zunächst die Kondensatorspannung U_C und dann den Ladestrom I für die folgenden Zeitpunkte:
 a) Augenblick des Einschaltens,
 b) nach 2 ms,
 c) nach 4 ms,
 d) nach 6 ms.
11. Ein Kondensator mit der Kapazität C = 2 μF wird über einen Widerstand R = 1 kΩ entladen. Die Anfangsspannung ist U_{C0} = 36 V. Berechnen Sie die Spannung am Kondensator U_C und die Stromstärke I
 a) bei Entladungsbeginn,
 b) nach 2 ms, 4 ms, 6 ms.
 c) Wann gilt dieser Kondensator als entladen? Wie groß ist dann U_C in% von U_{C0}?
12. Ein Kondensator, der bereits auf eine Spannung von U_C = 12 V aufgeladen ist, wird an eine Spannungsquelle von U_0 = 36 V geschaltet (C = 2 μF, R = 2 kΩ).
 a) Auf welche Spannung ist der Kondensator nach 20 ms aufgeladen?
 b) Wie groß ist die Stromstärke im Moment des Einschaltens?
 c) Wie groß sind Spannung U_C und Stromstärke I_i nach einer Zeitkonstanten?
13. *S1 wird in Stellung 1 gebracht:*
 a) Wie groß sind 6 ms nach dem Umschalten I_1, U_1 und U_C?
 b) Nach welcher Zeit ist der Kondensator geladen?
 S1 wird in Stellung 2 gebracht:
 c) Wie groß sind 8 ms nach dem Umschalten I_1, U_1, U_2 und U_C?
 d) Nach welcher Zeit ist der Kondensator entladen?
 e) Zeichnen Sie in ein Diagramm U_1 und U_C für den Lade- und Entladevorgang des Kondensators (Maßstab: 1 V ≙ 5 mm; 1 ms ≙ 5 mm; der Schalter soll 20 ms in Stellung 1 bleiben).

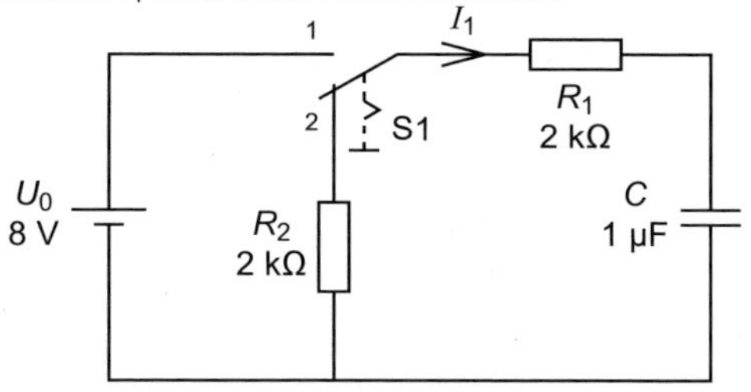

14. *S1 wird geschlossen:*
 a) Wie groß sind im Augenblick des Umschaltens I_1, I_2, I_3, U_1, U_2, U_3 und U_C?
 b) Wie groß sind die unter a) gesuchten Größen nach beendeter Aufladung des Kondensators?
 S1 wird geöffnet:
 c) Wie groß sind die unter a) gesuchten Größen im Augenblick des Ausschaltens?

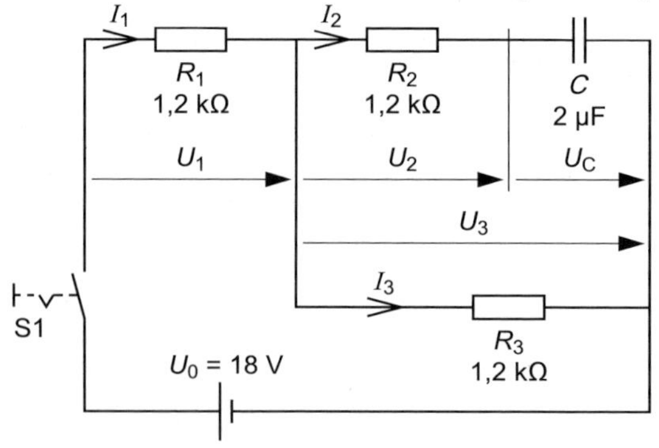

15. *Schalter in Stellung 1:*
   a) Geben Sie die Potenzialwerte an den Klemmen 1, 2 und 3 an.
   b) Wie groß ist die Spannung U_C am Kondensator?

   Umschalten von 1 auf 2:
   c) Wie groß sind im Augenblick des Umschaltens φ_2, U_C und I_C?
   d) Nach welcher Zeit ist der Kondensator aufgeladen und wie groß ist dann U_C?

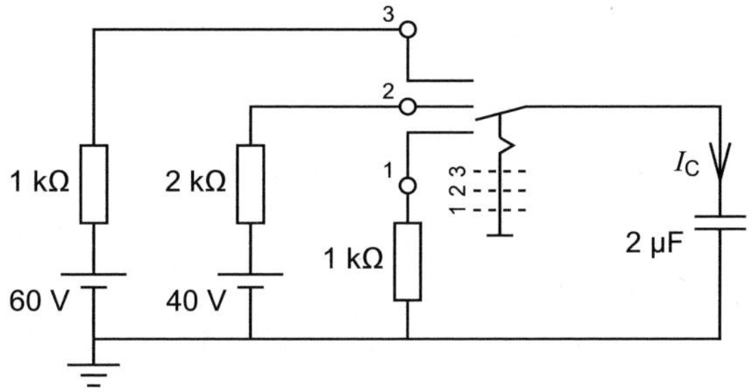

   Umschalten von 2 auf 3:
   e) Wie groß sind im Augenblick des Umschaltens φ_3, U_C und I_C?
   f) Nach welcher Zeit ist $I_C = 0$ und wie groß ist dann U_C?

   Umschalten von 3 auf 2:
   g) Wie groß sind im Augenblick des Umschaltens φ_2 und I_C?
   h) Nach welcher Zeit ist $I_C = 0$ und wie groß ist dann U_C?

   Umschalten von 2 auf 1:
   i) Wie groß sind im Augenblick des Umschaltens φ_1 und I_C?
   j) Nach welcher Zeit ist $U_C = 0$?
   k) Zeichnen Sie die Diagramme für U_C und I_C.

   Schaltbeginn bei 0 ms; der Schalter bleibt jeweils 20 ms lang in der jeweiligen Schalterstellung.
   Maßstab: 10 V = 1 cm
   10 mA = 2 cm
   10 ms = 2,5 cm

16. a) Wie ist die „Selbstheilung“ von Kondensatoren zu erklären?
   b) Welche Kondensatorarten sind selbstheilend?

17. Wodurch ergeben sich trotz relativ kleiner Belagflächen noch große Kapazitätswerte
   a) bei Keramikkondensatoren und
   b) bei Elektrolytkondensatoren?

18. Worauf müssen Sie beim Auswechseln von Elkos besonders achten?

19. Vergleichen Sie die drei abgebildeten Kondensatoren hinsichtlich
   a) ihrer Nennkapazität,
   b) ihrer Fertigungstoleranz,
   c) ihrer Nennspannung und
   d) ihres Raumbedarfs; berechnen Sie hierzu das Verhältnis des Volumens (in mm^3) zur Nennkapazität (in μF).

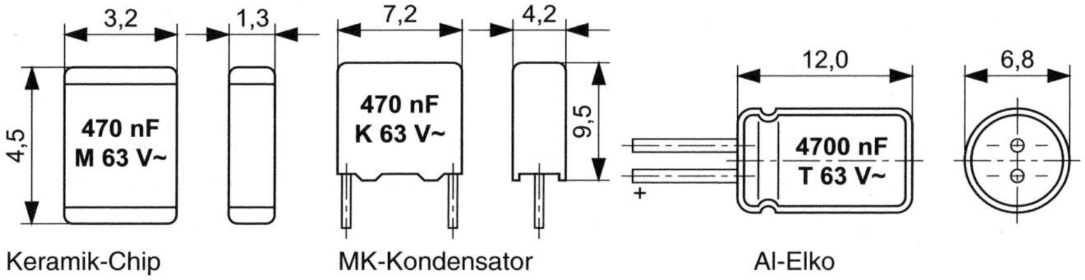

Keramik-Chip | MK-Kondensator | Al-Elko

20. An vier Al-Elkos aus der gleichen Baureihe soll untersucht werden, wie sich die Nennspannung auf den Raumbedarf auswirkt. Die Kondensatoren haben eine Kapazität von je 10 000 μF.
   a) Berechnen Sie aus den Angaben in der Tabelle den Raumbedarf der Elkos in mm^3/μF.
   b) Welcher Zusammenhang wird deutlich?

Bilden Sie zur Beantwortung dieser Frage die Verhältnisse der Spannungen zueinander und die Verhältnisse der Raumbedarfszahlen zueinander.

U_N V–	Maße in mm	
	d	*l*
16	35,7	56,7
40	35,7	107,5
63	51,6	82,1
100	64,3	107,5

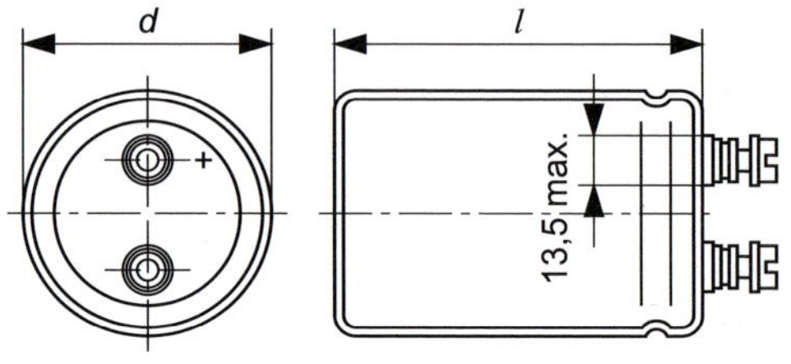

21. a) Was verstehen Sie unter einem „Doppelschicht-Kondensator"?
    b) Worin bestehen seine besonderen Vorteile?
    c) Nennen Sie einige Anwendungsbeispiele.

1.8.3 Kondensator im Wechselstromkreis

1.8.3.1 Kapazitiver Blindwiderstand

Wird ein Kondensator an eine Gleichspannung gelegt, so fließt nur so lange ein Strom, bis er auf die angelegte Spannung aufgeladen ist.

Da das Dielektrikum des Kondensators kein idealer Isolator ist, fließt auch nach dem Aufladen noch ein geringer Strom. Vernachlässigt man diesen Verluststrom, so spricht man von einem verlustfreien oder idealen Kondensator; er stellt eine reine Kapazität dar.

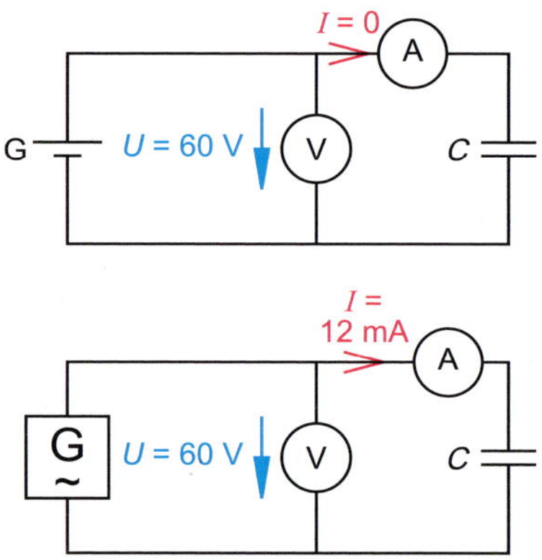

Bild 1.145: Verlustloser Kondensator im Gleichstrom- und im Wechselstromkreis

! Ein idealer Kondensator sperrt Gleichstrom.

Schließt man den Kondensator an eine Wechselspannung, so wird er fortwährend periodisch geladen und entladen; es fließt also ständig ein Strom.

! Durch einen Kondensator fließt in einem Wechselstromkreis dauernd ein Strom.

Ändert man die Größe der angelegten Spannung, so ändert sich die Stromstärke im Kondensator im gleichen Verhältnis. Der ideale Kondensator verhält sich also im Wechselstromkreis ähnlich wie ein Widerstand; man bezeichnet ihn daher als kapazitiven Blindwiderstand.

Ein idealer Kondensator hat im Wechselstromkreis einen **kapazitiven Blindwiderstand**.

$$X_C = \frac{U}{I} \qquad 1\,\Omega = \frac{1\,\text{V}}{1\,\text{A}}$$

Der Blindwiderstand einer Kapazität beruht auf der fortwährenden Umladung. Daraus ergibt sich, dass der kapazitive Blindwiderstand abhängig ist

- von der Größe der Kapazität und
- von der Schnelligkeit der Umladung, also von der Frequenz der Wechselspannung.

Misst man Stromstärke und Spannung bei der Frequenz 50 Hz an verschieden großen Kapazitäten und berechnet daraus jeweils den Blindwiderstand, so erkennt man, dass $X_C \sim 1/C$ ist.

Führt man die gleichen Messungen an einer Kapazität von $C = 10\,\mu$F diesmal bei verschiedenen Frequenzen durch, so erkennt man, dass $X_C \sim 1/f$ ist.

Es zeigt sich jedoch, dass der aus den gemessenen Effektivwerten (U, I) berechnete Widerstandswert um einen Faktor $1/k$ größer ist als das Produkt aus dem Kehrwert von f und C, sodass sich ergibt:

$$X_C = \frac{1}{k \cdot f \cdot C}$$

Setzt man in diese Gleichung die Werte für $f = 100$ Hz und $C = 10\,\mu$F aus Bild 1.146 ein, so ergibt sich für die Konstante k ein Wert von $6{,}28 = 2\,\pi$.

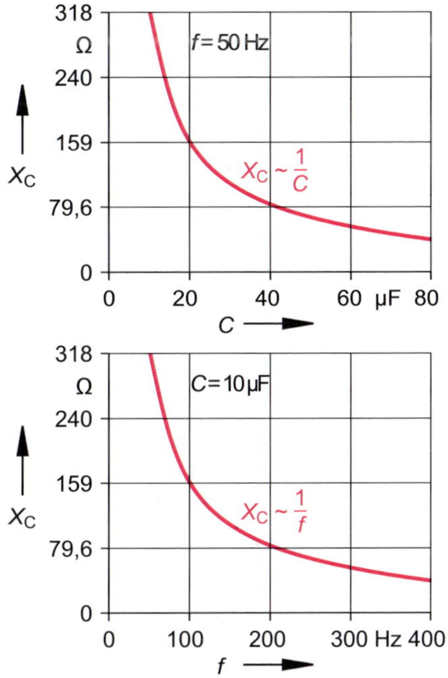

Bild 1.146: Abhängigkeit des kapazitiven Blindwiderstandes von der Kapazität und der Frequenz

Der **kapazitive Blindwiderstand** eines Kondensators ist

- umgekehrt proportional zur Kapazität C des Kondensators und
- umgekehrt proportional zur Frequenz f der angelegten Spannung.

$$\mathbf{X_C = \frac{1}{2\pi \cdot f \cdot C}} \qquad 1\,\Omega = \frac{1}{1\,\text{Hz} \cdot 1\,\text{F}}$$

1.8.3.2 Phasenverschiebung am kapazitiven Blindwiderstand

Überträgt man die Erkenntnisse, die man beim Lade- bzw. Entladevorgang an einer Gleichspannung gewonnen hat, auf die Vorgänge an einem Kondensator an Wechselspannung, so ergibt sich:

Wenn die Kondensatorspannung null ist ($t = 0$ in Bild 1.147), hat der Ladestrom seinen Höchstwert. Mit steigender Kondensatorspannung wird die Stromstärke geringer. Ist der Kondensator auf den Höchstwert der anliegenden Wechselspannung aufgeladen ($t = 5$ ms), so hat die Stromstärke den Wert null. Wird die Spannung verringert, so entlädt sich der Kondensator. Der Entladestrom fließt in umgekehrter Richtung wie der Ladestrom. Wechselt die Polarität der Spannung ($t = 10$ ms), so wird der Kondensator mit umgekehrter Polarität wieder aufgeladen.

Im Liniendiagramm erkennt man deutlich, dass Strom und Spannung phasenverschoben sind, und zwar eilt der Strom der Spannung um eine Viertelperiode voraus.

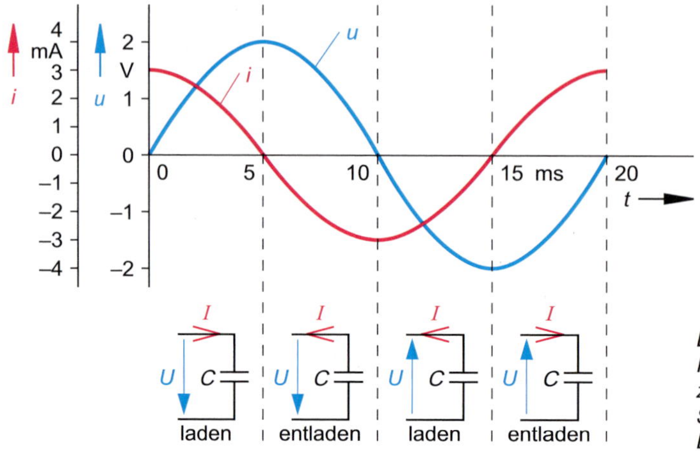

Bild 1.147: Phasenverschiebung zwischen Spannung und Stromstärke am kapazitiven Blindwiderstand

An einem kapazitiven Blindwiderstand eilt die Spannung der Stromstärke um $\varphi = 90°$ nach.

1.8.3.3 Kapazitive Blindleistung

In einem Wechselstromkreis mit einem verlustlosen (idealen) Kondensator kann mit einem Wattmeter (vgl. Kap. 3.3.4) keine Wirkleistung gemessen werden. Daraus ergibt sich, dass im Kondensator keine Energie in Wärme umgesetzt wird; der Kondensator erwärmt sich im Betrieb praktisch nicht. Die Leistung, die sich als Produkt aus den einzeln gemessenen Werten von Spannung und Stromstärke ergibt, ist eine reine Blindleistung.

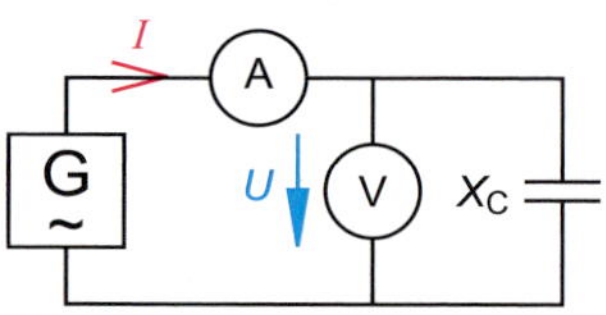

Bild 1.148: Messung der Blindleistung

In einem verlustlosen Kondensator (kapazitiver Blindwiderstand)
- entsteht keine Wirkleistung, $\boldsymbol{P = 0}$
- entsteht reine Blindleistung. $\boldsymbol{Q_C = U \cdot I}$ $\quad$ 1 W = 1 V · 1 A

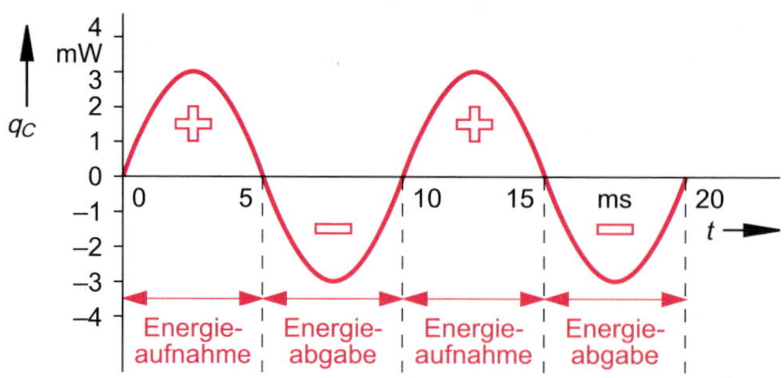

Bild 1.149: Blindleistung zu Bild 1.147

Bild 1.149 zeigt den zeitlichen Verlauf der Blindleistung im gleichen Maßstab wie Spannung und Stromstärke in Bild 1.147. Man erkennt, dass die Ladung (Energieaufnahme) und Entladung (Energieabgabe) mit der doppelten Frequenz von Strom und Spannung abläuft.

Die Blindleistung ist also ein Maß für die pro Sekunde zwischen Spannungsquelle und Kondensator hin- und herschwingende Energie.

1.8.3.4 Zusammenschaltung von kapazitiven Blindwiderständen

Für die Zusammenschaltung von kapazitiven Blindwiderständen gelten die gleichen Regeln wie für ohmsche Widerstände.

a) Reihenschaltung

Die Teilblindspannungen können zu einer Gesamtblindspannung addiert werden, da sie miteinander in Phase sind.

$$U_{bC} = U_{bC1} + U_{bC2} + \dots$$

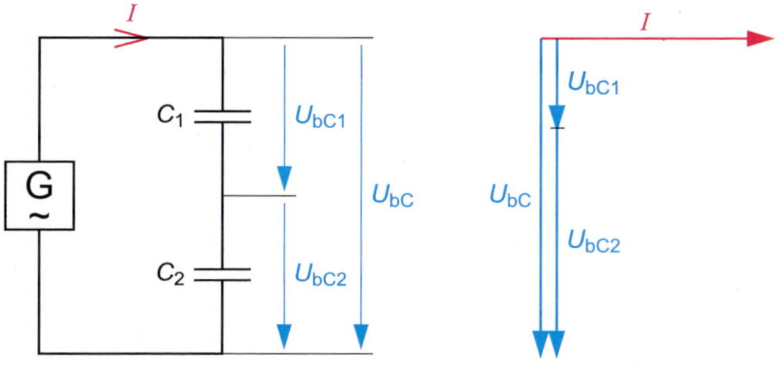

Im Zeigerdiagramm wird die Phasenverschiebung zwischen I und U_{bC} deutlich.

Auch die einzelnen Blindwiderstände können addiert werden.

Bild 1.150: Reihenschaltung von Kondensatoren

$$X_C = X_{C1} + X_{C2} + \dots$$

Da die kapazitiven Blindwiderstände sich umgekehrt proportional zu den Kapazitäten verhalten, muss die Gesamtkapazität über die Summe der Kehrwerte der Einzelkapazitäten ermittelt werden.

$$\frac{1}{C} = \frac{1}{C_1} + \frac{1}{C_2} + \dots$$

b) Parallelschaltung

Die Teilblindströme werden zum Gesamtblindstrom addiert.

$$I_{bC} = I_{bC1} + I_{bC2} + \dots$$

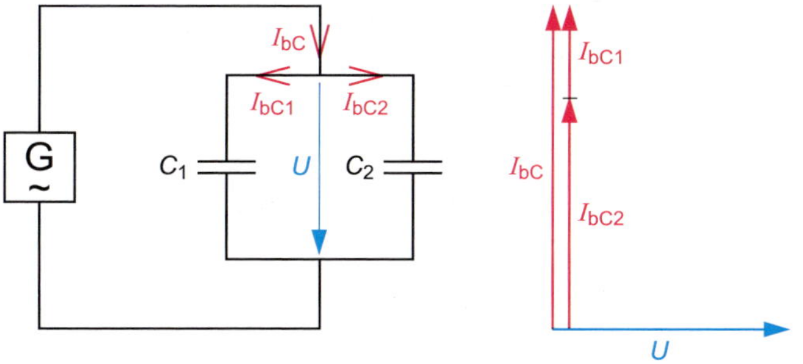

Bild 1.151: Parallelschaltung von Kondensatoren

Der Gesamtblindwiderstand wird über die Kehrwerte der Einzelwiderstände (Leitwerte) ermittelt.

$$\frac{1}{X_C} = \frac{1}{X_{C1}} + \frac{1}{X_{C2}} + \ldots$$

Da die kapazitiven Widerstände sich umgekehrt proportional zu den Kapazitäten verhalten, ergibt sich die Gesamtkapazität als Summe der Einzelkapazitäten.

$$C = C_1 + C_2 + \ldots$$

Aufgaben

1. Erklären Sie, warum beim Anlegen einer Wechselspannung an einen verlustlosen Kondensator dauernd ein Strom fließt, beim Anlegen einer Gleichspannung hingegen kein dauernder Stromfluss auftritt.
2. Von welchen Größen ist der kapazitive Blindwiderstand eines Kondensators abhängig?
3. Um welchen Faktor ändert sich die Stromstärke in einem Kondensatorstromkreis, wenn
   a) die Frequenz der anliegenden Spannung verdoppelt wird,
   b) die Frequenz um 20 % verkleinert wird,
   c) die Kapazität des Kondensators um die Hälfte verkleinert wird?
4. Wie groß ist die Phasenverschiebung zwischen Strom und Spannung in einem Wechselstromkreis
   a) mit einem Wirkwiderstand,
   b) mit einem verlustlosen Kondensator?
5. In einem Kondensatorstromkreis wird die Stromstärke $I = 2{,}5$ mA gemessen. Zu dem vorhandenen Kondensator wird ein zweiter Kondensator mit der gleichen Kapazität in Reihe geschaltet. Welche Stromstärke zeigt das Messgerät jetzt an?
6. Vergleichen Sie die Schaltungen ① bis ④ miteinander.

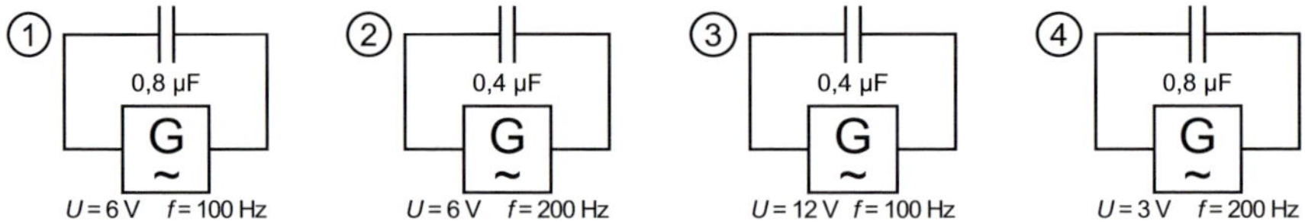

   a) In welcher Schaltung ist der kapazitive Blindwiderstand am größten?
   b) In welcher Schaltung hat der kapazitive Blindwiderstand den kleinsten Wert?
   c) In welchen Schaltungen ist der kapazitive Blindwiderstand gleich groß?
   d) In welchen Schaltungen hat die Stromstärke den gleichen Wert?
   e) Wie groß ist die Stromstärke in Schaltung 1?
7. Berechnen Sie für die nebenstehenden Schaltungen
   a) die Gesamtkapazität,
   b) den gesamten Blindwiderstand bei der Frequenz $f = 800$ Hz und
   c) die Spannung an C_1 und die Stromstärke durch C_3, wenn die beiden Schaltungen an eine Wechselspannungsquelle mit $U = 6$ V und $f = 1$ kHz angeschlossen werden.

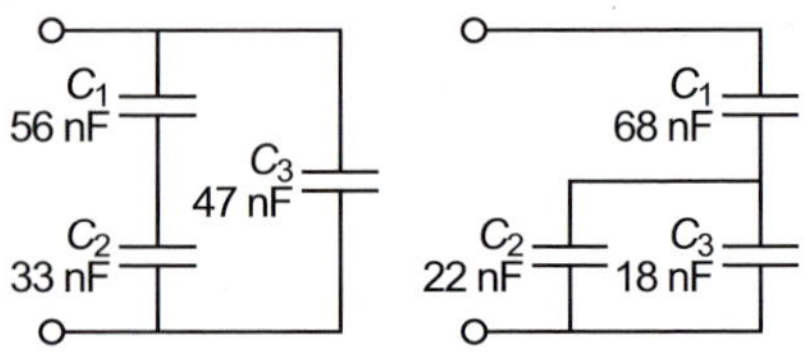

1.9 Magnetisches Feld und Spule

1.9.1 Magnetisches Feld

1.9.1.1 Magnetpole und Entstehung eines Magnetfeldes

Eine Magnetnadel, die sich frei drehen kann (z. B. eine Kompassnadel), stellt sich im Magnetfeld der Erde immer in Nord-Süd-Richtung ein. Dabei zeigt stets dasselbe (rote) Ende der Nadel nach Norden; man bezeichnet dieses Ende daher als **Nordpol**, das andere (blaue) Ende der Nadel als **Südpol**. Die magnetischen Pole der Erde liegen nicht genau an den geografischen Polen; die magnetische Achse ist leicht geneigt gegenüber der geografischen Achse.

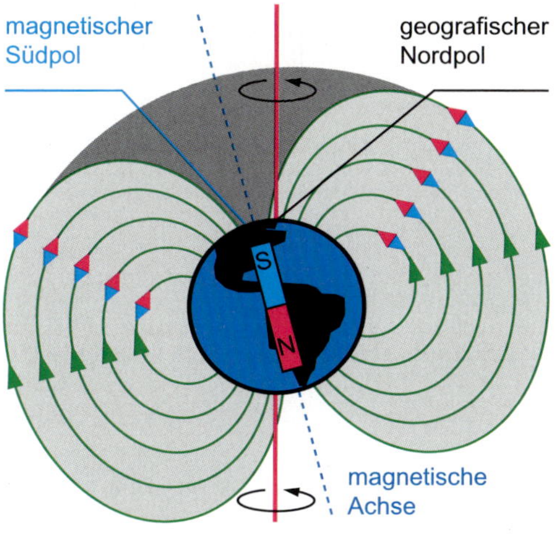

Bild 1.152: Magnetfeld der Erde

Mithilfe zweier Magnetnadeln kann man feststellen, dass die Pole der Nadeln aufeinander Kräfte ausüben. Man erkennt:

> Gleichnamige Magnetpole stoßen sich ab.
> Ungleichnamige Magnetpole ziehen sich an.

Daraus ergibt sich, dass in der Nähe des geografischen Nordpols der Erde ein magnetischer Südpol liegt und in der Nähe des geografischen Südpols ein magnetischer Nordpol.

Wird eine Magnetnadel in die Nähe eines stromdurchflossenen Leiters gebracht, so wird sie aus der Nord-Süd-Richtung abgelenkt und stellt sich in eine ganz bestimmte Richtung ein. Kehrt man die Stromrichtung um, so stellt sich die Nadel in die entgegengesetzte Richtung ein. Die ablenkende Kraft verschwindet augenblicklich, wenn der Strom abgeschaltet wird. Die Umgebung des Leiters, in der die Kraftwirkung auf die Magnetnadel beobachtet werden kann, bezeichnet man als magnetisches Feld.

> Ein **magnetisches Feld** ist ein Raum, in dem auf einen Magneten eine Kraft wirkt.
> **Ein magnetisches Feld entsteht durch einen elektrischen Strom.**

1.9.1.2 Magnetische Feldlinien

Führt man eine Magnetnadel so um einen stromdurchflossenen Leiter herum, dass die Bewegung immer in die Richtung erfolgt, in die der Nordpol des Magneten zeigt, so ergibt sich ein Kreis mit dem Leiter als Mittelpunkt. Die sich so ergebenden Linien bezeichnet man als magnetische Feldlinien.

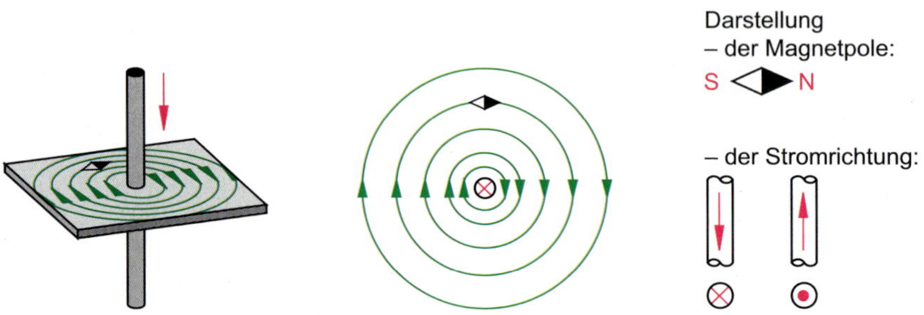

Bild 1.153: Magnetfeld eines stromdurchflossenen Leiters

Magnetische Feldlinien geben die Richtung an, in die der Nordpol einer Magnetnadel zeigt.

Magnetische Feldlinien sind in sich geschlossen; sie haben keinen Anfang und kein Ende.

Der Zusammenhang von Stromrichtung und Feldlinienrichtung kann mit der Bewegungs- und Drehrichtung einer Rechtsschraube beschrieben werden: Denkt man sich eine Schraube in Stromrichtung in den Leiter hineingedreht, so ist die Drehrichtung gleich der Feldlinienrichtung.

Wird der gerade Leiter zu einer Schleife gebogen, so verändert sich auch die Form des Magnetfeldes. Die Feldlinien treten auf der einen Seite der Schleifenfläche aus und auf der Gegenseite wieder in die Schleifenfläche ein.

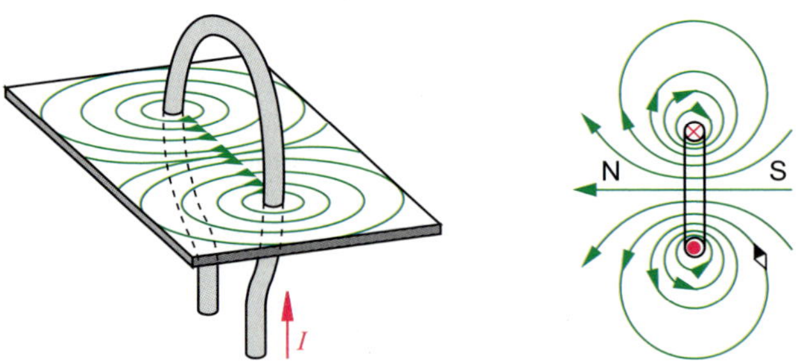

Bild 1.154: Magnetfeld einer stromdurchflossenen Leiterschleife

Das Magnetfeld einer Spule ergibt sich aus der Überlagerung der Felder der einzelnen nebeneinanderliegenden Leiterschleifen (Windungen). Im Innern der Spule verlaufen die Feldlinien parallel, gerade und dichter als im Außenraum.

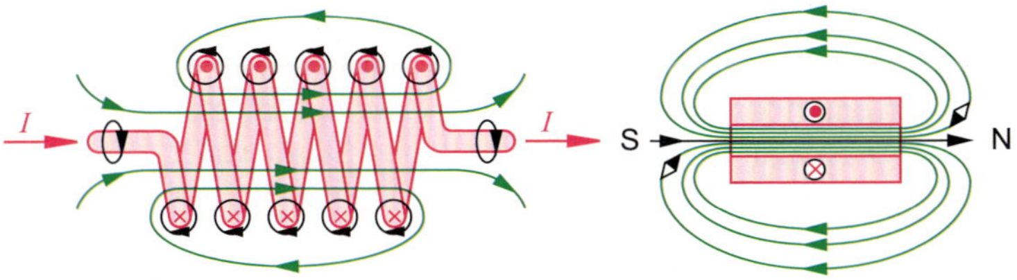

Bild 1.155: Magnetfeld einer stromdurchflossenen Spule

Das magnetische Feld im Innern einer stromdurchflossenen Spule ist homogen.

1.9.1.3 Magnetische Feldgrößen

a) Magnetischer Fluss

Befindet sich die Wicklung einer Spule auf einem geschlossenen Eisenkern, so verlaufen die Feldlinien fast ausschließlich im Eisen. Der Eisenkern „leitet" die Feldlinien sehr viel besser als Luft. Alle Feldlinien zusammengenommen bilden den magnetischen Fluss der Spule.

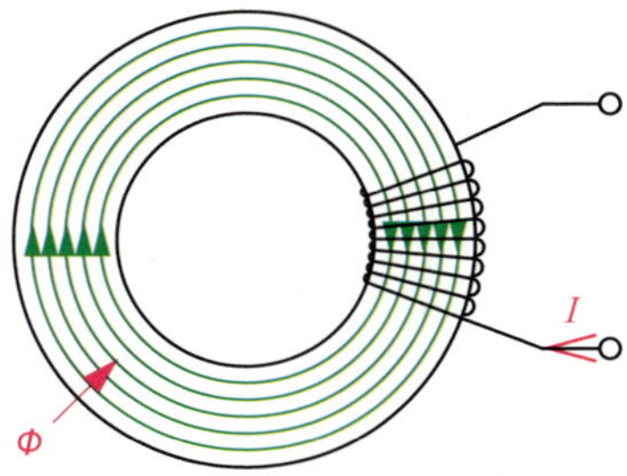

Bild 1.156: Magnetischer Fluss

> Als **magnetischen Fluss Φ (phi)** bezeichnet man die Gesamtheit aller Feldlinien einer stromdurchflossenen Spule.
>
> Einheiten: 1 Wb (Weber) = 1 Vs (Voltsekunde)

b) Magnetische Flussdichte

Erzeugt man in Spulen mit unterschiedlichen Kernquerschnitten einen gleich großen magnetischen Fluss (gleich Anzahl von Feldlinien), so ergibt sich in dem Kern mit dem kleineren Querschnitt eine größere Dichte der Feldlinien. Dabei kann man eine größere magnetische Wirkung, z. B. auf Eisenteile, beobachten.

Die magnetische Flussdichte wird auch als „magnetische Induktion" bezeichnet (nicht verwechseln mit dem Begriff „elektromagnetische Induktion"!).

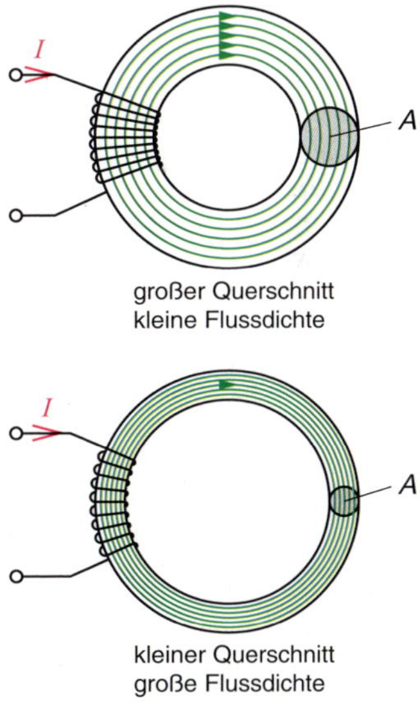

Bild 1.157: Magnetische Flussdichte

> Die **magnetische Flussdichte *B*** gibt an, wie groß der magnetische Fluss pro Flächeneinheit des Kernquerschnitts ist, ihre Einheit ist 1 Tesla (1 T).
>
> $$\boldsymbol{B = \frac{\Phi}{A}} \qquad 1\,\mathrm{T} = \frac{1\,\mathrm{Wb}}{1\,\mathrm{m}^2} = 1\,\frac{\mathrm{Vs}}{\mathrm{m}^2}$$

Die magnetische Flussdichte bestimmt die magnetische Wirkung einer Spule.

c) Elektrische Durchflutung

Große Stromstärken erzeugen große Flussdichten. Aber auch mit kleineren Stromstärken können große Flussdichten hervorgerufen werden, wenn der Strom durch eine große Anzahl von Windungen fließt. So wird z. B. in einem Eisenkern ein Strom von I = 2 A, der durch 40 Windungen fließt, die gleiche Flussdichte erzeugen wie eine Strom von I = 1 A, der durch 80 Windungen fließt.

Maßgebend für die Größe der Flussdichte in einer Spule ist also das Produkt aus Stromstärke I und Windungszahl N. Dieses Produkt wird als elektrische Durchflutung der Spule bezeichnet; seine Einheit ist 1 A, da die Windungszahl keine Einheit hat.

> Die **elektrische Durchflutung** θ (theta) einer Spule ist das Produkt aus Spulenstrom I und Windungszahl N.
>
> $\boldsymbol{\theta = I \cdot N}$ Einheit: 1 A

d) Magnetische Feldstärke

Vergleicht man die magnetische Flussdichte im Kern zweier Spulen, die sich nur in der Länge des Feldlinienweges unterscheiden, so kann man feststellen, dass die Flussdichte umso kleiner ist, je länger der Feldlinienweg ist. Messungen ergeben, dass die Flussdichte im gleichen Verhältnis abnimmt, wie die Feldlinienlänge zunimmt.

Die eigentliche Erregergröße für die Flussdichte setzt sich demnach zusamen aus der elektrischen Durchflutung θ und der mittleren Feldlinienlänge l_m; sie wird als magnetische Feldstärke bezeichnet.

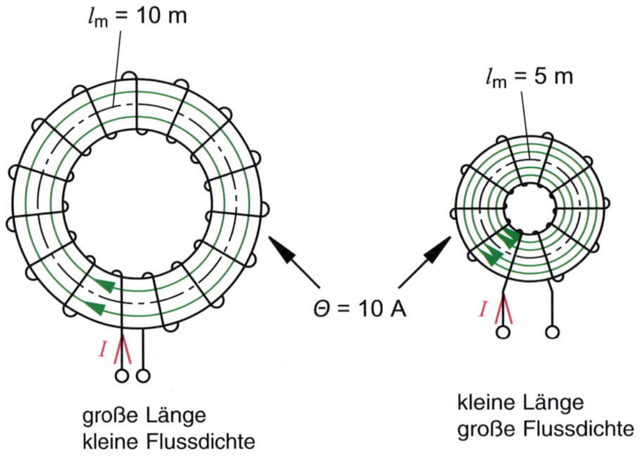

Bild 1.158: Abhängigkeit der Flussdichte von der Feldlinienlänge

> Die **magnetische Feldstärke** $\boldsymbol{H}$ gibt an, wie groß die elektrische Durchflutung pro Meter Feldlinienlänge ist.
>
> $$\boldsymbol{H = \frac{\theta}{l_m}} \qquad 1\,\frac{\text{A}}{\text{m}} = \frac{1\,\text{A}}{1\,\text{m}}$$

e) Permeabilität

Vergleicht man zwei Spulen mit gleicher magnetischer Feldstärke, von denen eine ohne und eine mit Eisenkern ausgeführt ist, so zeigt sich, dass die magnetische Flussdichte in der Spule mit Eisenkern sehr viel größer ist als in der Luftspule. Der Eisenkern verstärkt also die magnetische Flussdichte und damit den magnetischen Fluss der Spule.

Die Eigenschaft eines Werkstoffs, die magnetische Flussdichte zu beeinflussen, bezeichnet man als Permeabilität oder als magnetische Durchlässigkeit.

> Die **Permeabilität μ eines Werkstoffs** (magnetische Durchlässigkeit) gibt die magnetische Flussdichte im Kern einer Spule an, in der eine magnetische Feldstärke von 1 A/m herrscht.

Für Luft und Vakuum ergibt sich angenähert die gleiche Permeabilität; sie beträgt

$$\mu_0 = 1{,}256 \cdot 10^{-6} \frac{\text{Vs}}{\text{Am}}$$

und wird als **magnetische Feldkonstante** oder als **Permeabilität des leeren Raums** bezeichnet.

In der Elektrotechnik ist es üblich, die Permeabilität eines Werkstoffs nicht direkt anzugeben. Man gibt vielmehr an, wievielmal so groß die Permeabilität eines Werkstoffs im Vergleich zu μ_0 ist. Diese Verhältniszahl bezeichnet man als relative Permeabilität oder kurz als Permeabilitätszahl.

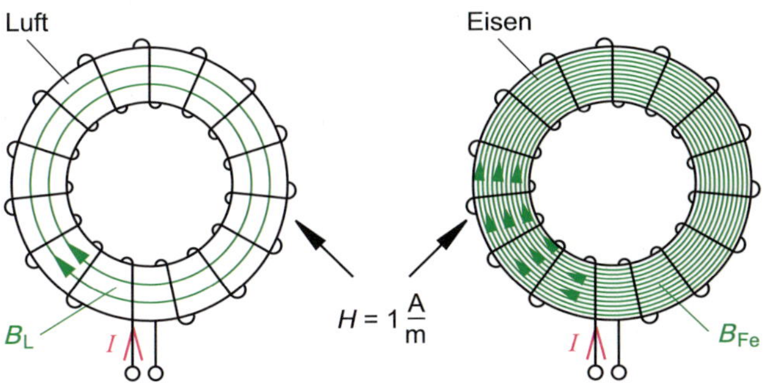

$B_L = 1{,}256 \cdot 10^{-6} \frac{\text{Wb}}{\text{m}^2}$

$\mu_0 = 1{,}256 \cdot 10^{-6} \frac{\text{Wb}}{\text{Am}}$

$\boldsymbol{B_L = \mu_0 \cdot H}$

$B_{Fe} = 628 \cdot 10^{-6} \frac{\text{Wb}}{\text{m}^2}$

$\mu_{Fe} = 500 \cdot 1{,}256 \cdot 10^{-6} \frac{\text{Wb}}{\text{Am}}$

$\mu_{Fe} = \mu_1 \cdot \mu_0$

$\boldsymbol{B_{Fe} = \mu_{Fe} \cdot H}$

Bild 1.159: Magnetische Feldkonstante und relative Permeabilität

> Die **Permeabilitätszahl μ_r eines Werkstoffs** gibt an, wievielmal seine magnetische Durchlässigkeit μ so groß ist wie die von Luft μ_0.
>
> $$\boldsymbol{\mu = \mu_r \cdot \mu_0}$$

Die Zahl μ_r eines Werkstoffs sagt also auch, auf das Wievielfache die Flussdichte im Vergleich zu einer Luftspule ansteigt, wenn der betreffende Werkstoff als Spulenkern verwendet wird.

Aus Bild 1.159 ergibt sich:

Die **magnetische Flussdichte *B*** im Kern einer Spule ist das Produkt aus der Permeabilität μ des Kernwerkstoffs und der magnetischen Feldstärke *H*.

$$\boldsymbol{B = \mu \cdot H} \qquad 1\,\mathrm{T} = 1\,\frac{\mathrm{Wb}}{\mathrm{Am}} \cdot 1\,\frac{\mathrm{A}}{\mathrm{m}} = 1\,\frac{\mathrm{Wb}}{\mathrm{m^2}}$$

1.9.1.4 Magnetwerkstoffe

a) Magnetisierungskennlinie

Als Magnetwerkstoffe bezeichnet man üblicherweise die **ferromagnetischen Werkstoffe**; dazu zählen neben Eisen auch Nickel, Kobalt und zahlreiche Legierungen.

Der magnetische Zustand eines Werkstoffs wird durch seine Flussdichte charakterisiert. Die Abhängigkeit der Flussdichte *B* von der Feldstärke *H* wird für die verschiedenen Werkstoffe messtechnisch ermittelt und in Magnetisierungslinien dargestellt.

Die Magnetisierungslinie für Luft (Vakuum) ist eine Gerade. Bedingt durch die geringe magnetische Durchlässigkeit der Luft lässt sich diese Kennlinie im Diagramm nicht maßstäblich darstellen.

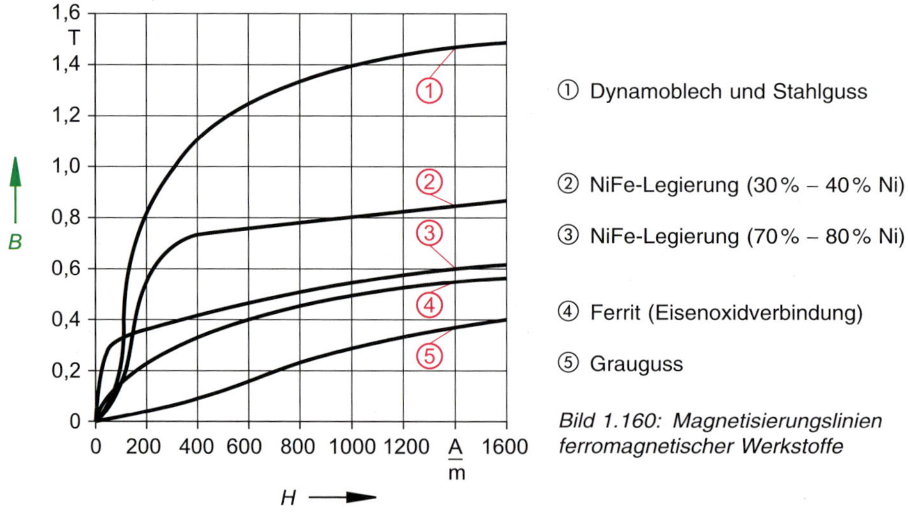

Bild 1.160: Magnetisierungslinien ferromagnetischer Werkstoffe

Um in einem solchen Werkstoff eine bestimmte Flussdichte *B* zu erzeugen, muss eine bestimmte Feldstärke *H* aufgebracht werden.

Bringt man z. B. einen unmagnetischen Eisenkern in eine Spule und lässt die Stromstärke in der Spulenwicklung (und damit die Feldstärke *H* im Kern) langsam ansteigen, so steigt *B* nach der sogenannten **Neukurve** (Bild 1.61) an, bis die **Sättigung B_S** erreicht ist. Verringert man nun die Stromstärke bis I = 0, so bleibt im Eisen ein **Restmagnetismus B_R** (Remanenz) zurück. Die Feldstärke, die man aufwenden muss, um den Restmagnetismus im Eisen völlig zu beseitigen, nennt man **Koerzitivfeldstärke H_K**.

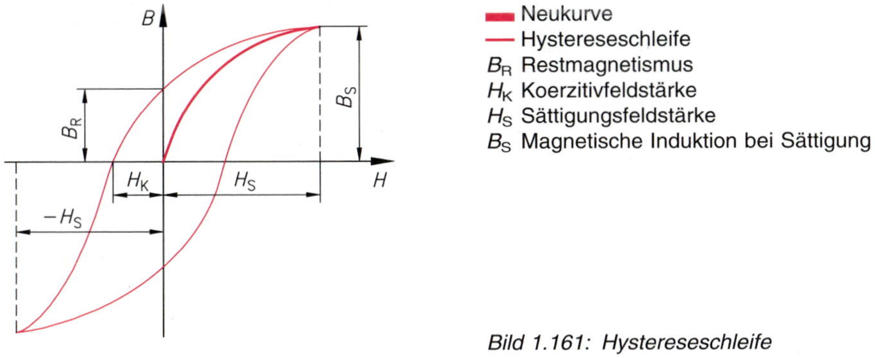

Bild 1.161: Hystereseschleife

Diesen Ablauf kann man mit umgekehrter Stromrichtung fortsetzen und es entsteht ein geschlossener Kurvenverlauf, die sogenannte **Hystereseschleife**.

Den beschriebenen Vorgang in ferromagnetischen Stoffen kann man mithilfe folgender Modellvorstellung erklären:

Ein magnetisches Feld entsteht immer durch bewegte elektrische Ladungen. In einem Eisenatom entstehen durch die Bewegung der Elektronen Magnetfelder, die sich nur zum Teil gegenseitig aufheben. Die restlichen Felder wirken wie kleine, nach allen Seiten drehbare und gegeneinander versetzte Magnete, sogenannte **Elementarmagnete**; das Eisen wirkt nach außen unmagnetisch.

Wirkt ein äußeres Magnetfeld auf das Eisen, so werden die Elementarmagnete in Richtung dieses Feldes gedreht; sind alle ausgerichtet, so ist das Eisen magnetisch gesättigt. Wird das äußere Magnetfeld entfernt, so bleibt ein Teil der Elementarmagnete ausgerichtet; sie bilden den Restmagnetismus.

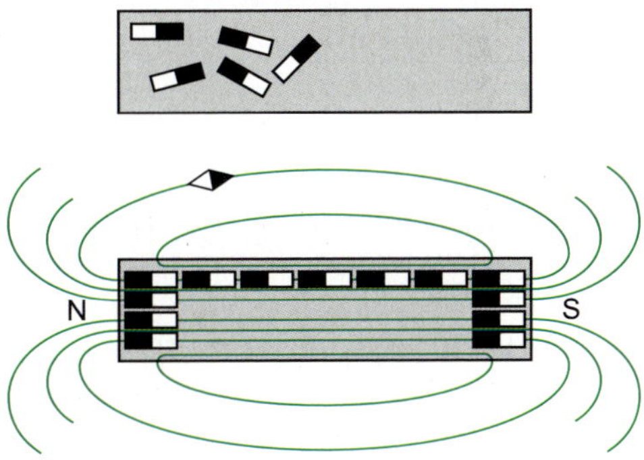

Bild 1.162: Elementarmagnete in Eisen

Nach ihrem Magnetisierungsverhalten werden ferromagnetische Werkstoffe in zwei Gruppen eingeteilt:

- **Hartmagnetische Werkstoffe** sind Stoffe, bei denen zur Beseitigung des Restmagnetismus eine hohe Koerzitivfeldstärke aufgewendet werden muss. Sie werden zur Herstellung von Dauermagneten verwendet.

- **Weichmagnetische Werkstoffe** sind Materialien, bei denen der Restmagnetismus mit einer geringen Koerzitivfeldstärke abgebaut werden kann. Sie werden in der Wechselstromtechnik für Übertrager- und Spulenkerne verwendet und in der Gleichstromtechnik überall dort, wo der Magnetismus nur während des Stromflusses wirken soll (z. B. Schütze, Relais u. Ä.).

	Magnetwerkstoffe	Anfangs-permea-bilität	maximale Permea-bilität	B_R in T	H_K in A/m
weichmagnetische Werkstoffe	reines Eisen	25000	250000	1,4	4
	Dynamoblech	500	7000	0,8	40
	Gusseisen	70	600	0,5	500
	Supermalloy	100000	300000	0,6	0,4
hartmagnetische Werkstoffe	Stahl (1 % C)	40	–	0,7	5000
	Chromstahl	30	–	1,1	5000
	Alnico	4	–	0,73	34000
	Barium-Ferrit	1	–	0,2	250000

Bild 1.163: Kennwerte einiger Magnetwerkstoffe

Weichmagnetische Werkstoffe werden aufgrund ihrer hohen magnetischen Durchlässigkeit (man spricht in diesem Zusammenhang auch von „magnetischer Leitfähigkeit“) auch zur **Abschirmung** empfindlicher Geräte gegen magnetische Felder eingesetzt.

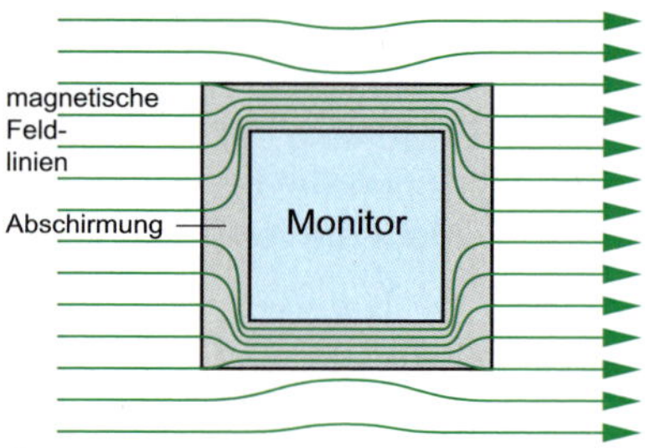

Bild 1.164: Magnetische Abschirmung (Prinzipdarstellung)

Schon sehr früh (1845, Faraday) hat man entdeckt, dass tatsächlich jeder Stoff magnetische Eigenschaften besitzt. Die Wirkungen sind jedoch so schwach, dass zu ihrem Nachweis starke inhomogene Felder (z. B. in der Nähe eines spitzen magnetischen Pols) erforderlich sind. Hierbei zeigen sich zwei Gruppen von Stoffen:

- **Paramagnetische Stoffe**; sie verhalten sich qualitativ ähnlich wie ferromagnetische Stoffe, sie **werden von einem Magnetpol angezogen**; zu ihnen gehören Aluminium, Zinn, Platin, Lithium u. a.
- **Diamagnetische Stoffe**; sie verhalten sich genau umgekehrt wie ferromagnetische Stoffe, sie **werden von einem Magnetpol abgestoßen**; zu ihnen gehören Kupfer, Quecksilber, Wismut u. a.

Das nebenstehende Bild verdeutlicht das Verhalten dia- bzw. paramagnetischer Stoffe in einem Magnetfeld. Während sich ein Stäbchen aus paramagnetischem Material (gelb) parallel zur Feldrichtung ausrichtet, stellt sich ein Stäbchen aus diamagnetischem Material (rot) senkrecht zur Feldrichtung ein.

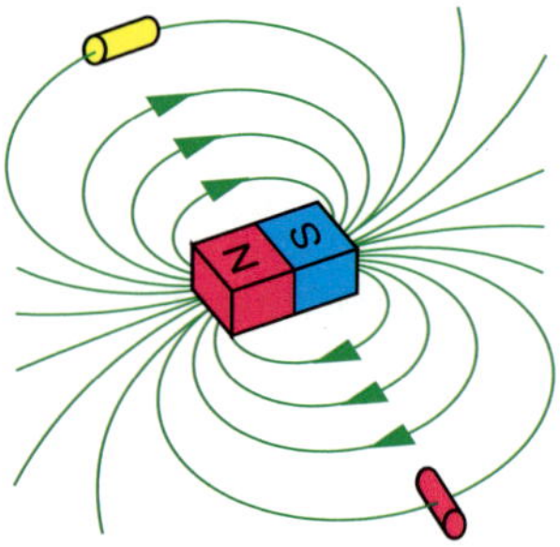

Bild 1.165: Dia- und Paramagnetismus

1.9.1.5 Der magnetische Kreis

Eine Spule mit einem geschlossenen Eisenkern wird auch als magnetischer Kreis bezeichnet. Infolge der gekrümmten Magnetisierungslinie (Bild 1.160) kommt es bei derartigen Spulen und Übertragern zu Signalverzerrungen.

Um diese gering zu halten, wird der Eisenkern mit einem Luftspalt versehen. Dadurch wird der geradlinige Teil der Magnetisierungslinie – der sogenannte Arbeitsbereich – erweitert.

Eisenkerne mit Luftspalt werden verwendet in getakteten Stromversorgungsgeräten, in Speicherdrosseln, in Kleinsignal-Breitbandübertragern, in Schwingkreisspulen hoher Güte usw.

Sehr häufig besteht die Aufgabe darin, die Größe der elektrischen Durchflutung θ zu berechnen, die zur Erzeugung einer bestimmten magnetischen Flussdichte B im Luftspalt erforderlich ist.

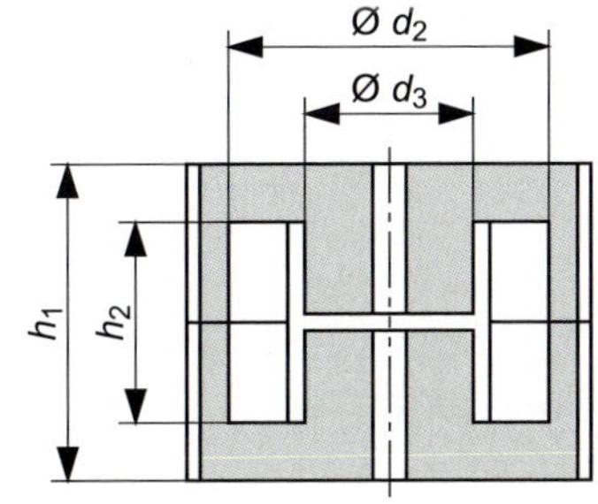

Bild 1.166a: Eisenkern mit Luftspalt

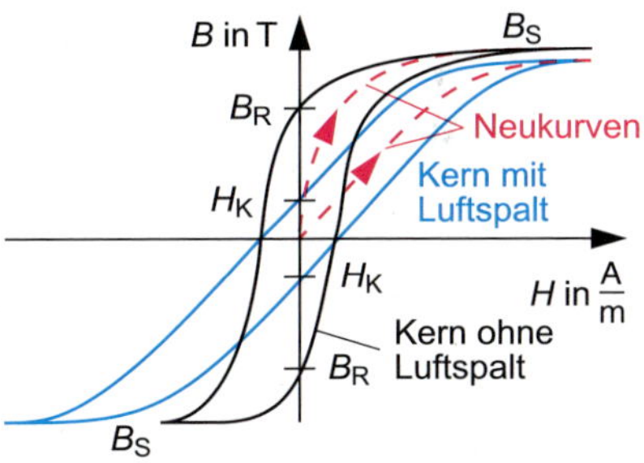

Bild 1.166b: Magnetisierungslinie zu Bild 1.166a

■ **Beispiel:**

Ein Eisenkern aus Dynamoblech hat eine mittlere Länge von l_m = 176 mm. Die Länge des Luftspalts beträgt l_L = 4 mm. Im Luftspalt soll eine magnetische Flussdichte von B_L = 0,9 T erzeugt werden.

Wie groß muss die Stromstärke in der Spule sein, wenn diese 727 Windungen hat?

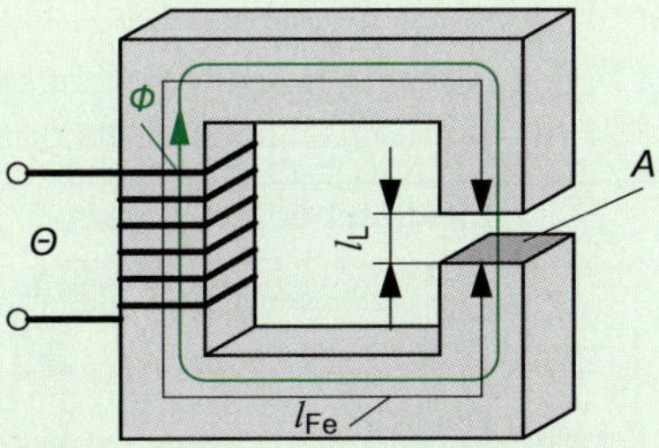

Da die Querschnitte des Eisens und des Luftspaltes gleich sind, sind auch die Flussdichten gleich, nämlich gleich den geforderten 0,9 T. Die für die Flussdichte im Eisen erforderliche Feldstärke H_{Fe} wird aus der Magnetisierungskurve (Bild 1.160) entnommen. Für die Flussdichte B = 0,9 T erhält man aus dem Diagramm die Feldstärke $H_{Fe} \approx$ 250 A/m.

Nach Umstellung der Formel $H = \frac{\theta}{l_m}$ kann die Durchflutung berechnet werden, die zur Erzeugung des magnetischen Flusses im Eisen gebraucht wird:

$$\theta_{Fe} = H_{Fe} \cdot l_m = 250\,\frac{\text{A}}{\text{m}} \cdot 0{,}175\ \text{m}$$

$$\theta_{Fe} = \mathbf{44\ A}$$

Für die Flussdichte in Luft gilt: $B_L = \mu_0 \cdot H_L$. Durch Umstellung der Formel erhält man die für den Luftspalt maßgebliche Feldstärke.

$$H_L = \frac{B_L}{\mu_0} = \frac{0{,}9\,\frac{\text{Vs}}{\text{m}^2}}{1{,}257 \cdot 10^{-6}\,\frac{\text{Vs}}{\text{A} \cdot \text{m}}} \quad \text{(1 T wurde durch 1 Vs/m}^2\text{ ersetzt)}$$

$$H_L = 716 \cdot 10^3\,\frac{\text{A}}{\text{m}}$$

Aus der Formel $H_L = \frac{\theta_L}{l_L}$ wird die gesuchte Durchflutung für den Luftspalt berechnet:

$$\theta_L = H_L \cdot l_L$$

$$\theta_L = 716 \cdot 10^3\,\frac{\text{A}}{\text{m}} \cdot 4 \cdot 10^{-3}\,\text{m}$$

$$\theta_L = \mathbf{2\,864\ A}$$

Die für die Flussdichte im Eisen und im Luftspalt benötigte Gesamtdurchflutung ist dann:

$$\theta_g = \theta_{Fe} + \theta_L = 44\ \text{A} + 2\,864\ \text{A}$$

$$\theta_g = \mathbf{2\,908\ A}$$

Da für die Durchflutung 727 Windungen zur Verfügung stehen, gilt für den gesuchten Spulenstrom:

$$I = \frac{\theta_g}{N} = \frac{2\,908\ \text{A}}{727}$$

$$I = \mathbf{4\ A}$$

Da nun der Zusammenhang der magnetischen Größen im magnetischen Kreis hergestellt ist, erkennt man eine weitgehende Übereinstimmung (Analogie) mit dem Zusammenhang der elektrischen Größen im elektrischen Stromkreis.

Zur Verdeutlichung dieser Ähnlichkeit sind in der folgenden Übersicht der elektrische Stromkreis und der magnetische Kreis gegenübergestellt.

Elektrischer Stromkreis

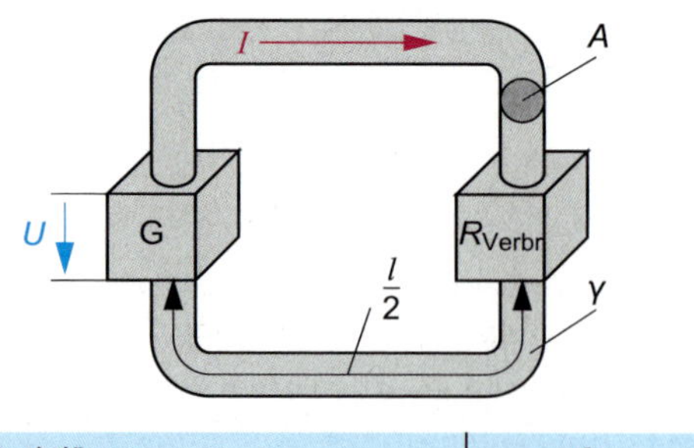

Magnetischer Kreis

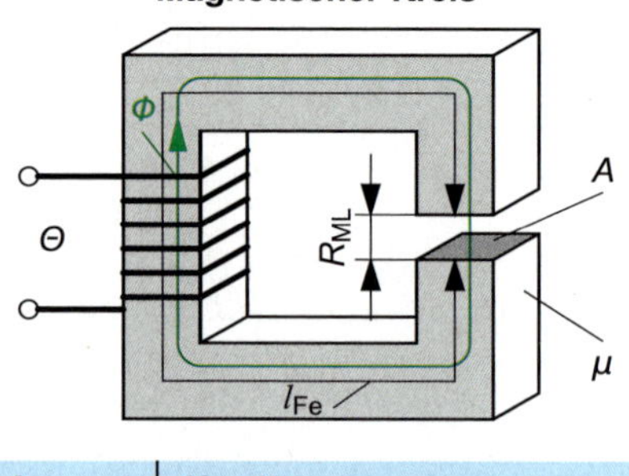

Elektrischer Stromkreis			Magnetischer Kreis
Drahtlänge	l	l_{Fe}	Kernlänge
Drahtquerschnitt	A	A	Kernquerschnitt
elektrische Leitfähigkeit des Leiterwerkstoffs	γ	μ	Permeabilität des Kernwerkstoffs
elektrischer Widerstand der Leitung	$R_{ltg} = \frac{l}{\gamma \cdot A}$	$R_{M\,Fe} = \frac{l}{\mu \cdot A}$	magnetischer Widerstand des Eisenkerns

elektrischer Leitwert der Leitung	$G_{ltg} = \frac{\gamma \cdot A}{l}$	$A_L = \frac{\mu \cdot A}{l}$	magnetischer Leitwert des Eisenkerns bzw. Induktivitätsfaktor
Widerstand des Verbrauchers	R_{Verbr}	R_{ML}	magnetischer Widerstand des Luftspalts
elektrische Spannung der Spannungsquelle	U	θ	Durchflutung bzw. magnetische Spannung der Spule
elektrische Stromstärke	I	Φ	magnetischer Fluss
elektrische Stromdichte	$S = \frac{I}{A}$	$B = \frac{\Phi}{A}$	magnetische Flussdichte
elektrische Feldstärke	$E = \frac{U}{l}$	$H = \frac{\theta}{l}$	magnetische Feldstärke
ohmsches Gesetz des elektrischen Stromkreises	$I = \frac{U}{R}$	$\Phi = \frac{\theta}{R_M}$	ohmsches Gesetz des magnetischen Kreises

Bild 1.167: Vergleich elektrischer Stromkreis und magnetischer Kreis

Aufgaben

1. In einer Spule mit 500 Windungen und einem Eisenkern (Länge l = 100 mm, Querschnitt A = 200 mm²) fließt ein Strom von I = 2 A.
   a) Wie groß ist die Durchflutung?
   b) Wie groß ist die Feldstärke?
   c) Berechnen Sie den magnetischen Fluss im Eisen (μ_r = 1 000).
   d) Welche Größen ändern sich nicht und welche ändern sich, wenn der Eisenkern gegen einen Eisenkern mit doppelter Länge und doppeltem Querschnitt ausgetauscht wird?

2. Entnehmen Sie aus den Magnetisierungskennlinien (Bild 1.160) bei der Feldstärke H = 200 A/m die Flussdichte in einem Spulenkern
   a) aus Ferrit,
   b) aus einer NiFe-Legierung (35 % Ni) und
   c) aus Dynamoblech.

3. Eine Spule mit N = 650 Windungen hat einen Ferritkern. In dem Kern, dessen mittlere Länge mit l = 160 mm angegeben ist, soll die Magnetflussdichte B = 0,3 T erzeugt werden.

   Wie groß muss die Spulenstromstärke gewählt werden?

4. Auf welche Merkmale ist zu achten, wenn Spulen hergestellt werden sollen, mit denen möglichst große Flussdichten erzeugt werden können?

5. Eine Ringspule mit 20 Windungen ist auf einen Spulenkörper aus Hartpapier aufgewickelt. Die Abmessungen des Spulenkörpers sind aus der nebenstehenden Abbildung zu entnehmen.
   a) Berechnen Sie für die Spulenstromstärke I = 1,178 A die Feldstärke in der Spule.
   b) Wie groß ist die Magnetflussdichte in der Spule (Permeabilitätszahl für Hartpapier μ_r = 1)?
   c) Der Hartpapierkern wird durch einen Kern aus einer NiFe-Legierung ersetzt (75 % Ni). Um welchen Faktor steigt die Magnetflussdichte an?
   d) Wie groß ist die Permeabilitätszahl der NiFe-Legierung?

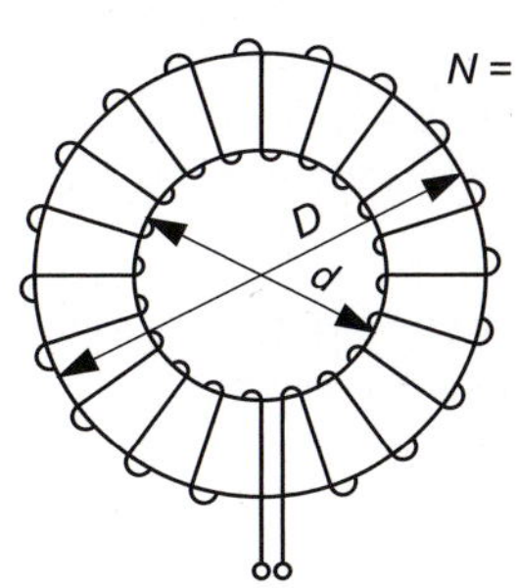

N = 20 (Windungen)

D = 32 mm
d = 18 mm

6. Vorhanden sind zwei gleiche Spulen, die sich nur durch den Kernquerschnitt unterscheiden. Auch die Stromstärke ist in beiden Spulen gleich groß.

   Welche Antworten sind richtig?
   a) In der Spule mit kleinerem Querschnitt ist der magnetische Fluss auch kleiner.
   b) In der Spule mit größerem Querschnitt ist auch die Flussdichte größer.
   c) Die Flussdichte ist in beiden Spulen gleich.
   d) Die magnetische Feldstärke ist in beiden Spulen gleich.
   e) Der magnetische Fluss ist in beiden Spulen gleich.
   f) Die Flussdichte ist in der Spule mit kleinerem Querschnitt größer.
   g) Die Durchflutung ist in beiden Spulen gleich groß.
7. Wie groß ist die Permeabilitätszahl von Luft?
8. Die Spule in der nebenstehenden Abbildung hat einen Kern aus Dynamoblech. In dem Luftspalt soll die Flussdichte $B = 0{,}8\,\text{T}$ erzeugt werden.
   a) Berechnen Sie die erforderliche Spulenstromstärke.
   b) Berechnen Sie den magnetischen Widerstand des Luftspaltes und des Eisenkerns und vergleichen Sie die Widerstandswerte miteinander.

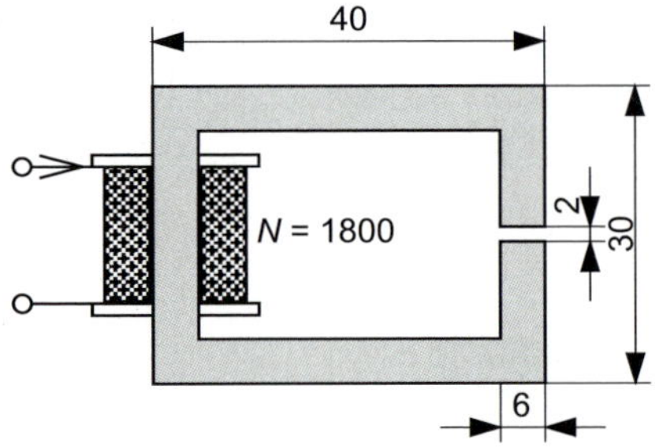

9. Was versteht man unter Remanenz?
10. Wie erklärt man im Modell die magnetische Sättigung?
11. Wie unterscheiden sich diamagnetische und paramagnetische Stoffe von ferromagnetischen Stoffen?
12. Was versteht man unter magnetischer Abschirmung?

1.9.2 Kraftwirkung im magnetischen Feld

1.9.2.1 Kraftwirkung auf einen stromdurchflossenen Leiter

Wird ein elektrischer Leiter frei beweglich zwischen die Pole eines Dauermagneten gehängt, so zeigt sich zunächst keine Wirkung.

Sobald jedoch ein Strom durch den Leiter fließt, wird er aus seiner Lage abgelenkt; wird die Stromrichtung umgekehrt, so kehrt auch die Kraft ihre Richtung um. Wird der Strom abgeschaltet, so verschwindet die Kraftwirkung.

! Auf einen stromdurchflossenen Leiter wirkt im Magnetfeld eine Kraft.

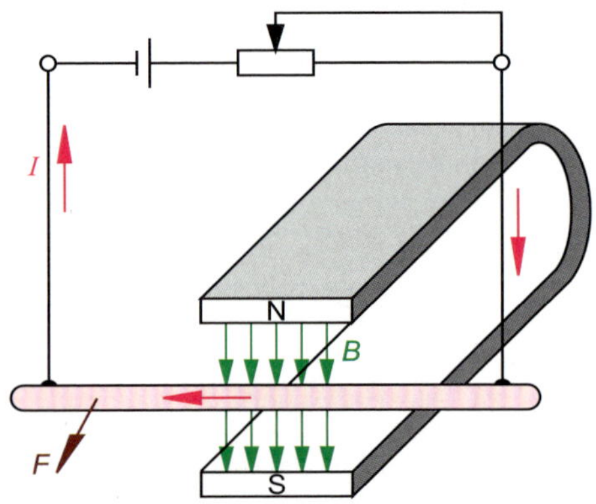

Bild 1.168: Kraftwirkung auf einen stromdurchflossenen Leiter im magnetischen Feld

Diese Tatsache bildet die physikalische Grundlage für den Elektromotor und wird daher auch als **Motorprinzip** bezeichnet.

Der Zusammenhang zwischen Kraftrichtung, Stromrichtung und Feldrichtung kann durch die „Linke-Hand-Regel" beschrieben werden (Motor-Regel).

Entstehung und Richtung der Kraftwirkung auf einen Leiter können mithilfe der Feldlinienbilder erklärt werden:

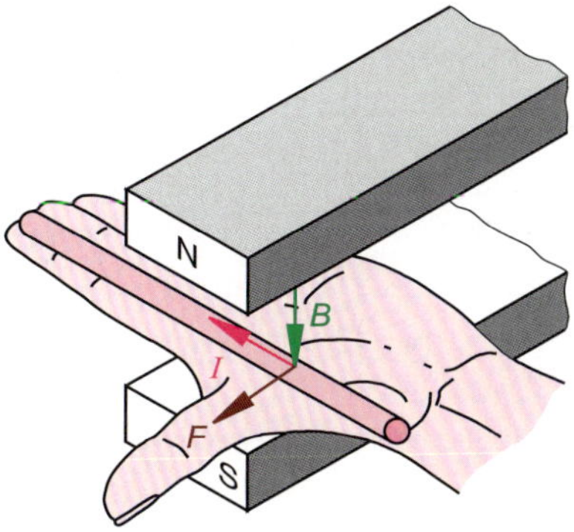

Bild 1.169: „Linke-Hand-Regel"

Das kreisförmige Feld des Strom führenden Leiters überlagert das homogene Feld des Dauermagneten.

Auf der Seite, auf der das Magnetfeld des Leiters dem Dauermagnetfeld gleichgerichtet ist, wird die magnetische Flussdichte erhöht; auf der anderen Seite wird die Flussdichte verringert.

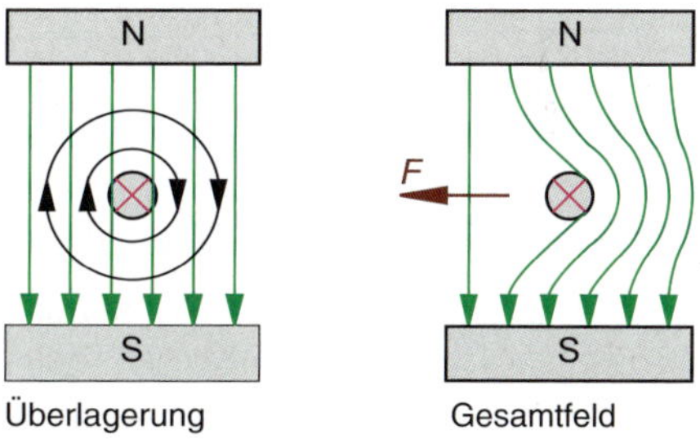

Bild 1.170: Feldlinienbilder

Aus diesem Zusammenhang ergibt sich:

> Die in einem magnetischen Feld auf einen Strom führenden Leiter wirkende Kraft ist immer zum Bereich geringerer Flussdichte hin gerichtet.
>
> Die Größe dieser Kraft ist direkt proportional
>
> - der Flussdichte B des Dauermagnetfeldes,
> - der Stromstärke I im Leiter und
> - der wirksamen Leiterlänge l im Magnetfeld.
>
> $$\boldsymbol{F = B \cdot I \cdot l}$$
>
> Die Richtung der Kraft, des Leiters (Stromrichtung) und des Dauermagnetflusses stehen jeweils senkrecht zueinander (Bild 1.169).

1.9.2.2 Kraftwirkung auf eine Spule

Bringt man eine stromdurchflossene Spule frei drehbar in das Feld eines Dauermagneten, so dreht sich die Spule so weit, bis ihre Achse parallel zu den Feldlinien steht.

Diese Drehung der Spule kann mithilfe der Feldlinienbilder erklärt werden:

Man zeichnet die Felder der beiden Seiten einer Windung wie bei einem Einzelleiter. An jeder Windung greifen damit zwei entgegengesetzt gerichtete Kräfte an, die auf die Windung und damit auf die Spule ein Drehmoment ausüben. Die Spule dreht sich bis in die Lage, in der die Kräfte kein Drehmoment mehr ausüben.

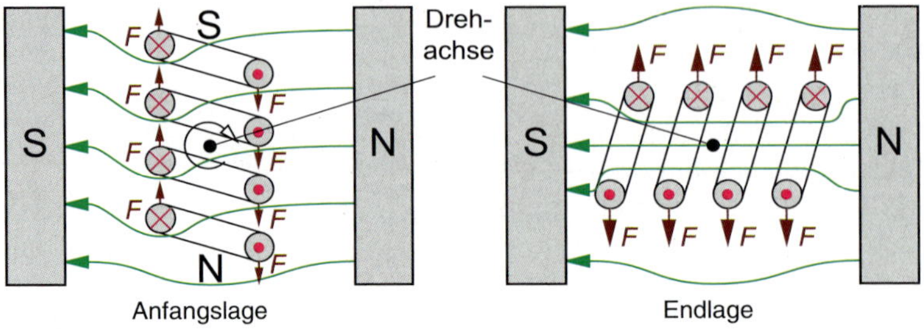

Bild 1.171: Stromdurchflossene Spule im homogenen Magnetfeld

Eine stromdurchflossene Spule dreht sich im Magnetfeld so lange, bis sie die stabile Endlage erreicht hat.

Wichtige Anwendungsbeispiele für die Spulendrehung im Magnetfeld sind Gleichstrommotoren und Drehspulmesswerke (vgl. Kap. 3.2.1.2).

1.9.2.3 Kraftwirkung auf Elektronen

Auf einen Leiter im Magnetfeld wirkt nur dann eine Kraft, wenn in ihm ein elektrischer Strom fließt. Daher kann man annehmen, dass die Kraft nicht unmittelbar auf das Leitermaterial wirkt. Angriffspunkte der magnetischen Kräfte sind vielmehr die freien Elektronen des Leiterwerkstoffs.

So lange kein Strom fließt, bewegen sich die Elektronen im Leiter völlig ungeordnet. Die einzelnen Kräfte, die an den Elektronen angreifen, heben sich in ihrer Wirkung auf den Leiter gegenseitig auf. Es entsteht keine nach außen hin erkennbare Gesamtkraft; der Leiter bewegt sich nicht.

Fließt dagegen im Leiter ein elektrischer Strom und die Elektronen bewegen sich in eine bestimmte Richtung, so wirken auch alle an den Elektronen angreifenden Einzelkräfte in eine Richtung, die senkrecht auf der Bewegungsrichtung der Elektronen steht. Alle diese Einzelkräfte zusammen ergeben eine Gesamtkraft, die groß genug ist, um den Leiter zu bewegen.

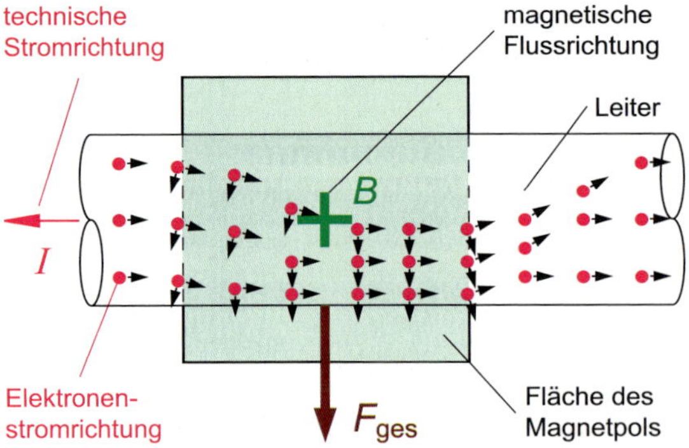

Bild 1.172: Kraftwirkung auf den Elektronenstrom in einem Leiter

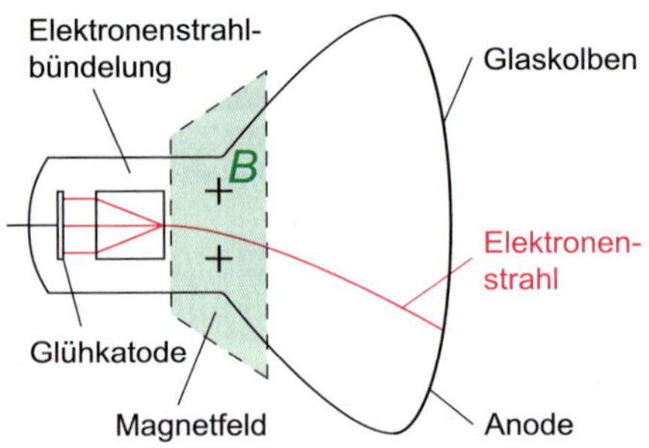

Bild 1.173: Ablenkung eines Elektronenstrahls

Die ablenkende Kraft eines Magnetfeldes auf bewegte Elektronen wird auch in den Bildröhren von Fernsehgeräten ausgenutzt. Dabei wird der von einer Glühkatode ausgehende und gebündelte Elektronenstrahl durch Magnetfelder so abgelenkt, dass er auf jede gewünschte

Stelle des Bildschirms geführt werden kann. Die dazu erforderlichen Magnetfelder werden durch sogenannte Ablenkspulen erzeugt.

Ist ein stromdurchflossener Leiter im Magnetfeld unbeweglich angeordnet, so kann er der auf die Elektronen wirkenden Ablenkkraft nicht folgen. Daher werden die Elektronen im Leiter so abgelenkt, dass es auf der einen Leiterseite zu einer Elektronenverdichtung, auf der Gegenseite zu einem Elektronenmangel kommt; zwischen diesen beiden Seiten tritt somit eine elektrische Spannung auf. Dieser Vorgang wird nach seinem Entdecker als **Halleffekt**, die dabei entstehende Spannung als **Hallspannung** bezeichnet.

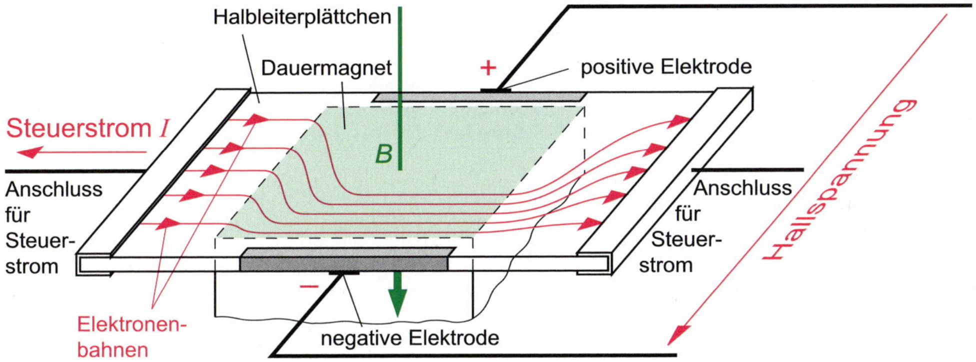

Bild 1.174: Entstehung der Hallspannung

Bei der technischen Nutzung des Halleffektes werden Halbleiterplättchen verwendet. Dabei unterscheidet man:

a) **Hallgeneratoren**, in denen die entstehende Hallspannung bei konstantem Steuerstrom nur noch der einwirkenden Flussdichte proportional ist, und
b) **Feldplatten**. Hierbei nutzt man die Tatsache, dass infolge der Elektronenablenkung der wirksame Leiterquerschnitt verringert und gleichzeitig der Weg der Elektronen durch den Leiter verlängert wird; beides bewirkt eine Erhöhung des elektrischen Widerstandes. Da die Stärke der Elektronenablenkung und damit die Änderung des elektrischen Widerstandes von der Flussdichte des Magnetfeldes abhängt, lässt sich auf diese Weise ein magnetfeldabhängiger Widerstand herstellen (vgl. Kap. 1.3.9.6).

1.9.2.4 Kraftwirkung zwischen parallelen Leitern

Zwei parallele Leiter bilden ein gemeinsames Magnetfeld, das sich durch Überlagerung der beiden Einzelfelder ergibt.

Fließen die **Ströme in** den beiden Leitern in **gleicher Richtung**, so umschließt das resultierende Magnetfeld beide Leiter. Zwischen den Leitern wird das Feld geschwächt, an den Außenrändern dagegen verstärkt: Beide **Leiter** werden „zusammengedrückt“; sie **ziehen sich gegenseitig an**.

Fließen die **Ströme in entgegengesetzter Richtung**, ergibt sich eine Feldverdichtung zwischen den Leitern. Die **Leiter** werden „auseinandergedrückt“; sie **stoßen sich gegenseitig ab**.

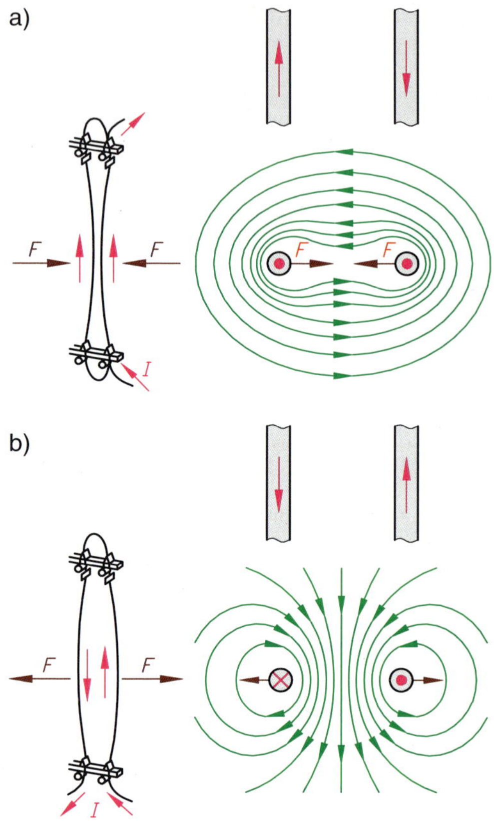

Bild 1.175:
Kraftwirkung zwischen parallelen Leitern
a) bei gleichgerichteten Strömen
b) bei entgegengesetzt gerichteten Strömen

Aufgaben

1. Wählen Sie von den nebenstehenden Beispielen jeweils diejenigen aus, für die folgende Aussagen zutreffen:
   a) L1 und L2 ziehen sich gegenseitig an.
   b) L1 und L2 stoßen sich gegenseitig ab.
   c) Zwischen L1 und L2 wirkt keine Kraft.

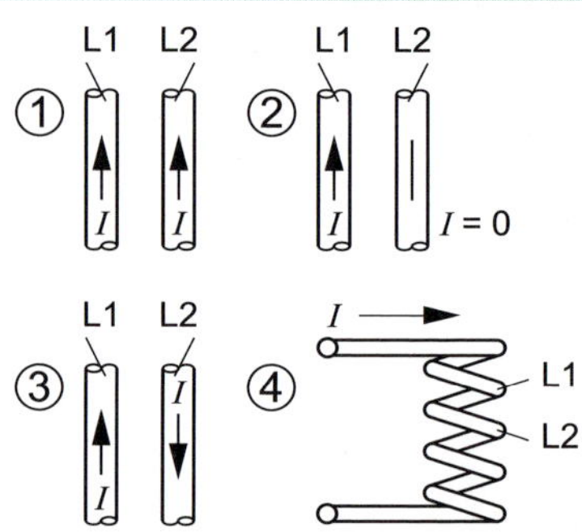

2. Ein Stromleiter befindet sich mit einer Länge von l = 0,4 m in einem Magnetfeld der Dichte B = 0,4 T. Die Stromstärke ist I = 2 A.

   Wie groß ist die Ablenkkraft auf den Leiter bei einem Winkel zwischen Leiter und Feldlinien von α = 90°?

3. Polarisierte Magnetsysteme, wie z. B. der Wechselstromwecker, besitzen einen Dauermagneten und einen Elektromagneten.
   Wie muss die Anschlussspannung gepolt sein, damit der Anker von der in der Abbildung dargestellten Lage zur anderen Seite kippt?

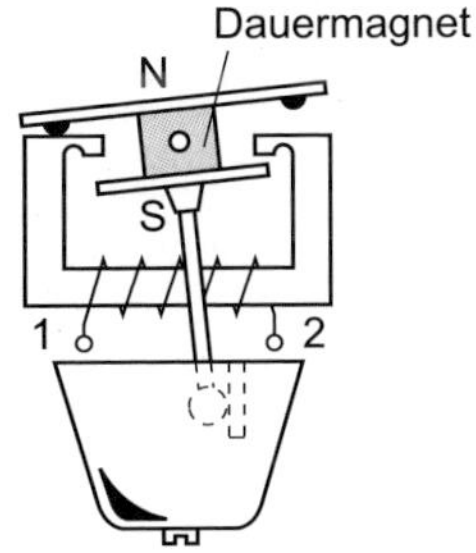

4. Im homogenen Magnetfeld eines Dauermagneten mit der Flussdichte B ist eine Spule drehbar gelagert.
   a) In welcher Richtung (Drehsinn) bewegt sich die Spule, wenn der Strom in der angegebenen Richtung fließt?
   b) Wie weit (Winkelangabe) dreht sich die Spule aus der gezeichneten Stellung?

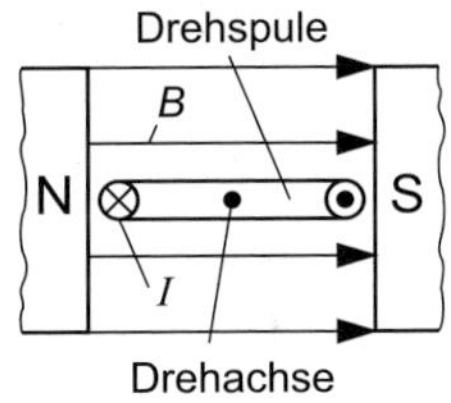

5. Wie verhält sich eine Drehspule im Feld eines Dauermagneten, wenn der Spulenstrom mit hoher Schaltfolge (z. B. 100-mal in der Sekunde) umgepolt wird?

6. Warum sollte auf keinen Fall ein starker Dauermagnet in die Nähe eines Fernsehgerätes gebracht werden?

7. Die Abbildung zeigt einen elektrodynamischen Fernhörer. Beschreiben Sie die Wirkungsweise des Fernhörers.

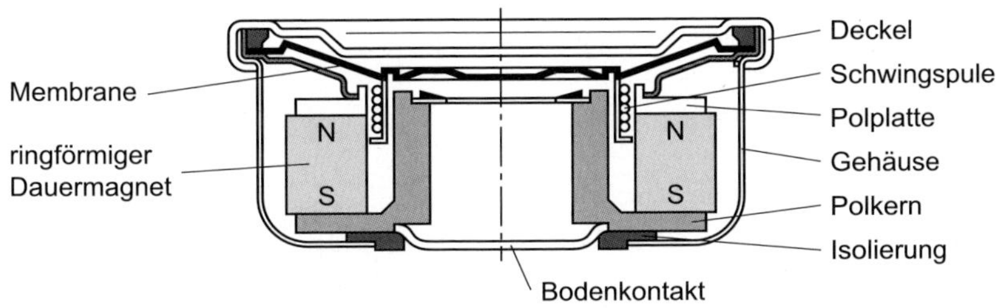

8. Die nebenstehende Kennlinie beschreibt das Verhalten eines Bauelementes in einem magnetischen Feld.
   a) Nennen Sie das Bauelement, das durch diese Kennlinie beschrieben wird.
   b) Das Bauelement wird in den Luftspalt des Eisenkerns einer Spule gebracht. Dabei liefert es bei einem Steuerstrom von $I = 30$ mA eine Spannung von $U = 0{,}21$ V. Wie groß ist die Flussdichte im Luftspalt?
   c) Der Querschnitt des Luftspaltes ist 20 cm². Wie groß ist im Fall b) der magnetische Fluss?
   d) Nun wird der Steuerstrom verdoppelt. Welchen Einfluss hat das auf die erzeugte Spannung?

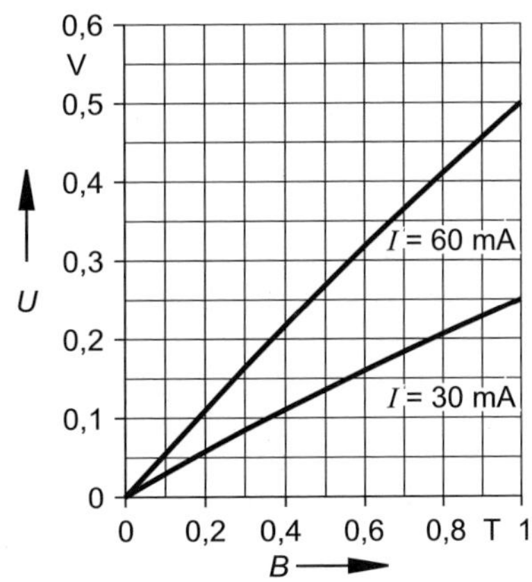

1.9.3 Elektromagnetische Induktion

1.9.3.1 Allgemeines Induktionsgesetz

Zwischen elektrischer Spannung und magnetischem Fluss besteht ein für die Elektrotechnik grundlegender Zusammenhang, der durch das **Induktionsgesetz** beschrieben wird.

In der Spule ruht ein Dauermagnet; die Anschlüsse der Spule liegen an einem Spannungsmesser, der zunächst keine Spannung anzeigt.

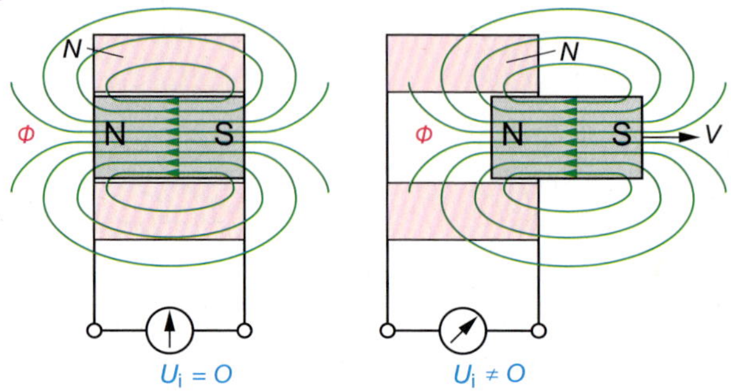

Bild 1.176: Demonstration zum Induktionsgesetz

Bewegt man den Magneten (oder die Spule), so entsteht während der Bewegung eine gut messbare Spannung. Man erkennt:

Durch Bewegung einer Spule in einem Magnetfeld wird in der Spule eine Spannung induziert. Diesen Vorgang bezeichnet man als **elektromagnetische Induktion**.

Zur allgemeinen Beschreibung des Induktionsvorgangs denkt man sich eine Spule (hier mit einer Windung), die mit einer konstanten Geschwindigkeit *v* senkrecht zur Richtung des homogenen Magnetfeldes mit der Flussdichte *B* bewegt wird.

Durch Messung der Induktionsspannung U_i ergibt sich, dass diese direkt proportional

- zur Windungszahl der Spule *N*,
- zur Magnetflussdichte *B*,
- zur wirksamen Leiterlänge *l* und
- zur Bewegungsgeschwindigkeit *v*

ist.

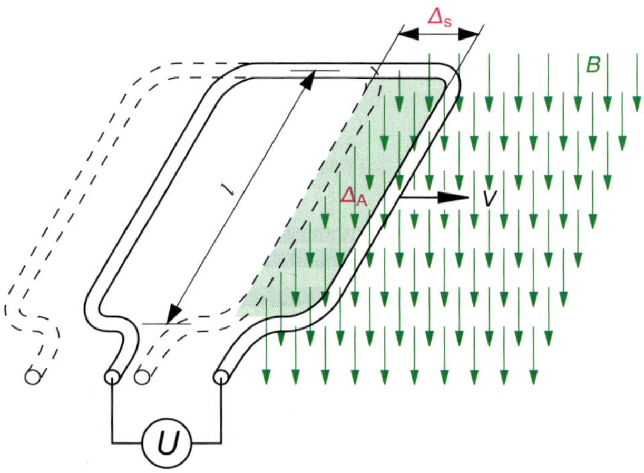

Bild 1.177: Leiterschleife im homogenen Magnetfeld

$$U_i = N \cdot B \cdot l \cdot v \qquad 1\,\text{V} = 1\,\frac{\text{Vs}}{\text{m}^2} \cdot 1\,\text{m} \cdot 1\,\frac{\text{m}}{\text{s}}$$

In Bild 1.177 bewegt sich die Leiterschleife aus ihrer Anfangslage (gestrichelt) in das Magnetfeld hinein. In der Zeit Δt legt sie die Strecke Δs zurück; daraus ergibt sich für die Geschwindigkeit $v = \Delta s / \Delta t$.

Aus dem Bild erkennt man weiter, dass $l \cdot \Delta s$ die Fläche ΔA ergibt, und endlich erhält man $B \cdot \Delta A = \Delta \Phi$.

Fügt man diese Zusammenfassungen in die oben stehende Gleichung für U_i ein, so ergibt sich das **allgemeine Induktionsgesetz**.

> Jede Änderung des magnetischen Flusses ($\Delta\Phi/\Delta t$), der mit einer Spule von N Windungen verkettet ist, erzeugt in dieser Spule eine Induktionsspannung U_i.
>
> $$U_i = -N \cdot \frac{\Delta\Phi}{\Delta t} \qquad 1\,\text{V} = \frac{1\,\text{Vs}}{1\,\text{s}}$$
>
> Hier bedeutet das Minuszeichen: Eine Induktionsspannung ist immer so gerichtet, dass sie ihrer Entstehungsursache, also der Flussänderung, entgegenwirkt (**lenzsche Regel**).

Die lenzsche Regel ergibt sich, wenn man bei der Bewegung der Spule in Bild 1.177 die Richtung der Induktionsspannung beobachtet, während man die Spule abwechselnd in beide Richtungen bewegt.

1.9.3.2 Generatorprinzip

In der Gleichung $U_i = N \cdot B \cdot l \cdot v$ für die Größe der Induktionsspannung in einer Leiterschleife müssen die beiden Vektoren (gerichtete Größen) B und v senkrecht zueinander stehen.

Wird die Leiterschleife im Magnetfeld gedreht, so ändert sich dabei fortwährend die Richtung der Geschwindigkeit v; sie hat in jedem Zeitpunkt die Richtung der Tangente an die Kreisbahn. Die jeweilige Stellung der Leiterschleife kann durch den Drehwinkel α angegeben werden.

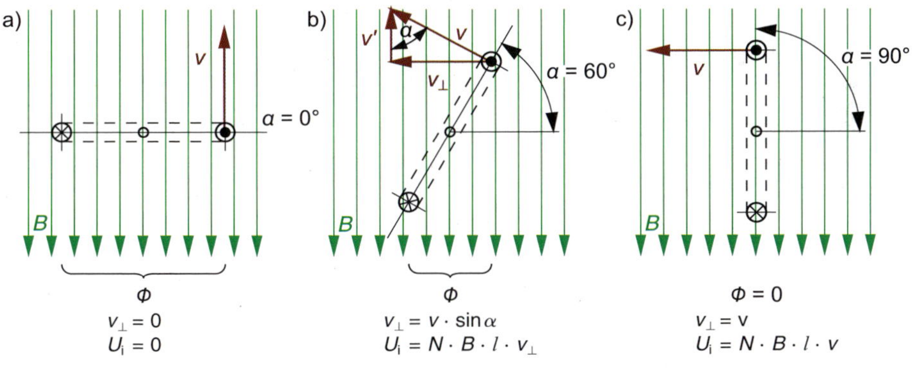

Bild 1.178: Drehung einer Leiterschleife im homogenen Magnetfeld

Durchläuft die Spule die Stellung a) mit $\alpha = 0$, so sind v und B gleichgerichtet; in diesem Augenblick wird keine Spannung induziert.

Durchläuft die Spule die Stellung b), so bildet die Richtung von v mit der Richtung von B einen Winkel von $\alpha = 60°$. In diesem Augenblick steht nur der Teil $v_\perp = v \cdot \sin\alpha$ senkrecht auf B und wird für die induzierte Spannung wirksam.

Durchläuft die Spule die Stellung c), so steht die gesamte Geschwindigkeit v senkrecht auf der Feldrichtung; die induzierte Spannung hat ihren Höchstwert.

Wird die Leiterschleife mit gleichbleibender Geschwindigkeit gedreht, so entsteht bei jeder ganzen Umdrehung eine Periode einer sinusförmigen Wechselspannung.

$$U_i = N \cdot B \cdot l \cdot v \cdot \sin\alpha$$

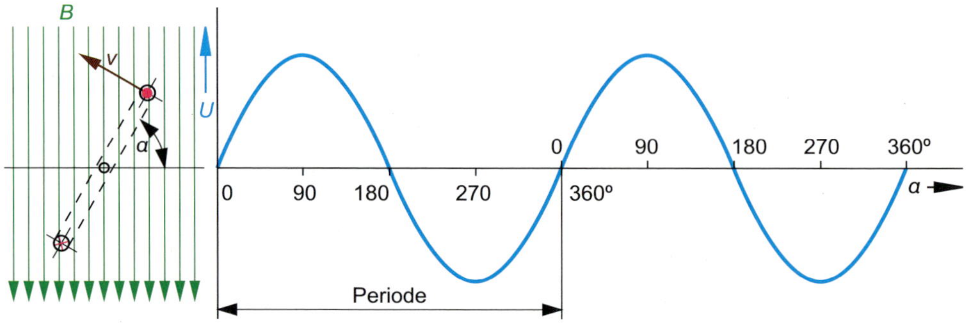

Bild 1.179: Entstehung einer sinusförmigen Wechselspannung

1.9.3.3 Selbstinduktion

Wird eine stromdurchflossene Spule plötzlich ausgeschaltet, so kann man eine kräftige Funkenbildung (Lichtbogen) an dem sich öffnenden Kontakt beobachten. Der Funke wird durch eine hohe Spannung verursacht, die beim Abschalten des Stromes in der Spule induziert wird.

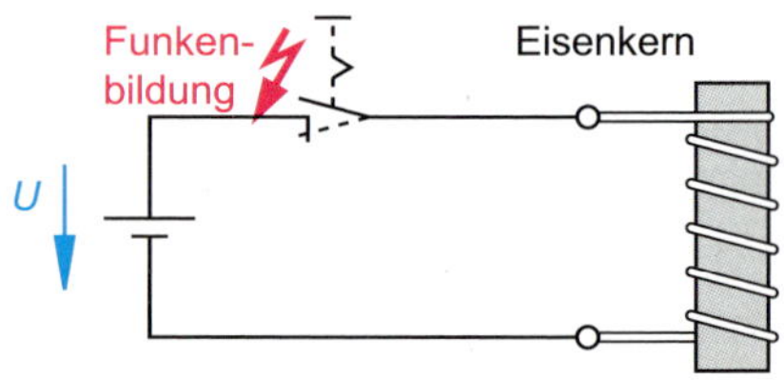

Bild 1.180: Funkenbildung beim Abschalten einer Spule

Solange durch die Spule ein gleichbleibender Strom fließt, ist der magnetische Fluss in der Spule konstant.

Wird der Strom abgeschaltet, so bricht das Magnetfeld zusammen. Dabei entsteht eine große Flussänderung ($\Delta\Phi/\Delta t$), durch die in der Spule eine Spannung induziert wird, die ihrer Ursache – der Stromabnahme – entgegenwirkt. Diesen Vorgang bezeichnet man als **Selbstinduktion**.

> Eine Spule reagiert auf eine Stromänderung mit einer **Selbstinduktionsspannung**.

1.9.3.4 Induktivität

Die Größe der Selbstinduktionsspannung einer Spule wird durch die Größe und Schnelligkeit der Stromänderung und durch den Aufbau der Spule bestimmt. Der Einfluss des Spulenaufbaus wird durch eine Kenngröße angegeben, die als Induktivität bezeichnet wird; sie hat das Formelzeichen *L* und wird in der Einheit 1 H (Henry) angegeben.

Die **Induktivität *L* einer Spule** gibt an, wie groß die induzierte Spannung U_i ist, wenn in der Spule eine Stromänderung ($\Delta I/\Delta t$) von 1 A/s auftritt.

$$L = \frac{U_i}{\frac{\Delta I}{\Delta t}} \qquad 1\,\text{H} = 1\,\frac{\text{Vs}}{\text{A}} = \frac{1\,\text{V}}{1\,\frac{\text{A}}{\text{s}}}$$

Die in der Spule induzierte **Selbstinduktionsspannung** ergibt sich daraus zu:

$$U_i = -L \cdot \frac{\Delta I}{\Delta t}$$

Das Minuszeichen deutet an, dass auch die Selbstinduktionsspannung der lenzschen Regel gehorcht.

Diese Gleichung für die Selbstinduktionsspannung einer Spule lässt sich aus dem allgemeinen Induktionsgesetz ableiten. Unternimmt man dies am Beispiel der Spule mit geschlossenem Eisenkern, so ergibt sich mit den angegebenen Baugrößen:

$$U_i = -N \cdot \frac{\Delta\Phi}{\Delta t} \quad \text{mit } \Phi = B \cdot A$$
$$= -N \cdot A \cdot \frac{\Delta B}{\Delta t} \quad \text{mit } B = \mu \cdot H$$
$$= -N \cdot A \cdot \mu \cdot \frac{\Delta H}{\Delta t} \quad \text{mit } H = \frac{\theta}{l}$$
$$= -N \cdot A \cdot \mu \cdot \frac{1}{l} \cdot \frac{\Delta\theta}{\Delta t} \quad \text{mit } \theta = N \cdot I$$
$$= -N \cdot A \cdot \mu \cdot \frac{1}{l} \cdot N \cdot \frac{\Delta I}{\Delta t}$$
$$U_i = \underbrace{N^2 \cdot \frac{\mu \cdot A}{l}}_{L} \cdot \frac{\Delta I}{\Delta t}$$

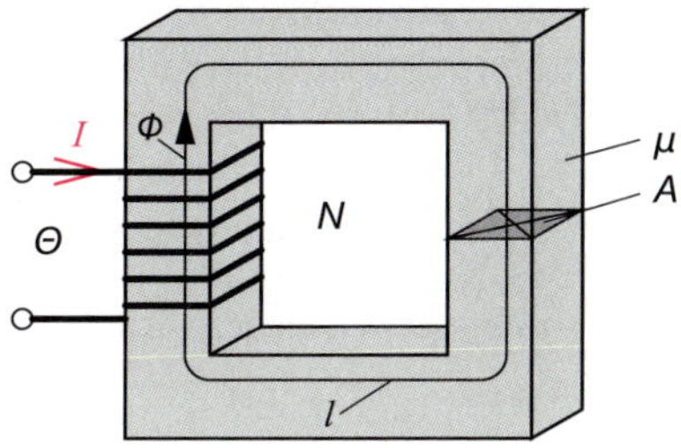

Bild 1.181: Spule mit Eisenkern

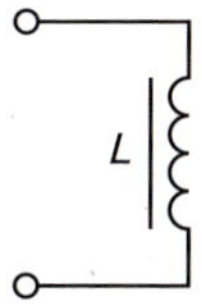

Schaltsymbol: Spule mit geschlossenem Eisenkern

Hierbei ergibt sich:

Die **Induktivität** einer Spule wird bestimmt
- von der Windungszahl (N) der Spulenwicklung und
- von den Abmessungen (A, l) und dem Werkstoff (μ) des Spulenkerns.

$$\mathbf{L = N^2 \cdot \frac{\mu \cdot A}{l}}$$

Die Kernabmessungen (A, l) und der Kernwerkstoff (μ) werden üblicherweise zu einem Kernkennwert zusammengefasst, der dann mit der Windungszahl die Induktivität der Spule ergibt. Dieser Kennwert wird als **Induktivitätsfaktor A_L** (A_L-Wert) bezeichnet.

$$A_L = \frac{\mu \cdot A}{l} = \frac{L}{N^2}$$

Für die Ermittlung der Windungszahlen von Spulen werden von den Herstellern der Spulenkerne in den Datenblättern die A_L-Werte oft in Nanohenry (10^{-9} H) angegeben. Soll eine Spule mit einer bestimmten Induktivität hergestellt werden, so kann mit dem A_L-Wert des gewählten Spulenkerns die erforderliche Windungszahl unmittelbar berechnet werden.

■ **Beispiel:**

In einem Rundfunkgerät soll eine defekte Spule mit der Induktivität L = 1 mH ausgewechselt werden. Für die Spule wird ein Schalenkern ausgewählt, für den im Datenblatt der Induktivitätsfaktor A_L = 25 nH angegeben ist.

Wie groß muss die Windungszahl N der Spule sein?

Lösung $L = N^2 \cdot A_L$

$$N = \sqrt{\frac{L}{A_L}} = \sqrt{\frac{1\,\text{mH}}{25\,\text{nH}}}$$

$N = \mathbf{200}$

1.9.3.5 Ein- und Ausschalten einer Spule

Schaltet man eine Glühlampe mit einer Spule in Reihe an eine Gleichspannung, so sieht man, dass die Lampe nach dem **Einschalten** verzögert aufleuchtet. Die durch den Stromanstieg beim Einschalten verursachte Änderung des magnetischen Flusses bewirkt eine Selbstinduktionsspannung, die nach der lenzschen Regel ihrer Ursache – also dem Stromanstieg – entgegenwirkt. Daher steigt die Stromstärke in der Spule nur allmählich auf ihren Endwert.

Wird in den Stromkreis nur eine Spule geschaltet, so ist der Endwert der Stromstärke vom Leiterwiderstand der Spulenwicklung abhängig. Daher lassen sich die Eigenschaften einer Spule im Gleichstromkreis mit einer Reihenschaltung aus einem Widerstand R und einer Induktivität L darstellen.

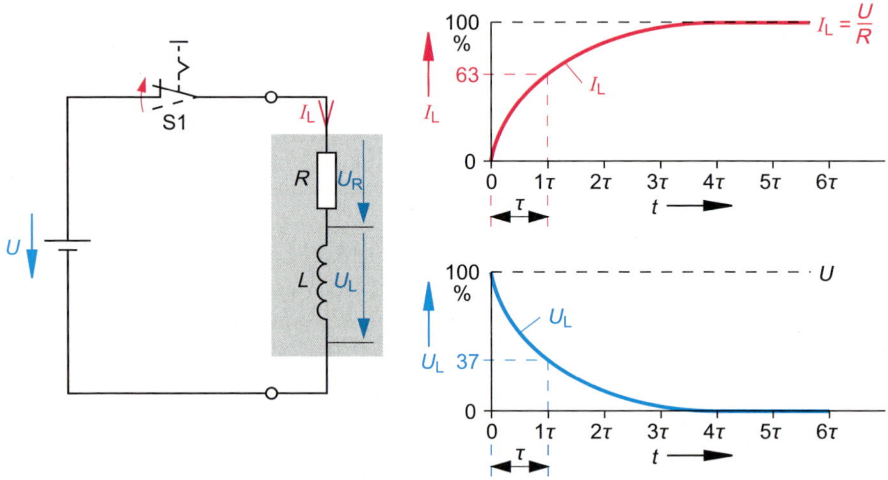

Bild 1.182: Verlauf von Stromstärke und Spannung beim Einschalten einer Spule

- Je **größer die Induktivität L** einer Spule ist, desto größer ist die Selbstinduktionsspannung, die dem Stromanstieg entgegenwirkt, und desto langsamer erfolgt der Stromanstieg.
- Je **kleiner der Leiterwiderstand R** der Spulenwicklung ist, desto größer ist der Endwert der Stromstärke und desto länger dauert der Stromanstieg.

Die **Zeitkonstante** τ einer Spule ist umso größer,

- je größer die Induktivität L und
- je kleiner der Widerstand R ist.

$$\tau = \frac{\mathbf{L}}{\mathbf{R}} \qquad \frac{1\,\mathrm{H}}{1\,\Omega} = \frac{1\,\mathrm{Vs}}{1\,\mathrm{A}\Omega} = 1\,\mathrm{s}$$

Die Zeitkonstante einer Spule ist die Zeit, in der die Stromstärke in der Spule auf 63 % ihres Endwertes ansteigt.

Nach einer **Einschaltzeit t_E** von fünf Zeitkonstanten ist der Einschaltvorgang praktisch beendet.

$$\mathbf{t_E = 5 \cdot \tau}$$

Das **Ausschalten** der Spule verläuft ebenfalls verzögert, da durch die Stromabnahme wieder eine Selbstinduktionsspannung entsteht, die der Abnahme entgegenwirkt.

Damit der Selbstinduktionsstrom fließen kann, muss die Spule beim Ausschalten kurzgeschlossen werden.

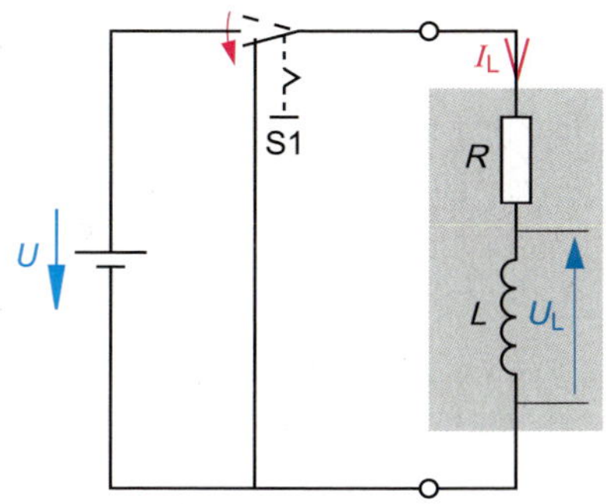

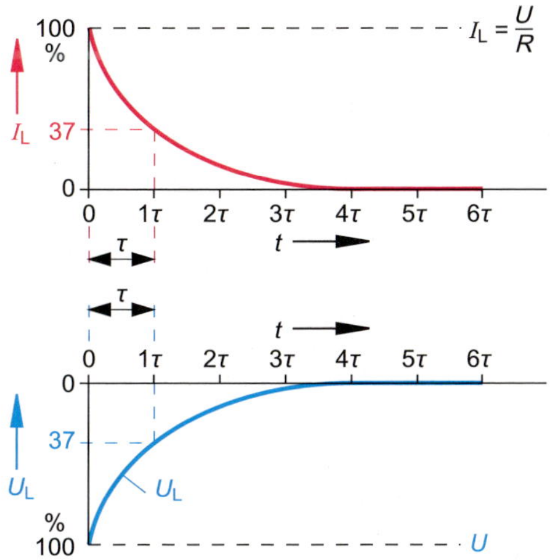

Bild 1.183: Verlauf von Stromstärke und Spannung beim Ausschalten einer Spule

Beim Ausschalten einer Spule sinkt die Stromstärke innerhalb der ersten Zeitkonstante um 63 % (auf 37 %) des Betriebsstroms.

Nach einer **Ausschaltzeit t_A** von fünf Zeitkonstanten ist die Spule praktisch ausgeschaltet: $\boldsymbol{t_A = 5 \cdot \tau}$

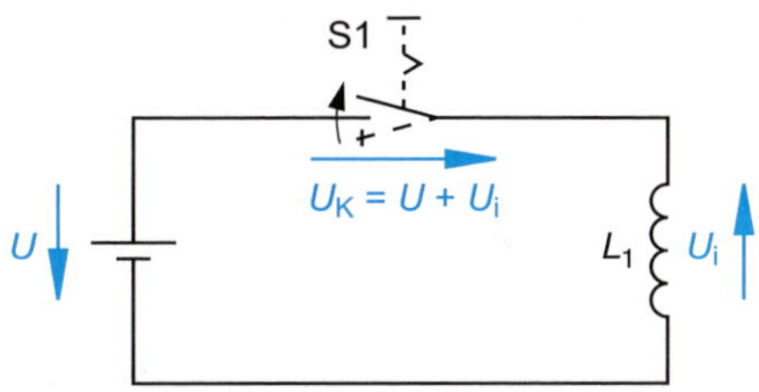

Bild 1.184: Spannung am Kontakt beim Abschalten einer Spule

Wird die Spule beim Abschalten nicht kurzgeschlossen, so kommt es zu einer sehr hohen Spannung U_K am sich öffnenden Kontakt. Betriebsspannung U und Induktionsspannung U_i werden zusammen am Kontakt wirksam, was zur eingangs erwähnten Funkenbildung oder gar zur Zerstörung des Kontaktes führen kann.

Um zerstörerisch hohe Spannungen am Kontakt zu vermeiden, muss in Spulenschaltungen ein möglichst niederohmiger Stromweg vorbereitet werden.

Hierzu kann eine **Funkenlöschstrecke** – bestehend aus einer Reihenschaltung von Widerstand und Kondensator – zum gefährdeten Kontakt parallel geschaltet werden.

In elektronischen Schaltungen wird häufig eine sogenannte **Freilaufdiode** parallel zur Spule geschaltet.

Funkenlöschstrecke oder Freilaufdiode können auch durch einen spannungsabhängigen Widerstand (vgl. Kap. 1.3.9.8; Varistor) ersetzt werden.

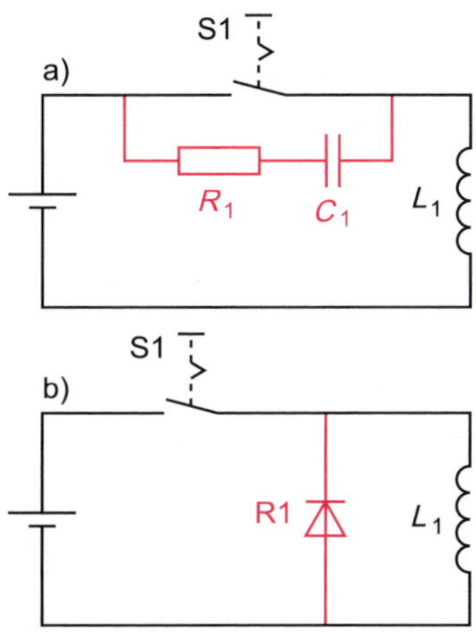

Bild 1.185: a) Funkenlöschstrecke
b) Freilaufdiode

1.9.3.6 Wirbelströme

Auch in einem massiven Eisenkern kann man sich beliebig verlaufende, in sich geschlossene Leiterschleifen vorstellen, in denen durch Änderungen des magnetischen Flusses Ströme induziert werden, die als **Wirbelströme** bezeichnet werden.

Wirbelströme treten vor allem wegen der dauernden Flussänderungen in Wechselstromkreisen auf; sie erwärmen den Eisenkern und führen damit zu Energieverlusten.

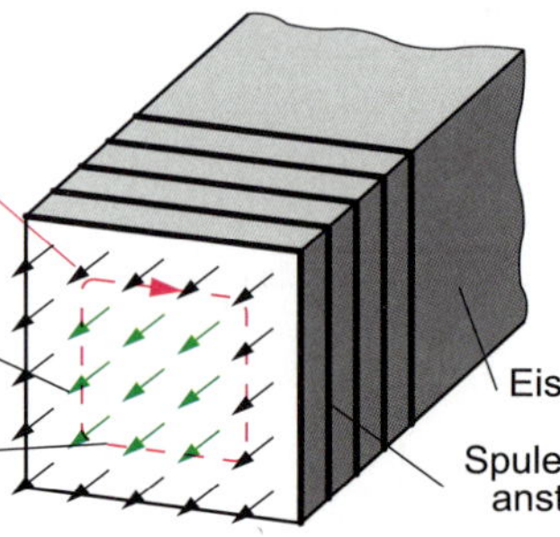

Bild 1.186: Entstehung von Wirbelströmen in einem Eisenkern

Um die Wirbelstromverluste gering zu halten, werden Eisenkerne aus Blechen (Lamellen) geschichtet, die gegeneinander elektrisch isoliert sind. Spulen für hohe Frequenzen erhalten Kerne aus Eisenoxidpulver (Ferrite), die einen hohen Widerstand besitzen.

Praktisch genutzt wird die Kernerhitzung in der Industrie bei Induktionsschmelzöfen, bei denen das zu schmelzende Metall den Kern einer Spule bildet.

Im Haushalt werden immer häufiger sogenannte Induktionskochfelder angeschafft. Hierbei wird durch eine unter der Glaskeramik angebrachte Spule ein magnetisches Wechselfeld erzeugt. Wird darauf ein Kochtopf gesetzt, dessen Boden aus ferromagnetischem Material besteht, so werden darin Wirbelströme induziert, die den Kochtopf und dessen Inhalt erhitzen.

Eine weitere Anwendung finden Wirbelströme bei Wirbelstrombremsen, z. B. in Elektrizitätszählern (vgl. Kap. 3.3.5).

1.9.3.7 Bauformen von Spulen

Die Bauformen von Spulen und Übertragern werden weitgehend bestimmt durch die Form und den Werkstoff der Spulenkerne.

Spulen mit lamellierten Eisenkernen kommen erst bei hohen Strömen in die magnetische Sättigung. Sie sind daher besonders geeignet für den Einsatz in der Energietechnik und finden dort Verwendung als Netztrafo, Siebdrossel u. Ä.

Die Kerne sind aus weichmagnetischen Elektroblechen geschichtet, die durch Papier oder Lack gegeneinander isoliert sind. Dadurch werden die Wirbelstromverluste gering gehalten.

Bild 1.187 zeigt eine der gebräuchlichsten Bauformen. Der Kern besteht aus zwei E-förmigen Teilen und wird daher auch als EE-Kern bezeichnet. Ähnliche Kernformen lassen sich leicht aus den Bezeichnungen EI-, UI-, und UU-Kern vorstellen.

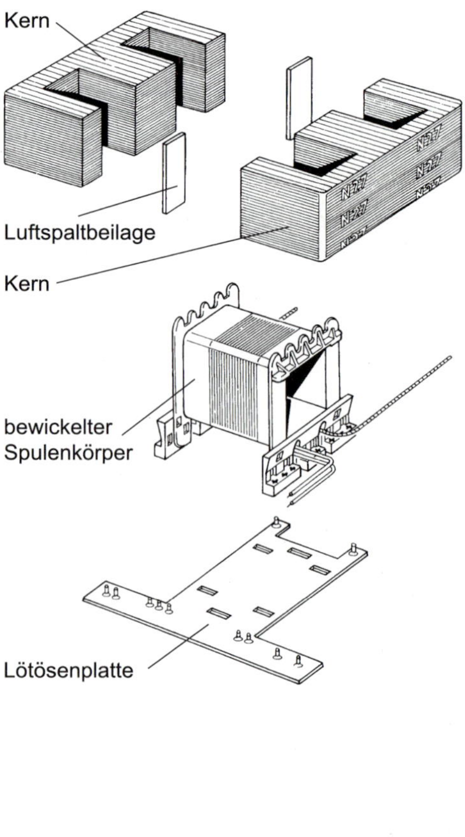

Bild 1.187: Aufbau einer Spule mit EE-Blechkern

Spulen mit Ferritkernen kommen als SMD-Chip-Induktivitäten zur Bestückung von Leiterplatten in nahezu allen Bereichen der Elektronik zum Einsatz. Sie werden in der Automobil-Elektronik und der Telekommunikation ebenso benötigt wie in Kommunikationssystemen oder Industriesteuerungen.

SMD-Chip-Induktivitäten werden in den verschiedensten Bauformen angeboten und für sehr unterschiedliche Aufgaben verwendet. Sie dienen z. B. zum Aufbau von Impedanzanpassungen, zur nieder- und hochfrequenten Entkopplung oder zum Filtern von Versorgungsspannungen. Weitere typische Anwendungen sind frequenz-selektive Filterschaltungen (z. B. Hoch- und Tiefpässe und -sperren, Bandpässe und Bandsperren) oder Schwingkreise.

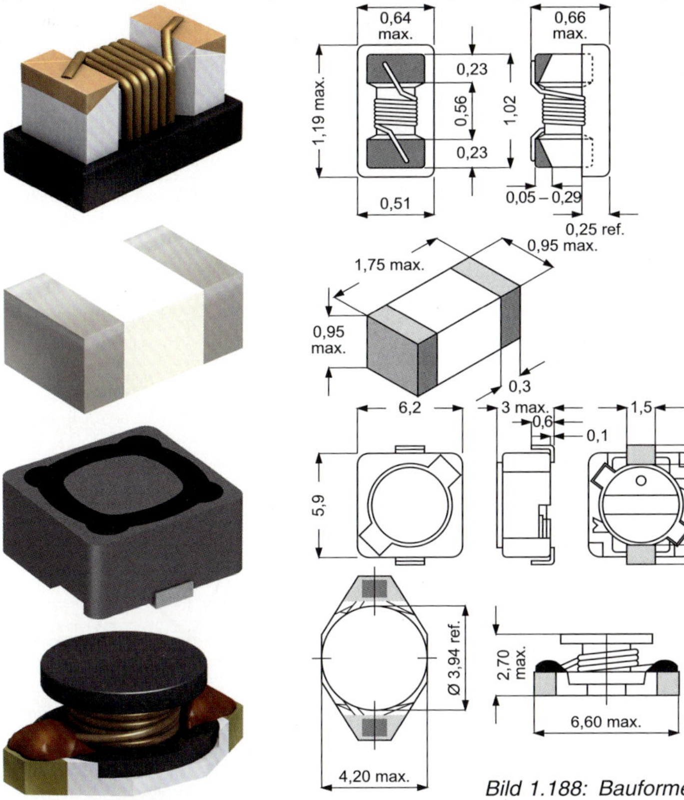

Bild 1.188: Bauformen von SMD-Chip-Induktivitäten

Aufgaben

1. In zwei völlig gleichen Spulen erfolgt eine Flusserhöhung um 2 Vs. Die Flussänderung läuft in der Spule 1 innerhalb von 1 s ab, in Spule 2 innerhalb von 2 s.
   Vergleichen Sie die beiden Induktionsspannungen.
2. Das Diagramm zeigt den magnetischen Fluss in einer Spule mit der Windungszahl $N = 10$.
   a) Berechnen Sie mithilfe des allgemeinen Induktionsgesetzes unter Berücksichtigung der lenzschen Regel die Induktionsspannungen für die Zeitabschnitte 0 s–2 s, 2 s–3 s, 3 s–4 s, 4 s–5 s, 5 s–6 s, 6 s–8 s, 8 s–9 s.
   b) Zeichnen Sie das Zeitablaufdiagramm der Induktionsspannung U_i.

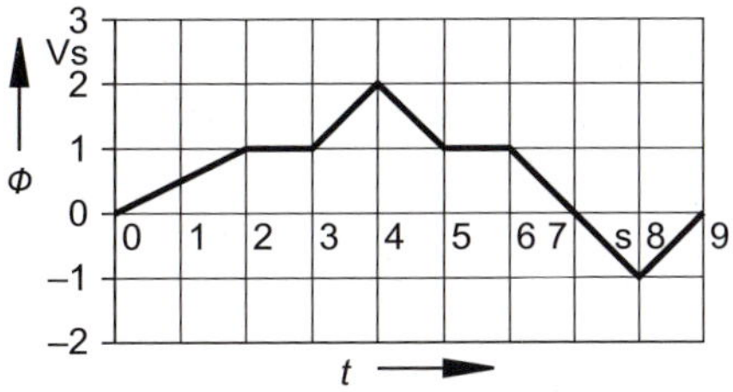

3. In einer Leiterschleife ($N = 1$) wird die im Diagramm dargestellte Induktionsspannung gemessen. In dem Zeitabschnitt von $t = 2$ s bis $t = 3$ s ist der Fluss in der Schleife konstant $\Phi = 2$ Vs.

   Zeichnen Sie das Diagramm des magnetischen Flusses, der die dargestellte Spannung in der Schleife induziert.

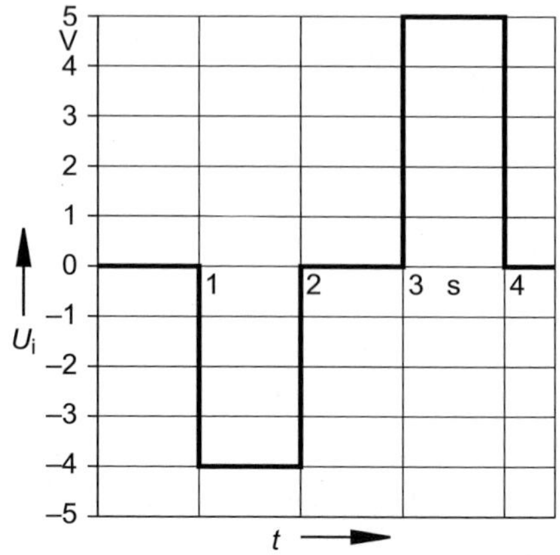

4. Eine Leiterschleife mit der Länge l = 40 cm wird mit der Geschwindigkeit v = 10 m/s in ein homogenes Feld der Dichte B = 1,2 Tesla hineinbewegt.

   Berechnen Sie die induzierte Spannung.

5. Eine Leiterschleife dreht sich in einem homogenen Magnetfeld (Generatorprinzip).
   a) Fertigen Sie eine Skizze der Anordnung an.
   b) Bei welchen Drehwinkeln ist die induzierte Spannung praktisch null?
   c) Bei welchen Drehwinkeln hat die induzierte Spannung ein Maximum?
   d) Begründen Sie die Antworten zu b) und c) mithilfe des Induktionsgesetzes.

6. Von welchen Größen wird die Induktivität einer Spule bestimmt?

7. Erläutern Sie die Angabe: Die Spule hat eine Induktivität von L = 1,5 H.

8. In einer Spule mit L = 2 H wird der im Diagramm dargestellte Stromverlauf gemessen.

   Zeichnen Sie ein Diagramm für die zugehörende Induktionsspannung U_i.

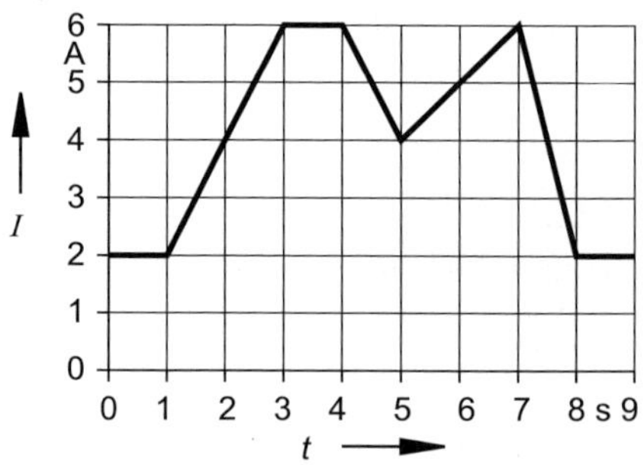

9. Der Schalter S1 wird geschlossen.
   a) Berechnen Sie die Zeitkonstante.
   b) Nach welcher Zeit hat der Strom in der Schaltung seinen Endwert erreicht? Wie groß ist dieser Stromwert?

   Nach 60 ms wird Schalter S1 geöffnet und gleichzeitig (!) Schalter S2 geschlossen.
   c) Nach welcher Zeit ist der Spulenstrom auf null?
   d) Zeichnen Sie das Zeitablaufdiagramm des Spulenstroms für den gesamten Vorgang (Ein- und Ausschalten der Spule).

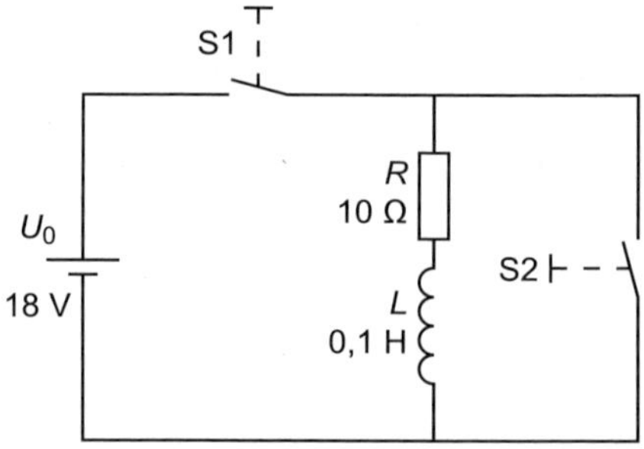

10. Wird der Schalter S geschlossen, so leuchtet die Glimmlampe H nicht. Beim Öffnen des Schalters leuchtet dagegen die Glimmlampe kurzzeitig auf.

    Erklären Sie diese Beobachtung.

    Hinweis: *Eine Glimmlampe erfordert zum „Zünden" eine Spannung von ca. 110 V.*

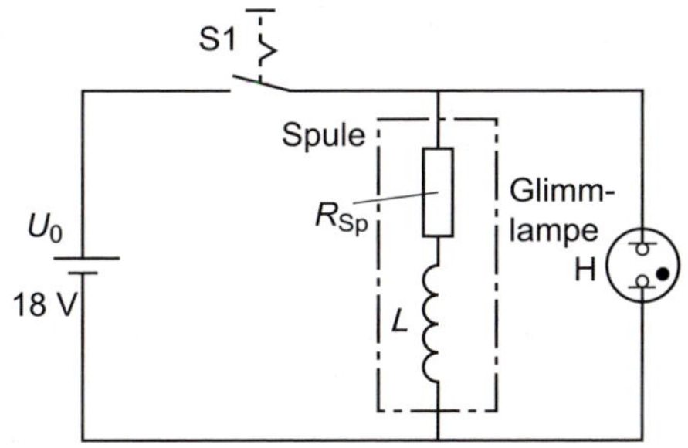

11. Der Wicklungswiderstand eines Relais wird vom Hersteller mit 440 Ω, die Induktivität mit 2,4 H angegeben. Die Ansprechstromstärke wurde messtechnisch mit I_{An} = 40 mA ermittelt.
    a) Berechnen Sie die Zeitkonstante der Relaisspule.
    b) Wie groß ist die Betriebsstromstärke des Relais?
    c) Wie lange dauert es, bis der Strom nach dem Anschalten der Spannung auf die Ansprechstromstärke angestiegen ist?

1.9.4 Induktivität im Wechselstromkreis

1.9.4.1 Wirkwiderstand

Ein ohmscher Widerstand (z. B. ein Heizwiderstand) nimmt an Gleichspannung die gleiche Stromstärke auf wie an einer Wechselspannung, deren Effektivwert der Gleichspannung entspricht. Die zugeführte Leistung $(P = U \cdot I)$ wird vollständig in Wärme umgesetzt, also vom Stromkreis abgegeben. Dabei haben Stromstärke und Spannung immer im selben Augenblick ihre Höchstwerte.

Ein **Wirkwiderstand *R*** wandelt elektrische Energie in eine andere Energieform (z. B. Wärme) um.

Die **Wirkleistung *P*** ist die von einem Wirkwiderstand pro Sekunde umgewandelte Energie, die dem Stromkreis entnommen und nach außen (z. B. als Wärme) abgegeben wird.

Die **Phasenverschiebung** φ zwischen Stromstärke und Spannung beträgt $\varphi = 0$; Stromstärke und Spannung sind in Phase (phasengleich).

1.9.4.2 Induktiver Blindwiderstand

Schaltet man eine verlustlose Spule (reine Induktivität) erst an eine Gleichspannung und anschließend an eine Wechselspannung, deren Effektivwert der Gleichspannung entspricht, so zeigt sich, dass die Stromstärke an Wechselspannung viel geringer ist als die an Gleichspannung.

Fließt ein Wechselstrom durch die Spule, so entsteht infolge der Stromänderung eine Induktionsspannung, die nach der lenzschen Regel ihrer Entstehungsursache – also der Stromänderung – entgegenwirkt. Die Induktivität der Spule hat also im Wechselstromkreis eine strombegrenzende Wirkung. Man sagt: Die Spule hat einen induktiven Blindwiderstand.

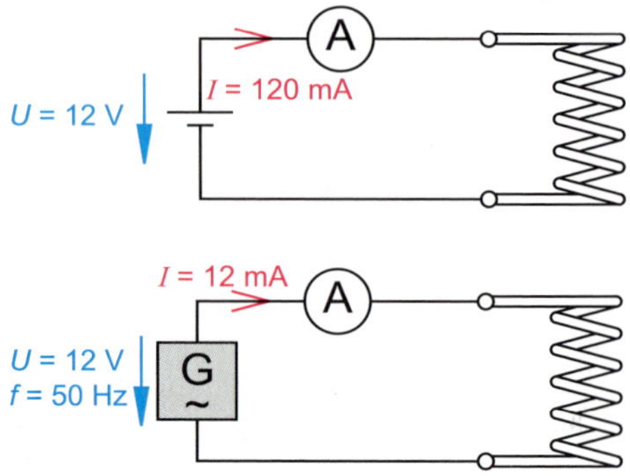

Bild 1.189:
Stromstärke in einer Spule an Gleich- und an Wechselspannung

Der **induktive Blindwiderstand X_L** ist der in einer Induktivität durch Selbstinduktion entstehende Widerstand einer Spule.

$$X_L = \frac{U}{I} \qquad 1\,\Omega = \frac{1\,\text{V}}{1\,\text{A}}$$

Da der induktive Blindwiderstand durch die Induktionsspannung verursacht wird und diese von der Induktivität der Spule und der Schnelligkeit der Stromänderung – also der Frequenz – abhängt, ergibt sich, dass auch der Blindwiderstand von diesen Größen abhängig ist.

Misst man bei konstanter Frequenz von $f = 50$ Hz die Stromstärke und die Spannung an verschieden großen Induktivitäten, so ergibt sich, dass $X_L \sim L$.

Führt man die gleiche Messung an einer Induktivität von $L = 0{,}1$ H bei verschiedenen Frequenzen durch, so ergibt sich $X_L \sim f$.

Zusammengefasst ergibt sich damit: $X_L \sim f \cdot L$.

Es zeigt sich jedoch, dass der aus den gemessenen Effektivwerten berechnete Widerstandswert um einen Faktor k größer ist als das Produkt aus Frequenz und Induktivität, sodass sich $X_L = k \cdot f \cdot L$ ergibt.

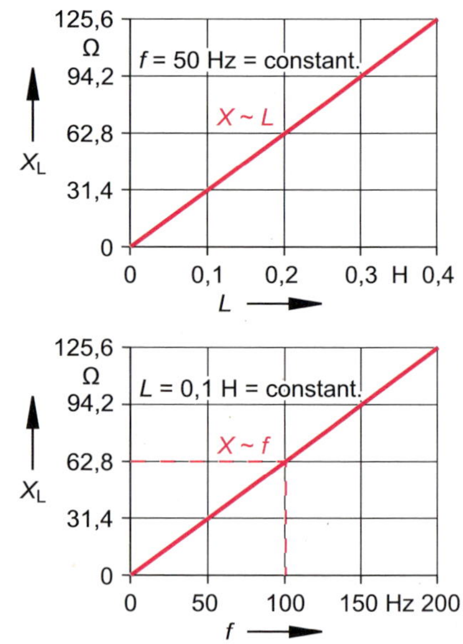

Bild 1.190:
Abhängigkeit des induktiven Blindwiderstandes von der Induktivität und der Frequenz

Für die Bestimmung der Konstanten k entnimmt man aus dem Diagramm (Bild 1.190) den Wert des Blindwiderstandes für $f = 100$ Hz und $L = 0{,}1$ H. Dabei ergibt sich für k ein Wert von $6{,}28 = 2\pi$.

Der **induktive Blindwiderstand X_L** einer verlustlosen Spule ist bei einer sinusförmigen Wechselspannung direkt proportional der Frequenz f und der Induktivität L.

$$X_L = 2\pi \cdot f \cdot L \qquad 1\,\Omega = 1\,\text{Hz} \cdot 1\,\text{H}$$

1.9.4.3 Phasenverschiebung am induktiven Blindwiderstand

Um den zeitlichen Verlauf von Spannung u_L und Stromstärke i_L an einer verlustlosen Spule zu untersuchen, misst man beide Größen mit einem Zweistrahl-Oszilloskop (siehe Kap. 3.2.3).

Da mit dem Oszilloskop nur Spannungen gemessen werden können, schaltet man in Reihe zur Induktivität L einen Widerstand R. Da an diesem Spannung und Stromstärke in Phase sind, entspricht der zeitliche Verlauf der an R gemessenen Spannung u_R dem zeitlichen Verlauf des Stromes in der Spule i_L.

Auf dem Schirmbild erkennt man, dass Strom und Spannung um die Zeit Δt phasenverschoben sind. Diese Zeit entspricht offensichtlich einer Viertelperiode oder einem Phasenwinkel von $\varphi = 90°$.

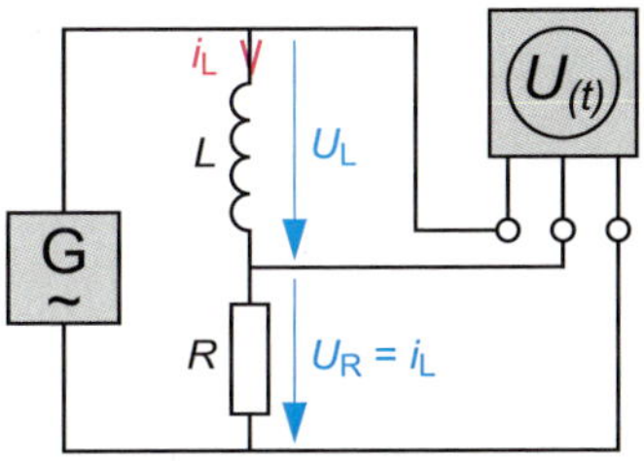

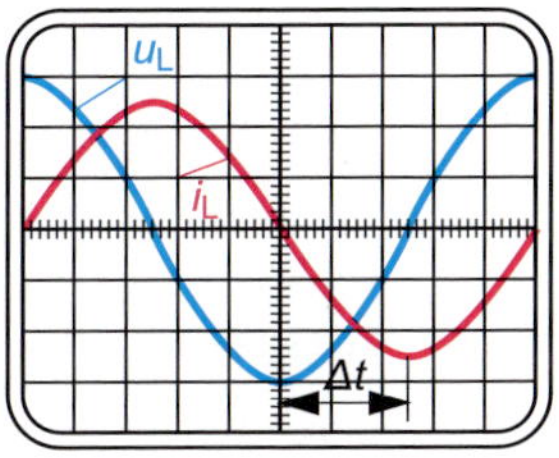

Bild 1.191: Phasenverschiebung zwischen Spannung und Strom am induktiven Blindwiderstand

An einem **induktiven Blindwiderstand eilt die Spannung der Stromstärke um $\varphi = 90°$ voraus.**

1.9.4.4 Induktive Blindleistung

Der Augenblickswert p der Wechselstromleistung kann aus den Augenblickswerten von Spannung und Stromstärke errechnet werden ($p = u \cdot i$).

Trägt man die so errechneten Augenblickswerte in Abhängigkeit von der Zeit in ein Diagramm ein, so ergibt sich der in Bild 1.192 dargestellte Verlauf.

Man erkennt, dass die Leistung sinusförmig mit der doppelten Frequenz der Spannung schwingt.

Während der 1. und 3. Viertelperiode (der Spannung) ist die Leistung positiv; d. h. die Spule nimmt Energie aus dem Stromkreis auf; das Magnetfeld der Spule wird aufgebaut.

Während der 2. und 4. Viertelperiode ist die Leistung negativ, d. h. die Spule gibt Energie an den Stromkreis ab; das Magnetfeld der Spule bricht zusammen.

In einer verlustlosen Spule (induktiver Blindwiderstand)

- entsteht keine Wirkleistung, $\boldsymbol{P = 0}$
- entsteht reine Blindleistung. $\boldsymbol{Q_L = U \cdot I} \qquad 1\,\text{W} = 1\,\text{V} \cdot 1\,\text{A}$

Die Blindleistung ist die pro Sekunde zwischen der Spannungsquelle und dem induktiven Widerstand hin- und herschwingende Energie.

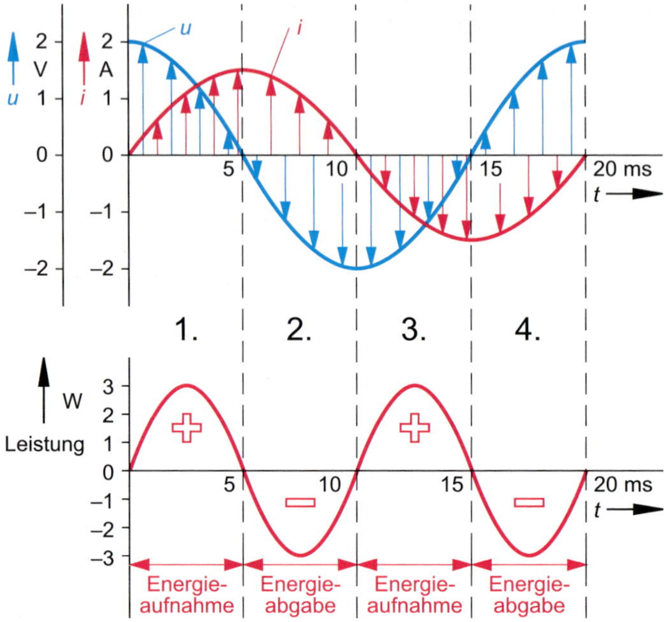

Bild 1.192:
Leistung am induktiven Blindwiderstand

1.9.4.5 Zusammenschaltung von induktiven Blindwiderständen

Für die Zusammenschaltung von induktiven Blindwiderständen gelten die gleichen Regeln wie für ohmsche Widerstände.

a) Reihenschaltung

Die Teilblindspannungen können zu einer Gesamtblindspannung addiert werden, da sie miteinander in Phase sind.

$$U_{bL} = U_{bL1} + U_{bL2} + \ldots$$

Im Zeigerdiagramm wird die Phasenverschiebung zwischen I und U_{bL} deutlich.
Auch die einzelnen Blindwiderstände können addiert werden.

$$X_L = X_{L1} + X_{L2} + \ldots$$

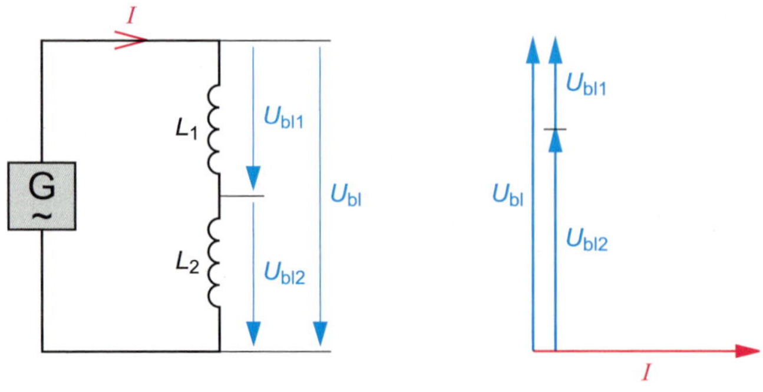

Bild 1.193:
Reihenschaltung von verlustlosen Spulen

Da die induktiven Blindwiderstände sich direkt proportional zu den Induktivitäten verhalten, ergibt sich die Gesamtinduktivität als Summe der Einzelinduktivitäten.

$$L = L_1 + L_2 + \ldots$$

b) Parallelschaltung

Die Teilblindströme werden zum Gesamtblindstrom addiert.

$$I_{bL} = I_{bL1} + I_{bL2} + \ldots$$

Der Gesamtblindwiderstand wird über die Kehrwerte der Einzelwiderstände (Leitwerte) ermittelt.

$$\frac{1}{X_L} = \frac{1}{X_{L1}} + \frac{1}{X_{L2}} + \ldots$$

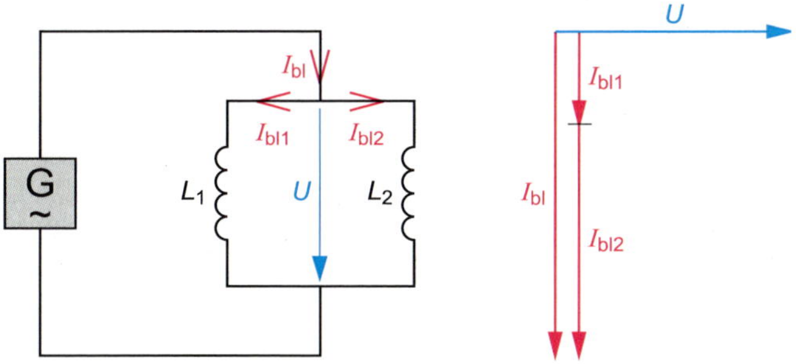

Bild 1.194: Parallelschaltung von verlustlosen Spulen

Da die induktiven Widerstände sich direkt proportional zu den Induktivitäten verhalten, muss die Gesamtinduktivität über die Summe der Kehrwerte der Einzelinduktivitäten ermittelt werden.

$$\frac{1}{L} = \frac{1}{L_1} + \frac{1}{L_2} + \ldots$$

Aufgaben

1. Von welchen Größen ist der Blindwiderstand einer Spule abhängig?
2. Wie ändert sich die Stromstärke in einer Spule ohne Eisenkern, wenn
   a) die anliegende Spannung vergrößert wird,
   b) die Frequenz der anliegenden Spannung erhöht wird und
   c) ein Eisenkern in die Spule eingeführt wird?
3. Begründen Sie, warum der induktive Blindwiderstand einer Spule mit steigender Frequenz größer wird.
4. Beschreiben Sie das unterschiedliche Verhalten eines Wirkwiderstandes und eines induktiven Blindwiderstandes in einem Wechselstromkreis.

5. Wie groß ist die Blindleistung einer verlustlosen Spule mit der Induktivität $L = 0{,}8$ H, die an eine Wechselspannungsquelle mit $U = 60$ V und $f = 50$ Hz angeschlossen wird?
6. Erklären Sie den Begriff „Blindleistung" am Beispiel der verlustlosen Spule im Wechselstromkreis.
7. Vergleichen Sie die Schaltungen ① bis ④ miteinander.
   a) In welcher Schaltung leuchtet die Lampe am hellsten?
   b) In welcher Schaltung ist die Leuchthelligkeit der Lampe am geringsten?
   c) In welchen Schaltungen leuchten die Lampen gleich hell?

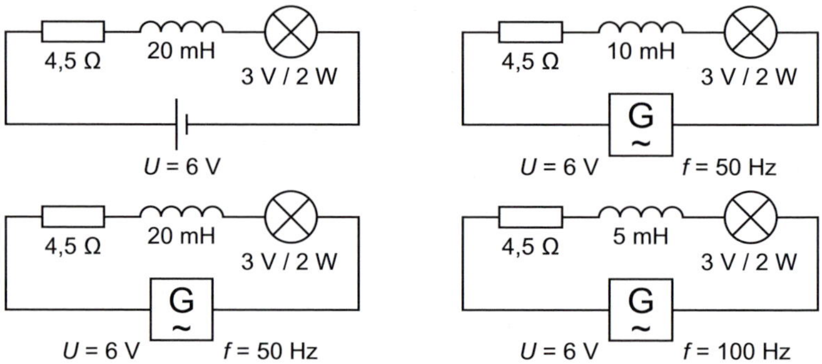

8. Berechnen Sie für die nebenstehenden Schaltungen
   a) die Gesamtinduktivität,
   b) den gesamten Blindwiderstand bei der Frequenz $f = 800$ Hz und
   c) die Spannung an L_1 und die Stromstärke in L_3, wenn die beiden Schaltungen an eine Spannungsquelle mit $U = 6$ V und $f = 1$ kHz angeschlossen werden.

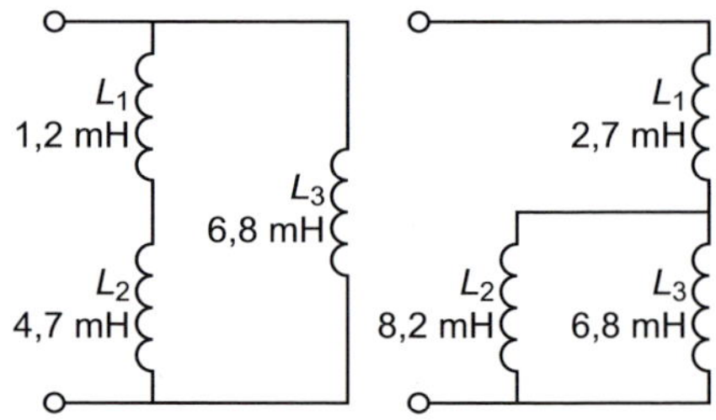

1.9.5 Transformator und Übertrager

1.9.5.1 Magnetische Kopplung

Im Prinzip besteht ein Transformator aus zwei elektrisch (galvanisch) voneinander getrennten Wicklungen, die auf einen gemeinsamen Eisenkern gewickelt sind. In die Primärspule wird von einer Spannungsquelle U_1 ein Wechselstrom I_1 eingespeist, der im Eisenkern einen magnetischen Wechselfluss hervorruft. Dieser Fluss wird durch den Eisenkern – abgesehen von geringen Verlusten durch Hysterese, Wirbelströme und Streuung – fast ungeschwächt in das Innere der Sekundärspule übertragen. Dort wird durch die Flussänderung nach dem Induktionsgesetz eine Spannung U_2 induziert, die an den Anschlüssen der Sekundärspule gemessen werden kann.

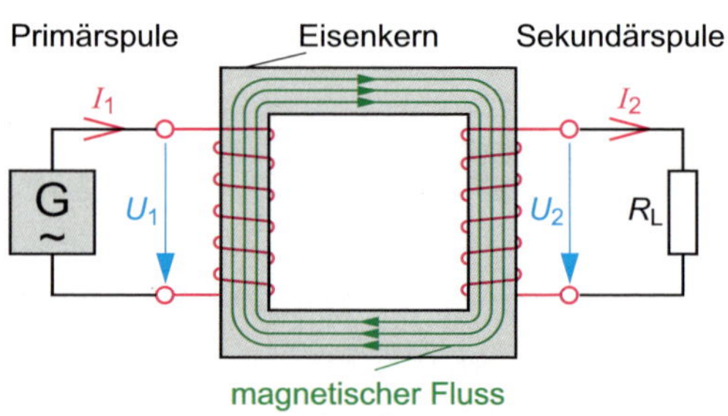

Bild 1.195: Prinzip eines Übertragers

Primärspule und Sekundärspule sind also elektrisch voneinander getrennt und durch den Eisenkern magnetisch gekoppelt.

Als **magnetische Kopplung** bezeichnet man die magnetische Verbindung zweier Spulen durch einen gemeinsamen Eisenkern.
Transformatoren übertragen nur Wechselspannungen.

Bei Gleichstrom findet zwar auch eine magnetische Kopplung statt, da sich jedoch der magnetische Fluss im Eisenkern nicht ändert, entsteht in der Sekundärwicklung keine Induktionsspannung.

Transformatorkerne werden wie bei Spulen für die Energietechnik meist aus lamellierten Eisenkernen, für die Nachrichtentechnik aus Ferriten hergestellt. Auch die Kernformen entsprechen denjenigen von Spulen (vgl. Kap. 1.9.3.7).

1.9.5.2 Spannungsübersetzung

Nach dem Induktionsgesetz ($U = N \cdot \Delta\Phi/\Delta t$) ist die in einer Spule induzierte Spannung der Windungszahl der Spule direkt proportional. Geht man davon aus, dass der magnetische Wechselfluss in beiden Spulen des Transformators gleich ist, so stehen die in den Spulen induzierten Spannungen im selben Verhältnis zueinander wie die Windungszahlen der Spulen.

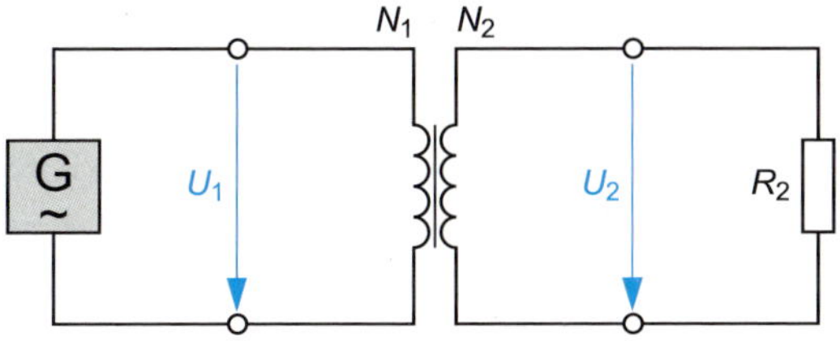

$$\frac{U_1}{U_2} = \frac{N_1}{N_2}$$

Bild 1.196: Spannungsübersetzung

Bei der Herstellung von Transformatoren kann also allein durch das Verhältnis der Windungszahlen von Primärspule und Sekundärspule bestimmt werden, wie die an die Primärspule angelegte Spannung auf die Sekundärseite übersetzt wird.

Bei einem Transformator ist das Verhältnis der Primärspannung U_1 zur Sekundärspannung U_2 gleich dem Verhältnis der Primärwindungszahl N_1 zur Sekundärwindungszahl N_2.

$$\frac{U_1}{U_2} = \frac{N_1}{N_2} = ü$$

Das Verhältnis von Primärwindungszahl N_1 zu Sekundärwindungszahl N_2 wird als **Übersetzungsverhältnis** ***ü*** bezeichnet.

Durch geeignete Wahl der Windungszahlen können also Wechselspannungen hinauf- oder heruntertransformiert werden. Diese Möglichkeit hat zu einer breiten Anwendung von Transformatoren geführt; sie reicht vom Klingeltransformator bis zu Hochspannungstransformatoren in der elektrischen Energieversorgung.

1.9.5.3 Stromübersetzung

Ein verlustfreier Transformator gibt auf der Sekundärseite die gleiche Leistung ab, die er auf der Primärseite aufnimmt. Daraus ergibt sich:

$$P_1 = P_2$$
$$U_1 \cdot I_1 = U_2 \cdot I_2$$
$$\frac{U_1}{U_2} = \frac{I_2}{I_1}$$

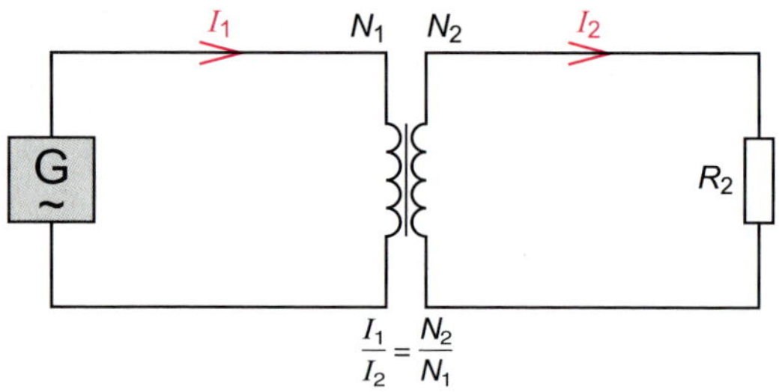

Bild 1.197: Stromübersetzung

Bei einem Transformator steht der Primärstrom I_1 zum Sekundärstrom I_2 im umgekehrten Verhältnis wie die Primärspannung U_1 zur Sekundärspannung U_2.

$$\mathbf{\frac{I_1}{I_2} = \frac{U_2}{U_1} = \frac{N_2}{N_1} = \frac{1}{ü}}$$

Die Stromübersetzung mittels Transformatoren wird z. B. bei Schweißtrafos (hoher Ausgangsstrom bei kleiner Ausgangsspannung) technisch genutzt.

1.9.5.4 Widerstandsübersetzung und Anpassung

Da beim Transformator gleichzeitig eine Spannungs- und eine Stromübersetzung stattfindet, ergibt sich daraus auch eine Widerstandsübersetzung.

$$\frac{R_1}{R_2} = \frac{\frac{U_1}{I_1}}{\frac{U_2}{I_2}} = \frac{U_1}{U_2} \cdot \frac{I_2}{I_1}$$
$$\downarrow \quad \downarrow$$
$$ü \cdot ü = ü^2$$

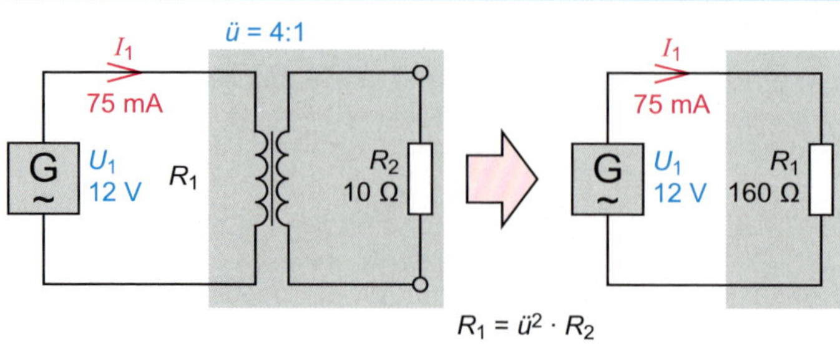

Bild 1.198: Widerstandsübersetzung

Dies bedeutet, dass ein auf der Sekundärseite angeschlossener Widerstand R_2 auf die primärseitig angeschlossene Spannungsquelle wirkt wie ein Widerstand $R_1 = ü^2 \cdot R_2$.

> Ein Transformator übersetzt einen auf der Sekundärseite angeschlossenen Widerstand R_2 mit dem Quadrat des Übersetzungsverhältnisses ($ü^2$) auf die Primärseite.
>
> $$ü^2 = \frac{R_1}{R_2}$$
>
> Das Quadrat des Übersetzungsverhältnisses wird als **Anpassungsverhältnis** bezeichnet.

■ **Beispiel:**

Ein verlustfreier Transformator mit einem Übersetzungsverhältnis von $ü = 4:1$ ist an eine Wechselspannungsquelle mit $U_1 = 12\ \text{V}$ angeschlossen. Der Transformator ist sekundärseitig mit einem Widerstand $R_2 = 10\ \Omega$ belastet (Bild 1.198).

Berechnen Sie die Stromstärke I_1, mit der die Spannungsquelle belastet wird,

a) mithilfe der Spannungs- und Stromübersetzung und

b) mithilfe der Widerstandsübersetzung.

a)
$$ü = \frac{U_1}{U_2}$$
$$U_2 = \frac{U_1}{ü} = \frac{12\ \text{V} \cdot 1}{4}$$
$$U_2 = \mathbf{3\ V}$$
$$I_2 = \frac{U_2}{R_2} = \frac{3\ \text{V}}{10\ \Omega}$$
$$I_2 = \mathbf{0{,}3\ A}$$

$$ü = \frac{I_2}{I_1}$$
$$I_1 = \frac{I_2}{ü} = \frac{300\ \text{mA} \cdot 1}{4}$$
$$I_1 = \mathbf{75\ mA}$$

b)
$$ü^2 = \frac{R_1}{R_2}$$
$$R_1 = ü^2 \cdot R_2 = \left(\frac{4}{1}\right)^2 \cdot 10\ \Omega$$
$$R_1 = \mathbf{160\ \Omega}$$
$$I_1 = \frac{U_1}{R_1} = \frac{12\ \text{V}}{160\ \Omega}$$
$$I_1 = \mathbf{75\ mA}$$

Die Rechnung zeigt, dass der sekundärseitig angeschlossene Widerstand von $10\ \Omega$ die Spannungsquelle genauso belastet, als ob ein Widerstand von $160\ \Omega$ unmittelbar an sie angeschlossen wäre.

Aufgaben

1. Beschreiben Sie anhand einer Skizze den Aufbau und die Wirkungsweise eines Transformators.
2. Auf welche Ursachen ist die Erwärmung eines Transformators zurückzuführen?
3. Bestimmen Sie für die beiden dargestellten Schaltungen jeweils die von den Messinstrumenten angezeigten Größen (Übertrager verlustlos).

a)

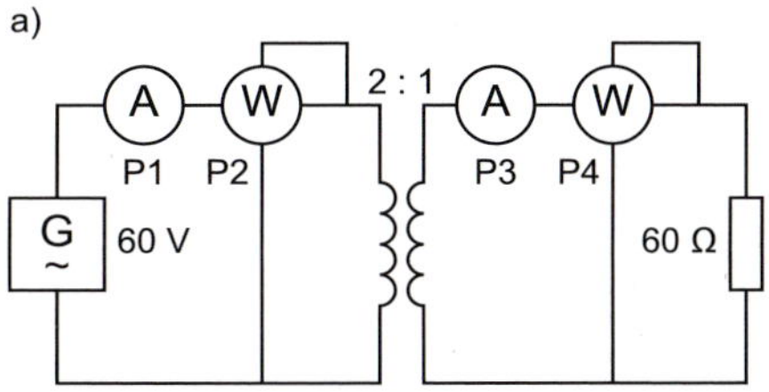

b)

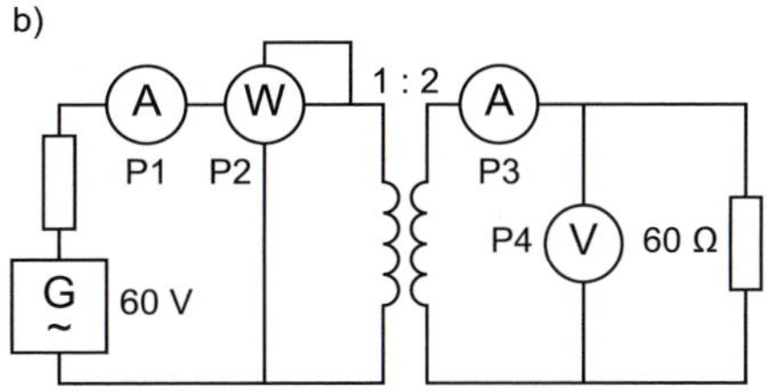

4. Ein Lastwiderstand von $R_L = 12\ \Omega$ liegt an der Sekundärspannung eines Transformators von $U_2 = 2$ V.
   a) Welchen Strom muss der Generator ($U_1 = 120$ V) auf der Primärseite liefern?
   b) Mit welchem Widerstandswert wird der Generator belastet?
   c) Der Lastwiderstand wird auf die Hälfte verkleinert. Wie ändert sich dadurch der Strom auf der Primärseite?
5. Ein verlustbehafteter Transformator nimmt eine Leistung von $P_1 = 2{,}5$ kW auf. Sekundärseitig wird eine Leistung von $P_2 = 2{,}4$ kW abgegeben.
   Wie groß ist der Wirkungsgrad des Transformators?
6. Wie groß ist für die beiden Schalterstellungen 1 und 2 der nebenstehenden Schaltung jeweils
   a) die am Lastwiderstand erzielte Leistung und
   b) die am Innenwiderstand der Spannungsquelle umgesetzte Verlustleistung?

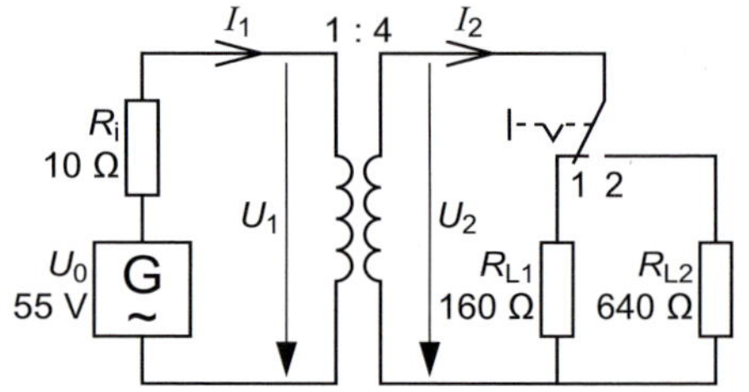

7. Ein Lautsprecher mit $R_1 = 6\ \Omega$ soll mithilfe eines Übertragers an einen Verstärker mit $U = 36$ V und $R_i = 54\ \Omega$ so angeschlossen werden, dass er die größtmögliche Leistung erzielt (vgl. Kap. 4.2.1.2).
   a) Zeichnen Sie die Schaltung.
   b) Bestimmen Sie das Übersetzungsverhältnis des Übertragers.
   c) Berechnen Sie die vom Verstärker an den Lautsprecher abgegebene Leistung.
8. Ein Übertrager hat ein Anpassungsverhältnis von 1:2. Wie groß ist sein Übersetzungsverhältnis?

1.10 Zusammenschaltung von *R*, *L* und *C*

1.10.1 Schaltungen mit ohmschen und induktiven Widerständen

1.10.1.1 Reihenschaltung von *R* und X_L

In einer Reihenschaltung aus Wirkwiderstand *R* und induktivem Blindwiderstand X_L können drei verschiedene Spannungen gemessen werden:

- An *R* die **Wirkspannung U_W**; sie ist mit *I* in Phase.
- An X_L die **Blindspannung U_{bL}**; sie eilt *I* um 90° voraus.
- Die **Gesamtspannung *U***; sie **eilt dem Strom *I* um den Phasenwinkel φ voraus, der zwischen 0 und 90° liegt**.

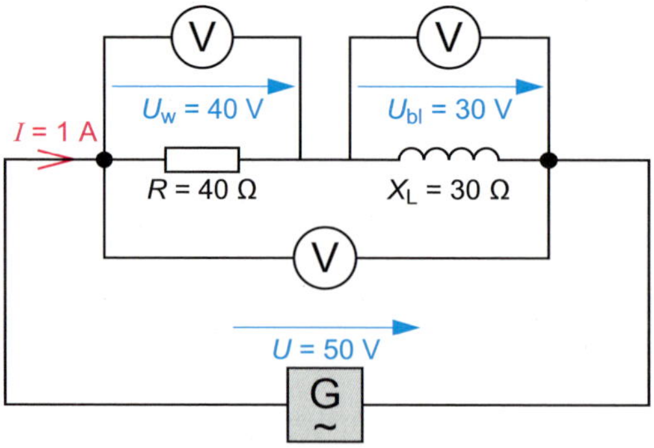

Bild 1.199: Reihenschaltung

Den zeitlichen Verlauf der Gesamtspannung *u* erhält man, wenn man im Liniendiagramm die Augenblickswerte von u_W und u_{bL} addiert.

Das Zeigerdiagramm zeigt, wie aus den Höchstwerten der Teilspannungen die Gesamtspannung nach Größe und Phasenlage ermittelt werden kann.

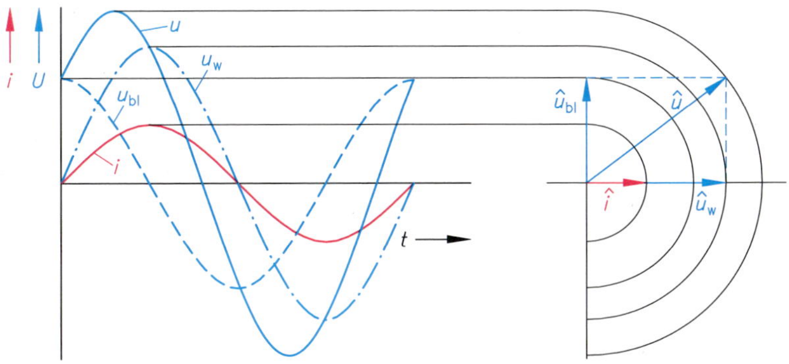

Bild 1.200: Liniendiagramm der Spannungen an der Reihenschaltung und Zeigerdiagramm für den Augenblick t = 0

Beim Aufbau von Zeigerdiagrammen für derartige Schaltungen beginnt man immer mit dem Zeiger der gemeinsamen Größe (hier also der Stromstärke), den man in die Nulllage legt. Daran kann man die Zeiger für Wirk- und Blindwerte anlegen, da deren Phasenlage bekannt ist. Aus dem so entstehenden Parallelogramm ergibt sich mit der Diagonalen der Gesamtwert nach Größe und Phasenlage.

Da man in der Praxis mit den Effektivwerten der Wechselgrößen arbeitet, ersetzt man die Höchstwerte durch die entsprechend umgerechneten Zeiger für die Effektivwerte. Außerdem vereinfacht man die Darstellung, indem man die Zeiger der Teilgrößen aneinanderreiht. So erhält man ein rechtwinkliges Dreieck, das man als **Spannungsdreieck** bezeichnet.

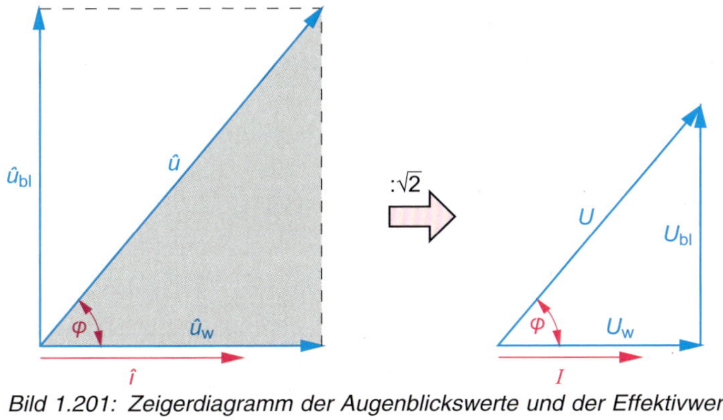

Bild 1.201: Zeigerdiagramm der Augenblickswerte und der Effektivwerte

Durch Anwendung des Lehrsatzes des Pythagoras (vgl. Infomodul D.13 unter **www.westermann.de/links/00815**) kann der Effektivwert der Gesamtspannung aus den Effektivwerten der Teilspannungen berechnet werden. Mithilfe der Winkelfunktionen (vgl. Infomodul D.11 unter **www.westermann.de/links/00815**) lässt sich der Phasenverschiebungswinkel zwischen Strom und Gesamtspannung errechnen.

In einer Reihenschaltung lassen sich die Teilwiderstände berechnen, indem man die Teilspannungen durch die Stromstärke dividiert. Da hierbei alle Seiten des Spannungsdreiecks durch die gleiche Größe (hier die Stromstärke) geteilt werden, ändern sich alle Seiten des Spannungsdreiecks im selben Verhältnis, daher bleiben die Winkel unverändert. Die Seitenlängen des neuen Dreiecks stellen die Größen der Widerstände dar; es wird daher als **Widerstandsdreieck** bezeichnet. Den sich aus diesem Dreieck ergebenden Gesamtwiderstand der Reihenschaltung bezeichnet man als **Scheinwiderstand** Z.

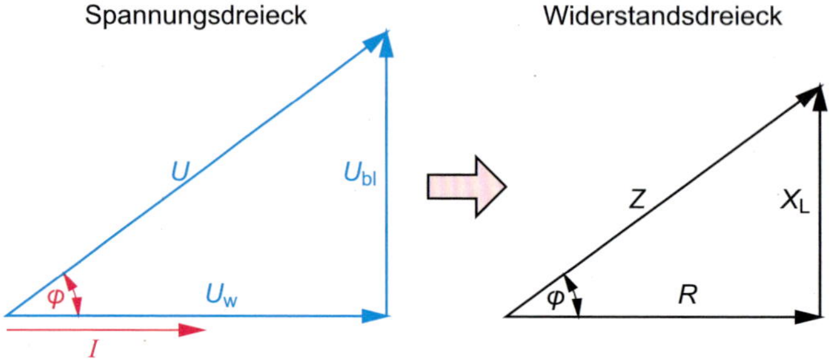

$$U^2 = U_W^2 + U_{bL}^2 \qquad Z = \frac{U}{I} \qquad Z^2 = R^2 + X_L^2$$

$$\cos\varphi = \frac{U_W}{U} \qquad R = \frac{U_w}{I} \qquad \cos\varphi = \frac{R}{Z}$$

$$\sin\varphi = \frac{U_{bL}}{U} \qquad X_L = \frac{U_{bL}}{I} \qquad \sin\varphi = \frac{X_{bL}}{Z}$$

Bild 1.202: Zusammenhang von Spannungsdreieck und Widerstandsdreieck

1.10.1.2 Parallelschaltung von R und X_L

In einer Parallelschaltung aus Wirkwiderstand R und induktivem Blindwiderstand X_L können drei verschiedene Ströme gemessen werden:

- An R die **Wirkstromstärke I_W**; sie ist mit U in Phase.
- An X_L die **Blindstromstärke I_{bL}**; sie eilt der Spannung um 90° nach.
- Die **Gesamtstromstärke I**; sie **eilt der Spannung U um den Phasenwinkel φ nach, der zwischen 0 und 90° liegt**.

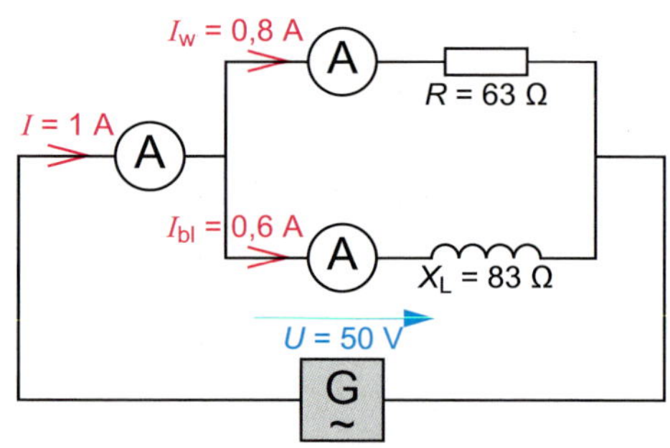

Bild 1.203a: Parallelschaltung

Nach den gleichen Überlegungen wie bei der Reihenschaltung kann für die Parallelschaltung ein **Stromdreieck** für die Effektivwerte gezeichnet werden, ausgehend vom gemeinsamen Spannungszeiger.

Aus dem Stromdreieck kann man durch Division durch die Spannung U das **Leitwertdreieck** bilden, in dem die Seiten durch den **Wirkleitwert G**, den **Blindleitwert B_L** (Kehrwert des induktiven Blindwiderstandes X_L) und den **Scheinleitwert Y** (Kehrwert des Scheinwiderstandes Z) dargestellt werden.

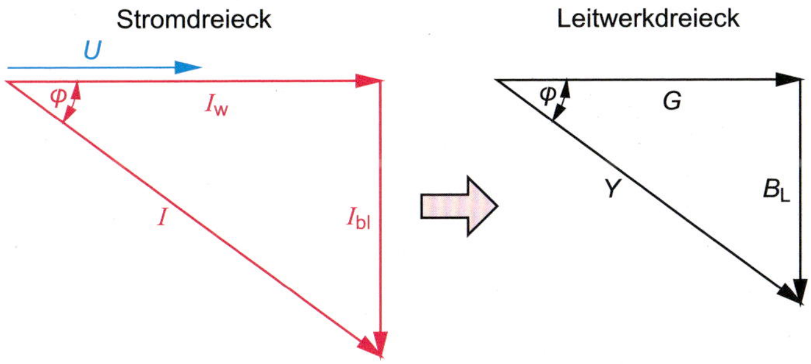

$$I^2 = I_W^2 + I_{bL}^2 \qquad Y = \frac{I}{U} \qquad Y^2 = G^2 + B_{bL}^2$$

$$\cos\varphi = \frac{I_W}{I} \qquad G = \frac{I_W}{U} \qquad \cos\varphi = \frac{G}{Y}$$

$$\sin\varphi = \frac{I_{bL}}{I} \qquad B_L = \frac{I_{bL}}{U} \qquad \sin\varphi = \frac{B_L}{Y}$$

Bild 1.203b: Zusammenhang von Stromdreieck und Leitwertdreieck

1.10.1.3 Leistung in Wechselstromkreisen mit *R* und X_L

Berechnet man die Scheinwiderstände und die Phasenwinkel zwischen *u* und *i*, so ergibt sich:

- Für die Reihenschaltung

$$Z = \sqrt{R^2 + X_L^2} = \sqrt{(42{,}5\ \Omega)^2 + (42{,}5\ \Omega)^2} \rightarrow Z = \mathbf{60\ \Omega}$$

$$\cos\varphi = \frac{R}{Z} = \frac{42{,}5\ \Omega}{60\ \Omega} = 0{,}707 \rightarrow \varphi = \mathbf{45°}$$

- Für die Parallelschaltung

$$Y = \sqrt{G^2 + B_L^2} = \sqrt{\left(\frac{1}{85\ \Omega}\right)^2 + \left(\frac{1}{85\ \Omega}\right)^2} = 16{,}6\ \text{mS} \rightarrow Z = \mathbf{60\ \Omega}$$

$$\cos\varphi = \frac{G}{Y} = \frac{\frac{1}{85}\ \text{S}}{16{,}6\ \text{mS}} = 0{,}707 \rightarrow \varphi = \mathbf{45°}$$

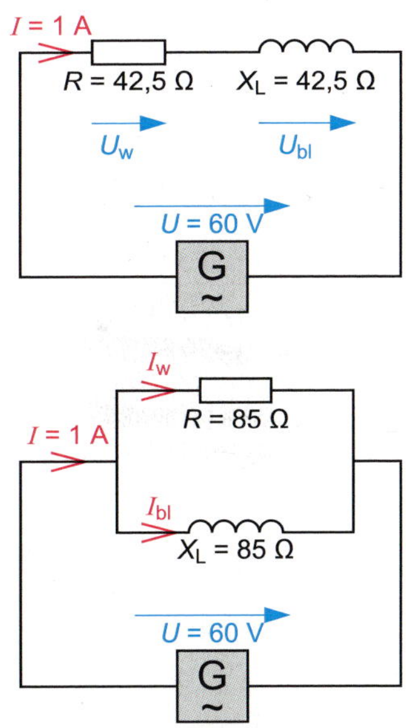

Bild 1.204: Reihen- und Parallelschaltung von R und X_L

Es zeigt sich, dass sowohl die Scheinwiderstände als auch die Phasenverschiebungswinkel beider Schaltungen gleich sind. Daher ergibt sich für beide Schaltungen der gleiche zeitliche Verlauf von Spannung und Stromstärke (Bild 1.205).

Durch Multiplikation der Augenblickswerte von Spannung und Strom ergeben sich die Augenblickswerte der Leistung; sie verläuft z. T. im negativen Bereich.

Der negative Anteil stellt die **Blindleistung** dar, die zwischen Induktivität und Spannungsquelle hin und her schwingt. Da die Blindleistung im positiven Bereich genauso groß ist wie im negativen Bereich, kann man den negativen Teil vom positiven Teil der Gesamtleistung abziehen (grau getönte Flächen). Der verbleibende Teil (rot getönte Flächen) stellt die **Wirkleistung** der Schaltung dar.

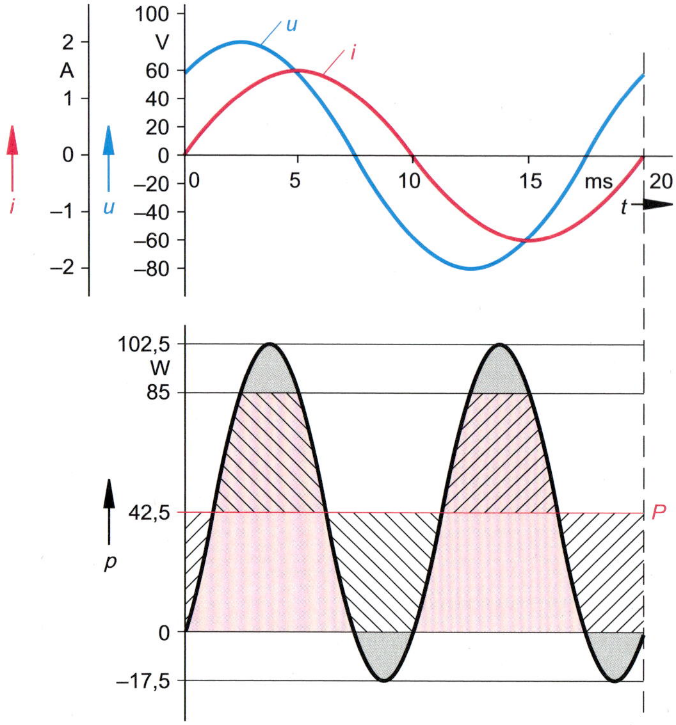

Bild 1.205: Leistung an der Zusammenschaltung von Wirkwiderstand und induktivem Blindwiderstand

Als **Scheinleistung *S*** bezeichnet man die in Wechselstromschaltungen mit Wirk- und Blindwiderständen auftretende Gesamtleistung.

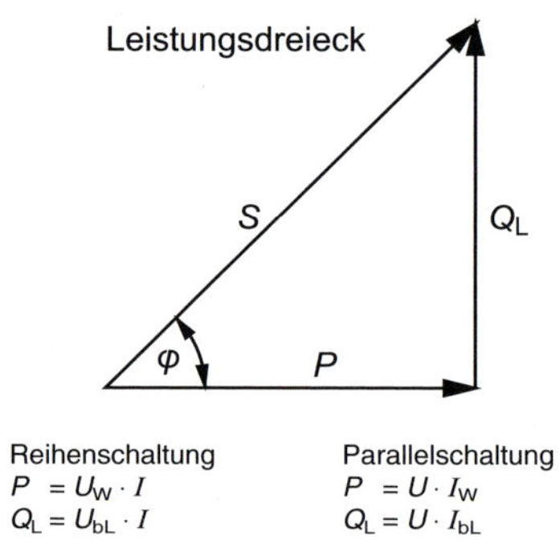

Auch für die Leistungen kann ein Zeigerdiagramm, ein sogenanntes **Leistungsdreieck**, gezeichnet werden; dabei besteht zwischen Reihen- und Parallelschaltung grundsätzlich kein Unterschied.

Zur Berechnung der einzelnen Leistungsgrößen sowie des Leistungsfaktors und des Blindfaktors gelten uneingeschränkt die Gleichungen aus Kapitel 1.6.5.

1.10.1.4 Verlustbehaftete Spule

Spulen, insbesondere Spulen mit Eisenkern, erwärmen sich im Betrieb mehr oder weniger stark. Dies ist ein Zeichen dafür, dass neben der Blindleistung auch Wirkleistung aufgenommen wird. Diese ist unerwünscht und wird daher als **Verlustleistung P_V** bezeichnet.

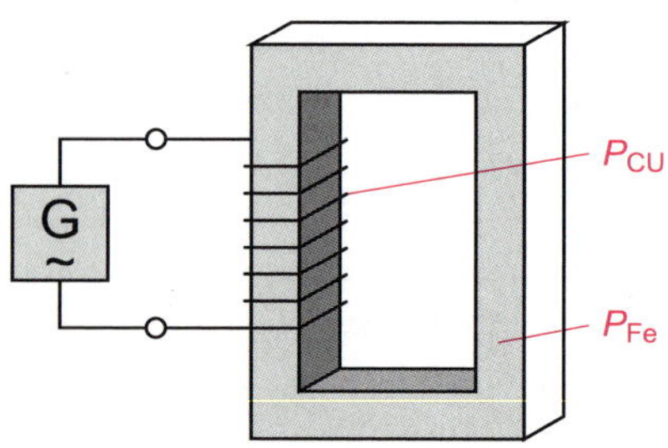

Bild 1.206: Verlustleistung einer Spule

Die Verlustleistung einer Spule setzt sich zusammen aus:

- Den **Wicklungsverlusten P_{Cu}**, die durch den ohmschen Widerstand der Kupferwicklung verursacht werden.

  Sie können klein gehalten werden, indem ein möglichst großer Leiterquerschnitt für die Wicklung gewählt wird.
- Den **Eisenverlusten P_{Fe}**, die durch Wirbelströme und durch die Ummagnetisierung des Kernwerkstoffs entstehen.
  Die Wirbelstromverluste lassen sich durch einen entsprechenden Aufbau des Kerns (Lamellierung oder Ferrite; vgl. Kap. 1.9.3.6) verringern. Die Ummagnetisierungsverluste (Hystereseverluste) können durch Verwendung von weichmagnetischen Werkstoffen minimiert werden (vgl. Kap 1.9.1.4).

Die Spulenverluste werden rechnerisch durch einen Wirkwiderstand R_V erfasst, den man sich in Reihe zur verlustfreien Induktivität geschaltet denkt.

Eine verlustbehaftete (reale) Spule kann durch eine Reihenschaltung aus Verlustwiderstand R_V und Induktivität L dargestellt werden (**Ersatzschaltung einer Spule**).

Während eine verlustfreie Spule eine Phasenverschiebung von 90° zwischen Strom und Spannung bewirkt, ist der Phasenverschiebungswinkel von realen Spulen immer kleiner als 90°.

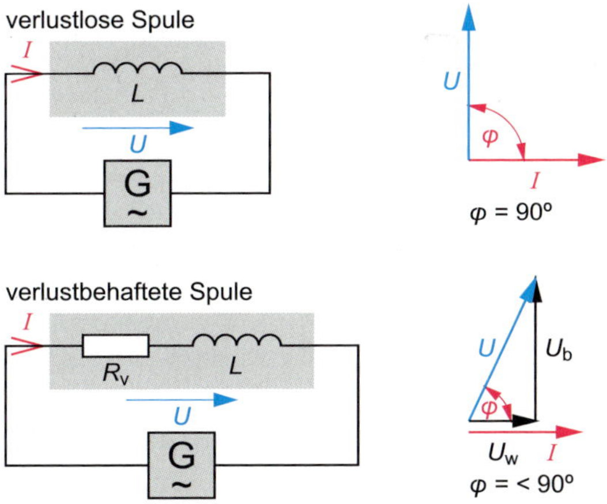

Bild 1.207: Phasenverschiebung zwischen U und I

Aufgaben

1. Geben Sie für die nebenstehenden Schaltungen den Phasenverschiebungswinkel an zwischen
   a) U_W und I,
   b) U_{bL} und I,
   c) I_W und U,
   d) I_{bL} und U,
   e) I und U.
   f) Wie ändern sich die unter a) bis e) angegebenen Phasenverschiebungswinkel, wenn die Frequenz der anliegenden Wechselspannung erhöht wird?

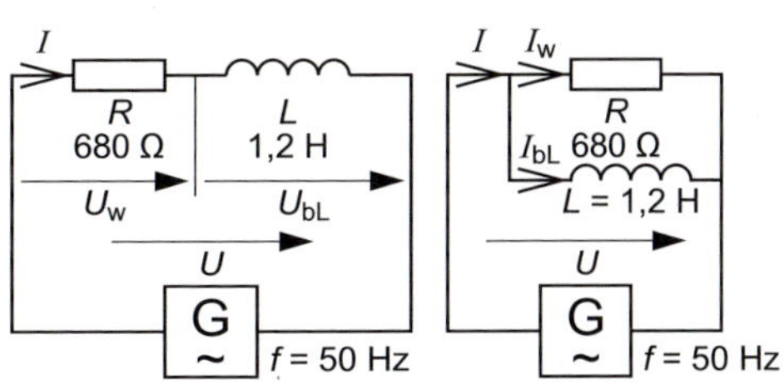

2. In einer Reihenschaltung aus $R = 30\ \Omega$ und $X_L = 40\ \Omega$ fließt der Strom $I = 0{,}2$ A.
   a) Zeichnen Sie das Spannungsdreieck (Maßstab: 1 cm ≙ 2 V).
   b) Zeichnen Sie das Widerstandsdreieck (Maßstab: 1 cm ≙ 10 Ω).
   c) Berechnen Sie den Scheinwiderstand Z, die Gesamtspannung U und den Phasenverschiebungswinkel φ der Schaltung.

3. An einer Parallelschaltung aus $R = 200\ \Omega$ und $X_L = 150\ \Omega$ liegt die Spannung $U = 60$ V.
   a) Zeichnen Sie das Stromdreieck (Maßstab: 1 cm ≙ 0,1 A).
   b) Zeichnen Sie das Leitwertdreieck (Maßstab: 1 cm ≙ 1 ms).
   c) Berechnen Sie den Gesamtstrom I, den Scheinleitwert Y, den Scheinwiderstand Z und den Phasenverschiebungswinkel φ der Schaltung.

4. Welche Leistungsarten unterscheidet man in einem Wechselstromkreis? Welche der genannten Leistungen können mit einem Leistungsmessgerät gemessen werden?

5. a) Wie groß ist die in der nebenstehenden Schaltung vom Leistungsmessgerät angezeigte Leistung?
   b) Berechnen Sie die Scheinleistung und den Leistungsfaktor der Schaltung.
   c) Wie groß ist die Induktivität der Schaltung?

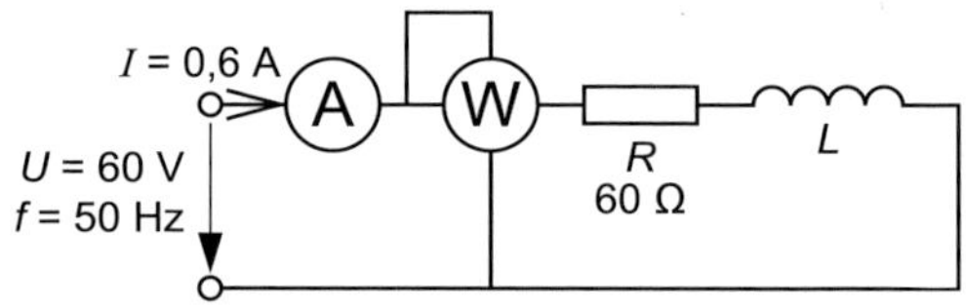

6. Das Leistungsschild eines Motors enthält folgende Angaben: $U = 230$ V/50 Hz, $\eta = 0{,}6$, $\cos\varphi = 0{,}8$, $P = 1{,}8$ kW.

   Berechnen Sie die Stromstärke in der Zuleitung des Motors.

7. Zeichnen Sie zu dem nebenstehenden Zeigerdiagramm zwei mögliche Schaltungen und geben Sie Werte für den Wirkwiderstand und den induktiven Blindwiderstand jeder Schaltung an.

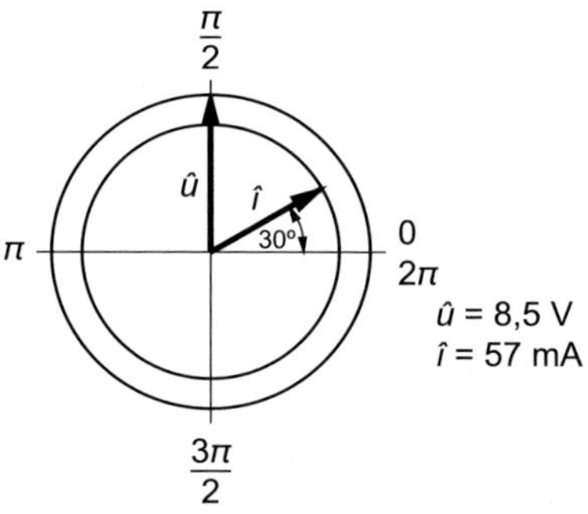

8. Wodurch werden die Verluste einer Spule mit Eisenkern verursacht? Nennen Sie konstruktive Maßnahmen, mit denen die Spulenverluste verringert werden können.

9. Durch eine Gleichstrom- und eine Wechselstrommessung sollen die Eisenverluste einer Spule ermittelt werden (s. untenstehende Messschaltungen).
   a) Zeichnen Sie das Ersatzschaltbild für die verlustbehaftete Spule.
   b) Berechnen Sie den Widerstand der Kupferwicklung R_{Cu} und die bei der Wechselstrommessung auftretende Verlustleistung der Wicklung P_{Cu}.
   c) Berechnen Sie die Verlustleistung des Eisenkerns P_{Fe} und den dieser Verlustleistung entsprechenden Verlustwiderstand R_{Fe}.
   d) Wie groß ist der gesamte Verlustwiderstand R_V der Spule?
   e) Wie groß ist die Induktivität der Spule?

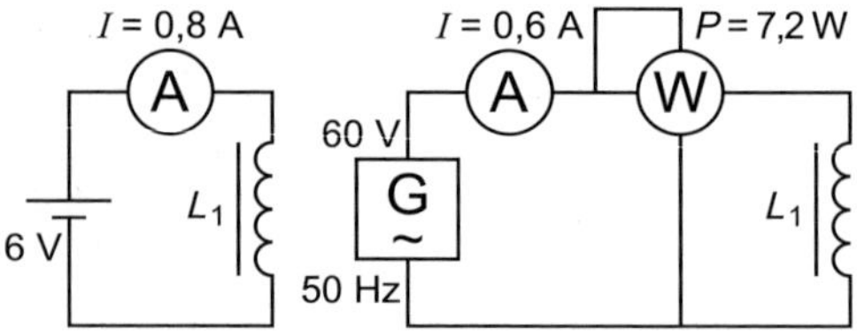

1.10.2 Schaltungen mit ohmschen und kapazitiven Widerständen

1.10.2.1 Reihen- und Parallelschaltung von *R* und X_C

Grundsätzlich gelten für die Zusammenschaltung von *R* und X_C die gleichen Regeln, die auch den Schaltungen mit *R* und X_L zugrunde liegen.

In der **Reihenschaltung** können wieder drei Spannungen gemessen werden:

- An *R* die **Wirkspannung** U_W; sie ist mit dem Strom phasengleich.
- An X_C die **Blindspannung** U_{bC}; sie eilt dem Strom um 90° nach.
- Die **Gesamtspannung** U; sie **eilt dem Strom** I **um den Phasenwinkel** φ **nach, der zwischen 0 und 90° liegt**.

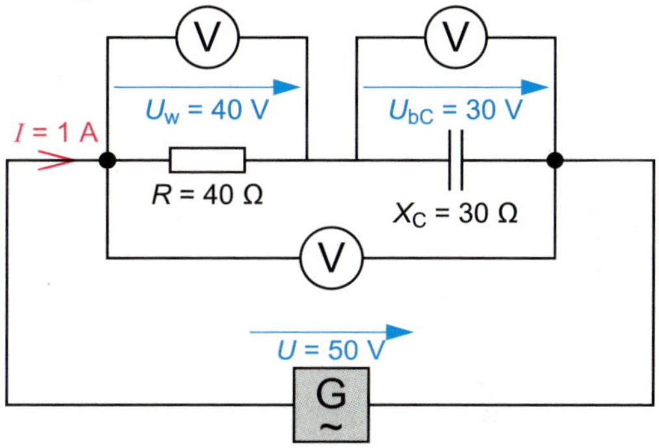

Bild 1.208: Reihenschaltung

Die Darstellung und Berechnung der Größen im Spannungsdreieck und im Widerstandsdreieck erfolgen in der bei den Induktivitäten eingeführten Art und Weise.

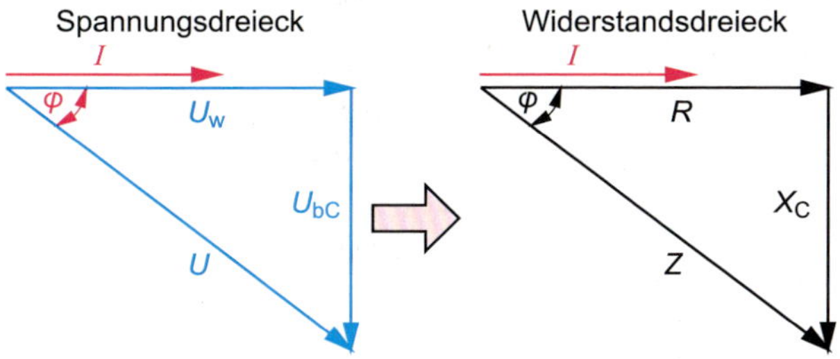

$$U^2 = U_W^2 + U_{bC}^2$$

$$Z = \frac{U}{I}$$

$$Z^2 = R^2 + X_C^2$$

Bild 1.209: Zusammenhang von Spannungs- und Widerstandsdreieck

In der **Parallelschaltung** können drei verschiedene Ströme gemessen werden:

- An *R* die **Wirkstromstärke** I_W; sie ist mit *U* in Phase.
- An X_C die **Blindstromstärke** I_{bC}; sie eilt der Spannung um 90° voraus.
- Die **Gesamtstromstärke** I; sie **eilt der Spannung** U **um den Phasenwinkel** φ **voraus, der zwischen 0 und 90° liegt**.

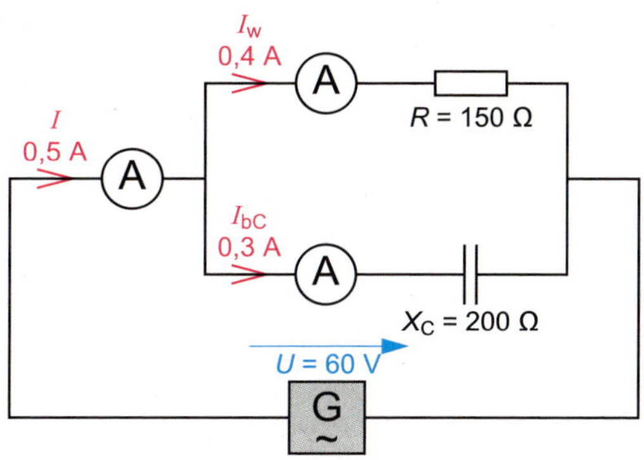

Bild 1.210: Parallelschaltung

Die Berechnung der in den Dreiecken dargestellten Größen erfolgt mithilfe der Regel des Pythagoras und der Winkelfunktionen (vgl. Infomodul D.11 unter **www.westermann.de/links/00815**).

Vergleicht man abschließend die Schaltungen aus R und X_C mit den Schaltungen aus R und X_L, so erkennt man das entgegengesetzte Phasenverhalten zwischen Strom und Spannung.

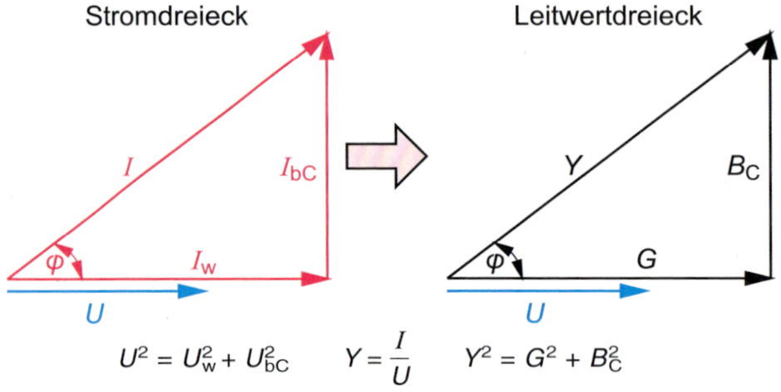

Bild 1.211:
Zusammenhang von Stromdreieck und Leitwertdreieck

1.10.2.3 Verlustbehafteter Kondensator

Obgleich der Kondensator einem verlustfreien Bauelement sehr nahekommt, treten dennoch auch hier Verluste auf, die sich durch geringfügige Erwärmung bemerkbar machen.

Im Wesentlichen gibt es drei Ursachen für die Verluste in einem Kondensator:

- Die Kondensatorbeläge wirken als Leiterwiderstand.
- Das Dielektrikum zwischen den Belägen wirkt als Isolator, über den jedoch ein geringer Strom (Leckstrom) fließen kann.
- Die Umpolarisierung der Moleküle im Dielektrikum führt insbesondere bei hohen Frequenzen zu merklichen Verlusten (vergleichbar mit den Ummagnetisierungsverlusten im Eisenkern einer Spule).

Die verschiedenen Verluste werden in einem **Verlustwiderstand R_V** zusammengefasst, den man sich als Parallelwiderstand zu einer reinen Kapazität denkt.

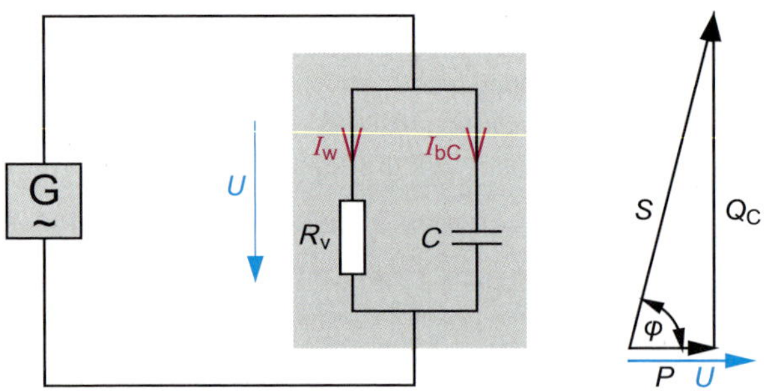

Bild 1.212:
Ersatzschaltung und Verlustleistung eines Kondensators

Ein verlustbehafteter Kondensator kann durch eine Parallelschaltung aus einer Kapazität C und dem Verlustwiderstand R_V ersetzt werden (**Ersatzschaltung eines Kondensators**).

Die Verlustleistung (Wirkleistung) eines Kondensators ist umso geringer, je kleiner der in der Ersatzschaltung fließende Wirkstrom ist, d. h. je größer der Verlustwiderstand R_V ist.

Aufgaben

1. In einer Reihenschaltung aus $R = 300\ \Omega$ und $X_C = 400\ \Omega$ fließt der Strom $I = 20$ mA.
   a) Zeichnen Sie das Spannungsdreieck (Maßstab: 1 cm ≙ 2 V).
   b) Zeichnen Sie das Widerstandsdreieck (Maßstab: 1 cm ≙ 100 Ω).
   c) Berechnen Sie den Scheinwiderstand Z, die Gesamtspannung U und den Phasenverschiebungswinkel φ der Schaltung.

2. Eine Parallelschaltung aus $R = 200\ \Omega$ und $X_C = 150\ \Omega$ liegt an der Spannung $U = 60$ V.
   a) Zeichnen Sie das Stromdreieck (Maßstab: 1 cm ≙ 0,1 A).
   b) Zeichnen Sie das Leitwertdreieck (Maßstab: 1 cm ≙ 1 mS).
   c) Berechnen Sie den Scheinleitwert Y, den Scheinwiderstand Z, den Gesamtstrom I und den Phasenverschiebungswinkel φ der Schaltung.

3. Wie ändert sich der Phasenverschiebungswinkel zwischen Strom und Spannung bei zunehmender Frequenz
   a) bei einer Reihenschaltung und
   b) bei einer Parallelschaltung aus R und C?

4. Für einen Kondensator wird vom Hersteller die Kapazität $C = 2{,}7$ nF angegeben. Beim Anschluss des Kondensators an eine Wechselspannungsquelle mit $U = 60$ V und $f = 400$ Hz wird eine Stromstärke $I = 0{,}42$ mA gemessen.
   a) Zeichnen Sie die Ersatzschaltung für einen verlustbehafteten Kondensator.
   b) Berechnen Sie aus dem Messergebnis den Verlustwiderstand des Kondensators.

1.10.3 Schaltungen mit ohmschen, induktiven und kapazitiven Widerständen

1.10.3.1 Reihenschaltung mit R, X_L und X_C

Wird in einer Reihenschaltung von Widerständen ein weiterer Widerstand in Reihe geschaltet, so erwartet man, dass der Gesamtwiderstand größer und damit die Stromstärke kleiner wird. Schaltet man allerdings zu einer Reihenschaltung von R und X_L einen Kondensator X_C in Reihe, so kann bei geeigneter Wahl der Kapazität die Stromstärke steigen.

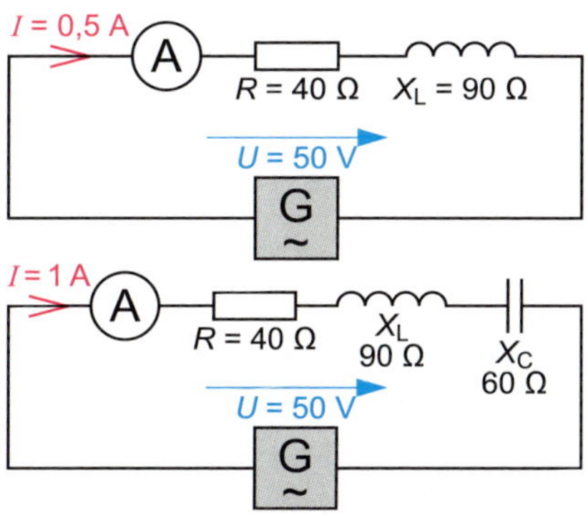

Bild 1.213: Stromanstieg in einer Reihenschaltung

Dass trotz des Zuschaltens eines weiteren Reihenwiderstandes der Gesamtwiderstand Z kleiner wird, erklärt sich aus dem entgegengesetzten Phasenverhalten von Strom und Spannung an den beiden Blindwiderständen: An der Induktivität eilt die Spannung dem Strom um 90° voraus, an der Kapazität um 90° nach.

! In einer Reihenschaltung von X_L und X_C sind die induktive Blindspannung und die kapazitive Blindspannung um 180° phasenverschoben.

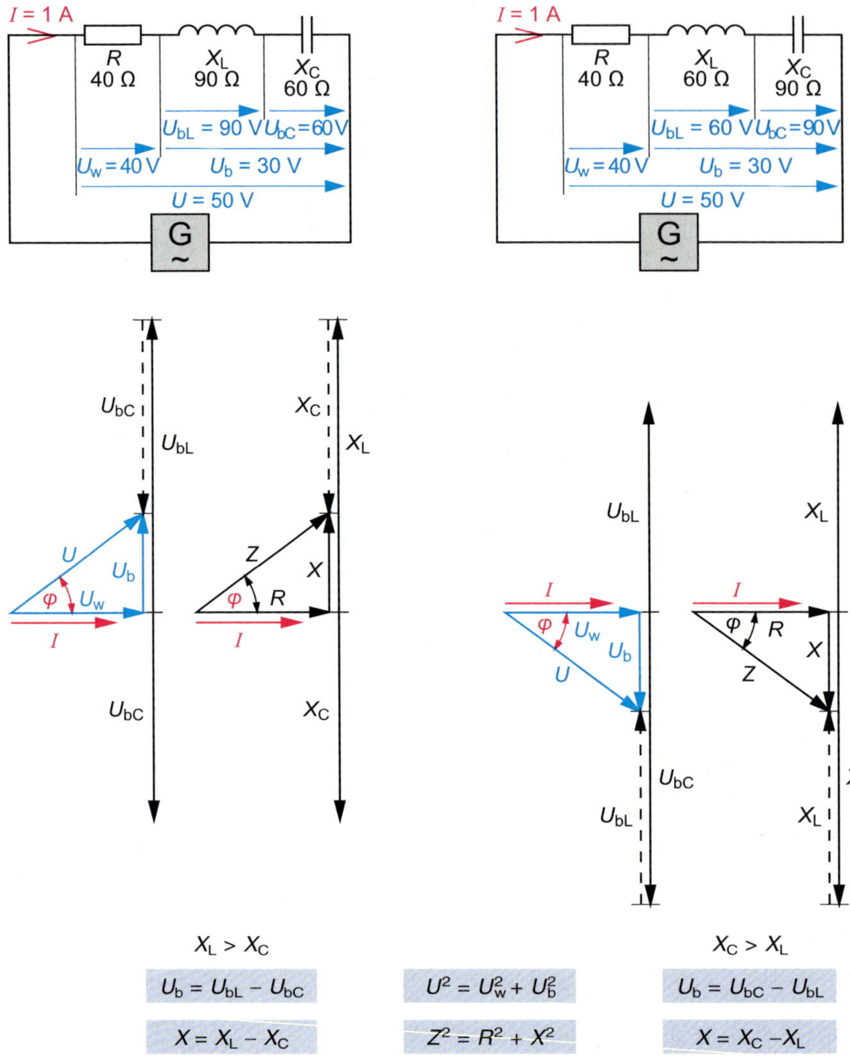

Bild 1.214: Berechnung der Reihenschaltung aus R, L und C

In Bild 1.214 sind zwei Reihenschaltungen dargestellt, die sich in den Widerstandswerten für X_L und X_C unterscheiden.

Die Zeigerdiagramme der Spannungen erhält man, indem man U_W in Phase mit dem Strom I, U_{bL} um 90° voreilend und U_{bC} um 90° nacheilend zeichnet.

Die Gesamtblindspannung U_b ergibt sich durch Aneinanderreihen von U_{bL} und U_{bC}. Die Länge des Zeigers für U_b entspricht der Differenz der Zeigerlängen von U_{bL} und U_{bC}. Entsprechendes gilt für den Zusammenhang der Widerstände.

An der Phasenlage von Strom und Gesamtspannung erkennt man, dass eine Reihenschaltung mit X_L und X_C je nach Größe der Blindwiderstände induktiv ($X_L > X_C$) oder kapazitiv ($X_L < X_C$) wirken kann.

Vergleicht man in den beiden Reihenschaltungen die Höhe der Teilspannungen mit der angelegten Gesamtspannung, so erkennt man:

> In einer Reihenschaltung aus R, X_L und X_C können an den Blindwiderständen Spannungen auftreten, die größer als die anliegende Gesamtspannung sind (**Spannungsüberhöhung**).

1.10.3.2 Parallelschaltung von R, X_L und X_C

Wird zu einer Parallelschaltung von Widerständen ein weiterer Widerstand parallel geschaltet, so erwartet man, dass der Gesamtwiderstand kleiner und damit die Stromstärke größer wird. Schaltet man allerdings zu einer Parallelschaltung von R und X_L einen Kondensator parallel, so kann bei geeigneter Wahl der Kapazität die Stromstärke sinken.

Dass trotz des Zuschaltens eines weiteren Parallelwiderstandes der Gesamtleitwert Y kleiner (der Gesamtwiderstand Z größer) wird, erklärt sich – wie bei der Reihenschaltung – aus dem entgegengesetzten Phasenverhalten von Strom und Spannung an den beiden Blindwiderständen: An der Induktivität eilt die Spannung dem Strom um 90° voraus, an der Kapazität um 90° nach.

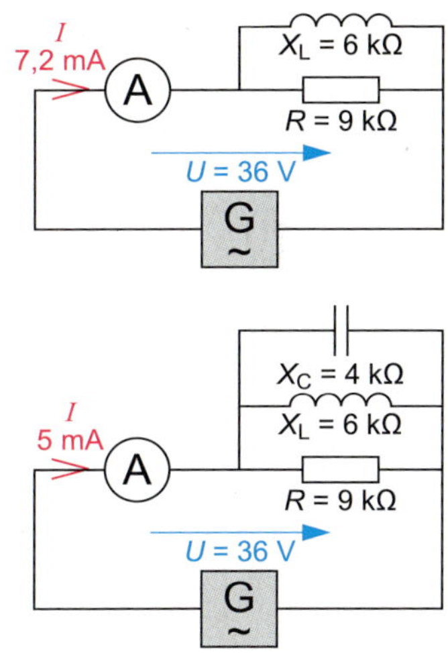

Bild 1.215: Stromabnahme in der Parallelschaltung

> In einer Parallelschaltung von X_L und X_C sind der induktive Blindstrom und der kapazitive Blindstrom um 180° phasenverschoben.

In Bild 1.216 sind zwei Parallelschaltungen dargestellt, die sich in den Widerstandswerten für X_L und X_C unterscheiden.

Die Zeigerdiagramme der Ströme erhält man, indem man I_W in Phase mit der Spannung U, I_{bL} um 90° nacheilend und I_{bC} um 90° voreilend zeichnet.

Die Gesamtblindstromstärke I_b ergibt sich durch Aneinanderreihen von I_{bL} und I_{bC}. Die Länge des Zeigers für I_b entspricht der Differenz der Zeigerlängen von I_{bL} und I_{bC}. Entsprechendes gilt für den Zusammenhang der Leitwerte.

Eine Parallelschaltung von X_L und X_C wirkt induktiv, wenn $X_L < X_C$, sie wirkt kapazitiv, wenn $X_L > X_C$.

Vergleicht man in den beiden Parallelschaltungen die Größe der Teilströme mit dem Gesamtstrom, so erkennt man:

> In einer Parallelschaltung aus R, X_L und X_C können die Blindströme größer sein als der Gesamtstrom (**Stromüberhöhung**).

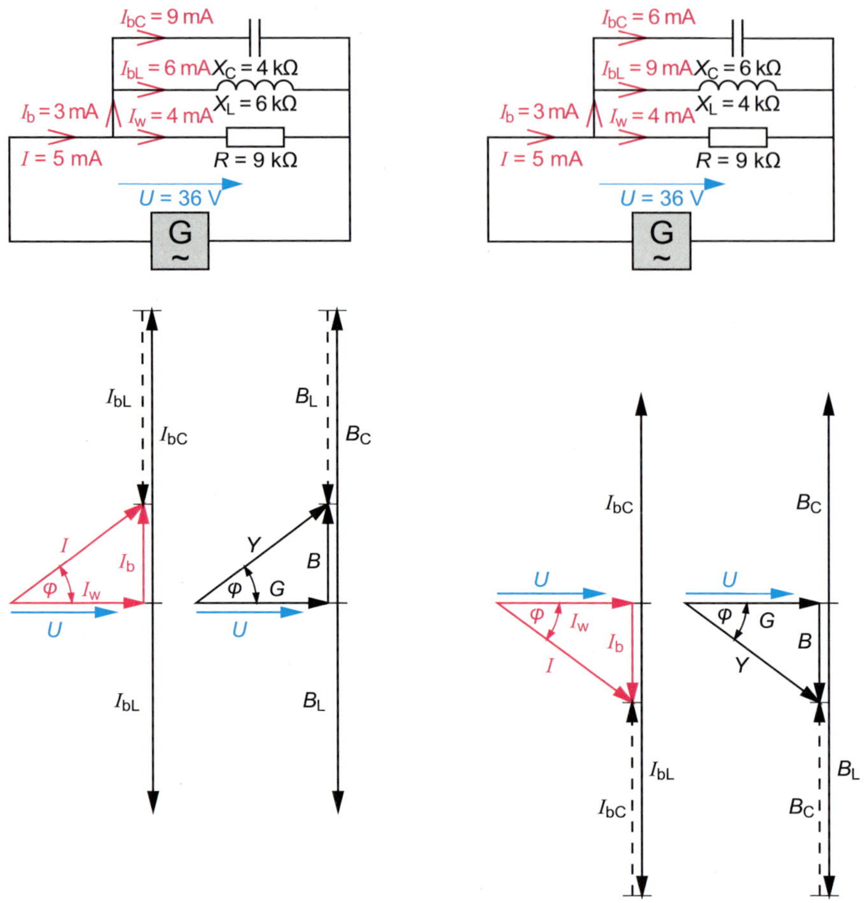

$X_L > X_C$

$I_b = I_{bC} - I_{bL}$

$B = B_C - B_L$

$I^2 = I_w^2 + I_b^2$

$Y^2 = G^2 + B^2$

$X_C > X_L$

$I_b = I_{bL} - I_{bC}$

$B = B_L - B_C$

Bild 1.216: Berechnung der Parallelschaltung von R, L und C

1.10.3.3 Kompensation der Blindleistung

Bei allen nach dem elektromagnetischen Prinzip arbeitenden Betriebsmitteln – wie Motoren, Transformatoren, Drosselspulen usw. – tritt neben der Wirkleistung auch eine induktive Blindleistung auf. Es wird jedoch nur die Wirkleistung von einem Verbraucher in eine nutzbare Leistung umgewandelt. Die Blindleistung wird nicht genutzt; sie pendelt zwischen Spannungsquelle und Verbraucher hin und zurück; sie wird vom kWh-Zähler nicht gemessen. Sie belastet jedoch die gesamte elektrische Anlage vom Generator über die Transformatoren und die Leitungen bis zum Verbraucher.

Die EVU schreiben daher den Großabnehmern einen Mindestleistungsfaktor vor, der ja das Verhältnis von Wirkleistung zu Scheinleistung angibt (vgl. Kap. 1.6.5). Beträgt dieser z. B. $\cos \varphi = 0{,}9$, so muss 90 % der vom Verbraucher aufgenommenen Scheinleistung als Wirkleistung genutzt werden.

Die induktive Blindleistung eines Verbrauchers wird durch dessen Bauart bestimmt und kann nicht verringert werden. Durch Parallelschalten eines Kondensators kann jedoch die über das Leitungsnetz hin- und zurückschwingende Blindleistung klein gehalten werden; sie schwingt dann nicht mehr zwischen Erzeuger und Verbraucher, sondern nur zwischen dem Kondensator und dem Verbraucher, sodass das Netz entlastet wird. Man sagt: Die induktive Blindleistung des Verbrauchers wird durch das Zuschalten des Kondensators ausgeglichen oder „kompensiert“. Durch die kleinere Gesamtblindleistung wird die Scheinleistung und somit die Stromstärke geringer; die Wirkleistung ändert sich hierdurch nicht.

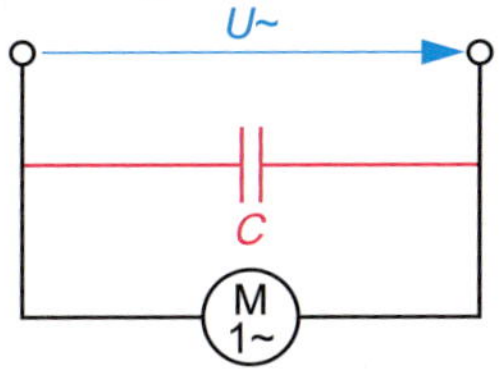

Bild 1.217: Kompensation

! Durch **Kompensation** der Blindleistung eines Verbrauchers wird die Stromstärke im Leitungsnetz bei unverminderter Wirkleistung herabgesetzt.

Die Parallelkompensation wird am häufigsten angewendet. Grundsätzlich möglich ist auch die Reihenkompensation. Da jedoch in der Reihenschaltung von X_L und X_C eine Spannungsüberhöhung auftreten kann, ist die Anwendung der Reihenkompensation seltener.

■ **Beispiel:**

Auf dem Leistungsschild eines Motors sind folgende Daten angegeben: U = 230 V/50 Hz, P = 1,2 kW, η = 0,85, $\cos\varphi$ = 0,6.

Der Leistungsfaktor des Motors soll durch Parallelkompensation auf $\cos\varphi$ = 0,9 verbessert werden (Schaltung in Bild 1.217).

Wie groß muss die Kapazität des Kompensationskondensators gewählt werden? Wie groß ist der in der Zuleitung fließende Strom ohne und mit Kompensation?

Lösung

Die Leistungsangabe auf dem Leistungsschild bezieht sich auf die vom Motor abgegebene Wirkleistung. Die zugeführte Wirkleistung ist:

$$\eta = \frac{P_{ab}}{P_{zu}} \rightarrow P_{zu} = \frac{P_{ab}}{\eta} = \frac{1{,}2\ \text{kW}}{0{,}85}$$

$$P_{zu} = \mathbf{1{,}41\ kW}$$

Mit dem Leistungsfaktor berechnen wir die aufgenommene Scheinleistung:

$$\cos\varphi = \frac{P}{S} \rightarrow S = \frac{P}{\cos\varphi} = \frac{1{,}41\ \text{kW}}{0{,}6}$$

$$S = \mathbf{2{,}35\ kW}$$

Aus der Scheinleistung ermitteln wir die Blindleistung des Motors:

$$S^2 = P^2 + Q_L^2 \rightarrow Q_L = \sqrt{S^2 - P^2} = \sqrt{(2{,}35\ \text{kW})^2 - (1{,}41\ \text{kW})^2}$$

$$Q_L = \mathbf{1{,}88\ kW}$$

Da durch die Kompensation die Wirkleistung unverändert bleibt, berechnen wir die Blindleistung bei dem gewünschten Leistungsfaktor:

$$S = \frac{P}{\cos\varphi} = \frac{1{,}41\ \text{kW}}{0{,}9}$$

$$S = 1{,}57\ \text{kW}$$

$$Q = \sqrt{S^2 - P^2} = \sqrt{(1{,}57\ \text{kW})^2 - (1{,}41\ \text{kW})^2}$$

$$Q = \mathbf{0{,}69\ kW}$$

Die Kapazität des Kompensationskondensators muss so bemessen werden, dass er die Differenz der beiden Blindleistungen kompensieren kann:

$$Q = Q_L - Q_C \rightarrow Q_C = Q_L - Q = 1{,}88 \text{ kW} - 0{,}69 \text{ kW}$$

$$Q_C = \mathbf{1{,}19\ kW}$$

$$Q_C = \frac{U^2}{X_C} \rightarrow X_C = \frac{U^2}{Q_C} = \frac{(230 \text{ V})^2}{1{,}19 \text{ kW}}$$

$$X_C = \mathbf{44{,}5\ \Omega}$$

$$X_C = \frac{1}{2\pi \cdot f \cdot C} \rightarrow C = \frac{1}{2\pi \cdot f \cdot X_C} = \frac{1}{2\pi \cdot 50 \text{ Hz} \cdot 44{,}5\ \Omega}$$

$$C = \mathbf{71{,}5\ \mu F}$$

Die Stromstärke in der Zuleitung berechnen wir aus der Scheinleistung. Ohne Kompensation ist:

$$I = \frac{S}{U} = \frac{2{,}35 \text{ kW}}{230 \text{ V}}$$

$$I = \mathbf{10{,}2\ A}$$

Mit Blindleistungskompensation ist:

$$I = \frac{S}{U} = \frac{1{,}57 \text{ kW}}{230 \text{ V}}$$

$$I = \mathbf{6{,}83\ A}$$

Durch die Kompensation wird also bei gleicher Wirkleistung des Motors die Stromstärke um $\Delta I = 3{,}37$ A verringert.

Aufgaben

1. Eine Spule mit dem Verlustwiderstand $R = 26\ \Omega$ und der Induktivität $L = 0{,}86$ H ist an eine Wechselspannungsquelle mit $U = 6$ V und $f = 50$ Hz angeschlossen.
   a) Zeichnen Sie die Ersatzschaltung der Spule.
   b) Berechnen Sie die Stromstärke durch die Spule.
   c) Ein Kondensator mit der Kapazität $C = 8{,}2\ \mu$F wird in Reihe zu der Spule geschaltet. Wie groß ist jetzt die Stromstärke in der Spule?
   d) Berechnen Sie für die Reihenschaltung die Spannung am Kondensator und an der Spule.
2. Unter welcher Voraussetzung wirkt
   a) eine Reihenschaltung und
   b) eine Parallelschaltung aus R, L und C kapazitiv?
3. Gegeben ist die nebenstehende Schaltung.
   a) Zeichnen Sie für die Schaltung das Spannungsdreieck und das Widerstandsdreieck (Maßstäbe: 1 cm ≙ 1 V, 1 cm ≙ 100 Ω).
   b) Wie groß muss die Kapazität des Kondensators gewählt werden, wenn die Schaltung bei gleich großem Scheinwiderstand induktiv wirken soll? Zeichnen Sie für diesen Fall ebenfalls das Spannungs- und das Widerstandsdreieck.

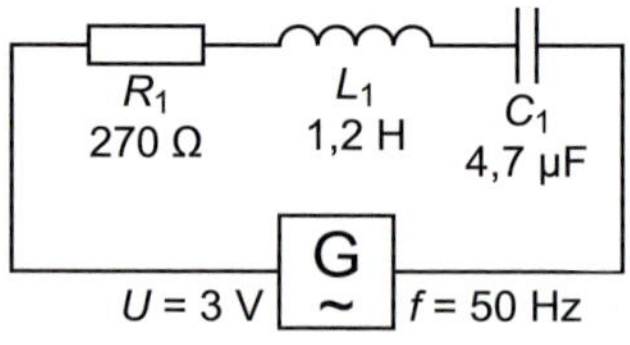

4. Welche Sachverhalte werden durch die Begriffe „Spannungsüberhöhung" und „Stromüberhöhung" beschrieben?
5. Für einen Motor ist der Leistungsfaktor $\cos \varphi = 0{,}5$ angegeben. Welche Information enthält diese Angabe?

6. Erklären Sie am Beispiel des Motors in Aufgabe 5) den Begriff „Kompensation“.

7. Ein Lichtband besteht aus 30 Leuchtstofflampen mit einer Leistung von je 65 W (siehe nebenstehende Schaltung). Jeder Leuchtstofflampe ist eine Drosselspule vorgeschaltet, sodass sich der Leistungsfaktor $\cos\varphi = 0{,}5$ ergibt.

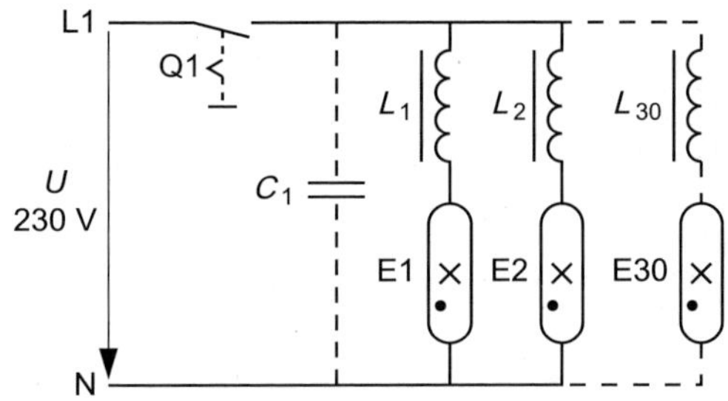

   a) Zeichnen Sie das Leistungsdreieck für das Lichtband (Maßstab 1 cm ≙ 300 W).
   b) Berechnen Sie die Stromstärke in der Zuleitung.
   c) Die Blindleistung des Lichtbandes soll durch einen Gruppenkondensator in Parallelschaltung vollständig kompensiert werden. Wie groß muss die Kapazität des Kondensators gewählt werden?
   d) Zeichnen Sie für das Lichtband mit Kompensation ebenfalls das Leistungsdreieck.
   e) Wie groß ist die Stromstärke in der Zuleitung bei vollständiger Kompensation der Blindleistung?

8. Begründen Sie, warum die Energieversorgungsunternehmen den Großabnehmern von elektrischer Energie einen Mindestwert für den Leistungsfaktor vorschreiben.

9. Eine Leuchtstofflampe mit der Leistung $P = 30$ W wird mit einem kapazitiven Vorschaltgerät betrieben (Schaltung untenstehend). Auf dem Vorschaltgerät sind folgende Daten aufgedruckt: $U = 230$ V/50 Hz, $I = 0{,}43$ A, $C = 3{,}6\,\mu$F, $\cos\varphi = 0{,}5$ (kapazitiv).

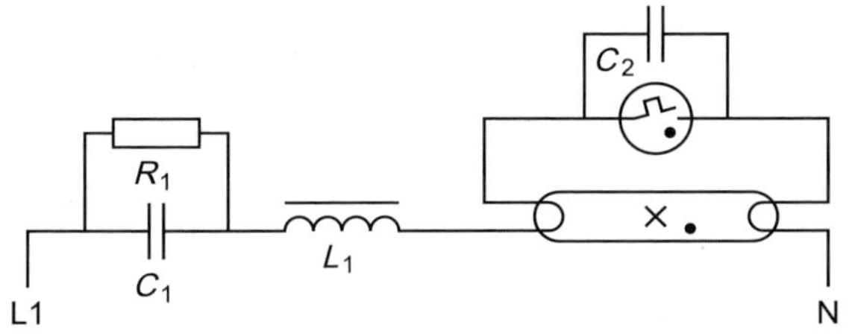

   a) Zeichnen Sie die Ersatzschaltung für die Leuchtstofflampe und das Vorschaltgerät unter Berücksichtigung des Verlustwiderstandes der Spule.
   b) Wie groß ist der Scheinwiderstand der Schaltung?

   Hinweis: *Bei dieser und den folgenden Rechnungen können der Widerstand R_1 und der Kondensator C_2 vernachlässigt werden!*

   c) Berechnen Sie den Wirkwiderstand und den Blindwiderstand der Schaltung.
   d) Zeichnen Sie für die Schaltung das Widerstandsdreieck (Maßstab 1 cm ≙ 100 Ω).
   e) Berechnen Sie den kapazitiven Blindwiderstand des Kondensators C_1. Zeichnen Sie den Zeiger für den Blindwiderstand in das Widerstandsdreieck der Aufgabe e) ein.
   f) Entnehmen Sie aus dem Widerstandsdreieck den Wert für den induktiven Blindwiderstand der Spule und überprüfen Sie das Ergebnis durch eine Rechnung.
   g) Wie groß ist die Induktivität der Spule?
   h) Berechnen Sie den Wirkwiderstand der Leuchtstofflampe und den Verlustwiderstand (Wirkwiderstand) der Spule.
   i) Wie groß ist der Höchstwert der Spannung, die im Betrieb am Kondensator auftritt.
   j) Welche Aufgabe hat der Widerstand R_1?

   Hinweis: *Beachten Sie bei der Beantwortung das Ergebnis der Aufgabe i.*

   k) Wozu dient der Kondensator C_2?

1.10.4 Der elektrische Schwingkreis

1.10.4.1 Eigenschwingung eines Schwingkreises

Schaltet man einen geladenen Kondensator mit einer Spule zu einem Stromkreis zusammen, so kann er sich über die Spule entladen. An den in der Schaltung eingetragenen Zählpfeilen für Strom und Spannungen erkennt man:

- Am Kondensator sind die Richtungen von Strom und Spannung einander entgegengesetzt: Der Kondensator wirkt als Spannungsquelle; er gibt Energie ab.
- An der Spule haben Strom- und Spannungspfeil die gleiche Richtung: Die Spule wirkt als Verbraucher.

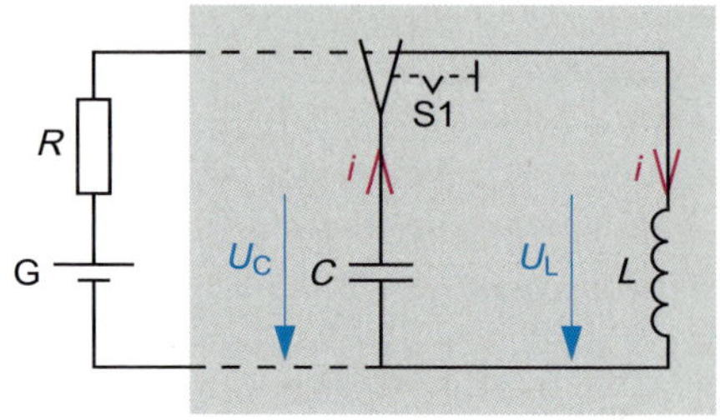

Bild 1.218: Elektrischer Schwingkreis

Wenn man Kondensator und Spule als verlustfreie Bauteile betrachtet, kann in dem Stromkreis keine Energie in Wärme umgewandelt und nach außen abgegeben werden; sie muss also im Stromkreis verbleiben. Anhand von Bild 1.219 können die Vorgänge in der Schaltung im „eingeschwungenen Zustand" beschrieben werden.

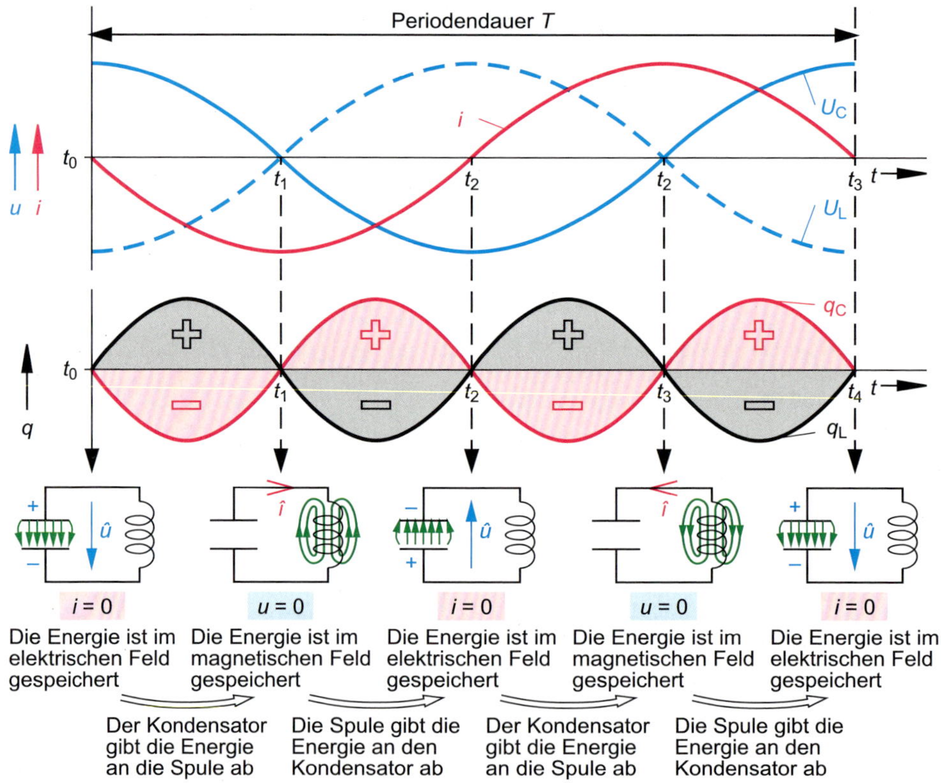

Bild 1.219: Entstehung einer elektrischen Schwingung durch Energieaustausch zwischen einer Spule und einem Kondensator

Den fortgesetzten Energieaustausch zwischen Spule und Kondensator bezeichnet man als **elektrische Schwingung**. Schaltungen, in denen Eigenschwingungen entstehen, d. h. in denen Schwingungen ohne Einwirkung von außen auftreten, nennt man Schwingkreise.

> **!** Eine Spule und ein Kondensator bilden einen **Schwingkreis**.
> Die periodische sinusförmige **Eigenschwingung** des Schwingkreises entsteht durch den fortgesetzten Energieaustausch zwischen dem elektrischen Feld des Kondensators und dem magnetischen Feld der Spule.

Wie aus dem zeitlichen Verlauf der induktiven (q_L) und der kapazitiven (q_C) Blindleistung in Bild 1.219 zu erkennen ist, besteht eine Periode der Eigenschwingung immer aus zwei Entlade- und zwei Ladevorgängen des Kondensators, jeweils in Verbindung mit dem Aufbau und dem Abbau des Magnetfeldes in der Spule.

Da die Zeitkonstanten von Spule ($\tau = L/R$) und Kondensator ($\tau = R \cdot C$) nur von den jeweiligen Baugrößen abhängig sind, ist zu vermuten, dass diese auch die Periodendauer T und damit die Eigenfrequenz f_0 des Schwingkreises bestimmen.

Den formalen Zusammenhang zwischen der Eigenfrequenz und den Baugrößen erhält man durch folgende Überlegung:

Die während des Schwingungsvorgangs vom Kondensator abgegebene Blindleistung ist genauso groß wie die von der Spule aufgenommene Blindleistung. Da die Spule und der Kondensator vom selben Strom i durchflossen werden, müssen auch die Blindwiderstände gleich groß sein. Damit ist

$$q_L = q_C \Rightarrow i \cdot X_L = i \cdot X_C \Rightarrow X_L = X_C$$

$$2\pi \cdot f \cdot L = \frac{1}{2\pi \cdot f \cdot C}$$

$$f^2 = \frac{1}{(2\pi)^2 \cdot L \cdot C}$$

> Die **Eigenfrequenz eines Schwingkreises** wird von seinen Baugrößen bestimmt. Sie ist abhängig von der Kapazität des Kondensators und von der Induktivität der Spule.
>
> $$f_0 = \frac{1}{2\pi \cdot \sqrt{L \cdot C}} \qquad 1\,\text{Hz} = \frac{1}{\sqrt{1\,\text{H} \cdot 1\,\text{F}}} = \frac{1}{\sqrt{1\,\frac{\text{Vs}}{\text{A}} \cdot 1\,\frac{\text{As}}{\text{V}}}} = \frac{1}{\text{s}}$$

1.10.4.2 Gedämpfte Schwingungen

Bei den bisherigen Betrachtungen sind die Verluste im Schwingkreis unberücksichtigt geblieben. Diese werden im Wesentlichen durch die Spule verursacht; sie werden durch den Wirkwiderstand erfasst, den man sich in Reihe zur Induktivität denkt.

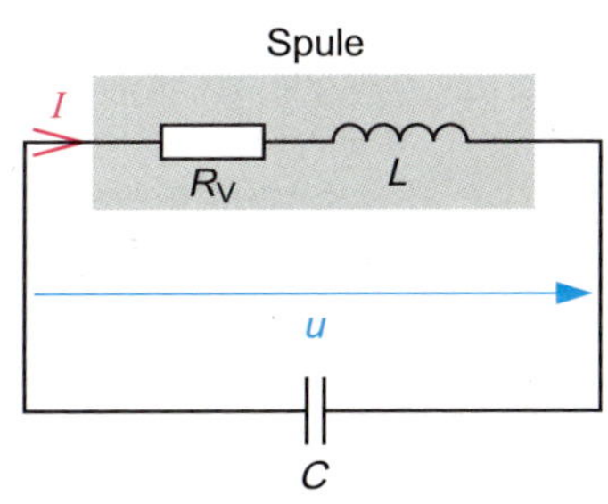

Bild 1.220: Gedämpfte Eigenschwingung

Bei dem Energieaustausch zwischen Spule und Kondensator wird jeweils ein Teil der Energie vom Wirkwiderstand der Spule in Wärme umgesetzt und dem Schwingkreis entzogen. Dieser Energieverlust macht sich als Spannungsverlust bemerkbar: Bei jeder Halbperiode der Eigenschwingung wird der Kondensator auf eine kleinere Spannung aufgeladen. Man spricht von einer gedämpften Eigenschwingung. Je größer die Energieverluste in einem Schwingkreis sind, umso größer ist die Dämpfung, d.h. umso schneller klingt die Schwingung ab.

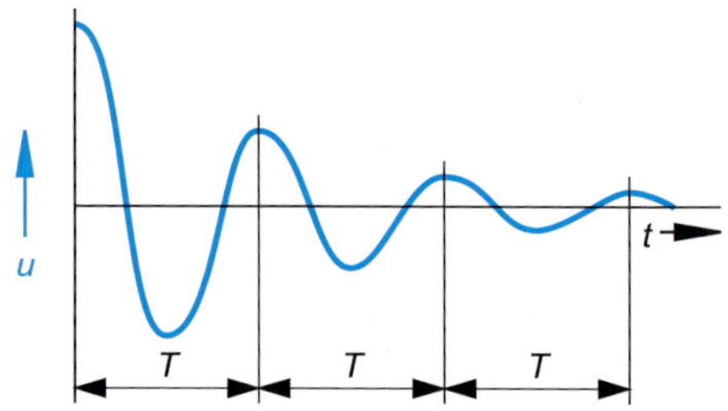

Bild 1.221: Durch Dämpfung abnehmende Amplitude der Schwingung

Bei einer **gedämpften Eigenschwingung** nimmt die Amplitude während jeder Halbperiode um den gleichen Prozentsatz ab.

1.10.4.3 Resonanz

Soll die Schwingung eines verlustbehafteten Schwingkreises aufrechterhalten werden, so muss dem Schwingkreis die Energie von außen zugeführt werden, die im Verlustwiderstand in Wärme umgewandelt wird.

Hierzu kann eine Spannungsquelle mit der Reihenschaltung von Spule und Kondensator in Reihe geschaltet werden; man spricht von einem **Reihenschwingkreis**.

Wird zu einer Parallelschaltung von Spule und Kondensator eine Spannungsquelle parallel geschaltet, so erhält man einen **Parallelschwingkreis**.

Große Schwingkreisverluste werden durch einen großen Reihenwiderstand R_{Vser} oder durch einen kleinen Parallelwiderstand R_{Vpar} dargestellt.

Schaltet man einen Schwingkreis an einen Frequenzgenerator und wählt die Generatorfrequenz so groß wie die Eigenfrequenz des Schwingkreises, so kann der Schwingkreis mit der Schwingung, die vom Generator auf ihn einwirkt, mitschwingen. Dieses Mitschwingen bezeichnet man als Resonanz.

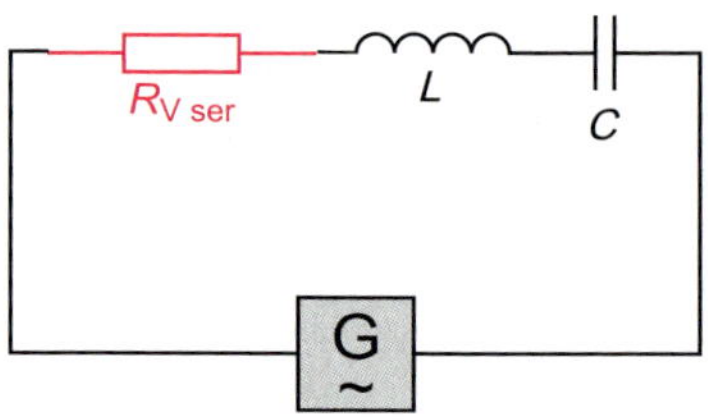

Bild 1.222: Reihenschwingkreis

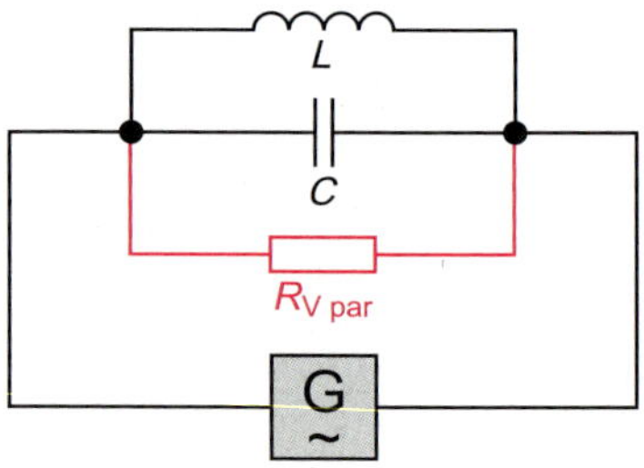

Bild 1.223: Parallelschwingkreis

Ein Schwingkreis befindet sich in **Resonanz**, wenn die Frequenz des angeschlossenen Generators gleich der Eigenfrequenz des Schwingkreises ist.

Die **Eigenfrequenz f_0** des Schwingkreises bezeichnet man als **Resonanzfrequenz**.

Bei Resonanz sind in einem Reihenschwingkreis die Blindspannungen gleich groß; sie heben sich gegenseitig auf, sodass die gesamte Generatorspannung am Verlustwiderstand liegt. U_{bL} und U_{bC} können dabei wesentlich größer sein als die Generatorspannung U.

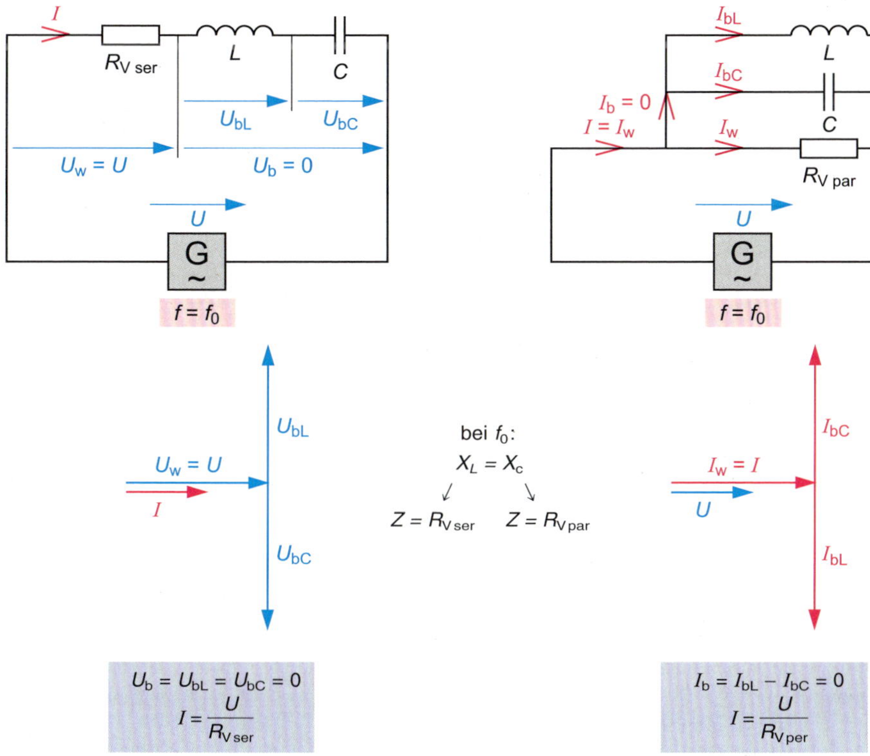

Bild 1.224: Reihen- und Parallelschwingkreis bei Resonanz

Bei einem Parallelschwingkreis heben sich bei Resonanz die Blindströme auf, da sie gleich groß sind. Der Gesamtstrom ist gleich dem Wirkstrom im Verlustwiderstand. I_{bL} und I_{bC} können dabei wesentlich größer sein als der Gesamtstrom I.

Ein **Reihenschwingkreis (Saugkreis)** hat bei Resonanz den kleinsten Widerstand.

$$Z = R_{Vser}$$

An der Spule und am Kondensator tritt eine **Spannungsüberhöhung *Q*** auf.

$$Q = \frac{U_{bl}}{U} \text{ bzw. } \frac{U_{bC}}{U}$$

Ein **Parallelschwingkreis (Sperrkreis)** hat bei Resonanz den größten Widerstand.

$$Z = R_{Vpar}$$

In der Spule und im Kondensator tritt eine **Stromüberhöhung *Q*** auf.

$$Q = \frac{I_{bL}}{I} \text{ bzw. } \frac{I_{bC}}{I}$$

■ **Beispiel:**

Berechnen Sie für die Reihenschaltung:

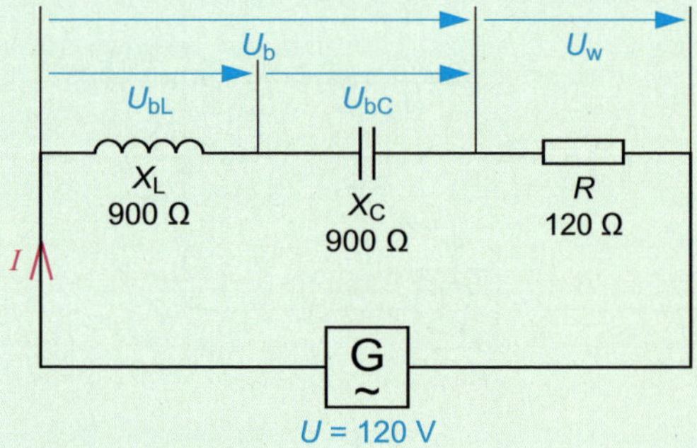

a) den Blindwiderstand X
$X = X_L - X_C = 900\ \Omega - 900\ \Omega = \mathbf{0}$

b) den Scheinwiderstand Z
$Z = R = \mathbf{120\ \Omega}$

c) die Stromstärke I
$I = \frac{U}{Z} = \frac{120\ \text{V}}{120\ \Omega} = \mathbf{1\ A}$

d) die Spannungen U_{bL}, U_{bC}, U_b, U_w
$U_{bL} = U_{bC} = I \cdot X_L = 1\ \text{A} \cdot 900\ \Omega = \mathbf{900\ V}$
$U_b = U_{bL} - U_{bC} = \mathbf{0\ V}$
$U_w = I \cdot R = 1\ \text{A} \cdot 120\ \Omega = \mathbf{120\ V}$

e) die Spannungsüberhöhung Q an der Induktivität und an der Kapazität
$Q = \frac{U_{bL}}{U} = \frac{900\ \text{V}}{120\ \text{V}} = \mathbf{7{,}5}$

f) die Resonanzfrequenz (L = 179 mH)
$f_0 = \frac{X_L}{2\pi \cdot L} = \frac{900\ \Omega}{2\pi \cdot 0{,}179\ \text{H}} = \mathbf{800\ Hz}$

Aufgaben

1. Mit welchen Bauteilen wird ein Schwingkreis aufgebaut?
2. Beschreiben Sie das Entstehen einer Eigenschwingung in einem Schwingkreis.
3. Welche Größen bestimmen die Eigenfrequenz eines Schwingkreises?
4. Welchen Einfluss hat der Verlustwiderstand eines Schwingkreises auf die Amplitude der Eigenschwingung?
5. Wie groß ist die Eigenfrequenz eines Schwingkreises, der mit einer Spule mit der Induktivität L = 4 mH und einem Kondensator mit der Kapazität C = 470 nF aufgebaut ist?
6. Ein Schwingkreis ist auf die Eigenfrequenz f_0 = 1 kHz abgestimmt. Zu dem Kondensator des Schwingkreises wird ein zweiter Kondensator mit gleicher Kapazität
   a) in Reihe und
   b) parallel geschaltet.
   Wie groß ist die Eigenfrequenz in den Fällen a) und b)?
7. Der Kondensator C2 der nebenstehenden Schaltung kann von 270 nF bis 470 nF verändert werden. In welchem Frequenzbereich kann die Eigenfrequenz des Schwingkreises eingestellt werden?

8. Erklären Sie den Begriff „Resonanz".
9. Die Frequenz des Generators ist auf die Eigenfrequenz des Schwingkreises abgestimmt (Schaltung nebenstehend). Um welchen Faktor ist die Kondensatorspannung größer als die Generatorspannung?

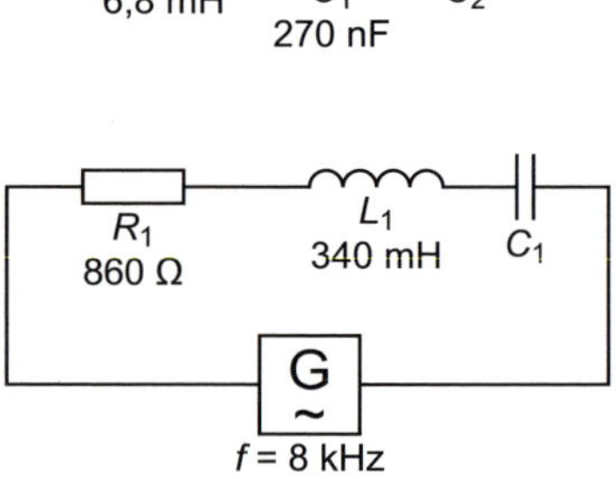

10. Beschreiben Sie, wie es in einem Reihenschwingkreis zu einer Spannungsüberhöhung kommt.

11. Der Parallelschwingkreis in nebenstehender Schaltung befindet sich in Resonanz.
    a) Wie groß ist die Kapazität des Kondensators?
    b) Zeichnen Sie das Zeigerdiagramm für die Ströme (Maßstab: 1 cm ≙ 10 mA).

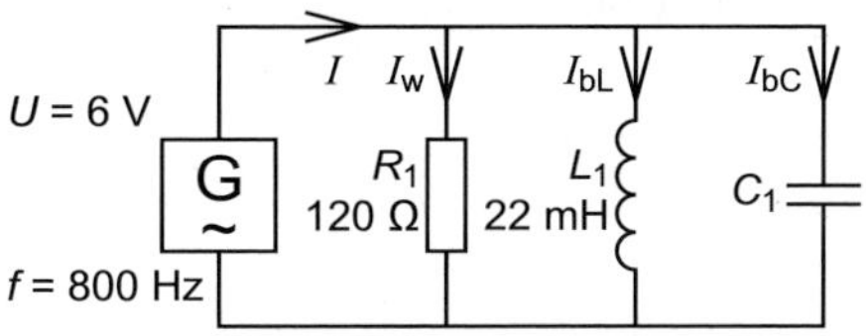

12. Was versteht man bei einem Parallelschwingkreis unter einer Stromüberhöhung?

13. Ein Kondensator mit $C = 6{,}8\ \text{nF}$ wird in Reihe mit einer Spule an einen Frequenzgenerator angeschlossen, der eine Spannung $U = 12\ \text{V}$ liefert. Bei der Generatorfrequenz $f = 8\ \text{kHz}$ wird in der Schaltung die größte Stromstärke gemessen; diese beträgt $I = 78\ \text{mA}$.
    a) Wie groß sind Induktivität und Verlustwiderstand der Spule?
    b) Wie groß ist die Spannung, die am Kondensator gemessen werden kann?

14. Der Schwingkreis in der nebenstehenden Schaltung hat die Eigenfrequenz $f_0 = 1\ \text{kHz}$.
    a) Berechnen Sie alle Ströme und Spannungen bei Resonanz.
    b) Berechnen Sie für eine Generatorfrequenz $f = 500\ \text{Hz}$ alle in der Schaltung vorkommenden Ströme und Spannungen.

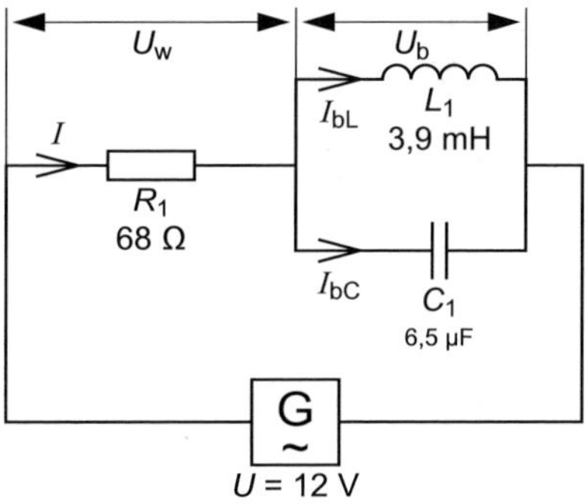

2. Elektronische Bauelemente und ihre Grundschaltungen

Elektronische Bauelemente werden unter Verwendung verschiedener Halbleiterwerkstoffe hergestellt. Um das elektrische Verhalten dieser Bauelemente zu verstehen, ist es erforderlich, die besonderen elektrischen Eigenschaften dieser Halbleiterwerkstoffe zu kennen.

2.1 Halbleiterwerkstoffe

Halbleiter ist die Bezeichnung für eine Gruppe von Werkstoffen, die sich in ihrer elektrischen Leitfähigkeit von den Nichtleitern (Isolatoren) und den elektrischen Leitern unterscheiden: Im reinen Zustand und bei tiefen Temperaturen sind sie nichtleitend, aber durch Erwärmung, Belichtung oder Verunreinigung mit Fremdstoffen werden sie leitend.

Zu den bekanntesten Halbleiterwerkstoffen gehören Germanium (Ge) und Silizium (Si). Seit geraumer Zeit werden zusätzlich auch speziell entwickelte **Verbindungshalbleiter** (z. B. Galliumarsenid, GaAs; zukünftig auch Galliumnitrid, GaN) oder **organische Substanzen** mit Halbleitereigenschaften eingesetzt (z. B. für OLED, Kap. 2.3.4). Um die elektrischen Eigenschaften der Halbleiterwerkstoffe zu verstehen, muss man sich zunächst eine Vorstellung über ihren inneren Aufbau machen. Dieser soll am Beispiel von Silizium erläutert werden.

2.1.1 Aufbau der Halbleiterwerkstoffe

Ein Atom besteht aus einem Atomkern und Elektronen, die diesen Kern in unterschiedlichen Abständen umkreisen (bohrsches Atommodell, vgl. Kap. 1.1.1). Die Abstände zwischen Elektronen und Kern werden **Schalen** genannt. Ein Siliziumatom besitzt auf seiner äußeren Schale vier Elektronen. Diese werden **Valenzelektronen** genannt. Jedes dieser Elektronen bildet mit einem Elektron eines Nachbaratoms eine gemeinsame Bahn um die beiden Atomkerne; sie bilden ein **Elektronenpaar** (Bild 2.1 a).

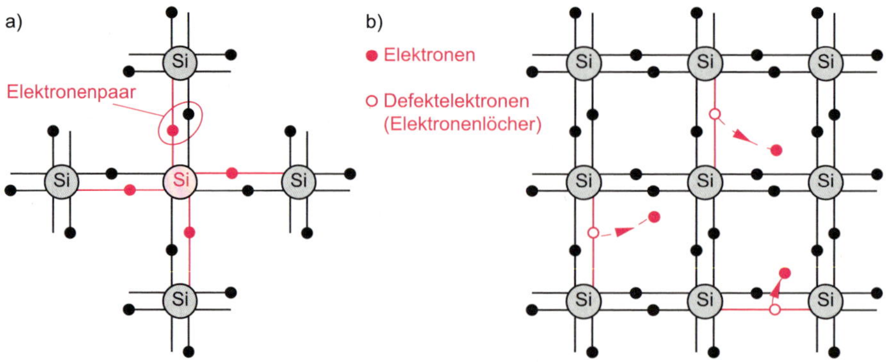

Bild 2.1: Modellbild des Kristallgitters von Silizium a) Valenzelektronen als Elektronenpaar; b) aus Defektelektron und freiem Elektron bestehendes Ladungsträgerpaar

Hierdurch entstehen starke Bindungskräfte, durch welche die Siliziumatome zu einem Siliziumkristall zusammengehalten werden. Befinden sich in einem solchen Kristall keine Atome fremder Stoffe, so sind – zumindest bei sehr niedrigen Temperaturen – alle Elektronen gebunden und der Werkstoff hat keine elektrische Leitfähigkeit. Er verhält sich wie ein Isolator.

2.1.2 Eigenleitung in reinen Halbleitern

Bei Erwärmung gelingt es einigen Elektronen aus diesem Verbund auszubrechen, sie werden zu freien Elektronen. Dadurch steigt die Leitfähigkeit, sie liegt aber noch unterhalb derjenigen von Metallen (Bild 2.1 b).

! Die nur von der Temperatur des reinen Halbleiters abhängige Leitfähigkeit des Werkstoffes wird als **Eigenleitung** bezeichnet.

An der Stelle, die ein frei werdendes Elektron verlässt, entsteht ein Elektronenloch, auch als **Defektelektron** bezeichnet. Ein solches Defektelektron besitzt eine positive Ladung von der Größe einer Elektronenladung. Wenn ein Elektron aus einer benachbarten Bindung in ein solches Elektronenloch springt, hinterlässt es seinerseits ein Defektelektron. Somit kann man sagen, dass auch ein Elektronenloch im Kristallgitter frei beweglich ist. Demnach sind auch Defektelektronen frei im Gitter bewegliche Ladungsträger.

Verlässt ein Elektron seine Bindung, so entsteht also jedes Mal ein Ladungsträgerpaar, das aus einem freien Elektron und einem freien Defektelektron besteht. Diesen Vorgang bezeichnet man als **Paarbildung**.

! Bei der **Paarbildung** entsteht in einem reinen Halbleiter jeweils ein freies Elektron und ein freies Defektelektron.

Begegnen sich in einem Halbleiterkristall ein Elektron und ein Defektelektron, so vereinigen sie sich wieder zu einer intakten Bindung. Dabei verschwinden die beiden Ladungsträger, sie neutralisieren sich elektrisch. Diesen Vorgang bezeichnet man als **Rekombination**.

! Bei der **Rekombination** verbindet sich ein Elektron mit einem Defektelektron. Dabei verschwinden beide Ladungsträger aus dem Kristallgitter.

Bei konstanter Temperatur finden pro Sekunde gleich viele Paarbildungen und Rekombinationen statt. Im Halbleiter stellt sich eine bestimmte Ladungsträgerdichte ein; seine Leitfähigkeit bleibt daher konstant.

Mit steigender Temperatur nimmt die Anzahl beider Vorgänge zu, es stellt sich somit eine höhere Ladungsträgerdichte ein. Die Leitfähigleit des Halbleiters nimmt also zu.

! Die Leitfähigkeit von reinen Halbleitern steigt mit zunehmender Temperatur. Sie haben einen **positiven Temperaturkoeffizienten**.

2.1.3 Störstellenleitung

Durch gezieltes Einfügen von Atomen anderer Stoffe in einen reinen Halbleiterwerkstoff kann die Leitfähigkeit des Halbleiters wesentlich erhöht werden.

! Das gezielte Einbringen von Fremdatomen in einen reinen Halbleiterwerkstoff bezeichnet man als **Dotieren**.

Zum Dotieren eignen sich insbesondere Stoffe, die entweder drei oder fünf Elektronen in ihrer äußeren Elektronenhülle besitzen. In der Praxis werden hierzu beispielsweise Arsenatome oder Indiumatome verwendet.

Bei Arsen (As) mit seinen fünf Valenzelektronen gehen vier jeweils eine Bindung mit benachbarten Siliziumatomen ein. Das fünfte Elektron kann keinen „Partner" finden und irrt daher bindungslos im Kristallgitter umher. Hat das Elektron das Arsenatom verlassen, so ist dieses elektrisch nicht mehr neutral; es ist positiv geladen, da ihm ein Elektron fehlt. Das Atom kann seinen Platz im Kristallgitter jedoch nicht verlassen. In einem so dotierten Halbleiter befinden sich also immer gleich viele bewegliche Elektronen und gleich viele fest im Gitter verankerte positive Atome (sogenannte Ionen). Weil nur die negativen Ladungsträger (Elektronen) frei beweglich sind, bezeichnet man solche Halbleiter als **N-Leiter** (Bild 2.2).

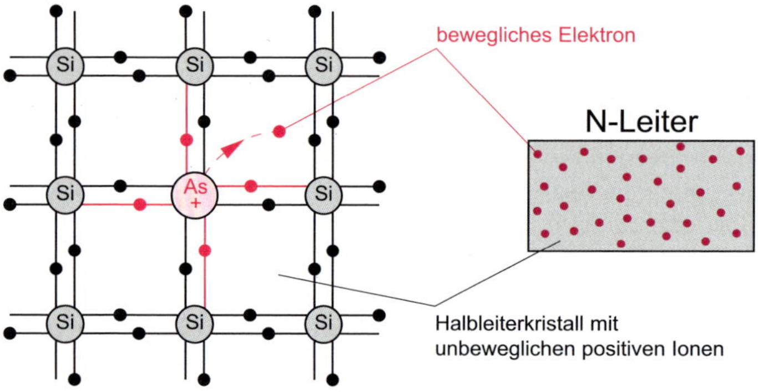

Bild 2.2: N-Leiter aus Silizium, mit Arsen dotiert

! **N-Leiter** enthalten bewegliche Elektronen und ebenso viele unbewegliche positve Ionen. Bei Anlegen einer Spannung fließt in einem N-Leiter ein Elektronenstrom.

Wird Silizium mit Indium (In) dotiert, so können die drei Valenzelektronen des Indiums mit drei Nachbaratomen im Silizium Bindungen eingehen. Eine mögliche Bindung zum vierten Nachbaratom bleibt offen. Springt nun ein Elektron aus einer benachbarten Gitterbindung an diese Stelle, so hinterlässt es selbst ein Loch (Defektelektron), das im Kristallgitter regellos umherwandert. Durch das vierte Elektron ist das Indiumatom jetzt nicht mehr elektrisch neutral, sondern negativ geladen. Es kann sich jedoch nicht im Kristallgitter bewegen. In einem so dotierten Halbleiter befinden sich also immer gleich viele bewegliche Defektelektronen (Löcher) und fest im Gitter verankerte negative Ionen. Weil nur die positven Ladungsträger (Defektelektronen) frei beweglich sind, bezeichnet man solche Halbleiter als **P-Leiter** (Bild 2.3).

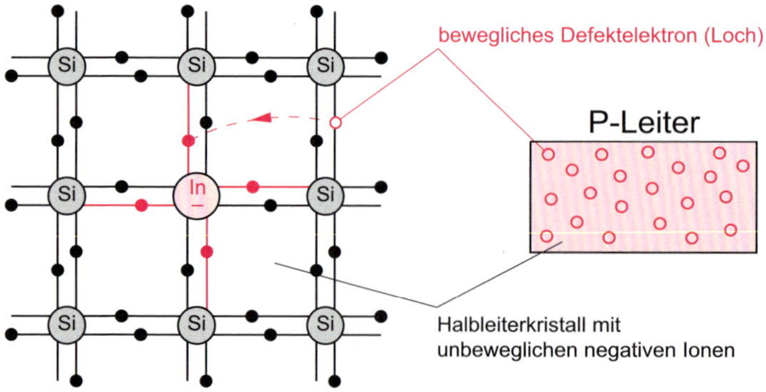

Bild 2.3: P-Leiter aus Silizium, mit Indium dotiert

P-Leiter enthalten bewegliche Defektelektronen (Löcher) und ebenso viele unbewegliche negative Ionen. Bei Anlegen einer Spannung fließt in einem P-Leiter ein Defektelektronenstrom (Löcherstom).

Durch das Dotieren mit solchen Fremdatomen entsteht in dem sonst völlig regelmäßigen Kristallgitter des Halbleiters jeweils eine „Störstelle". Daher bezeichnet man den darauf beruhenden Leitungseffekt als **Störstellenleitung**. Diese ist nur von der Stärke der Dotierung, d.h. von der Anzahl der in das Gitter eingebrachten Fremdatome, abhängig, nicht dagegen von der Temperatur.

2.1.4 PN-Übergang

Stoßen in einem Halbleiter eine P-dotierte und eine N-dotierte Schicht aneinander, so entsteht ein sogenannter **PN-Übergang**. Aus dem N-Leiter wandern Elektronen in den P-Leiter und rekombinieren mit den dort vorhandenen Defektelektronen (Löchern). Umgekehrt wandern Defektelektronen aus dem P-Leiter in den N-Leiter und rekombinieren mit den dort vorhandenen Elektronen. Diesen Vorgang bezeichnet man als **Diffusion**.

Als Folge der Diffusion entsteht in der Berührungszone von P-Leiter und N-Leiter eine Schicht, in der fast keine beweglichen Ladungsträger mehr vorhanden sind. Diese Schicht bildet zwischen der P-leitenden und der N-leitenden Zone einen hohen Widerstand; sie wird auch als **Sperrschicht** bezeichnet.

Durch die fest im Gitter verankerten Ionen hat sich im P-Leiter eine negative Grenzschicht und im N-Leiter eine positive Grenzschicht gebildet (Bild 2.4). Zwischen den beiden Grenzschichten besteht eine elektrische Spannung, die man aufgrund ihrer Entstehungsursache als **Diffusionsspannung** U_D bezeichnet. Ihre Größe ist vom Halbleiterwerkstoff, von der Dotierung und von der Temperatur abhängig; sie beträgt bei Germanium ca. 0,3 V und bei Silizium 0,5 V bis 0,8 V.

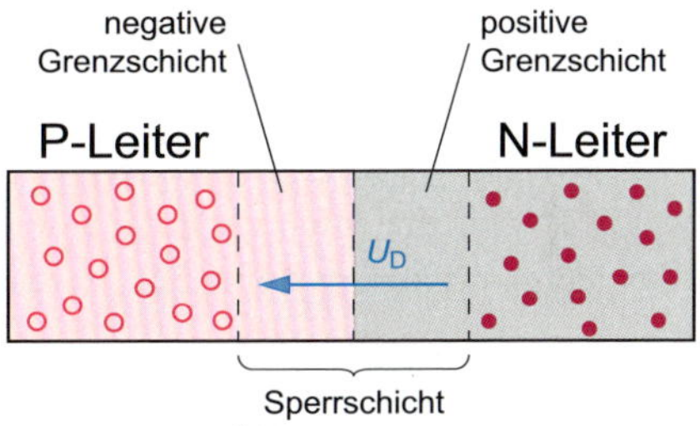

Bild 2.4: PN-Übergang

Wird ein PN-Übergang so an eine Spannung gelegt, dass der Minuspol der Spannungsquelle am P-Leiter und der Pluspol am N-Leiter liegt, so hat die angelegte Spannung die gleiche Richtung wie die Diffusionsspannung. Die beweglichen Ladungsträger aus den beiden Schichten werden von der Spannungsquelle angesaugt. Die Sperrschicht verbreitert sich dadurch erheblich und der PN-Übergang wird fast völlig gesperrt. In der Sperrschicht sind lediglich aufgrund der Eigenleitung noch einige Ladungsträger vorhanden, sodass ein ganz geringer Strom fließt, den man als Sperrstrom bezeichnet.

Ein PN-Übergang ist **in Sperrrichtung** gepolt, wenn der **Pluspol am N-Leiter** und der **Minuspol am P-Leiter** liegt. Es fließt nur ein **sehr kleiner Sperrstrom** I_R (Bild 2.5a).

Wird ein PN-Übergang so angeschlossen, dass der Minuspol am N-Leiter und der Pluspol am P-Leiter liegt, so ist die angelegte Spannung der Diffusionsspannung entgegengerichtet und drückt die freien Ladungsträger von beiden Seiten in die Sperrschicht. Übersteigt die angelegte Spannung die Diffusionsspannung, so ist die ganze Sperrschicht mit Ladungsträgern überschwemmt und fast widerstandslos; der PN-Übergang ist leitend.

Ein PN-Übergang ist **in Durchlassrichtung** gepolt, wenn der **Pluspol am P-Leiter** und der **Minuspol am N-Leiter** liegt. Es fließt ein **großer Durchlassstrom** I_F (Bild 2.5 b).

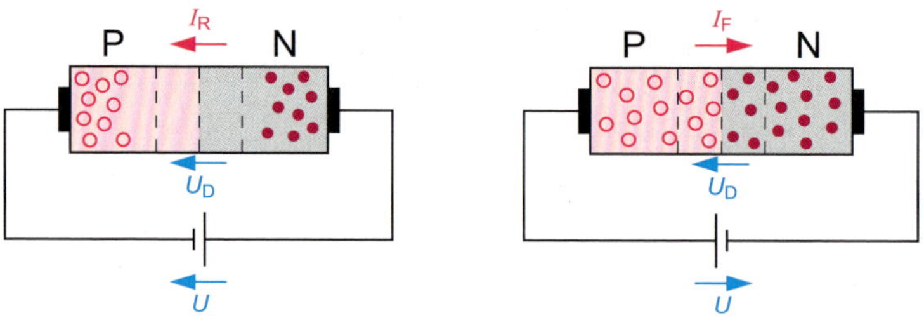

a) *Sperrrichtung*   b) *Durchlassrichtung*

Bild 2.5: PN-Übergang mit angelegter Spannung

2.1.5 Kennzeichnung von Halbleiter-Bauelementen

Mit Halbleiterwerkstoffen lassen sich elektronische Bauelemente herstellen, die je nach Anordung, Dotierungsgrad und Anzahl der PN-Übergänge unterschiedliche elektrische Eigenschaften haben (z. B. Diode, Transistor). Zur Kennzeichnung dieser Bauelemente benutzt man nach der europäischen Norm (**ProElektron-Norm**) eine Folge von Buchstaben und Ziffern. Bei Bauelementen, die vorwiegend in Rundfunk- und Fernsehgeräten sowie in der Unterhaltungselektronik eingesetzt werden, besteht die Typenbezeichnung aus zwei Buchstaben und drei Ziffern. Die in Industriegeräten verwendeten Bauelemente erhalten eine Bezeichnung aus drei Buchstaben und zwei Ziffern.

1. Zeichen	Bedeutung
A	Germanium
B	Silizium
C	Galliumarsenid

2. Zeichen	Bedeutung
A	Diode
B	Kapazitätsdiode
C	Niederfrequenztransistor
D	Niederfrequenzleistungstransistor
E	Tunneldiode
F	Hochfrequenztransistor
R	Thyristor oder Triac
S	Schalttransistor
U	Leistungsschalttransistor
X	Diode
Y	Leistungsdiode
Z	Z-Diode

Bild 2.6: Europäische Kennzeichnungsnorm für Halbleiter

In den USA werden Halbleiter gemäß der **JEDEC-Norm** bezeichnet (früher: **J**oint **E**lectron **D**evice **E**ngineering **C**ouncil; heute: JEDEC Solid State Technology Association). Bei dieser Norm beginnen Diodenkennzeichnungen stets mit 1N… und Transistorbezeichnungen stets mit 2N…

Abweichend von diesen Normen verwenden viele Hersteller oft auch eigene firmenspezifische Bezeichnungen (siehe **www.westermann.de/links/00815**).

■ **Beispiele:**

AAY 28
- 28: Typennummer des Herstellers (Industrietyp)
- A: Diode für allgemeine Anwendungen
- A: Germanium

BY 300
- 300: Typennummer des Herstellers (Unterhaltungselektronik)
- Y: Leistungsdiode
- B: Silizium

BC 107
- 107: Typennummer des Herstellers (Unterhaltungselektronik)
- C: Kleinleistungstransistor für NF
- B: Silizium

1N 4001
- 4001: Typennummer des Herstellers
- 1N: Diode

2N 3055
- 3055: Typennummer des Herstellers
- 2N: Transistor

MMBT2904K universeller Siliziumtransistor der Firma Fairchild (siehe **www.westermann.de/links/00815**)

Aufgaben

1. Erläutern Sie bei Halbleitermaterialien den Unterschied zwischen Eigenleitung und Störstellenleitung.
2. Was versteht man bei Halbleiterwerkstoffen unter Paarbildung und Rekombination?
3. Bei Halbleiterwerkstoffen unterscheidet man P-leitende und N-leitende Typen. Erläutern Sie den Unterschied.
4. Ein Halbleiterbauelement trägt die Aufschrift BD 140. Welche Information lässt sich dieser Bezeichnung entnehmen?
5. An einen PN-Übergang wird eine Spannung U angelegt. Wie muss die Spannung U gepolt sein, damit der PN-Übergang in Durchlassrichtung betrieben wird?

2.2 Dioden

> Eine **Diode** ist ein elektronisches Bauelement mit einem stromrichtungsabhängigen Widerstand: In einer Richtung sperrt sie den Strom, in der anderen Richtung lässt sie ihn durch.

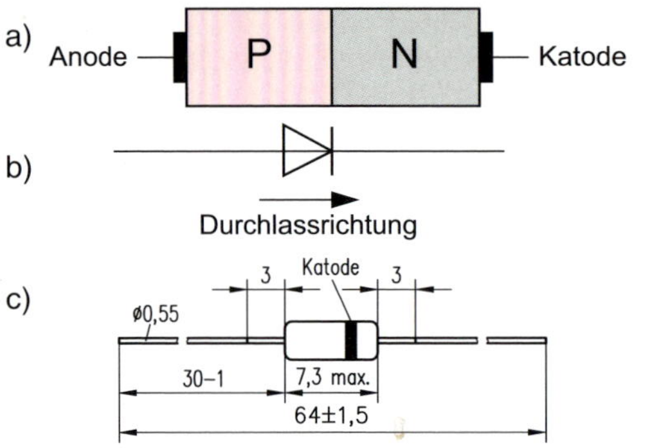

Bild 2.7: Diode
a) schematischer Aufbau b) Schaltsymbol c) Maßzeichnung

Hierbei werden die Eigenschaften eines PN-Übergangs technisch ausgenutzt. Da das Bauteilverhalten stromrichtungsabhängig ist, muss man für den richtigen Einbau in eine Schaltung die Anschlüsse voneinander unterscheiden können. Hierzu ist meist der Katodenanschluss besonders gekennzeichnet (Bild 2.7c). Bei fehlender Kennzeichnung lässt sich die Anschlussbelegung auch messtechnisch mit einem Widerstandsmessgerät bestimmen (siehe Kap. 3.3.3).

2.2.1 Diodenkennlinie

Das Verhalten einer Diode wird am deutlichsten durch seine Widerstandskennlinie beschrieben (Bild 2.8b).

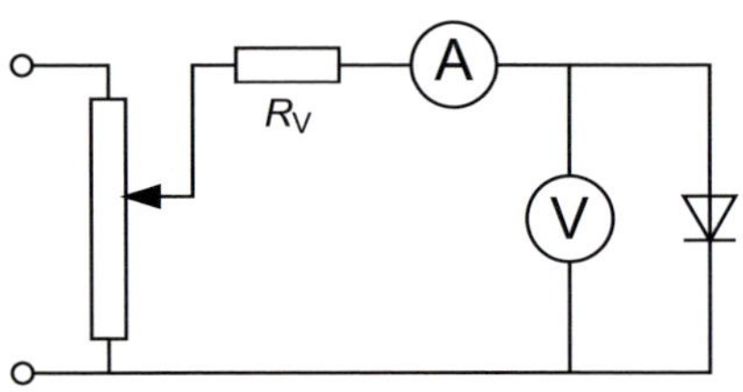

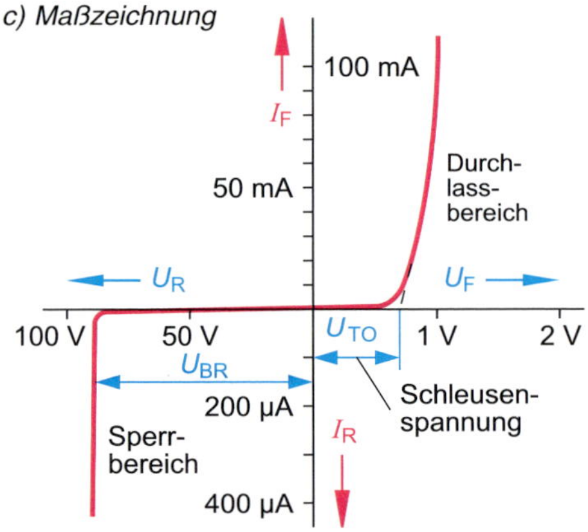

Bild 2.8: a) Schaltung zur Kennlinienaufnahme *b) Widerstandskennlinie der Diode*

Im **Sperrbereich** fließt nur ein sehr geringer Sperrstrom I_R, solange die Sperrspannung U_R einen bestimmten höchstzulässigen Wert U_{BR} (**Durchbruchspannung**) nicht überschreitet. Übersteigt die anliegende Spannung den Wert von U_{BR}, so wird die Diode durchlässig. Bei dem dann einsetzenden hohen Strom wird sie meist über die höchstzulässige Sperrschichttemperatur hinaus erwärmt und dadurch zerstört.

Es ist zu erkennen, dass die Diode auch im **Durchlassbereich** sperrt, solange die angelegte Spannung kleiner als die **Schleusenspannung** U_{TO} ist. Die Schleusenspannung ist so groß wie die Diffusionsspannung, dieser jedoch entgegengerichtet.

Übersteigt die angelegte Spannung den Wert der Schleusenspannung, so wird die Diode niederohmig und die Stromstärke nimmt rasch zu. Durch Vorschalten eines Widerstandes muss also dafür gesorgt werden, dass der Betriebsstrom den vom Hersteller angegebenen Höchstwert nicht überschreitet, weil die Diode sonst zu sehr erwärmt und dadurch zerstört wird. Die höchstzulässige Sperrschichttemperatur liegt für Silizium bei 200 °C, für Germanium bei 100 °C.

Aus dem gekrümmten Verlauf der Kennlinie ergibt sich, dass für eine Diode kein fester Widerstandswert angegeben werden kann.

Legt man z. B. an eine Diode eine Gleichspannung U_{F1}, so stellt sich nach der Kennlinie eine Stromstärke von I_{F1} in der Diode ein (Bild 2.9). Aus den Werten für U_{F1} und I_{F1} im **Arbeitspunkt A1** ergibt sich nach dem ohmschen Gesetz ein Widerstand R_{F1}:

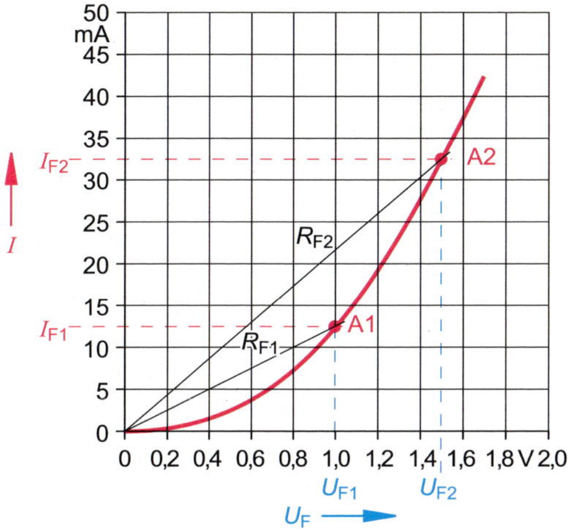

$$R_{F1} = \frac{U_{F1}}{I_{F1}} = \frac{1\,V}{12{,}5\,mA} = 80\,\Omega$$

Bild 2.9:
Statischer Widerstand einer Diode

Diesen Widerstand hat die Diode nur im Arbeitspunkt A1. Man bezeichnet ihn als **statischen Widerstand**. R_{F1} kann im Diagramm dargestellt werden durch eine Gerade vom Nullpunkt durch A1 (Bild 2.9). Für den Arbeitspunkt A2 ergibt sich analog $R_{F2} = 46{,}2\,\Omega$.

> Der **statische Widerstand** einer Diode ist der Widerstand, der sich aus den im Arbeitspunkt auftretenden Werten von Gleichspannung und Gleichstrom ergibt. Er wird auch **Gleichstromwiderstand** genannt.

Ändert sich im Betrieb bei einem einmal eingestellten Arbeitspunkt A die an der Diode anliegende Spannung – z. B. durch Überlagerung einer Wechselspannung – um ΔU_F, so verändert sich die Stromstärke durch die Diode um ΔI_F (Bild 2.10). Aus den Werten für ΔU_F und ΔI_F ergibt sich nach dem ohmschen Gesetz ebenfalls ein Widerstand:

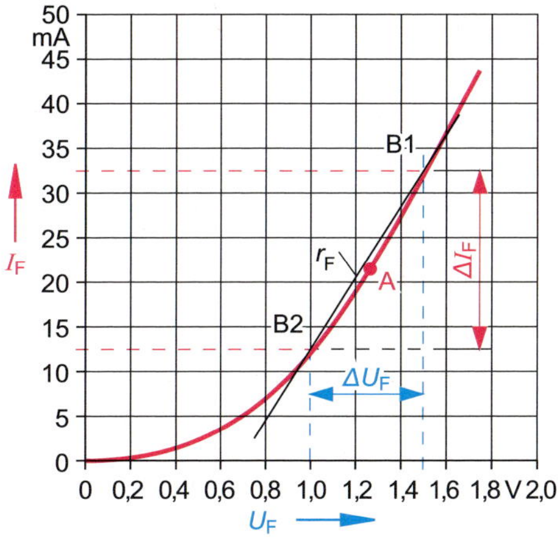

$$r_F = \frac{\Delta U_F}{\Delta I_F} = \frac{0{,}5\,V}{20\,mA} = 25\,\Omega$$

Bild 2.10:
Differenzieller Widerstand einer Diode

Diesen Widerstand bezeichnet man als **differenziellen Widerstand** oder **dynamischen Widerstand**. Er wird im Diagramm näherungsweise durch eine Gerade dargestellt, die durch die Punkte B1 und B2 verläuft (Bild 2.10).

> Der **differenzielle Widerstand** einer Diode ist der Widerstand, der sich aus den Änderungen von Spannung und Stromstärke ergibt. Er wird auch als **Wechselstromwiderstand** der Diode bezeichnet.

2.2.2 Arbeitspunkteinstellung

Die **Einstellung des Arbeitspunktes** einer Diode erfolgt durch einen Vorwiderstand (Bild 2.11). Sind die Speisespannung U_s der Schaltung und die im gewünschten Arbeitspunkt auftretenden Werte für U_F und I_F bekannt, so lässt sich der Vorwiderstand folgendermaßen berechnen:

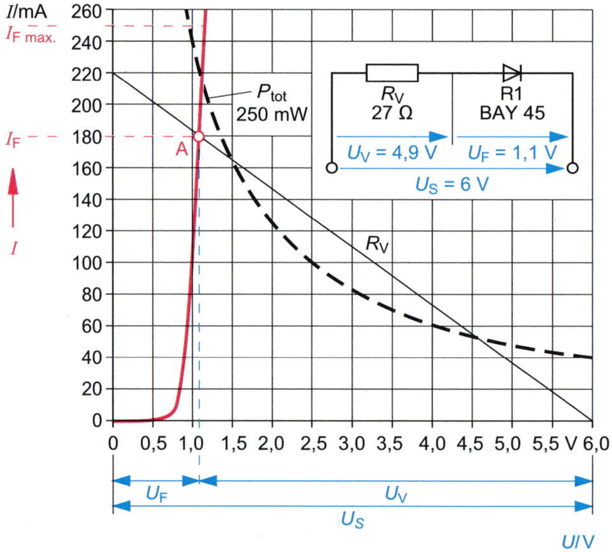

$$R_V = \frac{U_S - U_F}{I_F} = \frac{6\ \text{V} - 1{,}1\ \text{V}}{180\ \text{mA}} = 27{,}2\ \Omega$$

Bild 2.11: Diode mit Vorwiderstand

Im Strom-Spannungs-Diagramm wird der Vorwiderstand durch die Gerade dargestellt, die die Spannungsachse bei U_s und die Diodenkennlinie im Arbeitspunkt schneidet (Bild 2.11).

Bei der Wahl des Arbeitspunktes ist darauf zu achten, dass die höchstzulässige Verlustleistung P_{tot} der Diode nicht überschritten wird. Für die Diode BAY 45 ist vom Hersteller $P_{tot} = 250$ mW angegeben. In der Schaltung in Bild 2.11 ergibt sich für die Verlustleistung der Diode:

$$P_{verl} = U_F \cdot I_F = 1{,}1\ \text{V} \cdot 180\ \text{mA} = 198\ \text{mW}$$

Die tatsächliche Verlustleistung ist also kleiner als P_{tot}. Dies ist im I/U-Diagramm daran zu erkennen, dass der Arbeitspunkt unterhalb der Kurve für $P_{tot} = 250$ mW liegt.

Der Vorwiderstand erfüllt noch eine weitere wichtige Aufgabe. Durch die von der Diode aufgenommene Verlustleistung wird die Sperrschicht erwärmt. Aufgrund der Eigenleitung des Halbleitermaterials bei Erwärmung erhöht sich die Leitfähigkeit der Diode, die Stromstärke steigt an. Dies führt zu einer weiteren Erwärmung und zu einem weiteren Stromanstieg. Die Diode würde sich selbst zerstören. Der Vorwiderstand verhindert diese Selbstzerstörung. Eine Stromerhöhung durch die Diode ruft am Vorwiderstand einen größeren Spannungsabfall hervor. Die Spannung an der Diode wird kleiner und infolgedessen auch die Verlustleistung. Die Diode kühlt ab, die Stromstärke geht auf den ursprünglichen Wert zurück. Diesen Regelvorgang nennt man in der Elektronik **Arbeitspunktstabilisierung**.

Der **Vorwiderstand** begrenzt den Diodenstrom und hält ihn konstant.

Neben dem statischen und dem dynamischen Widerstand gibt es weitere charakteristische Kenngrößen, die der Hersteller im Datenblatt angibt. Hierzu gehören insbesondere die maximale Sperrspannung U_R (R = Reverse) und der maximale Durchlassstrom I_F (F = Forward). Je nach Anwendungsbereich liegen diese Werte zwischen 50 V/200 mA bei Kleinsignaldioden und einigen Kilovolt/Kiloampere bei Leistungsdioden (siehe Datenblätter unter **www.westermann.de/links/00815**).

2.2.3 Diodenschaltungen

Die Eigenschaft, elektrischen Strom in einer Richtung zu sperren, ihn in der anderen Richtung aber fließen zu lassen, eröffnet der Diode eine Reihe von schaltungstechnischen Anwendungen.

2.2.3.1 Diode als Gleichrichter

Gleichrichterschaltungen haben die Aufgabe, Wechselstrom in Gleichstrom umzuformen. Diese Aufgabe können Gleichrichterdioden übernehmen. Hierbei ergeben sich unterschiedliche Schaltungsvarianten. Für die Auswahl der Dioden ist die Schaltungsart von besonderer Bedeutung.

Einwegschaltung

Bei der Einwegschaltung (Einpulsschaltung, E-Schaltung) wird eine Diode mit dem Verbraucher in Reihe an eine Wechselspannungsquelle geschaltet (Bild 2.12 a).

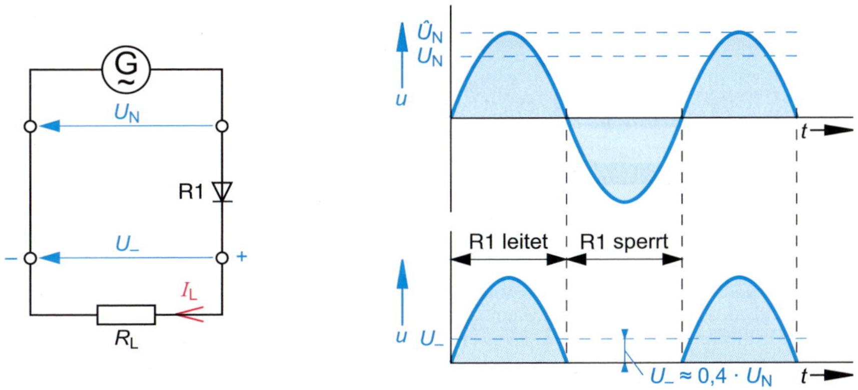

Bild 2.12: a) Einwegschaltung *b) Spannungsverlauf der Einwegschaltung*

Im Verbraucher fließt nur während der positiven Halbperiode der Wechselspannung ein Strom. Wenn die Wechselspannung ihre negative Halbperiode durchläuft, ist die Diode in Sperrichtung geschaltet. Einen Strom dieser Art bezeichnet man als „pulsierenden Gleichstrom“. Am Verbraucher liegt eine „pulsierende Gleichspannung“ (Bild 2.12 b).

Eine pulsierende Gleichspannung kann als eine Gleichspannung (U_-) betrachtet werden, die mit einer Wechselspannung – auch **Brummspannung** (U_{Br}) genannt – überlagert ist. Bei der E-Schaltung beträgt der arithmetische Mittelwert der pulsierenden Gleichspannung am Verbraucher bei Nennbelastung etwa 40 % der Nennanschlussspannung U_N:

$$U_- \approx 0{,}4 \cdot U_N$$

Das Verhältnis der Brummspannung zum Mittelwert der Gleichspannung wird als **Welligkeit** (w) bezeichnet. Die Welligkeit beträgt bei der E-Schaltung:

$$w = \frac{U_{Br}}{U_-} \approx 1{,}2$$

d. h. der Wechselspannungsanteil der pulsierenden Gleichspannung ist um den Faktor 1,2 größer als der Gleichspannungsanteil.

Zweiwegschaltung

Bei der Zweiwegschaltung (Zweipulsschaltung) werden beide Halbperioden der Wechselspannung gleichgerichtet. Hierbei unterscheidet man zwei Schaltungsarten:

Die **Mittelpunktschaltung (M-Schaltung)** wird hauptsächlich zur Gleichrichtung kleiner Wechselspannungen benutzt. Sie erfordert einen Transformator, dessen Sekundärwicklung eine Mittelanzapfung hat.

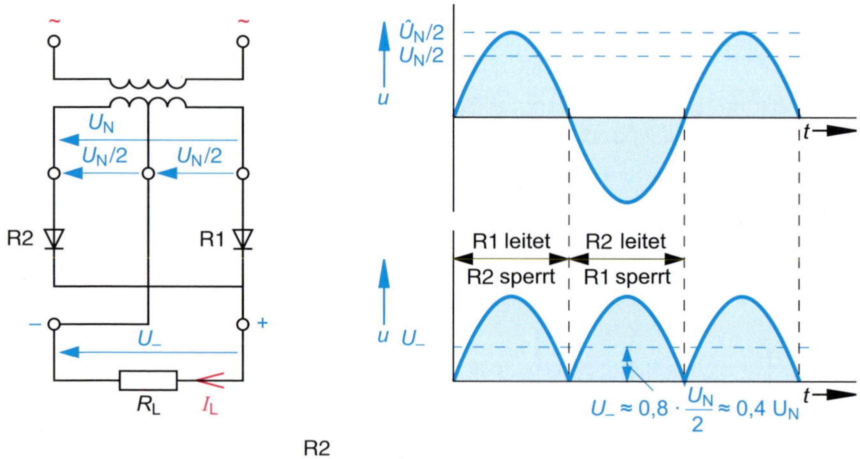

Bild 2.13: a) Mittelpunktschaltung b) Spannungsverlauf der Mittelpunktschaltung

Der Mittelwert der Gleichspannung beträgt bei Nennlast etwa 80 % von $U_N/2$, also 40 % der Nennanschlussspannung U_N. Für den Wechselspannungsanteil gilt $U_{Br} = 0{,}5 \cdot U_-$, die Welligkeit ist also $w = 0{,}5$.

Die **Brückenschaltung (B-Schaltung)** ist die wirtschaftlichste Gleichrichterschaltung. Sie wird bei kleinen bis mittleren Leistungen am häufigsten angewendet. Sie benötigt keinen Transformator mit Mittelanzapfung, dafür jedoch vier Dioden.

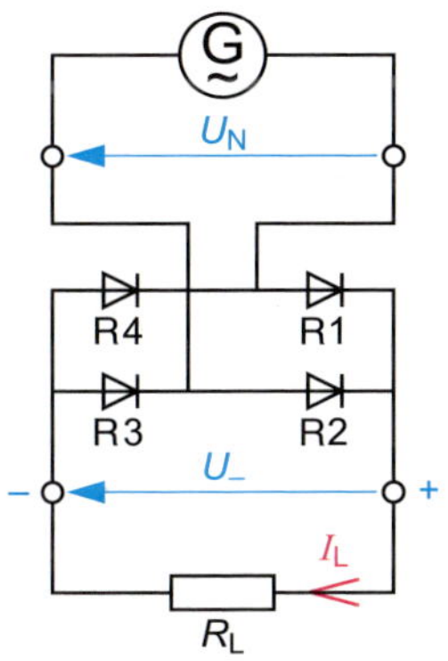

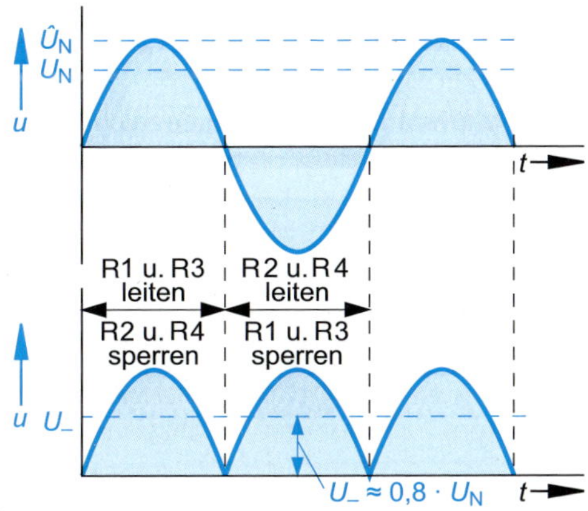

Bild 2.14: a) Brückengleichrichter *b) Spannungsverlauf des Brückengleichrichters*

Bei Nennlast beträgt der arithmetische Mittelwert der Gleichspannung etwa 80 % der Nennanschlussspannung. Die Welligkeit ist $w = 0{,}5$.

■ **Beispiel:**

Gegeben: Brückenschaltung
Nennanschlussspannung $U = 230$ V
Lastwiderstand $R_L = 100\ \Omega$

Berechnen Sie den Gleichanteil der Ausgangsspannung und des Laststroms sowie die Gleichstromanteile der Diodenströme. Bestimmen Sie die Ausgangsleistung der Schaltung. Geben Sie den Effektivwert der Diodenströme an.

Lösung

Für den Gleichspannungsanteil der Ausgangsspannung gilt:

$$U_- = 0{,}8\,U = 0{,}8 \cdot 230\text{ V} = \mathbf{184\ V}$$

Daraus berechnet sich der Gleichanteil des Laststroms:

$$I_{-L} = \frac{U}{R_L} = \frac{184\text{ V}}{100\ \Omega} = \mathbf{1{,}84\ A}$$

Die Diodenströme haben somit den Gleichstromanteil:

$$I_{-R1,\,R3} = I_{-R2,\,R4} = \frac{I_{-L}}{2} = \frac{1{,}84\text{ A}}{2} = \mathbf{0{,}92\ A}$$

Für die Leistungsaufnahme des Lastwiderstandes spielt es keine Rolle, ob er an einer Wechselspannung oder an der gleichgerichteten Wechselspannung liegt. Diese Aussage gilt natürlich nur bei der Zweiweggleichrichtung und bei Vernachlässigung der Diodenverluste. Daher berechnet sich die Ausgangsleistung aus den Effektivwerten von Stromstärke und Spannung:

$$I_L = \frac{U}{R_L} = \frac{230\text{ V}}{100\ \Omega} = \mathbf{2{,}3\ A} \qquad P_L = U \cdot I_L = 230\text{ V} \cdot 2{,}3\text{ A} = \mathbf{529\ W}$$

Der pulsierende Laststrom fließt nur während einer halben Periode über eine Gleichrichterstrecke. Jede Diodenstrecke trägt also je zur Hälfte zur Ausgangsleistung bei. Aufgrund dieser Überlegung berechnet sich der Effektivwert der Diodenströme wie folgt:

$$I_{R1,\,R3} = I_{R2,\,R4} = \sqrt{\frac{P/2}{R_L}} = \sqrt{\frac{529\text{ W}}{2 \cdot 100\ \Omega}} = \mathbf{1{,}63\ A}$$

2.2.3.2 Glättungs- und Siebschaltungen

Alle Gleichrichterschaltungen liefern pulsierende Gleichspannungen. Derartige Spannungen werden auch als **Mischspannungen** bezeichnet. Dabei denkt man sich die pulsierende Spannung als Überlagerung (Mischung) einer Gleichspannung mit einer Wechselspannung. Diese Wechselspannung erzeugt bei einer Einwegschaltung in einem Lautsprecher oder Kopfhörer einen tiefen Brummton von 50 Hz. Man bezeichnet diese Wechselspannung daher als **Brummspannung** $\boldsymbol{U_{Br}}$. Bei der Zweiwegschaltung hat die Brummspannung eine Frequenz von 100 Hz.

> Die **Brummspannung** ist der Wechselspannungsanteil der am Ausgang eines Gleichrichters auftretenden Mischspannung (Bild 2.15).

Die Brummspannung wirkt bei elektronischen Geräten, z. B. bei Verstärkern, und bei der Speisung von Fernsprechanlagen störend. Aus diesem Grund muss die Ausgangsspannung einer Gleichrichterschaltung zum Betrieb solcher Geräte noch geglättet werden.

Im einfachsten Fall dient hierzu ein **Ladekondensator** C_L, der parallel zum Verbraucher geschaltet wird (Bild 2.15).

Brummspannung

$$U_{Br} = \frac{k \cdot I_L}{2 \cdot \pi \cdot f \cdot C_L}$$

k = Faktor für die Abweichung der Kurvenform nach der Gleichrichtung von der Sinusform

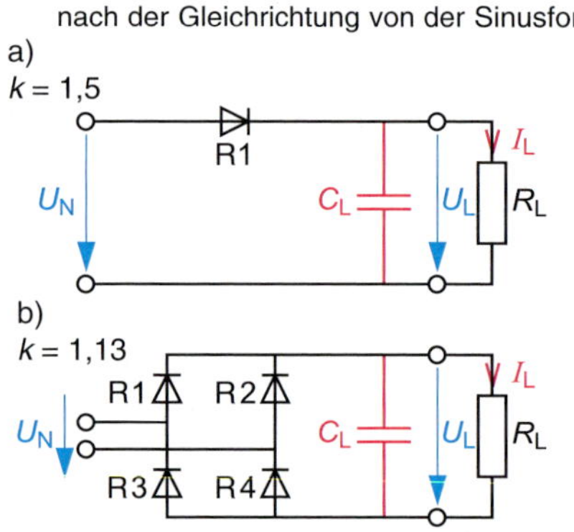

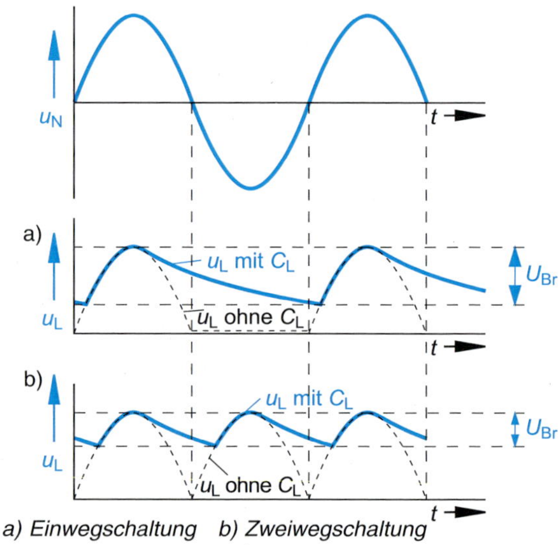

Bild 2.15: Glättung mit Ladekondensator a) Einwegschaltung b) Zweiwegschaltung

Während die Diode durchlässig ist (positive Halbperiode), lädt sich bei der Einwegschaltung (Bild 2.15a) der Kondensator bis auf den Scheitelwert von U_N auf.

Während die Diode sperrt (negative Halbperiode), entlädt sich der Kondensator über den Verbraucher; er dient in diesem Zeitraum als Spannungsquelle. Dadurch wird erreicht, dass die Spannung am Verbraucher während der Sperrzeit der Diode nicht mehr auf null absinkt. Die Brummspannung wird dadurch verkleinert. Dies wird umso mehr der Fall sein, je größer die Kapazität des Kondensators und je kleiner die Stromaufnahme des Verbrauchers ist. Auch bei höherer Frequenz, wie sie bei der Zweiwegschaltung auftritt (Bild 2.15b), wird die glättende Wirkung des Ladekondensators größer.

Die Brummspannung wird umso kleiner,

- je größer ihre Frequenz ist,
- je größer die Kapazität des Ladekondensators ist und
- je kleiner der Laststrom im Verbraucher ist.

Ist die Brummspannung trotz Ladekondensator noch zu groß, so kann eine weitere Glättung durch ein sogenanntes **Siebglied** erreicht werden (Bild 2.16).

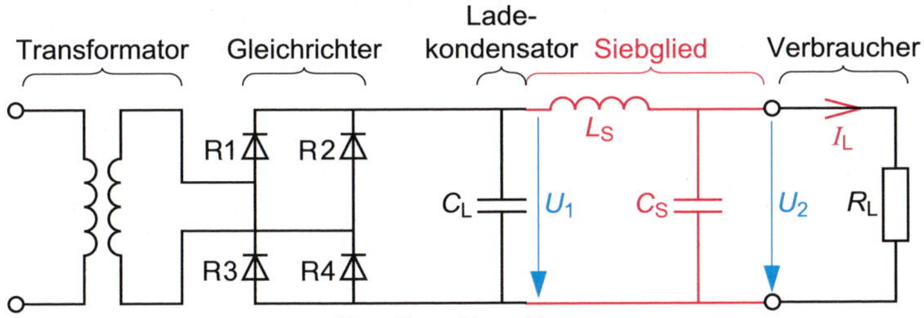

Siebfaktor: $S = \frac{U_1}{U_2} = \frac{X_L - X_C}{X_C} \approx \frac{X_L}{X_C} = (2\pi \cdot f)^2 \cdot L_S \cdot C_S$

Bild 2.16: LC-Siebung

Um die Wirkungsweise des Siebglieds zu verdeutlichen, werden L_S und C_S als verlustfrei angenommen (keine ohmschen Widerstände). Für die Gleichspannung bildet dann L_S einen Kurzschluss und C_S eine Unterbrechung. Damit ist die Gleichspannung am Ausgang des Siebglieds genauso groß wie am Eingang. Für die Brummspannung stellt die Schaltung jedoch einen Spannungsteiler dar, der so bemessen wird, dass X_L viel größer ist als X_C. Dadurch wird die Brummspannung U_2 am Ausgang des Siebglieds viel kleiner als am Eingang U_1; die Schaltung hat einen großen Siebfaktor S.

Als **Siebfaktor** bezeichnet man das Verhältnis der Brummspannung U_1 am Eingang zur Brummspannung U_2 am Ausgang einer Siebschaltung (Bild 2.16).

Anstelle der Induktivität L_S kann die Siebschaltung auch einen ohmschen Widerstand erhalten. Man spricht in diesem Fall von einem RC-Siebglied. RC-Siebglieder haben kleinere Siebfaktoren als LC-Siebglieder.

Soll am Ausgang einer Gleichrichterschaltung eine völlig geglättete Gleichspannung erzielt werden, so können mehrere Siebglieder hintereinandergeschaltet werden.

2.2.3.3 Diode als Schalter

Aufgrund ihrer in Kap. 2.2.1 beschriebenen Eigenschaften kann die Diode auch als **stromrichtungsabhängiger Schalter** genutzt werden (Bild 2.17).

Steht der Schalter S1 in Stellung 1, so ist die Diode R1 in Sperrrichtung gepolt und die Meldelampe E1 leuchtet nicht. Steht S1 in Stellung 2, so ist R1 in Durchlassrichtung geschaltet und E1 leuchtet. Ohne die Diode würde E1 in beiden Stellungen von S1 leuchten.

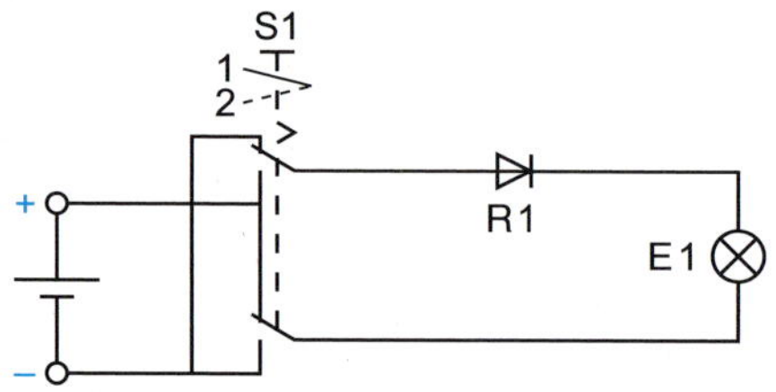

Bild 2.17: Diode als Schalter

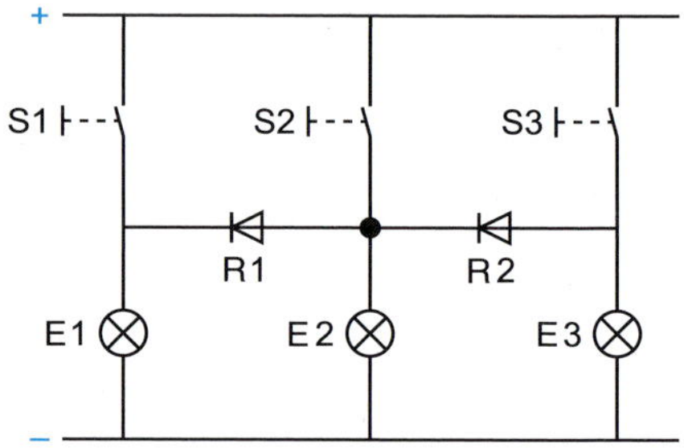

Bild 2.18: Dioden als Entkoppler

! Eine Diode wirkt wie ein Schalter, dessen Zustand von der Richtung der angelegten Spannung abhängt.

Im Vergleich mit einem mechanischen Schalter muss allerdings festgestellt werden, dass die Diode im Durchlasszustand (Schalter geschlossen) noch einen geringen Widerstand hat, während der Widerstand eines mechanischen Schalters praktisch null ist. Im Sperrzustand (Schalter offen) hat die Diode einen kleineren Widerstand als der mechanische Schalter. Durch die Diode fließt immer noch ein kleiner Sperrstrom, während über den geöffneten Schalter kein Strom mehr fließen kann.

Trotz dieser relativ schlechten Schaltereigenschaften findet die Diode als Schalter vielfältige Anwendung. Insbesondere zur **Entkopplung von Stromkreisen** werden Schalter-Dioden eingesetzt (Bild 2.18). Ohne die beiden Dioden R1 und R2 würden in der Schaltung bei jeder Betätigung einer der drei Schalter (S1...S3) alle Lampen (E1...E3) aufleuchten. Durch die Dioden wird erreicht, dass bei Betätigung von S1 die Lampe E1, bei Betätigung von S2 die Lampen E1 und E2, bei Betätigung von S3 alle drei Lampen aufleuchten.

2.2.3.4 Diode als Spannungsbegrenzer

Bei der Anwendung der Diode als **Spannungsbegrenzer** wird die Tatsache ausgenutzt, dass eine Diode auch in Durchlassrichtung sperrt, solange die angelegte Spannung kleiner ist als die Diffusionsspannung. Steigt z. B. die an der Schaltung (Bild 2.19) liegende Spannung U_1 über die Diffusionsspannung der Diode R1, so wird die Diode durchlässig. Die Stromstärke I steigt und damit steigt auch der Spannungsabfall am Vorwiderstand R_v. Die Spannung U_2 am Verbraucher R_L wird also den Wert der Diffusionsspannung nur ganz geringfügig übersteigen.

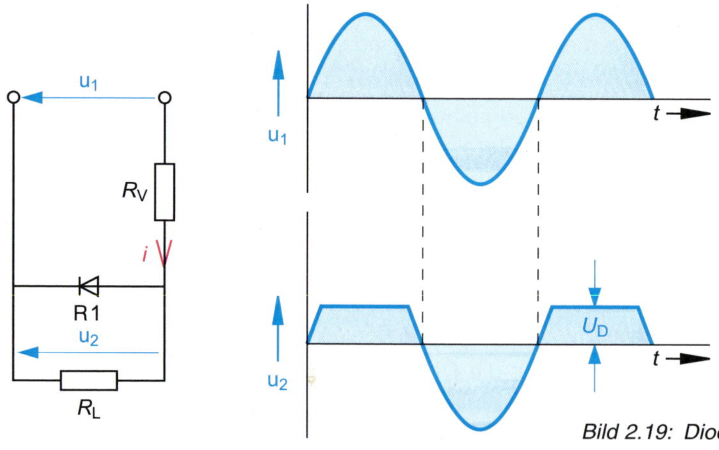

Bild 2.19: Diode als Spannungsbegrenzer

Liegt eine Diode parallel zu einem Verbraucher, so werden in Durchlassrichtung anliegende Spannungen auf die Diffusionsspannung der Diode begrenzt.

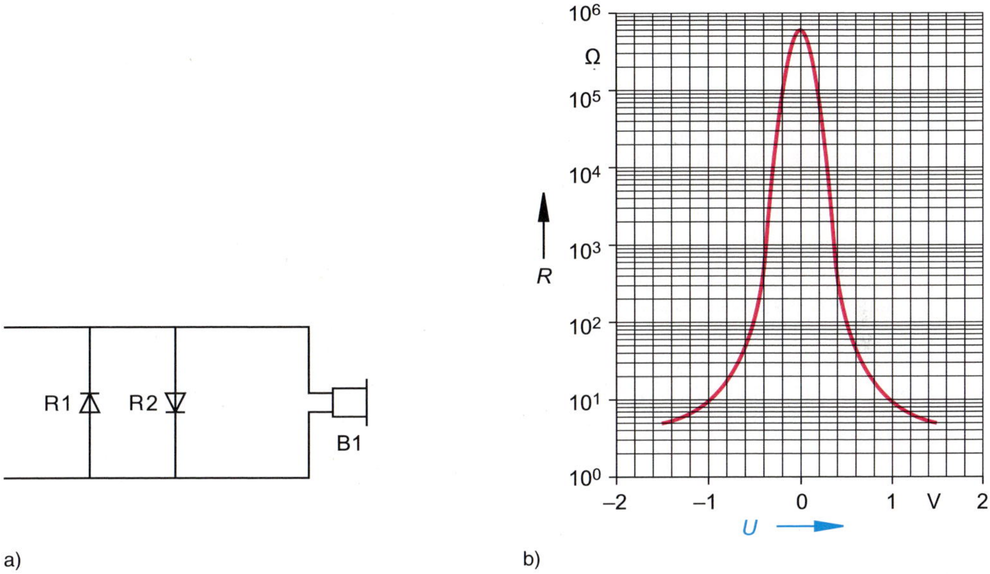

Bild 2.20: Schaltung (a) und Widerstandskennlinie (b) des Gehörschutzgleichrichters

Ein praktisches Beispiel für eine Spannungsbegrenzung mittels Dioden ist der **Gehörschutzgleichrichter** (Bild 2.20) in einem Fernsprechapparat. Benötigt der Fernhörer B1 für eine ausreichende Tonwiedergabe beispielsweise eine Sprechwechselspannung von etwa 0,3 V, so führen Störspannungen mit wesentlich höheren Werten zu störenden Knackgeräuschen. Um das zu vermeiden, kann man zwei Dioden R1 und R2 mit einer Diffusionsspannung von 0,4 V in entgegengesetzter Durchlassrichtung parallel zum Fernhörer (**Antiparallelschaltung**) schalten (Bild 2.20 a). Für alle Störspannungen, die größer sind als 0,4 V, bilden die Dioden einen niederohmigen Nebenschluss zum Fernhörer, sodass keine Knackgeräusche mehr auftreten können.

Aufgaben

1. Was versteht man bei einer Diode unter der Durchbruchspannung und der Schleusenspannung?
2. Bei einer Diode unterscheidet man zwischen dem statischen und dem dynamischen Widerstand. Erläutern Sie den Unterschied.
3. Begründen Sie, warum eine Diode in Durchlassrichtung stets mit einem Vorwiderstand betrieben werden muss.
4. Eine Diode ohne Kennzeichnung der Anschlüsse wird mit einem geeigneten Widerstandsmessgerät geprüft (siehe Kap. 3.3.3). Die erste Messung ergibt einen hohen Widerstandswert. Tauscht man die Messanschlüsse gegeneinander und führt eine zweite Messung durch, wird ein niedriger Widerstandswert angezeigt. Skizzieren Sie beide Messschaltungen und bestimmen Sie den Katodenanschluss.
5. Dioden werden in Gleichrichterschaltungen eingesetzt. Erläutern Sie die Unterschiede zwischen Einweg- und Zweiweggleichrichtung.
6. Skizzieren Sie einen Brückengleichrichter mit angeschlossenem Lastwiderstand. Die Schaltung liegt an einer sinusförmigen Wechselspannung. Geben Sie mit entsprechenden Pfeilen für beide Halbwellen die Stromrichtung durch die Dioden und den Lastwiderstand an.
7. Was versteht man bei einer Gleichrichterschaltung unter der sogenannten Brummspannung? Wie lässt sich die Brummspannung mit schaltungstechnischen Maßnahmen verringern?
8. Für ein Siebglied mit verlustfreien Bauteilen sind gegeben: $L = 3{,}5$ H, $C = 10\ \mu$F. Am Eingang des Siebgliedes liegt eine Brummspannung von 6 V/100 Hz.
   a) Wie groß ist der Siebfaktor der Schaltung?
   b) Wie groß ist die Brummspannung am Ausgang der Schaltung?
9. Erläutern Sie anhand von Beispielen die Funktion einer Diode als Schalter und als Entkoppler von Stromkreisen.
10. In welchen der dargestellten Schaltungen wird die Diode zerstört? (Antwort mit Begründung)

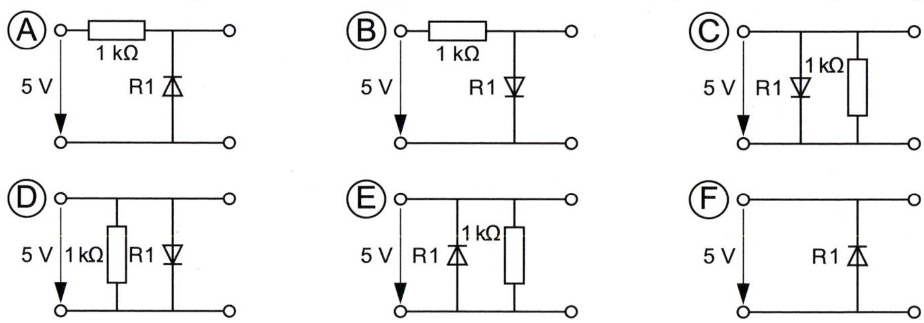

2.3 Dioden mit besonderen Eigenschaften

2.3.1 Z-Diode

Z-Dioden sind Siliziumdioden, die im Sperrbereich betrieben werden; im Durchlassbereich verhalten sie sich wie normale Siliziumdioden.

Bekanntlich wird eine in Sperrrichtung betriebene Diode nach Überschreiten der Durchbruchspannung niederohmig. Bei Z-Dioden hat man durch entsprechende Dotierung der Halbleiterschichten erreicht, dass dieser Durchbruch bei unterschiedlichen Spannungswerten im Bereich von ca. 4 V bis 200 V erfolgt.

Bei Durchbruchspannungen unter 5 V tritt in der sehr dünnen Sperrschicht der Diode eine so hohe elektrische Feldstärke auf, dass Valenzelektronen aus ihren Bindungen im Kristallgitter des Halbleiters gerissen werden. Dadurch entstehen in der Sperrschicht freie Ladungsträger und der Widerstand der Z-Diode nimmt sehr schnell ab. Dieser Vorgang wurde von dem deutschen Physiker C. Zener entdeckt. Daher wird der so entstehende Durchbruch als **Zenerdurchbruch** bezeichnet. Die Spannung, bei der dieser Durchbruch eintritt, heißt **Z-Spannung** U_Z; die Dioden, bei denen dieser Effekt wirksam wird, nennt man **Z-Dioden**.

Bei Durchbruchspannungen über 5 V werden die in der Sperrschicht vorhandenen freien Ladungsträger durch das elektrische Feld so stark beschleunigt, dass sie andere Elektronen aus ihren Bindungen herausschlagen. Dadurch wächst die Zahl der freien Ladungsträger schnell an; es kommt zu einem sogenannten **Lawinendurchbruch**.

Bei Z-Spannungen von ca. 5 V bis 15 V sind beide Vorgänge am Zustandekommen des Durchbruchs beteiligt. Hierdurch ergibt sich ein starker Kennlinienknick und ein wesentlich steilerer Verlauf der Kennlinie im Durchbruchsbereich (Arbeitsbereich) als bei einer normalen Diode (Bild 2.21). Ist die Z-Spannung erreicht, so bleibt bei weiterem Stromanstieg die Spannung an der Z-Diode fast konstant. Sie kann sich nur noch in dem kleinen Bereich ΔU_Z ändern.

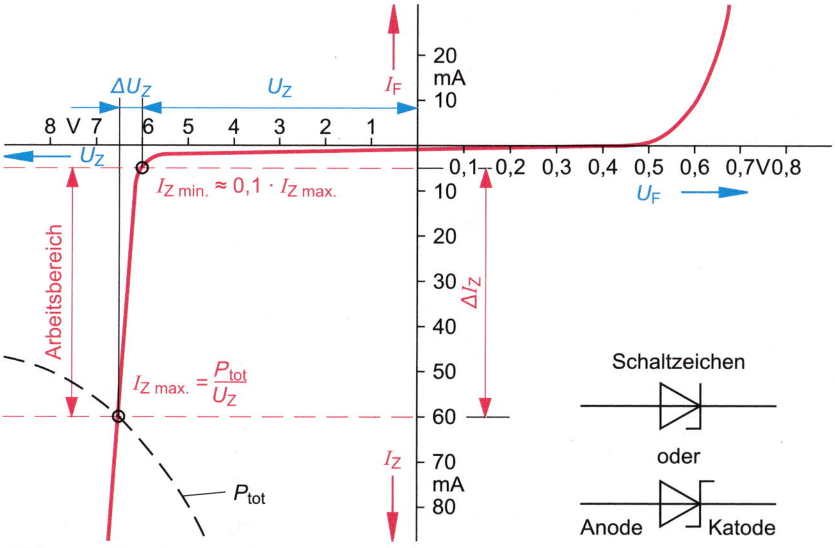

Bild 2.21: Kennlinie der Z-Diode und Schaltsymbol

Durch entsprechende Bemessung eines Vorwiderstandes muss gesichert werden, dass der Z-Strom einen höchsten Wert I_{Zmax} nicht überschreitet, weil die Diode sonst zerstört wird. I_{Zmax} ergibt sich aus der vom Hersteller angegebenen höchstzulässigen Verlustleistung P_{tot} und der Z-Spannung. Wird die Spannung an der Z-Diode kleiner als U_Z, so wird die Diode hochohmig und sperrt. Bezeichnet man den beim Erreichen von U_Z auftretenden Mindeststrom als I_{Zmin}, so ergibt sich:

> An der Z-Diode liegt im Arbeitsbereich zwischen I_{Zmin} und I_{Zmax} eine fast konstante Spannung U_Z.

Die Spannungsänderung an der Z-Diode im Arbeitsbereich ist umso kleiner, je steiler ihre Kennlinie verläuft. Eine möglichst steile Widerstandskennlinie bedeutet aber, dass die Z-Diode im Arbeitsbereich einen möglichst geringen Widerstand haben muss. Da im Arbeitsbereich Stromänderungen und Spannungsänderungen auftreten, ist die Größe des differenziellen Widerstandes

$$r_Z = \frac{\Delta U_Z}{\Delta I_Z}$$

für die Steilheit der Kennlinie maßgebend.

Die Bezeichnung von Z-Dioden entsprechend der ProElektron-Norm (siehe Kap. 2.1.5) wird in vielen Fällen um die Angabe der jeweiligen Z-Spannung ergänzt.

■ **Beispiel:**

BZX 55-C6V2

Z-Spannung:	U_Z =	6,2 V
Toleranz:	C ≙	5 %
Grundtyp:	B ≙	Silizium
	Z ≙	Zenerdiode
	X 55 ≙	Industrietyp und Typennummer des Herstellers

2.3.1.1 Spannungsstabilisierung mit Z-Diode

Aufgrund ihrer Eigenschaften eignen sich Z-Dioden besonders gut zur **Spannungsstabilisierung** und Spannungsbegrenzung.

In der Schaltung eines Verbrauchers R_L mit Vorwiderstand R_v nach Bild 2.22a können Schwankungen der Verbraucherspannung U_L durch zwei verschiedene Ursachen entstehen:

Fall A:
Durch **Schwankungen der Eingangsspannung U_1** zwischen den Grenzwerten $U_{L\,min}$ und $U_{L\,max}$

Fall B:
Durch Änderungen des Lastwiderstandes R_L und dadurch verursachte **Schwankungen des Laststromes I_L** zwischen den Grenzwerten $I_{L\,min}$ und $I_{L\,max}$

Durch Parallelschalten einer Z-Diode zu R_L sollen diese Schwankungen von U_L unterdrückt werden, d. h. die Spannung am Verbraucher soll stabilisiert werden. Die Wirkungsweise der Schaltung mit Z-Diode (Bild 2.22 b) soll für die Fälle A und B dargestellt werden.

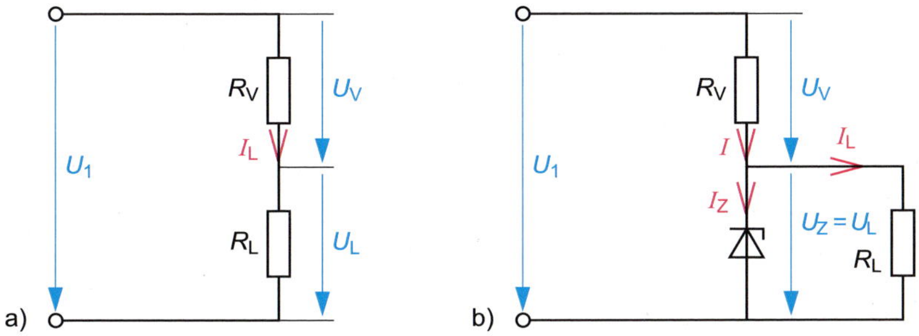

Bild 2.22: a) Schaltung mit Vorwiderstand
b) Spannungsstabilisierung mit einer Z-Diode

Zu Fall A:

Steigt z. B. U_1, so steigen U_V und U_Z. Beginnt aber U_Z zu steigen, so wird die Diode niederohmig und I_Z steigt. Dadurch steigt I und damit U_V, sodass die Zunahme von U_1 fast vollständig durch Zunahme von U_V aufgefangen wird und U_Z konstant bleibt.

Zu Fall B:

Steigt z. B. I_L, so steigt I und damit U_V. Bleibt U_1 konstant, so wird eine Zunahme von U_V aber bedeuten, dass U_Z abnimmt. Beginnt U_Z abzunehmen, so wird die Diode hochohmiger und I_Z sinkt. Die Zunahme von I_L wird fast vollständig durch die Abnahme von I_z gedeckt. Dadurch bleibt I, dadurch U_V und damit letztlich U_Z konstant.

■ **Beispiel:**

Es ist eine konstante Ausgangsspannung $U_L = 6{,}8$ V bei einer Laststromstärke $I_{Lmax} = 10$ mA gefordert. Der Laststrom soll abschaltbar sein. Zur Verfügung steht die Z-Diode BZX 55 C6V8; aus dem Datenblatt ist bekannt: $P_{tot} = 500$ mW; $r_Z < 8\ \Omega$. Dimensionieren Sie die Schaltung für den Fall, dass $U_1 = 12$ V beträgt und Schwankungen von ±20 % aufweisen kann.

Lösung (Schaltung in Bild 2.22b)

Für den Vorwiderstand kann ein Höchstwert R_{Vmax} und ein Mindestwert R_{Vmin} berechnet werden, damit die Z-Diode im zulässigen Arbeitsbereich arbeitet.

Der Mindestwert wird so bemessen, dass im ungünstigsten Fall die zulässige Verlustleistung der Z-Diode nicht überschritten wird. Der ungünstigste Fall liegt vor, wenn die Eingangsspannung am größten und die Laststromstärke am kleinsten ist.

Aus P_{tot} berechnen wir I_{Zmax}:

$$I_{Z\,max} = \frac{P_{tot}}{U_Z} = \frac{500\text{ mW}}{6{,}8\text{ V}} = 73{,}5\text{ mA}$$

Für R_{Vmin} ergibt sich dann:

$$R_{V\,min} = \frac{U_{1\,max} - U_Z}{I_{Z\,max} + I_{L\,min}} = \frac{14{,}4\text{ V} - 6{,}8\text{ V}}{73{,}5\text{ mA} + 0\text{ A}} = 103\ \Omega$$

Der Vorwiderstand darf nicht zu groß sein, da durch die Z-Diode ein Mindeststrom fließen muss (Bild 2.21: Arbeitsbereich der Z-Diode). In der Praxis rechnet man mit $I_{Z\,min} = 0{,}1\ I_{Z\,max}$. Bei der Berechnung gehen wir ebenfalls vom ungünstigsten Fall aus, wir rechnen mit der kleinsten Eingangsspannung und dem größten Laststrom:

$$R_{V\,max} = \frac{U_{1\,min} - U_Z}{I_{Z\,min} + I_{L\,max}} = \frac{9{,}6\ \mathrm{V} - 6{,}8\ \mathrm{V}}{7{,}35\ \mathrm{mA} + 10\ \mathrm{mA}} = 161\ \Omega$$

Aus der Normwertreihe (z. B. E96, Bild 1.29) wählt man jetzt den passenden Widerstandswert aus: $R_v = 150\ \Omega$. Bei der Rechnung sind wir davon ausgegangen, dass die Spannung an der Z-Diode konstant ist. Tatsächlich ändert sie sich geringfügig. Die Spannungsänderung lässt sich mit den Kennwerten aus dem Datenblatt berechnen:

$$\Delta U_Z = \Delta I_Z \cdot r_Z = 66{,}2\ \mathrm{mA} \cdot 8\ \Omega = 0{,}53\ \mathrm{V}$$

2.3.2 Fotodioden

Fotodioden sind Halbleiterdioden, deren Sperrwiderstand durch Lichteinwirkung abnimmt.

Bild 2.23 a zeigt den schematischen Aufbau einer Silizium-Fotodiode. Durch das „Fenster“ und die dünne P-Schicht trifft einfallendes Licht auf den PN-Übergang.

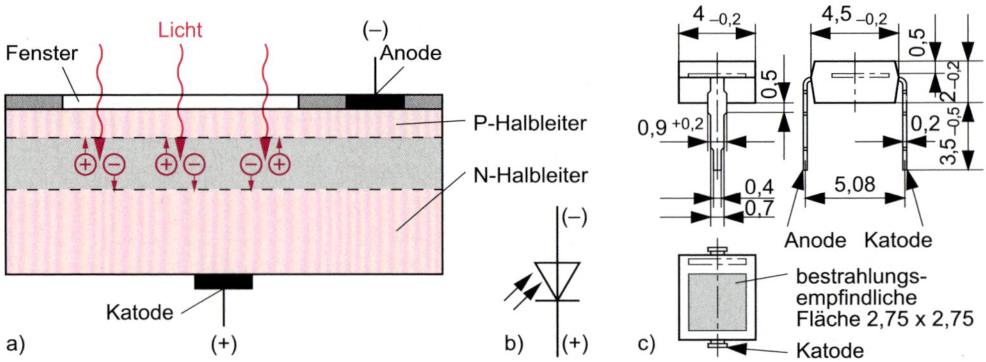

Bild 2.23: Fotodiode: a) schematischer Aufbau b) Schaltzeichen c) Maßzeichnung

Wird die Diode in Sperrichtung angeschlossen, so fließt ohne Beleuchtung nur ein geringer Sperrstrom, der sogenannte „Dunkelstrom“. Fällt nun Licht auf den PN-Übergang, werden dort Ladungsträgerpaare erzeugt (siehe Kap. 2.1.2). Dadurch steigt die Leitfähigkeit der Grenzschicht und mit ihr die Stromstärke um den „Fotostrom“. Der Dunkelstrom ist gegenüber dem Fotostrom vernachlässigbar klein; der Sperrstrom durch die Fotodiode beruht im Wesentlichen auf dem Fotostrom.

Fotodioden werden in Sperrichtung betrieben. Der Fotostrom steigt mit zunehmender Beleuchtungsstärke an.

Der Fotostrom ist nur von der Beleuchtungsstärke abhängig. Die Höhe der Sperrspannung ist praktisch ohne Einfluss auf den Fotostrom. Die **Lichtempfindlichkeit** von Fotodioden ist sehr gering. Das Gleiche gilt für ihre Strombelastbarkeit, die durchschnittlich bei 100 μA liegt. Fotodioden haben ihre größte Lichtempfindlichkeit im Infrarotbereich. Wegen ihrer geringen Empfindlichkeit und Belastbarkeit werden Fotodioden stets mit einem nachgeschalteten Verstärker betrieben. Sie werden verwendet zur Messung und Steuerung der Beleuchtungsstärke und besonders in Empfangsgeräten für infrarote Signale, z. B. bei Infrarot-Tonübertragungen für drahtlose Kopfhörer oder Infrarot-Fernsteuerung bei Rundfunk- und Fernsehgeräten.

2.3.3 Leuchtdioden

Leuchtdioden sind Halbleiterdioden, die Licht aussenden, wenn sie von einem Strom durchflossen werden. Sie werden in Durchlassrichtung betrieben. Ihre Leuchtstärke steigt mit zunehmendem Strom an.

Aufgrund ihres speziellen Aufbaus wird bei der Rekombination von freien Elektronen mit Defektelektronen Energie freigesetzt, die als Licht abgestrahlt wird. Die Wellenlänge und damit die Farbe des abgestrahlten Lichts wird von der Kristallart und der Dotierung der P-leitenden Schicht bestimmt.

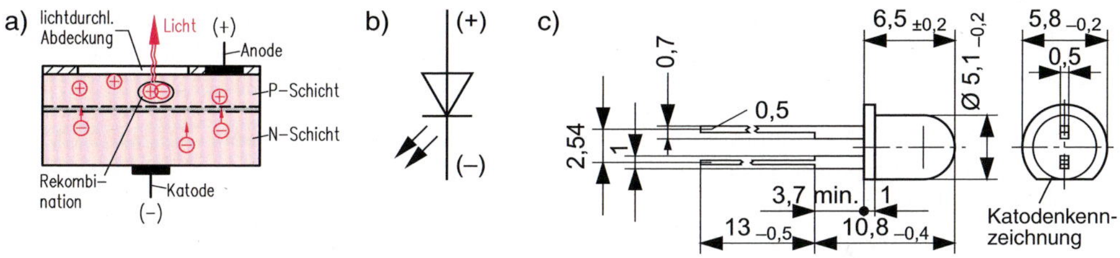

Bild 2.24: Leuchtdiode: a) schematischer Aufbau b) Schaltsymbol c) Maßzeichnung

Kristallart und Dotierung der P-leitenden Schicht	Farbe des Lichts
GaAs	infrarot
GaAsP nach Phosphorgehalt	rot bis gelb
GaP mit Zink- und Sauerstoffdotierung	rot
GaP mit Stickstoffdotierung	grün und gelb
Galliumnitrid (GaN)	blau, violett
Kristalle mit zwei entsprechenden PN-Übergängen strahlen in rot, grün oder gelb, je nach angelegter Spannung.	

GaAs: Galliumarsenid
GaAsP: Galliumarsenidphosphat
GaP: Galliumphosphat

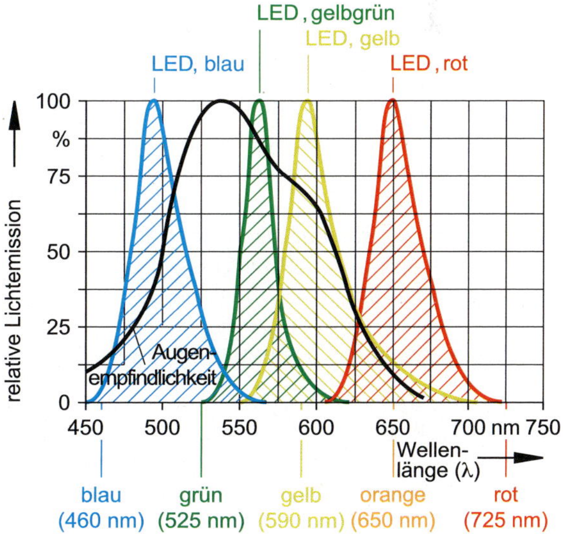

Bild 2.25: Farbe des Lichts, Kristallart und Dotierung

Eine sichtbar leuchtende Diode wird auch als **LED** (Light Emitting Diode) bezeichnet, eine infrarotstrahlende Diode als **IRED** (Infrared Emitted Diode).

Weißes Licht lässt sich mit Leuchtdioden durch Kombination der drei Grundfarben Rot, Grün und Blau (additive Farbmischung) oder durch die Verwendung fluoreszierender Farbstoffe erzeugen, die beispielsweise kurzwelliges blaues Licht mit schmalbandigem UV-Anteil in sichtbares Licht mit breitem Strahlungsspektrum umwandeln.

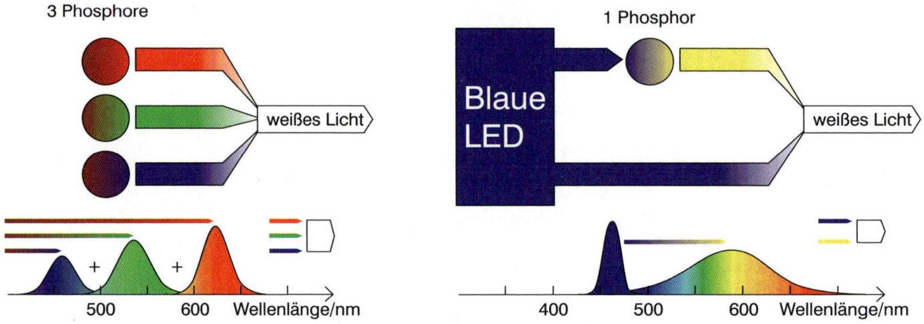

Bild 2.26: Erzeugung von weißem Licht mit LEDs

Die Schwellspannung der Leuchtdioden liegt je nach Typ zwischen 1,5 V und 2 V. Aufgrund der zulässigen Sperrspannung von durchschnittlich 5 V müssen Leuchtdioden durch geeignete schaltungstechnische Maßnahmen – z. B. durch Spannungsbegrenzung mit Z-Dioden – gegen zu hohe Sperrspannungen geschützt werden.

Die Lebensdauer einer Leuchtdiode beträgt etwa eine Million Stunden, die Brenndauer einer Glühlampe dagegen etwa 1 000 Stunden. Leuchtdioden werden zur Anzeige und zur Kontrolle von Funktionen in elektrischen Steuerschaltungen eingesetzt. Hierzu eignen sich besonders die gelbgrün leuchtenden Dioden, da das menschliche Auge für dieses Licht die größte Empfindlichkeit aufweist (Bild 2.25).

Zur Anzeige von Zeichen, Ziffern und Buchstaben werden mehrere Leuchtdioden zusammengefasst und gruppiert. Bild 2.27 zeigt eine Sieben-Segment-Anzeigeeinheit, bei der jedes der sieben Segmente einzeln von außen angesteuert werden kann.

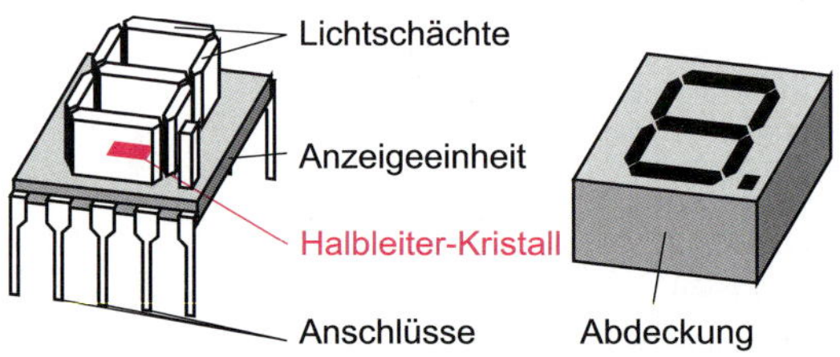

Bild 2.27: Segmentanzeige mit Leuchtdioden

Als Sender für Lichtschranken oder für die Fernsteuerung von Rundfunk- und Fernsehgeräten sind IRED bestens geeignet, da die als Empfänger eingesetzten Fotodioden ihre größte Empfindlichkeit im Infrarotbereich haben und nicht auf das Tageslicht ansprechen.

Infolge ihrer geringen Trägheit – die Anstiegszeit (das ist die Zeit vom Einschalten bis zur vollen Helligkeit) und die Abfallzeit (Zeit vom Ausschalten bis zum Erlöschen) betragen weniger als 100 ns – können Leuchtdioden auch zur Übertragung von Signalimpulsen bis zum Megahertzbereich eingesetzt werden.

Moderne Leuchtdioden verfügen bei vergleichsweise geringer Stromaufnahme über eine so große Lichtemission, dass sie auch zur Wohnraumausleuchtung und für Kfz-Beleuchtungen eingesetzt werden (Stromaufnahme 2 mA bei SMD-LEDs; bis 1 000 mA bei Hochleistungs-LEDs; Lichtemission 0,1 bis 100 Lumen pro Watt; zum Vergleich: 100-Watt-Glühlampe: 30 Lumen pro Watt).

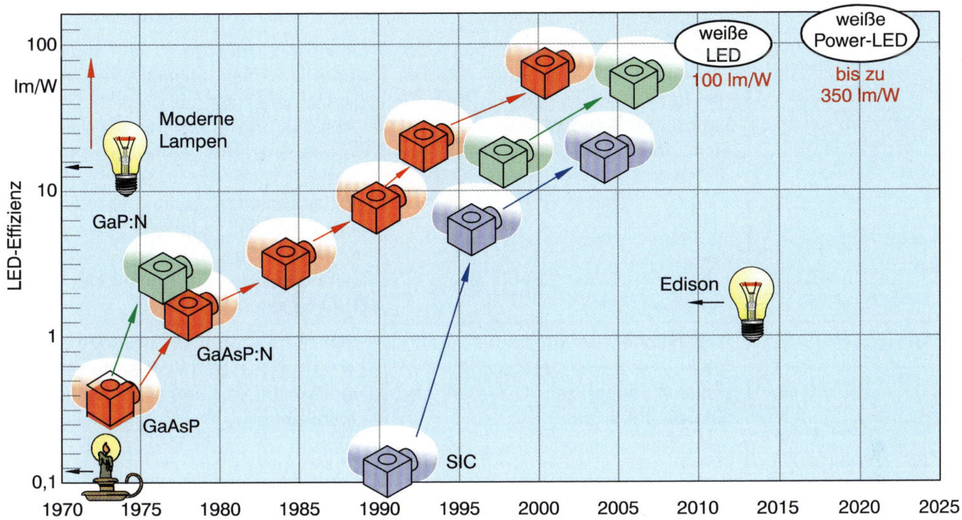

Bild 2.28: Entwicklung der Lichtemission bei LED

2.3.4 Sonstige Dioden

Neben den genannten Dioden gibt es eine große Anzahl spezieller Diodenarten, von denen einige in Bild 2.29 aufgeführt sind.

Bezeichnung	**Beschreibung**	**Merkmale, Einsatzbeispiele**
Schottky-Diode Anode Katode 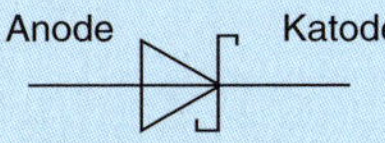	Anstelle eines normalen PN-Übergangs wird an der Grenzfläche eines Halbleitermaterials eine dünne Metallschicht aufgebracht; ebenfalls gleichrichtender Effekt	schnelle Reaktionszeit, Einsatz in der Hochfrequenztechnik
Kapazitätsdiode, Varicap-Diode, Varaktor-Diode Anode Katode 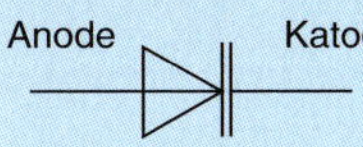	Spezielle Diode, die in Sperrrichtung betrieben wird und deren PN-Übergang wie eine Kapazität wirkt, die mit dem Ansteigen der anliegenden Spannung größer wird; wirkt wie ein einstellbarer Kondensator	Abstimmung von Schwingkreisen und Filtern anstatt mit Trimmkondensatoren Kapazitäten zwischen ca. 3 pF und 300 pF einstellbar (Verhältnis 10 : 1) Maximale Sperrspannung ca. 30 V
Tunneldiode Anode Katode 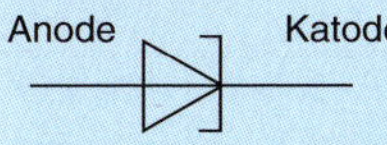	PN-Diode mit speziellen Eigenschaften, die durch besondere Dotierungsmaßnahmen hervorgerufen werden	Einsatz in der Hochfrequenztechnik, kann dort als „Verstärker" eingesetzt werden (bei Parallelschaltung zu einem Schwingkreis kann dieser entdämpft werden)
Pin-Diode	(positive intrinsic negative Diode); zwischen P- und N-Zone befindet sich eine dünne eigenleitende Zone, dadurch für hohe Sperrspannung geeignet	Anwendungen im Hochfrequenzbereich als Gleichrichter oder stromgesteuerter Widerstand

Bezeichnung	Beschreibung	Merkmale, Einsatzbeispiele
Laserdiode	Diode mit stark dotiertem PN-Übergang, der mit hohen Stromdichten betrieben wird; in Kombination mit Fokussierlinsen ergibt sich eine stark gebündelte Lichtemission	Die Emission von Licht entsteht durch Rekombinationsprozesse von Elektronen und Löchern. Einige Grenzflächen wirken wie ein Spiegel, es entstehen Resonanzeffekte, wodurch sich eine stehende Lichtwelle ausbilden kann. Laserdioden vertragen nur geringe Sperrspannungen (3 V bis 5 V); Verwendung in Barcodelesern, Lichtschranken, DVD-Geräten
OLED	Organische Leuchtdiode; durch die Verwendung organischer Materialien sehr hell bei geringer Energieaufnahme	Sehr dünn (> 1 mm) und auch biegsam herstellbar, Verwendung bei Handydisplays und TV-Flachbildschirmen

Bild 2.29: Sonstige Diodenarten

Aufgaben

1. Eine Diode trägt die Aufschrift BZX 55-C5V1. Um welche Art von Diode handelt es sich? Welche Informationen lassen sich der Beschriftung entnehmen?
2. Gegeben ist die dargestellte Stabilisierungsschaltung mit der Z-Diode, die laut Datenblatt eine maximale Verlustleistung P_{tot} = 500 mW hat.
   a) Auf welchen größten und kleinsten Wert darf der Lastwiderstand eingestellt werden, wenn die Lastspannung konstant bleiben soll ($I_{Zmin} = 0{,}1 \cdot I_{Zmax}$)?
   b) Wie groß ist U_L, wenn der Lastwiderstand auf 80 Ω eingestellt ist?

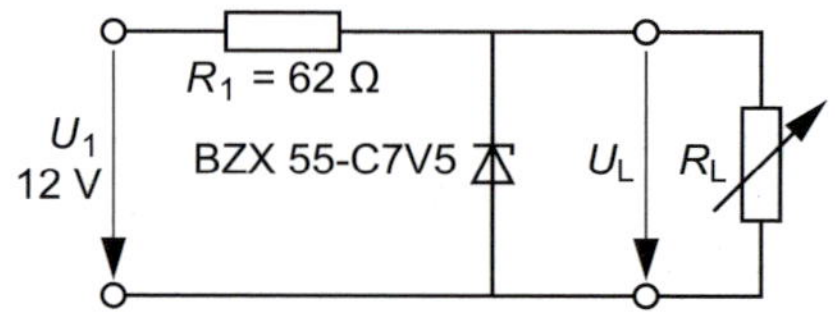

3. Wie werden Fotodioden grundsätzlich geschaltet und wovon hängt der Fotostrom ab?
4. Wodurch wird bei Leuchtdioden die Farbe des abgestrahlten Lichts bestimmt? Wie lässt sich mit Leuchtdioden weißes Licht erzeugen?
5. Welche Vorteile haben Leuchtdioden gegenüber Glühlampen? Nennen Sie Anwendungsbeispiele für Leuchtdioden.
6. Was ist eine OLED? Nennen Sie Vorteile und Anwendungsbeispiele.

2.4 Bipolare Transistoren

Die Bezeichnung Transistor ist die Kurzform für „**Tran**sformation Re**sistor**" und bedeutet soviel wie „steuerbarer Widerstand". Bipolare Transistoren sind Halbleiterbauelemente (semiconductors), die im Allgemeinen drei Anschlüsse besitzen und bei denen ein *Ausgangsstrom* (output current) durch eine *Eingangsspannung* (input voltage) oder einen *Eingangsstrom* (input current) gesteuert wird. Ein Transistor hat verstärkende Eigenschaften, da die *steuernde* Eingangsgröße in der Regel wesentlich kleiner ist als die *gesteuerte* Ausgangsgröße. Durch die äußere Beschaltung eines Transistors mit passiven Bauelementen lassen sich seine Eigenschaften dem jeweiligen Einsatzzweck anpassen, sodass er für zahlreiche Funktionen verwendet werden kann, z. B. als Schalter, Verstärker oder Oszillator.

Als Grundmaterial verwendet man bei Bipolartransistoren meist Silizium (Sperrspannung 0,7 V), in einigen Bereichen werden auch Germaniumtransistoren eingesetzt (Sperrspannung ca. 0,3 V; z. B. im HF-Bereich).

2.4.1 Prinzipieller Aufbau

Bipolare Transistoren (BJT: **B**ipolar **J**unction **T**ransistor, bipolarer Sperrschichttransistor) werden grundsätzlich aus *einem Halbleiterkristall* mit zwei PN-Übergängen aufgebaut. Sie tragen die Bezeichnungen PNP bzw. NPN, wodurch die vorhandenen Dotierungszonen und damit prinzipiell der innere Transistoraufbau charakterisiert wird. Die drei Anschlüsse tragen die Bezeichnungen **Basis B, Kollektor C** und **Emitter E**.

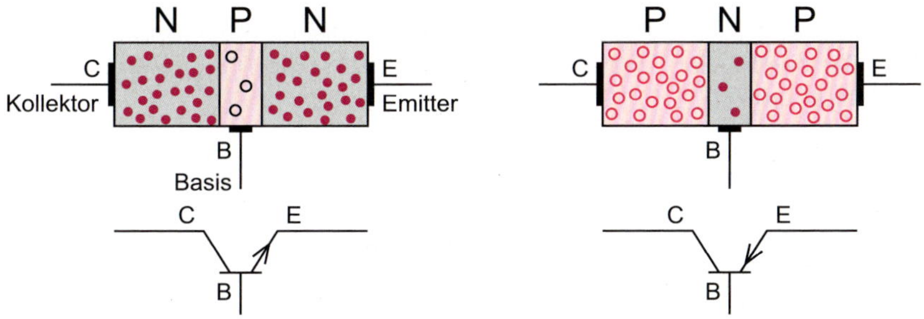

Bild 2.30: Schichtenfolge bipolarer Transistoren und deren Schaltzeichen

Für den Betrieb des Transistors sind grundsätzlich zwei Gleichspannungen (U_{BE}, U_{CE}) erforderlich, die in der Praxis meist aus einer einzigen Spannungsquelle gewonnen werden. Wie diese Spannungen anzulegen sind, ist in Bild 2.31 prinzipiell dargestellt.

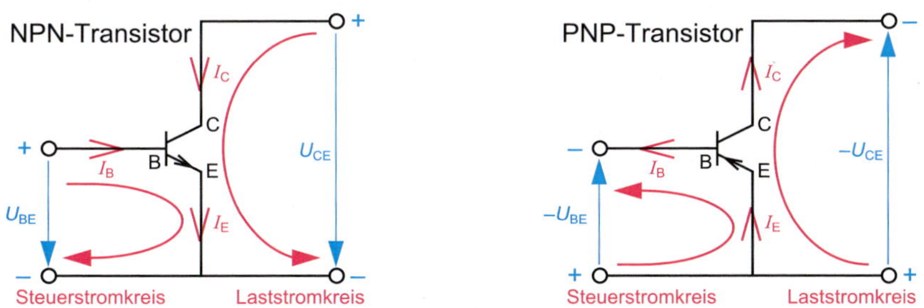

Bild 2.31: Bezeichnungen der Ströme und Spannungen an Transistoren

Beim NPN-Transistor wird die Spannung U_{BE} zwischen Basis und Emitter so angelegt, dass der PN-Übergang zwischen diesen beiden Anschlüssen in Durchlassrichtung betrieben wird. U_{BE} soll etwa so groß sein wie die Diffusionsspannung (ca. 0,7 V, siehe Kap. 2.1.4). Die Kollektor-Emitter-Spannung wird wesentlich größer gewählt ($U_{CE} \geq 5$ V). Dadurch ist der Kollektor positiver als die Basis und der PN-Übergang zwischen Basis und Kollektor ist in Sperrrichtung gepolt. Bei einem PNP-Transistor sind die Spannungsquellen jeweils umgekehrt gepolt.

Unabhängig von der Art des Transistors und seiner Schaltung gilt:

> Der PN-Übergang zwischen Basis und Emitter wird stets in Durchlassrichtung gepolt. Der PN-Übergang zwischen Basis und Kollektor wird stets in Sperrrichtung gepolt.

Obwohl der Transistor lediglich drei Anschlüsse besitzt, wird er häufig auch als **Vierpol** bezeichnet. Dies resultiert daraus, dass einer der Anschlüsse sowohl für den Eingang als auch für den Ausgang einer Schaltung genutzt wird. Schaltungstechnisch ergeben sich zwei unterschiedliche Stromkreise, die als Eingangsstromkreis (Steuerstromkreis) und Ausgangsstromkreis (Laststromkreis) bezeichnet werden (Bild 2.31).

Aufgrund der Vorgänge in den Halbleiterschichten fließt bei Anlegen einer Basis-Emitter-Spannung ein Basisstrom, der einen viel größeren Kollektorstrom zur Folge hat. Wird U_{BE} geändert, so ändert sich der Basisstrom I_B und damit der Kollektorstrom I_C. Daraus ergibt sich die grundsätzliche Wirkungsweise eines Transistors.

> Bei einem bipolaren Transistor kann nur dann ein Kollektorstrom fließen, wenn ein Basisstrom fließt. Der Kollektorstrom I_C ist wesentlich größer als der Basisstrom I_B.

Wird U_{BE} auf einen Wert verringert, der kleiner ist als die Diffusionsspannung, so fließt weder ein Basis- noch ein Kollektorstrom.

2.4.2 Transistorkennlinien

Bei Transistoren besteht sowohl im Eingangskreis als auch im Ausgangskreis ein nichtlinearer Zusammenhang zwischen Strömen und Spannungen. Diese Zusammenhänge werden durch verschiedene Kennlinien dargestellt, die von den Herstellern in Datenblättern veröffentlicht werden. Die Kennlinienaufnahme erfolgt unter Einhaltung bestimmter Messvorschriften:

- Eine der Transistorgrößen (z. B. U_{BE}) wird jeweils vorgegeben und mit einem Messgerät überprüft.
- Die hiervon abhängige Größe (z. B. I_B) wird gemessen und in eine Tabelle oder ein Diagramm eingetragen.
- Um einen Einfluss von anderen Transistorgrößen (z. B. U_{CE}) zu verhindern, werden diese auf einen bestimmten Wert eingestellt, der dann bei allen Messungen konstant gehalten wird, was messtechnisch zu überprüfen ist.
- Alle Messungen erfolgen bei der gleichen Umgebungstemperatur.

Zu den wichtigsten Transistorkennlinien zählen die Eingangskennlinie, die Ausgangskennlinien und die Stromsteuerkennlinie.

2.4.2.1 Eingangskennlinie

> Die **Eingangskennlinie** stellt die Abhängigkeit des Basisstromes I_B von der Basis-Emitter-Spannung U_{BE} bei konstanter Kollektor-Emitter-Spannung dar.
>
> Schreibweise: $I_B = f\,(U_{BE})$ mit U_{CE} = const. als Parameter

vorgegebene Größe	U_{BE}/V	0	0,2	0,4	0,6	0,65	0,7	mit
abhängige Größe	I_B/mA	0	0	0	0,12	0,5	1,25	U_{CE} = 5 V

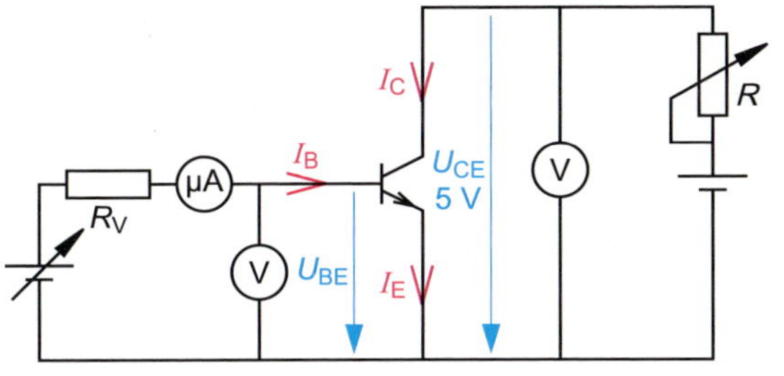

a)

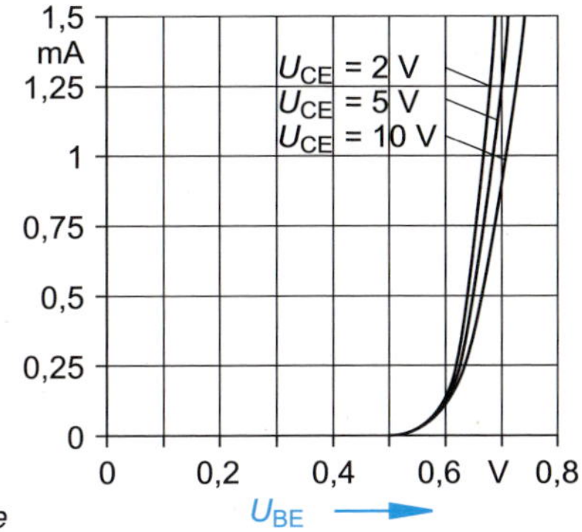

b)

Bild 2.32: a) Prinzipieller Aufbau der Messschaltung
b) Messwerte und Verlauf der Eingangskennlinie

Anstelle einer einstellbaren Spannungsquelle im Eingangskreis kann auch ein veränderbarer Widerstand R_V für die Einstellung von U_{BE} verwendet werden. Der Widerstand R dient dazu, die Spannung U_{CE} konstant zu halten.

Da U_{BE} so gepolt ist, dass der PN-Übergang zwischen Basis und Emitter in Durchlassrichtung betrieben wird, hat die Eingangskennlinie des Transistors den gleichen Verlauf wie die Kennlinie einer Diode im Durchlassbereich. In Bild 2.32 b ist der Verlauf der Eingangskennlinie für drei verschiedene konstante U_{CE}-Werte im linearen Maßstab dargestellt. In den Datenblättern der Hersteller wird oft auch ein halblogarithmischer Maßstab verwendet (siehe Infomodul D, Abschnitt 12 auf **www.westermann.de/links/00815**). Die angegebene Wertetabelle zeigt beispielhaft einige mit der Messschaltung aufgenommene U_{BE}-I_B-Wertepaare bei einer konstanten Spannung U_{CE} = 5 V.

Erwärmt sich der Transistor im Betrieb, verschiebt sich die Kennlinie aufgrund der größeren Eigenleitung des Halbleitermaterials (siehe Kap. 2.1.2). Ein gleich großer Basisstrom fließt dann bereits bei einer kleineren Basis-Emitter-Spannung.

Die Größe dieser Verschiebung wird im Datenblatt mithilfe des Temperaturkoeffizienten α angegeben.

> Der **Temperaturkoeffizient** α gibt an, um wie viel Volt sich die Kennlinie bei einer Erwärmung um 1 °C verschiebt, z. B. $\alpha = -3$ mV/°C.

2.4.2.2 Ausgangskennlinie

Die Ausgangskennlinie zeigt die Abhängigkeit des Kollektorstroms I_C von der Kollektor-Emitter-Spannung U_{CE}. Da I_C aber auch von der Größe des Basisstroms I_B abhängt, gibt es für jede eingestellte Basisstromstärke eine zugehörige Ausgangskennlinie. Alle Kennlinien werden in ein Diagramm gezeichnet; es ergibt sich ein Kennlinienfeld.

> Die **Ausgangskennlinien** des Transistors beschreiben die Abhängigkeit des Kollektorstroms I_C von der Kollektor-Emitter-Spannung U_{CE} mit der Basisstromstärke I_B als Parameter.
>
> Schreibweise: $I_C = f\,(U_{CE})$ mit I_B = const. als Parameter

Parameter $I_B/\mu A$	U_{CE}/V	1	1,5	2	2,5	3	3,5	4	4,5
50		16	16,5	17	17,5	18	18,5	19	19,5
100		30	30,2	30,5	31	31,5	32	32,5	33
150		38	38,5	39,5	40	41	41,5	42	42,5
200	I_C/mA	46	47	48	49,5	50	51	52	53
250		55	57	58	59,5	60	61,5	62	63
300		63	65	67	68,5	69,8	70,2	72	73
350		70	72	75	76	78	80		

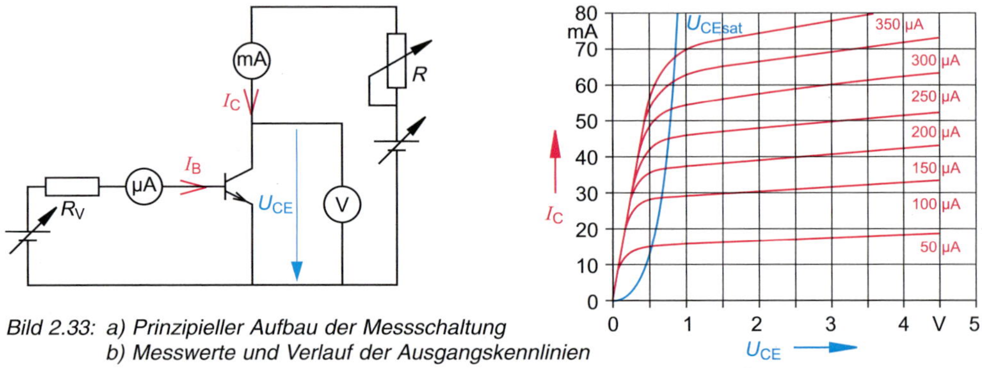

Bild 2.33: a) Prinzipieller Aufbau der Messschaltung
b) Messwerte und Verlauf der Ausgangskennlinien

I_C steigt bei kleinen Werten von U_{CE} zunächst sehr stark an. Ab einem bestimmten Spannungswert von U_{CE} ändert sich I_C dann nur noch geringfügig (Sättigungsbereich); dieser Spannungswert wird als **Kollektor-Emitter-Sättigungsspannung U_{CEsat}** bezeichnet; sie ist abhängig von I_B. Anstelle von I_B kann auch U_{BE} als Parameter angegeben werden.

2.4.2.3 Stromsteuerkennlinie

Die **Stromsteuerkennlinie** beschreibt die Abhängigkeit des Kollektorstroms I_C von dem Basisstrom I_B bei konstanter Kollektor-Emitter-Spannung U_{CE}.

Schreibweise: $I_C = f\,(I_B)$ mit U_{CE} = const. als Parameter

Sie wird auch **Stromverstärkungskennlinie** genannt.

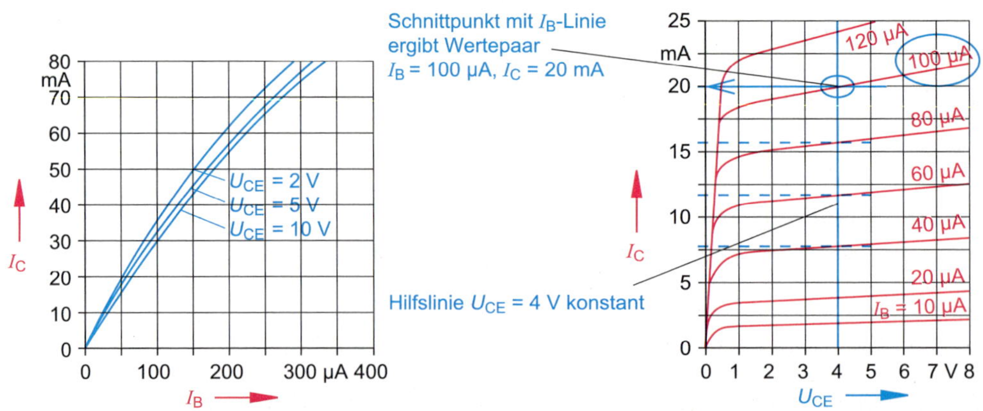

U_{CE} =	$I_B/\mu A$	0	100	150	200	250	300
5 V	I_C/mA	0	35	44	57	67	77

U_{CE} =	$I_B/\mu A$	10	20	40	60	80	100
4 V	I_C/mA	1,5	3,5	8	12	16	20

Bild 2.34: a) Stromsteuerkennlinien sowie daraus entnommene Wertetabelle für U_{CE} = 5 V
b) Ausgangskennlinien sowie daraus entnommene Wertetabelle der Stromsteuerkennlinie für U_{CE} = 4 V

Die jeweiligen Werte von I_B und I_C lassen sich mit der in Bild 2.33 a dargestellten Schaltung messtechnisch erfassen. Sie können aber auch mithilfe des Ausgangskennlinienfeldes bestimmt werden, indem man bei einer konstanten Kollektor-Emitter-Spannung zugehörige Wertepaare für I_B und I_C abliest und sie in eine Wertetabelle oder ein Diagramm einträgt (Bild 2.34 b: U_{CE} = 4 V).

2.4.2.4 Mehrfachkennlinienfeld

Um den Zusammenhang zwischen den verschiedenen Kennlinien zu verdeutlichen und ein Ablesen zusammengehörender Wertepaare zu erleichtern, lassen sich die bisher einzeln betrachteten Kennlinien auch gemeinsam in einem Koordinatensystem mit vier Quadranten darstellen. Die Achsen dieses Koordinatensystems werden hierbei unterschiedlich eingeteilt und bezeichnet. Diese Form der Darstellung wird auch **Vierquadranten-Kennlinienfeld** genannt. In dieser Darstellung lassen sich die wichtigsten Transistorkenndaten (siehe unten) auch zeichnerisch bestimmen.

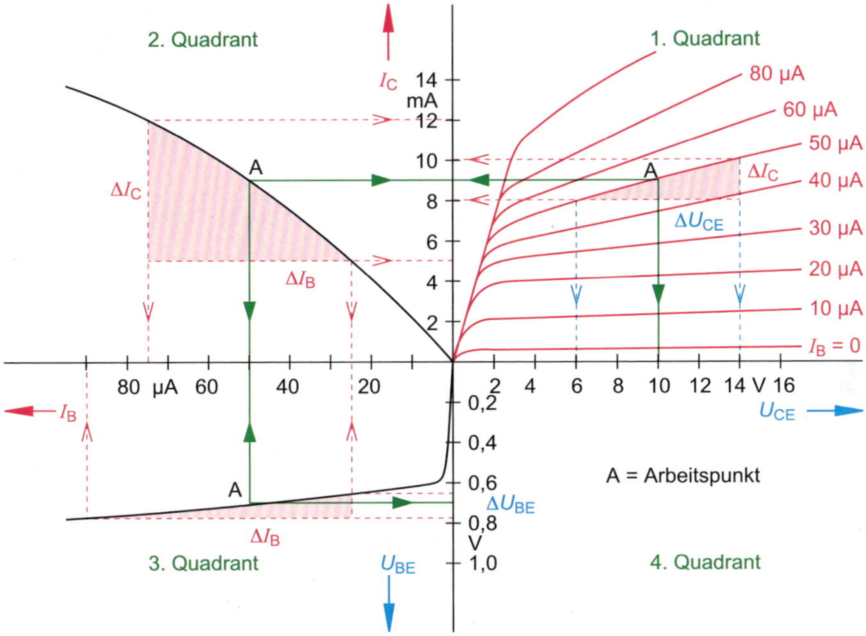

Bild 2.35: Mehrfachkennlinienbild eines Transistors

2.4.3 Transistorkenndaten

Kenndaten beschreiben Eigenschaften des Transistors, die das Verhalten bei definierten Arbeitspunkten kennzeichnen. Man unterscheidet statische und dynamische Kenndaten.

Als **Arbeitspunkt** bezeichnet man zugehörige Wertepaare von Basisstrom I_B und Basis-Emitter-Spannung U_{BE} sowie Kollektorstrom I_C und Kollektor-Emitter-Spannung U_{CE}, die durch die Beschaltung des Transistors eingestellt werden.
Statische Kenndaten beschreiben das Gleichstromverhalten des Transistors in einem Arbeitspunkt. Sie werden mit Großbuchstaben bezeichnet.
Dynamische Kenndaten beschreiben das Verhalten bei Wechselstrom- und Impulsbetrieb. Sie werden mit kleinen Buchstaben bezeichnet.

Die in den Datenblättern angegebenen Kenndaten charakterisieren jeweils das Verhalten des Bauteiletyps. Sie sind aufgrund von herstellungsbedingten Exemplarstreuungen nicht als Daten eines einzelnen Bauelements aufzufassen. Die Streubereiche sind meist in Zahlen oder Kennliniendarstellungen angegeben.

Obwohl in der Praxis meist mit einem festen Wert einer Kenngröße gerechnet wird, handelt es sich hierbei nicht um konstante Größen. Die Werte hängen vielmehr vom gewählten Arbeitspunkt ab. Unabhängig von angegebenen Zahlenwerten in den Datenblättern lassen sie sich auch mithilfe vorhandener Kennlinien bestimmen. Die angegebenen Beispiele in Bild 2.36 basieren auf den jeweils in Bild 2.35 abgelesen Werten des gewählten Arbeitspunkts.

Kenngröße	Gleichung	Erläuterung	Beispiel
Statische Stromverstärkung B	$B = \frac{I_C}{I_B}$	Die statische Stromverstärkung B (Gleichstrom-Verstärkungsfaktor) ist das Verhältnis der Kollektorstromstärke zur Basisstromstärke. Sie gibt an, wievielmal der Kollektorstrom größer ist als der zugehörige Basisgleichstrom: $I_C = B \cdot I_B$	aus Kennlinie entnommen (2. Quadrant): $I_C = 9$ mA, $I_B = 50\ \mu$A $\Rightarrow B = 9$ mA/50 μA = 180
Statischer Eingangswiderstand R_{BE}	$R_{BE} = \frac{U_{BE}}{I_B}$	Als statischen Eingangswiderstand bezeichnet man den Gleichstromwiderstand des Transistors zwischen Basis und Emitter.	aus Kennlinie entnommen (3. Quadrant): $U_{BE} = 0{,}7$ V, $I_B = 50\ \mu$A $\Rightarrow R_{BE} = 0{,}7$ V/50 μA = 14 kΩ
Statischer Ausgangswiderstand R_{CE}	$R_{CE} = \frac{U_{CE}}{I_C}$	Als statischen Ausgangswiderstand bezeichnet man den Gleichstromwiderstand des Transistors zwischen Kollektor und Emitter.	aus Kennlinie entnommen (1. Quadrant): $U_{CE} = 10$ V, $I_C = 9$ mA $\Rightarrow R_{CE} = 10$ V/9 mA = 1,11 kΩ
Dynamische Stromverstärkung β	$\beta = \frac{\Delta i_C}{\Delta i_B}$	Die dynamische Stromverstärkung β (Wechselstrom-Verstärkungsfaktor) ist das Verhältnis der Kollektorstrom**änderung** Δi_C zur Basisstrom**änderung** Δi_B. Sie gibt an, wievielmal die Kollektorstromänderung größer ist als die zugehörige Basisstromänderung: $\Delta i_C = \beta \cdot \Delta i_B$.	aus Kennlinie entnommen (2. Quadrant): $\Delta i_C = 12$ mA − 5 mA = 7 mA $\Delta i_B = 75\ \mu$A − 25 μA = 50 μA $\Rightarrow \beta = 7$ mA/50 μA = 140
Dynamischer Eingangswiderstand r_{BE}	$r_{BE} = \frac{\Delta u_{BE}}{\Delta i_B}$	Der dynamische Eingangswiderstand r_{BE} ist das Verhältnis der Basis-Emitter-Spannungs**änderung** Δu_{BE} zur sich ergebenden Basisstrom**änderung** Δi_B. Der dynamische Eingangswiderstand wird benötigt, um in einer Schaltung die Belastung der steuernden Signal-Spannungsquelle durch den Transistor zu bestimmen.	aus Kennlinie entnommen (3. Quadrant): $\Delta u_{BE} = 0{,}75$ V − 0,65 V = 0,1 V $\Delta i_B = 90\ \mu$A − 25 μA = 65 μA $\Rightarrow r_{BE} = 0{,}1$ V/65 μA = 1,54 kΩ
Dynamischer Ausgangswiderstand r_{CE}	$r_{CE} = \frac{\Delta u_{CE}}{\Delta i_C}$	Der dynamische Ausgangswiderstand r_{CE} ist das Verhältnis der Kollektor-Emitter-Spannungs**änderung** Δu_{CE} zur Kollektorstrom**änderung** Δi_C. Da diese Änderungen auch vom Basisstrom abhängig sind, ist eine eindeutige Angabe von r_{CE} nur für einen konstanten Basisstrom möglich.	aus Kennlinie entnommen (1. Quadrant): $\Delta u_{CE} = 14$ V − 6 V = 8 V $\Delta i_C = 10$ mA − 8 mA = 2 mA $\Rightarrow r_{CE} = 8$ V/2 mA = 4 kΩ

Bild 2.36: Transistorkennwerte

In den Datenblättern der Hersteller tragen die dynamischen Kenngrößen oft andere Bezeichnungen als in Bild 2.36 angegeben (siehe **www.westermann.de/links/00815**). Diese stammen aus der Betrachtung des Transistors als Vierpol mit zwei Eingangs- und zwei Ausgangsklemmen (siehe Bild 2.31) und der daraus resultierenden mathematischen Beschreibung seiner Eigenschaften mithilfe der sogenannten ***h*-Parameter**. Es besteht folgender Zusammenhang:

h_{11e} = Kurzschluss-Eingangswiderstand r_{BE}
h_{12e} = Leerlauf-Spannungsrückwirkung (beschreibt den relativ geringen Einfluss einer Kollektor-Emitter-Spannungsänderung auf die Basis-Emitter-Spannung)
h_{21e} = Kurzschluss-Stromverstärkung β
h_{22e} = Leerlauf-Ausgangsleitwert $1/r_{CE}$

Der Index „e" kennzeichnet hierbei die Schaltungsart des Transistors, in der diese Daten gemessen wurden (e = Emitterschaltung).

Weitere Kenngrößen, die von den Herstellern in den Datenblättern angegeben werden, sind beispielsweise:

Kenngröße	Erläuterung
Kollektor-Basis-Kapazität C_{CBO} Emitter-Basis-Kapazität C_{EBO} Kollektor-Emitter-Kapazität C_{CEO}	Technologisch bedingte Kapazitätswerte zwischen den im Index angegebenen Anschlüssen; sie verkleinern die Stromverstärkung des Transistors bei hohen Frequenzen. Die Kennzeichnung O bedeutet, dass der dritte, nicht genannte Anschluss offen ist.
Transitfrequenz f_T	Frequenz, bei der die Stromverstärkung des Transistors den Wert 1 annimmt
Wärmewiderstand R_{th}	Thermischer Übergangswiderstand, z. B. zwischen Sperrschicht und Gehäuse (R_{thG}), der die Wärmeabgabe behindert. Dieser thermische Widerstand wird in Kelvin pro Watt $\left(\frac{K}{W}\right)$ angegeben; sein Wert sollte möglichst klein sein.

Bild 2.37: Weitere Transistorkennwerte

2.4.4 Transistorgrenzwerte

Grenzwerte sind Daten, deren Überschreiten zu einer Zerstörung des Bauteils führen kann. Insbesondere darf die im praktischen Betrieb entstehende Gesamtverlustleistung P_V die vom Hersteller angegebene **höchstzulässige Verlustleistung P_{tot}** (**tot**al) nicht überschreiten.

Die gesamte **Verlustleistung** P_V eines Transistors setzt sich zusammen aus der Verlustleistung der Basis-Emitter-Strecke und der Verlustleistung der Kollektor-Emitter-Strecke. Es gilt:

$$P_V = U_{BE} \cdot I_B + U_{CE} \cdot I_C$$

■ **Beispiel:**

Aus der Kennlinie Bild 2.35 werden für den Arbeitspunkt folgende Werte entnommen:

$U_{BE} = 0{,}7\ V;\ I_B = 50\ \mu A;\ U_{CE} = 10\ V;\ I_C = 9\ mA$

$\Rightarrow\ P_V = U_{BE} \cdot I_B + U_{CE} \cdot I_C = 0{,}7\ V \cdot 50\ \mu A + 10\ V \cdot 9\ mA$
$= 35\ \mu W + 90\ mW$
$= \mathbf{90{,}035\ mW}$

Die Beispielrechnung zeigt, dass die entstehende Verlustleistung im Wesentlichen von der Verlustleistung der Kollektor-Emitter-Strecke bestimmt wird und die Eingangsverlustleistung vernachlässigt werden kann.

Um darzustellen, dass die Verlustleistung P_V in einem Arbeitspunkt die maximale Verlustleistung P_{tot} nicht überschreitet, zeichnet man die sogenannte **Leistungshyperbel** als Grenzlinie in das Ausgangskennlinienfeld ein.

Bei einer maximalen Verlustleistung von beispielsweise P_{tot} = 400 mW ergeben sich mit $I_C = \frac{P_{tot}}{U_{CE}}$ bei vorgegebenen Werten für U_{CE} die in der Tabelle angegebenen Werte für I_C.

U_{CE}/V	2	4	8	12	16	20
I_C/mA	200	100	50	33	25	20

Zeichnet man die sich ergebenden U_{CE}-I_C-Wertepaare in das Ausgangskennlinienfeld ein und verbindet die einzelnen Punkte, ergibt sich die Leistungshyperbel (siehe Bild 2.38).

Die höchstzulässige Verlustleistung P_{tot} ist stark temperaturabhängig, bei höheren Temperaturen wird sie kleiner. Da sich der Transistor infolge der aufgenommenen Verlustleistung erwärmt, muss diese Wärme an die Umgebung abgegeben werden, damit die höchstzulässige **Sperrschichttemperatur T_j** nicht überschritten wird. Ein Maß für die Wärmeabgabe des Transistors ist der **Wärmewiderstand R_{th}**, der möglichst gering sein sollte. Durch geeignete Maßnahmen – z. B. die Montage auf einem Kühlkörper – kann die Wärmeabgabe verbessert werden (siehe Kap. 2.6.4).

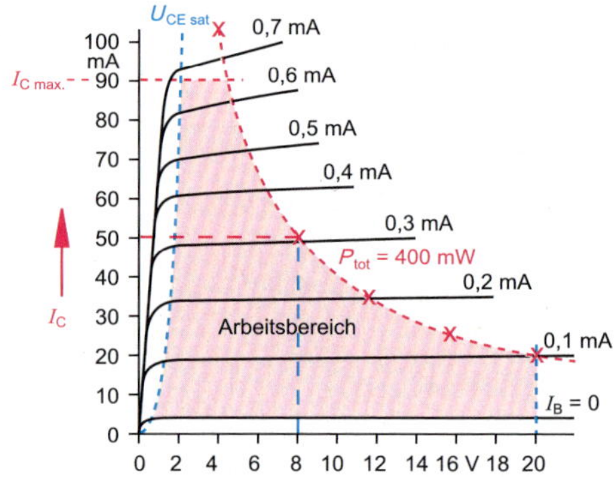

Bild 2.38: Leistungshyperbel und Arbeitsbereich

Neben der Verlustleistung P_{tot} werden vom Hersteller auch die höchstzulässige Kollektor-Emitter-Spannung U_{CEmax} und der Kollektorstrom I_{Cmax} angegeben. Trägt man diese Grenzwerte ebenfalls in das Ausgangskennlinienfeld ein, so ergibt sich der Arbeitsbereich des Transistors (in Bild 2.38 rot getönt).

Der **Arbeitsbereich** des Transistors in einer Verstärkerschaltung wird begrenzt durch

- die höchstzulässige Verlustleistung P_{tot},
- die höchstzulässige Kollektorstromstärke I_{Cmax},
- die höchstzulässige Kollektor-Emitter-Spannung U_{CEmax},
- die Kollektor-Emitter-Sättigungs-Spannung U_{CEsat} und
- den Basisstrom $I_B = 0$.

In den jeweiligen Datenblättern der Hersteller sind sowohl die Kenndaten als auch die Grenzdaten eines Transistors als Zahlenwerte aufgeführt. Darüber hinaus werden Kennlinien mehrfach mit unterschiedlichen Achseneinteilungen angegeben. Hierdurch wird ein genaues Ablesen der Daten in allen Arbeitsbereichen ermöglicht.

Außer Eingangs-, Stromsteuer- und Ausgangskennlinien werden auch weitere Kenndarstellungen angegeben, z. B. über die Temperaturabhängigkeit der einzelnen Transistorgrößen (siehe **www.westermann.de/links/00815**).

Bei Reparaturarbeiten ist das verwendete Originalbauteil oft nicht verfügbar. In der Praxis wählt man dann anhand der Transistorbezeichnung mithilfe von Vergleichstabellen oder Referenzlisten einen vergleichbaren Transistortyp aus, der den gewünschten Anforderungen entspricht.

Transistoren werden in unterschiedlichen Größen und Bauformen angeboten. Nicht immer ist die Anschlussbelegung bekannt. Diese müssen dann dem jeweiligen Datenblatt entnommen werden (Beispiele siehe **www.westermann.de/links/00815**).

Bild 2.39: Transistorbauformen

Aufgaben

1. Bei den Bipolartransistoren unterscheidet man zwischen NPN- und PNP-Typen.
   a) Welche Informationen lassen sich diesen Bezeichnungen entnehmen? Erläutern Sie den unterschiedlichen Aufbau beider Typen.
   b) Zeichnen Sie die Schaltzeichen beider Typen, benennen Sie an beiden Schaltzeichen jeweils die Abschlüsse, alle Spannungen und Ströme und geben Sie die Strom- und Spannungsrichtungen an.

2. Wie viele PN-Übergänge besitzt ein Bipolartransistor? Wie werden diese grundsätzlich gepolt?

3. Das Verhalten eines Bipolartransistors wird mit Kennlinien dargestellt. Welche Abhängigkeiten beschreibt
   a) die Eingangskennlinie,
   b) die Ausgangskennlinie,
   c) die Stromsteuerkennlinie?

4. Beim Transistor unterscheidet man statische und dynamische Kenngrößen. Erläutern Sie den Unterschied.

5. Im Datenblatt eines Transistors ist für I_C = 100 mA die statische Stromverstärkung B = 200 angegeben. Was können Sie dieser Angabe entnehmen?

6. Ein Hersteller gibt als Transistorkennwert h_{21e} = 180 an. Erläutern Sie diese Information.

7. Was versteht man bei einem Transistor unter der Transitfrequenz?

8. Bei Bipolartransistoren kann durch einfache Messungen mit einem Ohmmeter die Funktionsfähigkeit grob geprüft werden, indem die Widerstände zwischen den einzelnen Anschlüssen, also zwischen B und E, zwischen B und C sowie zwischen C und E gemessen werden.
   a) Geben Sie an, ob Sie bei den Messungen an einem intakten Transistor jeweils einen „niederohmigen" oder einen „hochohmigen" Widerstandswert erwarten.
   b) Bei welchen Messungen hat der Innenwiderstand des Messinstruments (siehe Kap. 3.1.4) eine besondere Bedeutung? (Antwort mit Begründung)

9. In das Ausgangskennlinienfeld eines Transistors ist zusätzlich die sogenannte Leistungshyperbel eingezeichnet.
   a) Was wird durch die Leistungshyperbel dargestellt?
   b) Was vesteht man beim Transistor unter dem Arbeitspunkt und wo muss dieser bezogen auf die Leistungshyperbel stets liegen? (Antwort mit Begründung)
10. Im Datenblatt ist zu jedem Transistor der Wärmewiderstand R_{th} angegeben.
   a) Erläutern Sie diese Angabe.
   b) Sollte der Wert für R_{th} in der Praxis möglichst groß oder möglichst klein sein? (Antwort mit Begründung)

2.4.5 Transistor als Schalter

Aufgrund seiner Eigenschaften kann der Transistor als Schalter eingesetzt werden. Hierbei lassen sich zwei Einsatzbereiche unterscheiden:

- Der Transistor arbeitet als **Schaltverstärker** in einer Steuerungsanlage anstelle eines Relais oder eines Schützes; es sollen möglichst große Lastströme elektronisch geschaltet werden.
- Der Transistor arbeitet als **Schaltstufe** in einer Digitalschaltung (siehe Kap. 7.2); es sollen lediglich Signalzustände verarbeitet werden, die Schaltleistung spielt eine untergeordnete Rolle.

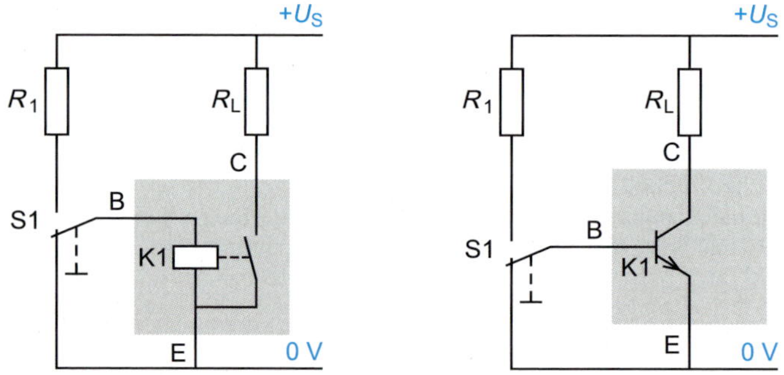

Bild 2.40: Elektromagnetischer und elektronischer Schalter

2.4.5.1 Transistor als Schaltverstärker

Ohne Basisstrom ist der Transistor gesperrt; es kann kein Kollektorstrom fließen. Wird der Transistor mit einem ausreichend hohen Basisstrom angesteuert, so fließt ein Kollektorstrom. Befindet sich im Kollektorstromkreis ein Lastwiderstand R_L (Verbraucher, z. B. Lampe), so kann mit dem Transistor der Strom durch diesen Widerstand ein- und ausgeschaltet werden.

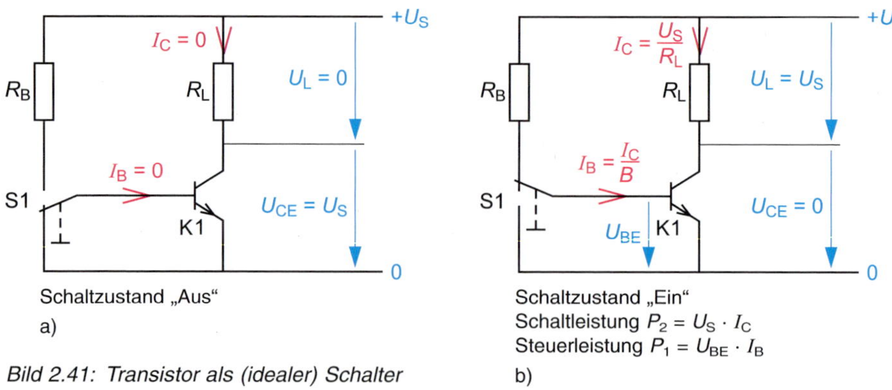

Bild 2.41: Transistor als (idealer) Schalter

Allerdings wird beim Schaltzustand „Aus“ im Transistor nur im Idealfall keine Leistung umgesetzt, bei einem realen Transistor fließt auch wenn Basis und Emitter kurzgeschlossen werden (Bild 2.41 a) ein geringer Kollektor-Emitter-Reststrom I_{CES} (Bild 2.42). Je nach Transistortyp ist dieser Reststrom unterschiedlich groß und wird als Kennwert im Datenblatt angegeben.

Bild 2.42 veranschaulicht prinzipiell den Zusammenhang in der Kennliniendarstellung für einen Lastwiderstand R_L = 75 Ω und eine Betriebsspannung U_S = 12 V. Im Schaltzustand „Aus“ stellt sich dann Arbeitspunkt A1 ein.

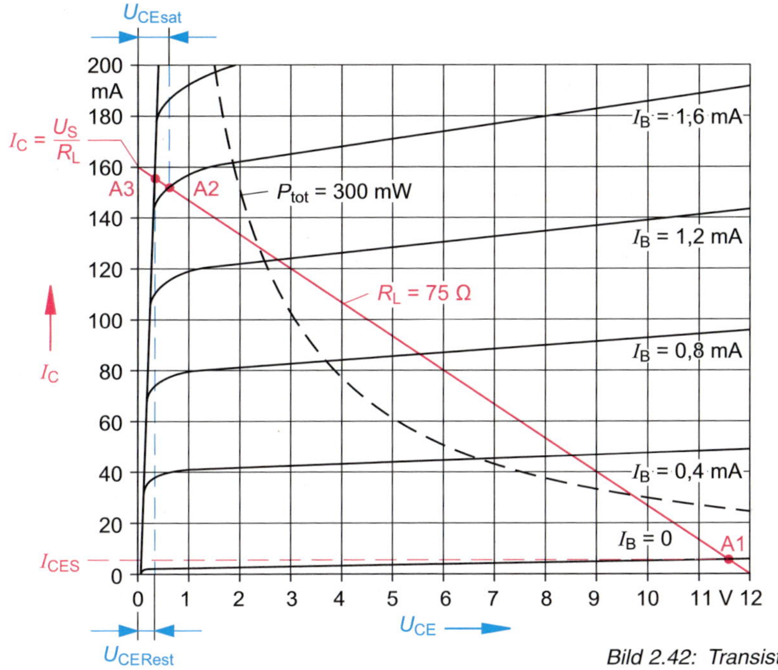

Bild 2.42: Transistor im Schalterbetrieb

Im Schaltzustand „Ein“ fließt dann näherungsweise der Kollektorstrom:

$$I_C = \frac{U_S}{R_L} = \frac{12\text{ V}}{75\ \Omega} = 160\text{ mA}$$

Bei einer statischen Stromverstärkung $B = 100$ ergibt sich für den Basisstrom:

$$I_B = \frac{I_C}{B} = \frac{160\text{ mA}}{100} = 1{,}6\text{ mA}$$

Mit diesem Basisstrom wird der Transistor in den Sättigungsbereich gesteuert. Der Arbeitspunkt wandert auf der Widerstandsgeraden von A1 nach A2 (Bild 2.42). Die zur Einstellung von A2 erforderliche Basis-Emitter-Spannung bezeichnet man als U_{BEsat}; sie kann aus dem Datenblatt entnommen werden. Der dann am Transistor zwischen Kollektor und Emitter auftretende Spannungsabfall wird als Kollektor-Emitter-Sättigungsspannung U_{CEsat} bezeichnet (Bild 2.42). Eine weitere Erhöhung der Basisstromstärke führt nur noch zu einer geringfügigen Vergößerung des Kollektorstroms. Man sagt dann, der Transistor wird übersteuert. Eine derartige Übersteuerung bewirkt aber ein sicheres Durchschalten des Transistors. Daher werden Schalttransistoren in der Regel im Übersteuerungsbereich betrieben, d. h. die Schaltung wird in der Praxis so dimensioniert, dass der Basisstrom drei- bis fünfmal größer eingestellt wird, als für das Durchschalten eigentlich erforderlich ist.

Der **Übersteuerungsfaktor *ü*** gibt an, wievielmal größer der Basisstrom $I_{Bü}$ gewählt wurde, als für ein Durchschalten des Transistors eigentlich erforderlich gewesen wäre.

$$I_{Bü} = ü \cdot I_B = ü \cdot \frac{I_C}{B}$$

Die zur Übersteuerung erforderliche Basis-Emitter-Spannung ist größer als U_{BEsat}. Der Arbeitspunkt A2 wandert dadurch weiter in Richtung auf A3; die dabei noch am Transistor auftretende Kollektor-Emitter-Spannung bezeichnet man als $U_{CE\ Rest}$ (Bild 2.42).

Bei der Bemessung eines Schaltverstärkers dürfen die vom Hersteller angegebenen Grenzdaten des Transistors nicht überschritten werden. In der Kenntliniendarstellung ist zu erkennen, dass in beiden Schaltzuständen die zulässige Verlustleistung nicht überschritten wird. Allerdings wandert der Arbeitspunkt während des Schaltens über die Arbeitsgerade von A1 nach A3 bzw. umgekehrt. Hierbei durchläuft er einen Bereich oberhalb der Leistungskurve: P_{tot} wird überschritten. Dies ist jedoch zulässig, wenn

- der Schaltvorgang schnell genug verläuft, d. h. der Basisstrom darf nicht schleichend, sondern muss schlagartig von null auf $I_{Bü}$ ansteigen,
- nicht zu oft geschaltet wird, d. h. die Schaltfrequenz darf nicht zu hoch sein.

Weiterhin ist die Art des Verbrauchers von besonderer Bedeutung. Bei einer Glühlampe zum Beispiel kann der Einschaltstrom ein Vielfaches der Betriebsstromstärke annehmen. Oft werden in elektrischen Schaltungen auch Relais oder Schütze mit Transistoren geschaltet. Infolge der Induktivität kommt es beim Abschalten zu hohen Induktionsspannungen, die zur Zerstörung des Transistors führen können. Daher muss immer eine Freilaufdiode zum Relais oder Schütz parallel geschaltet werden, um das Entstehen einer solchen hohen Induktionsspannung zu verhindern (vgl. Kap. 1.9.3.5).

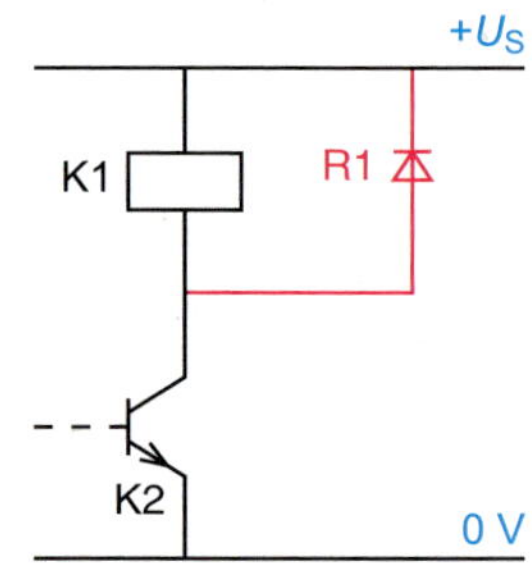

Bild 2.43: Schaltverstärker mit Freilaufdiode

■ **Beispiel:**

Der Transistor BCY 58 soll als Schalttransistor eingesetzt werden. Folgende Daten sind bekannt: $I_C = 0{,}1$ A; $U_{CEsat} = 0{,}3$ V; $U_{BE} = 0{,}9$ V; $B = 40$. Die Betriebsspannung beträgt 30 V. Berechnen Sie den Lastwiderstand, den Basisvorwiderstand für eine 4-fache Übersteuerung sowie den Kollektorstrom.

Lösung

$$R_L = \frac{U_B - U_{CEsat}}{I_C} = \frac{30\text{ V} - 0{,}3\text{ V}}{0{,}1\text{ A}} = \mathbf{297\ \Omega}$$

$$I_B = \frac{I_C}{B} = \frac{0{,}1\text{ A}}{40} = \mathbf{2{,}5\ mA} \quad \Rightarrow \quad I_{Bü} = 4 \cdot I_B = \mathbf{10\ mA}$$

$$\Rightarrow R_V = \frac{U_B - U_{BE}}{I_{Bü}} = \frac{30\text{ V} - 0{,}9\text{ V}}{10\text{ mA}} = \mathbf{2{,}91\ k\Omega}$$

Trotz der 4-fachen Übersteuerung ändert sich der Kollektorstrom nicht und beträgt 0,1 A!

2.4.5.2 Transistor-Schaltstufe

Der Emitteranschluss des Transistors dient als gemeinsamer Eingangs- und Ausgangspol der Schaltstufe. Die Basis bildet den zweiten Eingangspol, der Kollektor den zweiten Ausgangspol (Bild 2.44).

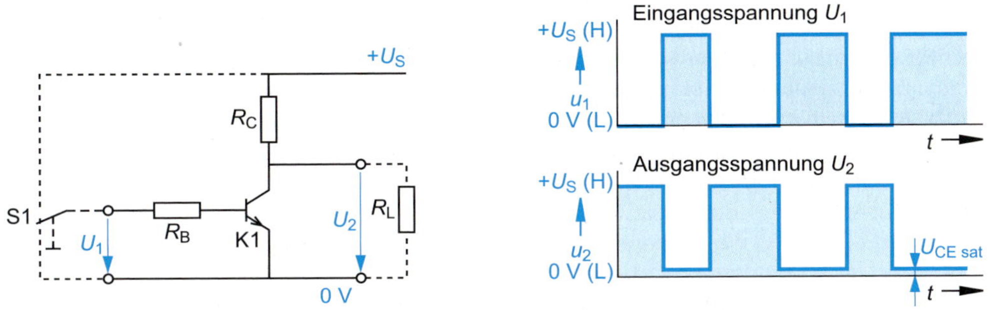

Bild 2.44: Transistor-Schaltstufe mit Zeitablaufdiagramm

Ist die Spannung am Eingang U_1 = 0 V, kann kein Basisstrom fließen, der Transistor ist gesperrt. Am Ausgang steht die Spannung $U_2 = +U_S$ an. Wird an den Eingang die Spannung U_S angelegt, wird der Transistor leitend. Die Ausgangsspannug ist jetzt $U_2 = U_{CE\ sat} \approx 0$ V.

> In einer Schaltstufe kehrt der Transistor das Eingangssignal um. Daher bezeichnet man die Schaltstufe auch als **Umkehrstufe** oder **Inverter**.

Bei der Anwendung in der Digitaltechnik (siehe Kap. 7.2) ordnet man den Spannungswert $+U_S$ dem Signalpegel „H" (High) und den Spannungswert 0 V dem Signalpegel „L" (Low) zu.

2.4.5.3 Bistabile Kippstufe

> **Kippstufen** sind elektronische Schaltungen, deren Ausgangsspannung sich sprunghaft zwischen zwei Spannungswerten ändert. Sie sind aus **zwei Transistorschaltstufen** aufgebaut, die gegeneinander rückgekoppelt sind. Je nach Art der Rückkopplung ergibt sich ein unterschiedliches Schaltverhalten.

Bei der bistabilen Kippstufe wird jeweils das Kollektorpotenzial der einen Transistorschaltstufe über die Widerstände R_{B1} bzw. R_{B2} auf die Basis der anderen Transistorschaltstufe zurückgeführt (Bild 2.45).

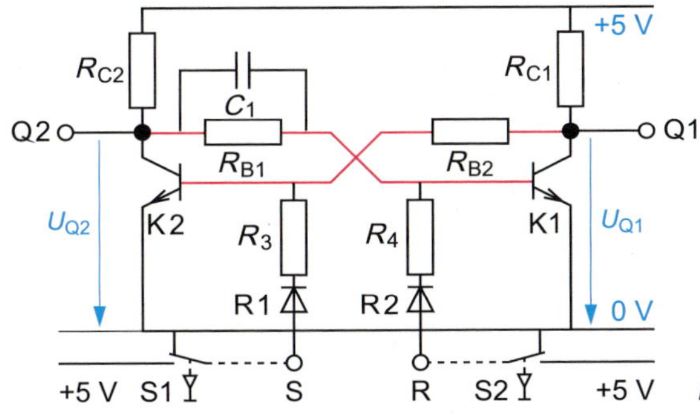

Bild 2.45: Bistabile Kippstufe

Bei einer symmetrisch aufgebauten Kippstufe wird ein Transistor nach dem Einschalten der Versorgungsspannung etwas schneller durchschalten und den anderen sperren. Durch schaltungstechnische Maßnahmen kann eine Vorzugslage nach dem Einschalten erreicht werden. In Bild 2.45 ist beispielsweise ein Kondensator C_1 parallel zu R_{B1} geschaltet; dadurch fließt der Ladestrom für C_1 über die Basis-Emitter-Strecke von K1, sodass dieser sofort durchschaltet. Der Ausgang Q1 nimmt Nullpotenzial an, das über R_{B2} auf die Basis von K2 gelangt und diesen sperrt. Am Ausgang Q2 liegt dann die Spannung U_{Q2} = 5 V. Dieser Schaltzustand bleibt solange erhalten, wie an den Eingängen S (Setzen) und R (Rücksetzen) Nullpotenzial anliegt.

Wird mit dem Schalter S1 ein positives Potenzial an den **Setzeingang S** gelegt, so gelangt dieses über K3 und R_3 auf die Basis von K2; dieser wird leitend. Q2 nimmt Nullpotenzial an, das über R_{B1} auf die Basis von K1 gekoppelt wird; K1 sperrt. An Q1 liegt jetzt die Spannung U_{Q1} = 5 V, die wiederum auf die Basis von K2 zurückgeführt wird. So bleibt K2 auch dann noch durchgeschaltet, wenn S wieder auf Nullpotenzial gelegt wird.

Schaltet man den **Rücksetzeingang R** auf +5 V, so wird K1 leitend, K2 gesperrt. Die Schaltung kehrt in ihre Ruhelage zurück.

Die Widerstände R_3 und R_4 dienen der Strombegrenzung, die Dioden R1 und R2 sperren, wenn ihre Katoden jeweils positiveres Potenzial führen als ihre Anoden (z. B.: R1 sperrt, wenn Q1 = +5 V).

Das Schaltverhalten einer bistabilen Kippstufe kann durch ein Zeitablaufdiagramm verdeutlicht werden. Hierbei unterscheidet man zwei Ansteuerarten:

- Bleibt die Spannung an den Steuereingängen während der Signalgabe konstant (+5 V bzw. 0 V), so werden die Kippstufen quasi mit Rechteckimpulsen gesteuert. Dies bezeichnet man als **statische Ansteuerung** (Bild 2.46 a).
- Wird das Steuersignal über ein RC-Glied (siehe Kap. 1.10.2 und 1.8.2.3) an die Eingänge geschaltet, so wird ein Rechteckimpuls in einen positiven und einen negativen Nadelimpuls umgeformt. Dies bezeichnet man als **dynamische Ansteuerung** (Bild 2.46 c).

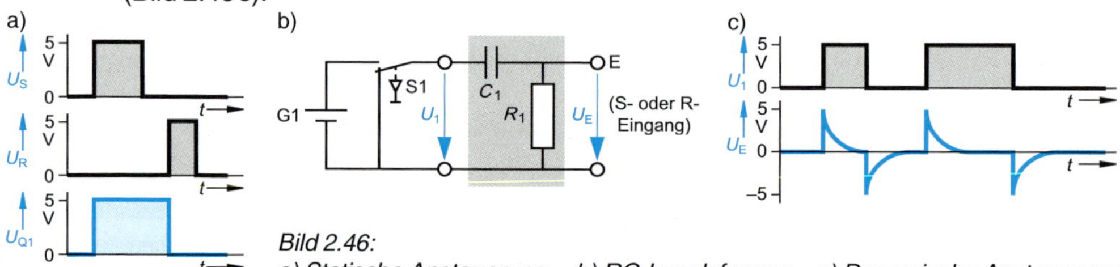

Bild 2.46:
a) Statische Ansteuerung b) RC-Impulsformer c) Dynamische Ansteuerung

Bei einer dynamischen Ansteuerung schaltet die bistabile Kippstufe (Bild 2.45) mit der ansteigenden Flanke. Man spricht daher auch von einer **Flankensteuerung**.

In einer anderen Schaltungsvariante lassen sich Kippschaltungen auch mit der abfallenden Flanke ansteuern.

Bistabile Kippstufen haben zwei stabile Schaltzustände. Sie führen an ihren beiden Ausgängen stets entgegengesetzte Potenziale.

Sie werden durch ein Signal am Setzeingang S gesetzt ($U_{Q1} = +U_S$) und durch ein Signal am Rücksetzeingang R zurückgesetzt (U_{Q1} = 0 V).

Daher werden sie auch als **RS-Flipflop** bezeichnet. Aufgrund ihres Schaltverhaltens eignen sie sich als Signalspeicher.

2.4.5.4 Monostabile Kippstufe

Bei einer monostabilen Kippstufe erfolgt die Rückkopplung bei der einen Schaltstufe über den Basisvorwiderstand R_{B1}, bei der zweiten über den Kondensator C_1. Nach dem Einschalten der Versorgungsspannung fließt kurzzeitig der hohe Ladestrom für C_1 über die Basis-Emitter-Strecke des Transistors K1 (Bild 2.47).

Wenn der Kondensator geladen ist, bleibt K1 durch den über R_{B1} fließenden Basisstrom weiterhin durchgeschaltet. Q1 führt Nullpotenzial, das über R_{B2} auf die Basis von K2 gekoppelt wird; K2 sperrt. Dieser Schaltzustand ist stabil und wird als **Ruhelage der Kippstufe** bezeichnet.

In der Ruhelage ist C_1 geladen:

$$U_{C1} = U_S - U_{BE1} = 5\text{ V} - 0{,}7\text{ V} = 4{,}3\text{ V}$$

Wird an den Eingang E eine positive Spannung geschaltet, so wird die Kippstufe ausgelöst (getriggert). Über R4 und R_3 wird die Basis B2 positiv, K2 wird durchgesteuert. Q2 geht auf 0 V (Bild 2.48).

Infolge der Kondensatorspannung liegt an B1 das Potenzial:

$$\varphi_{B1} = \varphi_{Q2} - U_{C1} = 0\text{ V} - 4{,}3\text{ V} = -4{,}3\text{ V}$$

Da U_{BE1} negativ ist, wird K1 gesperrt. U_{Q1} beträgt +5 V. Über R_{B2} bleibt K2 zunächst noch leitend, auch wenn die Spannung am Steuereingang E wieder auf 0 V geschaltet wird.

In diesem Schaltzustand wird C_1 über folgenden Stromweg entladen:

+5 V, R_{B1}, C_1, Kollektor-Emitter-Strecke von V2, 0 V

Nach dem Entladen wird C_1 über den gleichen Stromweg wieder aufgeladen, allerdings mit entgegengesetzter Polarität (Bild 2.49). Hierbei steigt das Potenzial an der Basis von K1 wieder an. Beträgt U_{C1} etwa 0,7 V, so gilt für das Potenzial an B1:

$$\varphi_{B1} = \varphi_{Q2} + U_{C1} = 0\text{ V} + 0{,}7\text{ V} = 0{,}7\text{ V}$$

Dieses Potenzial reicht aus, um K1 durchzusteuern. Da Q1 wieder 0 V annimmt, wird K2 gesperrt. Die Schaltung ist wieder in ihre Ruhelage gekippt.

Nach dem vollständigen Aufladen des Kondensators über R_{C2} und die Basis-Emitter-Strecke von K1 kann die Kippstufe erneut getriggert werden.

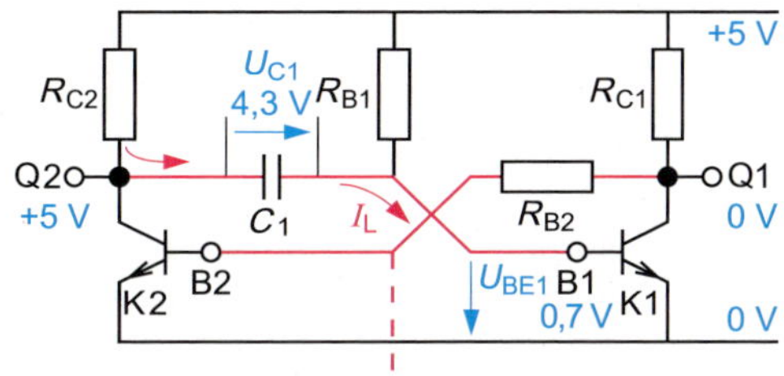

Bild 2.47: Monostabile Kippstufe in Ruhelage

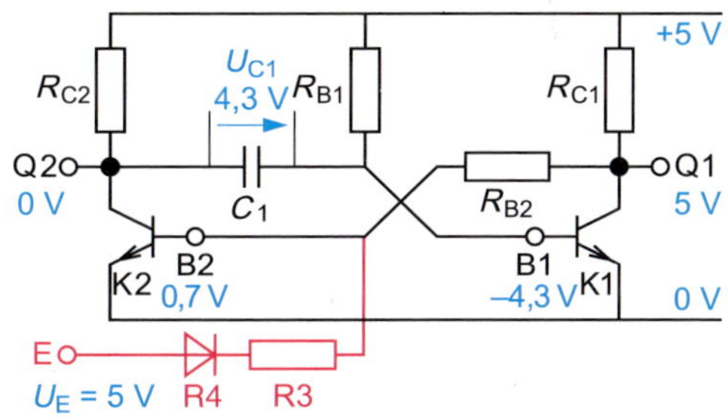

Bild 2.48: Triggern der monostabilen Kippstufe

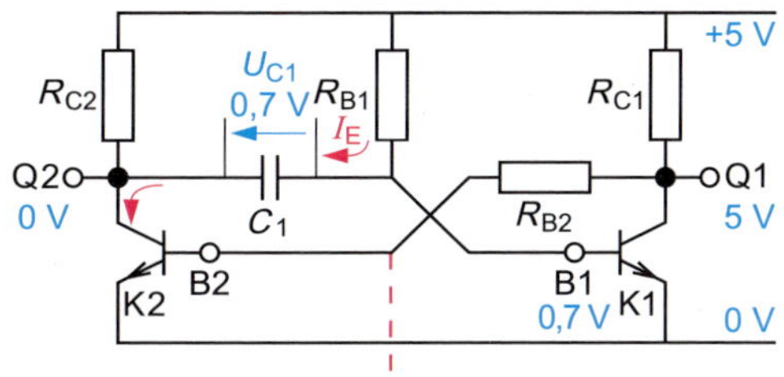

Bild 2.49: Umladevorgang von C_1

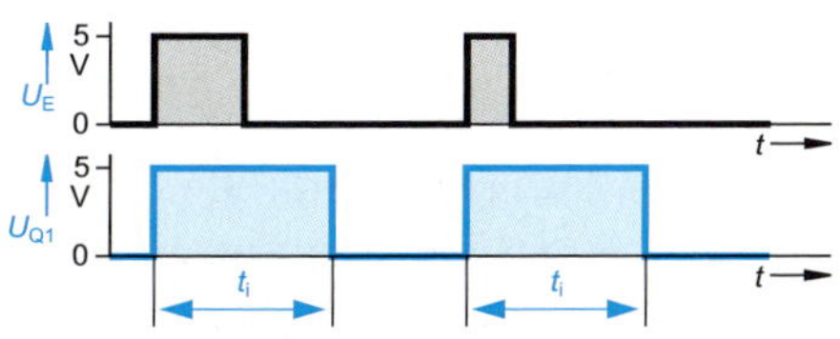

Bild 2.50: Zeitablaufdiagramm der monostabilen Kippstufe

An Q1 liegt also nur während der Impulszeit t_i die Spannung U_{Q1} = 5 V. Die Impulszeit t_i entspricht der Umladezeit von C_1. Sie beträgt ungefähr:

$t_i = 0{,}7 \cdot \tau = 0{,}7 \cdot R_{B1} \cdot C_1$

Zwischen zwei Impulsen ist eine Erholzeit erforderlich, in der C_1 wieder auf 4,3 V aufgeladen werden muss. Diese beträgt etwa:

$5 \cdot \tau = 5 \cdot R_{C2} \cdot C_1$

Aus dem Zeitablaufdiagramm (Bild 2.50) ist zu erkennen, dass die Impulszeiten einer monostabilen Kippstufe immer gleich sind, unabhängig von der Dauer der Steuerimpulse.

Monostabile Kippstufen haben nur einen stabilen Schaltzustand. Nach dem Auslösen (Triggern) liefern sie einen Spannungsimpuls mit fester Impulszeit, die unabhängig von der Dauer des Steuerimpulses ist. Aufgrund ihres Schaltverhaltens können sie zur Erzeugung oder Regenerierung (Erneuerung) von Impulsen eingesetzt werden.

2.4.5.5 Astabile Kippstufe

Bei der astabilen Kippstufe ist in beide Rückkopplungszweige ein Kondensator geschaltet (Bild 2.51). Daher wird jedesmal, wenn der erste Transistor durchschaltet, der zweite gesperrt. Die Schaltung hat also keinen stabilen Schaltzustand. Die Schaltvorgänge verlaufen hierbei in gleicher Weise wie bei der monostabilen Kippstufe. Betrachtet wird zunächst nur der Ausgang Q1:

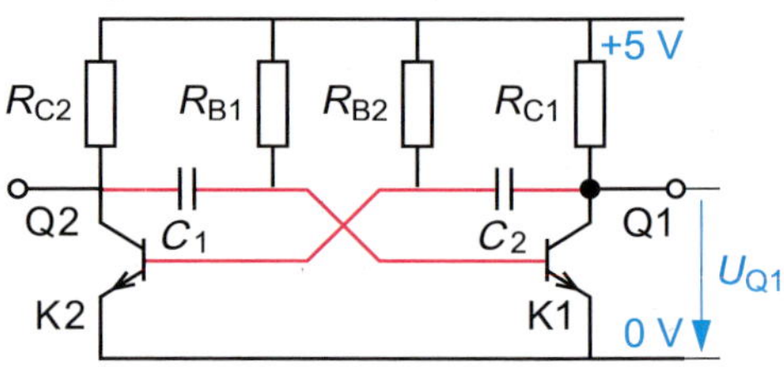

Bild 2.51: Astabile Kippstufe

Während der Impulszeit t_i (U_{Q1} = 5 V) ist K1 gesperrt und K2 leitend. Über R_{B1} und K2 wird der Kondensator C_1 umgeladen. R_{B1} und C_1 bestimmen also die Impulszeit:

$t_i = 0{,}7 \cdot \tau = 0{,}7 \cdot R_{B1} \cdot C_1$

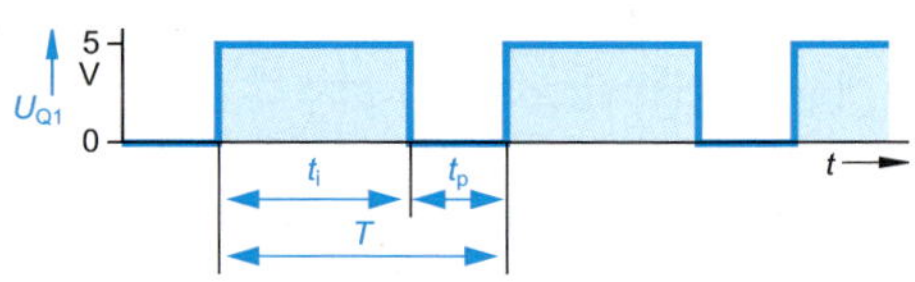

Bild 2.52: Zeitablaufdiagramm der astabilen Kippstufe

Während der Pausenzeit t_p (U_{Q1} = 0 V), in der K1 leitend und K2 gesperrt ist, wird C_2 über R_{B2} und K1 umgeladen. Für die Pausenzeit gilt damit:

$t_p = 0{,}7 \cdot \tau = 0{,}7 \cdot R_{B2} \cdot C_2$

Das Ausgangssignal U_{Q1} einer astabilen Kippstufe ist in Bild 2.52 dargestellt. Die Frequenz der Rechteckspannung ergibt sich aus der Summe der Impuls- und der Pausenzeit:

$f = \frac{1}{T}$ $\quad T = t_i + t_p$ Das Ausgangssignal an Q2 verläuft invertiert (entgegengesetzt) zu Q1.

Astabile Kippstufen haben keinen stabilen Schaltzustand. Sie liefern eine periodische Rechteckspannung mit fester Impuls- und Pausenzeit.

Aufgrund ihres Schaltverhaltens können sie als Taktgeneratoren eingesetzt werden.

2.4.5.6 Schwellwert-Schalter (Schmitt-Trigger)

> Der Schmitt-Trigger ist ein Schwellwertschalter, dessen Ausgangsspannung sich in Abhängigkeit von einer anliegenden Eingangsspannung sprunghaft zwischen zwei Spannungswerten ändert. Die Schaltung besteht aus zwei Transistorschaltstufen mit einem gemeinsamen Emitterwiderstand.

Nach Einschalten von U_S sperrt K1, sofern $U_1 = 0$ V ist. Da der Basisspannungsteiler für K2 hochohmig ist, liegt $+U_S$ am Kollektor von K1. R_{B2} und R_{q2} werden so bemessen, dass K2 übersteuert wird und sicher durchschaltet (siehe Kap. 2.4.5.1). I_{E2} erzeugt an R_E einen Spannungsabfall U_{RE} und legt damit den Emitter von K1 auf ein positives Potenzial gegenüber der Basis, die über R_{q1} auf 0 V liegt. Am Ausgang der Schaltung liegt die kleinstmögliche Ausgangsspannung $U_2 = U_{RE} + U_{CEsat}$.

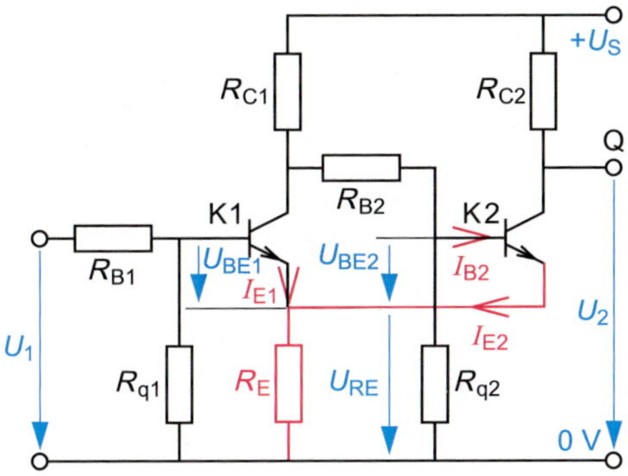

Bild 2.53: Schmitt-Trigger mit Transistoren

In dieser **Ruhelage der Schaltung** ist also **K1 gesperrt**, **K2 durchgesteuert** und $U_2 = U_{2min}$.

Steigt die Eingangsspannung U_1 nun langsam auf positive Werte, die größer sind als U_{RE} plus Schwellenspannung von K1, so beginnt dieser durchzusteuern. Das Kollektorpotenzial von K1 sinkt, wodurch gleichzeitig auch das Potenzial an der Basis von K2 sinkt. Dies hat aber zunächst noch keine Folgen für seinen Schaltzustand, da K2 übersteuert ist. Das Durchsteuern von K1 bewirkt aber gleichzeitig auch ein Ansteigen von I_{E1}, wodurch die Spannung U_{RE} am gemeinsamen Emitterwiderstand R_E ansteigt und damit auch das Potenzial am Emitter von K2. Die Abnahme des Basispotenzials und die Zunahme des Emitterpotenzials führen gemeinsam zu einer schnellen Abnahme von U_{BE2}. Damit sinken I_{E2} und U_{RE} ebenfalls schnell, wodurch das Durchsteuern von K1 noch beschleunigt wird. Denn eine Abnahme von U_{RE} bedeutet bei gleichzeitiger Zunahme von U_1 einen schnellen Anstieg von U_{BE1}. Hat U_1 einen bestimmten Wert U_{Ein} (Einschaltspannung) erreicht, so kippt die Schaltung schlagartig in die **Arbeitslage**, in der **K1 durchgesteuert**, **K2 gesperrt** und $\boldsymbol{U_2 = U_{2max} \approx U_S}$ ist.

Auf entsprechende Weise erklärt sich, dass das Zurückkippen der Schaltung in die Ruhelage erst bei der Ausschaltspannung U_{Aus} erfolgt, die etwas kleiner als U_{Ein} ist (Hysterese). Den zeitlichen Verlauf von U_1 und U_2 zeigt Bild 2.54. Hier wird deutlich, wie der Schmitt-Trigger aus einer sich kontinuierlich ändernden Eingangsspannung eine rechteckförmige Ausgangsspannung formt.

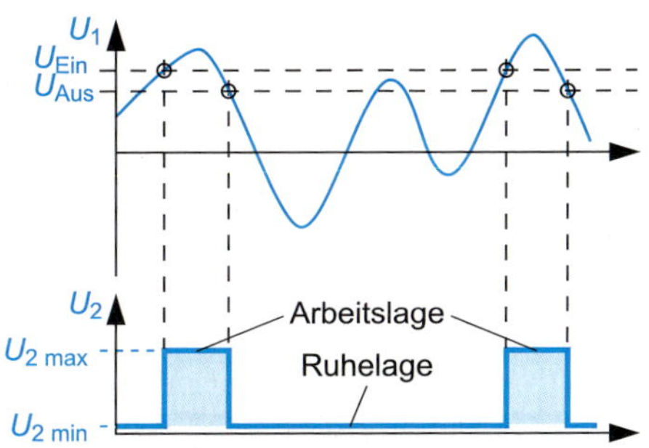

Bild 2.54: Ausgangsspannung bei einem Schmitt-Trigger

Bei Überschreiten eines bestimmten Spannungswertes am Steuereingang (Einschaltspannung U_{Ein}) ändert sich die Ausgangsspannung des Schmitt-Triggers sprunghaft; bei Unterschreiten eines zweiten Spannungswertes am Steuereingang (Ausschaltspannung U_{Aus}) kippt sie wieder auf den ursprünglichen Wert zurück. Den Vorgang des Kippens der Ausgangsspannung in Abhängigkeit von zwei unterschiedlich großen Eingangsspannungen bezeichnet man als **Schalthysterese**. Die Differenz zwischen Einschaltspannung U_{Ein} und Ausschaltspannung U_{Aus} nennt man **Hysteresespannung U_H**.

Aufgaben

1. Begründen Sie, warum ein Transistor als elektronischer Schalter eingesetzt werden kann. Nennen Sie Unterschiede zu einem mechanischen Schalter.
2. a) Was versteht man unter dem sogenannten Kollektor-Emitter-Reststrom?
   b) Wie groß ist dieser in der dargestellten Schaltung?

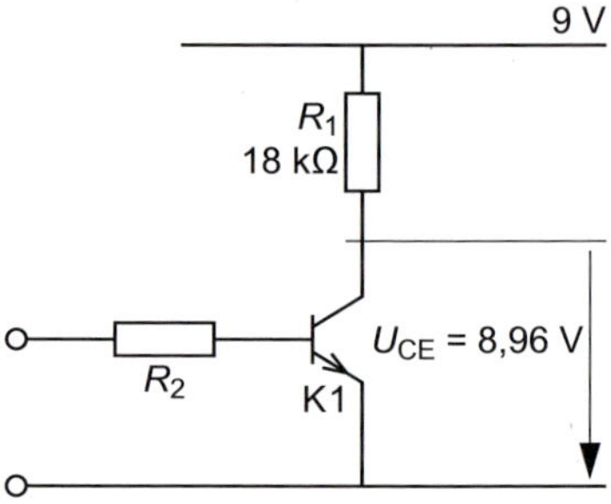

3. Wie groß ist die statische Stromverstärkung des Transistors in der dargestellten Schaltung?

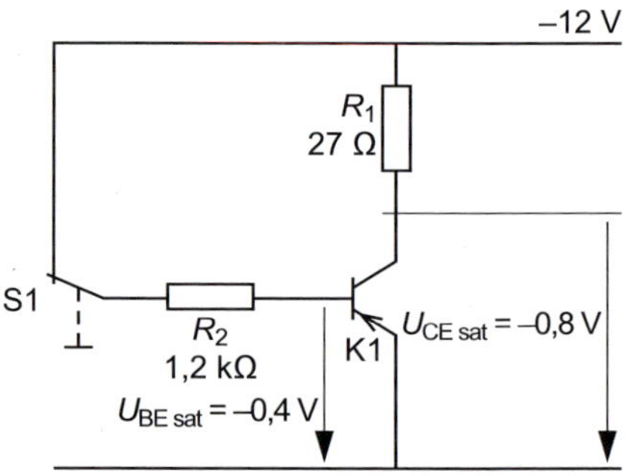

4. Ein Relais soll mit einem PNP-Transistor geschaltet werden. Zeichnen Sie die Schaltung.
5. Dargestellt ist die Schaltung eines zweistufigen Schaltverstärkers. Von der Schaltung ist bekannt:
   K1: $U_{BE} = 0{,}7$ V; $B = 120$
   K2: $U_{BEsat} = 0{,}9$ V; $U_{CEsat} = 0{,}3$ V; $B = 120$; $ü = 3$
   a) Berechnen Sie den Basisvorwiderstand.
   b) Wie groß ist die Kollektor-Emitter-Spannung von K1?
   c) Wie groß ist die gesamte Stromverstärkung?

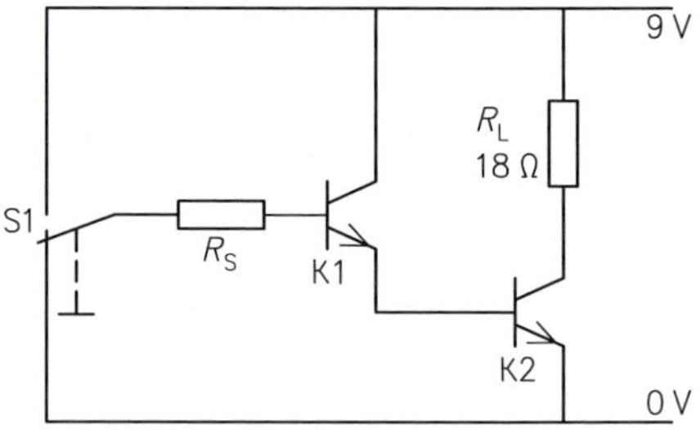

6. Von einem Transistor sind folgende Daten bekannt: $B = 100$; $U_{BE} = 0{,}9$ V; $P_{tot} = 1$ W. Die Schaltleistung des Transistors beträgt 12 W bei einer Betriebsspannung von 24 V.
   a) Wie groß muss der Bassistrom mindestens sein ($Ü = 1$), damit der Transistor durchschaltet?

b) Der Transistor wird mit einem Basisstrom angesteuert, der 10 % unter dem in a) errechneten Wert liegt. Wie groß ist in diesem Fall die Verlustleistung des Transistors?

c) Begründen Sie mit dem Ergebnis von b), warum ein Schalttransistor immer übersteuert betrieben werden sollte.

7. Bei den Kippstufen unterscheidet man bistabiles, monostabiles und astabiles Verhalten. Erläutern Sie die Unterschiede.

8. In der vorgegebenen Kippschaltung sollen die Transistoren 3-fach übersteuert werden (U_{BE} = 0,7 V; B = 200).
   a) Berechnen Sie die Basisvorwiderstände R_{B1} und R_{B2}.
   b) Wie groß muss C_1 gewählt werden, wenn eine Impulsdauer von 8,9 μs gefordert ist?

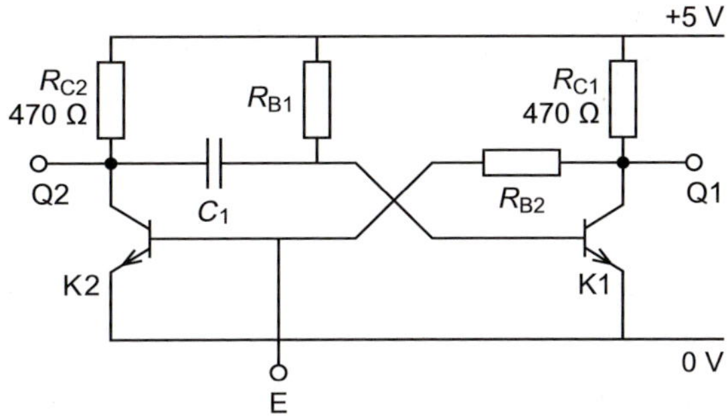

9. Gegeben ist der Schaltplan einer astabilen Kippstufe.
   a) Berechnen Sie die Impuls- und die Pausenzeit.
   b) Wie groß ist die Kippfrequenz?
   c) Welche Aufgaben haben die Dioden R5 und R6 in der Schaltung? (Lösungshinweis: Überlegen Sie, wie groß die Basis-Emitter-Spannung ohne und mit zugeschalteter Diode ist, wenn der leitende Transistor gesperrt wird.)

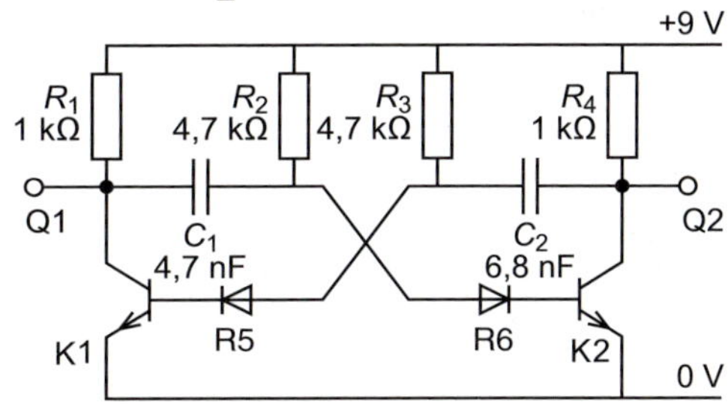

10. Für die Transistoren der Schwellwertschaltung gilt: U_{BE} = 0,7 V; U_{CEsat} = 0,2 V.
   a) Berechnen Sie die Einschaltspannung und die Ausschaltspannung.
   b) Es gilt U_1 = 0 V. Wie groß sind dann U_2, I_{B2} und U_{BE1}?
   c) Es gilt U_1 = U_{ein}. Wie groß sind dann I_{B1}, I_{B2} und U_2?

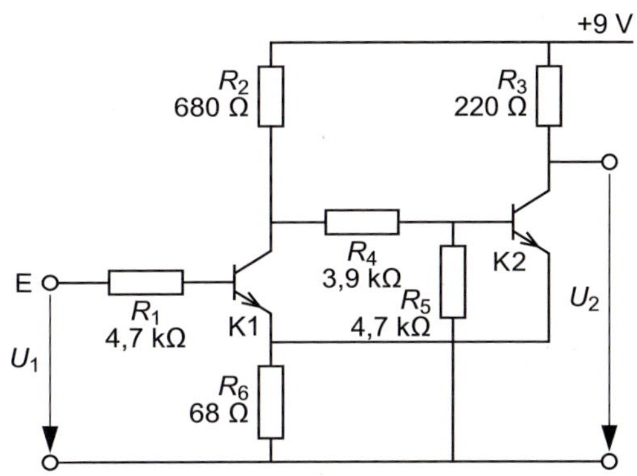

2.4.6 Transistor als Verstärker

In einer Verstärkerschaltung für Wechselsignale soll das Ausgangssignal

- eine wesentlich größere Amplitude aufweisen als das Eingangssignal,
- die gleiche Kurvenform besitzen wie das Eingangssignal.

Damit ein Transistor als Verstärker diese Forderungen erfüllen kann, benötigt er neben der Versorgung mit einer Gleichspannung (Betriebsspannung) eine Beschaltung mit Widerständen und Kondensatoren. Diese Bauelemente dienen der Arbeitspunktfestlegung sowie der Ein- und Auskopplung der Wechselsignale. In Abhängigkeit von dieser Beschaltung unterscheidet man verschiedene **Transistor-Grundschaltungen**.

In einer Transistor-Verstärkerschaltung bildet jeweils einer der Transistoranschlüsse den gemeinsamen Bezugspunkt für die Eingangs- und die Ausgangswechselspannung. In Abhängigkeit von diesem Anschluss werden Transistorschaltungen als **Emitterschaltung, Kollektorschaltung** oder **Basisschaltung** bezeichnet.

2.4.6.1 Emitterschaltung

Die Emitterschaltung ist die in der Praxis am häufigsten verwendete Schaltung für die Verstärkung von Wechselspannungssignalen (Bild 2.55).

Arbeitspunktfestlegung

Da die Basis-Emitter-Strecke eines Transistors das Verhalten einer Halbleiterdiode besitzt, fließt bei einem NPN-Transistor nur dann ein Basisstrom I_B, wenn die anliegende Spannung größer als ca. +0,7 V ist. Während der negativen Halbwelle fließt kein Basisstrom, die „Basis-Emitter-Diodenstrecke" sperrt.

Damit bei der Emitterschaltung beide Halbwellen einer anliegenden Wechselspannung eine Basisstromänderung und damit eine proportionale Kollektorstromänderung bewirken können, wird an die Basis des Transistors zunächst eine Gleichspannung gelegt.

Die Gleichspannung zwischen Basis und Emitter bezeichnet man als **Basisvorspannung U_{BE}**. Bei NPN-Transistoren ist diese Vorspannung positiv, bei PNP-Transistoren negativ.

Die Größe dieser Vorspannung wird so gewählt, dass die Basis-Emitter-Diodenstrecke bei allen Werten der Eingangswechselspannung leitfähig bleibt. Dies ist der Fall, wenn der Arbeitspunkt in die Mitte des linearen Teils der Kennlinie gelegt wird (Bild 2.56). Hierbei sind die Herstellerangaben über die Transistorgrenzwerte zu beachten. Aufgrund der Basisvorspannung U_{BE} fließt dann der Basisgleichstrom I_B.

In der Praxis erfolgt die Festlegung der Basisvorspannung mit einem Basisvorwiderstand oder mit einem Basisspannungsteiler.

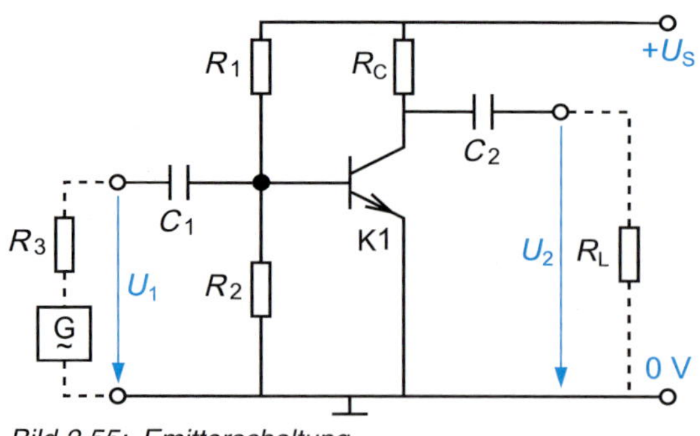

Bild 2.55: Emitterschaltung

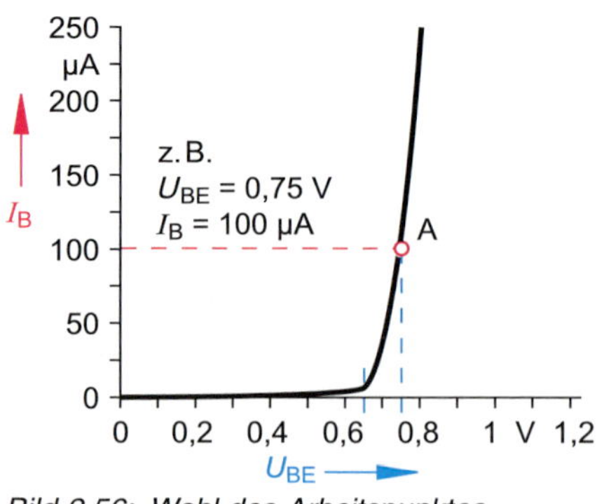

Bild 2.56: Wahl des Arbeitspunktes

Bezeichnung	Basisvorwiderstand	Basisspannungsteiler
Schaltung	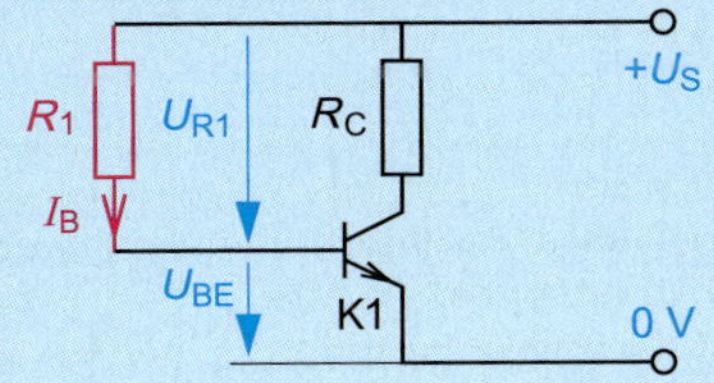	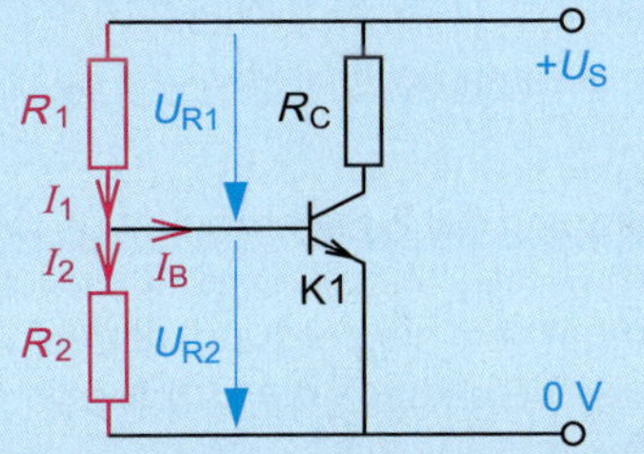
Erläuterung	Bei der Einstellung des Arbeitspunktes mit einem Basisvorwiderstand liegt die Basis-Emitter-Strecke in Reihe zum Basisvorwiderstand R_1 an der Betriebsspannungsquelle U_S.	Die Arbeitspunkteinstellung erfolgt durch die Widerstände R_1 und R_2, die als Spannungsteiler bezüglich der Betriebsspannung U_S wirken. Der Spannungsteiler wird durch den Transistor-Gleichstromwiderstand R_{BE} belastet; er wird in der Praxis so bemessen, dass der Strom I_2 ca. 5- bis 10-mal so groß ist wie der Basisstrom I_B. Dadurch bleibt U_{BE} auch bei Änderung von R_{BE} nahezu konstant.
Berechnungsgleichung	$R_1 = \frac{U_S - U_{BE}}{I_B}$	$R_1 = \frac{U_{R1}}{I_1} = \frac{U_S - U_{BE}}{I_2 + I_B}$ $R_2 = \frac{U_{R2}}{I_2} = \frac{U_{BE}}{I_2}$
Beispiel	gegeben: $U_S = 10$ V Arbeitspunktwerte aus Kennlinie entnommen: $U_{BE} = 0{,}75$ V; $I_B = 100$ mA (Bild 2.56) $\Rightarrow R_1 = (10\text{ V} - 0{,}75\text{ V})/100\ \mu\text{A} = 92{,}5\text{ k}\Omega$	gegeben: $U_S = 10$ V; $I_2 = 5 \cdot I_B$ Aus Kennlinie: $U_{BE} = 0{,}75$ V; $I_B = 100$ mA (Bild 2.56) $\Rightarrow R_1 = (10\text{ V} - 0{,}75\text{ V})/(6 \cdot 100\ \mu\text{A}) = 15{,}4\text{ k}\Omega$ $\Rightarrow R_2 = 0{,}75\text{ V}/(5 \cdot 100\ \mu\text{A}) = 1{,}5\text{ k}\Omega$

Bild 2.57: Arbeitspunkteinstellung mit Basisvorwiderstand und Basisspannungsteiler

> Ein **Basisvorwiderstand** oder ein **Basisspannungsteiler** legen den Arbeitspunkt auf der Eingangskennlinie fest. Gleichzeitig wird hierdurch diejenige I_B-Linie bestimmt, auf der sich der Arbeitspunkt im Ausgangskennlinienfeld befinden muss.

Da der Basisspannungsteiler eine stabilere Basisvorspannung liefert als eine Schaltung mit Vorwiderstand, wird er häufiger verwendet. Der Strom I_2 wird hierbei oft auch als Querstrom I_q bezeichnet.

Es kann vorkommen, dass es die berechneten Widerstandswerte nicht gibt. In diesen Fällen muss man auf die nächstliegenden Widerstandswerte der E12- oder E24-Widerstandsreihe (siehe Kap. 1.3.8) zurückgreifen oder Potenziometer verwenden.

Kollektorwiderstand

Der Basisstrom I_B steuert den Kollektorstrom I_C. Um eine Ausgangsspannung zu erhalten, die dem Kollektorstrom proportional ist, schaltet man einen Widerstand R_C in den Kollektorstromkreis. Außerdem dient dieser Widerstand als Schutz für den Transistor, damit I_{Cmax} nicht überschritten wird. R_C liegt gleichstrommäßig in Reihe zu der Kollektor-Emitter-Strecke des Transistors. Damit ergibt sich für die Kollektor-Emitter-Spannung U_{CE}:

$U_{CE} = U_S - I_C \cdot R_C$

Hieraus folgt für R_C: $R_C = \frac{U_S - U_{CE}}{I_C}$

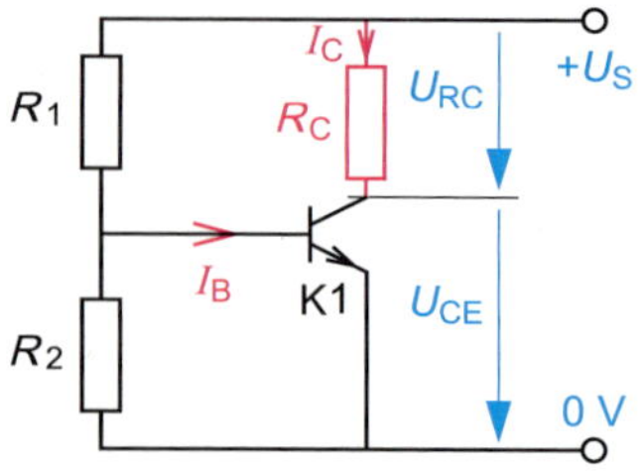

Bild 2.58: Kollektorwiderstand in der Emitterschaltung

Aufgrund der Zusammenhänge zwischen den Transistorgrößen I_B, U_{BE}, I_C und U_{CE} muss sich der Arbeitspunkt im Ausgangskennlinienfeld auf derjenigen I_B-Kennlinie befinden, deren Wert durch die Größe von U_{BE} festgelegt wurde (Bild 2.59, rote I_B-Linie).

Der Arbeitspunkt sollte im Ausgangskennlinienfeld nun so gewählt werden, dass er etwa bei 1/2 U_S liegt, sodass bei Ansteuerung durch ein Wechselsignal eine gleich weite Aussteuerung in beide Richtungen möglich ist.

In diesem Arbeitspunkt setzt der Transistor die größtmögliche Verlustleistung um; sie wird in Form von Wärme abgegeben. Bei einer Verschiebung dieses Arbeitspunktes (z.B. durch ein anliegendes Eingangswechselsignal, siehe Bild 2.63 und Bild 2.64) besteht somit nicht die Gefahr, dass der Transistor infolge einer zunehmenden Erwärmung zerstört wird.

■ **Beispiel:**

Gegeben: $U_S = 10$ V; $U_{CE} = 1/2\ U_S$

Zeichnet man bei $U_{CE} = 5$ V eine senkrechte Linie in das Kennlinienfeld ein (siehe Bild 2.59, blaue Strichlinie) so ergibt sich der Arbeitspunkt als Schnittpunkt mit der rot gezeichneten I_B-Linie. Den zugehörigen Kollektorstrom kann man an der I_C-Achse ablesen (im Beispiel $I_C = 10$ mA).

Für R_C ergibt sich daraus:

$$R_C = \frac{U_S - U_{CE}}{I_C} = \frac{10\ \text{V} - 5\ \text{V}}{10\ \text{mA}} = \mathbf{500\ \Omega}$$

Als Verlustleistung in diesem Arbeitspunkt erhält man mit den abgelesenen Werten:

$$P_V = U_{CE} \cdot I_C = 5\ \text{V} \cdot 10\ \text{mA} = \mathbf{50\ mW}$$

Jede andere Wahl des Arbeitspunkts ergibt stets eine kleinere Verlustleistung, z.B. bei $U_{CE} = 6$ V ergibt sich mit $I_C = 7{,}5$ mA (abgelesen in Bild 2.59) die Verlustleistung $P_V = 45$ mW.

Sollte im Betrieb die Kollektor-Emitter-Strecke so niederohmig werden, dass U_{CE} nahezu 0 V wird, so fällt die gesamte Betriebsspannung am Widerstand an R_C ab. Der maximal fließende Strom beträgt dann in unserem Beispiel $I_C = U_S/R_C = 10$ V/500 Ω = 20 mA. Er sollte kleiner sein als der im Datenblatt des Transistors angegebene Wert für I_{Cmax}!

Arbeitsgerade

Da der Kollektorwiderstand R_C in Reihe zum Widerstand der Kollektor-Emitter-Strecke des Transistors liegt, lassen sich die Zusammenhänge der elektrischen Größen im Ausgangskreis auch grafisch darstellen. Hierzu zeichnet man die Widerstandskennlinie von R_C in das Ausgangskennlinienfeld des Transistors ein (siehe Reihenschaltung elektrischer Widerstände, Kap. 1.5.1.4).

Da die Kennlinie von R_C eine Gerade ist, benötigt man lediglich zwei Wertepaare für U_{CE} und I_C, um sie eindeutig bestimmen zu können. Sie muss stets unterhalb der Verlustleistungskurve verlaufen, damit der Arbeitspunkt immer innerhalb des Arbeitsbereiches liegt.

Mithilfe eines Maschenumlaufes im Ausgangskreis (Bild 2.58) erhält man die Spannungsgleichung:

$$U_{CE} = U_S - I_C \cdot R_C \qquad \text{Hieraus folgt:} \quad I_C = \frac{U_S - U_{CE}}{R_C}$$

Obwohl es unerheblich ist, welche Wertepaare man hierbei verwendet, wählt man meist diejenigen, die einfach zu berechnen sind (siehe Beispiel).

■ **Beispiel:**

Gegeben: $U_S = 10$ V; $R_C = 500\ \Omega$, Ausgangskennlinien Bild 2.59
Gesucht: Lage der Widerstandskennlinie im Ausgangskennlinienfeld eines Transistors

Lösung

1. Punkt: *gewählt* $U_{CE} = 0$ V $\Rightarrow$

$$I_C = \frac{U_S - U_{CE}}{R_C} = \frac{10\ \text{V}}{500\ \Omega} = \mathbf{20\ mA}$$

2. Punkt: *gewählt* $I_C = 0$ mA $\Rightarrow$

$$0 = \frac{U_S - U_{CE}}{R_C} \Rightarrow U_{CE} = U_S = \mathbf{10\ V}$$

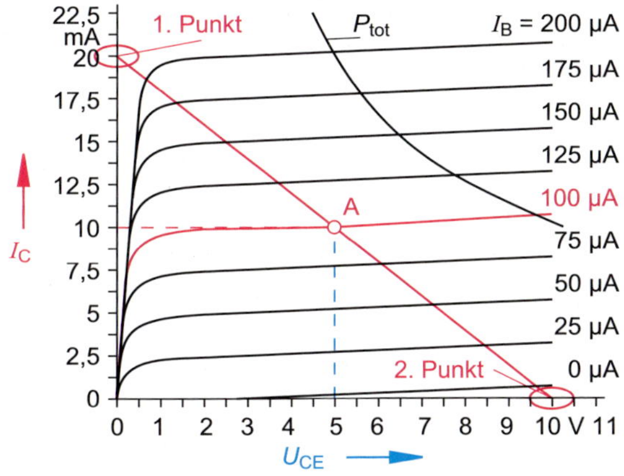

Bild 2.59: Ausgangskennlinien mit Arbeitsgerade

Der Schnittpunkt dieser Geraden mit der bereits durch den Basisspannungsteiler festgelegten I_B-Kennlinie kennzeichnet den Arbeitspunkt der Schaltung (Bild 2.59).

Da der Arbeitspunkt des Transistors auf der Kennlinie des Kollektorwiderstandes liegt, wird diese als **Arbeitsgerade** bezeichnet. Der Kollektorwiderstand wird auch **Arbeitswiderstand** genannt.

Für U_{CE} sind theoretisch Werte zwischen 0 V und der Betriebsspannung U_S möglich; in der Praxis wird dieser Bereich jedoch bedingt durch die Transistoreigenschaften geringfügig eingeschränkt. Um den Transistor nicht zu zerstören, muss U_S stets kleiner sein als die vom Hersteller angegebene maximale Kollektor-Emitter-Spannung.

Arbeitspunktstabilisierung

Aufgrund der temperaturabhängigen Eigenleitung des Halbleitermaterials (Kap 2.1.2) vergrößert sich bei Erwärmung die Leitfähigkeit der Basis-Emitter- und der Kollektor-Emitter-Strecke. Dies bewirkt, dass sich die eingestellten Ströme und Spannungen des Arbeitspunktes verändern: Der Arbeitspunkt ist nicht stabil.

Ebenso werden sich bei Austausch eines Transistors in einer Schaltung aufgrund der Unterschiede der Kenndaten innerhalb eines Transistortyps (Exemplarstreuung) geringfügige Änderungen ergeben. Um diesen Veränderungen entgegenzuwirken, müssen Maßnahmen zur **Arbeitspunktstabilisierung** getroffen werden.

Stabilisierung mit NTC-Widerstand

Parallel zum Basisspannungsteilerwiderstand R_2 wird ein NTC-Widerstand (siehe Kap. 1.3.9.5) zwischen Emitter und Basis eines Transistors angeschlossen. Befestigt man ihn am Transistorgehäuse, so wird er aufgrund der Wärmeleitfähigkeit des Gehäuses stets die gleiche Temperatur besitzen wie der Transistor selbst. Steigt nun im Betrieb die Temperatur des Transistors an, so wird das Halbleitermaterial leitfähiger; Basis- und Kollektorstrom vergrößern sich. Gleichzeitig wird auch der NTC-Widerstand erwärmt. Hierdurch wird sein Widerstandswert kleiner; der Spannungsabfall sinkt. Hierdurch sinkt auch die Basis-Emitter-Spannung; Basis- und Kollektorstrom werden zurückgeregelt.

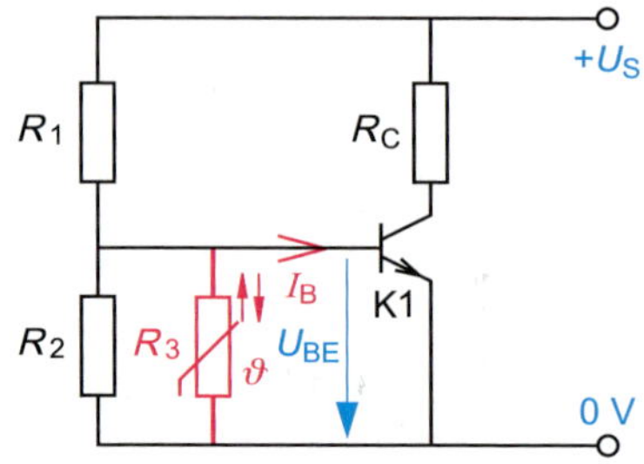

Bild 2.60: Stabilisierung mit NTC

Ein NTC-Widerstand besitzt bekanntlich eine nichtlineare Kennlinie. Um den Einfluss dieser Nichtlinearität auf das Regelverhalten der Schaltung zu verringern, wird parallel zum NTC stets der Widerstand R_2 geschaltet.

> Ein NTC-Widerstand zwischen Basis- und Emitteranschluss stabilisiert den Arbeitspunkt der Emitterschaltung, wenn er wärmeleitend mit dem Transistorgehäuse verbunden ist. Diese wärmeleitende Verbindung wird als **thermische Kopplung** bezeichnet.

Stabilisierung durch Stromgegenkopplung

> Bei der Stabilisierung des Arbeitspunktes durch **Stromgegenkopplung** wird der Widerstand R_E in den Emitterzweig des Transistors gelegt.

Für den Eingangskreis gilt nunmehr:

$$U_{R2} = U_{BE} + U_{R_E} = U_{BE} + (I_B + I_C) \cdot R_E \approx U_{BE} + I_C \cdot R_E$$
$$U_{BE} = U_{R_2} - I_C \cdot R_E$$

Steigt nun der Kollektorstrom temperaturbedingt an, führt dies zu einer Vergrößerung des Spannungsabfalls an R_E. Unter der Annahme, dass bei entsprechender Dimensionierung U_{R2} nahezu konstant ist, hat dies zwangsläufig eine Verringerung der Basis-Emitter-Spannung zur Folge. Damit wird auch der Basisstrom kleiner; der Kollektorstrom wird annähernd auf den ursprünglichen Wert zurückgeregelt.

Die Stabilisierung ist umso besser, je hochohmiger der Emitterwiderstand und je niederohmiger der Basisspannungsteiler ist. Ein hochohmiger Emitterwiderstand verringert jedoch den Aussteuerbereich der Schaltung, da an ihm ein Teil der Betriebsspannung abfällt.

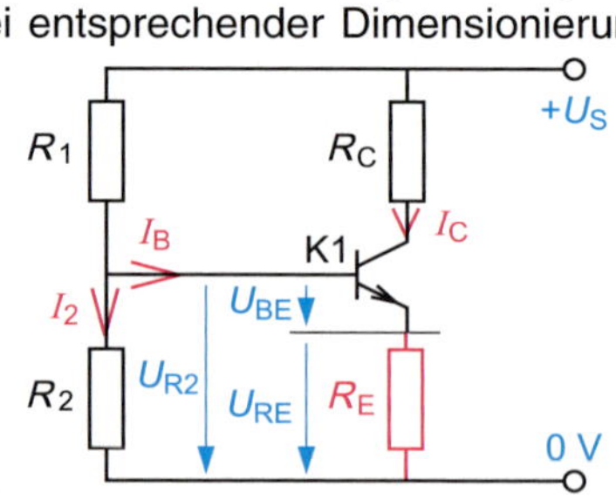

Bild 2.61: Stabilisierung mit Stromgegenkopplung

In der Praxis wählt man R_E so, dass an ihm maximal 10 % bis 20 % der Betriebsspannung abfallen. Der Emitterwiderstand beeinflusst auch die Dimensionierung des Basisspannungsteilers und des Kollektorwiderstandes.

■ **Beispiel:**

Für eine Emitterschaltung mit Stromgegenkopplung (Bild 2.61) sollen alle Widerstände berechnet werden. Für die Betriebswerte der Schaltung gilt:
$U_S = 10\ V$; $U_{BE} = 0{,}65\ V$; $U_{CE} = 4\ V$; $U_{RE} = 0{,}1 \cdot U_S$
$I_B = 80\ \mu A$; $I_2 = 9 \cdot I_B$; $I_C = 10\ mA$

Lösung

$$R_C = \frac{U_S - U_{CE} - U_{RE}}{I_C} = \frac{10\ V - 4\ V - 1\ V}{10\ mA} = \mathbf{500\ \Omega}$$

$$R_E = \frac{U_{RE}}{I_E} = \frac{0{,}1 \cdot U_S}{I_C + I_B} = \frac{1\ V}{10{,}08\ mA} = \mathbf{100\ \Omega}$$

$$R_1 = \frac{U_{R1}}{I_1} = \frac{U_S - U_{BE} - U_{RE}}{I_2 + I_B} = \frac{10\ V - 0{,}65\ V - 1\ V}{10 \cdot 80\ \mu A} = \mathbf{10{,}4\ k\Omega}$$

$$R_2 = \frac{U_{R2}}{I_2} = \frac{U_{BE} + U_{RE}}{9 \cdot I_B} = \frac{0{,}65\ V + 1\ V}{9 \cdot 80\ \mu A} = \mathbf{2{,}3\ k\Omega}$$

Stabilisierung durch Spannungsgegenkopplung

Bei der Stabilisierung des Arbeitspunktes durch **Spannungsgegenkopplung** wird der Basisvorwiderstand R_1 nicht an die Betriebsspannung U_S, sondern an den Kollektor des Transistors angeschlossen.

Steigt bei Erwärmung des Transistors der Kollektorstrom I_C an, so vergrößert sich die Spannung an R_C. Wegen $U_S = U_{RC} + U_{R1} + U_{BE}$ müssen hierdurch U_{R1} und U_{BE} zwangsläufig kleiner werden. Der Basisstrom verringert sich und der Kollektorstrom wird auf den ursprünglichen Wert zurückgeregelt.

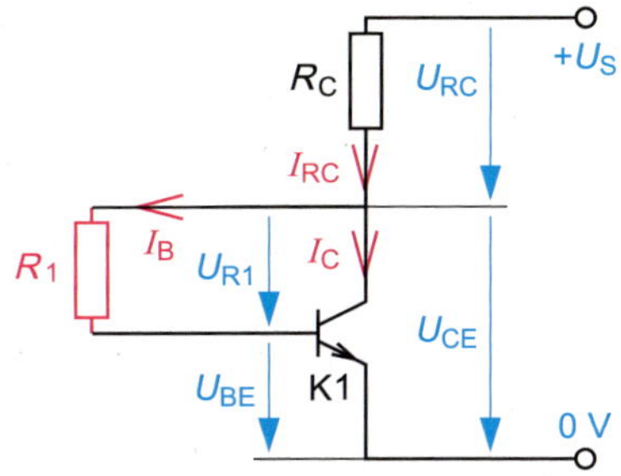

Bild 2.62: Stabilisierung mit Spannungsgegenkopplung

■ **Beispiel:**

Für einen Transistor in Emitterschaltung mit Spannungsgegenkopplung ist der Basisvorwiderstand zu berechnen. Für die Schaltung ist gegeben:
$U_S = 10\ V$; $U_{CE} = 5\ V$; $U_{BE} = 0{,}7\ V$; $I_B = 100\ \mu A$. Berechnen Sie R_1.

Lösung

$$R_1 = \frac{U_{R1}}{I_B} = \frac{U_{CE} - U_{BE}}{I_B} = \frac{5\ V - 0{,}7\ V}{100\ \mu A} = \mathbf{43\ k\Omega}$$

Verstärkung der Emitterschaltung

Wird direkt an die Basis-Emitter-Strecke eine Signalquelle mit der Spannung u_1 angeschlossen, so wird diese wegen der eingestellten Basisvorspannung von einem Gleichstrom durchflossen. Um dies zu verhindern, schaltet man zwischen die Signalspannungsquelle und den Transistorverstärker einen Kondensator C_1. Durch einen zweiten Kondensator C_2 wird der Ausgang der Verstärkerschaltung von einem angeschalteten Lastwiderstand gleichstrommäßig getrennt.

> Der Kondensator C_1 trennt die Signalspannungsquelle, der Kondensator C_2 den Lastwiderstand gleichstrommäßig von der Verstärkerschaltung ab. C_1 und C_2 werden als **Koppelkondensatoren** bezeichnet, da über sie die Wechselspannungen ein- bzw. ausgekoppelt werden.

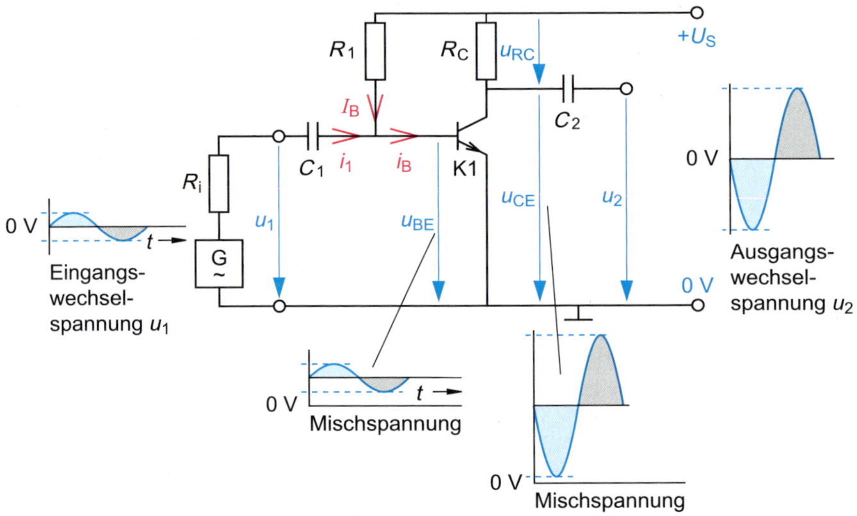

Bild 2.63: Spannungsverläufe vor und hinter den Koppelkondensatoren

Die Wechselspannungsverstärkung einer Emitterschaltung bei unbelastetem Ausgang kann mithilfe des Mehrfachkennlinienfeldes ermittelt werden (Bild 2.64).

Wird die Verstärkerschaltung mit der Wechselspannung u_1 angesteuert, so überlagert sich diese der Basisvorspannung, die zur Einstellung des Arbeitspunktes erforderlich ist. Es entsteht die Mischspannung $u_{BE} = U_B + u_1$. Die Wechselspannung bewirkt also eine Änderung der eingestellten Basisvorspannung um ΔU_{BE}. Die im Kennlinienfeld mit ΔU_{BE} bezeichnete Spannungsänderung entspricht dem Spitze-Spitze-Wert u_{1SS}.

Aus der Eingangskennlinie ergibt sich die Basisstromänderung ΔI_B, aus der Stromsteuerkennlinie die zugehörige Kollektorstromänderung ΔI_C. An der Arbeitsgeraden kann für ΔI_C die Änderung der Kollektor-Emitter-Spannung ΔU_{CE} abgelesen werden. An der Kollektor-Emitter-Strecke liegt also eine Wechselspannung, die der Gleichspannung im Arbeitspunkt überlagert ist: $u_{CE} = U_{CE} + u_2$. Wegen der Trennung durch C_2 liegt am Ausgang der Verstärkerschaltung nur die Wechselspannung u_2, deren Wert u_{2SS} gleich ΔU_{CE} ist.

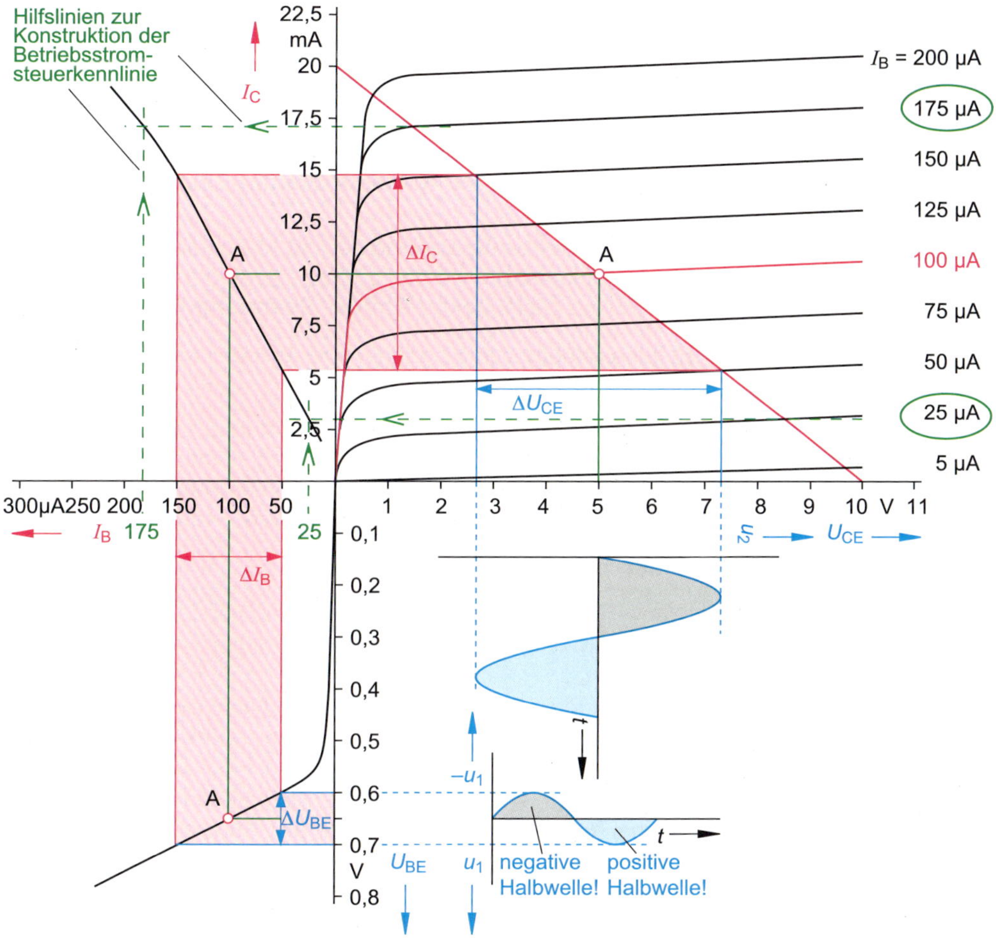

Bild 2.64: Darstellung der Wechselspannungsverstärkung im Vierquadrantenkennlinienfeld

Eine kleine Änderung der Basis-Emitter-Spannung (Eingangsspannung) bewirkt eine große Änderung der Kollektor-Emitter-Spannung (Ausgangsspannung). Hierbei verschiebt sich der Arbeitpunkt entlang der Arbeitsgeraden. Die **Wechselspannungsverstärkung A_{U0}** einer unbelasteten Emitterschaltung berechnet sich aus dem Verhältnis der Ausgangsspannungsänderung zur Eingangsspannungsänderung:

$$A_{U0} = \frac{u_2}{u_1} = \frac{\Delta U_{CE}}{\Delta U_{BE}}$$

Zu beachten ist, dass es sich bei der dargestellten Stromsteuerkennlinie (Bild 2.64) nicht um die bei einer konstanten Kollektor-Emitter-Spannung aufgenommene *Transistorkennlinie*, sondern um die sogenannte **Betriebs-Stromsteuerkennlinie** handelt, bei der die Abhängigkeit des Kollektorstroms vom Basisstrom *im praktischen Betrieb* der Schaltung dargestellt wird. Hierbei bleibt die Kollektor-Emitter-Spannung nicht konstant, sondern ändert sich. Sofern sie nicht angegeben ist, lässt sich diese Betriebskennline konstruieren, indem man zugehörige Wertepaare für I_B und I_C entlang der Arbeitsgeraden abliest und in das entsprechende Diagramm überträgt (in Bild 2.64 für 2 Punkte grün dargestellt).

Verfolgt man den zeitlichen Verlauf der Eingangs- und Ausgangsspannung, so erkennt man:

- Eine **Verkleinerung der Basis-Emitter-Spannung** bewirkt, dass der Transistor weniger leitfähig wird, Basis und Kollektorstrom werden kleiner. Der Widerstand der Kollektor-Emitter-Strecke steigt und die **Kollektor-Emitter-Spannung U_{CE} wird größer**.
- Eine **Erhöhung der Basis-Emitter-Spannung** bewirkt, dass der Transistor leitfähiger wird; Basis- und Kollektorstrom werden größer. Der Widerstand der Kollektor-Emitter-Strecke sinkt und die **Kollektor-Emitter-Spannung U_{CE} wird kleiner**.

Bei der Emitterschaltung ändern sich Eingangs- und Ausgangssignal gegensinnig; sie sind um 180° phasenverschoben.

Vergrößert man das Eingangssignal des Verstärkers, so erkennt man im Kennlinienbild, dass der positive Scheitelwert der Ausgangsspannung geringfügig kleiner wird als der negative Scheitelwert. Das Ausgangssignal ist somit nicht mehr symmetrisch, es wird verzerrt. Diese Verzerrung steigt mit zunehmender Aussteuerung des Verstärkers.

Wechselstrom-Ersatzschaltung des Transistorverstärkers

In der **Wechselstrom-Ersatzschaltung** eines Transistorverstärkers werden nur diejenigen Bauelemente dargestellt, die wechselstrommäßig wirksam sind.

Der Transistor erscheint mit seinen dynamischen Kenngrößen (dynamischer Eingangswiderstand r_{BE}, dynamischer Ausgangswiderstand r_{CE}). Seine stromverstärkende Eigenschaft wird durch eine Stromquelle dargestellt. Diese liefert den Strom $i_C = \beta \cdot i_B$.

Die Kondensatoren C_1 und C_2 werden – entsprechend hohe Kapazitäten vorausgesetzt – für den Wechselstrom widerstandslos angenommen und als Kurzschluss betrachtet. Ebenso kann die Gleichspannungsquelle U_S – in der Praxis z. B. ein geregeltes Netzteil mit einem Kondensator zwischen den Ausgangsklemmen (siehe Kap. 4.2) – als wechselstrommäßiger Kurzschluss angesehen werden (Bild 2.65 a).

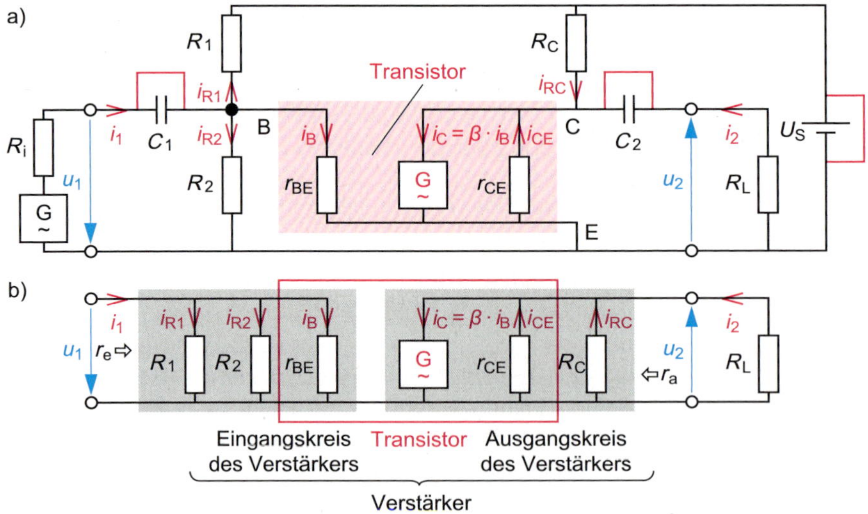

Bild 2.65: Wechselstrom-Ersatzschaltbild der Emitterschaltung

Bild 2.65b zeigt die gleiche Ersatzschaltung in einer anderen Darstellung. Diese lässt deutlicher erkennen, wie die Widerstände im Eingangs- und Ausgangskreis wechselstrommäßig wirksam sind. Anhand dieser Darstellung lassen sich die maßgeblichen Kenngrößen des Transistorverstärkers in Emitterschaltung bestimmen.

Schaltungskenngröße	Gleichung	Erläuterung
Wechselstrom-Eingangswiderstand r_e	$\frac{1}{r_e} = \frac{1}{R_1} + \frac{1}{R_2} + \frac{1}{r_{BE}}$ vereinfacht: $r_e \approx r_{BE}$	Die Widerstände R_1 und R_2 liegen wechselstrommäßig parallel zu r_{BE}. Alle drei Widerstände zusammen bilden den dynamischen Eingangswiderstand r_e, mit dem in der Praxis z. B. eine angeschaltete Signalquelle belastet wird. Sind R_1 und R_2 wesentlich größer dimensioniert als r_{BE}, so gilt vereinfacht: $r_e \approx r_{BE}$.
Wechselstrom-Ausgangswiderstand r_a	$\frac{1}{r_a} = \frac{1}{R_C} + \frac{1}{r_{CE}}$ vereinfacht: $r_a \approx R_C$	Im Ausgangskreis liegt der Kollektorwiderstand R_C wechselstrommäßig parallel zum dynamischen Ausgangswiderstand r_{CE} des Transistors. Da r_{CE} meist sehr viel größer ist als R_C, gilt vereinfacht: $r_a \approx R_C$. Wird der Transistorverstärker ausgangsseitig als Wechselspannungsgenerator angesehen, dann entspricht der Ausgangswiderstand r_a dem Generator-Innenwiderstand.
Wechselspannungsverstärkung A_u	$A_u = \frac{u_2}{u_1} \approx \frac{\beta}{r_{BE}} \cdot \frac{R_C \cdot R_L}{R_C + R_L}$	Mit den oben gemachten Vereinfachungen kann aus der Ersatzschaltung für u_1 und u_2 entnommen werden: $u_1 = i_1 \cdot r_{BE} \approx i_B \cdot r_{BE}$ $\quad u_2 = \beta \cdot i_B \cdot \frac{R_C \cdot R_L}{R_C + R_L}$ Setzt man für u_1 und u_2 die beiden Gleichungen ein, so lässt sich i_B kürzen und A_u kann mithilfe der Bauelementegrößen berechnet werden.
Wechselstromverstärkung A_i	$A_i = \frac{i_2}{i_1} \approx \beta \cdot \frac{R_C}{R_C + R_L}$	Für die Ströme gilt vereinfacht: $i_1 \approx i_B$ und $i_2 = \frac{u_2}{R_L} = \frac{\beta \cdot i_B}{\cancel{R_L}} \cdot \frac{R_C \cdot \cancel{R_L}}{R_C + R_L}$ Einsetzen der beiden Gleichungen liefert wiederum einen Ausdruck, mit dem sich A_i nur mithilfe der Bauteiledimensionierung berechnen lässt.
Leistungsverstärkung A_P	$A_P = \frac{P_2}{P_1} = \frac{u_2}{u_1} \cdot \frac{i_2}{i_1} = A_u \cdot A_i$	Die Eingangs- und Ausgangsleistung der Verstärkerschaltung kann aus den jeweiligen Strom- und Spannungswerten berechnet werden.

Bild 2.66: Kenngrößen eines Transistorverstärkers in Emitterschaltung

Koppelkondensatoren und Emitterkondensator

Die Koppelkondensatoren C_1 und C_2 wurden im Wechselstrom-Ersatzschaltbild als nahezu widerstandslos angesehen. In der Praxis bedeutet dies, dass die an C_1 bzw. C_2 abfallende Signalspannung möglichst kleingehalten werden muss. Da der Kondensatorwiderstand bekanntlich mit steigender Frequenz abnimmt, ist der Spannungsabfall bei tiefen Frequenzen der Signalspannung besonders hoch (Kap. 1.8.3). Für die Bemessung der Kondensatorkapazitäten ist daher die kleinste zu verstärkende Signalfrequenz f_{min} maßgebend. Es gelten folgende Zusammenhänge:

Der Kondensator C_1 bildet mit R_i und r_e einen Hochpass. Bei der Grenzfrequenz eines Hochpasses gilt $X_C = R$ (siehe Kap. 1.10.2) und damit hier $X_{C1} = R_i + r_e$. Nimmt man f_{min} als Grenzfrequenz an, so gilt

$$\frac{1}{2 \cdot \pi \cdot f_{min} \cdot C_1} = R_i + r_e \text{ und damit ergibt sich: } C_1 = \frac{1}{2 \cdot \pi \cdot f_{min} \cdot (R_i + r_e)}$$

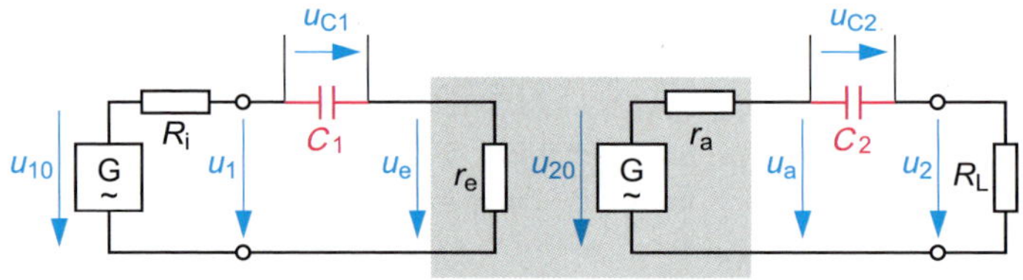

Bild 2.67: Ersatzschaltbild zur Berechnung der Koppelkondensatoren

In gleicher Weise lässt sich auch die Kapazität des Kondensators C_2 herleiten, der mit r_a und R_L einen Hochpass bildet:

$$C_2 = \frac{1}{2 \cdot \pi \cdot f_{min} \cdot (R_L + r_a)}$$

Die auf diese Weise berechneten Werte für C_1 und C_2 stellen Mindestwerte dar; in der Praxis werden dann meist die nächst größeren Werte der Normreihe verwendet.

Wird bei der Emitterschaltung zur Arbeitspunktstabilisierung ein Emitterwiderstand R_E verwendet (Stromgegenkopplung), verursacht dieser eine Verringerung der Verstärkung. Um dieses zu verhindern, wird R_E durch einen Kondensator C_E wechselstrommäßig überbrückt. Dieser verhindert eine Stromgegenkopplung für die Signalspannung. In der Praxis wird C_E wie folgt bemessen:

$$C_E \geq \frac{10}{2 \cdot \pi \cdot f_{min} \cdot R_E}$$

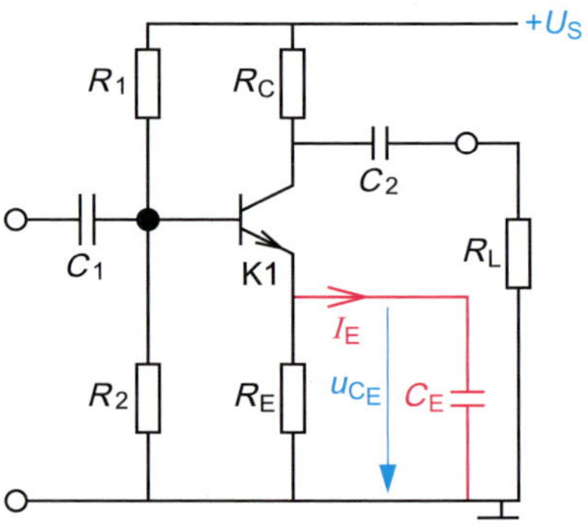

Bild 2.68: Emitterschaltung mit Kondensator C_E

■ **Beispiel:**

Von der Schaltung in Bild 2.68 ist bekannt:
R_1 = 240 kΩ; R_2 = 27 kΩ; R_C = 10 kΩ; R_E = 0,1 kΩ; R_L = 10 kΩ; r_{BE} = 4,5 kΩ; r_{CE} = 56 kΩ; $\beta = 330$.

a) Berechnen Sie den dynamischen Eingangswiderstand r_e und den dynamischen Ausgangswiderstand r_a der Schaltung.
b) Bestimmen Sie die Spannungsverstärkung A_U und die Stromverstärkung A_i im Betrieb.
c) Bestimmen Sie die Größe der Kondensatoren C_1, C_2 und C_E für eine untere Grenzfrequenz von f_{min} = 30 Hz, wenn der Innenwiderstand des Generators 100 Ω beträgt.

Lösung

a) $\frac{1}{r_e} = \frac{1}{R_1} + \frac{1}{R_2} + \frac{1}{r_{BE}} = \frac{1}{240\ k\Omega} + \frac{1}{27\ k\Omega} + \frac{1}{4{,}5\ k\Omega}$ $\Rightarrow r_e = 3{,}8\ k\Omega$ (gerundet); R_E ist wechselstrommäßig wegen C_E nicht wirksam!

$\frac{1}{r_a} = \frac{1}{R_C} + \frac{1}{r_{CE}} = \frac{1}{10\ k\Omega} + \frac{1}{56\ k\Omega}$ $\Rightarrow r_a = 8{,}5\ k\Omega$ (gerundet)

b) $A_u \approx \frac{\beta}{r_{BE}} \cdot \frac{R_C \cdot R_L}{R_C + R_L} = \frac{330 \cdot 10\ k\Omega \cdot 10\ k\Omega}{4{,}5\ k\Omega \cdot (10\ k\Omega + 10\ k\Omega)} = \mathbf{367}$

$A_i \approx \beta \cdot \frac{R_C}{R_C + R_L} = \frac{330 \cdot 10\ k\Omega}{10\ k\Omega + 10\ k\Omega} = \mathbf{165}$

c) $C_1 = \frac{1}{2 \cdot \pi \cdot f_{min} \cdot (R_i + r_e)} = \frac{1}{2 \cdot \pi \cdot 30\ Hz \cdot (0{,}1\ k\Omega + 3{,}8\ k\Omega)} = \mathbf{1{,}36\ \mu F}$

$C_2 = \frac{1}{2 \cdot \pi \cdot f_{min} \cdot (R_L + r_a)} = \frac{1}{2 \cdot \pi \cdot 30\ Hz \cdot (10\ k\Omega + 8{,}5\ k\Omega)} = \mathbf{28{,}7\ \mu F}$

$C_E \geq \frac{10}{2 \cdot \pi \cdot f_{min} \cdot R_E} = \frac{10}{2 \cdot \pi \cdot 30\ Hz \cdot 0{,}1\ k\Omega} = \mathbf{530\ \mu F}$

In der Praxis nimmt man bei den Kondensatoren jeweils den nächstgrößeren Wert der Normreihe.

Aufgaben

1. Begründen Sie, warum ein Transistor, der als Wechselspannungsverstärker arbeiten soll, eine Basisvorspannung benötigt.

2. Welche Polarität muss die Basisvorspannung haben
   a) bei einem NPN-Transistor,
   b) bei einem PNP-Transistor?

3. a) Zeichnen Sie zwei Emitterschaltungen mit unterschiedlicher Basisvorspannungserzeugung.
   b) Welche Aufgabe hat der Kollektorwiderstand R_C?

4. Warum ist bei einer Verstärkerschaltung eine Arbeitspunktstabilisierung erforderlich?

5. a) Um welche Art der Arbeitspunktstabilisierung handelt es sich bei den unter ① und ② dargestellten Schaltungen?
   b) Beschreiben Sie die Wirkung beider Stabilisierungsmaßnahmen für den Fall, dass sich der Transistor im Betrieb erwärmt.

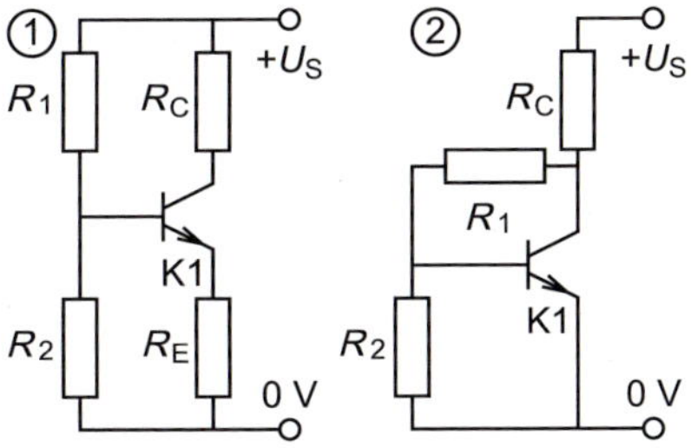

6. a) Wie bezeichnet man die in das Ausgangskennlinienfeld einer Emitterschaltung eingezeichnete Gerade?
   b) Geben Sie die Größe des Kollektorwiderstandes an.
   c) In welchem Bereich muss die Gerade liegen? Geben Sie die Grenzen dieses Bereiches an.
   d) Aus welchem Grund ist es sinnvoll, den Arbeitspunkt im Ausgangskennlinienfeld auf halbe Betriebsspannung einzustellen?
   e) Wählen Sie die Lage des Arbeitspunktes (U_{CE}; I_C; I_B) für die größtmögliche symmetrische Aussteuerung.

   Zwischen welchen Werten kann dabei der Basisstrom schwanken?

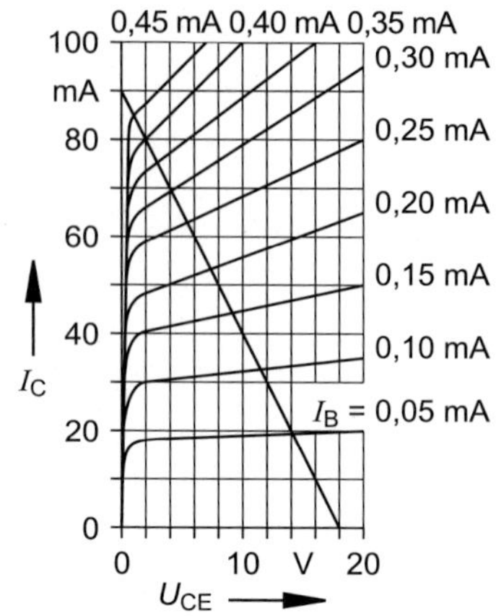

Ausgangskennlinien $I_C = f(U_{CE})$
I_B = Parameter (Emitterschaltung)
BCY 58, BCY 59, BXY 65 E

7. a) Berechnen Sie die Widerstandswerte und die Leistungsaufnahme von R_1, R_2 und R_C.
   b) Wie groß ist die Verlustleistung des Transistors in der Schaltung?
   c) Durch Erwärmung des Transistors steigt I_C um 10 %. Wie groß ist nun die Verlustleistung des Transistors?

   Erklären Sie diese Veränderung.

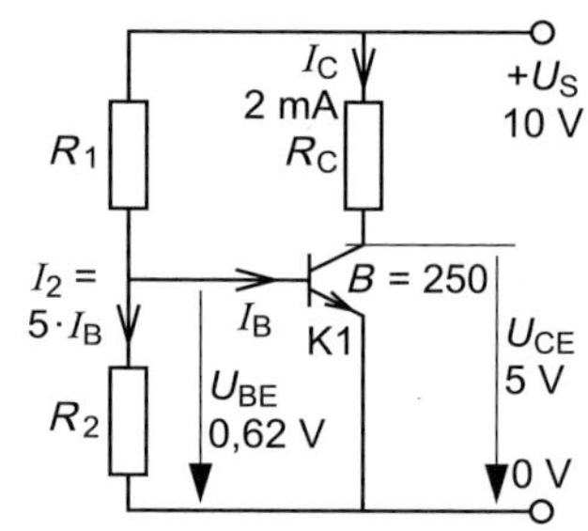

8. Der Arbeitspunkt einer Emitterschaltung soll auf die Werte I_B = 0,1 mA und U_{BE} = 0,6 V eingestellt werden. Die Betriebsspannung U_S beträgt 12 V.
   a) Berechnen Sie den Wert des Basisvorwiderstandes.
   b) Berechnen Sie die Werte eines Basisspannungsteilers mit den Widerständen R_1 und R_2, wenn der Querstrom 10-mal so groß ist wie der Basisstrom.

9. In einer Transistorschaltung beträgt der Kollektorwiderstand R_C = 1 kΩ und der Emitterwiderstand R_E = 100 Ω. Die Schaltung arbeitet mit einer Betriebsspannung U_S von 24 V. Zur Einstellung des gewünschten Arbeitspunktes beträgt die Gleichstromverstärkung B = 100 und der Kollektorstrom I_C = 10 mA. Der Querstrom des Basisspannungsteilers ist 10-mal so groß wie der Basisstrom. U_{BE} beträgt 0,65 V.
   a) Zeichnen Sie die Schaltung. Bezeichnen Sie alle Bauelemente.
   b) Berechnen Sie die Widerstände des Basisspannungsteilers.
   c) Berechnen Sie die Verlustleistung des Transistors.

10. Der Arbeitspunkt des Transistors BSY 67 soll bei einer Betriebsspannung von 15 V mit einem Basisspannungsteiler auf folgende Werte eingestellt werden: U_{CE} = 10 V, I_C = 10 mA, U_{BE} = 0,65 V, $I_2 = 5 \cdot I_B$. Der Transistor besitzt eine Gleichstromverstärkung von B = 135.
   a) Berechnen Sie die Widerstände des Basisspannungsteilers.
   b) Wie groß muss der Kollektorwiderstand sein?
   c) Für welche Leistungen müssen die berechneten Widerstände bemessen werden?
   d) Wie groß ist die Verlustleistung des Transistors im Arbeitspunkt?
   e) Durch Temperatureinfluss verschiebt sich der Arbeitspunkt auf U_{CE} = 8 V. Vergrößert oder verkleinert sich dadurch die Verlustleistung?

11. In der dargestellten Schaltung wird zur Arbeitspunktstabilisierung ein NTC-Widerstand eingesetzt, der bei 20 °C einen Wert von R_{NTC} = 500 Ω hat.
    a) Berechnen Sie den Wert von R_2, wenn die Basis-Emitter-Spannung U_{BE} = 0,7 V bei 20 °C beträgt.
    b) Berechnen Sie die Basis-Emitter-Spannung U_{BE}, die sich einstellt, wenn der NTC-Widerstand im Betrieb auf 50 °C erwärmt wird.

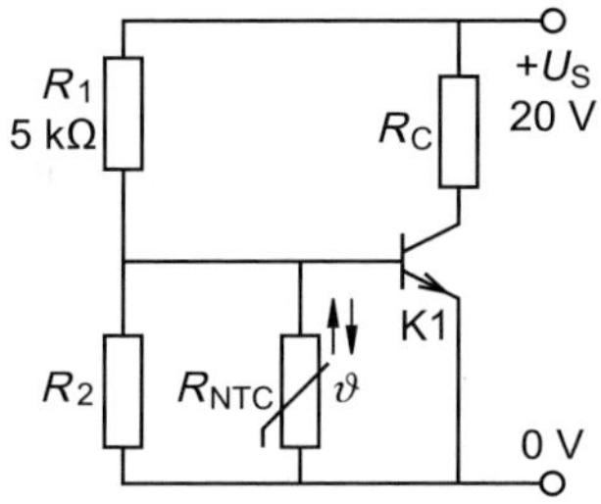

Hinweis:
Aufgrund der Dimensionierung des Basisspannungsteilens kann der Basisstrom I_B zur Vereinfachung der Rechnung vernachlässigt werden.

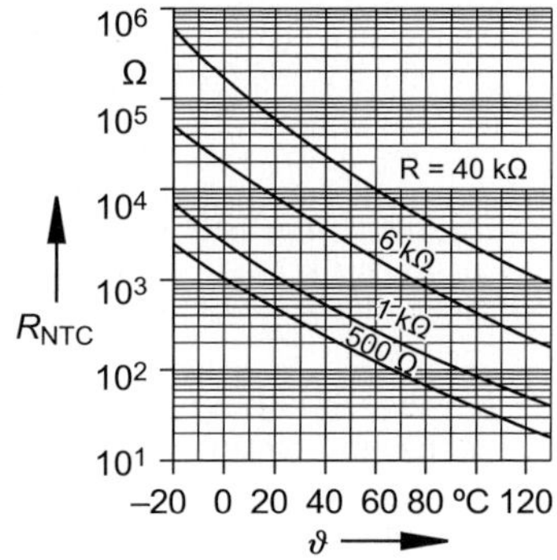

12. Eine Transistorschaltung mit Spannungsgegenkopplung liegt an einer Betriebsspannung U_S = 12 V.
    Bestimmen Sie mithilfe der Kennlinie den Vorwiderstand R_V so, dass bei einem Basisstrom von 100 μA der Transistor im Arbeitspunkt die größtmögliche Verlustleistung umsetzt.

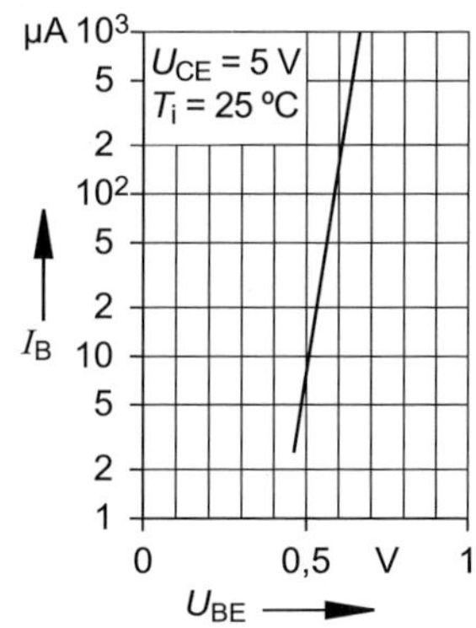

13. Von einer Emitterschaltung mit Stromgegenkopplung sind bekannt:
    U_{CE} = 5 V I_B = 10 μA
    U_{BE} = 0,6 V I_q = 10 · I_B
    U_S = 12 V B = 300
    U_{RE} = 0,1 · U_{RC}
    Berechnen Sie alle Widerstände der Schaltung.

14. Bestimmen Sie aus den im Messlabor aufgenommenen Spannungen und Strömen der nebenstehenden Schaltung die Widerstandswerte und den Gleichstromverstärkungsfaktor B.

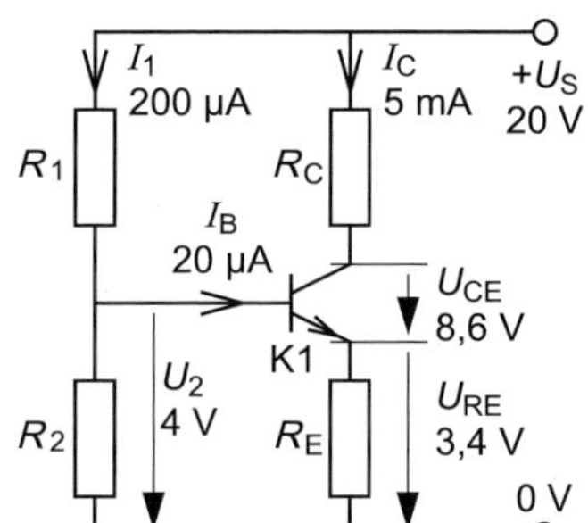

15. In der nebenstehenden Schaltung mit einem unbekannten Transistor wurden die angegebenen Spannungen gemessen.
    Um die Schaltung nach einem Transistordefekt zu reparieren, wird ein Vergleichstyp mit gleicher Stromverstärkung B gesucht.
    Bestimmen Sie B mithilfe der angegebenen Werte.

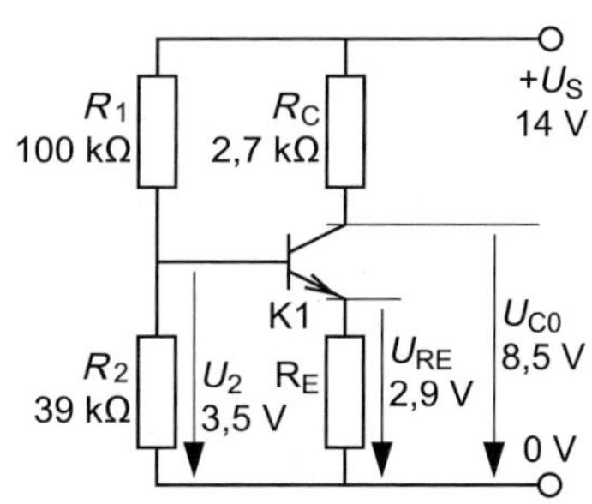

16. Ein Verstärker in Emitterschaltung wird mit dem Transistor BC 238 A und den Widerständen R_1 = 62 kΩ, R_2 = 18 kΩ und R_C = 1 kΩ aufgebaut. Der über den Koppelkondensator C_2 angeschlossene Lastwiderstand beträgt 10 kΩ.
    a) Zeichnen Sie die Wechselstrom-Ersatzschaltung.
    b) Bestimmen Sie den dynamischen Eingangswiderstand r_e, die Spannungsverstärkung A_u und die Stromverstärkung A_i der Schaltung.
    c) Wie groß ist die Leistungsverstärkung der Schaltung?

    Aus dem Transistor-Datenblatt wurden folgende Werte entnommen:
    h_{11e} = 2,7 kΩ h_{21e} = 220
    h_{12e} = 1,5 h_{22e} = 18 μS

17. In einer Schaltung mit dem Transistor BC 413 ist die im Verstärkerbetrieb auftretende kleinste Spannung $U_{CE\,min}$ = 6 V und die größte Spannung $U_{CE\,max}$ = 12 V. Der Kollektorstrom ändert sich hierbei zwischen 90 mA und 20 mA, die Basis-Emitter-Spannung zwischen 0,79 V und 0,71 V.
    a) Berechnen Sie R_C.
    b) Wie groß ist die Speisespannung?
    c) Berechnen Sie die Stromverstärkung A_i, die Spannungsverstärkung A_u und die Leistungsverstärkung A_p.

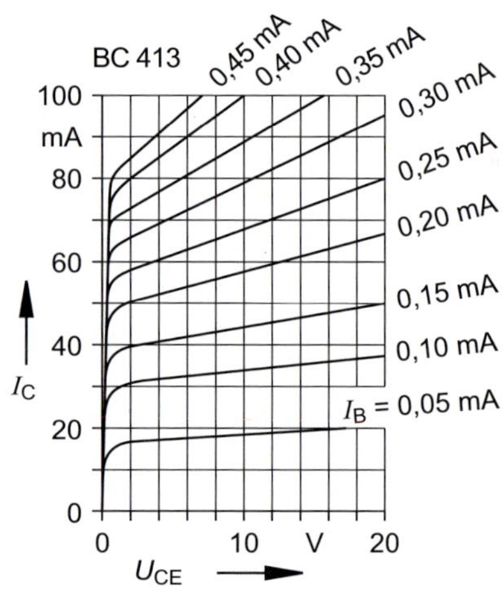

18. Von der nebenstehenden Verstärkerschaltung sind folgende Werte bekannt:
    U_{CE} = 5 V R_C = 2 kΩ
    U_{BE} = 0,62 V I_{BE} = 4,5 kΩ
    I_C = 1,5 mA I_{CE} = 30 kΩ
    I_2 = 10 · I_B f_u = 40 Hz
    B = 100
    a) Berechnen Sie die Werte für R_1, R_2 und R_E.
    b) Bestimmen Sie die Werte für C_E, C_1 und C_2, wenn der angeschlossene Generator einen Innenwiderstand von R_i = 1 kΩ hat und die Schaltung mit einem Widerstand von R_L = 10 kΩ belastet wird.

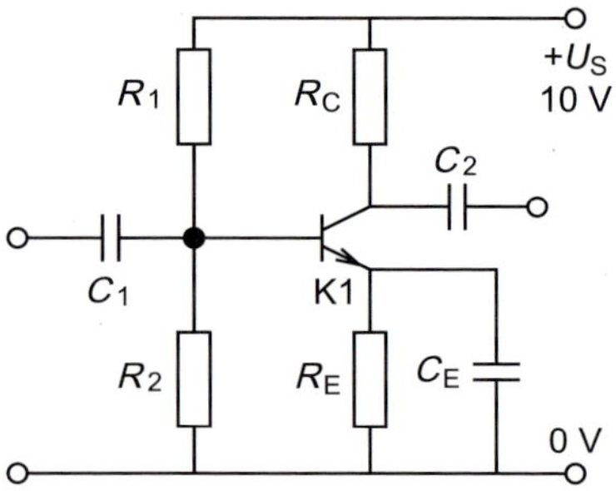

2.4.6.2 Kollektorschaltung

In der Kollektorschaltung bildet der Kollektor des Tranistors den gemeinsamen wechselstrommäßigen Bezugspunkt für den Eingangs- und den Ausgangskreis der Verstärkerschaltung, da die Gleichspannungsquelle für den Wechselstrom ja wie bereits bekannt als Kurzschluss betrachtet werden kann (vgl. Bild 2.65). Daher liegt der Kollektor des Transistors wechselspannungsmäßig auf Nullpotenzial.

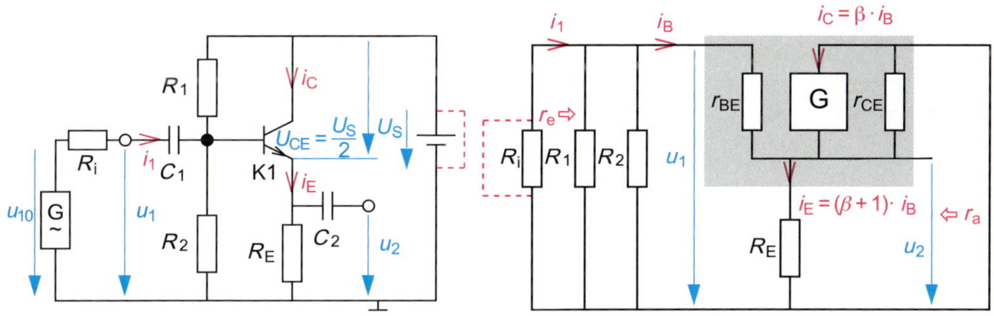

Bild 2.69: a) Kollektorschaltung *b) Wechselstrom-Ersatzschaltbild*

Die Arbeitspunkteinstellung erfolgt mittels Basisvorwiderstand oder Basisspannungsteiler; der Arbeitspunkt wird hierbei ausgangsseitig auf $U_{CE} = 1/2\ U_S$ eingestellt, um eine symmetrische Aussteuerung einer Wechselspannung zu erreichen. Im Gegensatz zur Emitterschaltung wird die Kollektorschaltung ohne einen Kollektorwiderstand aufgebaut; stattdessen verfügt sie stets über einen Emitterwiderstand R_E. Dieser muss wegen des fehlenden Kollektorwiderstandes wesentlich größer bemessen werden als bei der Emitterschaltung und bewirkt dadurch stets eine starke Stromgegenkopplung. Hierdurch wird der Arbeitspunkt hinreichend stabilisiert. Über den Koppelkondensator C_2 wird die Ausgangs-Wechselspannung u_2 abgegriffen. Diese entspricht in ihrem Verlauf der Spannung u_{RE}, die am Emitterwiderstand R_E abfällt.

Steigt bei der Ansteuerung der Schaltung die Eingangs-Wechselspannung u_1 an, so steigt auch u_{BE} an. Damit werden auch i_B, i_C und i_E größer. Der Anstieg von i_E verursacht ein Ansteigen von u_{RE} und damit auch von u_2. Da sich u_2 stets gleichsinnig mit dem Emitterpotenzial ändert, wird die Schaltung auch als **Emitterfolger** bezeichnet.

> Bei einem Verstärker in Kollektorschaltung ändert sich die **Ausgangsspannung u_2 stets gleichsinnig mit der Eingangsspannung u_1**. Eingangs- und Ausgangsspannung sind phasengleich.

Betrachtet man die wechselstrommäßigen Kenngrößen der Kollektorschaltung, so ergeben sich vereinfacht folgende Zusammenhänge:

Schaltungskenngröße	Gleichung	Erläuterung
Wechselstrom-Eingangswiderstand r_e	$\frac{1}{r_e} = \frac{1}{R_1} + \frac{1}{R_2} + \frac{1}{r_{BE} + (\beta + 1) \cdot R_E}$ vereinfacht: $r_e \approx \beta \cdot R_E$	Die Widerstände R_1 und R_2 liegen wechselstrommäßig parallel zur Reihenschaltung aus r_{BE} und R_E. Für den durch R_E fließenden Strom i_E gilt $i_E = i_B + i_C = i_B + \beta \cdot i_B = i_B \cdot (1 + \beta)$. Aus diesem Grund erscheint R_E um den Faktor $1 + \beta$ vergrößert in der Gleichung und bestimmt damit maßgeblich den dynamischen Eingangswiderstand der Schaltung. Aufgrund der Dimensionierung der Widerstandwerte von R_1, R_2, r_{BE} und R_E gilt also vereinfacht: $r_e \approx \beta \cdot R_E$.

Schaltungskenngröße	Gleichung	Erläuterung
Wechselstrom-Ausgangswiderstand r_a	$\frac{1}{r_a} = \frac{1}{\frac{r_{BE}}{\beta}} + \frac{1}{R_E}$ vereinfacht: $r_a \approx \frac{r_{BE}}{\beta}$	Nimmt man an, dass der Innenwiderstand R_i der an der Basis angeschlossenen Signalquelle sehr klein ist, so werden hierdurch R_1 und R_2 wechselspannungsmäßig überbrückt (Bild 2.69b). Für den Ausgangswiderstand r_a maßgeblich wirksam sind somit lediglich r_{BE} und R_E; da r_{CE} meist sehr groß ist, kann er vernachlässigt werden. Betrachtet man u_{BE} als Spannungsabfall an r_a und setzt vereinfacht $i_2 = i_E \approx \beta \cdot i_B$, so ergibt sich $r_a \approx \frac{u_2}{i_2} = \frac{u_{BE}}{\beta \cdot i_B} = \frac{i_B \cdot r_{BE}}{\beta \cdot i_B} = \frac{r_{BE}}{\beta}$
Wechselspannungsverstärkung A_u	$A_u = \frac{u_2}{u_1}$ $= \frac{i_B \cdot (\beta + 1) \cdot R_E}{i_B \cdot r_{BE} + i_B \cdot (\beta + 1) \cdot R_E}$ $= \frac{(\beta + 1) \cdot R_E}{r_{BE} + (\beta + 1) \cdot R_E} \leq 1$	Unter Vernachlässigung des Basisspannungsteilers gilt $i_1 \approx i_B$ und damit: $u_1 = i_B \cdot r_{BE} + i_B \cdot (\beta + 1) \cdot R_E$ $u_2 = i_B \cdot (\beta + 1) \cdot R_E$ Setzt man die beiden Gleichungen ein, so lässt sich i_B kürzen, der Nenner ist stets um den Wert r_{BE} größer als der Zähler. Somit gilt $A_u < 1$.
Wechselstromverstärkung A_i	$A_i = \frac{i_2}{i_1} = \frac{(\beta + 1) \cdot i_B}{i_B} = \beta + 1 \approx \beta$	Im Ausgangskreis fließt ohne angeschlossenen Widerstand der Strom $i_2 = i_E$. Mit $i_1 \approx i_B$ und $i_2 = (\beta + 1) \cdot i_B$ ergibt sich vereinfacht $A_i \approx \beta$.
Leistungsverstärkung A_P	$A_P = \frac{P_2}{P_1} = \frac{u_2}{u_1} \cdot \frac{i_2}{i_1} = A_u \cdot A_i$	Die Eingangs- und Ausgangsleistung der Verstärkerschaltung kann aus den jeweiligen Strom- und Spannungswerten berechnet werden.

Bild 2.70: Kenngrößen der unbelasteten Kollektorschaltung

Betreibt man die Kollektorschaltung mit einem Lastwiderstand R_L, so liegt dieser wechselspannungsmäßig parallel zu R_E. Anstelle von R_E muss dann in den entprechenden Gleichungen aus Bild 2.70 die Parallelschaltung (Kap. 1.5.2) aus R_E und R_L eingesetzt werden.

> Die Kollektorschaltung bewirkt keine Spannungsverstärkung, sie hat aber eine große Stromverstärkung. Wegen ihres großen Eingangswiderstandes und ihres geringen Ausgangswiderstandes wird sie häufig zur Anpassung einer Signalquelle mit einem großen Innenwiderstand an einen niederohmigen Lastwiderstand eingesetzt. Daher bezeichnet man die Kollektorschaltung auch als **Impedanzwandler** (Impedanz = Wechselstromwiderstand oder Scheinwiderstand).

2.4.6.3 Basisschaltung

Bei der Basisschaltung ist die Basis des Transistors über den Basiskondensator C_B an Masse geschaltet. Das Eingangssignal wird über den Koppelkondensator C_1 an den Emitteranschluss gelegt und über C_2 am Kollektor abgegriffen (Bild 2.71).

Im vereinfachten Ersatzschaltbild erkennt man, dass die Eingangsspannung wie bei der Emitterschaltung zwischen Basis und Emitter angeschlossen ist. Allerdings haben hier die Eingangsspannung u_1 und die Basis-Emitter-Spannung u_{BE} entgegengesetzte Polarität –

im Ersatzschaltbid daran erkennbar, dass der Spannungspfeil von u_1 zur Masse, der Spannungspfeil von u_{BE} jedoch zum Emitter zeigt. Aus diesem Grund sind auch die Strompfeile entgegengesetzt der bislang üblichen Richtung in die Schaltung eingezeichnet. Die Kenngrößen der Basisschaltung sind in Bild 2.72 zusammengefasst dargestellt.

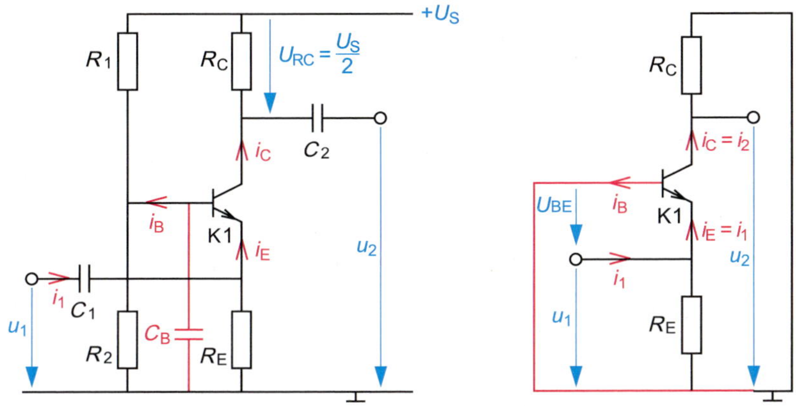

Bild 2.71: a) Basisschaltung b) Vereinfachtes Ersatzschaltbild

Die Basisschaltung wird vornehmlich in der Hochfrequenztechnik (HF-Technik) eingesetzt. Man findet sie auch bei Generatorschaltungen (siehe Kap. 2.8.1).

2.4.6.4 Vergleich der Transistor-Grundschaltungen

In der folgenden Tabelle sind die wichtigsten Eigenschaften der Transistor-Grundschaltungen zum Vergleich tabellarisch zusammengestellt. Die angegebenen Zahlenwerte sind als grobe Richtwerte zu verstehen, da sie vom gewählten Transistortyp und von der Beschaltung stark abhängig sind.

	Emitterschaltung	**Kollektorschaltung**	**Basisschaltung**
Eingangswiderstand	$r_e \approx r_{BE}$ (100 Ω … 10 kΩ)	$r_e \approx \beta \cdot R_E$ (10 kΩ … 500 kΩ)	$r_e \approx \frac{r_{BE}}{\beta}$ (10 Ω … 100 Ω)
Ausgangswiderstand	$r_a \approx R_C$ (1 kΩ … 50 kΩ)	$r_a \approx \frac{r_{BE}}{\beta}$ (10 Ω … 1 kΩ)	$r_a \approx R_C$ (100 kΩ … 500 kΩ)
Leerlaufspannungsverstärkung	$A_{U0} \approx \beta \cdot \frac{R_C}{r_{BE}}$ (100 … 1 000)	$A_{U0} < 1$ ($\approx$ 1)	$A_{U0} \approx \beta \cdot \frac{R_C}{r_{BE}}$ (100 … 1 000)
Stromverstärkung	$A_i \approx \beta$ (10 … 500)	$A_i \approx \beta$ (10 … 500)	$A < 1$ ($\approx$ 1)
Phasenverschiebung	$\varphi = 180°$	$\varphi = 0°$	$\varphi = 0°$
Anwendung	NF- und HF-Verstärker, Leistungsverstärker (Treiberstufen)	Impedanzwandler Stromverstärker (Leistungsendstufe)	HF-Verstärker

Bild 2.72: Vergleich der Transistor-Grundschaltungen

Aufgaben

1. a) Zeichnen Sie eine Kollektorschaltung mit PNP-Transistor, Basisvorwiderstand, Betriebsspannungsquelle und allen notwendigen Widerständen und Kondensatoren.
   b) Erklären Sie mithilfe des Stromlaufplans, wieso der Kollektoranschluss gemeinsamer Bezugspunkt für Eingangs- und Ausgangswechselspannung ist.

2. Erklären Sie, warum
   a) die Kollektorschaltung auch als „Emitterfolger" bezeichnet wird, und
   b) die Spannungsverstärkung der Kollektorschaltung stets kleiner als 1 ist.

3. Von der Kollektorschaltung sind bekannt:
   R_E = 360 Ω
   β = 260
   r_{BE} = 4,7 kΩ
   Bestimmen Sie unter Vernachlässigung des Basisspannungsteilers näherungsweise
   a) die Spannungsverstärkung A_{u0} der Schaltung und
   b) den dynamischen Eingangswiderstand r_e und den dynamischen Ausgangswiderstand r_a der Schaltung.
   c) Wie groß ist die Eingangsspannung $\hat{u}_1$, wenn die Ausgangsspannung $\hat{u}_2$ = 5 V beträgt?
   Welchen Wert hat hierbei die Basis-Emitter-Spannung $\hat{u}_{BE}$?

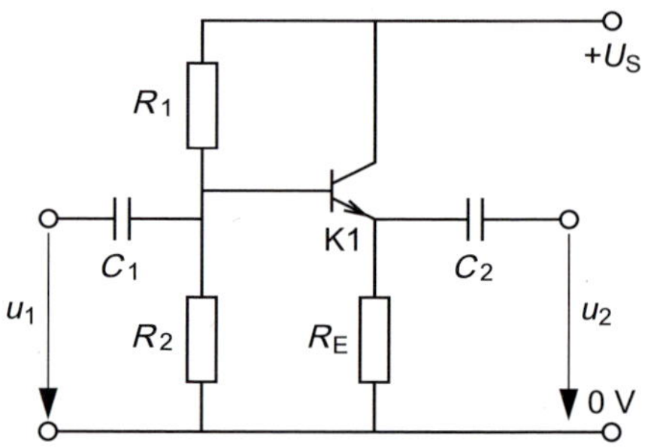

4. a) Beschreiben Sie die Aufgaben von R_1, R_2, R_3 und R_4.
   b) Um welche Art von Transistor-Grundschaltung handelt es sich?

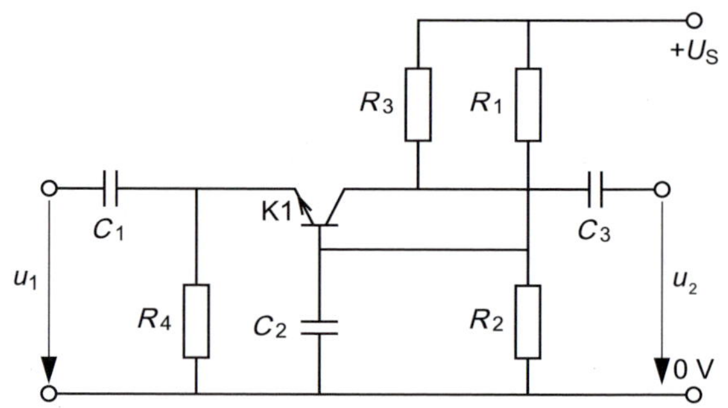

5. Die Abbildung zeigt eine Variante der Transistor-Grundschaltung von Aufgabe 4.
   a) Welche Schaltungsveränderung liegt vor?
   b) Beschreiben Sie die Aufgabe von L_1.

   Ist diese Schaltung funktionsfähig?

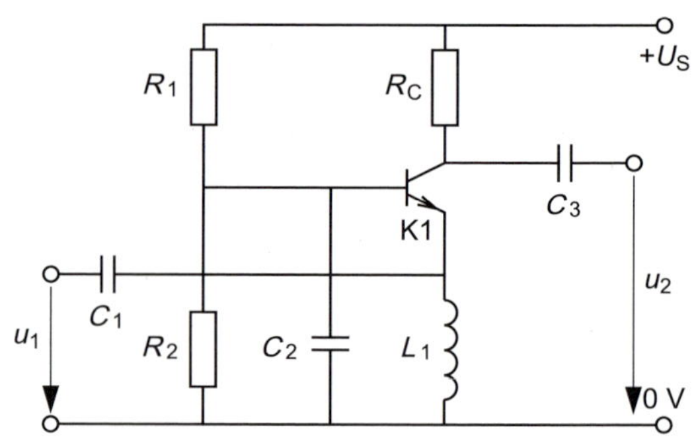

6. Von der gegebenen Schaltung sind bekannt:
   $B = 200$ $r_{BE} = 3{,}3\,k\Omega$
   $\beta = 180$ $r_{CE} = 56\,k\Omega$
   $U_S = 12\,V$ $U_{CE} = \frac{1}{2} \cdot U_S$
   $U_{BE} = 0{,}7\,V$ $I_B = 25\,\mu A$
   $I_2 = 8 \cdot I_B$ $R_E = 68\,\Omega$
   a) Dimensionieren Sie die Widerstände der Schaltung.
   b) Bestimmen Sie näherungsweise r_e und r_a sowie die Leerlauf-Spannungsverstärkung A_{u0}.

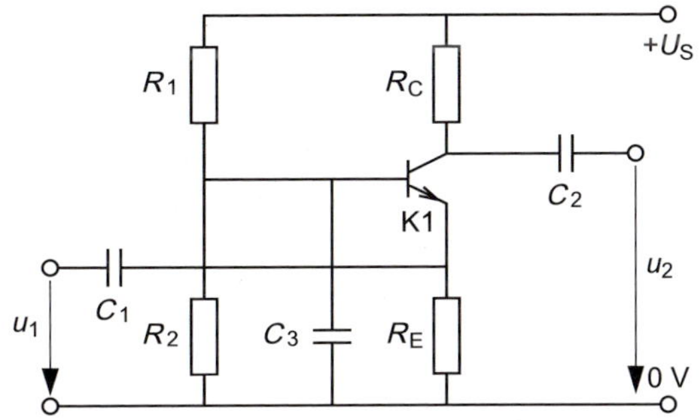

7. Wählen Sie aus den Transistor-Grundschaltungen jeweils diejenige aus, die den in der Tabelle geforderten Eigenschaften am besten entspricht.

	r_e	r_a	A_{u0}	A_i	φ
a)	r_{BE}			β	
b)		R_C			0°
c)			1 000	β	
d)	$\beta \cdot R_E$	10 Ω		β	
e)			0,95		0°

2.5 Feldeffekttransistoren

Feldeffekttransistoren (FET: **F**ield **E**ffect **T**ransistor) sind Halbleiterbauelemente mit ähnlichen Verstärkereigenschaften wie bipolare Transistoren. Während der zu steuernde Strom bei bipolaren Transistoren jedoch durch einen Steuerstrom beeinflusst wird, geschieht dies beim FET durch ein elektrisches Feld (siehe Kap. 1.8.1).

Bekanntlich wirkt auf elektrische Ladungen in einem elektrischen Feld eine Kraft; dabei werden in einem N-Leiter die Elektronen zum positiven Pol gezogen; in einem P-Leiter werden die Defektelektronen (Löcher) zum negativen Pol bewegt (siehe Kap. 2.1).

> Die Kraftwirkung auf elektrische Ladungen im elektrischen Feld wird als **Feldeffekt** bezeichnet.

Das elektrische Feld wird beim Feldeffekttransistor durch eine Steuerspannung erzeugt; hierbei fließt jedoch kein Steuerstrom.

> Bei einem **Feldeffekttransistor** erfolgt die Steuerung des Laststromes durch eine Spannung, die ein elektrisches Feld aufbaut, jedoch keinen Steuerstrom erzeugt. Die Steuerung erfolgt also leistungslos.

Beim bipolaren Transistor fließt der Laststrom durch unterschiedlich dotierte Bereiche (PNP- oder NPN-Zonen), beim Feldeffekttransistor fließt der Laststrom nur durch eine einzige Zone (P- oder N-Zone). Daher wird der Feldeffektransistor auch als **unipolarer Transistor** bezeichnet.

In Abhängigkeit vom inneren Aufbau unterscheidet man hierbei zwischen den am häufigsten anzutreffenden **J-FET** (**J**unction-FET; Sperrschicht-FET) und den **MOS-FET** (**M**etall-**O**xid-**S**emiconductor-FET).

2.5.1 Sperrschicht-Feldeffekttransistor, J-FET

Bei dieser Art Feldeffekttransistor bildet sich, bedingt durch seinen inneren Aufbau, zwischen den unterschiedlich dotierten Halbleiterzonen eine Sperrschicht aus. Bild 2.73 verdeutlicht das Grundprinzip:

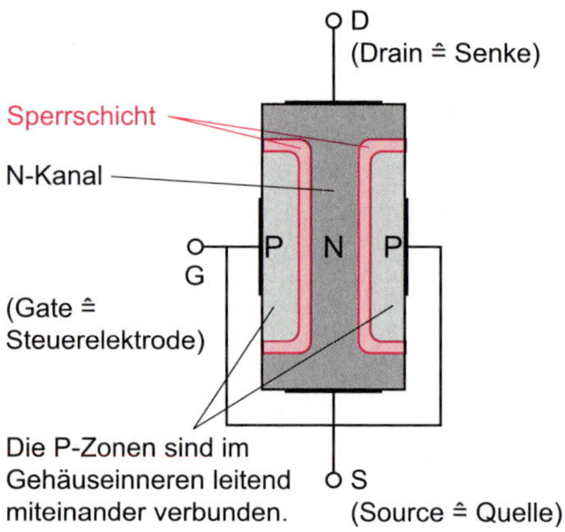

Bild 2.73: Prinzip des N-Kanal-J-FET

Bild 2.74: Schaltzeichen für N- und P-Kanal-J-FET

In ein N-leitendes Siliziumplättchen sind zwei P-Zonen eindotiert. Dadurch entstehen an den Grenzflächen zwischen P- und N-Leiter (PN-Übergang) **Sperrschichten**, in denen – abgesehen von der temperaturbedingten Eigenleitfähigkeit – keine freien Ladungsträger vorhanden sind; sie wirken daher wie Isolierschichten. Insgesamt besteht damit zwischen den beiden Anschlüssen D (**D**rain: Senke) und S (**S**ource: Quelle) eine N-leitende Verbindung, der sogenannte **N-Kanal**, durch den bei entsprechender Ansteuerung der Laststrom fließt und der in seiner Breite durch die beiden Sperrschichten begrenzt wird. Dieser Transistortyp wird **N-Kanal-J-FET** genannt.

Wird die gleiche Anordnung auf einem P-leitenden Siliziumplättchen mit eindotierten N-Zonen aufgebaut, so ergibt sich ein **P-Kanal-J-FET**.

Die Arbeitsweise eines solchen J-FET beruht im Wesentlichen auf der Tatsache, dass die Breite der Sperrschicht an einem PN-Übergang durch Anlegen einer Spannung verändert werden kann. Dies soll beispielhaft an einem N-Kanal-J-FET betrachtet werden (Bild 2.75).

Die Steuerwirkung auf den durch den N-Kanal fließenden Laststrom (Drainstrom I_D) wird dadurch erzielt, dass zwischen Steuerelektrode G (**G**ate) und Sourceelektrode S eine Spannung U_{GS} (Gate-Source-Spannung) angelegt wird. U_{GS} muss hierbei so gepolt sein, dass der PN-Übergang in Sperrrichtung betrieben und damit die Sperrschicht verbreitert wird. Hieraus resultiert eine Verengung des Kanals und damit eine Erhöhung des Kanalwiderstandes. Bei entsprechender Vergrößerung von $-U_{GS}$ kann der Kanal völlig abgeschnürt werden. Um hierbei eventuelle Einflüsse des Drainstromes I_D auf die Kanalbreite auszuschließen, nehmen wir zunächst an, dass $U_{DS} = 0$ ist (Bild 2.75 a).

Bekanntlich ist ein in Sperrrichtung betriebener PN-Übergang hochohmig (siehe Kap. 2.1.4). Der Widerstand zwischen dem Gate- und dem Sourceanschluss (Eingangswiderstand) ist daher sehr groß ($10^9 - 10^{12}$ kΩ).

! Beim N-Kanal-J-FET führt eine Erhöhung der Gate-Source-Spannung $-U_{GS}$ zu einer Erhöhung des Kanalwiderstandes und zu einer Verringerung des Drainstroms I_D.

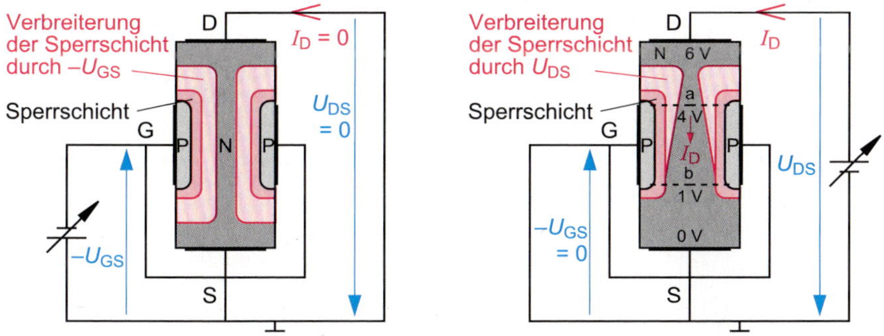

Bild 2.75: a) Kanalverengung durch $-U_{GS}$ b) Kanalverengung durch U_{DS}

Nun soll der Einfluss der Drain-Source-Spannung U_{DS} auf die Kanalbreite und damit auf den Drainstrom I_D untersucht werden (Bild 2.75 b).

Fließt unter dem Einfluss von U_{DS} der Strom I_D durch den Kanal, so fällt die Spannung U_{DS} längs des Kanals ab. Ist beispielsweise $U_{DS} = 5$ V, so wird am eingezeichneten Punkt a nur noch ein Potenzial von ca. 4 V anliegen. Da das Gate durch die Kurzschlussverbindung mit dem Sourceanschluss auf dem Potenzial 0 V liegt, liegen an der Sperrschicht zwischen Gate und Punkt a ebenfalls 4 V an. Analoge Überlegungen ergeben, dass zwischen Gate und Punkt b nur noch 1 V an der Sperrschicht anliegt. Diese Spannungsänderung entlang der Grenzfläche zwischen P- und N-Zone bewirkt, dass sich die Sperrschicht unterschiedlich breit ausbildet (in Bild 2.75b rot getönt). Der Kanal ist somit in der Nähe des Drainanschlusses am engsten und wird zum Sourceanschluss hin breiter.

Solange U_{DS} klein ist ($<$ ca. 1 V), ist die Kanalverengung gering; der Drainstrom ändert sich mit U_{DS} nach dem ohmschen Gesetz. Wird nun U_{DS} über 1 V erhöht, so treten zwei gegensinnig wirkende Effekte auf. Einerseits müsste I_D infolge der Erhöhung von U_{DS} nach dem ohmschen Gesetz ansteigen; andererseits wird durch den Anstieg von U_{DS} der Kanal weiter verengt und sein Widerstand steigt, wodurch I_D sinken müsste. Daraus ergibt sich letztlich, dass I_D auch bei weiter steigendem U_{DS} fast konstant bleibt.

2.5.1.1 Kennlinien, Kennwerte, Grenzwerte

Die beschriebenen Zusammenhänge werden in den Kennlinien genauer dargestellt. Zur Kennlinienaufnahme dient die Schaltung nach Bild 2.76. R_1 schützt hierbei den FET gegen einen zu hohen Gatestrom, der z. B. bei falscher Polung von $-U_{GS}$ auftreten kann. R_2 legt das Gate bei fehlender Steuerspannung auf 0 V.

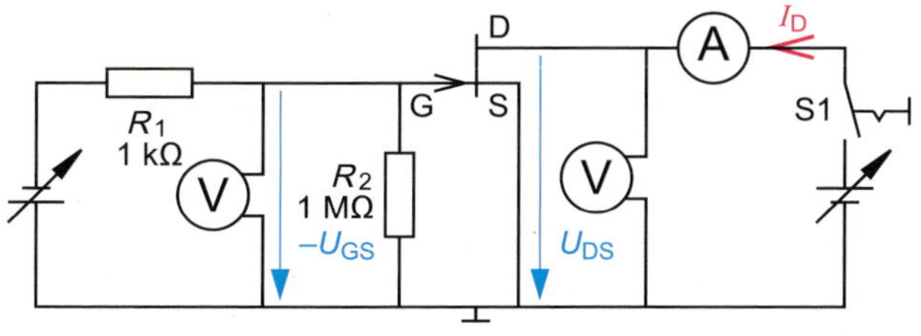

Bild 2.76: Schaltung zur Kennlinienaufnahme bei einem N-Kanal-JFET

Die **Steuerkennlinie** (**Übertragungskennlinie**, Eingangskennlinie) zeigt die Abhängigkeit des Drainstromes I_D von der Gate-Source-Spannung $-U_{GS}$. Bei der Aufnahme dieser Kennlinie wird U_{DS} konstant gehalten und $-U_{GS}$ von Null aus gesteigert bis I_D auf Null abgesunken ist; der Kanal ist dann völlig abgeschnürt.

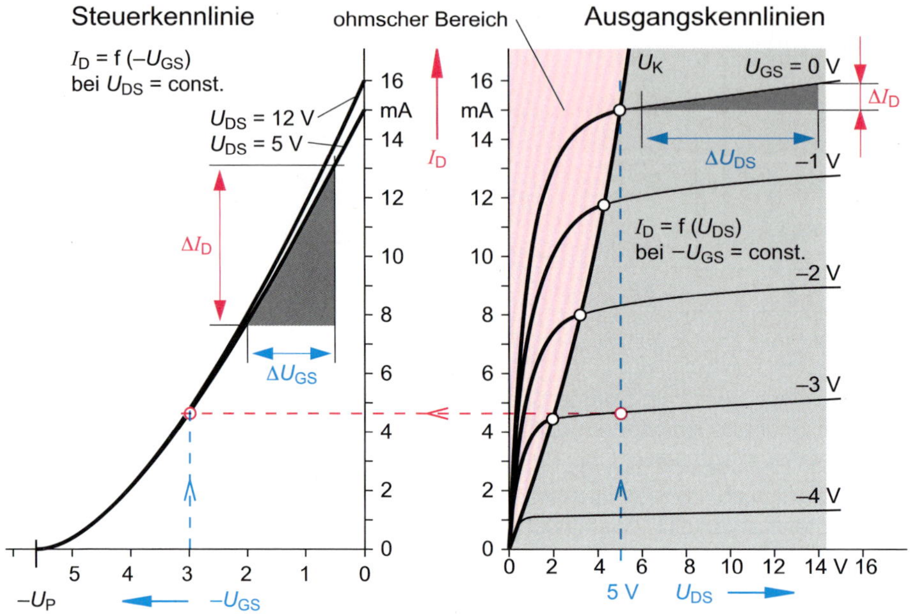

Bild 2.77: Kennlinien eines N-Kanal-J-FET

Als **Abschnürspannung U_P** (engl. Pinch off) bezeichnet man die Gate-Source-Spannung, bei der der Drainstrom null wird.

Der **größtmögliche Drainstrom I_{Dmax}** fließt, wenn $-U_{GS} = 0$ ist. Versucht man I_D durch Anlegen einer positiven Spannung U_{GS} zu steigern, so kann der FET leicht zerstört werden.

Die **Ausgangskennlinie** zeigt die Abhängigkeit des Drainstromes I_D von der Drain-Source-Spannung U_{DS} bei konstanter Gate-Source-Spannung $-U_{GS}$. Für jeden Wert von $-U_{GS}$ ergibt sich eine eigene Kennlinie; man spricht daher wie beim Bipolartransistor vom **Ausgangskennlinienfeld**. Aus dem Ausgangskennlinienfeld kann die Steuerkennlinie für eine konstante Drain-Source-Spannung auch konstruiert werden.

Wird U_{DS} von null aus erhöht, so steigt I_D zunächst ungefähr proportional an (ohmscher Bereich, Bild 2.77 rot getönt), bis U_{DS} den Wert der **Kniespannung U_K** erreicht hat. Danach vergrößert sich I_D trotz größer werdender Spannung U_{DS} nur noch gering (grau getönt). U_K nimmt mit steigendem Wert von $-U_{GS}$ ab.

Die **Kniespannung U_K** ergibt sich als Differenz der Gate-Source-Spannung $-U_{GS}$ und der Abschnürspannung U_P.

$$U_K = U_{GS} - U_P$$

■ **Beispiel:**

Wie groß ist die Kniespannung des J-FET für $U_{GS} = -1$ V (alternative Schreibweise: $-U_{GS} = 1$ V)?

Lösung

Aus dem Diagramm (Bild 2.77) wird abgelesen: $U_P = -5{,}5$ V
$\Rightarrow U_K = U_{GS} - U_P = (-1\text{ V}) - (-5{,}5\text{ V})$
$\Rightarrow U_K =$ **4,5 V**

Steigt U_{GS} noch weiter an, so hat dies fast keinen Einfluss mehr auf I_D (**Einschnürbereich**, grau getönt). Der Kanal ist nun so weit eingeschnürt, dass I_D nur noch wenig ansteigen kann.

Wird U_{DS} noch weiter gesteigert, so kommt es zu einem Durchbruch. I_D steigt stark an, der FET wird zerstört. Die **höchstzulässige Drain-Source-Spannung** U_{DSmax} ist daher ein wichtiger Grenzwert des FET.

Ein weiterer Grenzwert ist – wie bei allen elektronischen Bauelementen – die **höchstzulässige Verlustleistung** P_{tot}. Sie darf von der wirklich auftretenden Verlustleistung P_V, die sich als Produkt aus Drain-Source-Spannung U_{DS} und Drainstrom I_G ergibt, nie überschritten werden. P_{tot} kann als Leistungshyperbel in das Ausgangskennlinienfeld eingezeichnet werden (siehe Kap. 2.4.6.1). Wie bei allen I-U-Kennlinien, so können auch beim JFET aus dem Ausgangskennlinienfeld der **statische** und der **differenzielle Ausgangswiderstand** ermittelt werden.

Kenngröße	Gleichung	Erläuterung	Beispiel
Steilheit S (der Eingangskennlinie)	$S = \frac{\Delta I_D}{\Delta U_{GS}} = \frac{i_D}{u_{GS}}$	Die **Steilheit S** gibt an, um wie viel mA sich der Drainstrom I_D verändert, wenn die Gate-Source-Spannung $-U_{GS}$ um 1 V geändert wird. Sie wird in mA pro Volt (mA/V) oder in Milli-Siemens (mS) angegeben. Je größer die Steilheit, desto höhere Frequenzen können verarbeitet werden.	Aus der Steuerkennlinie in Bild 2.77 für $U_{DS} = 5$ V abgelesen: $\Delta I_D = 5{,}4$ mA; $\Delta U_{GS} = 1{,}5$ V $\Rightarrow S = \Delta I_D/\Delta U_{GS} =$ 5,4 mA/1,5 V = 3,6 mS
Statischer Ausgangswiderstand R_{DS}	$R_{DS} = \frac{U_{DS}}{I_D}$	**Gleichstromwiderstand R_{DS}** (statischer Kanalwiderstand) des Transistors zwischen Drain und Source	Aus Kennlinie für $U_{DS} = 10$ V und $-U_{GS} = 0$ V abgelesen: $I_D = 15{,}5$ mA $\Rightarrow R_{DS} = U_{DS}/I_D =$ 10 V/15,5 mA = 645 Ω
Dynamischer Ausgangswiderstand r_{DS}	$r_{DS} = \frac{\Delta U_{DS}}{\Delta I_D}$	**Wechselstrom-Ausgangswiderstand r_{DS}** (dynamischer Kanalwiderstand) Verhältnis der Drain-Source-Spannungs**änderung** ΔU_{DS} zur Drainstrom**änderung** ΔI_D	Aus Kennlinie für $U_{DS} = 10$ V und $-U_{GS} = 0$ V abgelesen: ($\Delta U_{DS} = 8$ V; ($\Delta I_D = 0{,}8$ mA $\Rightarrow r_{DS} = \Delta U_{DS}/\Delta I_D =$ 8 V/0,8 mA = 10 kΩ

Bild 2.78: Kenndaten eines J-FET

2.5.2 MOS-Feldeffekttransistor

Bei einem MOS-FET (Metall-Oxid-Semiconductor) ist im Gegensatz zum J-FET der Gate-Anschluss gegenüber den anderen Anschlüssen isoliert angebracht. Die Isolierschicht besteht beim MOS-FET – dem wichtigsten Vertreter dieser Gruppe – aus einer Siliziumoxidschicht (SiO_2).

> Beim **MOS-FET** ist das Gate durch eine dünne Oxidschicht vom Halbleitermaterial isoliert. Die Gate-Source-Spannung kann dadurch beliebig gepolt werden. Aufgrund dieses Aufbaus wird er auch als **IG-FET** (**I**nsulated **G**ate-FET) bezeichnet.

Aufgrund der sehr dünnen ($< 0{,}1\ \mu m$) SiO_2-Isolierschicht zwischen Gate und Source sind MOS-FET „Elektrostatisch gefährdete Bauelemente“ (EGB). Sie können durch unkontrollierte Ladungen und Spannungen von nicht geerdeten Geräten oder Personen zerstört werden.

MOS-FET müssen vor elektrostatischen Entladungen zwischen Gate und Source geschützt werden.

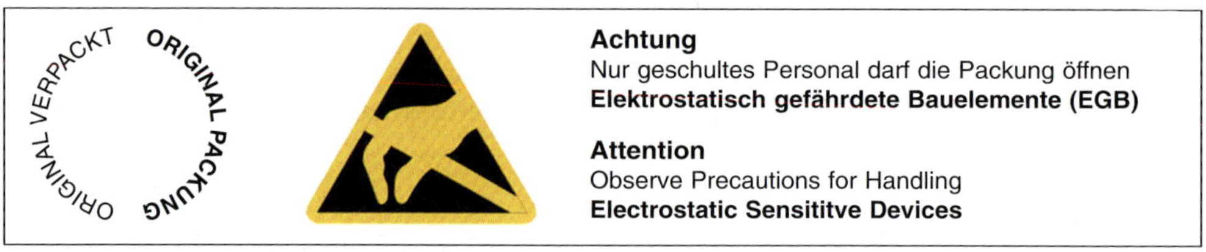

Bild 2.79: Verpackungsaufkleber für MOS-Halbleiter

Bei der Handhabung und Verarbeitung von MOS-FET sind folgende Schutzmaßnahmen einzuhalten:

- Bis zur Verarbeitung müssen die MOS-FET in ihrer EGB-gerechten antistatischen Verpackung (leitender Schaumgummi) bleiben.
- Die Verarbeitung darf nur an speziell eingerichteten Arbeitsplätzen mit leitenden Belägen erfolgen, die hochohmig (ca. 1 MΩ) mit Masse verbunden sind.
- Das Handgelenkband muss fest an der Haut anliegen und über einen Ableitwiderstand (ca. 50 kΩ – 1 MΩ) geerdet sein.
- Alle Transporteinheiten und Leiterplatten müssen vor der Verarbeitung von EGB-Bauteilen (durch Abstellen auf dem Arbeitsplatz oder Anfassen) auf gleiches Potenzial gebracht werden.

Durch unterschiedliche Dotierungen lassen sich sogenannte selbstleitende und selbstsperrende MOS-FET-Typen herstellen.

2.5.2.1 Selbstleitender MOS-FET

Bild 2.80 zeigt den prinzipiellen Aufbau eines **N-Kanal-MOS-FET**. Als Grundlage (Substrat, Bulk) dient hier ein P-dotiertes Siliziumplättchen, in das zwei hoch dotierte N^+-Zonen für Source und Drain eingelassen sind. Zwischen diesen beiden Zonen befindet sich ein schwach dotierter N-leitender Kanal.

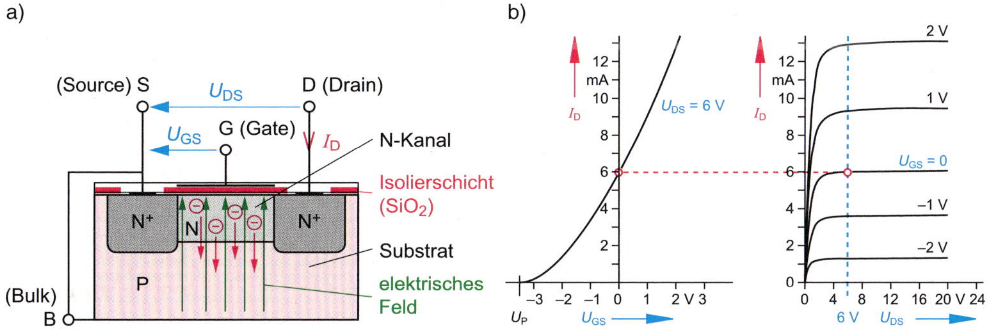

Bild 2.80: a) N-Kanal-MOS-FET, Verarmungstyp b) zugehörige Kennlinien

Der Substratanschluss B (Bulk) ist meist mit dem Sourceanschluss S fest verbunden. Bei speziellen Typen kann er auch getrennt herausgeführt sein und dann als zweite Steuerelektrode genutzt werden. Wird eine Spannung U_{DS} zwischen Drain und Source angelegt, so fließt ein Drainstrom I_D auch dann, wenn noch keine Steuerspannung (d.h. U_{GS} = 0 V) anliegt. Der FET ist **selbstleitend**. Dieser Fall ist in den Kennlinien (Bild 2.80b) rot gekennzeichnet.

Macht man das Gate negativ gegenüber dem Sourceanschluss ($U_{GS} < 0$ V), so werden durch das elektrische Feld zwischen Gate und Substrat (Bild 2.80a) Elektronen aus dem N-Kanal herausgezogen. Der Kanal leitet schlechter und I_D sinkt. Da der Kanal an Elektronen verarmt, bezeichnet man diese Art von MOS-FET als **Verarmungstyp**.

Anders als beim Sperrschicht-FET kann beim MOS-FET die Spannung U_{GS} auch umgepolt werden ($U_{GS} > 0$ V), ohne dass dies dem Transistor schadet (siehe Bild 2.80b).

> Bei selbstleitenden N-Kanal-MOS-FET (Verarmungstypen) fließt bei positiver Drain-Source-Spannung ($U_{DS} > 0$) bereits ein Drainstrom bei U_{GS} = 0 V. Bei $U_{GS} < 0$ V sinkt I_D, bei $U_{GS} > 0$ V steigt I_D. I_D fließt stets von Drain nach Source.

In gleicher Weise kann auch ein **selbstleitender P-Kanal-MOS-FET** aufgebaut werden. Hierbei muss allerdings sowohl die Dotierung der Halbleiterschichten als auch die Polung der Spannungen umgekehrt werden.

2.5.2.2 Selbstsperrender MOS-FET

Bild 2.81a zeigt den prinzipiellen Aufbau eines **selbstsperrenden P-Kanal-MOS-FET**. Hierbei sind in einem N-dotierten Siliziumplättchen (Substrat, Bulk) die hoch-P^+-dotierten Zonen für Drain und Source eingelagert. Zwischen diesen beiden Bereichen liegt die eigentliche Kanalzone. Diese ist hier jedoch – anders als beim selbstleitenden Typ – nicht P-dotiert. Sie stellt also keine P-leitende Verbindung, sondern im Gegenteil eine Sperre zwischen Drain und Source dar.

Die Spannungen U_{DS} und U_{GS} werden beim P-Kanal-MOS-FET umgekehrt gepolt wie beim N-Kanal-MOS-FET (vgl. Bild 2.80). Wird eine Spannung $-U_{DS}$ angelegt, so fließt kein Drainstrom I_D durch den FET, solange die Steuerspannung $-U_{GS}$ = 0 V ist, da sich dann noch keine Ladungsträger in der Kanalzone befinden. Der FET ist **selbstsperrend**.

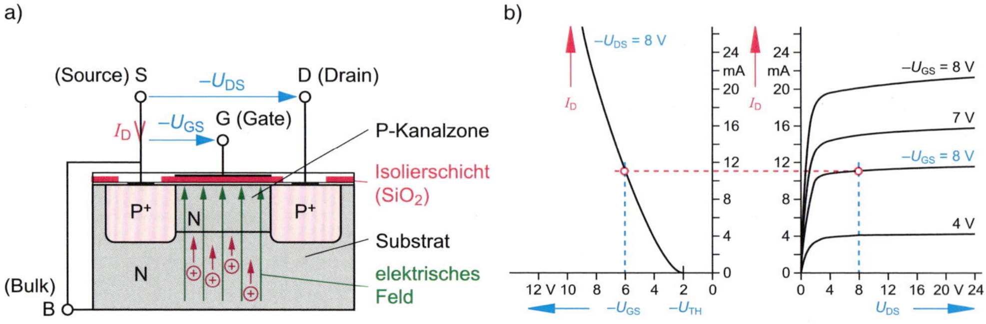

Bild 2.81: a) P-Kanal-MOS-FET, Anreicherungstyp b) zugehörige Kennlinien

Wie sich I_D in Abhängigkeit von $-U_{GS}$ ändert, zeigt die Steuerkennlinie in Bild 2.81b. Hält man $-U_{DS}$ konstant und steigert $-U_{GS}$, so bleibt I_D zunächst noch null. Erst wenn $-U_{GS}$ den Wert $-U_{Th}$ (Threshold-Voltage = Schwellenspannung) übersteigt, nimmt auch I_D etwa proportional mit $-U_{GS}$ zu.

Dieses Verhalten des MOS-FET erklärt sich aus Bild 2.81a. Die Spannung $-U_{GS}$ baut ein elektrisches Feld vom Substrat zum Gate auf. Da auch in dem N-leitenden Halbleiter (Substrat) freie Defektelektronen (positive Ladungen, Löcher) vorhanden sind, werden diese zum Gate hin verschoben. Dadurch wird die Kanalzone zwischen Drain und Source mit Defektelektronen angereichert und dadurch P-leitend. Daher bezeichnet man diesen selbstsperrenden MOS-FET auch als **Anreicherungs-MOS-FET**. Bei anliegender Spannung $-U_{DS}$ fließt nun von Source nach Drain der Drainstrom I_D, dessen Stärke durch $-U_{GS}$ verändert werden kann.

> Bei selbstsperrenden P-Kanal-MOS-FET (Anreicherungstypen) fließt bei anliegender **Spannung** $-U_{DS}$ **kein Drainstrom**, wenn $-U_{GS} = 0$ V ist.
> I_D fließt erst, wenn $-U_{GS}$ den Wert der Schwellenspannung $-U_{Th}$ übersteigt.
> I_D fließt stets von Source nach Drain.

Auf die gleiche Art kann auch ein **selbstsperrender N-Kanal-MOS-FET** hergestellt werden. Dabei müssen wiederum die Halbleiterschichten umgekehrt dotiert und die Spannungen umgekehrt gepolt werden.

Es ergeben sich also mit selbstsperrenden Anreicherungs-MOS-FET und selbstleitenden Verarmungs-MOS-FET sowohl in N-Kanal-Technik als auch in P-Kanal-Technik insgesamt vier Arten von MOS-FET, deren Schaltzeichen in Bild 2.82 dargestellt sind.

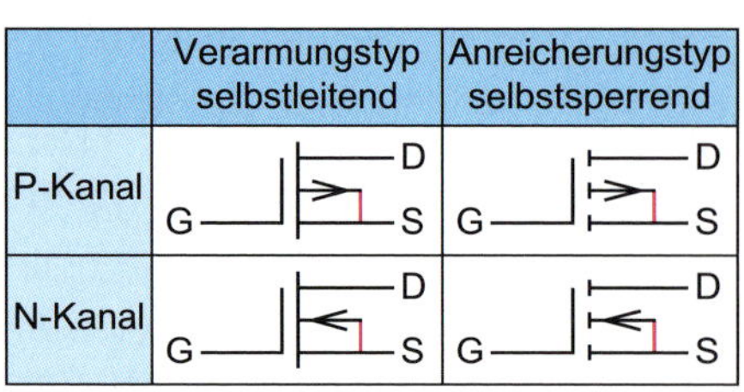

Bild 2.82: Schaltzeichen für MOS-FET

Die im Schaltsymbol rot gekennzeichnete Verbindung symbolisiert die interne Verbindung zwischen Bulk und Gate. Fehlt diese Verbindung im Symbol, sind Bulk und Gate intern nicht verbunden!

Neben Drain, Source und Gate ist dann zusätzlich der Bulk-Anschluss als vierter Anschlusskontakt nach außen geführt.

MOS-FET werden durch die gleichen Kenndaten charakterisiert wie Sperrschicht-FET.

2.5.2.3 Power-MOS-FET

Bei den MOS-FET der bisher besprochenen Art erfolgt der **Stromfluss nur durch dünne Schichten** in der Nähe des Gates. Es ergeben sich daher einige sehr niedrige Grenzwerte (siehe Datenblätter unter **www.westermann.de/links/00815**):

- eine geringe höchstzulässige Verlustleistung P_{tot}
- eine geringe Strombelastbarkeit I_{Dmax}
- eine kleine höchstzulässige Drain-Source-Spannung U_{DSmax}
- eine kleine Steilheit S

Zur Verbesserung dieser Daten richteten sich die Bemühungen der Entwickler vorwiegend darauf, den **Stromfluss über größere Querschnitte** des Halbleiterchips zu verteilen und damit eine höhere Leistung (Power) zu erzielen. Die dabei entstandenen **Power-MOS-FET** der verschiedenen Hersteller unterscheiden sich vorwiegend durch die **Form der Gate-Elektrode** (V-, U-, D-MOS-FET, SIPMOS-FET). In den Datenbüchern der Hersteller ist hierbei das Typenspektrum der N-Kanal-Transistoren wesentlich umfangreicher als das der P-Kanal-FET. Dies ist durch die bessere Leitfähigkeit eines N-Kanals begründet.

Art	Typ		P_{tot}	I_{Dmax}	U_{DSmax}	S	U_{Th}	$R_{DS(on)}$
	Bezeichnung	Technik	in W	in A	in V	in S	in V	in Ω
JFET	BF 245A	N-Kanal	0,3	0,025	30	0,006	–	–
MOS-FET	BF 960	N-Kanal	0,2	0,03	20	0,012	–	–
Kleinsignal-Power-MOS-FET	BSS 89	N-Kanal	1,0	0,3	200	0,2	2,0	5,5
	BSS 110	P-Kanal	0,63	−0,17	−50	0,05	−0,2	10,0
Leistungs-Power-MOS-FET	BUZ 10	N-Kanal	75	23	50	13	3,0	0,07
	NUZ 24	N-Kanal	125	32	100	17	3,0	0,05
	BUZ 41A	N-Kanal	75	4,5	600	4,3	3,0	1,3
	BUZ 54	N-Kanal	125	5,1	1 000	5,2	3,0	1,7

Bild 2.83: Vergleich von Feldeffekttransistoren

Wie man aus der Tabelle erkennt, ist der Drain-Source-Einschaltwiderstand $R_{DS(on)}$ eines P-Kanal-MOS-FET etwa doppelt so groß wie der eines N-Kanal-MOS-FET.

Bei den für Leistungstransistoren angegebenen Werten wird deutlich, dass sehr hohe Spannungen (U_{DS} = 1 000 V) und Ströme (I_D = 32 A) erzielt werden können. Zur weiteren Erhöhung der Leistung können Power-MOS-FET ohne größere Probleme parallel geschaltet werden.

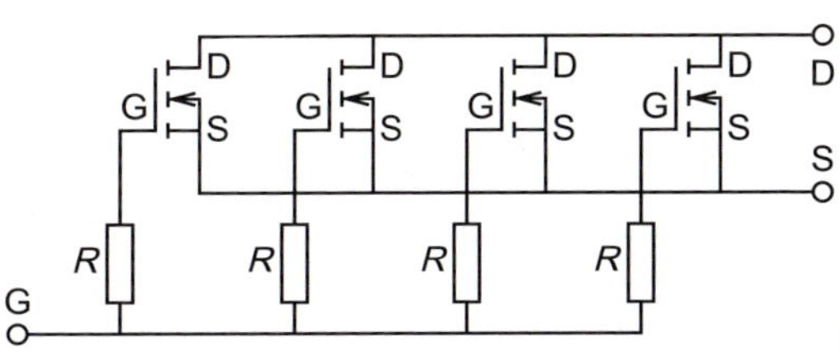

Bild 2.84: Parallelschaltung von Power-MOS-FET

Power-MOS-FET haben einen positiven Temperaturbeiwert, d. h. bei steigender Temperatur wird der Widerstand der Drain-Source-Strecke größer und der Drainstrom sinkt. Daher kann es bei der Parallelschaltung nicht zur Überhitzung eines einzelnen Transistors kommen. Um auch eine mögliche Überlastung durch Toleranzen der Bauelemente und unsymmetrischen Schaltungsaufbau zu verhindern, wird eine Herabsetzung des Drainstroms auf 80 % der im Datenblatt angegebenen Werte empfohlen. Der gesamte Drainstrom bei n parallel geschalteten FET beträgt dann $I_{D\,ges} = 0{,}8 \cdot I_{D\,max} \cdot n$.

Zur Verhinderung von Schwingungen empfehlen die Hersteller eine Beschaltung mit Entkopplungswiderständen (R = 10 bis 200 Ω) in der Gateleitung (Bild 2.84).

2.5.3 Grundschaltungen mit FET

Die Grundschaltungen mit FET unterscheiden sich prinzipiell nicht von den Schaltungen mit bipolaren Transistoren. Lediglich die Bezeichnung für diese Schaltungen, die sich ja bekanntlich an denjenigen Anschlussbezeichnungen orientieren, die wechselspannungsmäßig sowohl im Eingangs- als auch im Ausgangskreis liegen (siehe Kap. 2.4.6), lautet hier **Sourceschaltung** (entspricht der Emitterschaltung) beziehungsweise **Drainschaltung** (entspricht der Kollektorschaltung). Aufgrund ihrer elektrischen Eigenschaften werden Feldeffekttransistoren meist als Schalter eingesetzt.

2.5.3.1 Verstärker in Sourceschaltung

Die Sourceschaltung mit FET entspricht weitgehend der Emitterschaltung mit bipolaren Transistoren.

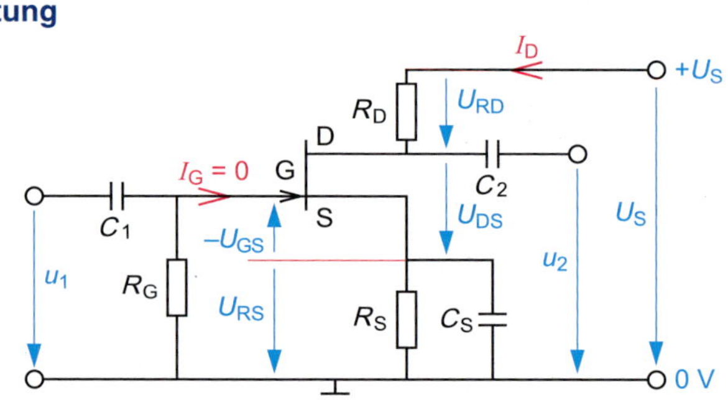

Bild 2.85: Sourceschaltung mit einem J-FET

Die **Festlegung des Arbeitspunktes** erfolgt grundsätzlich in gleicher Weise wie beim bipolaren Transistor. Hier muss allerdings darauf geachtet werden, dass die Spannung $-U_{GS}$ als Spannungsabfall am Sourcewiderstand R_S erzeugt wird. Das Gate liegt über R_G auf 0 V. Am Source liegt das Potenzial $+U_{RS}$. Damit ergibt sich:

$$-U_{GS} = U_{RS} = I_D \cdot R_S$$

Außerdem dient R_S noch zur Arbeitspunktstabilisierung durch Stromgegenkopplung (siehe Kap. 2.4.6.1). Zur Verhinderung einer Verstärkungseinbuße wird R_S durch C_S wechselstrommäßig überbrückt.

Der Drainwiderstand R_D kann in gewohnter Weise in das Ausgangskennlinienfeld des J-FET eingetragen werden. Aus Bild 2.85 lässt sich dann zur Berechnung von R_D ablesen:

$$R_D = \frac{U_{RD}}{I_D} = \frac{U_S - U_{RS} - U_{DS}}{I_D}$$

Die Kapazitäten der Kondensatoren C_1, C_2 und C_S können ebenfalls wie beim Verstärker mit Bipolartransistor berechnet werden (siehe Kap. 2.4.6.1).

Zur Berechnung der **Wechselspannungsverstärkung A_u** kann man für die Schaltung in Bild 2.85 eine Wechselstrom-Ersatzschaltung zeichnen. Vernachlässigt man hierbei den sehr großen Eingangswiderstand des J-FET, so ergibt sich die Schaltung in Bild 2.86.

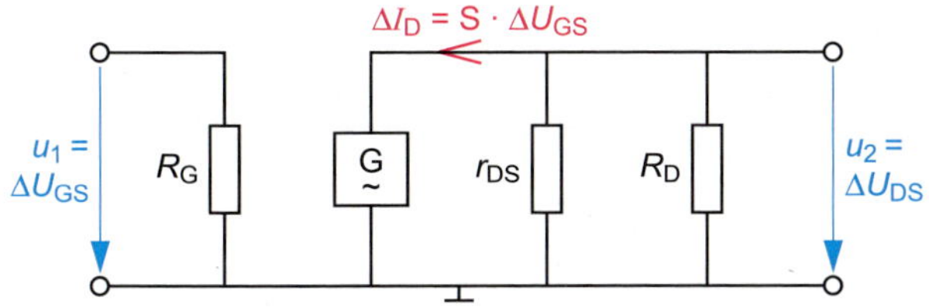

Bild 2.86: Wechselstrom-Ersatzschaltung

Definitionsgemäß ist die Spannungsverstärkung: $A_U = \frac{u_2}{u_1} = \frac{\Delta U_{DS}}{\Delta U_{GS}}$

Aus der Ersatzschaltung entnimmt man: $\Delta U_{DS} = \Delta I_D \cdot r_{DS}//R_D = \Delta I_D \cdot \frac{r_{DS} \cdot R_D}{r_{DS} + r_D}$

Mit der Steilheit $S = \frac{\Delta I_D}{\Delta U_{GS}}$

ergibt sich daraus: $\Delta U_{DS} = S \cdot \Delta U_{GS} \cdot r_{DS}//R_D = S \cdot \Delta U_{GS} \cdot \frac{r_{DS} \cdot R_D}{r_{DS} + R_D}$

Die Spannungsverstärkung der Schaltung errechnet sich damit zu:

$$A_U = \frac{S \cdot \Delta U_{GS} \cdot r_{DS}//R_D}{\Delta U_{GS}} = S \cdot r_{DS}//R_D = S \cdot \frac{r_{DS} \cdot R_D}{r_{DS} + R_D}$$

Bei der geringen Steilheit von J-FET ist offensichtlich keine große Spannungsverstärkung zu erzielen. In der gegebenen Schaltung kann bei entsprechender Bemessung der Widerstände z. B. auch ein selbstleitender N-Kanal-MOS-FET eingesetzt werden.

Verwendet man in der Sourceschaltung einen selbstsperrenden N-Kanal-MOS-FET, so müssen U_{DS} und U_{GS} positiv sein. U_{GS} kann daher nicht über einen Sourcewiderstand erzeugt werden. Dazu wird der Spannungsteiler R_1/R_2 benötigt (Bild 2.87). Da dieser Spannungsteiler die Signalspannungsquelle belastet, werden die Widerstände R_1 und R_2 sehr hochohmig gewählt (MΩ-Bereich).

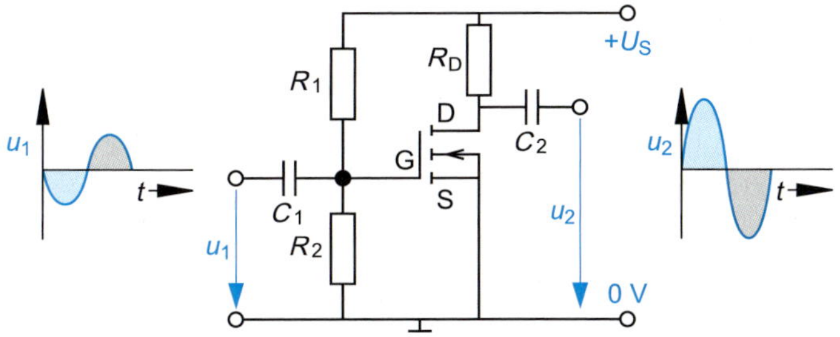

Bild 2.87: Sourceschaltung mit einem MOS-FET

In dieser Schaltung ist auch deutlich die Phasenbeziehung zwischen Eingangs- und Ausgangswechselspannung zu verfolgen. Steigt u_1, so wird der N-Kanal des Transistors angereichert und I_D steigt. Dadurch steigt der Spannungsabfall an R_D und u_2 sinkt. u_1 und u_2 sind also um 180° phasenverschoben (gegenphasig).

2.5.3.2 FET als Schalter

Bild 2.88 zeigt eine **Umkehrstufe (Inverter)**, die mit einem selbstsperrenden N-Kanal-MOS-FET aufgebaut ist. Von den verschiedenen FET-Arten hat dieser Typ in seinem Verhalten die größte Ähnlichkeit mit dem bipolaren NPN-Transistor.

Wird der Eingang der Schaltung U_1 auf 0 V gelegt, so ist der FET gesperrt. Es fließt kein Drainstrom. Daher entsteht an R_D kein Spannungsabfall und am Ausgang (U_2) liegt die Spannung U_S.

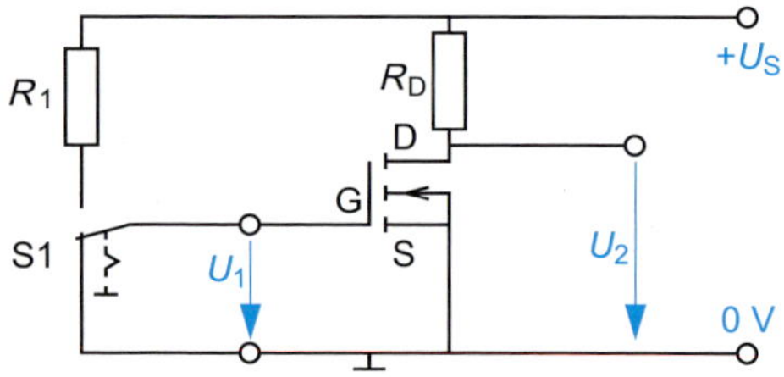

Bild 2.88: N-Kanal-MOS-FET als Inverter

Wird der Eingang der Schaltung an $+U_S > U_{Th}$ gelegt, so schaltet der FET durch und am Ausgang liegt die Spannung 0 V an.

Hierbei wird der allerdings sehr kleine Kanalwiderstand $R_{DS(on)}$ nicht beachtet. Berücksichtigt man diesen Widerstand, so fällt zwischen Drain und Source eine geringe Spannung ab und U_2 ist nicht genau 0 V.

Diese Nachteile lassen sich durch den Aufbau des Inverters in **CMOS-Technik** beseitigen (Bild 2.89). **C** steht hier für complementary und beschreibt zwei Transistoren, die sich in ihrer Wirkung ergänzen. In der dargestellten Schaltung erkennt man als „Pärchen" je einen selbstsperrenden MOS-FET mit P-Kanal und mit N-Kanal.

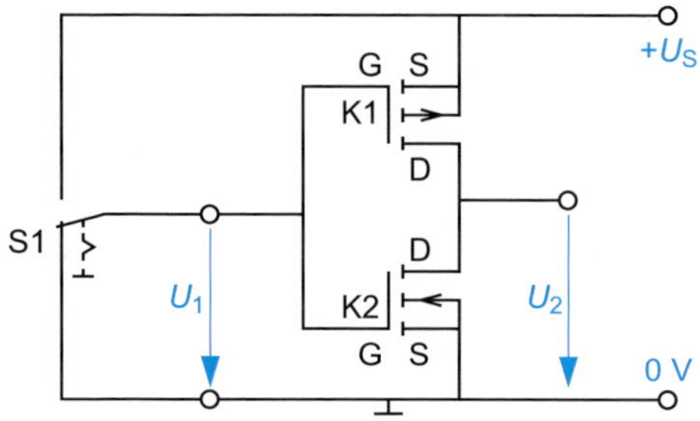

Bild 2.89: Inverter in CMOS-Technik

Liegt der Eingang (U_1) auf 0 V, so wird K1 durchgesteuert, sofern $+U_S = -U_{GS} > -U_{Th}$ ist. Gleichzeitig wird K2 gesperrt, da U_{GS} an ihm 0 V beträgt. Der Ausgang liegt also über den sehr geringen Kanalwiderstand $R_{DS(on)}$ von K1 auf $+U_S$. I_D ist für beide Transistoren gleich null, da K2 sperrt. Wird der Eingang auf $+U_S$ gelegt, so sperrt K1, da an ihm $U_{GS} = 0$ ist. Für K2 gilt: $U_{GS} = +U_S$. Damit steuert K2 durch und legt den Ausgang auf 0 V.

MOS-FET haben im Schalterbetrieb wesentliche Vorteile gegenüber bipolaren Transistoren:

- Sie ermöglichen hohe Schaltleistungen (Power-MOS-FET), da sie einen sehr kleinen Kanalwiderstand $R_{DS(on)}$ haben (0,01 Ω bis 10 Ω) und sich einfach parallel schalten lassen.
- Sie haben eine sehr geringe Steuerleistung infolge ihres sehr hohen Eingangswiderstandes.
- Sie haben erheblich kürzere Schaltzeiten (Nanosekundenbereich).

Die Schaltzeiten des MOS-FET sind im Wesentlichen durch die Kapazitäten begründet, die im Inneren des Transistors zwischen Gate-Source (C_{GS}), Gate-Drain (C_{GD}) und Drain-Source (C_{DS}) bestehen. Die in den Datenblättern (siehe **www.westermann.de/links/00815**) angegebenen Werte für die Eingangskapazität ($C_{iss} = C_{GS} + C_{GD}$) und die Ausgangskapazität ($C_{oss} = C_{DS} + C_{GD}$) sind auch maßgebend für die im Schalterbetrieb auftretende Steuerleistung. Bei jedem Schaltvorgang fließen (durch die Kapazitäten bedingte) Umladeströme. Diese Ströme sind im niederfrequenten Analogbetrieb unwesentlich, müssen aber im hochfrequenten Schalterbetrieb beachtet werden.

Eine weitere Anwendung finden MOS-FET im sogenannten **DA-Schalter**. Das ist ein digital betätigter Zweirichtungsschalter für Analogsignale (Bild 2.90).

Man erkennt auch hier zwei komplementäre Transistoren (CMOS-Technik). Die Substratanschlüsse der FET sind gesondert herausgeführt und liegen auf festen Potenzialen (K1 auf 0 V, K2 auf $-U_S$). Sie dienen hier praktisch als „Vorbereitungsanschlüsse".

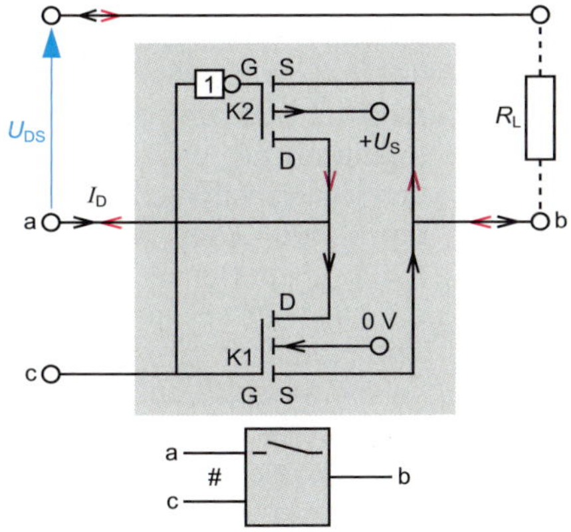

Bild 2.90: Digital betätigter Analogschalter

Liegt nun am Steuereingang c ein L-Pegel (0 V), so sind beide Transistoren gesperrt. Liegt dagegen ein H-Pegel ($+U_S$) an c, so sind beide Transistoren zum Durchschalten vorbereitet. Welcher FET nun durchschaltet, wird durch die Polarität von U_{DS} entschieden. Ist U_{DS} positiv, so wird der N-Kanal-MOS-FET durchgesteuert und I_D durchfließt K1 von Drain nach Source (schwarze Pfeile). Wird U_{DS} negativ, so wird der P-Kanal-MOS-FET durchgesteuert und I_D durchfließt K2 von Source nach Drain (rote Pfeile). Mit diesem Schalter können also Signale durchgeschaltet werden, deren zeitlicher Verlauf (Kurvenform) völlig beliebig sein kann (Analogsignale).

MOS-FET können als sehr schnelle Schalter in Netzgeräten, Gleichspannungswandlern, Schaltnetzteilen, Leistungsinvertern, Breitbandverstärkern u. Ä. eingesetzt werden.

2.5.4 IGBT

Der IGBT (**I**nsulated-**G**ate **B**ipolar **T**ransistor; Bipolartransistor mit isolierter Gateelektrode) ist ein MOS-FET-Bipolar-Hybridbauelement, das durch seinen speziellen inneren Aufbau die Vorteile eines Feldeffekttransistors (nahezu leistungslose Ansteuerung) mit den Eigenschaften eines Bipolartransistors (geringer Durchlasswiderstand, hohe Sperrspannung, Robustheit) vereint. Aufgrund seiner Eigenschaften wird der IGBT schwerpunktmäßig im Bereich der Leistungselektronik eingesetzt. Hierbei sind Einzeltransistoren und IGBT-Module mit Sperrspannungen bis zu 6500 V kommerziell verfügbar, mit denen sich Leistungen bis in den Megawattbereich schalten lassen! IGBTs finden breite Anwendungen bei Wechselstrom-Motorantrieben, Zugkraftsteuerungen, unterbrechungsfreien Stromversorgungen, in der Fahrzeugtechnik (Hybrid- und Elektro-Kfz) sowie als Gleichstromsteller. Hierbei geht der Trend weg vom diskreten Einzeltransistor hin zu kompletten Power-Modulen, die neben mehreren IGBTs auch die Elektronik für die Gateansteuerung und den Funktionsschutz beinhalten. Auch in elektronischen Lampen-Vorschaltgeräten werden zunehmend IGBTs eingesetzt, mit denen sich durch die **ZVS-Technik** (Zero Voltage Switching) Schaltverluste reduzieren lassen.

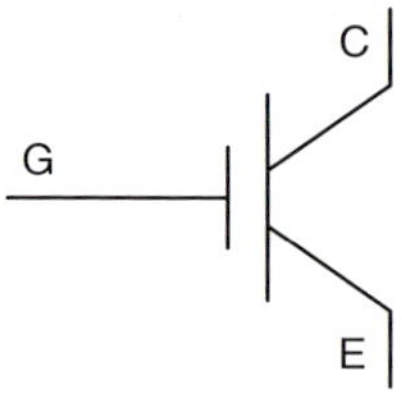

Bild 2.91: Schaltzeichen IGBT

Bild 2.92: Kunststoffvergossenes Leistungs-IGBT-Modul

Bild 2.93: Modul für Leiterplatte

IGBTs lassen sich grob in zwei Typenklassen einordnen. Während ein sogenannter **PT-IGBT** (Punch-Through) kein bidirektionales Sperrvermögen besitzt und daher vornehmlich für das Schalten von Gleichströmen eingesetzt wird, kann ein **NPT-IGBT** (Non-Punch-Through) mit seinem bidirektionalen Sperrverhalten auch Wechselströme schalten. Die Anschlüsse eines IGBTs tragen die Bezeichnungen Gate, Emitter und Kollektor.

Aufgaben

1. a) Zeichnen Sie das Aufbauschema eines P-Kanal-J-FET.
   b) Beschreiben Sie kurz die Wirkungsweise.
2. a) Welche Abhängigkeit wird in der Übertragungskennlinie eines FET dargestellt?
   b) Welche wichtige Kenngröße für einen FET kann aus der Übertragungskennlinie ermittelt werden?
3. Ein FET hat im eingestellten Arbeitspunkt laut Übertragungskennlinie eine Steilheit von 6 mS.
   Berechnen Sie die Drainstromänderung ΔI_D, die sich bei einer Änderung der Eingangsspannung von ΔU_{GS} = 0,25 V ergibt.
4. a) Erläutern Sie die Begriffe „Abschnürspannung" und „Kniespannung".
   b) Welcher Zusammenhang besteht zwischen diesen beiden Größen?
   c) Entnehmen Sie aus Bild 2.77 die Werte der Abschnürspannung und der Kniespannung.
   d) Entsprechen die unter c) abgelesenen Werte Ihrer unter b) gegebenen Antwort?
5. a) Zeichnen Sie das Aufbauschema eines selbstsperrenden N-Kanal-MOS-FET.
   b) Erläutern Sie kurz die Wirkungsweise.
6. Mit einer Parallelschaltung von Power-MOS-FET des Typs BUZ 44A sollen Ströme bis maximal 45 A geschaltet werden (Tabelle Bild 2.83).
   Wie viele Transistoren müssen parallel geschaltet werden?
7. Erklären Sie, warum es bei der Parallelschaltung von Power-MOS-FET nicht zur Überlastung eines einzelnen FET kommen kann.
8. Die Schaltung zeigt eine sogenannte „Konstantstromquelle". Das ist eine Schaltung, die eine eingestellte Stromstärke (z. B. I_D = 100 mA) über einen weiten Spannungsbereich (z. B. von 1 V bis 240 V) konstant halten kann.

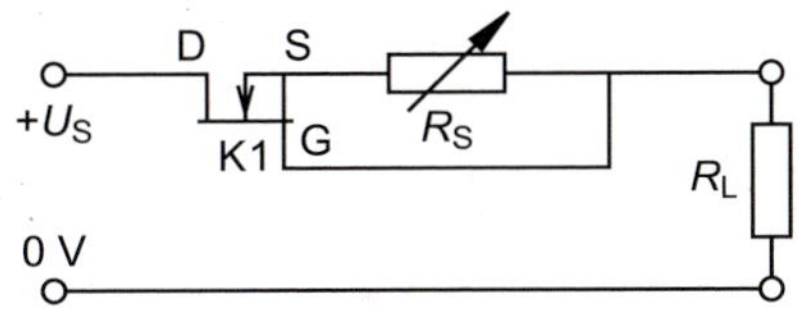

   a) Welche Transistorart ist in der Schaltung verwendet?
   b) Wozu dient das Potenziometer R_S?
   c) Beschreiben Sie die Wirkungsweise der Schaltung für den Fall, dass der Lastwiderstand R_L größer wird.
   d) Unter Verwendung eines FET mit den Kennlinien nach Bild 2.80 soll ein konstanter Strom von I_D = 3,5 mA eingestellt werden.
      Berechnen Sie den Wert von R_S.
   e) Wie groß muss die Eingangsspannung der Schaltung mindestens sein, wenn der angeschlossene Lastwiderstand 50 Ω beträgt?
9. Die nebenstehende Schaltung dient zur Verkürzung der Schaltzeiten von SIPMOS-Transistoren.
   Versuchen Sie die Wirkungsweise der Schaltung zu erklären.

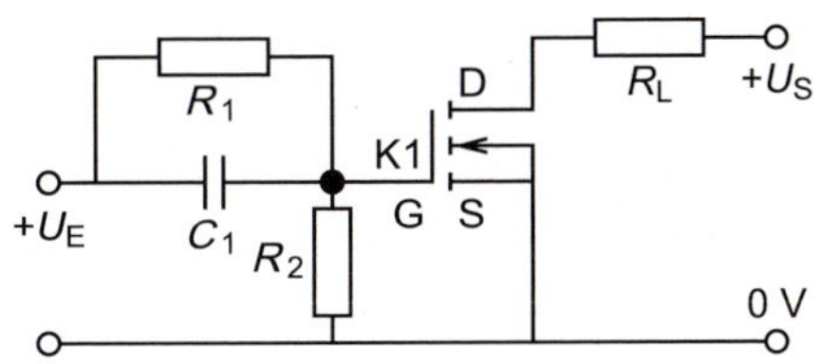

10. a) Was bedeutet die Abkürzung IGBT?
    b) Welche besonderen Eigenschaften hat ein IGBT?
    c) In welchen Bereichen wird ein IGBT eingesetzt?

2.6 Mehrstufige Transistorverstärker

Die Verstärkung einer einzigen Transistorstufe reicht häufig nicht aus, ein Sprach- oder Musiksignal ausreichend zu verstärken. Aus diesem Grund werden in der Regel mehrere Verstärkerstufen hintereinander geschaltet. Die Ausgangsspannung einer Stufe wirkt hierbei als Eingangsspannung der nächsten Stufe (Bild 2.94).

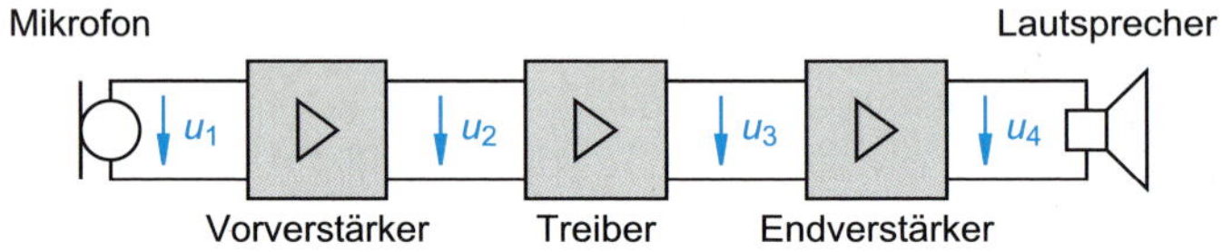

Bild 2.94: Mehrstufiger Verstärker

2.6.1 Kopplungsarten

Die Verbindung zwischen zwei Transistorverstärkern wird als **Kopplung** bezeichnet. Die Kopplung besitzt die Aufgabe, Signalspannungen vom Ausgang einer Stufe möglichst unverändert auf den Eingang der nachfolgenden Stufe zu übertragen. Man unterscheidet grundsätzlich drei verschiedene Kopplungsarten.

Direkte Kopplung, Gleichstromkopplung, galvanische Kopplung	
Erläuterung	**Schaltungsbeispiel**
■ Die Basis von K2 wird direkt mit dem Kollektor von K1 verbunden. ■ Widerstand R_{C1} wirkt als Kollektorwiderstand von K1 und als Basisvorwiderstand von K2. **Vorteil:** ■ Geringer Bauteileaufwand ■ Verstärkung von Gleich- und Wechselsignalen, da zwischen den Stufen keine frequenzabhängigen Bauelemente geschaltet sind **Nachteil:** ■ Arbeitspunktverschiebung von Stufe 1 wirkt auf Stufe 2. ■ Von Stufe zu Stufe steigt das Kollektorpotenzial an (Abhilfe: abwechselnde Verwendung eines NPN- und eines PNP-Transistors).	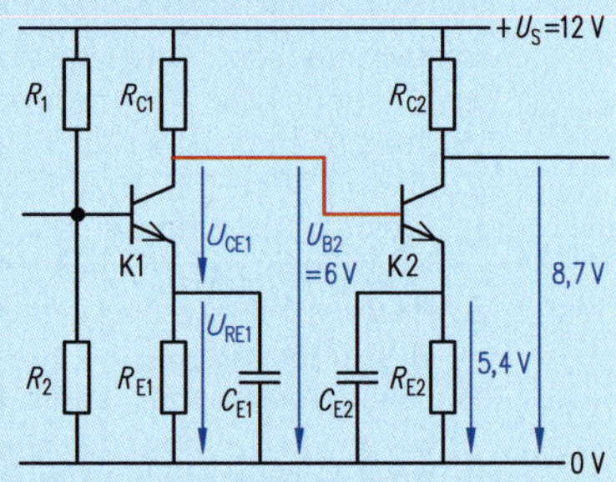

Kapazitive Kopplung	
Erläuterung	**Schaltungsbeispiel**
■ Verbindung zweier Verstärkerstufen über den Koppelkondensator C_K ■ C_K bildet mit dem dynamischen Eingangswiderstand r_e der 2. Stufe einen Hochpass. **Vorteil:** ■ Gleichstrommäßige Trennung der Stufen, dadurch keine gegenseitige Auswirkung bei Arbeitspunktverschiebungen **Nachteil:** ■ Es können nur Wechselströme übertragen werden. ■ Größerer Bauteilebedarf	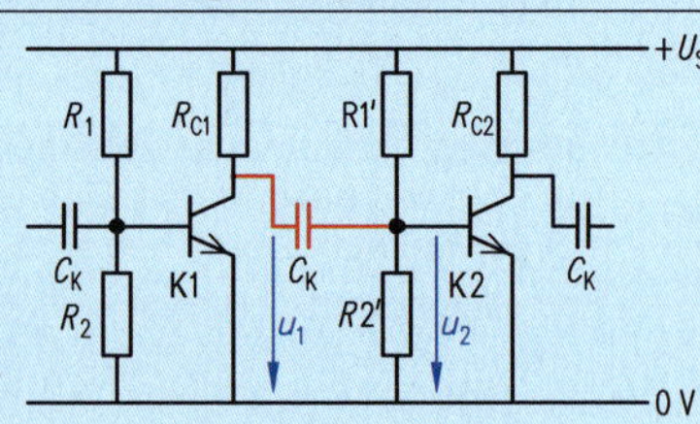 Dimensionierung von C_K: $C_K \geq \frac{1}{2 \cdot \pi \cdot f_{gu} \cdot r_e}$ f_{gu}: untere Grenzfrequenz

Induktive Kopplung

Erläuterung

- Ausgangswechselspannung einer Verstärkerstufe wird mit einem Übertrager an den Basiskreis der nachfolgenden Stufe gekoppelt.
- Die Verbindung erfolgt durch das magnetische Feld des Übertragers.
- Es können nur Wechselspannungen übertragen werden.

Vorteil:

- Stufen sind elektrisch voneinander getrennt.
- Durch entsprechende Wahl des Übersetzungsverhältnisses (siehe Kap. 1.9.5) lässt sich Leistungsanpassung erreichen.

Nachteil:

- Übertrager besitzen nur eine geringe Bandbreite.
- Übertrager sind groß und teuer.
- Für gedruckte Schaltungen wenig geeignet.

Schaltungsbeispiel

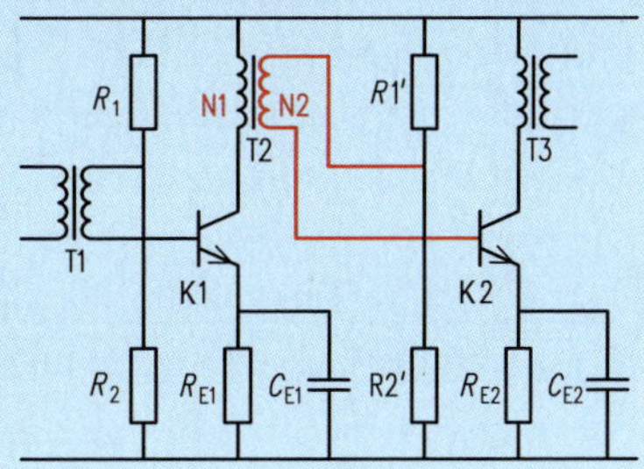

Bild 2.95: Kopplungsarten

2.6.2 Kleinsignalverstärker

Die Spannung einer Signalquelle (z. B. eines Mikrofons) ist in der Regel relativ klein. Ein Verstärker besitzt zunächst die Aufgabe, diese Spannung möglichst unverzerrt zu vergrößern (Spannungsverstärker). Die Signalspannungen, die hierbei verarbeitet werden, sind relativ klein gegenüber den Spannungen, die zur Einstellung des Arbeitspunktes benötigt werden. Aus diesem Grund bezeichnet man sie allgemein auch als **Kleinsignalverstärker**.

Da die Eingangskennlinie eines Transistors nicht geradlinig verläuft, wird bei jedem Transistorverstärker die Ausgangsspannung geringfügig vom Verlauf der Eingangsspannung abweichen.

> Die Abweichung des Verlaufs der verstärkten Ausgangsspannung von der angelegten Eingangsspannung bezeichnet man als **Verzerrung**. Als Maß für die Stärke dieser Verzerrung dient der **Klirrfaktor *k***. Er wird in Prozent angegeben.

Hochwertige Verstärker besitzen Klirrfaktoren unter 0,1 %; ein Klirrfaktor unter 0,5 % ist vom menschlichen Ohr nicht mehr wahrnehmbar.

Aufgrund ihrer großen Spannungsverstärkung werden Kleinsignalverstärker meist in Emitterschaltung aufgebaut. Als Eingangsstufe besitzt ein Kleinsignalverstärker neben der Spannungsverstärkung auch die Aufgabe, den Eingangswiderstand der Schaltung an den Innenwiderstand der Signalquelle anzupassen, damit diese möglichst wenig belastet wird. Hierzu kann der Emitterschaltung eine Kollektorschaltung vorgeschaltet sein, da diese einen größeren Eingangswiderstand besitzt. Reicht die Verstärkung einer einzigen Stufe nicht aus, können auch mehrere Emitterstufen hintereinander geschaltet werden (Bild 2.96). Je nach Anwendung werden die einzelnen Stufen dann genauer als Vorverstärker, Entzerrervorverstärker, Treiberverstärker (kurz: Treiber), Spannungsverstärker oder Impedanzwandler bezeichnet.

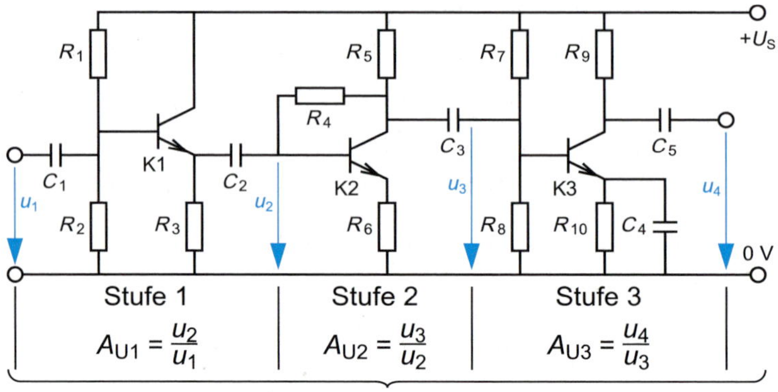

$$A_{U\,ges} = \frac{u_4}{u_1} = A_{U1} \cdot A_{U2} \cdot A_{U3}$$

Bild 2.96: Dreistufiger Kleinsignalverstärker

> Für den **Gesamtverstärkungsfaktor A_{Uges}** einer dreistufigen Transistorschaltung mit den Teilverstärkungen A_{U1}, A_{U2} und A_{U3} gilt:
>
> $$\mathbf{A_{Uges} = A_{U1} \cdot A_{U2} \cdot A_{U3}}$$

Anstelle des Verstärkungs**faktors A_U** wird in der Praxis häufig das Verstärkungs**maß A** in Dezibel (dB) angegeben. Zwischen beiden Größen besteht folgender Zusammenhang:

> Verstärkungsmaß: $A = 20 \cdot \log A_U$ dB Verstärkungsfaktor: $A_U = 10^{A/20}$

2.6.3 Leistungsverstärker

Leistungsverstärker besitzen die Aufgabe, die zum Betrieb eines angeschlossenen Verbrauchers (z. B. eines Lautsprechers) benötigte elektrische Wechselstromleistung zur Verfügung zu stellen. Die hierzu notwendige große Wechselspannung wird vom Vorverstärker erzeugt; die notwendige Stromverstärkung bewirkt der **Leistungsverstärker**.

> Leistungsverstärker bewirken eine Stromverstärkung. Da sie große Eingangsspannungen verarbeiten können, werden sie auch **Großsignalverstärker** genannt.

Leistungsverstärker sollen möglichst geringe Signalverzerrungen, einen hohen Wirkungsgrad und eine möglichst kleine Verlustleistung besitzen. Die größtmögliche Wechselstromleistung geben sie bei Leistungsanpassung ab.

> Der **Wirkungsgrad η** eines Leistungsverstärkers ist definiert als das Verhältnis von abgegebener Wechselstromleistung zu aufgenommener Gleichstromleistung.
>
> $$\eta = \frac{P_{\approx}}{P_{=}}$$
>
> Die **Verlustleistung P_V** ergibt sich aus der Differenz der aufgenommenen Gleichstromleistung und der abgegebenen Wechselstromleistung:
>
> $$\mathbf{P_V = P_{=} - P_{\approx}}$$

Leistungsverstärker werden mit speziellen Leistungstransistoren aufgebaut, die große Ströme steuern können. Hierbei werden oft sogenannte Komplementärtransistoren eingesetzt.

! Unter **Komplementärtransistoren** versteht man ein Transistorpaar, das aus einem NPN- und einem PNP-Transistor **mit gleichen Kenndaten** besteht.

Bei Leistungsverstärkern unterscheidet man nach Lage des Arbeitspunkts im Kennlinienfeld verschiedene Betriebsarten.

Betriebsart	**A-Betrieb**	**B-Betrieb**	**AB-Betrieb**
Bezeichnung	Eintaktverstärker	Gegentaktverstärker	
Prinzipieller Schaltungsaufbau	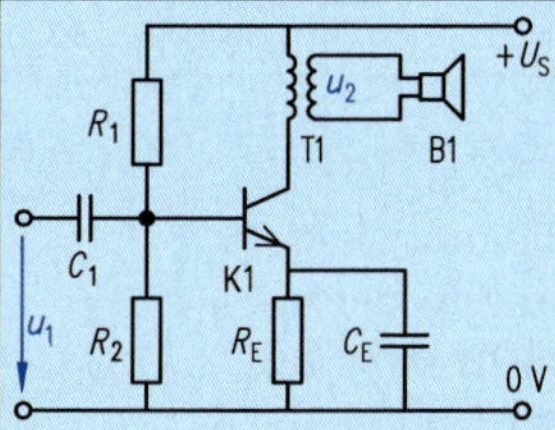	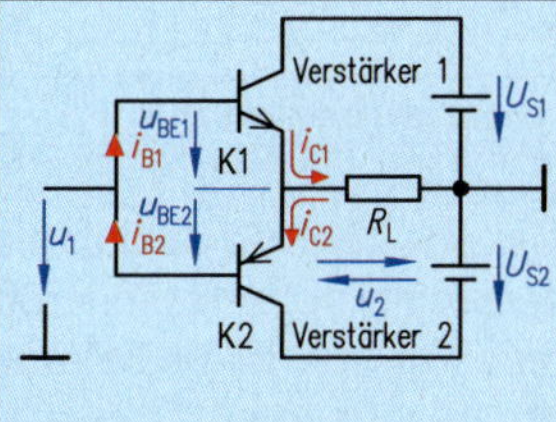 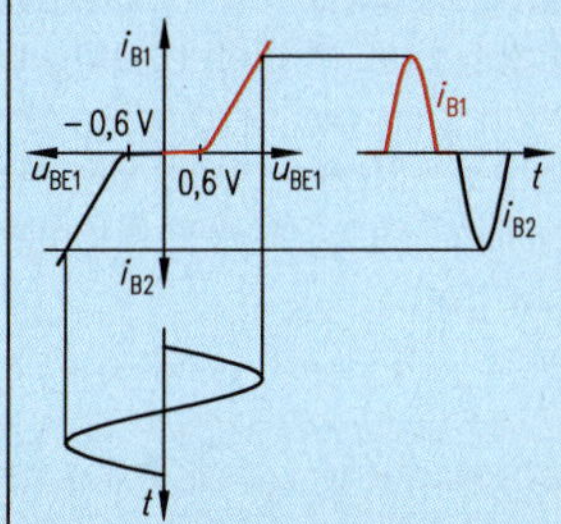	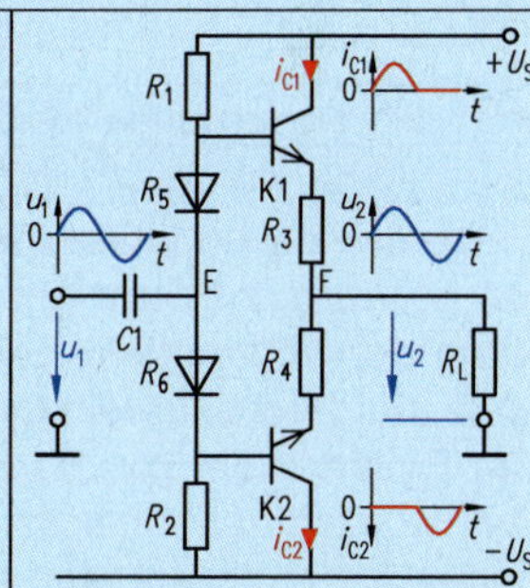 Bei symmetrischem Aufbau liegen die Schaltungspunkte E und F ohne Eingangssignal auf dem gleichem Potenzial (0 V).
Merkmale	Ein einziger Transistor in Emitterschaltung verstärkt sowohl die positive als auch die negative Halbwelle.	Prinzipiell werden zwei Transistorverstärker mit jeweils eigener Spannungsversorgung U_{S1} und U_{S2} benötigt; U_{S1} und U_{S2} sind am gemeinsamen Masse-Bezugspunkt zusammengeschaltet. Beide Transistoren K1 und K2 arbeiten jeweils in Kollektorschaltung. Eine anliegende Wechselspannung steuert die Komplementärtransistoren K1 und K2 wechselweise (im Gegentakt) durch. Hierdurch fließt ein Strom durch den gemeinsamen Lastwiderstand R_L.	
Basisvorspannung	Die Basisvorspannung wird mittels Spannungsteiler (R_1, R_2) erzeugt.	K1 und K2 werden ohne Basisvorspannung betrieben.	Mittels R_1, R_2, R_5 und R_6 wird jeweils eine geringe Basisvorspannung erzeugt. R_3 und R_4 sind niederohmig und dienen der Arbeitspunktstabilisierung.
Lage des Arbeitspunktes	Auf der Arbeitsgeraden in der Mitte des Arbeitsbereiches	Eingangsseitig: $U_{BE} = 0$; $I_B = 0$ Ausgangsseitig: Schnittpunkt der Arbeitsgeraden mit der Kennlinie $I_B = 0$	Eingangsseitig: Im Bereich des Kennlinienknicks der Eingangskennlinie

Betriebsart	A-Betrieb	B-Betrieb	AB-Betrieb
Ruhestrom/ Leistungsaufnahme ohne Ansteuerung	groß	null	gering
Sonstiges	Zur Leistungsanpassung an niederohmigen Lautsprechern meist Verwendung der Übertragerkopplung	Signalverzerrungen am Ausgang bei Eingangsspannungen kleiner als ±0,6 V	Keine Signalverzerrungen bei Eingangsspannungen kleiner als ±0,6 V
		Für die Aussteuerung mit großen Eingangsspannungen steht jeweils die gesamte Länge der Arbeitsgeraden beider Transistoren zur Verfügung.	
Wirkungsgrad	maximal 50 %	größer 50 %, schaltungsabhängig	größer 50 %, geringfügig schlechter als bei B-Betrieb

Bild 2.97: Betriebsarten von Leistungsverstärkern

Da Leistungsverstärker meist nur geringe Stromverstärkungsfaktoren besitzen, sind zur Ansteuerung hohe Basisströme erforderlich. Kann der Vorverstärker diese Ströme nicht liefern, wird die Endstufe aus zwei hintereinander geschalteten Transistoren aufgebaut. Der Emitterstrom von K1 bildet hierbei gleichzeitig den Basisstrom von K2. Dadurch multiplizieren sich die Stromverstärkungsfaktoren beider Transistoren. Man sagt auch, K1 bildet die „Treiberstufe" für K2. Technisch lassen sich beide Transistoren auch auf einem einzigen Halbleiterkristall unterbringen.

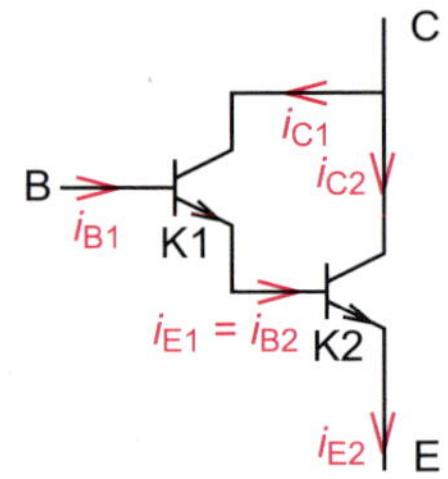

Bild 2.98: Darlington-Transistor

> Die Hintereinanderschaltung zweier Transistoren auf einem Halbleiterkristall bezeichnet man als **Darlington-Transistor**.
> Ein Darlington-Transistor besitzt eine große Stromverstärkung.

2.6.4 Kühlkörper

Fließt durch einen Leistungstransistor ein großer Strom, so wird sich dieser stark erwärmen. Um eine Zerstörung des Transistors zu verhindern, darf die Temperatur in seinem Innern nicht größer als die im Datenblatt angegebene maximale Sperrschichttemperatur T_J werden. Aus diesem Grund muss die entstehende Wärmeenergie nach außen abgeleitet werden. Diese Ableitung erfolgt umso besser, je größer die Oberfläche ist, an der die Wärmeenergie abgegeben werden kann. Deshalb wird die Oberfläche von Leistungstransistoren durch zusätzliche Kühlkörper vergrößert.

> Kühlkörper bewirken eine Vergrößerung der Oberfläche eines Transistors. Hierdurch ist eine bessere Ableitung der Wärmeenergie möglich.

Die Wärmeleitfähigkeit eines Materials wird durch den Wärmewiderstand R_{th} beschrieben. R_{th} gibt an, wieviel Kelvin Temperaturdifferenz erforderlich sind, um die von einer Verlustleistung von 1 Watt erzeugte Wärme abzuführen. Seine Größe wird in Kelvin pro Watt (K/W) angegeben. In Analogie zum elektrischen Widerstand wird der Wärmewiderstand im Ersatzschaltbild mit dem Widerstandssymbol dargestellt (Bild 2.99). Zur Unterscheidung verschiedener Wärmewiderstände wird eine entsprechende Kennzeichnung hinzugefügt, z. B.:

R_{thG} Wärmewiderstand des Gehäuses
$R_{thG/K}$ Wärmewiderstand der Isolation
R_{thK} Wärmewiderstand des Kühlkörpers

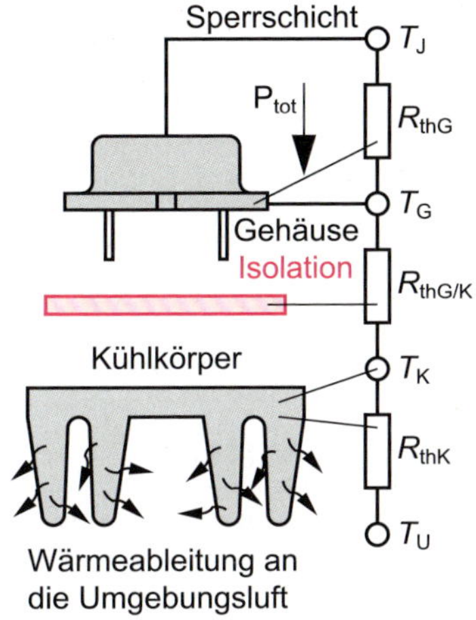

Bild 2.99: Wärmewiderstand

Da bei Leistungstransistoren der Kollektor häufig leitend mit dem Gehäuse verbunden ist, findet man in den Transistor-Datenblättern auch den Wärmewiderstand R_{thJU} angegeben. Dieser gibt den Wärmewiderstand zwischen Sperrschicht (engl.: **j**unction) und der **U**mgebung an; er wird verwendet, wenn man den Transistor ohne Kühlkörper betreibt.

Für den Gesamt-Wärmewiderstand R_{th} ergibt sich demnach:

$R_{th} = R_{thJU}$ ohne Kühlkörper bzw.
$R_{th} = R_{thG} + R_{thG/K} + R_{thK}$ mit Kühlkörper

Die Temperatur eines Halbleiters bleibt konstant, wenn die zugeführte elektrische Energie gleich der abgegebenen Wärmeenergie ist. Zwischen der Verlustleistung P_V und dem Wärmewiderstand gilt dann der Zusammenhang:

$$P_V = \frac{\Delta T}{R_{th}} = \frac{T_j - T_U}{R_{th}}$$

Die Temperaturdifferenz ΔT kann in Kelvin oder in Grad Celsius (°C) angegeben werden.

Je kleiner der Wärmewiderstand R_{th} ist, umso besser wird die im Transistor entstehende Wärme abgeleitet. Eine bessere Wärmeableitung bewirkt,

- dass sich der Transistor im Betrieb **bei gleicher Verlustleistung weniger erwärmt** oder
- dass der Transistor **bei gleicher Erwärmung eine höhere Verlustleistung** haben darf.

■ **Beispiel:**

a) Wie groß darf bei den angegebenen Werten die Verlustleistung ohne Kühlkörper werden, wenn die Sperrschichttemperatur 150 °C beträgt?

b) Welche Sperrschichttemperatur ergibt sich bei Verwendung des Kühlkörpers mit dem angegebenen Wärmewiderstand? Der Wärmewiderstand der Isolation ist durch die Benutzung von Wärmeleitpaste vernachlässigbar klein.

Gegeben: $T_U = 25\,°C$; $R_{thJU} = 25$ K/W; $R_{thG} = 4$ K/W; $R_{thK} = 1$ K/W; $P_V = 5$ W

Lösung

a) Ohne Kühlkörper gilt: $P_V = \frac{T_J - T_U}{R_{th}} = \frac{150\,°C - 25\,°C}{25\text{ K/W}} = \mathbf{5\ W}$

b) Mit Kühlkörper ergibt sich:

$$T_J = P_V \cdot (R_{thG} + R_{thK}) + T_U = 5\text{ W} \cdot \left(4\,\frac{\text{K}}{\text{W}} + 1\,\frac{\text{K}}{\text{W}}\right) + 25\,°C = \mathbf{50\,°C}$$

2.6.5 Differenzverstärker

Ein Differenzverstärker besteht im Prinzip aus zwei Emitterschaltungen mit einem gemeinsamen Emitterwiderstand R_E. Die Schaltung wird durch zwei Speisespannungsquellen versorgt, die bezogen auf den gemeinsamen Massepunkt M eine positive und eine negative Spannung haben. Die Eingangsspannungen U_{E1} und U_{E2} werden auf diesen gemeinsamen Massepunkt bezogen. Die Ausgangsspannung U_A wird zwischen den Kollektoranschlüssen der Transistoren K1 und K2 abgegriffen. Aufgrund der „symmetrischen" Spannungsversorgung benötigt man keine Basisspannungsteilerwiderstände zur Einstellung einer Basisvorspannung.

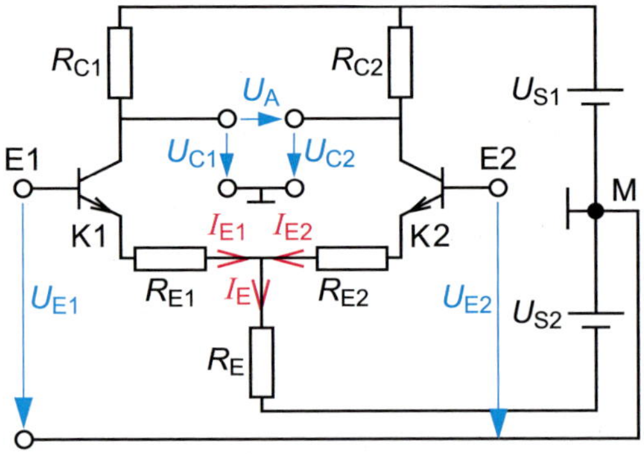

Der Widerstand R_E wird sehr hochohmig ausgelegt, sodass er maßgeblich die Größe des Stromes I_E bestimmt. I_E setzt sich aus den Teilströmen I_{E1} und I_{E2} zusammen. Aufgrund der Größe von R_E besitzt I_E in allen Betriebsfällen nahezu den gleichen Wert (hohe Stromgegenkopplung).

Bild 2.100: Grundsätzlicher Aufbau eines Differenzverstärkers

Um die Wirkungsweise der Schaltung besser zu verstehen, wollen wir zunächst annehmen, dass beide Emitterschaltungen **gleiches Verhalten** zeigen. Geringfügige Unsymmetrien sollen durch die Widerstände R_{E1} und R_{E2} ausgeglichen werden. Unter dieser Annahme können wir die beiden grundsätzlichen Betriebsarten der Schaltung betrachten.

1. Gleichtaktbetrieb

Beide Eingänge der Schaltung liegen stets auf dem gleichen Potenzial, sodass beide Transistoren gleichermaßen angesteuert werden. Bei gleichen Kollektorströmen ergeben sich gleiche Kollektorpotenziale und die Ausgangsspannung U_A beträgt 0 V.

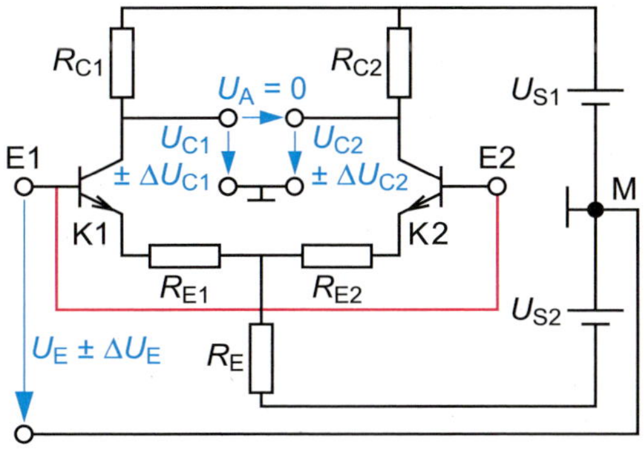

Ändert man die Spannung an beiden Eingängen gleichsinnig um den selben Betrag $\Delta U_E = \Delta U_{E1} = \Delta U_{E2}$, so ist $\Delta I_{C1} = \Delta I_{C2}$ und es gilt für die Kollektorpotenziale $\Delta U_{C1} = \Delta U_{C2}$. Die Ausgangsspannung U_A beträgt somit weiterhin 0 V.

Bild 2.101:
Differenzverstärker im Gleichtaktbetrieb

Die Ansteuerung beider Eingänge des Differenzverstärkers mit der gleichen Eingangsspannung bezeichnet man als **Gleichtaktbetrieb**.

Das Verhältnis der Ausgangsspannungsänderung ΔU_A zur Eingangsspannungsänderung ΔU_E bezeichnet man als **Gleichtaktverstärkung A_G**.

$$A_G = \frac{\Delta U_A}{\Delta U_E}$$

Bei einem vollkommen symmetrisch aufgebauten (d.h. idealen) Differenzverstärker ist die Gleichtaktverstärkung $A_G = 0$, da im Gleichtaktbetrieb die Ausgangsspannung null bleibt.

In der Praxis wird es wegen der Bauteiltoleranzen nicht möglich sein, dass sich beide Schaltungsteile absolut gleich verhalten. Aus diesem Grund wird sich im Gleichtaktbetrieb stets eine geringe Spannungsdifferenz zwischen den Kollektoren einstellen, sodass die Gleichtaktverstärkung nicht null ist.

Die Gleichtaktverstärkung hat in vielen Schaltungen eine beträchtliche Bedeutung. Montiert man beispielsweise die Transistoren eines Differenzverstärkers auf einen gemeinsamen Kühlkörper, so wirken sich Temperaturschwankungen gleichermaßen auf beide aus. Eine temperaturbedingte Arbeitspunktverschiebung wirkt somit wie eine Gleichtaktansteuerung.

! Bei einem realen Differenzverstärker ist die Gleichtaktverstärkung sehr klein.

2. Differenzbetrieb

Die Eingänge der Schaltung liegen auf unterschiedlichen Potenzialen, sodass beide Transistoren verschieden angesteuert werden. Legt man beispielsweise eine positive Spannung an E1 und eine Spannung von 0 V an E2 (Bild 2.102), so wird K1 mehr durchgesteuert als K2; I_{C1} steigt um ΔI_{C1} und damit steigt auch I_{E1}. Infolgedessen steigt zunächst der Strom I_E und damit auch der Spannungsabfall an R_E. Hierdurch ergibt sich höheres Potenzial am Punkt X. Da aber U_{E2} weiterhin 0 V beträgt, muss zwangsläufig U_{BE2} sinken und damit sowohl I_{C2} als auch I_{E2} kleiner werden. Der Kollektorstrom von K2 verringert sich hierbei näherungsweise um den gleichen Betrag, um den der Kollektorstrom von K1 gestiegen ist, sodass der Strom I_E letztendlich nahezu konstant bleibt.

Da gilt $U_A = -\Delta U_{C1} - \Delta U_{C2}$, erhält man eine negative Ausgangsspannung.

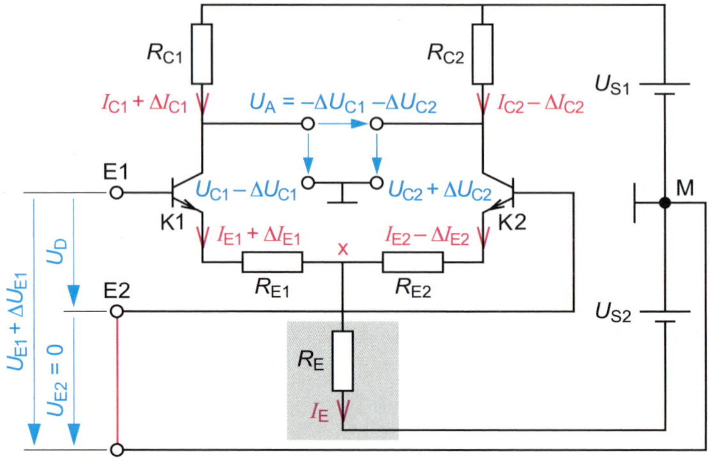

Bild 2.102: Differenzverstärker im Differenzbetrieb

Wird umgekehrt E2 auf ein positives Potenzial gelegt und E1 konstant gehalten, ergibt sich nach den gleichen Überlegungen, dass das Potenzial am Kollektor von K2 negativer und das Potenzial am Kollektor von K1 positiver wird. Man erhält eine positive Ausgangsspannung.

Aus diesen Überlegungen ergibt sich weiter, dass **jeder** Spannungsunterschied zwischen den Eingängen E1 und E2 zu einer Ausgangsspannung führt. Die Größe von U_A hängt hierbei von der Transitorverstärkung und der Potenzialdifferenz zwischen E1 und E2 ab.

Die Potenzialdifferenz zwischen den Eingängen E1 und E2 der Schaltung wird als **Differenzspannung U_D** bezeichnet.

$$\mathbf{U_D = U_{E1} - U_{E2}}$$

Die Schaltung heißt **Differenzverstärker**, weil nur die Spannungsdifferenz U_D eine Ausgangsspannung bewirkt.

Das Verhältnis der Ausgangsspannung U_A zu der wirksamen Eingangsspannungsdifferenz U_D wird als **Differenzverstärkung A_D** bezeichnet.

$$\mathbf{A_D = \frac{U_A}{U_D}}$$

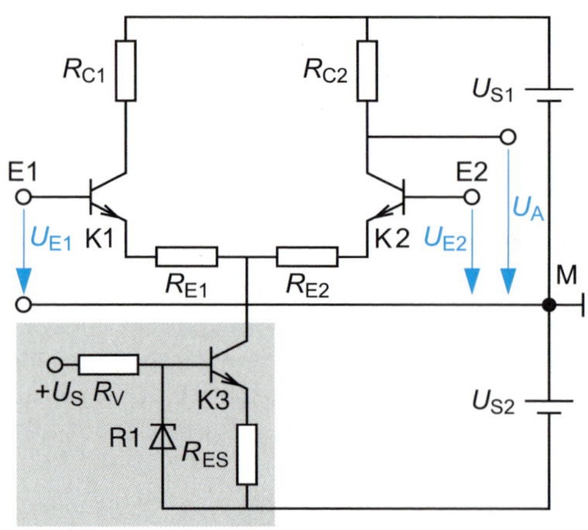

Damit die Summe der Teilströme I_{E1} und I_{E2} konstant bleibt, verwendet man häufig anstelle von R_E (Bild 2.102) eine Transistorschaltung als Konstantstromquelle (Bild 2.103).

Bild 2.103: Differenzverstärker mit Konstantstromquelle und Ausgang gegen Masse

Da die meisten Verbraucher gegen Masse angeschaltet werden, wird oft auch nur ein einziger Kollektoranschluss herausgeführt und die Ausgangsspannung auf 0 V bezogen (Bild 2.103). Die grundsätzlichen Eigenschaften der Schaltung bleiben hierbei erhalten:

Im Gleichtaktbetrieb ändert sich die Ausgangsspannung U_A nicht. Eine Spannungsvergrößerung an E1 bewirkt, dass K2 zusteuert, während sie an E2 gleichzeitig bewirkt, dass K2 aufsteuert. Beides hebt sich gegenseitig auf. Da I_E durch K3 konstant gehalten wird, kann sich das Kollektorpotenzial nicht ändern und U_A bleibt konstant.

Im Differenzbetrieb

- führt eine Zunahme der Spannung an E1 zu einer Zunahme von U_A; die Änderungen von U_{E1} und U_A sind gleichphasig,
- führt eine Zunahme der Spannung an E2 zu einer Abnahme von U_A; die Änderungen von U_{E2} und U_A sind gegenphasig.

Da sich die Ausgangsspannung U_A

- gleichphasig zur Eingangsspannung an E1 ändert, bezeichnet man E1 als den **nicht invertierenden Eingang** des Differenzverstärkers,
- gegenphasig zur Eingangsspannung an E2 ändert, bezeichnet man E2 als den **invertierenden Eingang** des Differenzverstärkers.

Ein Maß für die Güte eines Differenzverstärkers ist das Verhältnis von Differenzverstärkung zu Gleichtaktverstärkung.

Das Verhältnis von Differenzverstärkung zu Gleichtaktverstärkung bezeichnet man als **Gleichtaktunterdrückung *G***:

$$G = \frac{A_D}{A_G}$$

Die Gleichtaktunterdrückung sollte möglichst groß sein.

Aufgaben

1. Was versteht man unter „Kopplung“ von Transistorstufen?
2. Nennen Sie mögliche Kopplungsarten von Transistorstufen und beschreiben Sie deren Eigenschaften.
3. Welche Eigenschaften besitzt ein „Kleinsignalverstärker“, welche Eigenschaften besitzt ein „Großsignalverstärker“?
4. Eine dreistufige Transistorschaltung besitzt die Teilverstärkungen $A_{U1} = 0{,}8$, $A_{U2} = 20$ und $A_{U3} = 40$.
   a) In welchen Transistor-Grundschaltungen arbeiten vermutlich die einzelnen Stufen?
   b) Wie groß ist der Verstärkungs**faktor** der gesamten Schaltung?
   c) Geben Sie die Teilverstärkungen und die Gesamtverstärkung in dB an (Verstärkungs**maß**).
5. Leistungsverstärker können im A-Betrieb, B-Betrieb oder AB-Betrieb arbeiten. Erklären Sie die Unterschiede mithilfe von Kennlinienbildern.

6. Begründen Sie, warum Eintaktendstufen im A-Betrieb nicht für große Ausgangsleistungen verwendet werden.
7. Warum werden Leistungs-Endstufen im AB-Betrieb zur Verstärkung eines Wechselsignals mit mindestens zwei Transistoren aufgebaut?
8. Aus welchem Grund werden bei Leistungshalbleitern im Allgemeinen Kühlkörper verwendet?
9. Was sind Komplementärtransistoren?
10. Wie ist ein Darlington-Transistor aufgebaut? Welche besonderen Eigenschaften hat er?
11. Welche physikalische Einheit besitzt der „Wärmewiderstand" R_{th}? Welche physikalische Eigenschaft wird durch R_{th} beschrieben?
12. Ein Leistungstransistor mit einer Verlustleistung $P_V = 60$ W darf eine maximale Sperrschichttemperatur von 160 °C erreichen. Sein Wärmewiderstand R_{thG} beträgt 0,6 K/W. Bei einer Umgebungstemperatur von 40 °C wird er mit einer Isolierscheibe auf ein Kühlblech montiert. Der Wärmewiderstand der Isolierscheibe beträgt $R_{thG/K} = 0{,}4$ K/W.
    a) Aus welchem Grund wird zwischen Transistorgehäuse und Kühlkörper eine Isolierung vorgenommen?
    b) Bestimmen Sie den Wärmewiderstand des verwendeten Kühlkörpers.
13. Erklären Sie bei einer symmetrisch aufgebauten Differenzverstärkerstufe den Unterschied zwischen „Gleichtaktbetrieb" und „Differenzbetrieb".
14. Welche Größenordnungen haben in der Praxis die „Gleichtaktverstärkung" und die „Differenzverstärkung"?
15. Was versteht man unter der „Gleichtaktunterdrückung"?

2.7 Integrierte Bauelemente

Integrierte Bauelemente (**IC**: **I**ntegrated **C**ircuit) stellen eine Zusammenschaltung einer großen Anzahl aktiver und passiver Bauelemente auf einem **einzigen Halbleiterchip** in einem Gehäuse dar (**monolithisch** integrierte Schaltung).

Mit der IC-Technologie ist es möglich, leistungsfähige elektronische Schaltungen auf kleinstem Raum zu realisieren. Durch den Einsatz moderner Integrationstechniken können mehrere Millionen einzelner Bauelemente auf einem Halbleiterchip mit wenigen Quadratmillimetern Grundfläche untergebracht werden.

Die Anzahl der von den verschiedensten Herstellern entwickelten und angebotenen ICs ist unüberschaubar. Eine Gruppierung ist durch die Einteilung in analoge, digitale und hybride ICs möglich. Hybrid-ICs enthalten sowohl analoge als auch digitale Funktionen. Aufgrund des komplexen Aufbaus mancher moderner ICs ist eine eindeutige Trennung dieser Gruppen allerdings nicht immer möglich, da einzelne Funktionen auf den Datenblättern lediglich als Blöcke dargestellt werden, ohne dass man Kenntnis über die tatsächliche technische Realisierung hat.

Aufgrund der hohen Integrationsdichte und den damit verbundenen Entwicklungs- und Produktionskosten werden heute nicht mehr für jeden Anwendungszweck entsprechende ICs angefertigt. Stattdessen werden möglichst universell einsetzbare Bausteine entwickelt, deren gewünschte Funktion dann mithilfe weniger externer Bauteile eingestellt werden kann.

2.7.1 Operationsverstärker

Von allen auf dem Markt befindlichen ICs mit analogen Funktionen ist der sogenannte **Operationsverstärker** (**OA**: **O**perational **A**mplifier; alternative Kurzbezeichnung: **OP**) am weitesten verbreitet. Aufgrund seiner Eigenschaften ist er als Gleich- und Wechselspannungsverstärker, Filter, Generator, Regler oder Schalter universell einsetzbar.

> Der **Operationsverstärker** ist ein universell einsetzbarer Spannungsverstärker. Trotz seines umfangreichen und komplexen inneren Aufbaus kann er als **ein** elektronisches Bauelement betrachtet werden.

Der OP wird in verschiedenen Gehäuseformen angeboten (z. B. Metall- oder Dual-In-Line). In den Datenblättern werden diese Gehäuse mit allen vorhandenen Anschlüssen dargestellt; hier kann man unter anderem die jeweilige Anschaltung der Stromversorgung entnehmen. Diese Anschlüsse werden aus Gründen der Übersichtlichkeit in Schaltplänen aber nur bei Bedarf dargestellt.

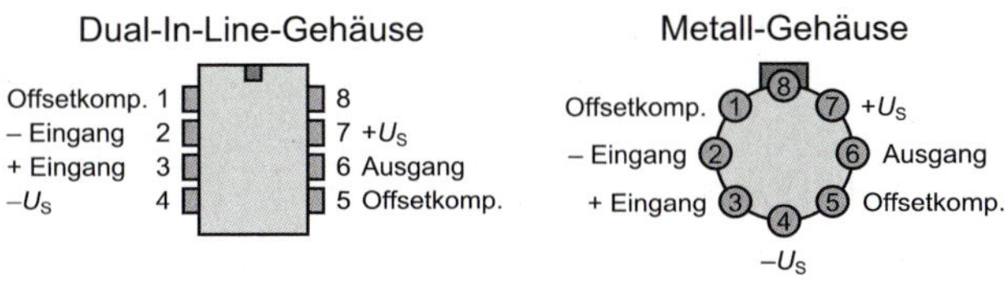

Bild 2.104: Gehäuseformen und Anschlussbelegung eines OP

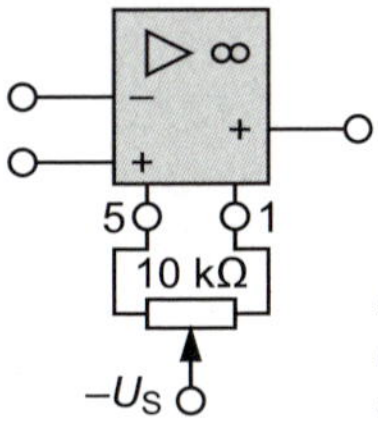

Bild 2.105: Nullspannungsabgleich

Die Anschlüsse mit der Bezeichnung „Offsetkomp" dienen dazu, mit einer geeigneten Beschaltung Abweichungen vom gewünschten Verhalten – verursacht durch kleinste, fertigungstechnisch bedingte Unsymmetrien im inneren Schaltungsaufbau – zu kompensieren.

Das Schaltzeichen des Operationsverstärkers beinhaltet hingegen nur die Signaleingänge und den Ausgang. In den Datenblättern und Schaltungsunterlagen der Hersteller findet man fast ausschließlich die nicht genormte Darstellung (Bild 2.106).

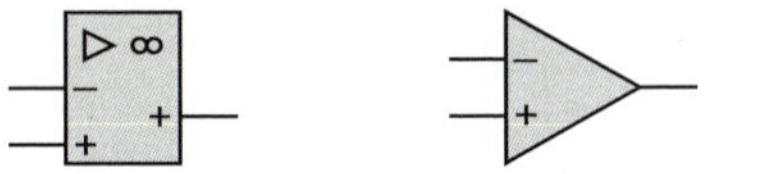

Bild 2.106: genormtes (a) und nicht genormtes (b) Schaltzeichen des OP

2.7.1.1 Aufbau und Arbeitsweise

Im Wesentlichen besteht die Innenschaltung eines Operationsverstärkers aus drei Funktionseinheiten:

- einem **Differenzverstärker** als Eingangsstufe,
- einem **Spannungsverstärker** und
- einem **Leistungsverstärker** als Ausgangsstufe.

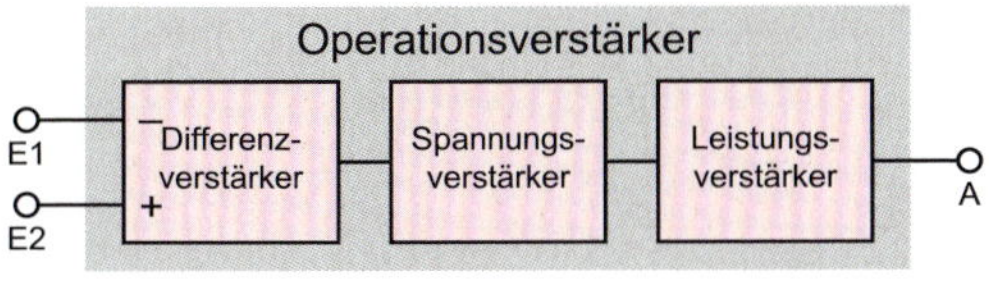

Bild 2.107: Funktionseinheiten des OP

Kenngröße	idealer OA	realer OA
A_{U0}	∞	10 000 bis 300 000-fach
r_e	∞	$10^5\ \Omega$ bis $10^{12}\ \Omega$
r_a	0	10 Ω bis 100 MHz
Frequenzbereich	0 bis ∞	0 bis 100 MHz

Bild 2.108: Vergleich idealer und realer OP

Der Operationsverstärker ist ein nahezu idealer Verstärker, denn er hat

- eine fast unendlich hohe Leerlaufverstärkung A_{U0},
- einen fast unendlich hohen Eingangswiderstand r_e,
- einen sehr kleinen Ausgangswiderstand r_a,
- einen großen Frequenzbereich.

Wegen des großen Eingangswiderstandes ist der Eingangsstrom vernachlässigbar klein; der OP kann leistungslos angesteuert werden. Der OP wird vorwiegend mit zwei Versorgungsspannungen betrieben, einer gegen Masse positiven Spannung und einer gegen Masse negativen Spannung. Man spricht dann von einer **symmetrischen** oder auch **dualen Spannungsversorgung**.

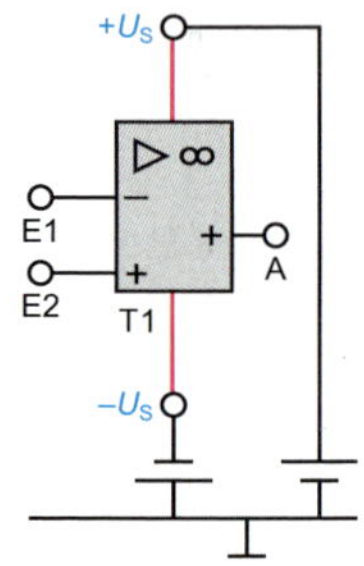

Bild 2.109: Duale Spannungsversorgung des OP

Der OP kann auch **unsymmetrisch** gespeist werden, am Anschluss $+U_S$ liegt dann eine gegen Masse positive Spannung und der Anschluss $-U_S$ wird direkt an Masse angeschlossen. Aufgrund des inneren Schaltungsaufbaus der Eingangsstufe (Differenzverstärker) sind dann aber Spannungsteiler an den Eingängen erforderlich, die die Betriebsspannung halbiert an die Basisanschlüsse der Eingangstransistoren führt (siehe Ende Kap. 2.7, Aufg. 11).

Der **invertierende Eingang** (E1) wird durch ein „-" gekennzeichnet, der **nichtinvertierende Eingang** (E2) durch ein „+". Dies besagt nichts über die Polarität der angelegten Eingangsspannungen, sondern dient nur der Unterscheidung der beiden Eingänge.

Die Polarität der Ausgangsspannung U_A ist abhängig von der Polarität und Größe der beiden Eingangsspannungen U_{E1} und U_{E2}. Da der OP eingangsseitig aus einer Differenzverstärkerstufe besteht (siehe Kap. 2.6.5), ergibt sich folgendes Verhalten:

Beschreibung	Beispiel
Eine an den Eingang E1 angelegte Spannung wird verstärkt und invertiert.	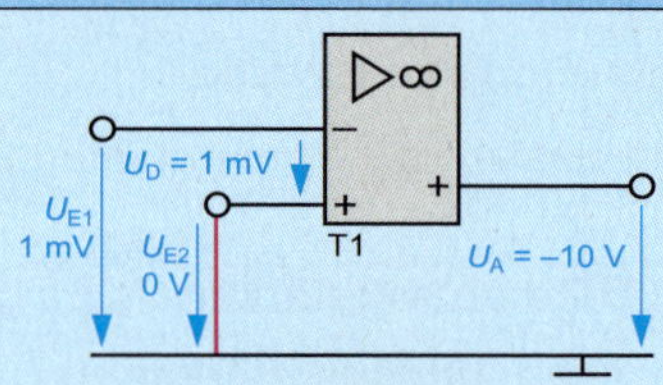
Eine an den Eingang E2 angelegte Spannung wird verstärkt, aber nicht invertiert.	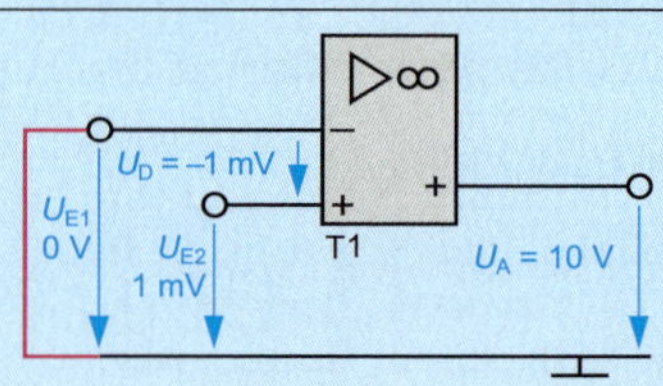

Beschreibung	Beispiel
Werden beide Eingänge an die gleiche Spannung gelegt (Gleichtaktbetrieb), so bleibt (im Idealfall) die Ausgangsspannung null.	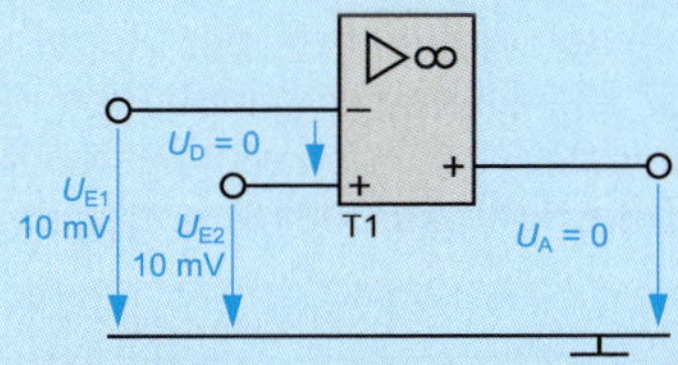
Werden an beide Eingänge unterschiedliche Spannungen gelegt (Differenzbetrieb), so erscheint am Ausgang die verstärkte Differenzspannung U_D invertiert.	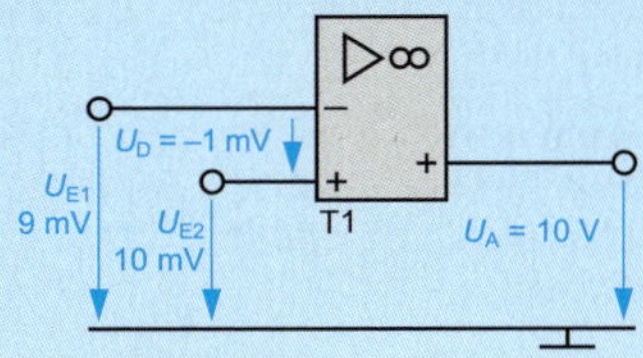 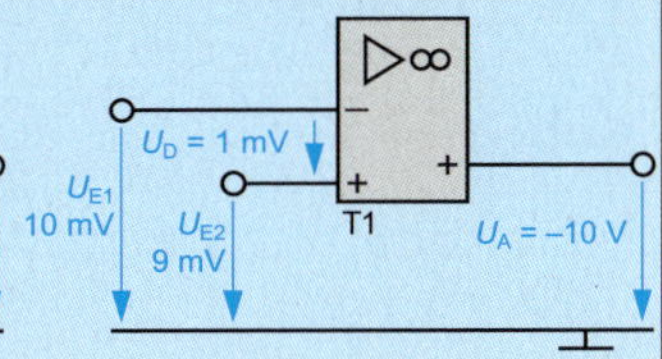

Bild 2.110: Grundsätzliche Arbeitsweise eines OP

Infolge der sehr großen Spannungsverstärkung des OP genügt bereits eine ganz geringe Eingangsspannung zwischen den Eingängen, um eine große Ausgangsspannung zu erzielen. Diese kann aber nie größer sein als die Speisespannung. Dies zeigt auch die Übertragungskennlinie des OP (Bild 2.111).

> Die **Übertragungskennlinie** eines OP zeigt die Abhängigkeit der Ausgangsspannung U_A von der Differenzspannung U_D. Es gilt:
>
> $$U_D = U_{E1} - U_{E2} \quad \text{und} \quad U_A = A_{U0} \cdot U_D$$

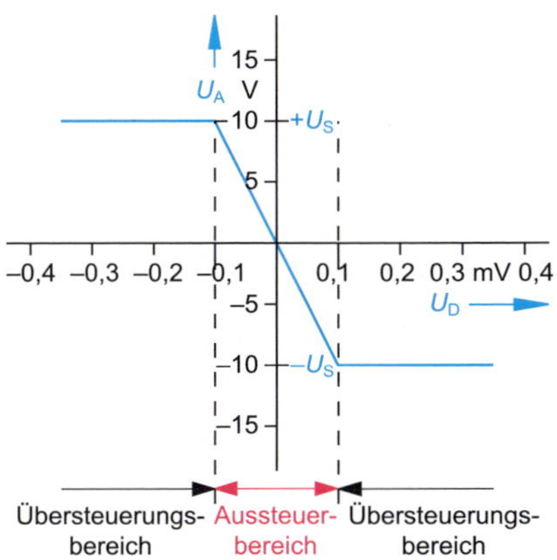

Bild 2.111: Übertragungskennlinie eines OP

In dem kleinen Spannungsbereich von −0,1 mV bis +0,1 mV ändert sich die Ausgangsspannung U_A proportional zu U_D; in diesem **Aussteuerungsbereich** kann der OP als **Analogverstärker** eingesetzt werden.

Bei Differenzspannungen größer als ±0,1 mV wird der OP übersteuert, d. h. bei einer weiteren Erhöhung von U_D bleibt U_A konstant ($U_A = \pm U_S$); in diesem **Übersteuerungsbereich** kann der OP als **Schaltverstärker** eingesetzt werden.

2.7.1.2 Grenzwerte und Kenndaten

Operationsverstärker verfügen in der Regel über einen Speisespannungsbereich U_S von ±15 V bis ±22 V, die Eingangsspannungen dürfen dann bis ±15 V betragen, der Ausgang ist dauerkurzschlussfest. Zu den wichtigsten Kenndaten, die im jeweiligen Datenblatt (siehe **www.westermann.de/links/00815**) angegeben sind, gehören:

Bezeichnung	Erläuterung	typ. Beisp.
Stromaufnahme I_S	Betriebsstrom an den Spannungsversorgungsanschlüssen	1,7 mA
Eingangsstrom I_E	Strom an den Eingängen E1 und E2; wegen der Differenzverstärkerstufe am Eingang sollte ein OP möglichst nicht mit offenen Eingangsklemmen betrieben werden!	80 nA
Leerlaufspannungsverstärkung A_{U0}	Verhältnis der Ausgangsspannung U_A zur Eingangsdifferenzspannung U_D, wenn kein Lastwiderstand angeschlossen ist; sie wird meist in dB (Dezibel) angegeben (siehe Kap. 2.6.2). Es gilt: $A_{U0} = 20 \cdot \log\frac{U_A}{U_D}\,\text{dB}$ bzw. $\frac{U_A}{U_D} = 10^{\frac{A_{U0}}{20}}$	100 dB
Gleichtakt-Spannungsbereich U_{EG}	Gibt die Grenzen für die Größe eines Gleichtaktsignals (siehe Kap. 2.6.5) an, das an die beiden Eingänge gegenüber Masse angeschaltet werden darf.	±13 V
Gleichtaktunterdrückung G	Logarithmisches Verhältnis der Differenzverstärkung A_{U0} zur Gleichtaktverstärkung A_G; ein OP verfügt über eine sehr große Differenzverstärkung und eine sehr kleine Gleichtaktverstärkung; G wird angegeben, um den störenden Einfluss der Gleichtaktverstärkung auf die Ausgangsspannung zu beurteilen; G sollte möglichst groß sein. Es gilt: $G = 20 \cdot \log\frac{A_{U0}}{A_G}\,\text{dB}$	90 dB
Eingangsnullspannung U_{E0}	Bei einem realen Differenzverstärker ist die Ausgangsspannung im Gleichtaktbetrieb nicht exakt null (siehe Kap. 2.6.5); durch Anlegen der Eingangsnullspannung an die mit „Offsetkomp." gekennzeichneten Anschlüsse kann U_A auf null eingestellt werden. Diesen Vorgang bezeichnet man als **Nullspannungsabgleich**. Die entsprechende Schaltung ist jeweils dem Datenblatt zu entnehmen.	±6 mV
Anstiegsgeschwindigkeit S (Slew-Rate)	Einer Änderung der Eingangsdifferenzspannung folgt die Änderung der Ausgangsspannung gering verzögert; dies beeinflusst auch die Verstärkung von Wechselspannungen: A_{U0} nimmt mit steigender Frequenz ab. Im Datenblatt wird A_{U0} daher in einem Diagramm in Abhängigkeit von der Frequenz angegeben. Die Anstiegsgeschwindigkeit gibt an, um wie viel Volt die Ausgangsspannung in 1 μs maximal steigen kann. $S = \frac{\Delta U_A}{\Delta t}$	0,5 V/μs

Bild 2.112: Kenndaten eines OP

2.7.2 Operationsverstärker als Komparator (comparator)

Ein **Komparator** ist eine elektronische Schaltung, die zwei Spannungen miteinander vergleicht. In Abhängigkeit davon, welche von beiden größer ist, kippt der Ausgang der Schaltung auf einen von zwei möglichen Spannungswerten. Sie wird auch **Vergleicher** oder **Schwellwertschalter** genannt.

Aufgrund seiner hohen Leerlaufverstärkung ist der OP als Vergleicher besonders geeignet, da er bereits bei einer Eingangsspannungsdifferenz von weniger als 1 mV übersteuert (siehe Bild 2.111). Die Größe der Ausgangsspannung u_A wird dann von den Betriebsspannungen $\pm U_S$ begrenzt.

In der Grundschaltung des Komparators wird ein Eingang des OPs auf Masse gelegt, an den zweiten Eingang wird die Steuersspannung u_E angeschlossen. Es ergeben sich die folgenden Schaltungsvarianten:

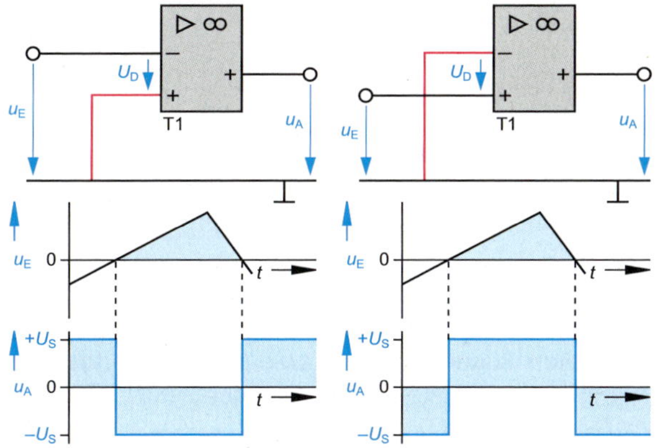

Bild 2.113: Komparator-Grundschaltungen und Spannungsverläufe

Das Anwendungsbeispiel in Bild 2.114 zeigt einen Komparator, der eine sinusförmige in eine rechteckförmige Wechselspannung umsetzt.

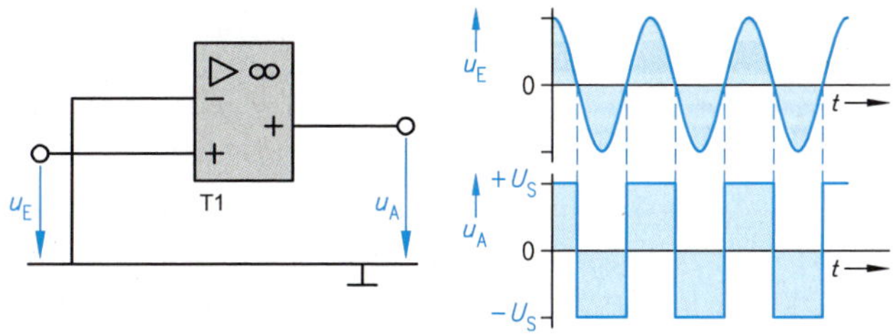

Bild 2.114: Umsetzer von sinus- in rechteckförmige Wechselspannung

Soll der Komparator nicht beim Nulldurchgang der Steuerspannung schalten, so muss die gewünschte Schaltspannung als Vergleichsspannung an einen der beiden Eingänge gelegt werden. Die Vergleichsspannung U_{ref} (Referenzspannung) kann mit einem Spannungsteiler erzeugt werden (Bild 2.115). In der dargestellten Schaltungsvariante lässt sich jede beliebige Referenzspannung innerhalb des erlaubten Gleichtakt-Spannungsbereiches einstellen. Die Umschaltung der Ausgangsspannung erfolgt, sobald die Steuerspannung den Wert der Vergleichsspannung über- oder unterschreitet.

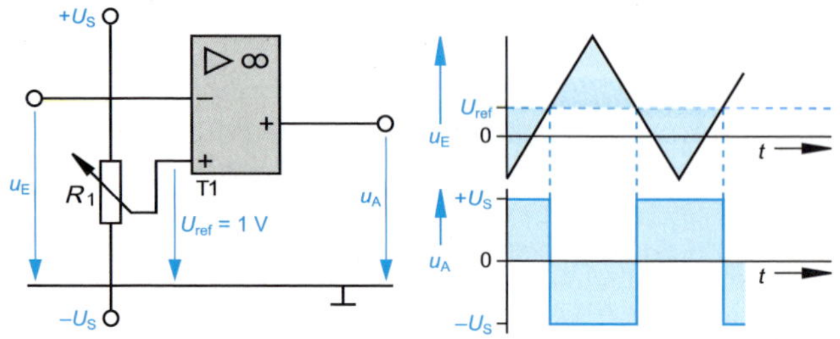

Bild 2.115: Komparator mit einstellbarer Vergleichsspannung U_{ref}

Ist die Eingangsspannung allerdings ungefähr so groß wie die Vergleichsspannung, so genügt bereits eine geringe der Steuerspannung überlagerte Störspannung, um den OP unter Umständen mehrmals umzuschalten (Bild 2.116).

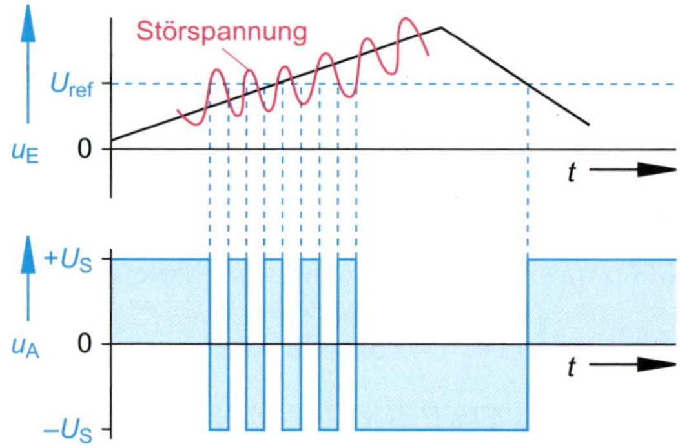

Bild 2.116: Mehrfaches, unerwünschtes Umschalten durch eine Störspannung

Dieses ungewollte Umschalten lässt sich verhindern, indem die Referenzspannung nicht mit einem zwischen $+U_S$ und $-U_S$ geschalteten Spannungsteiler erzeugt wird; stattdessen wird mit einem zwischen Ausgang und Masse geschalteten Spannungsteiler ein Teil der Ausgangsspannung auf den nichtinvertierenden Eingang zurückgeführt.

Die Rückführung eines Teils der Ausgangsspannung auf den **nichtinvertierenden** Eingang des Operationsverstärkers wird als **Mitkopplung** bezeichnet.

Im Beispiel kippt die Ausgangsspannung je nach Größe des Eingangssignals zwischen +10 V (Bild 2.117 a) und −10 V (Bild 2.117 b); zwangsläufig ändert sich auch die anliegende Vergleichsspannung zwischen +2 V und −2 V. Hierdurch ergeben sich zwei Schaltspannungen (+2 V und −2 V), die das Eingangssignal jeweils unter- oder überschreiten muss, damit der Ausgang des Operationsverstärkers jeweils kippt (Bild 2.117 c).

Die Differenz der beiden Schaltspannungen wird als **Hysteresespannung** $\boldsymbol{U_H}$ bezeichnet. Diese Schaltungsvariante nennt man **Komparator mit Hysterese**.

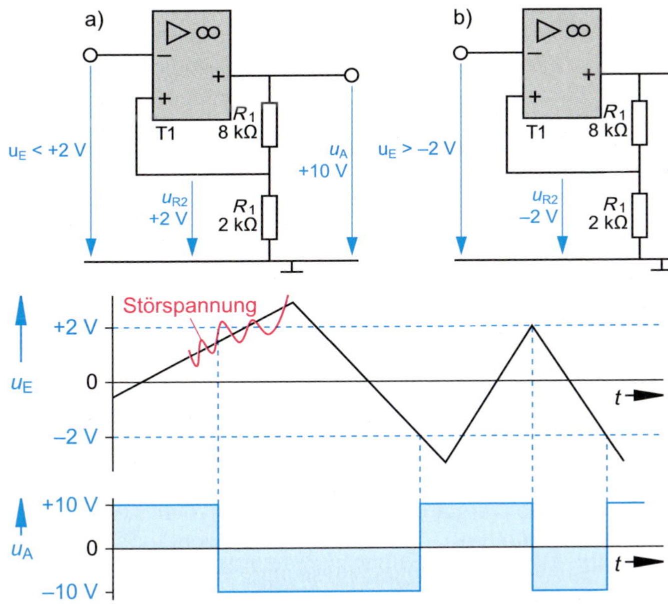

Bild 2.117: Komparator mit Hysterese

2.7.3 Operationsverstärker als Spannungsverstärker

Die hohe Leerlaufspannungsverstärkung des Operationsverstärkers kann sich allerdings auch nachteilig auswirken, da sein Einsatz als Analogverstärker nur bei Eingangsspannungen unter ±1 mV möglich ist (siehe Bild 2.111). Durch geeignete Rückführung eines Teils der Ausgangsspannung auf einen Eingang kann die große Verstärkung des Operationsverstärkers auf ein gewünschtes Maß herabgesetzt werden.

> Die Rückführung eines Teils der Ausgangsspannung auf den **invertierenden** Eingang des Operationsverstärkers bezeichnet man als **Gegenkopplung**.

Je nach Beschaltung mit externen Bauelementen ergeben sich Grundschaltungen mit ganz unterschiedlichen Eigenschaften. Bei der Betrachtung dieser Eigenschaften können U_D – wegen der hohen Leerlaufverstärkung – und I_E – wegen des großen Eingangswiderstandes – vernachlässigt werden (Beispiel unter **www.westermann.de/links/00815**).

2.7.3.1 Nichtinvertierender Verstärker

In dieser Verstärkerschaltung wird der **nichtinvertierende** Eingang des OP angesteuert; R_1 und R_2 bilden einen Spannungsteiler, über den ein Teil der Ausgangsspannung auf den invertierenden Eingang zurückgekoppelt wird (Gegenkopplung).

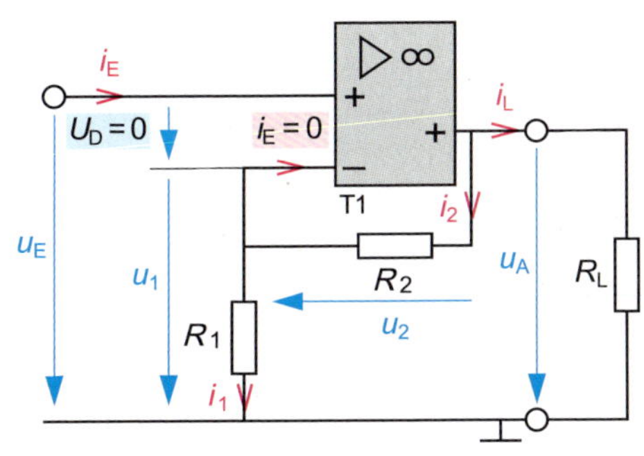

Bild 2.118: Nichtinvertierender Operationsverstärker

Es gelten folgende Zusammenhänge:

$u_E = u_D + u_1 \approx u_1$

$u_A = u_2 + u_1$

Wegen $i_E \approx 0$ gilt $i_1 = i_2$

Somit ergibt sich für die Spannungsverstärkung der Schaltung:

$$A_U = \frac{u_A}{u_E} = \frac{u_2 + u_1}{u_1} = \frac{i_1 \cdot R_1 + i_1 \cdot R_2}{i_1 \cdot R_1} = \frac{R_1 + R_2}{R_1} = 1 + \frac{R_2}{R_1}$$

Die Verstärkung der Schaltung wird somit nur durch die Widerstände des Spannungsteilers bestimmt.

Die Signalquelle wird in dieser Schaltung nur durch den geringen Eingangsstrom i_E des OP belastet, d. h. der Eingangswiderstand der Verstärkerschaltung ist gleich dem Eingangswiderstand des Operationsverstärkers.

Angewendet wird der nichtinvertierende Verstärker als Analogverstärker für Gleich- und Wechselspannungssignale, insbesondere bei Signalquellen, die nicht oder nur gering belastet werden dürfen. (Ausführliches Berechnungsbeispiel unter **www.westermann.de/links/00815**).

2.7.3.2 Impedanzwandler

Der Impedanzwandler ist eine Sonderform des nichtinvertierenden Verstärkers, bei dem die gesamte Ausgangsspannung u_A auf den invertierenden Eingang zurückgekoppelt wird.

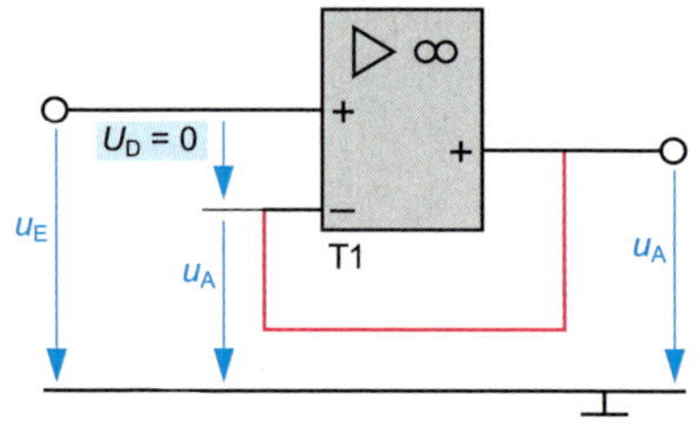

Bild 2.119: Impedanzwandler mit OP

In Bild 2.119 erkennt man:

$$u_E = u_D + u_A \approx u_A$$

Somit ergibt sich für die Spannungsverstärkung der Schaltung:

$$A_U = \frac{u_A}{u_E} = 1$$

Der Eingangswiderstand der Schaltung ist wieder gleich dem Eingangswiderstand des OP, also sehr groß. Der Ausgangswiderstand hingegen ist sehr gering. Mit dieser Schaltung lässt sich eine Signalquelle mit einem großen Innenwiderstand an einen niederomigen Verbraucher anpassen (Impedanzwandlung).

2.7.3.3 Invertierender Verstärker

Bei dieser Schaltung wird der **invertierende** Eingang des Operationsverstärkers über den Widerstand R_1 angesteuert. Zugleich wird über den Widerstand R_2 ein Teil der Ausgangsspannung auf den invertierenden Eingang zurückgekoppelt (Gegenkopplung).

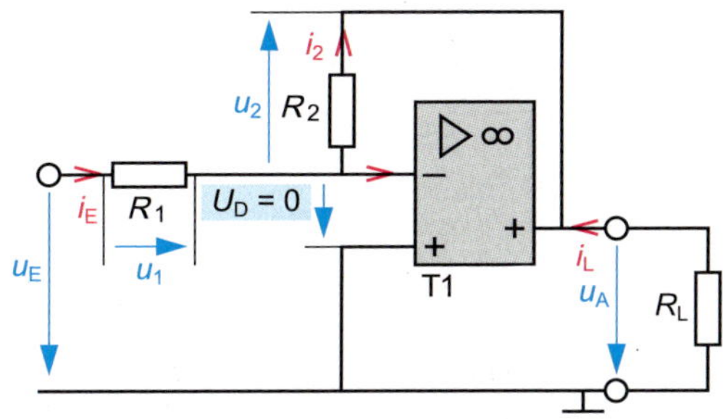

Bild 2.120: Invertierender Operationsverstärker

Mit den zuvor genannten Vernachlässigungen des OP-Eingangsstroms sowie der Differenzspannung ergibt sich unter Beachtung der in Bild 2.120 eingezeichneten Strom- und Spannungsrichtungen:

$u_E = u_1 + u_D \approx u_1 \qquad u_A = -u_2 + u_D \approx -u_2 \qquad i_E = i_2$

Somit gilt für die Spannungsverstärkung der Schaltung:

$$A_U = \frac{u_A}{u_E} = -\frac{u_2}{u_1} = -\frac{i_2 \cdot R_2}{i_2 \cdot R_1} = -\frac{R_2}{R_1}$$

Die Verstärkung der Schaltung wird somit ebenfalls nur durch die Widerstände R_1 und R_2 bestimmt. Das Minuszeichen in der Gleichung symbolisiert die Invertierung der Eingangsspannung. Bei der Verstärkung einer Wechselspannung ist das Ausgangssignal gegenüber dem Eingangssignal um 180° phasenverschoben.

Die Signalquelle wird durch den invertierenden Verstärker mit dem Eingangsstrom i_E belastet. Somit gilt für den Eingangswiderstand der Schaltung:

$$r_E = \frac{u_E}{i_E} = \frac{u_1}{i_E} = R_1$$

Die Signalquelle wird durch diese Schaltung stärker belastet als durch einen nichtinvertierenden Verstärker mit OP, da der wirksame Eingangswiderstand hier kleiner ist. Ein Vorteil des invertierenden Verstärkers liegt in der einfachen Bemessung der Schaltung. Wird der Widerstand R_2 durch ein Potenziometer ersetzt, kann die Spannungsverstärkung beliebig verändert werden.

Aus der dargestellten Grundschaltung des invertierenden Verstärkers ergibt sich eine Vielzahl von Schaltungsvarianten, von denen im Folgenden eine Auswahl vorgestellt wird.

2.7.3.4 Addierer

An einen invertierenden Verstärker lassen sich unabhängig voneinander mehrere Signalquellen anschließen. Bild 2.121 zeigt eine Verstärkerschaltung mit zwei Eingängen.

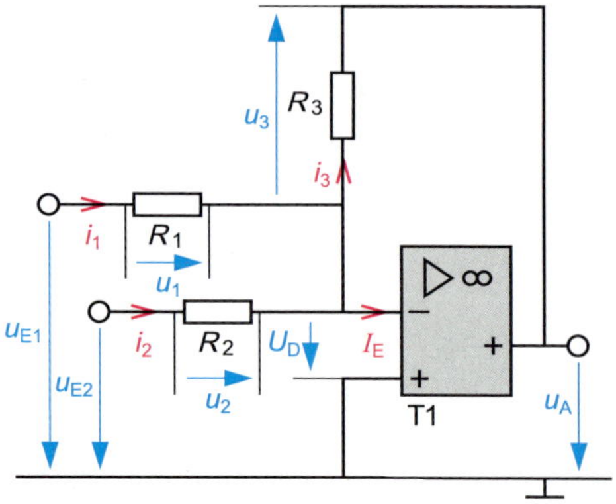

Bild 2.121: Invertierender Verstärker mit zwei Eingängen

Überträgt man die beim invertierenden Verstärker dargestellten Zusammenhänge auf diese Schaltung, so ergibt sich Folgendes:

$$u_A = -\left(\frac{R_3}{R_1} \cdot u_{E1} + \frac{R_3}{R_2} \cdot u_{E2}\right) = -(A_{U1} \cdot u_{E1} + A_{U2} \cdot u_{E2})$$

und mit $R_1 = R_2$:

$$u_A = -\frac{R_3}{R_1} \cdot (u_{E1} + u_{E2}) \text{ bzw. } u_A = A_U \cdot (u_{E1} + u_{E2})$$

Die Gleichung zeigt, dass die Ausgangsspannung gleich der Summe der verstärkten Eingangsspannungen ist; daher bezeichnet man diese Schaltung als Addierer.

Mit einem **Addierer** lassen sich mehrere Eingangsspannungen mit unterschiedlicher Verstärkung addieren, d. h. miteinander mischen:

$$u_A = A_{U1} \cdot u_{E1} + A_{U2} \cdot u_{E2} + \ldots$$

Bei jeweils gleich großen Widerständen im Eingangszweig gilt:

$$u_A = A_U \cdot (u_{E1} + u_{E2} + \ldots)$$

2.7.3.5 Differenzverstärker (Subtrahierer)

Wie bereits in Kap. 2.7.1.1 dargestellt, ist der OP ein Differenzverstärker. Allerdings wird er aufgrund seiner hohen Verstärkung schon bei kaum messbaren Differenzspannungen übersteuert.

Bild 2.122 zeigt eine Schaltung, bei der sich die Ausgangsspannung auch bei größeren Differenzsignalen proportional zur Differenzspannung am Eingang ändert.

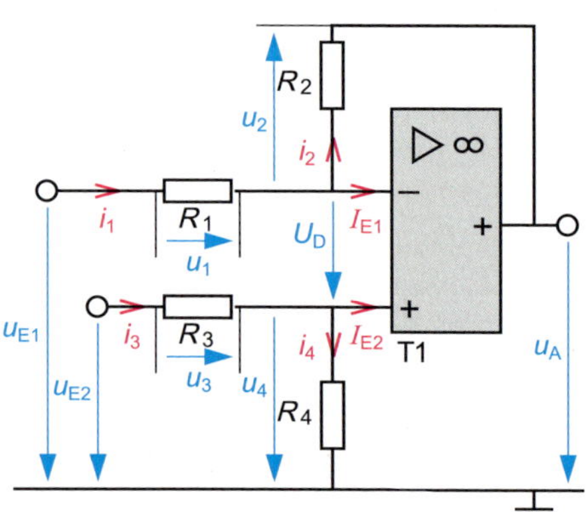

Bild 2.122: Differenzverstärker

Die Schaltung wird vorwiegend so bemessen, dass die Widerstände der beiden Spannungsteiler paarweise gleich sind: $R_1 = R_3$ und $R_2 = R_4$. (Ausführliches Berechnungsbeispiel unter **www.westermann.de/links/00815**).

Speziell für diese Widerstandsdimensionierung gilt:

$$u_A = \frac{R_2}{R_1} \cdot u_{E2} - \frac{R_2}{R_1} \cdot u_{E1} \text{ und mit } A_U = -\frac{R_2}{R_1} \text{ ergibt sich } u_A = A_U \cdot (u_{E1} - u_{E2}).$$

Der Differenzverstärker verstärkt die Differenz der Eingangsspannungen.

2.7.3.6 Integrierer

Bei einem invertierenden Verstärker wird die Ausgangsspannung über einen Widerstand auf den Eingang des OP zurückgeführt. Bei einem **integrierenden Verstärker** erfolgt die Gegenkopplung über einen Kondensator.

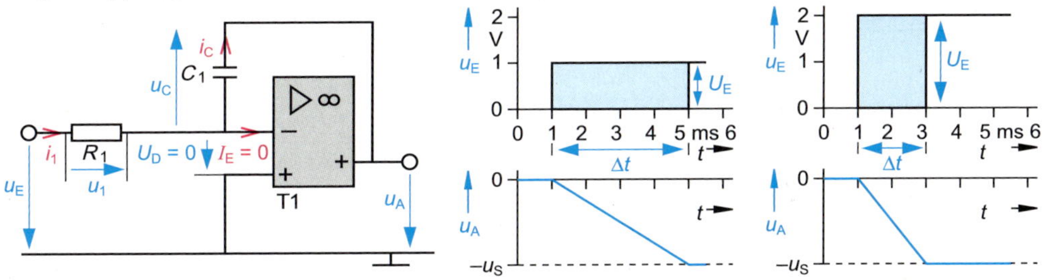

Bild 2.123: a) Integrierer *b) Spannungsverläufe bei einem Integrierer*

Zur Beschreibung der Funktion dieser Schaltung wird eine Gleichspannung U_E an den Eingang gelegt; der Kondensator C_1 sei zunächst entladen. Dann gilt für die Spannungen:

$$U_E = u_1 + u_D \approx u_1 \quad \text{und} \quad u_A = -u_C + u_D \approx -u_C$$

An R_1 fällt also die gesamte Eingangsspannung U_E ab.

Für den Eingangsstrom ergibt sich somit $i_1 = \frac{u_1}{R_1} = \frac{U_E}{R_1} = I_1$, d. h. es fließt ein konstanter (!) Strom, durch den der Kondensator C_1 geladen wird. Je länger dieser Strom fließt, umso mehr steigt die Kondensatorspannung an. Entsprechend ändert sich auch die Ausgangsspannung u_A. Wie in Kap. 1.8.2.1 beschrieben, gilt:

$$\Delta U_C = \frac{\Delta Q}{C_1} = \frac{I_1 \cdot \Delta t}{C_1} \text{ und damit } \Delta U_A = u_A = \frac{I_1 \cdot \Delta t}{C_1} = -\frac{U_E}{R_1 \cdot C_1} \cdot \Delta t$$

Nach einer bestimmten Zeit hat die Ausgangsspannung den Wert der Speisespannung erreicht und wird begrenzt. Bei einem integrierenden Verstärker ist die Höhe der Ausgangsspannung also von der Eingangsspannung und der Zeit t abhängig. In Bild 2.123b ist der

Verlauf der Ausgangsspannung für zwei konstante, aber unterschiedlich große Eingangsspannungen dargestellt. Man erkennt, dass sich die Ausgangsspannung gleichmäßig mit fortschreitender Zeit ändert, bis sie den Wert der Betriebsspannung erreicht hat. Legt man an den Eingang eine symmetrische Rechteckspannung mit wechselnder Polarität, so erscheint am Ausgang eine Dreieckspannung; der Integrierer arbeitet als Funktionsgenerator (siehe Kap. 2.8.3). Die Bezeichnung Integrierer ist im Zusammenhang mit einer mathematischen Operation zu sehen.

Der integrierende Verstärker kann auch als Wechselspannungsverstärker eingesetzt werden. Da der Kondensator C_1 im Rückkoppelzweig bekanntlich einen frequenzabhängigen Wechselstromwiderstand X_C besitzt (siehe Kap. 1.8.3.1), ist auch der Wert der zurückgekoppelten Ausgangsspannung von der Frequenz abhängig. Für den Betrag der Spannungsverstärkung ergibt sich unter Zuhilfenahme der bisherigen Betrachtungen:

$$A_U = \frac{u_A}{u_E} = \frac{i_1 \cdot X_C}{i_1 \cdot R_1} = \frac{1}{2 \cdot \pi \cdot f \cdot C_1 \cdot R_1}$$

Die Spannungsverstärkung des integrierenden Verstärkers nimmt mit steigender Frequenz ab; er kann als **aktiver Tiefpass** eingesetzt werden.

2.7.3.7 Differenzierer

Bei einem differenzierenden Verstärker wird das Eingangssignal über einen Kondensator eingekoppelt, im Rückkoppelzweig befindet sich ein Widerstand.

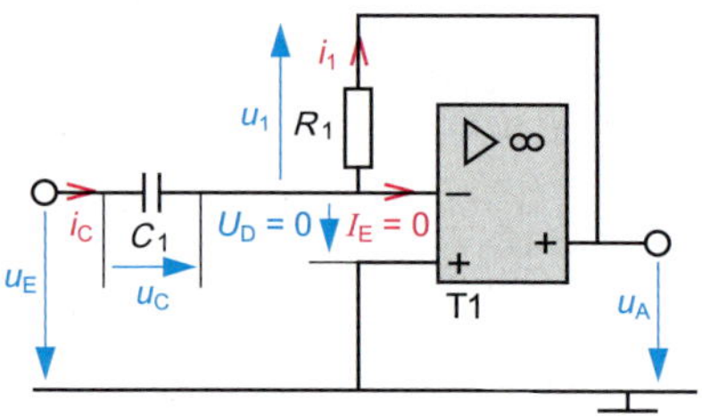

Bild 2.124: Differenzierer

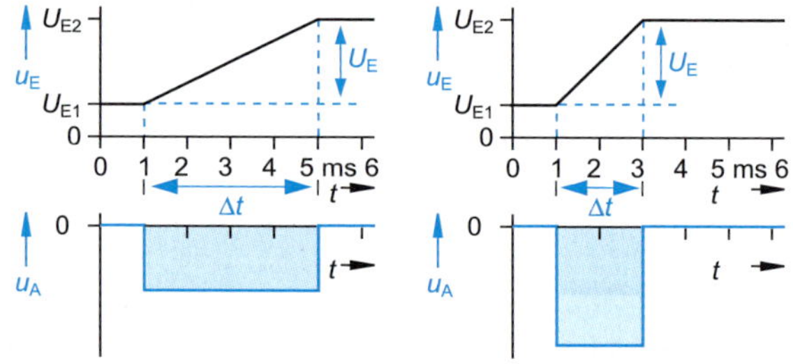

Bild 2.125: Spannungsverläufe bei einem Differenzierer

Legt man an den Eingang der Schaltung eine konstante Spannung U_E und hat sich der Kondensator C_1 bereits auf diese Spannung aufgeladen, so fließt kein Ladestrom mehr. Damit fließt auch kein Strom mehr durch R_1 und es gilt $U_1 = -U_A = 0$.

Legt man an den Eingang eine stetig (linear) ansteigende Spannung, so steigt auch U_C gleichmäßig an und es fließt ein konstanter (!) Ladestrom.

Mit $\Delta U_E = \Delta U_C = \frac{\Delta Q}{C_1} = \frac{I_C \cdot \Delta t}{C_1}$ folgt für den Ladestrom: $I_C = C_1 \cdot \frac{\Delta U_E}{\Delta t}$

Damit folgt für die Ausgangsspannung:

$$u_A = -u_1 = R_1 \cdot I_C = -R_1 \cdot C_1 \cdot \frac{\Delta U_E}{\Delta t}$$

Am Ausgang eines differenzierenden Verstärkers liegt nur dann eine Ausgangsspannung an, wenn sich die Eingangsspannung ändert.

So wie der Integrierer kann auch der Differenzierer als Wechselspannungsverstärker eingesetzt werden, wobei hier der Kondensator C_1 mit seinem frequenzabhängigen Widerstand nicht im Rückkoppelzweig, sondern im Eingangskreis liegt. Für den Betrag der Spannungsverstärkung der Schaltung gilt hier:

$$A_U = \frac{u_A}{u_E} = \frac{u_1}{u_C} = \frac{i_1 \cdot R_1}{i_1 \cdot X_C} = 2 \cdot \pi \cdot f \cdot C_1 \cdot R_1$$

Die Spannungsverstärkung des differenzierenden Verstärkers steigt proportional zur Frequenz an; er kann als **aktiver Hochpass** eingesetzt werden.

2.7.4 ICs mit digitalen Funktionen

Digitale Funktionen werden in der Elektronik fast ausschließlich durch integrierte Schaltkreise (IC) realisiert. Dabei unterscheiden sich die einzelnen Schaltkreise durch ihre Schaltungstechnik, ihre elektrischen Daten und ihre logische Funktion. Die logischen Funktionen bis hin zur Unterscheidung von Schaltnetzen und Schaltwerken sind gesondert in Kap. 7.2 behandelt.

Schaltkreise, die in der Schaltungstechnik und weitgehend in den elektrischen Daten übereinstimmen, bezeichnet man als **Schaltkreisfamilien**. Alle binären Schaltungen einer Schaltkreisfamilie werden in derselben Technologie und mit derselben Grundschaltung hergestellt. Alle Schaltkreise einer Familie haben die gleichen typischen Eigenschaften und Kenndaten.

Die enormen Fortschritte auf dem Gebiet der Halbleitertechnologie ermöglichen den Aufbau von immer größeren Systemen auf immer kleinerem Raum; die Integrationsdichte, d. h. die Anzahl der Transistorfunktionen pro Fläche, wurde und wird weiterhin stetig erhöht. Als Bezeichnungen für den Integrationsgrad unterscheidet man:

- **SSI:** **S**mall-**S**cale-**I**ntegration = Kleinintegration
- **MSI:** **M**edium-**S**cale-**I**ntegration = Mittlere Integration
- **LSI:** **L**arge-**S**cale-**I**ntegration = Großintegration
- **VLSI:** **V**ery-**L**arge-**S**cale-**I**ntegration = Größtintegration

Angaben über die Anzahl der Funktionen bzw. die Anzahl der Transistoren und die Flächengrößen sowie Angaben über die Kennwerte digitaler Schaltkreise (Pegelbereiche, Störsicherheit, Leistungsaufnahme, Schaltzeiten) sind den jeweils aktuellen Herstellerangaben zu entnehmen.

Die Vorteile integrierter Schaltkreise sind:

- **Hohe Zuverlässigkeit**; Leitungsverbindungen und Lötstellen – häufig eine Ausfallursache elektronischer Geräte – entfallen. Die kurzen Verbindungsleitungen innerhalb des ICs verringern den Einfluss von eingestreuten Störspannungen und erhöhen die Arbeitsgeschwindigkeit.

- **Geringe Streuwerte**; herstellungsbedingte Abweichungen einzelner Schaltelemente in ICs heben sich teilweise auf, sodass die Kennwerte eine geringe Streuung aufweisen.
- **Große Temperaturstabilität**; da alle Schaltelemente in einem IC die gleiche Temperatur annehmen, wirken temperaturbedingte Änderungen der Eigenschaften teilweise gegeneinander. Die Kennwerte von ICs sind weniger temperaturabhängig als die von Einzelhalbleitern.
- **Niedrige Preise**; trotz hoher Entwicklungskosten sind ICs durch Herstellung großer Stückzahlen billiger als die zum diskreten Aufbau erforderlichen Einzelbauelemente.

Bei der stetig zunehmenden Vielzahl der Applikationen werden zur Realisierung umfangreicher Logikfunktionen mehr und mehr ICs verwendet, in denen die Funktionen nicht mehr fest vorgegeben sind, sogenannte programmierbare Logikbausteine.

> **Programmierbare Logikbausteine** sind so konzipiert, dass sie universell einsetzbar sind und sich den Erfordernissen des Anwenders anpassen lassen.

Zur Realisierung umfangreicher Logikfunktionen sowohl im Bereich der Schaltnetze als auch der Schaltwerke ist (seit etwa 1980) eine Vielzahl von programmierbaren Logikbausteinen entwickelt worden. Sie werden auch als **Funktionsspeicher** bezeichnet (im Gegensatz zu **Programmspeichern** wie RAM, ROM usw.). Es sind vom Anwender programmierbare Verknüpfungsschaltungen, in denen logische Funktionen gespeichert werden.

Fast alle Hersteller von Halbleiterbausteinen haben eigene Bausteinfamilien entwickelt. Dabei ist eine gewisse Unübersichtlichkeit in den Bezeichnungen entstanden. Die folgenden Bezeichnungen haben sich allerdings als feste Begriffe etabliert:

- **PLD** (**P**rogrammable **L**ogic **D**evice = programmierbarer Logik-Baustein); kann als Oberbegriff für alle programmierbaren Bausteine angesehen werden.
- **PAL** (**P**rogrammable **A**rray **L**ogic = programmierbare Logik-Matrix); universell einsetzbare Bausteine zur Realisierung von Logikschaltungen auf der Basis der logischen Grundgatter. Die Programmierung kann nur einmal durchgeführt werden (z. B. PROM).
- **GAL** (**G**eneric **A**rray **L**ogic = universelle Logik-Matrix); eine Weiterentwicklung der PAL, eine klare Abgrenzung ist jedoch nicht immer gegeben; z. T. kann wiederholt programmiert werden (z. B. EEPROM).
- **CPLD** (**C**omplex **P**rogrammable **L**ogic **D**evice = komplexer programmierbarer Logik-Baustein). Diese Bausteine bestehen aus einer Anzahl PAL-ähnlicher Blöcke, die über eine Schaltermatrix miteinander verbunden sind. Hierbei können nicht nur die PAL-Blöcke, sondern auch die Verbindungen zwischen ihnen programmiert werden. Unabhängig von den jeweils realisierten Verbindungen sind die Signallaufzeiten bei CPLD konstant. In den Da-

tenblättern werden die von Pin zu Pin benötigten Zeiten angegeben. Auch bei den CPLD werden in den Herstellerangaben verschiedene Abkürzungen verwendet, die aber im Wesentlichen die gleichen Bausteinstrukturen beschreiben (SPLD = Segmented PLD, EPLD = Erasable PLD).

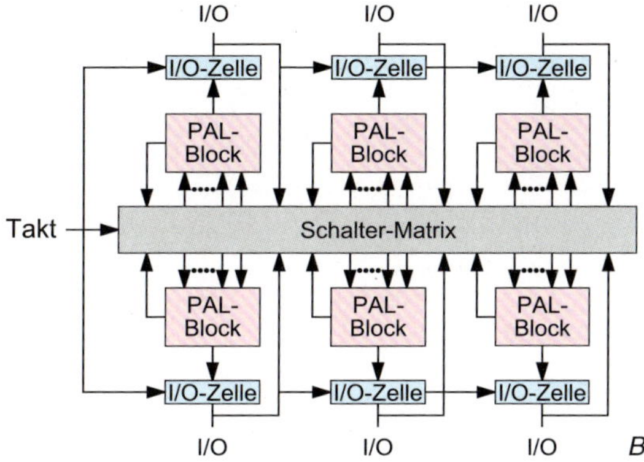

Bild 2.126: Struktur eines CPLD

- **FPGA** (**F**ield **P**rogrammable **G**ate **A**rray = „im Feld" programmierbare Gatter-Matrix). Die Bezeichnung „im Feld" bedeutet hier, dass der Baustein in der Schaltung vom Anwender programmiert werden kann. Anders als ein CPLD besteht ein FPGA aus vielen kleinen Logik-Zellen, die in einer Matrix auf dem Baustein angeordnet sind. Zwischen diesen Logik-Zellen verlaufen Bus-Systeme (Routing Channels), mit denen die erforderlichen Verbindungen zwischen den einzelnen Zellen untereinander sowie mit den Ein-/Ausgabe-Schaltungen programmiert werden können. Werden auf einem FPGA Logik-Schaltungen realisiert, so ergeben sich je nach Lage der genutzten Zellen und nach Verlauf der programmierten Verbindungen (Place and Route) unterschiedliche Signallaufzeiten.

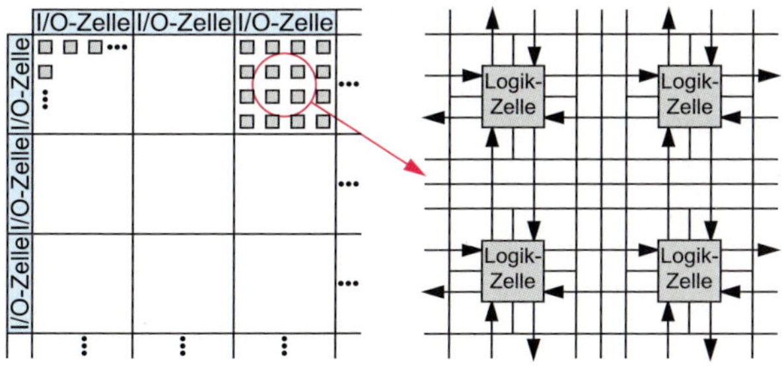

Bild 2.127: Struktur eines FPGA

- **ASIC** (**A**pplication **S**pecific **I**ntegrated **C**ircuit = anwendungsspezifischer integrierter Schaltkreis). Dies sind ICs, die vom Hersteller speziell nach Kundenangaben für eine bestimmte Anwendung (Applikation) entwickelt und optimiert werden. Ähnlich wie bei PAL und GAL ist auch eine klare Abgrenzung zwischen FPGA und ASIC kaum möglich. Viele Anwendungsschaltungen, die noch vor einigen Jahren als ASIC entwickelt wurden, werden heute unter Verwendung von FPGA realisiert.

Bei den herstellerkonfigurierten ASIC unterscheidet man zwischen:

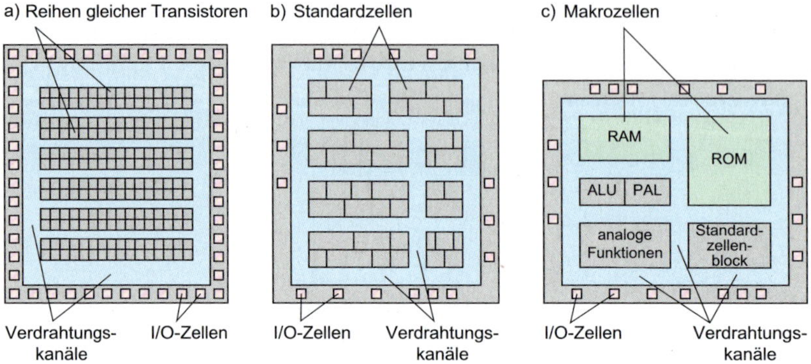

Bild 2.128: Verschiedene Strukturen von ASIC

a) **Gate-Arrays** (Gatter-Matrix); dies sind in großen Stückzahlen vorgefertigte Chips mit einer festen Anzahl von Transistoren. Diese sind in gleichmäßigen Reihen auf dem Chip platziert und können über eine bestimmte Anzahl von Verdrahtungskanälen mit einer ebenfalls festliegenden Anzahl von Ein- und Ausgangszellen verschaltet werden.

b) **Standardzellen-ICs**, die aus verschiedenen abgeschlossenen Logik-Zellen aufgebaut sind. Eine Zelle kann z.B. ein NAND-Gatter oder ein Flipflop sein. Die Breite der einzelnen Zellen sowie der Abstand zwischen den Zellen und damit die Breite der Verdrahtungskanäle sind bei diesen ICs nicht festgelegt.

c) **Makrozellen-Arrays** sind im Prinzip wie Standardzellen-ICs aufgebaut, die einzelnen Zellen haben jedoch eine wesentlich komplexere Struktur. Eine Makrozelle kann z.B. einen ganzen Standardzellenblock oder eine vollständige Schaltung enthalten. Es können auch analoge Schaltungen wie z.B. Operationsverstärker, analoge Schalter und AD-Umsetzer integriert werden, sodass sich ein fließender Übergang zu hybriden ICs ergibt.

d) **SoC** (System on a Chip), bezeichnet technikübergreifend einen integrierten Schaltkreis (IC), auf dem nahezu alle Funktionen eines programmierbaren elektronischen Systems integriert sind. Die einzelnen Funktionsgruppen werden intern durch ein Bussystem verbunden. SoCs werden sehr häufig im Bereich der Steuerungs- und der Datenverarbeitungstechnik eingesetzt (Beispiel: ARM-Prozessor mit CPU, RAM, ROM, Register, Controller und andere Komponenten; Kap. 8.2.2).

Aufgaben

1. Begründen Sie, warum ein OP ein fast idealer Verstärker ist.
2. Wozu dient der Offsetabgleich?
3. Beschreiben Sie, wie bei einem Operationsverstärker
   a) die Mitkopplung,
   b) die Gegenkopplung schaltungstechnisch realisiert wird.
4. Im Datenblatt eines Operationsverstärkers wird eine Leerlaufspannung A_{U0} = 80 dB und eine maximale Ausgangsspannung von U_{Amax} = ±12 V angegeben. Bei welcher Eingangsspannung U_E ist der Operationsverstärker voll durchgesteuert?
5. Ein OP wird als Komparator eingesetzt. Erläutern Sie das unterschiedliche Schaltverhalten einer Komparatorschaltung ohne Rückkopplung und einer Schaltung mit Rückkopplung.

6. Die Speisespannung U_S für den OP beträgt ±12 V. Analysieren Sie die Funktion der Schaltung:
   a) Welche Aufgabe haben die Widerstände R_3 und R_4?
   b) Um welche Art Bauelement handelt es sich bei Widerstand R_1?
   c) Beschreiben Sie die Arbeitsweise der Schaltung.
   d) Berechnen Sie den Widerstandswert von R_1, bei dem
      1. die LED eingeschaltet wird,
      2. die LED ausgeschaltet wird.
   e) Welche Aufgabe erfüllt die Diode T2?

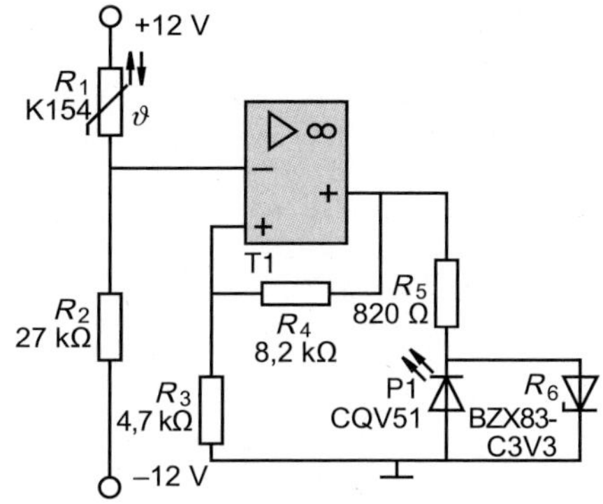

7. Berechnen Sie für die Schaltung
   a) die Spannungsverstärkung und
   b) die Eingangsspannung.

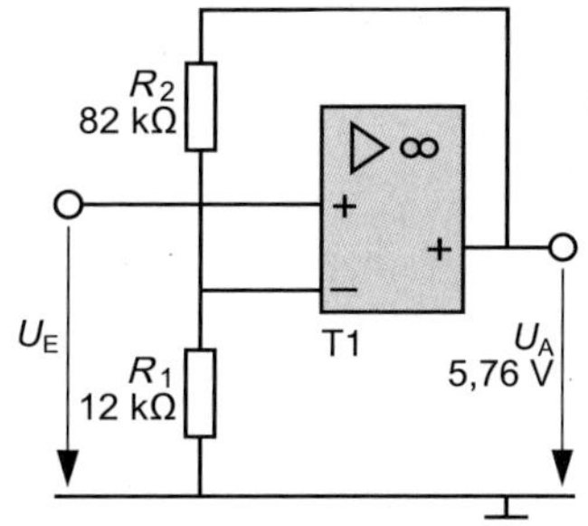

8. Die dargestellte Schaltung wird mit dem OP KA-741 aufgebaut.
   a) Um welche Schaltungsart handelt es sich?
   b) Für R_2 werden nacheinander die folgenden Widerstandswerte gewählt: 3,17 MΩ, 317 kΩ, 100 kΩ und 31,7 kΩ. Berechnen Sie für jeden Widerstandswert die erzielte Spannungsverstärkung A_U der Schaltung.

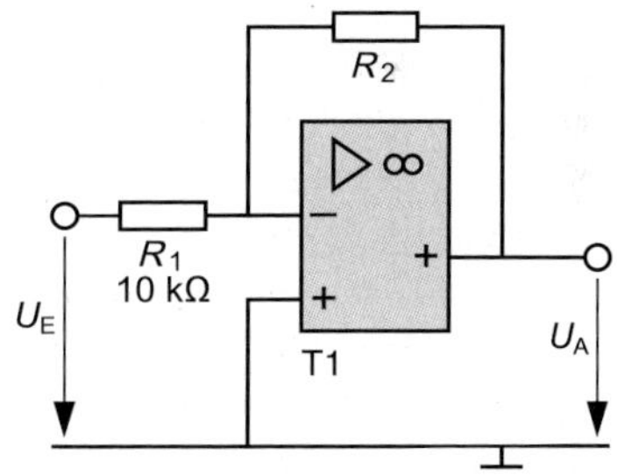

9. Welchen Verstärkungsfaktor hat ein invertierender Verstärker mit dem Eingangswiderstand R_1 = 15 kΩ und dem Rückkoppelwiderstand R_2 = 150 kΩ?

10. Von einer nichtinvertierenden Verstärkerschaltung mit dem Rückkoppelwiderstand R_1 = 120 kΩ und R_0 = 47 kΩ soll eine Ausgangsspannung von −5 V bereitgestellt werden. Wie groß muss die Eingangsspannung gewählt werden?

11. a) Welche Funktion haben die Widerstände R_1 und R_2?
    b) Wie groß ist die Spannungsverstärkung der Schaltung?
    c) Berechnen Sie den Spitze-Spitze-Wert der Ausgangsspannung U_2 bei einer sinusförmigen Eingangsspannung U_1 = 20 mV.
    d) Wie groß darf der Effektivwert einer sinusförmigen Eingangsspannung höchstens sein, ohne dass der OP übersteuert wird?

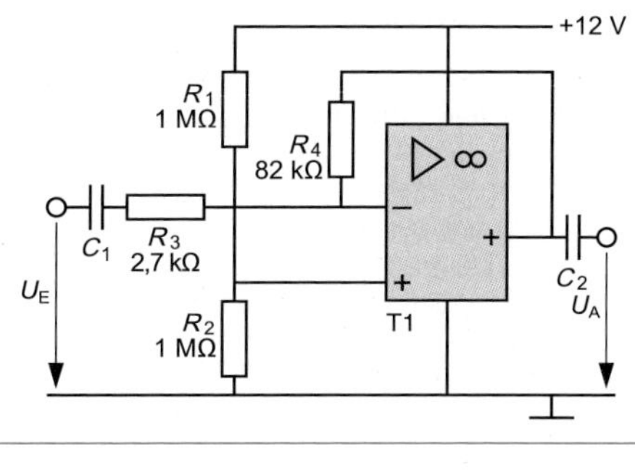

12. Für eine Verstärkerschaltung in einem Mischpult mit den drei Eingängen E1, E2 und E3 wird gefordert:
$-u_A = 1{,}5\ u_{E1} + 2\ u_{E2} + 2{,}5\ u_{E3}$
    a) Berechnen Sie die Widerstände R_2, R_3 und R_4 der Verstärkerschaltung, wenn R_1 den Wert 4,7 kΩ aufweist.
    b) Wie hoch ist die Ausgangsspannung, wenn u_{E1} = 1,2 V, u_{E2} = 1,6 V und u_{E3} = −1,8 V sind?

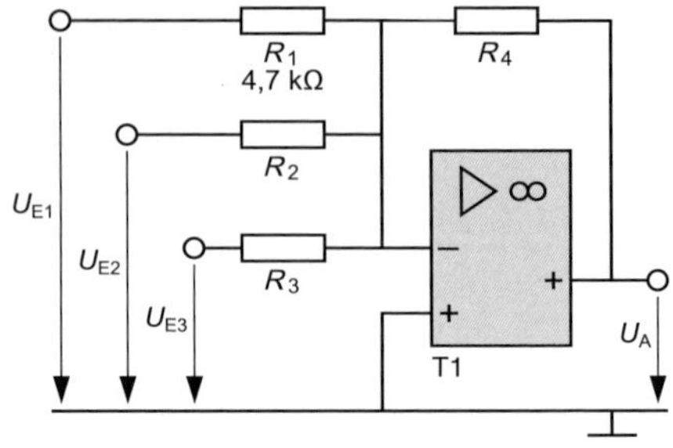

13. Berechnen Sie die Ausgangsspannung U_A der Schaltung für:
    a) U_{E1} = +1,2 V und U_{E2} = +3,8 V,
    b) U_{E1} = +1,6 V und U_{E2} = −2,8 V,
    c) U_{E1} = −1,8 V und U_{E2} = +2,2 V,
    d) U_{E1} = −6,8 V und U_{E2} = −2,5 V.

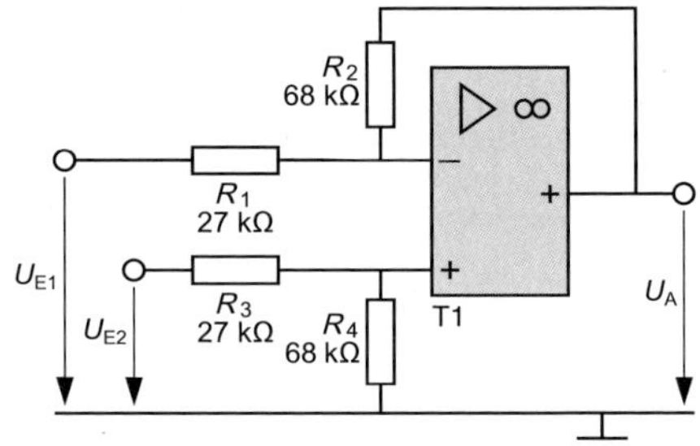

14. An den Eingang eines integrierenden Verstärkers mit R_1 = 10 kΩ und C_1 = 50 nF wird eine Spannung angelegt, deren Verlauf im Diagramm dargestellt ist. Zur Zeit t = 0 ist U_a = +1 V. Die Betriebsspannung des OA beträgt ±5 V. Zeichnen Sie in ein Diagramm den zeitlichen Verlauf der Ausgangsspannung u_A für die vorgegebene Eingangsspannung u_e (Maßstäbe: 1 V = 1 cm; 1 ms = 1 cm).
(Hinweis: Sofern möglich, können Sie das Diagramm PC-gestützt mit einem geeigneten Anwendungsprogramm erstellen.)

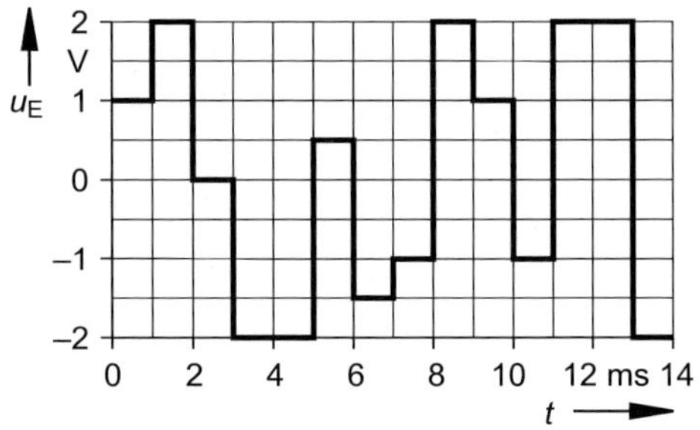

15. Ein OP ist als differenzierender Verstärker geschaltet. Für die Schaltung sind gegeben: R_1 = 50 kΩ, C_1 = 80 nF, U_S = ±5 V. An den Verstärker wird die im Diagramm dargestellte Eingangsspannung u_E angelegt. Zeichnen Sie in ein Diagramm den zeitlichen Verlauf der Ausgangsspannung u_A ein. (Maßstab: 1 V = 1 cm; 1 ms = 1 cm)
(Hinweis: Sofern möglich, können Sie das Diagramm PC-gestützt mit einem geeigneten Anwendungsprogramm erstellen.)

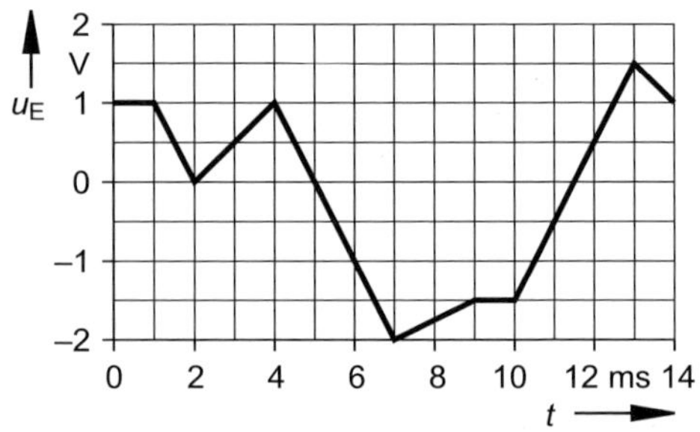

16. Für eine aktive Tiefpassschaltung mit OP sind gegeben: $C_1 = 2{,}2$ nF, $R_1 = 4{,}8$ kΩ, $U_S = \pm 10$ V. Die sinusförmige Eingangsspannung u_E hat einen Spitzenwert von 20 mV.
    a) Zeichnen Sie die Schaltung und benennen Sie alle Bauelemente.
    b) Berechnen Sie die Amplitude des Ausgangs für die Frequenzen $f_1 = 1$ Hz, $f_2 = 5$ Hz, $f_3 = 10$ Hz, $f_4 = 50$ Hz, $f_5 = 100$ Hz, $f_6 = 500$ Hz, $f_7 = 1$ kHz und $f_8 = 100$ kHz.
    c) Zeichnen Sie in ein Diagramm mit halblogarithmischer Teilung die positiven Scheitelwerte der Ausgangsspannung in Abhängigkeit von der Frequenz.
    d) Zusatzaufgabe: Sofern vorhanden, erstellen Sie ein solches Diagramm mit einem entsprechenden Anwendungsprogramm und ergänzen Sie es mit Amplitudenwerten bei weiteren Frequenzen. Sofern möglich, erstellen Sie ein Programm zur automatischen Spannungsberechnung.
17. Im Datenblatt des Operationsverstärkers KA-741 (siehe **www.westermann.de/links/00815**) werden im Abschnitt „Description" die allgemeinen Eigenschaften des Bauteils beschrieben. Übersetzen Sie diesen Abschnitt ins Deutsche.

2.8 Generatorschaltungen

Eine **Generatorschaltung** erzeugt nach Anlegen der Betriebsspannung **selbstständig** eine periodische Wechselspannung am Ausgang (Eigenschwingung). Der zeitliche Verlauf der Ausgangsspannung wird hierbei ausschließlich vom Aufbau der Schaltung bestimmt.

In Abhängigkeit von der Kurvenform der Ausgangsspannung unterscheidet man zwischen Sinus-, Rechteck-, Dreieck- und Sägezahngeneratoren. Signalgeneratoren werden benötigt, um das Verhalten einer Schaltung bei verschiedenen, festgelegten Spannungsverläufen messtechnisch zu erfassen.

2.8.1 Sinusgeneratoren

Ein Sinusgenerator wird auch als **Oszillator** bezeichnet, sein prinzipieller Aufbau kann mithilfe eines allgemeingültigen Blockschaltbildes dargestellt werden (Bild 2.129).

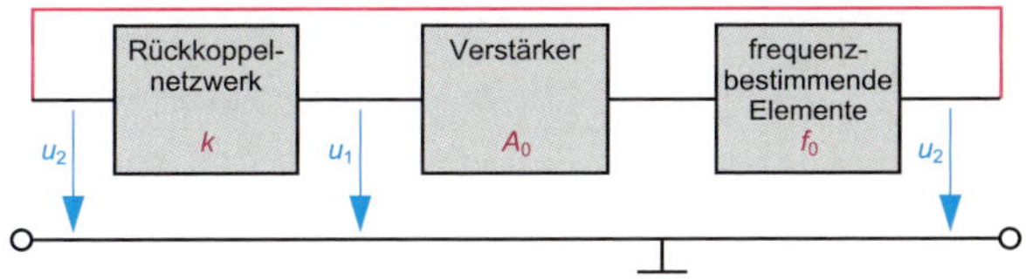

Bild 2.129: Grundsätzlicher Aufbau eines Sinusgenerators

Über das **Rückkoppelnetzwerk** gelangt ein Teil der Ausgangsspannung auf den Eingang des Verstärkers zurück. Die **frequenzbestimmenden Bauelemente** legen die Frequenz f_0 fest, mit welcher der Generator schwingt. Das Rückkoppelnetzwerk und die frequenzbestimmenden Bauelemente bewirken einen Energieverlust innerhalb der Schaltung. Der **Verstärker** muss der Schaltung stets so viel Energie zuführen, dass dieser Energieverlust ausgeglichen wird. Damit die Energieverluste ausgeglichen werden können, muss die auf den Eingang des Verstärkers zurückgekoppelte Spannung u_1 die gleiche Phasenlage besitzen wie die Ausgangsspannung u_2 (**Phasenbedingung:** $\varphi = 0$).

Der **Rückkoppelfaktor *k*** gibt an, wie groß der Anteil von u_2 ist, der vom Ausgang auf den Eingang zurückgekoppelt wird.

Ist die zurückgekoppelte Spannung u_1 phasengleich zur Ausgangsspannung u_2, bezeichnet man dies als **Mitkopplung**.

Die Eingangsspannung u_1 wird vom Verstärker um den **Faktor A_0** verstärkt. Es gilt:

$$k = \frac{u_1}{u_2} \text{ und } A_0 = \frac{u_2}{u_1} \Rightarrow A_0 \cdot k = 1$$

Das Produkt aus Spannungsverstärkung A_0 und Rückkoppelfaktor k wird **Schleifenverstärkung** genannt.

Besitzt die Schleifenverstärkung den Wert 1, so ist die Amplitude der auf den Eingang des Verstärkers zurückgekoppelten Spannung gerade groß genug, um den Schwingungsvorgang aufrechtzuerhalten (**Amplitudenbedingung**). Man erhält eine **ungedämpfte Schwingung**. Ist die Schleifenverstärkung kleiner als 1, nimmt die Amplitude der Schwingung kontinuierlich ab; ist sie größer als 1, wird sie kontinuierlich größer, bis die Ausgangsspannung auf den Wert der Betriebsspannung begrenzt wird. Als frequenzbestimmende Bauelemente benutzt man in der Praxis neben Schwingkreisen (siehe Kap. 1.10.4) auch Schwingquarze oder RC-Schaltungen.

LC-Generator	
Bezeichnung	**Schaltungsprinzip**
Meißner-Generator ■ L_1 und C_1 bilden einen Schwingkreis; durch den ständigen Energieaustausch zwischen dem elektrischen Feld des Kondensators und dem magnetischen Feld der Spule entsteht eine periodische sinusförmige Eigenschwingung. ■ Die Eingangsspannung u_1 des Verstärkers wird aus der am Schwingkreis abfallenden Spannung u_2 erzeugt; sie wird über T1 ausgekoppelt (u_R). ■ Die Phasenbedingung wird durch entsprechende Polung der Sekundärspule (Kennzeichnung durch die Punkte an T1) erfüllt. ■ u_R gelangt über R_3 zurück an den Verstärkereingang; R3 bestimmt die Höhe von u_1 (Amplitudenbedingung). ■ Der Scheinwiderstand Z des Schwingkreises ist frequenzabhängig, dadurch sind auch die Größen von u_1 und u_2 frequenzabhängig. ■ Die Schwingfrequenz f_0 wird durch L_1 und C_1 bestimmt (R_V symbolisiert die Schwingkreisverluste).	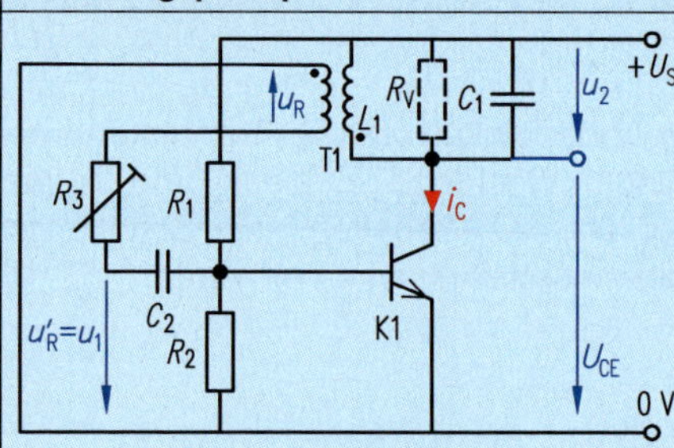 $f_0 = \frac{1}{2 \cdot \pi \cdot \sqrt{L_1 \cdot C_1}}$

LC-Generator	
Bezeichnung	**Schaltungsprinzip**
Colpitts-Generator ■ Der Schwingkreis aus C_1, C_2 und L_1 bestimmt die Schwingfrequenz f_0. ■ Die Teilspannung u_R wird an C_1 abgegriffen und über R_3 direkt auf den Eingang des Verstärkers zurückgeführt (Amplitudenbedingung). ■ Die Phasenbedingung ist erfüllt, da K1 in Basisschaltung (siehe Kap. 2.4.6.3) betrieben wird. ■ Da der Schwingkreis mit seinen Kapazitäten C_1 und C_2 an drei Punkten angeschlossen ist, wird dieser Generator auch als **kapazitive Dreipunktschaltung** bezeichnet.	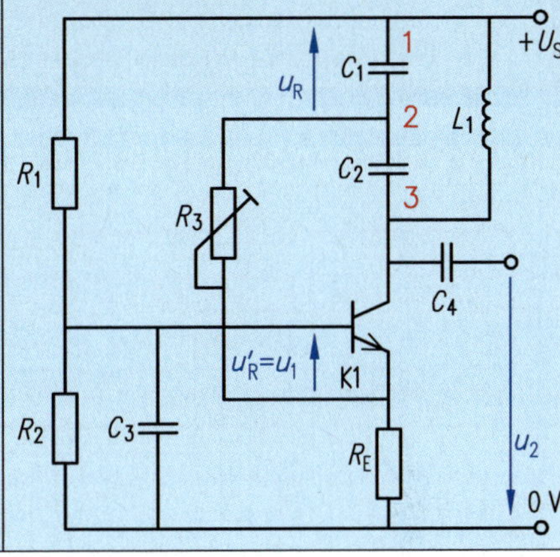

RC-Generatoren	
Bezeichnung	**Schaltungsprinzip**
Phasenschieber-Generator ■ Der OP arbeitet als invertierender Verstärker (siehe Kap. 2.7.3.3); seine Spannungsverstärkung wird durch das Widerstandsverhältnis R_5/R_4 bestimmt (Amplitudenbedingung). ■ Die Rückkopplung der Ausgangsspannung u_2 auf den Eingang erfolgt über RC-Glieder; hierbei nutzt man aus, dass eine RC-Schaltung eine Phasenverschiebung zwischen Eingangs- und Ausgangsspannung bewirkt (siehe Kap. 1.10.2); es werden **mindestens** drei RC-Glieder benötigt, da die Phasenverschiebung bei einem RC-Glied stets kleiner als 90° ist.	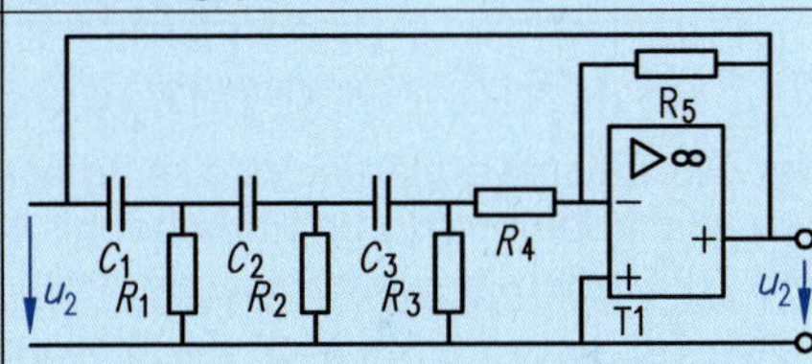 Werden alle RC-Glieder gleich bemessen, d. h. $R_1 = R_2 = R_3$ und $C_1 = C_2 = C_3$, so gilt: $f_0 = \frac{1}{2 \cdot \pi \cdot \sqrt{6} \cdot R_1 \cdot C_1}$
Wien-Robinson-Generator ■ Der OP arbeitet als nicht-invertierender Verstärker (siehe Kap. 2.7.3.1); seine Spannungsverstärkung wird durch das Widerstandsverhältnis R_3/R_4 bestimmt (Amplitudenbedingung). ■ Im Rückkoppelzweig des OPs liegt eine RC-**Reihen**schaltung und eine RC-**Parallel**schaltung (Wien-Robinson-Brücke); beide bewirken eine frequenzabhängige Spannungsteilung. ■ Die an der RC-Parallelschaltung abgegriffene Spannung u_1 wird auf den nichtinvertierenden Eingang des OPs zurückgeführt. ■ Da der OP keine Phasendrehung verursacht, wird die Phasenbedingung nur bei gleicher Phasenlage von u_1 und u_2 erfüllt; dies ist nur bei einer einzigen Frequenz f_0 der Fall.	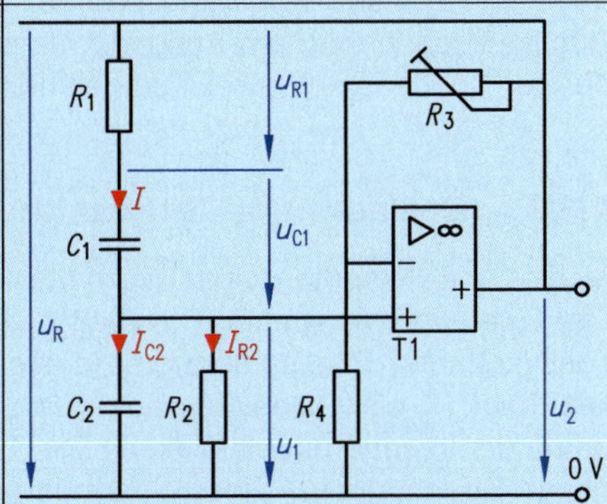 Werden alle RC-Glieder gleich bemessen, d. h. $R_1 = R_2$ und $C_1 = C_2$, dann gilt: $f_0 = \frac{1}{2 \cdot \pi \cdot R_1 \cdot C_1}$

Bild 2.130: Prinzipieller Aufbau von Sinusgeneratoren

2.8.2 Rechteck-Generatoren

> Als **Rechteck-Generator** bezeichnet man eine Schaltung, die aus einer Gleichspannung eine rechteckförmige Wechselspannung erzeugt.

Bild 2.131a zeigt einen einfachen Rechteckgenerator mit OP

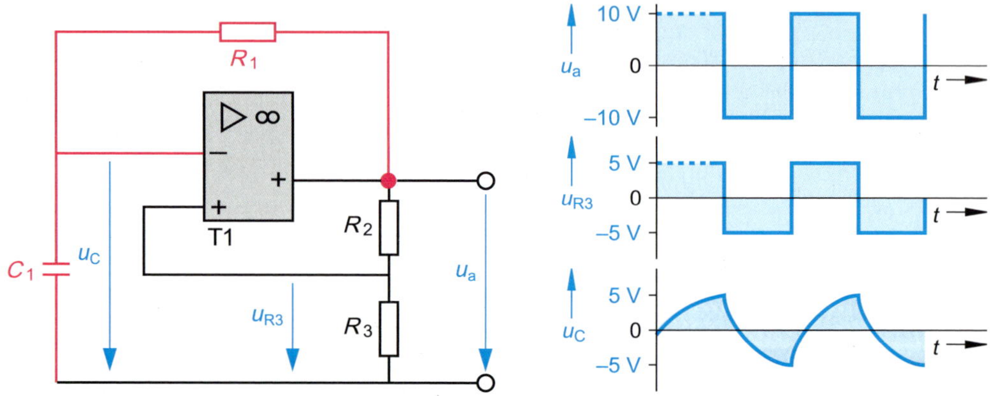

Bild 2.131: a) Rechteckgenerator mit OP *b) Spannungsverlauf beim Rechteckgenerator*

Der Operationsverstärker wird mit einer dualen Spannungsversorgung $U_S = \pm 10$ V betrieben (nicht dargestellt) und arbeitet als Komparator (siehe Kap. 2.7.2). Die Widerstände R_2 und R_3 werden gleich bemessen. Ist $u_a = +U_S$, so wird sich C_1 über R_1 aufladen und u_C steigt. Da $R_2 = R_3$ ist, liegt am nichtinvertierenden Eingang des OP eine Spannung von +5 V. Der OP vergleicht beide Teilspannungen miteinander. Solange $u_C < 5$ V ist, bleibt $u_a = +10$ V bestehen. Wird die Spannung $u_C \geq 5$ V, kippt die Ausgangsspannung von +10 V auf −10 V. Am nichtinvertierenden Eingang des OP liegt nun −5 V an. C_1 wird über R_1 umgeladen, bis $u_C = -5$ V erreicht ist. Dann kippt die Ausgangsspannung u_a wieder auf +10 V. Dieser Vorgang wiederholt sich periodisch. Es ergibt sich eine symmetrische Rechteckspannung am Ausgang, deren Kippfrequenz von der Schnelligkeit abhängt, mit der der Kondensator jeweils umgeladen wird (Bild 2.131 b).

2.8.3 Dreieck- und Sägezahn-Generatoren

Mithilfe von Operationsverstärkern lässt sich auch ein Dreieckgenerator aufbauen.
Der Operationsverstärker T1 arbeitet als Schmitt-Trigger (siehe Kap. 2.4.5.6), der Operationsverstärker T2 als Integrierer (siehe Kap. 2.7.3.6). Beträgt die Spannung $u_2 = -U_S$, so liegt über R_3 eine konstante negative Spannung am invertierenden Eingang von T2. Aufgrund der integrierenden Wirkung von T2 lädt sich C_1 auf. Es entsteht eine linear (!) ansteigende Spannung u_3. Diese Spannung liegt über R_1 am nichtinvertierenden Eingang von T1. Erreicht u_1 den Wert der Einschaltschwelle von T1, so kippt dessen Ausgang auf $+U_S$. Bedingt durch diesen Polaritätswechsel liegt nun am invertierenden Eingang von T2 eine konstante positive Spannung. Der Kondensator C_1 wird umgeladen. Die Ausgangsspannung u_3 nimmt nun linear ab, bis sie die Ausschaltschwelle von T1 unterschreitet. Dessen Ausgangsspannung u_2 kippt wieder auf $-U_S$. Der dargestellte Vorgang beginnt erneut und wird periodisch fortgesetzt. Es entsteht eine symmetrische, dreieckförmige Ausgangsspannung u_3 (Bild 2.132b).

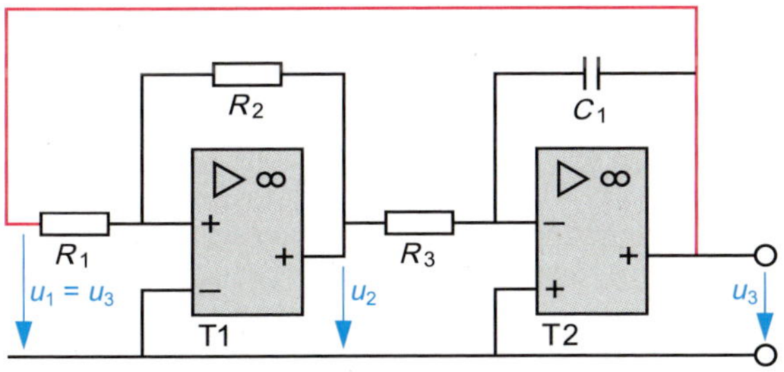

Bild 2.132: a) Dreieckgenerator mit OP

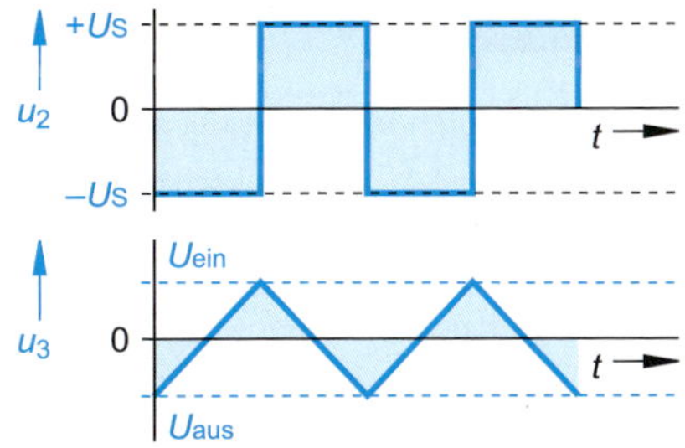

b) Spannungsverlauf beim Dreieckgenerator

Die Schaltschwellen des Schmitt-Triggers werden durch das Widerstandsverhältnis R_1/R_2 festgelegt. Die Frequenz der Ausgangsspannung wird von der Umladezeit des Kondensators C_1 bestimmt. Sie lässt sich durch Verändern des Widerstandswertes R_3 vergrößern oder verkleinern. Erfolgt das periodische Entladen des Kondensators über einen kleineren Widerstand R_3 als das Aufladen, so entsteht eine **unsymmetrische** dreieckförmige Ausgangsspannung. Je kürzer die Entladezeit wird, desto steiler verläuft die Entladekurve. Kann sich der Kondensator schlagartig entladen, erhält man eine Ausgangsspannung gemäß Bild 2.133. Diesen Verlauf bezeichnet man als **Sägezahnspannung**.

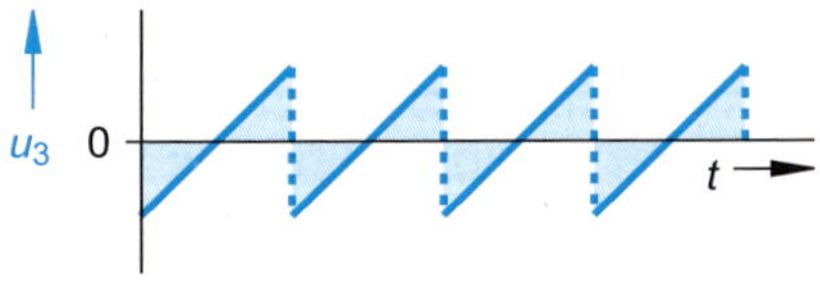

Bild 2.133: Verlauf einer Sägezahnspannung

Bei den in der Praxis eingesetzten Generatoren lassen sich in der Regel unterschiedliche Signalverläufe einstellen.

> Ein Signalgenerator, der periodische Wechselspannungen mit unterschiedlicher Kurvenform erzeugt, wird als **Funktionsgenerator** bezeichnet. Frequenz und Amplitude des Ausgangssignals sind hierbei stufenlos einstellbar.

Neben den genannten klassischen Schaltungsvarianten gibt es auch analog arbeitende integrierte Schaltungen, bei denen sich mit wenigen externen Bauelementen Sinus-, Dreieck-, Rechteck- und Sägezahnspannungen in einem weiten Amplituden- und Frequenzbereich einstellen lassen. Ein Generator, bei dem die Ausgangsfrequenz nicht konstant bleibt, sondern automatisch einen voreingestellten Frequenzbereich durchläuft, bezeichnet man als **Wobbelgenerator**.

Bei digital arbeitenden Generatoren wird ein definierter, periodischer Kurvenverlauf der Ausgangsspannung durch ein intern ablaufendes Programm erzeugt.

Aufgaben

1. Wodurch unterscheidet sich eine Generatorschaltung von einer Verstärkerschaltung?

2. Was versteht man unter einer ungedämpften Schwingung?

3. Damit ein Sinusoszillator schwingt, muss die sogenannte Amplitudenbedingung und die sogenannte Phasenbedingung erfüllt sein. Erläutern Sie diese beiden Bedingungen.

4. Unter welchen Bedingungen stellen sich bei einem Sinusgenerator die unter 1) und 2) dargestellten Verläufe der Ausgangsspannung ein?

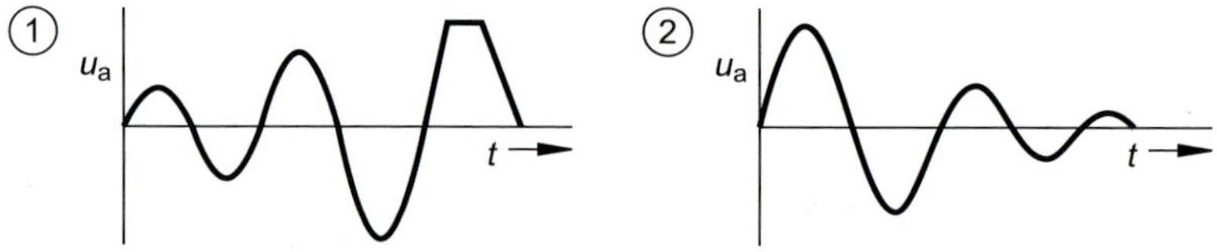

5. Benennen Sie zwei unterschiedliche Schaltungskonzepte für Sinusoszillatoren. Erklären Sie die prinzipiellen Unterschiede.

6. a) Benennen Sie den dargestellten Generatortyp.
   b) In welcher Grundschaltung arbeitet der Transistor?
   c) Durch welche Schaltungsmaßnahme wird die Phasenbedingung eingehalten?

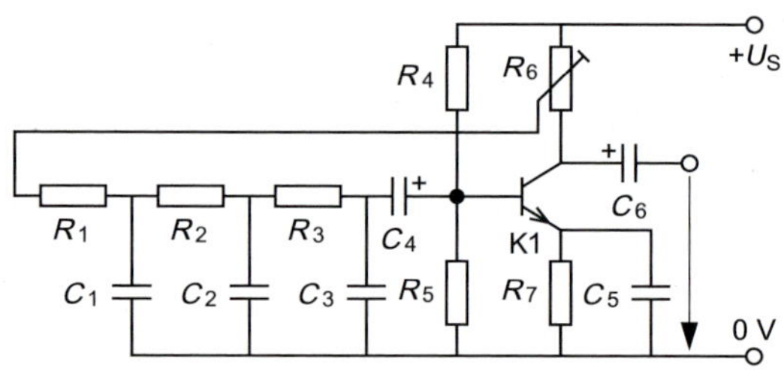

7. a) Um welche Art von Generator handelt es sich?
   b) In welcher Grundschaltung arbeitet T1?
   c) Erläutern Sie die Funktion von R_7.
   d) Bestimmen Sie die fehlenden Kapazitätswerte (C_1, C_2) für eine Frequenz von 100 kHz.
   e) Durch welche Maßnahme kann die Schwingfrequenz einstellbar gemacht werden?

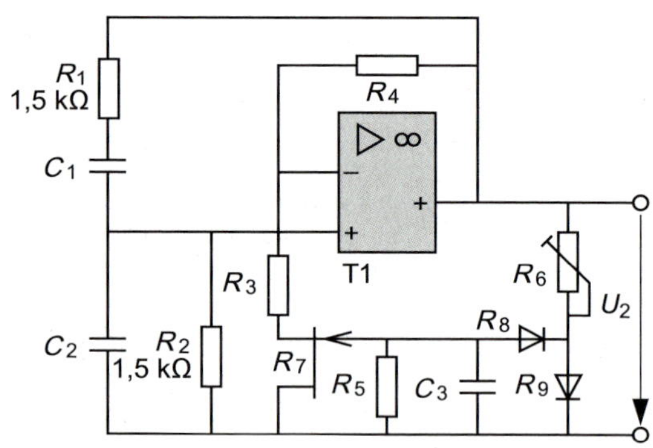

8. Was versteht man unter einem Funktionsgenerator? Wozu wird ein Funktionsgenerator in der Elektrotechnik benötigt?

9. a) In welcher Grundschaltung arbeiten T1 und T2?
   b) Welchen zeitlichen Verlauf haben die Spannungen u_1, u_2 und u_3?
   c) Welche Änderung ergibt sich in den Spannungsverläufen, wenn
      1) C_1 vergrößert wird, oder
      2) R_1 vergrößert wird?

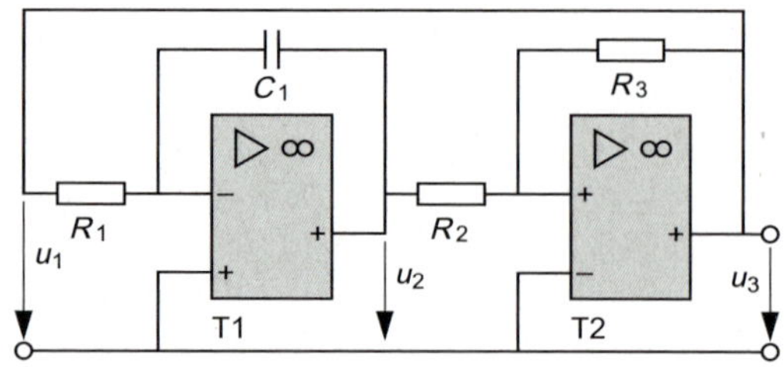

2.9 Mehrschichthalbleiter

Mehrschichthalbleiter sind Halbleiterbauelemente, die in der Regel mehr als drei Halbleiterzonen aufweisen. Aufgrund ihres Aufbaus besitzen sie verbesserte oder völlig andere elektrische Eigenschaften als die bisher betrachteten Dioden und Transistoren. Sie werden vorwiegend in Schaltungen der Leistungselektronik eingesetzt.

2.9.1 Vierschichtdiode

Die **Vierschichtdiode** ist ein einfacher Mehrschichthalbleiter mit Schaltereigenschaften. Sie hat vier aufeinanderfolgende Halbleiterzonen p-n-p-n, die Anschlüsse tragen die Bezeichnungen Anode A und Katode K.

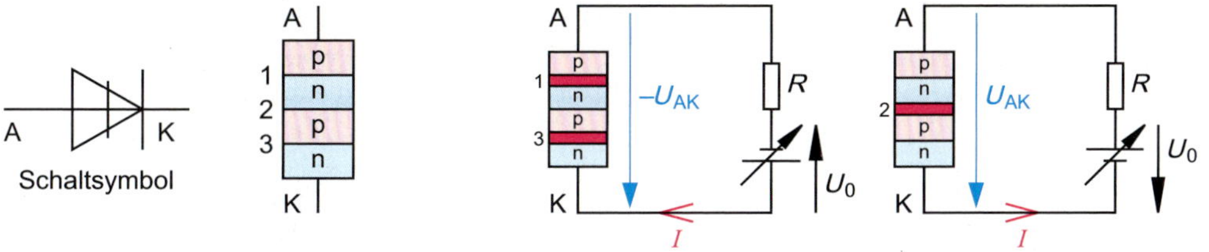

Bild a Bild b Bild c

Bild 2.134: Schaltsymbol, Aufbau und Ansteuerung einer Vierschichtdiode

Obwohl die Vierschichtdiode in der Praxis von anderen Bauelementen mit Schaltereigenschaften nahezu verdrängt wurde, lassen sich an ihr aufgrund ihres vergleichsweise einfachen Aufbaus wesentliche Eigenschaften von Mehrschichthalbleitern darstellen.

Das Bauelement hat insgesamt drei p-n-Übergänge (Bild 2.134 a: 1, 2 und 3). Schließt man die Vierschichtdiode so an eine Gleichspannungsquelle an, dass die Anode negativ und die Katode positiv wird, dann werden die p-n-Übergänge 1 und 3 in Sperrrichtung betrieben (Bild 2.134 b, $U_{AK} < 0$: Rückwärtsbetrieb, Rückwärtsrichtung), es kann nur ein geringer Sperrstrom I fließen. Vergrößert man die anliegende Spannung, bleibt das Bauelement hochohmig bis zur Zerstörung durch Überschreiten der maximalen Sperrspannung.

Schließt man die Vierschichtdiode so an eine Gleichspannung an, dass die Anode positiv gegenüber der Katode wird, dann wird nur der p-n-Übergang 2 in Sperrrichtung betrieben (Bild 2.134 c, Vorwärtsbetrieb, Vorwärtsrichtung) und es ergibt sich ein vollkommen anderes Verhalten. Das gesamte Verhalten einer Vierschichtdiode lässt sich am besten mit der U-I-Kennlinie darstellen (Bild 2.135).

Ist $U_{AK} < 0$, bleibt das Bauelement hochohmig und verhält sich wie eine normale Halbleiterdiode, die in Sperrrichtung betrieben wird (**Sperrbereich**). Im sogenannten **Blockierbereich** ist $U_{AK} > 0$, das Bauelement bleibt zunächst hochohmig, bis bei Erreichen der sogenannten **Zündspannung** ein schlagartiges Umkippen in den niederohmigen Zustand erfolgt. Halbleiterhersteller verwenden in ihren Datenblättern für diese Spannung auch die Bezeichnungen **Schaltspannung U_S** oder **Kippspannung U_K**.

Nach diesem „Zündvorgang" wird sehr schnell der **Übergangsbereich** durchlaufen. Die benötigte Zeit, um vom Blockierbereich in den Durchlassbereich zu kommen, wird **Einschaltzeit t_{ein}** genannt.

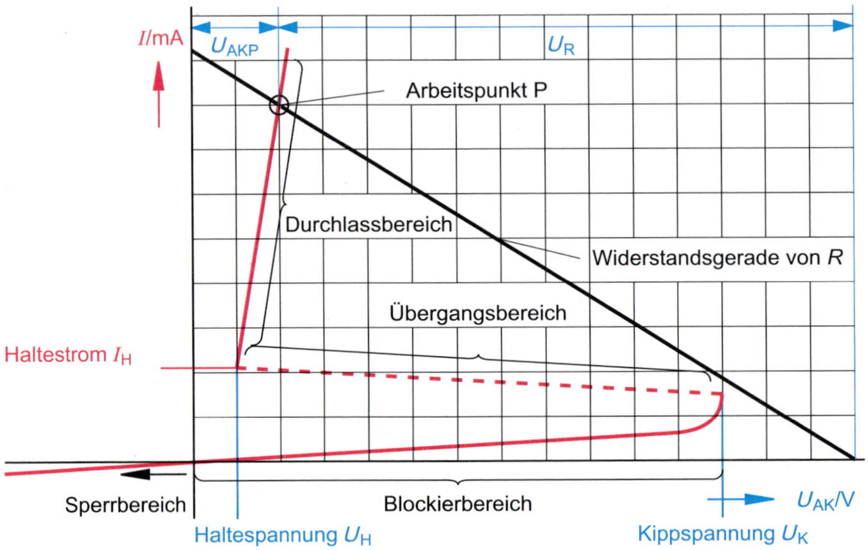

Bild 2.135: Prinzipielle U-I-Kennlinie einer Vierschichtdiode mit Arbeitsgerade für Schaltung Bild 2.134c

Im gesamten **Durchlassbereich** ist die Vierschichtdiode dann sehr niederohmig. Um eine Zerstörung zu verhindern, muss sie in jedem Fall in Reihe mit einem Widerstand (Lastwiderstand R) betrieben werden. Aufgrund des sehr geringen Durchlasswiderstands r_F fällt im Durchlassbereich fast die gesamte anliegende Spannung an R ab (Bild 2.135, U_{AKP} und U_{RL}).

Die Vierschichtdiode bleibt so lange niederohmig, bis der sogenannte Haltestrom (I_H) bzw. die Haltespannung (U_H) unterschritten wird. Das Zurückkippen in den hochohmigen Zustand wird auch als **Löschen** bezeichnet. Die Zeitdauer des Übergangs vom Durchlassbereich in den Blockierbereich nennt man **Ausschaltzeit t_{aus}**.

Die Kenngrößen einer Vierschichtdiode hängen vom jeweiligen Bauelement ab und sind dem Datenblatt zu entnehmen. Typische Werte sind beispielsweise:

Kippspannung U_K	60 V
Haltespannung U_H	0,8 V
Haltestrom I_H	50 mA
Sperrstrom I_R	10 μA
differenzieller Durchlasswiderstand r_F	1,5 Ω
Einschaltzeit t_{ein}	0,2 μs
Ausschaltzeit t_{aus}	4 μs

Bild 2.136: Beispiel für die Kennwerte einer Vierschichtdiode

! Die Vierschichtdiode wird auch als **Thyristordiode** oder **Triggerdiode** bezeichnet.

Mithilfe einer Vierschichtdiode kann beispielsweise aus einer Gleichspannung eine sägezahnförmige Spannung erzeugt werden (Bild 2.137).

Nach Schließen des Schalters S1 steuert Transistor K1 durch und lädt den Kondensator C_1 auf. Aufgrund der gegenkoppelnden Wirkung von R_3 ist dieser Ladestrom nahezu konstant. Solange die Zündspannung von R5 nicht überschritten wird, ist R5 sehr hochohmig und die langsam ansteigende Spannung U_a kann abgegriffen werden. Nach Überschreiten der Zündspannung wird R5 schlagartig niederohmig, der Kondensator entlädt sich sehr schnell über R5 und R_2. Die Größe des Entladestroms kann mit R_2 eingestellt werden, die Spannung U_a wird nahezu null. Mit abnehmender Kondensatorladung wird der Entladestrom kleiner. Bei Unterschreiten des Haltestromes kippt R5 in den hochohmigen Zustand zurück und der Ladevorgang des Kondensators beginnt erneut.

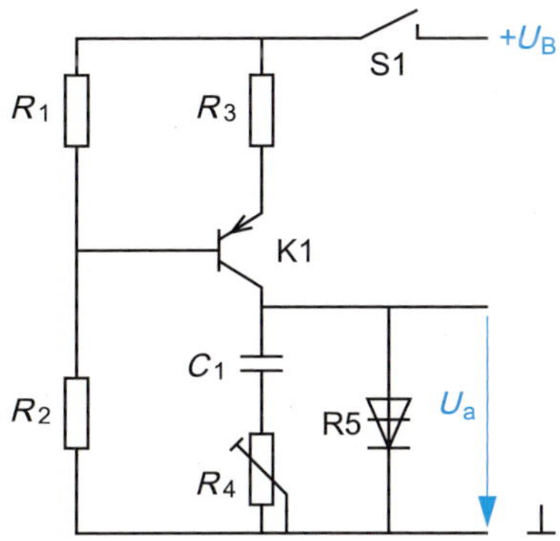

Bild 2.137: Schaltung mit Vierschichtdiode

> Eine Vierschichtdiode wirkt im Gleichstromkreis wie ein Schalter.
> Bei Überschreiten der Kippspannung U_K wird sie schlagartig niederohmig und erst bei Unterschreiten der Haltespannung U_H bzw. des Haltestromes I_H wird sie wieder hochohmig.

2.9.2 Thyristor

> Der **Thyristor** ist ein Halbleiterbauelement mit Schaltereigenschaften. Das Bauelement besitzt den gleichen Aufbau und das gleiche Schaltverhalten wie die Vierschichtdiode. Im Gegensatz zur Vierschichtdiode kann die Kippspannung beim Thyristor im Vorwärtsbetrieb vom Anwender verändert werden. Hierzu verfügt der Thyristor zusätzlich zu den Anschlüssen **Anode A** und **Katode K** über einen Steueranschluss, der als **Gate G** bezeichnet wird.

Der Thyristor hat sowohl im Rückwärts- als auch im Vorwärtsbetrieb prinzipiell das gleiche Schaltverhalten wie die Vierschichtdiode.

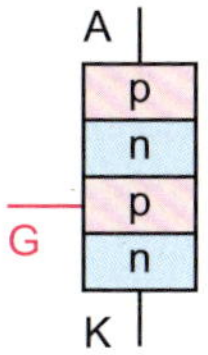

Bild 2.138a: Aufbau eines Thyristors

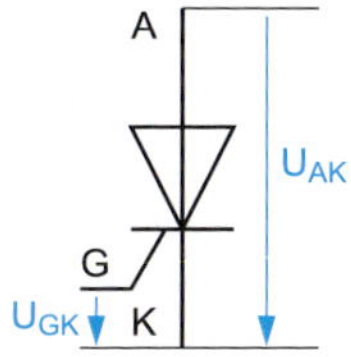

Bild 2.138b: Schaltsymbol des Thyristors

Schließt man an das Gate zusätzlich zu U_{AK} eine gegenüber der Katode positive Spannung U_{GK} an, so fließt ein Strom I_G in den Thyristor. Je größer dieser Gatestrom ist, umso kleiner kann die erforderliche Spannung U_{AK} sein, bei der ein Kippvorgang ausgelöst wird. Die Spannung U_{AK}, die bei $I_G = 0$ für das Kippen erforderlich ist, bezeichnet man beim Thyristor als **Nullkippspannung U_{AK0}**. Der Zusammenhang zwischen den Größen von I_G und U_{AK} wird in der Kennliniendarstellung veranschaulicht.

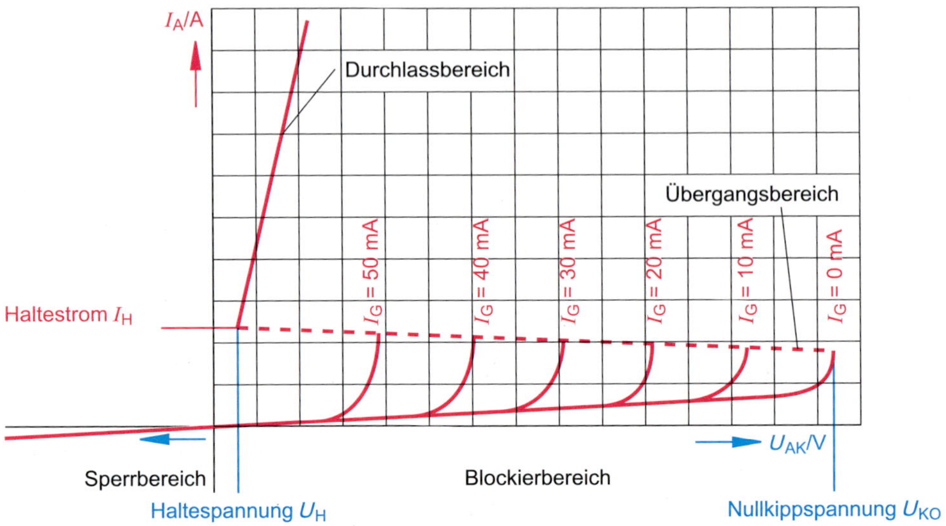

Bild 2.139: Prinzipielle Kennlinie des Thyristors

Zum Zünden genügt ein **kurzer Stromimpuls**. Befindet sich der Thyristor im niederohmigen Zustand, so ist der Steuereingang wirkungslos. Dieser Zustand bleibt wie bei der Vierschichtdiode so lange aufrechterhalten, bis der Haltestrom I_H unterschritten wird.

Bei negativen Anoden-Katoden-Spannungen bleibt der Thyristor hochohmig. Die einzelnen Kennlinienbereiche tragen die gleichen Bezeichnungen wie bei der Vierschichtdiode.

In Vorwärtsrichtung kann bei einem Thyristor der Kippvorgang auch bei Spannungen $0\ V < U_{AK} < U_{AK0}$ durch einen kurzzeitig fließenden Strom I_G am Gateanschluss ausgelöst werden.

2.9.2.1 Thyristor im Gleichstromkreis

Im Gleichstromkreis arbeitet der Thyristor wie ein kontaktloser Schalter. Mithilfe eines *kleinen* Steuerstroms I_G kann hierbei ein großer Laststrom I_L geschaltet werden.

Die notwendige Spannung für den erforderlichen Steuerstrom kann aus der Betriebsspannung über den Vorwiderstand R_V durch Schließen des Tasters S2 gewonnen werden (Gleichspannungszündung, Bild 2.140). Der Zündimpuls kann aber auch galvanisch getrennt vom Leistungsstromkreis mit einem Zündübertrager (Kap. 1.9.5) erzeugt werden.

Das Ausschalten des Laststroms ist nicht ganz so einfach, da ein herkömmlicher Thyristor über den Steuereingang nicht in den hochohmigen Zustand zurückgeschaltet werden kann. Ein Ausschalten ist nur möglich, wenn der Haltestrom I_H bzw. die Haltespannung U_H kurzzeitig unterschritten wird.

Im einfachsten Fall bewirkt dies ein Öffnen von Schalter S1. Hierzu müssen die Kontakte von S1 jedoch für das Schalten des fließenden Laststroms ausgelegt werden.

Eine andere Möglichkeit bietet die Zusatzschaltung aus C_1, R_1 und S3. Diese Zusatzschaltung ist in Bild 2.140 rot getönt dargestellt.

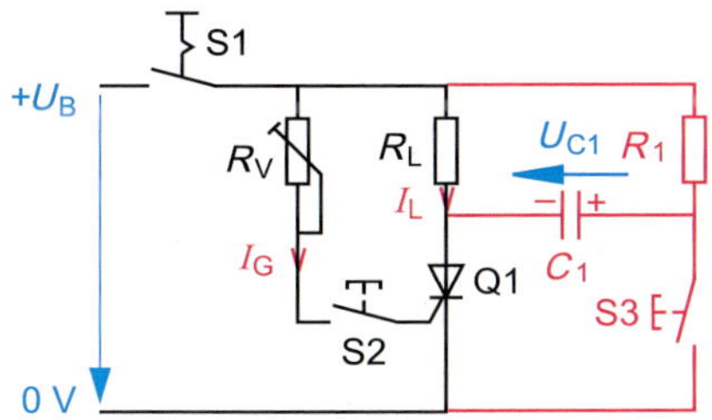

Bild 2.140: Gleichspannungszündung des Thyristors

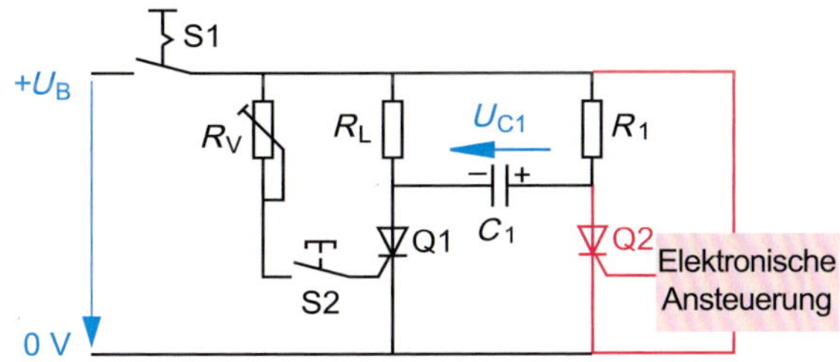

Bild 2.141: Schaltung mit Löschthyristor

Hat der Thyristor Q1 gezündet, kann sich C_1 über R_1 in der angegebenen Polarität nahezu auf die Betriebsspannung $+U_B$ aufladen, da die Anoden-Katoden-Strecke von Q1 sehr niederohmig geworden ist. Wird nun der Taster S3 betätigt, liegt die positive Seite von C_1 auf 0-V-Potenzial. Da sich die Kondensatorladung im ersten Schaltmoment noch nicht geändert hat, ist die linke Kondensatorseite zunächst immer noch negativ gegenüber der rechten Seite. Damit wird aber der Anodenanschluss von Q1 kurzzeitig kleiner als die Haltespannung U_H und der Thyristor sperrt.

Taster S3 kann auch durch einen zweiten Thyristor Q2 („Löschthyristor") ersetzt werden, der durch eine entsprechende elektronische Schaltung kontaktlos gesteuert wird (Bild 2.141). Nach dem Aufladen von C_1 bewirkt ein Zünden von Q2 das Löschen von Q1.

Im Schaltzustand „ein" fällt keine nennenswerte **Spannung** über dem Thyristor ab, da er sehr niederohmig ist. Im Schaltzustand „aus" fließt kein nennenswerter **Strom** über den Thyristor, da er sehr hochohmig ist. In beiden Fällen wird **keine** nennenswerte **Leistung** in Wärme umgesetzt.

Schaltungen dieser Art werden z. B. zur stufenlosen Leistungssteuerung in batteriebetriebenen Fahrzeugen, wie Elektrowagen oder Gabelstaplern, verwendet. Hierbei wird der durch den Lastwiderstand fließende Strom periodisch ein- und ausgeschaltet. Der arithmetische Mittelwert des Laststroms hängt vom Verhältnis zwischen Einschaltzeit t_i und Ausschaltzeit t_0 ab. Ist die Größe der Betriebsspannung U_B und des Lastwiderstandes R_L bekannt, kann der Mittelwert des Laststroms mit der folgenden Gleichung berechnet werden:

$$I_L = U_B \cdot \frac{t_i}{(t_i + t_0) \cdot R_L}$$

Bei langer Einschaltzeit ergibt sich ein großer Mittelwert, bei kurzer Einschaltzeit ergibt sich ein kleiner Mittelwert. Die Veränderung dieser Einschaltzeit wird **Impulsbreitensteuerung** genannt (Bild 2.142).

Der arithmetische Mittelwert lässt sich auch zeichnerisch ermitteln.

Bei der **Impulsbreitensteuerung** wird der arithmetische Mittelwert des Laststroms durch Veränderung des Verhältnisses zwischen Einschaltzeit t_i und Ausschaltzeit t_0 stufenlos verändert.

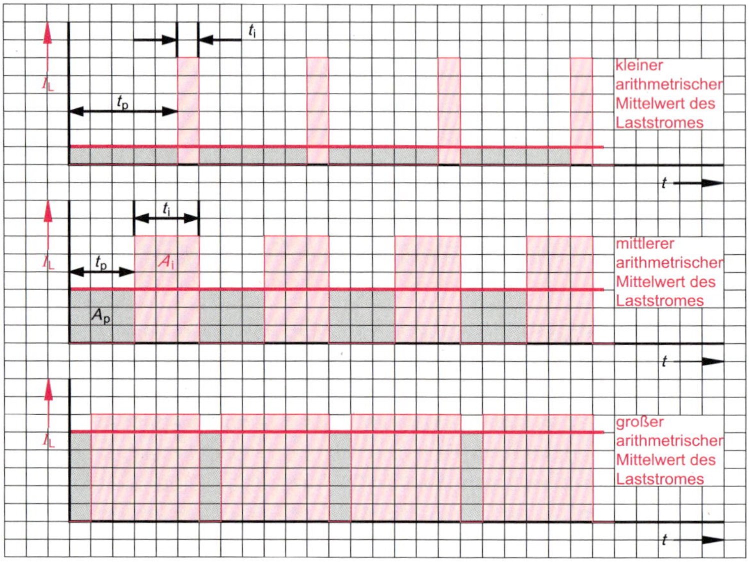

Bild 2.142: Impulsbreitensteuerung mit verschiedenen Einschaltzeiten

2.9.2.2 GTO-Thyristor

Bei den herkömmlichen Thyristoren ist der Gateanschluss nach dem Zünden wirkungslos. Eine spezielle Weiterentwicklung dieser Thyristoren ermöglicht die Abschaltung des Laststroms durch einen negativen Spannungsimpuls am Gate. Diese Thyristoren werden als GTO-Thyristoren bezeichnet. Die Abkürzung GTO steht hierbei für „**Gate-Turn-Off**", d. h. „Gate schaltet ab". Die übrigen Eigenschaften der GTO-Thyristoren entsprechen weitestgehend den herkömmlichen Thyristoren.

2.9.2.3 Thyristor im Wechselstromkreis

Im **Wechselstromkreis** kann der Thyristor nur bei positiven Anoden-Katoden-Spannungen leitend werden, bei negativen Spannungen U_{AK} bleibt er hochohmig. Er besitzt also einen gleichrichtenden Effekt.

Am Ende jeder positiven Halbwelle wird der Thyristor automatisch gelöscht, da der Haltestrom in der Nähe des Nulldurchgangs zwangsläufig unterschritten wird. Somit muss er stets neu gezündet werden. Solange Schalter S2 (Bild 2.143) geschlossen ist, erfolgt die Zündung mit einem impulsartigen Gatestrom (Impulszündung), der mithilfe der Z-Diode R_4 (oder mit einer Vierschichtdiode) im Steuerstromkreis von Q1 erzeugt wird. I_G fließt erst, wenn die Zündspannung von R_4 überschritten wird. Diese wird erreicht, wenn sich Kondensator C_1 auf U_Z aufgeladen hat. Ein Verändern des Widerstandswerts von R_1 bewirkt eine zeitliche Verschiebung des Zündzeitpunktes während der positiven Halbwelle. R_2 begrenzt hierbei den Gatestrom. Der Zündvorgang wiederholt sich periodisch so lange, wie S2 geschlossen bleibt.

> Die kontinuierliche zeitliche Verschiebung des Zündzeitpunktes während einer Halbwelle bezeichnet man als **Phasenanschnitt**. Üblicherweise wird anstelle der Zeit der **Phasenwinkel** φ als Maß für die Verschiebung angegeben.

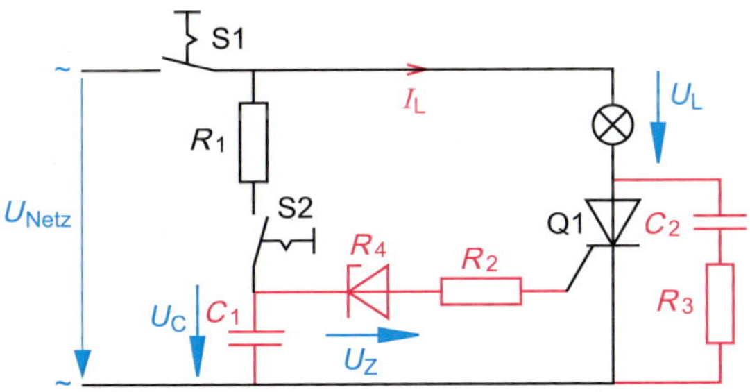

Bild 2.143: Thyristor im Wechselstromkreis

Beim Zünden muss die Impulsdauer von I_G so bemessen sein, dass der Thyristor sicher zündet. Neben der Impulsdauer hängt das Auslösen des Kippvorgangs auch von der Temperatur des Thyristors sowie von der Art der Belastung (ohmsche oder induktive Last) ab. Diese Abhängigkeiten sind den Datenblättern zu entnehmen (Zünddiagramm). Um eine Zerstörung des Thyristors durch auftretende Spannungsspitzen zu verhindern, schaltet man C_2 und R_3 parallel zur Anoden-Katoden-Strecke.

> Im Wechelstromkreis wird der Thyristor als kontaktloser Schalter und als steuerbarer Gleichrichter eingesetzt.

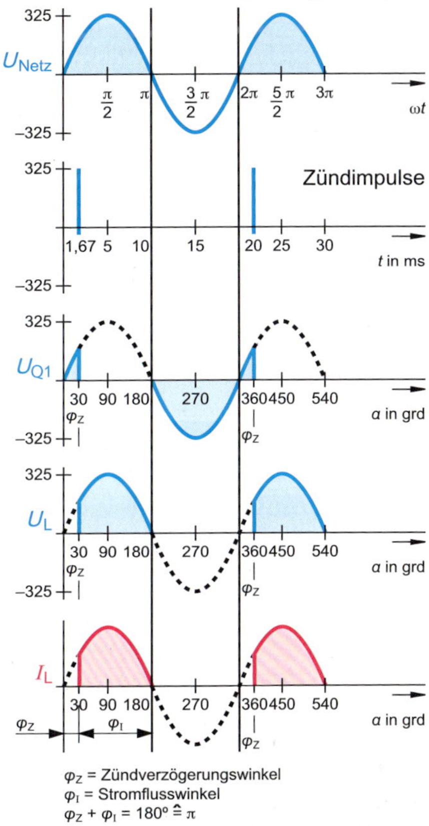

2.144: Spannungs- und Stromverläufe

2.9.3 DIAC

> Ein **DIAC** *(**D**iode **A**lternating **C**urrent **S**witch)* ist ein Halbleiterbauelement mit Schaltereigenschaften. Sowohl bei positiven als auch bei negativen Betriebsspannungen (Vorwärtsbereich und Rückwärtsbereich) wird der DIAC bei Überschreiten der Nullkippspannung niederohmig und schaltet den Strom ein. Aus diesem Grund wird das Bauelement auch als **Zweiwegschaltdiode** oder **Zweiwegtriggerdiode** bezeichnet.

Im Gegensatz zur Vierschichtdiode tragen die Anschlüsse keine Bezeichnungen, da die Schaltfunktion unabhängig von der Polung ist. Ein DIAC kann aus drei oder aus fünf speziell dotierten Halbleiterzonen aufgebaut werden. Die Kennlinien beider Typen verlaufen symmetrisch zum Koordinatenursprung, das heißt, sie besitzen für positive und negative Betriebsspannungen jeweils einen Blockierbereich, einen Übergangsbereich und einen Durchlassbereich.

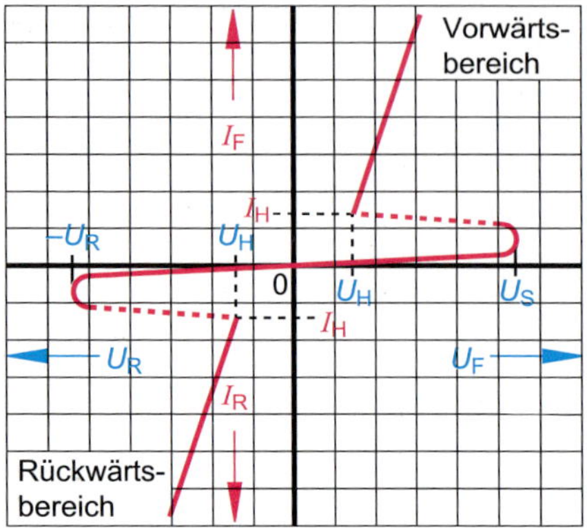

Bild 2.145: a) Prinzipieller Kennlinienverlauf des DIAC *b) Schaltsymbol des DIAC*

Die Größe der Kippspannung hängt von der Dotierungsstärke der Halbleiterzonen ab; sie liegt zwischen 3 V und 100 V. Nach Überschreiten dieser Spannung bleiben beide DIAC-Typen so lange niederohmig, bis der jeweilige Haltestrom I_H bzw. die jeweilige Haltespannung U_H unterschritten wird. Um eine Zerstörung zu verhindern, müssen beide Typen stets mit Vorwiderstand (Lastwiderstand) betrieben werden.

2.9.4 TRIAC

Ein **TRIAC** *(**T**riode **A**lternating **C**urrent **S**witch)* ist ein Halbleiterbauelement, das sowohl positive als auch negative Halbwellen schalten kann. Als weitere Bezeichnung verwendet man auch die Namen **Zweiwegthyristor** oder **Zweirichtungsthyristor**.

Vereinfacht dargestellt besteht der TRIAC aus zwei antiparallel geschalteten Thyristoren, deren Zonenfolgen auf einem einzigen Siliziumkristall dotiert sind und deren Steueranschlüsse durch einen geeigneten inneren Aufbau zu einem einzigen **Gateanschluss G** zusammengefasst werden. Die beiden andereren Anschlüsse tragen die Bezeichnungen **Anode 1 (A1)** und **Anode 2 (A2)**.

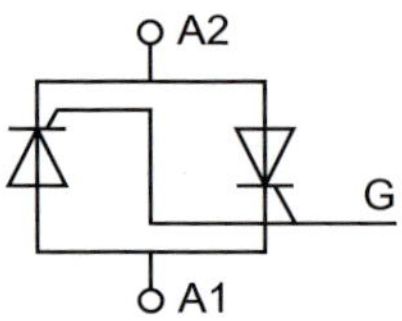

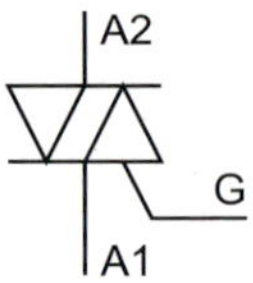

Bild 2.146: a) Prinzipieller Aufbau *b) Schaltsymbol des TRIAC*

Die Kennlinie eines TRIAC entspricht prinzipiell der eines Thyristors, allerdings besitzt das Bauelement auch bei negativen Spannungen zwischen den Anoden ein Kippverhalten. Somit hat der TRIAC also keinen Sperrbereich, dafür aber in jeder Spannungsrichtung einen Blockier-, einen Übergangs- und einen Durchlassbereich (in Bild 2.147 jeweils mit I, II bzw. III gekennzeichnet).

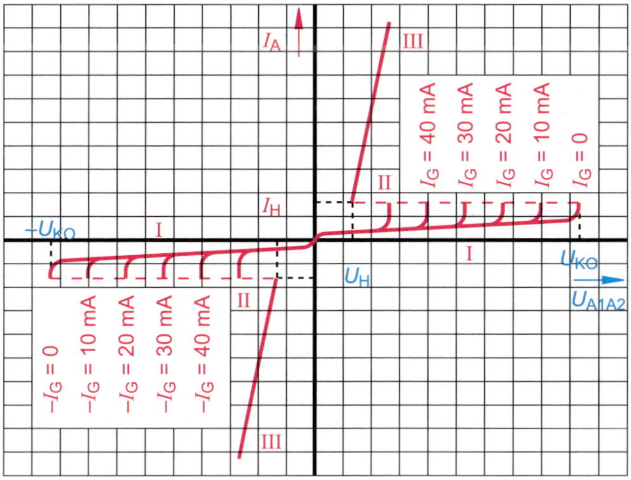

Bild 2.147: Kennlinie des TRIAC

Der TRIAC wird durch einen Stromimpuls am Gate in den niederohmigen Zustand geschaltet. Hierbei ist es unerheblich, wie die Spannung zwischen den Anodenanschlüssen A1 und A2 gepolt ist. Befindet sich der TRIAC im niederohmigen Zustand, ist das Gate wirkungslos. Erst wenn der Haltestrom I_H bzw. die Haltespannung U_H unterschritten wird, sperrt der TRIAC wieder. In einem Wechselstromkreis geschieht dies automatisch bei jedem Nulldurchgang des Laststroms. Aus diesem Grund muss der TRIAC in **jeder** Halbwelle neu gezündet werden.

Die Zündung des TRIAC kann mit einer beliebig gepolten Zündspannung zwischen Gate G und Anode A1 erfolgen. Da hierbei auch die Polarität der Spannung zwischen den Anodenanschlüssen A1 und A2 beliebig sein kann, ergeben sich entsprechend den vier Quadranten des Koordinatensystems vier mögliche Zündfälle:

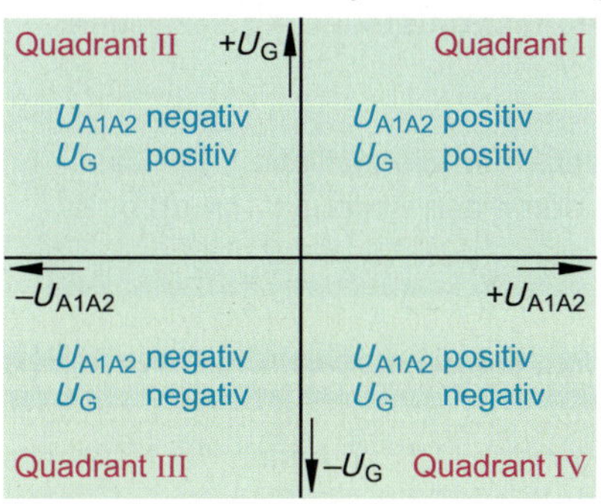

Bild 2.148: Zündmöglichkeiten des TRIAC

Eine Zündung im 2. und im 4. Quadranten sollte möglichst vermieden werden, da hier der Zündstrom teilweise entgegen dem Betriebsstrom gerichtet ist und dies zu einer starken Erwärmung des TRIAC führt.
Überschreitet die Spannung zwischen A1 und A2 die Nullkippspannung U_{K0}, so kippt der TRIAC auch ohne Signal am Gate-Anschluss in den niederohmigen Zustand. Dies wird als **Überkopfzündung** bezeichnet.

Die Arbeitspunkteinstellung erfolgt beim TRIAC wie beim Thyristor durch einen Vorwiderstand. In der Praxis ist dieser Vorwiderstand identisch mit dem zu schaltenden Lastwiderstand.

2.9.4.1 Phasenanschnittsteuerung

TRIACs werden bevorzugt in Wechselstromkreisen eingesetzt, da bei ihnen die Zündung während **beider** Halbwellen erfolgen kann. Die hierzu notwendigen Zündimpulse werden mithilfe einer RC-Schaltung aus der anliegenden Wechselspannung erzeugt. Zum sicheren Zünden wird in der Regel zusätzlich ein DIAC in den Steuerkreis geschaltet.

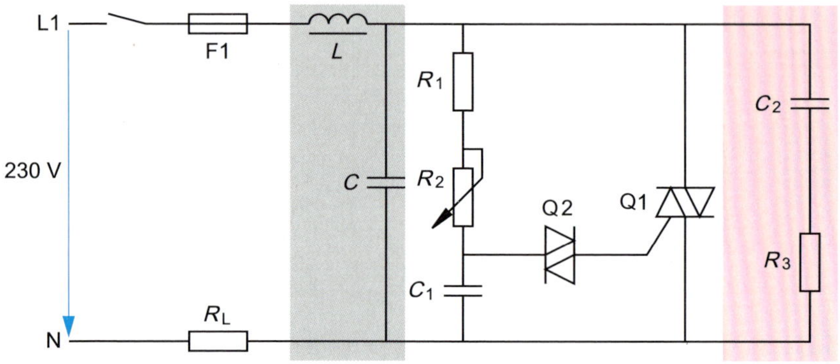

Bild 2.149: Phasenanschnittsteuerung mit TRIAC

Der Kondensator C_1 lädt sich je nach Halbwelle positiv oder negativ über die Widerstände R_1 und R_2 auf. Erreicht die Kondensatorspannung die Kippspannung des DIAC (Q2), so wird dieser schlagartig niederohmig. Der Kondensator kann sich nun über den DIAC entladen. Bedingt durch das Kippverhalten des DIAC fließt ein impulsartiger Strom in das Gate des TRIAC (Q1). Dieser Strom zündet dann das Bauelement.

Mit Widerstand R_1 lässt sich die Ladedauer des Kondensators und damit der Zündzeitpunkt innerhalb einer Periode der anliegenden Wechselspannung stufenlos einstellen. Wie beim Thyristor wird der Zündzeitpunkt im Liniendiagramm der Wechselspannung als Phasenwinkel bzw. Zündwinkel angegeben, die Schaltung als **Phasenanschnittsteuerung** bezeichnet.

Bei der **Phasenanschnittsteuerung** verschiebt man die zeitliche Lage des Zündimpulses während einer Halbwelle und damit den Zeitpunkt, an dem der Laststrom *eingeschaltet* wird.

Bild 2.150 zeigt mögliche Verläufe des sich einstellenden Laststroms.

Nach erfolgter Zündung kippt der TRIAC beim nachfolgenden Nulldurchgang der Halbwelle selbstständig in den hochohmigen Zustand zurück, da hierbei die Haltespannung unterschritten wird. Das selbstständige Löschen macht es allerdings erforderlich, den TRIAC in jeder Halbwelle erneut zu zünden.

Bei entsprechender Dimensionierung von C_1 und R_2 kann der TRIAC während jeder Halbwelle zwischen nahezu 0° und 180° gezündet werden. Damit kann beispielsweise die Helligkeit von Lampen stufenlos von null bis zum Maximalwert eingestellt werden (**Dimmerschaltung**).

Bei der Phasenanschnittsteuerung entstehen durch den plötzlichen, steilen Laststromanstieg beim Zünden starke Funkstörungen. Um diese Störungen zu dämpfen, besitzen Phasenanschnittsteuerungen stets eine LC-Filterschaltung (in Bild 2.149 grau hinterlegt).

TRIACs müssen vor unzulässig hohen Strömen und zu hohen Spannungsspitzen, wie sie beispielsweise beim Schalten induktiver Lasten entstehen, geschützt werden. Als Schutz vor zu großen (Kurzschluss-)Strömen wird eine superflinke Schmelzsicherung (F1) eingesetzt, zur Unterdrückung von Spannungsspitzen wird dem TRIAC eine RC-Kombination parallel geschaltet (in Bild 2.149 rot hinterlegt).

Da die Schaltungen an der Netzspannung 230 V liegen, müssen alle Bauelemente die notwendige Wechselspannungsfestigkeit besitzen. Die VDE-Vorschriften sind zu beachten!

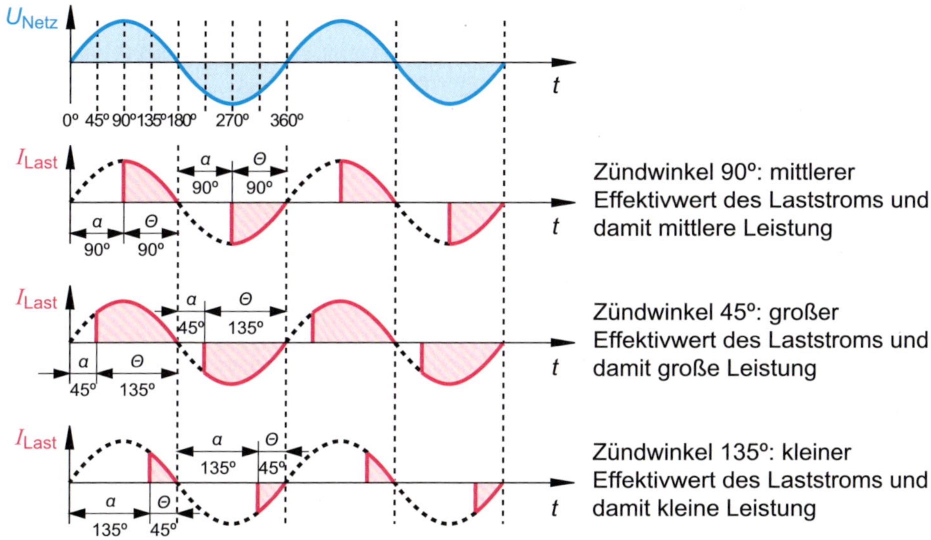

Bild 2.150: Verlauf des Laststroms bei verschiedenen Zündwinkeln

Hinweis: Zur Leistungssteuerung kann alternativ auch ein Verfahren angewendet werden, bei dem der Stromfluss stets beim Nulldurchgang *beginnt* und dann während einer Halbwelle leistungsabhängig *ausgeschaltet* wird. Dies bezeichnet man dann als **Phasenabschnittssteuerung**.

2.9.4.2 Schwingungspaketsteuerung

Eine weitere Möglichkeit der nahezu verlustlosen Leistungssteuerung bietet die sogenannte **Schwingungspaketsteuerung**. Bei dieser Art der Leistungssteuerung erfolgt die Zündung des Thyristors bzw. des TRIAC ausschließlich im Bereich des Nulldurchgangs der Wechselspannung. Hierdurch werden steile Stromanstiege und damit die oben genannten Störungen vermieden. Da der Thyristor bzw. TRIAC dabei stets während einer ganzen Halbwelle leitet, ist eine Leistungssteuerung nur möglich, indem man zwischendurch ganze Halbwellen ausblendet. Der TRIAC darf dann zwischendurch nicht gezündet werden. Durch Veränderung der Anzahl der auf diese Weise ausgeblendeten Sinushalbwellen verändert sich der Effektivwert der Lastspannung und damit die umgesetzte Leistung. Die für die Schwingungspaketsteuerung notwendige Ansteuerschaltung

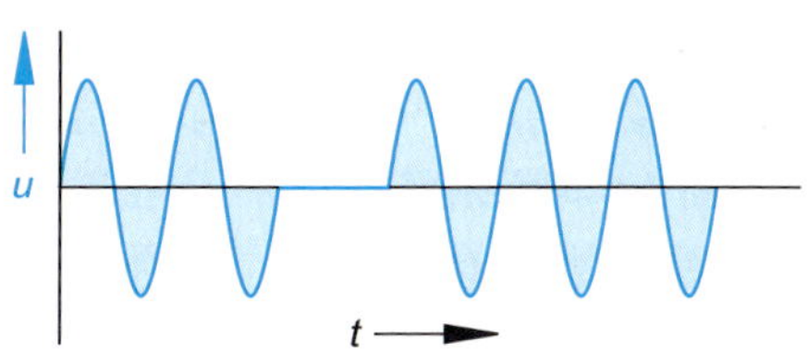

Bild 2.151: Spannungsverlauf bei der Schwingungspaketsteuerung

ist umfangreich und wird im Allgemeinen mit einem IC aufgebaut. Da immer komplette Sinushalbwellen zum Verbraucher gelangen, verwendet man auch die Bezeichnung **Vollwellensteuerung**.

Aufgaben

1. Welche Kennlinienbereiche unterscheidet man bei der Vierschichtdiode? Erläutern Sie jeweils das elektrische Verhalten der Vierschichtdiode in diesen Bereichen.
2. Über wie viele Anschlüsse verfügt ein Thyristor? Wie werden diese bezeichnet?
3. Was versteht man unter dem „Zünden eines Thyristors"? Welche Bedeutung hat in diesem Zusammenhang die Bezeichnung Nullkippspannung?
4. Vergleichen Sie das Verhalten des Thyristors in einem Gleichstromkreis und in einem Wechselstromkreis. Beschreiben Sie die Unterschiede.
5. Was ist ein GTO-Thyristor?
6. Was bezeichnet man bei einem TRIAC als „Überkopfzündung"?
7. Was versteht man unter der Phasenanschnittsteuerung? Beschreiben Sie diese und nennen Sie ein Anwendungsbeispiel.
8. Erläutern Sie, warum bei einer Phasenanschnittsteuerung zusätzlich eine LC-Schaltung erforderlich ist.
9. Welche Unterschiede bestehen zwischen einer Phasenanschnittsteuerung und einer Schwingungspaketsteuerung?

3. Grundlagen der Messtechnik

3.1 Grundbegriffe

Die folgenden Grundbegriffe sind festgelegt durch den Verband Deutscher Elektrotechniker (VDE) in der DIN-Norm 1319. Darüber hinaus gehende Bestimmungen für elektrische Messgeräte (z. B. Geräteprüfungen, Schutzmaßnahmen) finden sich in der Norm DIN VDE 0100-0410.

3.1.1 Prüfen, Messen, Eichen

Unter **Prüfen** versteht man die Untersuchung eines Prüfobjektes auf seine Eigenschaften, z. B. Prüfung auf Spannungsfestigkeit, Isolationswiderstand usw. Bei der Prüfung des Isolationswiderstandes wird weniger Wert auf dessen Größe gelegt; vielmehr wird geprüft, ob seine Größe über den vorgeschriebenen Mindestwerten liegt.

Unter **Messen** versteht man die genaue Ermittlung des Zahlenwertes einer Größe, z. B. Spannung, Stromstärke usw. Je nach geforderter Genauigkeit werden Messinstrumente verschiedener Genauigkeitsklassen verwendet.

Beim **Eichen** (justieren, kalibrieren) wird die Genauigkeit eines Messgerätes hergestellt oder überprüft. Hierzu werden Messgeräte verwendet, die wesentlich genauer sind als das zu eichende Instrument.

3.1.2 Messwerk, Messinstrument, Messgerät

Obwohl analog arbeitende Messwerke und Messgeräte inzwischen in den meisten Bereichen von digitalen Anzeigen und Geräten verdrängt wurden, werden auch heute noch Geräte mit Analogmesswerken produziert und eingesetzt (Beispiel: Messung von Starkstromgrößen in Installationsverteilern nach DIN EN 60051). Aus diesem Grunde werden in den folgenden Kapiteln auch die Grundbegriffe analoger Messtechnik sowie die verschiedenen Messwerksarten aufgeführt.

Ein analog anzeigendes **Messwerk** besteht aus feststehenden und beweglichen Teilen (Bild 3.1 a). Auch der Zeiger und die Skala gehören zum Messwerk. Es umfasst also alle Teile, die unmittelbar am Zustandekommen der Anzeige beteiligt sind, und stellt somit den wesentlichen Teil eines Messinstrumentes dar.

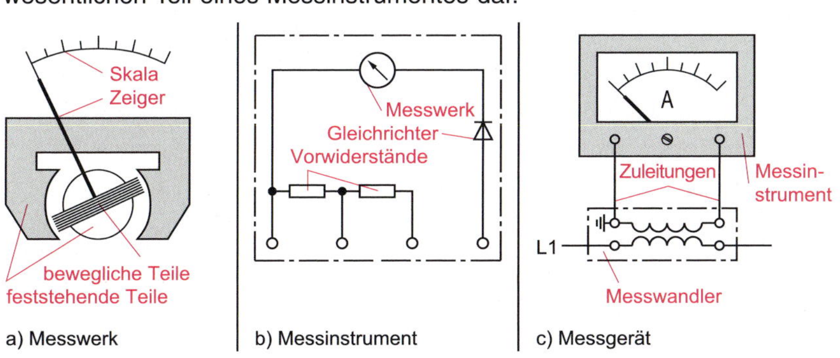

Bild 3.1: Begriffsbestimmung nach DIN VDE 0410

Unter einem **Messinstrument** versteht man das Messwerk mit seinem Gehäuse und allem darin fest eingebauten Zubehör wie Widerstände, Gleichrichter usw. (Bild 3.1 b). In einem Messinstrument können auch mehrere Messwerke eingebaut sein. Bei digitalen Geräten spricht man dann eher von der Messelektronik.

Als **Messgerät** bezeichnet man ein Messinstrument zusammen mit allem Zubehör, auch solchem, das vom Instrument trennbar ist, wie z. B. Messwandler, Widerstände, Zuleitungen usw. (Bild 3.1 c).

3.1.3 Empfindlichkeit

Als **Empfindlichkeit eines Messwerks** bezeichnet man das Verhältnis des Zigerausschlags in Skalenteilen oder in Millimetern (mm) zu dem Wert der Messgröße, die diesen Ausschlag bewirkt hat. Die Angabe der Empfindlichkeit eines Spannungsmessers kann z. B. 1 Skt/μV lauten.

Bei Messwerken mit linearer (gleichmäßiger) Skalenteilung ist die Empfindlichkeit über die ganze Skala gleich.

3.1.4 Innenwiderstand und Kennwert

Der **Innenwiderstand** eines Messinstruments ist der an den Klemmen des Instrumentes gemessene Widerstand in Ohm (Ω).

Bei Spannungsmessern bezieht man den Innenwiderstand meist auf 1 V. Den dabei entstehenden Wert in Ohm pro Volt (Ω/V) bezeichnet man als Kennwiderstand oder als **Kennwert** $\boldsymbol{r_K}$. Der Kennwert ist gleich dem Kehrwert des vom Instrument aufgenommenen Messstromes.

■ **Beispiel:**

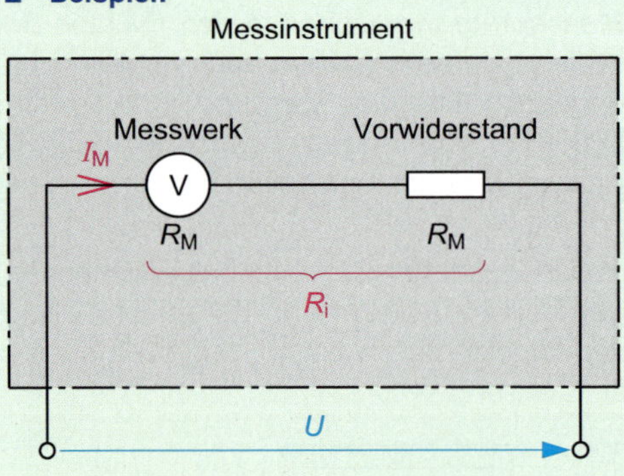

Das Messinstrument hat einen Kennwert von $10\,\frac{\text{k}\Omega}{\text{V}}$ und einen Messbereich von 100 V.

Wie groß sind: a) der Innenwiderstand und
b) der Messstrom?

Lösung

a) $R_i = r_K \cdot U$

$R_i = 10\,\frac{\text{k}\Omega}{\text{V}} \cdot 100\text{ V} = \mathbf{1\,000\ k\Omega}$

b) $I_M = \frac{1}{r_K}$

$I_M = \frac{1\text{ V}}{10\text{ k}\Omega} = \mathbf{0{,}1\ mA}$

3.1.5 Eigenverbrauch

Als **Eigenverbrauch** bezeichnet man die Leistungsaufnahme eines Messgeräts, wenn es an seiner Nennspannung liegt und von seinem Nennstrom durchflossen wird. Bei Messwerken mit hohem Kennwert stellt sich ein geringer Messstrom ein und es ergibt sich ein entsprechend kleiner Eigenverbrauch. Dieser ist weitgehend von der Art des Messwerks abhängig. Die Tabelle in Bild 3.2 zeigt die Wertebereiche für verschiedene Messwerke.

Art des Messgeräts	Eigenverbrauch
Drehspulfeinmesswerk	3 – 60 μW
Drehspulbetriebsmesswerk	0,1 – 0,5 mW
Dreheisenmesswerk	0,1 – 5 W
Bimetallmesswerk	1 – 1,5 W
Elektrodynamisches Messwerk	1 – 3 W
Vibrationsmesswerk	2 – 10 W

Bild 3.2: Eigenverbrauch verschiedener Messwerke

3.1.6 Messfehler

Bei jeder Messung entstehen aus den verschiedensten Ursachen Messfehler. Hierbei unterscheidet man den

- **absoluten Messfehler**; er ist die Differenz zwischen dem angezeigten oder abgelesenen Wert *A* und dem wahren Wert *W* der Messgröße (Bild 3.3), und den
- **relativen Messfehler**; er gibt an, wie viel Prozent vom wahren Wert der absolute Fehler ausmacht.

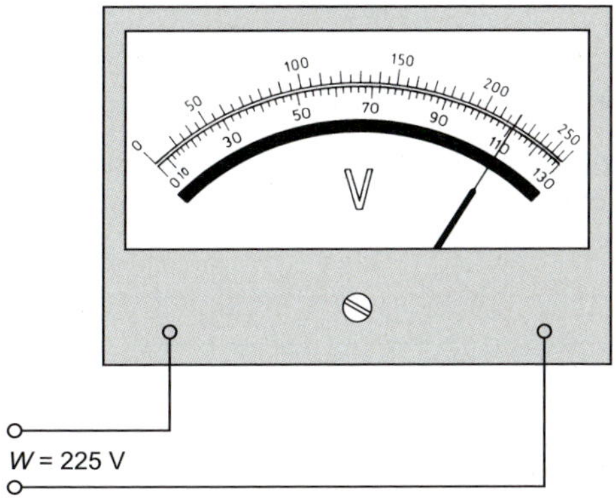

W wahrer Wert der Messgröße
A angezeigter Wert
F_{abs} absoluter Messfehler
F_{rel} relativer Messfehler

$$F_{abs} = A - W$$

$$F_{abs} = 220\ \text{V} - 225\ \text{V} = -5\ \text{V}$$

$$F_{rel} = \frac{F_{abs} \cdot 100\ \%}{W}$$

$$F_{rel} = \frac{-5\ \text{V} \cdot 100\ \%}{225\ \text{V}} = -2{,}2\ \%$$

Bild 3.3: Absoluter und relativer Messfehler

a) Anzeigefehler

Der gesamte Messfehler setzt sich zusammen aus

- **Anzeigefehlern**, die durch die Fertigungstoleranzen der Messwerke bedingt sind,
- **subjektiven Fehlern**, die durch falsches Ablesen oder falsche Bedienung der Messinstrumente entstehen, und
- **systematischen Fehlern**, die in der Messanordnung selbst liegen.

Je genauer ein Messinstrument anzeigen soll, umso präziser muss der Aufbau des Messwerkes sein und umso teurer wird das Instrument. In den „Regeln für elektrische Messgeräte" (DIN VDE 0410) sind die **Genauigkeitsklassen** (Güteklassen) festgelegt.

Art des Messgeräts	Genauigkeitsklassen			
Feinmessgeräte	0,1	0,2	0,5	
Betriebsmessgeräte	1	1,5	2,5	5

Bild 3.4: Genauigkeitsklassen

> Die **Genauigkeitsklasse** gibt den höchstzulässigen Anzeigefehler als Prozentsatz vom Skalenendwert an.

Die gleichen Genauigkeitsklassen gelten auch für Vor- und Nebenwiderstände, Strom- und Spannungswandler, Zuleitungen und sonstiges Zubehör.

b) Subjektive Fehler

Zu den subjektiven Fehlern zählen in erster Linie die **Ablesefehler**; sie entstehen durch

- falsches Ablesen zwischen zwei Teilstrichen einer Skala oder
- falsches Ablesen auf einer Skala mit mehreren Teilungen.

Diese Art von Fehlern kann durch erhöhte Aufmerksamkeit weitgehend vermieden werden.

Parallaxenfehler können entstehen, wenn der Abstand zwischen Zeiger und Skala relativ groß ist und man beim Ablesen nicht senkrecht auf den Zeiger blickt. Diese Fehler werden vermieden durch eine Spiegelskala, bei der man den richtigen Blickwinkel daran erkennt, dass das Spiegelbild des Zeigers durch den Zeiger selbst völlig verdeckt wird.

c) Systematische Fehler

Systematische Fehler entstehen durch Anwendung ungeeigneter Messinstrumente. Wenn z.B. mit einem Spannungsmesser die Urspannung einer Spannungsquelle gemessen werden soll und der Innenwiderstand des Spannungsmessers zu klein ist, so wirkt der Spannungsmesser als Lastwiderstand und man misst die Klemmenspannung. In solchen Fällen kann durch sachgerechte Auswahl der Messinstrumente Abhilfe geschaffen werden.

3.1.7 Sinnbilder auf den Skalen der Messinstrumente

Auf der Skala eines Messinstruments sind alle Angaben zu finden, die für den Benutzer wichtig sind, wenn er das Instrument sachgerecht einsetzen will. Dabei werden für die einzelnen Angaben Sinnbilder (Symbole) verwendet (Bild 3.5).

Sinnbilder für Messwerke			
	Drehspulmesswerk		Elektrodynamisches Messwerk, eisenlos
	Drehspulmesswerk mit Messgleichrichter		Elektrodynamisches Messwerk, eisengeschlossen
	Drehspulmesswerk mit Thermoumformer		Elektrodynamisches Quotienten-Messwerk
	Drehspul-Quotienten-Messwerk (Kreuzspulmesswerk)	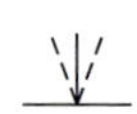	Vibrationsmesswerk, Zungenfrequenzmesser
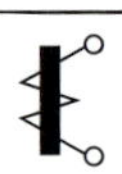	Dreheisenmesswerk		Elektrostatisches Messwerk

Stromart		Prüfspannung		Gebrauchslage	
—	Gleichstrom	☆	500 V	⊥	senkrecht
~	Wechselstrom	☆ 2	2 kV	⊓	waagerecht
— ~	Gleich- und Wechselstrom	☆ 0	keine Prüfspannung	∠60°	schräg mit Angabe des Neigungswinkels

Bild 3.5: Sinnbilder für Messinstrumente

Durch das **Messwerkzeichen** erkennt der Benutzer, welches Messwerk in das Instrument eingebaut ist, auch wenn es von außen nicht sichtbar ist.

Zur Angabe der **Genauigkeitsklasse** ist nur die entsprechende Prozentzahl aufgedruckt.

Unter **Prüfspannung** versteht man die Spannung, die zwischen Messwerk und Gehäuse angelegt wird, um die Isolation zu prüfen. Als Zeichen hierfür dient ein fünfzackiger Stern mit einer Zahl darin, die die Prüfspannung in kV angibt.

Die zulässige **Gebrauchslage** wird angegeben, weil bedingt durch die Lagerung der beweglichen Teile des Messwerks das Instrument nicht in jeder beliebigen Lage benutzt werden kann.

Aufgaben

1. Erklären Sie den Unterschied zwischen „Prüfen“ und „Messen“ am Beispiel einer Spannungsprüfung und einer Spannungsmessung.
2. Was versteht man unter der Empfindlichkeit eines Messwerkes?
3. Wie unterscheiden sich absoluter und relativer Messfehler?
4. Was wird durch die Genauigkeitsklasse angegeben?
5. Was versteht man unter der Prüfspannung?
6. Welche Bedeutung haben die folgenden Angaben auf der Skala eines Messinstruments?

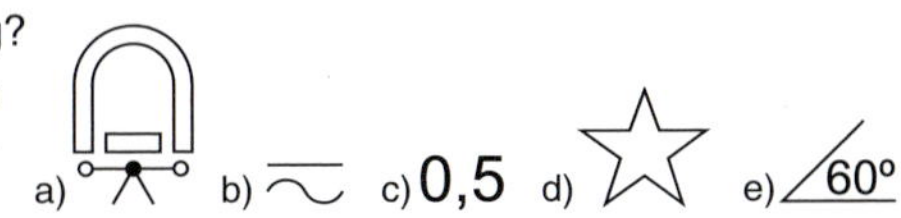

7. Erläutern Sie die Begriffe „Anzeigefehler“, „Ablesefehler“ und „Messfehler“ und beschreiben Sie den Zusammenhang dieser Begriffe.
8. Ein Spannungsmesser der Klasse 1,5 hat einen Skalenendwert von 150 V. Der Zeiger zeigt eine Spannung von 100 V an.
   a) Wie groß kann die wirklich am Messinstrument liegende Spannung bei dieser Anzeige sein?
   b) Wie groß ist der relative Messfehler bei dieser Anzeige?

3.2 Messinstrumente

3.2.1 Messwerke

Bei analog anzeigenden Messwerken (Zeigermesswerken) wird die den Zeiger aus seiner Ruhelage auslenkende Kraft meist durch elektromagnetische Umsetzung der Messgröße (Spannung, Stromstärke usw.) gewonnen. Dieser sogenannten Auslenkkraft F_A wirkt die von einer Feder erzeugte Richtkraft F_R entgegen.

In der Ruhelage sind beide Kräfte gleich null. Wird nun z. B. durch eine bestimmte Stromstärke der bewegliche Teil des Messwerkes mit dem Zeiger in Bewegung gesetzt, so wird die Feder aufgezogen und die Richtkraft wächst so lange, bis sie der Auslenkkraft das Gleichgewicht hält.

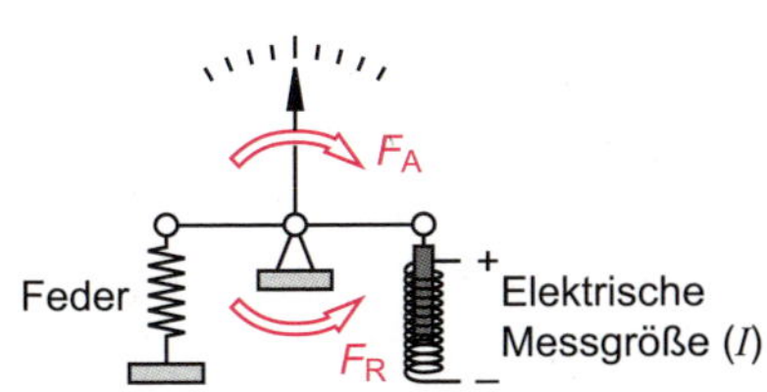

Bild 3.6: Grundsätzlicher Aufbau eines Zeigermesswerks

Bei analog anzeigenden Zeigermesswerken wird der Wert der Messgröße angezeigt, wenn die **Auslenkkraft F_A genauso groß ist wie die Richtkraft F_R**.

3.2.1.1 Dreheisenmesswerk

An der Innenseite einer feststehenden zylindrischen Spule ist ein Weicheisenplättchen befestigt. Ein zweites Weicheisenplättchen ist starr mit der Messwerkachse und dem Zeiger verbunden. Eine Spiralfeder ist mit einem Ende an dem feststehenden Teil, mit dem anderen Ende an dem drehbaren Teil des Messwerks befestigt. Dadurch wird der Zeiger in der Nulllage gehalten.

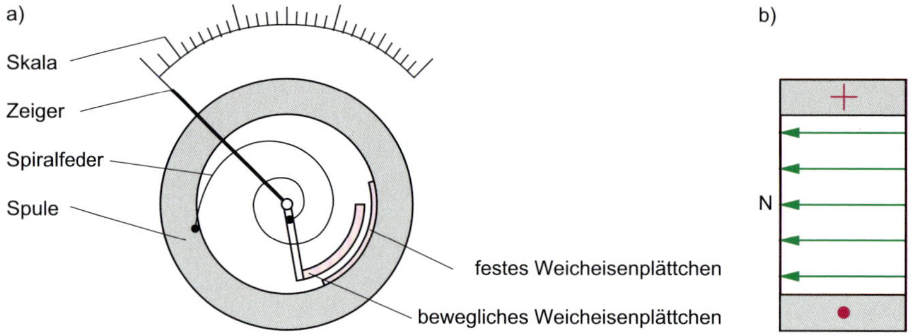

Bild 3.7: a) Grundsätzlicher Aufbau eines Dreheisenmesswerks
b) Seitenansicht der Messwerkspule im Schnitt mit Stromrichtung, Magnetfeldrichtung und Magnetpolen

Fließt ein Strom durch die Spule, so werden beide Plättchen im gleichen Sinne magnetisch. Da sich gleiche Magnetpole gegenseitig abstoßen, dreht sich das bewegliche Plättchen von dem festen Plättchen weg und der Zeiger bewegt sich über die Skala und zieht die Spiralfeder auf, bis er beim Gleichgewicht der Kräfte zum Stillstand kommt. Um ein Schwingen des Zeigers um den Anzeigewert zu verhindern, besitzt das Instrument eine Dämpfungsvorrichtung.

Aufgrund verschiedener magnetischer Ursachen ist die Skala des Dreheisenmesswerks nicht gleichmäßig geteilt. Dies kann durch entsprechende Formgebung der Eisenplättchen weitgehend ausgeglichen werden.

! Das Dreheisenmesswerk kann sowohl bei Gleich- als auch bei Wechselstrom verwendet werden. Bei Wechselstrom zeigt es den Effektivwert an.

Das Dreheisenmesswerk ist mechanisch und elektrisch äußerst robust und daher besonders für den Einsatz in Betriebsmessinstrumenten geeignet. Nachteilig ist der relativ hohe Eigenverbrauch.

3.2.1.2 Drehspulmesswerk

Ein Drehspulmesswerk besteht im Wesentlichen aus einem Dauermagneten, einer Drehspule und Spiralfedern.

Der Dauermagnet erzeugt den magnetischen Fluss, in dem sich die Drehspule bei Stromdurchgang bewegt. Um die Flussdichte im gesamten Arbeitsbereich konstant zu halten, sind auf den Dauermagneten kreisförmig ausgearbeitete Polschuhe aufgesetzt. Zwischen den Polschuhen befindet sich ein zylindrischer Weicheisenkern. Die Drehspule befindet sich in dem überall gleich breiten Luftspalt zwischen Polschuhen und Weicheisenkern.

Die Drehspule ist aus dünnem Kupferdraht gewickelt. Als Spulenträger dient ein Aluminiumrähmchen, in dem bei jeder Bewegung der Drehspule ein Strom induziert wird, der der

Bewegung der Spule entgegenwirkt und damit die Dämpfung ergibt. Die Spiralfedern erzeugen die Richtkraft und dienen als Stromzuführung für die Drehspule.

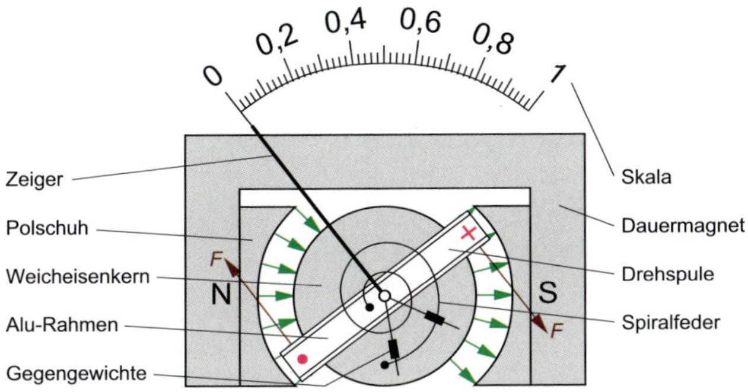

Bild 3.8: Grundsätzlicher Aufbau eines Drehspulmesswerks mit Außenmagnet

Fließt ein Strom durch die Drehspule, so wirkt auf sie eine Kraft, die senkrecht auf der Richtung des Magnetfeldes im Luftspalt steht. Da beide Seiten der Spule in Bezug auf das Magnetfeld gegensinnig vom Strom durchflossen werden, wirken die beiden Kräfte in gleichem Sinne drehend auf die Spule (Bild 3.8).

Neben der Ausführung mit Außenmagnet wird häufiger die Bauweise mit Kernmagnet verwendet, weil dabei der magnetische Kreis weniger verlustbehaftet ist.

Hierbei ist die Anordnung von Dauermagnet und Weicheisenkern umgekehrt.

Das Kernmagnetmesswerk wirkt grundsätzlich wie das Drehspulmesswerk mit Außenmagnet. Die Richtkraft wird durch Spiralfedern, die Dämpfung durch ein Aluminiumrähmchen erzeugt.

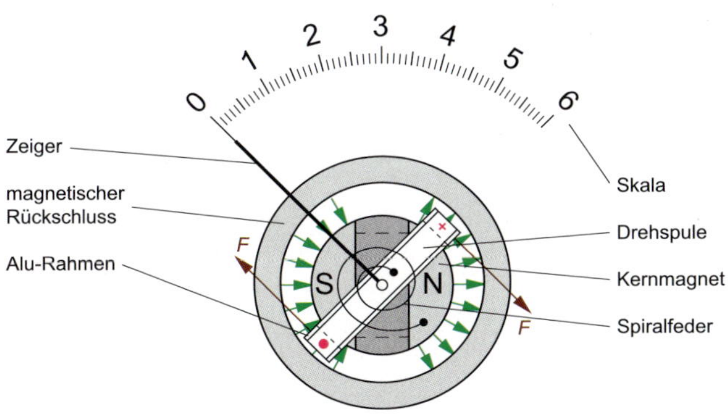

Bild 3.9: Grundsätzlicher Aufbau eines Drehspulmesswerks mit Kernmagnet

Drehspulmesswerke beider Bauarten haben eine hohe Empfindlichkeit und einen sehr geringen Eigenverbrauch. Diese Eigenschaften werden noch weiter verbessert, wenn die Drehspule mit einer Spannbandaufhängung betrieben wird.

Da bei Drehspulmesswerken die Richtung der auf die Drehspule wirkenden Kraft von der Richtung des Stroms in der Spule abhängt, hat eine Änderung der Stromrichtung auch eine Änderung der Ausschlagrichtung zur Folge.

! Drehspulmesswerke sind ohne Zubehör nur zur Messung von Gleichstrom geeignet.

Die Benutzung von Drehspulinstrumenten für Wechselstrommessungen kann durch Messgleichrichter oder Thermoumformer ermöglicht werden.

Beim Einsatz von Gleichrichtern wird meist die Brückenschaltung angewendet. Hierbei wird nicht der Effektivwert, sondern der sogenannte Gleichrichtwert (Mittelwert des gleichgerichteten Stromes) angezeigt. Für eine bestimmte gleichbleibende Kurvenform kann die Skala in Effektivwerten geeicht werden. Dabei ergeben sich allerdings Messfehler, wenn die Kurvenform nicht sinusförmig ist.

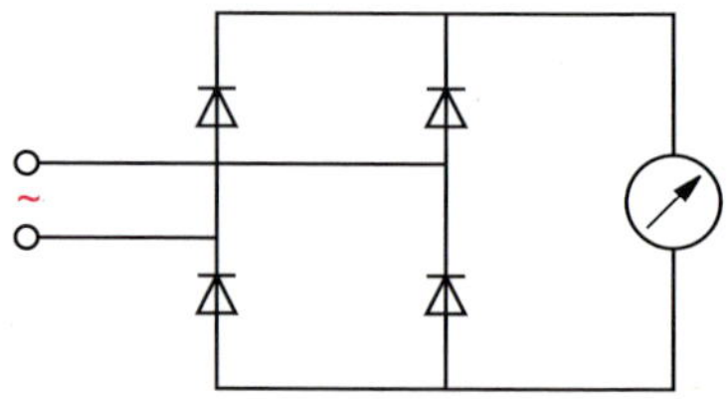

Bild 3.10: Drehspulmesswerk mit Messgleichrichter

Bei Drehspulinstrumenten mit Thermoumformern wird ein Thermoelement durch den Messstrom erwärmt. Die entstehende Thermospannung ist ein Maß für den zu messenden Strom im Heizdraht; sie liegt direkt am Messwerk. Da die Erwärmung von der Heizleistung ($I^2 \cdot R$) abhängt, wird der Effektivwert angezeigt; die Instrumente sind also für Wechselströme beliebiger Kurvenform verwendbar.

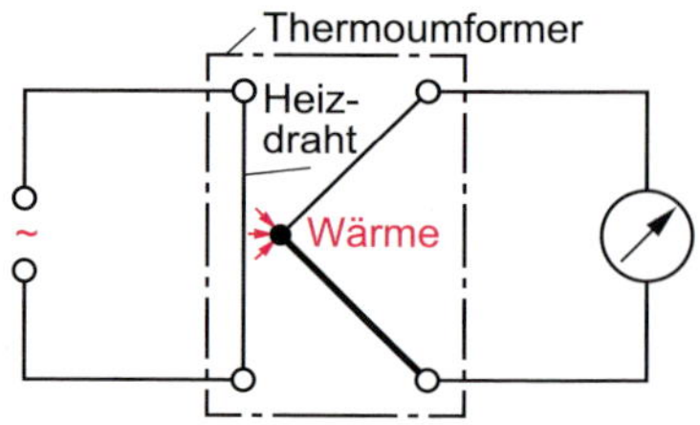

Bild 3.11: Drehspulmesswerk mit Thermometer

3.2.1.3 Elektrodynamisches Messwerk

Das elektrodynamische Messwerk arbeitet im Prinzip wie das Drehspulmesswerk. Allerdings wird das Magnetfeld, das beim Drehspulmesswerk durch einen Dauermagneten erzeugt wird, beim elektrodynamischen Messwerk durch eine feststehende Spule verursacht. Im Feld dieser Spule ist die Drehspule angeordnet. Die Richtkraft wird von Spiralfedern erzeugt, die auch die Stromzuführung zur Drehspule übernehmen.

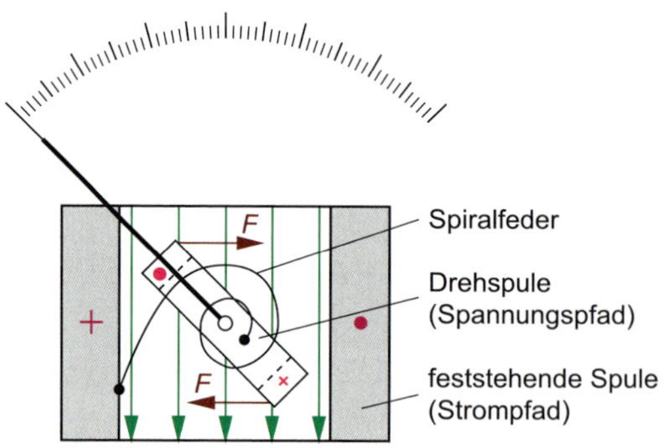

Bild 3.12: Aufbau des elektrodynamischen Messwerks

Wird das Messwerk nach Bild 3.13 angeschlossen, so fließt der Verbraucherstrom I durch die Feldspule (Strompfad) und die Verbraucherspannung U liegt an der Drehspule (Spannungspfad), sodass der Zeigerausschlag dem Produkt aus I und U und damit der Leistung P direkt proportional ist. Das Messwerk wird daher fast ausschließlich als Leistungsmesser verwendet; seine Skalenteilung ist linear.

Ändert sich die Polarität der Spannung, so ändern sich die Richtungen der Ströme in beiden Spulen; die Richtung des Zeigerausschlags ändert sich daher nicht.

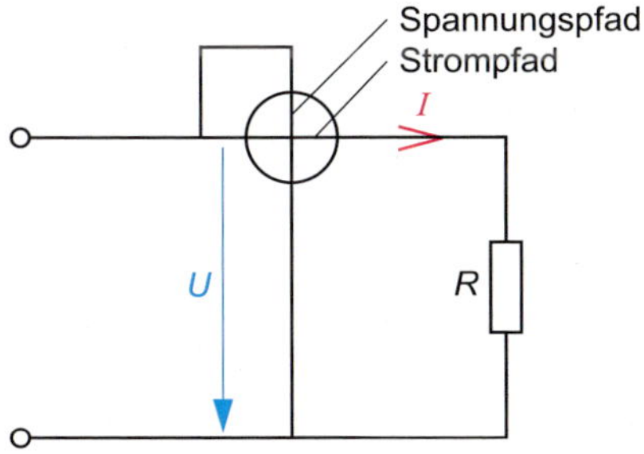

Bild 3.13: Elektrodynamisches Messwerk als Leistungsmesser

! Das elektrodynamische Messwerk ist bei Gleich- und Wechselstrom verwendbar. Bei Wechselstrom zeigt es die Wirkleistung an.

3.2.2 Vielfachmessinstrumente (Multimeter)

Multimeter sind Vielfachmessinstrumente, die zur Messung verschiedener Messgrößen (z. B. Spannung, Stromstärke, Widerstand, Temperatur usw.) mit jeweils mehreren Messbereichen ausgestattet sind.

3.2.2.1 Digitalmultimeter

Digitalmultimeter (kurz: DMM) sind vollelektronisch aufgebaute Messinstrumente, d. h. sie arbeiten ohne mechanisch bewegliche Teile. Die Namensgebung resultiert aus der digitalen Anzeige des Messwertes als Dezimalzahl mit Vorzeichen. Darüber hinaus werden je nach Leistungsfähigkeit (und Preis) zusätzliche Informationen angezeigt (z. B. Art und Einheit der Messgröße). Ein Ablesefehler wie bei einer analogen Anzeige kann nicht auftreten, eine bestimmte Gebrauchslage ist nicht zu beachten. Digitalmultimeter bestehen prinzipiell aus drei Hauptfunktionsgruppen.

Bild 3.14: Digitalmultimeter

Als Eingangsschaltung dient ein **Messgrößenumformer**, der die analoge Messgröße in eine analoge Messspannung umformt. Um einen möglichst großen Wertebereich (z. B. mV bis kV) mit hoher Genauigkeit erfassen zu können, lassen sich hierbei unterschiedliche Messbereiche einstellen (z. B. bis 200 mV, bis 2 V, bis 20 V usw.).

Im **Analog-Digital-Umsetzer** (vgl. Kap. 7.2.5.5 a) wird die Messspannung in digitale Signale umgesetzt und je nach deren Größe als Folge von mehr oder weniger Impulsen ausgegeben.

Diese Impulse werden in der **Anzeigeeinheit** von einem Zähler gezählt. Das Ergebnis der Zählung wird auf einem Display als Dezimalzahl angezeigt.

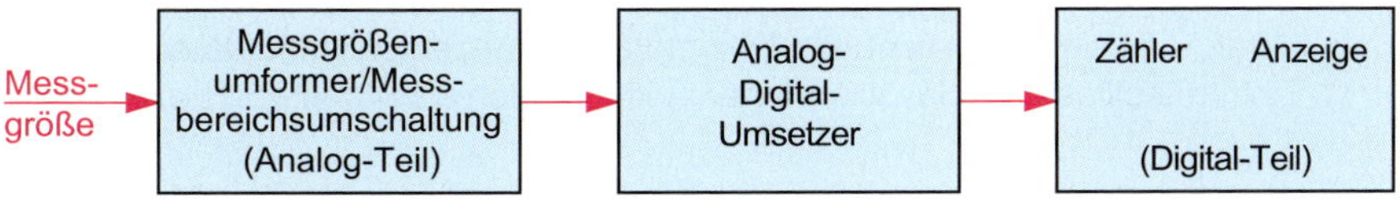

Bild 3.15: Grundsätzlicher Aufbau eines Digitalmultimeters

Die Auswahl der Messgrößen und die Umschaltung der Messbereiche erfolgt in den meisten Fällen mechanisch, hochwertige DMMs können den optimalen *Messbereich* aber auch selbst einstellen. Elektronische Sicherungen schützen hierbei vor Überspannungen und sonstigen Überlastungen.

Bedingt durch die Digitalisierung kann der jeweils gemessene analoge Wert in jedem Messbereich nur in Stufen erfasst werden. Standardgeräte lösen einen Messbereich meist in 2000 Stufen auf, die vielfach auch als **Digits** bezeichnet werden. Bei einem Messbereich von 200 mV (kleinster Messbereich bei handelsüblichen Digitalmultimetern) beträgt die kleinste Messstufe somit 100 µV, bei einem Messbereich von 2 V hingegen nur noch 1 mV. Geräte mit höherwertigeren Analog-Digital-Wandlern können einen Messbereich auch um eine oder mehrere Zehnerpotenzen genauer auflösen.

Die Angabe der systembedingten Messabweichung (d. h. des unvermeidlichen Messfehlers) erfolgt bei Digitalmultimetern als Prozentangabe (z. B. *0,2 % v. M. ± 1 Digit* oder *0,2 % ± 0,05 % v. E.;* die Abkürzungen „v. M." und „v. E." stehen gemäß DIN 43751 für „vom Messwert" bzw. „vom Endwert").

Zu beachten ist:

- In sämtlichen Spannungsmessbereichen ist der Eingangswiderstand – anders als bei Analogmultimetern – stets gleich groß (typische Werte: 1 MΩ – 10 MΩ/ 10pF – 100 pF).
- Für die Wechselspannungsmessung ist ein Gleichrichter erforderlich. Hierbei wird bei Standardgeräten aber der *Gleichrichtwert* (arithmetischer Mittelwert der gleichgerichteten Wechselspannung) gemessen. Da bei einer Wechselspannung aber die Anzeige des *Effektivwerts* (quadratischer Mittelwert) üblich ist, muss der gemessene Gleichrichtwert um den Formfaktor 1,11 vergrößert angezeigt werden (Hinweis: Der Formfaktor ist definiert als das Verhältnis zwischen Effektivwert und Gleichrichtwert.). Der Wert 1,11 gilt aber nur für einen *sinusförmigen* Verlauf! Somit wird nur für sinusförmige Spannungen der Effektivwert korrekt angezeigt, bei anderen Signalformen ergibt sich bei Standardgeräten eine fehlerhafte Anzeige! Höherwertige Digitalmultimeter können den tatsächlichen Effektivwert eines *beliebigen* periodischen Spannungsverlaufes *berechnen.* Diese tragen dann vielfach die Zusatzbezeichnung **True RMS (R**oot **M**ean **S**quare, d. h. quadratisches Mittel).
- Die Strommessung erfolgt über die Spannungsmessung an einem integrierten Messwiderstand. Die Größe des Messwiderstandes ändert sich abhängig vom eingestellten Messbereich!
- Die Messung von Stromstärken ist bis ca. 10 A möglich, für höhere Ströme werden üblicherweise Strommesszangen eingesetzt (Kap. 3.2.2.2).
- Für die Widerstandsmessung enthält ein DMM eine elektronisch stabilisierte Konstantstromquelle (Kap. 4.2.1.2), die einen von der Belastung unabhängigen Gleichstrom liefert. Dieser verursacht am zu messenden Widerstand einen Spannungsabfall, aus der sich dann der entsprechende Widerstandswert ergibt ($R = U/I$ mit I = const.).
- Die führende Dezimalstelle der Anzeige eines Digitalmultimeters ist meist nicht voll ausgebildet, d. h. sie kann nicht alle Dezimalziffern anzeigen (oftmals nur die Ziffer 1). Ein fünfstelliges Display wird daher vielfach auch als $4^1/_2$-stellig bezeichnet.

3.2.2.2 Zangenmultimeter

Moderne Zangenmultimeter – meist auch kurz als Strommesszangen bezeichnet – messen Gleich-, Wechsel-, Impuls- und Mischströme sowie Spannungen und dienen zur Überprüfung von Schaltkreisen, Schaltern, Sicherungen und Kontakten auf Anwesenheit von Laststrom oder Durchgang, *ohne dass dazu der Stromkreis aufgetrennt werden muss.* Die Messung des um den stromführenden Leiter erzeugten Magnetfeldes (vgl. Kap. 1.9.1.2) stellt eine bequeme und sichere Messmethode dar.

Bild 3.16: Zangenmultimeter

Das Kernstück eines Zangenmultimeters bildet ein im Luftspalt der Messzange angeordneter Hallgenerator (vgl. Kap. 1.9.2.3; Bild 3.17). Der aus den beiden Zangenhälften und dem Luftspalt bestehende magnetische Kreis sorgt für eine Verdichtung der Feldlinien am Hallgenerator. Die Messzange ist so konzipiert, dass das Messergebnis von der Lage des Leiters in der Zange weitgehend unbeeinflusst bleibt. Die Zange kann auch als flexible Leiterschleife ausgeführt sein (siehe Bild 3.41b). Infolge der hochlinearen elektrisch-magnetischen Umwandlung durch den magnetischen Kreis und der anschließenden ebenso linearen magnetisch-elektrischen Umwandlung durch den Hallgenerator liefert der Analogausgang eine Spannung, die ein getreues Abbild des Messstroms darstellt, und dies sowohl bei Gleich- und Wechselstrom als auch bei Mischströmen beliebiger Kurvenform. Magnetkreis und Auswerteelektronik sind weitgehend unempfindlich gegenüber elektromagnetischen Störungen, sodass das Instrument die Anforderungen der geltenden EMV-Norm erfüllt.

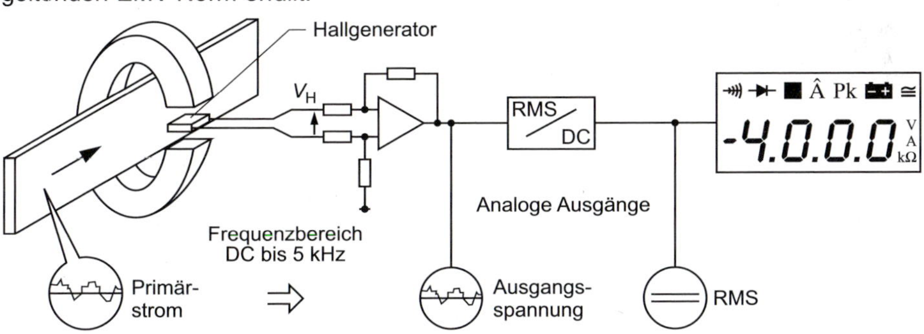

Bild 3.17: Grundsätzlicher Aufbau eines Zangenmultimeters

Zangenmultimeter eignen sich aufgrund ihrer hohen Messgenauigkeit für vielfältige Anwendungen bei der Wartung, Instandsetzung, Installation und Inbetriebnahme von Maschinen und industriellen Anlagen. Sie werden eingesetzt zur Analyse der Stromverteilung in verzweigten Netzen, Erfassung des Spitzenbedarfs in Stromnetzen sowie Batteriestrom-Messungen in unterbrechungsfreien Stromversorgungen (USV). Dazu besteht die Möglichkeit der momentanen Messwertspeicherung durch einfachen Knopfdruck. Der Analogausgang ermöglicht es, Stromformen auf einem Oszilloskop darzustellen und Echt-Effektivwerte auf einem Schreiber zu erfassen.

Aufgaben

1. a) Beschreiben Sie anhand einer Skizze den Aufbau und die Wirkungsweise eines Dreheisenmesswerks.
   b) Nennen Sie Vor- und Nachteile eines Dreheisenmesswerks und geben Sie seinen Anwendungsbereich an.
2. Worin unterscheidet sich ein Drehspulmesswerk mit Außenmagnet von einem Kernmagnetmesswerk?
3. Welche Möglichkeiten kennen Sie zur Messung von Wechselströmen und -spannungen mit einem Drehspulmesswerk?
4. Wozu dient bei Messinstrumenten die Dämpfung?
5. a) Beschreiben Sie anhand einer Skizze den Aufbau und die Wirkungsweise eines elektrodynamischen Messwerks.
   b) Welche elektrische Größe wird meist mit dem elektrodynamischen Messwerk gemessen?
   c) Bei welchen Stromarten kann es eingesetzt werden?
6. Erläutern Sie den Unterschied zwischen analog und digital anzeigenden Messinstrumenten.
7. Erläutern Sie anhand des Blockschaltbilds den Aufbau und die Wirkungsweise eines Digitalmultimeters.
8. a) Welchen wesentlichen Vorteil bietet ein Zangenmultimeter gegenüber einem Digitalmultimeter?
   b) Nennen Sie einige typische Einsatzmöglichkeiten für Zangenmultimeter.

3.2.3 Oszilloskop

Ein Oszilloskop ist ein elektronisches Messgerät zur Darstellung des zeitlichen Verlaufs einer elektrischen Spannung. Der Verlauf wird hierbei als Graph (Linie) auf einem Bildschirm dargestellt, wobei üblicherweise horizontal die Zeit t und vertikal die Spannung U in Abhängigkeit von der Zeit t abgebildet wird (mathematische Schreibweise: $U = f(t)$; siehe Infomodul C auf **www.westermann.de/links/00815**). Ebenso kann jeder Vorgang, der sich als zeitlicher Verlauf einer elektrischen Spannung abbilden lässt, mit einem Oszilloskop dargestellt werden. Hierzu gehören beispielsweise:

- der Verlauf eines elektrischen Stroms, der indirekt über den Spannungsabfall an einem Widerstand oder mittels einer Stromzange (siehe Kap. 3.2.2.2) gemessen wird;
- Durchgangskennlinien elektronischer Bauelemente, ggf. unter Einsatz von Zusatzschaltungen;
- der Frequenzgang einer elektronischen Schaltung unter Einsatz eines Wobbelgenerators (engl.: sweep generator; Frequenzgenerator, bei dem die erzeugten Frequenzen zyklisch zwischen einstellbaren Endwerten variieren);

Des Weiteren lässt sich erfassen:

- die Phasenverschiebung zwischen zwei Messspannungen, z. B. durch Ablesen der zeitlichen Verschiebung auf dem Display mithilfe des aufgedruckten Rasters (siehe unten);
- die Frequenz eines Signals.

> Mit einem **Oszilloskop** können alle technischen Vorgänge, die sich – gegebenenfalls mithilfe eines entsprechenden Messumformers – als zeitlicher Verlauf einer elektrischen Spannung darstellen lassen, durch einen Kurvenzug (durchgehende oder unterbrochene Linie) auf einem Display visualisiert werden.

Im Zuge der technischen Entwicklung im Bereich der digitalen Signalverarbeitung sowie der modernen Darstellungstechniken wurden die analog arbeitenden Elektronenstrahloszilloskope nahezu vollständig von den digitalen (Speicher-)Oszilloskopen (**DSO**: **D**igital **S**torage **O**scilloscope) verdrängt. Zur Visualisierung gemessener Signalverläufe verwendet ein DSO heute in der Regel ein integriertes Flachdisplay (siehe Kap. 8.2.11).

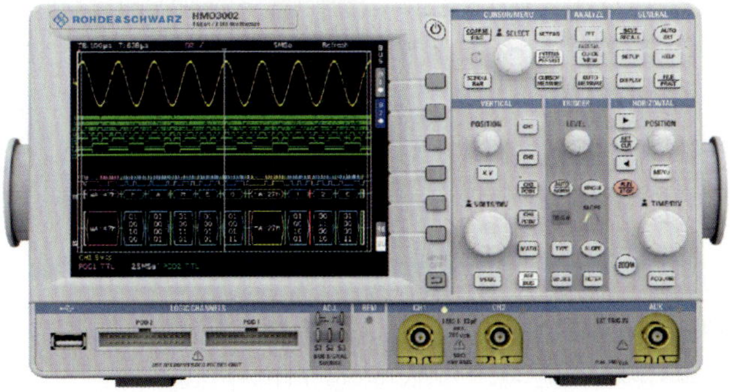

Bild 3.18: Beispiel für ein 2-Kanal-Digitaloszilloskop

Zudem sind die Mess- und Analysetechniken bei einem Digitaloszilloskop wesentlich umfangreicher als bei einem Analogoszilloskop. Während sich analoge Geräte meist nur zur Darstellung *periodischer* Vorgänge eigneten, können DSOs beispielsweise auch *einmalige* Vorgänge visualisieren oder mehrkanalige Bitmuster auf Datenleitungen darstellen und somit als Logikanalysator arbeiten (Kap. 3.2.2.2).

Je nach Gerätekategorie und Preis gehören beispielsweise auch die folgenden Leistungsmerkmale zum technischen Umfang eines DSOs:

- Analyse und Darstellung des Frequenzspektrums eines gespeicherten Signals (siehe Bild 3.22 b)
- Verwendung als Funktionsgenerator durch Bereitstellung diverser Messsignale (z. B. Sinus, Dreieck, Rechteck, Rechteckimpuls),
- Einsatz als klassisches Digitalvoltmeter,
- Interner Speicher für Referenzkurven,
- Interne Speicherung aller Bildschirmdarstellungen und der Benutzereinstellungen (z. B. Triggerbedingung und Zeitbasiseinstellung, Kap. 3.2.3.1),
- Speicherung von Bildschirmfotos sowie Kurvendaten auf einem angeschlossenen USB-Stick (Format: FAT 16 oder FAT 32, Kap. 8.4.4), die sich später an einem PC darstellen und auswerten lassen,
- Anschluss eines Druckers, so dass auch direkt ein Bildschirmausdruck erstellt werden kann (unterstützte Formate: bmp, gif und png),
- Bereitstellung handelsüblicher PC-Schnittstellen (z. B. USB, siehe Kap. 8.2.5.3) sowie auch industriell eingesetzter Bussysteme (z. B. I^2C, CAN, LIN).

Eine Darstellung sämtlicher Features findet man im jeweiligen Gerätemanual. Die dort aufgeführten Bedienungshinweise sollte man bei der Nutzung beachten.

Neben Oszilloskopen für den stationären Betrieb findet man auch eine breite Palette tragbarer Digitaloszilloskope unterschiedlichster Hersteller für den portablen Einsatz, die ebenfalls auch als Multimeter eingesetzt werden können.

Bild 3.19: Tragbares Oszilloskop, auch als Multimeter einsetzbar (Fa. Fluke)

3.2.3.1 Aufbau und Funktionsweise eines DSO

Ein DSO besteht im Wesentlichen aus den folgenden funktionalen Baugruppen:

- **Vertikalbaugruppe**, einem Messverstärker für das zu messende Signal mit anschließender Analog-Digitalwandlung
- **Speicherbaugruppe**, in der die digitalisierten Signalwerte abgelegt werden (Kap. 8.2.4)
- **Horizontalbaugruppe**, die eine definierte, einstellbare Zeitspanne (**Zeitbasis**) vorgibt, in der die Signalwerte gewonnen, in den Speicher abgelegt und auch wieder ausgelesen werden (Hinweis: Bei einem Analogoszilloskop handelte es sich hierbei um eine sägezahnförmige *Zeitablenkspannung*, vgl. Bild 2.133)
- **Triggerbaugruppe**, eine technische Schaltung, die beispielsweise bei der fortlaufenden Messung periodischer Signale die Darstellung am linken Rand des Display stets bei dem gleichen, einstellbaren Anfangszustand startet, um ein *deckungsgleiches* und somit ein **stehendes Bild** zu erhalten (siehe weiter unten)
- **Anzeige**, in der Regel TFT-Display, z.B. Bildschirmdiagonale 7 Zoll, Auflösung 640 x 480 Pixel (Kap. 8.2.11.1)

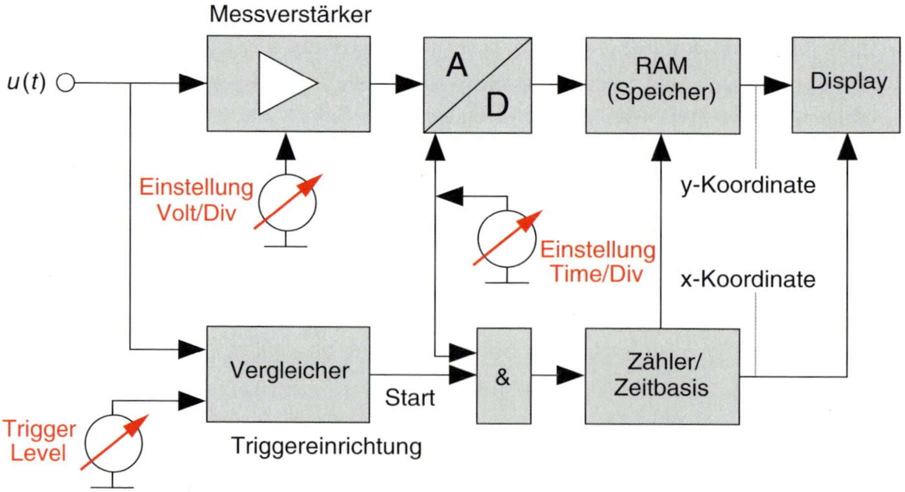

Bild 3.20: Prinzipieller Aufbau eines Digitaloszilloskops (vereinfachte Darstellung)

Die Helligkeit, die Fokussierung sowie die Einstellungen des Messverstärkers, der Zeitbasis und der Triggerung erfolgen durch entsprechende Bedienelemente an der Frontseite des Oszilloskops, sodass sich jeweils eine gut wahrnehmbare Bildschirmdarstellung ergibt. An der Frontseite befinden sich auch die erforderlichen Eingangsbuchsen für die Messsignale (Bild 3.18).

Grundsätzliches zur Signaltheorie

Bei einem Digitaloszilloskop wird das analoge Messsignal nach dem Durchlaufen des Messverstärkers (Y-Verstärker) mithilfe eines A/D-Wandlers in ein Digitalsignal umgewandelt. Hierzu werden dem analogen Signal durch Abtastung in gleichbleibenden Zeitabständen Signalproben (**Samples**) entnommen und je nach Ausstattung des Oszilloskops jeweils mit 8, 10 oder 12 bit (Kap. 7.1) codiert. Je größer die Anzahl der Bits ist, desto genauer kann der Signalwert erfasst werden. Jedoch ist wie bei einem Digitalmultimeter auch hier jeweils nur eine begrenzte Anzahl von Messstufen möglich („**Quantisierungsstufen**", z. B. 8 bit: 256 Stufen; 12 bit: 4096 Stufen). Dies bezeichnet man als die Auflösung des gespeicherten Messwertes. Nach der Messwerterfassung werden die codierten Werte in einem RAM-Speicher (siehe Kap. 8.2.4) abgelegt.

Nachdem ein Abtastwert digital gespeichert ist, wird ein Zähler um den Wert 1 hochgesetzt und der nächste Messwert kann in die nächste Speicherzelle abgelegt werden.

Die Zeitabstände zwischen den Signalproben werden von der Frequenz des Abtastgenerators bestimmt; man bezeichnet sie als **Abtastfrequenz**, **Samplingfrequenz**, **Abtastrate** oder **Samplingrate**.

Damit ein digitalisiertes Analogsignal wieder vollständig in seine analoge Form zurückgeführt und dargestellt werden kann, muss das Abtasttheorem erfüllt sein.

> Das sogenannte **Abtasttheorem** (die Abtastbedingung) sagt aus, dass ein analoges Signal nach einer Digitalisierung wieder vollständig rekonstruierbar ist, wenn die Abtastfrequenz f_{Tast} mindestens doppelt so hoch wie die größte im Frequenzspektrum des zu wandelnden Signals enthaltene Signalfrequenz f_{max} ist.
>
> $$\boldsymbol{f_{Tast} \geq 2 \cdot f_{max}}$$

Eine sinusförmige Spannung mit der Frequenz $f = 100$ kHz muss also *mindestens* mit einer Frequenz $f_{Tast} = 200$ kHz abgetastet werden. In der Praxis liegt die Tastfrequenz meist deutlich höher! Moderne digitale Speicheroszilloskope arbeiten – je nach Preisklasse – mit Abtastraten im Bereich zwischen 500 MHz und 10 GHz. Vielfach wird die Abtastrate auch in MSa/s (Mega-Samples pro Sekunde) oder GSa/s (Giga-Samples pro Sekunde) angegeben.

Bild 3.21 b zeigt in der Ausschnittvergrößerung prinzipiell die einzelnen Samples einer digitalisierten Sinuskurve, auf dem Display des Oszilloskops sind diese nicht notwendigerweise erkennbar.

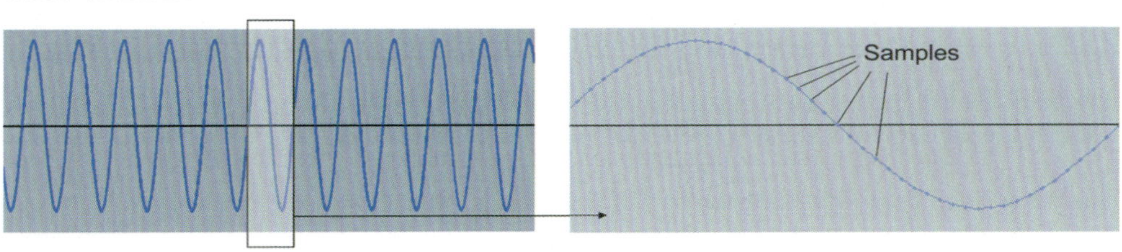

Bild 3.21: a) Digitalisiertes Sinussignal 1 kHz b) Ausschnittsvergrößerung mit Sampling-Werten

Für der Darstellung anderer Signalformen (z. B. Dreiecksignal, Rechtecksignal) muss man wissen, dass diese sich – analytisch betrachtet – stets in sinusförmige Teilschwingungen zerlegen lassen, deren Überlagerung (Addition) dann jeweils wieder den ursprünglichen Kurvenverlauf ergibt (was sich mathematisch nachweisen lässt: Fourier-Analyse bzw. Fourier-Synthese).

> Die Gesamtheit aller in einem beliebigen, periodischen Signal enthaltenen *sinusförmigen* Frequenzanteile bezeichnet man als **Frequenzspektrum** des Signals.
>
> Die tiefste enthaltene sinusförmige Signalfrequenz nennt man **Grundwelle** oder **Grundfrequenz**, die höheren sinusförmigen Frequenzanteile bezeichnet man als **Oberwelle**.

Als maßgeblich frequenzbestimmende Größe wird bei allen periodischen Signalformen stets nur die jeweilige Grundfrequenz angegeben. Die in einem Signal enthaltenen Oberwellen bestimmen dann letztendlich die von der Sinusform abweichende, resultierende Signalform.

Ein rein sinusförmiger Vorgang besteht somit nur aus der Grundwelle und enthält *keine* Oberwellen.

Bei (nicht-sinusförmigen) *periodischen* Signalen besitzen die Frequenzen der enthaltenen Oberwellen – abhängig von der Signalform – ein jeweils gleiches, charakteristisches Anordnungsmuster, welches sich bei einer Frequenzanalyse vergleichbar einfach visualisieren lässt. So enthält ein symmetrisches 1-kHz-Rechtecksignal beispielsweise die *sinusförmigen* Frequenzen 1 kHz (Grundfrequenz), 3 kHz, 5 kHz, 7 kHz, 9 kHz, 11 kHz usw. (Bild 3.22 b). Ein 4-MHz-Rechtecksignal würde dementsprechend die sinusförmigen Frequenzen 4 MHz (Grundfrequenz), 12 MHz, 20 MHz, 28 MHz usw. enthalten (Anordnungsmuster der Oberwellen beim Rechteck also stets: 3-fache, 5-fache, 7-fache, 9-fache usw. Grundfrequenz). In der Regel nehmen die Amplituden der jeweils enthaltenen Oberwellen mit zunehmender Frequenz ab (kürzere Linien bei höheren Frequenzen in Bild 3.22 b), so dass deren Einfluss auf die Signalform auch immer kleiner wird.

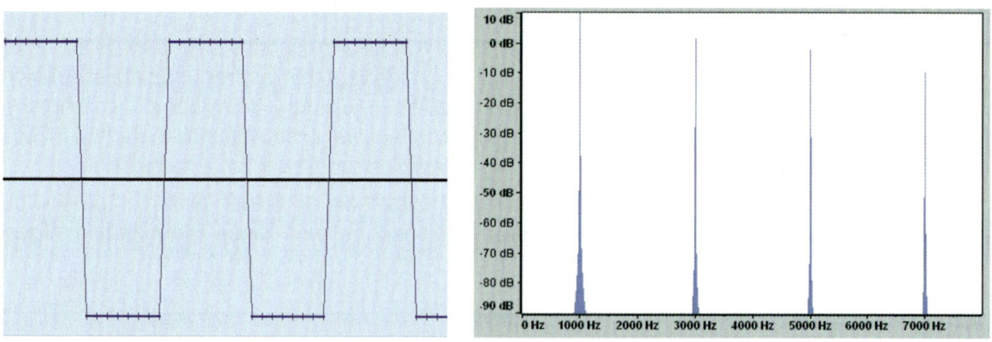

a) Signalverlauf b) Frequenzspektrum

Bild 3.22: a) 1-kHz-Rechtecksignal (Samplingfrequenz 16 kHz; vergrößerte Darstellung)
b) Zugehöriges Frequenzspektrum (enthaltene Frequenzen: 1 kHz, 3 kHz, 5 kHz, 7 kHz)

Bei *einmaligen* Vorgängen oder sich *ständig verändernden* Signalen (z. B. von einem Mikrofon erzeugte Sprechwechselspannung) hingegen ergeben sich wesentlich komplexere Strukturen.

Kann ein Oszilloskop die in einem Signal enthaltenen Oberwellen aufgrund seiner zu geringen Bandbreite gegebenenfalls nicht mehr darstellen, wird die Signalform verfälscht; die Darstellung entspricht dann nicht mehr dem Original. Die Bandbreite ist somit ein Maß für die Güte eines Oszilloskops.

> Die **Bandbreite** gibt Auskunft darüber, welche sinusförmige Signal-Frequenz das Oszilloskop *maximal* verarbeiten kann. Diese Frequenz wird auch als **Grenzfrequenz** bezeichnet.
>
> Die Grenzfrequenz ist definiert als diejenige Frequenz, bei der, bedingt durch die Dämpfungseigenschaften des Gerätes, die Amplitude des dargestellten (Ausgangs-)Signals um 3 dB kleiner ist als das anliegende (Eingangs-)Messsignal.

Signaldarstellung

Bei der Signaldarstellung mit dem DSO ist zunächst zu entscheiden, ob ein anliegendes Signal *in Echtzeit* gemessen und dargestellt werden soll oder ein gemessenes Signal zu analysieren ist. Bei Echtzeitmessungen wird das Signal kontinuierlich neu erfasst, gespeichert und – abhängig von den eingestellten Triggerbedingungen – auf dem Bildschirm angezeigt. Bei jeder neuen Erfassung werden die alten Daten im Speicher nacheinander überschrieben (Ringspeicher).

Um in Echtzeit den Spannungsverlauf z. B. einer sinusförmigen Wechselspannung auf dem Display darzustellen, muss diese mit einer entsprechenden Messleitung an einen Eingang einer der Y-Verstärker (CH1, CH2, Bild 3.18) gelegt werden. Die digitalisierten Messwerte werden dann nacheinander dargestellt und bestimmen die senkrechte Position des zugehörigen Bildpunktes auf dem Display.

Ohne eine aktive Zeitbasis und damit ohne eine zeitliche Zuordnung ergibt sich alleine durch die Messspannung U_Y auf dem Display aber prinzipiell nur eine senkrechte Linie, deren Länge dem Spitze-Spitze-Wert der angelegten Spannung entspricht (Bild 3.23 a).

Die Zeitbasis gibt den zeitlichen Abstand vor, in welchem die Messwerte auf dem Display von links nach rechts dargestellt werden. Sie bestimmt somit die waagerechte Position des zugehörigen Bildpunktes auf dem Display. Liegen keine Messwerte vor und ist lediglich die Zeitbasis aktiv, ergibt sich prinzipiell nur eine waagerechte Linie (Bild 3.23 b).

Sind die zu messende Spannung und die Zeitbasis *gleichzeitig* wirksam, so überlagern sich beide Ablenkungen und es entsteht auf dem Schirm ein Bild des zeitlichen Verlaufs der periodischen Messspannung (Bild 3.23 c).

Um im Echtzeitbetrieb *eine* Periode des Messsignals auf dem Display darstellen zu können, muss die Zeitbasis so eingestellt werden, dass die Zeit für einen Durchlauf von links nach rechts der Periodendauer des gemessenen Signals entspricht.

Zur Anpassung der Frequenz der Zeitbasis an die Frequenz der Messspannung ist sie stufenweise mit dem **Time-Base-Schalter** (Zeitablenkungsschalter) in einem weiten Bereich einstellbar (Bild 3.18, Beschriftung: Time/Div.). Eine oftmals in den Time-Base-Schalter integrierte Potenziometerfunktion ermöglicht darüber hinaus eine stufenlose Feinabstimmung. Je höher die Frequenz der Zeitbasis im Vergleich zur Messsignalfrequenz gewählt wird, desto schneller erfolgt der Durchlauf von links nach rechts und desto mehr Perioden werden dargestellt.

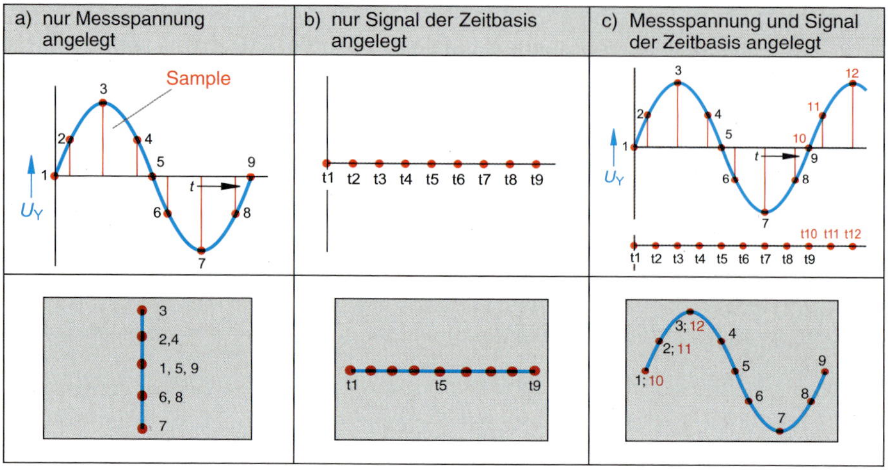

Bild 3.23: Schirmdarstellungen a) nur mit Messspannung; b) nur mit Signal der Zeitbasis; c) mit Messspannung und Signal der Zeitbasis

Bei jedem Durchlauf von links nach rechts wird im Echtzeitbetrieb der Verlauf der Messspannung erneut angezeigt. Damit sich hierbei ein **stehendes Bild** ergibt, müssen diese Darstellungen deckungsgleich erfolgen. Hierzu muss der Gleichlauf von Messspannung und Zeitbasis gesichert werden. Die hierzu erforderliche **Synchronisation** zwischen Messspannung und Zeitbasis wird dadurch erzwungen, dass durch Auslöseimpulse, auch **Triggerimpulse** genannt, stets im richtigen Zeitpunkt bei Erreichen eines bestimmten Spannungswerts der Messspannung der Durchlauf gestartet wird. Werden die Triggerimpulse mithilfe einer Triggerschaltung, die sich im Oszilloskop befindet, aus dem Messsignal abgeleitet, so spricht man von interner Triggerung oder **Eigensynchronisation**.

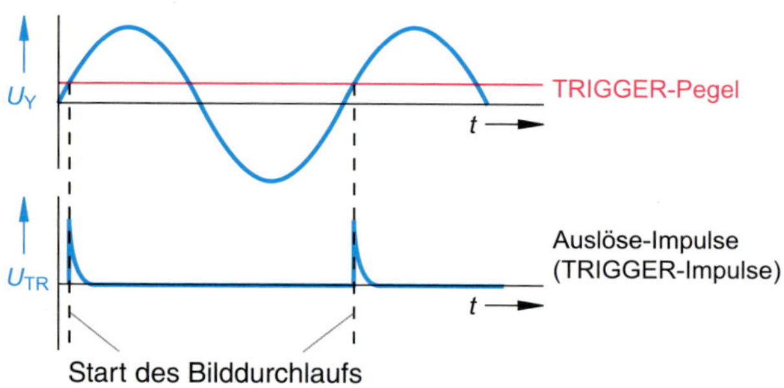

Bild 3.24: Grundprinzip der Triggerung

Häufig kann mit einem Einstellknopf der Pegel eingestellt werden, bei dem aus dem Messsignal ein Triggerimpuls abgeleitet wird.

Alternativ wird auch ein Nullspannungsschalter verwendet. Dieser bewirkt, dass der Durchlauf jedes Mal gestartet wird, wenn eine Messwechselspannnung U_Y ihren Nulldurchgang von Minus nach Plus hat.

Bei der externen Triggerung werden die Auslöseimpulse von einer außen angelegten Spannung abgeleitet (AUX-/Ext-Trig-In-Buchse, Bild 3.18).

In allen Fällen erfolgt ein erneuter Start aber stets erst *nach* einem vollständigen Bildschirmdurchlauf.

Auch der darstellbare Spannungsbereich kann stufenweise mit dem **Vert.-Amp.-Schalter** (Vertikal-Amplituden-Schalter) in einem weiten Bereich eingestellt werden. Zusätzlich ist ebenfalls eine stufenlose Feineinstellung möglich (Bild 3.18, Beschriftung: Volts/Div.).

Um ein genaues Ablesen von Werten zu ermöglichen, lassen sich auf dem Display des Oszilloskops jeweils im Zentimeterabstand Gitternetzlinien einblenden.

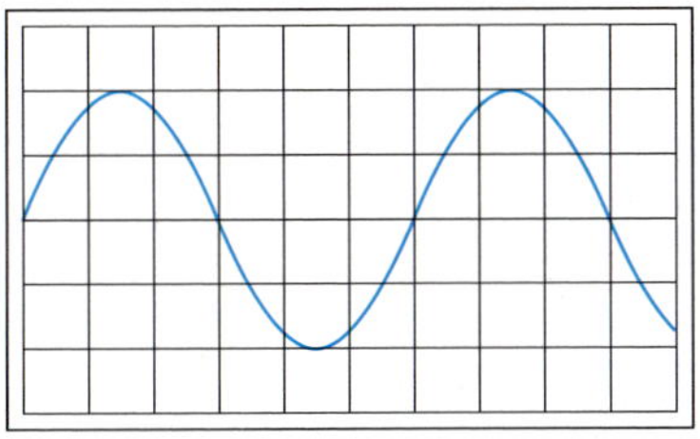

Bild 3.25:
Schirmbild eines Oszilloskops (Beispiel)

Die Einstellung der Zeitbasis wird auf diese Gitterlinien bezogen in µs/cm, ms/cm oder s/cm angegeben (lies: Mikrosekunde pro Zentimeter, usw.; international: µs/Div, ms/Div, s/Div); gleichermaßen wird die Einstellung des Y-Verstärkers in µV/cm, mV/cm oder V/cm angegeben (lies: Mikrovolt pro Zentimeter, usw.; international: µV/Div, mV/Div, V/Div).

Ein exaktes Ablesen ist nur möglich, wenn sich die Potenziometer für die Amplitudenverstärkung und die Zeitablenkung in der sogenannten **kalibrierten Stellung** befinden (zumeist linker Potenziometeranschlag)!

■ **Beispiel:**

Die Darstellung in Bild 3.25 wurde mit folgenden Einstellungen aufgenommen:

Vert.-Amp.: 2 V/cm; Time-Base: 5 µs/cm.

Um welche Spannungsart handelt es sich? Bestimmen Sie Effektivwert, Periodendauer und Frequenz der dargestellten Wechselspannung.

Lösung

Es handelt sich um eine sinusförmige Wechselspannung. Mit der Einstellung 2 V/cm ergibt sich ein Spitze-Spitze-Wert U_{SS} = 2 V/cm · 4 cm = 8 V. Daraus folgt durch Berechnung:

$$U_{eff} = \frac{U_{SS}}{2 \cdot \sqrt{2}} = \frac{8\,V}{2 \cdot \sqrt{2}} = \mathbf{2{,}83\,V}$$

Mit der Einstellung 5 µs/cm ergibt sich eine Periodendauer T = 5 ms/cm · 6 cm = **30 µs**.

Wegen $f = 1/T$ beträgt die Frequenz $\mathbf{f}$ **= 33,3 kHz**.

Hinweis: Bei gleicher Schirmbilddarstellung würden sich mit den Einstellungen 10 V/cm und 0,2 ms/cm ergeben: U_{eff} = 14,14 V, T = 1,2 ms und f = 833 Hz.

Signalanalyse

Die Analyse eines Signals auf dem Bildschirm erfolgt nur mit gespeicherten Daten, es findet *keine* neue Signalerfassung mehr statt. Hierbei werden die im Speicher befindlichen Daten ausgelesen und quasi als Standbild auf dem Display dargestellt. Eine Änderung der Anzeige erfolgt nur, sofern die Anzeigeoptionen variiert werden (Time-Base-Schalter, Vert.-Amp.-Schalter, Analysefunktionen). Dieser Modus ist auch geeignet zur Darstellung *einmaliger* Ereignisse, nachdem diese detektiert und entsprechend gespeichert wurden.

Für die Analyse stehen diverse Such-, Einstellungs- und Darstellungsoptionen zur Verfügung (z. B. Zoomfunktion, Markerfunktion, Maximal-/Minimalwert, Hüllkurve, Hochpass-/

Tiefpassfilter). Sie können über Menüs, die sich auf dem Display einblenden lassen, bedarfsweise ausgewählt werden. Zusätzlich zum Kurvenverlauf können die gewünschten Messdaten auch als Zahlenwerte auf dem Display angezeigt werden (z. B. Periodendauer, Frequenz, Effektivwert). Darüber hinaus lassen sich vielfältige mathematische Funktionen auf die *im Display dargestellten Signale* anwenden, zu denen ein Analogoszilloskop nicht in der Lage wäre (z. B. Multiplikation, Division, Subtraktion, diverse Filterfunktionen).

3.2.3.2 Mixed-Signal-Oszilloskop

Unter einem **M**ixed-**S**ignal-**O**szilloskop (**MSO**) versteht man eine Kombination aus einem traditionellen Oszilloskop und einem Logikanalysator. Neben den bei Oszilloskopen üblichen Eingangsbuchsen verfügt ein MSO zusätzlich über bis zu 36 digitale Eingangskanäle. An diese lässt sich beispielsweise ein paralleler Datenbus (siehe Kap. 8.2.5.1) anschließen, dessen Bitmuster dann zur Fehleranalyse auf dem Bildschirm dargestellt werden kann.

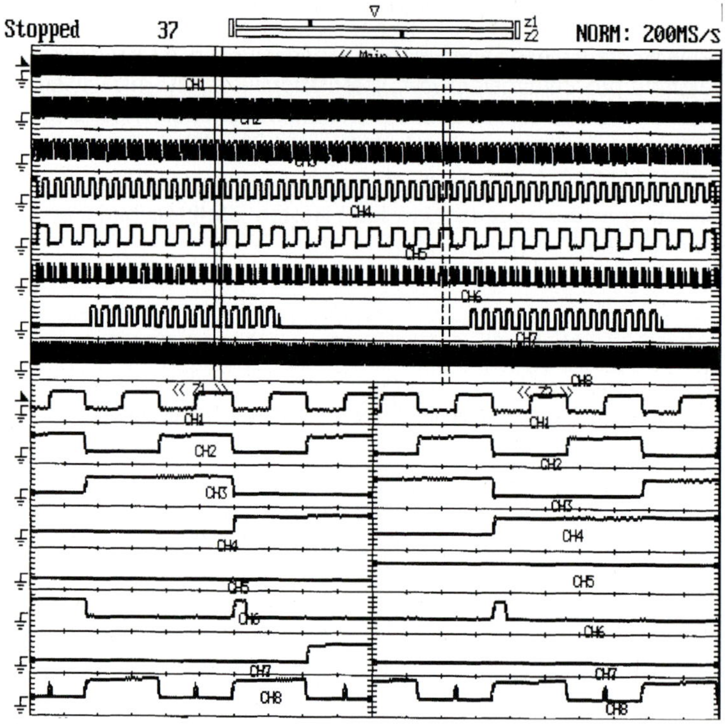

Bild 3.26: Schirmbild eines Oszilloskops mit 16-kanaligem Logikanalyser

3.2.3.3 Tastkopf

Möchte man mit einem Oszilloskop den Verlauf einer Spannung messen, so soll der Messvorgang die zu messende Größe möglichst wenig beeinflussen. Hierzu ist ein hoher Eingangswiderstand am Y-Eingang des Oszilloskops erforderlich; dieser beträgt mindestens 1 MΩ.

Soll aber beispielsweise mit einem Oszilloskop mit einem Eingangswiderstand von 1 MΩ der Spannungsabfall an einem 1 MΩ-Widerstand dargestellt werden, so wird statt der ursprünglichen Spannung U nur noch $\frac{1}{2}$ U gemessen.

Bedingt durch den Aufbau (Leitungskapazitäten, Kapazitäten der aktiven Bauelemente) enthält der Eingangswiderstand eines Oszilloskops auch noch einen kapazitiven Anteil (Größenordnung 20 pF), der sich bei steigender Frequenz als Scheinwiderstand bzw. Impedanz auswirkt. Die Messleitungen besitzen ebenfalls noch eine Kapazität (Größenordnung 150 pF). Hierdurch werden insbesondere bei hohen Frequenzen die Messwerte verfälscht.

Diese Problematik lässt sich durch einen vorgeschalteten Spannungsteiler lösen, der die kapazitiven Einflüsse kompensiert und den ohmschen Eingangswiderstand des Oszilloskops erhöht.

> Als **Tastkopf** bezeichnet man einen Spannungssensor, der die kapazitiven Eigenschaften des Messeingangs eines Oszilloskops und der verwendeten Messleitungen kompensiert sowie den ohmschen Widerstand am Messeingang erhöht.

Man unterscheidet passive und aktive Tastköpfe. Ein passiver Tastkopf besteht lediglich aus einer RC-Schaltung und gehört zur Standardausstattung eines jeden Oszilloskops. In der Regel ist hiermit eine Vergrößerung des Eingangswiderstands um den Faktor 10 (Widerstandsverhältnis 10 : 1) möglich.

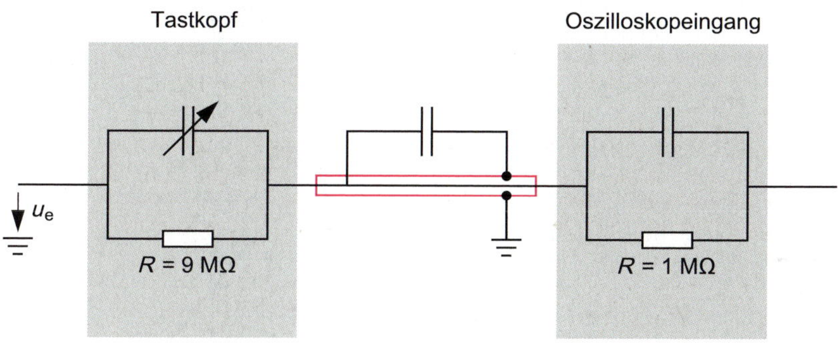

Bild 3.27: Grundprinzip eines passiven Tastkopfes mit Widerstandsverhältnis 10 : 1

Der Kondensator im Tastkopf ist einstellbar. Vor dem Messvorgang muss der Tastkopf kalibriert werden, d. h. der Kapazitätswert des Kondensators muss an die parasitären Kapazitäten von Kabel und Eingang angepasst werden, damit eine Kompensation möglich ist. Der Abgleich erfolgt mit einem vom Oszilloskop bereitgestellten rechteckförmigen Kalibrierungssignal.

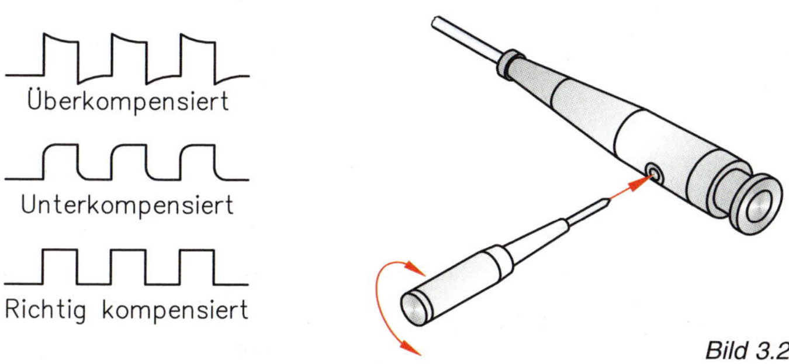

Bild 3.28: Kalibrierung eines Tastkopfes

Aktive Tastköpfe verfügen über einen Eingangsverstärker mit FET. Je nach Ausführung kann der Eingangswiderstand des Oszilloskops hierbei um den Faktor 1000 erhöht werden.

Aufgaben

1. Welche technischen Vorgänge lassen sich mit einem Oszilloskop darstellen? Nennen Sie mögliche Ausstattungsmerkmale eines modernen Oszilloskops.
2. Aus welchen grundsätzlichen funktionalen Baugruppen besteht ein DSO?
3. Was versteht man bei einem Oszilloskop unter dem Begriff „Triggern"?
4. Dargestellt ist das Schirmbild eines Oszilloskops. Wie groß sind
   a) die Frequenz f,
   b) die Spannung $U_{\text{Spitze-Spitze}}$,
   c) Effektivwert der Spannung?
5. Die Zeitablenkung eines Oszilloskops beträgt 0,3 ms/cm. Auf einem 10 cm breiten Bildschirm sind 12 Perioden einer Wechselspannung zu sehen.
   a) Wie groß ist die Frequenz der Wechselspannung?
   b) Auf welchen Wert der Wechselspannung muss die Zeitablenkung eingestellt werden, wenn man zur Erzielung einer besseren Auflösung nur eine Periode auf dem Bildschirm abbilden will?

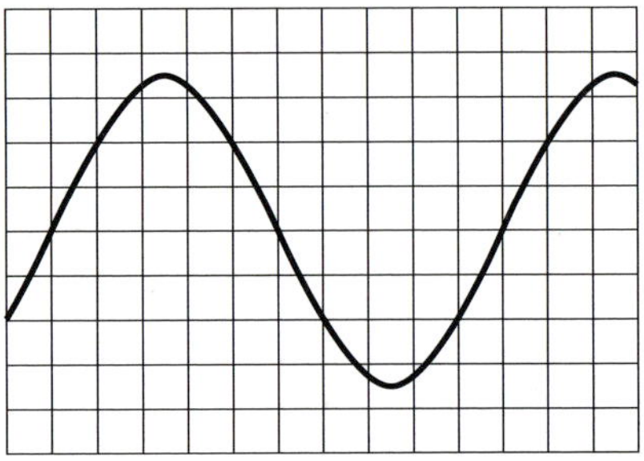

Maßstab: 1 Kästchen ≙ 1 cm
Time Base: 0,1 ms/cm
Vertikal-Amplitude: 20 V/cm

6. Wie groß ist die Frequenz der gemessenen Wechselspannung, wenn der Time-Base-Schalter auf 30 µs/cm eingestellt ist?

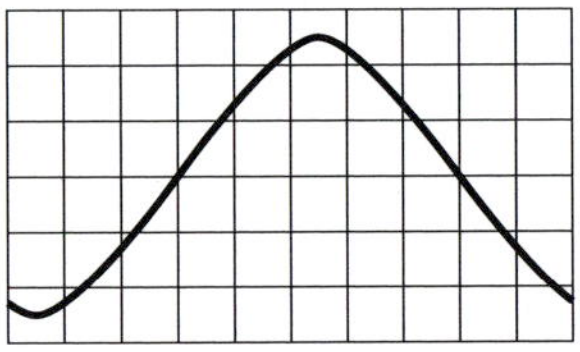

Maßstab: 1 Kästchen ≙ 1 cm

7. Auf dem Display eines Zweikanaloszilloskops wird der Verlauf zweier Spannungen dargestellt.
   a) Bestimmen Sie Amplitude und Frequenz beider Spannungen.
   b) Wie groß ist die Phasenverschiebung zwischen beiden Spannungen? (Angabe der Zeit in ms und als Phasenverschiebungswinkel φ)
   c) Die Darstellung kann bei einem Digitaloszilloskop in Echtzeit oder im Analysebetrieb erfolgen. Erläutern Sie den Unterschied.

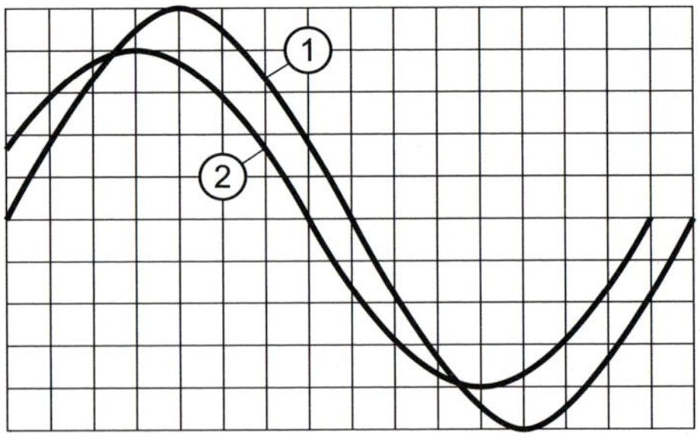

Maßstab: 1 Kästchen ≙ 1 cm
Time Base: 0,5 ms/cm
Vertikal-Amplitude: 10 V/cm

8. Bei einem Oszilloskop wird die Bandbreite mit 100 MHz angegeben. Welche Information kann man dieser Angabe entnehmen?
9. In einem Herstellerkatalog für Oszilloskope werden die Bezeichnungen DSO und MSO verwendet. Erläutern Sie beide Abkürzungen.

10. Wie groß muss die Samplingfrequenz eines Digitaloszilloskops mindestens sein, um
    a) eine sinusfömige Spannung mit einer Frequenz von 125 kHz,
    b) ein Frequenzspektrum mit den Signalfrequenzen 5 kHz, 10 kHz, 15 kHz und 20 kHz,
    c) ein Gemisch aus Frequenzen von 300 Hz bis 3400 Hz (Bandbreite eines Telefonsignals) darstellen zu können? (Antworten mit Begründung)
11. a) Welche Eigenschaften besitzt ein Tastkopf?
    b) Warum muss ein Tastkopf vor der Messung kalibriert werden?

3.3 Messung elektrischer Größen

3.3.1 Messung der Stromstärke

Zur Messung der elektrischen Stromstärke werden Dreheisenmesswerke, Drehspulmesswerke oder aber – in den heute meist verwendeten Digitalmessgeräten – Messwiderstände verwendet. Ein Strommesser muss immer so angeschlossen werden, dass der Messstrom durch das Messwerk/den Messwiderstand hindurchfließen muss. Eine Ausnahme bilden lediglich die Strommesszangen (Kap. 3.2.2.2).

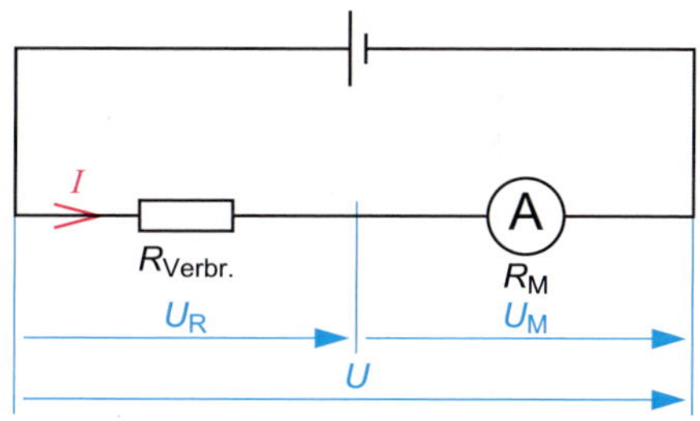

Bild 3.29: Schaltung eines Strommessers

Strommesser werden immer in Reihe zum Verbraucher geschaltet.

Durch Zuschalten des Strommessers sinkt die Spannung am Verbraucher um den am Strommesser entstehenden Spannungsabfall. Daher ergibt sich zwangsläufig ein Messfehler, wenn der Widerstand des Strommessers gegenüber dem Widerstand des Verbraucherstromkreises nicht vernachlässigbar klein ist.

Strommesser müssen einen möglichst *kleinen* Innenwiderstand aufweisen.

Sollen größere Stromstärken gemessen werden, so darf nur ein Teil des zu messenden Stroms durch das Messwerk/den Messwiderstand fließen, der andere Teil muss über einen Nebenwiderstand am Messwerk/den Messwiderstand vorbeigeleitet werden.

n: Messbereichserweiterungsfaktor

$I = n \cdot I_M$

$$R_N = \frac{U_M}{I_M} = \frac{U_M}{I - I_M}$$

$$R_N = \frac{U_M}{n \cdot I_M - I_M} = \frac{U_M}{I_M \cdot (n-1)}$$

$$R_N = \frac{R_M}{n-1}$$

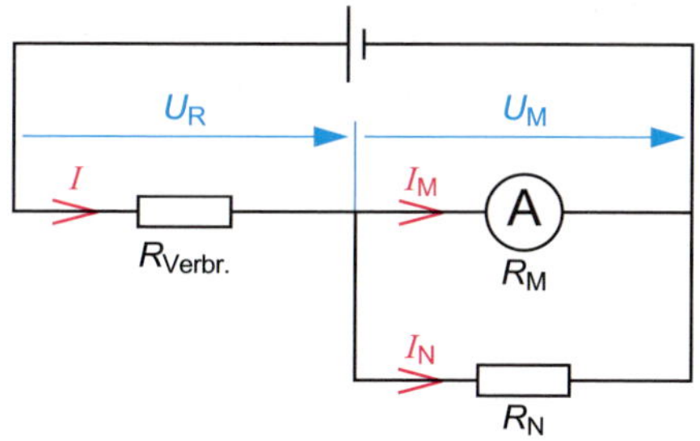

Bild 3.30: Erweiterung des Messbereichs bei der Strommessung und Berechnung des Nebenwiderstandes

Zur Erweiterung des Messbereichs werden bei der Messung von Strömen Nebenwiderstände parallel zum Mess(werk)widerstand geschaltet.

Wird die Stromstärke mit einem Vielfachinstrument (Multimeter) gemessen, so können die Messbereiche mit einem Stufenschalter eingestellt werden. Außerdem muss die richtige Stromart eingestellt sein. Bei Gleichstrommessungen ist auf die richtige Polung zu achten.

Sehr große Wechselströme werden meist mithilfe eines Stromwandlers gemessen.

Zur Erweiterung des Messbereichs werden bei der Messung von sehr großen Wechselströmen Stromwandler verwendet.

Stromwandler sind Transformatoren mit kleiner Leistung; sie trennen den Messstromkreis galvanisch vom Betriebsstromkreis ab.

Die Klemme **k** der Sekundärwicklung und das Gehäuse müssen stets geerdet sein.

Da an den Klemmen der unbelasteten (offenen) Sekundärwicklung eine gefährlich hohe Spannung auftritt, gilt:

Der Sekundärstromkreis eines Stromwandlers darf nicht abgesichert oder im Betrieb unterbrochen werden.

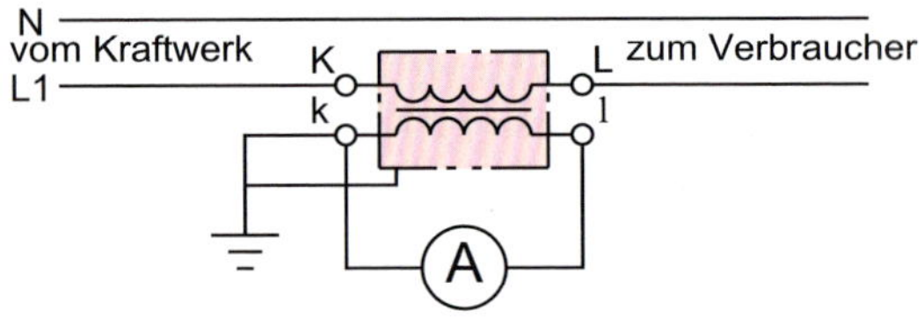

Bild 3.31: Messbereichserweiterung mit Stromwandler

3.3.2 Messung der Spannung

Auch hier findet man noch – wie bei der Strommessung – Dreheisen- bzw. Drehspulmessinstrumente. Die heute überwiegend anzutreffenden digitalen Messgeräte verwenden jedoch eine entsprechende Messelektronik. Der Spannungsmesser ist dabei so anzuschließen, dass die zu messende Spannung unmittelbar am Messinstrument liegt (in Bild 3.32 somit U_1).

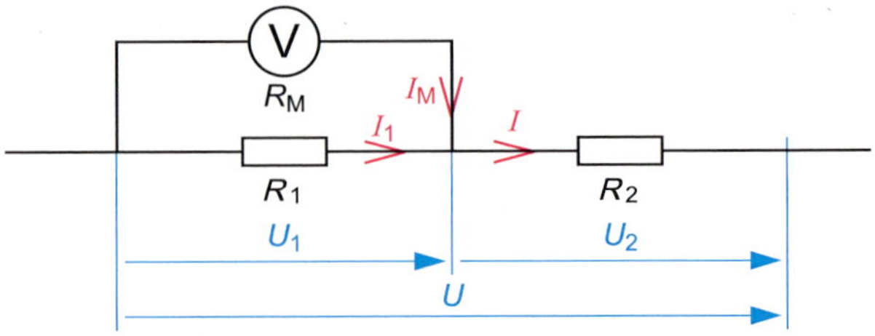

Bild 3.32: Schaltung eines Spannungsmessers

Spannungsmesser werden an die beiden Punkte einer Schaltung angeschlossen, zwischen denen die Spannung gemessen werden soll.

Durch das Zuschalten des Spannungsmessers sinkt die zu messende Spannung an R_1 (Bild 3.32) ab. Daher ergibt sich zwangsläufig ein Messfehler, wenn der Widerstand des Spannungsmessers nicht sehr viel größer ist als der Widerstand des Verbrauchers (R_1).

! Spannungsmesser müssen einen möglichst *großen* Innenwiderstand aufweisen.

Sollen größere Spannungen gemessen werden, als das Messwerk/die Messelektronik zulässt, so darf nur ein Teil der zu messenden Spannung am Messwerk/an der Messelektronik anliegen; die Restspannung muss an einem Vorwiderstand abfallen.

n: Messbereichserweiterungsfaktor

$U = n \cdot U_M$

$$R_V = \frac{U_V}{I_M} = \frac{U - U_M}{I_M}$$

$$R_V = \frac{n \cdot U_M - U_M}{I_M} = \frac{U_M \cdot (n-1)}{I_M}$$

$$R_V = R_M \cdot (n-1)$$

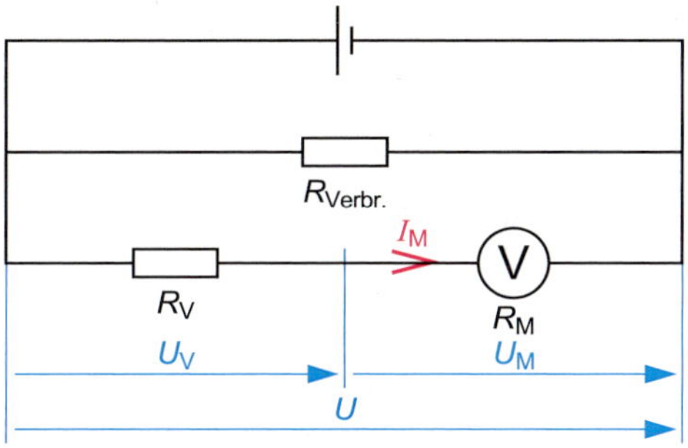

Bild 3.33: Erweiterung des Messbereichs bei der Spannungsmessung

! Zur Erweiterung des Messbereichs werden bei der Messung von Spannungen Vorwiderstände in Reihe zum Messwerkswiderstand geschaltet.

Bei Verwendung eines Analogmultimeters können die Messbereiche mit einem Stufenschalter eingestellt werden. Hierdurch werden jeweils Vorwiderstände R_V mit unterschiedlichen Widerstandswerten in Reihe zum Messwerk geschaltet. Die wirksamen Innenwiderstände des Messgerätes sind daher abhängig vom gewählten Spannungsmessbereich.

Bei einem Digitalmultimeter erfolgt die stufenweise Umschaltung des Messbereichs über einen internen Spannungsteiler, wodurch der wirksame Innenwiderstand R_i des Gerätes in allen Messbereichen gleich groß bleibt (Bild 3.34).

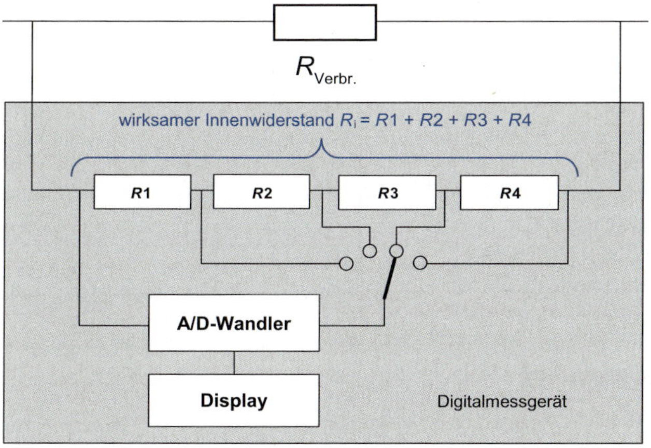

Bild 3.34: Messbereichserweiterungen beim Digitalmessgerät (Grundprinzip)

Sehr große Wechselspannungen werden meist mithilfe von Spannungswandlern gemessen.

Zur Erweiterung des Messbereichs für sehr hohe Wechselspannungen werden Spannungswandler verwendet.

Spannungswandler sind Transformatoren mit kleiner Leistung; sie trennen die Niederspannungsseite galvanisch von der Oberspannungsseite ab.

Beim Anschluss von Spannungswandlern ist darauf zu achten, dass die Oberspannungswicklung zweipolig abgesichert ist. Die Niederspannungswicklung braucht nur einpolig abgesichert zu sein. Die nicht abgesicherte Leitung und das Gehäuse müssen geerdet sein.

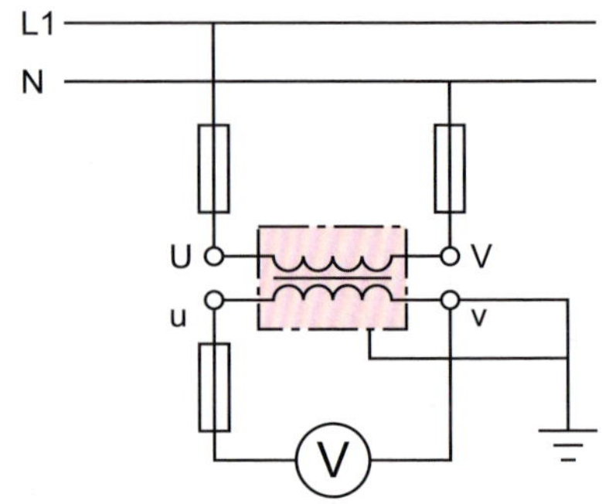

Bild 3.35: Messbereichserweiterung mit Spannungswandler

In der Praxis ist es oft erforderlich, in einem Stromkreis gleichzeitig Spannung und Stromstärke zu messen. Dabei wird jeweils eine der beiden Größen schaltungsbedingt fehlerbehaftet gemessen.

In der Schaltung nach Bild 3.36 misst der Strommesser nicht nur den Verbraucherstrom I_{Verbr}, sondern dazu den Strom I_V, der durch den Spannungsmesser fließt. Die Stromstärke wird also hierbei falsch gemessen. Daher bezeichnet man diese Schaltung auch als **Stromfehlerschaltung**. Sie liefert nur dann ein ausreichend genaues Ergebnis, wenn der Strom I_V gegenüber dem Strom I_{Verbr} vernachlässigbar klein ist.

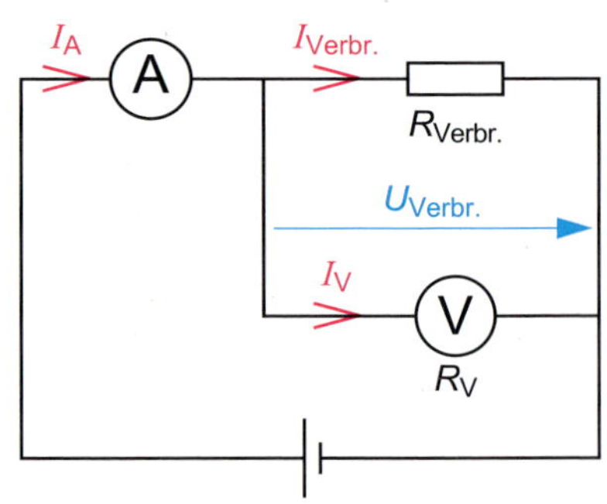

Bild 3.36: Stromfehlerschaltung

Die Stromfehlerschaltung ist zweckmäßig, wenn der Widerstand des Spannungsmessers sehr viel größer ist als der Verbraucherwiderstand.

Bei der **Spannungsfehlerschaltung** nach Bild 3.37 wird die Stromstärke im Verbraucher richtig gemessen. Der Spannungsmesser zeigt jedoch die Summe der Teilspannungen am Strommesser U_A und am Verbraucherwiderstand U_{Verbr} an. Diese Schaltung ist dann geeignet, wenn der Spannungsabfall am Strommesser vernachlässigbar klein ist gegenüber dem Spannungsabfall am Verbraucher.

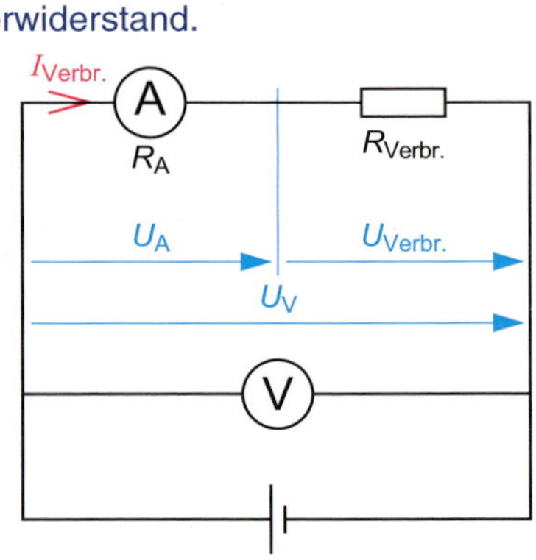

Bild 3.37: Spannungsfehlerschaltung

Die Spannungsfehlerschaltung ist zweckmäßig, wenn der Widerstand des Strommessers sehr viel kleiner ist als der Widerstand des Verbrauchers.

3.3.3 Messung des Widerstandes

Der elektrische Widerstand kann bei sachgemäßer Anwendung mithilfe der Strom- bzw. Spannungsfehlerschaltung ermittelt werden. Der in beiden Messschaltungen auftretende systematische Fehler kann gegebenenfalls durch eine Rechnung korrigiert werden.

Bei Verwendung einer konstanten Messspannung erübrigt sich die Spannungsmessung; es genügt in diesem Fall nur die Strommessung. Bei einem analogen **Ohmmeter** ist eine Spannungsquelle in das Messinstrument eingebaut. Die Skala des Strommessers ist in Ohm (Ω) ausgelegt. Je größer der Widerstandswert von R_X ist, umso kleiner ist der Messstrom, d.h. große Widerstände verursachen kleine Zeigerausschläge, kleine Widerstandswerte hingegen große Ausschläge des Zeigers. Der Vollausschlag wird also erreicht, wenn $R_X = 0$ ist. Dementsprechend verläuft die Skala eines Ohmmeters von rechts nach links ansteigend.

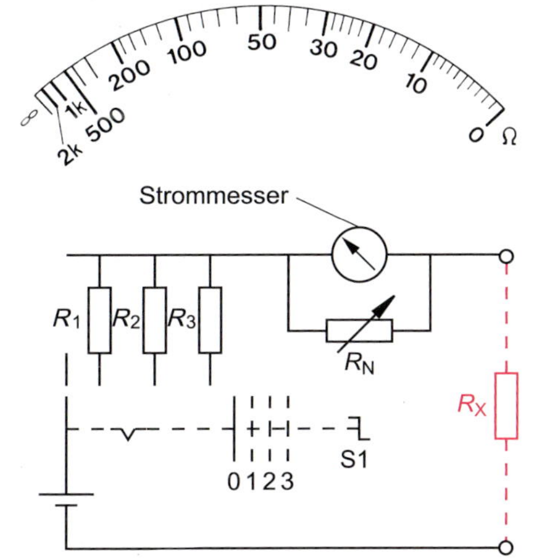

Bild 3.38: Skala und Schaltplan eines Widerstandsmessers (analoges Ohmmeter)

Durch Umschalten auf verschiedene Vorwiderstände (R_1 bis R_3) können unterschiedliche Messbereiche gewählt werden. Mit dem Widerstand R_N wird bei kurzgeschlossenen Eingangsklemmen der Nullwert des Ohmmeters abgeglichen. Dadurch wird der Einfluss einer nicht gleichbleibenden Messspannung auf das Messergebnis verringert.

Die Ohmmeterschaltung ist auch Teil analoger Multimeter.

Bei einem digitalen Multimeter hingegen ist eine Konstant*strom*quelle (Kap. 4.2.1.2) eingebaut. Hier wird die Widerstandsmessung auf die Spannungsmessung zurückgeführt.

Mit Vielfachinstrumenten und Ohmmetern lassen sich Widerstände sehr einfach, aber oft auch nur sehr ungenau messen.

Eine sehr hohe Messgenauigkeit erreicht man hingegen mit einer **Widerstandsmessbrücke** nach Wheatstone (Schleifdrahtmessbrücke).

Hierbei wird die größte Messgenauigkeit erzielt, wenn sich bei abgeglichener Brücke (vgl. Kap. 1.5.3.2) der Schleifer möglichst in der Mitte des Schleifdrahts befindet.

Bei der Messung stellt man zuerst den Schleifer auf die Mitte des Schleifdrahts ein.

Zum **Grobabgleich** wählt man nun mit dem Schalter S1 den Widerstand R_N so aus, dass der Zeiger des Messinstrumentes möglichst nahe der Nullstellung in der Mitte der Skala steht.

Zum **Feinabgleich** wird S2 betätigt und der Schleifer so lange verschoben, bis der Zeiger genau in Nullstellung steht.

Nach der folgenden Gleichung lässt sich nun der Widerstand R_x berechnen.

$$R_x = \frac{l_2}{l_1} \cdot R_{N\{1,\,\ldots,\,4\}}$$

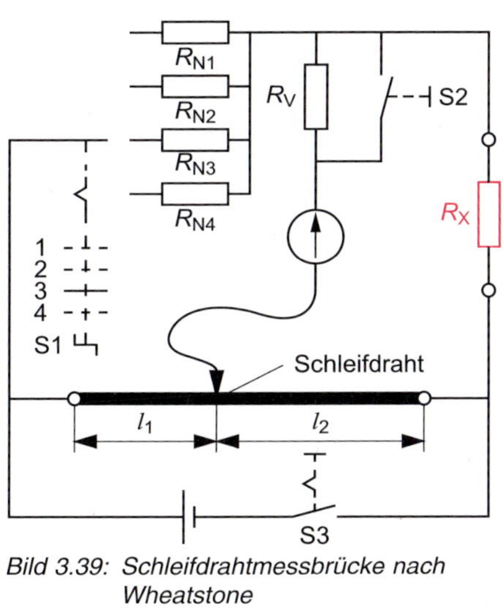

Bild 3.39: Schleifdrahtmessbrücke nach Wheatstone

Zum Messen von Induktivitäten und Kapazitäten werden ebenfalls Brückenschaltungen verwendet; sie müssen dabei jedoch mit Wechselspannung betrieben werden.

Bei der **Induktivitätsmessbrücke** tritt an die Stelle von R_X die unbekannte Induktivität L_X und an die Stelle von R_N die Vergleichsinduktivität L_N. Der andere Brückenzweig wird vom Schleifdraht mit den Teillängen l_1 und l_2 gebildet. Da sich die Induktivitäten gleich verhalten wie die induktiven Widerstände, ergibt sich beim Abgleich der Brücke:

$$L_X/L_N = l_2/l_1$$

Bei der **Kapazitätsmessbrücke** liegen an den Stellen von R_X und R_N die kapazitiven Widerstände X_{CX} und X_{CN}. Hierbei ist zu beachten, dass sich die Kapazitäten umgekehrt verhalten wie die kapazitiven Widerstände. Beim Abgleich der Brücke ergibt sich daher:

$$C_N/C_X = l_2/l_1$$

3.3.4 Messung der Leistung

Die elektrische Leistung ist das Produkt aus Spannung und Stromstärke; sie kann mit einem elektrodynamischen Messwerk direkt gemessen werden (vgl. Bild 3.12). Da gleichzeitig Stromstärke und Spannung gemessen werden, kann man bei der Leistungsmessung zwischen Stromfehler- und Spannungsfehlerschaltung unterscheiden. Bei der meist angewendeten Spannungsfehlerschaltung (vgl. Bild 3.37) geht die Leistungsaufnahme der Stromspule in das Messergebnis ein.

In Wechselstromkreisen zeigt ein elektrodynamisches Messwerk die **Wirkleistung** an, da die Phasenverschiebung zwischen Strom und Spannung durch das Messwerk berücksichtigt wird.

Die **Scheinleistung** kann nicht direkt gemessen werden. Sie wird über eine Strom- und Spannungsmessung rechnerisch ermittelt. Hierbei bleibt die Phasenverschiebung der beiden Größen gegeneinander unbeachtet.

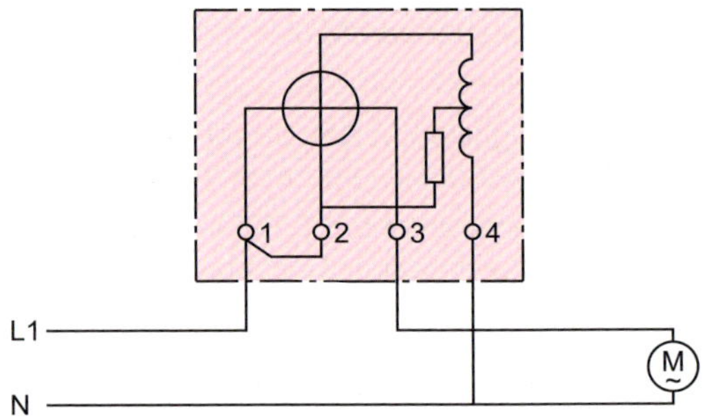

Bild 3.40: Messung der Blindleistung

Die **Blindleistung** kann mit einem elektrodynamischen Messwerk gemessen werden, das eine Zusatzschaltung aus einem ohmschen Widerstand und einer Induktivität erhält (Bild 3.40). Diese Zusatzschaltung formt durch eine Phasendrehung der Spannung um 90° die Blindleistung in eine Wirkleistung um, die dann angezeigt wird. Da die Phasenverschiebung frequenzabhängig ist, kann dieser **Blindleistungsmesser nur bei einer bestimmten Frequenz** eingesetzt werden.

In der Praxis werden meist Vielfachleistungsmesser verwendet. Diese Instrumente ermöglichen in der Regel direkte Leistungsmessungen bei Gleichstrom sowie Wirkleistungsmessungen bei Einphasen-Wechselstrom und gleichbelastetem Dreileiter-Drehstrom und Messungen der Blindleistung; dies alles in weiten Frequenzbereichen.

Außerdem können mit diesen Instrumenten Gleich- und Wechselspannungen und -ströme in mehreren Messbereichen gemessen werden.

Bei diesen Messinstrumenten ist besonders darauf zu achten, dass die beiden Messbereiche für Spannung und Stromstärke richtig eingestellt sind, sodass weder die Spannungsspule noch die Stromspule überlastet werden kann.

Moderne digitale Leistungsmesser vereinfachen den Messvorgang, da die integrierte Messelektronik automatisch die Wirk-, Blind- und Scheinleistung messen bzw. berechnen und anzeigen kann. Darüber hinaus bieten sie zusätzliche Analysemöglichkeiten der gemessenen Leistungswerte und arbeiten vielfach auch mit (flexiblen) Strommesszangen, so dass ein Auftrennen des Strompfades nicht erforderlich ist (Bild 3.41 b).

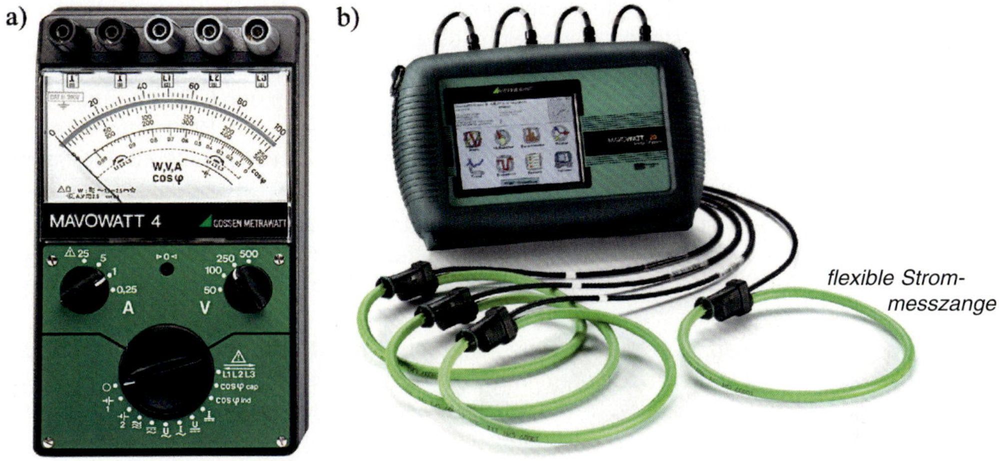

Bild 3.41: a) analoger Vielfachleistungsmesser
b) digitaler Energie- und Leistungsmesser mit flexiblen Strommesszangen

3.3.5 Messung der Energie

Die elektrische Energie (elektrische Arbeit) wurde in Wechselstromkreisen früher üblicherweise mit Induktionszählern (kWh-Zähler) gemessen; ihre Wirkungsweise beruht auf dem Prinzip der elektromagnetischen Induktion (Kap. 1.9.3).

Im Luftspalt zwischen zwei Elektromagneten befindet sich eine drehbar gelagerte Aluminiumscheibe. Einer der beiden Magneten trägt die Stromspule (Strompfad), der andere Magnet trägt die Spannungsspule (Spannungspfad). Die Spannungsspule hat aufgrund ihrer hohen Windungszahl eine hohe Induktivität. Hierdurch und durch eine geeignete Zusatzschaltung (vgl. Blindleistungsmesser) wird erreicht, dass der Strom in der Spannungsspule gegenüber dem Strom in der Stromspule um 90° phasenverschoben ist. Die beiden gegeneinander verschobenen Ströme induzieren in der Aluminiumscheibe Induktionsströme, durch die auf der Scheibe ein Drehmoment entsteht; die Scheibe

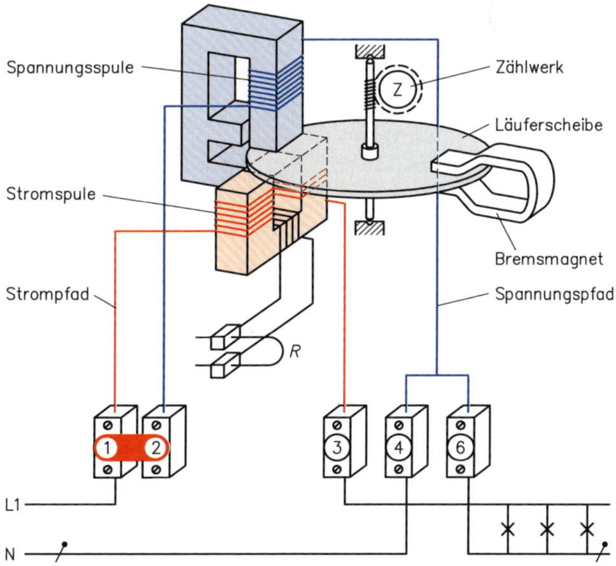

Bild 3.42: Aufbau eines Induktionszählers

dreht sich. Je größer die Ströme in den Spulen sind, umso größer ist das Drehmoment und umso schneller dreht sich die Scheibe.

Bei ihrer Drehung bewegt sich die Aluminiumscheibe durch das Dauermagnetfeld des Bremsmagneten. Dabei entstehen in der Scheibe Induktionsströme (sogenannte Wirbelströme), die nach der lenzschen Regel ihrer Entstehungsursache – also der Drehung der Scheibe – entgegenwirken („Wirbelstrombremse"). Zwischen dem durch Strom- und Spannungsspule verursachten Drehmoment und dem Drehmoment der Wirbelstrombremse besteht ein Gleichgewichtszustand. Die Geschwindigkeit der Zählerscheibe ist der elektrischen Energie proportional.

Die Drehung der Zählerscheibe wird mechanisch auf ein Zählwerk übertragen, das die gemessene Energie in kWh anzeigt. Die Zählerkonstante gibt an, wie viele Umdrehungen die Zählerscheibe machen muss, damit das Zählwerk 1 kWh weiterzählt; sie ist auf dem Leistungsschild angegeben.

Seit einigen Jahren ersetzen in der Industrie zunehmend **elektronische Energiezähler** die elektromechanischen Induktionszähler; mittlerweile kommen diese Zähler auch immer mehr in privaten Haushalten zum Einsatz (Kap. 5.1.3). Die Gründe dafür sind einerseits eine höhere Genauigkeit, Wartungsfreiheit (keine mechanischen Teile), längere Lebensdauer und geringere Baugröße sowie andererseits die Möglichkeit zur Übertragung der Verbrauchsdaten an das EVU über das Leitungsnetz.

Die wesentlichen Baugruppen eines digitalen Verbrauchszählers sind die Messsensoren sowie der Microcontroller mit integriertem AD-Umsetzer. Die zu messende Spannung wird durch einen einfachen Spannungsteiler in den Messbereich des AD-Wandlers gebracht. Zur Messung des Stroms kommt ein Stromwandler zum Einsatz, der die präzise Messgröße liefert und die galvanische Trennung der Elektronik vom Netz sicherstellt.

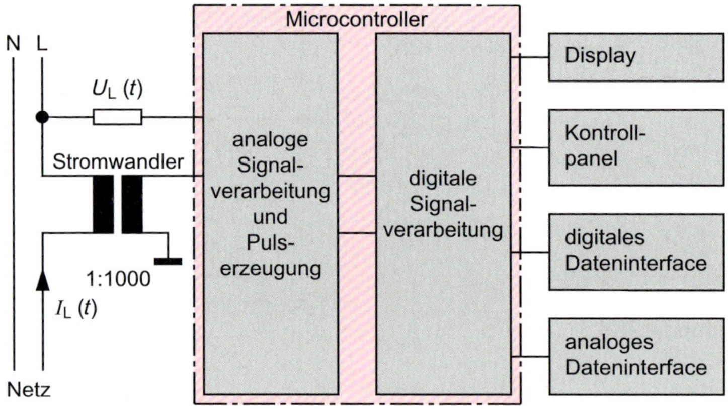

Bild 3.43: Blockschaltbild eines elektronischen Energiezählers

3.3.6 Messung der Frequenz

Als Frequenz einer Wechselgröße bezeichnet man die Anzahl der Perioden pro Sekunde. Zählt man die Anzahl der positiven Halbperioden einer Wechselspannung in einer bestimmten Zeit, so ergibt sich daraus die Frequenz. Aus diesem Zusammenhang folgt fast zwangsläufig, dass Frequenzmessungen meist mithilfe von digitalen Impulszählern (vgl. Kap. 7.2.5.2) durchgeführt werden.

Bei der **Frequenzmessung mit digitalen Frequenzzählern** wird die Eingangsspannung mit der zu messenden Frequenz f_x über einen Verstärker (1) und einen Impulsformer (2) auf eine Torschaltung (3) geführt. Die Öffnungszeit des Tores wird durch die Ausgangsfrequenz eines dekadischen Frequenzteilers (vgl. Kap. 7.2.5.3) bestimmt. Der Zähler (4) zählt also die Anzahl der Perioden von f_x während der am Frequenzteiler eingestellten Zeit und gibt sie zur Anzeige (5). Digitale Frequenzzähler ermöglichen sehr genaue Frequenzmessungen.

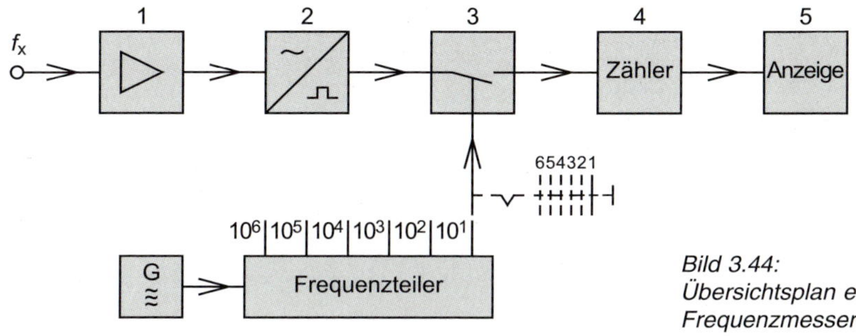

Bild 3.44: Übersichtsplan eines digitalen Frequenzmessers

Zungenfrequenzmesser mit Vibrationsmesswerk werden hauptsächlich zur exakten Messung der Netzfrequenz von 50 Hz verwendet.
Frequenzmessungen mit dem Oszilloskop werden im Zusammenhang mit diesem Messinstrument behandelt.

3.3.7 Fehlerortbestimmung

An mehradrigen Kabeln können verschiedene Fehlerarten auftreten. Im Wesentlichen sind das:

a) **Leiterschluss**; dies ist ein Isolationsfehler, der zu einer leitenden Verbindung zwischen zwei Leitern führt.

b) **Erdschluss**; hierbei entsteht aufgrund eines Isolationsfehlers eine leitende Verbindung zwischen einem Leiter und Erde.

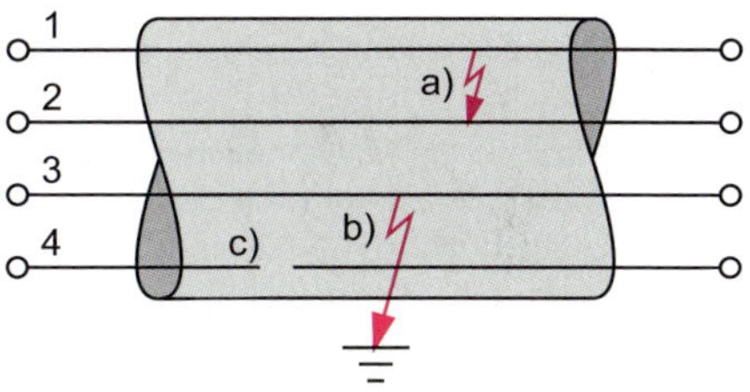

Bild 3.45: Fehlerarten an einem Kabel

c) **Leiterunterbrechung**; hierbei ist die leitende Verbindung zwischen Kabeleingang und -ausgang unterbrochen.

Treten diese Fehler bei Erdkabeln auf, so kann der Fehlerort durch eine genaue Widerstandsmessung ermittelt werden. Hierzu kann wieder eine Widerstandsmessbrücke verwendet werden.

Als Beispiel zeigt Bild 3.49 die Bestimmung des Fehlerortes bei einem Leiterschluss. Die Schaltung ist so angelegt, dass die Entfernung des Fehlerortes vom Kabelanfang festgestellt werden kann.

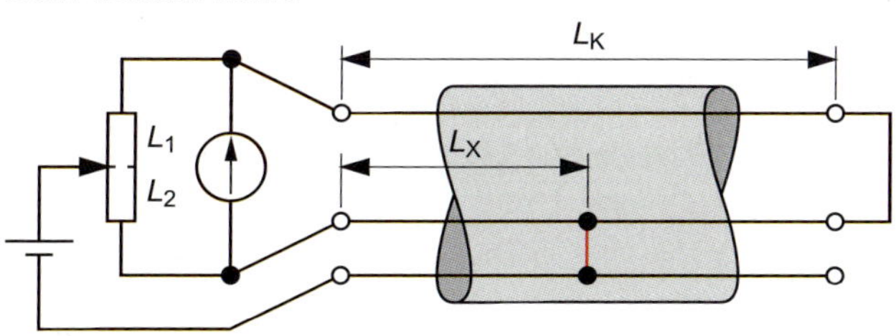

Bild 3.46: Fehlerortbestimmung bei Leiterschluss (rote Linie)

Zur Berechnung der Länge L_X zeichnet man sich zur besseren Übersicht eine Ersatzschaltung, in der die Brückenschaltung deutlicher zu erkennen ist. Anhand dieser Schaltung lässt sich die Länge L_X, die den Abstand des Fehlers vom Kabelanfang darstellt, berechnen. Aus dem Verhältnis der Brückenzweige ergibt sich die Gleichung:

$$L_X = \frac{2 \cdot L_K \cdot L_2}{L_1 + L_2}$$

Auf ähnliche Weise kann auch die Lage von Fehlern anderer Art bestimmt werden. Dabei kann man entscheiden, ob die Entfernung vom Anfang der Leitung oder von ihrem Ende ermittelt werden soll.

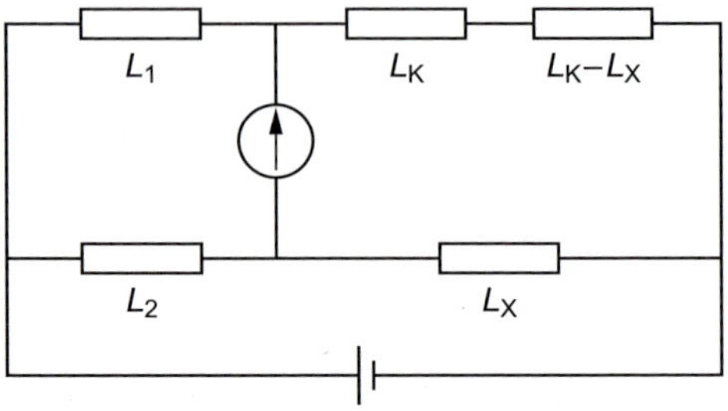

Bild 3.47: Ersatzschaltung zu Bild 3.46

Aufgaben

1. Welche Messwerke sind ohne Zubehör zur Messung von Gleich- und Wechselspannungen geeignet?
2. Ein Drehspulmesswerk mit einem Innenwiderstand von 150 Ω nimmt bei Vollausschlag 0,1 mA auf. Es soll für Strommessungen bis 0,1 A verwendet werden.
   a) Zeichnen Sie die Schaltung zur Messbereichserweiterung.
   b) Berechnen Sie Widerstandswert und Belastbarkeit des erforderlichen Zusatzwiderstandes.
3. Worauf müssen Sie achten, wenn Sie zur Spannungs- oder Strommessung ein Vielfachmessinstrument verwenden?
4. Wie kann der Messbereich eines Strommessers erweitert werden
   a) bei Gleichstrom und
   b) bei Wechselstrom?
5. Ein Drehspulmesswerk nimmt bei 20 mV einen Strom von 0,1 mA auf. Der Messbereich soll auf 20 V erweitert werden.

   Berechnen Sie den Widerstandswert und die Belastbarkeit des erforderlichen Zusatzwiderstandes.
6. Zur Messung der Ausgangsspannung des nebenstehenden Spannungsteilers stehen als Messinstrumente zur Verfügung:
   a) Ein Präzisionsdrehspulmessinstrument der Genauigkeitsklasse 0,1 mit einem Kennwiderstand von 100 kΩ/V und einem Messbereich von 3 V.
   b) Ein Verstärkermessinstrument der Genauigkeitsklasse 2,5 mit einem Innenwiderstand von 10 MΩ und einem Messbereich von 3 V.

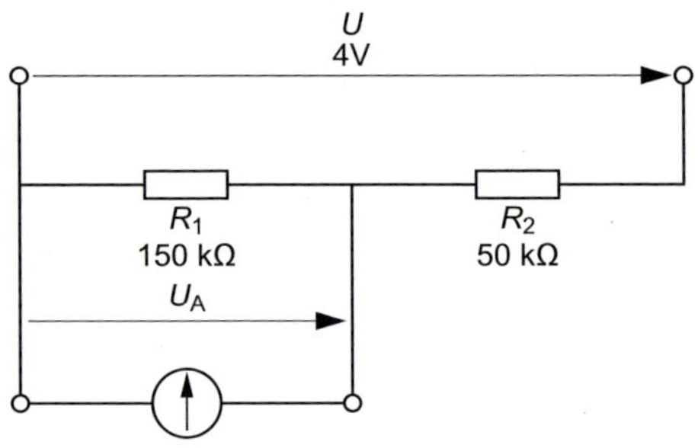

   Zeigen Sie durch eine Rechnung, wie groß der prozentuale Messfehler im ungünstigsten Fall in beiden Messungen werden kann.
   Welches der beiden Messinstrumente liefert die genauere Messung?

7. Dargestellt ist die Anzeigeskala eines Vielfachmessinstruments. Geben Sie jeweils den Anzeigewert an, wenn der Messbereich eingestellt ist auf
   a) 12 V Wechselspannung,
   b) 3 A Wechselstrom,
   c) 0,6 V Gleichspannung,
   d) 3 mA Gleichstrom,
   e) 10 Ω,
   f) 1 kΩ.

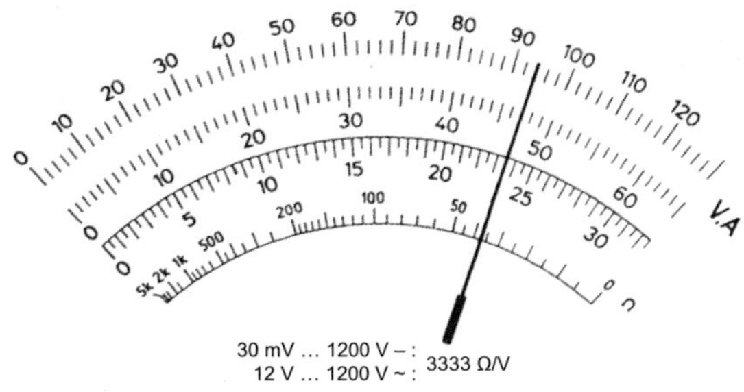

8. Die Beschriftung eines Widerstandsbauelements ist nicht mehr lesbar. Daher soll der Widerstand mit einer Schleifdrahtmessbrücke gemessen werden.
   Beschreiben Sie die Durchführung der Messung.

9. a) Mit der Schleifdrahtmessbrücke wird ein Widerstand R_x von 100 Ω gemessen.
   Der dekadisch einstellbare Vergleichswiderstand R_N wird nacheinander in die sechs möglichen Stellungen gebracht.
   Geben Sie zu jeder Einstellung von R_N an, auf welches Längenverhältnis l_1/l_2 der Schleifdraht für den Nullabgleich eingestellt werden muss.
   b) Für welchen Vergleichswiderstand R_N wird die Messung am genauesten?
   c) In die Brückenschaltung werden nun nacheinander sechs verschiedene unbekannte Widerstände eingesetzt. Dabei werden nach dem Abgleich folgende sechs Wertepaare an den Einstellungen von R_N/Ω und l_1/l_2 abgelesen:
   1. 0,1; 1,2
   2. 1; 1
   3. 10; 0,82
   4. 100; 0,56
   5. 1 000; 1,2
   6. 10 000; 0,47

   Berechnen Sie daraus die jeweils für R_x gemessenen Werte.
   d) Die Urspannung der Spannungsquelle sinkt infolge Alterung auf 4,2 V ab. Ändern sich dadurch die in der Messreihe unter c) erhaltenen Einstellwerte? Wird dadurch die Messgenauigkeit verringert?

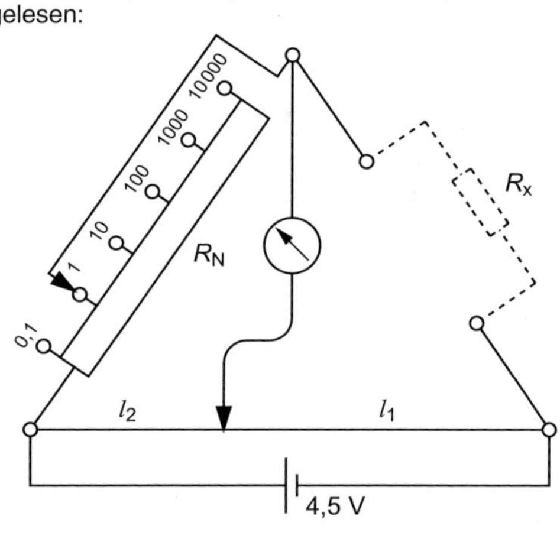

10. Der Messbereich eines Leistungsmessers soll mithilfe eines Stromwandlers und eines Spannungswandlers erweitert werden.
    Zeichnen Sie die Messschaltung.

11. Die Leistung eines Verbrauchers soll durch Strom- und Spannungsmessung ermittelt werden. Dabei ergeben sich auf den Messinstrumenten folgende Anzeigen:

	Klasse	**Messbereichsendwert**	**Anzeige**
Spannungsmesser	1,5	250 V	220 V
Strommesser	2,5	6 A	4 A

a) Zeichnen Sie die Messschaltung.
b) Berechnen Sie die Leistung des Verbrauchers.
c) Berechnen Sie die zulässigen Anzeigefehler der Messinstrumente in Volt bzw. in Ampere.
d) Zwischen welchen Werten kann die gemessene Spannung liegen?
e) Zwischen welchen Werten kann die gemessene Stromstärke liegen?
f) Wie groß können die prozentualen Anzeigefehler der Messinstrumente bei den vorliegenden Anzeigen sein?
g) Zwischen welchen Werten kann die am Verbraucher auftretende Leistung liegen?
h) Wie groß kann der prozentuale Fehler der gemessenen Leistung sein?

12. Nennen Sie verschiedene Messinstrumente, die zur Frequenzmessung geeignet sind.

13. Die abgebildete Messschaltung dient zur Bestimmung des Fehlerorts bei einem Erdschluss in einer Kabelleitung.
Lösungshinweis: Zeichnen Sie für die Fälle a) bis c) jeweils eine Ersatzschaltung.
a) In welcher Entfernung vom Kabelanfang liegt der Erdschluss, wenn der Schleifer bei abgeglichener Brücke ganz am oberen Ende des Abgleichswiderstandes steht?
b) Wo wird der Schleifer nach dem Abgleich stehen, wenn der Erdschluss ganz am Kabelende liegt?
c) Bei der Bestimmung des Fehlerorts in einem 5 km langen Kabel wurde der Schleifer zum Abgleich der Brücke auf $l_1 = 0{,}4\ l_S$ eingestellt. In welcher Entfernung vom Kabelanfang liegt der Erdschluss?

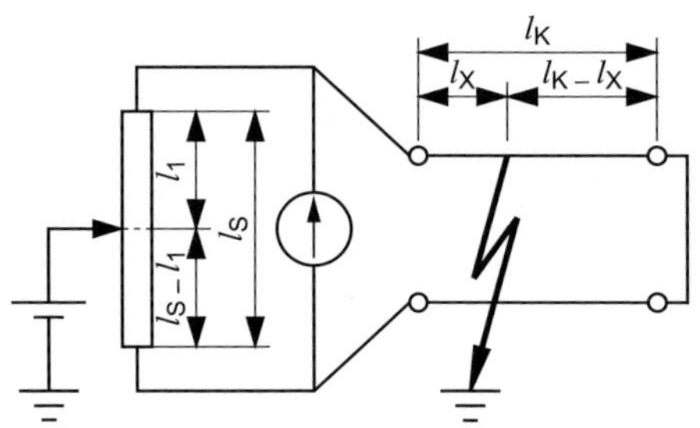

4. Elektroenergieversorgung

4.1 Erzeugung, Übertragung und Verteilung elektrischer Energie

Das System zur Versorgung der Verbraucher von elektrischer Energie in Industrie, Gewerbe und Haushalt besteht aus den drei großen Bereichen:

- **Erzeugung** aus den verschiedenen Energieträgern,
- **Übertragung** auf Hochspannungsfernleitungen mit Drehstrom oder Gleichstrom und
- **Verteilung** über Niederspannungsnetze zu den einzelnen Verbrauchern.

4.1.1 Erzeugung elektrischer Energie

Die Erzeugung elektrischer Energie aus den verschiedenen Arten von Primärenergie hat sich in den vergangenen Jahren – vor allem in der Bundesrepublik Deutschland im Zuge der „Energiewende" – wesentlich verändert. Neben den herkömmlichen Energieträgern Kohle, Erdöl, Gas und Atomenergie gewinnen die sogenannten „erneuerbaren Energien" Wind, Wasser und Sonne gewinnen zunehmend an Bedeutung.

4.1.1.1 Konventionelle Kraftwerke

Bei den herkömmlichen (konventionellen) Kraftwerken unterscheidet man zwei große Gruppen: Wärmekraftwerke und Wasserkraftwerke.

Bild 4.1: Turbinen-Generator-Satz in einem Wärmekraftwerk

Wärmekraftwerke sind Anlagen, in denen die chemische Energie von fossilen Brennstoffen (z. B. Steinkohle, Braunkohle, Erdöl, Erdgas) oder die Kernenergie spaltbarer Stoffe (z. B. Uran) in Wärme (Dampf) umgewandelt wird. Damit werden riesige Turbinen angetrieben, die wiederum Generatoren antreiben. Diese erzeugen meist Dreiphasenwechselspannung verschiedener Höhe (vgl. Bild 4.2).

Den prinzipiellen Aufbau eines Wärmekraftwerkes zeigt Bild 4.2. Der Brennstoff wird im Dampferzeuger (Kesselhaus) verbrannt und erzeugt im Speisewasserkreislauf Dampf. Die bei der Verbrennung entstehenden giftigen Abgase (z. B. Kohlendioxid, CO_2) werden über einen hohen Schornstein (Kamin) in die Luft geblasen. Der im Kessel entstandene heiße Dampf wird unter hohem Druck der Turbine zugeführt, die den Generator antreibt. Der Dampf wird nach Verlassen der Turbine im Kondensator durch Kühlwasser abgekühlt und kondensiert zu Wasser, das über die Speisewasserpumpe wieder in den Kessel eingespeist wird. Die Kühlung des Speisewassers im Kondensator erfolgt durch einen Kühlwasserkreis, dessen warmes Kühlwasser im Kühlturm abgekühlt wird.

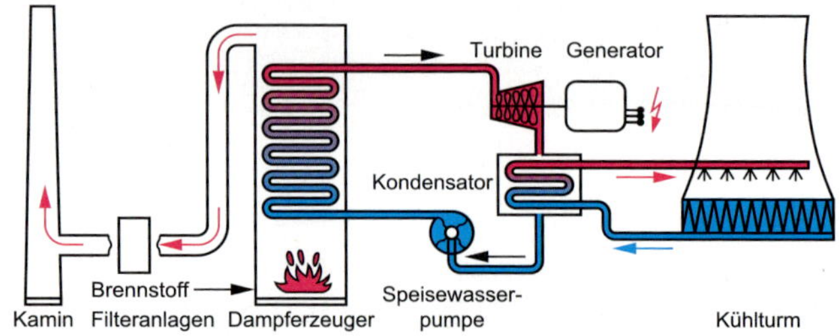

Bild 4.2: Prinzipieller Aufbau eines Wärmekraftwerkes

Anlagen dieser Art sind wegen ihres geringen Wirkungsgrades heute nicht mehr möglich. Die Verbesserungen bei modernen Kohlekraftwerken haben bei Turbinen zu höheren Temperaturen und Drucken geführt. Ferner wird die bei der Kühlung entstehende Abwärme weiter genutzt zur Versorgung von Haushalten mit Fernwärme oder zur Heizung landwirtschaftlicher Ackerflächen; auch die Wärme der Abgase wird auf diese Weise genutzt. Eine wichtige Verbesserung ergibt sich durch die Reinigung der Abgase; sie können weitgehend vom klimaschädlichen CO_2 befreit werden.

Große Wärmekraftwerke, die mit Kohle oder Erdöl betrieben werden, sind sehr träge in der Veränderung ihrer Energieabgabe. Ein nach der Abschaltung ausgekühltes Kohlekraftwerk benötigt fünf bis zehn Stunden, ehe es seine volle Leistung wieder erreicht hat. Solche Kraftwerke können im Versorgungsnetz nur zur Erzeugung der dauernd verfügbaren Grundlast eingesetzt werden (vgl. Bild 4.3).

Gaskraftwerke sind zwar auch Wärmekraftwerke, sie sind jedoch wesentlich flexibler in ihrer Energieabgabe; sie lassen sich im Vergleich zu anderen konventionellen Kraftwerken am schnellsten regeln. Dadurch eignen sie sich besonders gut zum Ausgleich der unvermeidbaren Schwankungen in der Gewinnung von elektrischer Energie aus Wind und Sonne (vgl. Kap. 4.1.1.2).

Auch in Bezug auf den Klimaschutz sind Gaskraftwerke gegenüber Kohle- und Ölkraftwerken im Vorteil. Erdgas enthält weniger Kohlenstoff als Kohle, deshalb entsteht bei der Verbrennung weniger CO_2.

In modernen Gas- und Dampfturbinenkraftwerken (GuD) werden die heißen Abgase der Gasturbinen nicht mehr durch den Schornstein entsorgt, sondern zur Dampferzeugung in einem Kessel verwendet; der dabei entstehende Dampf wird zum Antrieb einer Dampfturbine genutzt. Durch diese Kombination nutzen GuD-Kraftwerke bis zu 60 % der im Brennstoff enthaltenen Energie.

Bei **Wasserkraftwerken** unterscheidet man grundsätzlich zwischen Laufwasserkraftwerken und Speicherkraftwerken.

Laufwasserkraftwerke werden in die Strömung von Flüssen mit relativ geringem Gefälle, aber großen Durchflussmengen gebaut. Sie nutzen die kinetische Energie (Bewegungsenergie) des fließenden Wassers in Turbinen zum Antrieb von Generatoren. Ihr Energieangebot ist weitgehend vom Wasserstand der Flüsse abhängig und kann nur geringfügig verändert werden. Die erzeugte elektrische Energie dient zur Deckung des Bedarfs an Grund- und Mittellast (vgl. Bild 4.3).

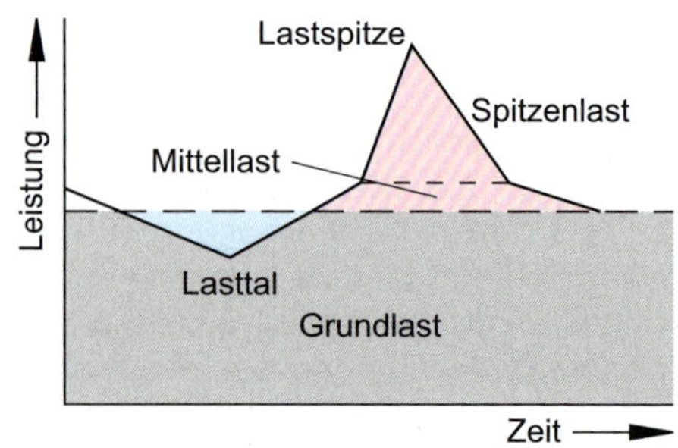

Bild 4.3: Belastungsdiagramm

Speicherkraftwerke nutzen den Höhenunterschied zwischen dem Wasser aus hochgelegenen natürlichen Seen oder Talsperren mit natürlichem Zufluss und dem tiefer liegenden Abfluss. Ihr Leistungsvermögen ist begrenzt durch das Wasserreservoir des oberen Wasserspeichers. Das Wasser aus dem Speicher fließt über Rohrleitungen in die im tiefer gelegenen Maschinenhaus befindlichen Turbinen, die Generatoren antreiben.

Bild 4.4: Speicherkraftwerk

Ihre Leistung kann mit relativ geringem Aufwand flexibel gefahren werden; sie ist daher von besonderer Bedeutung zur Deckung des Bedarfs an Spitzenlast (vgl. Bild 4.3).

Eine Besonderheit bei Wasserkraftwerken sind die sogenannten **Pumpspeicherkraftwerke.**

Bild 4.5: Pumpspeicherkraftwerk

Der Maschinensatz einer solchen Anlage besteht aus einer elektrischen Maschine, die sowohl als Motor wie als Generator (Synchronmaschine) betrieben werden kann. Sie ist auf der einen Seite gekoppelt mit einer Pumpe und auf der anderen Seite mit einer Turbine.

Ist die im Versorgungsnetz verfügbare Energie größer als die von den Verbrauchern abgenommene Energie, so kann die Synchronmaschine als Motor arbeiten, der die Pumpe antreibt und Wasser in ein höher gelegenes Wasserbecken pumpt. Dabei entnimmt sie Energie aus dem Netz und dient damit zur Beseitigung von sogenannten Lasttälern (vgl. Bild 4.3).

Treten im Netz sogenannte Lastspitzen auf, d. h. die Verbraucher fordern mehr Energie, als an Grund- und Mittellast verfügbar ist, so kann die Synchronmaschine als Generator betrieben werden, der durch das Wasser aus dem Speicherbecken über die Turbine angetrieben wird.

Ein Vorteil der Pumpspeicherwerke ist ihr hoher Wirkungsgrad von 80 % bis 90 %. Im Zusammenhang mit dem weiteren Ausbau der Windkraft- und Solarenergieanlagen sind Pumpspeicherwerke von besonderer Bedeutung als große Energiespeicher.

4.1.1.2 Erneuerbare Energien

Als erneuerbare (regenerative) Energien bezeichnet man Wind und Sonne, die im Zusammenhang mit der „Energiewende“ und dem Klimaschutz sowie dem Ausstieg aus der Kernenergie rasant an Bedeutung gewonnen haben.

Der große Vorteil dieser Energiearten besteht darin, dass sie praktisch unerschöpflich sind und kostenlos zur Verfügung stehen.

Als ihr Nachteil erweist sich das völlig unvorhersehbare und nicht zu beeinflussende Angebot; der Wind weht nicht ununterbrochen und die Sonne scheint auch am Tage nicht immer.

Windkraftwerke bestehen meist aus mehreren Windkraftanlagen, die sowohl an Land (onshore) als auch in küstennahen Gewässern (offshore) aufgebaut sein können.

Eine **Windkraftanlage** (WKA) besteht in der Regel aus einem Rotor und einer Maschinengondel. Die Rotorblätter, die je nach Windstärke und Windrichtung verstellt werden können, sitzen auf der Rotornabe, welche die Drehbewegung in die Gondel überträgt. Rotordurchmesser liegen bei den heute üblichen Anlagen zwischen 40 und 90 m und die Nabenhöhe beträgt ca. 100 m.

Die Gondel ist drehbar auf dem Turm gelagert, der durch das Fundament die nötige Standsicherheit erhält. In der Gondel ist der Generator und meist ein Getriebe untergebracht, welches die oft zu geringe Drehzahl des Rotors auf die höhere Generatordrehzahl übersetzt; neuere Anlagen werden auch ohne Getriebe ausgeführt.

Bild 4.6: Windkraftwerk (Windpark)

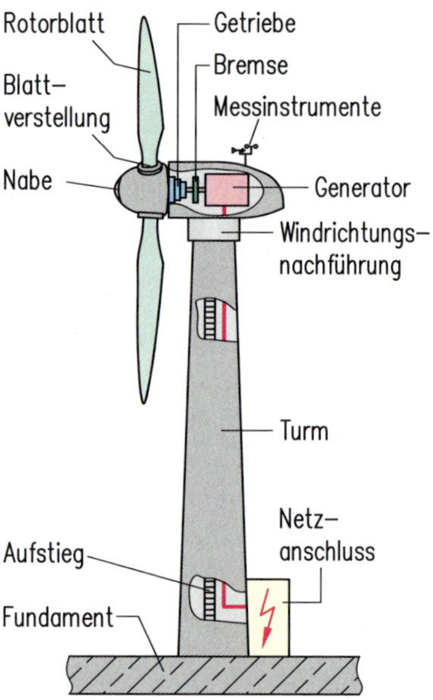

Bild 4.7: Windkraftanlage (WKA)

Ferner befinden sich in der Gondel die Geräte für eine präzise Windrichtungs- und Winddruckmessung und die Regeleinrichtung für die exakte Windrichtungsnachführung. Außerdem sind Überwachungssysteme für den Zustand der Rotorblätter und das Auftreten von Turmschwingungen eingebaut. Die Einrichtungen für die Netzanschlusstechnik befinden sich zum Teil in der Gondel und im Fuß oder außerhalb des Turms.

Die Ausnutzung der Windenergie zur Erzeugung elektrischer Energie ist nur sinnvoll bei einer mittleren Windgeschwindigkeit von mindestens 5 bis 6 m/s. Treten zu hohe Windgeschwindigkeiten auf, so wird die Anlage abgeschaltet.

Sind Windkraftwerke an das öffentliche Versorgungsnetz angeschlossen, so erhält der Betreiber des Windkraftwerks vom Versorgungsnetzbetreiber für die gelieferten Kilowattstunden eine Vergütung, die nach dem „Erneuerbare-Energien-Gesetz" (EEG) zeitlich gestaffelt ist.

Windräder erzeugen Lärm, was zu erheblicher Kritik geführt hat. Daher ist eines der wichtigsten Ziele bei der Weiterentwicklung, die Schallemissionen zu verringern. Windkraftwerke und WKA mit mehr als 50 m Höhe dürfen in Deutschland in Wohngebieten bei Nacht einen Schallpegel von nicht mehr als 35 Dezibel erzeugen. Auch die optische Belästigung durch Schattenwurf bei tief stehender Sonne ist gesetzlich geregelt; so müssen Anlagen zu bestimmten Tageszeiten abgeschaltet werden.

Als **Fotovoltaik** bezeichnet man die direkte Umwandlung von **Licht** (Sonnenenergie) mittels Solarzellen in elektrische Energie. Von der Fotovoltaik zu unterscheiden ist die solarthermische Stromgewinnung, bei der die **Wärme** der Sonne zur Erzeugung elektrischer Energie genutzt wird.

Solarzellen sind sehr dünne fotoelektrische Zellen, in denen Licht ohne hohe Temperaturen und ohne bewegliche Teile elektrische Ladungen freisetzt. (Kristalline Solarzellen haben typischerweise eine Dicke von 0,18 bis 0,2 mm.) Es ist eine geräuschlose und umweltfreundliche Technik, die sehr zuverlässig arbeitet. Nachteilig ist allerdings, dass nur ein kleiner Teil des einfallenden Sonnenlichts in elektrischen Strom umgewandelt wird.

Eine Solarzelle besteht aus zwei Siliziumschichten, von denen die eine negativ dotiert (N-Leiter) und die andere positiv dotiert (P-Leiter) ist. An der Grenze zwischen den beiden Schichten entsteht ein PN-Übergang (vgl. Kap. 2.1.4).

Bei Sonneneinstrahlung bewirken die auftreffenden Fotonen in der P-Schicht einen Elektronenüberschuss und in der N-Schicht einen Elektronenmangel.

Da der PN-Übergang der Grenzschicht durch seine Sperrwirkung einen Ausgleich dieser Ladungsunterschiede verhindert, kann die zwischen den Schichten entstandene Spannung über Kontakte (Elektroden) abgenommen werden. Die Solarzelle funktioniert also wie eine umgekehrte Diode, die unter dem Einfluss von Licht elektrischen Strom abgibt, statt an eine Spannung angeschlossen zu sein und diese gleichzurichten.

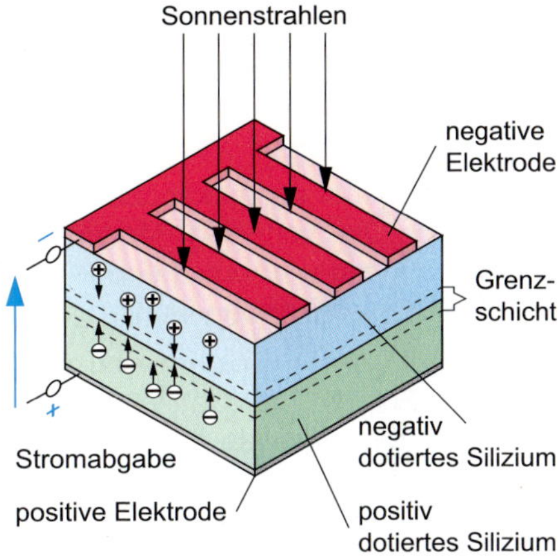

Bild 4.8: Aufbau einer Solarzelle

Die Spannung einer Silizium-Solarzelle liegt bei ca. 5 V; sie ist geringfügig von der Lichteinstrahlung abhängig. Wie das Diagramm zeigt, steigt die Stromstärke mit zunehmender Lichteinstrahlung. Bei einer Siliziumzelle mit einer Fläche von 100 cm^2 wird bei einer Lichteinstrahlung von 1 000 W/m^2 eine Stromstärke von ca. 2 A erreicht.

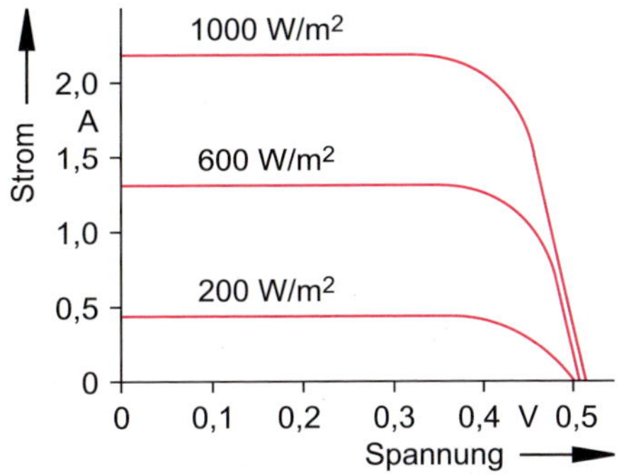

Bild 4.9: I-U-Kennlinie einer Solarzelle

Die Leistung einer Solarzelle nimmt mit steigender Temperatur ab. Dadurch wird der Wirkungsgrad, der bei den verschiedenen Ausführungen der Zellen meist kleiner als 15 % ist, noch weiter verschlechtert. Die Lebensdauer von Siliziumzellen beträgt ca. 30 Jahre.

Bild 4.10: Große Fotovoltaikanlage

Die Erzeugung elektrischer Energie in **großen Fotovoltaikanlagen** nimmt infolge der guten Umweltverträglichkeit und im Zuge der „Energiewende" weiter kräftig zu. Trotzdem ist ihr Anteil an der Deckung des gesamten Energiebedarfs noch relativ gering. Dies liegt allerdings weniger an ihrem geringen Wirkungsgrad als an den hohen Herstellungskosten und der im Allgemeinen sehr geringen Leistungsdichte der Sonnenstrahlung. Diese beträgt in sonnenreichen Gegenden höchstens 1 Kilowatt pro Quadratmeter (1 kW/m^2). Daraus ergibt sich eine nutzbare Leistung von jährlich etwa 2,5 kWh/m^2. Für die Nutzung der Sonnenenergie sind demgemäß große Flächen erforderlich.

Hierzu werden Solarzellen zu großflächigen Modulen zusammengeschaltet. Zur Erzielung höherer Spannungen werden dabei die einzelnen Zellen in Reihe geschaltet. Die erzeugte Energie wird in das Übertragungsnetz in der entsprechenden Spannungsebene eingespeist (vgl. Bild 4.10).

Neben diesen großen Solarkraftwerken ist die Fotovoltaik von besonderer Bedeutung für direkt an das Energieverteilungsnetz (vgl. Kap. 4.1.3) gekoppelte Anlagen, die auf Dächern montiert sind.

Bild 4.11: Kleine Fotovoltaikanlage

Das Prinzip einer netzgekoppelten Anlage zeigt Bild 4.12. Die von den Modulen gelieferte Gleichspannung wird durch den Wechselrichter auf die Netzwechselspannung angeglichen.

Der kWh-Zähler 1) misst die von den Modulen erzeugte Energie, der Zähler 2) zählt die aus der Anlage in das Netz gelieferte Energie und der Zähler 3) ermittelt die aus dem Netz bezogene Energie, die zu Zeiten anfällt, in denen die Solaranlage nicht produziert, z. B. bei Nacht.

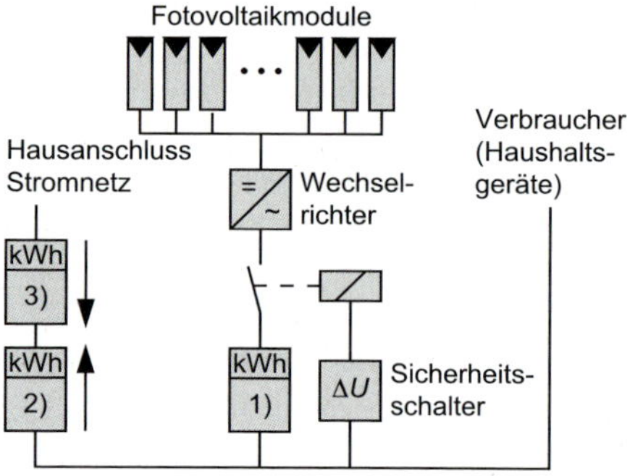

Bild 4.12: Netzgekoppelte Fotovoltaikanlage

Wechselrichter sind Schaltungen, die Gleichspannungen in Wechselspannungen umwandeln. Die Schaltung in Bild 4.13 erklärt das Prinzip eines Wechselrichters.

Der Ausgangstransformator T1 (vgl. Kap. 1.9.5) hat eine Mittenanzapfung. Da die Schalter S1 und S2 abwechselnd öffnen und schließen, fließt durch L1 abwechselnd ein Strom von a nach c oder von b nach c. Dadurch wird in L2 eine Wechselspannung induziert.

Wechselrichter werden mit elektronischen Schaltungen zur Ansteuerung des Ausgangstrafos hergestellt.

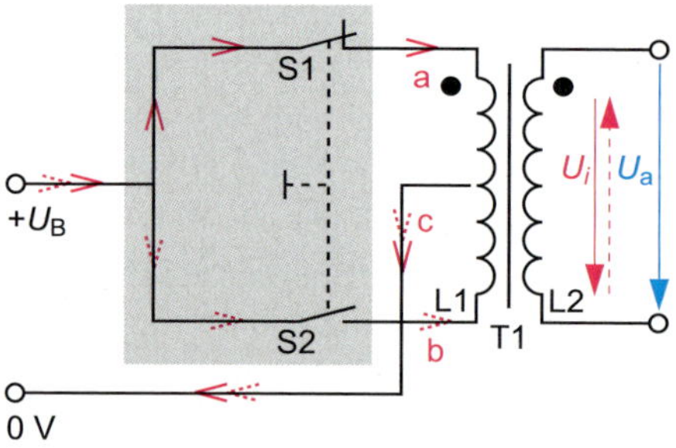

Bild 4.13: Prinzip eines Wechselrichters

Fotovoltaikanlagen können auch als nicht an das Netz gekoppelte Anlagen ausgeführt werden, die zur Versorgung netzferner Verbraucher und Kleinanlagen wie z. B. Ferienhäuser, Wohnmobile und mobile Geräte dienen.

Für die weitestgehend eigenständige Versorgung von Wohnhäusern werden Fotovoltaikanlagen angeboten, die mit Batterien ausgestattet sind. Diese Batterien sind so bemessen, dass die Versorgung des Hauses auch über Nacht gesichert ist. Solche Anlagen sorgen mit einem Energie-Managementsystem, das Verbraucher und Spannungsquellen je nach Bedarf zu- oder abschaltet, für einen reibungslosen und ausfallsicheren Betrieb.

Die Nutzung der **Sonnenwärme** zur Erzeugung elektrischer Energie erfolgt in sogenannten **Solarthermie-Kraftwerken**, die als Turmkraftwerk oder als Parabolrinnen-Kraftwerk konstruiert sein können.

Bei einem **Turmkraftwerk** sind mehrere Tausend Spiegel so ausgerichtet, dass sie das Sonnenlicht auf einen Receiver (Empfänger) an der Spitze eines hohen Turms reflektieren. In den Rohren des Receivers fließt eine Flüssigkeit (Salzschmelze), die hoch (auf ca. 700 Grad) erhitzt wird; sie leitet die Wärme zu einem Wärmetauscher im Fuß des Turms. In diesem wird daraus Wasserdampf mit hoher Temperatur (ca. 550 Grad) und hohem Druck (ca. 100 Bar) erzeugt, mit dem ein Generator über eine Dampfturbine angetrieben wird.

Bild 4.14: Turmkraftwerk

Solarthermische Kraftwerke verfügen meist auch über große Wärmespeicher, in denen tagsüber ein Teil der Sonnenenergie zum Aufheizen einer Salzschmelze verwendet wird, die bei Dunkelheit die Dampfturbine antreibt, sodass das Kraftwerk bei Tag und Nacht Strom liefern kann.

Zur Gewinnung elektrischer Energie aus erneuerbaren Rohstoffen zählt auch die Erzeugung von Biogas. In **Biogasanlagen** werden nachwachsende Nutzpflanzen (z. B. Mais, Zuckerrüben, Klee, Wildblumen u. Ä.) und Abfälle der landwirtschaftlichen Produktion in einem sogenannten Fermenter von Mikroorganismen abgebaut. Dieser Prozess ist im Prinzip eine Gärung unter Luftabschluss, bei der ein methanhaltiges Gas entsteht. Dieses Gas wird in einer Aufbereitungsanlage auf Erdgasqualität aufbereitet, auf den erforderlichen Druck verdichtet und in das vorhandene Erdgasnetz eingespeist.

Damit kann Biogas jederzeit zur Energieerzeugung eingesetzt werden und ist daher als Regelenergie im Zusammenspiel mit Wind- und Solarenergie besonders wertvoll.

4.1.2 Übertragung elektrischer Energie

4.1.2.1 Europäisches Verbundnetz

Aus den früher eng begrenzten lokalen und nationalen Netzen wurden im Laufe der Jahre synchrone europäische Verbundnetze gebildet. Das größte Verbundnetz ist das der UCTE (**U**nion for the **C**oordination of **T**ransmission of **E**lectricity), das aus dem Zusammenschluss der Netze von insgesamt 23 europäischen Ländern besteht und ca. 490 Millionen Menschen mit elektrischer Energie versorgt.

Der Vorteil dieses Zusammenschlusses liegt in der höheren Versorgungssicherheit; ein Gesichtspunkt, der im Zusammenhang mit den erneuerbaren Energien von zunehmender Bedeutung ist.

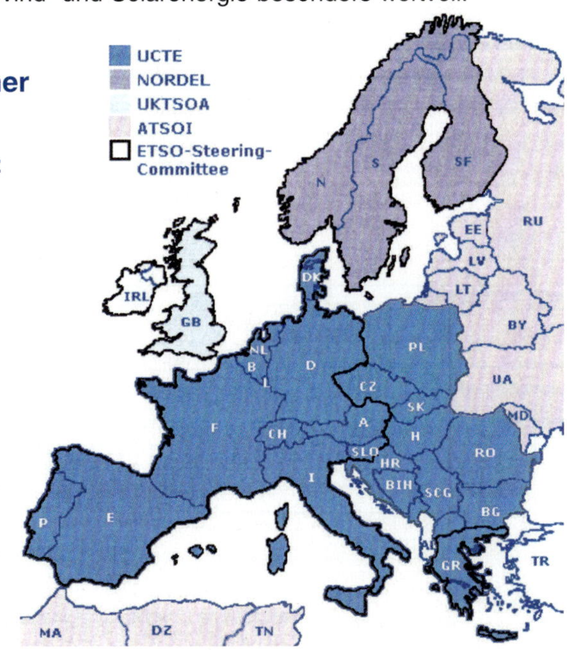

Bild 4.15: Die Vereinigung der europäischen Übertragungsnetzbetreiber

Bei Ausfällen von größeren Kraftwerken und/oder Übertragungsleitungen besteht durch die dabei auftretende Versorgungslücke die Gefahr eines Spannungs- oder Frequenzabfalls bzw. eines Totalausfalls des lokalen Stromnetzes. Derartige Situationen werden von der Gesamtheit der Kraftwerke in Europa gemeinsam über eine automatische Netzregelung rasch kompensiert.

Der Betrieb dieses großen Verbundnetzes ist nur möglich, wenn die beteiligten Übertragungsnetzbetreiber die im sogenannten „Operation Handbook" festgeschriebenen Regeln einhalten; Verstöße gegen diese Regeln werden streng bestraft.

Zur besseren Bewältigung der aus der Marktöffnung entstandenen neuen Anforderungen wurde 1999 die ETSO (**E**uropean **T**ransmission **S**ystem **O**perators) gegründet. In ihr sind die vier bestehenden Netzbetreiber-Organisationen in Europa (UCTE, NORDEL, ATSOI, UKTSOA) zusammengeschlossen.

4.1.2.2 Spannungsebenen

In den europäischen Verbundnetzen wird die Energie mit unterschiedlichen Werten der Spannung – auf sogenannten **Spannungsebenen** – übertragen.

Die Zusammenhänge zwischen den einzelnen Spannungsebenen sowie die Einspeisung aus den Kraftwerken und die Abgabe an die Verbraucher sind in der Übersicht in Bild 4.16 zusammengestellt.

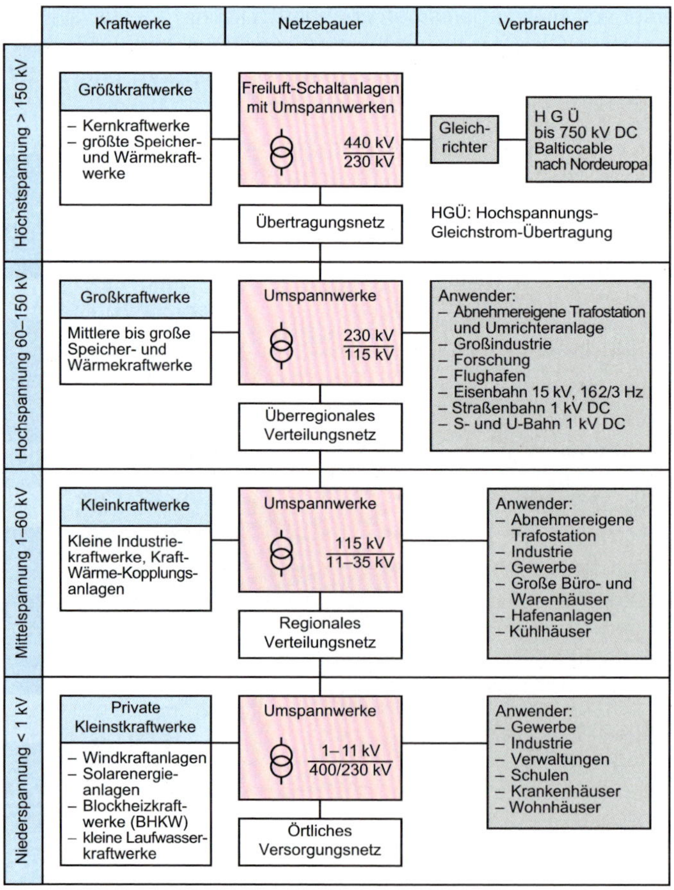

Bild 4.16: Europäisches Verbundsystem

Die Verbindungen innerhalb der einzelnen Ebenen erfolgt in der Höchstspannungsebene in einem großräumigen Netz von Übertragungsleitungen, in der Hoch-, Mittel- und Niederspannungsebene über regionale und lokale Verteilungsnetze.

Die Verbindung der Netzebenen untereinander erfolgt in großen Umspann-Schaltanlagen, die in der Regel als Freiluftanlagen aufgebaut sind.

4.1.2.3 Übertragungsleitungen

Elektrische Energie kann sowohl als Wechselstrom als auch als Gleichstrom übertragen werden. Die Übertragung in den drei oberen Spannungsebenen erfolgt in der Regel über Freileitungen, in den örtlichen Versorgungsnetzen fast ausschließlich über Erdkabel.

Bild 4.17: Hochspannungs-Freileitung

Als wichtigstes Verfahren ist in Europa die **Drehstrom-Hochspannungs-Übertragung (DHÜ)** am weitesten verbreitet. Hierbei wird in Deutschland Drehstrom (vgl. Kap. 1.7) mit einer Frequenz von 50 Hz in den verschiedenen Spannungsebenen verwendet. Mit Drehstrom-Hochspannungs-Leitungen können große Maschennetze – wie das europäische Verbundnetz – aufgebaut werden, wobei der Sternpunkt zur Erdschlusskompensation in der Regel starr geerdet ist. Allerdings sind DHÜ mit zunehmender Leitungslänge zwischen Erzeuger und Verbraucher infolge der erforderlichen Blindleistungskompensation (Kap. 1.10.3.3) und hoher Anlagekosten relativ teuer.

Da im Zuge der „Energiewende" die in Deutschland vorhandenen Übertragungsleitungen nicht mehr ausreichen, wird neben dem Aufbau neuer Strecken auch an einer höheren Belastbarkeit der vorhandenen Leitungen gearbeitet. Je höher die Stromstärke in den Leiterseilen ist, umso mehr erwärmen sie sich; sie dürfen nach der geltenden Norm bei einer Temperatur bis maximal 80 Grad betrieben werden. Die vorgeschriebene Trassenbreite einer DHÜ beträgt bis zu 70 m.

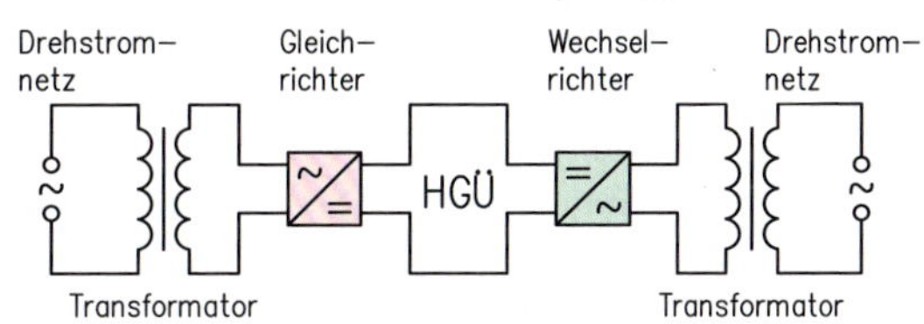

Bild 4.18: Prinzip einer HGÜ

Neben der DHÜ ist die **Hochspannungs-Gleichstrom-Übertragung (HGÜ)** von größter Bedeutung. Bild 4.18 zeigt das Grundprinzip einer HGÜ, die als Punkt-zu-Punkt-Verbindung zwischen dem Drehstromausgang eines Kraftwerks und der Übergabestation zu einem Drehstromnetz dienen könnte. Auf der Eingangsseite wird die Spannung auf die erforderliche Höhe transformiert und anschließend gleichgerichtet auf die Übertragungsleitung gegeben. Auf der Empfangsseite wird die Gleichspannung durch einen Wechselrichter wieder in eine Wechselspannung umgewandelt, die über einen Transformator auf die erforderliche Spannung transformiert wird.

Ohne die in den Konverterstationen entstehenden Energieverluste sind die auf der eigentlichen Leitungsverbindung entstehenden Verluste sehr gering; sie liegen bei einer Leitungslänge von 1 000 km bei ca. 2 bis 4 %.

Sowohl Drehstrom- als auch Gleichstromleitungen können auch als Erdkabel verlegt werden. Diese Leitungsart wird besonders von vielen Bürgerinitiativen gefordert.

Auch unterirdische Kabeltrassen erfordern einen Schutzstreifen von 15 bis 25 m, in dem keine Bäume wachsen dürfen.

Bild 4.19: Verlegung eines Erdkabels

Erdkabel sind besser abgeschirmt als Freileitungen; daher erzeugen sie zwar kein elektrisches Feld, aber ein stärkeres magnetisches Feld als diese. Ob solche Felder tatsächlich gesundheitliche Schäden verursachen, ist noch umstritten.

Ein Vergleich der Wirtschaftlichkeit der verschiedenen Leitungsausführungen ergibt:

- die Drehstrom-Freileitung ist die günstigste Lösung,
- Drehstrom-Kabel sind drei- bis viermal teurer,
- Gleichstrom-Kabel sind zwei- bis neunmal teurer.

4.1.3 Verteilung elektrischer Energie

Die in den Kraftwerken erzeugte und in das Versorgungsnetz eingespeiste elektrische Energie wird über weit vermaschte Drehstromverteilungsnetze zu den Verbrauchern geleitet.

Als **Netz** bezeichnet man dabei die Gesamtheit aller Einrichtungen wie Freileitungen, Kabel, Transformatoren und Schaltanlagen mit allen Sicherheits- und Überwachungseinrichtungen.

Im Mittelspannungsnetz wird die Spannung von 10 kV bis zu den einzelnen Ortsnetzstationen geführt und dort auf 230/400 V heruntertransformiert. Die Netzstationen speisen die Niederspannungs-Verteilungsnetze. Hierbei unterscheidet man zwischen Maschennetzen, Ringnetzen und Strahlennetzen.

Maschennetze entstehen durch die Verbindung aller Speise- (Netzstationen) und Knotenpunkte (Trennstellen; z. B. A, B) in einem Netz. Die Versorgung erfolgt stets von mehreren Netzstationen aus. Dadurch ergibt sich die höchste Versorgungssicherheit bei guter Spannungsstabilität und geringen Leistungsverlusten.

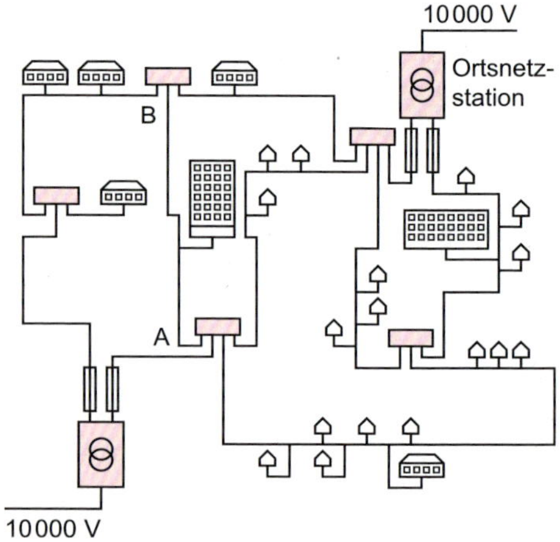

Bild 4.20: Maschennetz

Ringnetze können auch von mehreren Netzstationen gespeist werden. Das Verteilungsnetz bildet einen geschlossenen Ring, wodurch eine günstige Stromverteilung und damit geringere Spannungsabfälle erreicht werden. Ringnetze bieten ähnliche Vorteile wie Maschennetze, haben aber einen weniger aufwendigen Aufbau.

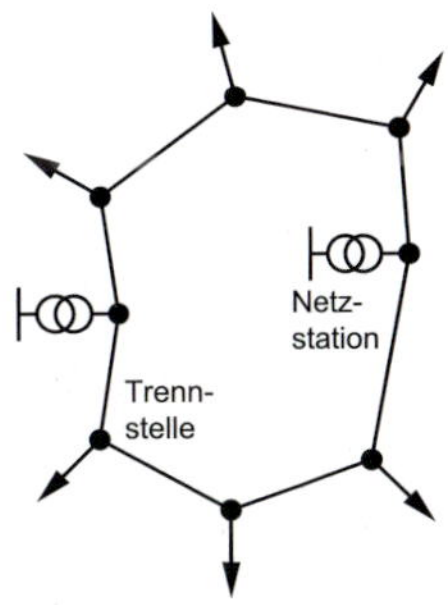

Bild 4.21: Ringnetz

Strahlennetze werden in der Regel nur von einer Netzstation gespeist. Von dieser gehen strahlenförmig die einzelnen Leitungsstrecken aus; es ergibt sich ein einseitig gerichteter Energiefluss. Vorteile dieser Netze sind der übersichtliche Netzaufbau und die damit verbundene kostengünstige Wartung. Nachteile sind der große Spannungsabfall zum Ende der Leitungsstrecke hin und sich daraus ergebende Spannungsschwankungen. Die Versorgungssicherheit ist im Vergleich zu Maschen- und Ringnetzen relativ gering.

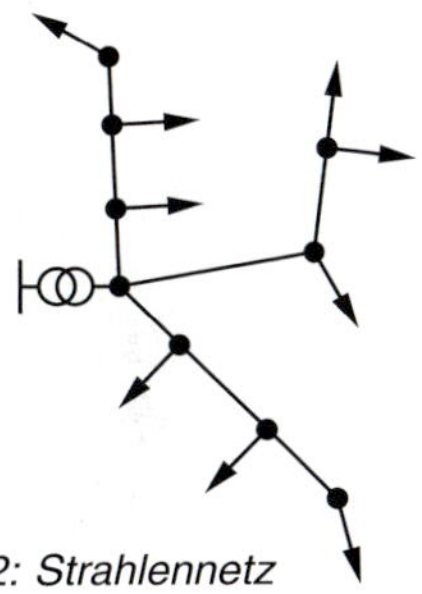
Bild 4.22: Strahlennetz

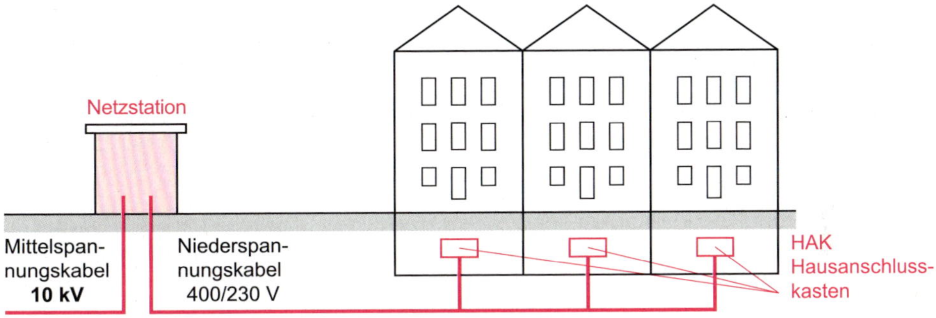

Bild 4.23: Von der Netzstation zum Hausanschluss

Die aus dem Niederspannungs-Verteilungsnetz abzweigenden Leitungen führen unmittelbar von der Netzstation zum Hausanschlusskasten der angeschlossenen Gebäude (vgl. Kap. 5.1).

4.1.4 Smart Grid

Smart Grid ist die international gebräuchliche Bezeichnung für ein **intelligentes Energieversorgungsnetz**. In einem solchen zukünftigen „Netz der Energie“ sollen

- **Energieerzeuger** (z.B. Kohle-, Gas-, Kernkraftwerke, Windkraft-, Fotovoltaik- und Biogasanlagen),
- **Speicher** (z.B. Pumpspeicherkraftwerke, chemische Speicher),
- **Verbraucher** (z.B. Industrieunternehmen, Gewerbebetriebe, Haushalte) und
- **Netzbetriebsmittel** (z.B. Schaltanlagen, Trafostationen)

so miteinander vernetzt werden, dass eine sichere und optimierte Energieversorgung gewährleistet ist.

Während die herkömmlichen Energieversorgungsnetze neben wenigen Großkraftwerken auf der Verbraucherseite eine Vielzahl von Abnehmern hatten, ist mit dem Aufkommen der erneuerbaren Energien auch die Erzeugerseite ungeheuer vielgestaltig geworden.

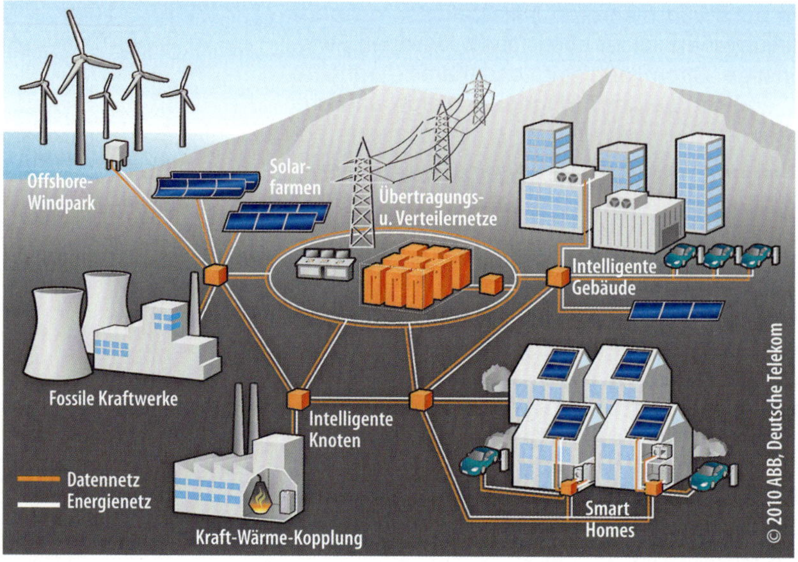

Bild 4.24: Modellvorstellung eines Smart Grid

Um den notwendigen Ausgleich zwischen Erzeugung und Verbrauch herzustellen, ist ein umfangreicher Informationsaustausch zwischen allen Beteiligten erforderlich. Dazu muss neben dem eigentlichen Energienetz ein eigenes Kommunikationsnetz mit Hardware, Software, Sensoren und Aktoren eingerichtet werden (DSL, Glasfaser), um die Steuerung eines Smart Grid zu ermöglichen. Über Funk oder Stromleitungen (Powerline Communication) sind keine durchgängigen und zuverlässigen Verbindungen möglich, in denen auch der Datenschutz entsprechend gesichert ist.

Wichtigstes Element für den Aufbau eines Smart Grid ist der Einbau eines **Smart Meter** beim Verbraucher (siehe Bild 5.6b). Diese „intelligenten Zähler" versorgen einerseits den Netzbetreiber mit Informationen über Energieverbrauchswerte und Abnahmezeitpunkte und andererseits den Verbraucher über Zeiten günstiger Energiepreise.

In Deutschland ist der Einbau eines Smart Meter seit Anfang 2011 für Neubauten Pflicht; bis 2022 sollen nach einer EU-Umweltrichtlinie alle Haushalte damit ausgestattet sein.

Zur internationalen Vereinheitlichung und Standardisierung der Techniken, Verfahren und Systeme, die in einem Smart Grid eingesetzt werden sollen, hat die IEEE Standards Association (http://standards.ieee.org) die Arbeitsgruppe P2030 eingerichtet, die eine schnellere Weiterentwicklung und Implementierung weltweit unterstützen soll.

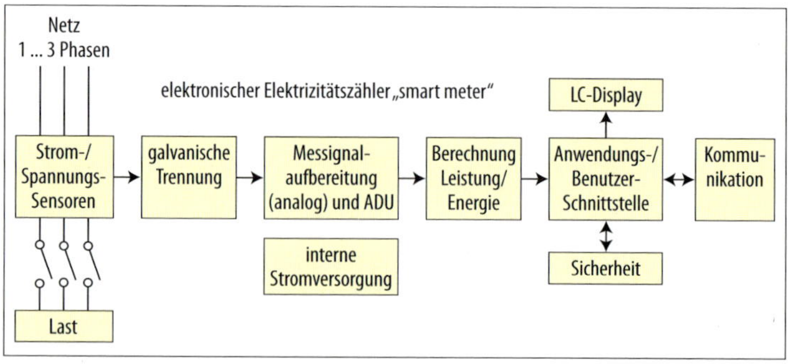

Bild 4.25: Typischer Aufbau eines Smart-Meter-Chips

Aufgaben

1. Welche Arten von Wärmekraftwerken unterscheidet man nach der Art der genutzten Primärenergie?
2. Beschreiben Sie kurz die verschiedenen Arten der Wasserkraftwerke.
3. Beschreiben Sie kurz den Aufbau und die Wirkungsweise eines Pumpspeicherkraftwerks.
4. Nennen Sie die wichtigsten „erneuerbaren Energien“ und geben sie deren Vor- und Nachteile an.
5. Was bedeutet Fotovoltaik?
6. Beschreiben Sie kurz den Aufbau einer Silizium-Solarzelle.
7. Wie groß sind Spannung, Stromstärke und Leistung einer Siliziumzelle mit einer Fläche von 10 cm × 10 cm bei einer Sonneneinstrahlung von 600 W/m²?
8. Beschreiben Sie kurz den Aufbau einer netzgekoppelten Fotovoltaikanlage.
9. Was verstehen Sie unter einem Turmkraftwerk?
10. Wie werden die verschiedenen Kraftwerksarten zum Ausgleich der durch die verschiedenen Verbraucher verursachten Schwankungen der Netzbelastung eingesetzt?
11. In Energieverteilungsnetzen wird mit fortschreitender Aufteilung die Spannung von 400 kV (Höchstspannung) über 115 kV (Hochspannung) und 10 kV (Mittelspannung) bis auf 400/230 V heruntertransformiert, ohne dass die Stromstärke unzulässig ansteigt.

    Wie ist das zu begründen?
12. Was bezeichnet man im Zusammenhang mit Energieverteilungsnetzen als Netz?
13. Wozu dienen Netzstationen?
14. Welche Netzformen unterscheidet man bei Verteilungsnetzen?

    Nennen Sie ihre Vor- und Nachteile.
15. Welche Arten von Übertragungsleitungen werden eingesetzt und in welcher Form können sie ausgeführt werden?
16. Was verstehen Sie unter dem Begriff „Smart Grid“?
17. Welche Aufgaben hat ein „Smart Meter“?

4.2 Energieversorgungsgeräte

4.2.1 Grundlagen

4.2.1.1 Innenwiderstand und Klemmenspannung

Der Leiterweg eines Stromkreises hat auch im Innern der Spannungsquelle einen elektrischen Widerstand, den man als **Innenwiderstand R_i** der Spannungsquelle bezeichnet. Daher kann eine Spannungsquelle in Schaltplänen als Reihenschaltung eines Generators mit einem Widerstand dargestellt werden.

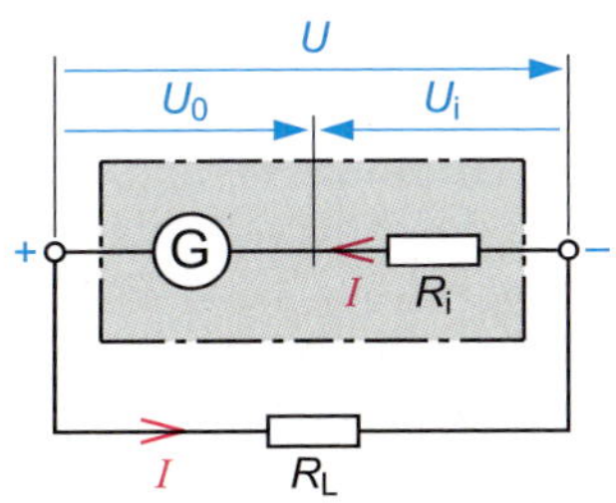

Bild 4.26: Spannungsquelle mit Innenwiderstand und Lastwiderstand

Wird ein Lastwiderstand R_L an die Spannungsquelle angeschlossen, so fließt ein Betriebsstrom I. Dieser verursacht am Innenwiderstand einen Spannungsabfall U_i. Da U_i für die Ausnutzung am Verbraucher R_L verloren ist, bezeichnet man diesen Spannungsabfall als **inneren Spannungsverlust**.

In der Schaltung in Bild 4.26 unterscheidet man nun drei Spannungen:

- U_0 ist die in der Spannungsquelle durch Umwandlung der zugeführten Energie entstehende **Urspannung** (auch Quellenspannung).
- U_i ist der durch den Betriebsstrom am Innenwiderstand verursachte **innere Spannungsverlust** ($U_i = I \cdot R_i$).
- U ist die an den Klemmen der Spannungsquelle zur Verfügung stehende **Klemmenspannung**.

Die Klemmenspannung einer Spannungsquelle ist um den inneren Spannungsverlust kleiner als die Urspannung.

$$U = U_0 - U_i$$

Der innere Spannungsverlust ist umso größer, je größer die Stromstärke ist. Die Stromstärke ist umso größer, je kleiner der Lastwiderstand ist. Nimmt der innere Spannungsverlust zu, so nimmt die Klemmenspannung ab. Daher ergibt sich:

! Die **Klemmenspannung einer Spannungsquelle** ist umso kleiner, je kleiner der angeschlossene Lastwiderstand ist.

Für die Änderung des Lastwiderstandes lassen sich die beiden in Bild 4.27 dargestellten Grenzfälle erkennen:

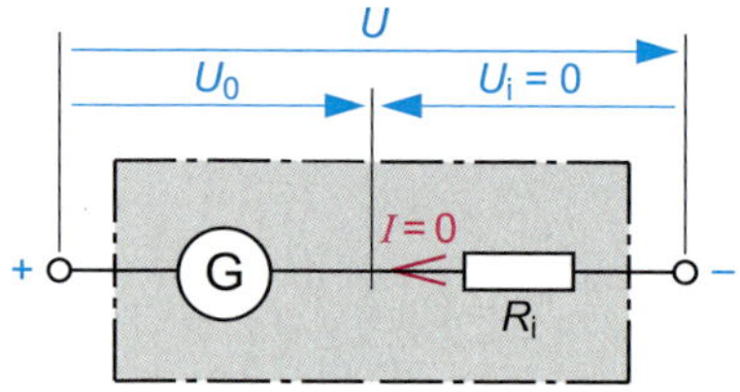

Leerlauf: $I = 0$
$U_i = 0$
$U = U_0$

Im Leerlauf ist die Klemmenspannung gleich der Urspannung.

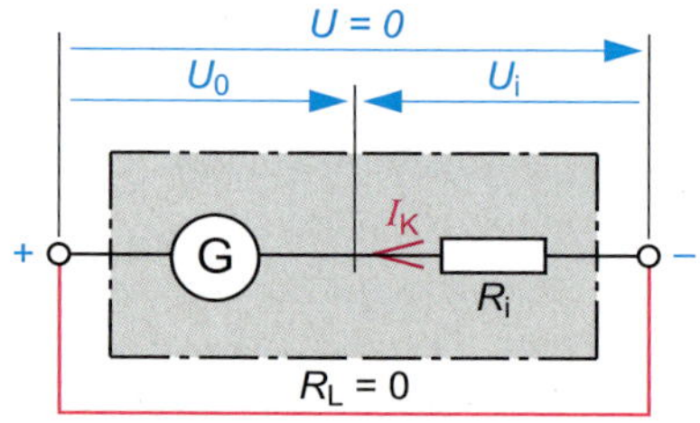

Kurzschluss: $R_L = 0$
$I_K = U_0/R_i$
$U = 0$

Bei Kurzschluss ist die Klemmspannung gleich null

Bild 4.27: Leerlauf und Kurzschluss einer Spannungsquelle

Der Kurzschlussstrom in der Spannungsquelle wird nur durch den Innenwiderstand begrenzt.

4.2.1.2 Anpassung

Wird der an eine Spannungsquelle angeschlossene **Lastwiderstand vergrößert**, so **sinkt die Stromstärke** und die **Klemmenspannung steigt**. Das Produkt aus Stromstärke I und Klemmenspannung U ist die von der Spannungsquelle an den Verbraucher abgegebene Leistung ($P = U \cdot I$). Da der Faktor I sinkt und gleichzeitig der andere Faktor U steigt, stellt sich die Frage, wie sich durch den Anstieg des Lastwiderstandes die von der Spannungsquelle abgegebene Leistung, also das Produkt aus U und I, verändert.

Diese Frage kann anhand des Beispiels in Bild 4.28 beantwortet werden. Dabei wird der Widerstand R_L von null ausgehend schrittweise bis auf 25 Ω vergrößert. Mithilfe der beigefügten Gleichungen können die in der Tabelle angegebenen Werte für P_L berechnet werden.

$P_L = I_2 \cdot R_L \qquad I = \frac{U_0}{R_i + R_L}$

$P_L = \left(\frac{U_0}{R_i + R_L}\right)^2 \cdot R_L$

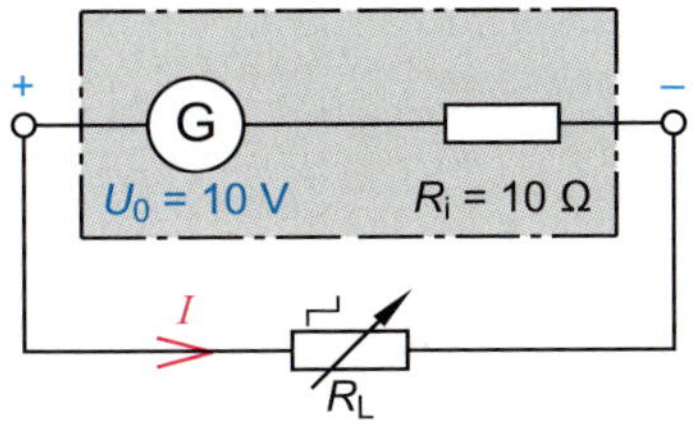

R_L/Ω	0	5	10	15	20	25
P_L/W	0	2,22	2,5	2,4	2,22	2,04

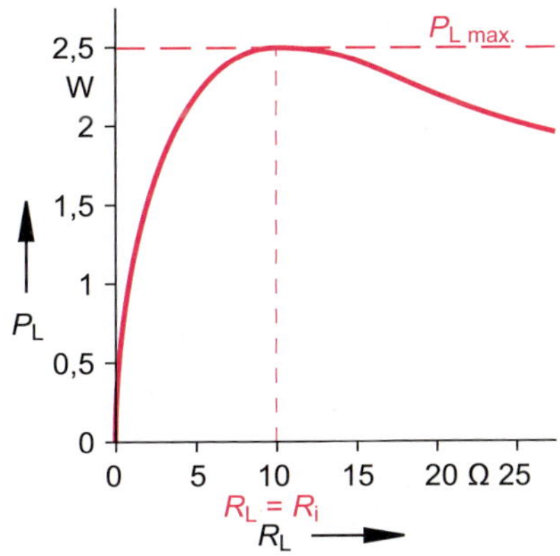

Bild 4.28: Berechnung und Diagramm zur Leistungsanpassung

Trägt man zur besseren Übersicht die Leistung in Abhängigkeit vom Lastwiderstand in einem Diagramm auf, so ergibt sich der im Bild dargestellte Kurvenverlauf.

In dem Diagramm erkennt man sehr deutlich, dass die von der Spannungsquelle an den Verbraucher abgegebene Leistung ihren Höchstwert erreicht, wenn der Lastwiderstand genauso groß ist wie der Innenwiderstand der Spannungsquelle. Diesen Belastungsfall bezeichnet man als Leistungsanpassung (vgl. Kap. 1.9.5.4).

> Bei **Leistungsanpassung** ist der Lastwiderstand gleich dem Innenwiderstand der Spannungsquelle.
>
> $$\boldsymbol{R_L = R_i}$$
>
> Die von der Spannungsquelle an den Lastwiderstand gelieferte Leistung hat bei Leistungsanpassung ihren Höchstwert.
>
> $$\boldsymbol{P_L = P_{L\,max}}$$

Die am Innenwiderstand umgesetzte Leistung ist genauso groß wie die Nutzleistung an R_L. Der Spannungsquelle muss doppelt so viel Leistung zugeführt werden, wie sie an den Verbraucher abgibt; ihr Wirkungsgrad beträgt also nur 50 %.

In der **Kommunikationstechnik** wird die Leistungsanpassung vorwiegend bei energiearmen Quellen (z. B. Mikrofon, Empfangsantenne, Sensor) eingesetzt. Die hierbei an den Klemmen zur Verfügung stehende **maximale** Signalenergie wird dann mittels nachgeschalteten Komponenten verstärkt.

In der **Energietechnik** kann die Leistungsanpassung nicht genutzt werden, denn es soll ein möglichst großer Wirkungsgrad erzielt werden.

In dem nachfolgenden Diagramm (Bild 4.29) ist der Wirkungsgrad η von Spannungsquellen in Abhängigkeit vom Verhältnis des Lastwiderstandes zum Innenwiderstand (R_L/R_i) dargestellt. (Die waagerechte Achse des Diagramms ist logarithmisch geteilt!)

Das Diagramm zeigt deutlich, dass bei Lastwiderständen, die kleiner sind als der Innenwiderstand der Spannungsquelle ($R_L/R_i < 1$), der Wirkungsgrad sehr gering ist ($\eta < 0{,}5$). Bei Leistungsanpassung ($R_L/R_i = 1$) beträgt der Wirkungsgrad 50 %. Ist das Verhältnis von R_L zu R_i größer als 10, so steigt der Wirkungsgrad auf 90 % an. Bei $R_L/R_i > 100$ beträgt der Wirkungsgrad nahezu 1.

Um einen hohen Wirkungsgrad zu erzielen, muss also der Lastwiderstand viel größer sein als der Innenwiderstand. Daraus folgt, dass der innere Spannungsverlust vernachlässigbar klein ist gegenüber der Spannung am Lastwiderstand: Die Klemmenspannung ist ungefähr gleich der Urspannung der Spannungsquelle. Diesen Belastungsfall bezeichnet man als Spannungsanpassung. Die Stromaufnahme und die Leistungsaufnahme eines Verbrauchers werden dabei fast ausschließlich durch seinen eigenen Widerstand bestimmt.

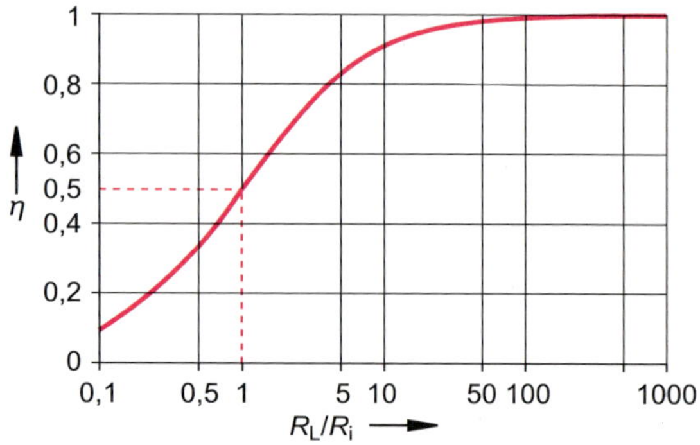

Bild 4.29: Wirkungsgrad in Abhängigkeit vom Widerstandsverhältnis

> Bei der **Spannungsanpassung** ist der Lastwiderstand sehr viel größer als der Innenwiderstand.
>
> $$\boldsymbol{R_L \gg R_i}$$
>
> Die an den Verbraucher gelieferte Leistung ist sehr viel größer als die Verlustleistung der Spannungsquelle.

In einigen Sonderfällen, wie z. B. beim Laden eines Akkumulators, sind konstante Ströme erforderlich, die vom Widerstand des Verbrauchers unabhängig sind. Bei diesen Betriebszuständen spricht man von Stromanpassung.

> Bei der **Stromanpassung** ist der Lastwiderstand viel kleiner als der Innenwiderstand.
>
> $$\boldsymbol{R_L \ll R_i}$$
>
> Die an den Verbraucher gelieferte Leistung ist sehr viel kleiner als die Verlustleistung.

Stromanpassung	Leistungsanpassung	Spannungsanpassung
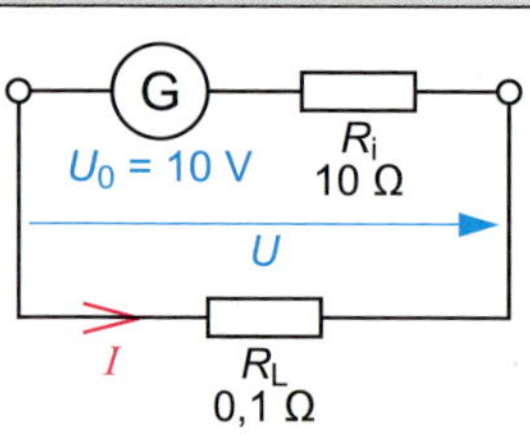	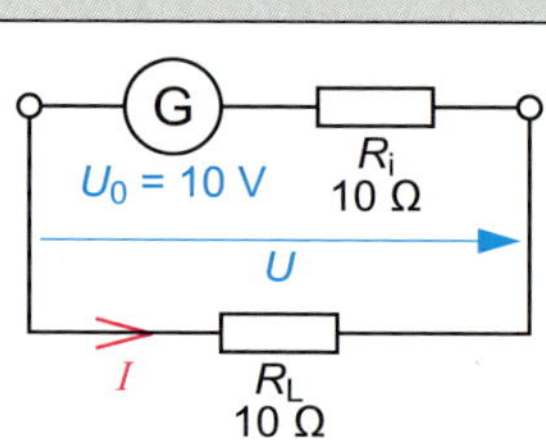	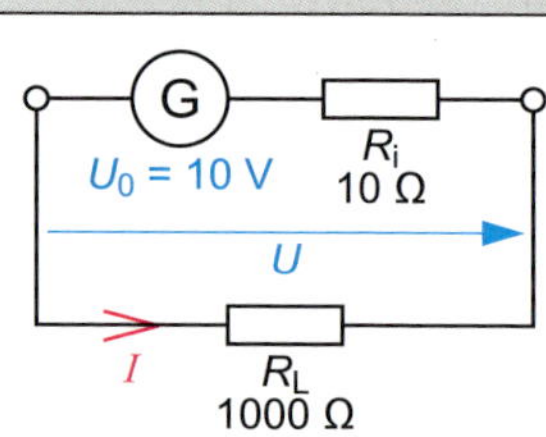
$R_L \ll R_i$	$R_L = R_i$	$R_L \gg R_i$
$I \approx \frac{U_0}{R_i}$ $\quad U \approx 0\,V$	$I = \frac{U_0}{R_i + R_L}$ $\quad U = \frac{U_0}{2}$	$I \approx \frac{U_0}{R_L}$ $\quad U \approx U_0$
$P_L \approx 0\,W$ $\quad \eta \approx 0$	$P_L = \frac{U_0^2}{4R_L}$ $\quad \eta = 0{,}5$	$P_L \approx \frac{U_0^2}{R_L}$ $\quad \eta \approx 1$

Bild 4.30: Betriebszustände von Spannungsquellen

Aus Bild 4.30 lassen sich insbesondere die folgenden Aussagen ableiten:

- Bei der Spannungsanpassung ist die Klemmenspannung U nahezu unabhängig vom Wert des angeschlossenen Lastwiderstandes R_L und es gilt $U \approx U_0$.
- Bei der Stromanpassung ist die Größe des fließenden Stroms I nahezu unabhängig vom Wert des angeschlossenen Lastwiderstandes R_L und es gilt $I \approx U_0/R_i$.

> Eine Quelle, bei der die Klemmenspannung U unabhängig vom Wert des angeschlossenen Lastwiderstandes stets gleich groß bleibt, bezeichnet man als **Konstantspannungsquelle**.
>
> Eine Quelle, bei der der fließende Strom I unabhängig vom Wert des angeschlossenen Lastwiderstandes stets gleich groß bleibt, bezeichnet man als **Konstantstromquelle**.

In technischen Unterlagen werden die unterschiedlichen Eigenschaften beider Quellenarten zur besseren Unterscheidung oft mit speziellen Schaltsymbolen dargestellt (Bild 4.31).

Konstantspannungs- und Konstantstromquellen sind in der Technik von besonderer Bedeutung, sie werden in der Praxis meist mithilfe elektronischer Schaltungen realisiert (Kap. 4.2.3.1).

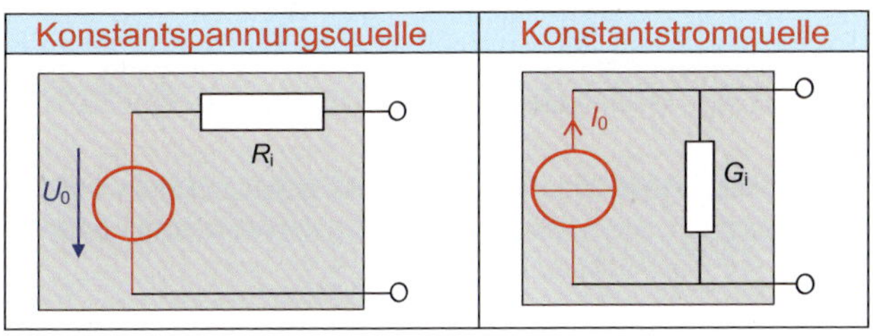

Bild 4.31: (Ersatz-)Schaltbild einer Konstantspannungs- und einer Konstantstromquelle

4.2.1.3 Zusammenschaltung von Spannungsquellen

Spannungsquellen können – ähnlich wie Widerstände – zusammengeschaltet werden. Man findet dies besonders häufig bei chemischen Spannungsquellen (Akkus), wie sie z. B. als Starterbatterien in Kraftfahrzeugen verwendet werden. Als Batterie bezeichnet man hierbei eine Zusammenschaltung gleichartiger Zellen.

Bei der **Reihenschaltung**, bei der alle Einzelspannungsquellen einer Batterie vom selben Strom durchflossen werden, ist der Minuspol der ersten mit dem Pluspol der folgenden Zelle verbunden. Hierbei addieren sich die Urspannungen der Zellen zur Urspannung U_B der Batterie.

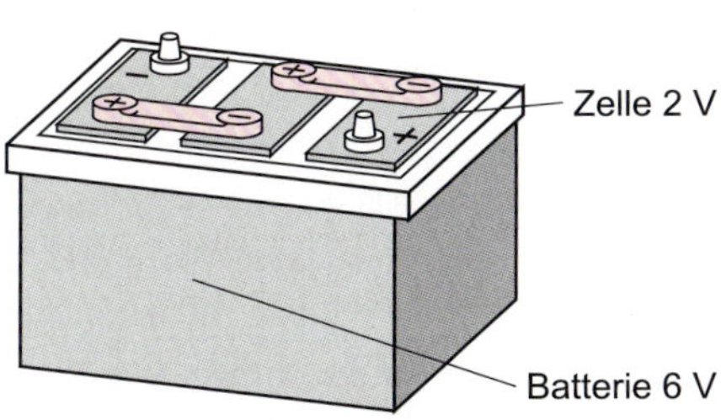

Bild 4.32: Batterie mit drei Zellen in Reihenschaltung

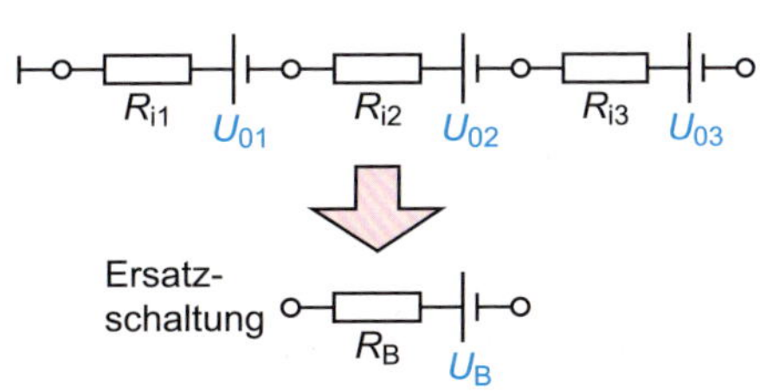

Bild 4.33: Reihenschaltung von Spannungsquellen

$$U_B = U_{01} + U_{02} + U_{03} + \ldots$$

Die Innenwiderstände addieren sich zum Innenwiderstand der Batterie.

$$R_B = R_{i1} + R_{i2} + R_{i3} + \ldots$$

Durch die Vergrößerung des Innenwiderstandes ergeben sich bei Schwankungen des Laststroms große Änderungen des inneren Spannungsverlustes und damit eine geringe Stabilität der Klemmenspannung.

! Die **Reihenschaltung von Spannungsquellen** ist geeignet für große Spannungen bei kleinen und konstanten Lastströmen.

Bei der **Parallelschaltung** werden alle Pluspole und alle Minuspole der Einzelspannungsquellen miteinander verbunden. Die Batterie hat also die gleiche Urspannung wie eine Zelle.

$$U_B = U_{01} = U_{02} = U_{03} = \ldots$$

Es werden auch alle Innenwiderstände parallel geschaltet, wodurch sich für die Batterie ein Innenwiderstand ergibt, der kleiner ist als der Innenwiderstand einer Zelle.

$$\frac{1}{R_B} = \frac{1}{R_{i1}} + \frac{1}{R_{i2}} + \frac{1}{R_{i3}} + \ldots$$

Dieser kleine Innenwiderstand erzeugt einen geringen inneren Spannungsverlust, sodass sich bei solchen Batterien die Klemmenspannung bei schwankender Belastung nur geringfügig ändert.

! Die **Parallelschaltung von Spannungsquellen** ist geeignet für kleine Spannungen bei großen und nicht konstanten Lastströmen.

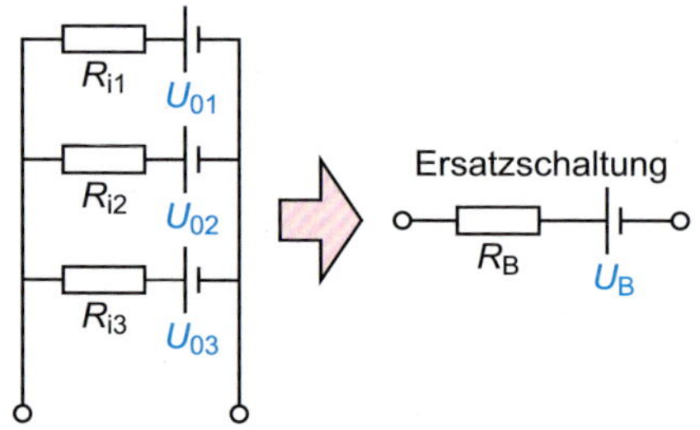

Bild 4.34 Parallelschaltung von Spannungsquellen

Aufgaben

1. Was stellen Sie sich unter dem Innenwiderstand einer Spannungsquelle vor?
2. Erläutern Sie die Bedeutung der Formelzeichen U_0, U_i und U und erklären Sie deren Zusammenhang anhand einer Schaltung.
3. a) Stellen Sie die Zusammenhänge der Größen in einem Diagramm dar, in dem Sie die Stromstärke in Abhängigkeit vom elektrischen Potenzial auftragen. (Maßstäbe: für I: 1 cm $\hat{=}$ 1 A; für φ: 1 cm $\hat{=}$ 0,5 V)

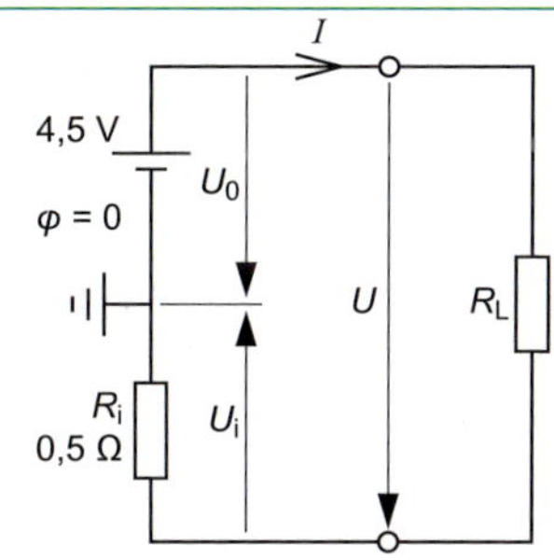

b) Zeichnen Sie in das Diagramm die Widerstandskennlinie für den Innenwiderstand der Spannungsquelle ein.

c) Zeichnen Sie in das Diagramm die Widerstandskennlinien für folgende Widerstände: R_{L1} = 4,5 Ω, R_{L2} = 2 Ω, R_{L3} = 1 Ω, R_{L4} = 0,5 Ω, R_{L5} = 0 Ω.

d) Stellen Sie in einem zweiten Diagramm die Abhängigkeit der Klemmenspannung vom Lastwiderstand dar. (1 cm ≙ 0,5 V; 1 cm ≙ 0,5 Ω)

e) Fassen Sie Ihre aus dem zweiten Diagramm gewonnene Erkenntnis in einem Satz zusammen.

4. Der Innenwiderstand einer Spannungsquelle soll ermittelt werden. Welche Messungen und Berechnungen müssen durchgeführt werden?
   a) Beschreiben Sie den Aufbau der Messschaltungen und die Durchführung der Messungen.
   b) Geben Sie die Gleichung zur Berechnung des Innenwiderstandes an.

5. Mit gleichen Zellen von U_0 = 1,5 V und R_i = 0,4 Ω soll eine Batterie geschaltet werden, deren Urspannung dreimal so groß wie die Urspannung einer Zelle ist. Der Innenwiderstand der Batterie soll halb so groß sein wie der einer Zelle.

   Wie viele Zellen sind erforderlich und wie müssen sie geschaltet werden?

6. Der Wirkungsgrad einer Spannungsquelle soll im Betriebsfall mindestens 95 % betragen.

   Welche Bedingung muss der Lastwiderstand erfüllen?

7. Bei Leistungsanpassung gibt ein Verstärker an einen Lautsprecher, dessen Widerstand mit 8 Ω angegeben ist, eine Leistung von 20 W ab.

   Wie groß ist die vom Verstärker abgegebene Leistung, wenn ein Lautsprecher mit einem Widerstand von 4 Ω bzw. 16 Ω angeschlossen wird?

8. Bei Belastung einer Spannungsquelle werden drei verschiedene Betriebszustände unterschieden.
   a) Wie werden diese Betriebszustände bezeichnet und welche Bedingungen müssen erfüllt sein, wenn sie erreicht werden sollen?
   b) Nennen Sie die Vorteile und die Nachteile der einzelnen Betriebszustände.

4.2.2 Chemische Spannungsquellen

4.2.2.1 Primärelemente

Ein **Elektrolyt** ist eine elektrisch leitende Flüssigkeit; er besteht aus einer wässrigen Lösung von Säuren, Laugen oder Salzen. Kommt ein Metall mit einem Elektrolyt in Berührung, so entsteht zwischen Metall und Elektrolyt ein elektrisches **Berührungspotenzial**. Je nach Werkstoff treten dabei gegenüber dem Elektrolyt positive oder negative Berührungspotenziale auf, die in der

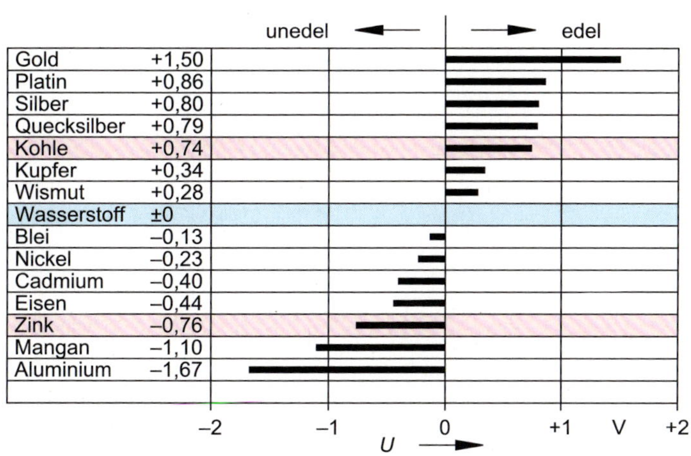

Bild 4.35: Elektrochemische Spannungsreihe

elektrochemischen Spannungsreihe zusammengefasst werden; je positiver das Potenzial, umso edler ist das Metall.

Kommen zwei verschiedene Metallelektroden (oder auch Kohle) mit einem gemeinsamen Elektrolyt in Berührung, so ergibt sich ein **elektrochemisches Element** (oder eine elektrochemische oder galvanische Zelle).

Die Urspannung (auch Quellenspannung) an den Klemmen des Elements ist gleich der Differenz der Berührungspotenziale der beiden Elektroden.

Werden mehrere Zellen zusammengeschaltet, so ergibt sich eine Batterie (vgl. Kap. 4.2.1.3).

Man unterscheidet bei elektrochemischen Spannungsquellen grundsätzlich zwischen Primärelementen und Sekundärelementen.

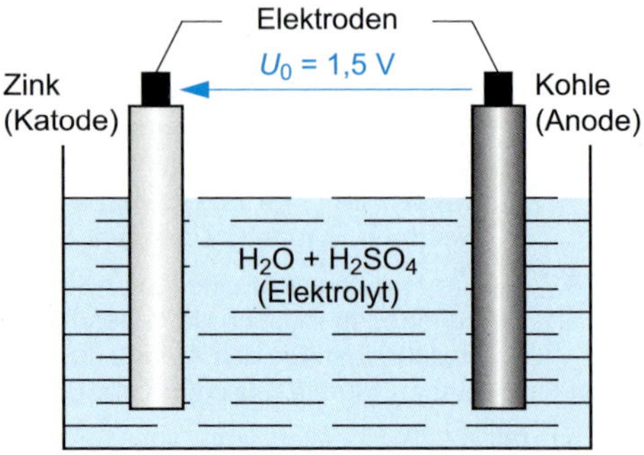

Bild 4.36: Elektrochemisches Element (Zelle)

Primärelemente können nur einmal entladen werden; es sind Batterien, bei denen sich der bei der Entladung ablaufende chemische Prozess nicht rückgängig machen lässt.

Primärelemente sind nach der Entladung unbrauchbar und müssen unter Berücksichtigung der Umweltverträglichkeit entsorgt werden. Da sie teilweise ätzende Chemikalien enthalten, sollten sie nicht gewaltsam geöffnet werden; der Hautkontakt mit eventuell ausgetretenen Flüssigkeiten ist zu vermeiden.

Primärelemente gelten als entladen, wenn die Klemmenspannung ca. 50 % der Nennspannung beträgt; die Leerlaufspannung entspricht dann nahezu der Nennspannung. Durch Verwendung verschiedener Elektrodenmaterialien und Elektrolyte können Primärelemente mit sehr unterschiedlichen Eigenschaften hergestellt werden. Diese Eigenschaften bestimmen den praktischen Einsatz (vgl. Bild 4.37).

Bild 4.37: Kennwerte und Eigenschaften von Primärzellen

Zellenart	Bauformen	Nennspannung	Kapazitätswerte (größenabhängig)	Innenwiderstand (typisch)	Betriebstemperatur	Haltbarkeit	Anwendung	Bemerkungen
Zink-Kohle-Zelle	alle Standardgrößen	Rundzellen 1,5 V Block 4,5 V bzw. 9 V	0,3 Ah bis 4 Ah	0,3 Ω bis 0,8 Ω	−10 °C bis +50 °C	2 Jahre	– Universeller Einsatz mit geringen Anforderungen	– kostengünstige Herstellung, vergleichsweise geringe Kapazität – nicht mit hohen Strömen belastbar – quecksilberfrei, Auslaufschutz durch äußeren Stahlmantel – keine konstante Klemmenspannung während der Entladung, d. h. abfallende Entladekurve
Alkali-Mangan-Zelle	alle Standardgrößen	Rundzellen 1,5 V Block 9 V	0,5 Ah bis 18 Ah	0,3 Ω bis 1,6 Ω	−30 °C bis +70 °C	5 Jahre	– universell einsetzbar	– korrosionsfrei und auslaufsicher – vierfache Lebensdauer gegenüber Zink-Kohle-Batterien – vierfacher Energiegehalt gegenüber Zink-Kohle-Batterien – quecksilber- und cadmiumfrei – geeignet für Belastung mit größeren Stromimpulsen
	Knopfzellen		70 mAh bis 300 mAh					
Lithium-Zellen	Standard- und Sondergrößen	1,5 V, 3 V oder 3,5 V	0,1 Ah bis 16,5 Ah	0,2 Ω bis 1 Ω	−40 °C bis +70 °C	10 Jahre	– Uhren – Rechner – Kameras – Speicherunterstützung – PC – elektronische Verdunstungsmessung – Notbeleuchtung	– Bei gleicher Bauform sind durch Verwendung unterschiedlicher Elektrodenmaterialien Klemmspannungen von 1,5 V, 3 V oder 3,5 V möglich! – Achtung: Trotz gleicher Bauform dürfen handelsübliche 1,5-V-Zellen nicht durch Lithiumzellen mit größerer Klemmenspannung ersetzt werden! – hohe Klemmenspannung, geringe Selbstentladung – stabile Spannung auch bei impulsförmiger Strombelastung – bei der Entladung gleichbleibender Innenwiderstand! – extrem leicht – Lithium ist ein ungiftiges Metall, das stark mit Wasser reagiert. – Elektrolyt besteht aus organischen, leicht entzündlichen Stoffen.
	Knopfzellen		25 mAh bis 950 mAh					
Quecksilber-Oxid-Zelle	Knopfzellen	1,35 V	5 mAh bis 950 mAh	2 Ω bis 10 Ω	−10 °C bis +60 °C	5 Jahre	– Uhren – Kameras	– konstante Spannung, d. h. flache Entladungskurve – nur geringe Stromentnahme möglich – umweltgefährdend wegen Quecksilber – Bauformen für jeden Anwendungszweck erhältlich
Silberoxid-Zelle	Knopfzellen	1,55 V	5,5 mAh bis 180 mAh	4 Ω bis 10 Ω	−10 °C bis +60 °C	5 Jahre	– Uhren – Kameras – Taschenrechner	– flache Entladungskurve, aber nur für geringe Stromstärke geeignet – höhere Nennspannung als Quecksilber-Oxid-Zellen – keine Umweltschädigung wegen Quecksilberfreiheit – wird zum Teil auch als zylinderförmige Rundzellen angeboten
Zink-Luft-Zelle	Knopfzellen	1,4 V	50 mAh bis 900 mAh	3 Ω bis 12 Ω	0 °C bis +60 °C	Unbegrenzt (versiegelt)	– Hörgeräte	– hohe Kapazität bei kleinsten Abmessungen – ca. 40 % leichter als vergleichbare Quecksilberzellen – flache Entladekurve – nur für geringe Stromstärken geeignet

4.2.2.2 Sekundärelemente

Sekundärelemente (Akkumulatoren) sind chemische Spannungsqellen, bei denen sich die beim Entladen ablaufenden chemischen Prozesse umkehren lassen.

Akkus können daher wiederholt entladen und wieder geladen werden.

Für chemische Spannungsquellen sind folgende Kenngrößen wichtig.

Nennspannung	U_{Nenn} ist die durchschnittliche, systembedingte Batteriespannung während der Entladung unter Nennbedingungen. Diese beinhalten Angaben über die Umgebungstemperatur und die Größe des fließenden Stroms. Da die Nennspannung eine unmittelbare praktische Bedeutung für den Anwender hat, wird sie häufiger angegeben als die Leerlaufspannung (Urspannung).
Kapazität	K_L (Ladekapazität; in Herstellerunterlagen auch oft als C bezeichnet) gibt die gespeicherte Ladung in Amperestunden (Ah) bzw. in Milliamperestunden (mAh) an. Damit kann berechnet werden, wie lange ein Strom fließen kann, bis die Entlade-Endspannung erreicht ist. K_L ist keine feste Größe, sie hängt vielmehr vom Aufbau, von der Baugröße, von der Entladestromstärke und von der Art der Belastung ab. Bei einer langsamen Entladung mit einem kleinen Entladestrom kann eine größere Ladungsmenge entnommen werden als bei einem großen Entladestrom. Aus diesem Grund werden von den Herstellern die Kapazitätswerte für genau festgelegte Belastungsfälle angegeben.
Energiedichte	Als W_d bezeichnet man die gespeicherte Energie, die von der Batterie bezogen auf ihre Masse bereitgestellt werden kann; sie wird in Wattstunden pro Kilogramm (Wh/kg) angegeben.
Innenwiderstand	Als Innenwiderstand R_i bezeichnet man den elektrischen Widerstand einer Batterie. Er verursacht einen zum Strom proportionalen Spannungsabfall und steigt bei den meisten Batterietypen mit zunehmender Entladung an.
Anzahl Zyklen	Als Zyklus bezeichnet man einen einzelnen Lade- und Entladevorgang bei einem Akku. Die „Anzahl Zyklen" gibt an, wie viele Zyklen ein Akku bis zu seinem Versagen durchlaufen kann.

Bild 4.38: Batterie-Kenngrößen

Die Anzahl der Zyklen, die ein Akku durchlaufen kann, wird maßgeblich bestimmt durch die richtige Ladungsart. In Bild 4.39 sind verschiedene Ladearten zusammengestellt.

Ladeart	Beschreibung	Anwendungsbeispiel
Mit konstanter Spannung	– Ladestrom zu Beginn sehr hoch – Aufgrund der steigenden Zellspannung sinkt der Ladestrom während des Ladevorgangs kontinuierlich ab, daher ist keine spezielle Abschaltung des Ladevorgangs erforderlich.	Bleiakku
Mit konstanter Stromstärke	– Die zugeführte elektrische Energie lässt sich auf einfache Weise aus der Ladezeit berechnen. – Akku kann überladen werden, sofern keine Abschaltung des Ladevorgangs erfolgt.	NiMH, Li-Ion meist zu Beginn des Ladevorgangs, dann Umschaltung auf Konstantspannungsladung

Ladeart	Beschreibung	Anwendungsbeispiel
Nach einer Widerstandskennlinie	– Der Innenwiderstand des Ladegeräts bestimmt den Strom- und den Spannungsverlauf (mit zunehmender Ladezeit wird der Ladestrom kleiner und die Ladespannung größer).	typisches Verfahren bei „billigen" Ladegeräten; für keine der aktuellen Akkutypen wirklich geeignet!
Impulsladung	– Der Ladevorgang erfolgt mit kurzzeitigen hohen Stromimpulsen. – In den Pausen dazwischen wird die Zellenspannung gemessen, um Überladungen zu vermeiden. – Diese Ladeart kann bestimmte physikalische Effekte bewirken, welche die Lebensdauer eines Akkus erhöhen kann.	eingesetzt z. B. auch bei der sog. „Schnellladung", bei der ein entsprechend geeigneter Akku in bis zu zwei Stunden (je nach Endladezustand auch kürzer) wieder voll geladen ist

Bild 4.39: Ladearten für Akkus

Die Höhe des Ladestroms für einen normalen Ladevorgang wird häufig als „Zahlenwert" in Abhängigkeit von der auf dem Akku aufgedruckten Nennkapazität angegeben. Typischerweise wird hierbei ein Wert von 10 % dieser Nennkapazität angesetzt. Ein Li-Ion-Akku mit einer Nennkapazität von 1500 mAh benötigt somit einen Anfangsladestrom von 150 mA. Wegen auftretender Verluste – z. B. in Form von Wärme – gilt ein vorher leerer Akku hierbei erst nach 14 Stunden als voll geladen. Allerdings vertragen moderne Akkus auch wesentlich höhere Ladeströme, sodass bei entsprechender Überwachung durch das Ladegerät auch Ladezeiten bis zu zwei Stunden ausreichend sind („Schnellladung"). Hierbei sind unbedingt die Angaben in den Datenblättern der Akkuhersteller zu beachten! Sowohl die Ladezeiten als auch die real erreichbaren Kapazitätswerte sind bei allen Akkuarten stark temperaturabhängig.

Werden Akkus längere Zeit nicht entladen, so verlieren sie durch Selbstentladung ihre gespeicherte Energie. Um ihre ununterbrochene Einsatzbereitschaft – insbesondere in Notstromversorgungen und USVs (vgl. Kap. 4.2.4.2) – zu gewährleisten, werden sie ständig mit einem geringen Strom geladen (Erhaltungsladung).

Wie bei Primärelementen, so werden auch Akkus mit unterschiedlichen Elektrodenmaterialien und Elektrolyten für verschiedene Einsatzbereiche hergestellt (Bild 4.40).

Bild 4.40: Kennwerte und Eigenschaften von Akkus

Zellenart	Bauformen	Nennspannung in Volt	Kapazitätswerte (größenabhängig)	Energiedichte in Wh/kg	Innenwiderstand (typisch)	Betriebstemperatur (typisch)	Selbstentladung pro Monat	Anzahl Zyklen	Anwendung	Bemerkung
Blei-Akku (Pb)	anwendungsspezifische Blockformen	4 6 8 12	1,3 Ah bis 75 Ah	40	(keine Herstellerangaben)	Entladen: −20 °C bis +50 °C Laden: 0 °C bis +40 °C	stark temperaturabängig, siehe Bemerkungen	300 bis 1 200; abhängig von Entladetiefe und Temperatur	– Kfz – Kommunikationseinrichtungen – Notstrom – Speichersicherung – USV	– durch Verwendung von speziellen Fiberglasharzen absolut auslaufsicher; wartungsfrei – einsetzbar im Zyklenbetrieb oder im Bereitschafts-Parallelbetrieb – aufladbar mit Konstantstrom; Ultra-Schnellladungen möglich – Nachladen ohne vorhergehende Entladung möglich – bei gleichem Ladungszustand Parallelschaltung problemlos möglich – Tiefentladung ohne Schaden möglich – hohe Impulsstrombelastung (z. B. Kfz, kurzzeitig 200 A)
Nickel-Metallhydrid-Akku (NiMH)	Rundzellen; prismatische Zellen (Slimline: extrem flach); Sonderformen	1,2	500 mAh bis 3 000 mAh	55	7 mΩ bis 75 mΩ	Entladen: −10 °C bis +65 °C Laden: 0 °C bis 40 °C	< 10 %	1 000	– Notebook – DECT-Mobiltelefon – Smartphone – MP3-Player	– als Batteriepack erhältlich – Wasserkontakt ist zu vermeiden, da sich Batterie sonst erhitzt – konstante Entladespannung – enthält kein giftiges Cadmium (wie die inzwischen verbotenen Nickel-Cadmium-Akkus, bei denen zudem ein erheblicher Memoryeffekt auftrat) – spezielle Lademethoden mit Ladezustandsüberwachungen für lange Lebensdauer – kein Memoryeffekt – Überladen ist zu vermeiden
Lithium-Ionen-Akku (Li-Ion)	Rundzellen; prismatische Zellen (extrem flach); Blockformen	3,6	300 mAh bis 2 000 mAh (Rundzellen)	150	35 mOhm bis 150 mOhm (abhängig von Alter und Ladezustand)	Entladen: −20 °C bis +60 °C Laden: 10 °C bis 45 °C	< 5 %	1 000	– Notebook – Smartphone – MP3-Player	– Ladung zunächst mit Konstantstrom, Ladespannung 4,2 V, dann Umschaltung auf Konstantspannungsladung; bei Schnellladung unbedingt eine Überwachung der richtigen Ladespannung erforderlich – hohe Zellspannung; darf nicht gegen Batterie mit gleicher Abmessung, aber anderer Spannung ausgetauscht werden! – konstante Entladespannung – kein Memoryeffekt – empfindlich gegen Überladen und Tiefentladen
Lithium-Polymer-Akku (Li-Polymer)	sehr variabel; gut an Gerätedesign anzupassen; Folien	3,7	180 mAh bis 3 000 mAh	> 160	wie Li-Ion	Entladen: −20 °C bis +60 °C Laden: 0 °C bis 45 °C	< 5 %	1 000	wie Li-Ion	– Aufladung nur mit zugehörigem Ladegerät – geringe Selbstentladung – Dauerentladestrom: 2 C; Pulsentladestrom: 5 C – kein Memoryeffekt – empfindlich gegen Überladung – hohe Betriebssicherheit, gute Umweltverträglichkeit

Informationen darüber, für welche Ladeart ein Akku geeignet ist, müssen den Datenblättern der Hersteller entnommen werden.

Manche Akkus dürfen erst dann wieder aufgeladen werden, wenn sie völlig entladen sind. Andernfalls kann es zu dem sogenannten **Memoryeffekt** kommen. Dadurch entstehen Kapazitätsverluste, die auf chemische Vorgänge im Innern des Akkus zurückzuführen sind.

Bei **unsachgemäßem Umgang** mit Batterien besteht eine gewisse Gefahr für Mensch und Umwelt, weil die Zellen meist sehr aggressive Chemikalien enthalten.

Sie dürfen daher – auch bei falscher Behandlung – unter keinen Umständen platzen oder auslaufen. Aus diesem Grund sollten folgende Regeln beachtet werden:

- Batterien beim Einbau möglichst weit von Wärmequellen entfernt platzieren, nicht erhitzen und nicht direkter Sonneneinstrahlung aussetzen
- Nicht direkt an den Batteriekontakten löten, ggf. Batterien mit Lötfahnen verwenden
- Batterien nicht zerlegen oder ins Feuer werfen
- Batterien nicht kurzschließen
- Beim Anschluss auf richtige Polung achten
- Keine unterschiedlichen Batterietypen zusammenschalten
- Primärzellen nicht aufzuladen versuchen
- Bei Sekundärzellen die Ladevorschriften einhalten
- Batterien vorschriftsmäßig entsorgen

4.2.2.3 Brennstoffzellen

Brennstoffzellen sind Spannungsquellen, in denen chemische Energie direkt in elektrische Energie umgewandelt wird.

Eine Brennstoffzelle besteht aus zwei Elektroden, die durch eine Membran (Elektrolyt, Ionenleiter) voneinander getrennt sind.

Die Anode ist von dem Brennstoff (z. B. Wasserstoff) umspült, der dort oxidiert, d. h. es wandern aus der Anode positive H-Ionen in den Elektrolyt, es entsteht ein Elektronenüberschuss und die Anode wird daher zum Minuspol der Zelle.

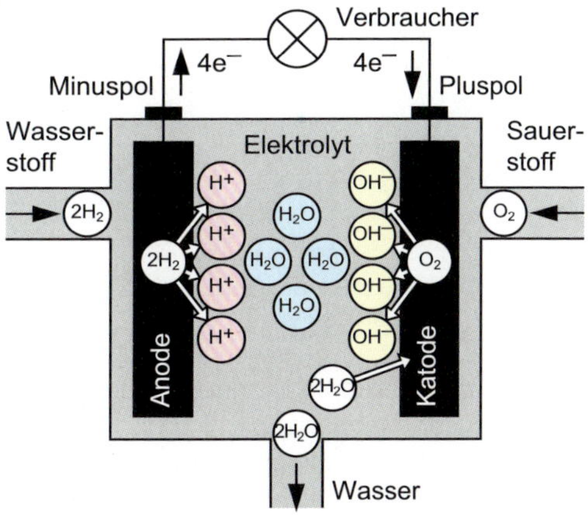

Bild 4.41: Grundsätzlicher Aufbau einer Brennstoffzelle

Die Katode wird mit dem Sauerstoff (Luft) umspült; aus ihr wandern negative OH-Ionen in den Elektrolyt, es entsteht ein Elektronenmangel und die Katode wird dadurch zum Pluspol der Zelle.

Zwischen Anode und Katode besteht also eine Spannung, die bei der Wasserstoff-Sauerstoff-Zelle bei 25 °C ca. 1,23 V beträgt.

Die positiven H-Ionen reagieren im Elektrolyt mit den negativen OH-Ionen zu Wasser, das abgeschieden wird. Der Elektronenaustausch von der Anode zur Katode erfolgt außerhalb der Zelle über einen Verbraucher.

Brennstoffzellen gibt es mit sehr unterschiedlichen Materialien sowohl für die Elektroden und den Elektrolyt als auch für die Brennstoffe.

Bezeichnung	Elektrolyt	Mobiles Ion	Anodengas	Kathodengas
AFC (Alkaline Fuel Cell)	Kalilauge	OH^-	Wasserstoff	Sauerstoff
PEMFC (Proton Exchange Membrane Fuel Cell)	Polymer-Membran	H_3O^+	Wasserstoff	Luftsauerstoff
DMFC (Direct Methanol Fuel Cell)	Polymer-Membran	H^+	Methanol (flüssig)	Luftsauerstoff
PAFC (Phosphoric Acid Fuel Cell)	Phosphorsäure	H_3O^+	Wasserstoff	Luftsauerstoff
MCFC (Molten Carbonate Fuel Cell)	Alkali-Carbonat-Schmelzen	Co_3^{2-}	Wasserstoff, Methan, Kohlegas	Luftsauerstoff
SOFC (Solid Oxid Fuel Cell)	oxidkeramischer Elektrolyt	O^{2-}	Wasserstoff, Methan, Kohlegas	Luftsauerstoff

(Fortsetzung)

Leistung	Betriebs-temperatur	elek. Wirkungsgrad	Eigenschaften Anwendungsbereiche
10–100 kW	unter 80 °C	Zelle: 60–70 % System: 62 %	Anfällig gegenüber Verunreinigungen in den Brennstoff-Gasen
0,1–500 kW	60–80 °C	Zelle: 50–70 % System: 30–50 %	Hohe Leistungsdichte und große Dynamik
mW bis 100 kW	90–120 °C	Zelle: 20–30 %	Wie PEMFC, jedoch mit Methanol als Brennstoff, daher leichter
bis 10 MW	200 °C	Zelle: 55 % System: 40 %	Geeignet für stationäre Anwendungen; Blockheizkraftwerk
100 MW	650 °C	Zelle: 55 % System: 47 %	Geeignet für stationäre Anwendungen (BHKW); einfache Gasaufbereitung
bis 100 MW	800–1 000 °C	Zelle: 60–65 % System: 55–60 %	Einfache Gasaufbereitung; hohe Betriebstemperaturen ergeben Materialprobleme

Bild 4.42: Brennstoffzellen-Typen

Im Betrieb liefert eine Brennstoffzelle eine Spannung von 0,5 V bis 0,7 V. Um eine brauchbare Ausgangsspannung (10 V bis 20 V) zu erhalten, wird eine größere Anzahl von Zellen in Reihe geschaltet, wobei sowohl Stapel- als auch sehr flache Membran-Bauformen hergestellt werden.

Infolge der relativ geringen Wirkungsgrade ergeben sich recht hohe Betriebstemperaturen (vgl. Bild 4.42), da ein Großteil der zugeführten Energie in Wärme umgewandelt wird.

Aufgaben

1. Aus welchen wesentlichen Elementen ist eine elektrochemische Zelle grundsätzlich zusammengesetzt? Wovon hängt die Höhe ihrer Spannung ab?
2. Welcher wesentliche Unterschied besteht zwischen einem Primärelement und einem Sekundärelement?
3. Welche grundsätzlichen Akkutechnologien unterscheidet man?
4. Welche Bedeutung hat der Begriff Zyklus bei einem Akku?
5. Was versteht man bei Akkus unter dem „Memoryeffekt“ und bei welchen Akkus tritt er auf?
6. Ein Akku trägt die Aufschrift: 1,2 V; 1200 mAh.
   a) Welche Informationen kann man dieser Aufschrift entnehmen?
   b) Auf welchen Ladestrom muss ein Ladegerät eingestellt werden, um den Akku nach völliger Entladung standardmäßig aufzuladen?
   c) Mit welcher Stromstärke muss geladen werden, wenn der Akku innerhalb einer Stunde geladen werden soll? Welche Ladeart liegt hier vor?
7. In batteriebetriebenen Geräten findet sich häufig der unten dargestellte Baustein. Erläutern Sie seine Funktion.

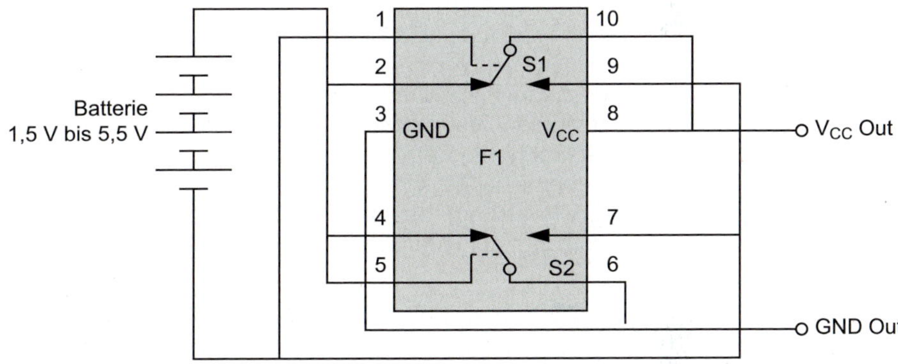

8. Beschreiben Sie kurz die Bestandteile und den Aufbau einer Brennstoffzelle.
9. Welche Brennstoffe werden zum Betrieb von Brennstoffzellen verwendet und welche Abfallstoffe entstehen?
10. Wie hoch sind die Betriebsspannungen von Brennstoffzellen?
11. Worin besteht zurzeit noch der größte Nachteil von Brennstoffzellen?

4.2.3 Energieversorgung für DV-Anlagen und -geräte

Datenverarbeitungs-Anlagen (DV-Anlagen) werden in fast allen Bereichen der Elektrotechnik benötigt. Sie kommen sowohl in der Steuerungs- und Automatisierungstechnik als auch in allen Bereichen der Kommunikations- und Informationstechnik zum Einsatz.

Solche Anlagen und Geräte erfordern eine Spannungsversorgung, bei der die Spannung weitgehend konstant gehalten wird. Da die Klemmenspannung einer Spannungsquelle infolge ihres Innenwiderstandes von der Belastung abhängt (vgl. Kap. 4.2.1.1), werden zur Spannungsversorgung aus dem Netz der VNB sogenannte **Netzgeräte** verwendet. Sind diese in die zu versorgenden Geräte integriert, so werden sie auch als **Netzteile** bezeichnet. Zur Abschirmung gegen Netzstörungen werden sogenannte **USV (unterbrechungsfreie Stromversorgungen)** eingesetzt.

4.2.3.1 Lineares Netzteil

Die einzelnen Komponenten einer linear geregelten Gleichspannungsquelle (lineares Netzteil) können in einem Blockschaltbild dargestellt werden.

Die am Eingang benötigte Gleichspannung wird hierbei aus der Netzwechselspannung gewonnen. Nach der Transformation (1) erfolgt die Gleichrichtung (2) mit anschließender Glättung (3). Die Ausgangs-Gleichspannung wird auf den benötigten Wert eingestellt (8). Ein Komparator (5) vergleicht ständig den tatsächlichen Wert der Ausgangsspannung (Istwert) mit der Referenzspannung (4; Sollwert). Bei Abweichungen des Istwertes vom Sollwert infolge von Laständerungen erfolgt eine Ansteuerung des Regeltransistors (6), die der Abweichung entgegenwirkt (lineare Regelung). Um den Regeltransistor vor unzulässigen Strömen zu schützen, wird der Laststrom auf einen maximalen Wert begrenzt.

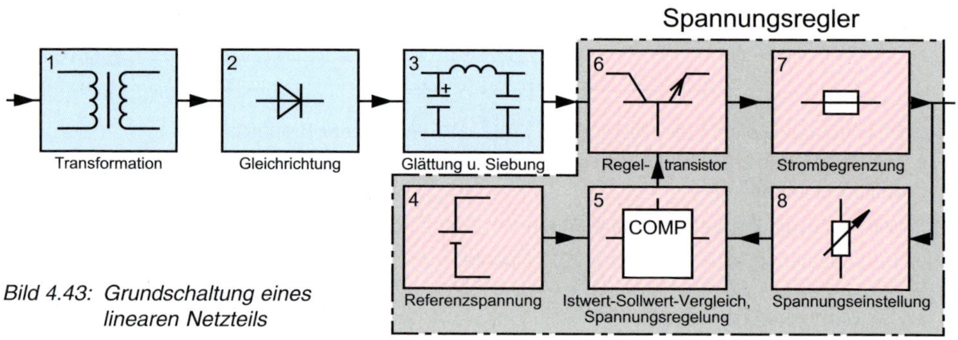

Bild 4.43: Grundschaltung eines linearen Netzteils

Lineare Spannungsregler werden als integrierte Schaltkreise (IC) hergestellt. Diese ICs beinhalten alle oben genannten Regeleinrichtungen, eine Strombegrenzung sowie umfangreiche Schutzfunktionen gegen Überlastung. Sie werden eingangsseitig an einer unstabilisierten Gleichspannung betrieben. Die rot gekennzeichneten Kondensatoren dienen einer verbesserten Unterdrückung von Brummspannungen.

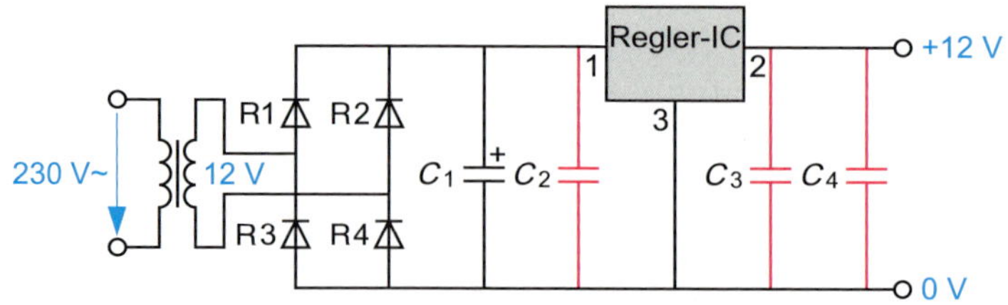

Bild 4.44: Konstantspannungsquelle mit Regler-IC (z.B. μA 7812)

Neben der dargestellten Konstant*spannungs*quelle (Bild 4.44) gibt es auch Schaltungen, bei denen man die Ausgangsspannung durch eine äußere Beschaltung des Reglers in bestimmten Grenzen einstellen kann. Der eingestellte Spannungswert bleibt dann auch bei unterschiedlich großen Lastwiderständen konstant.

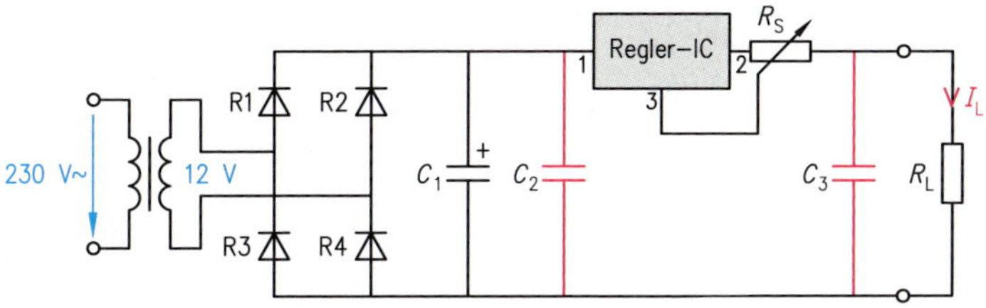

Bild 4.45: Konstantstromquelle mit Regler-IC (z. B. LM 317; I_L einstellbar bis ca. 1 A bei $1\,\Omega < R_S < 120\,\Omega$)

Bild 4.45 zeigt eine einstellbare Konstant*strom*quelle. Mit dem veränderbaren Widerstand R_S („Shunt": Messwiderstand) lässt sich die Größe des Laststromes I_L einstellen. Schließt man unterschiedlich große Lastwiderstände an, so stellt das Regler-IC (z. B. LM 317, Datenblatt siehe **www.westermann.de/links/00815**) die Ausgangsspannung stets so ein, dass der gewünschte Strom fließt.

4.2.3.2 Schaltnetzteile

Eine weitere Möglichkeit zur Versorgung von elektronischen Schaltungen mit einer konstanten Gleichspannung bieten **Schaltnetzteile**. Für Schaltnetzteile mit mehreren gegeneinander isolierten Ausgängen werden meist Sperrwandler-Schaltungen bevorzugt.

In der Schaltung in Bild 4.46 wird die anliegende Wechselspannung gleichgerichtet (1), geglättet (2) und mittels eines Schalttransistors zerhackt (3). Die so gewonnene Wechselspannung wird auf den gewünschten Wert transformiert (4) und anschließend wieder gleichgerichtet und geglättet (5).

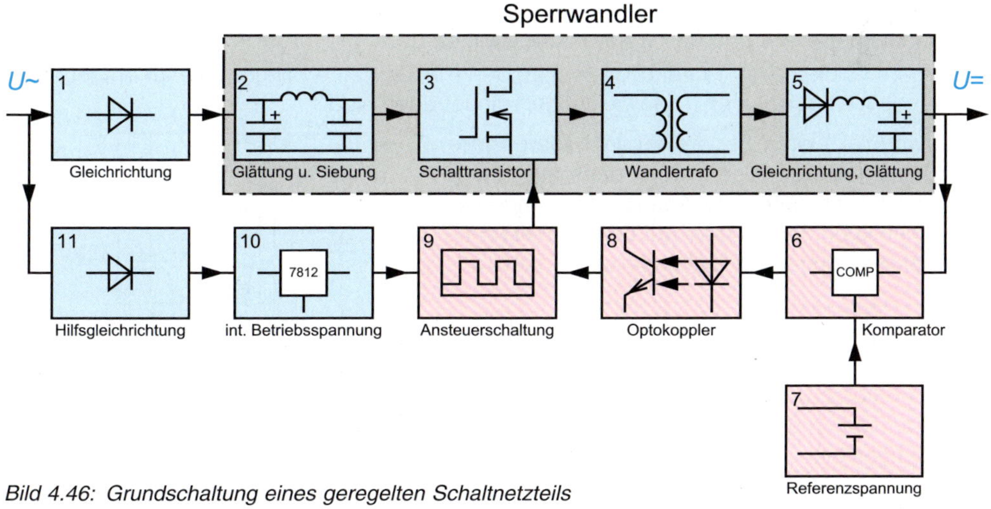

Bild 4.46: Grundschaltung eines geregelten Schaltnetzteils

Um eine stabile Ausgangsgleichspannung zu erzielen, wird die Ausgangsspannung durch einen Komparator (6) mit einer Referenzspannung (7) verglichen. Weicht die Ausgangsspannung (Istwert) von der Referenzspannung (Sollwert) ab, wird die Ansteuerung des Schalttransistors (3) so verändert, dass der Abweichung entgegengewirkt wird (Regelkreisprinzip). Um die Ausgangsseite galvanisch vollständig von der Eingangsseite zu trennen, erfolgt die Übertragung der Steuersignale über einen Optokoppler (8). Die für die Ansteuerschaltung (9) und die gegebenenfalls vorhandenen Schutzschaltungen benötigten Betriebsspannungen werden separat erzeugt (10, 11).

Aufgrund ihrer Arbeitsweise besitzen Schaltnetzteile Vorteile gegenüber linear geregelten Netzteilen:

- sehr große Ausgangsströme bei geringer Verlustleistung; hoher Wirkungsgrad
- Infolge der hohen Schaltfrequenz ergeben sich geringe Abmessungen des Wandlertrafos.
- direktes Anschließen der Netzwechselspannung; dadurch kein Netztrafo (Einsparung von Gewicht und Volumen)

Nachteilig ist, dass durch die hohen Schaltfrequenzen Störsignale entstehen, deren Ausbreitung durch zusätzliche Filterschaltungen unterdrückt werden muss.

Den Hauptbestandteil eines Schaltnetzteils bildet in der Regel ein **Sperrwandler** (engl. Flyback-Converter = FC), der auch als „Buck-Boost-Wandler" (Buck = abwärts, Boost = aufwärts) bezeichnet wird. Dieser Spannungswandler dient insofern als Energiespeicher, als der Strom nicht gleichzeitig in beiden Wicklungen des Trafos fließt. Im ersten Teil eines Schaltzyklus lässt der eingeschaltete Transistor den Strom durch die Primärwicklung (N_P) fließen. Dabei wird im Eisenkern des Trafos ein Magnetfeld aufgebaut, das die zugeführte Energie speichert. Der Strom im Lastwiderstand wird vom sich entladenden Kondensator aufrechterhalten.

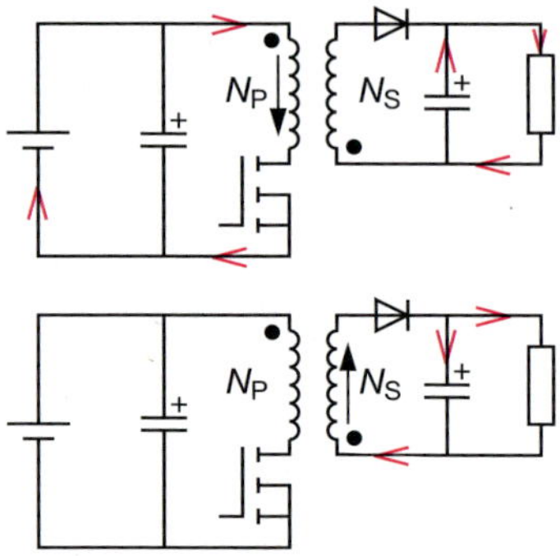

Bild 4.47: Wirkungsweise eines FC

Im zweiten Teil des Schaltzyklus ist der Transistor gesperrt, das Magnetfeld bricht zusammen und induziert in der Sekundärwicklung (N_S) eine Spannung, die den Strom durch den Lastwiderstand treibt und den Kondensator auflädt.

Ein Sperrwandler ist im Schaltbild leicht an den Punkten zu erkennen, die an entgegengesetzten Enden der beiden Trafowicklungen eingetragen sind.

Sperrwandler bieten gegenüber fast allen anderen Schaltnetzteilen den Vorteil, dass man mehrere galvanisch getrennte Ausgangsspannungen gewinnen kann, indem man auf dem Transformator mehrere getrennte Sekundärwicklungen anordnet.

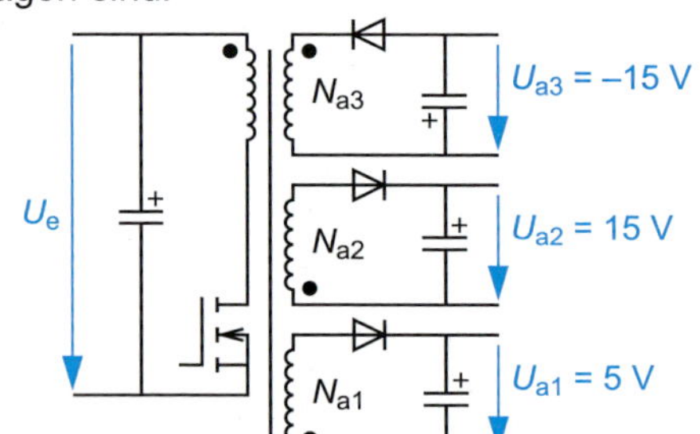

Bild 4.48: Sperrwandler mit mehreren getrennten Ausgangswandlern

Neben dem Sperrwandler werden in der Elektrotechnik, der Elektronik sowie in der Informations- und Telekommunikationstechnik noch weitere Wandlertypen verwendet; sie sind in Bild 4.49 zusammengestellt.

Bei den aufgeführten Wandlertypen handelt es sich um sogenannte DC-DC-Wandler, bei denen Eingangs- und Ausgangsspannung Gleichspannungen sind. Davon unterscheidet man AC-DC-Wandler, die aus einer Eingangs-Wechselspannung eine Ausgangs-Gleichspannung erzeugen.

DC-DC-Wandler und AC-DC-Wandler werden als Module in geschlossenen Gehäusen hergestellt. Mit ihnen lassen sich Stromversorgungs-Architekturen aufbauen, die allen Anforderungen der Schaltungspraxis genügen.

Netzteil	Beschreibung	Prinzipschaltung
Abwärtswandler	Die Eingangsspannung wird in eine niedrigere Ausgangsspannung umgesetzt.	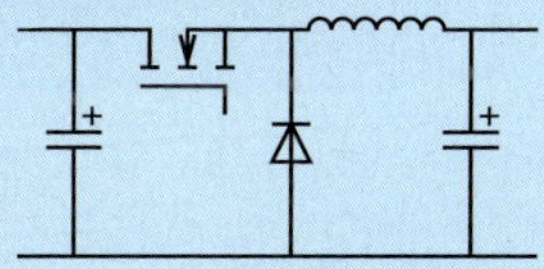
Aufwärtswandler	Die Eingangsspannung wird in eine höhere Ausgangsspannung umgesetzt.	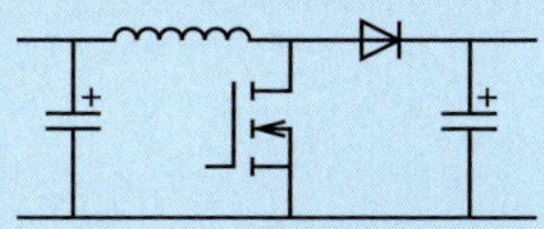
Invertierender Wandler	Eine positive Eingangsspannung wird in eine negative Ausgangsspannung umgesetzt.	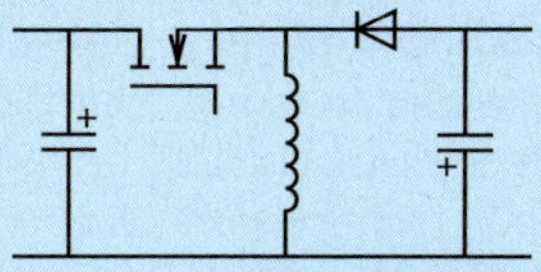
Sperrwandler	Galvanische Trennung von Eingangs- und Ausgangsspannung, Leistungen bis ca. 250 W, mehrere Ausgangsspannungen möglich	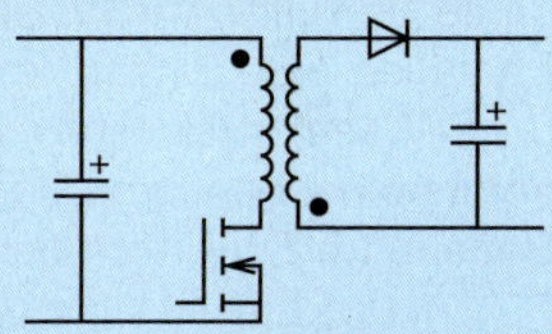
Durchflusswandler	Galvanisch getrennte Ein- und Ausgangsspannung, Leistungen bis einige 100 W	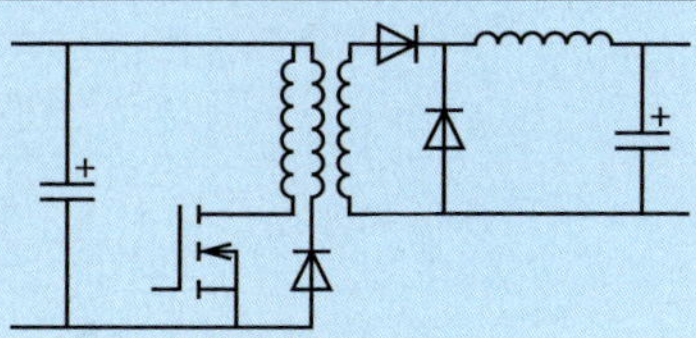

Bild 4.49: Wandlertypen für Schaltznetzteile

4.2.3.3 Unterbrechungsfreie Stromversorgung

Bei der Versorgung von DV-Anlagen und -Geräten können die verschiedensten Netzstörfälle auftreten und sowohl an der Hardware als auch in der Software zu verheerenden Folgen (Datenverlusten) führen.

Totaler Netzausfall ist in den relativ stabilen europäischen Stromnetzen selten. Aber auch auf **Spannungseinbrüche**, die über mehrere 50-Hz-Perioden andauern, reagieren Netzteile wie bei einem Totalausfall; Datenverluste sind unvermeidbar. **Überspannungen**, bei denen die Amplitude (Höchstwert) der Netzspannung für mehrere Sekunden den Normalwert um mehr als 10 % übersteigt, verursachen die meisten Hardwarefehler und Bauelementezerstörungen. Als weitere Netzstörungen treten **Spikes** (Impulse mit überlagerten kurzzeitigen Spannungsspitzen) und höherfrequente **Spannungsüberlagerungen** auf.

Um derartige aus dem Versorgungsnetz eintreffende Störungen unschädlich zu machen, werden **USV** (**U**nterbrechungsfreie **S**trom-**V**ersorgungen) eingesetzt. Hierbei unterscheidet man zwischen zwei Grundschaltungen:

Die **Offline-USV** (auch Stand-by-USV) entnimmt im normalen Betrieb den Strom aus dem Netz und leitet ihn über HF- und Überspannungsfilter zum Verbraucher.

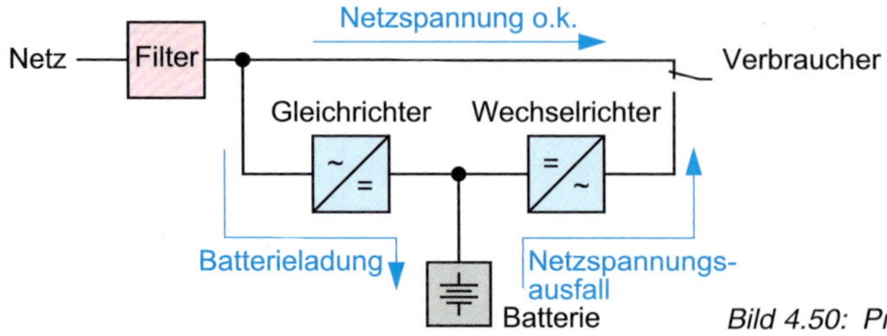

Bild 4.50: Prinzip der Offline-USV

Bei einem Netzausfall oder einem Spannungseinbruch wird der Umschalter innerhalb weniger Millisekunden betätigt. Danach wird der Verbraucher von der Batterie über den Wechselrichter weiter versorgt. Die Batterie wird über den Gleichrichter ständig geladen. Die Schaltzeit des Umschalters beträgt in der Regel 2 bis 6 ms und ist damit so kurz, dass z. B. ein PC noch nicht gestört wird.

Eine Variante der Offline-USV ist die **Line-Interactive-USV**, die häufig in kleineren und mittleren Anlagen zum Einsatz kommt. Bei dieser Schaltung wird die Netzspannung über einen AC-AC-Wandler (Booster), der mit einer speziellen Regelelektronik ausgerüstet ist, auf den Verbraucher gegeben. Dadurch werden Netzspannungsschwankungen ausgeregelt und die Batterie wird nur noch bei einem totalen Netzausfall benötigt.

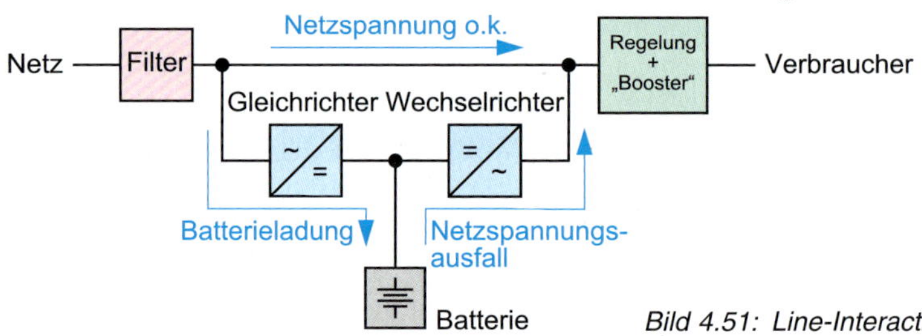

Bild 4.51: Line-Interactive-USV

Die **Online-USV** ist aufwendiger und kostspieliger; sie kommt zum Einsatz bei Zentralrechnern und großen Workstations (Schutz geschäftskritischer Anwendungen) sowie in Vermittlungsanlagen und Basisstationen privater und öffentlicher Kommunikationsnetze.

Bei dieser sogenannten Doppelwandler-Technologie wird die Netzwechselspannung zuerst gleichgerichtet und dann über einen Wechselrichter auf den Verbraucher geführt. Dabei wird mit der gleichgerichteten Spannung ständig die Batterie geladen.

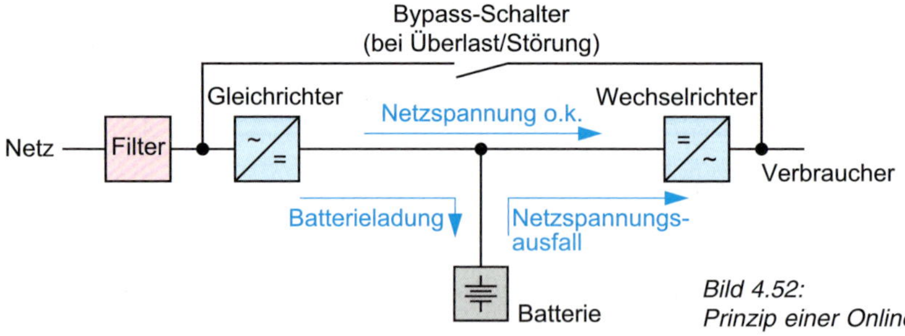

Bild 4.52:
Prinzip einer Online-USV mit Bypass

Bei dieser Schaltung entstehen höhere Verluste (geringer Wirkungsgrad) als bei den Offline-Varianten, da der gesamte Verbraucherstrom zweimal umgewandelt wird. Dafür entfällt die in den Offline-Typen auftretende Umschaltzeit bei totalem Netzausfall, da die Batterie

so angeordnet ist, dass sie die Versorgung des Verbrauchers unmittelbar übernehmen kann. Die Spannung wird von allen Störungen auf der Netzleitung gesäubert, sodass das System einen reinen sinusförmigen Strom an den Verbraucher liefert.
Über den Bypass können bei Überlast oder bei internen Störungen die Wandler überbrückt werden und die weitere Versorgung kann direkt aus dem Netz erfolgen. Bei Anlagen ohne Bypass besteht die Gefahr, dass es bei Fehlern, z. B. an den Wandlern, zum völligen Spannungsausfall kommt.

Da in der Vergangenheit mit den Bezeichnungen „Offline", „Interactive" und „Online" nur relativ unscharfe Angaben gemacht wurden, hat man mit der europäischen Norm **IEC/DIN/EN 62040-3 (USV-Klassifizierungsnorm)** für eine präzisere Bezeichnung gesorgt. Um lange Beschreibungen zu vermeiden, wurde ein Code-System eingeführt, das den Nutzer über die Leistungsfähigkeit einer USV informiert.

Da das Ziel einer USV in der Versorgung der angeschlossenen Last mit einer hochqualitativen Ausgangsspannung besteht, orientiert sich die Norm hauptsächlich am USV-Ausgang. Die vollständige Kennzeichnung einer USV nach dem Code-System besteht aus drei Blöcken, die durch Bindestriche voneinander getrennt sind;

z. B. **VFD – SY – 311**
↓ ↓ ↓
(1.) (2.) (3.)

1. **Grad der Abhängigkeit der USV-Ausgangsversorgung vom Netzeingang im Normalbetrieb**
   Die Kürzel beziehen sich allgemein auf Ausgangsspannung und Ausgangsfrequenz.
   VFI = **V**oltage and **F**requency **I**ndependent; d. h. dass im Normalbetrieb Spannung und Frequenz am USV-Ausgang nicht von den Eingangswerten abhängen (wie z. B. bei der Online-USV).
   VI = **V**oltage **I**ndependent; d. h. dass im Normalbetrieb nur die Spannungsamplitude durch die USV beeinflusst wird. Störungen der Netzfrequenz können ungefiltert zur Last gelangen.
   VFD = **V**oltage and **F**requency **D**ependent; d. h. dass die Last im Normalbetrieb direkt vom Netz versorgt wird. Wenn Netzstörungen auftreten, die ein gewisses Maß überschreiten, wird auf Batteriebetrieb umgeschaltet (wie z. B. bei Offline-USV).

2. **Beschreibung der Wellenform der USV-Ausgangsspannung**
   Ideal für den Ausgang einer USV ist eine sinusförmige Wechselspannung (230 V; 50 Hz). Die Norm schreibt für Verzerrungen der Sinuskurve einen Grenzwert von 8 % vor. Die unterschiedlichen Klassen werden durch Buchstaben klassifiziert, wobei der erste Buchstabe das Verhalten der Ausgangsspannung im Normal- oder Bypassbetrieb angibt und der zweite Buchstabe den Batteriebetrieb kennzeichnet.
   S bedeutet, dass unter allen Lastbedingungen (lineare oder nichtlineare Last) der gesamte Klirrfaktor der Ausgangsspannung $< 8\,\%$ betragen darf.
   X bedeutet, dass für lineare Lasten ein Ausgangsklirrfaktor von $< 8\,\%$ gilt; für nicht lineare Lasten sind besondere Herstellerangaben zu beachten.
   Y bedeutet, dass die Wellenform nicht sinusförmig ist und der jeweilige Klirrfaktor der Ausgangsspannung vom USV-Hersteller spezifiziert werden muss.
   (Der **Klirrfaktor** ist ein Maß für die Größe der Verzerrungen der Sinusform, die durch Überlagerungen durch Störspannungen entsteht; vgl. Kap. 2.6.2.)

3. **Dynamisches Verhalten der Ausgangsspannung**
   Durch Schaltvorgänge innerhalb der USV können Störungen der Ausgangsspannung verursacht werden, die von manchen Verbrauchern nicht toleriert werden. Zur Klassifizierung werden drei dynamische Vorgänge angegeben und durch Ziffern gekennzeichnet.

   1. Ziffer: dynamisches Verhalten bei Änderung der Betriebsart (z.B. Umschalten von Normalbetrieb auf Batteriebetrieb)

   2. Ziffer: dynamisches Spannungsverhalten beim Zu- oder Abschalten einer linearen Last

   3. Ziffer: dynamisches Spannungsverhalten beim Zu- oder Abschalten einer nichtlinearen Last

Für diese Klassifizierung werden die Spannungsverläufe der Ausgangsspannung mit Prüfkurven verglichen und in **4 Klassen** festgelegt, die in den Ziffern 1 bis 3 die Klassifizierung präzisieren.

Klasse 1: Die Ausgangsspannung darf bei Schaltvorgängen in einem Zeitraum von 0,1 bis 5 ms nicht stärker als +/−30 % vom Spitzenwert abweichen und bei Zeiten über 50 ms nur +/−10 %. Eine USV der Klasse 1 ist für alle Arten von Belastungen geeignet.

Klasse 2: Die Spannungsabweichungen dürfen unter 1 ms 100 % betragen (Unterbrechung). Diese USV ist für die meisten Belastungen geeignet.

Klasse 3: Hierbei darf die Lücke der Ausgangsspannung 10 ms betragen; das Verhalten bei Überspannung bleibt wie bei Klasse 2. Diese USV ist nur für Lasten geeignet, die große Schwankungen der Ausgangsspannung zulassen und auch 0 V bis zu 10 ms erlauben (Schaltnetzteile).

Klasse 4: Diese Klasse ist bei spezifischen Herstellerangaben zu verwenden. Werte der Ausgangsspannung müssen beim Anbieter erfragt werden.

Ein zentraler Teil jeder USV ist die **Batterie** (vgl. Kap. 4.2.2); sie ist der Schlüssel zur USV-Zuverlässigkeit. Sie muss nicht nur Spannungsschwankungen ausgleichen und Stromausfälle überbrücken, sondern genügend Energie für den geregelten Shutdown (Herunterfahren) der angeschlossenen Systeme bereitstellen. Um sicherzustellen, dass die Batterie bei einem Spannungsproblem die Last unterstützen kann, muss die USV den Batteriezustand in regelmäßigen Zeitabständen automatisch prüfen.

Aufgaben

1. Beschreiben Sie den Unterschied zwischen einem „linearen Netzteil“ und einem Schaltnetzteil.
2. Skizzieren Sie die Prinzipschaltung eines Sperrwandlers (Abwärtswandlers) und erläutern Sie seine Wirkungsweise.
3. Geben Sie die verschiedenen Arten von DC-DC-Wandlern an und erläutern Sie kurz ihre Funktion.
4. Skizzieren Sie die Prinzipschaltung einer Online-USV mit Bypass und erläutern Sie ihre Wirkungsweise und Einsatzmöglichkeiten.
5. Nach der Norm EN 62040-3 wird eine USV durch einen Code beschrieben. Erläutern Sie die Bezeichnungen: VFD-SY-333,
VI-SS-311 und
VFI-SS-111.

5. Elektrotechnische Systeme und Installationen

Energieverteilsysteme (siehe Kap. 4.1.3) transportieren die elektrische Energie über ein strukturiertes Leitungssystem flächendeckend zu den Endabnehmern. Diese Energie muss dann beim Endabnehmer an die gewünschten Stellen zu den Verbrauchern geführt werden. Hierzu muss eine den jeweiligen Erfordernissen angepasste Elektroinstallation innerhalb eines Gebäudes vorhanden sein.

> Unter **Elektroinstallation** versteht man im Allgemeinen das **Errichten von elektrischen Anlagen für Niederspannung**. Hierzu gehören die Leitungsverlegung, die Montage von Verteilern, Überstrom- und Überspannungsschutzeinrichtungen, Leuchten, Elektrogeräten, elektrischen Maschinen, Sensoren, Schaltern, Tastern und Steckdosen sowie die abschließende Messung und die Überprüfung der Wirksamkeit der installierten Schutzmaßnahmen.

In der Norm **DIN 18015**, Teil 1 bis 3, sind die Art und der Umfang der Ausstattung, die Anordnung der Betriebsmittel, die Leitungsführung und weitere Planungsgrundlagen für die Elektroinstallation in einem Wohnhaus (Wohnungsinstallation) dokumentiert.

Des Weiteren sind bei einer Wohnungsinstallation die **technischen Anschlussbedingungen (TAB)** einzuhalten, die bundeseinheitlich abgestimmt sind und regional lediglich in einigen Punkten abweichen können.

Die Grundlage für eine sichere Ausführung einer Elektroinstallation stellen die **VDE-Bestimmungen** dar. Bei Hausinstallationen ist insbesondere die **DIN VDE 0100** zu beachten. Diese enthält Bestimmungen für das Errichten und Betreiben von Anlagen mit einer Bemessungsspannung bis 1000 V.

Für den Elektroinstallateur sind diese Normen und Vorgaben in der Regel rechtsverbindlich.

Neben den klassischen Energieversorgungsanlagen (230 V/400 V) gehören zu einer umfassenden Elektroinstallation heutzutage auch Anlagen für die Gebäudeautomatisierung (Steuerung von Rollladen, Heizung, Raumklima usw.) sowie für die Kommunikation (Fernmeldeanlagen, Wechselsprechanlagen, Datenkommunikationsanlagen).

5.1 Elektrischer Hausanschluss

Die Versorgung eines Gebäudes mit elektrischer Energie erfolgt über den **elektrischen Hausanschluss**. Dieser verbindet das Leitungsnetz des zuständigen **V**erteilungs**n**etz**b**etreibers (**VNB**) mit der Verbraucheranlage des Kunden. Der Hausanschluss besteht im Wesentlichen aus dem **Hausanschlusskabel** und dem **Hausanschlusskasten** (HAK) mit den darin enthaltenen **Hausanschlusssicherungen**. Das meist 4-adrige Hausanschlusskabel (Drehstromanschluss 230 V/400 V mit L1, L2, L3 und PEN; siehe Kap. 6.3) wird in einer Tiefe von ca. 60 bis 80 cm unter der Erdoberfläche durch eine entsprechende Wanddurchführung in das Gebäude geführt. Dafür ist in der Gebäudeaußenwand ein **Kabelschutzrohr** vorzusehen. Das Rohr soll ein Gefälle von bis zu 10° nach außen haben und wasserdicht abgeschlossen werden.

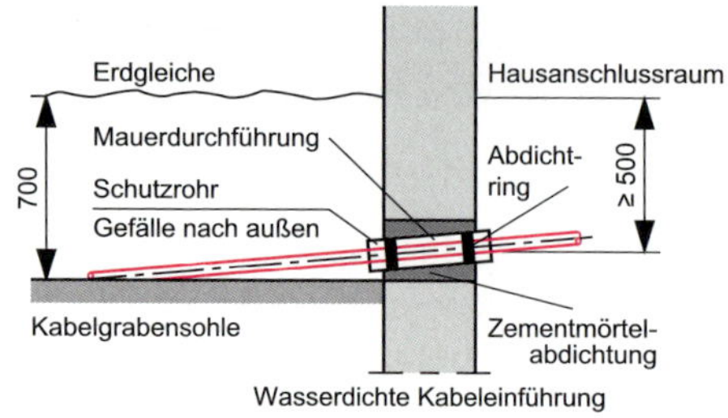

*Bild 5.1: Schnittzeichnung der Kabeldurchführung (Schnittzeichnungen siehe Infomodul C auf **www.westermann.de/links/00815**, siehe Vorwort)*

Das Hausanschlusskabel endet im Hausanschlusskasten. Dieser muss so angebracht werden, dass im Schadensfall ein ungehinderter Zugang besteht.

Bild 5.2: a) Ausführungen von Hausanschlusskästen *b) Sicherungen im HAK*

Je nach Platzierung des Hausanschlusskastens innerhalb eines Gebäudes sind folgende Schutzarten (siehe Kap. 6.4) vorgeschrieben:

- Schutzart IP 40 in trockenen Innenräumen,
- Schutzart IP 54 in feuchten Räumen sowie in Kellern.

Nicht gestattet ist das Platzieren des HAK in feuer- oder explosionsgefährdeten Räumen sowie in Räumen mit Temperaturen über 30 °C.

Im Hausanschlusskasten befinden sich die Überstromschutzeinrichtungen für den Überlast- und Kurzschlussschutz der Hausanschlussleitung. In heutigen Hausanschlusskästen werden **NH-Sicherungen** der Größen NH00-NH2 (siehe Kap. 5.3.1.2) verwendet. Sie dienen nicht zur Trennung und Freischaltung der Kundenanlage, sondern dem Schutz der Anschlussleitung vor Überlastung! Die Montage dieser Einrichtungen erfolgt durch den VNB bzw. durch ein von diesem beauftragten Unternehmen. Der HAK und der an diesen angeschlossene Elektrizitätszähler ist Eigentum des Netzbetreibers und wird durch diesen verplombt, um Stromdiebstahl zu verhindern. Die Zuständigkeit des Netzbetreibers endet an den Abgangsklemmen der Hausanschlusssicherungen. Mit Ausnahme der nachfolgenden Zähler liegt die Verantwortung für alle darauffolgenden Anlagenteile beim Besitzer des Gebäudes bzw. bei dem mit der Wartung beauftragten Elektroinstallateur.

5.1.1 Hausanschlussraum

Der elektrische Hausanschluss sowie die Anschlüsse eines Gebäudes zu den Versorgungsleitungen der örtlichen Anbieter für Gas, Wasser und gegebenenfalls für Fernwärme befinden sich in der Regel im **Hausanschlussraum (HAR)**, einem meist im Keller des Gebäudes zur Straßenseite gelegenen Raum. Weiterhin befindet sich hier auch der Anschluss an das Abwasserkanalsystem und der Übergabepunkt des Telekommunikationskabels (Bild 5.3).

Die Gestaltung dieses Raums, die Installation, die Betriebseinrichtungen und die zu beachtenden Sicherheitsvorschriften sind in der DIN 18012 genau festgelegt. Für Ein- und Zweifamilienhäuser sind Hausanschlussräume zwar nicht zwingend vorgeschrieben, die Vorgaben der DIN sind jedoch sinngemäß umzusetzen.

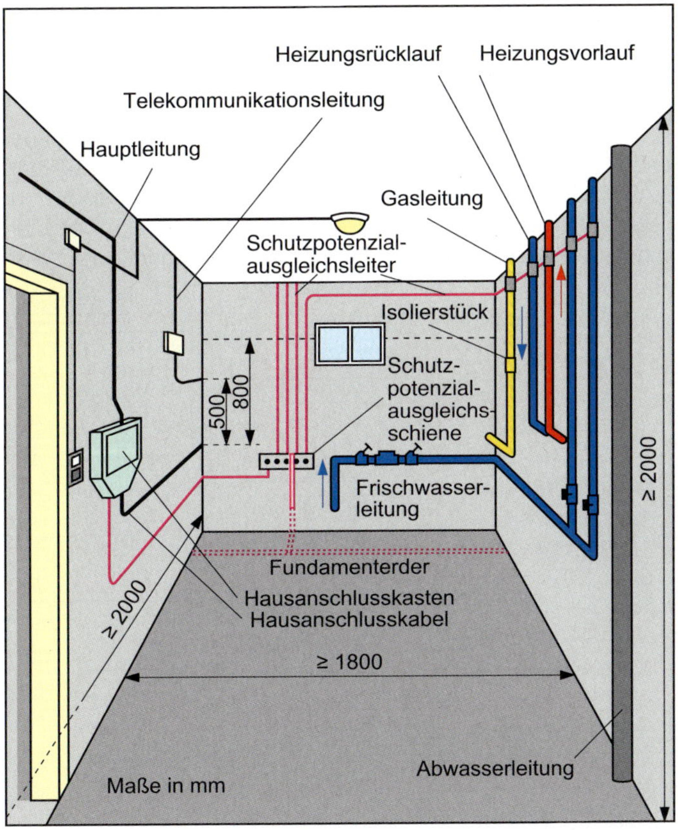

Bild 5.3: Beispiel für einen Hausanschlussraum gemäß DIN 18012

5.1.2 Schutzpotenzialausgleich

Um eine elektrische Spannung aufgrund vorhandener Potenzialunterschiede zwischen elektrisch leitfähigen Gebäudeeinrichtungen (z. B. elektrisch leitfähige Versorgungsrohre) zu verhindern, muss zwischen diesen stets eine elektrisch gut leitende Verbindung bestehen. Deshalb müssen sämtliche elektrisch leitfähigen Gebäudeeinrichtungen mit speziellen **Potenzialausgleichsleitern** (mind. 6 mm^2 Cu bis maximal 25 mm^2 Cu) elektrisch miteinander verbunden werden (siehe Bild 5.3).

Als **Schutzpotenzialausgleich** bezeichnet man die elektrische Verbindung sämtlicher elektrisch leitfähiger Gebäudeeinrichtungen mit der Erde zum Zweck der Sicherheit.

Hierbei werden gemäß DIN VDE 0100-410 über die **Schutzpotenzialausgleichsschiene** (**SPAS;** auch **Haupterdungsschiene** genannt) am Einspeisepunkt des Gebäudes alle leitfähigen Teile wie Rohrleitungen und weitere Metallteile des Gebäudes mit dem Fundamenterder verbunden.

Ein Leiter, der zur Herstellung des Schutzpotenzialausgleichs dient, wird als **Schutzpotenzialausgleichsleiter** bezeichnet.

Der **Fundamenterder** ist ein in die Fundamente der Außenwände eines Gebäudes eingebrachter, nicht isolierter Leiter aus Band- oder Rundstahl, der über den vergleichsweise gut leitenden Beton großflächig mit der Erde in Verbindung steht.

In der derzeit aktuellen DIN-Norm VDE 0100-200 wird zwischen dem Schutzpotenzialausgleich und dem Funktionspotenzialausgleich unterschieden. Während der Schutzpotenzialausgleich der Sicherheit (z.B. Schutz des Menschen vor einem Stromschlag) dient, bezeichnet der Begriff Funktionspotenzialausgleich einen Potenzialausgleich aus betrieblichen Gründen (z.B. Erdung eines Gehäuses aus Gründen der elektromagnetischen Verträglichkeit, siehe Kap. 8.2.16).

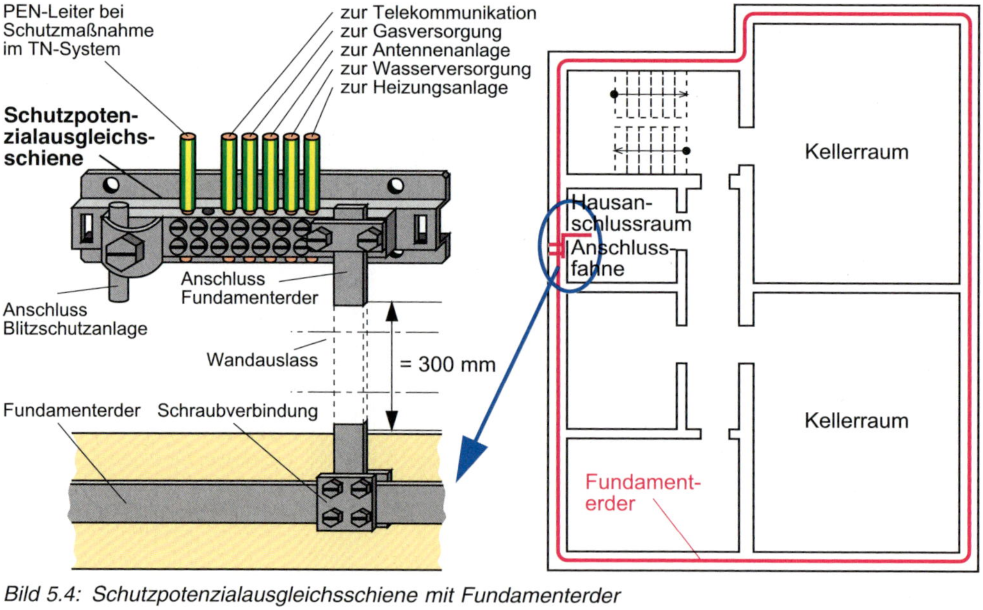

Bild 5.4: Schutzpotenzialausgleichsschiene mit Fundamenterder

An die Schutzpotenzialausgleichsschiene lässt sich auch eine vorhandene Blitzschutzanlage anschließen.

5.1.3 Elektrizitätszähler und Stromkreisverteiler

An die Abgangsklemmen des Hausanschlusskastens wird die Zähleinrichtung angeschlossen; die Verbindungsleitung zwischen diesen beiden Einrichtungen wird als (elektrische)

Hauptleitung bezeichnet. Diese muss einen Mindestquerschnitt von 10 mm² und eine Mindestbelastbarkeit von 63 A aufweisen, ohne dass der zulässige Spannungsabfall auf der Leitung die zulässige Höchstgrenze übersteigt (siehe Kap. 5.2.3.3).

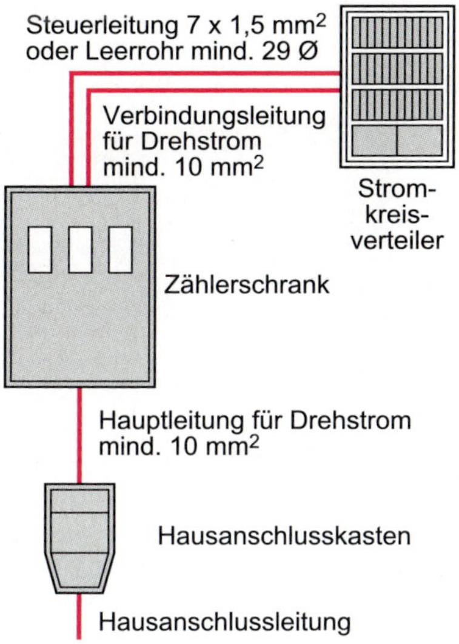

Bild 5.5:
Prinzipielle Anordnung von HAK, Hauptleitung, Zähleinrichtung und Stromkreisverteiler

Elektrizitätszähler sind geeichte Messgeräte (siehe Kap. 3.3.5), die so montiert werden müssen, dass die Messfunktion zu keinem Zeitpunkt beeinträchtigt wird. Sie müssen gegen Feuchtigkeit, Verschmutzung, Erschütterung, mechanische Beschädigung und hohe Temperaturen geschützt werden.

Die Zähler werden in **Zählerschränken** untergebracht, die nach DIN 43870-1 und VDE 0603 ausgeführt werden und VDE-geprüft sein müssen.

Nach VDE 0603, Teil 1, müssen Zählerschränke schutzisoliert (Schutzklasse II, siehe Kap. 6.4) ausgeführt werden. Für die Verkabelung sind flexible Leitungen H07V-K (siehe Kap. 5.2.1) mit einem Querschnitt von 10 mm² zu verwenden. Pro Haus bzw. Wohnung ist mindestens ein Zählerplatz erforderlich. In Gebäuden mit mehreren Wohneinheiten ist neben einer entsprechenden Anzahl von Zählerplätzen auch ein zusätzlicher Zählerplatz für den Allgemeinverbrauch (Treppenhauslicht, Tiefgarage) vorzusehen.

Bei der Anbringung eines Zählerschranks ist Folgendes zu beachten:

- Die Montage hat in gut zugänglichen Räumen oder an Stellen im Gebäude zu erfolgen, die das Ablesen oder Überprüfen ohne besondere Hilfsmittel ermöglichen, z. B. im Treppenhaus, im Hausanschlussraum oder bei größeren Anlagen in besonderen Zählerräumen.
- Die Montage kann auf Putz, unter Putz oder teilversenkt in Nischen erfolgen.
- Die Anbringungshöhe beträgt mindestens 1,10 m bis max. 1,85 m.
- Die Umgebungstemperatur am Installationsort sollte nicht unter 0 °C und maximal 40 °C betragen.
- Die Bedienungs- und Arbeitsfläche vor dem Zähler sollte mindestens 1,2 m betragen.

a) b)

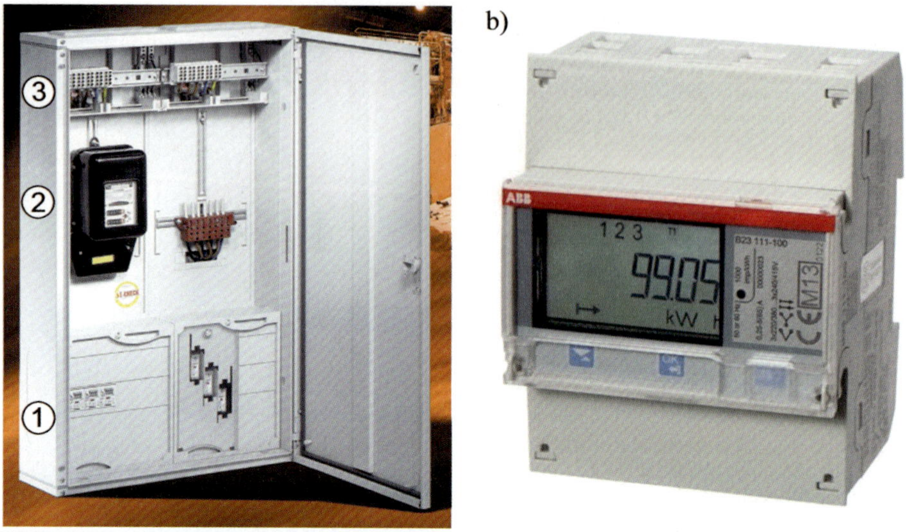

Bereich	Erläuterung
❶ unterer Anschlussraum	– verplombter Bereich, 300 mm hoch – für Sammelschienen, Klemmen und strombegrenzende Überstromschutzeinrichtungen für die Hauptleitung (**SH-Schalter**: **S**elektiver **H**auptleitungsschutzschalter; dient zur Freischaltung des Zählers und der Kundenanlage) – ermöglicht die Abzweigung von der Hauptleitung zu Zählern oder anderen Messeinrichtungen – zentrale Schutzeinrichtung für die Kundenanlage
❷ mittlerer Anschlussraum	– verplombtes Zählerfeld, inklusive Anschlussklemmfeld für den Zähler, 450 mm hoch, Breite eines Zählerfeldes 250 mm – optional mit Zusatzfeld (**TSG-Feld**: **T**arif-**S**chalt-**G**eräte-Feld) für zusätzliche Messeinrichtungen ausgestattet (z. B. Zweitarifzähler, Tarifschaltuhr, Rundsteuergeräte)
❸ oberer Anschlussraum	– Überstromschutz und Freischalteinrichtung für den Stromkreisverteiler – Überstromschutzeinrichtungen bis 63 A, ggf. auch für Treppenhausautomaten, Schalter, Klingeltransformatoren oder Überstromschutzeinrichtungen (z. B. für Kellerbeleuchtung)
integrierter Stromkreisverteiler	– optional kann im Zählerkasten auch die Stromkreisverteilung erfolgen (hier nicht integriert, zusätzliches Verteilerfeld erforderlich)

Bild 5.6: a) Aufbau eines Zählerschranks; b) elektronischer Energiezähler

Gemäß **TAB** (TAB: **T**echnische **A**nschluss**B**edingungen; siehe **z. B. https://www.new-netz-gmbh.de/installateure/technische-richtlinien/technische-anschlussbedingungen-strom/**) dürfen Zähler **nicht** an folgenden Orten angebracht werden:

- über Treppenstufen (in Treppenhäusern also nur über Treppenabsätzen!)
- innerhalb von Wohnungen in Mehrfamilienhäusern
- in Wohnräumen, Küchen, Toiletten, Bade- und Waschräumen
- in Speichern
- in feuchten Räumen oder Garagen
- an Stellen mit erhöhter Umgebungstemperatur
- an feuer- und explosionsgefährdeten Stellen

Sind mehrere Zähleinrichtungen vorhanden, so können diese zentral oder dezentral angebracht werden.

Zentrale Anordnung bedeutet: Sämtliche Zähleinrichtungen eines Gebäudes sind gemeinsam in einem Zählerschrank untergebracht. Dieser befindet sich meist im Hausanschlussraum. Die erforderlichen Stromkreisverteiler sind räumlich getrennt platziert, z. B. auf den einzelnen Etagen.
Dezentrale Anordnung bedeutet: Die einzelnen Zähleinrichtungen sind separat untergebracht, z. B. auf den Etagen.

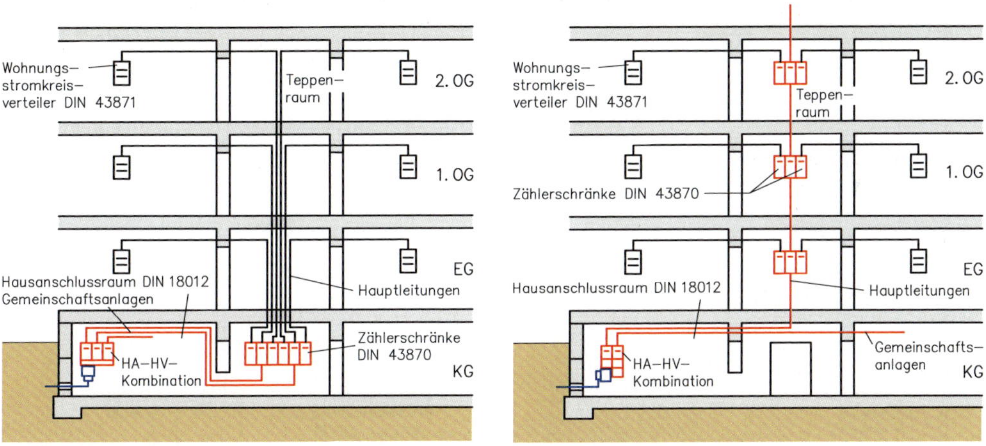

Bild 5.7: Zentrale und dezentrale Zähleranordnung

Bei beiden Anordnungen ist zu beachten, dass der maximal zulässige Spannungsabfall auf der Hauptleitung (d. h. zwischen Hausanschlusskasten und Zähleinrichtung) sowie der höchstzulässige Spannungsabfall zwischen der Zähleinrichtung und dem entferntesten Verbraucher nicht überschritten wird (siehe Kap. 5.2.3.3)!

Im nachgeschalteten **Stromkreisverteiler** erfolgt dann die Verteilung der vom Zähler erfassten elektrischen Energie auf einzelne Stromkreise, die einzeln mit Leitungsschutzschaltern gegen Überlastung abgesichert werden. In größeren Gebäuden mit mehreren Büros oder Wohneinheiten unterscheidet man die **Hauptverteilung**, die meist im Hausanschlussraum untergebracht ist, und die **Unterverteilung**, die sich dann in den einzelnen Etagen oder Wohnungen befindet. Hierbei werden meist **Installationskleinverteiler** installiert. Die Zuordnung einzelner Stromkreise zu den entsprechenden Überstromschutzeinrichtungen muss innerhalb des Verteilergehäuses eindeutig und nachvollziehbar auf einer Zuordnungsliste dokumentiert sein.

In Einfamilienhäusern ist es vielfach üblich, Stromkreisverteiler und Zählerplatz in einem gemeinsamen Schrank zusammenzufassen. Dafür muss seitlich neben der Zählerplatzfläche mindestens ein weiteres 250 mm breites Feld vorhanden sein (siehe Bild 5.6).

Im Zählerschrank oder im Stromkreisverteiler erfolgt auch die Aufteilung des grüngelben **PEN-Leiters** in den grüngelben **Schutzleiter PE** und den hellblauen Betriebsstrom führenden **Neutralleiter N**. Hierzu befinden sich an der Aufteilungsstelle getrennte Klemmen oder Schienen für den Schutzleiter und den Neutralleiter. Der ankommende PEN-Leiter muss auf die Schutzleiterschienen geführt werden. Zwischen der PE-Schiene und der N-Schiene darf nur eine einzige Verbindung hergestellt werden (Bild 5.9)!

Bild 5.8: a) *Installationskleinverteiler*

Nº	Bezeichnung/Designation	Nº PEN	Nº L1,L2,L3	mm²
1	Durchlauferhitzer			
2	– " –			
3	– " –			
4	E-Herd			
5	– " –			
6	– " –			
7	Wohn.-Steckdose			
8	Wohn.; Schlaf.-Licht			
9	Küche; Flur-Licht + oben			
10	Heizung			
11				
12				
Nº	Bezeichnung/Designation	Nº PEN	Nº L1,L2,L3	mm²
13	Küche - Steckdosen links			
14	Schlaf.oben-Steckd.b.Treppe			
15	Küche-Dunstabzug			
16	Küche-Arbeitssteckd.,rechts			
17				
18				

Bild 5.8: b) Zuordnung der Sicherungen zu den Stromkreisen (Beispiel)

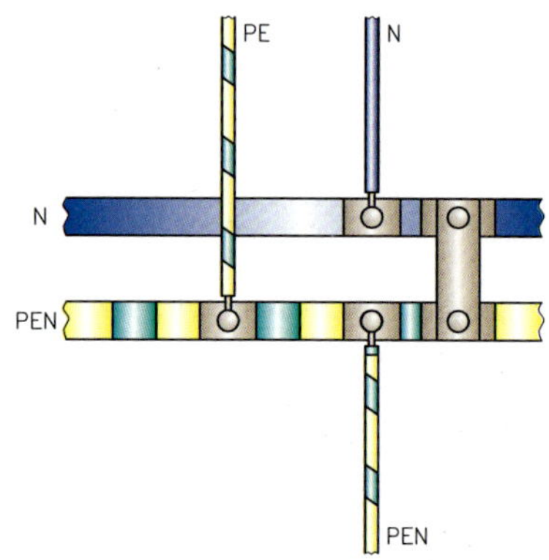

Bild 5.9: Aufteilung des PEN in PE- und N-Leiter

> Nach der Aufteilung des PEN-Leiters in den PE-Leiter und den N-Leiter gilt:
> Der Schutzleiter PEN und der PE-Leiter dürfen an keiner weiteren Stelle miteinander verbunden werden.
> Der Neutralleiter N darf nicht mehr geerdet oder in den Potenzialausgleich mit einbezogen werden.

Durch das Auftrennen des PEN-Leiters in den PE-Leiter und den N-Leiter wird das TN-C-Netz des Verteilungsnetzbetreibers in der Verbraucheranlage in ein TN-C-S-Netz umgewandelt (Netzformen siehe Kap. 6.3).

In einem Stromkreisverteiler lassen sich die folgenden Einrichtungen unterbringen:

- Überstromschutzeinrichtungen, also Leitungsschutzschalter oder Sicherungen mit einem maximalen Bemessungsstrom von 63 A,
- Fehlerstrom-Schutzschalter (alte Bezeichnung: FI-Schutz; jetzt: RCD, siehe Kap. 6.4.2.1),

- Anschlussklemmen,
- Fernschalter,
- Relais, Schalter, Schaltuhren,
- Steuer- und Regeleinrichtungen für elektrische Heizungsanlagen bzw. andere Einrichtungen der Gebäudesystemtechnik (z. B. Raumüberwachung, Lichtsteuerung),
- ggf. auch zusätzliche Funktionen für Überspannungsschutz, Kommunikationstechnik und Energieeffizienzmaßnahmen (z. B. Sonnenschutz).

Bei Einraumwohnungen sind hierzu mindestens dreireihige, bei Mehrraumwohnungen mindestens vierreihige Stromkreisverteiler zu installieren (VDE 0100-410). Die meisten dieser Einbauten sind so gestaltet, dass sie zeitsparend auf Tragschienen, sogenannten **Hutschienen**, aufgeschnappt werden können. Um hierbei eine gleichmäßige Aufteilung der Belastung auf die drei Phasen zu erleichtern, können sogenannte **Drehstrom-Phasenschienen** verwendet werden. Dies sind isolierte Kupferschienen mit exakten Klemmabständen zum Anschließen der Sicherungsautomaten. Von der Anzahl der zu installierenden Einbauten hängt ab, wie viele Schienen erforderlich sind. Anstelle der Kupferschienen lassen sich aber auch flexible Verbindungsleitungen verwenden. Auf jede Hutschiene passen zwölf unterschiedliche Reiheneinbaugeräte mit einer Breite von je 17,5 mm.

Bild 5.10: Stromkreisverteiler mit Tragschiene

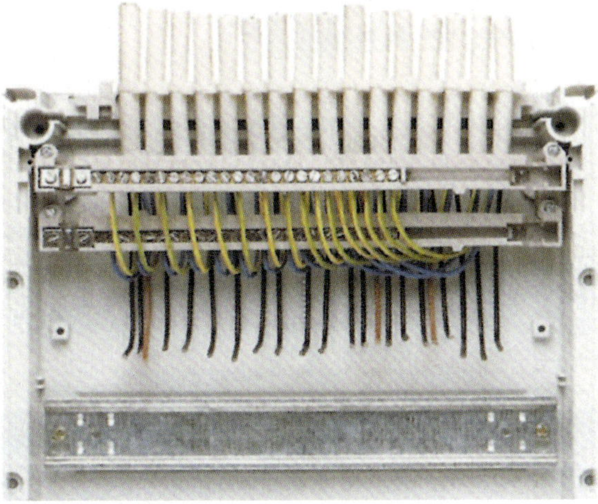

Bild 5.11: Anschluss der N- und PE-Leiter an vorhandene Klemmleisten

Die Leitungen zu den Stromkreisen werden auf der oberen Seite des Stromkreisverteilers in die vorhandenen Einführungen gesteckt. Nach der Abmantelung werden sie durch eine Zugentlastung mechanisch befestigt. Die Außenleiter werden direkt an die jeweiligen Überstromschutzorgane angeschlossen (Bild 5.10), die Neutral- und die Schutzleiter der einzelnen Stromkreise werden an die im Stromkreisverteiler vorhandenen Klemmleisten angeschlossen (Bild 5.11).

Stromkreisverteiler müssen die Forderungen der Schutzklasse II erfüllen, Abdeckungen zum Schutz gegen indirektes Berühren (siehe Kap. 6.4.2) dürfen nur mit Werkzeug lösbar sein. PE-, N- und PEN-Klemmen müssen isoliert angeordnet werden. Je nach Art der Räume, in denen die Verteiler montiert werden, sind Schutzarten von IP 30 (trockener Raum) bis IP 54 (für feuchte Räume oder im Freien) vorgesehen.

Stromkreisverteiler werden für den Wandeinbau, den Wandaufbau und die Hohlwandmontage (Zeichen H) angeboten. Ihre Größe ist so zu planen, dass bei Nachinstallationen genügend Platz für weitere Einbauten vorhanden ist. Bei der Anordnung der Verteiler sind die gleichen Vorgaben zu beachten wie bei den Zählerkästen (Einbauhöhe, Zugänglichkeit usw.).

Aufgaben

1. Was versteht man unter dem Begriff „Elektroinstallation"?
2. Welche Vorgaben enthält allgemein die VDE DIN 0100?
3. a) Welche Schutzarten sind für den HAK vorgesehen?
   b) Was bedeuten diese Schutzarten?
4. a) Was versteht man unter einem Schutzpotenzialausgleich?
   b) Aus welchem Grund ist ein Schutzpotenzialausgleich bei der Elektroinstallation in einem Wohngebäude zwingend erforderlich?
   c) Wie wird der Schutzpotenzialausgleich in einem Wohngebäude durchgeführt?
5. Der Bauherr eines Zweifamilienhauses interessiert sich für die prinzipielle Anordnung von HAK, Zähler und Hauptverteiler sowie die verwendeten Leitungen. Fertigen Sie eine entsprechende Informationsskizze an.
6. a) Wie ist ein Zählerschrank prinzipiell aufgebaut und welche Betriebsmittel lassen sich unterbringen?
   b) Was ist bei der Montage eines Zählerschranks zu beachten?
   c) Wo darf ein Zählerschrank nicht montiert werden?
7. Zähleinrichtungen in einem Wohngebäude können zentral oder dezentral angebracht werden. Erläutern Sie den Unterschied.
8. Im Zählerschrank eines Wohngebäudes erfolgt die Auftrennung des PEN-Leiters in den N-Leiter und den PE-Leiter.
   a) Wie hat der Anschluss des kommenden PEN-Leiters zu erfolgen? Fertigen Sie eine entsprechende Skizze an.
   b) Welche grundsätzlichen Anschaltbedingungen müssen für N- und PE-Leiter nach der Aufteilung eingehalten werden?

5.2 Elektrische Leitungen und Kabel

Für die Übertragung der elektrischen Energie werden unterschiedliche elektrische Leitungen bzw. Kabel eingesetzt. Bei Elektroinstallationen innerhalb von Gebäuden kommen aufgrund ihrer guten elektrischen Eigenschaften ausschließlich Kupferleitungen zum Einsatz.

Als **Ader** bezeichnet man einen einzelnen, mit einem isolierenden Material überzogenen Leiter.

Mehrere Adern, die sich in einem umhüllenden Mantelwerkstoff befinden, bezeichnet man als (elektrische) **Leitung**.

Die Bezeichnung **Kabel** verwendet man, wenn eine Leitung über einen zusätzlichen Mantel, eine Bewehrung oder eine Abschirmung verfügt.

Ein Kabel kann in der Regel einer stärkeren mechanischen Belastung ausgesetzt werden als eine Leitung.

5.2.1 Leitungsarten

Im Wohnungsbau werden für die Elektroenergieversorgung unterschiedliche Leitungen und Kabel verwendet, die sich an den jeweiligen Einsatzgebieten und Anforderungen orientieren. Grundsätzlich müssen sämtliche in elektrischen Anlagen verlegte Leitungen und Kabel den VDE-Normen entsprechen. Diese Normierung umfasst den Aufbau, die Isolierung, den Leiterquerschnitt sowie die Leiterkennzeichnung.

Man unterscheidet grundsätzlich zwischen Leitungen für die feste geschützte Verlegung und beweglichen (flexiblen) Leitungen, die zum Anschluss ortsveränderlicher Verbraucher (siehe Kap. 5.6.2) verwendet werden.

a) Leitungen für feste Verlegung	Anwendungsbereiche
Aderleitungen **H07V-U**  **H07V-K** 	in trockenen Räumen, in Betriebsmitteln, Schalt- und Verteilungsanlagen in Rohr auf und unter Putz und auf Isolierkörpern über Putz
Hitzebeständige Aderleitung mit zusätzlichem mechanischen Schutz **H05SJ-K** 	bei hohen Umgebungstemperaturen für feste geschützte Verlegung in trockenen Räumen und als Verdrahtungsleitung
Stegleitungen **NYIF** 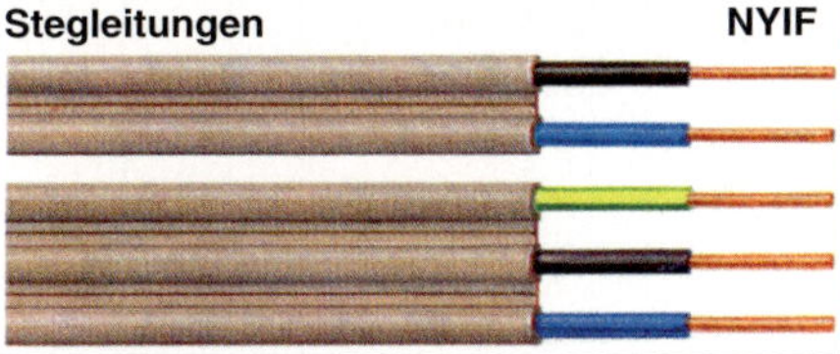	in trockenen Räumen für feste Verlegung in und unter Putz; auch zulässig in Bade- und Duschräumen; ohne Putzabdeckung in Hohlräumen von Decken und Wänden aus Beton u. Ä. im Bad, aber nicht in den besonders gefährdeten Bereichen 0, 1 und 2 (siehe Kap. 5.5)
Mantelleitungen **NYM** 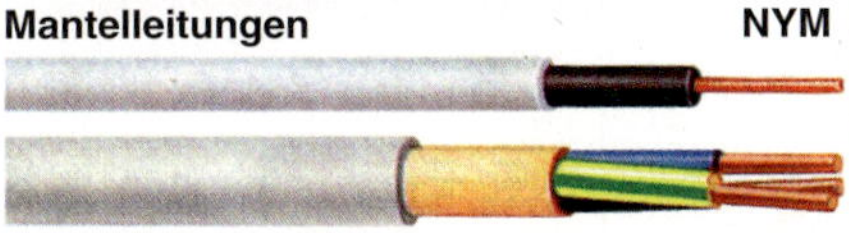	in trockenen, feuchten, nassen, feuer- und explosionsgefährdeten Räumen sowie im Freien; für feste Verlegung über und auf Putz sowie unter Putz (jedoch nicht im Erdboden)
Bleimantelleitungen **NYBUY** 	wie NYM
Umhüllte Rohrdrähte **NYRUZY** 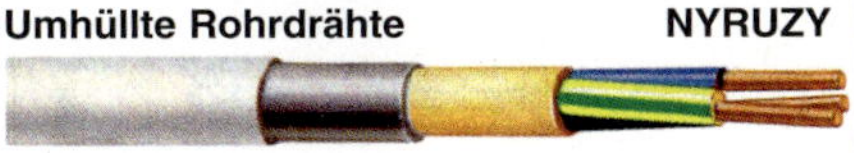	wie NYM, jedoch nicht in Ex-Räumen

b) bewegliche Leitungen	Anwendungsbereiche
Zwillingsleitungen **H03VH-H** 	in trockenen Räumen bei sehr geringen mechanischen Beanspruchungen, nicht für Wärmegeräte
PVC-Schlauchleitungen **H05VV-F** 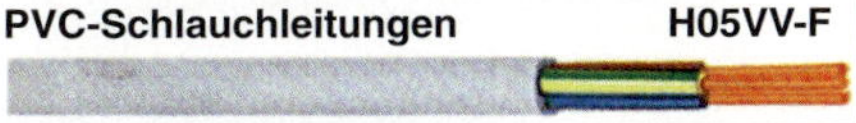	in trockenen Räumen, bei mittleren mechanischen Beanspruchungen, für Haus- und Küchengeräte
Gummischlauchleitungen **H05RR-F** 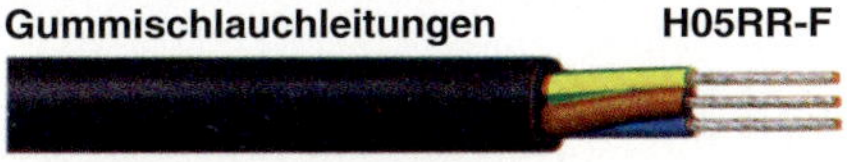 **H05RN-F** 	in trockenen Räumen bei leichten mechanischen Beanspruchungen in trockenen, feuchten und nassen Räumen sowie im Freien bei geringen mechanischen Beanspruchungen

Bild 5.12: Beispiele für Elektroenergieversorgungsleitungen

Alle Leitungen und Kabel werden mit einer Kurzbezeichnung versehen. Bei den Kurzbezeichnungen, die mit „H“ beginnen, handelt es sich um sogenannte **harmonisierte Leitungen**. Dies sind Leitungen, deren Bezeichnungen und Prüfbedingungen in allen CENELEC-Ländern identisch sind (CENELEC: Europäisches Komitee für elektrotechnische Normung, deren Mitgliedsländer sich auf harmonisierte, das heißt vereinheitlichte Normen und Vorschriften geeinigt haben). Den Aufbau der Kurzbezeichnung für harmonisierte Leitungen zeigt das folgende Beispiel (Bild 5.13).

Beispiel H 05 V V -H 3 G 1,5

Kennzeichen der Bestimmung	
Harmonisierte Bestimmung	**H**
Anerkannter nationaler Typ	**N**
Nennspannung U_0/U (*)	
300/300 V	**03**
300/500 V	**05**
450/750 V	**07**
Isolierwerkstoff	
PVC	**V**
Natur- und/oder Styrol-/Butadienkautschuk	**R**
Silikon-Kautschuk	**S**
Mantelwerkstoff	
PVC	**V**
Natur- und/oder Styrol-Butadien-Kautschuk	**R**
Polychloroprenkautschuk	**N**
Glasfasergeflecht	**J**
Textilgeflecht	**T**
Textilbeflechtung mit flammwidriger Masse	**T2**
Besonderheiten im Aufbau	
flache, aufteilbare Leitung	**H**
flache, nicht aufteilbare Leitung	**H2**
Kerneinlauf (kein Tragelement)	**D5**
Leiterart	
eindrähtig	**–U**
mehrdrähtig	**–R**
feindrähtig bei Leitungen für feste Verlegung	**–K**
feindrähtig bei flexiblen Leitungen	**–H**
feinstdrähtig bei flexiblen Leitungen	**–Y**
Lahnlitze	**...**
Aderzahl	
Schutzleiter	
ohne Schutzleiter	**X**
mit Schutzleiter	**G**
Nennquerschnitt des Leiters	**...**

(*: 1. Wert: maximale Spannung zwischen einem Außenleiter und PE; 2. Wert: maximale Spannung zwischen zwei Außenleitern)

Bild 5.13: Beispiel für die Kennzeichnung einer harmonisierten Leitung

Die Palette der harmonisierten Leitungen wird national durch sogenannte **Normalleitungen** ergänzt. Sie entsprechen ebenfalls den VDE- und DIN-Vorschriften, ihre Bezeichnung beginnt meist mit einem „N“. Die darauffolgenden Buchstaben bezeichnen von innen nach außen die verschiedenen Lagen von Isolation und Bewehrung. Die Bedeutung der einzelnen Buchstaben zeigt Bild 5.14.

A Aderleitung
B Bleimantel
C Abschirmung
F Flachleitung, feindrähtig
G Isolierhülle oder Mantel aus Gummi
I Imputzleitung, Stegleitung
J mit grüngelbem Schutzleiter
M Mantelleitung
N 1. Buchstabe im Kurzzeichen einer nicht harmonisierten Normenleitung
O ohne grüngelben Schutzleiter
R Rohrdraht
U Umhüllung
Y Isolierhülle oder Mantel aus PVC
Z Zinkmantel

Bild 5.14: Kennzeichnung nicht harmonisierter Leitungen (Auswahl)

Die Leitungswahl erfolgt in Abhängigkeit von der Verlegeart, der mechanischen Beanspruchung und dem Verwendungszweck (z. B. Anschluss von ortsveränderlichen Geräten oder für die ortsfeste Verlegung).

Die im Wohnungsbau verwendeten Leitungen und Kabel sind meistens 3-adrig (für Wechselstromverbraucher) oder 5-adrig (für Drehstromgeräte oder spezielle Schaltungen). Die Leitungsadern sind zur leichteren Identifizierung entsprechend der VDE-Norm farblich gekennzeichnet. Folgende Kombinationen sind üblich:

Ader-zahl	**DIN VDE 0293-308** (neuere Norm)	**DIN VDE 0293: 1990** (ältere Norm, z. B. zu finden bei bestehenden Installationen)	
	Kabel und Leitungen für feste Verlegung und flexible Leitungen	Kabel und Leitungen für feste Verlegung	flexible Leitung
3	gn-ge, bl, br	gn-ge, sw, bl	gn-ge, br, bl
5	gn-ge, bl, br, sw, gr	gn-ge, sw, bl, br, sw	gn-ge, sw, bl, br, sw

gn-ge: Schutzleiter (PE bzw. PEN); bl: gemeinsamer Neutralleiter (N); br, sw, gr: Außenleiter (L1, L2 und L3)

Bild 5.15: Farbkennzeichnung von Leitungsadern und deren Kurzbezeichnungen (neue und alte Norm)

ACHTUNG! Die grüngelb gekennzeichnete Ader darf grundsätzlich nur als Schutzleiter (PE) oder für den Neutralleiter mit Schutzfunktion (PEN) verwendet werden.

5.2.2 Verlegearten

Elektrische Leitungen müssen stets so verlegt werden, dass sie entweder durch ihre Lage oder durch Verkleidung vor mechanischer Beschädigung geschützt sind. Innerhalb von Gebäuden können folgende Verlegearten eingesetzt werden:

Verlegeart	Symbol	Erläuterung
auf Putz		– sichtbare Verlegung direkt auf der Wand, auf Abstandsschellen oder im Installationsrohr – Verwendung von Mantelleitungen – Einsatz in Garagen, Kellern, Gewerberäumen oder Werkstätten („Feuchtrauminstallation“) – nicht erlaubt in Wohnräumen!
in Putz	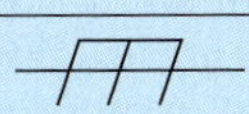	– Verlegung auf dem Rohmauerwerk, nur verdeckt vom anschließend aufgebrachten Putz – Verwendung von Stegleitungen

Verlegeart	Symbol	Erläuterung
unter Putz		– Verlegung in ausgefrästen Schlitzen des Mauerwerks, sodass die Leitungen bündig mit dem Rohmauerwerk abschließen (Achtung: tragende Wände dürfen nicht geschlitzt werden!) – Verwendung von Mantelleitungen oder Einzeladern im Installationsrohr
in Installationsrohren		– Montage von starren Rohren zur Verlegung auf Putz (siehe oben) – Montage von flexiblen Rohren zur Verlegung im Mauerwerk oder Estrich – zusätzlicher Schutz einer Leitung vor mechanischen Einwirkungen – bei Verlegung im Mauerwerk nachträgliche Änderung oder Erweiterung der Elektroinstallation vergleichsweise einfach möglich – Verwendung von Einzeladern oder Mantelleitungen
in Installationskanälen		– Verlegung auf Putz an Decken und Wänden oder in Unterflur-Fußbodenkanälen – Einsatz vorwiegend bei Industrie- oder Bürobauten – bei kombinierter Nutzung durch Starkstrom- und Kommunikationsleitungen müssen diese durch Zwischenwände getrennt werden! – Verwendung von Mantelleitungen
auf Kabelpritschen oder Kabelwannen		– Verlegung auf Putz unter Decken, in der Regel nicht geschlossen – Verwendung von Mantelleitungen
in Hohlräumen (Decken, Wände)		– Einsatz in Fertighäusern, in Leichtbauwänden (Gipskartonwände) – Verlegung innerhalb der Wandzwischenräume – Verwendung von Leitungen und Kabel, deren äußere Umhüllung aus flammwidrigem Kunststoff besteht – Anschlussstellen (Schalter, Steckdosen) müssen in speziellen Hohlwanddosen montiert werden – innerhalb der Hohlwände nicht fest verlegte Leitungen müssen an den Anschlussstellen (Hohlwanddosen) zugentlastet werden – Stegleitungen dürfen nicht verwendet werden!
direkt in Beton		– Einsatz bei Fertigbauweise mit Schalbeton, bei dem eine nachträgliche Installation nur schwer oder mit erheblichem Kostenaufwand erfolgen kann – Verwendung von Kabel (z. B. NYY); Mantelleitungen dürfen nur in Installationsrohren für schwere mechanische Druckbeanspruchung (Kennzeichen „AS") verwendet werden! – durch besondere Gerätedosen lassen sich bereits vor dem Vergießen des Betons Dosen für Schalter, Steckdosen und Leuchtmittel installieren

Bild 5.16: Verlegearten von Leitungen und Kabeln

Bei **Verlegung im Erdreich** müssen Mantelleitungen (z. B. NYM) mit Schutzrohren oder geschlossenen Installationskanälen geschützt werden. Unmittelbar in Erde dürfen nur feuchtigkeitsgeschützte und bewehrte Kabel (z. B. gegen Tierbenagung) verlegt werden.

Die Verlegung auf Schornsteinwangen, in Schornsteinzügen und in Lüftungskanälen ist nicht erlaubt; von warmen Rohrleitungen, Blitzschutzanlagen und Kommunikationsleitungen ist ein hinreichender Abstand einzuhalten.

Abhängig von der jeweiligen Verlegebedingung werden die Verlegearten mit einer Kurzbezeichnung angegeben, die aus einem Buchstaben oder einer Buchstaben/Zahl-Kombination besteht:

Verlegeart	A1	A2		B1	B2
Darstellung	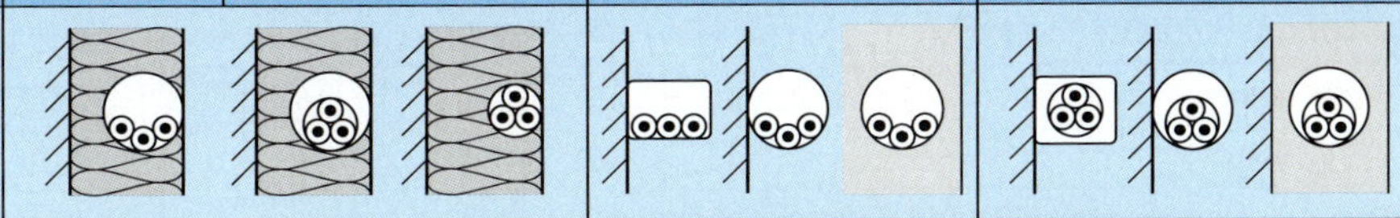				
Verlegebedingung	Verlegung in wärmegedämmten Wänden			Verlegung in Elektroinstallationsrohren oder geschlossenen Elektroinstallationskanälen **auf** oder **in** Wänden oder in Kanälen für Unterflurverlegung	
	Aderleitungen oder einadrige Kabel/ Mantelleitungen im Elektroinstallationsrohr oder -kanal	mehradrige Kabel oder Mantelleitungen		Aderleitungen oder einadrige Kabel/Mantelleitungen	mehradrige Kabel oder Mantelleitungen
		im Elektroinstallationsrohr oder -kanal	direkt verlegt		

Verlegeart	C			E	F	G
Darstellung	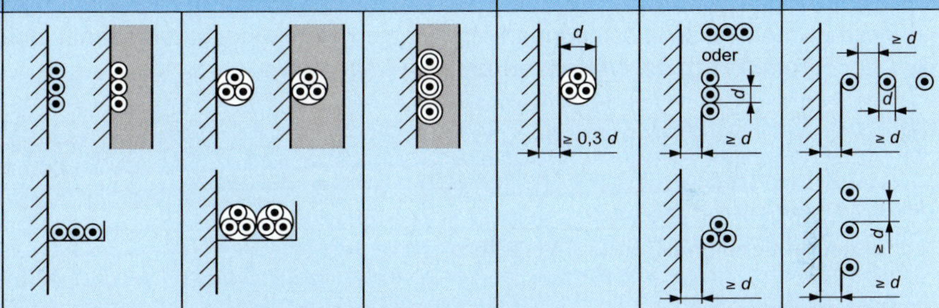					
Verlegebedingung	direkte Verlegung auf oder in Wänden/Decken oder in Kabelwannen		Stegleitungen in Wänden/ Decken oder Hohlräumen	Verlegung frei in Luft, an Tragseilen sowie auf Kabelpritschen und -konsolen		
	einadrige Kabel oder Mantelleitungen	mehradrige Kabel oder Mantelleitungen		mehradrige Kabel oder Mantelleitungen	einadrige Kabel oder Mantelleitungen	
					mit Berührung	ohne Berührung, auch Aderleitungen auf Isolatoren

Bild 5.17: Kennzeichnung von Verlegearten

5.2.3 Bemessung elektrischer Leitungen

Bei der Dimensionierung der elektrischen Leitungen eines Stromversorgungssystems sind gemäß VDE folgende Faktoren zu berücksichtigen:

- Mindestquerschnitt;
- Strombelastbarkeit der Leitung, die aufgrund thermischer Beanspruchung (hervorgerufen durch den fließenden Strom) begrenzt ist und durch Umgebungstemperatur, Verlegeart, Leiterzahl und Wärmeabfuhr beeinflusst wird;
- Spannungsabfall auf der Leitung.

5.2.3.1 Mindestquerschnitte

Bei Leitungen und Kabeln für feste und geschützte Verlegung sind die folgenden Normquerschnitte festgelegt:

Normquerschnitte in mm²									
Außenleiter	1,5	2,5	4	6	10	16	25	35	50
Schutzleiter	1,5	2,5	4	6	10	16	16	16	25

Bild 5.18: Normquerschnitte von Elektroleitungen

Bei **fester geschützter Verlegung** muss der Aderquerschnitt einer Leitung für eine ausreichende mechanische Festigkeit bei Leistungsstromkreisen mindestens 1,5 mm² betragen.

Eine feste geschützte Verlegung ist bei Aderleitungen gegeben, wenn diese in einem Installationsrohr oder -kanal verlegt sind. Bei Mantelleitungen bildet der PVC-Mantel den erforderlichen Schutz. Bei Leitungen bis zu einem Querschnitt von 16 mm² muss der Schutzleiter stets den gleichen Durchmesser aufweisen wie die Außenleiter, bei größeren Außenleiterquerschnitten darf der Schutzleiterquerschnitt auch geringer sein (Bild 5.18).

Bei beweglichen Anschlussleitungen richtet sich der Mindestquerschnitt unter anderem nach der Stromstärke, der Verlegeart und der Leiterlänge.

Verwendung	Mindestquerschnitt in mm²
feste, geschützte Verlegung	1,5
Leitungen in Schaltanlagen und Verteilern – bis 2,5 A – über 2,5 A bis 16 A – über 16 A	 0,5 0,75 1,0
bewegliche Anschlussleitungen für ortsveränderliche Geräte – Bemessungsstrom bis 1 A (leichte Handgeräte); Leiterlänge bis 2 m – Bemessungsstrom bis 2,5 A; Leiterlänge bis 2 m – Bemessungsstrom bis 10 A – Bemessungsstrom bis 16 A	 0,1 0,5 0,75 1,0

Bild 5.19: Mindestquerschnitte von Kupferleitungen

5.2.3.2 Strombelastbarkeit und Bemessungsstromstärke

Jeder Leiter erwärmt sich, wenn er von einem Strom durchflossen wird (siehe Kap. 1.3). Ist diese Erwärmung infolge einer zu großen Stromstärke unzulässig hoch, so kann die Isolierung des Leiters zerstört werden. Neben Kurzschluss- besteht dann auch Brandgefahr.

Als **Strombelastbarkeit** bezeichnet man diejenige maximale Stromstärke I_z, bei der sichergestellt ist, dass der Leiter an keiner Stelle und zu keinem Zeitpunkt über die zulässige Betriebstemperatur erwärmt wird.

Die Strombelastbarkeit einer Leitung hängt maßgeblich ab von

- dem Leitungsquerschnitt der stromführenden Adern,
- der Anzahl der stromführenden Adern,
- der Verlegeart,
- der Umgebungstemperatur.

Bei der Ermittlung der Strombelastbarkeit einer Leitung muss stets von den ungünstigsten Bedingungen ausgegangen werden, die entlang eines Leitungsweges existieren. In Bild 5.20 ist die Strombelastbarkeit in Abhängigkeit von der Verlegeart, der Leiterzahl und dem verwendeten Leiterquerschnitt dargestellt. Der Leiterquerschnitt ist so zu wählen, dass für eine vorgegebene Strombelastung der Leiter an keiner Stelle und zu keinem Zeitpunkt über die zulässige Betriebstemperatur erwärmt wird.

q_N (Cu) in mm²	Verlegeart															
	A1		A2		B1		B2		C		E		F			G	
	Anzahl der belasteten Adern																
	2	3	2	3	2	3	2	3	2	3	2	3	2	3	3	3	3
1,5	16,5	14,5	16,5	14	18,5	16,5	17,5	16	21	18,5	23	19,5	–	–	–	–	–
2,5	21	19	19,5	18,5	25	22	24	21	29	25	32	27	–	–	–	–	–
4	28	25	27	24	34	30	32	29	38	34	42	36	–	–	–	–	–
6	36	33	34	31	43	38	40	36	49	43	54	46	–	–	–	–	–
10	49	45	46	41	60	53	55	50*	67	63**	74	64	–	–	–	–	–
16	65	59	60	55	81	72	73	66	90	81	100	85	–	–	–	–	–
25	85	77	80	72	107	94	95	85	119	102	126	107	139	121	117	155	138
35	105	94	98	88	133	117	118	105	146	126	157	134	172	152	145	192	172
50	126	114	117	105	160	142	141	125	178	153	191	162	208	184	177	232	209
70	160	144	147	133	204	181	178	159	226	195	246	208	266	239	229	298	269
95	193	174	177	159	246	219	213	190	273	236	299	252	322	292	280	361	330
120	223	199	204	182	285	253	246	218	317	275	348	293	373	340	326	420	384

* bei Verlegung auf Holz 49   ** bei Verlegung auf Holz 60

Bild 5.20: Strombelastbarkeit I_z in Abhängigkeit von Verlegeart, Leiterzahl und Leiterquerschnitt gemäß DIN VDE 0298-4 für eine feste Verlegung bei einer Umgebungstemperatur von 25 °C

Stromstärken, die zu einer thermischen Überlastung und damit zu einer Beschädigung der Leiterisolierung führen würden, müssen durch geeignete Überstromschutzeinrichtungen verhindert werden. Diese Überstromschutzeinrichtungen schalten den Stromkreis bei einer Überlastung infolge zu hoher Ströme ab.

> Die Stromstärke, bei der eine Überstromschutzeinrichtung den Strom abschaltet, bezeichnet man als **Bemessungsstromstärke** I_n.

Bei Kabeln und Leitungen mit PVC-Isolierung mit einer zulässigen Betriebstemperatur von 70 °C (z. B. H07-U, H07-R, NYM, NYIF, NYY, siehe Bild 5.12) gelten für die feste Verlegung bei einer Umgebungstemperatur von 25 °C in Abhängigkeit von der Verlegeart folgende Dimensionierungen der zugeordneten Überstromschutzeinrichtungen zum Schutz gegen zu hohe Stromstärken (Überlast):

q_N (Cu) in mm²	Verlegeart																
	A1		A2		B1		B2		C		E		F			G	
	Anzahl der belasteten Adern																
	2	3	2	3	2	3	2	3	2	3	2	3	2	3	3	3	3
1,5	16	13	16	13	16	16	16	16	20	16	20	16	–	–	–	–	–
2,5	20	16	16	16	25	20	20	20	25	25	32	25	–	–	–	–	–
4	25	25	25	20	32	25	32	25	35	32	40	25	–	–	–	–	–
6	35	32	32	25	40	35	40	35	40	40	50	40	–	–	–	–	–
10	40	40	40	40	50	50	50	50	63	63	63	63	–	–	–	–	–
16	63	50	50	50	80	63	63	63	80	80	100	80	–	–	–	–	–
25	80	63	80	63	100	80	80	80	100	100	125	100	125	100	100	125	125
35	100	80	80	80	125	100	100	100	125	125	125	125	160	125	125	160	160
50	125	100	100	100	160	125	125	125	160	125	160	160	200	160	160	200	200
70	160	125	125	125	200	160	125	200	160	200	200	250	200	200	250	250	
95	160	160	160	125	200	200	200	160	250	200	250	250	315	250	250	315	315
120	200	160	200	160	250	250	200	200	315	250	315	250	315	315	315	400	315

Bild 5.21: Bemessungsstromstärken I_n von Überstromschutzeinrichtungen in Abhängigkeit von der Verlegeart, dem Leiterquerschnitt und der Aderzahl für eine feste Verlegung bei einer Umgebungstemperatur von 25° C

Bei der Dimensionierung einer Leitung sind folgende Bedingungen einzuhalten:

- $I_b \leq I_n$: Der Betriebsstrom I_b, d. h. der Strom, der durch die Leitung bzw. das Kabel zum Verbraucher fließt, muss stets kleiner oder gleich dem Bemessungsstrom I_n der zugeordneten Überstromschutzeinrichtung sein.

- $I_n \leq I_z$: Der Bemessungsstrom I_n der zugeordneten Überstromschutzeinrichtung muss stets kleiner oder gleich der zulässigen Strombelastung I_z der Leitung bzw. des Kabels sein.

Gilt bei einer Überstromschutzeinrichtung für den Auslösestrom $\boldsymbol{I_2 \leq 1{,}45 \cdot I_n}$, so darf der Bemessungsstrom I_n der Schutzeinrichtung auch gleich der Strombelastbarkeit I_z sein, d. h. $I_n = I_z$. Dies ist gemäß DIN VDE 0641-4 beispielsweise bei allen Leitungsschutzschaltern mit B- und C-Charakteristik der Fall (siehe Kap. 5.3.2).

Bei der Dimensionierung müssen veränderte Bedingungen mit entsprechenden Umrechnungsfaktoren berücksichtigt werden. Hierzu gehören insbesondere:

- Bei einer von 25 °C abweichenden Umgebungstemperatur muss mit dem Umrechnungsfaktor f_1 gerechnet werden.

Umrechnungsfaktoren für abweichende Umgebungstemperaturen											
Umgebungs-temperatur in °C	10	15	20	25	30	35	40	45	50	55	60
Umrechnungs-faktor f_1	1,15	1,11	1,06	1,00	0,95	0,87	0,82	0,75	0,67	0,58	0,47

Bild 5.22: Umrechnungsfaktor f_1 für abweichende Umgebungstemperaturen

- Bei der Verlegung vieladriger Leitungen muss ausgehend von dem Wert einer zweiadrigen Leitung mit dem Umrechnungsfaktor f_2 gerechnet werden. Eine vieladrige Leitung besteht aus einer Anzahl stromführender Adern innerhalb einer Ummantelung.

Umrechnungsfaktoren für vieladrige Leitungen mit Leiternennquerschnitten bis 10 mm²								
Anzahl der belasteten Adern	5	7	10	14	19	24	40	61
Umrechnungsfaktor f_2	0,75	0,65	0,55	0,50	0,45	0,40	0,35	0,30

Bild 5.23: Umrechnungsfaktor f_2 für vieladrige Leiter

- Bei gehäuft verlegten Leitungen muss mit Umrechnungsfaktor f_3 gerechnet werden. Unter einer Häufung von Leitungen versteht man eine Vielzahl mehradriger Kabel oder eine Vielzahl einadriger Adern, die zusammen verlegt werden (z. B. in einem Installationsrohr).

Umrechungsfaktoren für Häufung									
	Anzahl der mehradrigen Leitungen oder Anzahl der Wechsel- oder Drehstromkreise aus einadrigen Leitungen								
Anordnung der Leitungen	**1**	**2**	**3**	**4**	**5**	**6**	**7**	**8**	**9**
Gebündelt direkt auf der Wand, dem Fußboden, im Installationsrohr oder -kanal, auf oder in der Wand	1,00	0,80	0,70	0,65	0,60	0,57	0,54	0,52	0,50
Einlagig mit Berührung auf der Wand oder dem Fußboden, unter der Decke	1,00 0,95	0,85 0,81	0,79 0,72	0,75 0,68	0,73 0,66	0,72 0,64	0,72 0,63	0,71 0,62	0,70 0,61

Bild 5.24: Umrechnungsfaktor f_3 für Häufung von Leitungen

Müssen mehrere Faktoren berücksichtigt werden, so sind diese miteinander zu multiplizieren.

- **Beispiel 1:**

Eine Mantelleitung NYM 2,5 mm² führt drei belastete Adern. Wie groß ist bei einer Umgebungstemperatur von 25 °C die Strombelastbarkeit und wie ist die Leitung abzusichern

a) bei Verlegung im Installationsrohr auf der Wand,
b) bei Verlegung im Installationsrohr in wärmegedämmter Wand?

Lösung

a) Verlegeart B2 (siehe Bild 5.17 mehradrige Mantelleitung); aus Bild 5.20 folgt die Strombelastbarkeit I_Z = 21 A; damit ergibt sich mit $I_n \leq I_Z$ für die Überstromschutzeinrichtung I_n = 20 A (siehe Bild 5.21)
b) analog ergibt sich: Verlegeart A2; I_Z = 18,5 A; I_n = 16 A

■ **Beispiel 2:**

In einer Mantelleitung NYM 2,5 mm² befinden sich 5 belastete Adern. Wie groß ist bei einer Umgebungstemperatur von 30 °C die Strombelastbarkeit und wie ist die Leitung abzusichern bei Verlegung im Installationsrohr auf der Wand?

Lösung

Verlegeart B2 (wie bei Aufgabe 1); Korrekturfaktor $f_1 = 0{,}95$ wegen erhöhter Temperatur (siehe Bild 5.22); zusätzlich Korrekturfaktor $f_2 = 0{,}75$ wegen vieladriger Leitung (siehe Bild 5.23)

Damit ist $I_Z = 0{,}95 \cdot 0{,}75 \cdot 24\text{ A} = 17{,}1\text{ A}$. Die Leitung kann mit einer Überstromschutzeinrichtung mit $I_Z = 16\text{ A}$ abgesichert werden.

Hinweis: In Tabellenbüchern oder technischen Unterlagen werden alternativ auch Tabellen und Umrechnungsfaktoren angegeben, die sich auf eine Umgebungstemperatur von 30 °C beziehen.

5.2.3.3 Spannungsfall* auf der Leitung

Jeder Leiter besitzt einen elektrischen Widerstand (siehe Kap. 1.3.6). Dadurch ergibt sich bei einem Stromfluss auf der Leitung ein Spannungsabfall, sodass die Spannung U_2 am Ende einer Leitung (also z. B. am Anschlusspunkt eines Verbrauchers) geringer ist als die Spannung U_1 am Anfang der Leitung (also z. B. am Einspeisepunkt eines Gebäudes).

Für die Spannungsdifferenz ΔU zwischen der Spannung U_1 am Anfang einer Leitung und der Spannung U_2 am Ende der Leitung gilt:

$$\Delta U = U_1 - U_2$$

Diese Spannungsdifferenz wird oft auch als Prozentwert Δu angeben:

$$\Delta u = \frac{U_1 - U_2}{U_1} \cdot 100\,\%$$

■ **Beispiel:**

Die Spannung am Leitungsanfang beträgt 230 V und am Leitungsende 225 V. Wie groß ist die Spannungsdifferenz in Volt und in Prozent?

Lösung

$\Delta U = U_1 - U_2 = 230\text{ V} - 225\text{ V} = \mathbf{5\ V}$ $\quad \Delta u = \frac{230\text{ V} - 225\text{ V}}{230\text{ V}} \cdot 100\,\% = \mathbf{2{,}17\,\%}$

Der Verteilungsnetzbetreiber (VNB) schreibt in seinen Technischen Anschlussbedingungen (TAB, siehe **z. B. https://www.new-netz-gmbh.de/installateure/technische-richtlinien/technische-anschlussbedingungen-strom/**) die folgenden Grenzwerte für den maximal zulässigen Spannungsabfall auf einer Leitung vor:

* Dieser Begriff ist genormt. In der Praxis wird noch der herkömml. Begriff „Spannungsabfall“ verwendet.

Anwendungsbereich	maximale Spannungsdifferenz		
	Δu in%		ΔU in V
vom Hausanschluss bis zur Messeinrichtung (Zähler)	$\Delta u \leq 0{,}5\,\%$ $\Delta u \leq 1{,}0\,\%$ $\Delta u \leq 1{,}25\,\%$ $\Delta u \leq 1{,}5\,\%$	bei S ≤ 100 kVA bei S > 100 … 250 kVA bei S > 250 … 400 kVA bei S > 400 kVA	$\Delta U \leq 1{,}15$ V $\Delta U \leq 2{,}3$ V $\Delta U \leq 2{,}88$ V $\Delta U \leq 3{,}45$ V
von der Messeinrichtung bis zum entferntesten Verbraucher	$\Delta u \leq 3\,\%$		$\Delta U \leq 6{,}9$ V

Bild 5.25: Maximaler Spannungsabfall auf einer Leitung gemäß DIN 18015-1

Hinweis: Geringfügig abweichend hiervon wird in der VDE 0100-520 ein maximaler Spannungsfall von $\Delta u \leq 4\,\%$ zwischen *Hausanschluss und entferntestem Verbraucher* gefordert!

Bei einer zentralen Anordung (Kap. 5.1.3) von Zähler und Stromkreisverteiler schließt der geforderte 3 %-Wert den Spannungsabfall auf der Verbindungsleitung zwischen Zählerplatz und Stromkreisverteiler ein. Statt des Mindestquerschnittes von 10 mm² muss auf dieser Leitung gegebenenfalls ein Leiterquerschnitt von 16 mm² eingesetzt werden, um den Leitungswiderstand zu verringern.

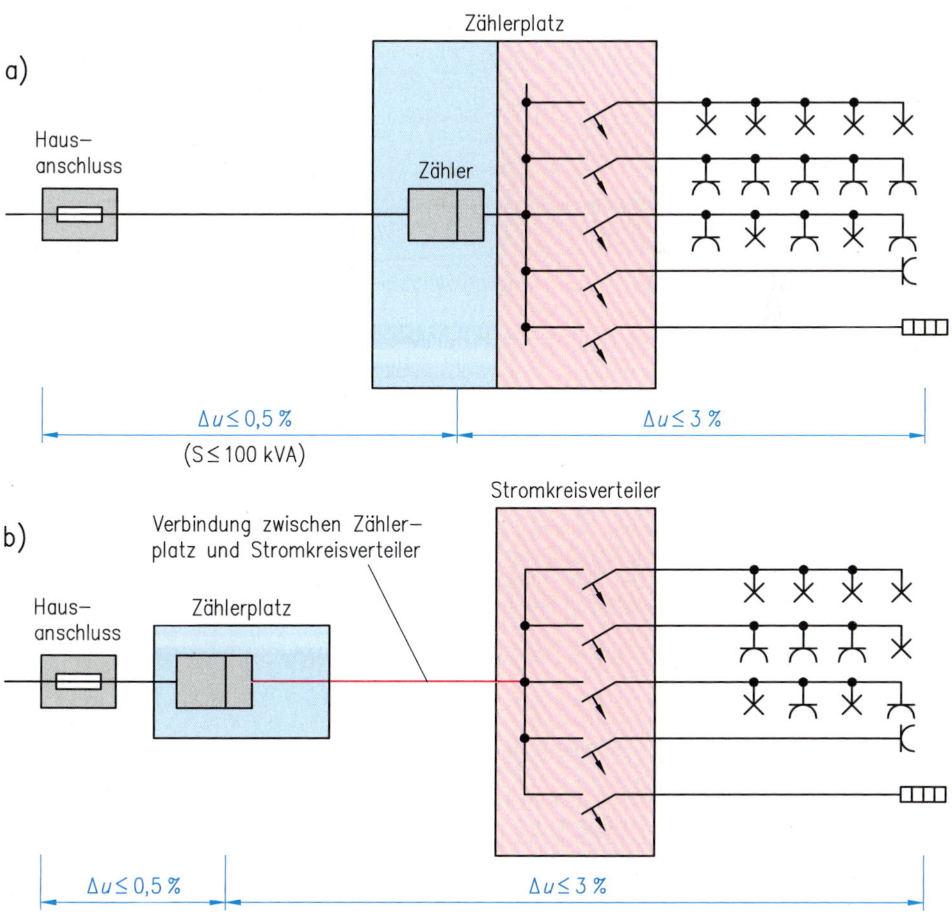

Bild 5.26: Maximaler Spannungsabfall bei der dezentralen (a) und der zentralen Zähleranordnung (b)

Ein Spannungsabfall ΔU auf der Leitung verursacht auch stets eine Verlustleistung P_V. Zur Berechnung des Spannungsfalls, der Verlustleistung, des erforderlichen Leitungsquerschnitts sowie der maximalen Leitungslänge können die folgenden Gleichungen verwendet werden:

	Gleichstromleitung	Wechselstromleitung	Drehstromleitung
Spannungsabfall ΔU in V	$\Delta U = \frac{2 \cdot l \cdot I}{\gamma \cdot A}$	$\Delta U = \frac{2 \cdot l \cdot I \cdot \cos\varphi}{\gamma \cdot A}$	$\Delta U = \frac{\sqrt{3} \cdot l \cdot I \cdot \cos\varphi}{\gamma \cdot A}$
Spannungsabfall Δu in%	$\Delta u = \frac{2 \cdot l \cdot I}{\gamma \cdot A \cdot U_1} \cdot 100\,\%$	$\Delta u = \frac{2 \cdot l \cdot I \cdot \cos\varphi}{\gamma \cdot A \cdot U_1} \cdot 100\,\%$	$\Delta u = \frac{\sqrt{3} \cdot l \cdot I \cdot \cos\varphi}{\gamma \cdot A \cdot U_1} \cdot 100\,\%$
Verlustleistung P_V in W	$P_V = \frac{2 \cdot l \cdot I^2}{\gamma \cdot A}$	$P_V = \frac{2 \cdot l \cdot I^2}{\gamma \cdot A}$	$P_V = \frac{3 \cdot l \cdot I^2}{\gamma \cdot A}$
erforderlicher Leiterquerschnitt in mm²	$A = \frac{2 \cdot l \cdot I}{\gamma \cdot \Delta U}$	$A = \frac{2 \cdot l \cdot I \cdot \cos\varphi}{\gamma \cdot \Delta U}$	$A = \frac{\sqrt{3} \cdot l \cdot I \cdot \cos\varphi}{\gamma \cdot \Delta U}$
maximale Leitungslänge l in m	$l = \frac{U_1 \cdot A \cdot \gamma \cdot \Delta u}{2 \cdot I \cdot 100\,\%}$	$l = \frac{U_1 \cdot A \cdot \gamma \cdot \Delta u}{2 \cdot I \cdot \cos\varphi \cdot 100\,\%}$	$l = \frac{U_1 \cdot A \cdot \gamma \cdot \Delta u}{\sqrt{3} \cdot I \cdot \cos\varphi \cdot 100\,\%}$

I: elektrische Stromstärke in A
A: Leiterquerschnittsfläche in mm²
γ: spezifische Leitfähigkeit
$\cos\varphi$: Leistungsfaktor

Zusammenhang zwischen Querschnittsfläche A und Leiterdurchmesser d: $A = \frac{\pi}{4} \cdot d^2$

spezifische Leitfähigkeit von Kupfer: $\gamma_{CU} = 57{,}1 \cdot \frac{\text{m}}{\Omega \cdot \text{mm}^2}$

Hinweis: Die angegebenen Berechnungsgleichungen sind allgemeingültig. In der Regel wird bei Berechnungen innerhalb einer Gebäudeinstallation für die Eingangsspannung U_1 die Bemessungsspannung $U_N = 230$ V verwendet.

Bild 5.27: Berechnungsgleichungen für Spannungsabfall, Verlustleistung und maximale Leitungslänge

Sämtliche Berechungsgleichungen lassen sich bei Bedarf mit den in Kapitel 1 dargestellten Grundlagen der Elektrotechnik und der Energietechnik herleiten. Sofern in Wechsel- oder Drehstromkreisen lediglich ohmsche Verbraucher angeschaltet sind, gilt stets $\cos\varphi = 1$.

■ **Beispiel:**

a) Eine Waschmaschine mit einer Anschlussleistung von 2,5 kW ($\cos\varphi = 0{,}9$) soll an einem Wechselstromanschluss (230 V) betrieben werden. Die Länge der Leitung zwischen dem Stromkreisverteiler, der mit der Zähleinrichtung im gleichen Gehäuse untergebracht ist, und dem Aufstellort der Waschmaschine beträgt 20 m. Berechnen Sie den erforderlichen Leiterquerschnitt.

b) Welche Leitungslänge ist bei einem Normquerschnitt von 1,5 mm² maximal möglich?

Lösung

a) Mit $I = \frac{P}{U \cdot \cos\varphi} = \frac{2500\ \text{W}}{230\ \text{V} \cdot 0{,}9} = \mathbf{12{,}08\ A}$ und dem maximal erlaubten Spannungsabfall von 3 % (entspricht 6,9 V) ergibt sich für den erforderlichen Leiterquerschnitt

$$A = \frac{2 \cdot l \cdot I \cdot \cos\varphi}{\gamma \cdot \Delta U} = \frac{2 \cdot 20\ \text{m} \cdot 12{,}08\ \text{A} \cdot 0{,}9}{57{,}1\ \frac{\text{m}}{\Omega\ \text{mm}^2} \cdot 6{,}9\ \text{V}} = \mathbf{1{,}1\ mm^2}$$

Der nächstgrößere Normquerschnitt von 1,5 mm² darf für die Verlegung verwendet werden.

b) Die maximal mögliche Leitungslänge bei einem Querschnitt von 1,5 mm² beträgt:

$$l = \frac{U_1 \cdot A \cdot \gamma \cdot \Delta u}{2 \cdot I \cdot \cos\varphi \cdot 100\,\%} = \frac{230\text{ V} \cdot 1{,}5\text{ mm}^2 \cdot 57{,}1 \frac{\text{m}}{\Omega\text{ mm}^2} \cdot 3\,\%}{2 \cdot 12{,}08\text{ A} \cdot 0{,}9 \cdot 100\,\%} = \mathbf{27{,}18\text{ m}}$$

5.2.4 Installationszonen

Für durch Putz verdeckte Leitungen sowie für Schalter und Steckdosen sind bestimmte **Installationszonen** vorgeschrieben. Grundsätzlich gilt:

In Wänden dürfen Leitungen nur senkrecht oder waagerecht verlegt werden. In Fußböden oder Decken dürfen Leitungen auf dem kürzesten Weg verlegt werden.

Diese Regelung gewährleistet, dass der ungefähre Verlauf der (nicht sichtbaren) Leitungen zu erkennen ist. Damit verringert sich die Gefahr, dass beim Bohren von Dübellöchern oder Einschlagen von Nägeln die Leitungen beschädigt werden. Nach DIN 18015, Teil 3, gelten bei der Verlegung von Leitungen folgende Vorzugsmaße:

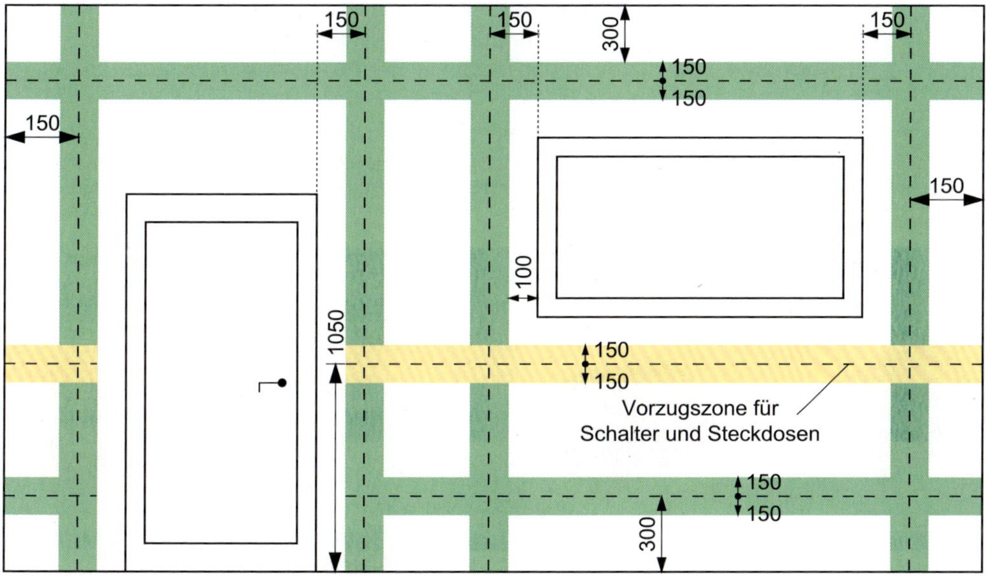

Bild 5.28: Installationszonen auf einer Gebäudewand

Für Küchen und Hausarbeitsräume gelten darüber hinaus gesonderte Festlegungen. Die Installationshöhe liegt hier 1150 mm über der fertigen Fußbodenfläche. Für Steckdosen, Schalter oder Abzweigdosen, die außerhalb der Installationszonen liegen, gilt des Weiteren, dass sie mit einer senkrechten Stichleitung aus der am nächsten gelegenen horizontalen Installationszone versorgt werden müssen.

5.2.5 Installationsdosen

Für die Unterbringung der Betriebsmittel (Schalter, Steckdosen, Dimmer usw.) sowie für die Leitungsverteilung in und auf den Wänden werden Installationsdosen benötigt. Diese werden nach ihrem Verwendungszweck folgendermaßen unterteilt:

- **Verbindungsdosen**
  Sie werden auch „Abzweigdosen“ oder „Verteilerdosen“ genannt und dienen zur Aufnahme von Verbindungsklemmen für Leiter bis 4 mm² Querschnitt.
- **Gerätedosen**
  Die sogenannten „Schalterdosen“ dienen zur Montage von Installationsgeräten (Schaltern, Steckdosen, Dimmern usw.) in der Wand und können ohne eingebaute Geräte auch als Verbindungsdosen verwendet werden.
- **Geräte-Verbindungsdosen**
  Diese Dosen, die auch „Geräte-Abzweigdosen“ oder „Durchgangsdosen“ genannt werden, verfügen über einen zusätzlichen Verteilraum, sodass hinter den eingebauten Installationsgeräten hinreichend Platz für zusätzliche Verbindungsklemmen oder eine Durchgangsverdrahtung vorhanden ist.
- **Anschlussdosen**
  Anschlussdosen dienen zum Anschließen begrenzt ortsveränderlicher Geräte (z. B. Elektroherd oder Wandleuchten) an die ortsfeste Installation; hierzu sind sie meist mit entsprechenden Klemmen ausgestattet.

! In Verbindungsdosen dürfen isolierte Einzelklemmen ohne Befestigung nur für Leiterquerschnitte von 1,5 mm² und 2,5 mm² verwendet werden. Bei Querschnitten ab 4 mm² dürfen in der Dose nur fixierte Klemmen benutzt werden.

Je nach Wandbeschaffenheit müssen gemäß DIN VDE 0606 gegebenenfalls spezielle Installationsdosen verwendet werden. So hat beispielsweise die Installation in einer Gipskartonwand mit einer speziellen Hohlwand-Installationsdose zu erfolgen; diese ist mit einem entsprechenden Prüfzeichen versehen.

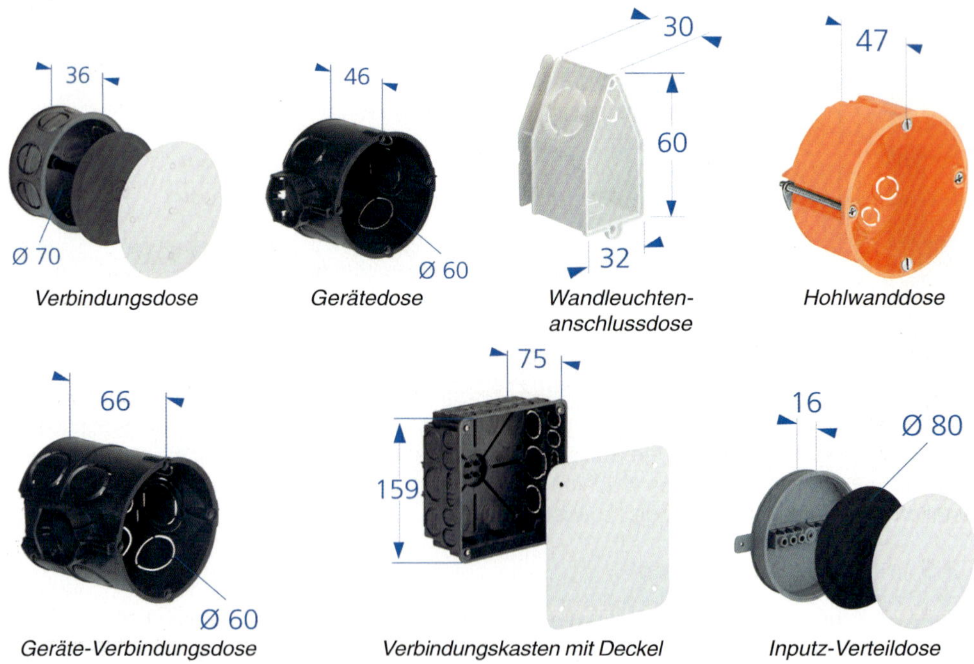

Bild 5.29: Beispiele für Installationsdosen

Grundsätzlich gilt, dass Leiterverbindungen oder -abzweigungen nur auf isolierender Unterlage bzw. mit isolierender Umhüllung vorgenommen werden dürfen. Die Verbindungsstellen müssen auch nach Abschluss der Installation zugänglich bleiben. Je nach verwendeten Dosen ergeben sich unterschiedliche Leitungsführungen.

Bei der klassischen Installation wird an jedem Verzweigungspunkt einer Leitung eine Abzweigdose gesetzt (Bild 5.30 a). Dem Vorteil des geringeren Aufwands bei späterer Ergänzung oder Erweiterung bei Installationen im Installationsrohr steht hierbei der gravierende Nachteil des erhöhten Materialaufwands an Dosen und Kabel gegenüber, der dann zu erhöhten Kosten führt.

Moderne Installationen werden meist mit Geräte-Verbindungsdosen ausgeführt, da durch die Verwendung von Flachkabeln im Putz eine nachträgliche Leitererweiterung sowieso nicht möglich und der Kostenaufwand geringer ist (Bild 5.30 b).

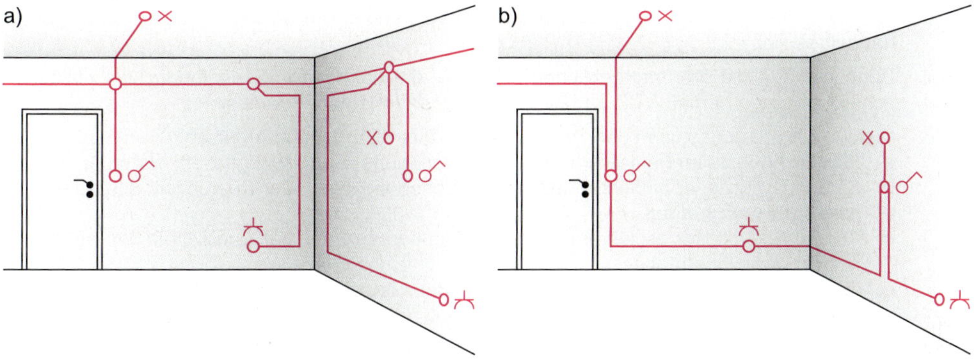

Bild 5.30: Installation mit Abzweigdosen (a) und Geräte-Verbindungsdosen (b)

5.2.6 Leitungsverbindungen

Die Verbindungen von Leitungen untereinander und die Anschlüsse mit Geräten werden hauptsächlich mithilfe von Schraubklemmen (Lüsterklemmen) oder aber mit schraubenlosen Klemmen (Wago-Klemmen) hergestellt. Des Weiteren werden auch alternative Pressverbinder oder Steckklemmen verwendet.

Bild 5.31: a) Lüsterklemmen *b) Steckklemmen*

Mit einer **Klemme** wird in der Elektrotechnik eine lösbare Verbindung zwischen Leitungen oder Adern hergestellt. Sie wird auch für den Anschluss elektrischer Geräte und Maschinen eingesetzt.

Aufgaben

1. Erläutern Sie die Begriffe Ader, Leitung und Kabel.
2. Bei einer Gebäudeinstallation werden elektrische Leitungen mit den folgenden Bezeichnungen verwendet:
   a) HO7V-U
   b) NYIF 3 × 1,5
   Welche Informationen kann man diesen Bezeichnungen entnehmen?
3. Wie werden die im Wohnungsbau verwendeten Leitungsadern üblicherweise farblich gekennzeichnet? Wie wird diese Farbkennzeichnung in Kurzschreibweise angegeben?
4. Welche Leitungs-Verlegearten werden bei Gebäudeinstallationen eingesetzt? Erläutern Sie die Unterschiede.
5. Welche Verlegeart wird durch das dargestellte Symbol gekennzeichnet?
   Welche Leitungen dürfen hierbei verwendet werden?

6. In einem Wohngebäude wird die Verlegeart B1 verwendet. Um welche Verlegebedingungen handelt es sich?
7. Benennen Sie die drei maßgeblichen Faktoren, die bei der Dimensionierung von elektrischen Leitungen gemäß VDE zu beachten sind und erläutern Sie diese.
8. Welche Leiter-Mindestquerschnitte sind gemäß DIN VDE 0100 erforderlich
   a) für den Außenleiter bei fester geschützter Verlegung, Bemessungsstrom bis 16 A,
   b) für den Schutzleiter bei fester geschützter Verlegung, wenn der Querschnitt des Außenleiters 2,5 mm^2 beträgt,
   c) für den Schutzleiter bei fester geschützter Verlegung, wenn der Querschnitt des Außenleiters 25 mm^2 beträgt,
   d) für eine bewegliche Anschlussleitung mit der Länge 1,5 m für ein ortsveränderliches Gerät mit einem Bemessungsstrom von 2 A?
9. a) Was versteht man unter der Strombelastbarkeit eines elektrischen Leiters?
   b) Von welchen Faktoren hängt die Strombelastbarkeit ab?
10. Wie groß ist jeweils die Strombelastbarkeit?

	Leiterquerschnitt in mm^2	Leiterzahl	Verlegeart
a)	1,5	3	B1
b)	2,5	2	B2
c)	10	2	A2

11. In einer technischen Unterlage finden Sie die folgende Aussage: „Die Bemessungsstromstärke eines Leitungsschutzschalters muss stets kleiner sein als die Strombelastbarkeit der angeschlossenen elektrischen Leitung.“
    Erläutern und begründen Sie den angegebenen Sachverhalt.
12. Eine Einbruchmeldezentrale benötigt bei 230 V Wechselspannung einen Betriebsstrom von 0,5 A ($\cos \varphi = 0{,}8$). Sie wird mit einer unter Putz verlegten Versorgungsleitung vom Typ NYIF-J 3 × 1,5 an den Stromkreisverteiler angeschlossen, der sich im Zählerschrank befindet. Die Leitungslänge zwischen Zählerschrank und Meldezentrale beträgt 35 m. Ermitteln Sie
    a) den Spannungsabfall auf der Leitung in Volt und Prozent,
    b) den maximalen Bemessungsstrom der erforderlichen Leitungsschutzsicherung.

13. Ein Schulungsraum ist mit PC-Arbeitsplätzen ausgestattet, deren Gesamtleistungsaufnahme 2610 W beträgt ($\cos\varphi = 0{,}9$). Die mehradrige Mantelleitung ($3 \times 1{,}5\ mm^2$) für die Energieversorgung (230-V-Wechselspannung) ist im Installationskanal verlegt, wegen in der näheren Umgebung liegenden Heizungsrohren beträgt die Umgebungstemperatur 30 °C. Die erforderliche Leitungslänge beträgt 30 m.
    a) Wie groß ist der Gesamtbetriebsstrom I_b der Leitung?
    b) Ist die Leitung hinsichtlich der Strombelastbarkeit I_z ausreichend dimensioniert?
    c) Ist die Leitung hinsichtlich des maximalen Spannungsabfalls ausreichend dimensioniert?
    d) Schlagen Sie – sofern erforderlich – eine Änderung der Leitungsdimensionierung vor und bestimmen Sie dann den maximalen Bemessungsstrom I_n des erforderlichen Leitungsschutzschalters.
14. a) Was versteht man bei der Elektroinstallation unter den Installationszonen?
    b) In welchen Bereichen befinden sich diese Zonen bei einer Gebäudeinstallation?
15. Nennen Sie unterschiedliche Arten von Installationsdosen und erläutern Sie die Unterschiede.
16. a) Was versteht man in der Elektrotechnik unter einer Klemme?
    b) Wodurch unterscheiden sich Lüsterklemmen von Wago-Klemmen?

5.3 Überstromschutzeinrichtungen

Überstromschutzeinrichtungen haben die Aufgabe, sowohl bei betriebsmäßiger Überlastung als auch bei Kurzschluss durch Unterbrechung des Stroms das Auftreten zu hoher Temperaturen am Leiter zu verhindern.

Eine **Überlastung** eines Stromkreises liegt vor, wenn ein Verbraucher mit einer zu hohen Leistung oder zu viele Verbraucher angeschlossen werden, die eine zu hohe Stromstärke verursachen.

Ein **Kurzschluss** liegt vor, wenn in einem Stromkreis zwischen zwei spannungsführenden Leitern (z. B. L1 und N) eine fehlerhafte Verbindung ohne Lastwiderstand besteht und dadurch ein sehr hoher Kurzschlussstrom fließt.

Bei diesen unerwünschten Betriebsfällen werden in Niederspannungs-Stromkreisen mit großen Leistungen zur Stromunterbrechung **Leitungsschutzsicherungen** nach DIN VDE 0636 verwendet. In Licht- und Steckdosenstromkreisen sowie in Gerätestromkreisen mit geringerer Leistung werden **Leitungsschutzschalter** eingesetzt.

5.3.1 Leitungsschutzsicherungen

Leitungsschutzsicherungen sind Schmelzsicherungen, die bei Kurzschluss oder Überlastung die Stromzufuhr durch Abschmelzen eines Schmelzdrahts unterbrechen.

Bei einem Kurzschluss mit seinem relativ hohen Strom erfolgt das Durchbrennen sehr schnell, bei einer Überlastung mit einem vergleichsweise geringeren Strom jedoch langsam.

Bei Gebäudeinstallationen werden folgende Sicherungssysteme eingesetzt:

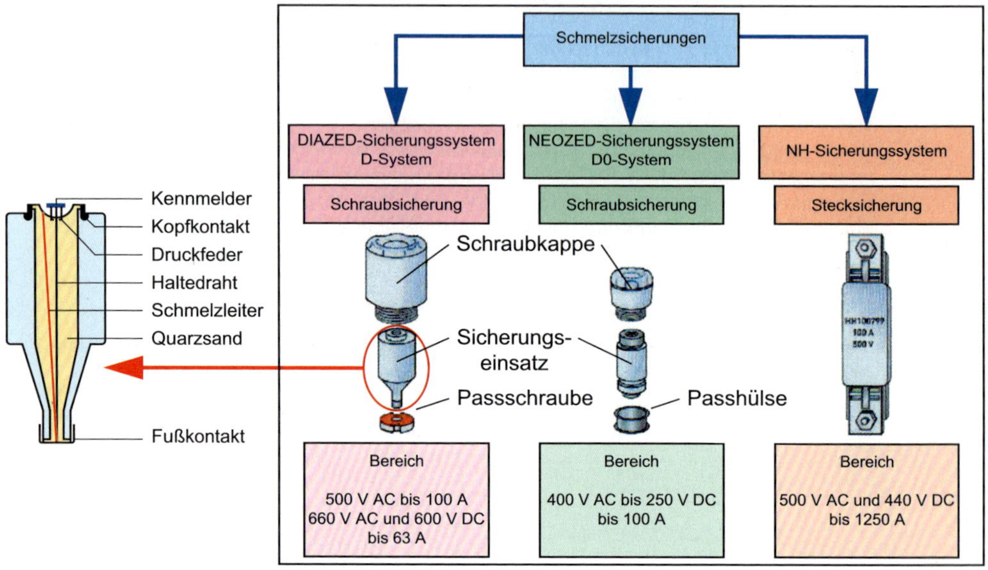

Bild 5.32: Bauarten von Leitungsschutzsicherungen

5.3.1.1 Schraubsicherungen

Das ältere DIAZED-System wird auch als **D-System**, das neuere NEOZED-System (NEO = neu) auch als **D0-System** bezeichnet. Bei den DIAZED- und NEOZED-Sicherungssystemen handelt es sich um **Schraubsicherungen** mit den folgenden Eigenschaften:

- Aufgrund der unterschiedlichen Größen der Sicherungseinsätze sind beide Systeme eindeutig erkennbar und nicht verwechselbar.
- Bei beiden Systemen gibt es Sicherungseinsätze für unterschiedliche Bemessungsstromstärken, die jeweils mit einer Kennfarbe eindeutig markiert sind. Die Farbkennzeichnung befindet sich auf dem Sicherungssockel, auf den die Sicherung geschraubt wird, und auf dem Schmelzeinsatz selbst.
- Je nach Bemessungsstromstärke hat die Passschraube (DIAZED) bzw. die Passhülse (NEOZED) einen unterschiedlichen Durchmesser. Dieser verhindert, dass versehentlich ein Sicherungseinsatz mit einer zu großen Bemessungsstromstärke eingesetzt wird.
- Die Bemessungsstromstärken reichen jeweils von $I_n = 2$ A bis $I_n = 100$ A.

<table>
<tr><th rowspan="2">I_N in A</th><th rowspan="2">Farbe</th><th rowspan="2">I_N Sockel</th><th colspan="2">Gewinde</th></tr>
<tr><th>NEOZED</th><th>DIAZED</th></tr>
<tr><td>2</td><td>rosa</td><td rowspan="6">25 A</td><td rowspan="5">D 01 (E 14)</td><td rowspan="7">D II (E 27)</td></tr>
<tr><td>4</td><td>braun</td></tr>
<tr><td>6</td><td>grün</td></tr>
<tr><td>10</td><td>rot</td></tr>
<tr><td>16</td><td>grau</td></tr>
<tr><td>20</td><td>blau</td><td rowspan="5">D 02 (E 18)</td></tr>
<tr><td>25</td><td>gelb</td><td rowspan="4">63 A</td></tr>
<tr><td>35</td><td>schwarz</td><td rowspan="3">D III (E 33)</td></tr>
<tr><td>50</td><td>weiß</td></tr>
<tr><td>63</td><td>kupfer</td></tr>
</table>

Bild 5.33: DIAZED- und NEOZED-Kennzeichnungen (Auszug)

- Nach Abschmelzen des Schmelzleiters wird ein sogenannter **Kennmelder** freigegeben, der den Zustand der Sicherung anzeigt. Der Kennmelder wird über einen ebenfalls schmelzenden Haltedraht und eine Feder befestigt. Fehlt der Kennmelder, so ist die farbige Abdeckung nicht mehr vorhanden und die Sicherung muss ersetzt werden.

Um eine Berührung mit spannungsführenden Teilen beim Wechsel des Schmelzeinsatzes zu verhindern, ist die vom Netz kommende Zuleitung am Fußkontakt und die zum Verbraucher führende Leitung am Gewindering des Sicherungsockels angeschlossen.

Sicherungseinsätze von Schmelzsicherungen bis zu einem Bemessungsstrom von 63 A und einer Bemessungsspannung von maximal 400 V dürfen von jeder Person auch unter Last gewechselt werden (DIN VDE 0105-1).
Sicherungseinsätze dürfen weder überbrückt noch repariert werden!

5.3.1.2 Stecksicherungen

Bei dem **NH-Sicherungssystem** (**N**iederspannungs-**H**ochleistungs-Sicherungssystem) handelt es sich um eine **Stecksicherung**, bei der der NH-Schmelzaufsatz auf ein Sicherungsunterteil gesteckt wird. NH-Sicherungen sind in der Lage, sehr große Kurzschlussströme abzuschalten. Sie werden bis zu einer Bemessungsstromstärke I_n = 1 250 A gefertigt.

Bezeichnung/Baugröße	Strombereich I_n in A
NH00	6 bis 100
NH0	6 bis 160
NH1	80 bis 250
NH2	125 bis 400
NH3	315 bis 630
NH4	500 bis 1 250

Bild 5.34: Strombereiche beim NH-Sicherungssystem

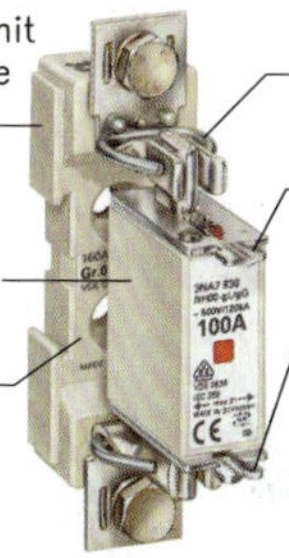

Bild 5.35: NH-Sicherung

Wegen ihrer großen Bemessungsstromstärken werden NH-Sicherungen vornehmlich in Anlagen mit großen Leiterquerschnitten bei Nennströmen bis 1 000 A verwendet.

NH-Sicherungen dürfen unter Spannung nur von elektrisch unterwiesenen Personen mit besonderen Werkzeugen (Aussteckgriff mit Armschutz) unter Beachtung der Sicherheitsvorschriften gewechselt werden.

5.3.1.3 Funktions- und Betriebsklassen

Niederspannungssicherungen werden nach Funktionsklassen und Betriebsklassen unterteilt.

Die **Funktionsklasse** gibt an, ob eine Schmelzsicherung als Überlast- **und** Kurzschlussschutz oder **nur** für den Kurzschlussschutz eingesetzt werden kann.

Die **Betriebsklasse** beschreibt zusätzlich das zu schützende Objekt. Hiervon hängt das Auslöseverhalten, d. h. das Strom-Zeit-Verhalten der Schmelzsicherung, ab.

Man unterscheidet die folgenden Funktionsklassen:

Funktions-klasse	Erläuterung
g	**Ganzbereichssicherungen** ■ Sicherungseinsätze, die Ströme bis zu ihrem Bemessungsstrom I_n dauernd führen können und vom kleinsten Schmelzstrom bis zum Nennausschaltstrom ausschalten können ■ für Überlast- und Kurzschlussschutz geeignet
a	**Teilbereichssicherungen** ■ Sicherungseinsätze, die Ströme bis zu ihrem Bemessungsstrom I_n dauernd führen und oberhalb eines bestimmten Vielfachen von I_n bis zum Nennausschaltstrom ausschalten können ■ nur für Kurzschlussschutz geeignet

Bild 5.36: Funktionsklassen bei Schmelzsicherungen

Die Betriebsklasse wird durch zwei Buchstaben gekennzeichnet. Der 1. Buchstabe gibt die Funktionsklasse an, der 2. Buchstabe bezeichnet das zu schützende Objekt. Bei den zu schützenden Objekten unterscheidet man:

Kennbuchstabe	Schutzobjekt
G	allgemeine Anwendung
S	Halbleiter, Kabel und Leitungen
M	Schaltgeräte
R	Halbleiter
B	Bergbau-Anlagen
Tr	Transformatoren

Bild 5.37: Kennbuchstaben für Schutzobjekte

Hieraus resultieren die folgenden nationalen Betriebsklassen:

Betriebsklasse	Schutz von
gG	Ganzbereichsschutz für allgemeine Anwendung, Kabel- und Leitungsschutz
aM	Teilbereichs-Schaltgeräteschutz
aR	Teilbereichs-Halbleiterschutz
gR	Ganzbereichs-Halbleiterschutz
gB	Ganzbereichs-Bergbau-Anlagenschutz
gTr	Ganzbereichs-Transformatorenschutz

Bild 5.38: Betriebsklassen von Niederspannungssicherungen

Hinter der Angabe der nationalen Betriebsklasse gemäß DIN VDE findet man zusätzlich auch meist die Betriebsklassenbezeichnung gemäß IEC-Norm (International Electrotechnical Commission) aufgedruckt.

■ **Beispiel:**

Erläutern Sie den folgenden Aufdruck auf einem Niederspannungs-Sicherungseinsatz:

NEOZED D03 100 A gG ≈ 400 V = 250 V

Lösung

Es handelt sich um eine NEOZED-Schmelzsicherung mit der Schraubkappengröße D03; der Bemessungsstrom beträgt 100 A; gG bedeutet: Betriebsklasse Ganzbereichssicherung für Schutzobjekt Kabel und Leitungen bzw. für allgemeine Anwendung; verwendbar bei Wechselspannungen bis 400 V bzw. Gleichspannungen bis 250 V.

Wie schnell ein Schmelzdraht schmelzen muss, hängt vom zu schützenden Objekt ab. Für die einzelnen Betriebsklassen gibt es jeweils unterschiedliche Auslöseverhalten. Bild 5.39 zeigt beispielhaft Auslösecharakteristiken von Schmelzsicherungen der Betriebsklasse gG.

Das Abschmelzen des Schmelzdrahts und damit das Auslösen der Sicherung ist von der Höhe und von der Dauer des fließenden Stroms abhängig. Herstellungsbedingt arbeitet eine Schmelzsicherung mit einer gewissen Toleranz.

Erst beim Überschreiten der unteren Kennlinie des Toleranzbands (Nichtauslösekennline a, Bild 5.39) *darf* die Sicherung ansprechen. Beim Erreichen der oberen Kennlinie (Auslösekennlinie b, Bild 5.39) *muss* die Sicherung auslösen.

Für eine Schmelzsicherung der Betriebsklasse gG mit einem Bemessungsstrom I_n = 16 A bedeutet dies, dass im Fehlerfall bei einer Abschaltzeit von 0,2 s die Sicherung bei einer Stromstärke von 80 A auslösen kann, bei einem Strom von 160 A auf jeden Fall ausgelöst haben wird.

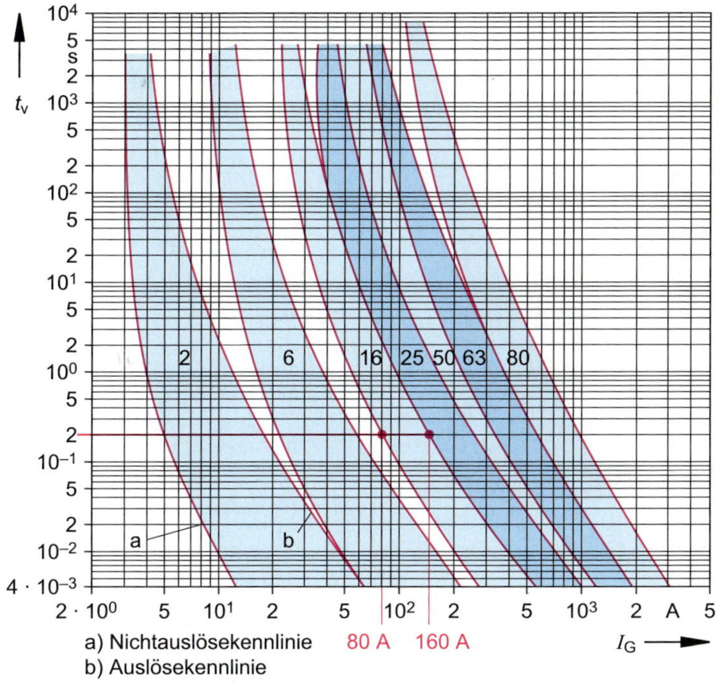

Bild 5.39: Auslöseverhalten von Schmelzsicherungen der Betriebsklasse gG (Strom-Zeit-Kennlinien)

Je größer die fließenden Ströme im Fehlerfall sind, umso schneller unterbrechen die Schmelzsicherungen den Stromkreis. Um auch einen Kurzschlussstrom schalten zu können, muss das Schaltvermögen der Sicherung mindestens so groß sein wie der Kurzschlussstrom.

> Das **Bemessungschaltvermögen** einer Sicherung gibt an, bis zu welcher Stromhöhe ein sicheres Abschalten erfolgt.

Sicheres Abschalten bedeutet, dass die Sicherung den Stromkreis vollständig unterbricht und den beim Abschalten entstehenden Lichtbogen zuverlässig löscht. Aus diesem Grund ist der Schmelzdraht mit Quarzsand umgeben (Bild 5.32). Bei Schmelzsicherungen wird ein Schaltvermögen von mindestens 50 kA gefordert.

5.3.2 Leitungsschutzschalter

Leitungsschutzschalter (**LS-Schalter**) werden ebenfalls zum Schutz von Leitungen vor Überlast und Kurzschluss eingesetzt. Im Gegensatz zu den Schmelzsicherungen bieten sie den Vorteil, dass sie nach dem Auslösen wieder eingeschaltet werden können. Gemäß DIN 18015-1 sollen bei einer Installation in Wohngebäuden sämtliche Stromkreise für Beleuchtung und Steckdosen mit LS-Schaltern abgesichert werden.

Um den Schutz sowohl bei Überlast als auch bei Kurzschluss mit seinen unterschiedlichen Schaltanforderungen zu gewährleisten, verfügt der LS-Schalter über zwei verschiedene Auslösemechanismen:

- Das Auslösen bei Kurzschluss bewirkt eine **elektromagnetische Schnellauslösung**, die den Strom unverzögert abschaltet.
- Das Auslösen bei Überlast bewirkt ein **Bimetallauslöser**, der sich durch den fließenden Strom erwärmt und so zu einem zeitlich verzögerten Abschalten führt.

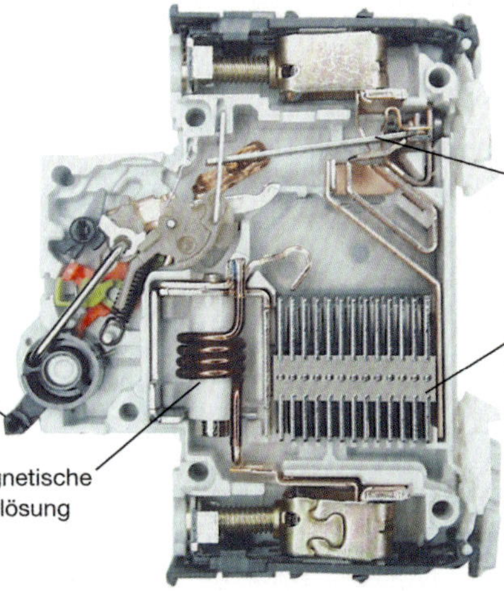

Bild 5.40: Aufbau eines LS-Schalters

Nach dem Auslösen verhindert eine **Freiauslösung** das Wiedereinschalten, solange die Fehlerursache nicht beseitigt ist.

Darüber hinaus dienen LS-Schalter dem Zweck, einen Stromkreis durch Handbetätigung vom Netz zu trennen oder mit diesem zu verbinden. Gegenüber Schmelzsicherungen haben sie noch folgende Vorteile:

- gefahrlose Bedienung auch durch Laien
- „Flicken“ und Austausch gegen höhere Nennstromstärken ist unmöglich
- nur kurze Betriebsunterbrechungen, da gleich wiedereinschaltbar
- gleichzeitig als Schalter für den Stromkreis verwendbar
- geringer Platzbedarf in der Verteilung (Breite 17,5 mm je Pol)
- keine altersbedingte Verschiebung der Auslösekennlinie

Je nach zu schützenden Betriebsmitteln oder Anlagen werden LS-Schalter mit verschiedenen Abschaltcharakteristiken eingesetzt. Man unterscheidet B-, C-, K- oder Z-Charakteristik. Diese unterscheiden sich in der Höhe des Stroms, bei dem der LS-Schalter auslöst. Dieser Strom wird als Vielfaches des Bemessungsstroms I_n angegeben (Bild 5.41). Hierbei prägen beide Auslösemechanismen den Verlauf der Auslösekennlinie, bei dem sich aufgrund der Herstellungstoleranzen wie bei den Schmelzsicherungen auch wieder Toleranzbänder ergeben (Bild 5.42).

Auslösecharakteristik	Einsatzbereich	Unverzögerter Kurzschlussschutz	Verzögerter Überlastungsschutz
B	Überstromschutz von Leitungen	3 bis 5 $\cdot I_n$ (Auslösezeit $\leq$ 0,2 s)	1,13 $\cdot I_n$ bei einer Auslösezeit $>$ 1 h bis 1,45 $\cdot I_n$ bei einer Auslösezeit $<$ 1 h
C	Überstromschutz von Leitungen für Stromkreise, mit Stromspitzen, die durch Verbraucher verursacht werden	5 bis 10 $\cdot I_n$ (Auslösezeit $\leq$ 0,2 s)	
K	Kraftstromkreise, Motoren, Transformatoren, Lampenschutz	8 bis 14 $\cdot I_n$ (Auslösezeit $\leq$ 0,2 s)	1,05 $\cdot I_n$ bei einer Auslösezeit $>$ 1 h bis 1,2 $\cdot I_n$ bei einer Auslösezeit $<$ 1 h
Z	Schutz von Halbleitern Messkreisen mit Stromwandlern, Leitungsschutz	2 bis 3 $\cdot I_n$ (Auslösezeit $\leq$ 0,2 s)	

Bild 5.41: Eigenschaften der verschiedenen Auslösecharakteristiken

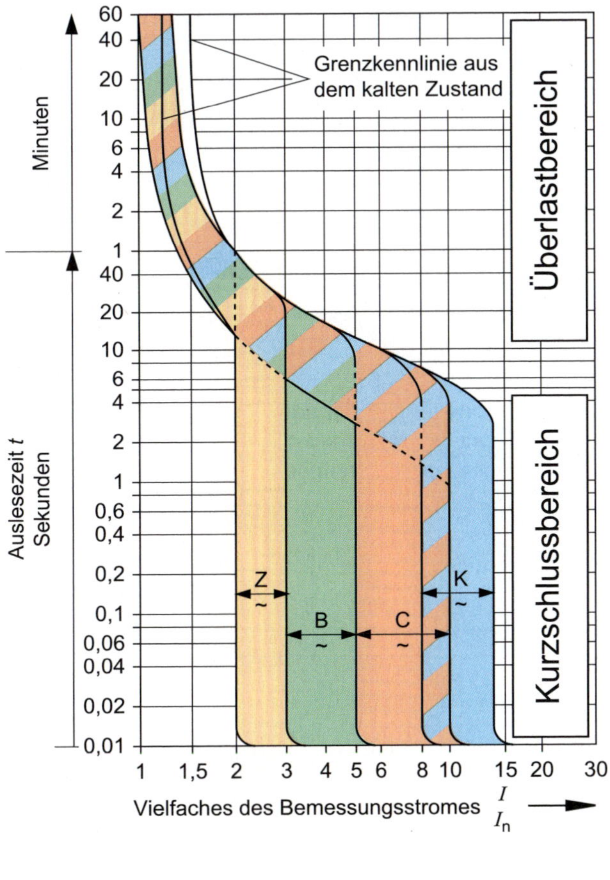

Bild 5.42: Auslösecharakteristiken von LS-Schaltern

5.3.3 Sonstige Schutzeinrichtungen

Zusätzlich zu den Leitungsschutzsicherungen und den Leitungsschutzschaltern, die ausschließlich dem Schutz vorhandener Leitungen dienen, werden bei einer Elektroinstallation weitere Schutzeinrichtungen eingesetzt.

Hierzu gehören:

- Schutz gegen elektrischen Schlag bei auftretenden Fehlerströmen (siehe Kap. 6.4)
- Schutz vor zu hohen Spannungen (Blitzschutz)
- Geräteschutzeinrichtungen

Der Geräteschutz wird mit **Gerätesicherungen** (G-Sicherungen) realisiert, die in jedem elektrischen Gerät enthalten sind. Neben elektronischen Schaltungen werden in der Regel Schmelzsicherungen eingesetzt, die jeweils in den Geräten eingebaut sind. Man unterscheidet:

Kennbuchstabe	Auslöseverhalten	Abschaltzeit	Verwendung	Beispiel
FF	superflink (very fast acting)	< 5 ms	empfindliche Halbleiter, elektronische Baugruppen	
F	flink (fast acting)	< 20 ms	elektronische Baugruppen, Messgeräte, Haushaltsgeräte	
M	mittelträge (medium time lag)	< 50 ms	Haushaltsgeräte	
T	träge (time lag)	< 100 ms	Kleinmotoren, Transformatoren	
TT	superträge (long time lag)	< 300 ms	Geräte mit vergleichsweise hohem Einschaltstrom	

Bild 5.43: Geräteschutzsicherungen

Gerätesicherungen werden für Bemessungsströme von 0,03 A bis 20 A hergestellt.

5.3.4 Selektivität

Überstromschutzorgane müssen am Anfang jedes Stromkreises sowie an allen Stellen eingebaut werden, an denen eine geringere Strombelastung gegeben ist. Dies ist beispielsweise der Fall, wenn sich der Leiterquerschnitt verringert. Hieraus resultiert, dass innerhalb einer Gebäudeinstallation mehrere Überstromschutzeinrichtungen in Reihe geschaltet sind.

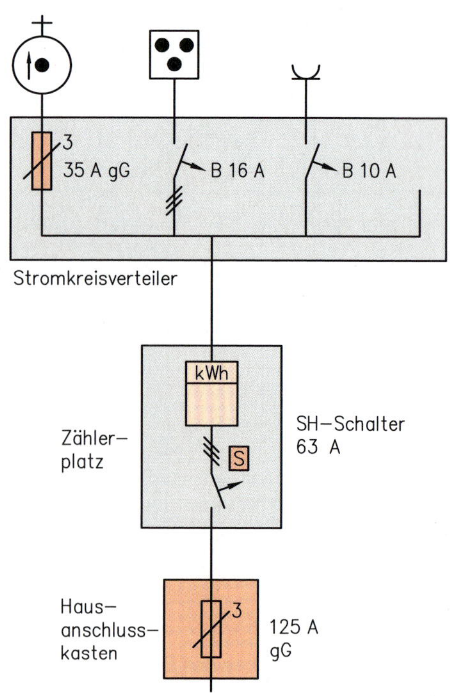

Bild 5.44: In Reihe geschaltete Schutzeinrichtungen

In Reihe geschaltete Schutzeinrichtungen müssen sich stets selektiv verhalten.

In Reihe geschaltete Schutzeinrichtungen verhalten sich **selektiv**, wenn im Fehlerfall nur die unmittelbar dem Fehlerort vorgeschaltete Schutzeinrichtung auslöst.

Hierdurch wird sichergestellt, dass im Fehlerfall nur ein möglichst begrenzter Anlagenteil abgeschaltet wird. Eine ausreichende Selektivität erreicht man, indem die Bemessungsstromstärken von in Reihe geschalteten Überstromschutzeinrichtungen hinreichend abgestuft werden. Neben der Bemessungsstromstärke wird bei Leitungsschutzschaltern daher zusätzlich die **Selektivitätsklasse** (auch als **Strombegrenzungsklasse** bezeichnet) angegeben. Je höher die Selektivitätsklasse ist, desto schneller schaltet ein LS-Schalter ab. Man unterscheidet die Klassen 1, 2 und 3.

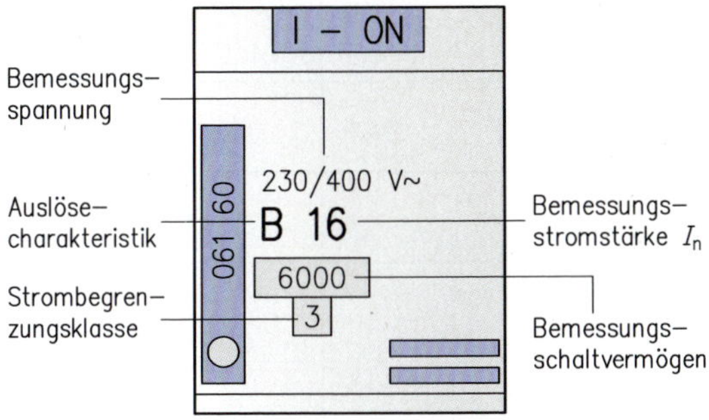

Bild 5.45: Typenschild eines LS-Schalters

Bei in Reihe geschalteten Schmelzsicherungen des gleichen Typs gilt die Selektivität als gegeben, wenn sich deren Bemessungsstromstärken um den Faktor 1,6 unterscheiden.

Aufgaben

1. Überstromschutzeinrichtungen sollen vor Überlastung und vor Kurzschluss schützen. Welcher Unterschied besteht zwischen diesen beiden unerwünschten Betriebsfällen?
2. Welcher Unterschied besteht zwischen einer Leitungsschutzsicherung und einem Leitungsschutzschalter?
3. In einer technischen Unterlage lesen Sie die Bezeichnungen DIAZED, NEOZED und NH-Sicherung. Erläutern Sie diese Bezeichnungen und tragen Sie technische Informationen hierzu zusammen.
4. Niederspannungssicherungen werden nach Funktionsklassen und Betriebsklassen eingeteilt.
   a) Was versteht man unter diesen Begriffen?
   b) Welche Funktionsklassen gibt es? Wie werden sie gekennzeichnet?
   c) Welche Betriebsklassen gibt es? Wie werden sie gekennzeichnet?
5. In Bild 5.39 ist das Auslöseverhalten von Schmelzsicherungen dargestellt.
   a) Um welche Funktionsklasse handelt es sich hierbei?
   b) Welche Bedeutung haben die eingezeichneten Nichtauslösekennlinien und die Auslösekennlinien?
   c) Bestimmen Sie mit Bild 5.39 das Auslöseverhalten einer Schmelzsicherung mit einem Bemesssungsstrom von 63 A bei einer Auslösezeit von 0,3 s.
6. Was versteht man unter dem Bemessungsschaltvermögen einer Sicherung?
7. Über welche unterschiedlichen Auslösemechanismen verfügt ein Leitungsschutzschalter? Erläutern Sie die jeweilige Funktion.
8. Welche Auslösecharakteristiken unterscheidet man bei LS-Schaltern? Nennen und erläutern Sie die Unterschiede.
9. a) Was versteht man unter einer G-Sicherung?
   b) Welche Arten von G-Sicherungen unterscheidet man und wie werden sie gekennzeichnet?
10. Was versteht man unter der Selektivität von Schutzeinrichtungen?

5.4 Installationsschaltungen

Neben den Gerätestromkreisen für die unterschiedlichen Elektrogeräte (Elektroherd, Waschmaschine, Durchlauferhitzer usw.) besteht die Elektroinstallation zur Verteilung der elektrischen Energie aus dem Anschluss von Schutzkontaktsteckdosen und verschiedenen Lampenschaltungen. Die Darstellung dieser Schaltungen erfolgt im **Übersichtsschaltplan**, im **Stromlaufplan in einpoliger Darstellung** oder im **Stromlaufplan in zusammenhängender Darstellung** (siehe Infomodul C auf **www.westermann.de/links/00815**, siehe Vorwort). Die verwendeten Betriebsmittel werden mit genormten Schaltzeichen gemäß DIN 40900 dargestellt.

Betriebsmittelkennzeichnung	Schaltzeichen nach DIN 40900	Kontaktschaltplan
Ausschalter Q		
Wechselschalter Q		
Serienschalter Q		
Kreuzschalter		

Betriebsmittelkennzeichnung	Schaltzeichen nach DIN 40900	Kontaktschaltplan
Steckdose einfach X		
Steckdose doppelt X		
Taster		
Deckenleuchte E	XX	

Bild 5.46: Schaltzeichen gemäß DIN 40900 (Auszug)

5.4.1 Anschluss einer Schutzkontaktsteckdose

Die Anschaltung einer Schutzkontaktsteckdose erfolgt dreiadrig mit den Leitern L1, N und PE. Werden mehrere Steckdosen direkt nebeneinander platziert (in der Regel maximal drei), genügt eine einzige dreiadrige Zuleitung.

Schaltpläne Schutzkontaktsteckdose

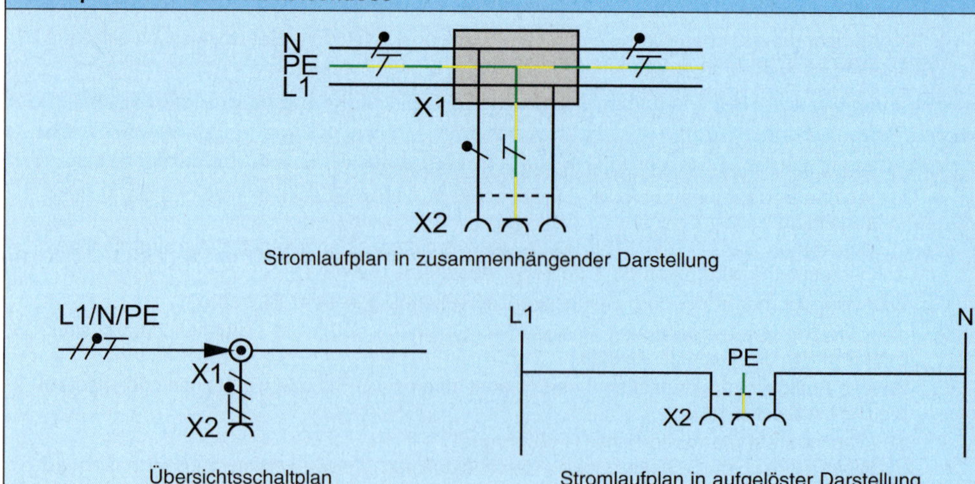

Bild 5.47: Anschluss einer Schutzkontaktsteckdose

5.4.2 Ausschaltung

Die Ausschaltung ermöglicht das Ein- und Ausschalten einer Leuchte von einer Schaltstelle.

Schaltpläne Ausschaltung

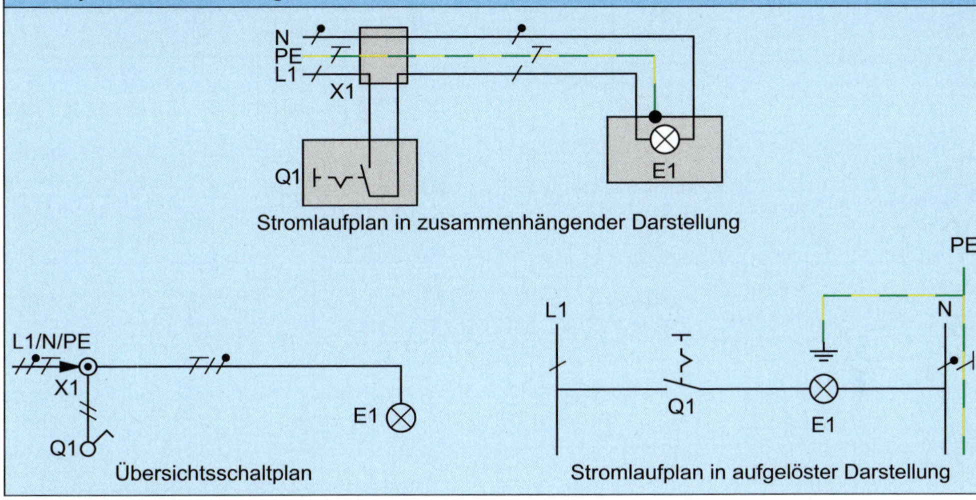

Bild 5.48: Ausschaltung

In der Praxis findet man die Ausschaltung oft in Kombination mit dem Anschluss einer Steckdose. Sofern gewünscht, kann als Schalter auch eine Ausführung mit Kontrollleuchte verwendet werden. Die Kontrollleuchte leuchtet bei eingeschaltetem Zustand.

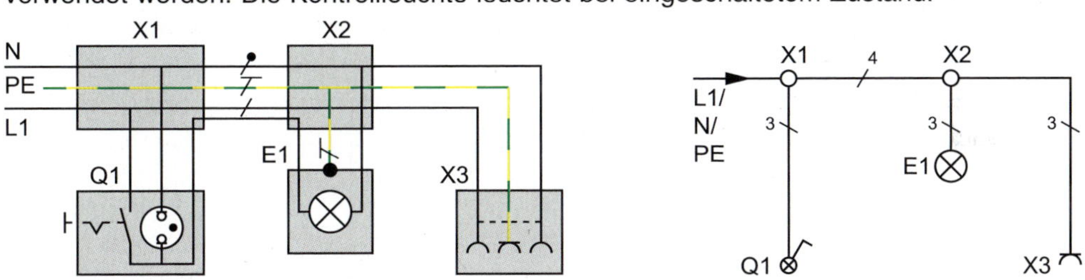

Bild 5.49: Ausschaltung in Kombination mit Steckdose; Schalter beleuchtet

5.4.3 Serienschaltung

Die Serienschaltung (Bild 5.50) ermöglicht das einzelne oder gleichzeitige Ein- und Ausschalten mehrerer (meist zweier) Lampen in einer Leuchte von einer Schaltstelle aus. Sie wird auch als **Doppelausschaltung** bezeichnet. Die Leitung zwischen Abzweigdose X1 und Serienschalter Q1 muss hierbei mindestens vier Adern haben, da die grüngelbe Ader nur für Schutzmaßnahmen verwendet werden darf.

5.4.4 Wechselschaltung

Die Wechselschaltung (Bild 5.51) ermöglicht das Ein- und Ausschalten einer Lampe von zwei getrennten Stellen, z. B. von zwei Türen eines Zimmers. Zwischen den beiden Wechselschaltern Q1 und Q2 befinden sich **zwei** korrespondierende Leitungen, die je nach Schalterstellung von Q1 und Q2 den Außenleiter L1 an die Lampe E1 schalten (siehe Stromlaufplan in aufgelöster Darstellung).

Schaltpläne Serienschaltung

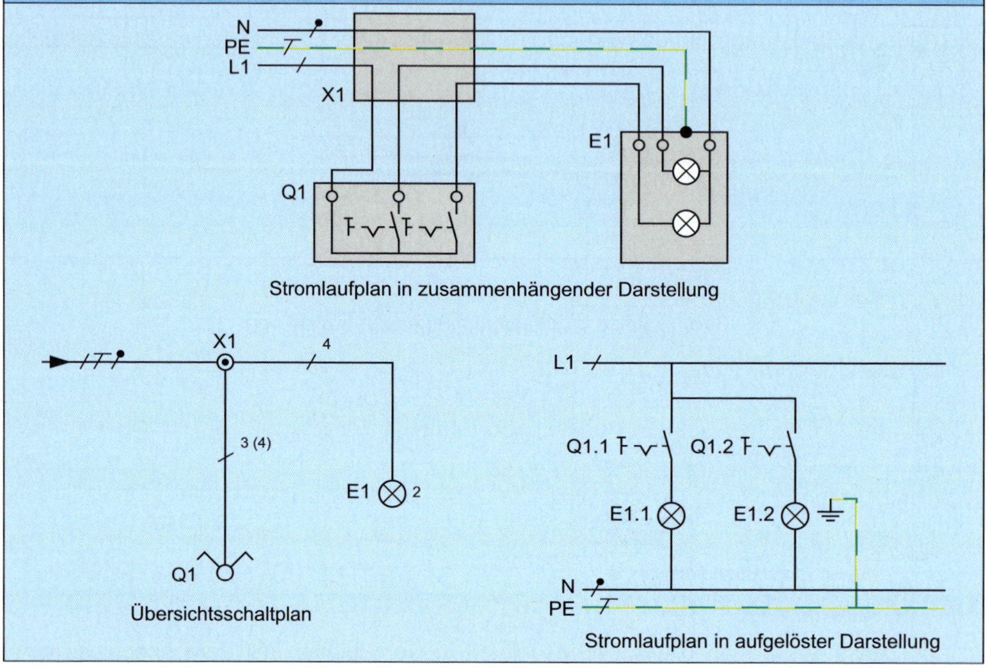

Bild 5.50: Serienschaltung

Schaltpläne Wechselschaltung

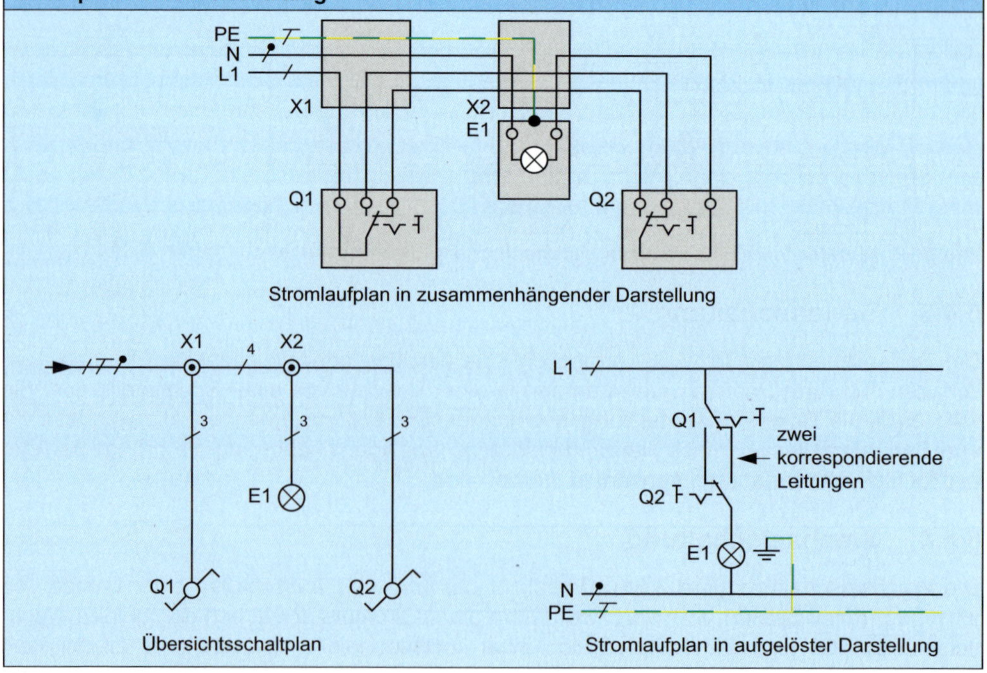

Bild 5.51: Wechselschaltung

Eine Sonderform stellt die sogenannte **Sparwechselschaltung** dar, bei der ein Wechselschalter in Kombination mit einer Schutzkontaktsteckdose installiert wird. Hierbei wird der Spannung führende Außenleiter L1 vom Schalter Q1 kommend an die Steckdose weitergeführt und lediglich Neutralleiter N und Schutzleiter PE kommen direkt vom Verteiler X1 (Bild 5.52). An beiden Wechselschaltern Q1 und Q2 ist der Außenleiter L1 angeschlossen, zwischen beiden Schaltern befindet sich bei dieser Schaltungsvariante nur **eine** korrespondierende Leitung (siehe Stromlaufplan in aufgelöster Darstellung).

Schaltpläne Sparwechselschaltung

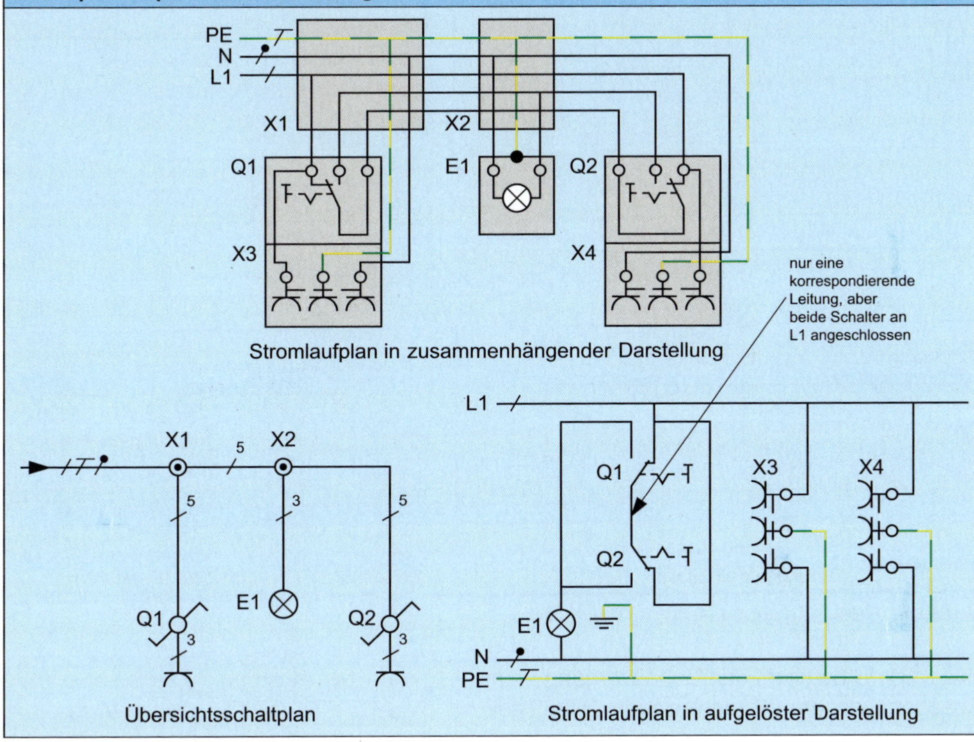

Bild 5.52: Sparwechselschaltung

In den Stromlaufplänen in aufgelöster Darstellung ist für beide Schaltungsvarianten auch deutlich zu erkennen, dass die Lampe E1 auf der Seite des Neutralleiters N installiert ist, um im ausgeschalteten Zustand sicherzustellen, dass keine Spannung an der Lampe anliegt.

5.4.5 Kreuzschaltung

Die Kreuzschaltung (Bild 5.53) ermöglicht es, von drei (oder mehr) Schaltstellen aus eine Lampe beliebig ein- und auszuschalten. Der hierbei erforderliche Kreuzschalter hat zwei Umschalter und wird mit vier Leitungsadern angeschlossen. Die beiden Umschalter polen bei Schalterbetätigung die zugehörigen Umschaltkontakte um, d. h. diese werden „über Kreuz" verbunden. Bei einer Kreuzschaltung mit drei Schaltstellen werden zusätzlich zwei Wechselschalter benötigt, wovon einer direkt am Außenleiter und der andere über die Lampe am Nullleiter liegt.

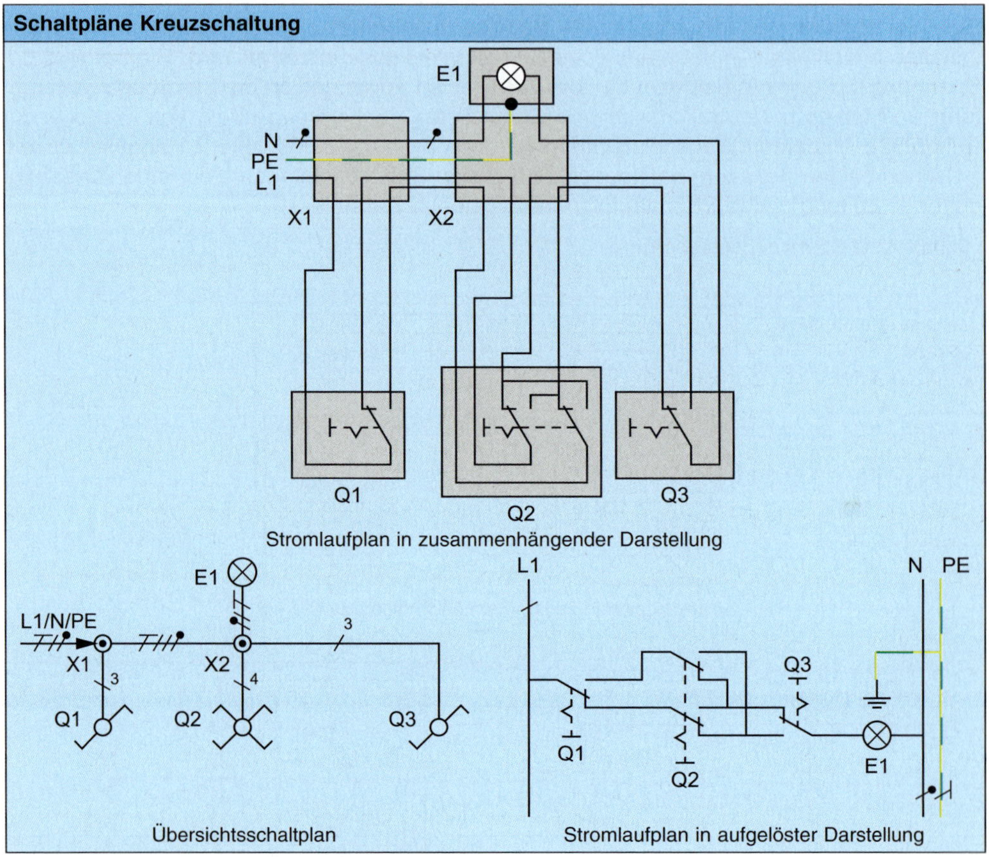

Bild 5.53: Kreuzschaltung mit drei Schaltstellen

Bild 5.54 verdeutlicht den Schaltvorgang beim Schalten von drei verschiedenen Schaltstellen.

Soll eine Lampe beispielsweise von fünf Stellen beliebig ein- und ausgeschaltet werden können, benötigt man drei Kreuzschalter und zwei Wechselschalter. Zwischen den Kreuzschaltern müssen jeweils vier Leitungsadern verlegt werden, was einen vergleichsweise hohen Schaltungsaufwand bedeutet. Daher werden bei mehr als drei Schaltstellen oft alternative, kostengünstigere Schaltungsarten eingesetzt (siehe Kap. 5.4.6).

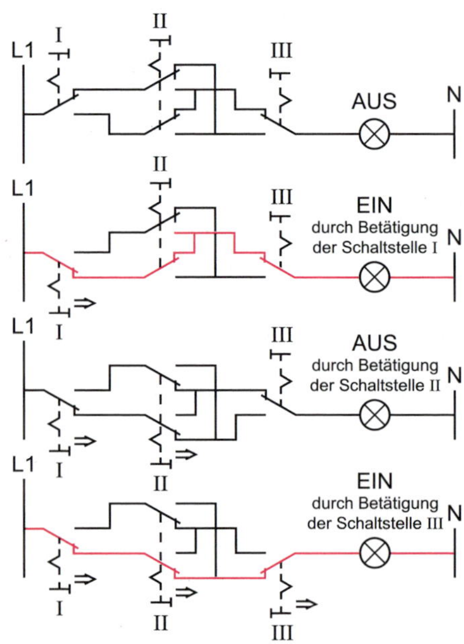

Bild 5.54: Schaltvorgang bei der Kreuzschaltung

Für alle Lampenschaltungen gilt:

Der Neutralleiter N muss stets direkt mit der Lampe verbunden werden.

Die Lampe darf nur über Schalter ein- und ausgeschaltet werden, die den Außenleiter L1 schalten!

Ansonsten besteht Lebensgefahr beim Auswechseln der Lampe!

5.4.6 Stromstoßschaltung

Die Stromstoßschaltung wird meist eingesetzt, wenn ein Bedarf von mehr als drei Schaltstellen besteht. Hierbei werden an den Schaltstellen jeweils Taster verwendet, die ein im Verteilerkasten befindliches Stromstoßrelais betätigen.

Stromstoßrelais sind elektromagnetisch betätigte Schalter, die mit jedem Stromimpuls durch ihre Erregerspule ihren Schaltzustand ändern. Der Steuerstromkreis, in dem die Taster angeordnet sind, und der Hauptstromkreis (Laststromkreis), in dem sich die Lampe befindet, sind elektrisch voneinander getrennt.

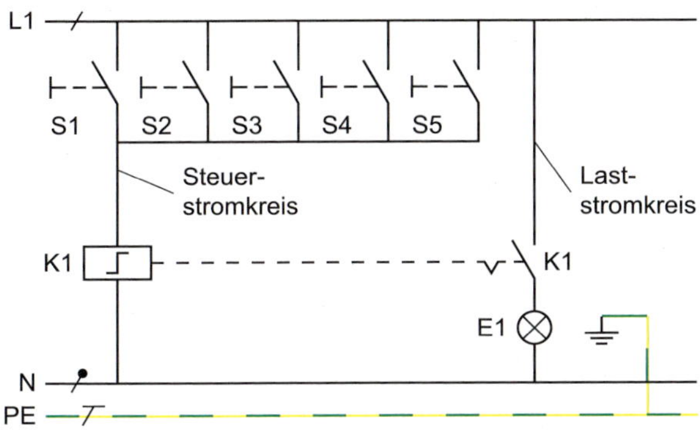

Betriebsmittel	Schaltzeichen nach DIN EN 60617-11
Stromstoßschalter	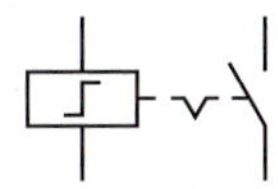

Bild 5.55: Stromlaufplan einer Stromstoßschaltung

Alternativ zur Schaltung in Bild 5.55 werden auch Stromstoßrelais eingesetzt, die mit einer Kleinspannung im Steuerstromkreis betrieben werden. Hierzu ist die Installation eines Niederspannungstransformators (siehe Kap. 1.9.5) im Stromverteilerkasten zur Bereitstellung der erforderlichen Klein-Gleichspannung von meist 12 V erforderlich.

Stromstoßschaltungen werden beispielsweise in Treppenhäusern zum Schalten der Beleuchtung eingesetzt. Die verwendeten Taster verfügen hierbei meist über eine integrierte Glimmlampe, damit man auch im Dunkeln den Taster erkennen kann. Anstelle des normalen Stromstoßschalters wird hierbei ein elektromagnetisches Relais mit verzögerter Abschaltung (Treppenlichtautomat) eingesetzt. Bei Betätigung eines Tasters wird das Licht eingeschaltet, das Relais schaltet das Licht dann nach einer voreingestellten Zeitspanne automatisch wieder aus. Da ein elektromagnetisches Relais ein unter Umständen störendes Geräusch verursacht, werden auch elektronische Schaltungen eingesetzt, die einen Lastkreis geräuschlos ein- und ausschalten können.

5.4.7 Dimmerschaltungen

> Als **Dimmen** bezeichnet man das stufenlose Verändern der Helligkeit einer Beleuchtungseinrichtung.

Ein Dimmer ist ein elektronischer Schalter, mit dem die Lampenhelligkeit stufenlos veränderbar ist. Dimmer werden entweder mechanisch betätigt (Drehdimmer) oder verändern bei Berühren eines Sensorfelds die Lampenhelligkeit (Sensordimmer, Tastdimmer). Die Helligkeitsteuerung erfolgt über die Ansteuerung eines TRIAC (siehe Kap. 2.9.4). Dimmer lassen sich in handelsübliche Installationsdosen einbauen und können in allen dargestellten Schaltungsarten verwendet werden. Hierbei ist das Ein- und Ausschalten von jeder Schaltstelle möglich, die Helligkeitssteuerung kann jedoch nur am Dimmer erfolgen.

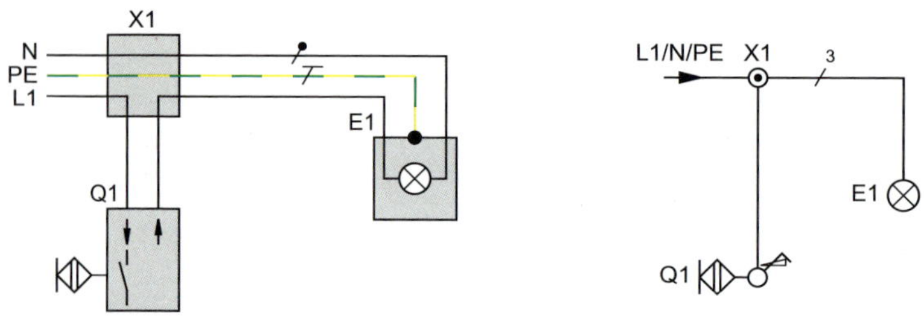

Bild 5.56: Ausschaltung mit Sensordimmer

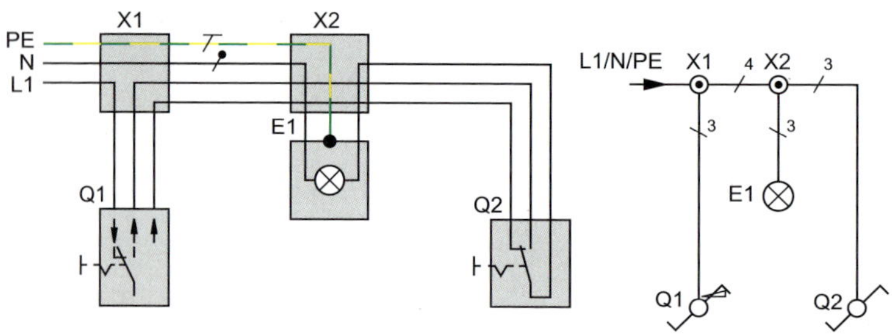

Bild 5.57: Wechselschaltung mit Drehdimmer

Die Dimmer arbeiten nach unterschiedlichen Verfahren (vgl. Kap. 2.9.4.1). Nicht jedes Leuchtmittel funktioniert mit jedem dieser Verfahren einwandfrei. Dies ist insbesondere beim Einsatz moderner LED-Beleuchtung zu beachten!

5.4.8 Netzfreischaltung

Fließt ein elektrischer Strom durch eine Leitung, so verursacht dieser Strom ein magnetisches Feld; liegt ein Adernpaar an einer elektrischen Spannung, so verursacht diese Spannung ein elektrisches Feld. Obwohl gesundheitliche Auswirkungen beider Felder bei den innerhalb von Gebäuden üblichen Strom- und Spannungswerten nicht nachgewiesen sind, besteht dennoch vielfach der Kundenwunsch, diese Felder innerhalb bestimmter Räumlichkeiten (z. B. Schlafzimmer, Kinderzimmer) möglichst zu reduzieren. Das lässt sich durch Einbau eines sogenannten Netzfreischalters (auch Feldfreischalter genannt) realisieren.

> Der **Netzfreischalter** bewirkt, dass ein begrenzter Bereich innerhalb einer Wohnung automatisch von der Netzspannung abgeschaltet wird, wenn keine elektrischen Verbraucher in Betrieb sind.

Der Netzfreischalter wird im Stromverteilerkasten montiert und zweipolig (L1 und N) hinter dem LS-Schalter angeschlossen. Der freizuschaltende Raum benötigt eine separate Zuleitung, die über den Netzfreischalter automatisch an die Netzspannung geschaltet wird, sobald dieser erkennt, dass ein angeschlossener Verbraucher eingeschaltet wird. Hierzu ist im freizuschaltenden Stromkreis eine Überwachungsspannung erforderlich, die auch anliegt, wenn der aktive Leiter vom Netz getrennt ist. Diese Überwachungsspannung ist abhängig vom Anbieter eine Gleichspannung zwischen 3 V und 230 V. Das Einschalten eines Verbrauchers bewirkt eine Widerstandsabnahme bzw. eine Stromzunahme im überwachten Stromkreis, die der Netzfreischalter registriert und dann sofort die Netzspannung zuschaltet. Fällt nach Abschalten des Verbrauchers der Überwachungstrom unter eine bestimmte Schaltschwelle, wird der aktive Leiter (L1) nach einer kurzen Verzögerung wieder vom Netz abgeschaltet. Der Neutralleiter und der Schutzleiter PE werden nicht geschaltet.

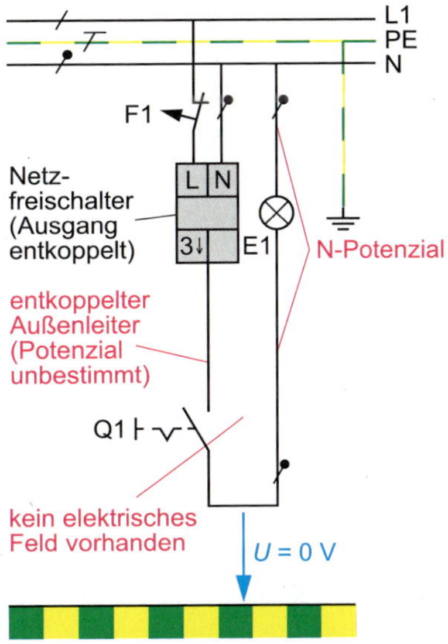

Bild 5.58: Netzfreischalter bei geöffnetem Schalter Q1

5.4.9 Ausstattungswert

Die elektrischen Verbraucher innerhalb eines Gebäudes oder einer Wohneinheit werden auf unterschiedliche Stromkreise aufgeteilt. Dies erfolgt, um

- eine symmetrische Belastung der Außenleiter (siehe Kap. 1.7.3) zu erreichen,
- die Stromstärken in den einzelnen Stromkreisen zu verringern, wodurch die Leitungsquerschnitte der Zuleitungen kleiner gemacht werden können,
- die Versorgungssicherheit zu erhöhen (z.B. dass bei einem Gerätekurzschluss nicht im gesamten Haus das Licht ausfällt, sondern nur in einzelnen Räumen).

Die Anzahl der installierten Stromkreise und Steckdosen ist gemäß DIN 18015-2 (Elektrische Anlagen in Wohngebäuden – Art und Umfang der Mindestausstattung) abhängig von der Größe der Räume, der Anzahl der installierten Elektrogeräte sowie von deren jeweiliger Leistung.

Wohnfläche der Wohnung in m^2	Anzahl Stromkreise
bis 50	3
bis 50 über 75	4
über 75 bis 100	5
über 100 bis 125	6
über 125	7

Bild 5.59: Mindestzahl allgemeiner Beleuchtungs- und Steckdosenstromkreise

Darüber hinaus müssen einige Geräte grundsätzlich separat abgesichert werden.

> Elektrogeräte mit einer Leistung ab 2 kW (z. B. Waschmaschine, Geschirrspüler, Wäschetrockner) müssen jeweils einen eigenen Stromkreis besitzen. Geräte mit einer Leistung ab 4,6 kW benötigen einen separaten Drehstromanschluss (Elektroherd, Durchlauferhitzer).

Weitergehende Ausstattungen (z. B. größere Anzahl installierter Stromkreise und Anschlüsse) sind in der RAL-RG 678 definiert und bestimmen den sogenannten **Ausstattungswert** der Elektroinstallation (RAL ist das Deutsche Institut für Gütesicherung und Kennzeichnung). Man unterscheidet:

- Ausstattungswert 1: **Mindestaustattung**; Kennzeichnung mit einem Stern
- Ausstattungswert 2: **Standardausstattung**; Kennzeichnung mit zwei Sternen
- Ausstattungswert 3: **Komfortausstattung**; Kennzeichnung mit drei Sternen

Ausstattungswert		Küche[a) b)]	Kochnische[b)]	Bad	WC-Raum	Hausarbeitsraum[b)]	Wohnzimmer[a)]		Esszimmer	je Schlaf-, Kinder-, Gäste-, Arbeitszimmer, Büro[b)]		Flur		Freisitz, Loggia, Balkon	Abstellraum	Hobbyraum	Zur Wohnung geh. Keller-/Bodenraum, Garage	Keller-/Bodengang, je 6 m Ganglänge
							bis 20 m²	über 20 m²		bis 20 m²	über 20 m²	bis 3 m	über 3 m					
*	**Anzahl der Steckdosen, Beleuchtungs- und Kommunikationsanschlüsse***																	
	Steckdosen allgemein	5	3	2[e)]	1	3	4	5	3	4	5	1	1	1	1	3	1	1
	Beleuchtungsanschlüsse	2	1	2	1	1	2	3	1	1	2	1	2[g)]	1	1	1	1	1
	Telefon-/Datenanschluss						1		1	1		1						
	Steckdosen für Telefon/ Daten						1		1	1		1						
	Radio-/TV-/Daten-anschluss	1					2		1	1								
	Kühlgerat, Gefriergerät	2	1															
	Dunstabzug	1																
	Anschluss für Lüfter[c)]			1	1													
	Rollladenantriebe	Anschlüsse entsprechend der Anzahl der Antriebe																

Ausstattungswert		Küche[a) b)]	Kochnische[b)]	Bad	WC-Raum	Hausarbeitsraum[b)]	Wohnzimmer[a)] bis 20 m²	Wohnzimmer[a)] über 20 m²	Esszimmer	je Schlaf-, Kinder-, Gäste-, Arbeitszimmer, Büro[b)] bis 20 m²	je Schlaf-, Kinder-, Gäste-, Arbeitszimmer, Büro[b)] über 20 m²	Flur bis 3 m	Flur über 3 m	Freisitz, Loggia, Balkon	Abstellraum	Hobbyraum	Zur Wohnung geh. Keller-/Bodenraum, Garage	Keller-/Bodengang, je 6 m Ganglänge
**	**Anzahl der Steckdosen, Beleuchtungs- und Kommunikationsanschlüsse****																	
**	Steckdosen allgemein	10	4	4[e)]	2	8	8	11	5	8	11	2	3	2	2	6	2	1
**	Beleuchtungsanschlüsse	3	2	3	1	2	2	3	1	2	3	2	2[g)]	2	1	2	1	1
**	Telefon-/Datenanschluss	1				1	1	2	1	1	2	1		1		1		
**	Steckdosen für Telefon/Daten	2				2	2	4	2	2	4	2		2		2		
**	Radio-/TV-/Daten-anschluss	1				1	2	3	1	1				1		1		
**	Kühlgerät, Gefriergerät	2	1															
**	Dunstabzug	1																
**	Anschluss für Lüfter[c)]			1	1													
**	Rollladenantriebe	Anschlüsse entsprechend der Anzahl der Antriebe																
***	**Anzahl der Steckdosen, Beleuchtungs- und Kommunikationsanschlüsse*****																	
***	Steckdosen allgemein	12	4	5[e)]	2	10	10	13	7	10	13	3	4	3	2	8	2	1
***	Beleuchtungsanschlüsse	3	2	3	2	3	3	4	2	3	4	2	2[g)]	2	1	2	1	1
***	Telefon-/Datenanschluss	1		1		1	1	2	1	1	2	1		1		1		
***	Steckdosen für Telefon/Daten	2		2		2	2	4	2	2	4	2		2		2		
***	Radio-/TV-/Daten-anschluss	1		1		1	2	3	1	2				1		1		
***	Kühlgerat, Gefriergerät	2	1															
***	Dunstabzug	1																
***	Anschluss für Lüfter[c)]			1	1													
***	Rollladenantriebe	Anschlüsse entsprechend der Anzahl der Antriebe																

a) In Räumen mit Essecke ist die Anzahl der Anschlüsse und Steckdosen um jeweils 1 zu erhöhen.
b) Die den Bettplätzen und den Arbeitsflächen von Küchen, Kochnischen und Hausarbeitsräumen zugeordneten Steckdosen sind mindestens als Zweifach-Steckdose vorzusehen. Sie zählen jedoch in der Tabelle als jeweils nur eine Steckdose.
c) Sofern eine Einzellüftung vorgesehen ist. Bei fensterlosen Bädern oder WC-Räumen ist die Schaltung über die Allgemeinbeleuchtung mit Nachlauf vorzusehen.
d) Sofern die Heizung/Warmwasserversorgung nicht auf andere Weise erfolgt.
e) Davon ist eine Steckdose im Kombination mit der Waschtischleuchte zulässig.
f) In einer Wohnung nur jeweils einmal erforderlich.
g) Von mindestens zwei Stellen schaltbar.

Bild 5.60: Vergleich der Ausstattungswerte (Auszug)

Sowohl die DIN 18015-2 als auch die DIN 18015-4 (Elektrische Anlagen in Wohngebäuden – Gebäudesystemtechnik) wurden inzwischen den aktuellen Anforderungen bezüglich Energieeffizienz und Kommunikationsbedarf angepasst.

Die **Energieeffizienz** (Energy Performance) ist ein Maß für den Energieaufwand, den man betreiben muss, um einen gewünschten Nutzen zu erzielen (z. B. in einem Gebäude das Erreichen einer bestimmten Raumtemperatur, einer gewünschten Helligkeit usw.).

Je weniger Energie hierzu eingesetzt werden muss, umso effizienter ist der Vorgang. Die Steigerung der Energieeffizienz führt meist zu einer Energieeinsparung. Zur Steigerung der Energieeffizienz in Wohngebäuden beinhaltet die DIN 18015–2 eine Reihe von Empfehlungen für technische Maßnahmen bei der Ausführung von Elektroinstallationen:

- Beleuchtung in Räumen, die nur gelegentlich genutzt werden, automatisch abschalten
- Beleuchtung bedarfsorientiert und energiesparend steuern (z. B. mittels Bewegungsmelder, Dämmerungsschalter, Zeitschaltuhren)
- elektrisch gesteuerter Sonnenschutz (z. B. Jalousien, Rollläden) mit automatischer Anpassung an die Witterungsverhältnisse
- Einsatz von Wärmepumpenanlagen mit elektrischer Einzelraumtemperaturregelung
- Raumlüftungsanlagen mit Wärmerückgewinnung in Gebäuden gemäß dem Niedrigenergie-Standard
- luftdichte und wärmebrückenfreie Elektroinstallation (z. B. bei Installation von Verteilerdosen an oder in der Gebäudeaußenwand)

Entsprechend diesen Empfehlungen wurden in der Neufassung der RAL-RG 678 drei weitere Ausstattungswerte definiert (**plus*, ***plus* und ****plus*). Diese kombinieren die oben genannten Ausstattungswerte der klassischen Elektroinstallation mit einem oder mehreren Funktionsbereichen der Gebäudesystemtechnik (Schalten/Dimmen, Energiemanagement, Sonnenschutz, Heizen/Lüften/Kühlen, Sicherheit).

Unabhängig von diesen Vorgaben können natürlich die Kundenwünsche auch über die Anforderungen dieser Ausstattung hinausgehen.

Einen Überblick über die elektrotechnische Ausstattung liefert der Elektroinstallationsplan und der Übersichtsschaltplan (s. Infomodul C auf **www.westermann.de/links/00815**). Die räumliche Verteilung ist im Grundriss zu erkennen, in dem die Lage der zu erstellenden Anschlüsse (Schalter, Steckdosen, Leuchtmittel) eingezeichnet ist. Die Darstellung der Anschlüsse und der Betriebsmittel erfolgt mit einer genormten Symbolik (s. Infomodul C auf **www.westermann.de/links/00815**).

Ausstattungswert			Küche[a) b)]	Kochnische[b)]	Bad	WC-Raum	Hausarbeitsraum[b)]	Wohnzimmer[a)] bis 20 m²	Wohnzimmer[a)] über 20 m²	Esszimmer	je Schlaf-, Kinder-, Gäste-, Arbeitszimmer, Büro[b)] bis 20 m²	je Schlaf-, Kinder-, Gäste-, Arbeitszimmer, Büro[b)] über 20 m²	Flur bis 3 m	Flur über 3 m	Freisitz, Loggia, Balkon	Abstellraum	Hobbyraum	Zur Wohnung geh. Keller-/Bodenraum, Garage	Keller-/Bodengang, je 6 m Ganglänge
*plus	Gefordert ist die Vorbereitung für die Anwendung aller Funktionsbereiche durch Installieren von entsprechenden BUS-Leitungen oder entsprechenden Installationsrohren zur nachträglichen Installation von BUS-Leitungen sowie die Auswahl eines Stromkreisverteilers mit entsprechendem Reserveplatz	**Funktionsbereich: Schalten/Dimmen (bezogen auf die Anzahl der Beleuchtungsanschlüsse)***																	
		Schalten[h)]	2	1	1	1	1	2	3	1	1	2	1	2	1	1	1	1	1
		Status Schalten	2	1	2	1	2	2	3	1	1	2	1	2	1	1	1	1	1
		Dimmen[h)]						2	3	1	1	2							
		Status Dimmen						2	3	1	1	2							
		Bewegungsmeldung											1						
		Anwesenheitserkennung[m)] (Präsenzmeldung)	1		1	1	1	1		1	1						1		
**plus	und die Umsetzung mindestens eines Funktionsbereiches.	**Funktionsbereich: Schalten/Dimmen (bezogen auf die Anzahl der Beleuchtungsanschlüsse)****																	
		Schalten[h)]	3	2	3	1	2	2	3	1	2	3	2		2	1	2	1	1
		Status Schalten	3	2	3	1	2	2	3	1	2	3	2		2	1	2	1	1
		Dimmen[h)]						2	3	1	2	3							
		Status Dimmen						2	3	1	2	3							
		Bewegungsmeldung											1						
		Anwesenheitserkennung[m)] (Präsenzmeldung)	1		1	1	1	1		1	1						1		
***plus	und die Umsetzung mindestens zwei der Funktionsbereiche.	**Funktionsbereich: Schalten/Dimmen (bezogen auf die Anzahl der Beleuchtungsanschlüsse)*****																	
		Schalten[h)]	3	2	3	2	3	3	4	2	3	4	2		2	1	2	1	1
		Status Schalten	3	2	3	2	3	3	4	2	3	4	2		2	1	2	1	1
		Dimmen[h)]						3	4	2	3	4							
		Status Dimmen						3	4	2	3	4							
		Bewegungsmeldung											1						
		Anwesenheitserkennung[m)] (Präsenzmeldung)	1		1	1	1	1		1	1						1		1

Ausstattungswert		Küche[a) b)]	Kochnische[b)]	Bad	WC-Raum	Hausarbeitsraum[b)]	Wohnzimmer[a)] bis 20 m^2	Wohnzimmer[a)] über 20 m^2	Esszimmer	je Schlaf-, Kinder-, Gäste-, Arbeitszimmer, Büro[b)] bis 20 m^2	je Schlaf-, Kinder-, Gäste-, Arbeitszimmer, Büro[b)] über 20 m^2	Flur bis 3 m	Flur über 3 m	Freisitz, Loggia, Balkon	Abstellraum	Hobbyraum	Zur Wohnung geh. Keller-/Bodenraum, Garage	Keller-/Bodengang, je 6 m Ganglänge
	Funktionsbereich: Schaltbare Steckdosen/geschaltete Geräte/Energiemanagement (in jedem Fall erforderlich, wenn Maßnahmen zur Energieeffizienzsteigerung umgesetzt werden sollen)																	
Funktionsbereiche zur Auswahl bei allen Ausstattungswerten	Warmwassergerät	1		1	1													
	Heizgerat			1														
	Waschmaschine			1		1												
	Wäschetrockner			1		1												
	Gefriergerät	1				1												
	Gefriergerät																	
	Funktionsbereich: Sonnenschutz																	
	Auf/ab fahren, Stopp[j)]	1		1	1	1	1		1	1								
	Position anfahren	1[n)]		1[n)]		1[n)]	1		1	1								
	Status Position	1		1	1	1	1		1	1								
	Sperren	1		1	1	1	1		1	1								
	Funktionsbereich: Heizen, Lüften, Kuhlen																	
	Raumtemperaturregler	1		1	1	1	1		1	1						1		
	Ventilstellantrieb (je Heiz-/Kühlkreis)	1		1	1	1	1		1	1						1		
	bedarfsgesteuerte Lüftung (CO_2/Feuchte-Sensor)	1		1	1	1	1		1	1						1		
	Anwesenheitserkennung[m)] (Präsenzmeldung)	1		1	1	1	1		1	1		1[n)]				1		1
	Fensterkontakte[k)]	je Fenster/Fassade vorzusehen																
	Funktionsbereich: Sicherheit																	
	Fensterkontakte[i)]	**je Fenster/Fassade vorzusehen**																
	Brandmeldung	1				1	1		1	1						1		
	Anwesenheitssimulation	1		1	1	1	1		1	1						1		
	Anwesenheitserkennung[m)]	1		1	1	1	1		1	1				1[n)]			1	
	Bewegungsmeldung	1		1	1	1	1		1	1						1		

h) je Raumanzug
k) Nur einmal für Funktionsbereich Heizen, Lüften, Kühlen und Funktionsbereich Sicherheit notwendig.
l) Je Fenster mit Sonnenschutz.
m) Nur einmal je Raum für alle Funktionsbereiche erforderlich.
n) nicht bei 1 Stern und 2 Stern

Bild 5.61: Erweiterte Ausstattungswerte kombiniert mit Funktionsbereichen der Gebäudesystemtechnik (Auszug)

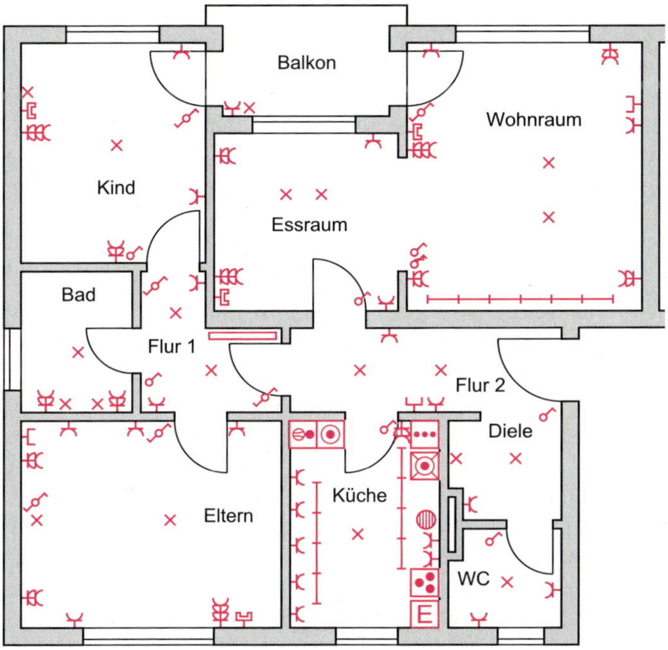

		×
Balkon Breite ≤ 3 m	1	1
Kind ≤ 12 m²	5	2
Bad	4	3
Eltern ≥ 12 m² ≤ 20 m²	7	2
Flur 1 Länge > 2,5 m	2	2
Flur 2 Länge > 2,5 m	2	2
Diele Länge ≤ 2,5 m	1	2
Essraum ≤ 12 m²	5	2
Wohnraum > 20 m²	9	3
WC	2	1
Küche	9	3
Fernmeldeanlage		3
Hörfunk und Fernsehen		4

Bild 5.62: Beispiel für einen Grundriss mit Elektroinstallationsplan

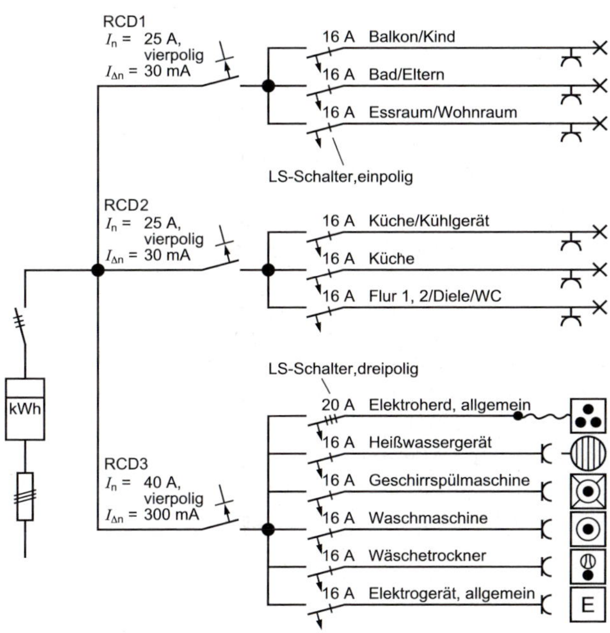

Bild 5.63: Beispiel für einen Übersichtsschaltplan

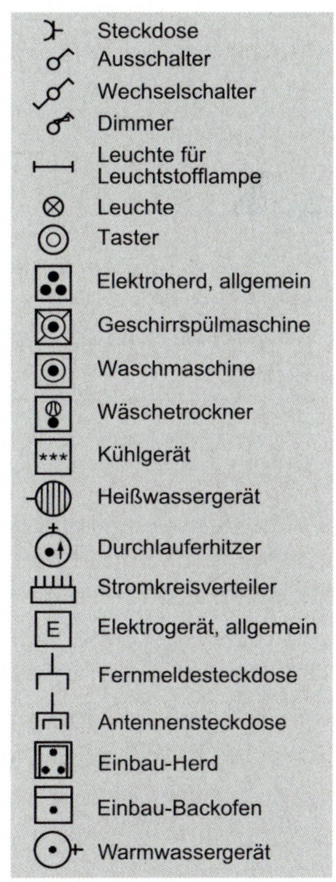

Symbole nach DIN 40717

5.4.10 Leistungsbedarf und Anschlusswert

Um die Elektroinstallation planen zu können, muss die elektrische Leistung aller in der Wohnung vorhandenen Geräte und Installationen bekannt sein. Die Anzahl der Räume einer Wohnung ist kein geeigneter Maßstab.

Unter **Anschlusswert** versteht man die Summe aller Leistungen (in kW) der anzuschließenden Elektrogeräte und -anlagen.

Der **Leistungsbedarf** einer Verbraucheranlage, z. B. einer Wohnung, ist die Summe der gleichzeitig in Anspruch genommenen elektrischen Leistung.

Der Leistungsbedarf wird ermittelt aus dem Anschlusswert und einem Gleichzeitigkeitsfaktor (g = 0 bis 1), der berücksichtigt, dass im Allgemeinen zu keinem Zeitpunkt alle Verbrauchsmittel gleichzeitig eingeschaltet werden. Beim Festlegen des Leistungsbedarfs ist ferner zu berücksichtigen, dass in den Haushalten jährlich weitere Elektrogeräte angeschafft werden.

Der Leistungsbedarf wird vom Elektroinstallateur in die **„Anmeldung des Anschlusses an das Niederspannungsnetz“** beim zuständigen Elektrizitätsversorgungsunternehmen eingetragen. Aufgrund ihres vergleichsweise hohen Leistungsbedarfs werden die Anschlusswerte für Elektroheizung und elektrische Warmwasserbereitung, die ohnehin meist mit separaten Leitungen versorgt werden, gesondert eingetragen.

■ **Beispiel für den Leistungsbedarf einer durchschnittlichen Wohnung mit vier Personen:**

Durchlauferhitzer/Warmwasser	24 kW
Küche allgemein	22 kW
Waschmaschine/Trockner	12 kW
Elektroherd	10 kW
Geschirrspüler	2 kW
Bad	2 kW
Gemeinschaftsbereiche	3 kW
Individualbereiche	3 kW
SUMME:	**78 kW**

Bild 5.64: Durchschnittlicher Leistungsbedarf

Bei einem Gleichzeitigkeitsfaktor von 0,5 geht man davon aus, dass im Mittel lediglich die Hälfte aller vorhandenen elektrischen Geräte gleichzeitig betrieben wird. Das bedeutet in diesem Fall, dass der Leistungsbedarf ca. 39 kW beträgt.

Der Leistungsbedarf von Wohnungen in Mehrfamilienhäusern ist in Abhängigkeit von der Zahl der Wohnungen in DIN 18015 festgelegt.

Aufgaben

1. Welche Schaltplanarten unterscheidet man? Erläutern Sie die Unterschiede.
2. Welche Lampenschaltungen werden bei Elektroinstallationen in Wohngebäuden standardmäßig verwendet? Nennen Sie die jeweiligen Eigenschaften.
3. Was versteht man unter
   a) einer Dimmerschaltung,
   b) einer Netzfreischaltung?
4. a) Aus welchem Grund ist die dargestellte Schaltung nicht zulässig?
   b) Skizzieren Sie die richtige Schaltung.

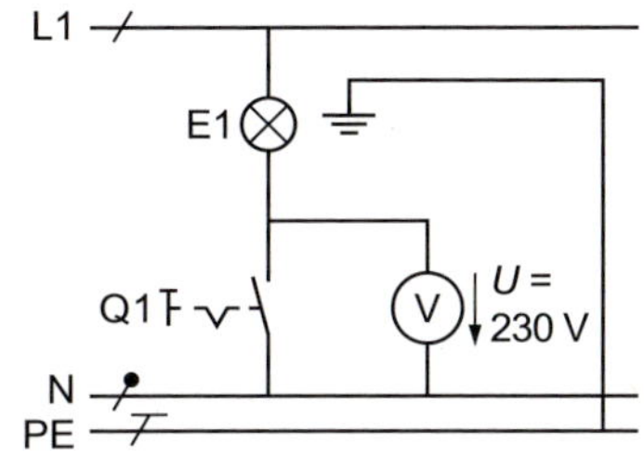

5. a) Um welche Schaltplanart handelt es sich?
   b) Um welche Schaltung handelt es sich?
   c) Darf diese Schaltung in der dargestellten Weise in der Praxis verwendet werden? (Antwort mit Begründung!)

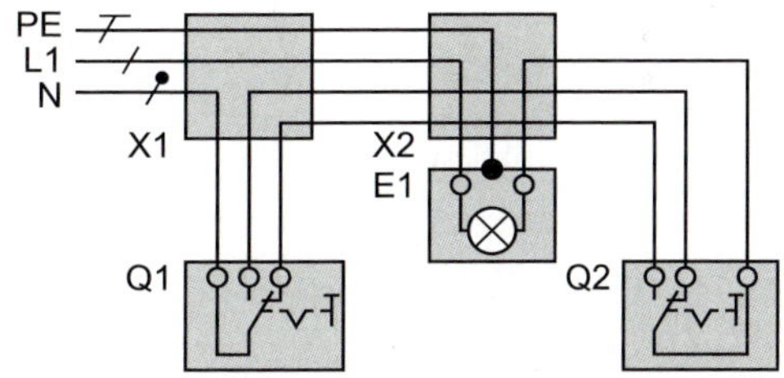

6. Wie in der Darstellung zu erkennen ist, sollen die Schutzkontaktsteckdosen X3 und X4 in Kombination mit den Schaltern Q1 und Q2 montiert werden.
   a) Um welche Schaltplanart handelt es sich?
   b) Benennen Sie die Lampenschaltung.
   c) Geben Sie jeweils die erforderliche Leiterzahl an.

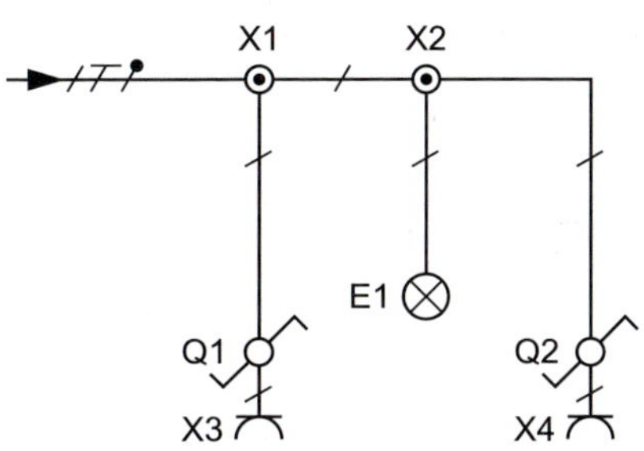

7. Erläutern Sie die folgenden Schaltungen und prüfen Sie sie auf Funktion:

a)

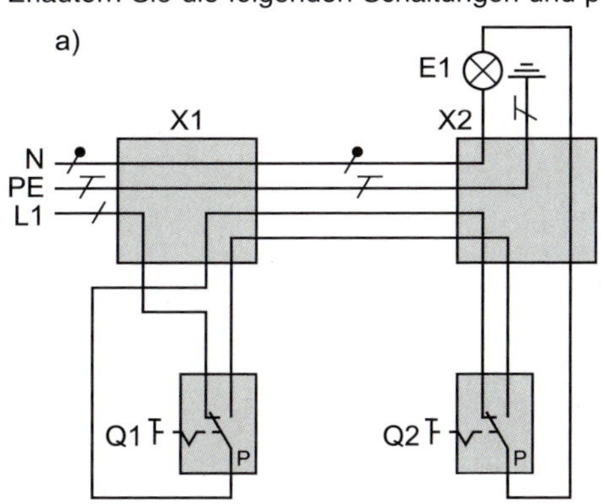

b)

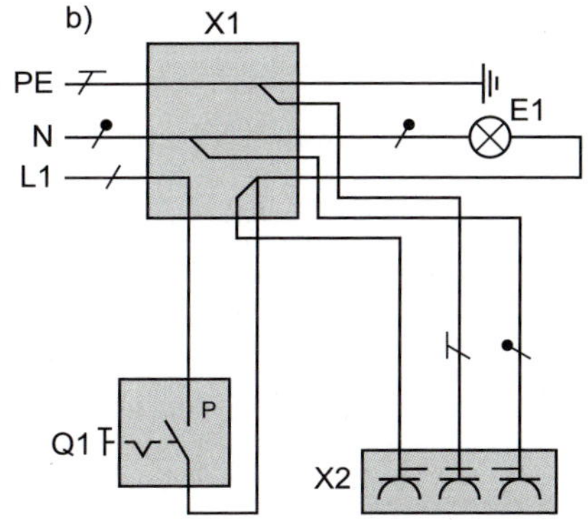

8. a) Um welche Schaltplanart handelt es sich?
   b) Benennen Sie die jeweils mit Symbolen dargestellten elektrischen Betriebsmittel.
   c) Welche Geräte werden angeschlossen?

9. Was versteht man bei einer Elektroinstallation unter
   a) dem Ausstattungswert,
   b) dem Anschlusswert,
   c) dem Leistungsbedarf?

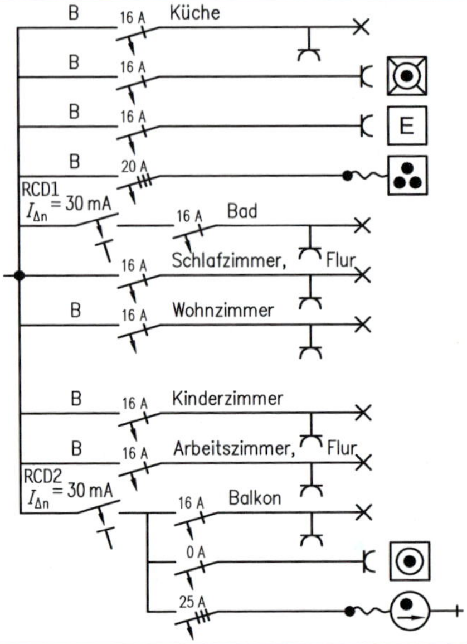

5.5 Installationen im Badezimmer

An die Elektroinstallation im Badezimmer werden die höchsten Sicherheitsanforderungen gestellt, da hier im Fehlerfall die größte Gefahr für den Menschen besteht. Diese Gefahr ist im Bad- und Duschbereich besonders groß, da der Hautwiderstand des Menschen durch Feuchtigkeit stark herabgesetzt wird.

5.5.1 Schutzbereiche

Zur Verringerung einer möglichen Gefährdung sind im Badezimmer bestimmte **Schutzbereiche** vorgeschrieben. Diese Schutzbereiche beginnen ab der Oberkante des Fußbodens, reichen 6 cm in die Wand hinein und erstrecken sich bis zu einer Höhe von 2,25 m. Für diese Schutzbereiche gelten die folgenden Bestimmungen:

Bezeichnung	Bereich	Erlaubte Betriebsmittel	Leitungen
0	– Inneres der Badewanne bzw. Dusche	– nur Betriebsmittel mit Schutzkleinspannung bis 12 V – vorgeschriebene Schutzart: IPX 7	keine
1	von Fußboden bis zur Höhe von 2,25 m: – Bereich über der Badewanne bzw. Dusche – Bereiche um eine Wasseraustrittsstelle ohne Abgrenzung durch Wanne oder Dusche (Bild 5.66)	– ortsfeste Wassererwärmer – ortsfeste Abluftgeräte – Betriebsmittel mit Versorgung aus SELV-Stromkreisen bis 25 V AC bzw. 60 V DC – vorgeschriebene Schutzart: IPX 4	– NYY – NYM – H07V-U in Kunststoffrohren
2	– 60 cm um die von Bereich 1 gebildete Fläche, bis zu einer Höhe von 2,25 m (Bild 5.66)	– wie Bereich 1 – zusätzlich Leuchten	wie Bereich 1

Bild 5.65: Schutzbereiche im Badezimmer

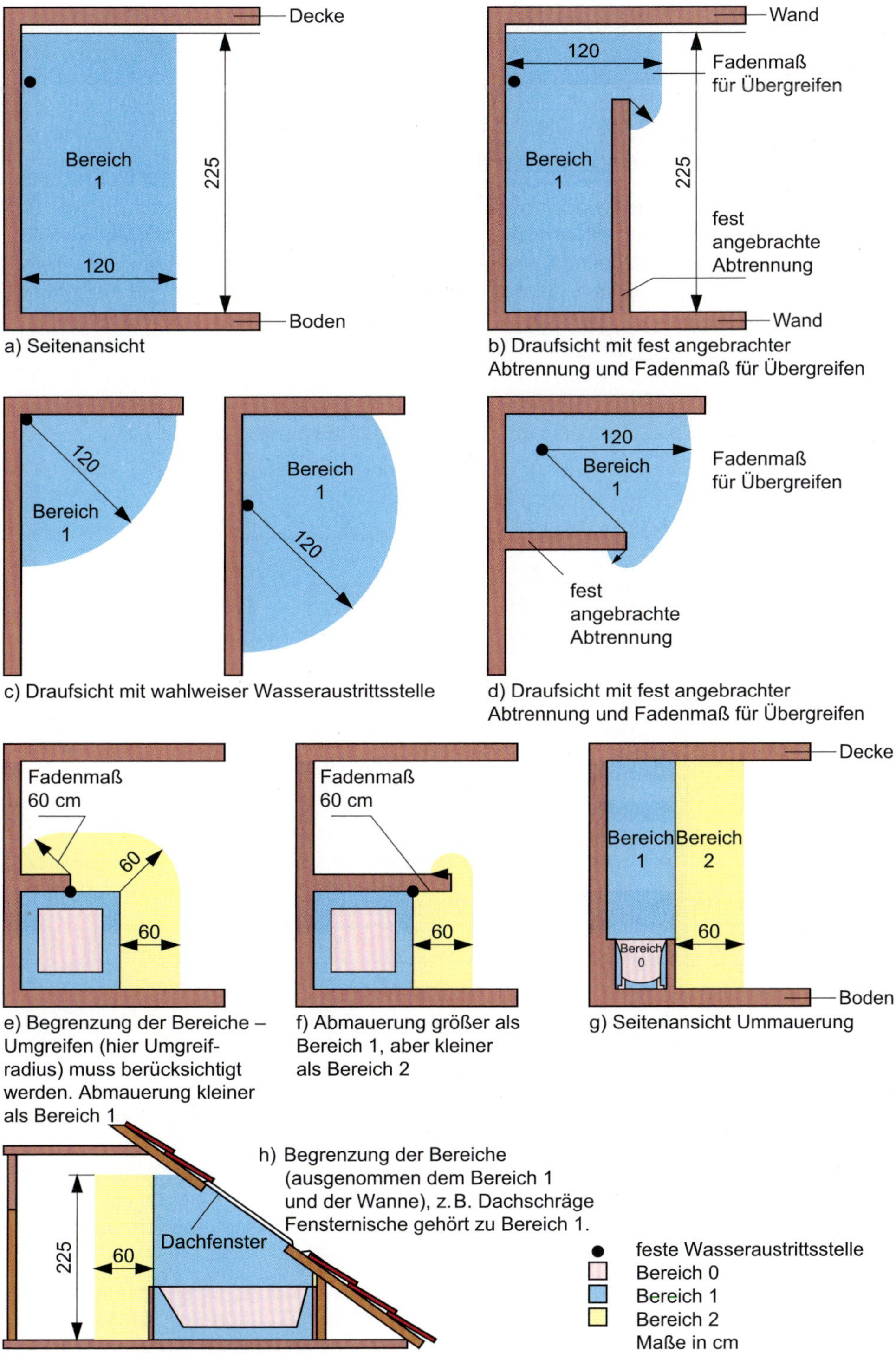

Bild 5.66: Schutzbereiche in Baderäumen

Steckdosen und Schalter müssen mindestens 60 cm vom Schutzbereich 2 entfernt liegen. Weiterhin ist ein zusätzlicher Schutz durch eine Fehlerstrom-Schutzeinrichtung (RCD, siehe Kap. 6.4.2.1) mit einem Bemessungsdifferenzstrom von $I_{\Delta n} \leq 30$ mA vorgeschrieben.

5.5.2 Zusätzlicher Schutzpotenzialausgleich

Zusätzlich zum Schutzpotenzialausgleich, der meist im Hausanschlussraum ausgeführt wird, ist auch ein **zusätzlicher örtlicher Schutzpotenzialausgleich** gemäß DIN VDE 0100, Teil 701, gefordert. Alle leitfähigen Teile, die fremdes, noch nicht vorhandenes Potenzial einschleppen könnten, sind in den Potenzialausgleich einzubeziehen. Hierzu gehören

- metallene Kalt- und Warmwasserleitungen,
- Heizungsleitungen,
- Abwasserleitungen (soweit nicht aus Kunststoff),
- andere metallene Rohrleitungen (z. B. Gasleitungen),
- berührbare leitfähige Gebäudekonstruktionen (z. B. auch Halterungskonstruktionen für Rohrbündel im Installationsschacht).

Für die Stahlbadewanne selbst ist jedoch kein Schutzpotenzialausgleich mehr erforderlich!

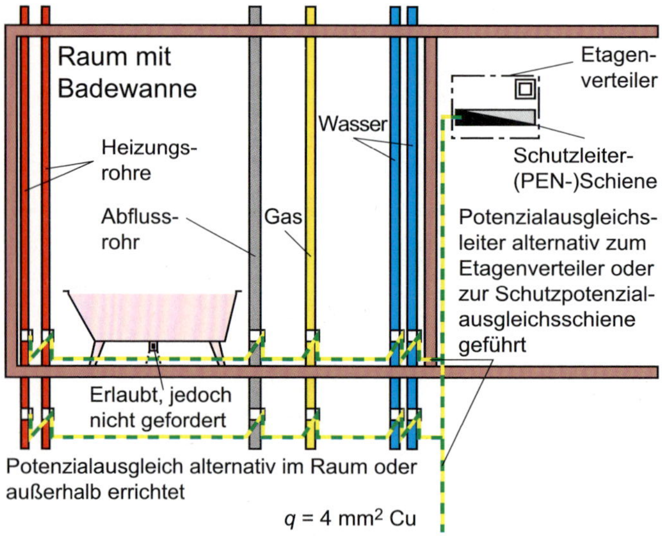

Bild 5.67: Zusätzlicher örtlicher Schutzpotenzialausgleich im Badezimmer

Es müssen Schutzpotenzialausgleichsleiter mit einem Mindestquerschnitt von 4 mm² Cu für die Verbindung eingesetzt werden. Die Schutzpotenzialausgleichsleitung sollte entweder aus einer durchgehenden, nicht gestückelten Leitung bestehen oder eine Schutzpotenzialausgleichsschiene (Schutzpotenzialausgleichsklemmkasten) besitzen, an die die einzelnen fremden leitfähigen Teile mit dem Schutzpotenzialausgleichsleiter verbunden werden. Die Verbindung zum Schutzleiter ist an folgenden Stellen denkbar:

- an einer zentralen Stelle der Anlage, z. B. am Wohnungs- oder am Hauptverteiler. Voraussetzung dafür ist, dass der zum Verteiler führende Schutzleiter mindestens den für den Potenzialausgleichsleiter vorgeschriebenen Querschnitt besitzt (4 mm² Cu);

- an der Schutzpotenzialausgleichsschiene. Das erfordert in größeren Gebäuden die Verlegung einer zusätzlichen Schutzpotenzialausgleichsleitung vom Keller durch alle Etagen. Bei vorhandenen Sanitärschächten im Badbereich ist diese Lösung vorteilhaft, da keine zusätzlichen Leitungen in der Wohnung erforderlich sind. Der Querschnitt der Steigeleitung sollte ebenso groß wie der der Schutzpotenzialausgleichsleitung im Keller sein.

Aufgaben

1. Aus welchem Grund werden bei Elektroinstallationen im Badezimmer erhöhte Sicherheitsanforderungen gestellt?
2. a) Welche Schutzbereiche unterscheidet man bei Elektroinstallationen im Bad?
   b) Nennen Sie die jeweiligen Anforderungen.
3. a) Was versteht man unter einem zusätzlichen örtlichen Schutzpotenzialausgleich?
   b) Wie ist er durchzuführen?

5.6 Prüfung und Inbetriebnahme

Nach der Errichtung einer elektrischen Anlage bis 1000 V sowie nach einer Instandsetzung oder einer Erweiterung müssen gemäß der Norm DIN VDE 0100, Teil 610, Sicherheitsprüfungen durchgeführt werden. Man unterscheidet Erstprüfungen und Wiederholungsprüfungen.

5.6.1 Erstprüfungen

Die Erstprüfungen sollen den Nachweis erbringen, dass die Ausführung der Anlage den Bestimmungen entspricht und somit alle sicherheitstechnischen Belange hinsichtlich des Personen- und Brandschutzes erfüllt werden.

Die Durchführung der Prüfung ist in der DIN VDE 0100-610 genau festgelegt und erfolgt durch eine Elektrofachkraft. Sie umfasst die Prüfschritte **Besichtigung, Erprobung** und **Messung**.

Die Besichtigung umfasst:

- richtige Auswahl, Anordnung und ordnungsgemäßer Zustand der Betriebsmittel einschließlich der Leitungen und der Schutzeinrichtungen,
- Zielbezeichnung der Leitungen im Verteiler,
- Schutzpotenzialausgleich, zusätzlicher (örtlicher) Potenzialausgleich.

Die Erprobung umfasst:

- RCD-Test (Taste),
- Funktion der Schutz- und Überwachungseinrichtungen,
- Rechtsdrehfeld der Drehstromsteckdosen (sofern vorhanden),
- Drehrichtung der Motoren (sofern vorhanden),
- NOT-AUS (sofern vorhanden).

Die Messung erfasst:

- Durchgängigkeit des Schutzleiters und der Schutzpotenzialausgleichsleiter,
- Isolationswiderstand der elektrischen Anlage,
- Schutz durch sichere Trennung der Stromkreise bei SELV/PELV/Schutztrennung,
- Widerstand isolierender Fußböden und Wände,
- Schutz durch automatische Abschaltung der Stromversorgung (Schleifenwiderstand/Abschaltstrom, Berührungsspannung und RCD-Auslösung, Erdungswiderstand).

Alle Prüfungen müssen mit Geräten erfolgen, die der DIN VDE 0413 und der DIN 0411-EN 61557 genügen, sonst sind die Prüfungen anfechtbar. Der Norm entsprechende Kombinationsmessgeräte dürfen verwendet werden.

Messgerät	Normungsvorschrift
Spannungsprüfer – einpolig – zweipolig	DIN VDE 0680, Teil 6 DIN VDE 0680, Teil 5
Spannungsmessgerät, Messbereich bis 600 V	DIN VDE 0410
Strommessgerät, Messbereich bis 15 A Zangenstrommessgerät, Messbereich bis 200 A	DIN VDE 0410
Isolationsmessgerät	DIN VDE 0413, Teil 1
Schleifenwiderstandsmessgerät	DIN VDE 0413, Teil 3
Erdungsmessgerät	DIN VDE 0413, Teil 7
Messgerät zur Überprüfung des RCD-Schutzes	DIN VDE 0413, Teil 6

Bild 5.68: Normungsvorschriften für Messgeräte

Sämtliche Prüfungen werden auf der Grundlage der Unfallverhütungsvorschrift BGV A3 (siehe **www.westermann.de/links/00815**) der Berufsgenossenschaften durchgeführt. Die Durchführung der einzelnen Prüfschritte ist jeweils zu protokollieren. Zum Nachweis der durchgeführten Maßnahmen stellt der Elektroinstallateur ein Formular „Übergabebericht und Prüfprotokoll" (ZVEH-Formular, siehe **www.westermann.de/links/00815**) aus. Damit bestätigt er, dass die Anlage den anerkannten Regeln der Technik entspricht.

Für die Durchführung der genannten Messungen sind jeweils die folgenden, wesentlichen Vorgaben zu beachten.

Durchgängigkeit des Schutzleiters und der Potenzialausgleichsleiter

Für das Erproben/Messen der Durchgängigkeit der Schutzleiter, der Verbindungen des Schutzpotenzialausgleichs und des zusätzlichen Potenzialausgleichs gilt:

- Messspannung 4...24 V, Messstrom > 200 mA
- Grenzwerte für den Widerstand sind nicht vorgegeben.
- Erfahrungswerte:
  - Schutzleitersystem < 1,0 Ω
  - Schutzpotenzialausgleichsleiter < 0,1 Ω
- Bei der Messung zu beachten sind die Übergangswiderstände an den Anschlussstellen.

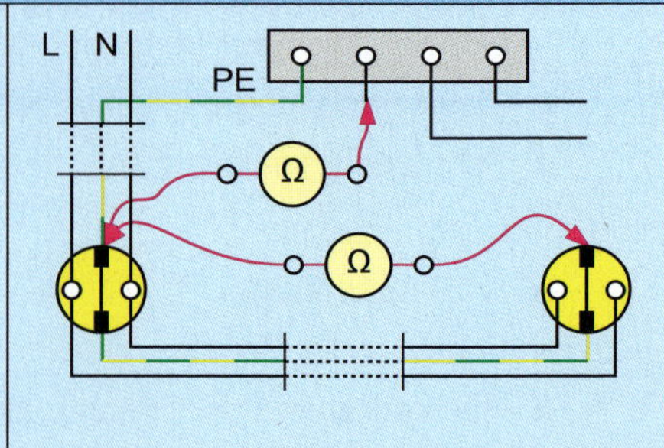

Bild 5.69: Messung am Schutzleiter und am Potenzialausgleichsleiter

Fehlerstrom-Schutzeinrichtung (RCD)

Durch Erzeugen eines Fehlerstroms hinter der Fehlerstrom-Schutzeinrichtung ist nachzuweisen, dass die

- Fehlerstrom-Schutzeinrichtung spätestens bei Erreichen ihres Nennfehlerstroms (Bemessungsdifferenzstrom) auslöst und
- die für die Anlage vereinbarte Grenze der dauernd zulässigen Berührungsspannung U_L nicht überschritten wird.
- Grenzwerte
  für die zulässige Berührungsspannung sind

für normale Anlagen	< 50 V
für eingeschränkten Bereich (Landwirtschaft, Medizin usw.)	< 25 V

- Die Messung muss pro RCD nur an einer Stelle in den angeschlossenen Stromkreisen erfolgen, an allen anderen Anschlüssen im Stromkreis muss dann lediglich der niederohmige Durchgang des Schutzleiters nachgewiesen werden.
- Der Nachweis kann dadurch erfolgen, dass bei Erzeugen eines ansteigenden Fehlerstroms Fehlerstrom und Berührspannung bei Auslösen gemessen werden.
- In der Praxis werden hierzu spezielle Messgeräte verwendet, die beide Werte direkt anzeigen.

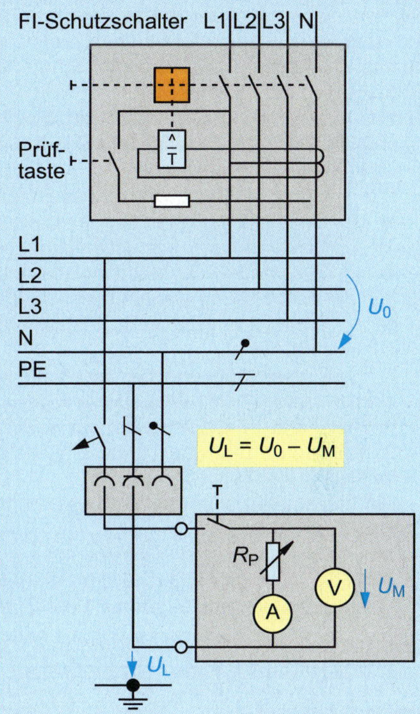

Bild 5.70: Messung des RCD-Schutzes

Schleifenimpedanz

- Die Schleifenimpedanz Z_S ist die Summe der Impedanzen (Scheinwiderstände) einer Stromschleife.

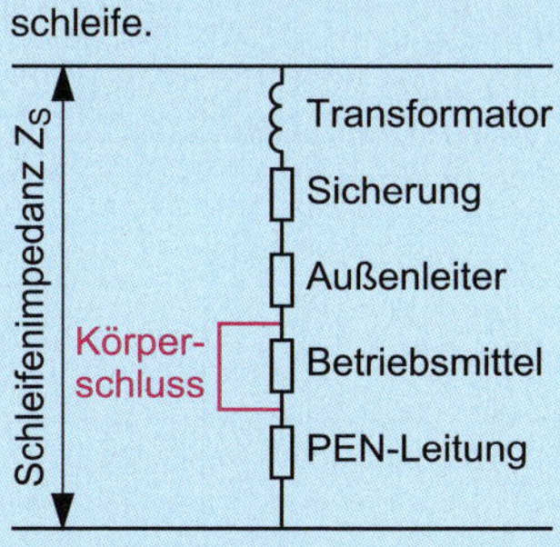

- Sie sollte möglicht klein sein, damit sichergestellt ist, dass bei einem Einsatz von Überstromschutzeinrichtungen der erforderliche Abschaltstrom fließt.
- Zur Messung der Schleifenimpedanz werden spezielle Messgeräte angeboten, die den Messwert Z_S direkt anzeigen.

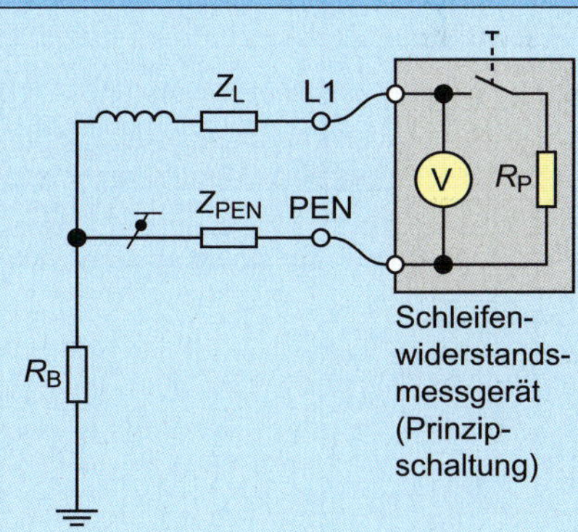

Bild 5.71: Messung der Schleifenimpedanz

Isolationswiderstand der elektrischen Anlage

Der Isolationswiderstand muss zwischen allen Leitern und Erde – immer an dem Einspeisepunkt – gemessen werden. Als Erde darf der geerdete Schutzleiter betrachtet werden.

- Die Isolationsmessung erfolgt im spannungslosen Zustand. Neutralleiter und Schutzleiter müssen hierbei getrennt werden.
- Die Isolationsmessung erfasst nur Bereiche, die an der Messspannung liegen, daher sind vor der Messung alle Schalter einzuschalten bzw. alle offenen Kontakte vor der Messung zu brücken und von der Einspeisung auszumessen. Angeschlossene Verbraucher (Motoren, Wärmegeräte) sind abzuklemmen.
- In TN-C-Systemen darf die Messung zwischen aktiven Leitern und PEN-Leiter erfolgen.
- In TN-S- und TT-Systemen ist der N- wie ein Außenleiter zu prüfen (der N zählt zu den aktiven Leitern).
- Die Messungen sind mit Gleichspannung durchzuführen.
- Das Prüfgerät muss bei einem Messstrom von 1 mA den Isolationswiderstand bei einer Mindest-Messspannung nach folgender Tabelle anzeigen:

Grenzwerte
nach VDE 0100, Teil 610 – Erstprüfungen

Nennspannung des Stromkreises	Mess-spannung	Isolations-widerstand
Spannungen bei SELV/PELV	250 V	≥ 0,25 MΩ
bis 500 V, außer SELV/PELV	500 V	≥ 0,5 MΩ
über 500 V	1000 V	≥ 1,0 MΩ

Erfahrungswert: Isolationswiderstand ≥ 100 MΩ

- Bei Schutzkleinspannung oder Schutztrennung Primärkreis gegen Sekundärkreis messen.

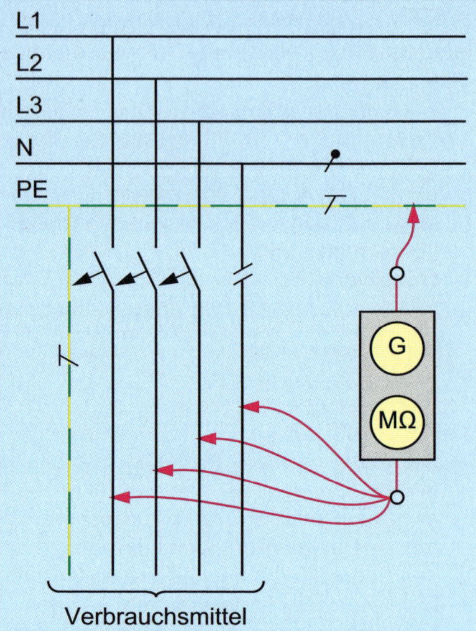

Isolationswiderstandsmessung bei Schutzkleinspannung:

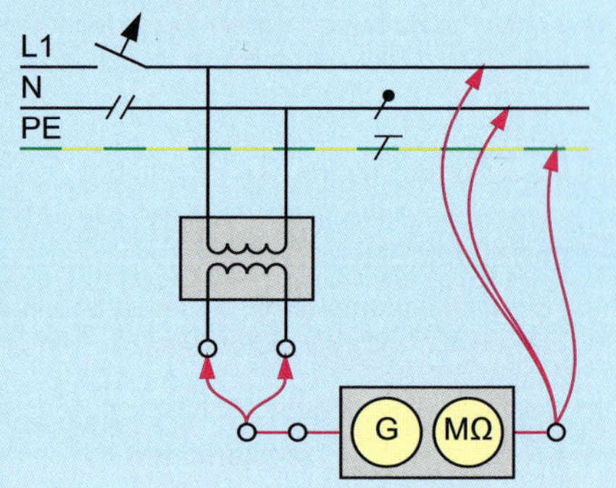

Bild 5.72: Messung des Isolationswiderstandes

5.6.2 Wiederholungsprüfungen

An bereits bestehenden Starkstromanlagen bis 1000 V sind Wiederholungsprüfungen gemäß Norm DIN VDE 0105, Teil 100, durchzuführen. Sie sollen zeigen, ob der sichere Zustand der Anlage noch besteht, welche Verschleißerscheinungen aufgetreten sind oder ob eine elektrische Anlage der geänderten Nutzung von Räumen anzupassen ist.

Anlage/Betriebsmittel	Prüffrist	Art der Prüfung	Prüfer
Elektrische Anlagen und ortsfeste Betriebsmittel	4 Jahre	auf ordnungsgemäßen Zustand	Elektrofachkraft
Elektrische Anlagen und ortsfeste elektrische Betriebsmittel in „Betriebsstätten, Räumen und Anlagen besonderer Art" (DIN VDE 0100 Gruppe 700)	1 Jahr	auf ordnungsgemäßen Zustand	Elektrofachkraft
Schutzmaßnahmen mit Fehlerstromschutzeinrichtungen in nichtstationären Anlagen	1 Monat	auf Wirksamkeit	Elektrofachkraft oder elektrotechnisch unterwiesene Person bei Verwendung geeigneter Mess- und Prüfgeräte
Fehlerstrom-, Differenzstrom- und Fehlerspannungsschutzschalter in – stationären Anlagen – nichtstationären Anlagen	 6 Monate arbeitstäglich	auf einwandfreie Funktion durch Betätigen der Prüfeinrichtung	Benutzer

Bild 5.73: Wiederholungsprüfungen ortsfester elektrischer Anlagen und Betriebsmittel

Anlage/Betriebsmittel	Prüffrist Richt- und Maximalwerte	Art der Prüfung	Prüfer
Ortsveränderliche elektrische Betriebsmittel (soweit benutzt) Verlängerungs- und Geräteanschlussleitungen mit Steckvorrichtungen Anschlussleitungen mit Stecker bewegliche Leitungen mit Stecker und Festanschluss	Richtwert 6 Monate, auf Baustellen 3 Monate*); wird bei den Prüfungen eine Fehlerquote < 2 % erreicht, kann die Prüffrist entsprechend verlängert werden. *Maximalwerte:* Auf **Baustellen**, in **Fertigungsstätten** und **Werkstätten** oder unter ähnlichen Bedingungen ein Jahr, in **Büros** oder unter ähnlichen Bedingungen zwei Jahre.	auf ordnungsgemäßen Zustand	Elektrofachkraft, bei Verwendung geeigneter Mess- und Prüfgeräte auch elektrotechnisch unterwiesene Person

*) Konkretisierung siehe BG-Information „Auswahl und Betrieb elektrischer Anlagen und Betriebsmittel auf Baustellen" (BGI 608)

Bild 5.74: Wiederholungsprüfungen ortsveränderlicher elektrischer Betriebsmittel

Ortsveränderliche elektrische Betriebsmittel sind solche, die während des Betriebs bewegt werden oder die leicht von einem Platz zum anderen gebracht werden können, während sie an den Versorgungsstromkreis angeschlossen sind (siehe hierzu die Abschnitte 2.7.4 und 2.7.5 DIN VDE 0100, Teil 200).

Ortsfeste elektrische Betriebsmittel sind fest angebrachte Betriebsmittel oder Betriebsmittel, die keine Tragevorrichtung haben und deren Masse so groß ist, dass sie nicht leicht bewegt werden können. Dazu gehören auch elektrische Betriebsmittel, die vorübergehend fest angebracht sind und über bewegliche Anschlussleitungen betrieben werden (siehe hierzu die Abschnitte 2.7.6 und 2.7.7 DIN VDE 0100, Teil 200).

Stationäre Anlagen sind solche, die mit ihrer Umgebung fest verbunden sind, z. B. Installationen in Gebäuden.

Nichtstationäre Anlagen sind dadurch gekennzeichnet, dass sie entsprechend ihrem bestimmungsgemäßen Gebrauch nach dem Einsatz wieder abgebaut (zerlegt) und am neuen Einsatzort wieder aufgebaut (zusammengeschaltet) werden. Hierzu gehören z. B. Anlagen auf Bau- und Montagestellen.

Die Forderungen sind für ortsfeste elektrische Anlagen und Betriebsmittel z. B. auch erfüllt, wenn diese von einer Elektrofachkraft ständig überwacht werden. Ortsfeste elektrische Anlagen und Betriebsmittel gelten als ständig überwacht, wenn

- sie kontinuierlich von Elektrofachkräften instandgehalten und
- durch messtechnische Maßnahmen im Rahmen des Betreibens (z. B. Überwachen des Isolationswiderstands) geprüft werden.

Die Wiederholungsprüfung wird immer häufiger im Rahmen des sogenannten **„E-CHECK“** durchgeführt und mit einer Prüfplakette bestätigt.

Bild 5.75:
Prüfplakette E-Check

Aufgaben

1. Bei Prüfungen von Elektroinstallationen unterscheidet man zwischen Erstprüfung und Wiederholungsprüfung.
   a) Wann müssen diese Prüfungen jeweils durchgeführt werden und was soll grundsätzlich überprüft werden?
   b) Aus welchen Prüfschritten besteht die Erstprüfung?
2. Welche Arten von Messgeräten sollten bei einer Prüfung zur Verfügung stehen?
3. Welche einzelnen Messungen sind bei einer Erstprüfung erforderlich?
4. Was versteht man unter der Schleifenimpedanz einer Elektroinstallation? Sollte diese möglichst klein oder möglichst groß sein? (Antwort mit Begründung)
5. Was versteht man unter ortsveränderlichen und ortsfesten Betriebsmitteln?
6. Was wird durch Anbringen der Prüfplakette „E-Check“ dokumentiert?

6. Schutzmaßnahmen gegen gefährliche Körperströme

6.1 Gefährdung des Menschen durch den elektrischen Strom

In elektrischen Anlagen und bei elektrischen Geräten kommt dem Schutz gegen gefährliche Körperströme besondere Bedeutung zu. Ein Strom durch den menschlichen Körper kann verschiedene Wirkungen hervorrufen:

- Nervenlähmungen
- Muskellähmungen
- Herzflimmern und Herzstillstand
- Verbrennungen
- Zersetzung des Blutes und der Zellflüssigkeit

> Ein elektrischer Strom ist für den Menschen umso gefährlicher, je größer die **Körperstromstärke I_K** und je länger die **Einwirkzeit t_E** ist.

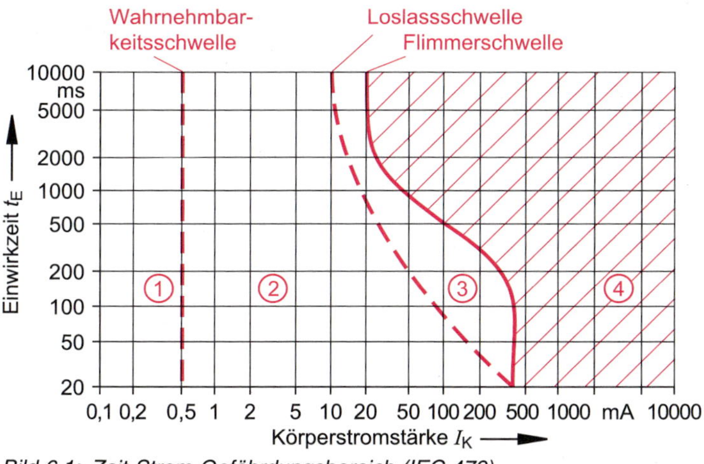

Bild 6.1: Zeit-Strom-Gefährdungsbereich (IEC 479)

Die Werte in dem dargestellten Diagramm gelten für einen erwachsenen Menschen bei einem Stromweg von der linken Hand zu beiden Füßen.

Darin bedeutet:

Bereich 1: keine Wahrnehmbarkeit des elektrischen Stromes
Bereich 2: leichtes Kribbeln, jedoch keine Gefährdung
Bereich 3: Muskelverkrampfungen, unregelmäßiger Herzschlag, leichte Verbrennungen
Bereich 4: Herzflimmern, Herzstillstand und Tod möglich, starke Verbrennungen

Ein Körperstrom kann nur dann fließen, wenn der Mensch gleichzeitig zwei Teile berührt, die unterschiedliche Potenziale aufweisen. Meist ist dies einerseits das Erdpotenzial (Fußboden) und andererseits ein Spannung führender Leiter oder das Gehäuse eines fehlerhaften Geräts.

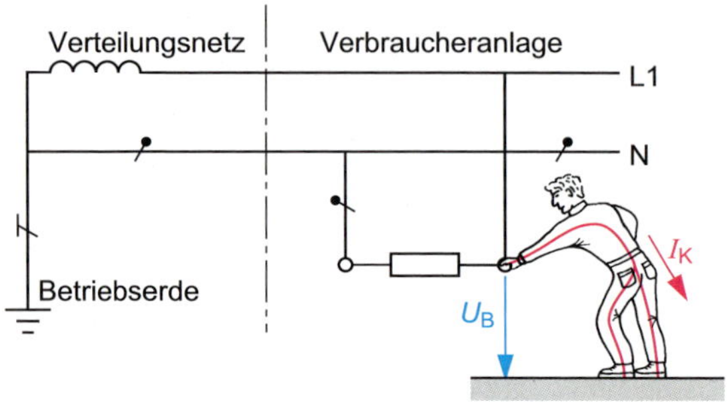

Bild 6.2:
Berührungsspannung $\boldsymbol{U_B}$ *und Körperstrom* $\boldsymbol{I_K}$

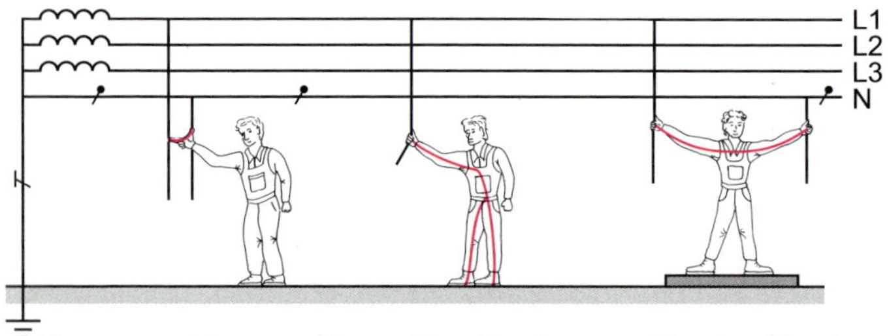

Stromweg: Finger zu Finger derselben Hand | Eine Hand zu beiden Füßen | Hand zu Hand

Bild 6.3:
Gefährliche Stromwege durch den menschlichen Körper

Bild 6.3 zeigt einige besonders gefährliche Stromwege durch den menschlichen Körper.

Der Körperstrom wird begrenzt durch den Widerstand des menschlichen Körpers. Für den **Körperwiderstand** $\boldsymbol{R_K}$ kann kein genauer Widerstandswert angegeben werden. Zahlreiche Messungen haben ergeben, dass er abhängig ist von der Höhe der Berührungsspannung, von der Größe der Berührungsflächen und von der Feuchtigkeit der Haut.

Die Auswertung von zahlreichen Stromunfällen führte außerdem zu der Erkenntnis, dass Gleichstrom für den menschlichen Körper weniger gefährlich ist als Wechselstrom.

Wird für die Flimmerschwelle bei Wechselstrom eine Körperstromstärke von etwa 50 mA zugrunde gelegt und für den Körperwiderstand etwa 1000 Ω, so ergibt sich eine noch ungefährliche Berührungsspannung von 50 V.

! Eine **Berührungsspannung** über **50 V Wechselspannung** oder über **120 V Gleichspannung** kann einen **gefährlichen Körperstrom** verursachen.

Außerdem sind folgende Grenzwerte festgelegt:

- 6 V für medizinische Geräte, die bei der Behandlung ins Körperinnere eingeführt werden;
- 12 V für elektrische Geräte, die in Badewannen und Duschtassen verwendet werden;
- 24 V für elektromotorisches Spielzeug.

6.2 Verhalten bei Stromunfällen

Bei einem Stromunfall sind Ruhe, Geistesgegenwart und Umsicht notwendig. Wichtig bei der Hilfeleistung für den Verunglückten ist nicht nur die richtige Durchführung der einzelnen Maßnahmen, sondern auch die Einhaltung der Reihenfolge.

1. Stromkreis unterbrechen
▪ Betätigen des Notschalters oder ▪ Ziehen des Netzsteckers oder ▪ Entfernen der Sicherungen Ist eine Abschaltung des Stromkreises nicht sofort durchführbar, muss der Verletzte mit isolierenden Hilfsmitteln wie Wolldecken, Kleidern oder Holzlatten von dem Stromkreis getrennt werden.

↓

2. Brennende Kleider löschen
Flammen durch Decken oder durch Wälzen des Verletzten auf dem Boden ersticken. **Vorsicht bei der Anwendung von Wasser** in elektrischen Anlagen!

↓

3. Arzt benachrichtigen
Es ist ratsam, zuerst den Arzt zu benachrichtigen und danach dem Verletzten Hilfe zu leisten.

↓

4. Erste Hilfe leisten
▪ Bei Atemstillstand ist keine Bewegung des Brustkorbs feststellbar. Sofort mit Atemspende beginnen! ▪ Bei Herz-Kreislauf-Stillstand ist kein Pulsschlag fühlbar. Zusätzlich zur Atemspende muss noch eine Herzdruckmassage durchgeführt werden. ▪ Bei Bewusstlosigkeit den Verletzten in die stabile Seitenlage bringen. Einen Bewusstlosen nie aufrichten!

6.3 Netzsysteme

Das Versorgungsnetz für Verbraucheranlagen ist im Allgemeinen ein Drehstromnetz, in dem die Betriebsmittel jeweils an einen der drei Außenleiter und an den gemeinsamen N-Leiter angeschlossen sind (vgl. Kap. 1.7). Hierbei kommen verschiedene Netzsysteme zur Anwendung, die nach internationalen Vereinbarungen mit mehreren Buchstaben gekennzeichnet werden.

Der **1. Buchstabe** kennzeichnet die Erdungsverhältnisse der Spannungsquelle:

T (Terre = Erde); direkte Erdung eines aktiven Teils der Spannungsquelle, z. B. der gemeinsame Anschlusspunkt für den N-Leiter (Sternpunkt)

I (Isolated); Isolierung aller aktiven Teile der Spannungsquelle

Der **2. Buchstabe** kennzeichnet die Erdungsverhältnisse der Gehäuse elektrischer Geräte:

T (Terre); alle Gehäuse der elektrischen Betriebsmittel sind direkt geerdet.

N Die Gehäuse der Betriebsmittel sind direkt mit dem Sternpunkt (mit der Betriebserde, N-Leiter) verbunden.

Der **3. Buchstabe** kennzeichnet die Anordnung des N-Leiters und des Schutzleiters PE:

C (Combined); N- und PE-Leiter sind zu einem PEN-Leiter zusammengefasst.

S N- und PE-Leiter sind ab der Spannungsquelle getrennt verlegt.

Mithilfe dieser Kennzeichnungen können die verschiedenen Netzsysteme beschrieben werden:

Im **IT-System** sind alle aktiven Teile von Erde getrennt.

Die Gehäuse der Geräte in der Anlage sind entweder einzeln oder gemeinsam geerdet oder mit der Systemerdung verbunden.

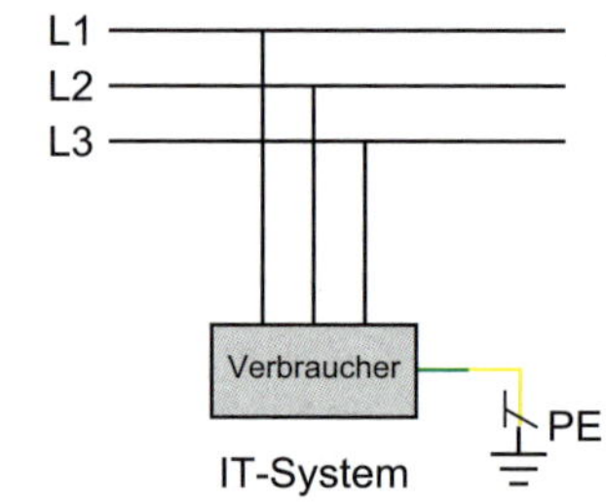

Im **TT-System** ist der N-Leiter (Sternpunkt der Spannungsquelle) direkt geerdet.

Alle Gehäuse der Geräte in der Anlage sind direkt geerdet.

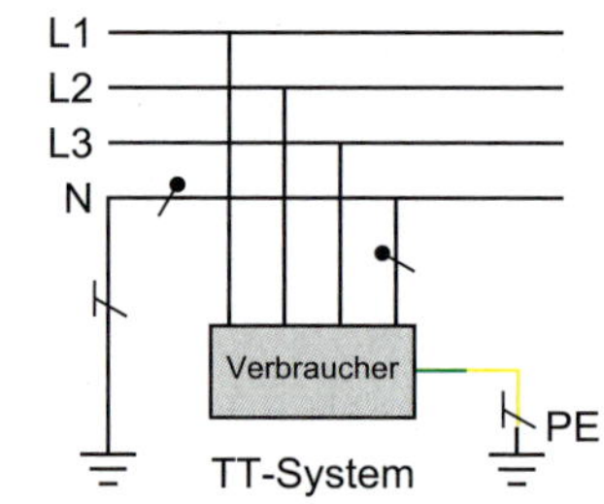

Im **TN-S-System** ist der N-Leiter (Sternpunkt der Spannungsquelle) direkt geerdet.

Die Gehäuse der Geräte in der Anlage sind direkt mit dem N-Leiter (Betriebserde, Sternpunkt) verbunden.

N- und PE-Leiter sind ab der Spannungsquelle getrennt verlegt.

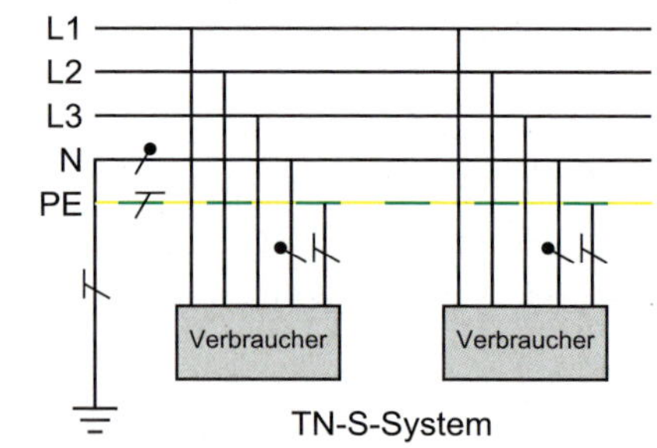

Das **TN-C-S-System** ist das am weitesten verbreitete Netzsystem. In einem Teil des Systems sind N- und PE-Leiter zu einem PEN-Leiter zusammengefasst; in einem anderen Teil des Systems sind sie getrennt verlegt.

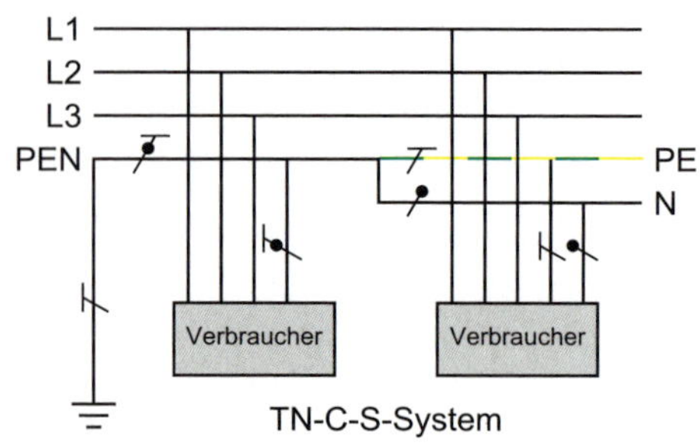

Bild 6.4: Netzsysteme

> **!** Der **Schutzleiter (PE-Leiter)** muss bei allen Systemen in allen Leitungen und Kabeln durchgehend **gelbgrün** gekennzeichnet sein.

6.4 Schutzmaßnahmen gegen gefährliche Körperströme

Um Stromunfälle auszuschließen, werden in elektrischen Anlagen und Geräten verschiedene Maßnahmen angewendet. Diese Schutzmaßnahmen sind in DIN VDE 0100 festgelegt.

6.4.1 Schutz gegen direktes Berühren

Der „Schutz gegen direktes Berühren" bezweckt, dass im ungestörten Betriebsfall alle aktiven Teile einer Anlage oder eines Geräts für den Menschen unzugänglich sind. Aktive Teile sind alle im Betriebszustand Spannung führenden Teile.

6.4.1.1 Isolierung

Der Schutz durch Isolierung der aktiven Teile – die sogenannte **Basisisolierung** – muss so gut sein, dass bei einer Berührung des Geräts kein Körperstrom fließen kann bzw. dass dieser so klein ist, dass er nicht wahrgenommen wird. Die aktiven Teile müssen vollständig von der Isolierung umschlossen sein, die nur durch Zerstörung entfernt werden kann, z. B. Isolation von Motorwicklungen und von Leitungen.

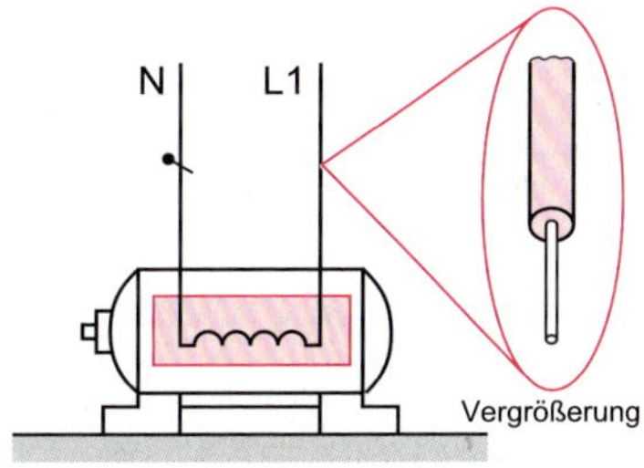

Bild 6.5a: Basisisolierung

6.4.1.2 Umhüllung

Die Umhüllungen der aktiven Teile schützen gegen direktes Berühren aus allen Richtungen. Sie können aus isolierendem oder leitfähigem Material hergestellt sein. Bestehen sie aus leitfähigem Material, so muss sichergestellt sein, dass die aktiven Teile durch isolierende Abstandhalter sicher von der Umhüllung getrennt sind.

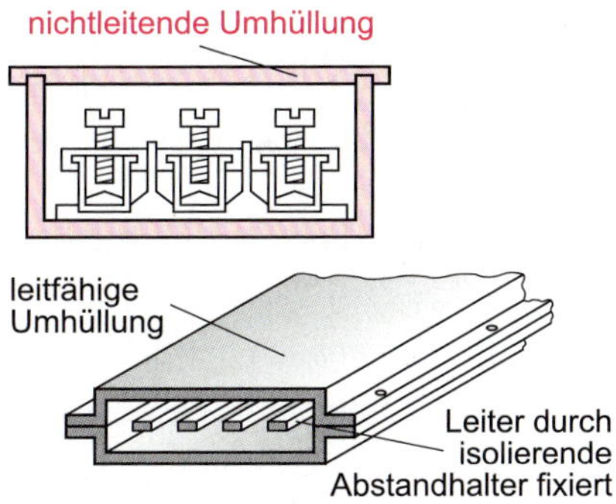

Bild 6.5b: Umhüllung

6.4.1.3 Abdeckung

Abdeckungen, z. B. bei Schaltern und Steckdosen, schützen gegen direktes Berühren aus allen Richtungen. Hierbei muss gewährleistet sein, dass die Abdeckung nur mit einem Werkzeug entfernt werden kann.

Für elektrische Geräte (z. B. Haartrockner u. Ä.) sind Schutzarten festgelegt, die angeben, in welchem Umfang ein Gerät gegen das Eindringen von Fremdkörpern oder Wasser geschützt ist.

6.4.1.4 Hindernis

Ein Hindernis verhindert ein zufälliges, aber nicht ein beabsichtigtes direktes Berühren aktiver Teile einer Anlage.

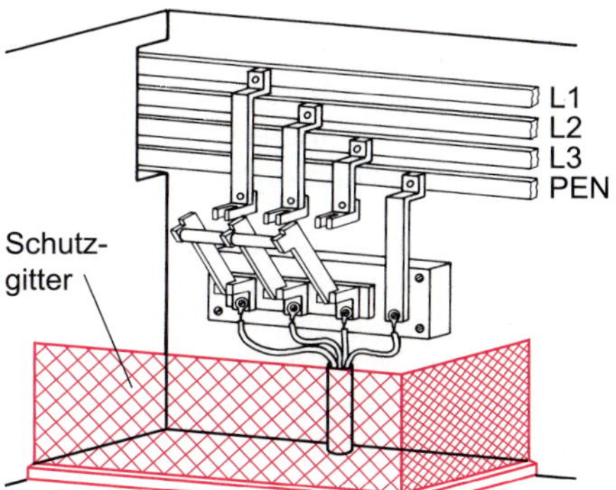

Bild 6.5c: Hindernis

6.4.1.5 Abstand

Ein zufälliges Berühren wird auch verhindert, wenn die aktiven Teile einer Anlage außerhalb der Reichweite des Menschen liegen.

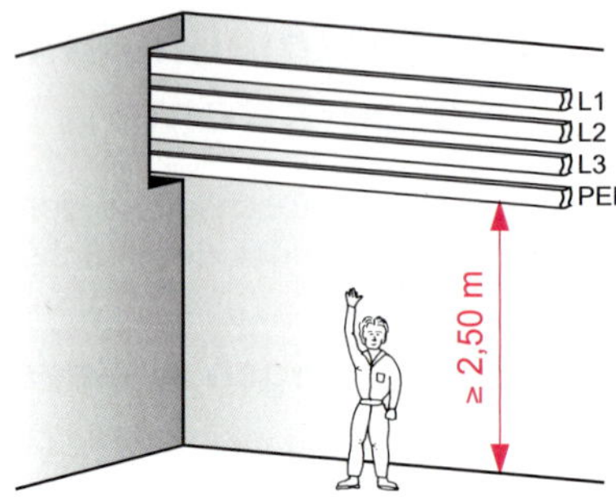

Bild 6.5d: Abstand

Isolierung, Umhüllung und **Abdeckung** gelten als **vollständiger Schutz** gegen direktes Berühren.
Hindernis und **Abstand** gelten als **teilweiser Schutz** gegen direktes Berühren. Diese beiden Maßnahmen sind in Räumen anwendbar, die nur von Fachkräften betreten werden dürfen.

6.4.2 Schutz bei indirektem Berühren

Der „Schutz gegen direktes Berühren" ist nur im ungestörten Betriebsfall wirksam; im Fehlerfall (z. B. bei Beschädigung der Basisisolierung o. Ä.) ist ein Schutz nicht mehr gewährleistet.

Durch die Schutzmaßnahme „Schutz bei indirektem Berühren" wird sichergestellt, dass auch im Störfall keine gefährlichen Körperströme fließen können. Für diese Schutzmaßnahme werden die elektrischen Geräte in drei Schutzklassen eingeteilt und durch das Symbol für die jeweilige Schutzklasse gekennzeichnet:

6.4.2.1 Schutzklasse I: Schutzleiter-Schutzmaßnahme

Bei Geräten der Schutzklasse I ist der Schutz gegen gefährliche Körperströme zweifach ausgeführt:

- durch eine Basisisolierung der aktiven Teile,
- durch eine metallene (leitfähige) Umhüllung, an die der Schutzleiter PE (Protection Earth; grüngelb) angeschlossen ist.

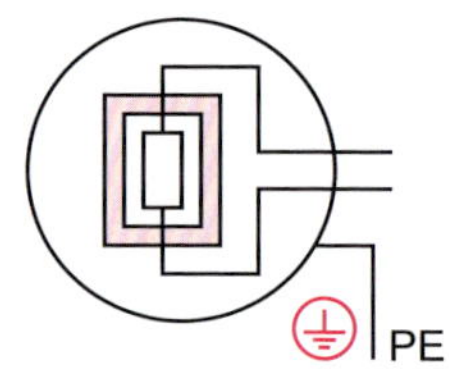

Bild 6.6: ***Schutzklasse I***
Leitende Umhüllung mit Schutzleiteranschluss

Da in jeder Verbraucheranlage Geräte der Schutzklasse I vorhanden sind (z. B. Elektroherde, Kühlschränke, Waschautomaten usw.), ist bei der Hausinstallation immer eine Schutzleiter-Schutzmaßnahme erforderlich. Hierzu muss bei jedem Hausanschluss ein **Schutzpotenzialausgleich** vorgenommen werden (vgl. Kap. 5.1.2).

Die Wirkungsweise dieser Schutzmaßnahme kann anhand von Bild 6.7 verdeutlicht werden. Bei einem Körperschluss – das ist eine leitende Verbindung zwischen dem aktiven Teil des Geräts und der Metallumhüllung – entsteht ein Fehlerstromkreis über den PE-Leiter. Berührt ein Mensch das Gehäuse des defekten Geräts, so kann dies als „indirektes Berühren" verstanden werden. Dabei teilt sich der Fehlerstrom I_F auf; ein Teilstrom fließt weiter über den Schutzleiter und ein anderer Teil fließt als Körperstrom I_K über den Menschen. Damit dieser Körperstrom den Menschen nicht gefährdet, müssen Körperstromstärke und Einwirkzeit kleingehalten werden.

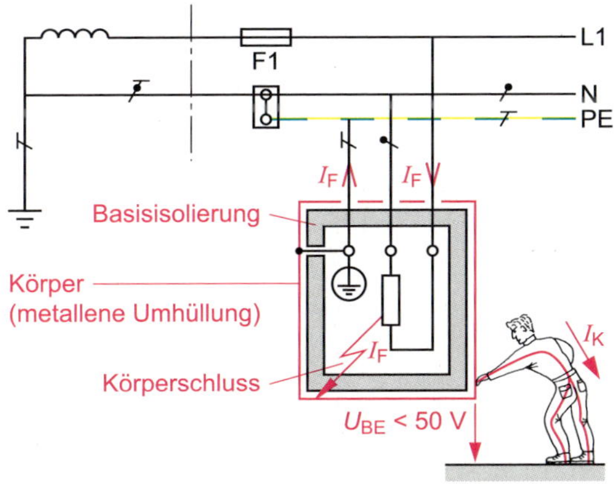

Bild 6.7: Schutzleiter-Schutzmaßnahme

Die **Schutzleiter-Schutzmaßnahme** bietet nur dann einen ausreichenden Schutz gegen gefährliche Körperströme, wenn im Fehlerfall

- die Berührungsspannung U_B 50 V Wechselspannung nicht überschreitet oder
- eine schnelle Abschaltung des Fehlerstromkreises erfolgt.

Ein Körperschluss wirkt wie ein Kurzschluss und führt folglich zu einem hohen Fehlerstrom. Die Abschaltung des Fehlerstromkreises kann daher durch Überstrom-Schutzorgane (Leitungsschutzschalter oder Sicherungen) erfolgen. Als Abschaltzeiten sind vorgeschrieben:

- **0,4 s** für TN-Systeme und **0,2 s** für TT-Systeme (Kap. 6.3) in Stromkreisen mit Steckdosen bis 35 A, sowie für ortsveränderliche Betriebsmittel der Schutzklasse I, die während des Betriebs dauernd in der Hand gehalten werden (z. B. Handbohrmaschine u. Ä.)
- **5 s** für alle anderen Stromkreise

Können die vorgeschriebenen Bedingungen für die Berührungsspannungen und die Abschaltzeiten nicht eingehalten werden, so muss die Abschaltung des Fehlerstromkreises mit einer **RCD** erfolgen (**R**esidual **C**urrent protective **D**evice = Differenzstrom-Schutzeinrichtung; früher FI-Schalter).

Gemäß DIN VDE 0100-410 ist innerhalb einer Wohneinheit den Steckdosen grundsätzlich ein RCD-Schutz mit einem Bemessungsfehlerstrom (Bemessungsdifferenzstrom) $I_F \leq 30$ mA vorzuschalten (Ausnahme: Kinder- und Badezimmer: $I_F \leq 10$ mA).

Die Zuordnung von RCDs zu den vorhandenen Stromkreisen ist so vorzunehmen, dass ein Abschalten **eines** RCDs nicht zum Ausfall **aller** Stromkreise führt!

Im normalen Betriebsfall ist I_{zu} genauso groß wie I_{ab}; ihre Magnetfelder heben sich auf und in der Spule entsteht keine Spannung.

Liegt ein Körperschluss vor, so fließt in der Zuleitung zusätzlich ein Fehlerstrom, wodurch I_{zu} größer ist als I_{ab}. In der Spule wird eine Spannung induziert, durch die der Schalter ausgelöst wird.

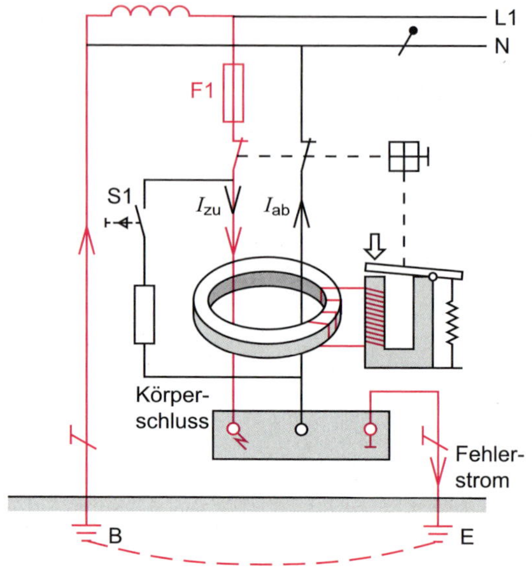

Bild 6.8:
Prinzip eines FI-Schalters (RCD)

Durch Betätigen der Prüftaste S1G wird ein künstlicher Fehlerstrom erzeugt; damit kann geprüft werden, ob der Schalter in Ordnung ist.

Bild 6.9 zeigt die Anwendung der RCD-Schutzmaßnahme im TN-C-S-System. Wird der Bemessungsdifferenzstrom der RCD überschritten, so löst diese aus und schaltet innerhalb von 0,2 s den Stromkreis ab. RCDs sind verfügbar für Bemessungsdifferenzströme von 10 mA bis 500 mA.

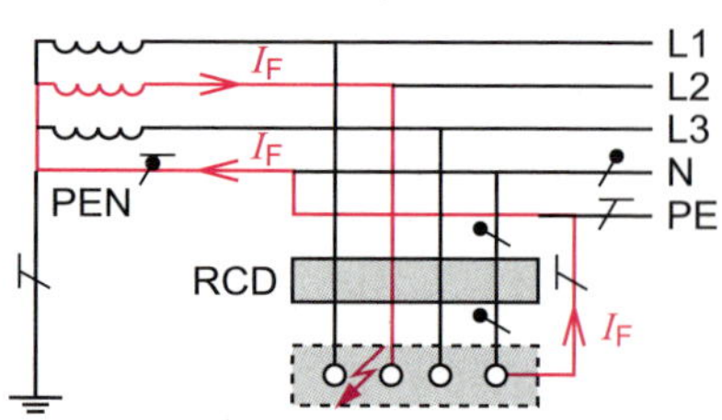

Bild 6.9: TN-C-S-System mit RCD

6.4.2.2 Schutzklasse II: Schutzisolierung

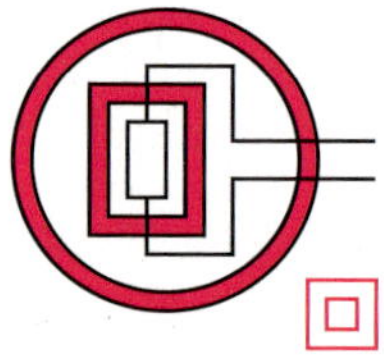

Bild 6.10: ***Schutzklasse II***
Isolierende Umhüllung

Bei Geräten der Schutzklasse II ist der Schutz gegen gefährliche Körperströme ebenfalls zweifach ausgeführt:

- durch Basisisolierung der aktiven Teile,
- durch eine zusätzliche Schutzisolierung oder verstärkte Basisisolierung.

Auf diese Weise wird bei Beschädigung der Basisisolierung eine indirekte Berührung der aktiven Teile verhindert. Die Schutzisolierung wird bei vielen Haushaltsgeräten angewendet wie z. B. Haartrockner, Staubsauger, Handbohrmaschinen, Handkreissägen usw.

Alle Schalter und Steckdosenabdeckungen sowie alle nach VDE-Vorschriften gefertigten Leitungen und Kabel gelten als schutzisoliert.

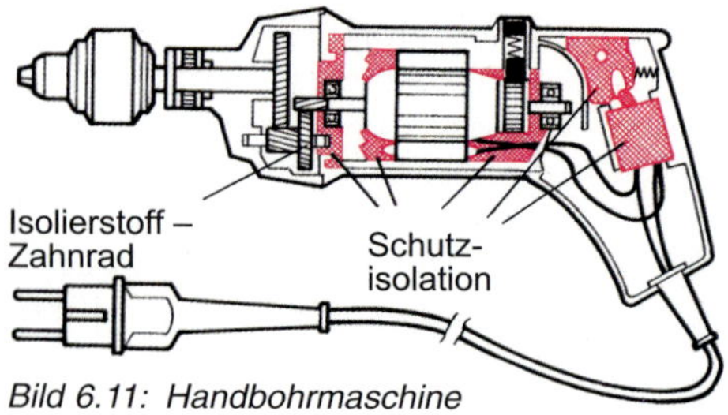

Bild 6.11: Handbohrmaschine

Leitfähige Teile von Geräten der Schutzklasse II dürfen nicht an den PE-Leiter angeschlossen werden.

6.4.2.3 Schutzklasse III: Schutzkleinspannung

Bei Schutzklasse III ist sowohl Schutz gegen direktes Berühren als auch Schutz bei indirektem Berühren gegeben. Nach DIN VDE 0100-410 werden unterschieden:

- **SELV**: **S**afety **E**xtra **L**ow **V**oltage (Sicherheitskleinspannung)
- **PELV**: **P**rotective **E**xtra **L**ow **V**oltage (Schutzkleinspannung; früher: Funktionskleinspannung mit sicherer Trennung)

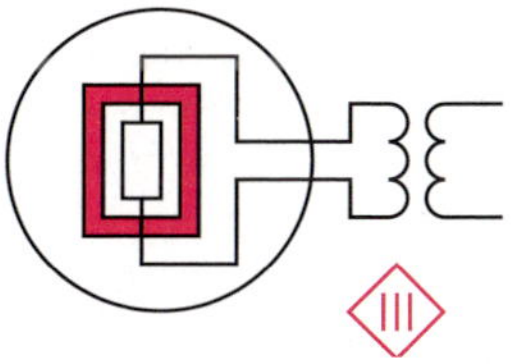

Bild 6.12: ***Schutzklasse III***
Schutzkleinspannung

SELV ist eine Schutzmaßnahme, bei der Stromkreise mit Nennspannungen bis 50 V AC bzw. 120 V DC ungeerdet betrieben werden; diese Spannungswerte entsprechen den höchstzulässigen Werten der Berührungsspannung.

Zur Speisung von SELV-Stromkreisen aus dem Versorgungsnetz werden Sicherheitstransformatoren nach EN 60742 (VDE 0551) eingesetzt; deren Ausgangsstromkreis darf nicht geerdet sein. Daneben kommen als Spannungsquellen auch Akkumulatoren oder (selten) Dieselaggregate sowie elektronische Geräte in Betracht.

Für SELV-Stromkreise gilt:

- Aktive Teile des Stromkreises dürfen weder geerdet werden noch mit dem PE-Leiter oder aktiven Teilen anderer Stromkreise in Verbindung stehen.
- Die Gehäuse von SELV-Geräten dürfen nicht geerdet werden (gilt nicht notwendigerweise für in separatem Gehäuse untergebrachten Sicherheitstransformator).
- SELV-Stecker und Steckdosen dürfen keine Schutzkontakte haben. Die Stecker dürfen nicht in Steckdosen anderer Systeme passen.
- Bei SELV über 25 V AC bzw. 60 V DC ist eine Basisisolierung erforderlich.

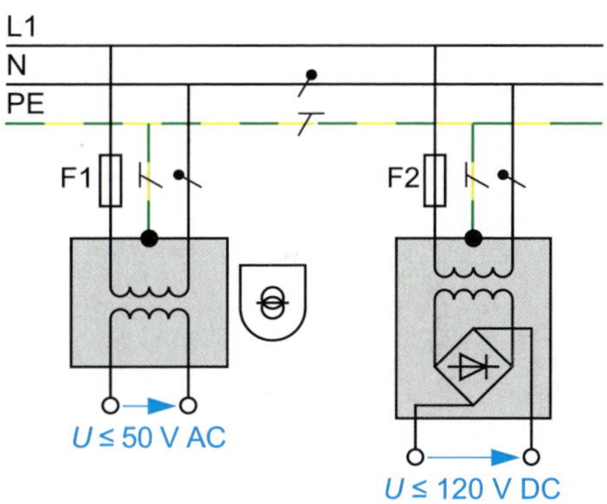

Bild 6.13: SELV

Nach den VDE-Bestimmungen kommt SELV zur Anwendung für:

- Geräte im Innern von Badewannen und Duschtassen (12 V)
- Scheinwerfer in Schwimmbecken, die nur von der Innenseite des Beckens zugänglich sind
- Handleuchten in engen, leitfähigen Räumen wie z. B. Kesseln u. Ä.
- Viehputzgeräte (25 V)

Beim Schutz durch **PELV** darf der Kleinspannungs-Stromkreis oder die Gehäuse der im PELV-Stromkreis vorhandenen Geräte geerdet werden, wenn aus Funktionsgründen eine Erdung oder eine Verbindung mit dem PE-Leiter erforderlich ist, wie z. B. bei Steuerstromkreisen. Daher sind auch Schutzkontakte bei Steckdosen und Steckern zulässig. Die Stecker dürfen jedoch nicht in Steckdosen anderer Systeme – auch nicht in SELV – passen.

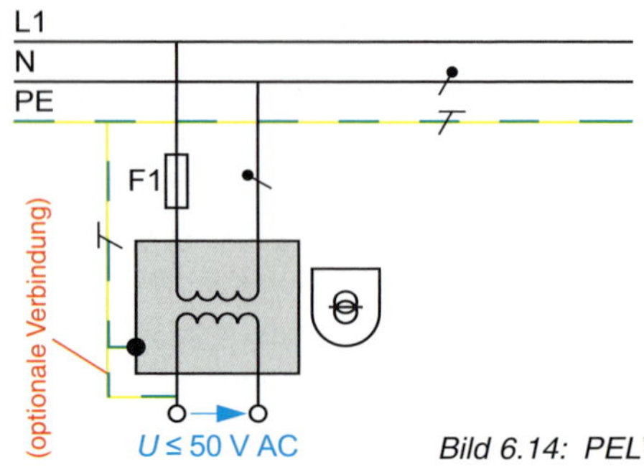

Bild 6.14: PELV

FELV (**F**unctional **E**xtra **L**ow **V**oltage; Funktionskleinspannung) ist eine „mildere" Ausgabe von PELV; früher als „Funktionskleinspannung ohne sichere Trennung" bezeichnet. Als Spannungsquelle genügt ein Transformator mit einfacher Trennung (Basisisolierung).

Zum Schutz gegen direktes Berühren muss die Isolierung der aktiven Teile der Mindestspannung standhalten, die den Betriebsmitteln der Stromkreise der höheren Spannung entspricht.

Zum Schutz bei indirektem Berühren, z. B. durch Abschalten, müssen die Körper (Gehäuse) der FELV-Stromkreise mit dem Schutzleiter des Primärstromkreises verbunden werden.

Die Steckvorrichtungen dürfen nicht zu denen anderer Systeme passen.

Leitungen für Stromkreise von Kleinspannungen für SELV, PELV und FELV (z. B. auch Busleitungen) können mit Leitungen mit Niederspannungen (z. B. Mantelleitungen NYM mit 230 V/400 V) nebeneinander verlegt werden, wenn die Leiter der Kleinspannungsstromkreise mit einer Isolierung versehen sind, die für die höchste vorkommende Spannung bemessen ist, oder die Leitungen in eine Kabelwanne mit Trennung oder in getrennte Isolationsrohre verlegt werden.

Die **Schutztrennung** ist eine Schutzmaßnahme, die sich vom Schutz durch SELV im Wesentlichen durch eine höhere Ausgangsspannung unterscheidet. Sie bietet ebenfalls eine gute Schutzwirkung und wird für Bereiche mit erhöhter Gefährdung verbindlich vorgeschrieben wie z. B. bei Arbeiten mit elektrischen Handgeräten in Nassräumen, Großbehältern mit leitfähigen Wänden oder auf Montagegerüsten.

Bei der Schutztrennung ist der Verbraucherstromkreis vom Versorgungsnetz getrennt. Die Trennung erfolgt mittels Trenntransformatoren (EN 60742), die eine besonders hochwertige Isolierung zwischen Eingangs- und Ausgangsstromkreis besitzen.

Wird nur ein Betriebsmittel angeschlossen, so darf dessen Körper weder mit dem Schutzleiter noch mit Körpern anderer Stromkreise verbunden werden.

Wenn keine besondere Gefährdung besteht, dürfen auch mehrere Verbraucher an einen Trenntrafo angeschlossen werden. Dabei müssen alle Körper (und gegebenenfalls die Schutzkontakte von Steckdosen) durch ungeerdete Potenzialausgleichsleiter verbunden werden. Dadurch wird sichergestellt, dass beim Auftreten von Fehlern keine gefährlichen Berührungsspannungen entstehen können.

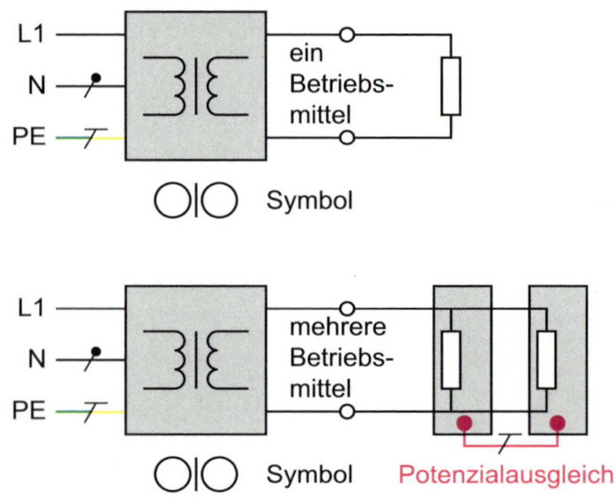

Bild 6.15: Schutztrennung

6.4.3 Sicherheitsvorschriften bei Arbeiten in Niederspannungsanlagen

Um Unfälle bei Arbeiten in Niederspannungsanlagen zu vermeiden, sind unbedingt die festgelegten Sicherheitsvorschriften zu beachten.

Die wichtigste Vorschrift lautet:

Arbeiten an Teilen, die unter Spannung stehen, sind verboten.

Es muss also dafür gesorgt werden, dass die Anlage bei Arbeiten spannungsfrei geschaltet wird.

Folgende Maßnahmen sind in der angegebenen Reihenfolge durchzuführen:

1. Freischalten
Alle Leitungen sind durch Entfernen der Sicherungen oder Abschalten der Leitungsschutzschalter spannungsfrei zu schalten.

↓

2. Sichern
Um irrtümliches Wiedereinschalten auszuschließen, sind die abgeschalteten Stromkreise zu sichern, z. B. Abschließen des Schaltschranks durch abschließbare Trennstücke usw. Ein Warnschild „Nicht Schalten“, auf dem der Name des verantwortlichen Monteurs, Ort und Datum einzutragen sind, ist anzubringen.

↓

3. Spannungsfreiheit prüfen
Vor Beginn der Arbeiten mit einem Spannungsprüfer feststellen, ob die Anlage spannungsfrei ist.

↓

4. Erden und Kurzschließen
Um auch bei irrtümlichem Wiedereinschalten noch Schutz zu gewährleisten, müssen die Leitungen zuerst geerdet und dann kurzgeschlossen werden.

↓

5. Unter Spannung stehende Teile abdecken
Sind an der Arbeitsstelle noch weitere Spannung führende Teile der Anlage vorhanden, müssen diese sorgfältig abgedeckt werden. Bei der Abdeckung ist darauf zu achten, dass diese neben einer ausreichenden Isolation auch eine genügende mechanische Festigkeit aufweist.

Aufgaben

1. Welche Größen sind bei einem Körperstrom für die Gefährdung des Menschen von Bedeutung?
2. Bei welcher Einwirkzeit kann ein Körperstrom von 50 mA (100 mA, 200 mA) eine tödliche Gefahr bedeuten?
3. Erklären Sie den Begriff „Berührungsspannung“.
4. Geben Sie die Berührungsspannung an, die einen Menschen gefährden kann.
5. Geben Sie an, in welchen Situationen der Bilder A–F eine gefährliche Berührungsspannung auftritt:
   a) bei offenem und
   b) bei geschlossenem Schalter Q1.

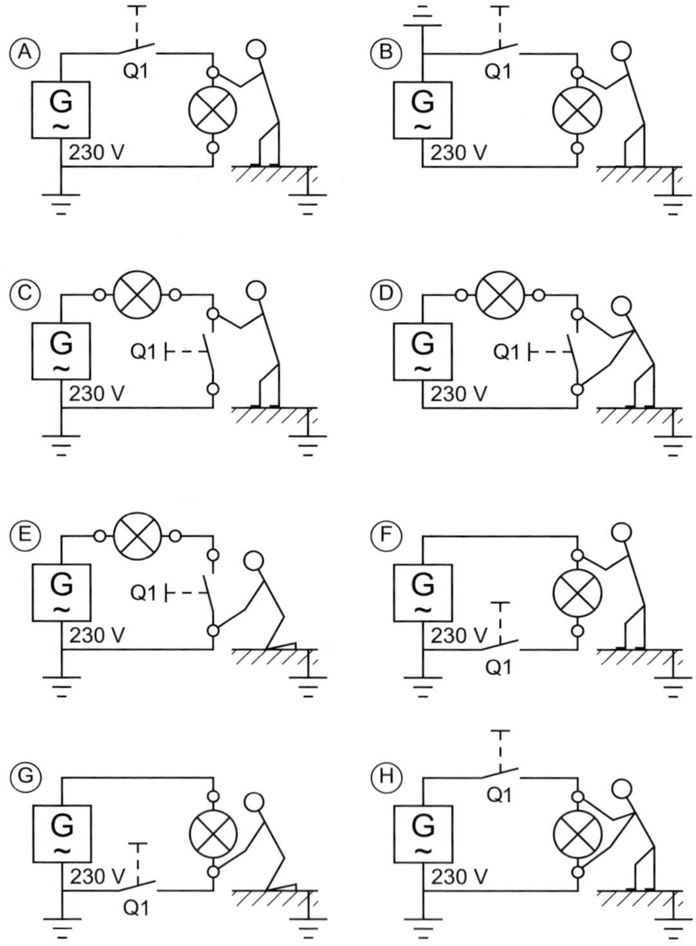

6. Worin unterscheiden sich
   a) das TT-System vom IT-System und
   b) das TN-S-System vom TN-C-System?
7. Welche Faktoren haben einen Einfluss auf den Körperwiderstand eines Menschen?

8. Beschreiben Sie, welche Maßnahmen Sie bei einem Stromunfall ergreifen.
9. Warum hat eine Verteilungsleitung, die als Freileitung ausgeführt wird, keine Basisisolierung?
10. Wie ist in der Praxis die Schutzmaßnahme „Schutz gegen direktes Berühren" ausgeführt?
11. Geben Sie die Bedeutung der dargestellten Symbole an.

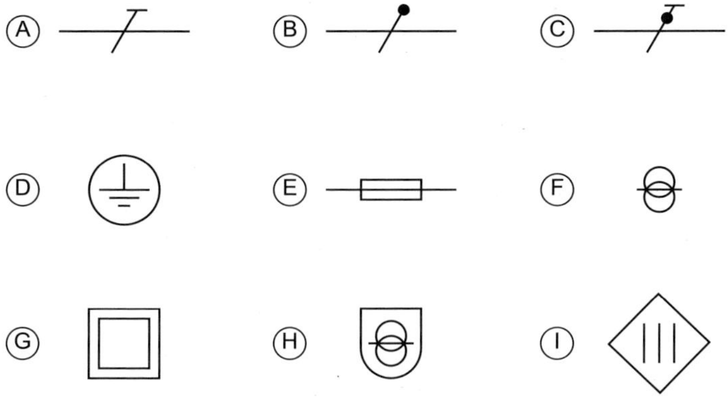

12. Erklären Sie den Begriff „Hauptpotenzialausgleich".
13. Welche Aufgabe hat der PE-Leiter in einer Niederspannungsanlage?
14. Erklären Sie den Begriff „indirektes Berühren".
15. Beschreiben Sie die Wirkungsweise der Schutzleiter-Schutzmaßnahme.
16. Wie ist bei schutzisolierten Geräten der „Schutz bei indirektem Berühren" ausgeführt?
17. Kann eine RCD eine Ergänzung zum Schutz gegen direktes Berühren darstellen? Begründen Sie.
18. Wie groß ist die zulässige Spannung bei SELV?
19. Begründen Sie, warum die Schutzmaßnahme „Schutztrennung" eine höhere Schutzwirkung hat als die Schutzleiter-Schutzmaßnahme und die Schutzisolierung.
20. Begründen Sie, warum bei der „Schutztrennung" der Verbraucher nicht an den Schutzleiter angeschlossen oder geerdet werden darf.
21. Sie müssen in einer Niederspannungsanlage eine Reparatur ausführen. Beschreiben Sie, welche Maßnahme Sie durchführen, um einen Stromunfall zu vermeiden.

6.4.4 Schutzarten elektrischer Betriebsmittel

Elektrische Betriebsmittel werden in einem Gehäuse untergebracht, um

- den Benutzer des Betriebsmittels vor Spannung führenden oder umlaufenden Teilen zu schützen (Berührungs- und Fremdkörperschutz),
- das Betriebsmittel vor dem Eindringen von festen Körpern oder Staub und vor Wasser zu schützen (Wasserschutz).

Beide Schutzarten werden gemäß VDE DIN 0470, Teil 1, durch die Buchstabenkombination **IP** (**I**nternational **P**rotection), gefolgt von einer zweistelligen Kennziffer angegeben. Die erste Ziffer (0 bis 6) bezeichnet hierbei den Berührungs- und Fremdkörperschutz, die zweite Ziffer (0 bis 8) den Wasserschutz. Je nach Gehäuse ergibt sich eine unterschiedliche Schutzwirkung, die unter anderem mit definierten Prüfsonden festgestellt wurde und der man dann einen jeweiligen **Schutzgrad** zugeordnet hat. Mit der Angabe des Schutzgrads auf dem Gehäuse bzw. auf dem Typenschild garantiert der Hersteller, dass sein Produkt die jeweiligen Anforderungen erfüllt.

Kennziffer	Bedeutung	Erläuterung
0	Kein Schutz	– kein Schutz von Personen gegen zufälliges Berühren unter Spannung stehender oder sich bewegender Teile – kein Schutz eines Betriebsmittels gegen Eindringen von festen Fremdkörpern
1	Schutz gegen Fremdkörper ≥ 50 mm	– geschützt gegen den Zugang zu gefährlichen Teilen mit dem Handrücken – Die Zugangssonde (Kugel ∅ 50 mm) muss ausreichend Abstand von gefährlichen Teilen haben. Die Objektsonde, Kugel 50 mm Durchmesser, darf nicht voll eindringen.
2	Schutz gegen Fremdkörper ≥ 12,5 mm	– geschützt gegen den Zugang zu gefährlichen Teilen mit einem Finger – Der gegliederte Prüffinger (12 mm Durchmesser und 80 mm Länge) muss ausreichend Abstand von gefährlichen Teilen haben.
3	Schutz gegen Fremdkörper ≥ 2,5 mm	– geschützt gegen den Zugang zu gefährlichen Teilen mit einem Werkzeug – Die Zugangssonde (∅ 2,5 mm) darf nicht eindringen.
4	Schutz gegen Fremdkörper ≥ 1 mm	– geschützt gegen den Zugang zu gefährlichen Teilen mit einem Draht – Die Zugangssonde (∅ 1,0 mm) darf nicht eindringen.
5	Schutz gegen Staubablagerung	– geschützt gegen den Zugang zu gefährlichen Teilen mit einem Draht – Die Zugangssonde (∅ 1,0 mm) darf nicht eindringen. – Das Eindringen von Staub wird nicht vollständig verhindert, aber er darf nicht in einer solchen Menge eindringen, dass das zufriedenstellende Arbeiten des Geräts oder die Sicherheit beeinträchtigt wird.
6	Schutz gegen Staubeintritt Staubdicht	– geschützt gegen den Zugang zu gefährlichen Teilen mit einem Draht – Die Zugangssonde (∅ 1,0 mm) darf nicht eindringen. Kein Eindringen von Staub möglich.

Bild 6.16: Schutzgrade des Berührungs- und Fremdkörperschutzes

Kennziffer	Bedeutung	Erläuterung
0	Kein Schutz	– Kein besonderer Schutz
1	Schutz gegen senkrecht fallendes Tropfwasser	– Wassertropfen, die senkrecht fallen, dürfen keine schädliche Wirkung haben.
2	Schutz gegen Tropfwasser, (bis zu 15° Neigung)	– Senkrecht fallende Tropfen dürfen keine schädliche Wirkung haben, wenn das Gehäuse um einen Winkel von 15° beiderseits der Senkrechten geneigt ist.
3	Schutz gegen Sprühwasser	– Wasser, das in einem beliebigen Winkel bis 60° beiderseits der Senkrechten gesprüht wird, darf keine schädliche Wirkung haben.
4	Schutz gegen Spritzwasser	– Wasser, das aus allen Richtungen gegen das Gehäuse spritzt, darf keine schädliche Wirkung haben.
5	Schutz gegen Strahlwasser	– Ein Wasserstrahl aus einer Düse, der aus allen Richtungen gegen das Betriebsmittel gerichtet wird, darf keine schädliche Wirkung haben.
6	Schutz gegen starkes Strahlwasser	– Wasser, das aus jeder Richtung als starker Strahl gegen das Gehäuse gerichtet ist, darf keine schädliche Wirkung haben.
7	Schutz beim zeitweiligen Untertauchen	– Wasser darf nicht in schädlichen Mengen eindringen, wenn das Betriebsmittel unter genormten Druck- und Zeitbedingungen in Wasser eingetaucht wird.
8	Schutz beim dauernden Untertauchen	– Wasser darf nicht in schädlichen Mengen eindringen, wenn das Betriebsmittel dauernd unter Wasser getaucht wird unter Bedingungen, die der Hersteller angibt.

Bild 6.17: Schutzgrade des Wasserschutzes

Der erforderliche Schutzgrad richtet sich nach den am Einsatzort herrschenden Bedingungen. Werden Anforderungen nur an eine Art des Schutzes gestellt, so wird die nicht benötigte Kennziffer durch den Buchstaben X ersetzt.

■ **Beispiele:**

IP 44 bedeutet:

Schutz gegen Fremdkörper und Gegenstände, die größer als 1 mm Durchmesser sind, und Schutz gegen Spritzwasser aus allen Richtungen

IPX5 bedeutet:

Keine Angabe zum Berühr- oder Fremdkörperschutz; Schutz gegen Strahlwasser

Aufgaben

1. Aus welchen Gründen werden elektrische Betriebsmittel in einem Gehäuse untergebracht?
2. Welche Schutzarten unterscheidet man?
3. Welche Informationen kann man der Kennzeichnung IP 54 entnehmen?

7. Grundlagen der Informationsverarbeitung

7.1 Grundbegriffe der Informationstechnik

7.1.1 Informationen, Zeichen, Daten

In der Umgangssprache versteht man unter Informationen die Kenntnisse und das Wissen über Sachverhalte, Vorgänge, Zustände, Ereignisse usw. Sie können durch gesprochene und geschriebene Wörter, durch Tabellen und Diagramme oder Grafiken und Bilder dargestellt, gespeichert und verbreitet werden.

> Als **Informationen** bezeichnet man jede Art von Kenntnissen über Sachverhalte und Vorgänge.

In der Informations- und Telekommunikations-Technik (IT-Technik) werden Informationen durch Zeichen dargestellt.

> Ein **Zeichen** ist ein Element aus einer Menge verschiedener Elemente.
> Die Menge der Zeichen wird als **Zeichenvorrat** bezeichnet.

Beispiele für Zeichenvorräte sind die Buchstaben des Alphabets, Ziffern, Interpunktionszeichen und Steuerzeichen (Wagenrücklauf, Zeilenvorschub auf der Tastatur usw.).

Zeichen werden üblicherweise schriftlich wiedergegeben (Schriftzeichen). In der IT-Technik werden fast ausschließlich die **Binärzeichen 0 und 1** verwendet.

Die Darstellung einer Information durch Zeichen muss nach festgelegten Regeln erfolgen. Eine Folge von Zeichen, die aufgrund einer bekannten Regel Informationen enthält, nennt man Daten.

> **Daten** sind durch binäre Zeichen dargestellte Informationen, die in Datenverarbeitungsanlagen verarbeitet werden können.

7.1.2 Analoge und digitale Signale

Daten müssen zur Verarbeitung oder zur Übertragung in Signale umgesetzt werden

> **Signale** dienen zur Darstellung von Daten durch physikalische Größen wie z. B. Spannungen, Stromstärken o. Ä.

Zur Verdeutlichung eines Signalverlaufs wird üblicherweise der Signalwert in Abhängigkeit von der Zeit in einem Diagramm dargestellt. Man unterscheidet grundsätzlich zwischen analogen Signalen und digitalen Signalen.

Analoge Signale können innerhalb eines bestimmten Bereichs jeden beliebigen Wert annehmen (Bild 7.1 a).
Digitale Signale können innerhalb eines bestimmten Bereichs nur ganz bestimmte (diskrete) Werte annehmen (Bild 7.1 b).
Binäre Signale sind digitale Signale, bei denen nur binäre (zweiwertige) Signalwerte vorkommen (7.1 c).

Anhand von Bild 7.1 wird die Erzeugung und die Darstellung von analogen, digitalen und binären Signalen verdeutlicht. In Teilbild a) liefert der Spannungsteiler entsprechend der jeweiligen Schleiferstellung eine sich stetig ändernde Spannung, also ein **analoges Signal**. In Teilbild b) kann der Spannungsteiler jedoch nur vier Spannungswerte liefern. Die Spannung ändert sich nicht mehr analog, sondern in mehr oder weniger feinen Stufen und ergibt damit ein **digitales Signal**. Bei der Schaltung in Teilbild c) sind offensichtlich nur noch zwei Spannungsstufen einstellbar; sie liefert also ein **binäres Signal**.

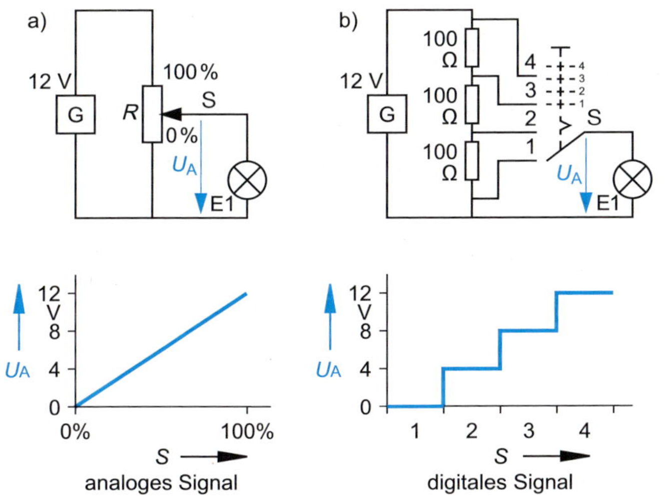

Bild 7.1: Signalarten

In der digitalen Steuerungstechnik (siehe Kap. 7.3) wie auch in der Informationstechnik erfolgt die digitale *Signalverarbeitung* (siehe Kap. 7.2) fast ausschließlich unter Verwendung binärer Signale.

Binäre Bauelemente werden vergleichsweise kostengünstig und mit kleinsten Abmessungen in großen Stückzahlen produziert.

In Schaltungen mit Binärelementen sind die Zahlenwerte der zwei auftretenden Spannungen von nachrangiger Bedeutung; sie werden ersetzt durch **Pegel**.

In der Digitalelektronik werden die binären Signale mit den beiden Pegeln H und L angegeben. Dabei gilt die Festlegung:
H (High) kennzeichnet den hohen Spannungswert,
L (Low) kennzeichnet den niedrigen Spannungswert.

Die Wertebereiche für H und L werden bestimmt durch die Technologie der Bauelemente. So bestehen für eine Binärschaltung mit Bauelementen eines weit verbreiteten Typs folgende Wertebereiche:

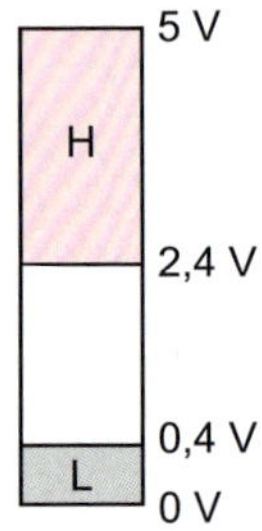

H-Pegel = 2,4 V bis 5 V
L-Pegel = 0 V bis 0,4 V

Für die Arbeitssicherheit von Digitalschaltungen ist die Größe des Spannungsabstands zwischen H-Pegel und L-Pegel wichtig.

Für das Beispiel gilt:

Abstand = 2,4 V − 0,4 V = **2 V**

Bei der digitalen *Signalübertragung* lässt sich der L-Pegel (hier: 0 V − 0,4 V) allerdings manchmal schwer von einer Leitungsunterbrechung (also 0 V) unterscheiden. Aus diesem Grunde werden den beiden Pegelzuständen zur *Übertragung* oftmals andere Spannungswerte zugeordnet. Von besonderer Bedeutung ist hierbei die Übertragung mit differenziellen Signalen.

Als **differenzielles Signal** bezeichnet man die Spannungszuordnung zu einem Binärpegel, bei der sich entsprechend dem Pegel (L oder H) sowohl auf dem *Hinleiter* als auch auf dem *Rückleiter* der zugehörige Spannungswert ändert.

■ **Beispiel:**

L-Pegel: auf dem Hinleiter **−5 V** *und* auf dem Rückleiter **+ 5 V**

H-Pegel: auf dem Hinleiter **+ 5 V** *und* auf dem Rückleiter **−5 V**

Der Spannungsabstand beträgt hierbei jeweils 10 V.

Sowohl bei der Übertragung des L-Pegels als auch beim H-Pegel führt jede Leitung stets ein von 0 V verschiedenes Potenzial. Somit ist eine Leitungsunterbrechung eindeutig erkennbar.

7.1.3 Zahlensysteme

7.1.3.1 Dezimalsystem

Im täglichen Leben wird zur Darstellung von Zahlen fast ausschließlich das **Dezimalsystem (Zehnersystem)** verwendet. In diesem **Zahlensystem** werden die zehn verschiedenen **Ziffern von 0 bis 9** in der sogenannten **Stellenschreibweise** angewendet (Bild 7.2).

Dezimalzahl	**5**	**4**	**7**	**9** ,	**2**	**6**
Stellennummer	4	3	2	1	1	2
Stellenwert	10^3	10^2	10^1	10^0	10^{-1}	10^{-2}
Potenzwert	$5 \cdot 1000$	$4 \cdot 100$	$7 \cdot 10$	$9 \cdot 1$	$\frac{2}{10}$	$\frac{6}{100}$
Zahlenwert	$5000 + 400 + 70 + 9 + 0{,}2 + 0{,}06 = 5479{,}26_{dez}$					

Bild 7.2: Zahlenwert der Dezimalzahl

Aus Bild 7.2 sind die Regeln zu erkennen, nach denen Zahlensysteme aufgebaut sind:

- Die zur Darstellung einer Zahl erforderlichen Ziffern werden von einer Markierung – dem **Komma** – ausgehend nebeneinander geschrieben und nummeriert. Links vom Komma stehen Zahlen ≥ 1, rechts vom Komma stehen Zahlen ≤ 1.
- Jede Stelle hat einen eigenen **Stellenwert *W***; er berechnet sich aus der **Basis *B* des Zahlensystems** und der Stellennummer *n*:
  Stellenwert vor dem Komma: $W = B^{n-1}$
  Stellenwert nach dem Komma: $W = B^{-1} = 1/B^n$
- Die Basis des Zahlensystems ist gleich der Anzahl der verfügbaren Ziffern.
- Der Potenzwert einer Stelle ergibt sich durch Multiplikation der Ziffer mit dem Stellenwert.
- Der Zahlenwert ist die Summe aller Potenzwerte.
- Wird beim Hochzählen in einer Stelle die höchste Ziffer (im Dezimalsystem also die 9) erreicht, so wird im folgenden Schritt ein **Übertrag** von 1 in die nächsthöhere Stelle geschrieben und die hochgezählte Stelle beginnt wieder mit 0 (Bild 7.3).

Hexadezimalsystem				Dezimalsystem				Dualsystem				
16^3	16^2	16^1	16^0	10^3	10^2	10^1	10^0	2^4	2^3	2^2	2^1	2^0
4096	256	16	1	1000	100	10	1	16	8	4	2	1
			0				0					0
			1				1					1
			2				2				1	0
			3				3				1	1
			4				4			1	0	0
			5				5			1	0	1
			6				6			1	1	0
			7				7			1	1	1
			8				8		1	0	0	0
			9				9		1	0	0	1
			A			1	0		1	0	1	0
			B			1	1		1	0	1	1
			C			1	2		1	1	0	0
			D			1	3		1	1	0	1
			E			1	4		1	1	1	0
			F			1	5		1	1	1	1
		1	0			1	6	1	0	0	0	0
		1	1			1	7	1	0	0	0	1

Bild 7.3: Zahlensysteme

7.1.3.2 Dualsystem

In der digitalen Signalverarbeitung werden nur binäre Signale verarbeitet. Dies ist dadurch begründet, dass elektrische und elektronische Schaltelemente nur die beiden Schaltstellungen „Ein = 1" und „Aus = 0" einnehmen können. Hier wird also das **Dualsystem (Zweiersystem)** verwendet, weil es auf zwei Ziffern aufgebaut ist.

Dualzahl	**1**	**0**	**1**	**0**	**1**	**1**	**1 ,**	**1**	**1**
Stellennummer	7	6	5	4	3	2	1	1	2
Stellenwert	2^6	2^5	2^4	2^3	2^2	2^1	2^0	2^{-1}	2^{-2}
Potenzwert	$1 \cdot 64$	$0 \cdot 32$	$1 \cdot 16$	$0 \cdot 8$	$1 \cdot 4$	$1 \cdot 2$	$1 \cdot 1$	$\frac{1}{2}$	$\frac{1}{4}$
Zahlenwert	$64 + 0 + 16 + 0 + 4 + 2 + 1 + 0{,}5 + 0{,}25 = 87{,}75_{dez}$								

Bild 7.4: Zahlenwert der Dualzahl

Im dualen und dezimalen Zahlensystem werden die gleichen Zahlzeichen (Ziffern) verwendet. Um Verwechslungen zu vermeiden, ist es notwendig, das jeweils vorliegende Zahlensystem durch einen Index zu kennzeichnen, z. B.

$$\mathbf{10_{10} = 10_{dez} = 1010_2 = 1010_{du}}$$

Der Vergleich der in den Bildern 7.3 und 7.4 in verschiedenen Systemen dargestellten Zahlen ergibt:

! Je weniger Ziffern in einem Zahlensystem verfügbar sind, umso mehr Stellen sind zur Darstellung einer Zahl erforderlich.

7.1.3.3 Hexadezimalsystem

In der digitalen Signalverarbeitung werden Dualzahlen mit 8, 16, 32 und mehr Stellen verarbeitet. Für den Menschen sind solche Ziffernkolonnen sehr unübersichtlich. Deshalb ersetzt man vielstellige Dualzahlen durch ein Zahlensystem mit höheren Stellenwerten. Hierfür erweist sich das Dezimalsystem als nicht optimal, denn zur Darstellung einer einstelligen Dezimalzahl ist eine vierstellige Dualzahl erforderlich, wie aus Bild 7.3 zu erkennen ist. Andererseits erkennt man aus demselben Bild, dass sich mit vierstelligen Dualzahlen 16 verschiedene Zahlzeichen (Ziffern) darstellen lassen. Ein Zahlensystem, das über 16 Ziffern verfügt, ist das **Hexadezimalsystem** (**Sechzehnersystem**, auch Sedezimalsystem). Als Hexadezimalziffern werden die Dezimalziffern 0 bis 9 und zusätzlich die Ziffern (Buchstaben) A bis F für die Dezimalzahlen 10 bis 15 verwendet.

Den Zusammenhang zwischen Dualsystem und Hexadezimalsystem verdeutlicht Bild 7.5. Ausgehend vom Komma werden jeweils vier Dualstellen zu einer Gruppe zusammengefasst. Jede so entstandene Gruppe wird als vierstellige Dualzahl betrachtet, deren Zahlenwert durch eine einstellige Hexadezimalzahl dargestellt wird; ihr Zahlenwert ist wieder als Dezimalzahl angegeben.

Stellenwert der Dualzahl	2^{15}	2^{14}	2^{13}	2^{12}	2^{11}	2^{10}	2^{9}	2^{8}	2^{7}	2^{6}	2^{5}	2^{4}	2^{3}	2^{2}	2^{1}	2^{0}, 2^{-1}		2^{-2}	2^{-3}	2^{-4}
Dualzahl	**0**	**0**	**1**	**1**	**1**	**0**	**1**	**1**	**0**	**1**	**1**	**1**	**1**	**1**	**1**	**0**	**1**	**1**	**0**	**0**
Hexadezimalzahl	**3**				**B**				**7**				**E**				**C**			
Stellenwert der Hexadezimalzahl	16^3				16^2				16^1				16^0				16^{-1}			
Potenzwert der Hexadezimalzahl	$3 \cdot 4096$				$11 \cdot 256$				$7 \cdot 16$				$14 \cdot 1$				$\frac{12}{16}$			
Zahlenwert	$12288 + 2816 + 112 + 14 + 0{,}75 = 15230{,}75_{dez}$																			

Bild 7.5: Zusammenhang von Dualsystem und Hexadezimalsystem

Eine Dezimalzahl kann in eine Hexadezimalzahl umgerechnet werden, indem die Dezimalzahl durch den größtmöglichen in ihr enthaltenen Stellenwert des Hexadezimalsystems dividiert wird. Der Rest wird durch den nächstkleineren Stellenwert geteilt usw., bis kein Rest mehr bleibt (Bild 7.6).

Die Umwandlung einer Dezimalzahl in eine Dualzahl erfolgt nach dem gleichen Schema durch fortlaufendes Teilen der Dezimalzahl durch die Stellenwerte des Dualsystems. Um den Rechenvorgang abzukürzen, wandelt man – vor allem bei vielstelligen Dezimalzahlen – diese zunächst in Hexadezimalzahlen und dann in Dualzahlen um.

$24356{,}8242_{dez} = 5F24{,}D3_{hex}$

$24356{,}8242 : 4096\ (16^3)$ → 5
-20480

$3876{,}8242 : 256\ (16^2)$ → F
-3840

$36{,}8242 : 16\ (16^1)$ → 2
-32

$4{,}8242 : 1\ (16^0)$ → 4
-4

$0{,}8242 : 0{,}0625\ \left(\frac{1}{16^1}\right)$ → D
$0{,}8125$

$0{,}0117 : 0{,}0039\ \left(\frac{1}{16^2}\right)$ → 3
$-0{,}0117$

0

Bild 7.6: Umwandlung einer Dezimalzahl in eine Hexadezimalzahl

7.1.4 Codes

Zur Darstellung von Informationen werden in der digitalen Signalverarbeitung – wie überall in der zwischenmenschlichen Kommunikation – Zeichensätze verwendet. Solche Zeichensätze sind z. B. die Ziffern des Dezimalsystems oder die Buchstaben des Alphabets.

Sollen **gleiche Informationen** durch **verschiedene Zeichensätze** dargestellt werden, so müssen dafür bestimmte Vorschriften festgelegt werden. Die Vorschrift, nach der die Zuordnung der Zeichensätze erfolgt, nennt man **Code**.

> Ein **Code** ist eine Vorschrift für die eindeutige Zuordnung der Zeichen eines Zeichensatzes zu den Zeichen eines anderen Zeichensatzes.

Sollen z. B. die Ziffern des Dezimalsystems durch Buchstabenfolgen des Alphabets dargestellt werden, so muss jeder Ziffer eine feste Buchstabenfolge zugeordnet werden.

Die Umsetzung geschieht in Geräten, die man als Codierer oder Codeumsetzer bezeichnet (vgl. Kap. 7.2.4.3). Beispiele für Codierer sind Tastaturen von Taschenrechnern, Computern, Telefonen, Steuerungen usw.

Zeichensatz „Dezimalziffern“	Zeichensatz „Alphabet“
0	NULL
1	EINS
2	ZWEI
3	DREI
4	VIER

Bild 7.7: Zuordnung von Ziffern und Buchstaben

7.1.4.1 Code-Arten

Nach ihrem Verwendungszweck unterscheidet man verschiedene Code-Arten:

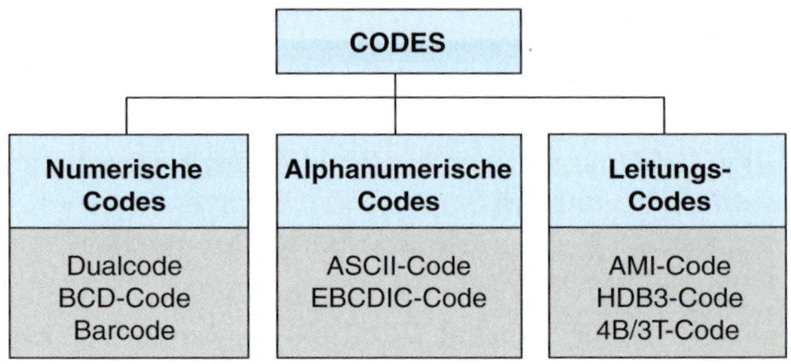

Bild 7.8: Code-Arten

- **Numerische Codes** codieren Ziffern. Angewendet werden sie beim Zählen und Rechnen, zur Codierung von Postleitzahlen oder Artikelnummern in Warenhäusern.
- **Alphanumerische Codes** codieren neben Ziffern auch Buchstaben des Alphabets und Steuerzeichen.
- **Leitungscodes** dienen zur Umwandlung von binären Signalen in Digitalsignale, die für das Übertragungsmedium (z. B. Kupferleitung, Lichtwellenleiter) am besten geeignet sind.

7.1.4.2 Darstellung von binären Zeichenfolgen

In der digitalen Signalverarbeitung werden vielstellige Zeichenfolgen verarbeitet. Jede Stelle, die nur einen von zwei möglichen Werten annehmen kann – z. B. „0“ oder „1“ – wird als **Bit** (Binary Digit) bezeichnet.

Ein **Bit (1 bit)** ist die kleinste Informationseinheit.

Um die Darstellung von Daten übersichtlicher zu gestalten, werden die Bits einer Zeichenfolge von 8 bit von rechts nach links aufsteigend nummeriert und zu einem **Byte** zusammengefasst.

Entsprechend der Stellenzahl spricht man in diesem Zusammenhang von **Datenbreite** oder **Wortlänge**, z. B. 8 bit oder 1 Byte, 16 bit oder 2 Byte usw.

	1 Byte = 8 bit								
Bit-Nummer	b_8	b_7	b_6	b_5	b_4	b_3	b_2	b_1	
Bit-Folge	1	0	0	1	1	1	1	1	Bit (1 bit)

Bild 7.9a: Zusammenhang von Bit und Byte

Als **Wort** bezeichnet man eine Bitfolge, die eine Einheit bildet.

Zur abkürzenden Darstellung einer großen Menge von Datenworten wurden sowohl bei der Angabe in Bit als auch bei der Angabe in Byte zunächst die aus dem Dezimalsystem bekannten Präfixe für Zehnerpotenzen verwendet (z. B. 512 **M**Byte; Dezimalpräfixe: Bild 7.9b). Da in der Datenverarbeitung aber nicht mit Zehnerpotenzen, sondern mit Zweierpotenzen gearbeitet wird, kommt man bei der Verwendung eines Dezimalpräfixes zu unterschiedlichen Ergebnissen, abhängig davon, ob man das Präfix als Abkürzung für eine Zehner- oder eine Zweierpotenz interpretiert (z. B. 64 kB: mit k = 1000 ergibt sich 64000 Byte; mit k = 1 024 ergibt sich 65536 Byte).

Um diese Mehrdeutigkeiten zu vermeiden, wurden von einem Normungsgremium (**IEC**: **I**nternational **E**lectrotechnical **C**ommission) spezielle **Binärpräfixe** definiert, die nur im Zusammenhang mit Zweierpotenzen zu verwenden sind (IEC-Norm 60027-2).

Binärpräfixe			**Dezimalpräfixe**		
Name	**Symbol**	**Wert**	**Name**	**Symbol**	**Wert**
Kibi	Ki	$1\,024^1 = 2^{10}$	**Kilo**	k	$1\,000^1 = 10^3$
Mebi	Mi	$1\,024^2 = 2^{20}$	**Mega**	M	$1\,000^2 = 10^6$
Gibi	Gi	$1\,024^3 = 2^{30}$	**Giga**	G	$1\,000^3 = 10^9$
Tebi	Ti	$1\,024^4 = 2^{40}$	**Tera**	T	$1\,000^4 = 10^{12}$
Pebi	Pi	$1\,024^5 = 2^{50}$	**Peta**	P	$1\,000^5 = 10^{15}$

Bild 7.9b: Binärpräfixe und Dezimalpräfixe (Auszug aus der Norm)

Obwohl auch andere Normungsgremien inzwischen die Nutzung der Binärpräfixe empfehlen, konnten sich diese bislang im IT-Bereich noch nicht vollständig durchsetzen. Die *bedeutungsrichtige* Verwendung von Dezimalpräfixen (d. h. als Abkürzung für eine Zehnerpotenz) in der Datenverarbeitung ist in den Normungsvorgaben aber weiterhin ausdrücklich zugelassen (z. B. Angabe einer Festplattenkapazität: 2 TB oder 1,8 TiB).

Anstelle von „k" (für Kilo, d. h. Faktor 1000) findet man manchmal auch die Abkürzung „K" um anzudeuten, dass mit dem Faktor 1024 gerechnet werden soll (z. B. 768 **K**B/s). Diese Darstellung ist jedoch *nicht* normiert und wird auch nicht durchgängig verwendet!

7.1.4.3 Binär codierte Dualzahlen

Jeder möglichen Bitkombination kann ein Zeichen, z. B. ein Buchstabe oder eine Ziffer, zugeordnet werden (vgl. Kap. 7.1.4.5). Soll mit einer solchen Bitfolge eine Dualzahl dargestellt werden, so muss jedem Bit ein Stellenwert des Dualsystems zugeordnet werden.

Das Bit b_1 ist die niedrigstwertige Stelle der Dualzahl und wird als **LSB** (**L**east **S**ignificant **B**it) bezeichnet; das Bit b_8 als höchstwertige Stelle wird **MSB** (**M**ost **S**ignificant **B**it) genannt.

Das Byte kann in ein höherwertiges und ein niederwertiges Halbbyte aufgeteilt werden, deren vier Stellen als einstellige Hexadezimalzahlen angegeben werden (Bild 7.10).

Bei einer Wortlänge von 8 bit ergeben sich $2^8 = 256$ verschiedene Bitkombinationen; damit können die Zahlen von $0_{dez} = 0000\,0000_{du} = 00_{hex}$ bis $255_{dez} = 1111\,1111_{du} = FF_{hex}$ dargestellt werden.

Bei der Codierung von positiven und negativen Dualzahlen werden die Vorzeichen durch Binärzeichen ersetzt („0" = „+" und „1" = „−") (Bild 7.11).

Stehen 8 bit zur Verfügung, so können 7 bit zur Zahlendarstellung genutzt werden, das achte Bit gibt das Vorzeichen (Vz) an.

	Byte							
	Höherwertiges Halbbyte				Niederwertiges Halbbyte			
	MSB							LSB
Bit-Nummer	b_8	b_7	b_6	b_5	b_4	b_3	b_2	b_1
Stellenwert	2^7	2^6	2^5	2^4	2^3	2^2	2^1	2^0
Dualzahl	**1**	**0**	**0**	**1**	**1**	**1**	**0**	**1**
Hexadezimalzahl	9				D			

Bild 7.10: Darstellung einer Dualzahl

	Byte							
	b_8	b_7	b_6	b_5	b_4	b_3	b_2	b_1
	Vz	2^6	2^5	2^4	2^3	2^2	2^1	1^0
$+45_{dez}$	**0**	0	1	0	1	1	0	1
-45_{dez}	**1**	1	0	1	0	0	1	1

Bild 7.11: Positive und negative Dualzahlen

Vergleicht man die positive Dualzahl mit der negativen, so stellt man fest, dass sich bei der negativen Zahl nicht nur das Vorzeichen ändert, sondern auch die Zahl selbst.

Negative Dualzahlen werden durch ihr **Zweierkomplement** dargestellt.

Mit 8-Bit-Wörtern können Dualzahlen von $1000\,0000_{du}$ ($= -128_{dez}$) bis $0111\,1111_{du}$ ($= +127_{dez}$) binär codiert werden.

Das **Zweierkomplement** einer Dualzahl wird folgendermaßen gebildet:

- Von der positiven Dualzahl wird das Einerkomplement gebildet, indem in jeder Stelle eine „0“ durch eine „1“ und eine „1“ durch eine „0“ ersetzt wird.
- Das Zweierkomplement erhält man durch Addition einer „1“ in der niedrigstwertigen Stelle des Einerkomplements.

Aus dem Zweierkomplement einer Dualzahl wird die Ausgangszahl zurückgewonnen, indem von dem Zweierkomplement noch einmal das Zweierkomplement gebildet wird.

7.1.4.4 Binär codierte Dezimalzahlen

Zur Darstellung von Dezimalzahlen mit Binärzeichen sind zwei Verfahren möglich:

- Die Dezimalzahl wird zunächst in eine Dualzahl umgewandelt; diese wird wie oben beschrieben codiert.
- Jeder Stelle der Dezimalzahl wird ein eigenes 4-bit langes Codewort zugeordnet.

Die Zuordnungsvorschrift von Dezimalziffern zu binären Codewörtern wird als **BCD-Code** (**B**inäry **C**ode **D**ecimals) bezeichnet. In der folgenden Tabelle sind einige häufig verwendete BCD-Codes mit unterschiedlichen Eigenschaften zum Vergleich nebeneinander aufgelistet.

Vergleicht man die verschiedenen BCD-Codes miteinander, so erkennt man, dass sie für die gleiche Dezimalzahl verschiedene Codewörter verwenden. So ist z. B.

5	=	**0101**	=	**1011**	=	**1000**
Dezimal		8-4-2-1		Aiken		3-Exzess

- Der 8-4-2-1-BCD-Code ist ein **gewichteter Code**, d. h. jeder Stelle ist ein fester Stellenwert zugeordnet. Die Codewörter sind mit den Zahlen des Dualsystems identisch.
- Der 2-4-2-1-Aiken-Code ist ein **gewichteter symmetrischer Code**. Die in den Codewörtern für die Ziffern 0 bis 4 mit „0“ bzw. „1“ besetzten Bits sind in den Codewörtern für die Ziffern 5 bis 9 genau umgekehrt mit „1“ bzw. „0“ besetzt.
- Der 3-Exzess-Code ist ein **ungewichteter symmetrischer Code**.
- Der Gray-Code ist ein **einschrittiger Code**; d. h. beim Zählen ändert sich jeweils nur 1 bit des Codeworts.

Dualzahl 8 4 2 1	Dezimalzahl	BCD-Codes			Gray-Code	Hexadezimal-Code
		8 4 2 1-BCD-Code	2 4 2 1-Aiken-Code	3-Exzess-Code		
0 0 0 0	0	0	0		0	0
0 0 0 1	1	1	1		1	1
0 0 1 0	2	2	2		3	2
0 0 1 1	3	3	3	0	2	3
0 1 0 0	4	4	4	1	7	4
0 1 0 1	5	5		2	6	5
0 1 1 0	6	6		3	4	6
0 1 1 1	7	7		4	5	7
1 0 0 0	8	8		5	15	8
1 0 0 1	9	9		6	14	9
1 0 1 0	10			7	12	A
1 0 1 1	11		5	8	13	B
1 1 0 0	12		6	9	8	C
1 1 0 1	13		7		9	D
1 1 1 0	14		8		11	E
1 1 1 1	15		9		10	F

Bild 7.12: Gegenüberstellung verschiedener Zahlencodes

Die Codewörter der BCD-Codes werden auch als **Tetraden** bezeichnet. Von den 16 mit vierstelligen Codewörtern möglichen Tetraden sind zur Darstellung der zehn Dezimalziffern nur zehn erforderlich. Die sechs nicht verwendeten Tetraden werden als **Pseudotetraden** oder **Pseudodezimale** bezeichnet.

Zur Codierung mehrstelliger Dezimalzahlen wird für jede Stelle das entsprechende Codewort des gewählten BCD-Codes eingesetzt.

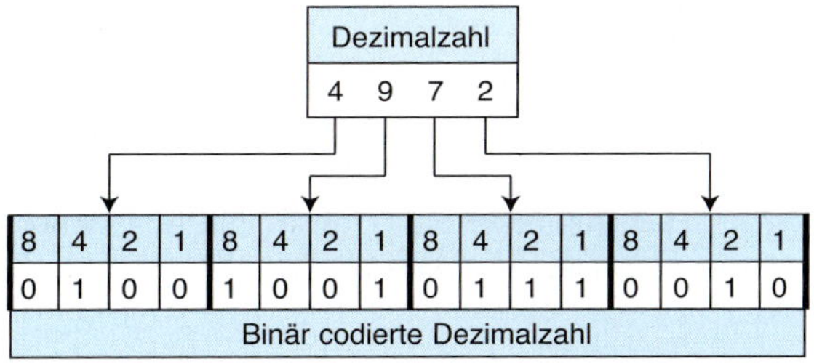

Bild 7.13: Vierstellige Dezimalzahl im 8-4-2-1-Code

7.1.4.5 Alphanumerische Codes

Der **ASCII-Code** (**A**merican **S**tandard **C**ode for **I**nformation **I**nterface) ist ein international genormter 7-Bit-Code. Er dient zur Ein- und Ausgabe bei Datenverarbeitungsanlagen und zum Austausch digitaler Daten zwischen solchen Anlagen.

Der ASCII-Zeichensatz umfasst 128 Zeichen. Von diesen sind 94 Schriftzeichen, mit denen die Groß- und Kleinbuchstaben des lateinischen Alphabets, die Dezimalziffern, Interpunktionszeichen und mathematischen Zeichen sowie einige Sonderzeichen (z. B. Währungszeichen) dargestellt werden. 34 Zeichen (in Bild 7.15 blau gekennzeichnet) werden als Steuerzeichen genutzt. Ihre Bedeutung ist in Bild 7.16 aufgelistet. Die Zeichen „SP“ und „DEL“ gelten außerdem als nicht abdruckbare Schriftzeichen bzw. als Füllzeichen.

Die Schriftzeichen in den grau unterlegten Feldern in Bild 7.15 können durch länderspezifische Schriftzeichen ersetzt werden. Die in der deutschen Referenz-Version des ASCII-Codes (DIN 60003) sind in nebenstehender Tabelle angegeben.

Hexadezimal	Zeichen	Hexadezimal	Zeichen
5B	Ä	7B	ä
5C	Ö	7C	ö
5D	Ü	7D	ü
		7E	ß

Bild 7.14: Deutsche Referenz-Version

Bit-Nr.																
7	0		0		0		0		1		1		1		1	
6	0		0		1		1		0		0		1		1	
5	0		1		0		1		0		1		0		1	
4 3 2 1	Hexa-dezimal	Zeichen	Hexa-dezimal	Zeichen	Hexa-dezimal	Zeichen	Hexa-dezimal	Zeichen	Hexa-dezimal	Zeichen	Hexa-dezimal	Zeichen	Hexa-dezimal	Zeichen	Hexa-dezimal	Zeichen
0 0 0 0	00	NUL	10	DLE	20	SP	30	0	40	@	50	P	60	`	70	p
0 0 0 1	01	SOH	11	DC1	21	!	31	1	41	A	51	Q	61	a	71	q
0 0 1 0	02	STX	12	DC2	22	"	32	2	42	B	52	R	62	b	72	r
0 0 1 1	03	ETX	13	DC3	23	#	33	3	43	C	53	S	63	c	73	s
0 1 0 0	04	EOT	14	DC4	24	$	34	4	44	D	54	T	64	d	74	t
0 1 0 1	05	ENQ	15	NAK	25	%	35	5	45	E	55	U	65	e	75	u
0 1 1 0	06	ACK	16	SYN	26	&	36	6	46	F	56	V	66	f	76	v
0 1 1 1	07	BEL	17	ETB	27	´	37	7	47	G	57	W	67	g	77	w
1 0 0 0	08	BS	18	CAN	28	(	38	8	48	H	58	X	68	h	78	x
1 0 0 1	09	HT	19	EM	29	)	39	9	49	I	59	Y	69	i	79	y
1 0 1 0	0A	LF	1A	SUB	2A	*	3A	:	4A	J	5A	Z	6A	j	7A	z
1 0 1 1	0B	VT	1B	ESC	2B	+	3B	;	4B	K	5B	[	6B	k	7B	
1 1 0 0	0C	FF	1C	FS	2C	,	3C	<	4C	L	5C	\	6C	l	7C	/
1 1 0 1	0D	CR	1D	GS	2D	-	3D	=	4D	M	5D	]	6D	m	7D	
1 1 1 0	0E	SO	1E	RS	2E	.	3E	>	4E	N	5E	^	6E	n	7E	~
1 1 1 1	0F	SI	1F	US	2F	/	3F	?	4F	O	5F	_	6F	o	7F	DEL

Bild 7.15 ASCII-Code

Da beim ASCII-Code 7 Zeichen für die Codierung verwendet werden, kann das achte Bit als **Prüfbit** genutzt werden. In Bild 7.17 ist dem Codewort als Prüfbit ein **Paritätsbit** hinzugefügt: Das Paritätsbit ist „0“, wenn die Anzahl der mit „1“ besetzten Stellen des Codeworts gerade ist; es ist „1“, wenn die Anzahl ungerade ist.

Zeichen	Bedeutung	Zeichen	Bedeutung
NUL	NULL	DLE	DATALINK ESCAPE
SOH	START OF HEADING	DC1 BIS 4	DEVICE CONTROL 1 BIS 4
STX	START OF TEXT	NAK	NEGATIVE ACKNOWLEDGE
ETX	END OF TEXT	SYN	SYNCHRONOUS IDLE
EOT	END OF TRANSMISSION	ETB	END OF TRANSMISSION BLOCK
ENQ	ENQUIRY	CAN	CANCEL
ACK	ACKNOWLEDGE	EM	END OF MEDIUM
BEL	BELL	SUB	SUBSTITUTE
BS	BACKSPACE	ESC	ESCAPE
HT	HORIZONTAL TABULATION	FS	FILE SEPARATOR
LF	LINE FEED	GS	GROUP SEPARATOR
VT	VERTICAL TABULATION	RS	RECORD SEPARATOR
FF	FROM FEED	US	UNIT SEPARATOR
CR	CARRIAGE RETURN	SP	SPACE
SO	SHIFT OUT	DEL	DELETE
SI	SHIFT IN		

Bild 7.16 Bedeutung der Steuerzeichen im ASCII-Code

Bit-Nr.	8	7	6	5	4	3	2	1
Codewort „F“	1	1	0	0	0	1	1	0
Codewort „f“	0	1	1	0	0	1	1	0

Bild 7.17: ASCII-Code mit Prüfbit

7.1.4.6 Barcodes

Barcodes – auch Strichcodes oder Balkencodes (Bar = Balken) – sind binäre Zeichencodes, die zur Kennzeichnung von Waren im Handel und in der Lagerhaltung sowie zur Codierung von Postleitzahlen angewendet werden.

In Bild 7.18 ist eine Artikelkennzeichnung mit dem **EAN-Code** (**E**uropean **A**rticle **N**umbering) dargestellt. Dieser Barcode besteht aus zwei Hälften, von denen jede sechs Dezimalziffern enthält. Jede Dezimalziffer wird durch sieben Binärzeichen codiert, die durch Balken („1“) oder Lücken („0“) dargestellt werden. Die beiden Hälften eines Codes werden durch Randzeichen („101“) und Trennzeichen („01010“) begrenzt.

Im Beispiel werden zur Codierung der Dezimalziffern die Zeichensätze A, B und C angewendet; die linke Hälfte in der Folge ABAABB, in der rechten Hälfte alle sechs Ziffern nach Zeichensatz C.

a)

b)

Zeichen	Zeichensatz A	Zeichensatz B	Zeichensatz C
0	0001101	0100111	1110010
1	0011001	0110011	1100110
2	0010011	0011011	1101100
3	0111101	0100001	1000010
4	0100011	0011101	1011100
5	0110001	0111001	1001110
6	0101111	0000101	1010000
7	0111011	0010001	1000100
8	0110111	0001001	1001000
9	0001011	0010111	1110100

c)
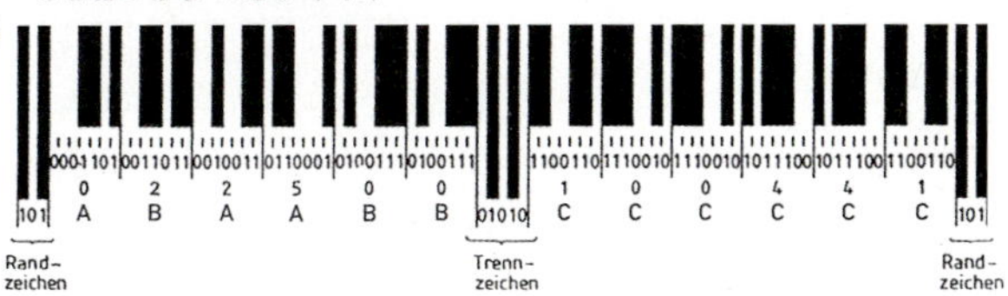

Bild 7.18:
a) EAN-Codierung
b) Zeichensätze des EAN-Codes
c) Decodierung eines EAN-Codes

Aufgaben

1. a) Wozu werden bei der Informationsverarbeitung Zeichen verwendet?
   b) Nennen Sie einige Beispiele für Zeichen.
2. Was versteht man unter dem Begriff „Signal"?
3. Wodurch unterscheiden sich analoge und digitale Signale?
4. Wandeln Sie die folgenden Dualzahlen in Dezimalzahlen um:
   a) 10110,101 b) 111101,11 c) 10011,011 d) 100010,01
5. Geben Sie für folgende Dualzahlen die entsprechenden Hexadezimalzahlen an:
   a) 10111001010,101 b) 10111000,110001 c) 11110011011,01
6. Wandeln Sie die folgenden Hexadezimalzahlen in Dualzahlen um:
   a) 4BF,5 b) D4E,9 c) C94,7 d) 0,4B3
7. Wandeln Sie die folgenden Hexadezimalzahlen in Dezimalzahlen um:
   a) 5F8C,3A b) 027BE,7D c) 974F,8B d) ABCD,6E
8. Wandeln Sie die folgenden Dezimalzahlen in Hexadezimalzahlen um:
   a) 698,5 b) 4763,6875 c) 28359,4375 d) 97438,125
9. Was verstehen Sie unter einem Code?
10. Erklären Sie die Begriffe Bit, Byte und Datenwort.
11. Geben Sie folgende Dezimalzahlen als binär codierte Dualzahlen mit Vorzeichenbit bei einer Wortlänge von 8 bit an: a) +5 und −5, b) +40 und −40, c) +100 und −100
12. Nennen Sie die höchste (positive) und niedrigste (negative) Dezimalzahl, die mit binär codierten Dualzahlen mit Vorzeichenbit bei einer Wortlänge von 12 bit dargestellt werden kann.
13. Geben Sie für folgende mit Vorzeichenbit codierte Dualzahlen jeweils die entsprechende Dezimalzahl an: a) 0110 0111 b) 1110 0111 c) 0111 1111 d) 1111 1111
14. Der ASCII-Code (7-Bit-Code) enthält Steuerzeichen und Schriftzeichen. Die einzelnen Zeichen sind durch Bitkombinationen in der Reihenfolge b7, b6, ... b1 gekennzeichnet.
    a) An welcher Bitkombination sind die Steuerzeichen zu erkennen?
    b) Vergleichen Sie die Codewörter der Dezimalzahlen. Wie sind diese codiert?
    c) Wodurch unterscheiden sich bei den Buchstaben die Bitkombinationen für die Groß- und Kleinschreibung?

7.2 Digitale Signalverarbeitung

7.2.1 Die logischen Grundfunktionen

Die in der digitalen Signalverarbeitung angewendeten Schaltungen zur Verknüpfung von Signalen können grundsätzlich auf drei logische Grundfunktionen zurückgeführt werden. Diese Grundfunktionen werden in der Digitaltechnik mit elektronischen Elementen auf integrierten Schaltkreisen (ICs) hergestellt. Zum besseren Verständnis sind sie in Bild 7.19 mithilfe einfacher Kontakte realisiert, wobei die Schalter S1 und S2 die Eingangssignale und die Lampe E1 das Ausgangssignal der Verknüpfungsschaltung darstellen.

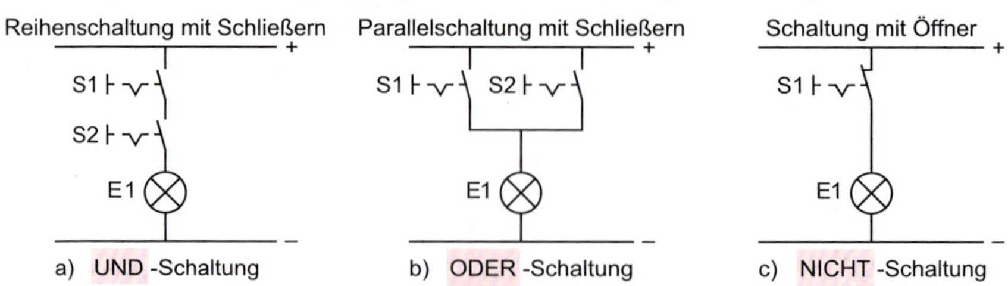

Bild 7.19: Darstellung der logischen Grundfunktionen mit Schaltern

In der Praxis kann die Abhängigkeit des Ausgangssignals von den Eingangssignalen – die **Schaltfunktion** – auf sehr unterschiedliche Art und Weise dargestellt werden:

- durch **Symbole** (Schaltzeichen), zur Darstellung von Funktionsschaltplänen (vgl. Infomodul C, Bild 16 auf **www.westermann.de/links/00815**, siehe Vorwort);
- durch **Wahrheitstabellen**, als Hilfe zur Aufstellung der Funktionsgleichung (vgl. Kap. 7.2.3.1);
- durch **Funktionsgleichungen**, zur mathematischen Behandlung (Vereinfachung) der Schaltungen nach den Regeln der Schaltalgebra (vgl. Kap. 7.2.3.3);
- durch **Zeitablaufdiagramme**, welche die Funktion einer Schaltung im Zeitablauf darstellen; sie können an bestehenden Schaltungen auch messtechnisch aufgenommen werden.

Schaltzeichen Symbol	Wahrheits-tabelle	Benennung Schaltfunktion Gleichung	Zeitablauf-diagramm	Beschreibung
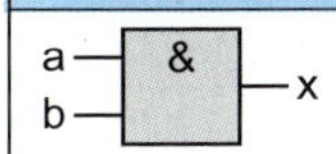	b a x 0 0 0 0 1 0 1 0 0 1 1 1	**UND**-Funktion (Konjunktion) x = a ∧ b	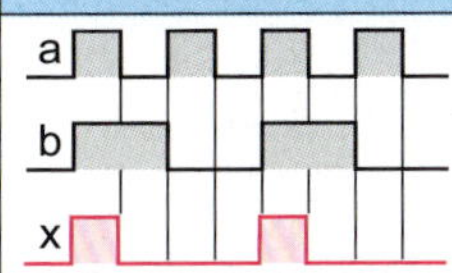	Der Ausgang nimmt nur dann den 1-Zustand an, wenn sich beide Eingänge im 1-Zustand befinden.
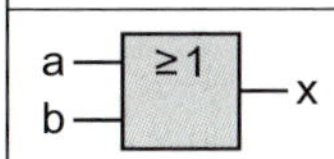	b a x 0 0 0 0 1 1 1 0 1 1 1 1	**ODER**-Funktion (Disjunktion) x = a ∨ b	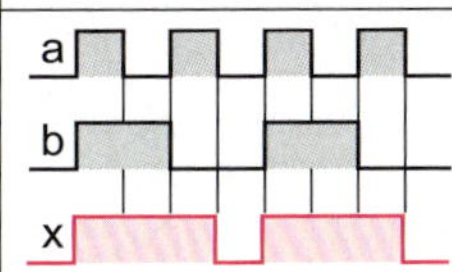	Der Ausgang nimmt nur dann den 1-Zustand an, wenn sich mindestens ein Eingang im 1-Zustand befindet.
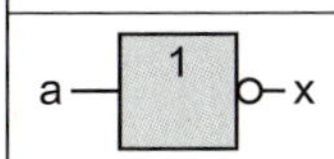	a x 0 1 1 0	**NICHT**-Funktion (Negation) x = ā	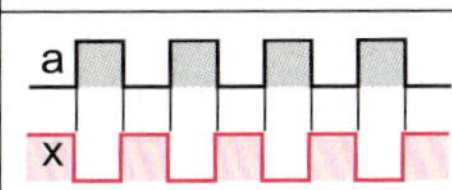	Der Ausgang nimmt nur dann den 1-Zustand an, wenn sich der Eingang im 0-Zustand befindet.

Bild 7.20: Darstellungsarten logischer Grundfunktionen im Vergleich

7.2.2 Zusammengesetzte Grundfunktionen

In Bild 7.21a ist gezeigt, wie sich durch Zusammenfügen der logischen Grundfunktionen weiterführende Funktionen ergeben, die man als zusammengesetzte Grundfunktionen bezeichnet. Wie gut zu erkennen ist, entsteht die NAND-Funktion, indem an den Ausgang eines UND-Elements ein NICHT-Element gelegt und damit das Ausgangssignal des UND-Elements negiert wird.

Zur Herstellung einer EXOR-Funktion (Antivalenz) müssen schon mehrere Grundelemente zusammengeschaltet werden (Bild 7.21b).

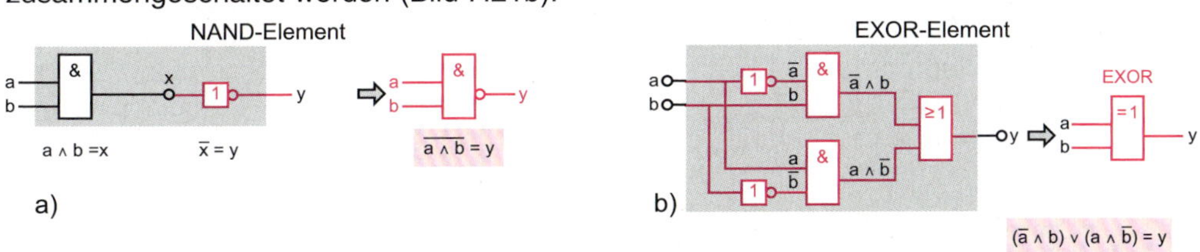

Bild 7.21: Bildung zusammengesetzter Grundfunktionen

Bild 7.22 zeigt die zusammengesetzten Grundfunktionen in den verschiedenen Darstellungsweisen.

Schaltzeichen Symbol	Wahrheits-tabelle	Schaltfunktion Benennung Gleichung	Zeitablauf-diagramm	Beschreibung
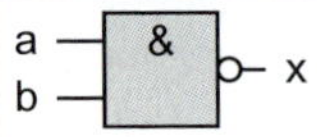	b a x 0 0 1 0 1 1 1 0 1 1 1 0	**NAND**-Funktion $x = \overline{a \wedge b}$	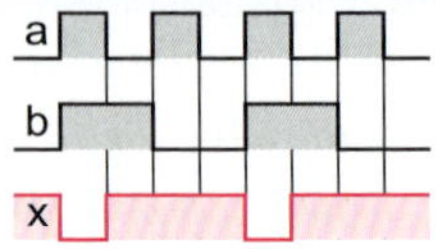	Der Ausgang nimmt nur dann den 1-Zustand an, wenn sich mindestens ein Eingang im 0-Zustand befindet.
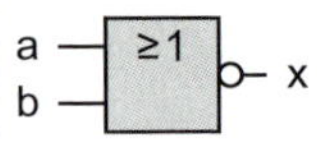	b a x 0 0 1 0 1 0 1 0 0 1 1 0	**NOR**-Funktion $x = \overline{a \vee b}$	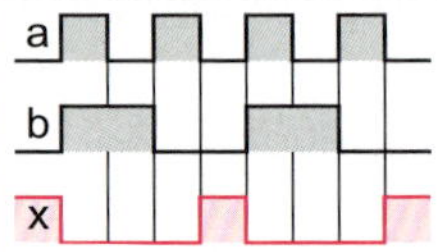	Der Ausgang nimmt nur dann den 1-Zustand an, wenn sich beide Eingänge im 0-Zustand befinden.
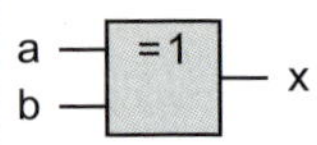	b a x 0 0 0 0 1 1 1 0 1 1 1 0	**Antivalenz**-Funktion (Exclusiv-ODER) $x = (a \wedge \bar{b}) \vee (\bar{a} \wedge b)$	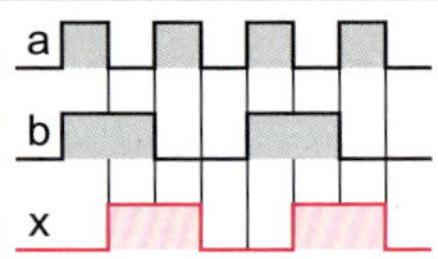	Der Ausgang nimmt nur dann den 1-Zustand an, wenn sich beide Eingänge in unterschiedlichen Zuständen befinden.
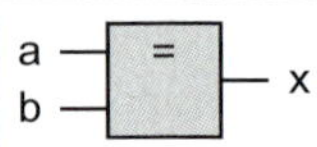	b a x 0 0 1 0 1 0 1 0 0 1 1 1	**Äquivalenz**-Funktion (Exclusiv-NOR) $x = (\bar{a} \wedge \bar{b}) \vee (a \wedge b)$	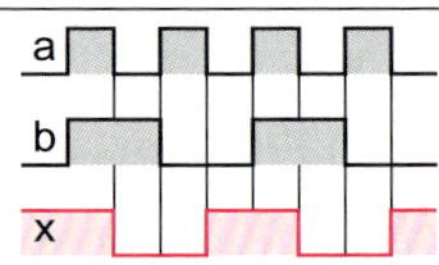	Der Ausgang nimmt nur dann den 1-Zustand an, wenn sich beide Eingänge in demselben Zustand befinden.

Bild 7.22: Zusammengesetzte Grundfunktionen

7.2.3 Entwerfen von digitalen Schaltungen

In logischen Verknüpfungsschaltungen (Digitalschaltungen) sind in der Regel mehrere Eingänge mit einem oder mehreren Ausgängen verknüpft. Da alle Ein- und Ausgänge nur die beiden Pegel L (Low für das niedrigere Potenzial) und H (High für das höhere Potenzial) annehmen können, bezeichnet man diese Schaltungen auch als Binärschaltungen.

Das Entwerfen von Binärschaltungen erfolgt in der Regel in folgenden Schritten:

- **Problemstellung**: das zu lösende Problem soll sprachlich möglichst klar formuliert werden. Dabei zeigt sich, dass die Umgangssprache zur exakten Beschreibung technischer Zusammenhänge wenig geeignet ist. Daher versucht man, das Problem in einer
- **Funktionstabelle** zu formalisieren. Hierbei werden alle möglichen Kombinationen der Eingangssignale in einer Tabelle dargestellt und das jeweilige Ausgangssignal angegeben. Aus dieser Tabelle kann dann das
- **Aufstellen der Logik-Gleichung** erfolgen. Hierbei gibt es verschiedene Möglichkeiten, die im Ergebnis zu recht verschiedenen Schaltungen – allerdings mit gleicher Funktion – führen können. Diese Schaltungen sind in der Regel sehr aufwendig. Daher folgt als nächster Entwicklungsschritt das
- **Vereinfachen der Logik-Gleichung** zur Optimierung der Schaltung. Diese Vereinfachung kann mithilfe eines grafischen Verfahrens (KV-Diagramm) oder nach den Regeln der Schaltalgebra erfolgen. Mit der Endgleichung kann der
- **Funktionsschaltplan** der gesuchten Verknüpfungsschaltung gezeichnet werden.

7.2.3.1 Funktionstabellen

Wird der Funktionszusammenhang zwischen den Ein- und Ausgangssignalen in Tabellen durch die Spannungswerte oder die ihnen zugeordneten Pegel (vgl. Kap. 7.1.2) angegeben, so bezeichnet man diese als **Arbeitstabellen**.

Arbeitstabelle mit Spannungswerten			Pegelwerten		
b	**a**	**x**	**b**	**a**	**x**
−3 V	−3 V	+2 V	L	L	H
−3 V	+2 V	+2 V	L	H	H
+2 V	−3 V	+2 V	H	L	H
+2 V	+2 V	−3 V	H	H	L

Bild 7.23: Arbeitstabellen

Werden die Pegel ersetzt durch die Ziffern „1“ und „0“, so werden die Tabellen als **Wahrheitstabellen** bezeichnet. Hierbei ergeben sich zwei mögliche Zuordnungen:

Positive Logik: L = 0; H = 1
Negative Logik: L = 1; H = 0

Die Wahrheitstabellen für beide Zuordnungen zeigen, dass ein und dasselbe Verknüpfungselement abhängig von der gewählten Logik zwei verschiedene Verknüpfungen ergibt:

- bei positiver Logik eine NAND-Verknüpfung,
- bei negativer Logik eine NOR-Verknüpfung.

Wahrheitstabelle und Gleichung für positive Logik			negative Logik		
$\overline{b}$	$\overline{a}$	**x**	$\overline{b}$	$\overline{a}$	**x**
0	0	1	1	1	0
0	1	1	1	0	0
1	0	1	0	1	0
1	1	0	0	0	1
$x = \overline{a} \vee \overline{b} = \overline{a \wedge b}$			$x = \overline{a} \wedge \overline{b} = \overline{a \vee b}$		

Bild 7.24: Positive und negative Logik

Wahrheitstabellen sollen alle möglichen Kombinationen der Eingangssignale enthalten. Daraus ergibt sich, dass eine Tabelle für ein Element mit n Eingängen immer 2^n Zeilen enthält. Um alle Eingangskombinationen zu erhalten, trägt man vom ersten Eingang (in der Tabelle rechts) ausgehend und mit 0 beginnend die Werte ein. Dabei wechselt beim ersten Eingang (Eingang a) das Signal von Zeile zu Zeile, beim zweiten Eingang (Eingang b) wechselt das Signal jeweils nach zwei Zeilen, beim dritten Eingang (Eingang c) jeweils nach vier Zeilen usw. (vgl. Bild 7.25).

7.2.3.2 Aufstellen der Logik-Gleichung

In Bild 7.25 ist eine willkürlich gebildete Verknüpfung dargestellt. Soll die Funktion der hierzu gesuchten Schaltung in Form einer Logik-Gleichung angegeben werden, so können dazu diejenigen Zeilen der Wahrheitstabelle ausgewertet werden, in denen das Ausgangssignal den Wert X = 1 annimmt (rot markiert).

Nun erkennt man, dass X immer dann den Wert 1 hat, wenn die Kombination der Eingangssignale nach Zeile1 ODER Zeile2 ODER Zeile5 ODER Zeile6 vorliegt.

Zeile Nr.	Eingänge			Ausgang X	Logik-Gleichung
	c	b	a		
0	0	0	0	0	
1	0	0	1	1	$a \wedge \overline{b} \wedge \overline{c}$
2	0	1	0	1	$\overline{a} \wedge b \wedge \overline{c}$
3	0	1	1	0	
4	1	0	0	0	
5	1	0	1	1	$a \wedge \overline{b} \wedge c$
6	1	1	0	1	$\overline{a} \wedge b \wedge c$
7	1	1	1	0	

Bild 7.25: Wahrheitstabelle zur disjunktiven Normalform (positive Logik)

Um die Logik-Gleichung der gesamten Verknüpfung zu erhalten, werden die Logik-Gleichungen der genannten Zeilen (Bild 7.25, rechte Spalte) miteinander ODER-verknüpft und es ergibt sich:

$$X = (a \wedge \overline{b} \wedge \overline{c}) \vee (\overline{a} \wedge b \wedge \overline{c}) \vee (a \wedge \overline{b} \wedge c) \vee (\overline{a} \wedge b \wedge c)$$

Diese Form der Logik-Gleichung wird als **disjunktive Normalform** einer logischen Verknüpfung bezeichnet (Disjunktion = ODER-Verknüpfung).

> Die **disjunktive Normalform** einer Logik-Gleichung stellt die **ODER-Verknüpfung** derjenigen Zeilen einer Wahrheitstabelle dar, bei denen sich am Ausgang der Signalwert 1 ergibt.
>
> Die Eingangssignalwerte einer Zeile werden dabei UND-verknüpft.

In der oben gewählten Schreibweise der Logik-Gleichung sind die UND-Verknüpfungen der einzelnen Zeilen in Klammern gesetzt. Nach den Regeln der Schaltalgebra (vgl. Kap. 7.2.3.3) sind diese Klammern nicht erforderlich, da das $\wedge$ (UND) gegenüber dem $\vee$ (ODER) die Rechenart der höheren Ordnung darstellt. Dies wird deutlicher, wenn man in einer anderen Schreibweise die Zeichen $\wedge$ durch • und $\vee$ durch + ersetzt. Es ergibt sich damit:

$$X = a \cdot \overline{b} \cdot \overline{c} + \overline{a} \cdot \overline{b} \cdot \overline{c} + a \cdot \overline{b} \cdot c + \overline{a} \cdot b \cdot c$$

In dieser Gleichung können die „Mal-Punkte“ in den UND-Verknüpfungen noch weggelassen werden, sodass sich letztlich als kürzeste Schreibweise ergibt:

$$X = a\bar{b}\bar{c} + \bar{a}b\bar{c} + a\bar{b}c + \bar{a}bc$$

Wertet man nun aus der Wahrheitstabelle in Bild 7.25 diejenigen Zeilen aus, die nicht rot hervorgehoben sind und in denen das Ausgangssignal den Wert x = 0 hat, so kann man aus der Tabelle ablesen:

Der Ausgang X liefert immer dann den Signalwert 0, wenn die Signalwerte an den Eingängen gleichzeitig die folgenden Werte haben:

$$\left\{\begin{matrix} a=0 \\ \text{UND} \\ b=0 \\ \text{UND} \\ c=0 \end{matrix}\right\} \text{ ODER } \left\{\begin{matrix} a=1 \\ \text{UND} \\ b=1 \\ \text{UND} \\ c=0 \end{matrix}\right\} \text{ ODER } \left\{\begin{matrix} a=0 \\ \text{UND} \\ b=0 \\ \text{UND} \\ c=1 \end{matrix}\right\} \text{ ODER } \left\{\begin{matrix} a=1 \\ \text{UND} \\ b=1 \\ \text{UND} \\ c=1 \end{matrix}\right\}$$

Daraus ergibt sich die Logik-Gleichung:

$$\overline{X} = (\bar{a} \wedge \bar{b} \wedge \bar{c}) \vee (a \wedge b \wedge \bar{c}) \vee (\bar{a} \wedge \bar{b} \wedge c) \vee (a \wedge b \wedge c)$$

Um eine Gleichung zu erhalten, in der der Ausgang wieder den Signalwert x = 1 liefert, kann man beide Seiten der Gleichung negieren. Durch Anwendung der DeMorgan-Regeln (vgl. Kap. 7.2.3.3 a) lässt sich die Gleichung weiter umformen, sodass sich ergibt:

$$X = (a \vee b \vee c) \wedge (\bar{a} \vee \bar{b} \vee c) \wedge (a \vee b \vee \bar{c}) \wedge (\bar{a} \vee \bar{b} \vee \bar{c})$$

Vergleicht man diese als **konjunktive Normalform** bezeichnete Gleichung mit den entsprechenden Zeilen der Tabelle in Bild 7.25, so erkennt man, dass man die Gleichung auch direkt dort ablesen kann.

> Die **konjunktive Normalform** einer Logik-Gleichung stellt die **UND-Verknüpfung** derjenigen Zeilen einer Wahrheitstabelle dar, bei denen sich am Ausgang der Signalwert 0 ergibt.
>
> Die Eingangssignalwerte einer Zeile werden dabei **negiert** und ODER-verknüpft.

Vergleicht man die Verknüpfungsschaltungen, die sich aus den Gleichungen in disjunktiver und konjunktiver Normalform ergeben (Bild 7.26), so entdeckt man wenig Unterschied im Schaltungsaufwand. Dieser Unterschied ist deshalb so gering, weil in der Wahrheitstabelle (Bild 7.25) gleich viele Zeilen mit Ausgangssignal 1 und Ausgangssignal 0 vorkommen. Ist dies nicht der Fall, so wird der Unterschied zwischen den beiden Gleichungen und dem jeweils daraus resultierenden Schaltungsaufwand deutlicher.

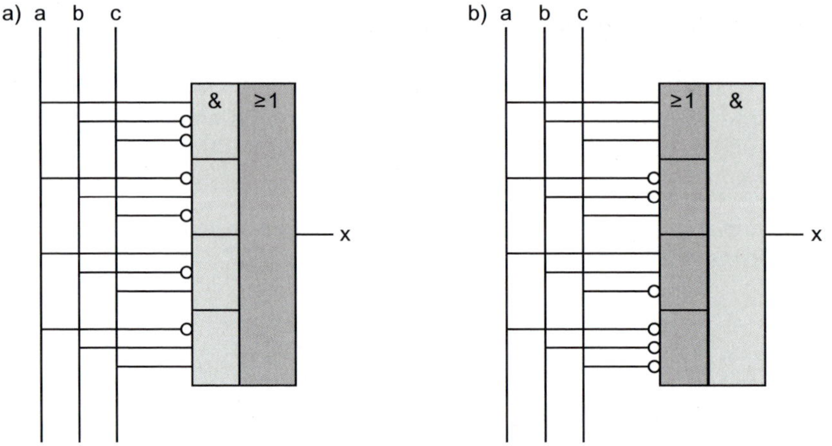

Bild 7.26: Verknüpfungsschaltungen a) in disjunktiver und b) in konjunktiver Normalform (Hinweis: Bei gleichen, untereinander angeordneten Verknüpfungen wird in technischen Zeichnungen das Verknüpfungssymbol vielfach nur einmal im obersten Schaltelement angegeben.)

7.2.3.3 Vereinfachen der Logik-Gleichung

Die aus der Wahrheitstabelle aufgestellten Logik-Gleichungen – in disjunktiver oder konjunktiver Normalform – sind in der Regel zu „langatmig" und führen folglich zu einem hohen Schaltungsaufwand. Daher ist es üblich, diese Logik-Gleichungen so umzuformen, dass die geforderte Verknüpfung optimal (bestmöglich) realisiert werden kann. Optimal ist dabei nicht immer gleichbedeutend mit minimal (kleinstmöglich). Es kann auch bedeuten, dass z. B. nur Logik-Elemente verwendet werden sollen, die in einer bestimmten integrierten Technik verfügbar sind, oder dass eine möglichst hohe Verarbeitungsgeschwindigkeit erzielt wird o. Ä.

Die Logik-Gleichungen selbst stellen logische Verknüpfungen dar und sind im Grunde Rechenregeln. Die Gesamtheit der Rechenregeln und ihre Handhabung bezeichnet man als Schaltalgebra.

a) Schaltalgebra (boolesche Algebra)

Die Gesetze der Schaltalgebra gleichen weitgehend denen der mathematischen Algebra. Dabei entsprechen die Eingangssignale (a, b, c ...) den unabhängigen Variablen der algebraischen Gleichung. Das Ausgangssignal (x) entspricht der abhängigen Variablen.

Bei der Umformung von Logik-Gleichungen können Verknüpfungen vorkommen, in denen ein Eingangssignal a mit einem konstanten Wert (1 oder 0) oder mit sich selbst oder mit seinem negierten Wert verknüpft wird. Die in solchen Fällen gültigen Vereinfachungsregeln sind in Bild 7.27 zusammengestellt.

1. Negation	
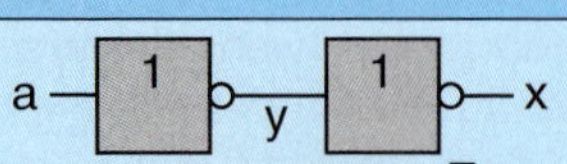 $y = \bar{a}$ $x = \bar{y} = \bar{\bar{a}}$ $x = \bar{\bar{a}} = a$	Werden beide Seiten einer Funktionsgleichung negiert, so ändert sich die Schaltfunktion nicht. Eine doppelte Negierung hebt sich auf.

2. Verknüpfung einer Variablen mit einer Konstanten k	
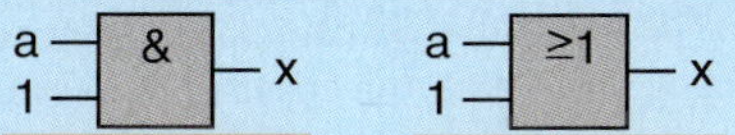 $x = a \wedge 1 = a$ $x = a \vee 1 = 1$	Die UND-Verknüpfung der Variablen a mit der Konstanten k = 1 ergibt immer x = a, die ODER-Verknüpfung immer x = 1.
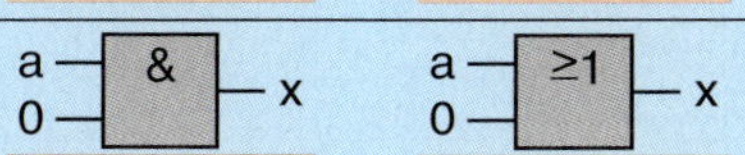 $x = a \wedge 0 = 0$ $x = a \vee 0 = a$	Die UND-Verknüpfung der Variablen a mit der Konstanten k = 0 ergibt immer x = 0, die ODER-Verknüpfung immer x = a.
3. Verknüpfung einer Variablen mit sich selbst	
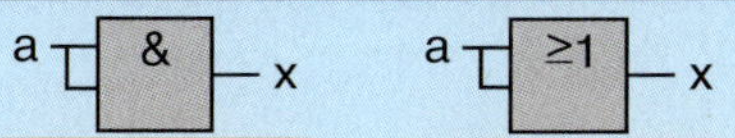 $x = a \wedge a = a$ $x = a \vee a = a$	Sowohl die UND- als auch die ODER-Verknüpfung der Variablen a mit sich selbst ergibt immer x = a.
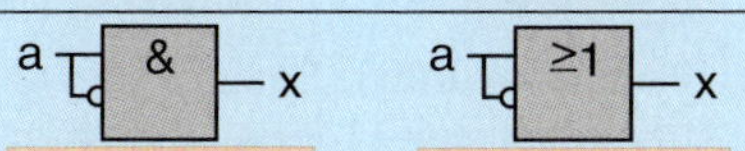 $x = a \wedge \overline{a} = 0$ $x = a \vee \overline{a} = 1$	Die UND-Verknüpfung der Variablen a mit ihrer Negation $\overline{a}$ ergibt immer x = 0, die ODER-Verknüpfung immer x = 1.

7.27: Regeln für eine Variable

Die Gesetze der Schaltalgebra sind in Bild 7.28 kurz zusammengefasst; man erkennt auch hier deutlich die Ähnlichkeit zur mathematischen Algebra wieder.

1. Bindungsregel	
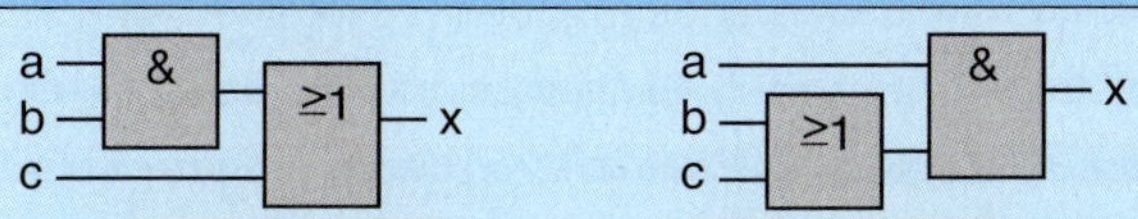 $x = a \wedge b \vee c$ $x = a \wedge (b \vee c)$	Die UND-Verknüpfung bindet stets stärker als die ODER-Verknüpfung. Eine Klammer bindet stets stärker als die UND-Verknüpfung.
2. Vertauschungsgesetz (Kommutativgesetz)	
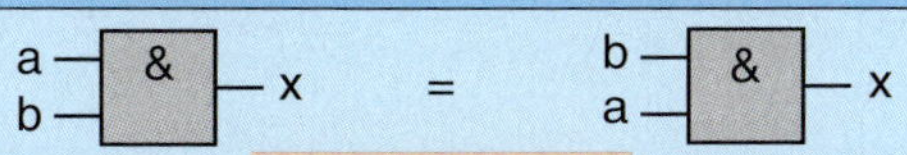 $x = a \wedge b = b \wedge a$	Die Reihenfolge der Variablen in einer UND-Verknüpfung ist beliebig.
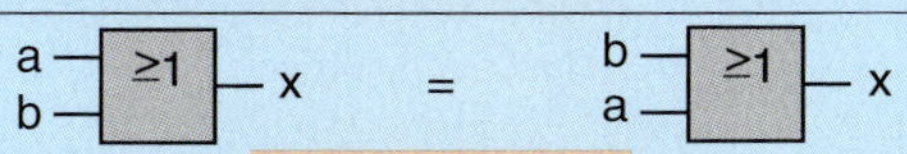 $x = a \vee b = b \vee a$	Die Reihenfolge der Variablen in einer ODER-Verknüpfung ist beliebig.
3. Verbindungsgesetz (Assoziativgesetz)	
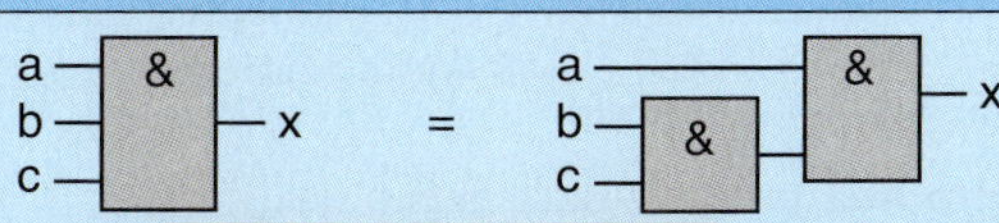 $x = a \wedge b \wedge c = a \wedge (b \wedge c)$	Treten bei einer UND-Verknüpfung drei oder mehr Variablen auf, so können diese beliebig zu Gruppen zusammengefasst werden.
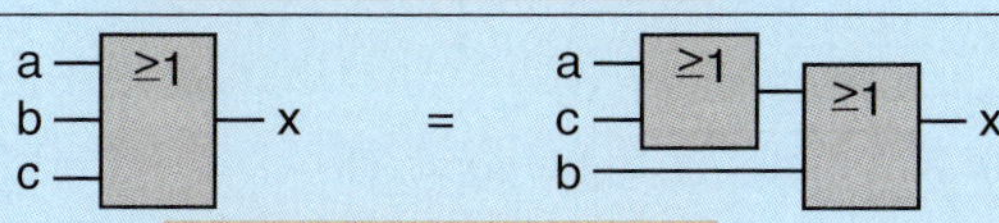 $x = a \vee b \vee c = (a \vee c) \vee b$	Treten bei einer ODER-Verknüpfung drei oder mehr Variablen auf, so können diese beliebig zu Gruppen zusammengefasst werden.

4. Verteilungsgesetz (Distributivgesetz)	
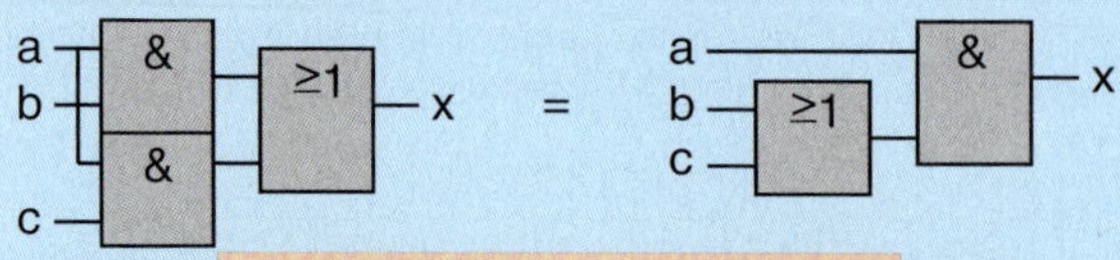 $x = (a \wedge b) \vee (a \wedge c) = a \wedge (b \vee c)$	Enthalten zwei oder mehr UND-Verknüpfungen, die miteinander ODER-verknüpft sind, eine gemeinsame Variable, so kann diese ausgeklammert werden.
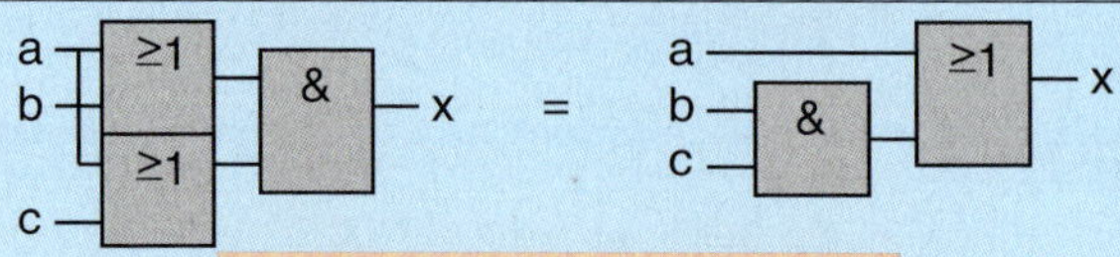 $x = (a \vee b) \wedge (a \vee c) = a \vee (b \wedge c)$	Enthalten zwei oder mehr ODER-Verknüpfungen, die miteinander UND-verknüpft sind, eine gemeinsame Variable, so kann diese ausgeklammert werden.

7.28: Regeln für zwei und mehr Variable

Die Regel des Distributivgesetzes kann natürlich auch im umgekehrten Sinne angewendet werden. Statt „Ausklammern" spricht man dann von „Ausmultiplizieren" einer Klammer.

Neben diesen algebraischen Regeln gibt es in der Schaltalgebra noch die wichtigen **Regeln von De Morgan**.

Diese Regeln ermöglichen die Umwandlung einer mit NAND-Verknüpfungen aufgebauten Schaltung in eine gleichwertige Schaltung, die aus NOR-Verknüpfungen besteht. Dieser Zusammenhang ist für die Praxis besonders wichtig, ergibt sich doch daraus die Möglichkeit, eine Digitalschaltung vollständig in NAND-Technik bzw. in NOR-Technik zu realisieren.

Aus der Darstellung in Bild 7.29 kann man den grundsätzlichen Zusammenhang unschwer ablesen:

5. Regeln von De Morgan	
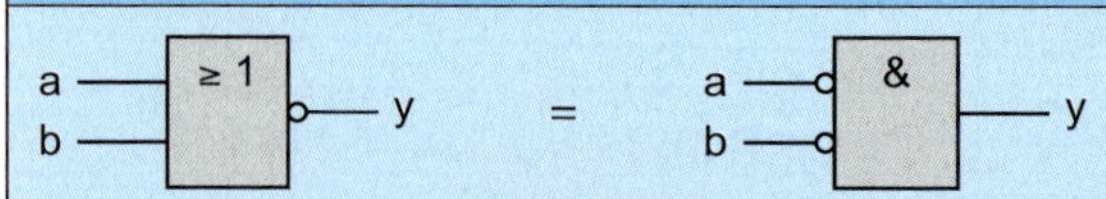 $\overline{a \vee b} = \bar{a} \wedge \bar{b}$	Eine an den Eingängen negierte UND-Verknüpfung entspricht einer NOR-Verknüpfung.
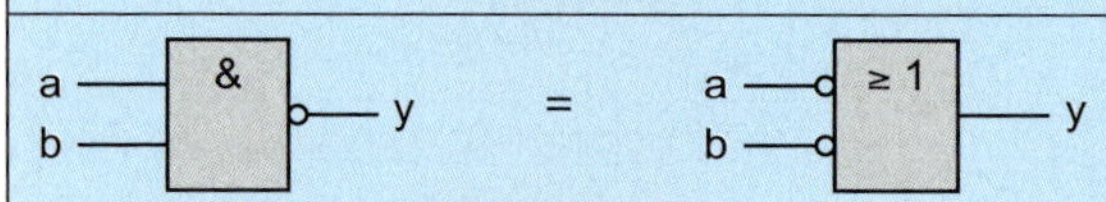 $\overline{a \wedge b} = \bar{a} \vee \bar{b}$	Eine an den Eingängen negierte ODER-Verknüpfung entspricht einer NAND-Verknüpfung.

Bild 7.29: Umwandlung von Verknüpfungen

Eine **NOR-Verknüpfung** kann sowohl durch ein

- **ODER-Element mit negiertem Ausgang** als auch durch ein
- **UND-Element mit negierten Eingängen** realisiert werden.

Eine **NAND-Verknüpfung** kann sowohl durch ein

- **UND-Element mit negiertem Ausgang** als auch durch ein
- **ODER-Element mit negierten Eingängen** realisiert werden.

Bei der Umwandlung einer Digitalschaltung mit NOR-Elementen in eine Schaltung mit NAND-Elementen werden

- alle ODER-Zeichen ($\vee$) in UND-Zeichen ($\wedge$) umgewandelt,
- alle am ODER-Element negierten Anschlüsse am UND-Element nicht negiert,
- alle am ODER-Element nicht negierten Anschlüsse am UND-Element negiert.

In entsprechender Weise kann auch bei der Umwandlung von NAND- auf NOR-Elemente verfahren werden.

■ Beispiel:

In der dargestellten Digitalschaltung sind ausschließlich NAND-Elemente verwendet.

a) Stellen Sie die Gleichung der Schaltung auf.

b) Wandeln Sie mithilfe der De-Morgan-Regeln die NAND-Gleichung in eine NOR-Gleichung um.

c) Zeichnen Sie die Schaltung mit NOR-Elementen.

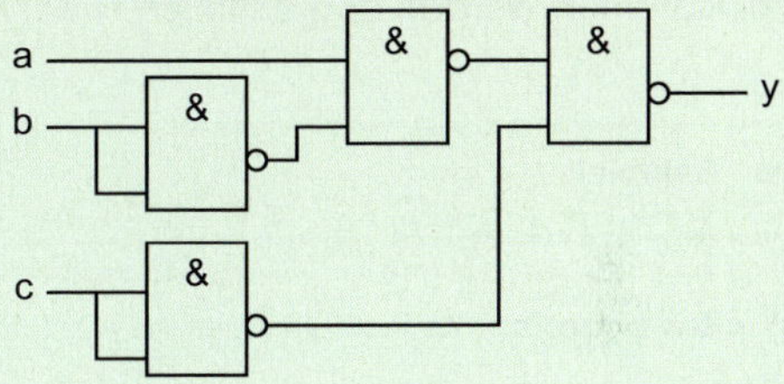

Lösung

a) $\overline{\overline{a \wedge \overline{b}} \wedge \overline{c}} = y$

b) Wir setzen in die Gleichung ein $x = a \wedge \overline{b}$ und erhalten

$\overline{\overline{x} \wedge \overline{c}} = y$

Daraus ergibt sich nach Anwendung der 2. De-Morgan-Regel

$x \vee c = y$

Nun wenden wir die De-Morgan-Regel auf x an und erhalten

$x = a \wedge \overline{b} = \overline{\overline{a} \vee b}$

Dieses Ergebnis setzen wir für x in die Gesamtgleichung ein und erhalten

$\overline{\overline{a} \vee b} \vee c = y$

Um diese Schaltung unter ausschließlicher Verwendung von NOR-Elementen darstellen zu können, wird die Gleichung noch mit einer doppelten Negation versehen, was bekanntlich keinen Einfluss auf die Funktion hat.

$\overline{\overline{\overline{\overline{a} \vee b} \vee c}} = y$

c)

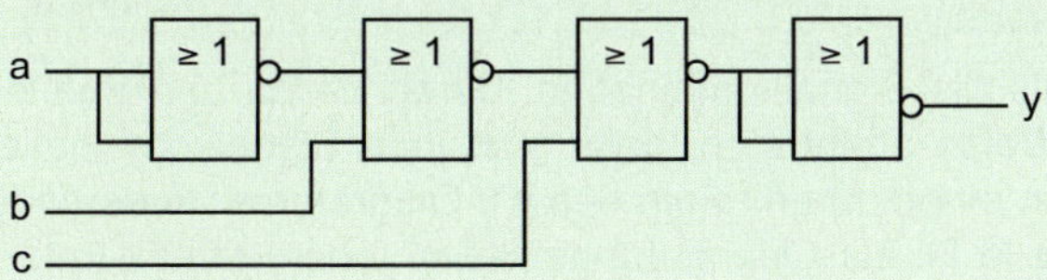

b) KV-Diagramme

Die Vereinfachung der Logik-Gleichungen mit den Mitteln der Schaltalgebra verlangt einige mathematische Vorkenntnisse und ist nur nach einer gewissen Übung sicher anwendbar. Für den Praktiker ist ein grafisches Verfahren in der Handhabung wesentlich einfacher, bei dem der Inhalt der Wahrheitstabelle bzw. der Normalform-Gleichungen in einem Diagramm dargestellt wird. Dieses Diagramm wird nach seinen Erfindern Karnaugh und Veitch als **KV-Diagramm** bezeichnet.

Das KV-Diagramm ist eine Wahrheitstabelle, in der die einzelnen Zeilen nicht wie üblich untereinandergeschrieben, sondern in einer Matrix angeordnet werden.

> Als **Matrix** bezeichnet man eine Darstellung von mathematischen Größen in einem Schema von ***m* waagerechten Zeilen** und ***n* senkrechten Spalten**.
>
> In einer Matrix ergeben sich ***n* × *m* Matrix-Felder**; dies entspricht der Anzahl der Zeilen in der Wahrheitstabelle.

Durch Anwendung des Distributivgesetzes und der Vereinfachungsregeln der Schaltalgebra ergibt sich folgende Erkenntnis:

Unterscheiden sich in einer Logik-Gleichung zwei Signalkombinationen, die sich jeweils aus einer Zeile der Wahrheitstabelle ergeben, in nur einer Stelle, so kann diese Stelle ausgeklammert werden und entfallen.

■ **Beispiel:**

$y = (a \wedge b \wedge c \wedge d) \vee (a \wedge b \wedge c \wedge \bar{d})$
$\quad = (a \wedge b \wedge c) \wedge (d \vee \bar{d})$
$y = \mathbf{a} \wedge \mathbf{b} \wedge \mathbf{c}$

In einem KV-Diagramm werden nun die Signalkombinationen (Zeilen) einer Wahrheitstabelle, die sich nur in einer Stelle unterscheiden, in einer Matrix so angeordnet, dass sie einander benachbart sind.

Benachbart sind zwei Eingangs-Signalkombinationen

- in einer **Wahrheitstabelle** dann, wenn sie sich in nur einer Stelle voneinander unterscheiden,
- in einem **KV-Diagramm** dann, wenn sich ihre Matrix-Felder mit einer Seite (nicht nur an einer Ecke) berühren.

Die am Rand der KV-Diagramme mit a, b, c, d bezeichneten Zeilen und Spalten enthalten jeweils die angegebenen Signalwerte.

In einem Matrix-Feld steht jeweils die Signalkombination, deren Zeilen und Spalten sich dort überschneiden. Auf diese Weise ergibt sich, dass sich jede Signalkombination aus einer Zeile der Wahrheitstabelle in einem Matrix-Feld des KV-Diagramms wiederfindet. Die Zeilennummer der Wahrheitstabelle ist als Orientierungshilfe in jedem Matrix-Feld rechts unten eingetragen.

In jedem der dargestellten KV-Diagramme ist ein Matrix-Feld rot hervorgehoben und die ihm benachbarten Matrix-Felder sind blau getönt. Man erkennt sofort, dass die Anzahl der „Nachbarn" immer so groß ist wie die Anzahl der Eingangssignale. Bemerkenswert ist hier, dass auch die Matrix-Felder am oberen und unteren Rand benachbart sein können (Bild 7.30c), wenn sie sich in nur einem Signalwert unterscheiden. Gleiches gilt für Matrix-Felder am rechten und linken Rand des Diagramms.

Die Rot- und Blautönung der gekennzeichneten Matrix-Felder ist auf die entsprechenden Zeilen der zugehörigen Wahrheitstabellen zu übertragen. Die Spalte für das Ausgangssignal y ist nicht beschriftet, da den bisherigen Überlegungen noch keine bestimmte Verknüpfung zugrunde liegt.

a)

b \ a	$\bar{a}$ 0	a 1
$\bar{b}$ 0	$\bar{a}\,\bar{b}$ 0	$a\,\bar{b}$ 1
b 1	$\bar{a}\,b$ 2	$a\,b$ 3

Zeile Nr.	b a	y
0	0 0	
1	0 1	
2	1 0	
3	1 1	

b)

c \ a b	$\bar{a}\,\bar{b}$ 0 0	$\bar{a}\,b$ 0 1	$a\,b$ 1 1	$a\,\bar{b}$ 1 0
$\bar{c}$ 0	$\bar{a}\,\bar{b}\,\bar{c}$ 0	$\bar{a}\,b\,\bar{c}$ 2	$a\,b\,c$ 3	$a\,\bar{b}\,\bar{c}$ 1
c 1	$\bar{a}\,\bar{b}\,c$ 4	$\bar{a}\,b\,c$ 6	$a\,b\,c$ 7	$a\,\bar{b}\,c$ 5

Zeile Nr.	b a	y
0	0 0 0	
1	0 0 1	
2	0 1 0	
3	0 1 1	
4	1 0 0	
5	1 0 1	
6	1 1 0	
7	1 1 1	

c)

c d \ a b	$\bar{a}\,\bar{b}$ 0 0	$\bar{a}\,b$ 0 1	$a\,b$ 1 1	$a\,\bar{b}$ 1 0
$\bar{c}\,\bar{d}$ 0 0	$\bar{a}\,\bar{b}\,\bar{c}\,\bar{d}$ 0	$\bar{a}\,b\,\bar{c}\,\bar{d}$ 2	$a\,b\,\bar{c}\,\bar{d}$ 3	$a\,\bar{b}\,\bar{c}\,\bar{d}$ 1
$\bar{c}\,d$ 0 1	$\bar{a}\,\bar{b}\,\bar{c}\,d$ 8	$\bar{a}\,b\,\bar{c}\,d$ 10	$a\,b\,\bar{c}\,d$ 11	$a\,\bar{b}\,\bar{c}\,d$ 9
c d 1 1	$\bar{a}\,\bar{b}\,c\,d$ 12	$\bar{a}\,b\,c\,d$ 14	$a\,b\,c\,d$ 15	$a\,\bar{b}\,c\,d$ 13
$c\,\bar{d}$ 1 0	$\bar{a}\,\bar{b}\,c\,\bar{d}$ 4	$\bar{a}\,b\,c\,\bar{d}$ 6	$a\,b\,c\,\bar{d}$ 7	$a\,\bar{b}\,c\,\bar{d}$ 5

Zeile Nr.	d c b a	y
0	0 0 0 0	
1	0 0 0 1	
2	0 0 1 0	
3	0 0 1 1	
4	0 1 0 0	
5	0 1 0 1	
6	0 1 1 0	
7	0 1 1 1	
8	1 0 0 0	
9	1 0 0 1	
10	1 0 1 0	
11	1 0 1 1	
12	1 1 0 0	
13	1 1 0 1	
14	1 1 1 0	
15	1 1 1 1	

Bild 7.30: Aufbau der KV-Diagramme

Die Darstellung der KV-Diagramme kann in vielen verschiedenen Formen erfolgen. Als Beispiel ist in Bild 7.31 das gleiche Diagramm wie in Bild 7.30 c in einer anderen häufig verwendeten Form dargestellt.

	$\bar{a}$		a		
$\bar{c}$	0	2	3	1	$\bar{d}$
$\bar{c}$	8	10	11	9	d
c	12	14	15	13	d
c	4	6	7	5	$\bar{d}$
	$\bar{b}$	b		$\bar{b}$	

Bild 7.31: KV-Diagramm

c) Benutzung von KV-Diagrammen

Das Beispiel in Bild 7.32 zeigt die Benutzung eines KV-Diagramms für eine **Verknüpfung mit 2 Eingangssignalen**. Aus der Wahrheitstabelle 7.32 a ist ersichtlich, dass es sich um eine ODER-Verknüpfung handelt. Die Richtigkeit des Ergebnisses lässt sich daher leicht überprüfen.

Die Werte des Ausgangssignals y werden aus der Wahrheitstabelle in die zugeordneten Matrix-Felder des KV-Diagramms (Bild 7.32 b) übertragen.

Zur Aufstellung der **Logik-Gleichung in disjunktiver Normalform** kann man sowohl aus der Wahrheitstabelle (Bild 7.32 a; Zeilen 1, 2, 3) als auch aus dem KV-Diagramm (Bild 7.32 b) für y = 1 ablesen (Eingangs-Signalwerte einer Zeile UND-verknüpfen; Zeilen miteinander ODER-verknüpfen):

a)

Zeile Nr.	b a	y
0	0 0	0
1	0 1	1
2	1 0	1
3	1 1	1

b)

b \ a	0	1
0	0 $_{0}$	1 $_{1}$
1	1 $_{2}$	1 $_{3}$

c)

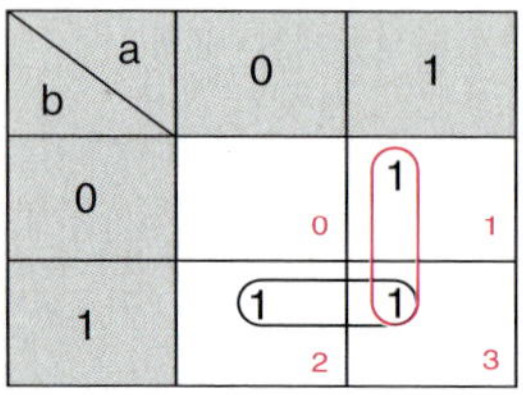

d)

b \ a	0	1
0	0 $_{0}$	$_{1}$
1	$_{2}$	$_{3}$

Bild 7.32: KV-Diagramm für 2 Eingangsvariablen

Diese relativ aufwendige Rechnung kann mithilfe des KV-Diagramms folgendermaßen wesentlich vereinfacht werden:

$$
\begin{aligned}
y &= (a \wedge \overline{b}) \vee (\overline{a} \wedge b) \vee (a \wedge b) \\
&= (\overline{a} \wedge b) \vee a \wedge (\overline{b} \vee b) \\
&= (\overline{a} \wedge b) \vee a \\
&= (\overline{a} \vee a) \wedge (b \vee a) \\
y &= \mathbf{a} \vee \mathbf{b}
\end{aligned}
$$

Stehen in zwei benachbarten Matrix-Feldern gleiche Ausgangssignale, so können sie durch eine Schleife zusammengefasst werden (Bild 7.32c). Da in einer solchen Schleife eines der Eingangssignale mit seinem Wert (1) und mit seinem negierten Wert (0) auftritt, kann es bei der Aufstellung der Gleichung entfallen.

Für die rote Schleife ergibt sich: $\mathbf{y = a}$,

für die schwarze Schleife ergibt sich: $\mathbf{y = b}$.

Fasst man beide Schleifen zusammen, so ergibt sich als Endgleichung: $\mathbf{y = a \vee b}$.

Dies ist offensichtlich die Logik-Gleichung für die ODER-Verknüpfung.

Aus diesem Beispiel wird ersichtlich:

! Treten in benachbarten Matrix-Feldern eines KV-Diagramms die gleichen Werte des Ausgangssignals auf, so können sie in einer Schleife zusammengefasst werden.

Das mit seinem Wert und mit seinem negierten Wert in der Schleife liegende Eingangssignal kann in der Logik-Gleichung entfallen.

Die Aufstellung der **Logik-Gleichung in konjunktiver Normalform** für das Beispiel in Bild 7.32 zeigt noch einmal sehr deutlich die Bedeutung der beiden verschiedenen Ansätze. Sowohl aus der Wahrheitstabelle (Bild 7.32a; Zeile 0) als auch aus dem KV-Diagramm (Bild 7.32c) kann man ablesen (Signalwerte einer Zeile negieren und ODER-verknüpfen; Zeilen miteinander UND-verknüpfen):

$$y = a \vee b$$

Dies ist sofort die Endgleichung der ODER-Verknüpfung.

Das Beispiel in Bild 7.33 zeigt die Benutzung eines KV-Diagramms für eine **Verknüpfung mit 3 Eingangssignalen**. Die Wahrheitstabelle zeigt eine willkürlich gewählte Verknüpfung.

a)

Zeile Nr.	c b a	y
0	0 0 0	1
1	0 0 1	1
2	0 1 0	0
3	0 1 1	0
4	1 0 0	1
5	1 0 1	1
6	1 1 0	0
7	1 1 1	1

b)

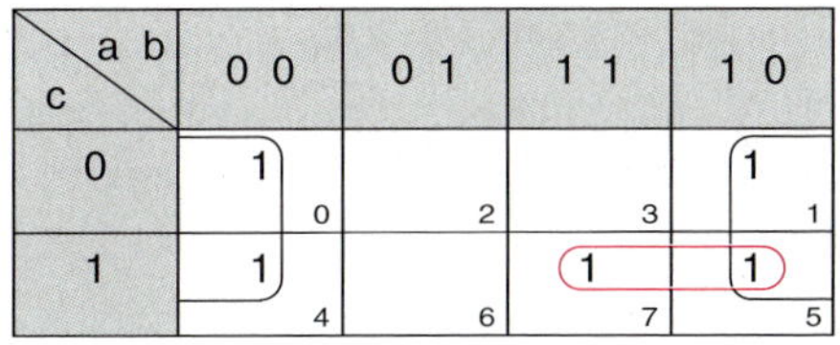

c)

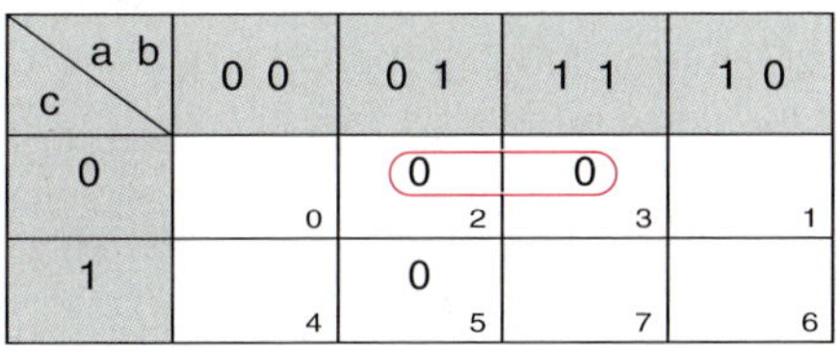

d)

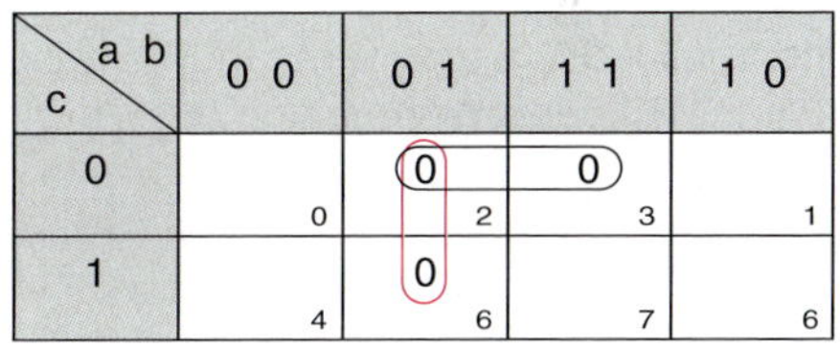

Bild 7.33: KV-Diagramm mit drei Eingangsvariablen

Aus der Tabelle kann man die **Logik-Gleichung in disjunktiver Normalform** (Zeilen mit y = 1) ablesen:

$$y = (\bar{a} \wedge \bar{b} \wedge \bar{c}) \vee (a \wedge \bar{b} \wedge \bar{c}) \vee (\bar{a} \wedge \bar{b} \wedge c) \vee (a \wedge \bar{b} \wedge c) \vee (a \wedge b \wedge c)$$

Dieser Ausdruck ist wieder mit einer sehr hohen Redundanz (Weitschweifigkeit) behaftet und führt bei der schaltungstechnischen Realisierung sicher nicht zur optimalen Lösung.

Nun wird der disjunktive Ansatz in das KV-Diagramm (Bild 7.33 b) übertragen. An der Anordnung der Schleifen sind neue Merkmale erkennbar:

! In einem KV-Diagramm kann

- eine Schleife auch über mehr als zwei benachbarte Matrix-Felder gelegt werden,
- ein Matrix-Feld auch in mehrere Schleifen eingebunden sein.

Beim Aufstellen der Logik-Gleichung anhand der Schleifen muss berücksichtigt werden, dass in benachbarten Matrix-Feldern immer diejenige Größe wegfällt, die mit ihrem Wert und ihrem negierten Wert vorkommt.

In der **schwarzen Schleife** (Bild 7.33 b) liegt

$(a \vee \bar{a})$ in den Matrix-Feldern 1 und 0 bzw. 5 und 4,
$(c \vee \bar{c})$ in den Matrix-Feldern 4 und 0 bzw. 5 und 1.

In der **roten Schleife** liegt

$(b \vee \bar{b})$ in den Matrix-Feldern 7 und 5.

Berücksichtigt man dies bei der Aufstellung der Gleichung, so erhält man:

$$y = \bar{b} \vee (a \wedge c)$$

Vergleicht man diese aus dem Diagramm gewonnene Gleichung mit der aus der Wahrheitstabelle abgelesenen Normalform-Gleichung, so wird die vereinfachende Wirkung des KV-Diagramms sehr deutlich.

Stellt man aus der Wahrheitstabelle (Bild 7.33 a) die **Logik-Gleichung in konjunktiver Normalform** (Zeilen mit y = 0) auf, so ergibt sich:

$$y = (a \vee \bar{b} \vee c) \wedge (\bar{a} \vee \bar{b} \vee c) \wedge (a \vee \bar{b} \vee \bar{c})$$

Nun werden die Werte der Ausgangssignale y = 0 aus der Wahrheitstabelle in die KV-Diagramme (konjunktiver Ansatz; Bild 7.33 c und d) übertragen. Bei der Anordnung der Schleifen darf man nicht alle drei mit 0 belegten Matrix-Felder in eine Schleife einbinden, denn es kann ja immer nur in zwei Matrix-Feldern eine Eingangsgröße mit ihrem Wert und ihrem negierten Wert vorkommen.

Die Anzahl der in **eine Schleife** eingebundenen Matrix-Felder muss immer eine **gerade Zahl** sein.

Damit ergeben sich für das betrachtete Beispiel zwei Lösungsmöglichkeiten:

Legt man die Schleife nach Bild 7.33 c, so umschlingt sie die Matrix Felder 2 und 3 und es ergibt sich die Gleichung:

$$y = (\bar{b} \vee c) \wedge (a \vee \bar{b} \vee \bar{c})$$

Legt man eine zweite Schleife um die benachbarten Matrix-Felder 2 und 6, so erhält man:

$$y = (\bar{b} \vee c) \wedge (a \vee \bar{b})$$

Durch Ausklammern (Distributivgesetz) ergibt sich daraus:

$$y = \bar{b} \vee (a \wedge c)$$

Diese Lösung ist mit der aus dem disjunktiven Ansatz gewonnenen Lösung identisch.

Das Beispiel in Bild 7.34 zeigt die Benutzung eines KV-Diagramms für eine **Verknüpfung mit 4 Eingangssignalen**. Die in das Diagramm eingetragenen Ausgangssignale stellen eine willkürlich gewählte Verknüpfung dar. (Die Wahrheitstabelle kann gegebenenfalls aus dem Diagramm erstellt werden.)

a b / c d	0 0	0 1	1 1	1 0
0 0	0 (0)	1 (2)	1 (3)	1 (1)
0 1	0 (8)	1 (10)	1 (11)	1 (9)
1 1	0 (12)	1 (14)	1 (15)	0 (13)
1 0	1 (4)	1 (6)	1 (7)	1 (5)

Bild 7.34: KV-Diagramm mit vier Eingangsvariablen

Aus den mit 1 besetzten Matrix-Feldern kann man mit den schwarz eingezeichneten Schleifen ablesen (disjunktiver Ansatz):

y = Schleife ① ∨ Schleife ② ∨ Schleife ③

$$y = b \vee (a \wedge \bar{c}) \vee (c \wedge \bar{d})$$

Aus den mit 0 besetzten Matrix-Feldern kann man mit den rot eingezeichneten Schleifen ablesen (konjunktiver Ansatz):

y = Schleife a ∧ Schleife b

$$y = (a \vee b \vee c) \wedge (b \vee c \vee d)$$

Aus diesem Beispiel erkennt man:

> Je mehr Matrix-Felder von einer Schleife umschlungen werden, umso kleiner wird der algebraische Ausdruck, der die Schleife in der Logik-Gleichung beschreibt.

Daher ist man immer bemüht, bei der Anwendung von KV-Diagrammen möglichst große Schleifen zu bilden.

KV-Diagramme werden meist nur bei bis zu vier Eingangssignalen angewendet. Bei mehr Eingängen wird die Darstellung der benachbarten Matrix-Felder schwierig und die Diagramme werden dadurch unübersichtlich.

Aufgaben

1. a) Stellen Sie für die gegebene Verknüpfungsschaltung die Wahrheitstabelle auf.
   b) Welche Funktion erfüllt die Schaltung?
   c) Geben Sie die Funktionsgleichung und das Symbol an.

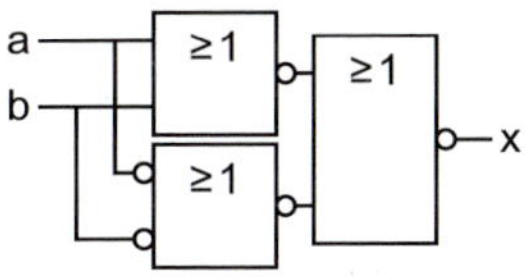

2. a) Geben Sie für die gegebene Schaltung die Funktionsgleichung an.
   b) Vereinfachen Sie die Gleichung nach den Regeln der Schaltalgebra.
   c) Überprüfen Sie die Gleichung anhand der Wahrheitstabelle (Hinweis: Bei untereinander dargestellten, *gleichartigen* logischen Verknüpfungen wird vielfach nur im obersten Element das Verknüpfungssymbol angegeben).

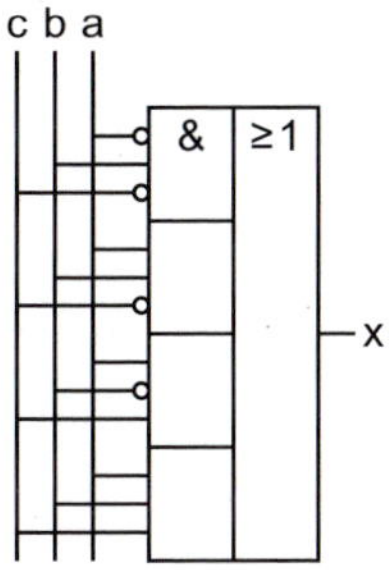

3. Für eine Verriegelungsschaltung ist nebenstehende Wahrheitstabelle gegeben.
   a) Stellen Sie die Funktionsgleichung auf.
   b) Vereinfachen Sie die Gleichung mithilfe der Schaltalgebra.
   c) Formen Sie die Gleichung durch Anwendung der Gesetze von De Morgan so um, dass die Verknüpfung ausschließlich mit NAND-Elementen realisiert werden kann.
   d) Formen Sie die Gleichung für eine Realisierung ausschließlich mit NOR-Elementen um.
   e) Zeichnen Sie für c) und d) die Verknüpfungsschaltungen.

c	b	a	x
0	0	0	0
0	0	1	0
0	1	0	0
0	1	1	1
1	0	0	0
1	0	1	1
1	1	0	1
1	1	1	1

4. Stellen Sie zu der gegebenen Wahrheitstabelle die Logik-Gleichungen auf
   a) in disjunktiver Normalform und
   b) in konjunktiver Normalform.
   c) Zeichnen Sie zu jeder Gleichung die entsprechende Verknüpfungsschaltung.

Zeile Nr.	c b a	y
0	0 0 0	1
1	0 0 1	0
2	0 1 0	0
3	0 1 1	0
4	1 0 0	1
5	1 0 1	1
6	1 1 0	1
7	1 1 1	1

5. Stellen Sie zu der gegebenen Verknüpfungsschaltung die Wahrheitstabelle auf und geben Sie die entsprechenden Logik-Gleichungen an
   a) in disjunktiver Normalform und
   b) in konjunktiver Normalform.

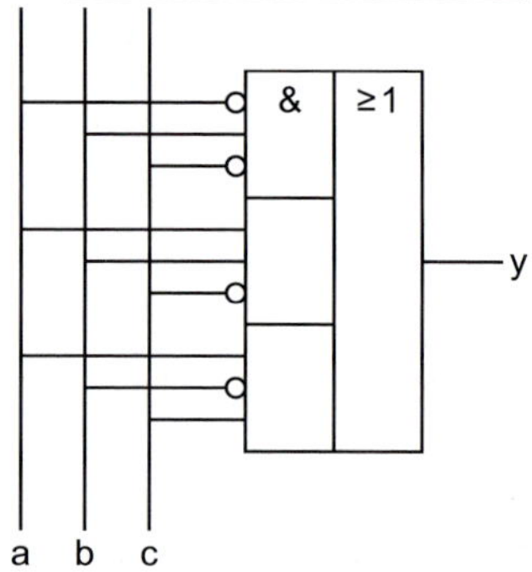

6. Vereinfachen Sie die folgenden Logik-Gleichungen mit den Mitteln der Schaltalgebra so weit wie möglich.
   a) $y = a \wedge (\bar{a} \vee b) \vee (b \wedge c \wedge \bar{c})$
   b) $y = (a \wedge b \wedge \bar{c}) \vee (a \wedge b \wedge c)$
   c) $y = (a \wedge \bar{b} \wedge \bar{c}) \vee (a \wedge \bar{b} \wedge c) \vee (\underline{a} \wedge \underline{b} \wedge \bar{c})$
   d) $y = (\overline{a \wedge b} \wedge c) \vee (a \wedge b \wedge \bar{c}) \vee (\bar{a} \wedge \bar{b}) \wedge \bar{c}$

7. $y = ((a \vee b) \wedge c) \vee ((a \vee b) \wedge d) \vee ((a \vee b) \wedge e)$
   a) Zeichnen Sie zu der gegebenen Logik-Gleichung die entsprechende Schaltung.
   b) Formen Sie die Gleichung mithilfe des Distributivgesetzes um.
   c) Zeichnen Sie die Schaltung zu der umgeformten Gleichung.

8. Stellen Sie anhand der folgenden KV-Diagramme die entsprechenden Logik-Gleichungen auf
   a) in disjunktiver Normalform und
   b) in minimierter Form.

1.

	ā	a
b̄	0	1 1
b	2	1 3

2.

	ā	a
b̄	0	1
b	1 2	1 3

3.

	ā	a
b̄	1 0	1 1
b	2	1 3

4.

	ā	a
b̄ 0	1 1	
b	1 2	1 3

5.

	ā b̄	ā b	a b	a b̄
c̄	0	1 2	1 3	1
c	1 4	6	7	1 5

6.

	ā b̄	ā b	a b	a b̄
c̄	1 0	2	1 3	1 1
c	1 4	6	7	1 5

7.

	ā b̄	ā b	a b	a b̄
c̄	1 0	2	1 3	1 1
c	1 4	6	1 7	1 5

8.

	ā b̄	ā b	a b	a b̄
c̄ d̄	0	1 2	1 3	1 1
c̄ d	8	10	1 11	1 9
c d	12	14	15	13
c d̄	4	1 6	1 7	5

9.

	ā b̄	ā b	a b	a b̄
c̄ d̄	0	2	3	1 1
c̄ d	8	1 15	1 11	1 9
c d	12	1 14	1 15	1 13
c d̄	4	6	7	1 5

10.

	ā b̄	ā b	a b	a b̄
c̄ d̄	0	1 2	3	1
c̄ d	8	1 10	11	9
c d	1 12	1 14	1 15	1 13
c d̄	1 4	1 6	1 7	1 5

9. Die nebenstehende Abbildung zeigt die Wahrheitstabelle einer Verknüpfungsschaltung.
   a) Zeichnen Sie ein KV-Diagramm für die Zeilen mit y = 1 und legen Sie die größtmöglichen Schleifen. Geben Sie die optimierte Logik-Gleichung an.
   b) Zeichnen Sie ein KV-Diagramm für die Zeilen mit y = 0 und legen Sie die größtmöglichen Schleifen. Geben Sie die optimierte Logik-Gleichung an. (Achtung: konjunktiver Ansatz!)
   c) Formen Sie das Ergebnis a) mithilfe der Schaltalgebra so um, dass es mit dem Ergebnis b) identisch ist.
   d) Zeichnen Sie die Schaltung.

Zeile Nr.	c b a	y
0	0 0 0	0
1	0 0 1	0
2	0 1 0	0
3	0 1 1	1
4	1 0 0	0
5	1 0 1	0
6	1 1 0	1
7	1 1 1	1

10. Es soll eine Verknüpfungsschaltung entwickelt werden, mit der aus den vier zyklisch einlaufenden Eingangssignalen a, b, c, d die drei Ausgangssignale x, y, z gewonnen werden.
    a) Übertragen Sie die im Diagramm dargestellten Zusammenhänge in eine Wahrheitstabelle.
    b) Stellen Sie für jeden der drei Ausgänge ein KV-Diagramm auf und legen Sie die größtmöglichen Schleifen.
    c) Geben Sie für jeden der drei Ausgänge die optimierte Logik-Gleichung an.
    d) Überprüfen Sie die Richtigkeit der Gleichungen anhand des gegebenen Zeitablaufdiagramms.
    e) Zeichnen Sie die Schaltung.

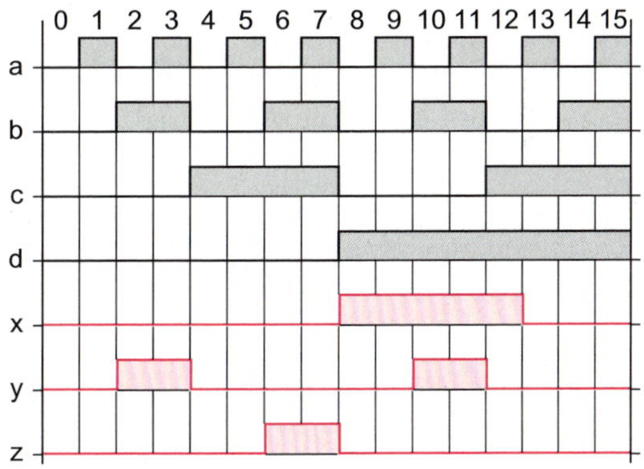

7.2.4 Schaltnetze

Schaltnetze sind Verknüpfungsschaltungen, bei denen die Ausgangssignale ausschließlich bestimmt werden durch die gleichzeitig anliegenden Eingangssignale.

Die Funktionsbeschreibung von Schaltnetzen erfolgt meist durch Arbeits- oder Wahrheitstabellen oder mithilfe von Logik-Gleichungen.

Schaltungstechnisch entstehen Schaltnetze durch Zusammenschaltung von Verknüpfungselementen oder unter Verwendung von programmierbaren Logikschaltkreisen. Häufig verwendete Schaltnetze (z. B. Code-Umsetzer, Addierer, Komparator) sind als Integrierte Schaltkreise (IC) erhältlich.

7.2.4.1 Addierer

a) Addition von Dualzahlen

Verknüpfungsschaltungen, mit denen binär codierte Zahlen addiert werden können, bezeichnet man als **Addierer**. Im einfachsten Fall werden zwei einstellige Dualzahlen addiert. Die dazu erforderliche Schaltung ist ein **Halbaddierer**.

! Mit einem **Halbaddierer** können **zwei einstellige Dualzahlen** addiert werden.

Bei zwei zu addierenden Dualzahlen A und B gibt es vier verschiedene Kombinationsmöglichkeiten (Bild 7.35 a). Bei den ersten drei Zeilen der Wahrheitstabelle lässt sich die Summe (Σ) von A und B in einer Stelle bilden, die den gleichen Wert (2^0) hat wie A und B. Sind dagegen A und B gleich 1, so tritt bei der Addition ein Übertrag CO (**C**arry **O**ut) in die nächsthöhere Stelle (2^1) auf.

a)

Stellenwert			
2^0	2^0	2^0	2^0
B	A	Σ	C
0	0	0	0
0	1	1	0
1	0	1	0
1	1	0	1

b)

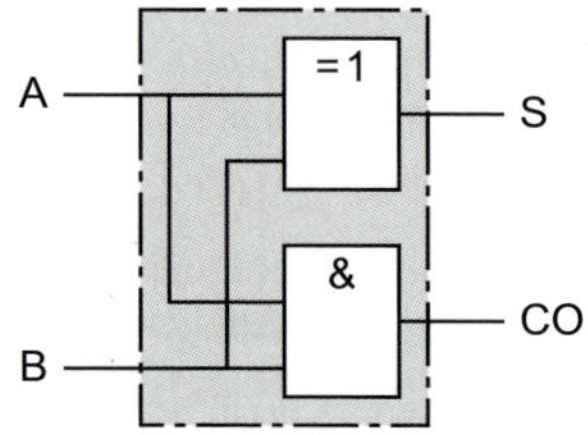

c)

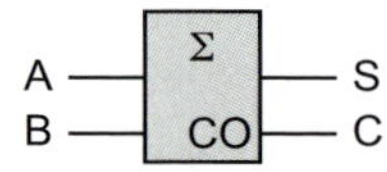

7.35: Wahrheitstabelle, Schaltung und Schaltzeichen eines Halbaddierers

Anhand der Wahrheitstabelle können die Logik-Gleichungen zur Darstellung der Schaltung aufgestellt werden:

$$\Sigma = (A \wedge \bar{B}) \vee (\bar{A} \wedge B) \qquad \text{(EXOR)}$$
$$C = A \wedge B$$

Für die Summenbildung kann ein EXOR-Element verwendet werden. Die Übertragsbildung erfolgt durch ein UND-Element (Bild 7.35 b).

Das Schaltzeichen eines Halbaddierers zeigt Bild 7.35 c.

Sollen zwei mehrstellige Dualzahlen addiert werden, so kann nur noch für die niederwertigste Stelle ein Halbaddierer verwendet werden, weil bei allen höherwertigen Stellen jeweils noch der Übertrag aus der nächstniederwertigen Stelle aufaddiert werden muss. Hierzu ist ein **Volladdierer** erforderlich.

! Mit einem **1-Bit-Volladdierer** können **drei einstellige Dualzahlen** addiert werden.

In der Wahrheitstabelle (Bild 7.36 a) erkennt man, dass für einen Volladdierer zwei Halbaddierer verwendet werden können. Der erste Halbaddierer addiert die beiden Zahlen A und B zu einer Zwischensumme Σ_1 mit Übertrag C_1. Die mit dem zweiten Halbaddierer durchgeführte Addition des Übertrags CI (**C**arry **I**n) aus der nächstniederwertigen Stelle zu der Zwischensumme Σ_1 ergibt die Endsumme Σ und den Übertrag C_2. Die beiden Überträge C_1 und C_2 werden ODER-verknüpft zum Übertragsausgang CO des Volladdierers.

1. Halbaddierer				**2. Halbaddierer**				**Übertrag**
Stellenwert				Stellenwert				
2^0	2^0	2^0	2^1	2^1	2^1	2^1	2^2	2^2
B	A	Σ_1	C_1	CI	Σ_1	Σ	C_2	CO
0	0	0	0	0	0	0	0	0
0	1	1	0	0	1	1	0	0
1	0	1	0	1	0	1	0	0
1	1	0	1	1	1	0	1	1

Bild 7.36a: Wahrheitstabelle

Damit ergibt sich unter Verwendung des Schaltzeichens aus Bild 7.35 c die Schaltung des Volladdierers in Bild 7.36 b.

Bild 7.36 c zeigt das Schaltzeichen des 1-Bit-Volladdierers.

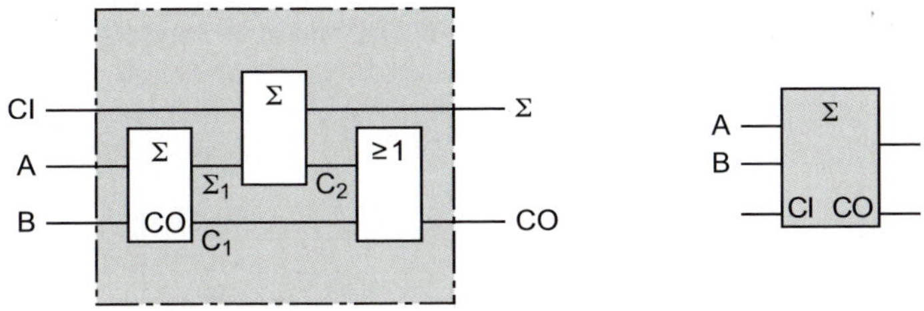

Bild 7.36b, c: Schaltung und Schaltzeichen eines 1-Bit-Volladdierers

Mit vier solcher 1-Bit-Volladdierer kann ein 4-Bit-Volladdierer realisiert werden.

Mit einem **4-Bit-Volladdierer** können **zwei vierstellige Dualzahlen** addiert werden

Obgleich in der niederwertigsten Stelle nur ein Halbaddierer erforderlich ist, da kein Übertrag von einer niederwertigeren Stelle kommen kann, wird auch dort ein Volladdierer eingesetzt, damit sich die Bausteine beliebig erweitern lassen.

Derartig aufgebaute 4-Bit-Volladdierer arbeiten relativ langsam, weil die Überträge seriell verarbeitet werden; d.h. dass die Addition in der jeweils höherwertigen Stelle erst erfolgen kann, nachdem der Übertrag in die nächstniederwertige Stelle feststeht. Daher ergeben sich bei der Addition vielstelliger Zahlen (z.B. 16 bit) lange Rechenzeiten.

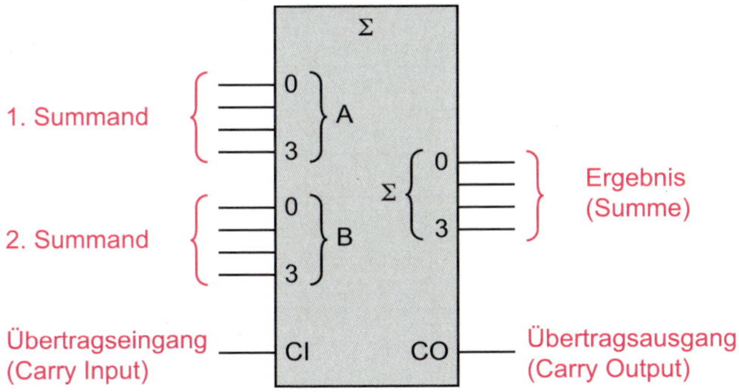

Bild 7.37: 4-Bit-Volladdierer

Dies kann verhindert werden durch eine „parallele Übertragungslogik", eine logische Schaltung, durch die die Überträge aller Stellen direkt aus den Eingangswerten jedes 1-Bit-Volladdierers gewonnen werden.

b) Addition von Dezimalzahlen

Zur Verarbeitung in Digitalschaltungen müssen Dezimalzahlen in einen binären Code umgesetzt werden (vgl. Kap. 7.4.2.3). In BCD-Codes kann jede Stelle einer Dezimalzahl durch ein 4 bit langes Codewort dargestellt werden.

Man könnte also annehmen, dass zur Addition zweier einstelliger Dezimalzahlen, z.B. im 8421-BCD-Code, ein 4-Bit-Volladdierer ausreichen würde. Da dieser jedoch im Dualsystem arbeitet, muss geprüft werden, ob das gelieferte Ergebnis auch im 8421-BCD-Code richtig ist.

In der Wahrheitstabelle (Bild 7.38 a) sind alle Codewörter aufgeführt, die bei der Addition zweier einstelliger Dezimalzahlen auftreten können. Die Tabelle geht bis zur Dezimalzahl 19, weil zu den größtmöglichen Summanden (9) noch ein Übertrag (1) aus einer niederwertigen Dekade kommen kann (9 + 9 + 1 = 19). Weiter erkennt man aus der Tabelle, dass nach der 9 sechs Codewörter (Tetraden) folgen, die im 8421-BCD-Code als Pseudotetraden (oder Pseudodezimale; vgl. Kap. 7.1.4.4) gelten.

a)

	C	8	4	2	1	
0		0	0	0	0	8421-BCD-Code
1		0	0	0	1	
2		0	0	1	0	
3		0	0	1	1	
4		0	1	0	0	
5		0	1	0	1	
6		0	1	1	0	
7		0	1	1	1	
8		1	0	0	0	
9		1	0	0	1	
A		1	0	1	0	Pseudodezimale
B		1	0	1	1	
C		1	1	0	0	
D		1	1	0	1	
E		1	1	1	0	
F		1	1	1	1	
10	1	0	0	0	0	8421-BCD-Code
11	1	0	0	0	1	
12	1	0	0	1	0	
13	1	0	0	1	1	
14	1	0	1	0	0	
15	1	0	1	0	1	
16	1	0	1	1	0	
17	1	0	1	1	1	
18	1	1	0	0	0	
19	1	1	0	0	1	

b)

dez.			8421-BCD-Code				
10^1	10^0		C	8	4	2	1
	5	A		0	1	0	1
	2	B		0	0	1	0
	7	Σ		0	1	1	1

c)

dez.			8421-BCD-Code				
10^1	10^0		C	8	4	2	1
	9	A		1	0	0	1
	3	B		0	0	1	1
1	2	A + B		1	1	0	0
		+K		0	1	1	0
1	2	Σ	1	0	0	1	0

d)

dez.			8421-BCD-Code				
10^1	10^0		C	8	4	2	1
	9	A		1	0	0	1
	8	B		1	0	0	0
1	7	A + B	1	0	0	0	1
		+K		0	1	1	0
1	7	Σ	1	0	1	1	1

e)

dez.			8421-BCD-Code				
10^1	10^0		C	8	4	2	1
1	2	A	1	0	0	1	0
	3	B		0	0	1	1
1	5	Σ	1	0	1	0	1

Bild 7.38: Addition von Dezimalzahlen im 8421-BCD-Code

In den folgenden Beispielen (Bild 7.38b bis e) wird untersucht, welche Ergebnisse im Einzelnen auftreten und wie Ergebnisfehler korrigiert werden.

Zu b: Es werden zwei Zahlen addiert, deren Summe kleiner als 10 ist. Der Addierer liefert das richtige Ergebnis unmittelbar im 8421-BCD-Code.

Zu c: Es werden zwei Zahlen addiert, deren Summe eine Pseudotetrade ergibt. Der Addierer liefert ein Ergebnis, das zwar als Dualzahl richtig, im 8421-BCD-Code allerdings falsch ist. Da es sechs Pseudotetraden gibt, wird zur Korrektur die Zahl $6_{10} = 0110_2$ (+K) zu dem dualen Ergebnis hinzuaddiert. Der dabei entstehende Übertrag wird für die nächsthöhere Dekade ausgewertet.

Zu d: Es werden zwei Zahlen addiert, deren Summe einen Übertrag ergibt. Als Dualzahl ist $10001_2 = 17_{10}$ richtig, als 8421-BCD-Zahl $0001\,0001_2 = 11_{10}$ jedoch falsch. Wie man sofort erkennt, ergibt sich auch hier durch Addition von 0110_2 (+K) die notwendige Korrektur.

Zu e: Hier ist das Ergebnis der Addition in der ersten Dezimalstelle kleiner als 10. Daher tritt kein Übertrag auf. Eine Korrektur ist nicht erforderlich.

Ergibt die duale Addition

- eine Summe kleiner als 10, so ist die Dualzahl gleich der Dezimalzahl im 8421-BCD-Code;
- eine Pseudotetrade oder einen Übertrag, so muss das Ergebnis durch Addition der Zahl $6_{10} = 0110_2$ korrigiert werden.

Zur Durchführung der Korrektur ist ein zweiter 4-Bit-Volladdierer erforderlich, der das Ergebnis der ersten Addition gegebenenfalls korrigiert. Dieser Korrekturaddierer wird durch eine Logikschaltung gesteuert, die man als **Pseudotetraden- und Übertragserkenner** (P-Ü-Erkenner) bezeichnen kann.

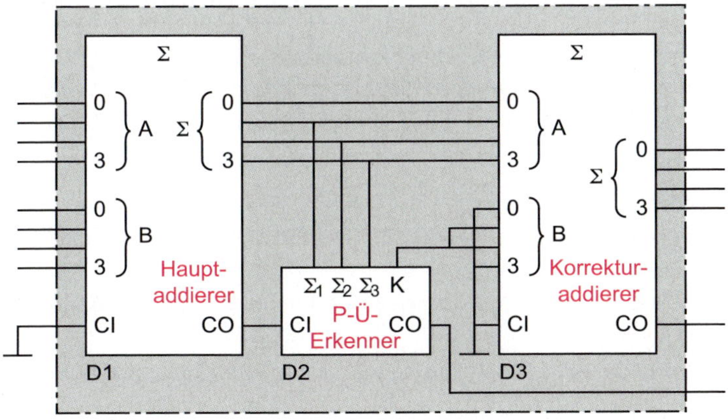

Bild 7.39: BCD-Addierer

- Ist das Ergebnis der Addition kleiner als 10, so ist keine Korrektur erforderlich. Der Ausgang K des P-Ü-Erkenners führt 0-Signal. An den B-Eingängen des Korrekturaddierers liegt die Zahl 0000_2 an. Das Zwischenergebnis von D1 wird unverändert auf den Ausgang gegeben.
- Tritt bei der ersten Addition eine Pseudotetrade oder ein Übertrag auf, so führt der Ausgang K des P-Ü-Erkenners 1-Signal. An den B-Eingängen des Korrekturaddierers liegt die Zahl $0110_2 = 6_{10}$ an. Die Addition dieser Zahl zu dem Zwischenergebnis, das an den A-Eingängen von D3 liegt, liefert das richtige Ergebnis im 8421-BCD-Code.
- Neben der Steuerung des Korrekturaddierers übernimmt der P-Ü-Erkenner auch die Übertragsbildung. Immer, wenn eine Korrektur erforderlich ist, tritt auch ein Übertrag auf. Dieser wird als 1-Signal am Erkennerausgang CO ausgegeben.

Die vollständige Schaltung (Bild 7.39) mit Hauptaddierer, Korrekturaddierer und P-Ü-Erkenner ist als IC erhältlich.

Aus diesem Zusammenhang wird besonders deutlich, weshalb in der Digitaltechnik – wenn immer es möglich ist – das hexadezimale Zahlensystem angewendet wird. Es gibt dabei nämlich keine Pseudotetraden, weil die Zahlen 1010_2 bis 1111_2 mit den Zahlzeichen A_{hex} bis F_{hex} verwendet werden.

7.2.4.2 Abhängigkeitsnotation

Die in den Bildern 7.37 und 7.39 gezeigte Darstellung eines 4-Bit-Volladdierers entspricht den Vorschriften nach DIN EN 60617, Blatt 12. Nach dieser Norm können komplexe Digitalschaltungen durch einen Schaltzeichenblock dargestellt werden. Dabei ergeben sich Rechtecke mit vielen Anschlüssen, deren funktionsmäßige Abhängigkeiten durch Buchstaben-Zahlen-Kombinationen innerhalb des Schaltzeichens angegeben werden. Diese Angaben werden als **Abhängigkeitsnotation** bezeichnet.

Durch die **Abhängigkeitsnotation** wird das Zusammenwirken der Anschlüsse eines Schaltzeichenblocks gekennzeichnet.
Die Notierungen stehen immer innerhalb des Schaltzeichens.

Für die verschiedenen Arten von Abhängigkeiten sind in der Norm bestimmte große Kennbuchstaben festgelegt. Bei den Anschlüssen werden steuernde und gesteuerte Anschlüsse unterschieden. Je nach Art der Abhängigkeit wird der entsprechende Kennbuchstabe an den steuernden Anschluss geschrieben. Hinter dem Kennbuchstaben steht eine Kennzahl. Diese Kennzahl steht auch an allen Anschlüssen, die mit dem steuernden Anschluss verknüpft sind.

Als Kennbuchstaben sind festgelegt:

- **G:** Der steuernde Anschluss ist mit den gesteuerten Anschlüssen **UND**-verknüpft.
- **V:** Der steuernde Anschluss ist mit den gesteuerten Anschlüssen **ODER**-verknüpft.
- **N:** Der steuernde Anschluss ist mit den gesteuerten Anschlüssen **EXOR**-verknüpft.
- **C:** (Steuerabhängigkeit) Der steuernde Anschluss ist mit den gesteuerten Anschlüssen UND-verknüpft. Zusätzlich zur G-Abhängigkeit hat ein H-Pegel an diesem Anschluss eine auslösende Wirkung auf die Funktion des Bausteins (z. B. als Takteingang).
- **EN:** (Enable, Freigabeeingang) Der steuernde Anschluss ist mit den gesteuerten Anschlüssen UND-verknüpft. Steht hinter dem EN keine Kennzahl, so wirkt er als Freigabeeingang für den gesamten Baustein und hat damit eine vorbereitende Wirkung, d. h.:
  - Führt ein H-aktiver EN-Eingang H-Pegel, so haben alle von ihm gesteuerten Anschlüsse ihre normale Funktion.
  - Führt ein H-aktiver EN-Eingang L-Pegel, so haben alle von ihm gesteuerten Eingänge keine Wirkung; alle Tristate- und Open-Collector-Ausgänge sind hochohmig und alle übrigen Ausgänge führen L-Pegel.

In Bild 7.40 a bis e sind einige Beispiele für zusammengesetzte (komplexe) Verknüpfungsschaltungen als Blockdarstellung mit ihrer Auflösung in Einzelverknüpfungen gezeigt.

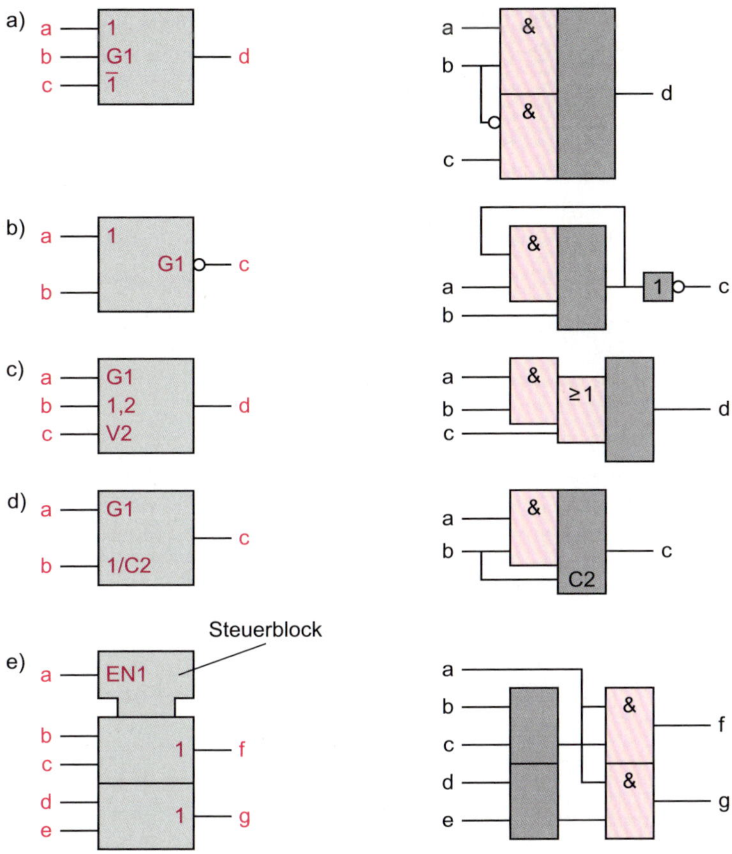

Bild 7.40: Beispiele zur Abhängigkeitsnotation

Steht über der Kennzahl ein Negationsstrich (Bild 7.40 a, Eingang c), so bedeutet dies, dass der steuernde Anschluss (b) mit seinem negierten Pegel auf den gesteuerten Anschluss (c) wirkt.

Ist ein Anschluss außerhalb des Schaltzeichens negiert (Bild 7.40 b, Ausgang c), so bezieht sich die Abhängigkeitsnotation an diesem Ausgang auf den Pegel an der Umrandung des Schaltzeichens, also von innen gesehen vor der Negation.

Ist ein gesteuerter Anschluss von mehreren steuernden Anschlüssen abhängig, so werden die Kennzahlen am gesteuerten Anschluss durch ein Komma getrennt (Bild 7.40 c, Eingang b). Die angegebenen Verknüpfungen sind von links nach rechts in der angegebenen Reihenfolge durchgeführt.

Ist ein Anschluss gleichzeitig gesteuert und steuernd, so werden die Bezeichnungen, die diese Wirkung beschreiben, durch einen Schrägstrich voneinander getrennt (Bild 7.40 d, Eingang b).

Besteht ein Logik-Baustein aus mehreren gleichen Verknüpfungselementen, die von gemeinsamen Steuereingängen beeinflusst werden, so werden diese Steuereingänge in einem Steuerblock zusammengefasst (Bild 7.40 e).

Außerhalb eines Schaltzeichenblocks werden die Anschlüsse mit kleinen Buchstaben fortlaufend bezeichnet.

Bezieht sich das Schaltzeichen auf einen bestimmten IC, so stehen außen an den Anschlüssen die Zahlen für die Pinbelegung.

7.2.4.3 Code-Umsetzer

Um reale Vorgänge oder Zustände in Digitalschaltungen verarbeiten zu können, müssen sie in Codewörter eines Binärcodes umgewandelt werden. Geräte oder Schaltungen, die derartige Umwandlungen vornehmen, werden als **Codierer (Coder)** bezeichnet.

> Ein **Codierer** ist eine Schaltung zur Umwandlung eines realen Vorgangs in ein binäres Codewort.

Als einfachen Codierer kann man eine Tastatur mit 10 Tasten betrachten (Bild 7.41). Wird immer nur eine Taste betätigt, so werden die Dezimalziffern 0 bis 9 in 10 bit lange Codewörter umgewandelt. Die am Eingang des Codierers erfolgte Betätigung der Taste 5 erscheint an seinem Ausgang als Codewort im 1-aus-10-Code.

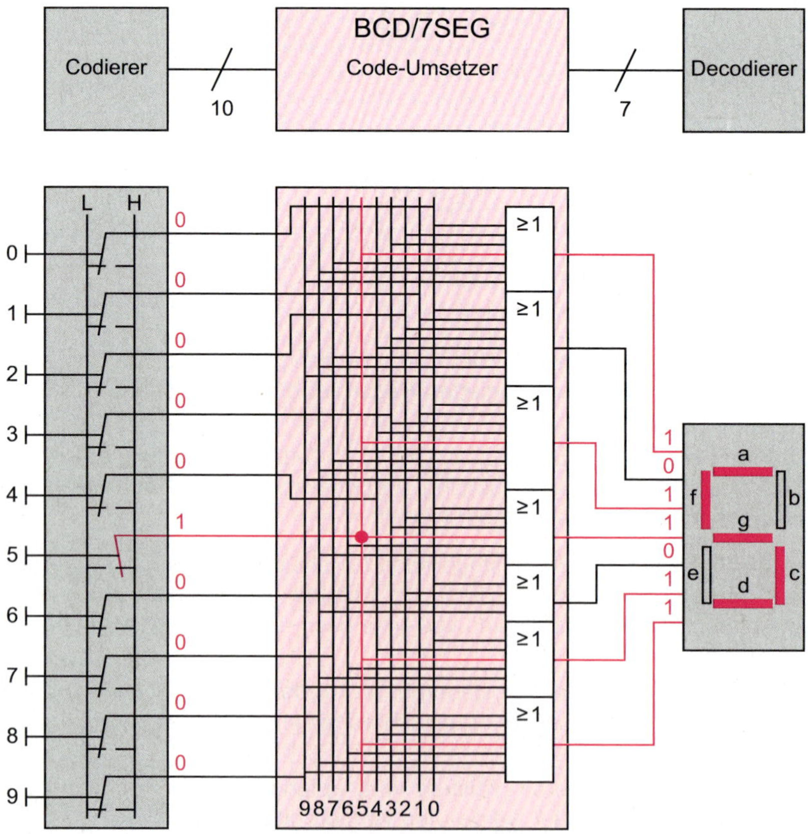

Bild 7.41: Code-Umsetzer für 1-aus-10-Code (DEC) in 7-Segment-Code (7SEG)

Am Ausgang einer Digitalschaltung müssen die in einem binären Code vorliegenden Ausgangssignale wieder in reale – mit den menschlichen Sinnen wahrnehmbare – optische oder akustische Signale umgewandelt werden. Eine Umwandlung dieser Art erfolgt in einem **Decodierer (Decoder)**.

> Ein **Decodierer** ist eine Schaltung zur Umwandlung von binären Codewörtern in unmittelbar wahrnehmbare optische oder akustische Signale.

Ein oft verwendeter Decodierer ist die 7-Segment-Anzeige. Ein am Eingang der Schaltung liegendes 7 bit langes binäres Codewort erscheint am Ausgang als klar lesbare Dezimalzahl (Bild 7.41).

In Digitalschaltungen müssen zur Verarbeitung der eingegebenen Informationen häufig die Codewörter eines Codes A in die entsprechenden Codewörter eines Codes B umgewandelt werden. Die dazu erforderlichen Schaltungen bezeichnet man als **Code-Umsetzer**.

> Ein **Code-Umsetzer** wandelt die Codewörter eines Codes A in die entsprechenden Codewörter eines anderen Codes B um.

In dem betrachteten Beispiel (Bild 7.41) müssen die am Ausgang des Codierers anstehenden 1-aus-10-Codewörter in die entsprechenden 7-Segment-Codewörter umgesetzt werden. Die gezeigte Schaltung löst diese Aufgabe unter Verwendung von ODER-Elementen.

In Schaltzeichen für Code-Umsetzer wird die Art der Umsetzung durch die Bezeichnung des Eingangs- und des Ausgangscodes angegeben (Bild 7.42 b, c, d).

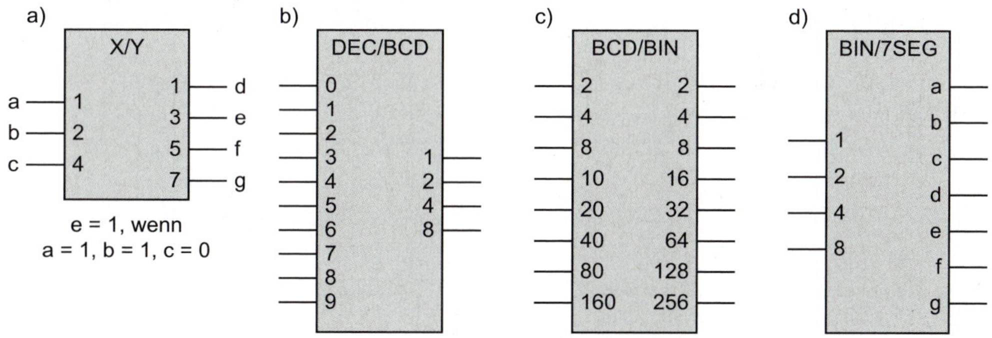

Bild 7.42: Code-Umsetzer
a) von einem beliebigen Code X in einen Code Y
b) von 1-aus-10-Code auf BCD-Code
c) von BCD-Code auf Binärcode
d) von Binärcode auf 7-Segment-Code

Beliebige Codes werden mit X und Y bezeichnet, wobei die Art der Umsetzung durch eine Codetabelle oder durch Zahlen an den Eingängen und Ausgängen dargestellt wird. Bei der Kennzeichnung durch Zahlen gilt: Die Summe der Eingangszahlen ergibt eine interne Zahl, die an dem Ausgang einen 1-Zustand bewirkt, der mit dieser Zahl bezeichnet ist (Bild 7.42 a).

7.2.4.4 Multiplexer, Demultiplexer

Zur besseren Ausnutzung von Leitungen wird in Übertragungs- und Anzeigesystemen die Multiplextechnik angewandt. Hierbei wird durch einen Multiplexer aus einer Anzahl von

Eingängen jeweils einer auf den Ausgang und auf eine Übertragungsleitung durchgeschaltet. Am Ende der Übertragungsleitung werden die nacheinander ankommenden Signale durch einen Demultiplexer wieder auf eine entsprechende Anzahl von Leitungen verteilt.

Daraus ergibt sich schon, dass ein Multiplexer zur Umwandlung von parallelen Daten in serielle Daten eingesetzt werden kann; entsprechend wandelt ein Demultiplexer serielle Daten in parallele Daten um.

Der **Multiplexer (MUX)** in Bild 7.43 hat neben den Dateneingängen D0 bis D3 und dem Datenausgang Q noch zwei Steuereingänge S0 und S1 sowie den Freigabeeingang FE. Solange ein H-Pegel (1-Signal) an FE liegt, führt der Datenausgang Q ein 0-Signal (L-Pegel); der Multiplexer ist gesperrt. Wird ein L-Pegel an FE gelegt, so kann über eine Kombination der Steuersignale S0 und S1 (Adresse) einer der vier Dateneingänge auf den Ausgang durchgeschaltet werden.

! Ein **Multiplexer** wählt aus einer Anzahl von Dateneingängen entsprechend der anliegenden Adresse einen Eingang aus. Nur das an diesem Eingang liegende Signal wird zum Datenausgang durchgeschaltet.

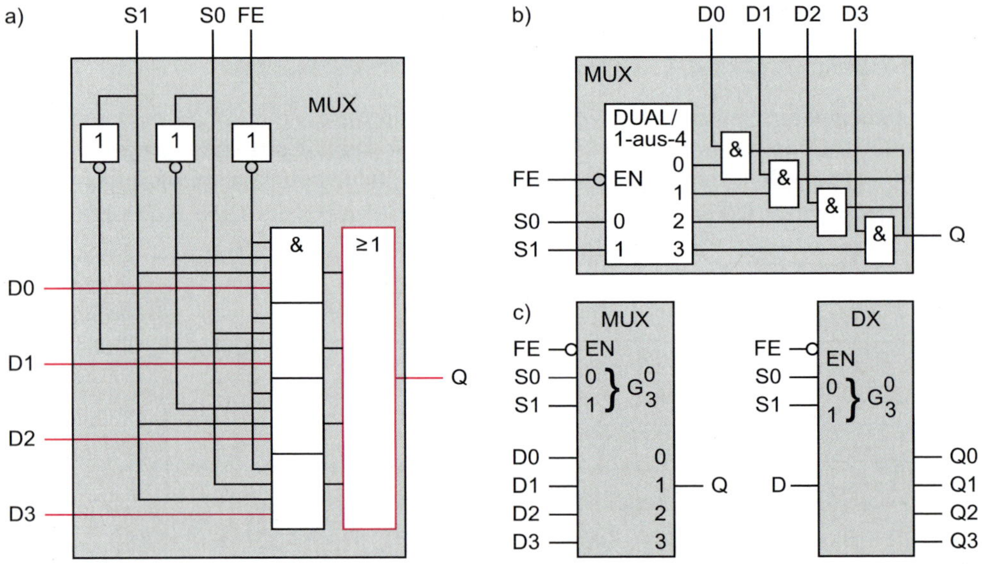

Bild 7.43: Multiplexer und Demultiplexer

Wie aus Bild 7.43a zu erkennen ist, stellt der schwarz gezeichnete Teil der Schaltung einen Code-Umsetzer von Dual-Code auf 1-aus-4-Code dar. Damit lässt sich das Schaltungsprinzip des Multiplexers wie in Bild 7.43b vereinfacht darstellen. In diesem Bild wird deutlich, dass lediglich die Signalflussrichtung über die UND-Gatter umgekehrt werden muss, damit sich ein **Demultiplexer (DX)** ergibt.

! Ein **Demultiplexer** wählt aus einer Anzahl von Datenausgängen mit einer Adresse einen Ausgang aus. Nur auf diesen Ausgang wird das am Dateneingang liegende Signal durchgeschaltet.

Die Schaltzeichen für Multiplexer und Demultiplexer sind in Bild 7.43c dargestellt. Die Bedeutung der einzelnen Buchstaben und Zahlen innerhalb des Schaltzeichens entspricht der Abhängigkeitsnotation (vgl. Kap. 7.2.4.2).

Aufgaben

1. Ein 4-Bit-Volladdierer soll aus 1-Bit-Volladdierern aufgebaut werden.
   a) Zeichnen Sie die Schaltung.
   b) Tragen Sie die logischen Signale für die Addition der Zahlen A = 1010 und B = 1001 ein.

2. Die nachfolgende Abbildung zeigt einige Beispiele für komplexe Digitalschaltungen in Blockdarstellung mit Abhängigkeitsnotation.

   Zeichnen Sie dazu jeweils die in Einzelverknüpfungen aufgelöste Schaltung nach Art von Bild 7.40.

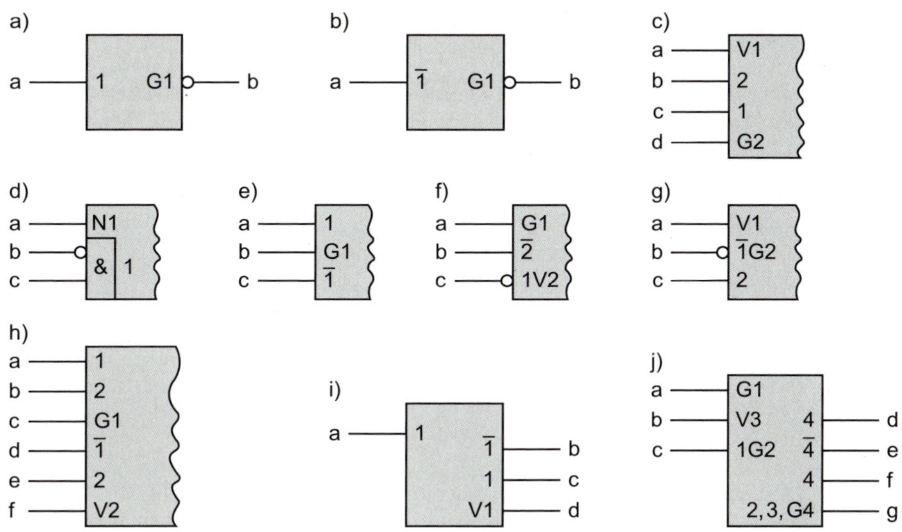

3. Mit dem nebenstehenden Code-Umsetzer D1 werden ein- und zweistellige Dezimalzahlen in den Dualcode umgewandelt.
   a) Geben Sie die Werte der an den Eingangsleitungen A bis F anliegenden Dezimalzahlen an.
   b) Stellen Sie die Code-Tabelle auf.
   c) Zeichnen Sie das Schaltzeichen des Code-Umsetzers.
   d) Zeichnen Sie die Schaltung eines Code-Umsetzers, der den Ausgangscode von D1 wieder in den Eingangscode umsetzt.
   e) Geben Sie zu d) das Schaltzeichen an.

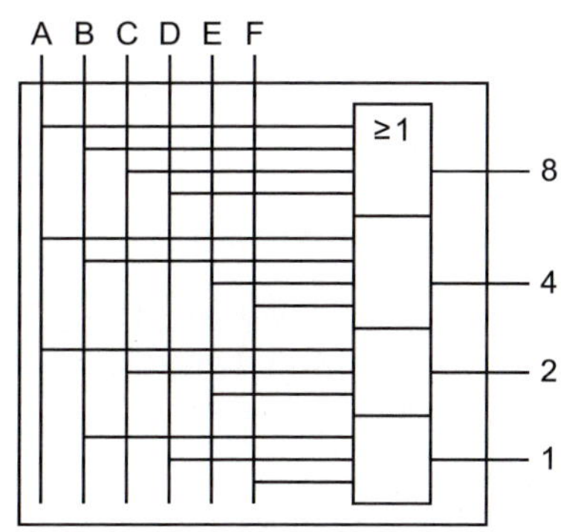

D1

4. a) Zeichnen Sie das Schaltzeichen für einen Code-Umsetzer von 8421-BCD-Code in den Gray-Code.
   b) Stellen Sie die Wahrheitstabelle auf.
   c) Stellen Sie den Inhalt der Wahrheitstabelle in einem Zeitablaufdiagramm dar.

5. Dargestellt ist das Schaltzeichen eines Code-Umsetzers von 8421-BCD-Code in einen völlig unbekannten Code, dessen „1-Stellen“ an den Ausgängen angegeben sind.
   a) Stellen Sie die Wahrheitstabelle für diesen Code-Umsetzer auf.
   b) Welche Eigenschaften hat der Ausgangscode (gewichtet, symmetrisch, einschrittig)?

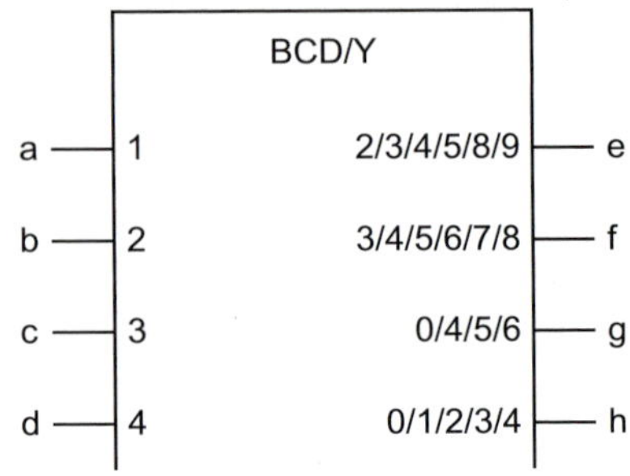

6. Zeichnen die Schaltung für einen 1-aus-4-Multiplexer mit Freigabeeingang (EN), der mit einfachen Verknüpfungselementen aufgebaut ist.

7. Zeichnen Sie die Schaltung eines Demultiplexers in der gleichen Art wie die Bilder 7.43 a und b für einen Multiplexer.

8. An den Eingängen eines Demultiplexers liegen die in folgendem Zeitablaufdiagramm dargestellten Signale.

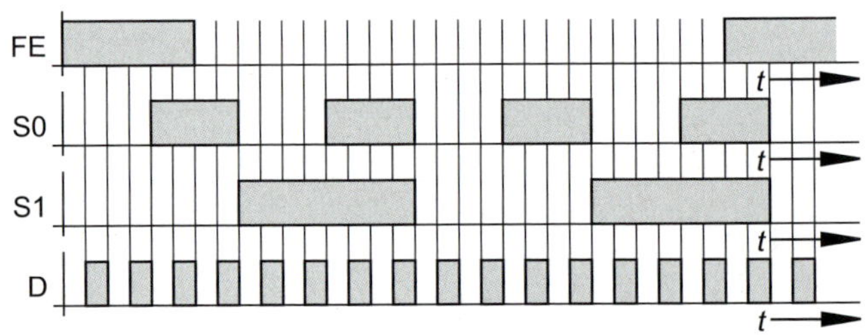

   a) Zeichnen Sie das Zeitablaufdiagramm für die Datenausgänge Q0 bis Q3.
   b) Die Ausgangssignale des Demultiplexers gelangen als Eingangssignale D0 bis D3 auf einen Multiplexer und sollen dort wieder zum ursprünglichen Signal D zusammengesetzt werden. Zeichnen Sie in ein Zeitablaufdiagramm die Steuersignale für den Multiplexer.
   c) Vergleichen Sie die Steuersignale von Multiplexer und Demultiplexer. Was erkennen Sie daraus?

7.2.5 Schaltwerke

Schaltwerke sind Verknüpfungsschaltungen, bei denen das Ausgangssignal sowohl von den anliegenden Eingangssignalen als auch von den gespeicherten Signalwerten abhängig ist.

Da bistabile Elemente vorwiegend in sequenziellen (zeitabhängigen) Schaltungen eingesetzt werden, lässt sich ihre Funktion deutlicher in einem Zeitablaufdiagramm als in einer Wahrheitstabelle darstellen.

7.2.5.1 Bistabile Elemente

Bistabile Elemente sind Schaltwerke mit zwei stabilen Schaltzuständen; sie werden meist kurz als Flipflops bezeichnet. Die Anzahl der Eingänge kann unterschiedlich sein; jedoch hat jedes Flipflop stets zwei Ausgänge, die immer entgegengesetzte Pegel führen müssen.

Ein **bistabiles Element (Flipflop)** hat zwei stabile Schaltzustände; seine beiden Ausgänge führen immer entgegengesetzte Signalpegel.

a) RS-Flipflop

Das **RS-Flipflop** bildet das Grundelement aller bistabilen Schaltwerke. Es kann aus zwei NOR-Elementen (Bild 7.44) oder zwei NAND-Elementen geschaltet werden, indem jeweils der Ausgang des einen Elements auf den Eingang des anderen Elements zurückgeführt wird.

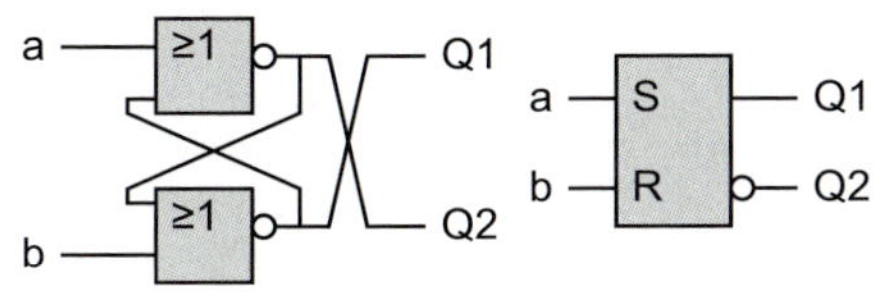

b	a	Q1	Q2	
0	0	Q_n	$\overline{Q}_n$	← Speichern
0	1	1	0	← Setzen
1	0	0	1	← Rücksetzen
1	1	Unbestimmt		← Vermeiden

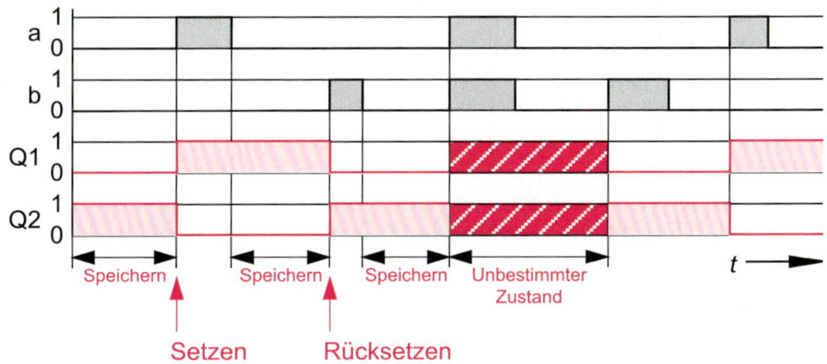

Bild 7.44: RS-Flipflop (Schaltung, Schaltzeichen, Wahrheitstabelle, Zeitablaufdiagramm)

Im Logik-Symbol werden die Eingänge mit S (Setzen) und R (Rücksetzen) bezeichnet. Der stets entgegengesetzte Signalzustand der beiden Ausgänge wird durch das Negationssymbol am Ausgang Q2 gekennzeichnet. Jeder Eingang steuert den ihm zugeordneten (im Symbol gegenüberliegenden) Ausgang.

- S = 0, R = 0: Das zuletzt eingelesene Signal bleibt gespeichert: $Q1 = Q_n$, $Q2 = \overline{Q}_n$
- S = 1, R = 0: Flipflop wird gesetzt: Q1 = 1, Q2 = 0
- S = 0, R = 1: Flipflop wird rückgesetzt: Q1 = 0, Q2 = 1
- S = 1, R = 1: Dieser Signalzustand ist zu vermeiden, da er zu einem nicht definierten Signalzustand der Ausgänge führt.

Häufig werden in Logik-Schaltungen RS-Flipflops benötigt, die nur zu einem bestimmten Zeitpunkt die Eingangssignale aufnehmen. Ein solches Flipflop hat einen zusätzlichen Steuereingang, der mit dem Setz- und dem Rücksetzeingang UND-verknüpft ist. Das Flipflop kann nur dann gesetzt oder rückgesetzt werden, wenn sich der Steuereingang C1 (C = Clock, Takt) im 1-Zustand befindet. Ein solches Flipflop wird als einzustandsgesteuertes RS-Flipflop bezeichnet.

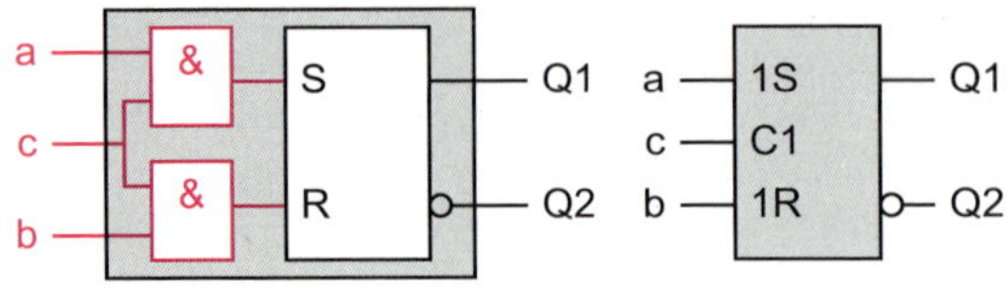

Bild 7.45: Einzustandsgesteuertes RS-Flipflop

Takt	b	a	Q1	Q2
0	X	X	Q_n	$\overline{Q}_n$
1	0	0	Q_n	$\overline{Q}_n$
1	0	1	1	0
1	1	0	0	1
1	1	1	unbestimmt	

Setz- und Rücksetzeingang eines **einzustandsgesteuerten RS-Flipflops** sind nur dann wirksam, wenn der Steuereingang C1 (Takteingang) im internen 1-Zustand ist.

Das einzustandsgesteuerte RS-Flipflop ist weniger störanfällig als ein ungetaktetes Flipflop, da ein Störimpuls an einem Signaleingang nur während des anstehenden Taktimpulses wirksam werden kann.

Die Störanfälligkeit lässt sich weiter verringern, wenn ein Setzen oder Rücksetzen des Flipflops nur noch während der kurzen Zeit möglich ist, in der das Taktsignal seinen Zustand ändert. Der Wechsel von 0 auf 1 wird als positive Taktflanke, der Wechsel von 1 auf 0 als negative Taktflanke bezeichnet.

Ein **einflankengesteuertes RS-Flipflop** kann nur während der ansteigenden (positiven) Flanke oder während der abfallenden (negativen) Flanke gesetzt oder rückgesetzt werden.

Im Logik-Symbol wird die Einflankensteuerung durch eine Dreieckspitze am Steuereingang C1 gekennzeichnet (Bild 7.46).

Schaltungstechnisch wird eine Flankensteuerung fast ausschließlich durch ein Laufzeittor realisiert.

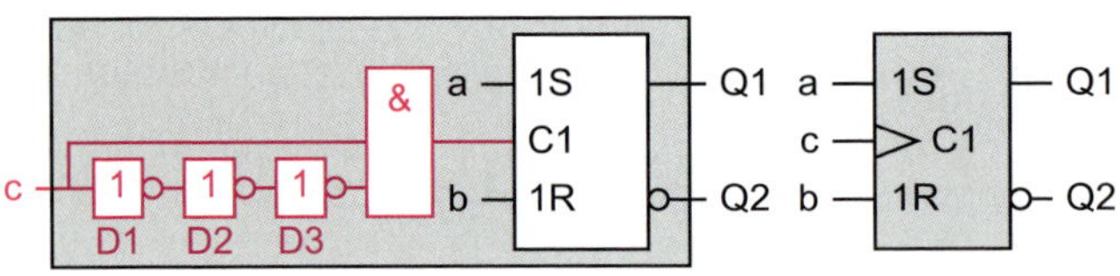

Bild 7.46: Einflankengesteuertes RS-Flipflop

Takt	b	a	Q1	Q2
0	X	X	Q_n	$\overline{Q}_n$
1	X	X	Q_n	$\overline{Q}_n$
$\uparrow$	0	0	Q_n	$\overline{Q}_n$
$\uparrow$	0	1	1	0
$\uparrow$	1	0	0	1
$\uparrow$	1	1	unbestimmt	

Das Laufzeittor besteht aus den Invertern D1 bis D3 und dem UND-Element. Bei einem 0-Signal am Eingang c ist der Ausgang von D3 im 1-Zustand. Wechselt das Taktsignal von 0 auf 1, so liegt an beiden Eingängen und damit auch am Ausgang des UND-Elements 1-Signal. Dieser Zustand bleibt aber nur so lange bestehen, wie das Taktsignal benötigt, um die drei Inverterstufen zu durchlaufen. Diese Laufzeit beträgt etwa 30 bis 40 ns und entspricht ungefähr der Anstiegszeit der Taktflanke. Nur während dieser Zeit sind der Setz- und der Rücksetzeingang wirksam.

Das Zeitablaufdiagramm (Bild 7.47) verdeutlicht die unterschiedliche Arbeitsweise von einzustands- und einflankengesteuerten Flipflops.

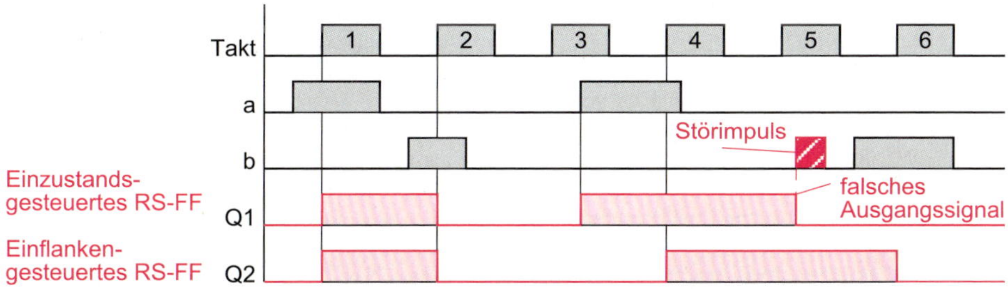

Bild 7.47: Zeitablaufdiagramm für das einzustands- und das einflankengesteuerte RS-Flipflop

Beide Flipflops schalten beim Wechsel des Taktsignals von 0 auf 1 ein anstehendes Setz- oder Rücksetzsignal augenblicklich auf die Ausgänge (1. Takt). Ein während des Taktimpulses empfangenes Setzsignal wird von dem einzustandsgesteuerten Flipflop sofort ausgegeben (3. Takt), vom einflankengesteuerten Flipflop hingegen erst beim nächste Wechsel des Taktsignals (4. Takt). Ein während der Impulszeit des Taktsignals eintreffender Störimpuls wird nur beim einzustandsgesteuerten Flipflop wirksam und führt dort zu einem falschen Ausgangssignal.

Für viele Anwendungen, wie z. B. Schieberegister, Zähler usw., sind Flipflops erforderlich, die die letzte Information noch speichern, während eine neue Information eingelesen wird; diese Anforderung erfüllt ein zweizustandsgesteuertes RS-Flipflop.

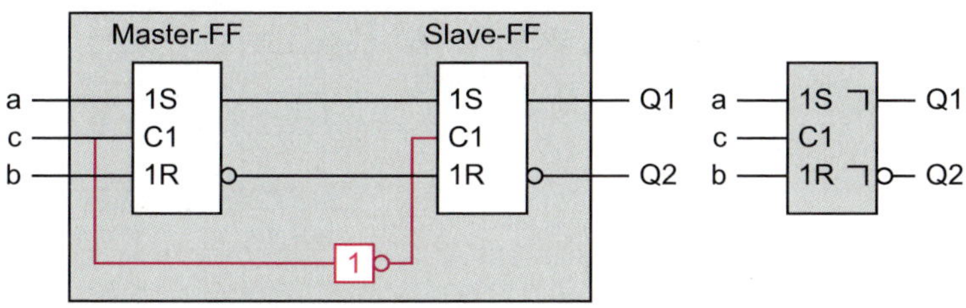

Bild 7.48: Zweizustandsgesteuertes RS-Flipflop

c	b	a	Q1	Q2
0	x	x	Q_n	$\overline{Q}_n$
1	x	x	Q_n	$\overline{Q}_n$
⎍	0	0	Q_n	$\overline{Q}_n$
⎍	0	1	1	0
⎍	1	0	0	1
⎍	1	1	Unbestimmt	

Ein **zweizustandsgesteuertes RS-Flipflop** übernimmt die Eingangsinformation während des einen Taktsignalzustands und gibt diese bei dem folgenden Taktsignalzustand aus.

Ein zweizustandsgesteuertes RS-Flipflop wird auch als **Master-Slave-Flipflop** bezeichnet; es enthält zwei einzustandsgesteuerte RS-Flipflops: einen Zwischenspeicher (Master-FF) und einen Hauptspeicher (Slave-FF).

Die Ausgänge, die das Eingangssignal verzögert ausgeben, werden als retardierende Ausgänge bezeichnet und im Schaltsymbol besonders gekennzeichnet (¬).

Die Zustandsänderung an einem **retardierenden Ausgang** wird so lange aufgeschoben, bis das Eingangssignal, das diese Änderung veranlasst (Taktsignal), zum anfänglichen Logikzustand zurückkehrt.

Damit ein Master-Slave-Flipflop diese Funktion erfüllen kann, muss eine bestimmte Reihenfolge für das Sperren und Freigeben der Master- und Slaveeingänge eingehalten werden. In Bild 7.49 ist der zeitliche Verlauf der Steuersignale für das Master- und das Slave-Flipflop mit den Anstiegs- und Abfallzeiten der Taktflanken vereinfacht dargestellt.

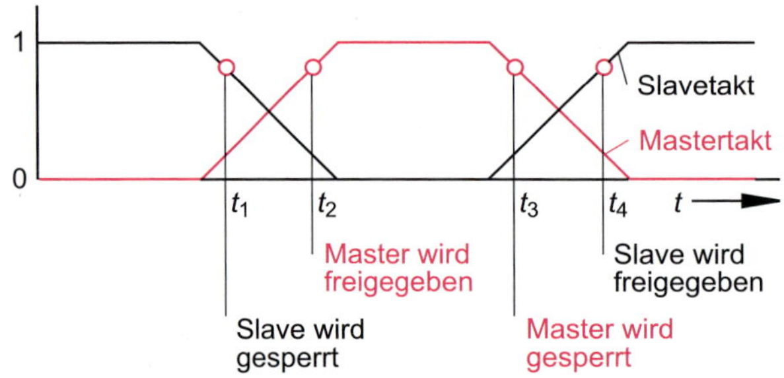

Bild 7.49: Zeitlicher Verlauf des Taktsignals am Steuereingang des Master- und des Slave-Flipflops

Werden statt der einzustandsgesteuerten Flipflops einflankengesteuerte RS-Flipflops als Master und Slave verwendet, so entsteht ein zweiflankengesteuertes RS-Flipflop.

Ein **zweiflankengesteuertes RS-Flipflop** übernimmt ein Eingangssignal während der einen Taktflanke und gibt es bei der folgenden Taktflanke aus.

Im Schaltzeichen des zweiflankengesteuerten RS-Flipflops werden die Ausgänge als retardierende Ausgänge gekennzeichnet (¬).

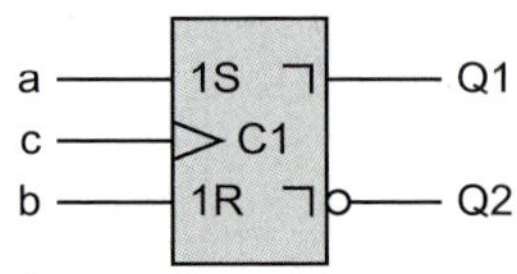

Bild 7.50a: Zweiflankengesteuertes RS-Flipflop

Das Zeitablaufdiagramm in Bild 7.50b zeigt, dass Setz- und Rücksetzsignal jeweils beim Wechsel des Taktsignals vom 1- in den 0-Zustand ausgegeben werden. Das zweiflankengesteuerte Flipflop kann nur ein Signal aufnehmen, das bei der ansteigenden Flanke des Taktsignals anliegt, während das zweizustandsgesteuerte Flipflop auch Signalwechsel während der Impulszeit zwischenspeichert.

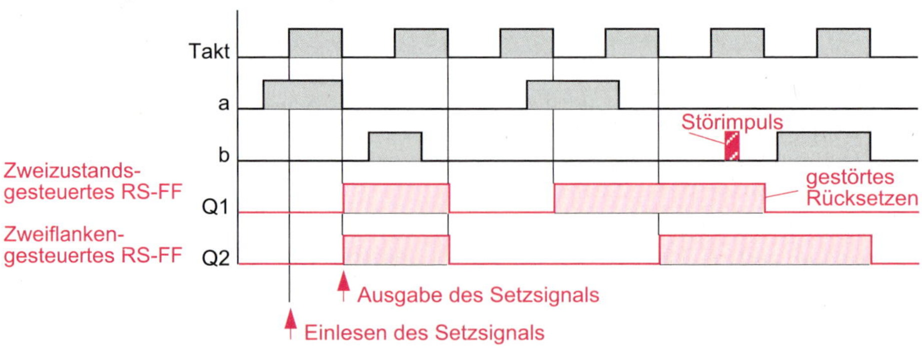

Bild 7.50b: Zeitablaufdiagramm für das zweizustands- und das zweiflankengesteuerte RS-Flipflop

b) D-Flipflop

Allen RS-Flipflops ist gemeinsam, dass bei gleichen Pegeln am S- und R-Eingang eine unbestimmbare Signalkombination am Ausgang auftreten kann. Dieser nicht definierte Ausgangszustand lässt sich vermeiden, wenn am R-Eingang stets das invertierte Signal des S-Eingangs angelegt wird. Man erhält so ein Flipflop, das nur noch über einen Eingang gesetzt bzw. rückgesetzt wird. Der verbliebene Dateneingang wird im Logik-Symbol als D-Eingang gekennzeichnet; das Element wird als D-Flipflop bezeichnet.

> Ein **D-Flipflop** speichert, durch einen Taktimpuls gesteuert, das am Dateneingang anliegende Signal.

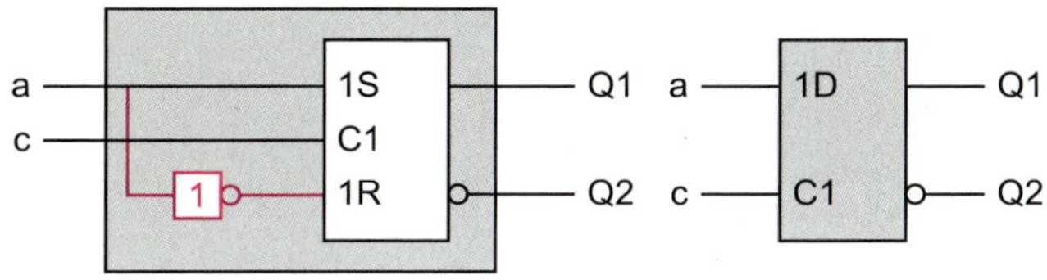

Bild 7.51a: D-Flipflop

D-Flipflops sind als ICs mit Einzustands- und Einflankensteuerung erhältlich. Auch D-Flipflops mit zusätzlichen taktunabhängigen Setz- und Rücksetzeingängen werden hergestellt. Nebenstehendes Schaltzeichen zeigt ein solches Flipflop mit Flankensteuerung; sein D-Eingang ist nur dann wirksam, wenn R- und S-Eingänge gleichzeitig 1-Signal führen.

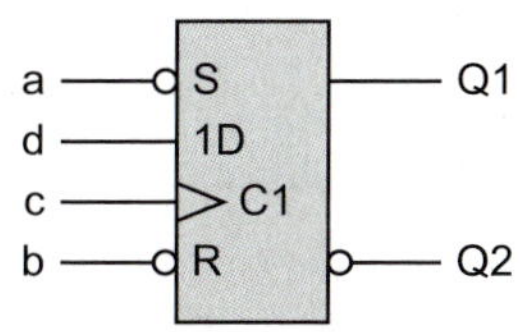

Bild 7.51b: D-Flipflop mit Flankensteuerung

c) JK-Flipflop

Das D-Flipflop vermeidet zwar die Signalkombination R = S = 1, die zu einem unbestimmten Ausgangssignal führt, hat jedoch nur noch einen Dateneingang. Um ein Flipflop mit einem Setz- und einem Rücksetzeingang zu erhalten und trotzdem die unerlaubte Kombination der Eingangssignale zu vermeiden, wird jeder Eingang eines einflankengesteuerten RS-Flipflops mit dem entgegengesetzten Ausgang UND-verknüpft (Bild 7.52). Die UND-Elemente vor dem S- und dem R-Eingang wirken als Tore, von denen nur jeweils ein Tor geöffnet ist.

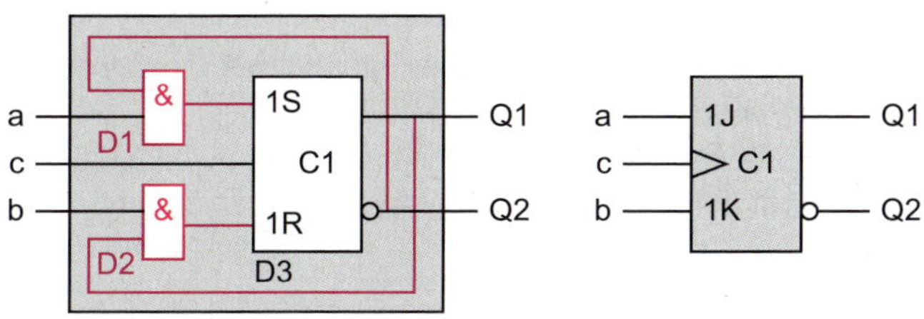

Bild 7.52: Einflankengesteuertes JK-Flipflop

Takt	b	a	Q1	Q2
0	X	X	Q_n	$\overline{Q}_n$
1	X	X	Q_n	$\overline{Q}_n$
↑	0	0	Q_n	$\overline{Q}_n$
↑	0	1	1	0
↑	1	0	0	1
↑	1	1	Toggle-Mode	

Im zusammenfassenden Schaltsymbol werden die mit den Ausgängen gekoppelten S- und R-Eingänge mit den Buchstaben **J** (Jump) und **K** (Kill) bezeichnet.

Bei einem **JK-Flipflop** wirkt J als Setzeingang und K als Rücksetzeingang. Führen beide Eingänge 1-Signal, so wechseln mit jedem Takt die Signalzustände der beiden Ausgänge; das Flipflop arbeitet im **Toggle-Mode**.

d) T-Flipflop

In vielen Schaltungen – wie Frequenzteiler- und Zählerschaltungen – werden JK-Flipflops häufig nur im Toggle-Mode betrieben. In solchen Fällen sind die J- und K-Eingänge fest an H-Pegel (1-Signal) gelegt. Die Flipflops verfügen dann nur noch über den Takteingang; sie werden als T-Flipflops bezeichnet.

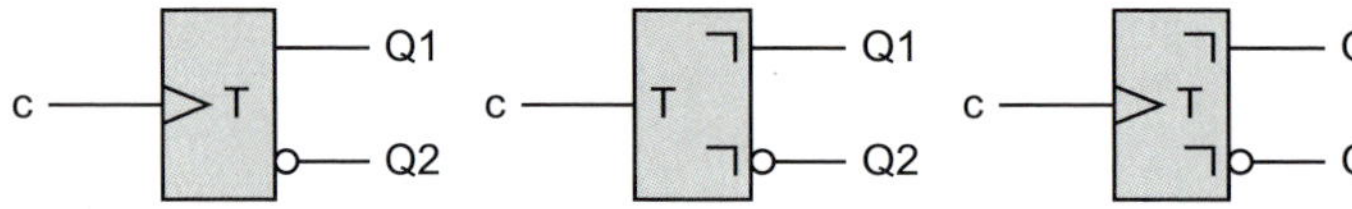

Bild 7.53: Schaltsymbole des einflankengesteuerten, zweizustandsgesteuerten und zweiflankengesteuerten T-Flipflops

Ein **T-Flipflop** wechselt mit jedem Taktimpuls seinen Ausgangszustand.

7.2.5.2 Zähler

Unter „Zählen" versteht man das Addieren einer „1" zu einer gespeicherten Zahl und das Abspeichern der Summe als neue Zahl, zu der beim folgenden Zählimpuls wiederum eine „1" addiert wird. Schaltungen, die diese Funktionen erfüllen, bezeichnet man als Zählschaltungen oder kurz als Zähler.

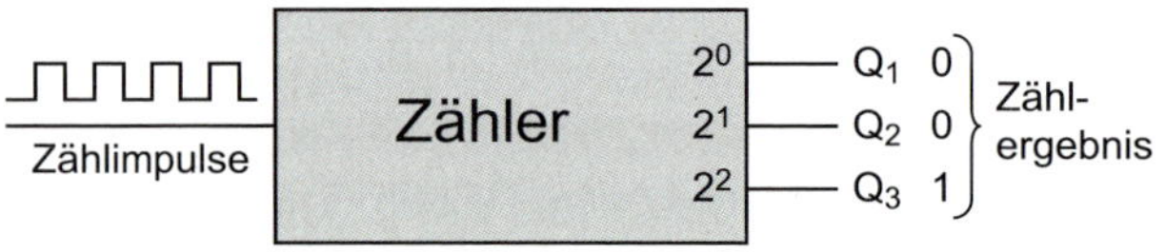

Bild 7.54: Prinzip einer Zählschaltung

Zähler sind Schaltwerke, bei denen ein eindeutiger Zusammenhang zwischen der Anzahl der eingegebenen Zählimpulse und dem Signalzustand der Ausgänge besteht.

Zähler, die mit binären Elementen aufgebaut sind, liefern das Ergebnis als Dualzahl; sie werden daher als **Dualzähler** oder **Binärzähler** bezeichnet.

Die einfachste Zählschaltung ist ein 1-Bit-Dualzähler; sie besteht aus einem zweiflankengesteuerten T-Flipflop. Der Zähleingang wird mit CLK (**Clock = Takt**) gekennzeichnet.

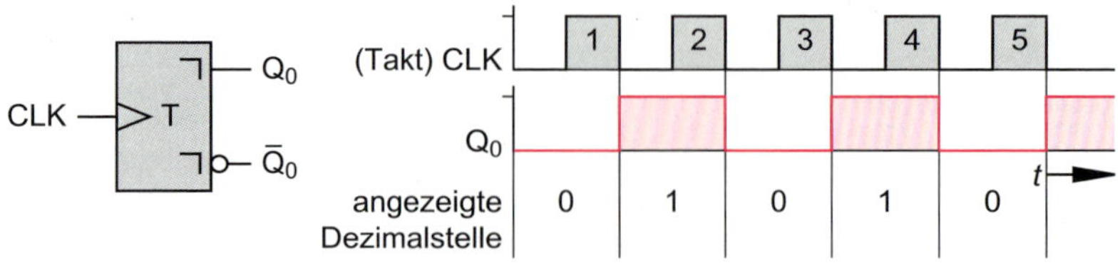

Bild 7.55: 1-Bit-Dualzähler mit zweiflankengegesteuertem T-Flipflop

a) Asynchrone Dualzähler

Mehrstellige Dualzähler erfordern für jede Stelle der Dualzahl einen 1-Bit-Dualzähler, dessen Ausgang jeweils dem dualen Stellenwert entsprechend bezeichnet wird (Bild 7.56).

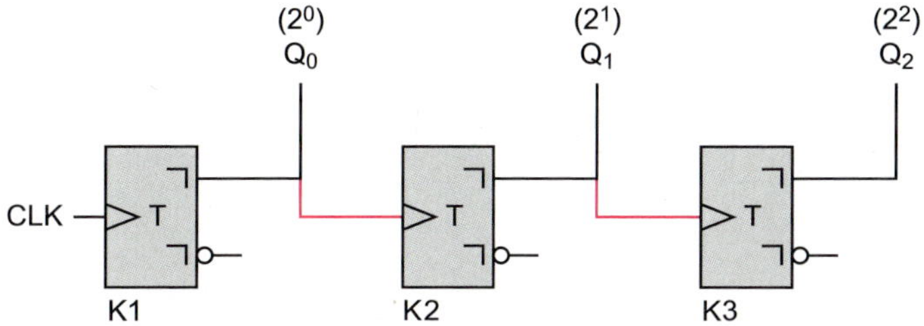

Bild 7.56: 3-Bit-Dualzähler

Hierbei erkennt man, dass ein Zählerausgang immer dann seinen Signalzustand ändert, wenn der nächstniederwertige Zählerausgang vom 1- in den 0-Zustand wechselt; der Ausgang des niederwertigeren Flipflops steuert also den Eingang des nächsthöherwertigen Flipflops. Dieser Zusammenhang wird durch das Zeitablaufdiagramm verdeutlicht.

Mit diesem Zähler können acht Impulse gezählt werden. Die höchste Zahl, die angezeigt wird, ist $111_{du} = 7_{dez}$. Mit dem achten Impuls werden alle Flipflops zurückgesetzt.

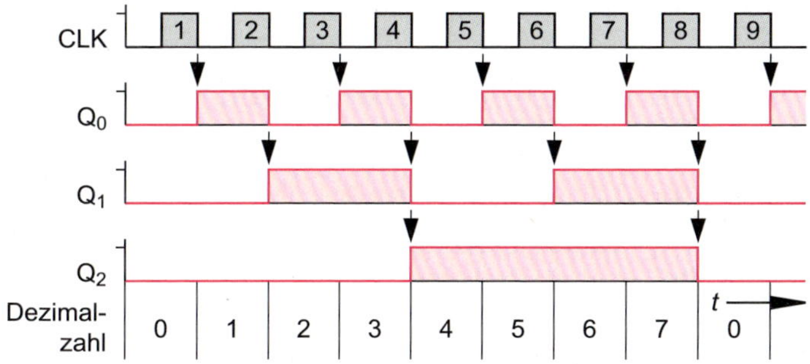

Bild 7.57: Zeitablaufdiagramm des 3-Bit-Dualzählers

> Ein Zähler mit n hintereinandergeschalteten Flipflops kann 2^n Impulse zählen. Die größte darstellbare Dualzahl ist $Z = 2^n - 1$.

Die Ansteuerung der Flipflops erfolgt nicht gleichzeitig, da jedes Flipflop vom Ausgang des vorgeschalteten Flipflops gesteuert wird. Daher bezeichnet man diese Zählschaltung als asynchronen Dualzähler (asynchron = nicht gleichzeitig).

> Bei einem **asynchronen Zähler** erfolgt die Ansteuerung der Flipflops nacheinander.

b) Synchrone Dualzähler

Ein Nachteil asynchroner Zähler besteht in ihrer relativ langen Einstellzeit. Diese lässt sich vermeiden, wenn alle Flipflops gleichzeitig von den Zählimpulsen angesteuert werden. Eine solche Schaltung bezeichnet man als synchronen Dualzähler (synchron = gleichzeitig).

> Bei einem **synchronen Dualzähler** werden alle Flipflops gleichzeitig durch den Zähltakt gesteuert.

Damit bei einem Zählimpuls nicht alle Flipflops gleichzeitig kippen, müssen sie gegeneinander verriegelt werden. Bild 7.58 zeigt den Aufbau eines synchronen 4-Bit-Dualzählers mit

T-Flipflops. Der Steuereingang jedes T-Flipflops ist mit allen niederwertigeren Ausgängen und der Taktleitung UND-verknüpft. Ein Flipflop kann somit nur dann kippen, wenn alle niederwertigeren Ausgänge 1-Signal führen und ein Zählimpuls anliegt.

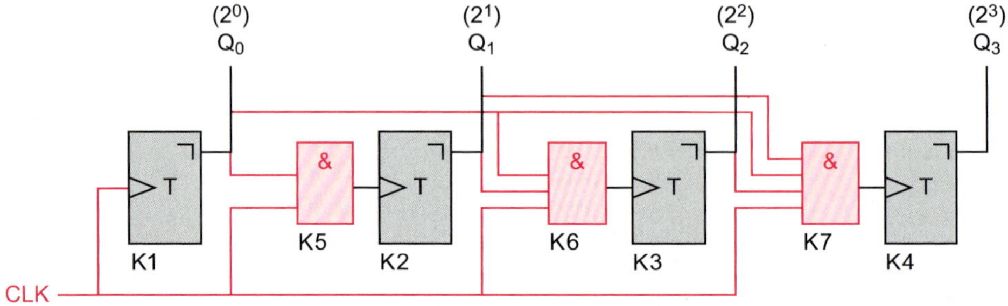

Bild 7.58: Synchroner 4-Bit-Dualzähler

c) Dekadische Zähler

Die Anzeige von Zählergebnissen als Dualzahl ist für den praktischen Gebrauch ungeeignet. Es ist daher zweckmäßig, beim Zählen der Impulse das dekadische Zahlensystem (Zehnersystem) anzuwenden, indem man für jede Dezimalstelle einen dekadischen Zähler einsetzt.

Ein dekadischer Zähler arbeitet wie ein (asynchroner oder synchroner) 4-Bit-Dualzähler, der nach dem zehnten Zählimpuls auf null zurückgesetzt wird.

! Ein **dekadischer Zähler (BCD-Zähler)** zählt maximal bis neun und wird mit dem zehnten Impuls auf null zurückgesetzt. Das Zählergebnis wird im 8421-BCD-Code ausgegeben.

Durch Hintereinanderschaltung (Kaskadierung) von BCD-Zählern lassen sich Zählschaltungen für jede beliebige Stellenzahl aufbauen. Jeder BCD-Zähler hat einen Übertragsausgang CO (**C**arry **O**utput), der beim Zählerstand $1001_{du} = 9_{dez}$ ein 1-Signal ausgibt. Dieses Signal wird bei mehrstelligen Zählern als Zählimpuls für die nächsthöherwertige Stelle genutzt. Das Zählergebnis wird in jeder Stelle über einen BIN/7SEG-Code-Umsetzer auf eine 7-Segment-Anzeige ausgegeben. Der Vorteil einer derart aufgebauten Zählschaltung liegt darin, dass in jeder Dezimalstelle gleiche Zähler und Code-Umsetzer eingesetzt werden können.

Zählerbausteine werden von den Herstellern in den verschiedensten IC-Bauformen angeboten. In Schaltplänen werden sie durch genormte Symbole dargestellt, die entsprechend der Abhängigkeitsnotation bezeichnet sind.

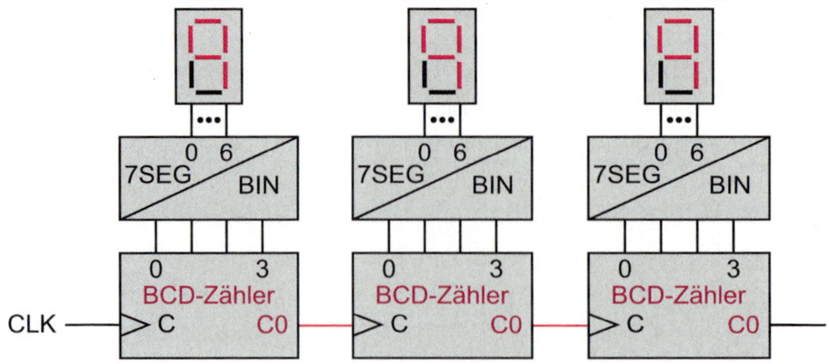

Bild 7.59: Dreistelliger BCD-Zähler für den Zählbereich von 0 bis 999

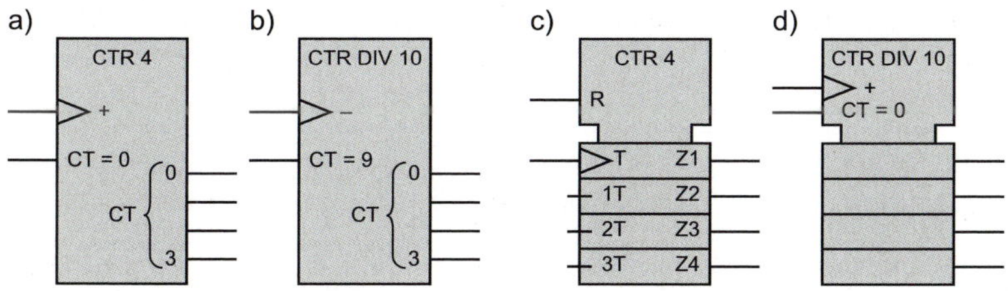

Bild 7.60: Symbole für Zähler

Innerhalb der Umrandung des Schaltzeichens steht die Bezeichnung CTR (**C**oun**T**e**R** = Zähler) und die Angabe für den Zählbereich.

CTR 4: Zähler mit der Zykluslänge 2^4 (= 16_{dez}); der Zählbereich geht von 1 bis 15_{dez}, der 16. Impuls setzt den Zähler auf null zurück.

CTR DIV 10: (**DIV**ide by 10 = teilen durch 10) Zähler mit der Zykluslänge 10; der Zählbereich geht von 1 bis 9_{dez}, der 10. Impuls setzt den Zähler auf null zurück.

Die Ausgänge werden innerhalb des Schaltzeichens entsprechend ihrer Wertigkeit beschriftet ($0 = 2^0$, $1 = 2^1$ usw.), durch eine Klammer zusammengefasst und mit CT (**C**oun**T** = zählen) bezeichnet (Bild 7.60 a und b). Bei Schaltzeichen mit Steuerkopf (Bild 7.60 c und d) werden die Flipflops der Zählkette symbolhaft durch Rechtecke dargestellt. Die Wertigkeit der Ausgänge wird vom Steuerblock ausgehend gezählt, beginnend mit 2^0.

Zählereingänge sind mit „+" für Vorwärtszählen und „−" für Rückwärtszählen bezeichnet. Mit dem Steuereingang CT lässt sich der Zähler auf den hinter dem Gleichheitszeichen angegebenen Zählerstand setzen.

Im Allgemeinen werden für synchrone und asynchrone Zähler gleiche Schaltzeichen verwendet (Bild 7.60 a, b und d). Ein asynchroner Zählvorgang kann durch die Z-Abhängigkeit besonders hervorgehoben werden (Bild 7.60 c). Der mit Z1 gekennzeichnete Ausgang steuert den mit der Ziffer 1 bezeichneten Eingang.

7.2.5.3 Frequenzteiler

Zähler können auch als Frequenzteiler eingesetzt werden. Während bei einem Zähler die Signale **aller** Ausgänge gleichzeitig ausgewertet werden, wird bei einem Frequenzteiler der Signalverlauf an nur **einem** Ausgang betrachtet.

> Bei einem **Frequenzteiler** bezeichnet man das Verhältnis der Pulsfrequenz am Eingang zur Pulsfrequenz am Ausgang als **Teilerverhältnis**.

Bei einem asynchronen Dualzähler ergibt sich an jedem Ausgang eine Impulsfolge mit der halben Eingangsfrequenz.

> Ein T-Flipflop teilt die Pulsfrequenz des Eingangssignals im Verhältnis 2 : 1.
> n hintereinandergeschaltete Flipflops bilden einen Frequenzteiler mit dem Teilerverhältnis $2^n : 1$.

Bei hohen Eingangsfrequenzen und großen Teilerverhältnissen wirkt sich bei asynchronen Zählern die lange Signallaufzeit sehr nachteilig aus, da die Zeit für die Auswertung und das Rücksetzen des Zählers nicht mehr ausreicht. Daher sind synchrone Zähler in diesen Fällen vorteilhafter.

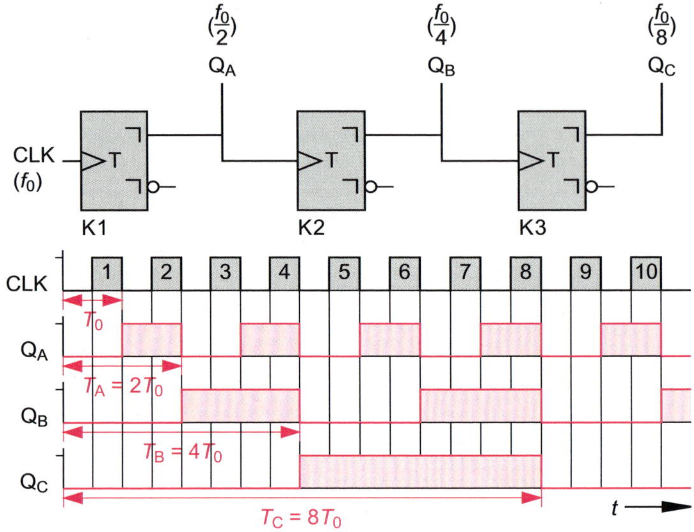

Bild 7.61: Frequenzteiler mit T-Flipflops

7.2.5.4 Schieberegister

Register sind kleine Speichereinheiten zur Zwischenspeicherung binärer Signale. Bei einem Schieberegister lassen sich die gespeicherten Signale mit einem Taktimpuls von einer Speicherzelle zur folgenden verschieben.

> Ein **Schieberegister** ist ein taktgesteuerter digitaler Speicher, in den seriell anliegende Binärsignale eingelesen, gespeichert und mit jedem Taktimpuls um eine Stelle verschoben werden.
>
> Die seriell eingegebenen Signale werden in unveränderter Reihenfolge wieder ausgegeben. Schieberegister werden daher auch als **FIFO-Speicher** (**F**irst **I**n – **F**irst **O**ut) bezeichnet.

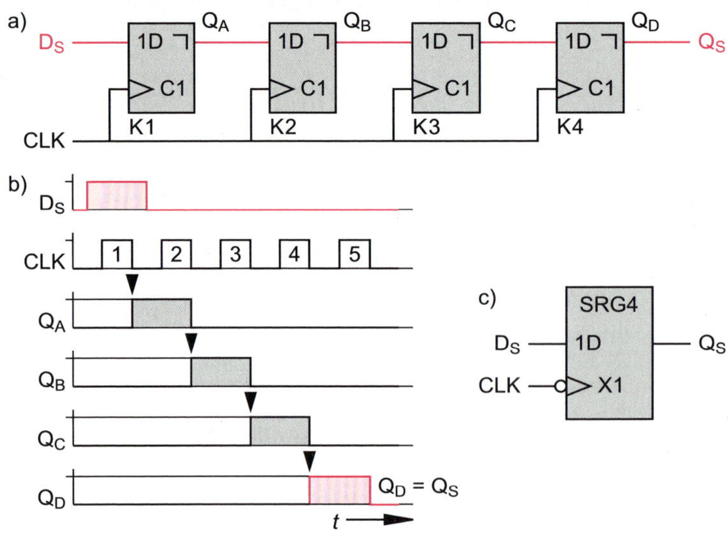

Bild 7.62: 4-Bit-Schieberegister mit D-Flipflops

Wie das Zeitablaufdiagramm zeigt, erscheint bei einem 4-Bit-Schieberegister ein eingegebenes Signal nach vier Taktimpulsen am seriellen Datenausgang Q_S.

Im Schaltzeichen werden Schieberegister mit SRG (**S**hift **R**e**G**ister) gekennzeichnet; die folgende Zahl gibt die Anzahl der Speicherplätze an. Der Takteingang CLK steuert das Einlesen der am seriellen Eingang DS anstehenden Signale; der Pfeil weist auf die Verschieberichtung (im Beispiel rechtsschiebend) innerhalb des Registers hin.

Durch Erweitern der D-Flipflops mit taktunabhängigen Setz- und Rücksetzeingängen und einer zusätzlichen Logikschaltung können Schieberegister mit paralleler Dateneingabe und paralleler Datenausgabe geschaltet werden.

Mit solchen Schieberegistern ergeben sich neben serieller Datenein- und -ausgabe noch folgende Betriebsmöglichkeiten:

- Parallele Dateneingabe und serielle Datenausgabe zur Parallel-Serien-Wandlung von binären Signalen
- Serielle Dateneingabe und parallele Datenausgabe zur Serien-Parallel-Wandlung von binären Signalen

Ein typisches Beispiel für den Einsatz von Schieberegistern ist die Übertragung von mehrstelligen Codewörtern über eine einzige Signalleitung (Bild 7.63). Zu Beginn der Übertragung werden die Bits A bis D parallel in das Schieberegister K1 eingelesen. Mit dem Schiebetakt werden die gespeicherten Signale seriell ausgegeben, übertragen und seriell in K2 eingelesen. Nach vier Takten stehen alle Bits an den Ausgängen von K2 als paralleles Signal (Codewort) an.

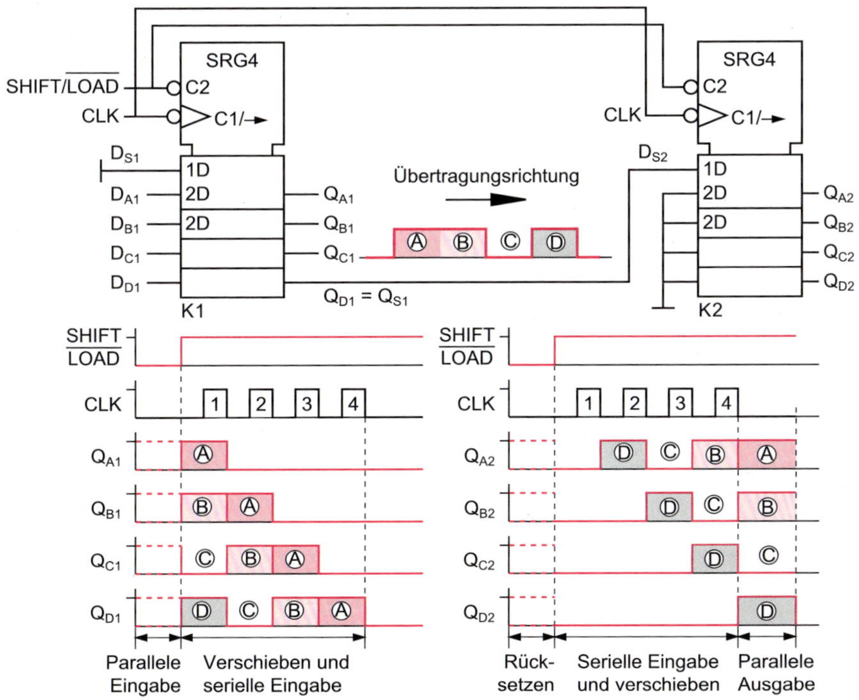

Bild 7.63: Schieberegister als Parallel-Serien-Wandler und als Serien-Parallel-Wandler

7.2.5.5 AD- und DA-Umsetzer

Zur Übertragung über weite Entfernungen, zur Speicherung und zur Verarbeitung in Mess-, Steuer- und Regelsystemen eignen sich digitale Signale besser als analoge Signale (vgl. Kap. 7.1.2). Die in der Praxis meist analog anfallenden Spannungswerte werden daher in digitale – meist binäre – Signale umgewandelt. Dadurch ergeben sich wesentliche Vorteile:

- Binäre Signale können in Rechnern verarbeitet werden.
- Binäre Signale können einfacher gespeichert werden als analoge Signale.
- Die Übertragung binärer Signale ist weniger störanfällig.
- Die Übertragung binärer Signale ist verzerrungsfrei.

a) Analog-Digital-Umsetzer

Da ein analoges Signal unendlich viele verschiedene Werte annehmen kann, ist es nicht möglich, für jeden analogen Wert ein eigenes binäres Codewort zu bilden. Daher wird der gesamte Spannungsbereich durch Quantisierung in einzelne Stufen unterteilt.

! Durch **Quantisierung** wird ein analoger Spannungsbereich in mehrere Spannungsstufen zerlegt.

In Bild 7.64 ist der analoge Spannungsbereich von $-U_{END}$ bis $+U_{END}$ in acht gleiche Stufen unterteilt. Diese sogenannten **Quantisierungsintervalle** sind durch Entscheidungswerte abgegrenzt. Ein analoger Signalwert, der einen Entscheidungswert übersteigt, wird dem darüberliegenden Quantisierungsintervall zugeordnet.

Im zweiten Schritt der AD-Umsetzung werden die Quantisierungsintervalle codiert.

! Bei der **Codierung** wird jedem Quantisierungsintervall ein binäres Codewort zugeordnet.

Zur Codierung von acht Stufen (Bild 7.64) sind 3 bit erforderlich. Das MSB (vgl. Kap. 7.1.4.3) ist das Vorzeichenbit. Eine „1" kennzeichnet den positiven, eine „0" den negativen Bereich der analogen Spannung. Sowohl im positiven als auch im negativen Bereich werden die Quantisierungsintervalle von null ausgehend aufwärts gezählt und als Dualzahl dargestellt.

Schaltungen oder ICs, die ein analoges Signal in ein binäres Signal umsetzen, werden als Analog-Digital-Umsetzer oder als Analog-Digital-Converter (ADC) bezeichnet.

! **Analog-Digital-Umsetzer (ADC)**

- stellen den Spannungswert des analogen Eingangssignals fest,
- ordnen diesen Wert dem entsprechenden Quantisierungsintervall zu und
- geben das entsprechende binäre Codewort aus.

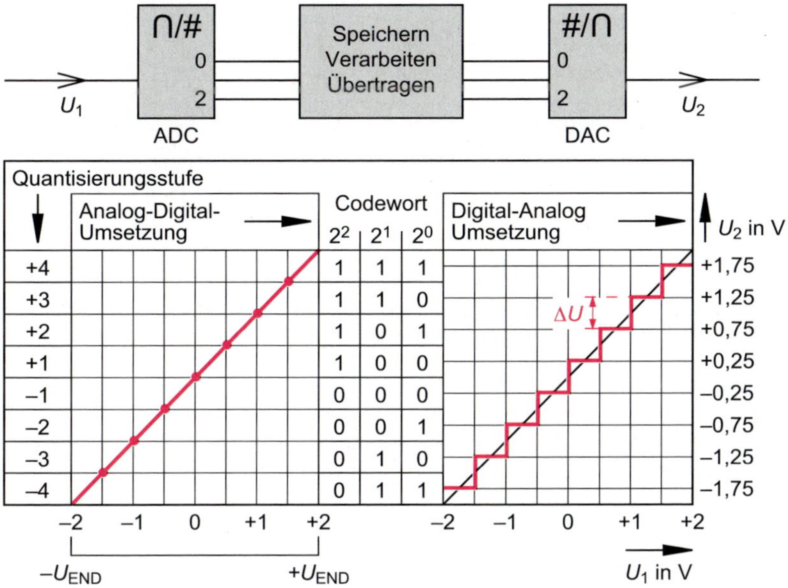

Bild 7.64: Analog-Digital- und Digital-Analog-Umsetzung

b) Digital-Analog-Umsetzer

Um die ursprüngliche Form des analogen Signals zurückzugewinnen, muss das binäre Codewort wieder in eine analoge Spannung umgesetzt werden. Diese Aufgabe übernehmen Schaltungen oder ICs, die als Digital-Analog-Umsetzer oder als Digital-Analog-Converter (DAC) bezeichnet werden.

Digital-Analog-Umsetzer (DAC) wandeln das an den Eingängen anliegende binäre Codewort in einen Spannungswert um.

Aus jedem Codewort wird ein Spannungswert zurückgewonnen, der dem Mittelwert des Quantisierungsintervalls entspricht. Dadurch entsteht eine Abweichung des zurückgewonnenen von dem ursprünglichen Signalwert, die maximal dem halben Spannungswert einer Stufe entspricht.

Ein DAC liefert nur eine endliche Zahl von Spannungswerten. Das Ausgangssignal ist somit immer ein mehrstufiges Digitalsignal. Die Auflösung einer analogen Signalspannung in einzelne Spannungsstufen ist umso höher, je mehr Bits für die Codierung zur Verfügung stehen.

Aufgaben

1. Wodurch unterscheiden sich Schaltnetze und Schaltwerke?
2. Gleiche Signalpegel an den Eingängen eines RS-Flipflops können zu unbestimmbaren Ausgangssignalen führen. Diese Aussage soll anhand von RS-Flipflops, die mit Logikelementen aufgebaut sind, nachgeprüft werden.
   a) Stellen Sie für jede Logikschaltung die Wahrheitstabelle auf.
   b) Mit welcher Signalkombination an den Eingängen werden die RS-Flipflops gesetzt bzw. zurückgesetzt?

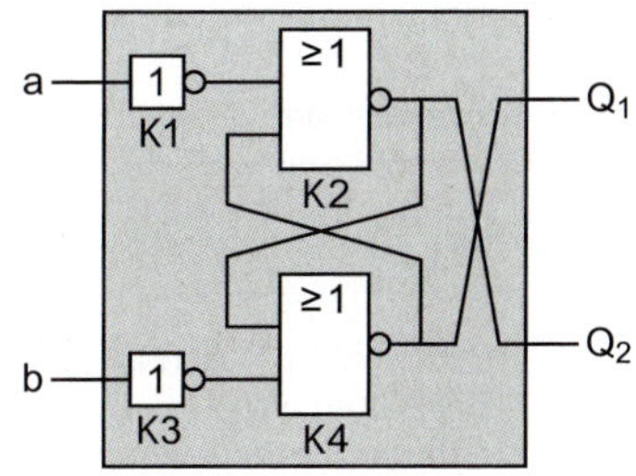

c) Zeichnen Sie das Logiksymbol für die Flipflops.
d) Welche Signalkombinationen an den Eingängen sind zu vermeiden und welche Ausgangssignale bewirken sie?
e) Kontrollieren Sie, ob die unter d) ermittelten Ausgangssignale an dem Schaltsymbol erkennbar sind.

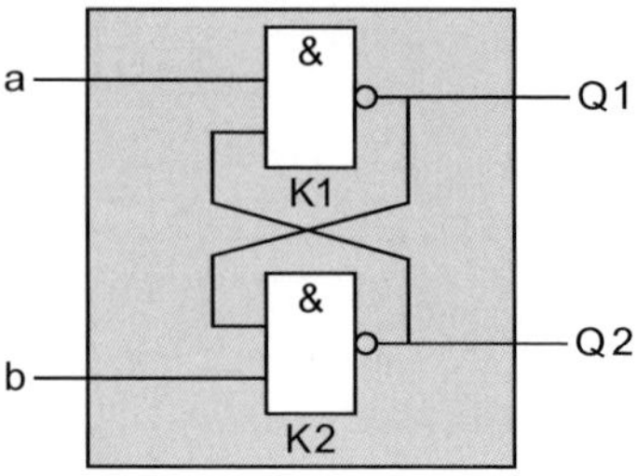

3. Die Eingänge eines RS-Flipflops sollen so miteinander verknüpft werden, dass bei einem 1-Signal an beiden Eingängen das Flipflop zurückgesetzt wird.
   a) Stellen Sie die Wahrheitstabelle auf.
   b) Zeichnen Sie die Beschaltung der Eingänge.
   c) Geben Sie das Schaltsymbol für ein RS-Flipflop mit Rücksetzvorrang an.

4. Beschreiben Sie das Schaltverhalten eines einzustandsgesteuerten D-Flipflops und stellen Sie die Wahrheitstabelle auf.

5. Mit zweizustandsgesteuerten RS-Flipflops soll eine Steuerschaltung entworfen werden, die die tabellarisch dargestellte Funktion erfüllt.

Betätigung von S1	Schaltzustand E1	Schaltzustand E2
einmal	ein	aus
zweimal	ein	ein
dreimal	aus	ein
viermal	aus	aus

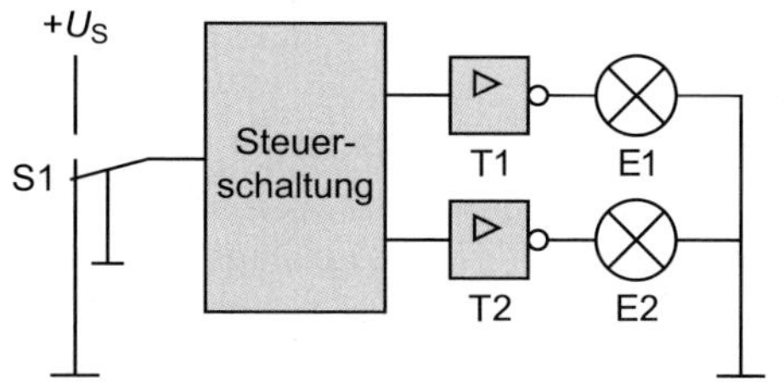

   a) Zeichnen Sie die Steuerschaltung.
   b) Zeichnen Sie in ein Zeitablaufdiagramm die Signalzustände an allen Ein- und Ausgängen der Flipflops für vier Tastenbetätigungen (Arbeits- und Ruhelage von S1 = 1 cm).
   c) Kontrollieren Sie, ob die Steuerschaltung ihre Funktion erfüllt, indem Sie in das Zeitablaufdiagramm auch die Schaltzustände der Lampen eintragen.

6. Beschreiben Sie den Unterschied zwischen einem einzustandsgesteuerten und einem zweizustandsgesteuerten RS-Flipflop.

   Stellen Sie für beide Flipflops die Wahrheitstabellen auf.

7. Vergleichen Sie ein RS-Flipflop und ein JK-Flipflop miteinander.
   a) Welche Funktionen haben beide gemeinsam?
   b) Worin unterscheiden sich die beiden Flipflops?

8. Was versteht man unter dem Toggle-Mode?

9. Begründen Sie, warum es kein einzustandsgesteuertes T-Flipflop geben kann.

10. Eine asynchrone binäre Zählschaltung besteht aus acht zweiflankengesteuerten T-Flipflops, die hintereinandergeschaltet sind.
    a) Nennen Sie die größte darstellbare Dualzahl.
    b) Geben Sie die Anzahl der Zählimpulse an, die den Zähler auf null zurücksetzt.

11. a) Beschreiben Sie den Unterschied zwischen einer asynchronen und einer synchronen Zählschaltung und
    b) nennen Sie Vor- und Nachteile beider Schaltungen.

12. a) Zeichnen Sie in ein Zeitablaufdiagramm den Signalverlauf an den Ausgängen Q_A und Q_B der Teilerschaltung für 12 Eingangsimpulse.
    b) Entnehmen Sie aus dem Zeitablaufdiagramm die Teilerverhältnisse $f_0 : f_{QA}$ und $f_0 : f_{QB}$.
    c) Wodurch unterscheiden sich die Impulsfolgen an den beiden Ausgängen?

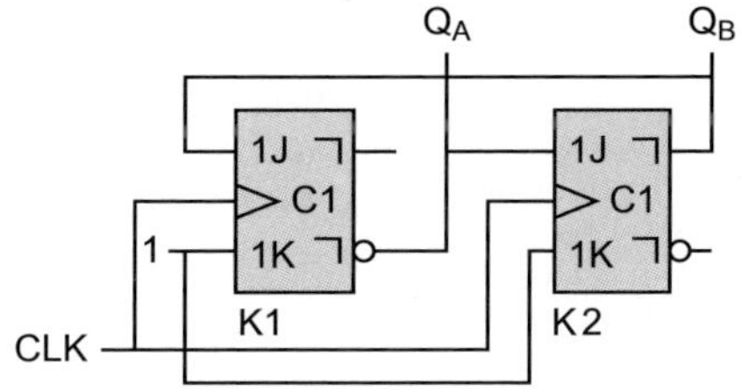

13. Zeichnen Sie für die Zählschaltungen a) und b) mit einflankengesteuerten T-Flipflops die Zeitablaufdiagramme und geben Sie an, welche Art von Zählschaltungen dargestellt sind.

a)

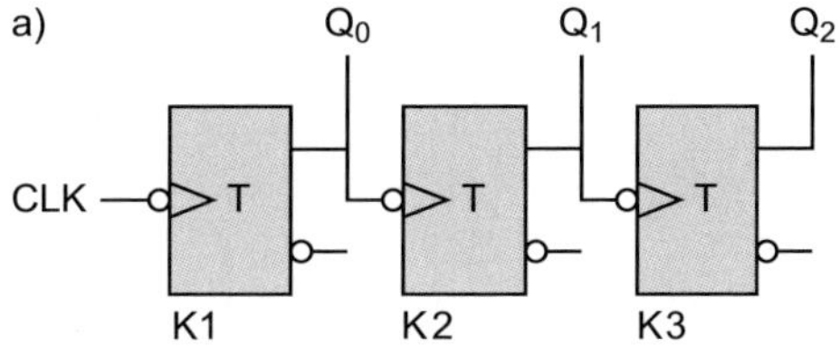

14. Ein asynchroner Vorwärtszähler für vierstellige Dualzahlen soll mit einflankengesteuerten T-Flipflops aufgebaut werden, die mit ansteigender Taktflanke gesteuert werden.
    a) Zeichnen Sie den Schaltplan.
    b) Zeichnen Sie zur Kontrolle der Zählschaltung das Zeitablaufdiagramm.

b)

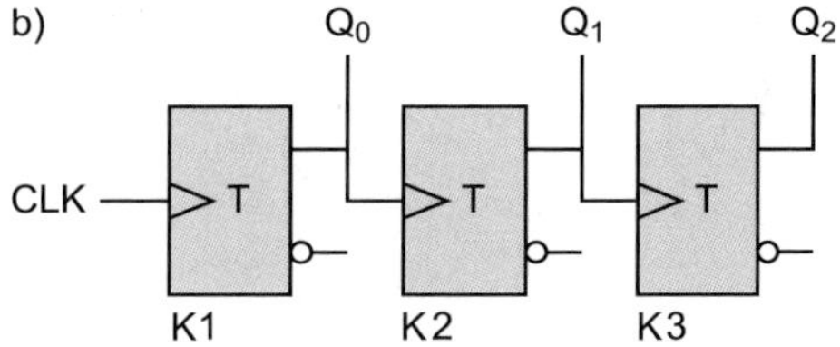

15. In einer asynchronen, dekadischen Zählschaltung wurden einflankengesteuerte T-Flipflops eingesetzt. Bei der Funktionskontrolle zeigte sich, dass die Schaltung falsche Zählergebnisse liefert.

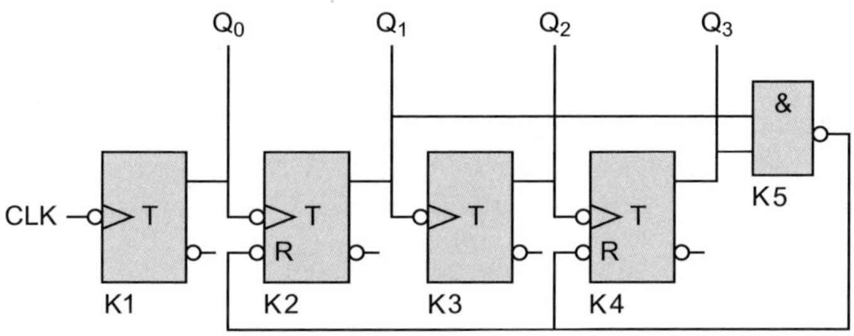

    a) Zeichnen Sie das Zeitablaufdiagramm der Schaltung für 14 Zählimpulse.
    b) Welcher Fehler tritt in der Schaltung auf?
    c) Wodurch ist dieser Fehler bedingt?
    d) Wie lässt sich der Fehler beseitigen?

16. In einer Frequenzteilerschaltung sind zweiflankengesteuerte JK-Flipflops eingesetzt.
    a) Zeichnen Sie in ein Zeitablaufdiagramm für 12 Eingangsimpulse die Pegel an den Ausgängen Q_A, Q_B und Q_C. Vor dem ersten Takt sind alle Flipflops zurückgesetzt.
    b) Entnehmen Sie dem Zeitablaufdiagramm das Teilerverhältnis $f_0 : f_{QB}$.

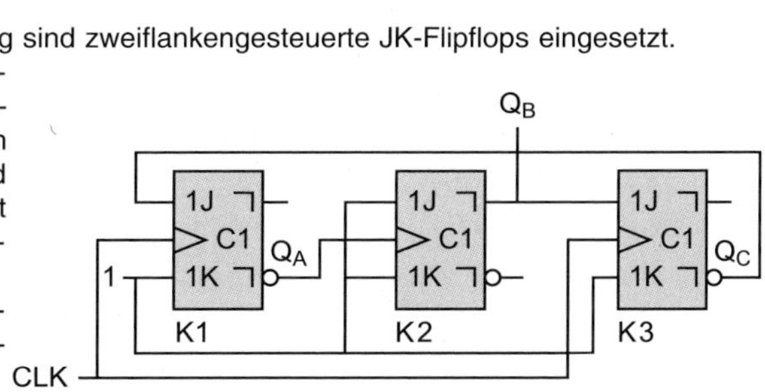

17. a) Analysieren Sie die Wirkungsweise der folgenden Schaltung und geben Sie die Bedeutungen der Anschlüsse 1 bis 11 an.
b) Geben Sie die Funktion der Schaltung in einer Zusammenfassung an.
c) Stellen Sie die Funktion der Schaltung im Blockschaltzeichen mit Steuerblock und Ausgangsblock dar.
d) Geben Sie an der Schaltung und am Blockschaltzeichen die Kurzbezeichnungen der Anschlüsse an (z. B. D_{P1}, Q_S).

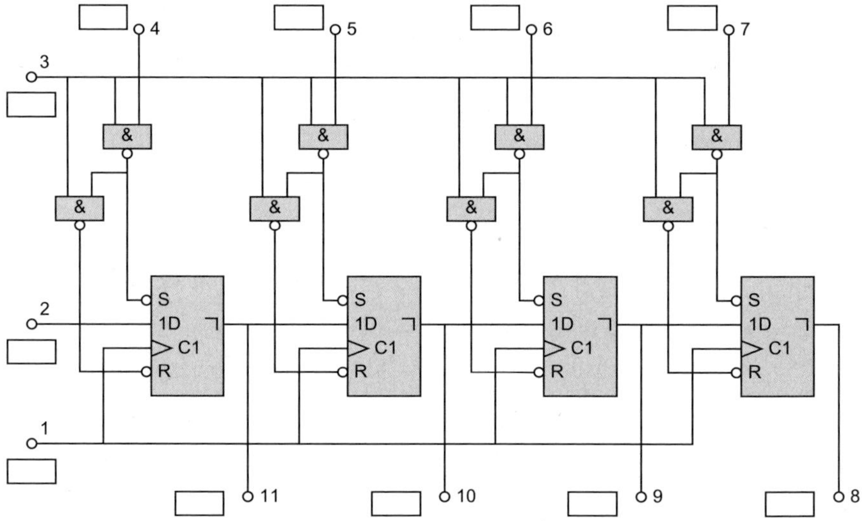

18. Eine Analogspannung umfasst den Spannungsbereich von U = 0 V bis U_{END} = 1,28 V. Sie ist mit n = 8 bit quantisiert und im Dualcode codiert.
a) Welchen Spannungsbereich ΔU umfasst jede Quantisierungsstufe?
b) Geben Sie für die folgenden Codewörter die Spannung der jeweiligen Quantisierungsstufe an:
$Z_{1\,du}$ = 0000 0001; $Z_{2\,du}$ = 0011 1011; $Z_{3\,du}$ = 0111 0101;
$Z_{4\,du}$ = 1000 0000; $Z_{5\,du}$ = 1100 1001; $Z_{6\,du}$ = 1111 1111.
c) Geben Sie die Codewörter der Quantisierungsstufen an, in denen die angegebenen Analogspannungen liegen:
$U_{1\,an}$ = 2 mV; $U_{2\,an}$ = 3,5 mV; $U_{3\,an}$ = 20 mV; $U_{4\,an}$ = 153 mV;
$U_{5\,an}$ = 368 mV; $U_{6\,an}$ = 996 mV; $U_{7\,an}$ = 1,1 V; $U_{8\,an}$ = 1,275 V.

19. Eine mit 10 bit im Offset-Dualcode digitalisierte Analogspannung hat die Endwerte $U_{END} = \pm 2{,}048$ V.
a) Geben Sie die Spannung für die Quantisierungsstufen an, die durch die folgenden Codewörter angegeben sind:
Z_1 = 00 0000 0000; Z_2 = 00 1111 0000; Z_3 = 01 1111 1111;
Z_4 = 10 0000 0000; Z_5 = 10 1111 0000; Z_6 = 11 1111 1111.
b) Ordnen Sie den folgenden Analogspannungen das Codewort der entsprechenden Quantisierungsstufe zu:
$U_{1\,an}$ = −2,024 V; $U_{2\,an}$ = −1,225 V; $U_{3\,an}$ = −0,875 V; $U_{4\,an}$ = −0,025 V;
$U_{5\,an}$ = +0,775 V; $U_{6\,an}$ = +1,155 V; $U_{7\,an}$ = +0,775 V; $U_{8\,an}$ = +2,043 V.

20. Zum besseren Verständnis der Stufung von U_{An} bei einem DA-Wandler mit R2R-Netzwerk soll der Wert von U_{An} für alle in der gegebenen Schaltung auftretenden Möglichkeiten bestimmt werden.
U_S beträgt 6 V.
a) Stellen Sie die Funktionstabelle auf.
b) Zeichnen Sie die Ersatzschaltungen.
c) Berechnen Sie die Werte von U_{An}.

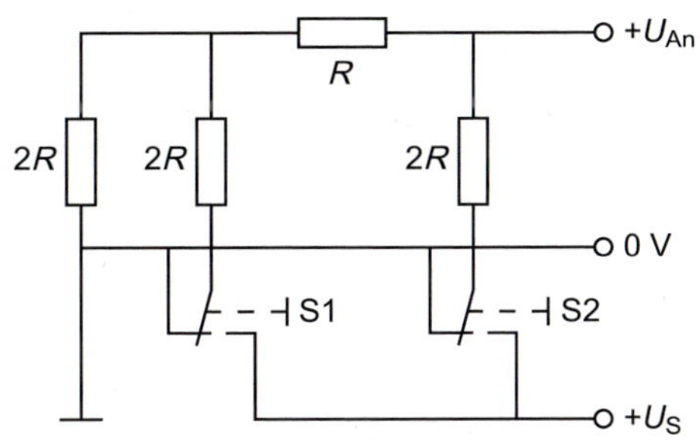

7.3 Speicherprogrammierbare Steuerungen

Unter **Steuerung** versteht man nach DIN 19226 einen Vorgang, bei dem eine physikalische Größe eine andere physikalische Größe beeinflusst. So ist beispielsweise das Öffnen oder Schließen eines Ventils ein Steuerungsvorgang: Die Kraft eines Menschen oder eines Motors („Befehlsgeber") verändert mithilfe des Ventils einen Luft-, Gas- oder Flüssigkeitsstrom. Auch das Einschalten eines Heizlüfters oder das Verändern der Helligkeit einer Lampe mittels eines Spannungsteilers (siehe Kap. 1.5.3.1) sind Steuerungsvorgänge.

Eine Steuerung berücksichtigt **nicht** den einmal eingestellten Zustand der zu steuernden Größe, sodass eine Veränderung dieser Größe aufgrund einer „Störung" nicht ausgeglichen wird.

■ **Beispiel:**

Ein Gleichstrommotor wird mit einem Vorwiderstand so eingestellt, dass er im Leerlauf 2000 U/min (Sollwert) läuft. Tritt eine Last auf, so sinkt seine Drehzahl, d. h. die tatsächliche Drehzahl (Istwert) ist kleiner als der Sollwert. Der Elektromotor wird gesteuert.

Aufgrund der fehlenden Rückführung des Istwerts auf den Befehlsgeber wird in der Technik von einem „offenen Regelkreis" (open loop control) gesprochen.

Bei einer **Regelung** wird der Istwert der zu steuernden Größe ständig überwacht. Wird eine Abweichung des Istwerts vom gewünschten Sollwert erkannt, dann wird dieser Abweichung entgegengewirkt, sodass die Änderung ausgeglichen werden kann. Man spricht von einer Rückkopplung oder einem „geschlossenen Regelkreis" (closed loop control).

■ **Beispiel:**

Ein Gleichstrommotor wird auf eine Leerlaufdrehzahl von 2000 U/min eingestellt. Zusätzlich wird er mit einer Drehzahlüberwachung und einer elektronischen Schaltung ausgestattet, die bei Drehzahlabfall den in den Motor fließenden Strom erhöht und bei Drehzahlüberschreitung reduziert. Die Drehzahl bleibt konstant, der Elektromotor wird geregelt.

Steuerungen lassen sich

- mechanisch (z. B. Lenkgetriebe),
- pneumatisch/hydraulisch (z. B. Druckluftsteuerung/Hebebühne),
- elektrisch (z. B. Stromstoßschalter mit Relais) oder
- elektronisch (z. B. Logikschaltungen)

realisieren. Man unterscheidet:

Grundart	Erläuterung
Sequenzielle Steuerung (Logiksteuerung)	Ablauf nach logischen Entscheidungen, d. h. treten bestimmte Eingangszustände ein, ergibt sich ein zugeordneter Ausgangszustand; z. B. wenn zwei Füllstandsanzeigen Alarm geben, öffnet sich ein Ablaufventil
Proportionale Steuerung	Eingangs- und Ausgangsgrößen können beliebig viele Zwischenwerte in einem bestimmten Bereich annehmen; z. B. Steuerung der Kraftstoffzufuhr eines PKW über die Stellung des Gaspedals
Zeitprogramm-Steuerung	Veränderung einer Ausgangsgröße in einem gewissen Zeitschema; z. B. Verkehrsampel
Wegprogramm-Steuerung	Ablauf von Ereignissen nach einem vorgegebenen Wegschema; z. B. CNC-Fräsen (**C**omputerized **N**umerical **C**ontrol)

Bild 7.65: Grundsätzliche Steuerungsarten

Steuerungen werden häufig zur Kontrolle von Systemen mit sich wiederholenden Arbeitsschritten eingesetzt, die sich in klar definierte Einheiten mit messbaren Kriterien für das Ende eines Schritts unterteilen lassen. Solche Systeme werden als **ereignisdiskrete Systeme** bezeichnet (z. B. Fließbandabfüllung von Flaschen mit anschließender Deckelung und Beschriftung). Die Zustandserfassung von auftretenden Arbeitsschritten (z. B. Position der Flasche, Füllstand der Flasche) erfolgt mit Sensoren, die Arbeitsprozesse selbst werden von Aktoren ausgeführt (z. B. Schrittmotor zur Bewegung des Fließbands, Ventil zur Flaschenbefüllung).

Ein **Sensor** (Signalgeber) ist ein Bauelement zur Aufnahme einer bestimmten physikalischen oder chemischen Eigenschaft und/oder stofflichen Beschaffenheit seiner Umgebung (z. B. Temperatur, Feuchtigkeit, Druck, Schall, Helligkeit, Bewegung, Beschleunigung). Diese wird qualitativ oder quantitativ erfasst und mittels physikalischer oder chemischer Effekte in weiterverarbeitbare Größen (meist elektrische Signale) umgewandelt.

Ein **Aktor** (Stellglied) ist ein Bauelement, das die Signale einer Steuerung in (meist) mechanische Arbeit, d. h. in Bewegung, umsetzt (z. B. Motor, Ventil).

Steuerungen und Regelungen sind insoweit technisch verwandt, als sie mithilfe von Aktoren, Sensoren, Wandlern und Information verarbeitenden Geräten auf technologische Prozesse einwirken. Auch sind Regelungen gerätetechnisch oft in Steuerungen eingebettet.

Zur Abarbeitung schrittweise ablaufender Prozesse werden meist speicherprogrammierbare Steuerungen (SPS) eingesetzt.

7.3.1 Aufbau einer SPS

> Eine **speicherprogrammierbare Steuerung** (Programmable Logic Controller) ist eine elektronische Baugruppe mit spezialisierten Ein- und Ausgabeschnittstellen zur Steuerung und/oder Regelung eines technischen Prozesses oder eines Arbeitsablaufs. Die Steuerung erfolgt entsprechend den Anweisungen eines Programms, das in einem Speicher des Geräts steht.

Der Aufbau einer SPS ähnelt dem eines Computers, die Informationsverarbeitung erfolgt wie beim PC nach dem **EVA-Prinzip** (**E**ingabe – **V**erarbeitung – **A**usgabe, siehe Kap. 8). Allerdings sind die Funktionen einer SPS auf die Steuerung von Arbeitsprozessen spezialisiert. Die Sensoren sind mit den entsprechenden von der SPS bereitgestellten Eingangsschnittstellen verbunden. Neben analogen und digitalen Schnittstellen lassen sich bei Bedarf auch Feldbussysteme anschließen. Ein **Feldbus** ist ein industrielles Kommunikationssystem (z. B. CAN, INTERBUS, PROFIBUS), bei dem die Verbindung der angeschlossenen Elemente (Sensoren, Aktoren) über ein einziges Buskabel erfolgt.

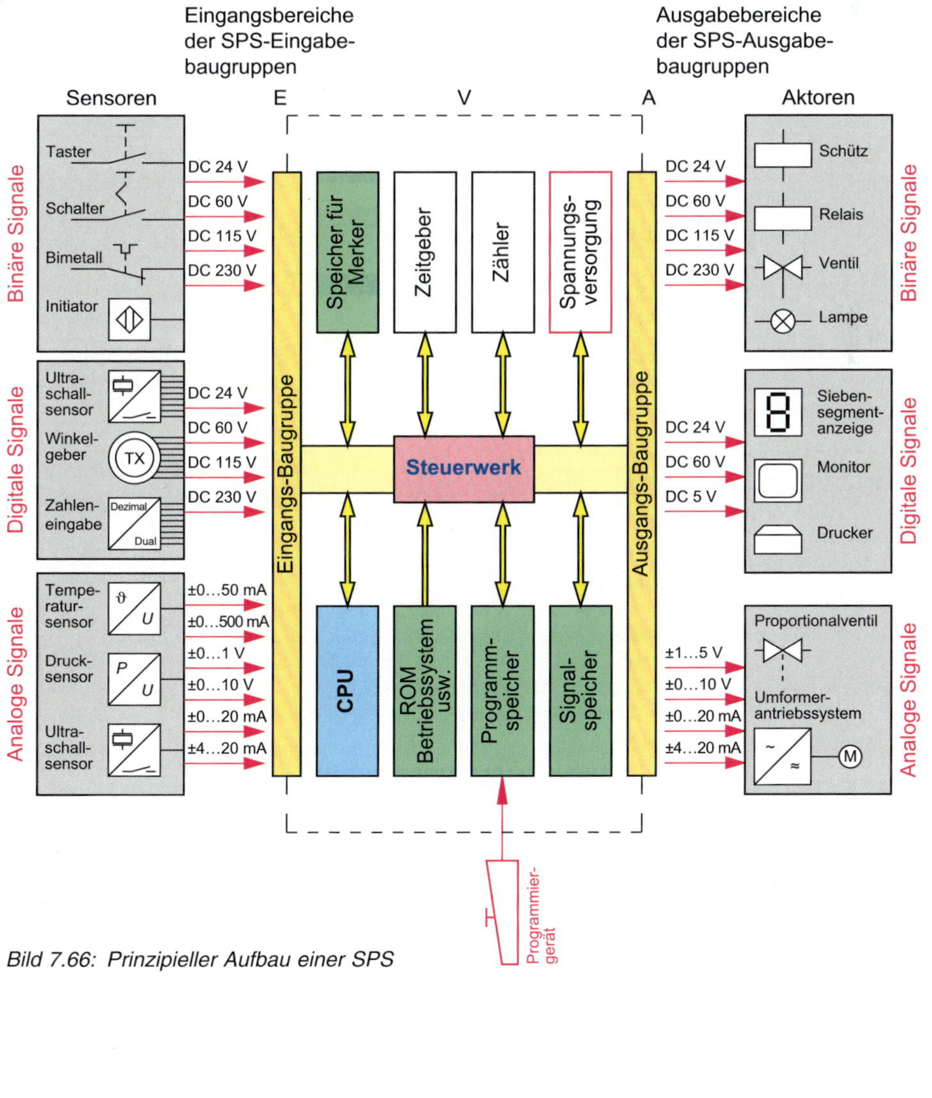

Bild 7.66: Prinzipieller Aufbau einer SPS

Das Echtzeit-Betriebssystem (Firmware, siehe Kap. 8.3.2) der SPS stellt sicher, dass dem Anwenderprogramm immer aktuelle Informationen über den Zustand der Sensoren zur Verfügung stehen. Die Verarbeitung der Eingangsinformationen erfolgt digital, die Signale an analogen Eingängen müssen daher zunächst stets A/D-gewandelt werden (siehe Kap. 7.2.5.5). Anhand dieser Informationen kann das Anwenderprogramm dann die Aktoren so ein- oder ausschalten, dass die Maschine oder die Anlage in der gewünschten Weise funktioniert. Mit annähernd gleicher Hardware kann man so unterschiedliche Fertigungsprozesse steuern. Aufgrund ihres meist modularen Aufbaus kann eine SPS problemlos firmenspezifischen Erfordernissen angepasst werden. Für Kleinsteuerungen – z. B. im privaten Bereich – werden aber auch Kompaktgeräte angeboten.

Bezeichnung	Erläuterung
Eingabe-Baugruppe	– Schnittstelle zwischen Sensoren bzw. Befehlsgebern und dem Steuerwerk – bei analogen Sensoren ist zusätzlich eine A/D-Wandlung erforderlich (siehe Kap. 7.2.5.5)
CPU (siehe Kap. 8.2.2)	– koordiniert und überwacht den Datenfluss – führt logische Verknüpfungen durch – gibt Befehle an das Steuerwerk
Steuerwerk	– elektronische Schaltung zur Steuerung sämtlicher Vorgänge
ROM (siehe Kap. 8.2.4)	– speichert das vom Hersteller mitgelieferte Basis-Betriebssystem (siehe Kap. 8.3.1), das den Dialog mit dem Anwender ermöglicht
Programmspeicher	– speichert das vom Anwender erstellte Steuerungsprogramm – remanenter Speicher, d. h. auch bei Netzausfall bleiben die gespeicherten Signalzustände erhalten – Ausführung als batteriegepufferter RAM (siehe Kap. 8.2.4.1) oder als EEPROM (siehe Kap. 8.2.4.1)
Signalspeicher	– speichert die Signalzustände an den Ein- und Ausgängen; RAM-Speicher
Speicher für Merker	– Merker sind Speicherelemente, die zur Speicherung von logischen Verknüpfungen dienen, die nicht direkt auf die Ausgänge wirken sollen (Zwischenspeicher). – können die Signalzustände 0 oder 1 speichern
Zeitgeber	– dient der Bildung von Verzögerungszeiten, um beispielsweise bei Anliegen eines Signals an einem Sensoreingang einen Aktor zeitverzögert reagieren zu lassen – sowohl Einschalt- als auch Ausschaltverzögerungen sind realisierbar
Zähler	– dient der Erfassung von Stückzahlen – als Vorwärts- und Rückwärtszähler programmierbar – Beispiel: An einen Rückwärtszähler werden eingangsseitig die von einem Sensor periodisch kommenden 1-Signale gelegt; der auf einen Anfangswert gesetzte Zähler zählt dann bis null herunter; erst wenn der Wert null erreicht ist, ändert sich sein Signalzustand am Ausgang.
Spannungsversorgung	– stellt die intern erforderlichen Betriebsspannungen zur Verfügung
Ausgabe-Baugruppe	– Schnittstelle zwischen der Zentralbaugruppe und den Aktoren bzw. Stellgliedern

Bild 7.67: Grundsätzliche Funktionsblöcke einer SPS

Im Gegensatz zur speicherprogrammierbaren Steuerung (**SPS**), bei der die Prozesse programmgesteuert sind, wird bei einer verbindungsprogrammierten Steuerung (**VPS**) der Arbeitsablauf durch die feste Verbindung (Verdrahtung, gedruckte Schaltung einer Leiterplatte) der einzelnen Bauelemente festgelegt. Die jeweilige Aufgabenstellung der Steuerung bestimmt, wie die Bauelemente, z. B. Relais, Schütze, Schalter, Lichtschranken und Anzeigegeräte, miteinander zu verbinden sind. Ändert sich der gewünschte Ablauf, so muss in der Regel zeitaufwendig die Verdrahtung, häufig aber auch die Bestückung mit Bauelementen geändert werden. Auf vielen Gebieten hat daher die SPS die zuvor festverdrahtete VPS-Technik abgelöst.

Bestimmte sicherheitsrelevante Funktionen (z. B. NOT-AUS) müssen jedoch auch bei einem Ausfall einer SPS funktionieren. Die VPS wird deshalb heute hauptsächlich als Ergänzung zur SPS verwendet, damit die Sicherheit einer Maschine oder Anlage auch bei einer Fehlfunktion der SPS (z. B. Systemabsturz) gewährleistet ist.

Neben der eigentlichen Steuerung übernehmen moderne SPS-Baugruppen zunehmend auch weitere Aufgaben, z. B. Visualisierung von Programmier- und Arbeitsvorgängen zur Verbesserung der Maschine-Mensch-Kommunikation (vgl. Infomodul B auf **www.westermann.de/links/00815**, siehe Vorwort) sowie der Alarmierung und Aufzeichnung aller Betriebsmeldungen. Des Weiteren erfolgt auch zunehmend eine Anbindung an die Kommunikations-Infrastruktur einer Firma, sodass ein an das Netz angeschlossener PC auch als Programmiergerät (PG) eingesetzt werden kann und von unterschiedlichen Zugangspunkten auch immer aktuelle Daten über den Fertigungszustand zur Verfügung stehen.

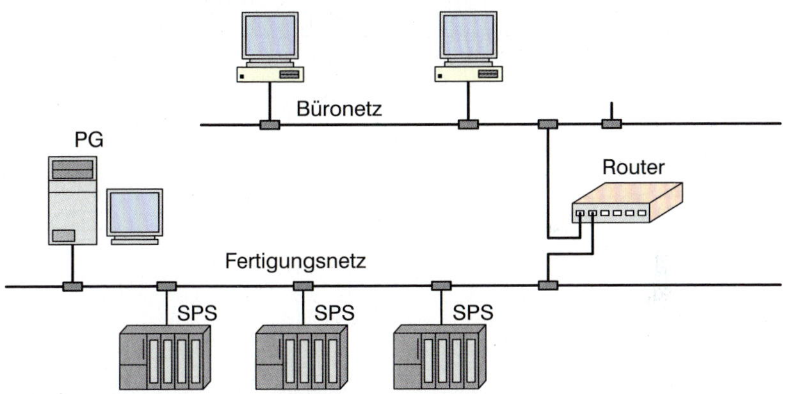

Bild 7.68: Kommunikations-Infrastruktur einer Firma (vereinfachtes Beispiel)

7.3.2 Funktionsprinzip einer SPS

Die SPS steuert einen Prozess, indem die Aktoren von den als **Ausgängen** bezeichneten Anschlüssen mit einer Steuerspannung beschaltet werden. Dadurch können Motoren ein- und ausgeschaltet, Ventile aus- und eingefahren oder Lampen ein- und ausgeschaltet werden. Informationen über den Prozess erhält die SPS von den Sensoren, die an die **Eingänge** der SPS angeschlossen sind. Die Angabe eines bestimmten Ein- oder Ausgangs innerhalb eines Programms bezeichnet man als **Adressierung**. Die Ein- und Ausgänge einer SPS sind zumeist in 8er-Gruppen auf den Eingabe- bzw. Ausgabebaugruppen zusammengefasst. Eine solche 8er-Einheit wird als **Byte** bezeichnet und erhält eine Nummer als sogenannte **Byteadresse**. Um nun einen einzelnen Ein- oder Ausgang innerhalb eines solchen Bytes anzusprechen, wird jedes Byte in acht einzelne **Bits** zerlegt. Diese werden von Bit 0 bis Bit 7 durchnummeriert; auf diese Weise erhält man die **Bitadresse**. Die eindeutige Adressierung eines Eingangs bzw. Ausgangs erfolgt durch Angabe der Byte- und der Bitadresse; beide Adressteile werden durch einen Punkt getrennt. Ein vorangestellter Buchstabe kennzeichnet den Baugruppentyp (**Operandenkennzeichen**, z. B. **E**: Eingang, **A**: Ausgang, **M**: Merker, **T**: Timer)

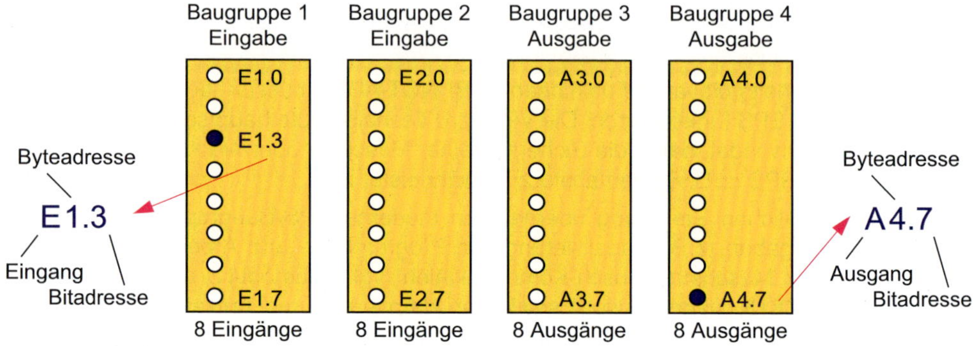

Bild 7.69: SPS mit 2 Eingangs- und 2 Ausgangsbaugruppen

Prinzipiell erfolgt die Programmbearbeitung in einer SPS zyklisch mit folgendem Ablauf:

Programmablauf	**Visualisierung**
Wird die SPS neu eingeschaltet, erfolgt zunächst eine Initialisierung sämtlicher Ausgänge, d. h. das Prozessabbild aller Ausgänge wird gelöscht.	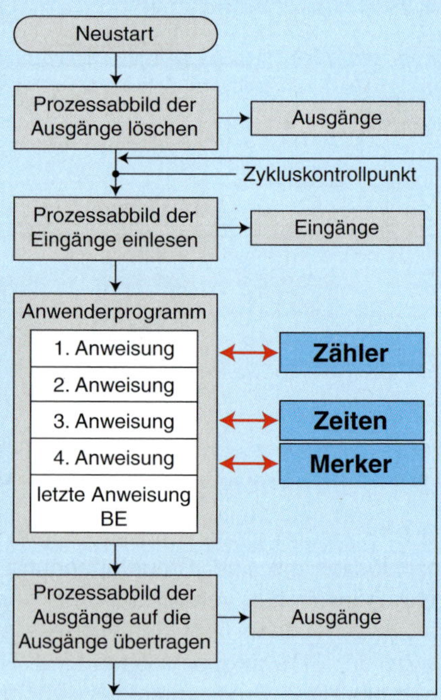
1. Danach fragt die CPU die Signalzustände der einzelnen Eingänge ab. Dieser Status der Eingänge wird dann in dem **Prozessabbild der Eingänge (PAE)** gespeichert.	
2. Der Prozessor arbeitet dann das im Programmspeicher hinterlegte Programm – eine Liste von Anweisungen und logischen Verknüpfungen – ab. Jede Programmzeile ist durch eine eindeutige Nummerierung gekennzeichnet (**Programmadresszähler**). Dabei wird für die benötigte Eingangsinformation auf das bereits vorher eingelesene PAE zugegriffen und die Verknüpfungsergebnisse in ein sogenanntes **Prozessabbild der Ausgänge (PAA)** geschrieben. Bei Bedarf wird während der Programmbearbeitung auch auf andere Speicherbereiche für Zähler, Zeiten und Merker zugegriffen. Die BE-Anweisung (BE: **B**austein-**E**nde) signalisiert, dass die letzte Anweisung erreicht ist.	
3. Im dritten Schritt wird nach Abarbeitung des Anwenderprogramms der Status aus dem PAA an die Ausgänge übertragen. Hierdurch werden die jeweils an den Ausgängen angeschlossenen Aktoren ein- bzw. ausgeschaltet. Danach geht es weiter mit Schritt 1.	

Bild 7.70: Programmablauf innerhalb der SPS

Bei der **linearen Programmierung** wird nur ein Programmbaustein (PB) oder eine Funktion (FC) programmiert. In der SPS wird dieser Programmbaustein zyklisch abgearbeitet (Bild 7.70). Die Zeit, die der Prozessor für einen Durchlauf benötigt, nennt man **Zykluszeit**. Diese ist abhängig von Anzahl und Art der Anweisungen. Je kürzer die Zykluszeit ist, desto schneller reagiert die SPS auf Eingangssignaländerungen, da während eines Arbeitszyklus nur einmal zu Beginn das Prozessabbild der Eingänge gebildet wird. Hierbei sind logische Verknüpfungen (siehe Kap. 7.2.1) erforderlich, um Bedingungen für das Schalten eines Ausgangs festlegen zu können. Das Prozessabbild der Ausgänge wird erst dann an die Ausgangsbaugruppen übertragen, wenn ein kompletter Zyklus durchlaufen wurde.

Größere Anwendungsprogramme lassen sich übersichtlicher programmieren, wenn man sie in mehrere kleine überschaubare Programmbausteine unterteilt. Man spricht dann von einer **strukturierten Programmierung**. Die Bearbeitungsreihenfolge der einzelnen Bausteine bzw. Funktionen wird in einem übergeordneten Organisationsbaustein (OB) festgelegt.

7.3.3 Programmierung einer SPS

Speicherprogrammierbare Steuerungen werden meist mit speziellen (oft grafischen) Programmiersprachen programmiert. Zur Programmierung werden PCs oder Laptops (Kap. 8.1) eingesetzt, auf denen die jeweils erforderliche Programmiersoftware installiert wurde.

In der Norm IEC 61131-3, die zwischenzeitlich in die DIN EN 61131-3 übernommen wurde, sind verschiedene „Programmiersprachen" spezifiziert:

Abkürzung	Bezeichnung	Englisch	Bemerkungen
AWL	Anweisungsliste	IL: Instruction List	die Steuerungsaufgabe wird textbasierend mit einzelnen Steuerungsanweisungen beschrieben
KOP	Kontaktplan	LD: Ladder Diagram	bildliche Darstellung einer Steuerungsaufgabe mit Symbolen nach DIN 19239; vergleichbar mit einem Elektroschaltplan
FBS	Funktionsbaustein-Sprache	FBD: Function Block Diagram	grafisch orientierte Programmiersprache, verwendet zur Darstellung die Logiksymbole der booleschen Algebra; wird insbesondere bei Siemens SPS STEP 7 als **Funktionsplan (FUP)** bezeichnet
AS	Ablaufsprache	SFC: Sequential Function Chart	grafische Darstellung einzelner Steuerungsschritte mit Normsymbolen, die durch Wirkverbindungen miteinander verbunden sind; bei der Siemens-SPS STEP 7 als **S7-GRAPH** bekannt

Bild 7.71: Spezifizierte SPS-Programmiersprachen

An dieser Stelle werden zunächst grundlegende Kenntnisse über AWL, KOP und FUP sowie deren Anwendung auf einfache logische Verknüpfungen zur Programmierung einer SPS dargestellt (Verknüpfungssteuerung). Weitergehende Informationen werden unterrichtlich zu einem späteren Zeitpunkt vermittelt oder können bei Bedarf der entsprechenden Fachliteratur oder gegebenenfalls einem der Infomodule auf **www.westermann.de/links/00815** entnommen werden.

Der bei STEP 7 verwendete Funktionsplan hat nichts mit dem ursprünglichen Funktionsplan gemäß DIN 40719 – einem Projektierungs- und Darstellungswerkzeug für Ablaufsteuerungen – zu tun. Dieser ist zwar noch in technischen Unterlagen zu finden, wurde aber inzwischen durch **GRAFCET** (**GRA**phe **F**onctionnel de **C**ommande **E**tapes **T**ransitions) gemäß EN 60848 abgelöst (siehe auch: http://www.grafcet.de).

Eine Vielzahl von Programmierumgebungen bieten auch die Möglichkeit, weitere Sprachen wie z. B. C zu verwenden.

In der **Anweisungsliste** wird die Steuerungsaufgabe in einzelne Steueranweisungen zerlegt.

> Eine **Steueranweisung** ist eine Befehlszeile eines Steuerungsprogramms, sie stellt eine Arbeitsvorschrift für das Steuerwerk dar und besteht aus dem **Operationsteil** und dem **Operandenteil**.

Der Operationsteil benennt die durchzuführende Operation (z. B. Durchführung einer logischen UND-Verknüpfung), der Operandenteil gibt an, worauf sich die genannte Operation bezieht (z. B. die Eingangsadressen). Die Befehlssyntax, d. h. der Aufbau und die Eingabe einer Steuerungsanweisung, ist in der DIN 19239 genau festgelegt.

Operationsteil	Operandenteil	
	Kennzeichen	Parameter
U	**E**	**0.0**

Bild 7.72: Aufbau einer Steueranweisung

Operationsteil	**Bedeutung**	**Erläuterung**
U	UND-Verknüpfung; Abfrage auf Signalzustand „1“	Verknüpfungsoperationen
UN	UND-NICHT-Verknüpfung; Abfrage auf Signalzustand „0“	
U(	UND-Verknüpfung von Klammerausdrücken (Klammer auf)	
O	ODER-Verknüpfung	
ON	ODER-NICHT-Verknüpfung	
O(	ODER-Verknüpfung von Klammerausdrücken (Klammer auf)	
X	Exclusiv-ODER-Verknüpfung	
)	Klammer zu	
=	Zuweisung eines Ergebnisses auf einen Ausgang oder einen Merker	Speicheroperation
S	Setzen eines Zählers	Zähloperation
R	Rücksetzen eines Zählers	

Bild 7.73: Bezeichnung von Operationen (Beispiele)

Bei kombinierter Verwendung von UND- und ODER-Verknüpfungen hat die UND-Verknüpfung stets Vorrang und wird daher immer vor der ODER-Verknüpfungen bearbeitet. Damit eine ODER-Verknüpfung Vorrang vor einer UND-Verknüpfung bekommt, muss sie durch Klammern zusammengefasst werden.

Im **Kontaktplan** werden die Steuerungselemente mit Symbolen bildlich dargestellt.

Benennung	Stromlaufplan DIN 40713	Kontaktplan KOP	Beispiel
Eingang		–] [–	Schließer
		–]/[–	Öffner
Ausgang		–( )–	Relais oder Signal-ausgabe mit Schließer bzw. Öffner
		–(/)–	

Bild 7.74: Symbole des Kontaktplans und des Stromlaufplans

Um im Falle eines Drahtbruchs einen möglichst sicheren Betriebsfall zu gewährleisten, gilt in der Praxis:

- Schalter für Einschaltvorgänge werden als Schließer ausgeführt.
- Schalter für Abschaltvorgänge werden als Öffner ausgeführt.

Bei dem innerhalb von STEP 7 verwendeten **Funktionsplan** ist die Programmlogik infolge der Visualisierung mittels der Schaltsymbolik der booleschen Algebra relativ leicht nachvollziebar.

Bild 7.75 fasst die unterschiedlichen Programmiermöglichkeiten für die logischen Grundgatter zusammen.

Logikschaltung	Stromlaufplan	Funktionsplan	Kontaktplan	Anweisungsliste
UND		E1, E2 – & – A1	E1 E2 A1	U E 1.1 U E 1.2 = A 2.1
ODER		E1, E2 – ≥1 – A1	E1 E2 A1	O E 1.1 O E 1.2 = A 2.1
NICHT		E1 – & – A1	E1 A1	UN E 1.1 = A 2.1
NAND		E1, E2 – ≥1 – A1	E1 E2 A1	ON E 1.1 ON E 1.2 = A 2.1
NOR		E1, E2 – & – A1	E1 E2 A1	UN E 1.1 UN E 1.2 = A 2.1

Bild 7.75: Vergleich der „Programmiersprachen" einer SPS

Die Darstellung der UND-Verknüpfung mit nur einem Eingang ist in der SPS-Technik durchaus gebräuchlich. Sie kann als UND-Gatter mit zwei Eingängen angesehen werden, bei dem die beiden Eingangsklemmen miteinander verbunden werden. Auf diese Weise wird das Eingangssignal einfach auf den Ausgang durchgereicht. Kombiniert mit einer Negierung des Eingangssignals ergibt sich die NICHT-Funktion.

Handelt es sich bei einer SPS-Programmierung um eine reine Verknüpfungssteuerung, so ergeben sich prinzipiell die folgenden durchzuführenden Arbeitsschritte:

- Beschreibung des Ausgangsproblems bzw. Formulierung der Aufgabenstellung
- Festlegung der Eingangs- und Ausgangsvariablen und der zugeordneten Signalzustände
- Erstellen einer Funktionstabelle (optional, siehe Kap. 7.2.3.1)
- Erstellen der zugehörigen schaltalgebraischen Gleichungen und ggf. deren Vereinfachung (optional, siehe Kap. 7.2.3.2)
- Entwurf des SPS-Programms (Erstellen von FUP, KOP oder AWL)
- Programmierung der SPS
- Testen des SPS-Programms

Ein Austesten erstellter SPS-Programme ist mit speziellen Simulationsprogrammen möglich, die einige Anbieter optional als Zusatzmodule zu ihrer Programmiersoftware anbieten (z. B. Siemens PLCSIM, siehe **www.westermann.de/links/00815**).

Beispiel 1:

Für die dargestellte Steuerung soll ein SPS-Steuerungsprogramm erstellt werden:

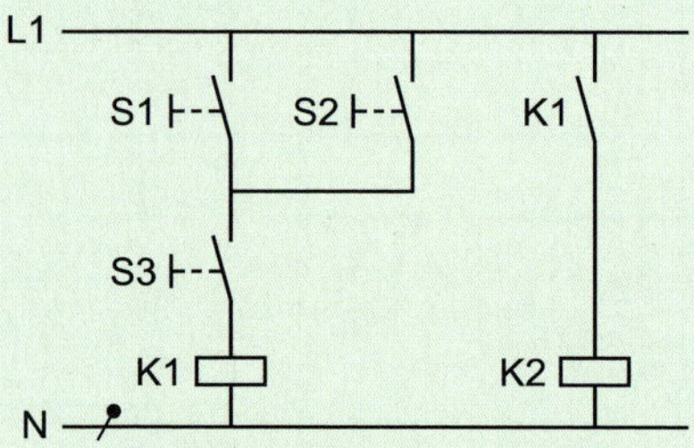

a) Ordnen Sie die Betriebsmittel S1, S2, S3 sowie K1 und K2 den gewünschten SPS-Ein- bzw. Ausgängen zu.
b) Skizzieren Sie den Funktionsplan und den Kontaktplan.
c) Erstellen Sie die Anweisungsliste.

Lösung

a)

Betriebsmittel	SPS-Adresse
S1	E1.0
S2	E1.1
S3	E1.2
K1	A3.0
K2	A3.1

b) 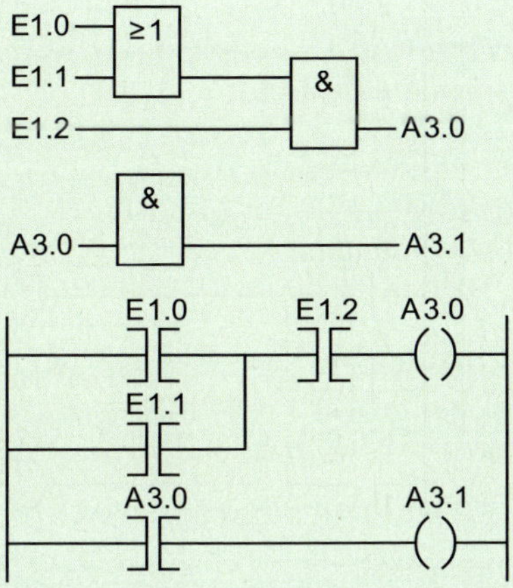

c)

Adresse	Steuer-anweisung		Kommentar
000	O	E1.0	
001	O	E1.1	
002	U	E1.2	
003	=	A3.0	
004	U	A3.0	Abfrage des
005	=	A3.1	Ausgangs A 3.0
006	BE		

■ **Beispiel 2:**

Nach der Zuordnung der Betriebsmittel soll für die dargestellte Steuerung

a) eine AWL mit Klammern und zugehörigem Kontaktplan,

b) eine AWL mit Merkern und zugehörigem Kontaktplan erstellt werden.

Steuerschaltung:

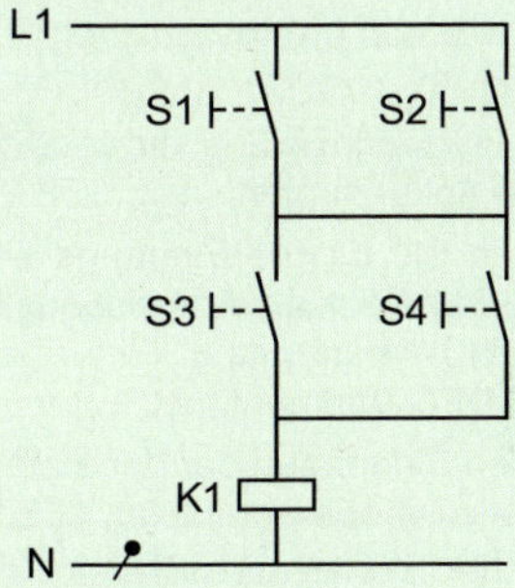

Lösung

a)

Adresse	**Steueran-weisung**		**Kommentar**
000	**U**	**(**	Klammer auf, UND-Verknüpfung
001	O	E1.0	
002	O	E1.1	1. ODER-Verknüpfung
004	**)**		Klammer zu
005	**U**	**(**	Klammer auf, UND-Verknüpfung
006	O	E1.3	
007	O	E1.4	2. ODER-Verknüpfung
008	**)**		Klammer zu
009	=	A3.0	Ausgang
010	BE		

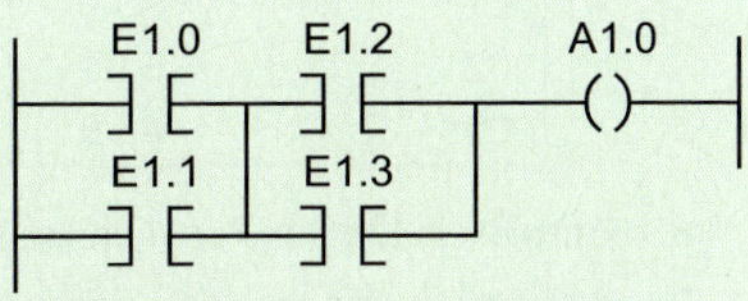

Hinweis:

Diese Lösung ist vergleichsweise unübersichtlich und wird in der Praxis in der Regel nicht verwendet. Die Lösung mit Merkern ist vorzuziehen.

b)

Adresse	Steueranweisung		Kommentar
000	O	E1.0	1. ODER-Verknüpfung
001	O	E1.1	
003	=	**M0.0**	Merker 1
004	0	E1.3	2. ODER-Verknüpfung
005	0	E1.4	
006	=	**M0.1**	Merker 2
007	**U**	**M0.0**	ODER-Verknüpfung
008	**U**	**M0.1**	der Merker
009	=	A3.0	Ausgang
010	BE		

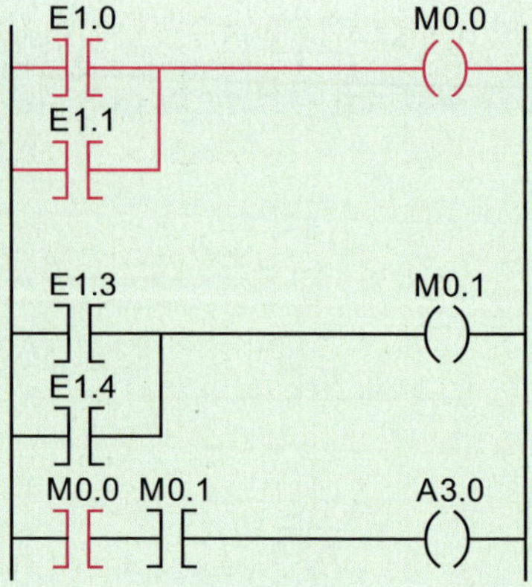

Aufgaben

1. Erläutern Sie den prinzipiellen Unterschied zwischen einer Steuerung und einer Regelung. Geben Sie jeweils ein Beispiel an.
2. a) Was ist ein Sensor, was ist ein Aktor?
   b) Welche Sensorarten gibt es? Nennen Sie Beispiele.
3. Welche Unterschiede bestehen zwischen einer speicherprogrammierten Steuerung und einer verbindungsprogrammierten Steuerung? Nennen Sie Vor- und Nachteile.
4. Aus welchen grundsätzlichen Funktionsblöcken besteht eine SPS? Nennen Sie deren Aufgaben.
5. Zur Programmierung einer SPS werden AWL, KOP und FUP eingesetzt. Erläutern Sie diese Abkürzungen.
6. Stellen Sie für die Eingänge E0.0, E0.1 und E0.2 die folgenden Verknüpfungen auf den Ausgang A 3.1 als Anweisungsliste, Funktionsplan und Kontaktplan dar:
   a) UND-Verknüpfung,
   b) ODER-Verknüpfung.
7. An den Eingängen der dargestellten Schaltung liegen folgende logische Signalzustände an: E1.0 = 0, E1.1 = 1.
   Welcher Signalzustand ergibt sich nach Abarbeitung folgender Anweisungslisten? (Antwort mit Begründung)

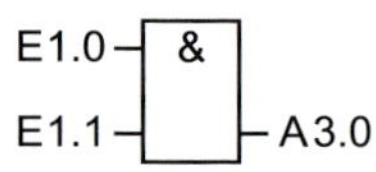

a)

00	U	E1.0
01	=	A3.0
02	U	E1.1
03	=	A3.0

b)

00	U	E1.0
01	U	E1.1
02	=	A3.0

8. Entwickeln Sie den Funktionsplan und den Kontaktplan zu einer Exclusiv-ODER-Verknüpfung.
9. Entwickeln Sie zu der dargestellten Steuerungsschaltung den Funktionsplan, den Kontaktplan und die Anweisungsliste.

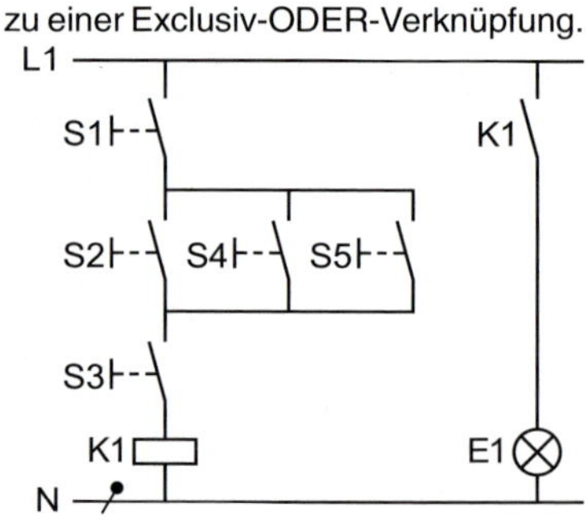

8. Informationstechnische Systeme

8.1 Computer

Ein Computer *(computer)* ist prinzipiell ein informationstechnisches System, das im Wesentlichen drei Aufgaben ausführt:

- die Entgegennahme einer strukturierten **Eingabe** von Informationen,
- die **Verarbeitung** der eingegebenen Daten nach festgelegten Regeln,
- die **Ausgabe** der erzeugten Ergebnisse.

Da die Arbeitsanweisungen für einen Computer in der Regel recht umfangreich sind, bestehen diese meist aus vielen nacheinander auszuführenden Teilschritten, dem sogenannten **Programm**. Der Computer muss das Programm – zumindest für die Dauer der Bearbeitung – speichern können. Auch die berechneten Ergebnisse sollten so gespeichert werden können, dass man zu einem späteren Zeitpunkt darauf zurückgreifen kann. Hierzu benötigt der Computer jeweils unterschiedliche **Speichereinrichtungen**.

Im einfachsten Fall besteht ein Computer demzufolge aus einer Eingabeeinheit, der Verarbeitungsbaugruppe, einer Ausgabeeinheit sowie verschiedener Speichereinheiten. Diese Struktur lässt sich mithilfe eines einfachen Blockschaltbilds darstellen, das auch die Arbeitsweise eines Computers verdeutlicht.

Ein Computer arbeitet nach dem sogenannten **EVA-Prinzip** (**E**ingabe – **V**erarbeitung – **A**usgabe).

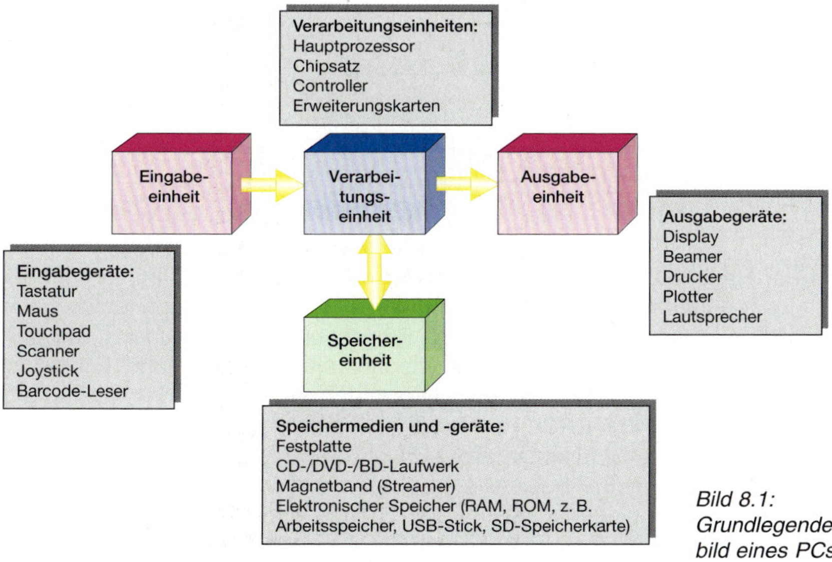

Bild 8.1: Grundlegendes Blockschaltbild eines PCs

Zwischen den in diesem Blockschaltbild dargestellten Baugruppen müssen im Betrieb ständig Daten ausgetauscht werden. Aus diesem Grund müssen diese Einheiten über elektrische Leitungen so verbunden sein, dass die Daten von jeder angeschlossenen Baugruppe zu einer beliebigen anderen Einheit übertragen werden können. Außerdem muss sichergestellt werden, dass alle Einheiten richtig angesteuert werden.

Hierzu werden die Baugruppen eines Computers über **Bussysteme** (Kap. 8.2.5) oder durch **Punkt-zu-Punkt-Verbindungen** (Kap. 8.2.6) miteinander verbunden. Externe Komponenten (z. B. Drucker, Tastatur) werden heutzutage auch vielfach *drahtlos* mittels diverser Funktechniken angebunden (z. B. WLAN, Kap. 8.5.5; Bluetooth, Kap. 8.2.6.7).

Abhängig von Größe, Leistungsvermögen und Einsatzbereich werden für einen Computer unterschiedliche Begriffe verwendet (z. B. Supercomputer, Mainframe, Server, Workstation). Die einzelnen Bezeichnungen lassen sich in der Praxis zum Teil nur schwer gegeneinander abgrenzen. Daher wird im allgemeinen Sprachgebrauch meist die Abkürzung **PC** verwendet.

> **PC** ist die Abkürzung für **Personal Computer** und bezeichnete ursprünglich ein Datenverarbeitungsgerät, welches für die Nutzung durch eine *einzige* Person vorgesehen war, ohne dass die Ressourcen des Gerätes mit anderen Benutzern oder Rechnern geteilt werden musste (Einzelplatzrechner).

Moderne Computer im privaten Umfeld oder am Arbeitsplatz arbeiten heute aber kaum noch als Einzelplatzrecher („Stand-alone-Gerät"), sondern sind lokal, firmenintern oder weltweit vernetzt, greifen auf externe Ressourcen zu (z. B. Netzwerkspeicher, Cloud-Computing, Kap. 8.5.7) und werden meistens von mehreren Personen bedient. Unabhängig von Nutzung, Einsatzbereich und Funktion hat sich auch für diese Rechner die Abkürzung „PC" etabliert.

PCs mit bestimmten gleichartigen technischen Merkmalen oder Gehäuseformen ordnet man heute vielfach einer sogenannten **Geräteklasse** zu. Für diese Geräteklassen existieren – nicht zuletzt auch aus Marketinggründen – eigene Bezeichnungen. Einige Geräteklassen werden im Folgenden kurz dargestellt.

8.1.1 Barebone

> Unter einem **Barebone** versteht man einen PC in einem würfelförmigen Gehäuse in ansprechendem Design mit Abmessungen bis zu einer Größenordnung von ca. 20 cm × 20 cm × 35 cm (B × H × T).

Integriert und in der Regel nachträglich nicht austauschbar sind Netzteil, Mini-**ITX-Board** (Kap. 8.2.1) mit einem angepassten Kühlsystem für die CPU als Basiskomponenten sowie einer entsprechenden Spezialverkabelung. Je nach Einsatz und Kundenwunsch lässt sich ein Barebone dann begrenzt mit zusätzlichen Komponenten bestücken (z. B. Festplatte, SSD/DVD/BD-Laufwerk, TV-Tuner, Card-Reader, Infrarot-Fernbedienung). Inzwischen gibt es Barebones für jede aktuelle **x86-CPU** (Kap. 8.2.2), in die sich auch marktgängige Speicherbausteine einbauen lassen. Der Nutzer kann je nach Wunsch ein aktuelles **Windows**- oder **Linux**-Betriebssystem (Kap. 8.3.1) installieren. Gegenüber anderen PCs bieten einige Barebones die Möglichkeit, ein eingebautes DVD/BD-Laufwerk oder einen TV-Tuner direkt ohne langen **Bootvorgang** (Kap. 8.4.1) zu nutzen. Für die kontrollierte Bedienung eines Barebones sind jeweils zusätzliche externe Komponenten erforderlich (z. B. Tastatur, Maus, Bildschirm). Barebones in Flachbauweise (Bild 8.2b) benötigen aus Platzgründen auch ein externes Netzteil.

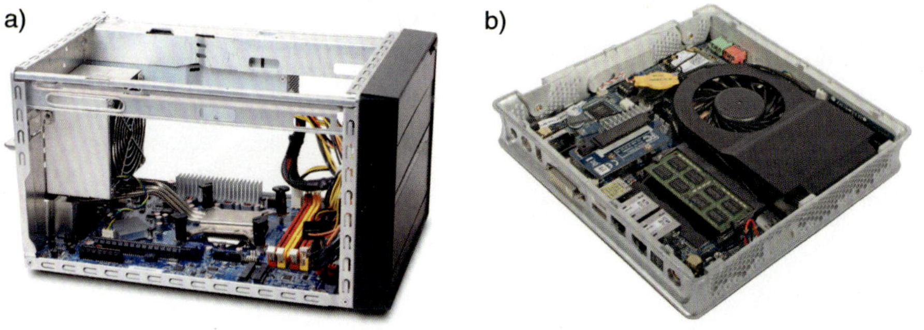

Bild 8.2: Beispiele für Barebones: a) Würfelform; b) Flachbauweise

8.1.2 Notebook

Ein **Notebook** ist ein tragbarer PC mit Gehäuseabmessungen in der Größenordnung 35 cm × 28 cm × 3 cm (B × T × H). Im Gehäuse sind sämtliche für die Funktion erforderlichen elektronischen Komponenten, Laufwerke sowie die Tastatur und der Flachbildschirm untergebracht.

Der **TFT-Flachbildschirm** (Kap. 8.2.11.2) befindet sich im aufklappbaren Gerätedeckel. Die klassische Bildschirmgröße mit ihren Bildschirmabmessungen im Verhältnis 4:3 (Breite im Verhältnis zur Höhe, Kap 8.2.11) wurde bei Notebooks inzwischen durch Breitbild-Displays mit einem Seitenverhältnis von 15:9 oder 16:10 nahezu verdrängt. Diese Displays sind etwa so breit wie ein 18-Zoll-Panel und etwa so hoch wie eines mit 15 Zoll (1 Zoll = 2,542 cm). Die Pixelauflösung beträgt hierbei bis zu 1 920 × 1 200 Punkte (bei High-End-Geräten auch höher; Kap. 8.2.8.1). Die Grafikfunktionen (**GPU**: **G**raphic **P**rocessing **U**nit, Kap. 8.2.8.1) sind auf dem Board implementiert, meist sogar auf dem Chip des Hauptprozessors (**x86**-Prozessor, Kap. 8.2.2). Sie sind üblicherweise aber weniger leistungsstark als die der einbaubaren Grafikkarten bei Desktop-PCs (Kap. 8.2.8.1).

Die Steuerung des Bildschirmcursors erfolgt bei Notebooks über ein integriertes **Touchpad** (Mousepad) oder durch Anschluss einer externen USB-Maus (USB: Kap. 8.2.5.3).

Eine mobile Energieversorgung ist für einige Stunden über den eingebauten Akku (Li-Ion, NiMH, Li-Polymer, Kap. 4.2.2.2) gewährleistet. Die Laufzeit beträgt je nach Modell bis zu 10 Stunden und hängt ab von der Belastung (z. B. Displayhelligkeit) und der Ladekapazität des Akkus. Bei längeren Betriebszeiten und zur Akkuladung muss das mitgelieferte separate Netzteil verwendet werden. Ein Notebook verfügt je nach Ausstattung und Leistungsfähigkeit über die Schnittstellen eines Desktop-PCs (z. B. USB, VGA, DVI, HDMI, DisplayPort, Thunderbolt, eSATA, SD-Kartenslot, Kap. 8.2.6). Das Gewicht beträgt bis zu 3,5 kg.

Funktionserweiterungen sind nur über einen externen Kartenslot möglich, über den ein Notebook je nach Modell und Preisklasse verfügt. Dieser trägt die Bezeichnung **Express-Card**-Slot. Die Hot-Plug-fähigen Express-Cards gibt es in zwei Spezifikationen: ExpressCard/34 und ExpressCard/54. Beide Kartentypen passen in den gleichen Slot (26 einseitig angebrachte Kontakte; Bild 8.3a), die Anbindung erfolgt intern über PCIe x 1 (Kap. 8.2.6.4), zusätzliche Software oder Kartentreiber sind nicht erforderlich. Mit einer ExpressCard lassen sich beispielsweise zusätzliche Funktionen (z. B. TV-Empfänger/Decoder) oder Schnittstellen (z. B. Firewire, USB 3.1 Gen 2; Bild 8.3b) einbinden.

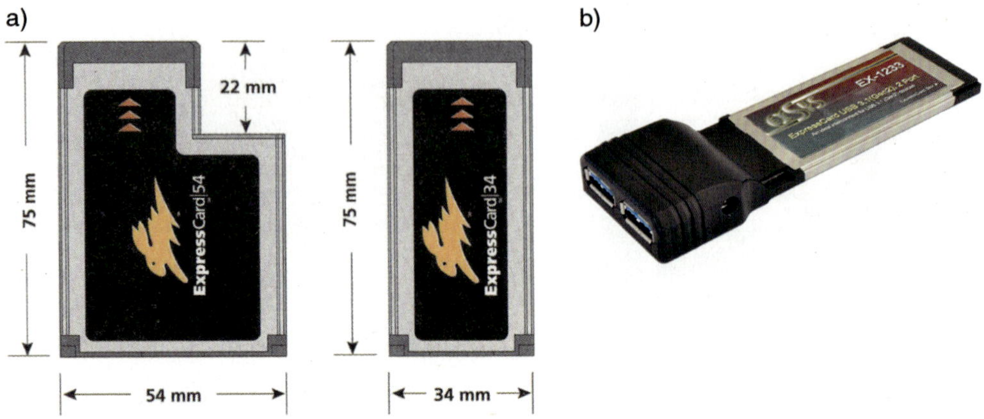

Bild 8.3: a) ExpressCard/54, ExpressCard/34;
b) ExpressCard mit 2 × USB 3.1 Gen 2 (Kap. 8.2.5.3)

Des Weiteren können Notebooks auch über einen Anschluss für eine Docking-Station verfügen.

> Eine **Docking-Station** ist eine Zusatzeinrichtung, die einem Notebook einen Stromanschluss, Erweiterungssteckplätze und Anschlussmöglichkeiten für Peripheriegeräte zur Verfügung stellt, wodurch das Notebook zu einem „normalen" Schreibtisch-PC wird.

Geräte mit kleineren Abmessungen und etwas geringerer Ausstattung werden auch als **Mini-Notebooks** oder **Sub-Notebooks** bezeichnet (Abmessungen ca. 28 cm × 20 cm × 3 cm; Gewicht ≤ 2 kg; weniger USB-Buchsen, ca. 10 Zoll- bis 14 Zoll-Bildschirmdiagonale, auch mit Full-HD-Bildschirmauflösung erhältlich).

Zusätzlich wurde von Intel die Bezeichnung **Ultrabook** geprägt. Dies ist ein extrem leichtes und kleines Notebook mit längerer Batterielaufzeit (> 10 Std.) und ähnlichen Eigenschaften wie ein Tablet (z. B. schneller Systemstart, Dicke ≤ 21 mm; Gewicht ≤ 1,5 kg, 13 Zoll-Display, SSD-Speicher, ohne DVD/BD-Laufwerk).

Synonym (d. h. bedeutungsgleich) für Notebook wird allgemein auch die im englischen Sprachraum verbreitete Bezeichnung **Laptop** verwendet.

Bild 8.4: Beispiel für ein Notebook (a) und ein Sub-Notebook (b)

8.1.3 Netbook

Als **Netbook** bezeichnet man eine Geräteklasse für preiswerte und kompakt aufgebaute portable PCs für gängige Büro- und Multimediaaufgaben, insbesondere für den Internetzugang. Ein Netbook verfügt über wesentlich weniger Ausstattungsmerkmale und eine deutlich geringere Rechenleistung als ein Notebook. Die Abmessungen betragen ca. 25 cm × 18 cm × 2 cm (B × T × H).

Als CPU kommt bei den meisten Geräten ein **Intel-Atom-Prozessor** (Kap. 8.2.2) und ein auf geringe Leistungsaufnahme konzipierter Chipsatz mit integriertem Grafikkern zum Einsatz (Kap. 8.2.3). Alternativ verwenden einige Hersteller auch einen AMD-Netbook-Prozessor, bei dem die Grafikfunktionen bereits im CPU-Chip implementiert sind (**APU**: **A**ccelerated **P**rocessing **U**nit, Kap. 8.2.2).

Bild 8.5: Beispiel für ein Netbook

Sämtliche Komponenten – also auch der Prozessor – sind bei Netbooks fest auf dem Mainboard (**Mini-ITX-Formfaktor**, Kap. 8.2.1) verlötet und lassen sich nicht tauschen. Das Gewicht liegt bei ca. 1 bis 1,5 kg. Je nach Modell beträgt die Akkulaufzeit (Li-Ion, NiMH, Li-Polymer, Kap. 4.2.2.2) zwischen 5 und 10 Stunden. Die Displaygröße variiert modellabhängig (und damit auch preisabhängig) zwischen 8,9 Zoll und 12,1 Zoll, die Auflösung beträgt meist bis zu 1920 × 1080 Pixel (Kap 8.2.8.1).

Als Massenspeicher kommt heute ein elektronischer **SSD-Flash-Speicher** (Kap. 8.2.7.2) zum Einsatz. Bis auf wenige darüber hinausgehende Ausnahmen beträgt der **Arbeitsspeicher** 2 bis 4 GByte **DDR3-RAM** oder **DDR4-RAM** (Kap. 8.2.4.2). Ein integriertes optisches Laufwerk fehlt.

Die Schnittstellenausstattung beschränkt sich in der Regel auf ein bis 3 USB-Buchsen, je einen Audio-Ein- und -Ausgang, einen Kartenleser und einen Ausgang für ein externes Display (z. B. Micro-HDMI, Kap. 8.2.6.6). Ein WLAN-Modul ist bei allen Geräten integriert, immer mehr Netbooks verfügen auch über ein UMTS- oder LTE-Modem (vgl. Kap. 8.1.5). Meist werden Netbooks mit einem Windows-Betriebssystem (Basisversion, Kap. 8.3.1.1) angeboten, sie sind wahlweise aber auch mit Linux erhältlich.

Als Alternative besteht die Möglichkeit, ein Netbook mit dem von Google entwickelten Betriebssystem **Chrome OS** zu erwerben. Vom Ansatz her ist eine solches Netbook lediglich mit einem kleinen SSD-Speicher (z. B. 32 GByte) ausgestattet und speziell darauf abgestimmt, Anwendungsprogramme *nicht* lokal zu installieren, sondern diese als **Cloud**-Anwendung (Kap. 8.5.7) über das Internet zu nutzen und sämtliche Daten auch dort dezentral zu speichern. Da beim Systemstart kaum Software geladen werden muss, liegt die Bootzeit unter 10 Sekunden. Google bezeichnet diese Netbooks werbewirksam als „**Chromebooks**“.

8.1.4 Tablets

Ein **Tablet (engl. „Schreibtafel")** ist ein mobiler Computer in einem sehr flachen Gehäuse (≤ 2 cm) ohne Maus und Tastatur. Die Bedienung erfolgt mit einem digital arbeitenden Stift (Stiftfunktion) oder direkt mit dem Finger (Touchfunktion) über das berührungsempfindliche Display, welches meist die gesamte Oberseite des Gehäuses ausfüllt.

Ein **konvertibles Tablet** besteht aus zwei zusammengehörenden Komponenten. Der Tablet-Teil sieht wie ein handelsübliches Tablet aus und kann auch unabhängig so genutzt werden (Tablet-Modus). Durch Kombination mit dem zugehörigen Tastatur-Teil bietet das Gerät erweiterte Funktionalität und kann wie ein handelsübliches Notebook genutzt werden (Notebook-Modus). Alternativ findet man auch die Bezeichnungen **Hybrid-Tablet** oder **Two-in-One**.

a) b)

Bild 8.6: Beispiele für konvertible Tablets: a) Tablet-Teil um 360° klappbar, b) Tablet-Teil abnehmbar

Die technische Ausstattung und der Funktionsumfang aktueller convertibler Tablet-PCs ist vielfach vergleichbar mit einem klassischen Notebook, d. h. sie arbeiten mit aktuellen Windows- oder Linux-Betriebssystemen, verfügen je nach Ausstattung über die handelsüblichen Schnittstellen (z. B.: USB, HDMI, eSATA), eine leistungsstarke x86-CPU (Kap. 8.2.2; z. B. Core i7), einen SSD und einen bis zu 8 GByte großen Arbeitsspeicher. Die Displaygrößen reichen von 11 Zoll bis zu 13,3 Zoll bei einer Auflösung von bis zu 2736 × 1824 Pixeln (Kap. 8.2.8.1; z. B. Microsoft Surface Pro 4, Seitenverhältnis 3 : 2)! Abhängig vom jeweiligen Gerät ist der Tablet-Teil abnehmbar oder um 360° umklappbar (Bild 8.6). Zur Bedienung im Tablet-Modus ist eine Unterstützung von Stift- bzw. Touchfunktionen seitens des Betriebssystems erforderlich. Diese Funktionen werden bei aktuellen Betriebssystemen während der Installation automatisch auf einem Tablet installiert.

Darüber hinaus wurde mit der Markteinführung des **iPads** der Firma Apple eine völlig neue Art von Tablets kreiert. Das iPad und die nachfolgenden vergleichbaren Geräte anderer Anbieter unterscheiden sich in wesentlichen Punkten von den bisherigen Tablet-Computern.

Bild 8.7: Beispiele für Tablets: a) iPad Pro; b) Tablet von Samsung

Diese neuartigen Tablets sind mehrheitlich für fingerbedienbare Anwendungen ausgelegt und verwenden meist CPUs auf **ARM-Basis** (Kap. 8.2.2) Sie benötigen daher anders geartete Betriebssysteme als die herkömmlichen Geräte dieser Art (z. B. iOS oder Android, Kap. 8.3.1.5).

Diese Tablets sind extrem dünn ($\leq$ 1 cm) und speziell auf die mobile Kommunikation mit dem Internet ausgelegt. Je nach technischer Ausstattung erfolgt die Internetverbindung:

- mittels eines eingebauten WLAN-Adapters, der den Zugang über einen in Reichweite befindlichen WLAN-Accesspoint herstellt (Kap. 8.5.5), und/oder
- über ein eingebautes Mobilfunkmodem, mit dem sich das Gerät per UMTS oder LTE (Kap. 8.1.1.5) in ein vorhandenes Mobilfunknetz einwählt. Dieses stellt dann die Verbindung zum Internet her. Das direkte Telefonieren wie mit einem klassischen Smartphone ist über dieses Modem meist nicht möglich, mit entsprechenden Zusatzprogrammen (z. B. FaceTime, Skype) und einer eingebauten Frontkamera kann allerdings Videotelefonie betrieben werden.

Ein Tablet mit integriertem Mobilfunkmodem kann selbst als privater Hotspot dienen. Hierbei wird eine bestehende UMTS- oder LTE-Verbindung über das Tablet per WLAN auch anderen Geräten zur Verfügung gestellt.

> Die Fähigkeit eines Gerätes, seine eigene Mobilfunkverbindung einem anderen Gerät als Internetzugang zur Verfügung zu stellen, wird als **Tethering** bezeichnet.

Voraussetzung ist hierzu allerdings ein entsprechender Mobilfunktarif, der diese Funktion auch unterstützt.

Die meisten Tablets (sowie auch andere portable Geräte) unterstützen einen oder mehrere spezielle Funkstandards, mit denen man auf direktem Wege einen Videostream an einen kompatiblen Empfänger übertragen kann. Weit verbreitet sind der offene Funkstandard **Miracast**, sowie Apples **AirPlay** oder Googles **Chromecast**.

> **Miracast** ist ein von der WiFi-Alliance definierter herstellerübergreifender Standard für die Punkt-zu-Punkt-Übertragung eines Videostreams zwischen zwei Endgeräten (z. B. Tablet und Fernseher) ohne Einbindung in ein WLAN (WiFi-Direct-Standard, Kap. 8.5.5). Unterstützt wird eine Auflösung bis hin zu Full-HD (1920 $\times$ 1080 Pixel) sowie 5.1-Surround-Sound (Kap. 8.2.8.2).

Weitere gängige Merkmale von Tablets sind:

- geringes Gewicht (z. B. iPad 9,7 Pro: ca. 440 Gramm bei einer Größe von ca. 24 cm $\times$ 6,9 cm $\times$ 0,65 cm)
- je nach Gehäuseabmessungen sensitive Displays von 8 Zoll bis 13 Zoll; die Auflösungen liegen hierbei je nach Displaygröße und Preis zwischen 800 $\times$ 480 Pixel und 2224 $\times$ 1668 Pixel (iPad 10,5 Pro) bei Helligkeitswerten bis zu 600 cd/m^2 (Kap. 8.2.11)
- Multitouchbedienung durch Fingerberührung (Gestensteuerung ohne Druck auf das Display auszuüben aufgrund kapazitiver Touchtechnologie)
- ohne langen Bootvorgang sofort betriebsbereit und intuitiv bedienbar

- kein integriertes Festplattenlaufwerk, sondern lediglich ein interner SSD-Speicher (Kap. 8.2.7.2), der nachträglich meist nicht erweiterbar ist
- keine oder nur eine geringe Anzahl von externen Schnittstellen, auch ein Slot für externe Speicherkarten ist nicht immer vorhanden
- durch **Apps** (Abkürzung für **App**lications, d.h. kleine Programmtools) in ihrem Funktionsumfang multimedial erweiterbar
- mobile Energieversorgung durch eingebauten Akku (Li-Ion, NiMH, Li-Polymer, Kap. 4.2.2.2); Akku-Aufladung meist über einen USB-Anschluss, anschließbar an die USB-Buchse eines Desktop-PCs oder an ein entsprechendes externes Netzteil; alternativ auch drahtlose Energieübertragung (z.B. Qi-Standard, Kap. 8.1.1.5)

Neben der reinen Fingerbedienung bieten einige Hersteller auch Tablets an, die mit einem speziellen Stift (Stylus, Kap. 8.2.10) bedienbar sind. Hiermit lassen sich wesentlich besser Zeichnungen anfertigen und eine Schrifterkennung durchführen.

8.1.5 Smartphone

Als **Smartphone** bezeichnet man einen Kleinst-Computer im Taschenformat (früher: „Pocket-PC“; Abmessungen ca. 7 cm × 15 cm × 0,8 cm; B × T × H), bei dem die Funktionen eines Mobiltelefons (Handy) und eines elektronischen Organizers (**PDA**: **P**ersonal **D**igital **A**ssistant) verknüpft werden. Es verfügt über ein Betriebssystem, welches dem Benutzer die Installation einer Vielzahl individueller Anwendungen (Apps) ermöglicht, die ursprünglich einem Desktop-PC vorbehalten waren.

Aktuell haben sich bei den Smartphones mehrheitlich die Betriebssysteme Android (hoher Marktanteil) und iOS (geringerer Marktanteil) etabliert.

Die Bedienung erfolgt über das sensitive TFT- bzw. AMOLED-Display (Kap. 8.2.11.2). Hierbei hat sich durchgängig die Gestensteuerung per Finger gegenüber der Stifteingabe durchgesetzt. Die Texteingabe erfolgt über eine eingeblendete Bildschirmtastatur (Softkeyboard), nur vereinzelt sind Geräte zusätzlich mit einer Hardware-Tastatur ausgestattet. Als CPU werden speziell konfigurierte energiesparende ARM-Prozessoren mit bis zu acht Kernen verwendet (Kap. 8.2.2), die Taktfrequenzen liegen zum Teil oberhalb von 1,5 GHz.

Abhängig vom Preis werden je nach Modell folgende mögliche Ausstattungsmerkmale zur Verfügung gestellt:

Bild 8.8: Beispiel für ein Smartphone

Ausstattung	Merkmale/Apps (Beispiele)
Kommunikation	Telefonie (per Mobilfunknetz oder WLAN), Videofonie, Chat, SMS, MMS, E-Mail, Internet, Tethering
Medienwiedergabe	Audio-Player, Video-Player, Foto- u Videokamera, Bildbetrachter, E-Book-Reader, PDF-Reader, Radio-Empfänger, TV-Empfänger

Ausstattung	Merkmale/Apps (Beispiele)
Datenspeicher	interner Flash-Speicher, Slot für externe Speicherkarte
Spielekonsole	diverse Spiele
Navigation	**GPS**-Empfänger (**G**lobal **P**osition **S**ystem), Landkarten, standortbezogene Dienste („Local Averness“; POI: Points of Interest); **A-GPS** (Assisted-GPS: Standortbestimmung durch zusätzliche Auswertung des vom Smartphone gesendeten Funksignals); **GLONASS**-Empfänger (russische Alternative zum amerikanischen GPS)
Organizer-Funktionen (PIM: Personal Information Manager)	Office-Anwendungen, Adressbuch, Terminkalender, Notizen, Aufgabenliste, Geburtstagsliste
Sprach- und Datenverbindungen	– **GSM** (**G**lobal **S**ystem for **M**obile Communications), 2. Mobilfunkgeneration (2G), Datenrate 9,6 kBit/s; erweiterte Standards: **HSCSD** (**H**igh **S**peed **C**ircuit **S**witched **D**ata, Datenrate bis ca. 115 kBit/s); **GPRS** (**G**eneral **P**acket **R**adio **S**ervice; Datenrate bis ca. 171 kBit/s); **EDGE** (**E**nhanced **D**ata-Service for **G**SM **E**volution, Datenrate bis ca. 384 kBit/s) – **UMTS** (**U**niversal **M**obile **T**elecommunications **S**ystem), 3. Mobilfunkgeneration (3G), Datenrate bis 2 Mbit/s; erweiterter Standard: **HSOPA** (**H**igh **S**peed **O**FDM **P**acket **A**ccess, OFDM: Abk. für eine spezielle Modulationstechnik, Datenrate bis ca. 100 Mbit/s) – **LTE** (**L**ong **T**erm **E**volution), 4. Mobilfunkgeneration (4G), Datenrate bis ca. 300 Mbit/s, erweiteter Standard: **LTE Advanced**, Datenrate bis ca. 3 Gbit/s – USB (Kap. 8.2.5.3) – Bluetooth (Kap. 8.2.6.7) – **NFC** (**N**ear **F**ield **C**ommunication, Kap. 8.2.6.8) – **WLAN** (**W**ireless **L**ocal **A**rea **N**etwork, Kap. 8.5.5)
Sensoren	Bewegungssensor, Lagesensor, Magnetfeldsensor, Lichtsensor, Näherungssensor in Microsystemtechnik (**MEMS**: **M**icro-**E**lectro-**M**echanical **S**ystems)

Bild 8.9: Funktionen und technische Ausstattung von Smartphones (Beispiele)

Alle gespeicherten Informationen lassen sich mit einer jeweils vorhandenen Desktop- oder Cloud-Anwendung (Kap. 8.3.5) synchronisieren. Hierdurch bildet das Smartphone die Basis für eine individuelle, multifunktionale und mobile Büro- und Datenkommunikation mit nur einem Gerät.

Für die Kommunikation über ein Mobilfunknetz muss eine vom jeweiligen Netzanbieter aktivierte **SIM-Karte** (**S**ubscriber **I**dentity **M**odule) im Gerät vorhanden sein (**Standard-SIM**: 25 mm × 15 mm, **Micro-SIM**: 15 mm × 12 mm oder **Nano-SIM**: 12,3 mm × 8,8 mm). Auf dieser ist die international gültige, benutzerspezifische **Teilnehmer**kennung **IMSI** (**I**nternational **M**obile **S**ubscriber **I**dentity) gespeichert. Sie besteht aus bis zu 15 Ziffern und ist **nicht** identisch mit der Teilnehmer-Rufnummer, die ebenfalls auf der SIM-Karte gespeichert ist. In einigen Bereichen verwendet man auch eine so genannte **eSIM**-Karte (embedded-SIM), die fest in einem Gerät verbaut ist und nicht mehr ausgewechselt werden kann (z. B. **eCall-System** im Kfz). Darüber hinaus verfügt jedes Smartphone über eine **Geräte**kennung (**IMEI**-Nummer: **I**nternational **M**obile **E**quipment **I**dentity) zur eindeutigen Identifizierung im Netz (steht meist auf dem Typenschild oder abrufbar über Eingabe der Tastenkombination *#06#).

Mit einem Smartphone, das sich per WLAN über einen Hotspot ins Internet einwählt, sind auch – meist kostenlose – **VoIP**-Telefonate (Kap. 8.5.6) möglich.

Die meisten Smartphones verfügen über eine Micro-USB-Buchse, die ein Aufladen des Akkus mit einem handelsübliches Ladegerät ermöglicht. Dieses sollte der Norm EN 62684 entsprechen. Diese Norm legt einige Sicherheitsvorschriften fest (z. B. Überspannungs- und Überstromabschaltung, maximale Störemissionen). Eine Aufladung ist auch bei Anschluss per USB an einem PC möglich. Alternativ existieren auch Geräte, die per *drahtloser Energieübertragung* aufgeladen werden können. Hierzu wurde beispielsweise durch ein Entwicklungsgremium (**WPC**: **W**ireless **P**ower **C**onsortium) der **Qi-Standard** definiert, der entsprechende Spezifikationen für die induktiv (Kap. 1.9.3) arbeitenden Energiesender, Ladevorrichtungen und Energie-Empfangsmodule festlegt.

8.1.6 Desktop-PC

Ein **Desktop-PC** besteht im Wesentlichen aus einer Hauptplatine, deren Größe genormt ist und auf der die wichtigsten Verarbeitungseinheiten und Anschlüsse des Computers platziert sind. Vom Grundkonzept her lässt sich ein Desktop-PC *modular* mit zusätzlichen Komponenten und einbaubaren Peripheriegeräten (z. B. Speicherriegel, Grafikkarte, Festplatte, DVD/BD-Laufwerk) aufbauen.

Abgesehen von den Geräten zur Eingabe und zur Ausgabe (z. B. Tastatur, Maus, Display) befinden sich sämtliche Komponenten in einem genormten Metallgehäuse, dessen Größe die Anzahl der einbaubaren Geräte bestimmt (z. B. Anzahl der Einschübe, Bild 8.10). Hierbei handelt es sich um sogenannte **Desktop-Gehäuse**, die meist auf dem Arbeitstisch stehen, oder um **Tower-Gehäuse**, die meist neben dem Arbeitstisch platziert werden. Die Gehäuse müssen aus Schutzgründen geerdet werden (Kap. 6.4.2.1).

Bild 8.10: Beispiele für Desktop- und Towergehäuse

8.1.7 Sonstige Geräteklassen

Weitere mögliche Geräteklassen und Bezeichnungen sind in der folgenden Tabelle zusammengefasst. Hierbei handelt es sich aber teilweise auch nur um spezielle Unterfamilien bereits genannter Klassen.

Bezeichnung	Merkmale/Eigenschaften
Nettop	– resultiert aus den Begriffen **Net**work und Desk**top** – wurde als Marketingbezeichnung von Intel kreiert – kleine und preiswerte Desktop-PCs mit eingeschränkter Funktionalität und geringerem Schnittstellenangebot – meist Atom-Prozessor, WLAN-fähig und mit Netzwerkschnittstelle versehen – SSDs als Massenspeicher
All-in-One-PC (**AiO**-PC)	– Computer, bei dem die gesamte Rechnertechnik mit in das Monitorgehäuse platziert wird, daher sehr platzsparend – Leistungs- und Ausstattungsmerkmale vergleichbar mit denen eines Desktop-PCs – Tastatur und Maus meist kabellos verbunden
Ultra Mobile-PC (**UMPC**)	– kleiner, portabler Computer, der per WLAN überall kommunizieren kann – konzeptionell von Intel und Microsoft entwickelt – Bedienung über den 7 bis 10 Zoll großen Touchscreen, arbeitet mit Windows-Betriebssystemen – geringe Leistungsaufnahme – mit verschiedenen Büro-Anwendungen sowie **GPS** (**G**lobal **P**osition **S**ystem) ausgestattet – kann auch zur multimedialen Unterhaltung verwendet werden (Spiele, Video)
Phablet	– zusammengesetzt aus den englischen Bezeichnungen **Ph**one und T**ablet** (im Deutschen manchmal auch als ***Smartlet*** bezeichnet) – Namensschöpfung für Geräte, die Eigenschaften eines Smartphones (insbesondere die Telefonfunktion) mit denen eines Tablets (insbesondere die größere Bildschirmdiagonale als bei Smartphones allgemein üblich) kombinieren – eigentlich keine eigene Geräteklasse, da eine genaue Abgrenzung zu klassischen Smartphones nur schwer möglich, sondern eher eine Marketing-Bezeichnung der Hersteller
E-Book-Reader	– Geräteklasse mit Abmessungen von ca. 13 cm × 19 cm × 0,8 cm, sehr leicht und speziell für die Darstellung elektronischer Publikationen (eBooks) konzipiert – Displaygrößen meist 6 Zoll, bei anderen Geräteabmessungen (z. B. 18 cm × 26 cm × 0,8 cm) auch bis zu 10 Zoll – Touchsreen-fähige **E-Paper-Displays** (Kap. 8.2.11.5) – Auflösung bis zu 1600 × 1200 Pixeln, Gewicht < 600 Gramm – modellabhängig auch WLAN- bzw. UMTS-fähig – verwenden ARM-Prozessoren, interner Flash-Speicher kann bis zu 1 500 Bücher (!) speichern – Betriebsdauer über mehrere Tage (Lithium-Polymer-Akku)
Wearables	– intelligente Kleinstcomputer, die am Körper getragen werden, in Kleidung integriert sind oder sich in Alltagsgegenständen befinden – sie arbeiten möglichst unbemerkt im Hintergrund, unterstützen den Nutzer in alltäglichen Situationen oder überwachen seine Körperfunktionen – verwenden vielfach **Android-Wear** als Betriebssystem; Datenübertragung zum Smartphone über **Bluetooth Low Energy** (Kap. 8.2.6.7) – Beispiele: **Datenbrille** (Geotracking, Einblendung ortsbezogener Informationen) **Fitnessarmband** (z. B. Messung von Pulsfrequenz, Wegstrecke usw.)

Bild 8.11: Sonstige Geräteklassen (Beispiele)

Aufgaben

1. Was versteht man im Zusammenhang mit Computern unter dem „EVA-Prinzip“?
2. Die grundlegenden Funktionen eines Computers lassen sich in einem einfachen Blockschaltbild aus vier Funktionseinheiten darstellen. Skizzieren Sie ein solches Blockschaltbild und benennen Sie diese Einheiten.
3. Was versteht man unter einer „PC-Geräteklasse“? Nennen Sie verschiedene Geräteklassen.
4. Welche technischen Merkmale weist ein „Barebone“ auf?
5. Nennen Sie wesentliche Unterschiede, die zwischen einem Desktop-PC und einem Notebook bestehen.
6. Bei welchen Computertypen werden sogenannte PC-Cards eingesetzt? Welche Kartentypen unterscheidet man? Nennen Sie wesentliche Eigenschaften.
7. Als Massenspeicher findet man bei Netbooks Festplattenlaufwerke oder Solid-State-Drives. Nennen Sie jeweils die Vor- und Nachteile beider Speichermedien.
8. Erläutern Sie die Unterschiede zwischen einem „Tablet-PC“ und einem „Tablet“.
9. Was versteht man unter dem Begriff „Tethering“?
10. Über welche Ausstattungsmerkmale verfügt ein modernes Smartphone?

8.2 Computer-Hardware

Die **Computer-Hardware** umfasst sämtliche physikalisch vorhandenen Komponenten eines Computersystems, einschließlich aller zusätzlichen Einrichtungen (Bildschirm, Tastatur, Maus, Modem usw.)

Die Darstellung in Bild 8.12 zeigt den prinzipiellen Aufbau eines Desktop-PCs. Die Blockschaltbilder von anderen Geräteklassen (Barebone, Notebook, Nettop, Tablet) sehen prinzipiell ähnlich aus, weisen aber ggf. eine einfachere Struktur auf und verfügen daher über weniger Erweiterungsmöglichkeiten. Auch die Anzahl der Schnittstellen ist geringer.

Auf die einzelnen dargestellten Funktionsblöcke wird in den folgenden Kapiteln ausführlich eingegangen.

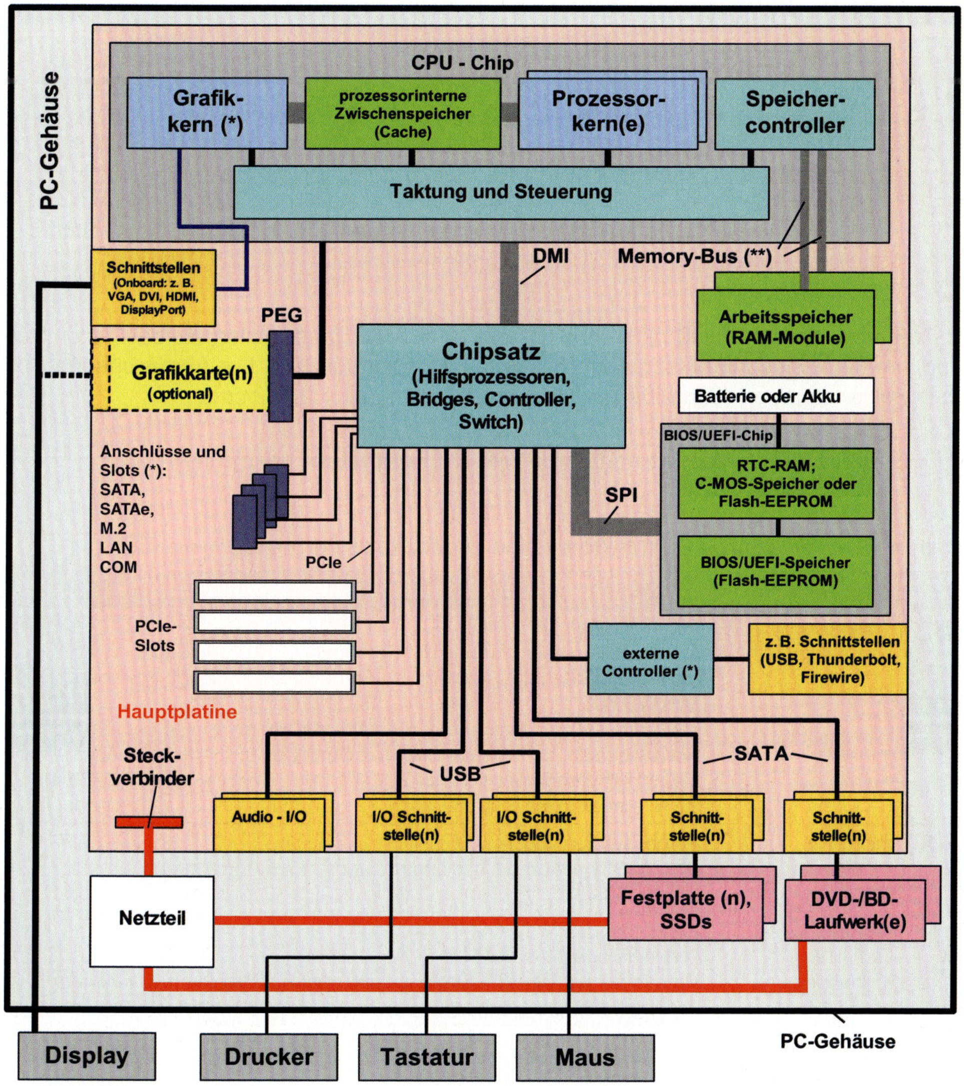

BIOS:	Basic Output System	DVI:	Digital Video Interface	PCIe:	PCI express
C-MOS:	Complementary-Metal Oxid Semiconductor	SPI:	Serial Peripheral Interface	PEG:	PCIe for Graphics
CPU:	Central Processing Unit	HDMI:	High Definition Multimedia Interface	RAM:	Random Access Memory
DMI:	Direct Media Access	SSD:	Solid State Drive	ROM:	Read Only Memory

(*): optional, herstellerabhängig sind Abweichungen möglich; (**) bis zu 4 Speicherkanäle

Bild 8.12: Erweitertes Blockschaltbild der PC-Hardware

8.2.1 Motherboard

Das **Motherboard** ist eine Trägerplatte aus Kunstharz (Platine), auf der diejenigen Komponenten (ICs, Widerstände, Kondensatoren, Steckverbinder usw.) eines PCs angeordnet sind, die für seine grundsätzliche Funktion erforderlich sind. Es wird auch **Mainboard** oder **PCB** ***(printed circuit board)*** genannt und enthält in mehreren Schichten *(layer)* elektrisch leitfähige Bahnen, über die die entsprechenden Bauelemente miteinander verbunden sind und über die Daten in Form von elektrischen Strömen fließen können.

Die Trägerplatinen unterliegen in ihrer Größe und ihrem prinzipiellen Aufbau einer Normung, um den Einbau in entsprechende Gehäuse zu ermöglichen. Die Abmessungen werden in Zoll angegeben (Schreibweise: 1″; lies: 1 Zoll; 1 Zoll = 2,542 cm).

! Die Normung von Motherboards wird als **Formfaktor** bezeichnet.

Neben anderen speziellen Formfaktoren sind in der Praxis verbreitet:

Abk.	Bezeichnung	Merkmale
ATX	Advanced Technology Extended	– Abmessungen: 12″ × 9,6″ – übersichtlichere Anordnung der Komponenten in vorgesehenen Bereichen gegenüber dem älteren Formfaktor BAT (Baby Advanced Technology) – genormte Platzierung der externen Anschlüsse an der Gehäuserückseite – Netzteileinschub mit genormten Abmessungen und Anschlüssen – genormter verpolungssicherer Stecker mit 20 bzw. 24 Pins für die Energieversorgung des Boards
µATX	microATX	– Abmessungen: 9,6″ × 9,6″ – weniger Erweiterungsslots und geringerer Leistungsumfang als ATX, billiger herstellbar
Mini-ITX	Mini Integrated Technology Extended	– Abmessungen: 6,7″ × 6,7″ – verwendet bei Netbooks – passen auch in ein ATX-Gehäuse und können von einem ATX-Netzteil über einen 20-poligen Normstecker mit Energie versorgt werden

Bild 8.13: Formfaktoren (Beispiele)

Mainboards werden von verschiedenen Herstellern angeboten. Aufgrund neuer EU-Richtlinien (**RoHS**: **R**estrictions **o**f the Use of certain **H**azardous **S**ubstances in Electrical and Electronic Equipment; Richtlinie zu Verwendungsbeschränkungen für bestimmte gefährliche Stoffe in Elektro- und Elektronikgeräten) dürfen bei der Herstellung nur Materialien verwendet werden, die wenig umweltbelastend sind („Green Mainboard“).

Trotz des ATX- bzw. ITX-Formfaktors unterscheiden sich die Boards hinsichtlich ihrer Leistungsmerkmale, der Anzahl der verwendeten Komponenten (z. B. Slotzahl) sowie deren Anordnung voneinander. Zu jedem Mainboard gehört deshalb ein Handbuch *(manual)*, in dem die Lage der einzelnen Komponenten bzw. Baugruppen dargestellt wird.

Bild 8.14: Beispiel für eine Mainboarddarstellung

Sämtliche Slots, Steckverbinder und externen Anschlüsse sind bei modernen Boards farblich gekennzeichnet, um eine Verwechslung auszuschließen.

Des Weiteren beinhaltet das Manual Warnhinweise über den Umgang mit den vorhandenen Komponenten. Diese sollte man beachten, da sonst an einzelnen Bauteilen Funktionsstörungen durch elektrostatische Einflüsse auftreten können.

WARNING!

Computer motherboards contain very delicate integrated circuit chips. To protect them against damage from stativ electricity, you should follow some precautions whenever you work on your computer.

1. Unplug your computer when working on the inside.
2. Use a grounded wrist strap before handling computer components. If you do not have one, touch both of your hands to a safely grounded object or to a metal object, such as the power supply case.
3. Hold components by the edge and do not try to touch the chips, leads or connectors, or other components.
4. Place components on a grounded antistatic pad or on the bag that came with the component whenever the components are separated from the system.

Bild 8.15: Warnhinweise über den Umgang mit Motherboards

8.2.2 Prozessor

Der **Prozessor** – genauer der Hauptprozessor (**CPU**: **C**entral **P**rocessing **U**nit) – stellt das Kernstück eines Personal Computers dar und ist damit die zentrale Verarbeitungseinheit des Rechners.

Er basiert auf der sogenannten Mikrochiptechnologie, bei der mehrere Millionen (!) Transistoren auf einem nur wenige Quadratzentimeter großen Trägermaterial – dem **Mikrochip** – aufgebracht werden. Deswegen wird er oft auch als **Mikroprozessor** bezeichnet.

Bild 8.16a: CPU

Bild 8.16b: Prozessor-Kühlblock

Microprozessoren unterscheiden sich in ihrer Architektur und den damit verbundenen Befehlssätzen voneinander. Sie wurden früher meist nur mit Buchstaben und Ziffern gekennzeichnet. Der bekannteste Vertreter ist die sogenannte **x86-Architektur**, die auch heute noch namensgebend für die in vielen Computern eingesetzten, auf dieser Architektur basierenden Prozessoren ist. Darüber hinaus werden von allen Herstellern auch spezielle Produktbezeichnungen verwendet (z. B. Intel: Atom, Celeron, Core 2 Duo, Core 2 Quad, Core i7; AMD: Athlon, Phenom). Diese sind urheberrechtlich geschützt und dürfen von anderen Firmen nicht mehr verwendet werden.

In Geräten der mobilen Kommunikation (Smartphone, Tablet) findet man hingegen vorwiegend Prozessoren, denen die sogenannte **ARM-Architektur** (**A**dvanced **R**ISC **M**achines) zugrunde liegt.

Während des Betriebs entsteht im Prozessor eine große Verlustleistung in Form von Wärme. Um diese Wärme hinreichend schnell abzuführen, sind in jedem Fall ein Kühlkörper und ein Ventilator erforderlich. In Hochleistungssystemen kommen auch alternative Kühlsysteme zum Einsatz (z. B. Wasserkühlung).

8.2.2.1 Prozessor-Kenngrößen

Die Leistungsfähigkeit eines Prozessors hängt von seiner Arbeitsgeschwindigkeit und seinem inneren Aufbau ab. Beides wird mit verschiedenen Kenngrößen und Begriffen angegeben.

Eine maßgebliche Kenngröße für die Arbeitsgeschwindigkeit eines Prozessors ist der **CPU-Takt**. Dieser wird gewöhnlich in Megahertz (MHz) oder Gigahertz (GHz) angegeben und ist im Prinzip die Frequenz, mit der ein Prozessor gemäß Herstellerangaben getaktet werden sollte.

Im Laufe der Prozessorentwicklung wurden immer mehr Funktionen auf einem einzigen Mikrochip integriert. Neben den zentralen Funktionseinheiten (z.B. **ALU**: **A**rithmetic **L**ogic **U**nit; **FPU**: **F**loating **P**oint **U**nit) gehören hierzu auch zunehmend periphere Komponenten (Controller, Schnittstellen, Grafikeinheiten).

> Die zentralen Funktionseinheiten einer CPU werden als **Prozessorkern** (*core*) bezeichnet. Prozessoren mit gleichem Kern, aber unterschiedlichen peripheren Komponenten bilden eine **Prozessorfamilie.** Ein Prozessorchip, auf dem sich neben der CPU auch eigenständig arbeitende Komponenten für Grafikfunktionen (**GPU**: **G**raphic **P**rocessing **U**nit) befinden, wird auch als **APU** (**A**ccelerated **Pro**cessing **U**nit) bezeichnet.

Zur Vergrößerung der Arbeitsgeschwindigkeit werden auf dem Prozessor-Mikrochip zusätzlich schnell arbeitende Cache-Speicher (siehe Kap. 8.2.4.3) implementiert. Zur Steigerung der Leistungsfähigkeit werden sogenannte Mehrkernprozessoren eingesetzt.

> Ein **Mehrkernprozessor** (Muliti-Core-Prozessor) besteht aus zwei, vier oder einer anderen Anzahl gleicher Kerne, die gemeinsam *auf einem einzigen Mikrochip* untergebracht sind.

Diese Kerne können gleichzeitig unterschiedliche Prozesse abarbeiten; sie können aber auch parallel einen einzigen Prozess ausführen. Je nach Prozessortyp und Cacheanordnung ergeben sich unter anderem folgende grundsätzliche Strukturen:

Prozessorstruktur	Merkmale
a) 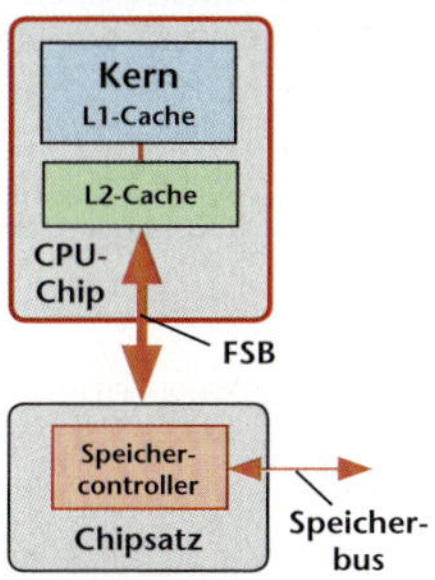	**Single-Core-Prozessor** – Der L1-Cache ist im Kern integriert. – Die CPU verfügt zusätzlich über einen L2-Cache. – Die Verbindung zum Chipsatz erfolgt über den **FSB** (**F**ront **S**ide **B**us; Fa. Intel). – Der Speichercontroller befindet sich im Chipsatz. – Beispiel: Celeron 450 (Sockel LGA 775)
b) 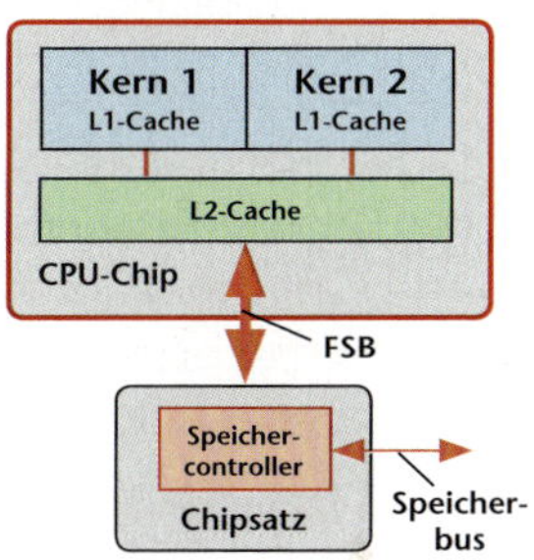	**Dual-Core-Prozessor** – Jeder Kern verfügt über einen eigenen im Kern integrierten L1-Cache. – Die CPU verfügt zusätzlich über einen L2-Cache, auf den beide Kerne zugreifen können. – Die Verbindung zum Chipsatz erfolgt über den **FSB** (**F**ront **S**ide **B**us; Fa. Intel). – Der Speichercontroller befindet sich im Chipsatz. – Beispiel: Core 2 Duo E8700 (Sockel: LGA 755)

<table>
<tr><th>Prozessorstruktur</th><th>Merkmale</th></tr>
<tr><td>c) 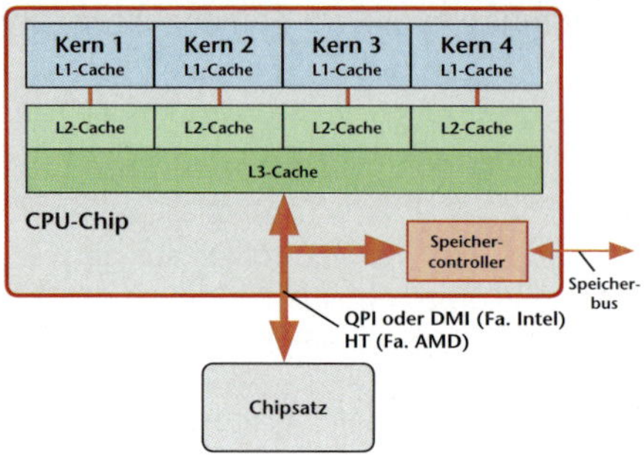
</td>
<td>Quad-Core-Prozessor mit integriertem Speichercontroller
– Jeder Kern verfügt über einen eigenen im Kern integrierten L1-Cache.
– Jeder Kern verfügt zusätzlich über einen eigenen L2-Cache.
– Die CPU verfügt über einen L3-Cache, auf den alle Kerne zugreifen können.
– Die Verbindung zum Chipsatz erfolgt über das QPI-Interface (QuickPath Interconnect; Fa. Intel), DMI (Direct Media Interface) oder mittels HT (HyperTransport; Fa. AMD).
– Der Speichercontroller ist in den CPU-Chip integriert.
– Beispiel: Core i7-5820K (Sockel: LGA 2011-3)</td></tr>
<tr><td>d) 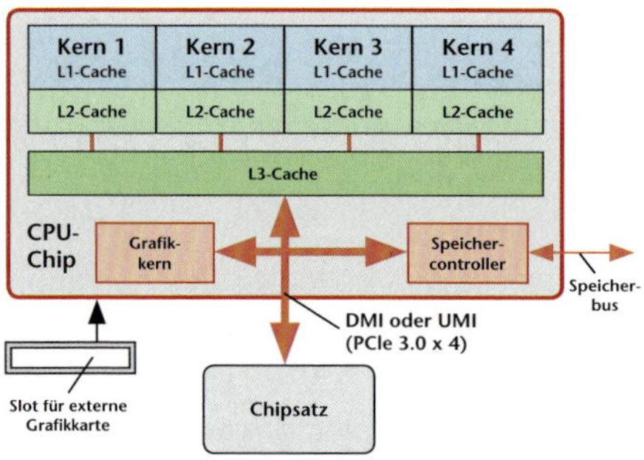
</td>
<td>Quad-Core-Prozessor mit integriertem Speichercontroller und mit Grafikkern
– Jeder Kern verfügt über einen eigenen im Kern integrierten L1-Cache.
– Jeder Kern verfügt zusätzlich über einen eigenen L2-Cache.
– Der Speichercontroller und der Grafikkern ist in den CPU-Chip integriert.
– Auf dem CPU-Chip befindet sich der L3-Cache auf den sowohl alle Kerne als auch die Grafikeinheit zugreifen können.
– Der Chipsatz besteht nur noch aus einem einzigen IC (ehemals Southbridge, Kap. 8.2.3); die Verbindung erfolgt über DMI (Direct Media Interface, Fa. Intel) oder UMI (Unified Media Interface, Fa. AMD).
– Beispiel: Core i7-7700K (Sockel: LGA 1151)</td></tr>
</table>

Bild 8.17: Beispiele für grundsätzliche Prozessorenstrukturen

Weitere charakteristische Unterscheidungsmerkmale bei den Prozessoren sind:

- Größe und Taktung des L2- und des L3-Caches
- Anzahl und Datenrate der unterstützten Speicherbusse (z. B. Dual-Channel, Triple-Channel, Quad-Channel)
- Integration weiterer Funktionseinheiten in den CPU-Chip (z. B. PCIe Root Complex bei Core i7)

Zur Leistungsbeschreibung werden häufig auch die folgenden Begriffe verwendet:

- **MIPS**
  MIPS ist die Abkürzung für „millions of instructions per second", zu Deutsch „Millionen Anweisungen pro Sekunde". Er gibt an, wie viele *Anweisungen* ein Prozessor *durchschnittlich* innerhalb einer Sekunde verarbeitet (zum Vergleich: Pentium III: 500; Core i7: >4000!).

- **FLOPS**
  FLOPS steht für „floating-point operations per second", zu Deutsch „Gleitkomma-

Operationen pro Sekunde" und ist ein Maß für die *durchschnittliche Rechenleistung* eines Prozessors. Ein handelsüblicher Prozessor (z. B. Core i7-Serie) erreicht heute etwa 100 GigaFLOPS (GFLOPS), ein Supercomputer liegt bei einigen PetaFLOPS (PFLOPS; 1 PFLOP = 10^{15} FLOPS).

- **Herstellungstechnologie**
Die Herstellungstechnologie gibt die Größe der in der CPU integrierten elektronischen Bauelemente und deren elektrische Verbindungen an. Kleinere Strukturen bedeuten eine höhere Integrationsdichte und damit eine größere Funktionalität auf gleichem Raum sowie kürzere Verbindungen und damit geringere Signallaufzeiten. Zurzeit werden Strukturen in einer Größe bis 14 bzw. 10 nm (1 nm = 10^{-9} m) realisiert. Dies bedeutet, dass sich mehr als 5 Milliarden Transistoren auf einem Chip integrieren lassen. Allerdings steigt mit höherer Integrationsdichte auch die Wärmeentwicklung pro Flächeneinheit. Um diese Wärmeentwicklung zu verringern, arbeiten moderne Prozessoren zwar mit einer Versorgungsspannung von 3,3 V für den I/O-Bereich (input/output-Bereich), jedoch wird der Prozessorkern *(core)* mit einer geringeren Spannung versorgt (ca. 1,05 V – 1,75 V), die teilweise auch noch in Abhängigkeit von der Auslastung variiert wird (Bezeichnung bei AMD z. B.: „Cool'n Quiet" oder „Enhanced Power Now!"; bei Intel: „**EIST** **E**nhanced **I**ntel **S**peedStep **T**echnology"). Darüber hinaus werden zusätzlich Stromspartechniken eingesetzt, die eine CPU (und auch andere PC-Komponenten) bei geringer Auslastung in „Schlafzustände" versetzt (Sleep-Modes, C-States).

Leistungs-aufnahme	Core 2 Duo L 7400	Core 2 Duo T 7400	Core 2 Duo E 6700	AMD A10-7890-K	Core i5 4690	Core i7 5960X	Atom Z 550
Max.	17 W	35 W	65 W	95 W	84 W	140 W	3 W
Min.	< 3 W	< 5 W	15 W	15 W	10 W	20 W	< 0,1 W

Bild 8.18: Vergleich von CPU-Verlustleistungen

- **Architektur**
Unter der Architektur versteht man bei Mikroprozessoren das technische Prinzip bzw. das Verfahren, nach dem Daten und Programme verarbeitet werden. Man unterscheidet zwischen CISC-Prozessoren und RISC-Prozessoren.
  CISC ist die Abkürzung für „**C**omplex **I**nstruction **S**et **C**omputing" und bezeichnet Allround-Prozessoren, die einen umfassenden, komplexen Befehlssatz verarbeiten können.
  RISC steht für „**R**educed **I**nstruction **S**et **C**omputing" und bezeichnet Prozessoren, die nur einen verhältnismäßig kleinen, aber effizienten Befehlssatz verarbeiten können. Diese Befehle sind derart optimiert, dass sie sehr schnell – meist in einem einzigen Taktzyklus – ausgeführt werden können.

- **Pipelining**
Hierunter versteht man eine Methode für das Holen und Decodieren von Befehlen, bei der sich zu jedem Zeitpunkt mehrere Programmbefehle auf verschiedenen Bearbeitungsstufen befinden. Im Idealfall steht dem Prozessor bereits der nächste decodierte Befehl für die Bearbeitung zur Verfügung, wenn die Bearbeitung des vorhergehenden gerade abgeschlossen ist. Auf diese Weise entstehen für den Prozessor keine Wartezeiten und die gesamte Verarbeitungszeit verkürzt sich. Hierzu sind zusätzliche Register innerhalb des Prozessors erforderlich. Je mehr Pipelines zur Verfügung stehen, desto schneller können Befehle abgearbeitet werden.

- **Hyperthreading**
  Softwareseitig werden auf einem einzigen physikalisch vorhandenen Prozessor mehrere logische CPUs simuliert, sodass eine Anwendung auf diese CPUs verteilt werden kann und in mehreren Prozessen quasi gleichzeitig bearbeitet wird. Voraussetzung hierfür ist ein Betriebssystem, das diese Technologie unterstützt.

Um die Leistungsfähigkeit von Prozessoren (aber auch anderer Hardware und Software) miteinander zu vergleichen, werden sogenannte „**Benchmark**"-Tests („Maßstabs"-Tests) durchgeführt.

8.2.2.2 Prozessor-Befestigung

Die Prozessoren werden – bis auf wenige Ausnahmen (z. B. Atom-Prozessor) – mit entsprechenden Sockeln auf dem Mainboard befestigt. Die allgemeine Bezeichnung **ZIF-Sockel** *(Zero Insertion Force)* bei den Sockeln drückt aus, dass zum Einsetzen des Prozessors in den Sockel kein Kraftaufwand erforderlich ist, der eingesetzte Chip wird nach dem Einsetzen lediglich mit einem kleinen Hebel arretiert, wobei die Kontakte der Fassungen jeweils gegen die Kontakte des Prozessors gepresst werden (AMD-Sockel AM4 mit 1331 Pins, Bild 8.19a).

Intel-Prozessoren besitzen meist keine Pins mehr, sondern an der Unterseite lediglich kleine Kontaktflächen. Die entsprechenden Gegenkontakte im speziell hierfür entwickelten **LGA-Sockel** *(land grid array)* bestehen aus winzigen Federn, auf die der Prozessor vorsichtig – d. h. ohne Berührung dieser Federchen mit den Fingern – gelegt und durch einen Rahmen angedrückt und arretiert wird. Die Zahl hinter der Abkürzung LGA gibt die Anzahl der vorhandenen Kontakte an (z. B. LGA 1151, Bild 8.19b).

Bild 8.19: a) ZIF-Sockel für PINs b) LGA-Sockel mit Federkontakten

8.2.3 Chipsatz

> Der **Chipsatz** verwaltet und koordiniert die anfallenden Daten zwischen dem Prozessor, dem Speicher, den verschiedenen Steckplätzen und den I/O-Schnittstellen. Der Chipsatz beeinflusst somit maßgeblich die „Performance" eines Systems.

Der Chipsatz bestand ursprünglich stets aus zwei ICs mit verschiedenen Aufgabenbereichen (daher die Bezeichnung „Chipsatz").

Zu seinen Aufgaben gehört:

- die Verwaltung der verschiedenen Datenübertragungssysteme (z. B. PCIe, USB; vgl. Kap. 8.2.5) und Schnittstellen (z. B. SATA, eSATA, M.2, Firewire, LAN; vgl. Kap. 8.2.6),
- das Steuern der Datenflüsse von und zu den angeschlossenen Komponenten,
- die Abstimmung der unterschiedlichen Bustakte und Übertragungsraten.

Zur Verwaltung der unterschiedlichen Bussysteme sowie der angeschlossenen Komponenten verfügt der Chipsatz über Controller, die allgemein auch als **Bridges** oder **Hubs** bezeichnet werden, deren genaue Bezeichnungen jedoch bei den Chipherstellern in Abhängigkeit vom jeweiligen Funktionsumfang variieren. Im Zuge der technischen Weiterentwicklung werden inzwischen viele Funktionseinheiten direkt in das CPU-Gehäuse implementiert (kürzere Signalwege, dadurch höhere Verarbeitungsgeschwindigkeit!). Aus diesem Grund besteht der Chipsatz heute nur noch aus einem einzigen IC (wird allgemein aber immer noch als Chipsatz bezeichnet).

<table>
<tr><th colspan="2">Bezeichnung</th><th>Hersteller</th></tr>
<tr><td>Northbridge</td><td>Southbridge</td><td>Intel</td></tr>
<tr><td>Memory Controller Hub (MCH; Version mit integriertem Speichercontroller), Input/Output Hub (IOH; Version ohne integrierten Speichercontroller))</td><td>Input-Output Controller Hub (ICH)</td><td rowspan="2">Intel</td></tr>
<tr><td>...</td><td>Platform Controller Hub (PCH; Einchip-Lösung in Kombination mit CPUs, bei denen der Speichercontroller und der Grafikprozessor im CPU-Uncore-Bereich integriert sind)</td></tr>
<tr><td>...</td><td>Fusion Controller Hub (FCH; Einchiplösung, in Kombination mit einer APU der Fusion-Reihe)</td><td>AMD</td></tr>
</table>

Bild 8.20: Beispiele für Bezeichnungen der Chipsatzkomponenten

Eine mögliche Chipsatz-Struktur mit ihren Verwaltungs- und Steuerungsaufgaben in Verbindung mit einem entsprechenden Prozessor ist im folgenden Bild exemplarisch dargestellt. Abhängig vom jeweiligen Boardhersteller können sich in der Praxis Abweichungen von der Art und der Anzahl der dargestellten Anschlussmöglichkeiten ergeben.

> Der **Chipsatz** ist fester Bestandteil des Motherboards und muss in seinen Eigenschaften und Leistungen stets an das entsprechende Board angepasst sein. Daher ist er ohne Sockel mit dem Board verlötet und kann nicht ausgetauscht werden.

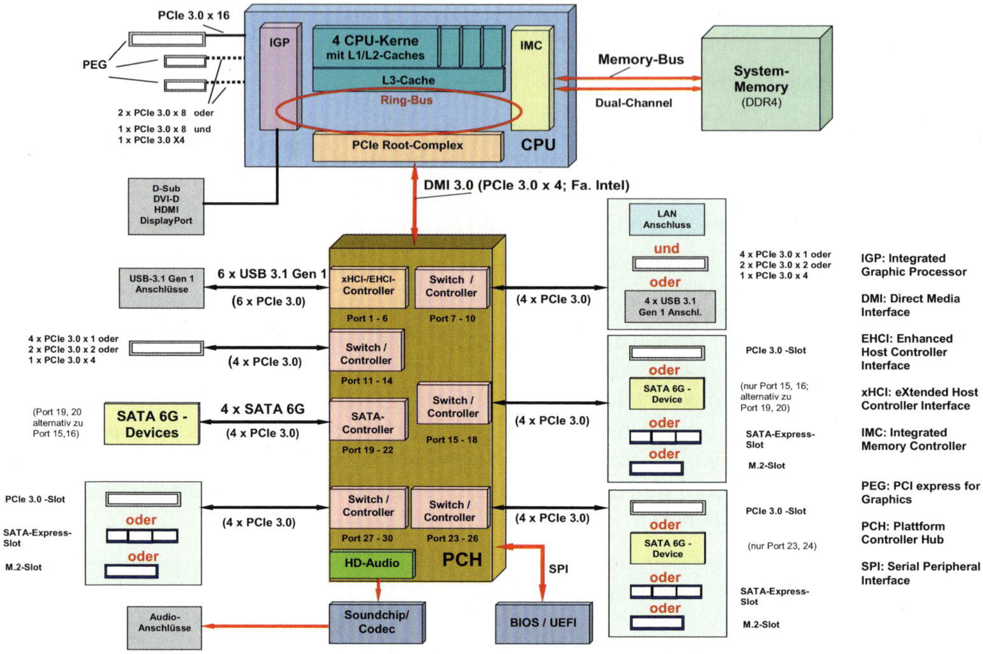

Bild 8.21: Beispiel für einen Chipsatz mit nur einem IC (CPU: Core i7-7700K; Chipsatz: PCH Z 270)

8.2.4 Elektronische Speicher

> Im PC-Bereich versteht man allgemein unter einem **Speicher** ein Medium, das der Aufbewahrung von Daten in computerlesbarer Form dient. Der Begriff „Speicher" *(Memory)* wird im allgemeinen Sprachgebrauch vielfach gleichbedeutend mit dem Begriff „Speichermedium" *(Storage)* verwendet. Dieser bezeichnet aber eigentlich mehr einen „Datenträger" wie z. B. die Festplatte.

Auf dem Motherboard und den ggf. vorhandenen Zusatzkarten wird der „Speicher" in Form von elektronischen **Halbleiterspeichern** verwirklicht. Halbleiterspeicher bestehen aus einer großen Anzahl von elektronischen Bauelementen, die mikroskopisch klein auf dem Halbleiterchip (Speicher-IC) angeordnet sind. Diese Bauelemente bilden einzelne **Speicherzellen**, in denen die Informationen *binär* (0 oder 1) abgelegt werden können. Die Größe eines Halbleiterspeichers wird auch Speicherkapazität genannt. Da bekanntlich 1 Byte aus 8 bits besteht und eine Zelle lediglich einen einzigen binären Zustand speichern kann, sind zur Speicherung von 1 Byte also 8 Speicherzellen erforderlich.

> Die **Speicherkapazität** eines Halbleiterspeichers gibt das Speichervolumen in Byte an. Bei großen Kapazitätswerten erfolgt die Angabe in Kilobyte (kB), Megabyte (MB), Gigabyte (GB) oder Terabyte (TB).

Die verwendeten Buchstaben k, M, G und T sind sogenannte Dezimalpräfixe und stehen abkürzend für die Zahlen 10^3, 10^6, 10^9 und 10^{12}, werden also als Kurzschreibweise für Zehnerpotenzen verwendet (Infomodul D auf **www.westermann.de/links/00815**, siehe Vorwort). Da in der Informationstechnik aber nicht mit Zehnerpotenzen, sondern mit Zweierpotenzen gearbeitet wird, kommt man bei Kapazitätsangaben oft zu unterschiedlichen Ergebnissen (z. B. 64 kB: $64 \cdot 1000 = 64000$ Byte oder aber $64 \cdot 1024 = 65536$ Byte). Um diese Mehrdeutigkeiten zu vermeiden, wurden von einem Normungsgremium die nur im Zusammenhang mit Zweierpotenzen zu verwendenden Einheitenvorsätze **Kibi** für 1024^1, **Mibi** für 1024^2, **Gibi** für 1024^3 und **Tebi** für 1024^4 definiert (**Binärpräfixe**, siehe Kap. 7.1.4.2; Beispiel: 1 MiB = 1 MibiByte = $1024 \cdot 1024$ Byte = 1048576 Byte). Diese Abkürzungen haben sich bisher aber (noch) nicht überall durchgesetzt.

8.2.4.1 Speicherarten

Je nach verwendeter Technologie weisen die verwendeten elektronischen Speicher unterschiedliche Eigenschaften auf. Grundsätzlich unterscheidet man:

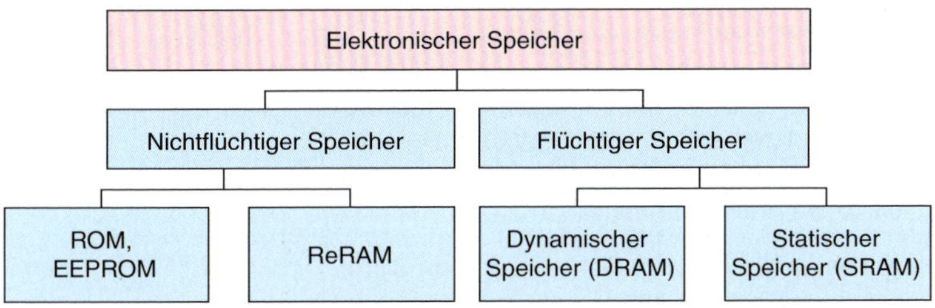

Bild 8.22: Elektronische Speichertypen (vereinfachte Übersicht)

Nichtflüchtige Speicher werden auch als **Festwertspeicher** bezeichnet. Die Abkürzung **RAM** (**R**andom **A**ccess **M**emory; „Speicher mit wahlfreien Zugriff") resultiert historisch aus der Eigenschaft, dass die vorhandenen Speicherzellen (im Gegensatz zu einigen ROM-Speichern) in beliebiger Reihenfolge beschrieben und gelesen werden können.

Bezeichnung	Eigenschaften	Anwendung
ROM *(read only memory)*	■ **Nichtflüchtiger Speicher** *(Non-Volatile Memory)*, d. h. die Daten werden auch nach dem Wegfall der Versorgungsspannung dauerhaft gespeichert ■ ursprünglich nur einmal beschreibbar (daher die Bezeichnung „Nur-Lese-Speicher") ■ heute mehrfach elektrisch beschreibbar und progammierbar (z. B. **EEPROM**: **E**lectrical **E**rasable **P**rogramable-**ROM**)	Speicher für das BIOS/UEFI (Kap. 8.4.1), „Flash-Speicher-Karten"
ReRAM *(resistiv random access memory)*	■ Nichtflüchtiger Speicher (Non-Volatile Memory), seine Speicherfähigkeit beruht prinzipiell darauf, dass bei den hierbei benutzten Materialien (z. B. Nickeloxid, Titanoxid) eine Widerstandsänderung durch das Anlegen einer elektrischen Spannung bewirkt wird, die auch *nach* Abschalten der verursachenden Spannung bestehen bleibt. ■ Die kurzzeitig anliegende Spannung verändert hierbei die Lage bestimmter, eingebetteter Nanokristalle; durch Anlegen einer anderen Spannung ist der Vorgang reversibel und wiederholt durchführbar.	Speicherarrays, z. B. in SSD-Chips (Kap. 8.2.7.2); verschiedene Marketingbezeichnung, z. B. **3D-XPoint** (Da der Speichereffekt hier nicht auf der Speicherung elektrischer Ladungen beruht, spricht man von einer „alternativen Speichertechnik".)

Bezeichnung	Eigenschaften	Anwendung
ReRAM *(Forts.)*	■ Eine Speicherzelle besteht aus einer mikroskopisch kleinen Struktur eines resistiven Materials zwischen zwei Leiterbahnen, an denen die widerstandsändernde Spannung angelegt werden kann. ■ Im Gegensatz zu den Flashspeichern ist bei den ReRAMs *vor* dem Schreiben neuer Inhalte *kein* Löschen von vorhandenen Inhalten erforderlich (dadurch schneller als Flash-EEPROMs)!	
DRAM *(dynamic random access memory)*	■ **flüchtiger Speicher** *(Volatile Memory)*, d.h. die Daten gehen nach Abschalten der Versorgungsspannung verloren ■ Eine Speicherzelle besteht nur aus einem Transistor (FET; vgl. Kap. 2.5) und einem Kondensator, dadurch geringer Platzbedarf pro Zelle auf dem Chip (große Speicherkapazität pro Chipfläche). ■ Die Informationsspeicherung erfolgt durch Speichern elektrischer Ladungen in dem Kondensator. ■ Wegen der Selbstentladung des Kondensators muss dessen Speicherinhalt in kurzen Abständen (ca. alle 30 ms) erneuert werden; diesen „dynamischen" Vorgang bezeichnet man als „**Refresh**". ■ vergleichsweise preiswert herstellbar	Arbeitsspeicher, in Form von Speichermodulen verwendet (kleine Platinen mit Speicher-ICs, die in die auf dem Motherboard befindlichen Slots gesteckt werden)
SRAM *(static random access memory)*	■ **flüchtiger Speicher** *(Volatile Memory)*, d.h. die Daten gehen nach Abschalten der Versorgungsspannung verloren ■ Eine Speicherzelle ist aus Flipflops aufgebaut (siehe Kap. 7.2.5.1), dadurch größerer Platzbedarf auf dem Chip (geringe Speicherkapazität pro Chipfläche). ■ kein „Refresh" erforderlich, daher die Bezeichnung „statisch" ■ schnellere Zugriffszeit als bei DRAM	Cache-Speicher

Bild 8.23: Merkmale elektronischer Speicher im PC

Die Abkürzungen ROM und RAM werden auch in Verbindung mit optischen Speichermedien verwendet (z.B. CD-ROM, DVD-RAM).

Bei dem in Bild 8.12 genannten **C-MOS-Speicher** *(complementary metal-oxid-semiconductor)* handelt es sich um einen speziellen statischen RAM-Typ mit geringer Stromaufnahme, in dem grundsätzliche Informationen über die PC-Systemkonfiguration (z.B. Laufwerksarten, Festplattentypen, Bildschirm) abgelegt sind, die der Computer beim Startvorgang benötigt. Im gleichen Chip ist meist auch die interne Systemuhr (**RTC**: **R**eal **T**ime **C**lock) untergebracht, weshalb dieser Chip in den Handbüchern dann auch als **RTC-RAM** bezeichnet wird. Ist der Rechner ausgeschaltet, wird die Stromversorgung durch eine eingebaute *Primär-* oder *Sekundärzelle* aufrechterhalten, sodass auch die Systemuhr weiterlaufen kann. Die Lebensdauer einer solchen Zelle beträgt je nach Zellenart ca. 5–10 Jahre.

Ein spezieller Festwertspeicher ist das **Flash-EEPROM**, das besonders schnell les- und beschreibbar ist. Er wird auch kurz als „Flash-Speicher" bezeichnet. Die Speicherung erfolgt mithilfe spezieller MOS-FETs (Kap. 2.5.2), die im Inneren eine zusätzliche, isolierte Zone haben, in die sich durch Anlegen einer entsprechenden Spannung dauerhaft Elektronen einbringen oder daraus entfernen lassen. Dieser Speichertyp wird unter anderem in den sogenannten **Flash-Speicherkarten** verwendet, die in verschiedenen Spezifikationen und Bauformen auf dem Markt zu finden sind (z. B. CF-Card, SD-Card). Am weitesten verbreitet in Geräten der Multimediakommunikation sind die **SD**-Karten (**S**ecure **D**igital, Speicherkapazität bis 4 GB). Die erweiterte Spezifikation **SDHC** (**S**ecure **D**igital **H**igh **C**apacity; SD 2.0) erlaubt Speicherkapazitäten bis 32 GB. Der Nachfolgestandard **SDXC** (**S**ecure **D**igital e**X**tended **C**apacity; SD 3.0) bietet Kapazitäten bis zu 2 TB, ist wegen des erforderlichen neuen Dateisystems **exFAT** (Kap. 8.4.4) aber nicht abwärtskompatibel. SD-Karten werden mit unterschiedlichen Abmessungen angeboten (SD, mini-SD, micro-SD), die jeweils **mindestens** garantierte Schreibgeschwindigkeit wird durch Zuordnung einer sogenannten „Speed-Class" angegeben (z. B. SD 2.0: Class 2, 4, 6 oder 10; Class 6: > 6 MB/s).

Bild 8.24: SD-Speicherkarte

8.2.4.2 Arbeitsspeicher

Die Speichermodule des Arbeitsspeichers und die Speicher-ICs auf den Grafikkarten verwenden heute fast ausschließlich DDR-RAMs (**D**ouble-**D**ata-**R**ate-RAM). Im Gegensatz zu den älteren SDR-RAMs (**S**ingle-**D**ata-**R**ate-RAM), bei denen eine Datenübertragung jeweils nur auf jeder negativen Taktflanke erfolgte, ist bei Double-Data-RAMs die Datenübertragung sowohl auf der ansteigenden als auch auf der abfallenden Flanke eines Taktsignals möglich, wodurch sich die Datenrate gegenüber dem SDR-RAM verdoppelt.

> Das Prinzip der Datenübertragung auf der positiven und der negativen Flanke des Taktsignals bezeichnet man als **Double-Data-Rate-Transfer**.

Durch den Einsatz spezieller Übertragungstechniken bei den Weiterentwicklungen (DDR2-RAM, DDR3-RAM, DDR4-RAM) wird die Datenrate nochmals vergrößert. Dadurch ist der Speicherbustakt nicht mehr die allein bestimmende Größe für die maximale Datentransferrate. Aus diesem Grund wird zusätzlich oftmals auch die sogenannte **Geschwindigkeitsklasse** angegeben, in der diese Übertragungstechniken Berücksichtigung finden.

Bild 8.25: DDR4-Speicherriegel

Speicher-modul	Anzahl der Anschluss-pins	Spannung (Daten-leitung)	Interner Chiptakt	Speicher-bustakt (extern)	Geschwindigkeitsklasse
SDR-RAM	168	3,3 V	133 MHz	133 MHz	(PC 133)
DDR-RAM	184	2,5 V 2,6 V (!)	133 MHz 166 MHz 200 MHz	133 MHz 166 MHz 200 MHz	DDR-266 (PC-2100) DDR-333 (PC-2700) DDR-400 (PC-3200)
DDR2-RAM	240	1,8 V	133 MHz 166 MHz 200 MHz 266 MHz	266 MHz 333 MHz 400 MHz 533 MHz	DDR2-533 (PC2-4300) DDR2-667 (PC2-5300) DDR2-800 (PC2-6400) DDR2-1066 (PC2-8500)
DDR3-RAM	240	1,5 V	133 MHz 166 MHz 200 MHz 233 MHz 266 MHz	533 MHz 667 MHz 800 MHz 933 MHz 1066 MHz	DDR3-1066 (PC3-8600) DDR3-1333 (PC3-10600) DDR3-1600 (PC3-12800) DDR3-1866 (PC3-14900) DDR3-2133 (PC3-17000)
DDR4-RAM	288	1,2 V*	266 MHz 333 MHz 400 MHz 533 MHz	1066 MHz 1333 MHz 1600 MHz 2133 MHz	DDR4-2133 (PC4-17000) DDR4-2666 (PC4-21300) DDR4-3200 (PC4-25600) DDR4-4266 (PC4-34128)

Bild 8.26: Eigenschaften von Speichermodulen (*: teilweise auch höhere Spannungen, z. B. 1,35 V)

Alle genannten Speichermodule arbeiten mit einer Datenbusbreite von 64 bit. Bei einem DDR4-RAM mit einem Chiptakt von 333 MHz ergibt sich die maximale (theoretische) Übertragungsrate $v_{Ü\max}$:

$$v_{Ü\max} = \frac{\text{Datenbusbreite} \cdot \text{Geschwindigkeitsklasse}}{8} = \frac{64\,\text{bit} \cdot 2\,666\,\text{MHz}}{8} = 21\,328\,\text{MByte/s}$$
$$\approx 21{,}3\,\text{GByte/s} \quad (\text{bzw. } 20{,}8\,\text{GiByte/s; Werte gerundet, Kap. 7.1.4.2})$$

Durch die gleichzeitige Nutzung mehrerer Speichermodule lässt sich die Übertragungsrate weiter steigern.

> **Dual Channel**, **Triple Channel** und **Quad Channel** bezeichnen die Fähigkeit eines Speichercontrollers, zwei, drei oder vier Speicherkanäle parallel zu betreiben. Pro Kanal lassen sich maximal zwei Speichermodule anschließen.

8.2.4.3 Cache-Speicher

Damit der Prozessor nicht bei jeden Zugriff auf den langsamer arbeitenden Hauptspeicher (System-Memory) warten muss, werden zwischen CPU und Arbeitsspeicher verschiedene Zwischenspeicher geschaltet.

> Der Speicher zwischen Arbeitsspeicher und Prozessor-Kern wird **Cache-Speicher** genannt.

Hierdurch wird der Zugriff des Prozessors auf den Hauptspeicher erheblich beschleunigt, da die Anzahl der Waitstates verringert wird.

Ein **Waitstate** ist eine Pause von einem oder mehreren Taktzyklen, während derer der Prozessor auf Daten warten muss.

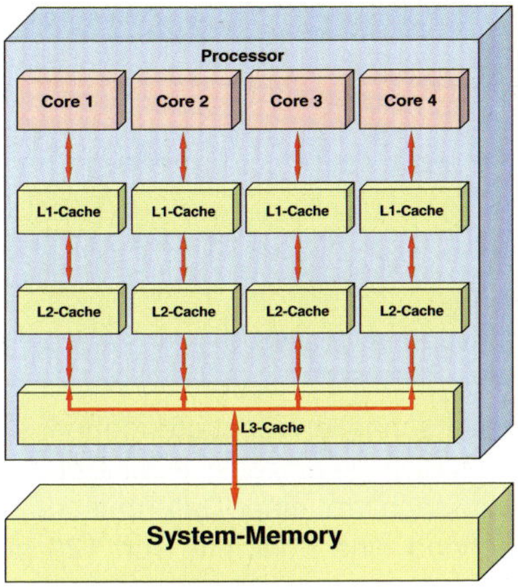

8.27: Cache-Speicher

Der Cache-Speicher arbeitet schneller als der Hauptspeicher, da im Gegensatz zum Hauptspeicher für den Cache schnelle statische RAM-Speicher verwendet werden. Außerdem werden diese Cache-Speicher direkt in den Prozessorchip integriert und arbeiten dann entweder mit dem vollen oder dem halben Prozessortakt. Jeder Prozessorkern einer CPU verfügt heute über einen „**First Level Cache**" (**L1**-Cache: ca. 64–256 KiByte) und einen „**Second Level Cache**" (**L2**-Cache: in der Regel bis zu 6 MiByte). Bei den meisten Prozessoren ist auch eine dritte Cachestufe integriert, die dann als „**Third Level Cache**" (**L3**-Cache, bis zu 12 MiByte) bezeichnet wird, auf welche alle vorhandenen Kerne dann gemeinsam zugreifen können. Erforderliche Daten gelangen vom Arbeitsspeicher zunächst in den Third Level Cache, dann in den Second Level Cache des jeweiligen Kerns und von dort in den entsprechenden First Level Cache. Hier können sie dann ohne Wartezeit vom Prozessorkern zur Verarbeitung abgerufen werden. (Hinweis: Angabe der Speichergröße auch mit Dezimalpräfix möglich; Kap. 4.1.4.2)

8.2.5 Bussysteme

Ein **Bussystem** verbindet die verschiedenen Teile des Systems – Prozessor, Chipsatz, Controller und Arbeitsspeicher – über gemeinsame elektrische Leitungen miteinander und ermöglicht ihnen so den Informationsaustausch.

In Abhängigkeit **von der Art der Informationsübertragung** unterscheidet man parallele und serielle Bussysteme. Darüber hinaus werden als leistungsfähigere Alternative sogenannte „Punkt-zu-Punkt-Verbindungen" eingesetzt. Hierbei handelt es sich aber um **kein** Bussystem, da jedes Gerät über separate Leitungen mit einer entsprechenden Schnittstelle auf dem Motherboard verbunden wird.

Daher wird diese Verbindungstechnik im Kapitel „Schnittstellen" (Kap. 8.2.6) behandelt.

8.2.5.1 Paralleler Bus

Ein **paralleler Bus** liegt vor, wenn eine Gruppe zusammengehörender Bits (Datenwort) **gleichzeitig über separate Leitungen** übertragen werden kann.

Ein paralleler Bus besteht in der Regel aus speziellen Gruppen von Leitungen, die unterschiedliche Arten von Informationen übertragen. Man unterscheidet:

- Datenbus *(data bus)*
- Adressbus *(address bus)*
- Steuerbus *(control bus)*

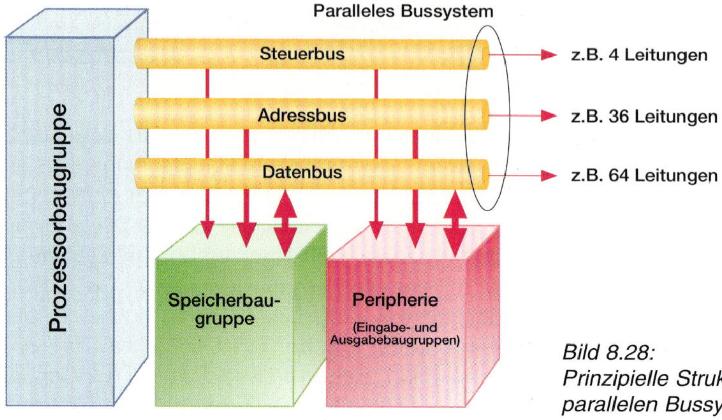

Bild 8.28:
Prinzipielle Struktur eines parallelen Bussystems

Der Informationsaustausch über den **Datenbus** kann umso schneller vonstattengehen, je mehr Leitungen vorhanden sind. Bei 8 Datenleitungen können gleichzeitig 8 binäre Zustände (d. h. 8 bit) übertragen werden; man spricht deshalb auch von einer Datenbusbreite von **8 bit = 1 Byte**; bei 128 Leitungen liegt dementsprechend eine Busbreite von 128 bit bzw. 16 Byte vor.

Die **Datenbusbreite** gibt an, wie viele Leitungen bei einem parallelen Bus gleichzeitig zur Übertragung von Daten zur Verfügung stehen. Bei einem parallelen Bus wird die **Datenübertragungsrate** entweder in **kByte/s, MByte/s** bzw. **GByte/s** (d. h. mit Dezimalpräfix) oder in **KiByte**, **MiByte** *bzw.* **GiByte** (d. h. mit Binärpräfix; Kap. 7.1.4.2) angegeben.

Die Adressierung der Daten erfolgt über den **Adressbus**. Damit man in dem Arbeitsspeicher Daten ablegen und auch wieder auslesen kann, muss **jeder Speicherplatz** mit einer Adresse versehen werden. Die Anzahl der Adressleitungen ist somit der entscheidende Faktor für die Anzahl der maximal adressierbaren Speicherplätze!

Die Anzahl n der maximal ansprechbaren Speicherplätze lässt sich berechnen mit der Gleichung:

$$n = 2^A$$

n = Anzahl der adressierbaren 8-Bit-Speicherplätze
A = Anzahl der vorhandenen Adressleitungen (Adressbusbreite)

Umgekehrt gilt: $$A = \frac{\log n}{\log 2}$$

(log: siehe Infomodul D auf **www.westermann.de/links/00815**, siehe Vorwort)

■ **Beispiel:**

Wie groß ist der maximal adressierbare Speicherbereich bei einer Adressbusbreite von 36 Leitungen?

Lösung

$n = 2^{36}$ Byte = 68.719.476.736 Byte = 67.108.864 KiByte = 65.536 MiByte = 64 GiByte

Umgekehrt gilt: $A = \frac{\log 68.719.476.739}{\log 2} = \frac{10,8}{0,3} = 36$

Über den **Steuerbus** gibt der Prozessor einer angesprochenen Baugruppe bekannt, ob er von ihr Daten empfangen oder zu ihr senden will.

Der Datenbus ist ein **bidirektionaler Bus**, auf ihm werden Daten in **beiden** Richtungen – vom Prozessor zu einer Baugruppe und umgekehrt – bewegt. Der Adressbus und der Steuerbus arbeiten **unidirektional**, d. h. Signale werden nur in **einer** Richtung – vom Prozessor zu den angeschlossenen Baugruppen – gesendet.

In PCs findet man unter anderem folgende parallele Bussysteme:

Busbezeichnung	Datentransport zwischen
FSB *(Front Side Bus)*, Prozessorbus	CPU und Northbridge (sofern vorhanden), vgl. Bild 8.20
Memory-Bus	RAM-Speicher und Northbridge oder CPU-Chip (abhängig von der Anbindung des Hauptspeichers)
PCI-Bus *(Peripheral Component Interconnect)*	PCI-Erweiterungskarten (sofern noch vom Chipsatz unterstützt) und Southbridge

Bild 8.29: Parallele Bussysteme eines PCs

Manches Bussystem gibt es in verschiedenen Ausführungen mit unterschiedlichen technischen Daten (z. B. PCI 1.0: 33 MHz Bustakt; PCI 2.3: 66 MHz Bustakt). Manche Bussysteme findet man nur noch in alten PCs oder im industriellen Bereich (z. B. ISA, EISA). Die wesentlichsten Kenndaten der Bussysteme sind in Bild 8.36 zusammengefasst dargestellt.

8.2.5.2 Serieller Bus

Ein **serieller Bus** liegt vor, wenn eine Gruppe zusammengehörender Bits **nacheinander auf einer Leitung** übertragen wird. Eine solche Busverbindung wird auch als **Link** bezeichnet.

Ein Link besteht entweder nur aus einem einzigen Adernpaar, über das die Datenübertragung wechselsweise in beiden Richtungen erfolgt (bidirektional, halbduplex), oder aus zwei Adernpaaren, über die dann die Datenübertragung richtungsgetrennt und gleichzeitig erfolgt (bidirektional, vollduplex). Sofern keine weiteren Leitungen vorhanden sind, erfolgt die erforderliche Übertragung der Adress-, Steuer- und Datensignale nacheinander auf derselben Leitung! Die Komponenten sind bei einem seriellen Bus zwar prinzipiell ebenfalls parallel angeschlossen, die einzelnen Komponenten „verarbeiten" aber stets nur diejenigen Daten, die per vorangegangener Adressierung für sie bestimmt sind.

Bei einem seriellen Bus wird die **Datenübertragungsrate** in **kbit/s**, **Mbit/s** oder **Gbit/s** angegeben. Zunehmend werden auch die Binärpräfixe **Kibit/s**, **Mibit/s** oder **Gibit/s** verwendet (Kap. 7.1.4.2).

8.2.5.3 USB

Die Abkürzung **USB** steht für **U**niversal **S**erial **B**us (universeller serieller Bus) und bezeichnet einen Standard für den Anschluss externer Geräte an einen seriellen digitalen Bus.

USB ist in verschiedenen Versionen verfügbar, die sich in der jeweils unterstützten Datenrate unterscheiden.

Version (Veröffentlichung)	**Modus**	**max. Übertragungsrate ($Ü_{max}$)**	**typ. Nutzdatenrate****
USB 1.0/1.1 (1994/1998)	Low Speed Full Speed	1,5 Mibit/s 12 Mibit/s	950 Kibit/s 7,6 Mibit/s
USB 2.0 (2000)	High-Speed	480 Mibit/s	300 Mibit/s
USB 3.1 Gen 1 (USB 3.0*) (2008)	SuperSpeed	5 Gibit/s	2,2 Gibit/s
USB 3.1 Gen 2 (USB 3.1*) (2013)	SuperSpeed +	10 Gibit/s	6,7 Gibit/s

*Bild 8.30: USB-Versionen, *: ursprüngliche Bezeichnung; **: Werte gerundet; (Gen: „Generation"; Angabe der Datenraten auch mit Dezimalpräfixen möglich; Kap. 7.1.4.2)*

Die für 2018 erwartete USB-Version 3.2 wird erneut eine Verdopplung der Übertragungsrate bringen ($Ü_{max}$: 20 Gibit/s; Nutzdatenrate ca. 13 Gibit/s). Heutige PCs unterstützen meist unterschiedliche USB-Versionen und verfügen daher über mehrere entsprechende USB-Controller. Der PC kann gleichzeitig als **USB-Host** (steuernde Einheit) *und* als **USB-Hub** (Verteiler) fungieren.

Pro **USB-Port** (USB-Anschluss) lässt sich jeweils *ein* Endgerät oder Hub anschließen, aus übertragungstechnischen Gründen dürfen maximal sechs Hubs hintereinander geschaltet werden. Da USB eine 7-Bit-Adressierung verwendet, lassen sich theoretisch insgesamt bis zu 127 Geräte (Devices) verwalten, z.B. externe DVD/BD-Laufwerke, Drucker, Scanner, digitale Kameras, Spiele-Adapter sowie Maus und Tastatur. Während des laufenden Betriebs können Geräte hinzugefügt oder abgetrennt werden („hot plugging"), die dann automatisch erkannt und initialisiert werden („plug and play"). Die Datenübertragung erfolgt mit differenziellen Signalen (Kap. 7.1.4.2).

Bis einschließlich **USB 2.0** werden zur Verbindung der Geräte vieradrige Kabel verwendet, zwei Adern für den bidirektionalen Datenverkehr und zwei Adern für eine *begrenzte* Energieversorgung angeschlossener Geräte durch den Host (5 V; max. 500 mA).

Bei den USB 2.0-Steckverbindungen unterscheidet man grundsätzlich zwischen den Varianten Typ A und Typ B. Beide sind mechanisch inkompatibel, sodass eine Verwechslung beim Anschluss nicht möglich ist. Der breite **Typ-A-Stecker** wird immer in Richtung zum Host, der quadratische **Typ-B-Stecker** wird immer in Richtung Peripheriegerät verwendet (Bild 8.31a).

Bei Geräten mit kleinen Abmessungen werden auch spezielle verkleinerte Stecker und Buchsen eingesetzt (Mini- und Micro-USB; Mini-USB nicht mehr Bestandteil aktueller Spezifikationen). Diese verfügen meistens über einen zusätzlichen fünften Anschlusskontakt, der zur Geräte-Identifikation dient.

Bei allen Stecker-Ausführungen sind die beiden Kontaktzungen für die Spannungsversorgung länger als die Kontakte für die Signalleitungen. Hierdurch wird sichergestellt, dass beim Einstecken während des laufenden Betriebes die Versorgungsspannung für das Gerät geringfügig eher anliegt als die zu verarbeitenden Daten. Innerhalb dieser kurzen Zeitspanne kann die Geräteelektronik dann jeweils die erforderlichen Betriebswerte annehmen, bevor anliegende Daten verarbeitet werden.

Der Standard **USB 3.1 Gen 1** (alte Bezeichnung: **USB 3.0**) benötigt für den SuperSpeed-Modus (Bild 8.30) zwei zusätzliche Aderpaare. Aus Gründen der Abwärtskompatibilität zu USB 2.0 hat man hierbei den alten Typ A-Stecker beibehalten und lediglich die Kontaktzahl um fünf zusätzliche Anschlüsse erweitert, die hinter den vorhandenen vier Kontakten angeordnet sind. Somit passen alte und neue Typ-A-Stecker mechanisch zusammen. Die Kontaktzunge (oder das Gehäuse) bei den USB 3.1 Gen 1-Steckern/Buchsen ist zur Unterscheidung von reinen USB 2.0-Anschlüssen jeweils blau gefärbt (Bild 8.31b).

Bei dem alten Typ-B-Stecker hingegen fehlt der Platz für zusätzliche Kontakte, dieser bekommt daher einen Anbau, der so gestaltet ist, dass der alte Typ-B-Stecker in die neue Buchse passt, aber nicht der neue Typ-B-Stecker in die alte Buchse. Auch die alten, in Kleingeräten (Kamera, Smartphone usw.) verwendeten *Micro*-Versionen des Typ-B-Steckers bieten keinen Platz für neue Pins und erhalten einen Anbau (Bild 8.31b). Eine *Mini*-Version von USB 3.1 Gen 1-Steckverbindern existiert nicht.

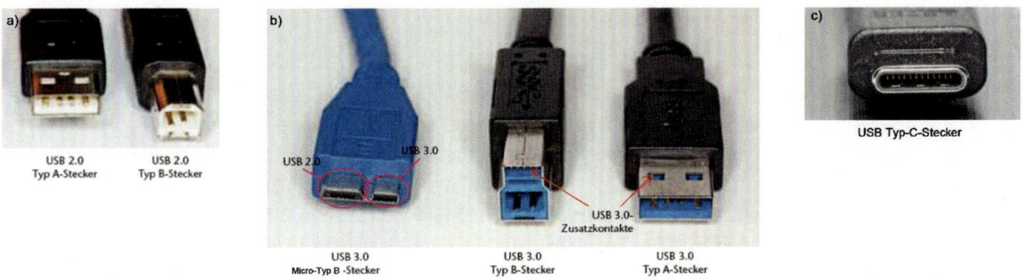

8.31: USB-Stecker und -Buchsen (Auswahl)

Bei **USB 3.1 Gen 2** verdoppelt sich die Übertragungsrate gegenüber der Vorgängerversion (Bild 8.30). Gleichzeitig wird eine neue Steckerform definiert, die eine symmetrische Bauform aufweist. Dieser „**Typ-C-Stecker**" hat eine mittig angeordnete Kontaktzunge, die beidseitig mit den gleichen Anschlusspins versehen ist und somit in beiden Orientierungen (d. h. auch um 180° gedreht) in die entsprechende Typ-C-Fassung gesteckt werden kann (Bild 8.31c).

Im Gegensatz zu den bisherigen Verbindungskabeln mit Typ-A- und Typ-B-Steckern befindet sich an *beiden* Enden eines USB 3.1 Gen 2-Kabels der *gleiche* Typ-C-Stecker. Er ist kleiner als der bisherige Typ A-Stecker und damit nicht mehr kompatibel zu den bisher verwendeten Stecksystemen. Um diese weiter nutzen zu können, werden diverse Adapter angeboten.

Neu ist auch, dass der Typ C-Stecker in Kombination *mit* USB, aber auch gänzlich *ohne* USB-Datenverbindung mannigfaltig genutzt werden. Hierzu werden sogenannte **Alternate-Modes** definiert, bei denen den einzelnen Anschlusspins und Verbindungsleitungen auch andere Funktionen zugeordnet werden können. Alternative Modi sind beispielsweise:

- **Display Port Alternate Mode (DP Alt-Mode)**; mit entsprechenden Geräten können DisplayPort-Signale bis zur Version 1.3 (Kap. 8.2.6.6) über eine Typ C-Steckverbindung transportiert werden,

- **Audio Adapter Accessory Mode (AAA-Mode)**; bei künftigen Geräten kann die 3,5-mm Audio-Buchse entfallen, der Anschluss von Kopfhörern und Lautsprechern funktioniert dann auch mit entsprechenden Adaptern (z. B. USB-Typ-C-Stecker auf 3,5-mm-Audio-Buchse) über USB-Hubs.

Der Typ C-Stecker ist mit entsprechenden Adapterkabeln auch kompatibel zu anderen Schnittstellen-Signalen, wie zum Beispiel **MHL** (**M**obile **H**igh-Definition **L**ink; Nokia, Samsung, Sony, Toshiba) und **HDMI** (Kap. 8.2.6.6). Darüber hinaus verwendet Apple ab Thunderbolt 3 ebenfalls den Typ C-Stecker für seine Geräte (Kap. 8.2.6.8).

Um sämtliche Übertragungsmöglichkeiten nutzen zu können, ist ein mit *allen* Verbindungsleitungen ausgestattetes USB 3.1 Gen 2-Kabel (**FFC**: **F**ull Featured **C**able mit 16 Adern) erforderlich! Zu beachten ist, dass in der Praxis nicht jedes Kabel mit USB Typ C-Anschlüssen über diese Leitungs-Vollausstattung verfügt! Ob die genannten Funktionalitäten bei Vollausstattung unterstützt werden, hängt aber auch von der seitens der Hersteller *in* den jeweiligen Geräten implementierten Elektronik ab.

Ein weiteres Ziel der Entwicklung war auch, möglichst *alle* angeschlossenen Geräte über einen USB-Anschluss mit Energie zu versorgen und auch den Akku eines Mobilgerätes in kurzer Zeit zu laden. Aus diesem Grund erfolgte – zeitgleich aber unabhängig von der Entwicklung der USB 3.1 Gen 2-Spezifikation für den *Datenverkehr* – die Entwicklung einer Spezifikation zur gleichzeitigen Verwendung der USB Typ C-Steckverbindung zur erweiterten *Energieversorgung* angeschlossener Geräte.

> **USB Power Delivery 2.0** (**UPD** oder **USB-PD**) ist die Bezeichnung einer Spezifikation des **USB-IF** (**USB I**mplementers **F**orum) über eine *bidirektional* mögliche Energieversorgung zweier Geräte, die über ein USB 3.1 Gen 2-Kabel mit Typ C-Stecker verbunden sind. Hierbei werden – unabhängig von einer aktiven Datenübertragung – über die USB-Power-Anschlusspins mithilfe des UPD-Protokolls und entsprechenden, in den Geräten vorhandenen Konfigurationscontrollern die *Richtung* der Energieversorgung sowie die *Größe* von Strom und Spannung ausgehandelt.

Die bis dato vorhandenen Energieversorgungen über USB (Low-Powered, High-Powered, USB-BC: USB-Battery Charging) können als Vorstufen der aktuellen USB-PD-Spezifikation angesehen und dieser entsprechend zugeordnet werden. Das aktuelle USB-Power Delivery 2.0 definiert fünf Versorgungsprofile mit unterschiedlichen Leistungsanforderungen (**Profil 1**: 5 V/2 A; **Profil 2**: 5 V/2 A, 12 V/1,5 A; **Profil 3**: 5 V/2 A, 12 V/3 A; **Profil 4**: 5 V/2 A, 12 V/3 A, 20 V/3 A; **Profil 5**: 5 V/2 A, 12 V/5 A, 20 V/5 A).

> Ein **USB-Anschluss**, der USB 3.1 Gen 2 konform ist *und* die USB-PD Spezifikationen erfüllt, stellt eine **Kombination aus einer schnellen Datenschnittstelle und einem bidirektionalen Energieverteilsystem dar**.

Für die erhöhte Leistungsübertragung ab Profil 2 sind spezielle USB-Kabel erforderlich! Zu beachten ist, dass nicht alle USB 3.1 Gen 2-Anschlüsse und Kabel die USB-PD-Spezifikationen (bzw. sämtliche Profile) erfüllen! Vom USB-IF zertifizierte Logos an Geräten, Anschlüssen und Kabeln sollen daher Auskunft über die jeweils unterstützten Merkmale geben (Bild 8.32).

Symbol	Bedeutung
	USB 3.1 Gen 1-Funktion (SuperSpeed) ohne USB-PD
	USB 3.1 Gen 2-Funktion (SuperSpeed +) ohne USB-PD
	USB 2.0-Funktion (High-Speed) mit USB-BC
	USB 3.1 Gen 1-Funktion (SuperSpeed) mit USB-PD
	USB 3.1 Gen 2-Funktion (SuperSpeed +) mit USB-PD

Bild 8.32: USB-IF Logos (Auswahl)

Darüber hinaus stellt **USB-OTG** (**O**n-**T**he-**G**o) eine Erweiterung ab dem USB-2.0-Standard dar und spezifiziert eine USB-Geräteklasse, die untereinander ohne einen zwischengeschalteten PC als Steuergerät (Host) Daten austauschen kann. Durch eine implementierte Protokollergänzung verfügen OTG-Geräte selber über die Fähigkeit, begrenzt die Rolle eines Hosts zu übernehmen.

Ein USB-Gerät mit begrenzter Übernahme von Host-Eigenschaften wird als **Dual-Role-Gerät** bezeichnet. OTG-fähige Geräte können mit Steckverbindern ab dem USB-2.0-Standard verbunden werden. Da die Host-Funktion bei OTG-Geräten beliebig tauschbar ist, muss sich der Benutzer keine Gedanken über das richtige Anstecken von Kabeln machen.

Des Weiteren gibt es **Wireless-USB**-Produkte, die insbesondere bei den sogenannten **HID**-Anwendungen (**H**uman **I**nterfaces **D**evices), also Tastaturen, Mäusen und Gamepads für Spielekonsolen Anwendung finden. Eine drahtlose USB-Strecke besteht aus einem entsprechenden Sender, der in einen USB-Anschluss eingesteckt wird, und einem USB-Transceiver im angeschlossenen Gerät. Aus der Sicht des Rechners verhält sich die Funkstrecke wie ein USB-Kabel. Die Funkübertragung (meist Datenrate bis 1 Mibit/s im ISM-Band 2,4 GHz, Reichweite ca. 10 m, Frequenzsprungverfahren mit 79 Kanälen) ist ähnlich der bei Bluetooth, allerdings mit einem erheblich einfacheren Protokoll.

8.2.5.4 Firewire

Firewire hat sich als Kurzbezeichnung für ein serielles Bussystem etabliert, dessen Originalbezeichnung **IEEE 1394-1995** (kurz: IEEE 1394) lautet.
IEEE ist die Abkürzung für **I**nstitute of **E**lectrical and **E**lectronics **E**ngineers, einer Vereinigung von amerikanischen Elektro- und Elektronikingenieuren, die für viele Standards in Hardware und Software verantwortlich ist.

Der Bus-Standard IEEE 1394 weist folgende allgemeine Spezifikationen auf:

- rein digital arbeitendes, bidirektionales Bussystem
- Plug-and-Play-fähig, somit sind keine IRQ- bzw. DMA-Einstellungen beim Einsatz neuer Geräte notwendig

- Hot-Plugging, d. h. während des laufenden Betriebs lassen sich Geräte hinzufügen oder entfernen
- gleichzeitiger Betrieb von langsamen und schnellen Geräten an einem Bus möglich
- Angeschlossene Geräte (Nodes) können direkt miteinander kommunizieren (Peer-to-Peer-Verbindung, z. B. digitaler Videorekorder und digitaler Camcorder), es ist kein Host-PC erforderlich.

Um den Entwicklungfortschritt auch in der Bezeichnung zu verdeutlichen, unterscheidet man heute zwischen dem älteren Firewirestandard IEEE 1394a und dem neuen Standard IEEE 1394b (Firewire 2). Beide Versionen sind in einer bereinigten Fassung des Standards mit der Bezeichnung IEEE 1394-2008 zusammengefasst. Die Verbindung der Geräte kann entweder über Kupferkabel oder Lichtwellenleiter erfolgen. Firewire 1 (IEEE 1394a) sieht Übertragungsraten von 100, 200 und 400 Mibit/s über Kupferkabel vor. Bei Firewire 2 (IEEE 1394b) ist eine Vergrößerung der Übertragungsrate auf bis zu 3,2 Gibit/s bei überbrückbaren Strecken bis zu 100 m zwischen zwei Geräten unter Einsatz von Glasfaserleitungen (POF: **P**lastic **O**ptical **F**ibre) möglich. Damit ist Firewire inzwischen wesentlich langsamer als aktuelle USB-Entwicklungen. (Hinweis: Die Datenraten können auch mit Dezimalpräfix angegeben werden; siehe Kap. 7.1.4.2)

Bei der Verwendung von Kupferkabeln stehen zwei Varianten zur Verfügung. Die vieradrige Ausführung enthält zwei TP-Kabel (siehe Kap. 8.5.3.1), jeweils ein Paar für die Daten- und ein Paar für die Steuersignale. Die sechsadrige Ausführung enthält zusätzlich ein Adernpaar für eine externe Energieversorgung angeschlossener Geräte ohne eigenes Netzteil oder Batterie.

Gemäß Spezifikation ist hierbei eine Spannungsversorgung zwischen 8 – 40 V bei einem maximalen Strom von 1,5 A möglich. Firewire verwendet eine 6-Bit-Adressierung für die Geräte (Node-ID), somit sind bis zu 63 Geräte anschließbar.

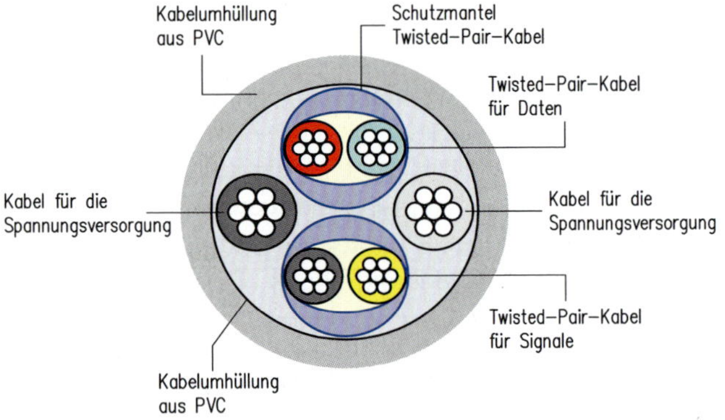

8.33: Aufbau eines 6adrigen Firewire-Kabels

Für die verschiedenen Kabel existieren auch unterschiedliche Steckertypen, jeweils mit vier bzw. sechs Anschlusspins. Zusätzlich gibt es noch einen sogenannten Cardbus-Stecker für den direkten Anschluss eines Laptops über einen entsprechenden Slot (bei aktuellen Geräten inzwischen aber kaum noch verbreitet). Alle Verbindungsstecker können innerhalb eines Systems gemischt verwendet werden, sofern die Geräte über entsprechende Anschlüsse verfügen.

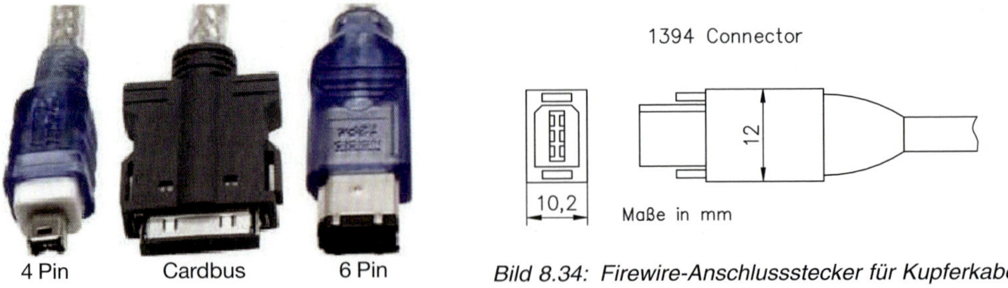

Bild 8.34: Firewire-Anschlussstecker für Kupferkabel

8.2.5.5 Vergleich der Bussysteme

Aufgrund der immer höheren erforderlichen Übertragungsraten stoßen parallele Bussysteme aufgrund physikalischer und elektrischer Phänomene in vielerlei Hinsicht an ihre Grenzen (z. B. frequenzabhängige Leiterbahnwiderstände, Laufzeitunterschiede zwischen Bussignalen, hoher Platzbedarf für Leiterbahnen und Steckkontakte). Die Leitungslänge ist auf wenige Zentimeter begrenzt.

Serielle Systeme können wesentlich höher getaktet werden; aufgrund der geringen Leiterzahl gibt es keine Probleme mit Laufzeitunterschieden von Signalen, sodass sich Entfernungen bis zu einigen Metern problemlos überbrücken lassen. Die erforderlichen Steckverbinder sind klein und kostengünstig herstellbar.

Die folgende Tabelle fasst wesentliche Leistungsmerkmale der vorgestellten Übertragungs-Bussysteme zusammen.

	ISA	EISA	PCI	USB	Firewire
Übertragungs-verfahren	parallel	parallel	parallel	seriell	seriell
Datenbusbreite	16 Bit	32 Bit 64 Bit	64 Bit	–	–
Adressbusbreite	24 Bit	24 Bit	32 Bit	–	–
Bustakt	8,33 MiHz	8,33 MiHz	66 MiHz 133 MiHz	–	–
Datentransfer	8,33 MiB/s	33 MiB/s	132 MiB/s 266 MiB/s 533 MiB/s	1,5 Mibit/s 12 Mibit/s 480 Mibit/s 5 Gibit/s (USB 3.1 Gen 1) 10 Gibit/s (USB 3.1 Gen 2)	100 Mibit/s 200 Mibit/s 400 Mibit/s 800 Mibit/s 1,6 Gibit/s 3,2 Gibit/s
max. Steckplätze/ Geräte	8	8	4 (erweiterbar mit Bridges)	127	63 (erweiterbar mit Bridges)
Busmasterfähig	nein	ja	ja	–	–
Hot-Plugging	nein	nein	nein	ja	ja

Bild 8.35: Zusammenfassender Vergleich verschiedener Übertragungssysteme

Entsprechend allgemeiner Konvention werden in der Tabelle Übertragungsraten bei paralleler Übertragung in MiB/s (Mbibyte pro Sekunde), bei serieller Übertragung in Mib/s (Mibit pro Sekunde) angegeben! Alternativ können auch Dezimalpräfixe verwendet werden (Kap. 7.1.4.2).

Die Busmasterfähigkeit besagt, dass eine Adapterkarte eines Bussystems zeitweilig die Kontrolle über den Bus vom Prozessor übernimmt, sodass dieser entlastet wird und andere Aufgaben schneller ausführen kann. Hot-Plugging bedeutet, dass Geräte im laufenden Betrieb miteinander verbunden werden können.

8.2.6 Schnittstellen

Unter einer **Schnittstelle** *(interface)* versteht man allgemein einen Anschlusspunkt, an dem eine Verbindung zwischen zwei Elementen hergestellt wird, damit sie miteinander arbeiten oder kommunizieren können.

Bei einem PC ermöglichen standardisierte Schnittstellen herstellerunabhängig Verbindungen zwischen Computer, Drucker, Festplatten sowie anderen Komponenten. Diese Schnittstellen sind entweder auf der Rückseite des Rechnergehäuses über entsprechende Anschlüsse zugänglich (Bild 8.36) oder innerhalb des Gehäuses direkt mit dem entsprechenden Gerät verbunden (z. B. Festplatte, DVD). Die ATX-Spezifikation schreibt exakt vor, in welchem Bereich die außen zugänglichen Anschlüsse der externen Schnittstellen auf dem Motherboard zu platzieren sind.

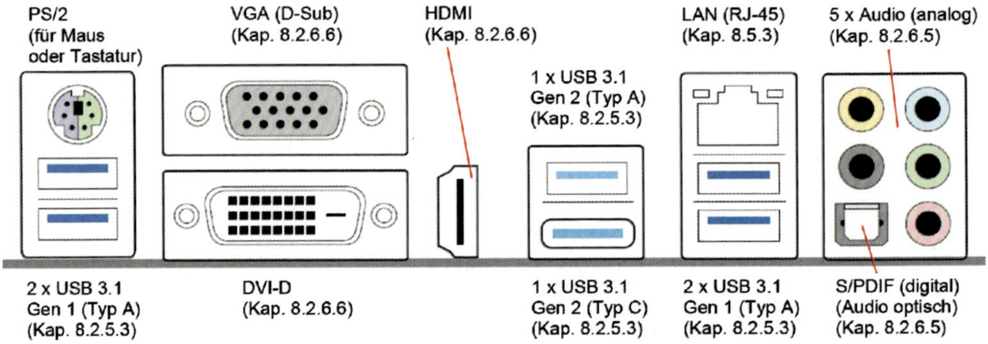

Bild 8.36: Beispiel für die Anordnung von externen Schnittstellenanschlüssen gemäß ATX-Standard

Zusätzlich platzieren die PC-Hersteller auch einige Schnittstellen an der Frontseite des Gehäuses (z. B. USB, Firewire, Slots für Flash-Speicherkarten).

Die Überwachung der einzelnen Schnittstellen und teilweise die Ansteuerung der daran angeschlossenen Komponenten übernimmt ein entsprechender Controller.

Ein **Controller** ist eine Gerätekomponente, über die der Computer auf angeschlossene Geräte oder umgekehrt ein angeschlossenes Gerät auf Subsysteme des PCs zugreifen kann.

Die Controller der meisten in Bild 8.36 dargestellten Schnittstellen befinden sich im Chipsatz. Vereinzelt werden von den Herstellern Zusatzchips auf dem Board platziert, um das Schnittstellenangebot zu erweitern. Ist eine Schnittstelle erforderlich, die standardmäßig nicht zur Verfügung steht, so kann diese auch mittels eines Adapters in einem Steckplatz ergänzt werden.

Ein **Adapter** ist eine Steckkarte für einen PC, die es ermöglicht, Peripheriegeräte zu nutzen, für die standardmäßig nicht die notwendigen Buchsen, Ports und Platinen vorhanden sind. Eine einzige Steckkarte kann dabei über mehrere integrierte Anschlüsse verfügen.

Genauso wie Speicherzellen benötigt jede Schnittstelle eine eindeutige Adresse, unter der sie vom Prozessor angesprochen werden kann. Diese Adresse wird in der Regel standardmäßig vergeben. Andererseits muss ein Gerät an einer Schnittstelle die Möglichkeit haben, den Arbeitsprozess der CPU zu unterbrechen, um beispielsweise Daten anzufordern. Eine solche Anforderung erfolgt über einen zugewiesenen **IRQ** (**I**nterrupt **Req**uest; spezielle Busleitung, die der CPU einen Unterbrechungswunsch eines angeschlossenen Gerätes signalisiert).

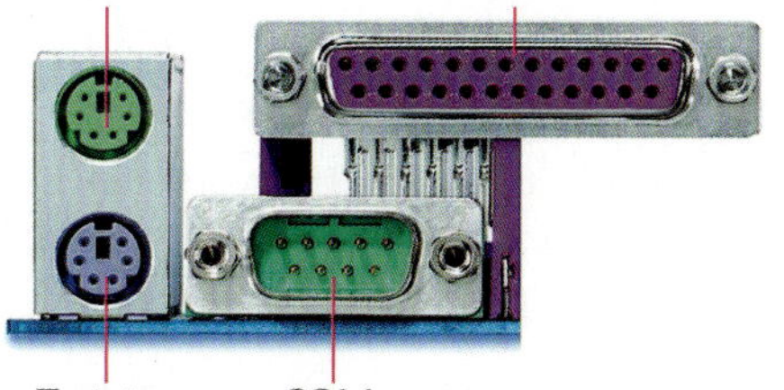

Bild 8.37: Externe Anschlüsse (ältere Boards)

Viele der früher in PCs standardmäßig vorhandenen *externen* Schnittstellen existieren heute nicht mehr oder werden nur noch vereinzelt von Boards unterstützt. Hierzu gehören vor allem die serielle **COM-Schnittstelle** (**Comm**unication; Standardeinstellungen COM 1: Adresse 03F8hex, IRQ 4) und die parallele **LPT-Schnittstelle** (**L**ine **P**rinter **T**erminal, Standardeinstellungen LPT 1: Adresse 0378hex, IRQ 7), sowie der Maus- und der Tastaturanschluss (**PS/2**: gleichartige 6-polige Buchsen, die farblich unterschiedlich gekennzeichnet waren; Maus: IRQ 12, Tastatur: IRQ 1). Bei aktuellen Boards werden diese Schnittstellen fast ausnahmslos durch USB-Anschlüsse ersetzt. Maus und Tastatur werden häufig auch über Wireless-USB angeschlossen.

Auch einige ältere *interne* Schnittstellen auf dem Motherboard werden nicht mehr bzw. nur noch vereinzelt unterstützt. Hierzu gehören die klassischen parallelen IDE- und SCSI-Schnittstellen. (**IDE**: **I**ntegrated **D**evice **E**lectronics, Alternativbezeichnung: **ATA**-Schnittstelle, **A**dvanced **T**echnology **A**ttachment; **SCSI**: **S**mall **C**omputer **S**ystem **I**nterface)

Diese werden inzwischen von seriell arbeitenden Alternativen ersetzt. Hierbei kommen meist sogenannte Punkt-zu-Punkt-Verbindungen zum Einsatz.

> Bei einer **Punkt-zu-Punkt-Verbindung** (P2P: Point to Point Connection) wird jede Komponente jeweils über separate elektrische Leitungen an einen elektronischen Schalter (Switch) angeschlossen. Dieser stellt bedarfsorientiert nur dann eine *elektrisch aktive* Verbindung zwischen zwei Komponenten her, wenn diese Informationen austauschen. Die Datenübertragung bei Punkt-zu-Punkt-Verbindungen erfolgt seriell.

Die Übertragungskapazität der Leitung muss somit nicht – wie bei parallelen Systemen – auf mehrere angeschlossene Geräte aufgeteilt werden, sondern steht komplett für jede einzelne Verbindung zur Verfügung.

8.2.6.1 Serial-ATA

> **Serial-ATA** (**S**erial **A**dvanced **T**echnology **A**ttachment; kurz: **SATA** oder **S-ATA**) bezeichnet eine interne, seriell arbeitende Schnittstelle für die Verbindung eines SATA-Gerätes (z. B. Festplatte) mit dem Chipsatz. Hierbei handelt es sich um eine Punkt-zu-Punkt-Verbindung.
>
> Die entsprechende serielle Schnittstelle für den Anschluss externer Geräte trägt die Bezeichnung **eSATA**.

SATA wurde von den Firmen Dell, IBM, Intel, Seagate und Maxtor als Nachfolger des alten, parallel arbeitenden ATA-Standards (zur Abgrenzung inzwischen **PATA** genannt) entwickelt. SATA-Schnittstellen weisen unter anderem die folgenden Eigenschaften auf:

- 7-adriges Kabel: jeweils 2 nicht verdrillte Adern pro Übertragungsrichtung (d. h. keine Twisted-Pair-Kabel!), 3 Adern zur Trennung und Abschirmung (Masseleitungen); keine Terminierung erforderlich!

- Datenübertragung mit differenziellen Signalen (±250 mV; **LVDS**: **L**ow **V**oltage **D**ifferential **S**ignal, Kap. 7.1.2)
- Kabellängen bis zu 100 cm
- ca. 8 mm breiter, verpolungssicherer Stecker (Bild 8.39), auch für portable Geräte geeignet
- Hot-Plugging-fähig (ausgenommen die Systemplatte)

SATA unterscheidet grundsätzlich die folgenden drei Spezifikationen/Revisionen:

Bezeichnung (nicht genormt)	SATA I	SATA II	SATA III
Alternative Bezeichnungen	SATA 1.0 SATA 1,5 Gbit/s	SATA Revision 2.0 SATA 3 Gbit/s	SATA Revision 3.0 SATA 6 Gbit/s SATA 6G
Netto-Datenrate (pro Richtung)	150 MiByte/s	300 MiByte/s	600 MiByte/s
Taktfrequenz	1,25 GHz	1,25 GHz	1,25 GHz

Bild 8.38: SATA-Spezifikationen (Datenraten können auch mit Dezimalpräfixen angegeben werden; Kap. 7.1.4.2; bei den Bezeichnungen werden nur Dezimalpräfixe verwendet!)

Alle Revisionen können prinzipiell den gleichen Kabeltyp und den gleichen Stecker verwenden. SATA-II-konforme Stecker ermöglichen aber im Gegensatz zu SATA-I auch eine sichere mechanische Verbindung durch eine hinzugekommene Steckerverriegelung. Der SATA-6G-Standard definiert zusätzlich einen neuen, kleineren Steckverbinder für 1,8-Zoll-Festplatten.

Pin-Nr.	Belegung
1	Masse
2	TX+ (Senden)
3	TX− (Senden)
4	Masse
5	RX− (Empfangen)
6	RX+ (Empfangen)
7	Masse
–	Schutz vor Verdrehen

Bild 8.39: SATA-Stecker mit Pin-Belegung

Zur Energieversorgung verwenden SATA-Geräte einen speziellen 15-poligen Stecker (ursprünglich: 3,3 V; 5 V; 12 V; bei neueren Geräten kann 3,3 V auch entfallen, Kap. 8.2.9). Durch die größere Pinzahl ist beispielsweise der sogenannte **Staggered-Spin-up-Betrieb** möglich. Hierbei wird ein Gerät zwecks Energieeinsparung erst dann eingeschaltet, wenn der SATA-Controller es anfordert.

Externe SATA-Geräte benötigen spezielle, gegen elektromagnetische Störungen abgeschirmte Kabel, Stecker und Buchsen (Kabellänge bis zu 2 m; Datenrate bis 3 Gbit/s). Daher passen eSATA-Stecker zwar in SATA-Buchsen, SATA-Stecker aber nicht in eSATA-Buchsen, um den externen Gebrauch von internen SATA-Kabeln zu verhindern. Über ein eSATA-Kabel ist auch eine begrenzte Energieversorgung angeschlossener Kleingeräte möglich (**eSATAp**: Power-over-eSATA). Teilweise verfügen PCs auch über Anschlussbuchsen, in denen sowohl ein USB-2.0-Gerät als auch ein eSATA-Gerät betrieben werden kann (Kombibuchse).

In mobilen Geräten (z.B. Ultrabooks) findet man spezielle, kleinere Anschlussbuchsen (**mSATA**: mini-SATA; **μSATA**: micro-SATA), über die insbesondere SSD-Speicher-Module angeschlossen werden (Standard-Modulgröße: 30 mm × 51 mm × 5 mm).

Die ursprüngliche SATA 3.0-Revision wurde inzwischen um eine neue Schnittstelle erweitert. Sie wird mit der Bezeichnung **SATA Express 8 Gbit/s** bzw. **SATA Express 16 Gbit/s** vermarktet und kann einerseits SATA-Signale verarbeiten, ist andererseits übertragungstechnisch aber auch kompatibel zu PCIe 3.0 (Kap. 8.2.6.4). Der SATA Express-Slot kann entweder mit zwei herkömmlichen SATA-Steckern (SATA-Slot 1 und 2; Bild 8.40) belegt werden oder alternativ – unter zusätzlicher Nutzung der Takt- und Power-Anschlüsse – mit einem PCIe 3.0 x 2-Kabel. Auf diese Weise ermöglicht er die Bündelung von zwei PCIe-Lanes. Pro Lane können theoretisch bis ca. 8 Gibit/s übertragen werden.

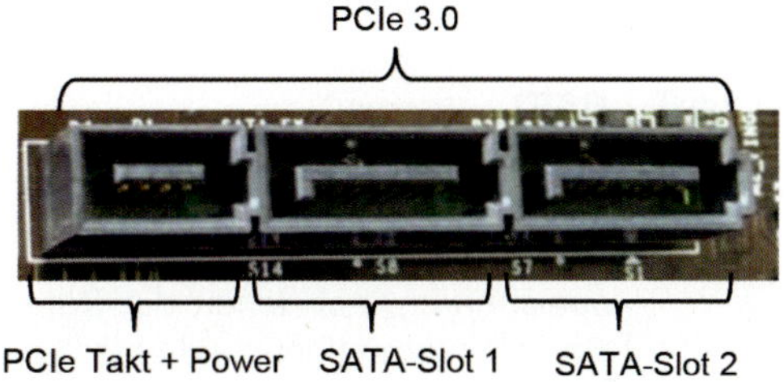

Bild 40: SATA-Express Slot

Bei den heutigen schnellen SSDs mit NVMe (Kap. 8.2.7.2) stößt SATA Express aber bereits an seine Grenzen, da der Slot (aufgrund seiner Anbindung an den Chipsatz) lediglich *zwei* PCIe-Lanes unterstützen kann.

Schnellere Verbindungsalternativen bieten daher inzwischen der **M.2**-Slot oder der **U.2**-Slot. Der bereits seit längerem im Serverbereich eingesetzte U.2-Anschluss (dortige ehemalige Bezeichnung **SFF-8639**) wird zunehmend auch im Consumerbereich vermarktet, da er bis zu *vier* PCIe 3.0-Lanes bereitstellen kann!

8.2.6.2 Serial Attached SCSI

> **Serial Attached SCSI** (**SAS**) ist eine von der ANSI (**A**merican **N**ational **S**tandards **I**nstitute) spezifizierte serielle Schnittstelle für eine Verbindung zwischen PC und entsprechenden SAS-Peripheriegeräten. Hierbei handelt es sich um eine Punkt-zu-Punkt-Verbindung.

SAS ist der Nachfolger der parallel arbeitenden **SCSI**-Schnittstelle (**S**mall **C**omputer **S**ystem **I**nterface), die wegen der höheren Ausfallsicherheit von SCSI-Festplatten gegenüber IDE insbesondere in Servern Verwendung findet.

Die Daten werden je nach Spezifikation seriell mit bis zu 3 Gibit/s (SAS I), 6 Gibit/s (SAS II), 12 Gibit/s (SAS III) oder 24 Gibit/s (SAS IV; voraussichtlich ab 2018) übertragen. Nach Abzug der bei einer seriellen Übertragung erforderlichen Protokollinformation (Protocol Overhead) resultieren hieraus Nettobitraten von ca. 300 MiByte/s, 600 MiByte/s, 1 200 MiByte/s bzw. 2 400 Mibit/s (Hinweis: Alle Angaben auch mit Dezimalpräfixen möglich; Kap. 7.1.4.2). SAS-Festplatten verfügen oft über zwei Steckverbinder. Diese können entweder zur Vergrößerung des Datendurchsatzes bei Betrieb an einem einzigen Host oder zum gleichzeitigen Anschluss an zwei verschiedene Host-Adapter, die dann gleichzeitig und unabhängig voneinander auf die Festplatte zugreifen können, verwendet werden (**Dual-Porting**).

SAS ist kompatibel zu SATA und unterstützt außerdem auch die parallelen SCSI-Protokolle. SAS-Stecker und Buchsen sind daher ähnlich wie SATA-Steckverbindungen aufgebaut. Allerdings verfügen SAS-Buchsen über einen Steg und SAS-Stecker über einen Keil zwischen Daten- und Stromanschlüssen. Dadurch lässt sich ein SATA-Kabel nicht in ein SAS-Gerät stecken, wohl aber ein SAS-Kabel in ein SATA-Gerät.

8.2.6.3 RAID

RAID ist die Abkürzung für **R**edundant **A**rray of **I**ndependent **D**isks (redundante Anordnung unabhängiger Platten) und bezeichnet Verfahren zur Datenspeicherung, bei denen die Daten zusammen mit Fehlerkorrekturcodes und Paritätsinformationen auf verschiedenen Festplattenlaufwerken verteilt gespeichert werden.

Die Paritätsinformationen (Parity Information) ermöglichen eine Wiederherstellung von Daten, auch wenn ein (begrenzter) Teil dieser Daten verloren gegangen ist. Die verwendeten Festplatten sollten gleichartig sein (z. B. nur SATA- oder nur SAS-Platten) und über gleiche Speicherkapazitäten verfügen. Man unterscheidet zwischen Software-RAID und Hardware-RAID.

Bei **Software-RAID** wird das Zusammenwirken der beteiligten Festplatten komplett vom Betriebssystem des PCs gesteuert und überwacht, sodass kein spezieller RAID-Controller erforderlich ist. Alle aktuellen Betriebssysteme verfügen über entsprechende Software-Routinen, um vorhandene Festplatten als RAID-System zu verwalten. Allerdings werden hierbei die Systemressourcen (CPU, Bussysteme) zusätzlich belastet.

Bei **Hardware-RAID** befindet sich ein separater **RAID-Controller** auf dem Motherboard oder auf einer implementierten Erweiterungskarte. Dieser verwaltet die angeschlossenen SATA- oder SAS-Festplatten, die meist im Gehäuse des PCs untergebracht sind und in der Regel auch nur den Benutzern des PCs zur Verfügung stehen. Der Controller arbeitet unabhängig von der CPU des PCs und erfordert keine zusätzlichen Systemressourcen. Ein solches Speichersystem wird auch als **Direct Attached Storage** (**DAS**) bezeichnet.

In Rechenzentren oder in Unternehmen fallen wesentlich größere Datenmengen als auf einem Privat-PC an. Hierbei wird ein RAID-Controller samt den erforderlichen Festplatten in separaten Gehäusen untergebracht und arbeitet autark (unabhängig von anderen Computern). Der Zugriff von anderen Computern auf diese Festplatten erfolgt über ein firmeninternes oder ein gegen Fremdzugriffe geschütztes öffentliches Kommunikationsnetz. Ein solches System wird dann als **Network Attached Storage** (**NAS**) bezeichnet.

Modern sind auch Verfahren, bei denen man seine Daten in einer **Cloud**-Anwendung (Kap. 8.5.7) ablegt. Hierbei weiß ein Benutzer nicht mehr, wo genau seine Daten gespeichert und wie sie gesichert sind, er kann aber weltweit darauf zugreifen.

Bei RAID gibt es verschiedene Möglichkeiten, wie die vorhandenen Festplatten zusammenarbeiten. Diese unterscheiden sich in der Art der Datenverteilung, der Zugriffsgeschwindigkeit und der Systemkosten und werden als **RAID Level** bezeichnet.

Bezeichnung	Beschreibung	Eigenschaften
RAID Level 0 (Data Striping)	– Zerlegung von Daten in Blöcke (Stripes), die dann gleichmäßig verteilt auf den eingebundenen Platten gespeichert werden. – sogenannter Striping-Faktor ist Maß für die Größe der Blöcke (Standardwert: 64 kByte)	– mindestens 2 Festplatten erforderlich – Vergrößerung der Datentransfer-Rate, da während der Positionierzeit einer Platte von einer anderen bereits gelesen (geschrieben) werden kann. – Alle eingebundenen Platten müssen gleich große Kapazität aufweisen. – keine Erhöhung der Datensicherheit, da Datenverlust auf einer Platte Verlust der gesamten Datei bedeutet
RAID Level 1 (Drive Mirroring)	– Daten werden komplett auf eine Platte geschrieben. – Sämtliche Daten werden vollständig auf eine zweite Platte gespiegelt.	– mindestens 2 Festplatten erforderlich – Bei Ausfall einer Platte gehen keine Daten verloren, sofern man noch auf die gespiegelten Daten zugreifen kann. – Die Speicherkapazität für die Nutzdaten auf den Platten reduziert sich aufgrund der erforderlichen redundanten Informationen (bis zu 50 %!), dadurch erhöhte Kosten.
RAID Level 10 (lies: eins-null, nicht zehn!)	– Kombination von RAID Level 0 und RAID Level 1, d. h. blockweise Verteilung der Daten auf mindestens 2 Platten sowie Spiegelung jeder Datenplatte	– mindestens 4 Festplatten erforderlich – Verbindung des schnellen Datenzugriffs von Level 0 mit der Vergrößerung der Datensicherheit von Level 1
RAID Level 2	– Zerlegung von Daten in Blöcke, die auf verschiedenen Laufwerken gespeichert werden – zusätzlich mehrere Laufwerke mit fehlerkorrigierenden Codes (ECC-Laufwerke; ECC: Error Corection Code)	– sehr hohe Datensicherheit – Datenrekonstruktion auch bei Laufwerksausfall – vergleichsweise langsamer Datenzugriff – erhöhte Kosten aufgrund der Anzahl der erforderlichen Laufwerke – in der Praxis nicht mehr eingesetzt
RAID Level 3	– wie RAID Level 2, jedoch nur mit einem einzigen zusätzlichen Laufwerk zur Fehlerkorrektur (Parity-Laufwerk)	– mindestens 3 Festplatten erforderlich – erhöhte Datensicherheit – langsamer Schreib-/Lesezugriff (Flaschenhals: Parity-Laufwerk) – in der Praxis nur noch wenig eingesetzt
RAID Level 4	– wie RAID Level 3, jedoch mit größeren Blöcken	– mindestens 3 Festplatten erforderlich – geringfügig schneller als RAID Level 3

Bezeichnung	Beschreibung	Eigenschaften
RAID Level 5	– Zerlegung von Nutzdaten in Blöcke und Speicherung auf verschiedenen Festplatten – keine zusätzliche Platte als Parity-Laufwerk, sondern gleichzeitig Speicherung zugehöriger Parity-Informationen auf jeder Platte mit Nutzdaten	– mindestens 3 Festplatten erforderlich – hohe Datensicherheit bei geringeren Kosten als bei RAID Level 2 – Verringerung der Speicherkapazität für die Nutzdaten auf jeder Platte (bis zu 20 %)
RAID Level 6	– wie RAID Level 5, durch entsprechende Datenaufteilung können bis zu 2 Platten ausfallen ohne dass Datenverlust entsteht	– mindestens 4 Platten erforderlich – höhere Datensicherheit, aber teurer als RAID 5

Bild 8.41: RAID-Level (Beispiele)

8.2.6.4 PCI express

PCI express (**PCIe**) bezeichnet eine Verbindungstechnik innerhalb eines PCs zwischen dem Chipsatz bzw. der CPU und zusätzlich eingebauten Komponenten. Hierbei handelt es sich jeweils um Punkt-zu-Punkt-Verbindungen.

Die Steuerung des jeweiligen Verbindungsaufbaus und -abbaus erfolgt meist durch den Chipsatz (z. B. PCH, Kap. 8.2.3), in dem sich der PCIe-Controller und die erforderlichen „elektronischen Schalter“ (PCIe Switches) befinden. Nur bei direktem Anschluss von PCIe-Komponenten an die CPU übernimmt diese dann auch die Verbindungssteuerung (PCIe-Root-Complex, Bild 8.21).

PCIe ist somit *kein* paralleles Bussystem wie PCI (Bild 8.35)! Die Namensverwandtschaft zum parallel arbeitenden PCI-Bus resultiert lediglich aus der softwaremäßigen Kompatibilität zwischen beiden Systemen.

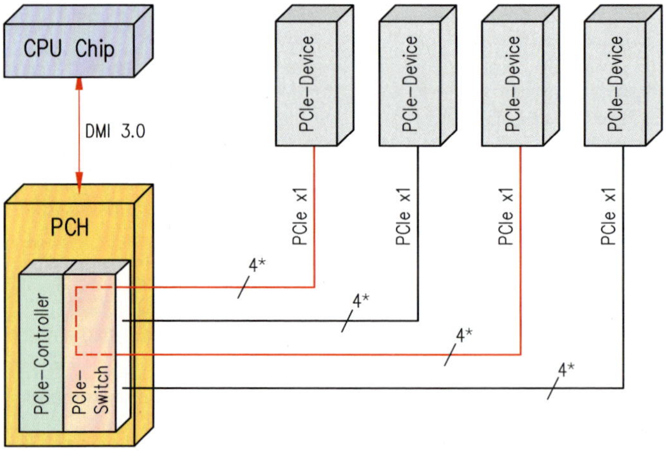

*Bild 8.42: PCIe-Verbindungstechnik (Grundprinzip; *: Anzahl der Datenleitungen)*

Die Datenübertragung zwischen angeschlossenen PCIe-Geräten (End Points) erfolgt zwar seriell, gesendete und empfangene Daten können hierbei aber gleichzeitig auf zwei getrennten Aderpaaren übertragen werden (vollduplex).

Die aus einem Sende- und einem Empfangskanal bestehende Punkt-zu-Punkt-Verbindung wird bei PCIe als **Lane** bezeichnet (Kurzschreibweise: **PCIe x1**).

Neben den Sende- und Empfangsadern sowie den Leitungen zur Energieversorgung (+3,3 V, +12 V) hat jede PCIe-Steckverbindung noch weitere Kontakte, die für Steuer- und Masseleitungen erforderlich sind (z.B. PCIe x1: 36 Kontakte, PCIe x4: 64 Kontakte, PCIe x16: 164 Kontakte).

Es existieren derzeit verschiedene PCIe-Spezifikationen, die untereinander meist abwärtskompatibel sind und sich bei gleichen Steckverbindern hauptsächlich in ihrer Datenübertragungsrate voneinander unterscheiden.

Version (Erscheinungsjahr)	Taktrate	Theor. Übertragungsrate pro Lane und pro Richtung	Nettodatenrate pro Lane und pro Richtung
PCIe 1.0/1.1 (2004)	1,25 GHz	2,5 Gibit/s	250 MiByte/s
PCIe 2.0/2.1 (2007)	2,5 GHz	5 Gibit/s	500 MiByte/s
PCIe 3.0 (2012)	4 GHz	8 Gibit/s	ca. 1 GiByte/s
PCIe 4.0 (2017)	8 GHz	16 Gibit/s	ca. 2 GiByte/s
PCIe 5.0 (2019)	16 GHz	32 Gibit/s	ca. 4 GiByte/s

Bild 8.43: Spezifikationen bei PCIe (Datenraten können auch mit Dezimalpräfixen angegeben werden; Kap. 7.1.4.2)

Die Übertragungsrate einer Lane wird alternativ auch in **Gigatransfers pro Sekunde** (GT/s) angegeben (z.B. PCIe 3.0: 8 GT/s). Zugunsten einer besseren Energiebilanz erfolgt die Taktung bei PCIe 3.0 nicht wie ursprünglich vorgesehen mit 5 GHz, sondern mit 4 GHz. Durch Verringerung des Protokoll-Overheads konnte die Netto-Transferrate im Vergleich zu PCIe 2.0/2.1 aber dennoch verdoppelt werden. Die Spezifikation PCIe 4.0 arbeitet mit 8 GHz, die Übertragungsrate verdoppelt sich erneut auf 16 Gibit/s.

Bei allen Versionen lassen sich auch mehrere Lanes zu einem **Link** bündeln, sodass auch höhere Datenraten erzielt werden können. Möglich sind 1, 2, 4, 8, 12 oder 16 Lanes. Auf den Lanes werden die Daten zwar gleichzeitig, aber unabhängig voneinander übertragen. Auf diese Weise lässt sich die jeweils bereitgestellte Übertragungskapazität bedarfsorientiert skalieren. Der PCIe 3.0 × 16-Anschluss für eine PCIe-Grafikkarte (PEG, Kap. 8.2.8.1) besteht somit aus 16 Lanes und ermöglicht eine Datenrate von bis zu 16 GiByte/s pro Übertragungsrichtung. Bei 16 Lanes sind insgesamt 64 Datenleitungen erforderlich. Abhängig von der Anzahl der Lanes in einem Link sind jeweils spezielle Steckverbindungen vorhanden (realisiert wird: PCIe x1, PCIe x4, PCIe x8, PCIe x16). PCIe-Slots sind aber untereinander abwärtskompatibel, d.h. eine PCIe-x1-Karte kann auch in einem PCIe-x4-Slot gesteckt werden. Die übrig gebliebenen drei Lanes werden dann nicht genutzt.

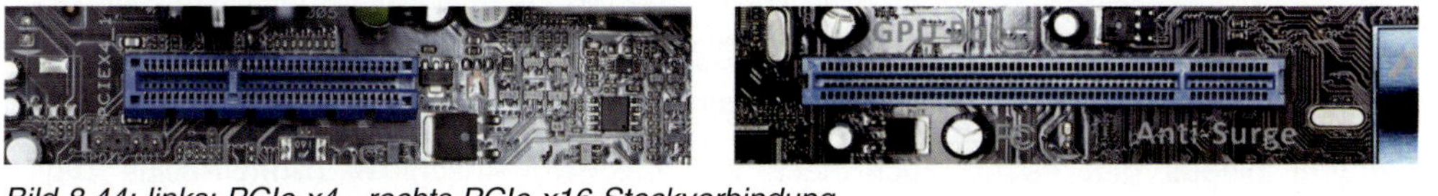

Bild 8.44: links: PCIe-x4-, rechts PCIe-x16-Steckverbindung

Aufgrund der Verdopplung der Datenrate einer Lane genügt dann beim Standard PCIe 4.0 für die gleich große Übertragungsrate ein PCIe-x8-Anschluss für die Grafikkarte (Bild 8.45). Hierdurch werden die Steckverbinder kleiner und lassen sich kostengünstiger herstellen.

Datenrate pro Richtung	PCIe 1.0/1.1	PCIe 2.0/2.1	PCIe 3.0	PCIe 4.0	PCIe 5.0
2 Lanes (PCIe x 2)	500 MiByte/s	1 GiByte/s	2 GiByte/s	4 GiByte/s	8 GiByte/s
4 Lanes (PCIe x 4)	1 GiByte/s	2 GiByte/s	4 GiByte/s	8 GiByte/s	16 GiByte/s
8 Lanes (PCIe x 8)	2 GiByte/s	4 GiByte/s	8 GiByte/s	16 GiByte/s	32 GiByte/s
16 Lanes (PCIe x 16)	4 GiByte/s	8 GiByte/s	16 GiByte/s	32 GiByte/s	64 GiByte/s

Bild 8.45: Vergleich der PCIe-Netto-Datenraten (Werte gerundet; sie können auch mit Dezimalpräfixen angegeben werden; Kap. 7.1.4.2)

8.2.6.5 Audioanschlüsse

Bei portablen Geräten sind ein oder auch mehrere Lautsprecher direkt im Gehäuse untergebracht. Der erforderliche Controller befindet sich auf dem jeweiligen Board, sodass eine akustische Wiedergabe ohne zusätzliche Komponenten möglich ist. Für den Anschluss externer Aufnahme- oder Wiedergabegeräte steht aus Platzgründen meist nur jeweils ein Anschluss zur Verfügung (z. B. für Kopfhörer oder Mikrofon: 3,5 mm Klinkenbuchse; ggf. aber auch HDMI, siehe unten).

Um die Inhalte auch **ohne** Kabelverbindung in höchster Qualität auf einem externen Gerät wiedergeben zu können, werden auch verschiedene **drahtlose** Verfahren bzw. Übertragungsstandards eingesetzt (z. B. AirPlay, Miracast, Chromecast, Fire-TV-Stick; teilweise unter Verwendung von WiFi-Direct, Kap. 8.5.5).

Die heutigen Desktop-PCs verfügen ebenfalls über On-Board-Controller für die Tonwiedergabe. Für die externen Lautsprecher stehen aber meist mehrere unterschiedliche Anschlüsse auf dem Motherboard zur Verfügung, die von der Gehäuserückseite zugänglich sind. Die Audioanschlüsse können manchmal softwaregesteuert auch multifunktional verwendet werden (z. B. eine Klinkenbuchse für Mic, Line-in oder Line-out).

Farbe	Bezeichnung	Beschreibung
rosa	**Mic** (Eingang)	3,5 mm Klinkenbuchse für ein Monomikrofon
blau	**Line-In/Aux** (Eingang)	3,5 mm Klinkenbuchse für die Aufnahme analoger Mono-/Stereo-Signale (Eingang)
grün	**Line-Out** (Ausgang)	3,5 mm Klinkenbuchse für die Wiedergabe analoger Stereo-Signale für Kopfhorer oder Frontlautsprecher (Front Speaker)
schwarz	**Line-Out** (Ausgang)	3,5 mm Klinkenbuchse für die Wiedergabe analoger Stereo-Signale für Rucklautsprecher (Rear Speaker)
silber	**Line-Out** (Ausgang)	3,5 mm Klinkenbuchse für die Wiedergabe analoger Stereo-Signale für Seitenlautsprecher (Side Speaker)
orange	**Line-Out** (Ausgang)	3,5 mm Klinkenbuchse für die Wiedergabe analoger Signale für den Centerlautsprecher (Center Speaker) und den Tiefbass-Lautsprecher (Subwoofer)

Bild 8.46: Audioanschlüsse und deren typische Farbcodierung

Darüber hinaus gibt es oft auch noch einen **S/PDIF**-Anschluss (**S**ony/**P**hilips **D**igital **I**nterface **F**ormat: digitale Schnittstelle für die Übertragung elektrischer oder optischer Stereo-Audio-Signale). Der elektrische S/PDIF-Anschluss wird als koaxiale Cinch-Buchse (Bild 8.47a), der optische Anschluss wird über eine **Toslink**-Buchse (**Tos**hiba **Link**, Bild 8.47b) realisiert.

Für den etwas professionelleren Einsatz im Audiobereich (z. B. Tonstudio) empfiehlt sich eine zusätzliche Audiokarte, die dann auch zusätzliche Sound-Ausgabestandards sowie die Mehrkanalaufnahme unterstützt. Eine Soundkarte stellt ggf. auch noch andere Anschlüsse zur Verfügung (Kap. 8.2.8.2).

a) b)

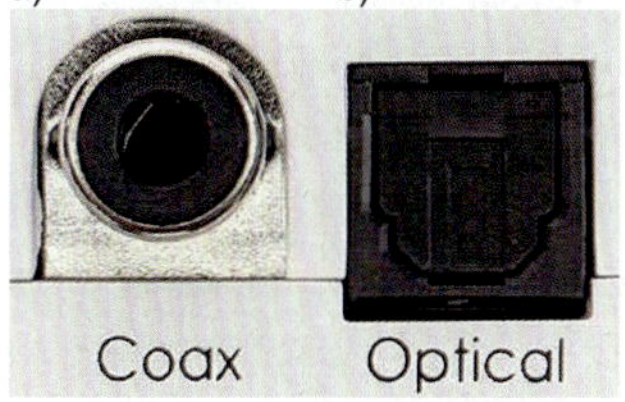

Bild 8.47: Elektrischer (a) und optischer (b) S/PDIF-Anschluss

8.2.6.6 Displayanschlüsse

Portable PCs verfügen stets über eigene Displays. Für den Anschluss externer Wiedergabegeräte stellen diese – ebenso wie Desktop-PCs – je nach Preisklasse einen oder mehrere unterschiedliche Videoanschlüsse zur Verfügung. Zu den wichtigsten Anschlusssystemen zählen:

Bezeichnung	Merkmale	Visualisierung
VGA	– **V**ideo **G**raphics **A**rray – analoge Schnittstelle für den direkten Anschluss eines analog angesteuerten Monitors – Da analoge Monitore fast gänzlich vom Markt verschwunden sind, wird dieser Anschluss bei neuen Geräten in vielen Fällen eingespart, da die analogen Signale auch mit einem entsprechenden Adapterstecker an einer DVI-Schnittstelle abgegriffen werden können (siehe unten).	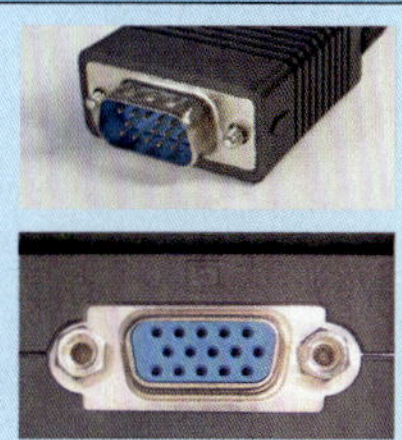
DVI	– **D**igital **V**ideo **I**nterface; Schnittstelle in verschiedenen Varianten – **DVI-D**: digitale Schnittstelle für den Anschluss eines digital angesteuerten Flachdisplays – **DVI-I**: kombinierte analoge/digitale Schnittstelle für den Anschluss eines digital angesteuerten Flachdisplays oder eines mit einem **DVI-auf-VGA-Adapter** angeschlossenen analogen Monitors – serielle Übertragung der Daten über maximal 2 Links (bei Nutzung der digitalen Schnittstelle); Datenrate pro Link: bis zu 3,72 Gibit/s	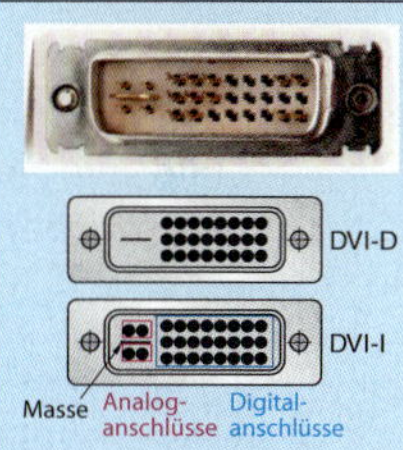
HDMI	– **H**igh **D**efinition **M**ultimedia **S**tandard **I**nterface – überträgt Audiodaten und Videodaten digital mit hoher Qualität in einem gemeinsamen Kabel; 19-poliges Stecksystem – Die Samplingrate von Audiodaten liegt zwischen 32 und 192 kHz, es können bis zu 8 Audiokanäle übertragen werden, unterstützt verschiedene Soundverfahren (Kap. 8.2.8.2). – serielle Übertragung der Daten über maximal 4 Links (HDMI 2.1); Datenrate pro Link: bis zu 10 Gibit/s; Farbtiefe bis 48 Bit (Version HDMI 2.1, kabellängen- und steckerabhängig; 3D-fähig und 4K-Unterstützung)	

Bezeichnung	Merkmale	Visualisierung
DP	– **D**isplay**P**ort – überträgt Audiodaten und Videodaten digital mit hoher Qualität in einem gemeinsamen Kabel; 20-poliger, flacher Verbindungsstecker mit mechanischer Verriegelung (bei HDMI nicht vorhanden) – Für portable Geräte existiert auch ein kleinerer Mini-DisplayPort-Stecker. – bis zu 8 Audiokanäle, Samplingrate bis 192 kHz, unterstützt verschiedene Soundverfahren (Kap. 8.2.8.2) – serielle Signalübertragung auf bis zu 4 Links, pro Link bis zu 4 Gibit/s bei Version 1.2, bis zu 6 Gibit/s bei Version 1.3/1.4 – Anschlussmöglichkeit mehrerer Displays ohne zusätzliche Splitterboxen zur Aufteilung des Signals	 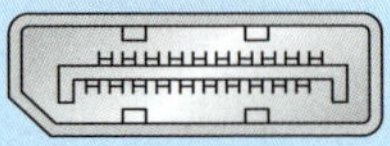

Bild 8.48: Display-Anschlusstechniken (Datenraten können auch mit Dezimalpräfixen angegeben werden; Kap. 7.1.4.2)

Um eine bessere Video-Wiedergabequalität zu erhalten, rüsten viele User ihren PC mit einer zusätzlichen Grafikkarte aus, da diese Karten meist über leistungsfähigere Grafikchips verfügen. Diese Erweiterungskarte hat dann ihre eigenen Anschlüsse, die identisch mit denjenigen des Motherboards sind; sie stellt aber oft auch noch zusätzliche Schnittstellen zur Verfügung (Kap. 8.2.8.1).

8.2.6.7 Bluetooth

Bluetooth (BT) bezeichnet einen Standard im Bereich der Nahbereichs-Funktechnik, mit der beliebige elektronische Geräte ohne Kabelverbindung in einem festgelegten Frequenzbereich über eine kurze Entfernung miteinander kommunizieren können.

Die Bluetooth-Technik besteht im Wesentlichen aus einem prozessorgesteuerten Sende- und Empfangsmodul mit sehr kleinen Maßen. Somit lassen sich auch Geräte mit relativ kleinen Abmessung mit dieser Technologie ausstatten und miteinander vernetzen. Den Prozess bei der *erstmaligen* Verbindungsaufnahme zwischen zwei Bluetooth-Geräten bezeichnet man als **Pairing**.

Ein **Bluetooth-Netz** kann aus bis zu 255 (8 bit **PMA**: **P**assive **M**ember **A**ddress) verschiedenen bluetooth-fähigen Geräten bestehen, von denen aber maximal nur acht gleichzeitig *aktiv* miteinander kommunizieren können. Ein solches Netz wird als **Piconetz** bezeichnet. Ein Gerät kann gleichzeitig Teilnehmer in mehreren Piconetzen sein. Hierbei können die Teilnehmer von bis zu zehn Piconetzen untereinander in Kontakt treten. Mehrere Piconetze zusammengefasst nennt man auch ein **Scatternetz**.

Zu den Vorteilen dieser Technik zählen:

- Aufbau kabelloser Verbindung zwischen PCs und sämlichen Peripheriegeräten (z. B. Tastatur, Maus, Drucker, Smartphone)
- Verringerung der Anzahl der Geräteschnittstellen bei einem PC und damit verbunden eine Reduktion der Produktionskosten

- keine Anschaffung zusätzlicher spezieller Kabel
- schnelle Einrichtung von Ad-hoc-Verbindungen
- automatische und unbeaufsichtigte Kommunikation zwischen zwei Geräten

Bild 8.49: Bluetooth-Sende- und Empfangsmodul

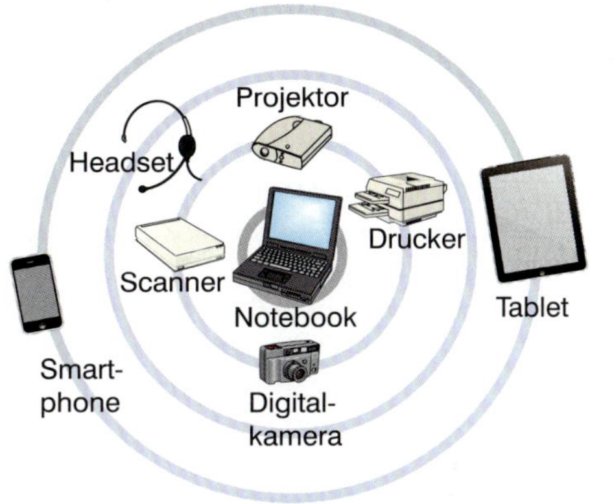

Bild 8.50: Pico-Netz

Kenngröße	Eigenschaft
Sendeleistung	Klasse I: 100 mW, Klasse II: 2,5 mW, Klasse III: 1 mW (zusätzlich bei BT 5.0: 10 mW; „Klasse" 1,5)
Reichweite	Klasse I: ≤ 100 m, Klasse II: ≤ 10 m; Klasse III: ≤ 2,5 m; jeweils ohne Sichtkontakt; ab Version 2.0 auch größere Reichweite möglich (z. B. BT 5.0 bis zu 100 m im Low-Energy-Modus)
Stromaufnahme	max. 0,3 mA (Stand-by-Mode) max. 30 mA (Sendebetrieb); im Low-Energy-Modus nur 10 mA; ab BT 5.0 auch < 5 mA
Datenrate	max. 1 Mibit/s (theoretisch), ab Version 2.0 bis zu 3 Mibit/s (bei BT 5.0 auch im Stromsparmodus)
Betriebsarten: Datenübertragung symmetrisch Datenübertragung asymmetrisch Sprachübertragung	 ursprünglich ca. 430 KiBit/s in beide Richtungen; bei Weiterentwicklungen auch mehr (siehe unten) ursprünglich ca. 720 KiBit/s in die eine und ca. 57 KiBit/s in die andere Richtung 64 KiBit/s in beide Richtungen; bei Weiterentwicklungen auch mehr (siehe unten)
Frequenzbereich	2,408–2,48 GHz (ISM-Band, lizenzfrei; **ISM**: **I**ndustrial-, **S**cientific- and **M**edical-Band)
Sonstiges	– zulässige Grenzwerte für die Belastung durch Hochfrequenz werden eingehalten – keine störenden Auswirkungen auf andere Telekommunikationseinrichtungen

Bild 8.51: Technische Basisdaten von Bluetooth (Datenraten können auch mit Dezimalpräfixen angegeben werden; Kap. 7.1.4.2)

Durch ständige Weiterentwicklung wurde der ursprüngliche Bluetooth-Standard stetig verbessert und den Forderungen nach schnellerer Datenübertragung und erhöhter Übertragungssicherheit angepasst. Hierzu gehören beispielsweise:

- **Version 2.1 + EDR** (**E**nhanced **D**ata **R**ate):
  Datenrate bis zu 3 Mibit/s (netto ca. 2 Mibit/s, *nicht* im Stromsparmodus!); Multi-Cast-Betrieb, d. h. es lassen sich Gerätegruppen auf einmal adressieren
- **Version 4.0:** (Hinweis: Version 3.0 wurde nicht fertiggestellt)
  Bluetooth Low Energy-Funktion (**BLE** bzw. **Bluetooth Smart**) für alle Profile**,** Verbindungsaufbau und anschließende Datenübertragung in weniger als 5 ms (vorher ca. 10 ms), dadurch Reduzierung des Energieverbrauchs; AES-Verschlüsselung mit 128 bit (**AES**: **A**dvanced **E**ncryption **S**tandard).
- **Version 4.1/4.2:**
  Adaptive Frequency Hopping (automatischer Frequenzwechsel bei Registrierung einer Störung, z. B. durch LTE im 2,6-GHz-Bereich); weitere Energieeinsparung bei Low-Energy-Geräten; Implementierung weiterer Sicherheitsstandards (z. B. bei Verbindung mit Beacons); Verdopplung der Übertragungsrate gegenüber der Vorgängerversionen durch Vergrößerung der Datenpakete (nur zwischen Geräten ab dem BT 4.2-Standard)
- **Version 5.0**
  Speziell zugeschnittene Profile auf Geräte des **IoT** (**I**nternet **o**f **T**hings, z. B. Fitness-Tracker, Headsets, Sensoren); Datenraten bis zu 2 Mibit/s bei Reichweiten über 100 m *auch im Stromsparmodus*; einfachere und umfangreichere Nachrichtenübertragung von Beacons und im Smart-Home-Bereich bzw. IoT (vernetzter Heimbereich: z. B. Licht-, Heizung- u. Rollladensteuerung, Musik- u. Videostreaming)

Als **Beacons** bezeichnet man kleine, auf **BLE**-Technik basierende Funksender, die über eine nahe Distanz *ohne* Pairing zu einem anderen, empfangsbereiten BT-Gerät ($<$ 10 m) kurze Informationen verschicken können (z. B. auf ein Smartphone mit entsprechender App: Produktwerbung im Geschäft oder im Museum Infos zu einem nahen Ausstellungsstück). Auch eine Standortbestimmung innerhalb von Gebäuden ist damit möglich.

8.2.6.8 Sonstige Schnittstellen

Zusätzlich zu den bereits genannten Anschlüssen verfügen die Geräte je nach Geräteklasse über weitere Schnittstellen:

Bezeichnung	Merkmale/Eigenschaften
Thunderbolt	– von Intel und Apple entwickelte, universelle Hochgeschwindigkeits-Schnittstelle zur Übertragung von Daten, Bild- und Tonsignalen zwischen Multimediageräten (Display, Videocamera) und dem Computer – ursprüngliche Bezeichnung: **Light Peak**; sollte eigentlich rein optisch arbeiten und Daten per Lichtwellenleiter übertragen, auch über Kupferleitungen – bidirektionale Datenübertragung bei Thunderbolt 1 bis zu 10 Gibit/s über Kupferleitung (Leiterlänge 3 m), bei Thunderbolt 2 durch Kanalbündelung bis zu 20 Gibit/s, bei Thunderbolt 3 bis zu 40 Gibit/s. – Thunderbolt-Stecker bei Version 1 und 2 sind identisch zu denen von Mini-DisplayPort (Kap. 8.2.6.6), Thunderbolt 3 verwendet den USB Typ-C-Stecker (Kap. 8.2.5.3) und unterstützt bis zu 4 PCIe-Lanes (Kap. 8.2.6.4); zur Anpassung an frühere Versionen sind Adapter erforderlich. – Bis zu sieben Geräte mit Thunderbolt-Controller können hintereinander geschaltet werden, sodass sich z. B. mehrere Displays über ein einziges Kabel mit einem PC verbinden lassen.

Bezeichnung	Merkmale/Eigenschaften
RJ 45	Kombischnittstelle für den Anschluss an ein **LAN** (**L**ocal **A**rea **N**etwork, Kap. 8.5.3) oder an einen direkten Internetzugang per **DSL** (**D**igital **S**ubscriber **L**ine, Kap. 8.5.6)
USB	Kap. 8.2.5.3
Firewire	Kap. 8.2.5.4
NFC	– **N**ear **F**ield **C**ommunication – Funkschnittstelle für die kontaktlose Datenübertragung zwischen zwei Geräten über Entfernungen bis ca. 10 cm durch induktive Kopplung (Kap. 1.9.3) – Datenrate bis ca. 424 KiBit/s, in Stufen einstellbar, Frequenzbereich 13,56 MHz – eingesetzt z. B. für Zugangskontrolle, papierlose Eintrittskarten, bargeldlose Zahlungen – Portable Geräte mit NFC können auch als mobiles Kartenlesegerät fungieren.
M.2	Bezeichnung einer Spezifikation für eine *interne* PC-Schnittstelle (**M.2-Port** oder **M. 2-Slot)** zum Anschluss von Erweiterungskarten und SSDs in Kartenform (Kap. 8.2.7.2). Der M.2-Standard definiert Steckkarten mit Breiten von 12, 16, 22 oder 30 Millimetern bei Kartenlängen zwischen 16 und 110 Millimetern (maximale Höhe: 1,5 mm). Ein M.2-Port unterstützt bis zu vier PCIe-Lanes (Kap. 8.2.6.4) und einen SATA-6G-Anschluss (Kap. 8.2.6.1); PCIe und SATA können gleichzeitig genutzt werden. Abhängig vom Einsatzzweck verfügt jede M.2-Karte an bestimmten Stellen ihrer Steckerleiste zusätzlich zu den bis zu 67 Anschlusskontakten über Aussparungen, die als **Key** (Schlüssel) bezeichnet werden. Die Karten passen daher nur in die jeweiligen Slots (Key B; Key M; Key B + M). M.2-Steckkarten gibt es für WLAN, Bluetooth, GPS, NFC und andere Funktionen; speziell geeignet zur Anbindung schneller SSDs über die vier PCIe-3.0-Lanes, bei der bis zu 4 GiByte/s übertragen werden können (zum Vergleich: SATA 6G: 600 MiByte/s).

Bild 8.52: Sonstige Schnittstellen (Datenraten können auch mit Dezimalpräfixen angegeben werden; Kap. 7.1.4.2)

8.2.7 Laufwerke und Speichermedien

> Der Begriff **Laufwerk** bezeichnet im Bereich der PC-Technik ein elektromechanisches Gerät, das in der Lage ist, auf einem entsprechenden Träger Daten dauerhaft zu speichern und/oder zu lesen.

Abhängig von der technischen Art des Speicherns unterscheidet man:

- magnetische Laufwerke (Speichermedium z. B. Festplatte, Magnetband)
- optische Laufwerke (Speichermedium z. B. CD, DVD, BD)

Wie alle mechanischen Geräte unterliegen Laufwerke einem natürlichen Verschleiß und einer Abnutzung, wodurch ihre Betriebsdauer beschränkt wird. Erklärtes Ziel bei der Entwicklung und der Fertigung ist, neben der Verwendung umweltfreundlicher und recyclebarer

Materialien eine möglichst lange Betriebsdauer und damit eine hohe Zuverlässigkeit im praktischen Betrieb zu erreichen.

> Unter der Bezeichnung **MTBF** (**M**ean **T**ime **B**etween **F**ailures) geben Hersteller die durchschnittliche Zeit an, die wahrscheinlich vergehen wird, bis ein Laufwerk ausfällt. Sie wird meist in Stunden angegeben.

8.2.7.1 Festplattenlaufwerk

> Unter einem **Festplattenlaufwerk** (**H**ard **D**isk **D**rive, **HDD**) versteht man ein Gerät, das sich in einem staubdichten Gehäuse befindet und nichtflexible Platten enthält, auf denen Daten magnetisch gespeichert werden können.
>
> Für Festplattenlaufwerke hat sich auch der vereinfachende Begriff **Festplatte** (**H**ard**d**isk, **HD**) eingebürgert.

Die meist aus Aluminium bestehenden Platten sind zum Zweck der Speicherung mit einem magnetisierbaren Material beschichtet. Auf einer Festplatte können Daten dauerhaft gespeichert werden, d. h. sie gehen auch nach Abschalten der Versorgungsspannung nicht verloren.

Festplattenaufbau

Die in PCs verwendeten Festplattenlaufwerke enthalten in der Regel zwei bis sechs beidseitig beschreibbare Platten, die auf einer Drehachse montiert sind. Jede Seite einer Platte verfügt hierzu über einen eigenen Schreib-Lese-Kopf. Ein Schreib-Lese-Kopf ist im Prinzip eine winzige Spule; der Schreib- bzw. Lesevorgang basiert auf dem Elektromagnetismus (siehe Kap. 1.9.3). Alle Köpfe sind auf einem gemeinsamen Kopfträger montiert, der mechanisch mithilfe eines Schrittmotors über die Plattenoberfläche bewegt und positioniert wird. Der Kopfträger wird auch **Zugriffskamm** genannt.

Bild 8.53: Aufbau eines Festplattenlaufwerks

Aufgrund der staubfreien Umgebung kann der Kopf mit 3 bis 15 nm Abstand über der Oberfläche einer Platte bewegt werden, die sich – angetrieben von einem Motor – in der Regel konstant mit 5400 U/min bis 15000 U/min dreht. Die Schreib-Lese-Köpfe schweben auf einem dünnen Luftkissen über der Plattenoberfläche, das durch die Rotation der Platten erzeugt wird. Sie dürfen die Platten nicht berühren, da dies ansonsten zu dem sogenannten „**Headcrash**" führt, durch den die Plattenoberfläche zerstört wird. Beim Abschalten werden die Köpfe in einen eigens dafür vorgesehenen Bereich nahe der Drehachse gesteuert, wo sie „landen" können.

Die heutigen Speicherkapazitäten handelsüblicher 3,5-Zoll-Festplatten betragen mehrere Terabytes (Hinweis: Die Hersteller verwenden zur Kapazitätsangabe traditionell Dezimalpräfixe!). Hierbei wird ein Aufzeichnungsverfahren mit der Bezeichnung **Perpendicular Magnetic Recording** (**PMR**) verwendet, bei dem die einzelnen magnetisierbaren Bereiche nicht mehr horizontal in Drehrichtung, sondern senkrecht dazu ausgerichtet sind und damit dichter gepackt werden können.

Maßnahmen für weitere Kapazitätssteigerungen sind beispielsweise:

- **Heliumfüllung**: Helium ist dünner als Luft, dadurch reduzieren sich Reibungseffekte und Vibrationen bei der Drehbewegung; die Festplatten können dünner ausfallen, es entsteht Platz für eine größere Anzahl von Platten.
- **HMR** (**H**eat-Assisted **M**agnetic **R**ecording): Wärme-unterstützte Magnetaufzeichnung, d.h. kurzzeitige Erwärmung des zu magnetisierenden Bereiches beim Schreibvorgang einer PMR-Festplatte; es reduziert sich die erforderliche Magnetfeldstärke, dadurch können die Bereiche nochmals enger angeordnet werden.
- **SMR** (**S**hingle **M**agnetic **R**ecording): Technisch bedingt ist der Schreibkopf als „aktiver Magnetisierer“ breiter als der Lesekopf; bei PMR-Platten sind die erzeugten Spuren also stets so breit wie der Schreibkopf. Der Lesekopf benötigt aber nur einen schmaleren Teil davon. Hinzu kommt ein „Sicherheitsabstand“ zwischen den Spuren. Bei SMR-Platten gestaltet man die Spuren prinzipiell nur noch so breit wie der Lesekopf und sie werden ohne Abstand – nahezu „überlappend“ (Shingle: Dachziegel) – nebeneinander platziert. Das hierbei unbeabsichtigte Überschreiben und damit der Verlust der Daten auf Nachbarspuren durch den breiteren Schreibkopf wird durch vorherige abschnittsweise Umschichtung der betroffenen Daten verhindert. Die Kapazitätssteigerung der SMR-Festplatte führt daher zu einem insgesamt erhöhten Schreibaufwand.

Festplattenanschlüsse

Auf der Gehäuserückseite befinden sich die genormten Anschlüsse für die Stromversorgung und für das Datenkabel. Dem Stand der Technik entsprechend werden heute entweder SATA- oder SAS-Laufwerke verwendet. Zunehmend werden auch Festplatten mit PCIe-Anschlüssen (Kap. 8.2.6.4) angeboten, um deren Geschwindigkeitsvorteile bei der Datenübertragung zu nutzen.

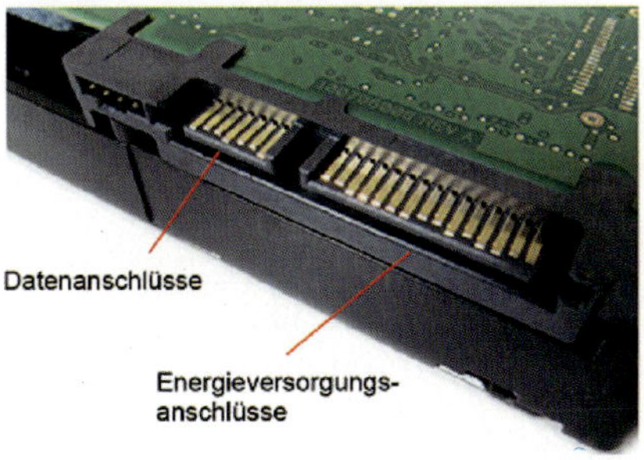

Bild 8.54:
Anschlüsse an einem SATA-Festplattenlaufwerk

Kenngrößen von Festplatten

Um Daten auf einer Festplatte dauerhaft speichern zu können, müssen die Plattenoberflächen zunächst vorbereitet werden. Hierzu werden diese in Zylinder, Spuren, Sektoren und Cluster eingeteilt. Dieser Vorgang, den man allgemein als Formatieren bezeichnet, wird vom verwendeten Betriebssystem gesteuert (siehe Kap. 8.4.3). Zu den wichtigsten Kenngrößen einer Festplatte gehören:

- **Speicherkapazität** *(Memory Size)*
  Die Speicherkapazität einer Festplatte wird oft als „Bruttokapazität“ angegeben. Nach der Formatierung ist diese Kapazität jedoch nicht mehr in vollem Umfang nutzbar, da für die interne Organisation der Festplatte Daten auf einer ihrer Oberflächen gespeichert werden, die dann für den Anwender nicht mehr zur Verfügung steht.

- **Datentransfer-Rate** *(Data Transfer Rate)*
  Die Datentransfer-Rate gibt Aufschluss über die für die Datenübertragung erforderliche Zeit. Sie wird in Megabit pro Sekunde (Mb/s) oder Megabyte pro Sekunde (MB/s) angegeben und hängt eng mit der Drehgeschwindigkeit der Platten zusammen. Zunehmend werden zur Angabe auch Binärpräfixe verwendet (Kap. 7.1.4.2). Begrenzt wird sie von der verwendeten Schnittstelle und deren Spezifikation. Allerdings werden die theoretisch möglichen maximalen Übertragungsraten der Schnittstelle in der Praxis nicht erreicht.

Handhabung von Festplatten

Im Umgang mit Festplatten sind grundsätzlich folgende Dinge zu beachten:

1. Da die Speicherung der Daten magnetisch erfolgt, können diese Daten natürlich auch durch die Einwirkung eines magnetischen Feldes unbrauchbar werden. Zwar sind die Platten selbst durch das Gehäuse gegenüber äußeren magnetischen Einflüssen geschützt, dennoch sollte man Festplatten nicht dauerhaft starken magnetischen Feldern aussetzen.
2. Die magnetisierbaren Platten rotieren innerhalb des Gehäuses mit einer hohen Drehzahl. Die Lagerung dieser Platten wird also mechanisch stark beansprucht und unterliegt einem natürlichen Verschleiß. Um diesen Verschleiß so gering wie möglich zu halten, ist die vom Hersteller vorgegebene Einbaulage zu beachten.
3. Das wiederholte „Hochfahren“ und das „Herunterfahren“ von Festplatten erhöhen sowohl den mechanischen Verschleiß der Lager als auch den der Schreib-Lese-Köpfe, da diese dann jeweils in der dafür vorgesehenen Zone „landen“ (siehe oben). Insofern sollte der mittels Powermanagement mögliche Stand-By-Modus, bei dem das Laufwerk nach einer voreingestellten Zeit ohne Befehlseingabe abgeschaltet wird, nicht zu kurz gewählt werden.
4. Platten und Lager reagieren empfindlich auf mechanische Einflüsse. Aus diesem Grund sollten Erschütterungen während des Betriebs möglichst vermieden werden.

8.2.7.2 Solid State Laufwerk

> Ein **Solid State Laufwerk** (**SSD**: **S**olid **S**tate **D**rive oder **S**olid **S**tate **D**isc) ist ein elektronisches, nichtflüchtiges Speichermedium, das nur aus Halbleiter-Speicherchips (Flash-EEPROMs) aufgebaut ist. Es kann wie ein herkömmliches Laufwerk angesprochen werden.

Bild 8.55: SSD-Laufwerk

Die Bezeichnung Laufwerk (Drive) ist insofern irreführend, da es ohne rotierende Scheibe oder sonstige bewegliche Mechanik arbeitet. Dadurch ist es absolut unempfindlich gegenüber mechanischen Stößen (hohe Schocktoleranz) und besonders geeignet für den Einsatz in portablen Geräten. Es lässt sich wie eine konventionelle Festplatte einbauen und an eine SATA-Schnittstelle anschließen (bei kleinen Gehäuseabmessungen über Micro-SATA-Stecker). Darüber hinaus gibt es auch SSDs im M.2-Format (Kap. 8.2.6.8). Da ein SSD im Gegensatz zur Festplatte nicht erst mechanisch einen Schreib-Lesekopf zu den Daten fahren muss, sondern nur einzelne Leitungen aktiviert, kann es auch wesentlich schneller auf Daten zugreifen (*Lesezugriff*). Allerdings erfolgen *Schreibzugriffe* langsamer als bei Festplatten, da die in der Regel verwendeten Flashspeicher vorher erst einen zusätzlichen Löschvorgang erfordern, der stets blockweise durchzuführen ist. Um diesen Vorgang zu beschleunigen, verfügen SSD meist über einen integrierten DRAM-Pufferspeicher (DRAM-Cache: 32 MiByte bis 256 MiByte).

Die angebotenen Kapazitätswerte im Consumerbereich gehen bis ca. 4 TByte, der Preis pro GByte liegt aber (noch) deutlich höher als bei einer Magnetfestplatte. Gegenüber der SATA-Anschlusstechnik lässt sich die Übertragungsrate von SSDs bei Verwendung eines M.2-Slots deutlich erhöhen (Kap. 8.2.6.8). Eine weitere Steigerung ergibt sich durch die Verwendung des NVMe-Protokolls (**NVMe**: **N**on-**V**olatile **M**emory **e**xpress), einer auf PCIe-basierenden Spezifikation (theoretisch bis zu 4 GiByte/s; PCIe 3.0 $\times$ 4; Kap. 8.2.6.4).

Ein Solid State Drive lässt sich auch mit einem herkömmlichen Festplattenlaufwerk kombinieren. Hierbei übernimmt das SSD (mit DRAM-Cache) die schnelle Zwischenspeicherung vor der abschließenden Speicherung auf der Festplatte.

> Die Kombination eines Solid State Drives mit einer herkömmlichen Festplatte in einem gemeinsamen Gehäuse wird als **Hybridlaufwerk** bezeichnet.

8.2.7.3 Optische Laufwerke

> Die Bezeichnung **optisches Laufwerk** basiert auf dem optischen Verfahren, mit dem die Daten auf dem Speichermedium gelesen oder gegebenenfalls auch geschrieben werden.

Als Speichermedien dienen dünne Scheiben aus Polykarbonat, einem Kunststoff, der preiswert herstellbar ist und der Licht mit einem bestimmten Brechungsindex (η = 1,55; d.h. Licht wird in einem bestimmten Winkel gebrochen) ablenkt. In dieses Grundsubstrat werden beim Schreiben die binären Daten mittels verschiedener technischer Verfahren so eingebrannt, dass sich Bereiche mit unterschiedlichem Reflexionsverhalten ergeben. Die Oberfläche wird mit einer Lackschicht versiegelt.

In Abhängigkeit vom verwendeten Speichermedium unterscheidet man CD-Laufwerke, DVD-Laufwerke und BD-Laufwerke.

CD steht für „**C**ompact **D**isc“ und bezeichnet ein optisches Speichermedium für digitale Daten, das ursprünglich nur für die Wiedergabe von Audio-Daten entwickelt wurde.

DVD ist die Abkürzung für „**D**igital **V**ersatile **D**isc“ (vielseitige digitale Disc), wird oft aber auch als „**D**igital **V**ideo **D**isc“ bezeichnet.

BD steht für **B**lu-Ray-**D**isc und bezeichnet den technischen Nachfolger der DVD, der insbesondere die Speicherung von Videos/Filmen in höchster Qualität (HD-Qualität; HD: High Definition) mit den hierzu erforderlichen hohen Speicherkapazitäten ermöglicht. Der Name resultiert aus der Farbe des verwendeten Laserstrahls (siehe Bild 8.56).

Das Lesen der Daten erfolgt bei allen Laufwerksarten mit einem vom Prinzip her gleichartig aufgebauten optischen Abtastmechanismus, der im Wesentlichen aus einer intensiven Lichtquelle – z. B. einem Laser mit ca. 0,5 mW Leistung –, Fokussierlinsen und einer Fotodiode besteht.

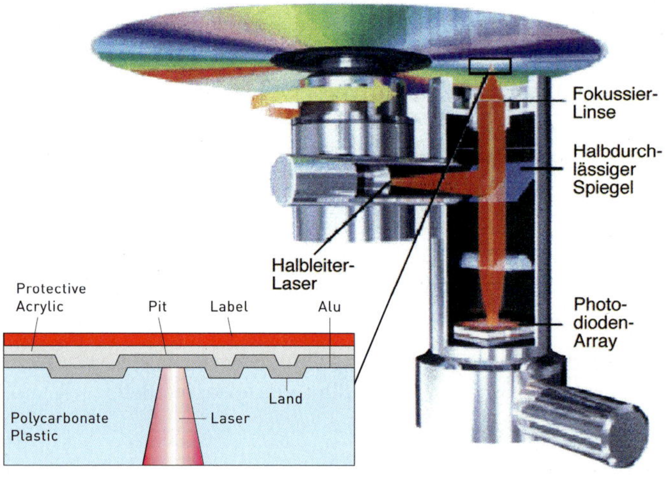

Bild 8.56: Prinzip des Abtastmechanismus bei einem optischen Laufwerk

Diese Anordnung befindet sich auf einem beweglichen Träger, der sich – angetrieben von einem kleinen Motor – während des Lesevorgangs radial von innen nach außen bewegt. Die binären Daten sind bei nicht wiederbeschreibbaren Datenträgern als kleine Vertiefungen (Pit) oder Erhöhungen (Land) in das Grundsubstrat (Polykarbonat) eingebrannt und mit einer lichtreflektierenden Aluminiumschicht (Alu) überzogen. Durch die Rotation des Speichermediums werden diese Lands und Pits unter der Optik vorbeigezogen.

Der Lesevorgang erfolgt von unten durch das Grundsubstrat, die Oberseite ist meist mit einem kennzeichnenden Aufdruck versehen (Label). Das von den Lands und Pits unterschiedlich reflektierte Licht eines Lasers wird durch die Fotodiode zurück in elektrische Signale umgewandelt.

Die Daten werden in der Regel in Form einer durchgehenden Spirale von innen nach außen aufgebracht. Diese Spirale ist in einzelne Sektoren unterteilt, die neben den Nutzdaten zusätzlich Paritätsbits zur Fehlerortbestimmung und zur Fehlerkorrektur enthalten.

Obwohl die Abtastung prinzipiell gleichartig verläuft, unterscheiden sich die auf den jeweiligen Datenträgern (CD, DVD oder Blu-Ray-Disc) aufgebrachten Datenstrukturen in ihrer Größe erheblich voneinander. Um diese Strukturen jeweils lesen zu können, werden in den jeweiligen Laufwerken Laser mit unterschiedlicher Wellenlänge eingesetzt. Je kleiner die Wellenlänge, desto feinere Strukturen lassen sich erkennen. Hierdurch ergeben sich bei gleicher Größe des Datenträgers (Standarddurchmesser: 12 cm) auch unterschiedlich große Speicherkapazitäten.

	CD	**DVD**	**Blu-Ray**
Struktur	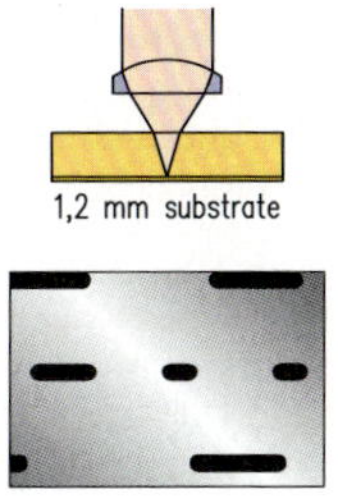	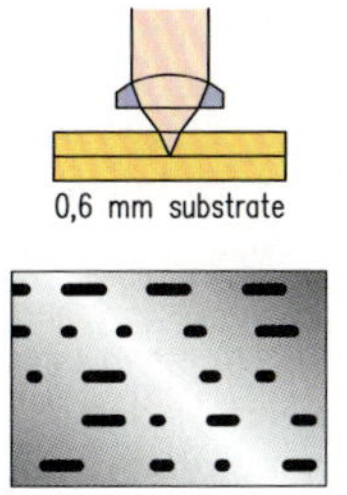	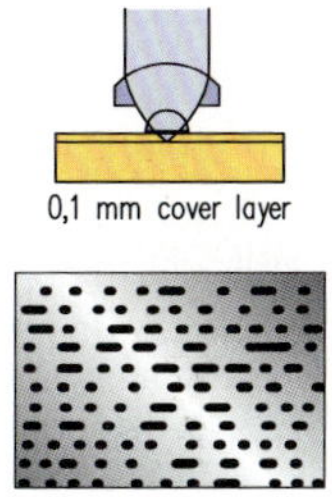
Spurabstand	1,6 µm	0,74 µm	0,32 µm
Größe Land/Pit	0,83 µm	0,4 µm	0,15 µm
Wellenlänge des Lasers	780 nm (rot)	650 nm (rot)	405 nm (blau)
Speicherkapazität	650 MB – 900 MB	1,4 GB – 17 GB (siehe Bild 8.59)	25 GB (BDXL: mehrlagige Formate; abhängig von der Anzahl der Layer bis zu 100 GB)
Dicke	1,2 mm	1,2 mm	1,2 mm
Gewicht ca.	20 g	20 g	20 g

Bild 8.57: Datenstrukturen im Vergleich (Hinweis: Die Hersteller verwenden traditionell Dezimalpräfixe zur Angabe der Speicherkapazitäten; Kap. 7.1.4.2)

Heutige DVD/BD-Laufwerke unterstützen fast jedes CD-/DVD/BD-Dateiformat und können Medien unterschiedlicher Technologien lesen (Ausnahme: „Normale" DVD-Laufwerke können in der Regel keine Blu-Ray-Medien lesen!).

> Ein optisches Laufwerk, das unterschiedliche CD-/DVD-/BD-Formate und CDs/DVDs/BDs verschiedener Technologien lesen kann, wird als **multireadfähig** bezeichnet.

Mit einer analog aufgebauten Vorrichtung, wie in Bild 8.56 dargestellt, lassen sich in einem CD-/DVD-/BD-Rekorder (Brenner) auch entsprechende Datenträger beschreiben. Hierbei sind jedoch in Abhängigkeit vom verwendeten Datenträger höhere Leistungen des Laserstrahls (6 mW – 12 mW) erforderlich. DVD-/BD-Rekorder sind in der Lage, CDs, DVDs und BDs mit unterschiedlichen Spezifikationen (Disc-Formate) zu brennen. Sie werden daher auch als **multi-formatfähig** bezeichnet. Das Brennen kann während eines einzigen Vorgangs (**Singlesession**) oder in mehreren Teilvorgängen (**Multisession**) erfolgen. Die aktuellen Brenner-Generationen unterstützen ebenfalls auch zweilagige Rohlinge (**DL**: **D**ouble-**L**ayer-Technologie).

Verbreitet sind die folgenden CD-/DVD-Formate:

Bezeichnung	Erläuterung
CD-ROM **DVD-ROM**	– **R**ead **O**nly **M**emory bezeichnet allgemein einen optischen Datenträger, der nur gelesen, aber nicht beschrieben werden kann
CD-R, CD+R **DVD-R, DVD+R**	– **R**ecordable optischer Datenträger, der in einem CD-/DVD-Rekorder **einmal** beschrieben werden kann; beim Brennvorgang wird die Lichtdurchlässigkeit einer zusätzlich eingebrachten organischen Schicht dauerhaft verändert, sodass sich beim Lesen unterschiedliche Reflexionen ergeben; +R und –R bezeichnen unterschiedliche Aufzeichnungsformate
CD-RW, CD+RW **DVD-RW, DVD+RW**	– **R**e**W**ritable optischer Datenträger, der in einem CD-/DVD-Rekorder **mehrfach** beschrieben werden kann; beim Brennvorgang wird das Reflexionsvermögen kleiner Kristalle verändert (Phase-Change-Recording); dieser Vorgang ist reversibel und kann bis zu 1 000-mal durchgeführt werden; der Reflexionsgrad ist allerdings geringer als bei einer CD/DVD+/–R; +RW und –RW bezeichnen unterschiedliche Aufzeichnungsformate
DVD-RAM	Spezifikation des in einem entsprechenden DVD-RAM-Laufwerk mehrfach überschreibbaren DVD-Typs; aufgrund der hohen Schreib-/Lesegeschwindigkeit ist die **gleichzeitige** Aufnahme und zeitversetzte Wiedergabe möglich; Aufzeichnung in kreisförmigen Spuren, inkompatibel zu R- und RW-Medien
DVD-Video, **DVD-Audio**	DVD-ROM mit speziellen Video- und Audio-Formaten (MPEG1, MPEG2); unterschiedliche Sprachversionen

Bild 8.58: CD-/DVD-Formate

Die Datentransfer-Rate eines DVD-Brenners hängt von der Drehzahl der Disc ab. Da diese Drehzahl beim Lesen größer ist als beim Brennen, werden diese Werte stets getrennt angegeben (z.B. 32x, 8x).

DVDs unterscheiden sich in ihrer Größe und hinsichtlich ihrer Kapazität:

Bezeichnung	Durchmesser	Kapazität	Aufzeichnung
DVD-5	12 cm	4,7 GByte	einseitig, eine Informationsschicht
DVD-9	12 cm	8,5 GByte	einseitig, zwei Informationsschichten
DVD-10	12 cm	9,4 GByte	zweiseitig, eine Informationsschicht
DVD-14	12 cm	13,2 GByte	halb DVD-5, halb DVD-9 (wenig verbreitet)
DVD-18	12 cm	17 GByte	zweiseitig, je zwei Informationsschichten

Bild 8.59: DVD-Größen und Speicherkapazitäten (Hinweis: Kapazitätsangaben der Hersteller traditionell mit Dezimalpräfixen)

Bei einer Blu-Ray-Disc liegt die Aufnahmekapazität bei ca. 25 GByte pro Informationsschicht (Layer). Durch das Aufbringen mehrerer Layer lässt sich die Kapazität weiter steigern. Der inzwischen veröffentlichte erweiterte Standard **Ultra HD Blu-Ray** (**UHD Blu-Ray**) definiert hierzu eine höhere Bildauflösung und eine größere Speicherkapazität (UHD-Auflösung 3840 × 2160; Kapazität bis 66 GByte auf 2 Layern, bis 100 GByte auf 3 Layern). Analog zur DVD gibt es die Formate **BD-ROM** (nur lesbar), **BD-R** (einmal beschreibbar) und **BD-RE** (**R**ecordable **E**rasable; mehrfach beschreibbar).

Da sich die Daten aufgrund der digitalen Speicherung schnell und vor allem verlustfrei vervielfältigen lassen, verwendet die Industrie verschiedene Verfahren, um eine unerwünschte Verbreitung einzuschränken:

- Durch die Verwendung sogenannter **Regionalcodes** sind DVD-/BD-Videos nicht beliebig austauschbar, sondern nur in einem DVD-/BD-Player abspielbar, dessen Code mit dem auf der DVD/BD übereinstimmt.
- Durch die Verwendung von **Kopierschutzverfahren** werden DVDs/BDs so codiert, dass keine oder nur eine begrenzte Anzahl von Kopien möglich ist. Hinzu kommt bei Blu-Ray-Discs die sogenannte **BD+** Technik, bei der eine kontinuierliche Online-Autorisierung für die Entschlüsselung erforderlich ist.

Des Weiteren versucht man mit einem sogenannten „**Wasserzeichen**" zu arbeiten. Hierunter versteht man auf Wiedergabegeräten nicht sichtbare Zusatzinformationen, die aber von Aufnahmegeräten erkannt werden und eine Aufnahme oder Kopie verhindern sollen.

8.2.8 Erweiterungskarten

Erweiterungskarten (Expansion Boards) sind Leiterplatten, die über einen freien Erweiterungssteckplatz (Expansion Slot) mit dem Systembus oder direkt mit dem Chipsatz des Computers verbunden werden, um diesen mit zusätzlichen Funktionen oder Ressourcen auszustatten.

Typische Erweiterungskarten waren früher Grafikkarte, Soundkarte, Netzwerkkarte sowie ggf. eine TV/Video-Karte. Im Laufe der technischen Entwicklung wurden diese Funktionen zunehmend auf dem Mainboard implementiert, sodass diesbezüglich keine zusätzliche Ausstattung mehr erforderlich war. Eine zusätzliche Grafikkarte ist heute nur dann erforderlich, wenn man eine bessere Darstellungsqualität wünscht, als der on board befindliche Grafikchip zu liefern vermag. Ebenso lässt sich bei Bedarf die akustische Wiedergabe möglicherweise durch die Verwendung einer entsprechenden Soundkarte verbessern. Abgesehen von einigen qualitativen Einschränkungen gelten die nachfolgenden Ausführungen ansonsten auch für die entsprechenden On-Board-Komponenten.

8.2.8.1 Grafikkarte

Die **Grafikkarte**/der **On-Board-Grafikchip** hat die Aufgabe, die visuellen Daten des Prozessors so aufzubereiten, dass sie das angeschlossene Display darstellen kann.

Die **Auflösung einer Grafikkarte**/eines On-Board-Grafikchips bezeichnet die Anzahl von Bildpunkten, die einzeln angesteuert und auf dem Bildschirm dargestellt werden können. Diese Bildpunkte werden auch **Pixel** genannt.

Die Auflösung wird in der Form **1 920 × 1 080** (Full-HD-Auflösung beim Fernseher) angegeben und bedeutet bei diesem Zahlenbeispiel, dass die Grafikkarte 1 920 Pixel horizontal (nebeneinander) und 1 080 Pixel vertikal (untereinander) ansteuern kann. Hierbei ist zu beachten, dass die Auflösung einer Grafikkarte zunächst nichts mit der Anzahl der Bildpunkte eines Monitors zu tun hat! In der Praxis sollten die Auflösungen von Grafikkarte und Monitor allerdings aufeinander abgestimmt sein.

VGA-Karten (**V**ideo **G**raphics **A**rray) stellen derzeit den aktuellen Standard dar. Neben Standard-VGA bieten diese Karten eine breite Palette verschiedener einstellbarer Auflösungen an und verfügen über spezielle Eigenschaften zur Bilddarstellung (z. B. 3D-Unterstützung, Kap. 8.2.11.7).

VGA-Karten verwenden den auf dem Motherboard befindlichen **PEG-Anschluss** (**P**CI **E**xpress for **G**raphics). Sobald eine Grafikkarte in diesen Slot gesteckt wird, werden die on board befindlichen Grafikkomponenten abgeschaltet. Spezielle Mainboards bieten auch die Möglichkeit, zwei hierfür taugliche Grafikkarten der Mittelklasse gleichzeitig an zwei speziellen PEG-Slots zu betreiben, um die Grafikleistung zu erhöhen (Nvidia). Diese Kopplungstechnik wird als **Scalable Link Interface** (SLI) oder **Crossfire** bezeichnet.

Auflösung	spezielle Bezeichnung
640 × 480	VGA (Standard)
800 × 600	SVGA
1024 × 768	XGA
1280 × 1024	SXGA
1600 × 1200	WUXGA
1920 × 1080	UXGA+
2048 × 1536	QXGA
2560 × 1600	WQXGA
2560 × 2048	QSXGA

Bild 8.60: Mögliche Auflösungen von VGA-Karten

Grafikkarten verfügen über ein eigenes BIOS (Kap. 8.4.1), über einen eigenen Grafikprozessor (**GPU**: **G**raphic **P**rocessing **U**nit) und einen eigenen Grafikspeicher (Graphic Storage), der zur Ablage der im Grafikprozessor verarbeiteten Bildinformationen dient. Die Größe des Grafikspeichers bestimmt die maximale Auflösung der Grafikkarte und die Farbtiefe. Die **Farbtiefe** gibt an, wie viele Bits für die Speicherung eines Bildpunktes zur Verfügung stehen. Je größer die Anzahl dieser Bits ist, desto mehr Farben lassen sich darstellen.

Für die Speichergröße gilt prinzipiell:
Speicherbedarf = horizontale Auflösung × vertikale Auflösung × Farbtiefe

Hieraus ergibt sich beispielsweise folgender Zusammenhang:

Auflösung	Farbtiefe in Bit	Anzahl Farben	Speichergröße theoretisch	Speichergröße praktisch(*)
800 × 600	24	16 777 216	1,37 MiByte	2 MiByte
1024 × 768	32	4 294 967 304	3 MiByte	4 MiByte
1920 × 1080	32	4 294 967 304	7,9 MiByte	8 MiByte
3840 × 2160	36	68 719 476 736	35,6 MiByte	64 MiByte

Bild 8.61: Zusammenhang zwischen Auflösung, Farbtiefe und Speicherbedarf (: Kapazitäten von Speicher-ICs sind stets ganzzahlige Vielfache der Zahl 2, Kap. 7.1.3.2; die Speichergröße kann auch mit Dezimalpräfixen angegeben werden, Kap. 7.1.4.2)*

Die heutigen Grafikkarten verfügen jedoch über wesentlich größere Grafikspeicher (z. B. 8 GiByte). Diese Größe ist für die speicherintensive Berechnung beispielsweise bei Bewegtbildern (z. B. Videofilm mit 60 Bildern pro Sekunde, d. h. 60 fps, frames per second) oder von perspektivischen Darstellungen erforderlich. Als **perspektivische Darstellung** bezeichnet man die Fähigkeit von Grafikkarten, durch entsprechende Aufbereitung der Bildschirminformationen eine Art dreidimensionalen optischen Eindruck eines Bildes auf dem Display zu erzeugen. Hierbei handelt es sich **nicht** um eine stereoskopische Darstellung, bei der für jedes Auge ein eigenes Bild erzeugt wird (Kap. 8.2.11.6), sondern es wird dem Betrachter lediglich der Eindruck einer räumlichen Tiefe vermittelt. Dieser räumliche Tiefeneindruck wird durch Effekte wie Aufhellungen, Spiegelungen, Schattierungen und Farbveränderungen hervorgerufen, die sich bei bewegten Objekten durch das einfallende bzw. reflektierte Licht ständig ergeben. Um diese Veränderungen in Echtzeit berechnen zu können, verfügt eine Grafikkarte über eine Vielzahl spezieller Recheneinheiten, sogenannte **Shader**. Diese Shader können auch für allgemeine mathematische Berechnungen (also nicht für die Bilddarstellung) eingesetzt werden und somit die CPU durch Auslagerung von Rechenoperationen entlasten.

Eine Grafikeinheit mit erweitertem Funktionsumfang wird auch als **GPGPU** (**G**eneral **P**urpose-Computation on **G**raphics **P**rocessing **U**nit) bezeichnet.

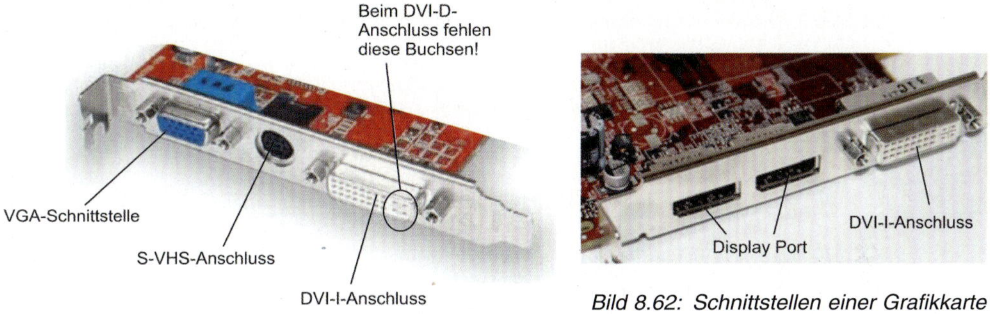

Bild 8.62: Schnittstellen einer Grafikkarte

Neben den bereits in Kap. 8.2.6.6 genannten Anschlüssen verfügen manche Grafikkarten auch über einen **S-VHS**-Anschluss oder einen **Composite**-Anschluss (z. B. Anschluss für Videokabel; meist gelbe Cinch-Buchse).

8.2.8.2 Soundkarte (Sound Board, Sound Card)

Eine **Soundkarte** ist eine Erweiterungskarte, die der Wiedergabe und der Aufnahme von Audiosignalen dient.

Kernstück einer Soundkarte (bzw. der On-Board-Sound-Komponenten) ist der **DSP** (**D**igital **S**ignal **P**rocessor), ein spezieller Prozessor, der nach der erforderlichen Digitalisierung die Verarbeitung sämtlicher Audioinformationen übernimmt. Digitalisierte Klänge benötigen sehr viel Speicherkapazität S_K. Der Bedarf in Byte eines digitalisierten Signals errechnet sich:

$$S_K = \frac{\text{Abstastfrequenz} \cdot \text{Kanalzahl} \cdot \text{Auflösung} \cdot \text{Zeitdauer}}{8}$$

Die Kanalzahl beträgt bei Mono 1 und bei Stereo 2; die Auflösung bezeichnet die Bitbreite der Codierung; die Zeitdauer gibt an, wie lange die Aufzeichnung dauert. Dieser Speicherbedarf lässt sich durch spezielle Komprimierungsverfahren erheblich reduzieren (z. B. MP3).

Räumliche Klangeindrücke werden durch unterschiedliche technische Verfahren erzeugt:

Bezeichnung	Eigenschaften
Stereo	2 Kanäle/2 Lautsprecher (vorne rechts/vorne links)
Dolby Surround	2 Kanäle/4 Lautsprecher (2 vorne rechts/vorne links, zusätzlich 2 Lautsprecher hinten rechts/hinten links), auf die über einen analogen Decoder das „Surroundsignal" gelegt wird, das aus der Zusammenlegung und der zeitlichen Verzögerung beider Kanäle gebildet wird
Dolby Pro Logic Dolby Pro Logic II	2 Kanäle/4 Lautsprecher (vorne rechts, vorne links, Mitte, Surround); d. h. 4 Wiedergabekanäle, die in 2 Aufnahmekanälen codiert sind; analoger Pro-Logic-Decoder erforderlich
Dolby Digital (AC 3), Dolby Digital Plus	6 Kanäle/6 Lautsprecher (vorne rechts, vorne links, Mitte, hinten rechts, hinten links), zusätzlich aktiver Subwoofer (LFE: Low Frequency Effect); auch als 5.1-Kanalsystem bezeichnet; digitaler Dolby-Decoder erforderlich
DTS, DTS NEO	**D**igital **T**heater **S**oundsystem 6-kanaliges (5.1) Tonaufzeichnungsformat bei Kinofilmen und Soundtracks auf DVD; verbesserte Klangqualität gegenüber Dolby Digital durch niedrigere Kompressions- und höhere Datenrate; digitaler DTS-Decoder erforderlich
DTS-HD Master Audio Dolby TrueHD	Konkurrierende, speziell für Blu-Ray-Disc entwickelte 8-kanalige digitale Audioformate; bei Datenraten bis zu 24 Mbit/s werden 8 echte Soundkanäle (7.1-Soundsystem) ohne Datenreduktion verarbeitet; für den Einsatz von Dolby TrueHD ist mindestens HDMI 1.3 erforderlich.
Dolby Atmos	Surround-Soundsystem für den Heimbereich mit bis zu 11 Lautsprechern plus 2 Subwoofer, erweitert eine 7.1-Anlage um 4 zusätzliche Deckenlautsprecher

Bild 8.63: Soundverfahren

Je nach Preisklasse stellt eine Soundkarte neben den On-Board-Anschlüssen zusätzliche Schnittstellen bereit (z. B. Cinchanschlüsse anstelle von Klinkenbuchsen; **MIDI**-Gameport: **M**usical **I**nstrumental **D**igital **I**nterface, 15-poliger Anschluss für MIDI-fähige Musikinstrumente, z. B. Keyboard oder Joystick für Gameport, zur Digitalisierung analoger Eingangssignale durch den integrierten Game Control Adapter).

8.2.9 Netzteil

Die Spannungsversorgung eines PCs erfolgt in der Regel aus dem 230-V-Energieversorgungsnetz, an das der Rechner über eine entsprechende Leitung an eine Schutzkontakt-Steckdose angeschlossen wird. Die Umwandlung der 50-Hz-Netzwechselspannung in die erforderlichen Gleichspannungen erfolgt mittels eines Netzteileinschubs. PC-Netzteile werden grundsätzlich in einem allseits geschlossenen Metall-Gehäuse geliefert. Das Metallgehäuse ist mit dem Anschluss des Schutzleiters verbunden und verhindert ein Berühren Spannung führender Teile. Das Öffnen dieses Gehäuses ist nur einer Elektrofachkraft gemäß VDE 0100 erlaubt, wobei die Sicherheitvorschriften zu beachten sind.

Ein PC-Netzteil arbeitet nach dem Grundprinzip eines Schaltnetzteils, d. h. die Netzwechselspannung wird nach einem besonderen Verfahren in eine niedrigere Spannung umgewandelt, gleichgerichtet und stabilisiert (siehe Kap. 4.2.3.2).

Die Energieversorgung eines ATX-Motherboards erfolgt über ein spezielles **ATX-Netzteil**, das über einen 24-poligen Anschlussstecker (ATX12V-2.2-Standard, älterer ATX-2.1-Standard: 20-poliger Stecker) verfügt. Der ATX-Stecker wird mit der entsprechenden Buchsenleiste auf dem jeweiligen Motherboard verbunden. Bei den meisten Boards ist ein zusätzlicher Stecker zur Energieversorgung des Prozessors erforderlich (12-V-Power-Connector).

Darüber hinaus verfügen Netzteile über mehrere vierpolige Stecker, die der Spannungsversorgung angeschlossener Geräte (z. B. Festplattenlaufwerk, DVD-Laufwerk) dienen. Für SATA-Geräte gibt es zusätzlich spezielle, 15-polige Anschlussstecker (Mehrfachkontakte für 3,3 V; 5 V; 12 V; Masse; in Bild 8.64 nicht dargestellt; Hinweis: Bei neueren Geräten entfällt die 3,3 V-Spannung).

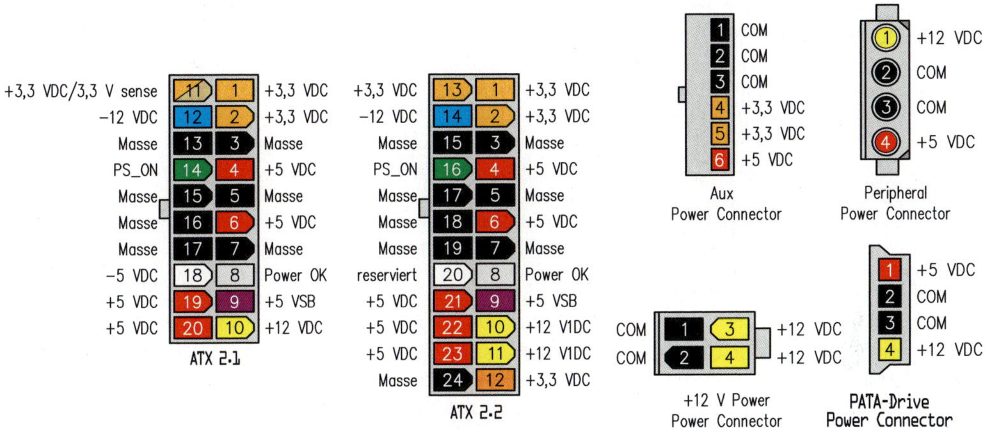

Bild 8.64: Bauformen von ATX-Netzteilsteckern

Das Netzteil muss entsprechend der zu erwartenden Leistungsaufnahme der angeschlossenen Komponenten dimensioniert sein. Hierbei sind Leistungsreserven für spätere Erweiterungen (z. B. nachträglicher Einbau einer zweiten Grafikkarte) zu berücksichtigen. Üblicherweise beträgt die Nennleistung heutiger Netzteileinschübe 400 – 1 000 W.

Nachteilig ist, dass bei einem Stromausfall sämtliche nicht dauerhaft gespeicherten Daten verloren gehen. Um das zu verhindern, bietet die Industrie sogenannte **u**nterbrechungsfreie **S**trom**v**ersorgungen (**USV**; Peripheral Power Supply, Uninterruptible Power Supply) an. Hierunter versteht man eine Zusatzstromversorgung für einen Computer oder ein Gerät, die die Energieversorgung bei einem Stromausfall so lange übernimmt (z. B. mithilfe eines Energiespeichers), bis alle Daten gesichert sind (siehe Kap. 4.2.3.3).

8.2.10 Eingabegeräte

Zu den Eingabegeräten (Input Devices) zählen alle Peripheriegeräte, mit denen der Benutzer Eingaben in ein Computersystem vornehmen kann. Man unterscheidet mechanische Eingabegeräte wie beispielsweise **Tastatur**, **Maus** oder **Joystick** und optische Eingabegeräte wie z. B. **Barcodeleser** oder **Scanner**. Portable Geräte mit sensitiven Oberflächen (Tablet, Smartphone) können vielfach auch mit einem Eingabestift (**Stylus**) bedient werden. Bei kapazitiven Touchscreens (Kap. 8.2.11) ist hierzu ein *passiver* Stift mit einer leitfähigen Spitze erforderlich. Zu einigen Geräten gibt es spezielle, *aktive* Eingabestifte, die ein punktuelles elektromagnetisches Feld (Kap. 1.9) an ihrer Spitze erzeugen, welches bei Berührung der Displayoberfläche von Sensoren detektiert wird. Zunehmend gewinnt auch die **Sprachsteuerung** (z. B. akustische Befehlseingabe im Auto per Mikrofon) und die **Gestensteuerung** (z. B. berührlose Steuerung durch Hand-, Arm- oder Kopfbewegung, die bei einem Spiel von einer Kamera aufgenommen wird) an Bedeutung.

Standardmäßig wird ein PC mit einer Tastatur und einer Maus als Eingabegerät ausgestattet. Anstelle der sogenannten PS/2-Anschlüsse (siehe Kap. 8.2.6) werden beide Geräte heute meist über einen USB-Anschluss betrieben, oft sogar drahtlos mit einem entsprechenden USB-Funkadapter. Neben der klassischen MF-2-Tastatur mit 102 Tasten werden auch Tastaturen mit zusätzlichen Sondertasten angeboten, mit denen spezielle Funktionen bei bestimmten Betriebssystemen möglich sind (z.B. 105-Tasten-Layout mit „Windows-“ und „Menü“-Tasten).

Bei portablen Geräten (Notebook, Netbook) fehlt aus Platzgründen meist der Ziffernblock. Mittels der zusätzlichen **Fn-Taste** (Fn: Function) lassen sich in Kombination mit anderen Tasten herstellerspezifisch zusätzliche Funktionen aufrufen.

Bild 8.65: Beispiel für eine Standardtastatur

Bei einer Maus erfolgt die Bewegungserfassung über optische Verfahren.

An der Unterseite einer optischen Maus befindet sich hierzu eine LED (Light Emitting Diode, siehe Kap. 2.3.3), die Licht in Richtung der Unterlage abstrahlt.

Ein Sensor an der Unterseite der Maus empfängt das von der Oberfläche der Unterlage reflektierte Licht und wertet die bei Bewegung auftretenden Unterschiede der reflektierten Strahlen aus.

Die auf verspiegelten oder durchsichtigen Glasoberflächen bestehenden Probleme der Bewegungserkennung bei herkömmlichen optischen Mäusen (mit Standard-Rot-LED oder Laserdiode, Bild 8.66a und b) werden durch unterschiedliche Technologien verringert (z.B. **BlueTrack-Technik**: Verwendung einer breit streuenden, kurzwelligen blauen LED, Bild 8.66c; **Darkfield-Technik**: 2 Infrarot-LEDs, die polarisiertes Licht abgeben, Bild 8.66d). Durch das Verschieben der Maus wird ein Bildschirmcursor bewegt, dessen Aussehen sich je nach Anwendung und Position verändern kann.

Neben Tastatur und Maus gibt es auch Peripheriegeräte, die sowohl als Eingabe- als auch als Ausgabegerät dienen können (z.B. Touch-Screen, Kap. 8.2.11).

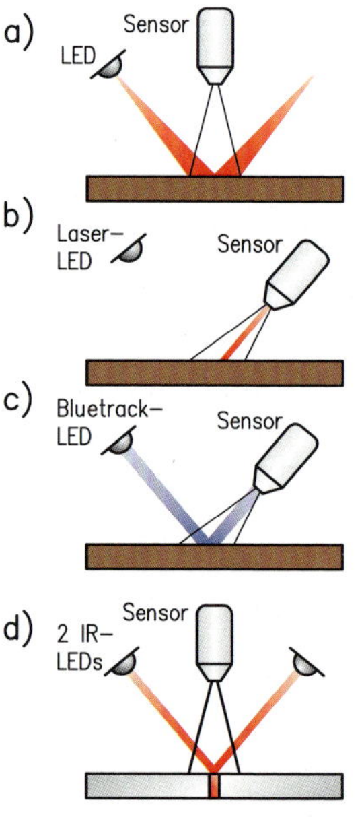

Bild 8.66: Abtastmechanismen optischer Mäuse (Grundprinzip)

8.2.10.1 Barcodeleser

Ein Barcodeleser ist ein optisches Gerät, das mithilfe eines Laserstrahls Barcodes (siehe Kap. 7.1.4.6) lesen und interpretieren kann. Der Laserstrahl wird auf das Papier gerichtet und erfasst die Codierung. Die vertikalen Balken des Codes reflektieren den Strahl anders als das Papier, auf dem sie aufgebracht sind. Das reflektierte Signal wird mithilfe lichtempfindlicher Bauelemente aufgenommen und die Muster aus hellen und dunklen (oder farbigen) Stellen in digitale Signale umgesetzt, die dann unabhängig von der Leserichtung von einem Rechner korrekt weiterverarbeitet werden können.

Neben dem Barcode werden zunehmend auch sogenannte **2-D-Codes** eingesetzt. Diese lassen sich mit jedem Smartphone über die eingebaute Kamera und eine entsprechenden App lesen und werden auch als **QR-Codes** (**QR**: **Q**uick **R**esponse) bezeichnet. Ein solcher Code kann beispielsweise eine Internetadresse enthalten, die dann direkt mit dem Smartphone anwählbar ist.

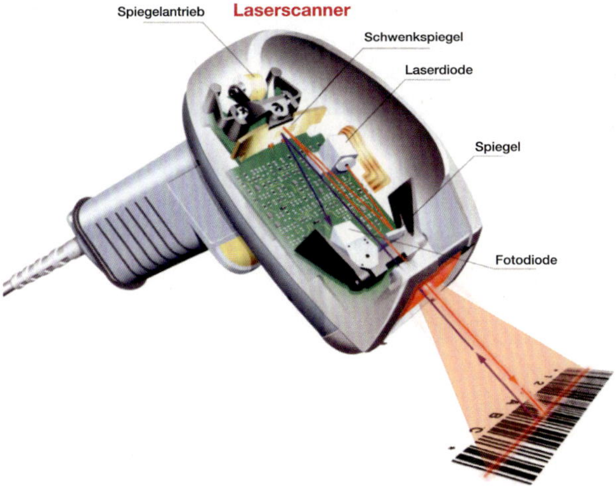

Bild 8.67: Barcodeleser

Bild 8.68: Beispiel für einen QR-Code

8.2.10.2 **Scanner** (Scanner)

> Ein **Scanner** (Abtaster) ist allgemein ein optisches Datenerfassungsgerät, mit dem es möglich ist, eine Vorlage mithilfe von Sensoren zu erfassen und diese in eine digitale Form zu bringen, sodass sie mit einem Computer verarbeitet, analysiert und dargestellt werden kann.

Eines der Hauptanwendungsgebiete ist das Erfassen von Dokumenten, Textpassagen und Abbildungen auf bedrucktem Papier. Hierbei wird die Vorlage unabhängig vom verwendeten Gerätetyp (Flachbettscanner, Einzugscanner) jeweils zeilenweise von einer Lichtquelle beleuchtet. Dieses Licht wird in Abhängigkeit der Farbgestaltung der Vorlage unterschiedlich reflektiert und von lichtempfindlichen Sensoren aufgenommen. Eingesetzt werden sogenannte **CCD**s (**C**harged **C**oupled **D**evices) oder **CMOS**-Elemente (**C**omplementary **M**etal **O**xid **S**emiconductor). Als Lichtquellen werden heute **LED**s (Kap. 2.3.3) verwendet, die wesentlich energieeffizienter arbeiten als die früher eingesetzten Kaltlichtröhren (**CCFL**: **C**old **C**athode **F**luorescent **L**amp).

Um eingescannte Texte mit einem handelsüblichen Textverarbeitungsprogramm weiterverarbeiten zu können, muss eine Umwandlung der alphanumerischen Zeichen und Satzzeichen in editierbare Textzeichen erfolgen.

! Die Umwandlung eines eingescannten Textes in eine editierbare Textvorlage erfolgt mithilfe eines optischen **Zeichenerkennungsprogramms** (**OCR**; **O**ptical **C**haracter **R**ecognition).

Die Genauigkeit, mit der eine Vorlage eingescannt werden kann, hängt von der **Auflösung** des Scanners ab. Sie wird – wie bei den Druckern – in **(Dots per Inch** (dpi), in **Pixel pro Millimeter** (ppm) oder **Pixel pro Inch** (ppi) angegeben. Zu beachten ist, dass die Hersteller oft nicht die tatsächliche Auflösung angeben, sondern eine interpolierte, größere Auflösung, die sich dann werbeträchtig vermarkten lässt.

Scanner werden meist an einen USB-Port angeschlossen, über den sie gegebenenfalls auch mit elektrischer Energie versorgt werden, sodass nur eine einzige Anschlussleitung erforderlich ist. In anderen Bereichen werden spezielle Arten optischer Scanner eingesetzt, die aber nach gleichen Grundprinzipien arbeiten (z. B. Fingerabdruckscanner oder Irisscanner zur Erfassung biometrischer Merkmale eines Fingers bzw. der Augeniris).

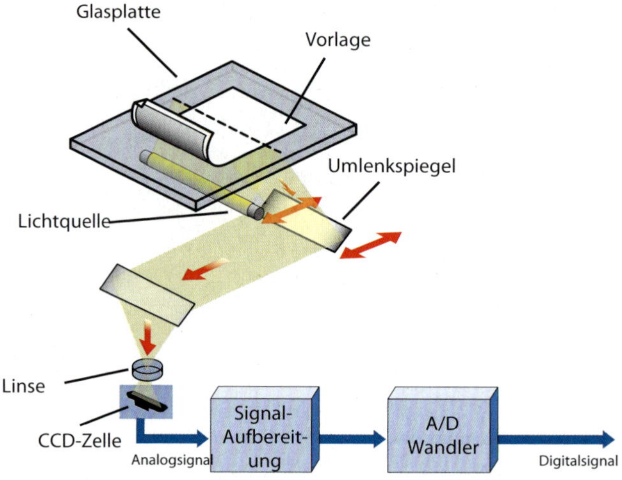

Bild 8.69: Prinzipieller Aufbau eines Flachbettscanners

8.2.11 Bildgebende Komponenten

Die von der Grafikkarte oder dem On-Board-Grafikchip eines Computers erzeugten Signale werden mithilfe bildgebender Systeme visuell dargestellt. Hierbei setzte man früher **Monitore** *(monitors)* ein, die wie bei den alten Fernsehgeräten zur eigentlichen Bilderzeugung eine luftleere Röhre verwendeten (daher auch **CRT** – **C**athode **R**ay **T**ube – genannt). Heute benutzt man **Flachdisplays** *(Flat-Panel Displays)*, die je nach verwendeter Technologie zur Bilderzeugung unterschiedliche physikalische Phänomene anwenden (z. B. Flüssigkristalle, Elektrolumineszenz, Plasma). Für die Darstellung über den Arbeitsplatz hinausgehend werden zu Präsentationszwecken auch sogenannte **Beamer** eingesetzt.

Bild 8.70: Additive Farbmischung mit den Grundfarben Rot, Grün und Blau

In allen Fällen erfolgt die Farberzeugung mit dem sogenannten **additiven Farbmischverfahren**, bei dem durch entsprechende Mischung der drei Grundfarben **R**ot, **G**rün und **B**lau (RGB) jede gewünschte sichtbare Farbe als Leuchtpunkt erzeugt werden kann.

Trotz der unterschiedlichen Techniken, die zur Bilderzeugung eingesetzt werden, gibt es einige technikübergreifende Parameter, die einen Vergleich bildgebender Systeme ermöglichen. Hierzu zählen:

Bezeichnung	Erläuterung
Bildseitenverhältnis, kurz: Seitenverhältnis oder **Bildformat**	Angabe des Verhältnisses von Bildschirmbreite zu Bildschirmhöhe; wird meist als Zahlenwertbruch ohne Einheit angegeben, manchmal auch auf 1 normiert; typische Werte sind: 4:3 (lies: vier zu drei; klassischer Fernseher); normiert: 1,33:1 16:9 (Breitbildformat Fernseher, HDTV); normiert: 1,77:1 16:10 (Breitbildformat Notebooks); normiert: 1,6:1
Bildschirmgröße, Displaygröße 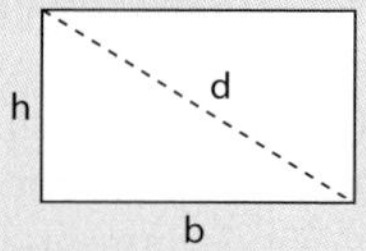	Angabe der Bildschirmdiagonalen in Zoll; die Bildschirmdiagonale ist der Abstand zweier sich diagonal gegenüber liegenden Ecken eines Bildschirms; die alleinige Angabe der Bildschirmdiagonale ist nur dann sinnvoll nutzbar, wenn das Bildseitenverhältnis bekannt ist; zwischen der Bildschirmdiagonale *d*, der Bildschirmbreite *b* und der Bildschirmhöhe *h* gilt folgender Zusammenhang: $d^2 = b^2 + h^2$ (Satz des Pythagoras)
Pixelabstand (Dot Pitch)	Die Leuchtpunkte eines Bildschirms werden auch als Pixel bezeichnet. Sie bestehen bei einem Farbbildschirm aus einem Farbtripel (3 Bildpunkte der Farben Rot, Grün, Blau, Bild 8.72). Der Pixelabstand beschreibt den Abstand zwischen den Mittelpunkten zweier benachbarter Punkte gleicher Farbe; der Pixelabstand bildet die Grenze der Auflösung eines Bildschirms.
Auflösung	**physikalische Auflösung:** maximale Zahl der physikalisch *vorhandenen* Farbtripelpunkte; wird als Zahlenpaar „Anzahl der waagerechten Bildpunkte × Anzahl der senkrechten Bildpunkte" (z. B. 1 920 × 1 080) angegeben **logische Auflösung:** Anzahl der waagerechten und senkrechten Bildpunkte, die von der Grafikkarte *einzeln angesteuert* werden können; in der Regel sind verschiedene Wertepaare (z. B. 800 × 600 und 1 024 × 768) möglich; die Zahl der physikalisch vorhandenen Bildpunkte eines Bildschirms entspricht der maximal möglichen logischen Auflösung
Darstellungsmodus	**Interlaced-Modus** (z. B. 1080i) Beim Bildaufbau wird bei einem Durchgang jeweils nur jede zweite Pixelzeile geschrieben; zur kompletten Darstellung eines Bildes sind somit zwei Durchgänge erforderlich. **Non-Interlaced-Modus, Progressiv-Modus** (z. B. 1080p) Beim Bildaufbau werden bei einem Durchgang alle Pixelzeilen nacheinander geschrieben.
Leuchtdichte	**Helligkeit** eines Bildes, wird in der Einheit Candela pro Quadratmeter (cd/m^2) angegeben
Kontrast	Quotient aus dem größten erreichbaren Helligkeitswert (**Weißwert**) und dem geringsten erreichbaren Helligkeitswert (**Schwarzwert**) eines Bildpunktes; wird als Verhältnis angegeben (z. B. 300 : 1)
Ausleuchtung	Gleichmäßigkeit der Bildhelligkeit als Quotient aus der Helligkeit des hellsten Bildpunktes zu der des dunkelsten Bildpunktes bei einem definierten Testbild mit konstanten Helligkeitswerten; Angabe in %
Bildgeometrie	Zusammenfassung aller **Geometriefehler** bei der Darstellung von definierten Testbildern (z. B. Kissenverzerrungen, abgerundete Ecken, Ellipsen statt Kreise); Prüfprogramme als Shareware erhältlich

Bild 8.71: Allgemeine Kenngrößen bildgebender Systeme

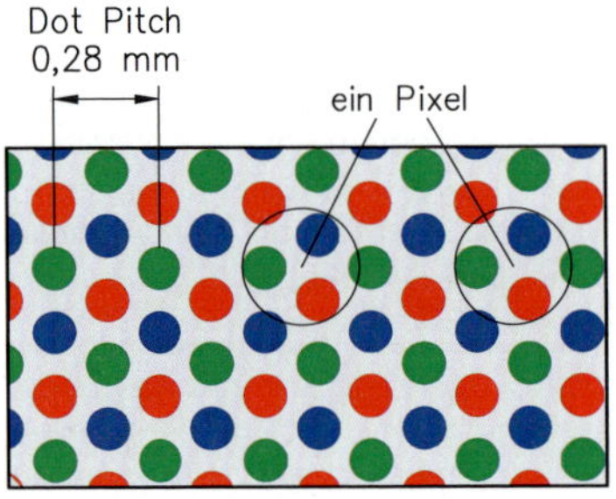

Bild 8.72: Dot Pitch und Pixel

Monitore und Flachdisplays lassen sich auch als Eingabegeräte verwenden, wenn sie über eine sensitive Oberfläche verfügen. Geräte dieser Art werden **Touch-Screen** genannt.

Durch die Berührung der Bildschirmoberfläche kann der Benutzer eine Auswahl treffen oder einen Cursor verschieben. Sensorbildschirme arbeiten nach unterschiedlichen Prinzipien, um den Punkt zu bestimmen, an dem man sie berührt (z. B. Widerstandsprinzip: mit leichtem Druck auf die Bildschirmoberfläche, Kapazitätsprinzip: drucklose Berührung der Bildschirmoberfläche mit dem Finger). Ein **Multi-Touchscreen** kann gleichzeitig mehrere Fingerberührungen erkennen und auswerten. Dadurch sind wesentlich komplexere Bedienvorgänge möglich. So ist beispielsweise das Zoomen (Vergrößern oder Verkleinern einer Darstellung) möglich, indem man zwei Finger auf der Bildschirmoberfläche aufeinander zu- oder voneinander wegbewegt.

8.2.11.1 LCD- und TFT-Display

LCD ist die Abkürzung für **L**iquid **C**rystal **D**isplay, **TFT** steht für **T**hin **F**ilm **T**ransistor. Beide Abkürzungen werden als Oberbegriffe für Flachbildschirme verwendet, die zur Bilddarstellung physikalische Eigenschaften von sogenannten Flüssigkristallen nutzen.

Eine Flüssigkristallzelle besteht prinzipiell aus zwei Glasplatten, zwischen denen sich spezielle, gleichartig angeordnete Moleküle befinden, deren räumliche Lage sich durch Anlegen einer elektrischen Spannung verändern lässt. Trifft Licht auf diese Moleküle, so wird es je nach Lage der Moleküle unterschiedlich gebrochen. Durch Veränderung der anliegenden elektrischen Spannung lässt sich die Lage der Moleküle und damit das Brechungsverhalten steuern. Mit einer konstanten Hintergrundbeleuchtung und der Verwendung spezieller Lichtfilter (Polarisationsfilter) lässt sich so ein elektrisch steuerbarer Bildpunkt erzeugen (**transmissives Display**). Mit LEDs als Hintergrundbeleuchtung lassen sich wegen ihrer geringen Einbautiefe sehr dünne Displays (ca. 2 cm) herstellen.

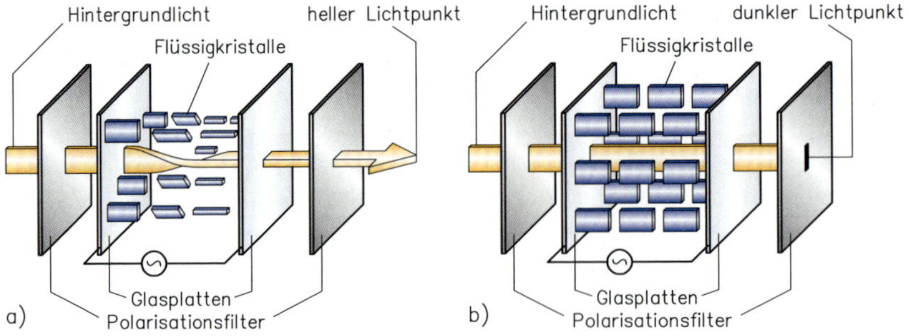

Bild 8.73: Prinzipieller Aufbau einer LCD-Zelle

Ein gesamtes LC-Display besteht aus einer matrizenförmigen Anordnung einzelner solcher Bildpunkte. Ein Display mit einer Auflösung von 1 920 × 1 080 Bildpunkten (**HDTV**; Full HD-Auflösung) enthält demnach insgesamt 2 073 600 Elemente, die einzeln über Leiterbahnen angesteuert werden können. Nachteilig bei diesen LC-Displays ist allerdings der relativ schmale Betrachtungswinkel, den der Benutzer hat. Dieses Problem tritt bei den sogenannten TFT-Displays nicht auf. Hierbei befinden sich in jedem Anzeigeelement Transistoren, die das steuernde Feld dort gezielt ein- und ausschalten. Diese Transistoren sind in einer Art Film direkt auf der Glasoberfläche aufgebracht und werden daher als **Thin-Film-Transistoren (TFT)** bezeichnet.

Bei Farb-TFT-Displays werden pro Pixel drei Transistoren benötigt, d.h. ein RGB-Farb-Display mit 1920 × 1080 Bildpunkten erfordert 6220800 Transistoren. Der Nachfolgestandard von HDTV im Home-Entertain-Bereich wird als **UHD** (Ultra HD, manchmal auch als **4k**) bezeichnet und arbeitet mit einer Auflösung von 3840 × 2160 Pixeln. Hierbei sind dann 24883200 Transistoren erforderlich.

Ein **TFT-Display** liefert ein flimmerfreies Bild. Es wird pixelweise angesteuert und benötigt für diese Ansteuerung ein **digitales Signal**.

Im Unterschied zum Monitor lässt sich bei einem TFT-Display nur mit derjenigen Auflösung sinnvoll arbeiten, die vom Hersteller durch die festverdrahtete Pixelmatrix vorgegeben ist. Bei einer anderen Auflösung würden einzelne Bildpunkte einfach ausgeschaltet werden (Interpolation), wodurch sich die Bildqualität verschlechtert.

8.2.11.2 OLED-Display

OLED-Displays (**O**rganic **L**ight **E**mitting **D**iode) sind Flachbildschirme, deren bildgebende Eigenschaften auf der Basis der Elektrolumineszenz **organischer** Materialien beruhen.

Unter **Elektrolumineszenz** versteht man die durch das Anlegen eines elektrischen Feldes hervorgerufene Emission von Licht.

Die Basis dieser Displays bilden sogenannte organische Leuchtdioden, die prinzipiell wie die bereits seit langem in der Technik eingesetzten anorganischen Leuchtdioden (LED) funktionieren. OLEDs weisen allerdings einen komplexeren Aufbau auf. Als lichtemittierende Substanzen werden organische Polymere eingesetzt. Jede OLED-Zelle eines Panels wird einzeln angesteuert. Zum Schutz der feuchteempfindlichen organischen Substanzen müssen alle OLED mit einer absolut luftdichten Folienummantelung versehen werden. Eine spezielle Entwicklung mit besonders hohem Kontrast stellen hierbei die sogenannten **AM-OLEDs** (**A**ctive **M**atrix-OLED) dar.

OLED-Panels besitzen gravierende Vorteile gegenüber den LED-, LCD- und TFT-Displays:

- extrem dünn herstellbar (Aufbaudicke 200 µm, mit Folienmantel < 1 mm!)
- biegsam
- keine Hintergrundbeleuchtung erforderlich
- große Leuchtstärken
- geringe Energieaufnahme
- keine Wärmeentwicklung („kaltes“ Licht)
- großer Betrachtungswinkel (allseitig bis 170 Grad)
- geringe Reaktionszeit, d.h. geeignet zur Darstellung von Bewegtbildern

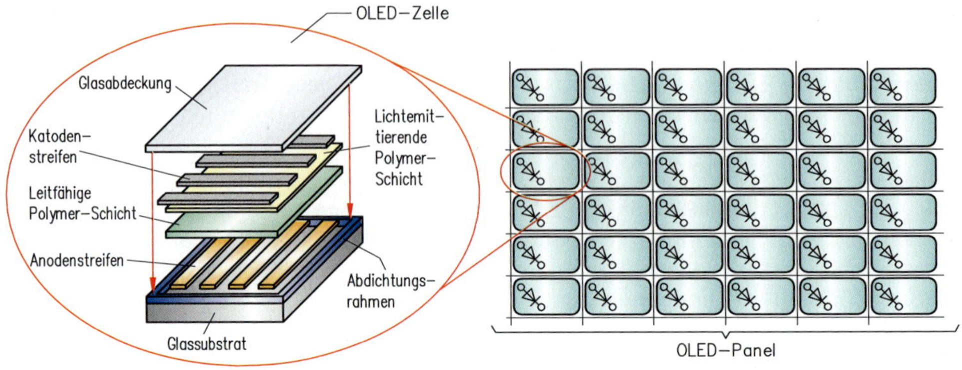

Bild 8.74: OLED

8.2.11.3 Plasma-Display

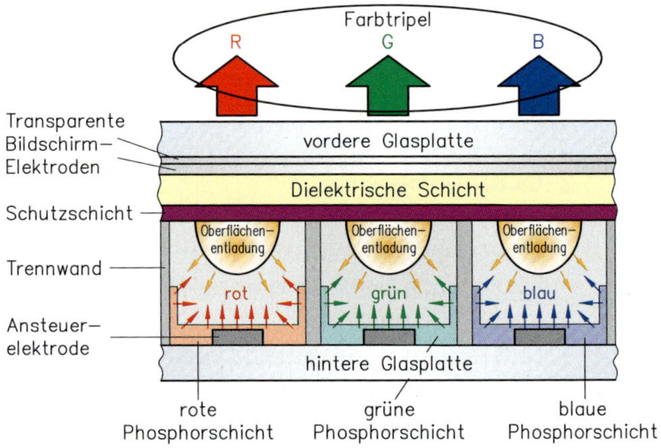

Bild 8.75: Prinzipieller Aufbau einer RGB-Plasma-Zelle

Bei der Plasma-Technologie besteht quasi jeder Lichtpunkt aus einer winzigen Zelle, in der sich Xenon-Gas befindet. Bei Ansteuerung einer Zelle über angebrachte Elektroden kommt es zu Entladungsprozessen, bei denen das Xenon-Gas ultraviolettes Licht abgibt. Dieses UV-Licht regt seinerseits eine Phosphorschicht auf der Bildschirmrückseite zum Leuchten an. Jeder Bildpunkt besteht aus einem RGB-Farbtripel, d.h. aus drei winzigen Xenon-Zellen mit jeweils einer rot, grün und blau pigmentierten Phosphorschicht auf der Bildschirmrückseite.

Im Gegensatz zum RGB-Monitor erfolgt kein zeilenförmiger Bildaufbau, vielmehr werden bei einem Plasma-Display sämtliche Bildpunkte gleichzeitig angesteuert. Hierdurch ergibt sich ein sehr helles, äußerst scharfes verzerrungs- und flimmerfreies Bild. Da Plasmadisplays keine Elektronen auf die Bildschirmrückseite schießen, entsteht auch keine Röntgenstrahlung.

In Bild 8.76 sind einige Eigenschaften der vorgestellten Technologien zusammengefasst dargestellt.

Eigenschaft	CRT(*)	LCD	TFT	OLED	Plasma
Größe u. Gewicht	große Tiefe, schwer	flach, geringes Gewicht	flach, geringes Gewicht	extrem dünn	flach, schwer
Bilddiagonale (typ. im PC-Bereich)	bis 24 Zoll(*)	bis 15,1 Zoll und Sondergrößen	bis 25 Zoll und Sondergrößen	bis ca. 10 Zoll (z. B. bei Smartphones)	wie TFT und Sondergrößen
Ansteuerung	analog	digital	digital	digital	digital
Auflösung	variabel	fest	fest	fest	fest
Blickwinkel	170°	90°–120°	100°–170°	170°	178°

Eigenschaft	CRT(*)	LCD	TFT	OLED	Plasma
Kontrast	350 : 1 – 700 : 1	ca. 200 : 1	200 : 1 – 700 : 1	> 100 : 1	bis 3000 : 1
Helligkeit	80 – 150 cd/m²	ca. 200 cd/m²	200 bis 700 cd/m²	300 – 1 000 cd/m²	300 cd/m²
Schalt- bzw. Ansprechzeit	< 1 ms	100 – 500 ms (temperaturabh.)	2 – 25 ms (temperaturabh.)	40 ns	< 1 ms
Leistungsaufnahme	100 – 250 W	< 5 W	5 – 30 W	< 1 W	200 – 300 W
Umgebungstemperatur (typ.)	0 °C – 40 °C	0 °C – 50 °C	– 10 °C – 50 °C	– 50 °C – 80 °C	0 °C – 45 °C
Bildverzerrungen	Kissenverzerrung, Linearitätsprobleme, Geometriefehler, Konvergenzprobleme	keine	keine	keine	keine
Sonstiges	störanfällig gegenüber el.-magn. Feldern, Helligkeit, Kontrast und Farbsättigung weitläufig einstellbar, können ohne Qualitätsverlust mit verschiedenen logischen Auflösungen arbeiten, angegebener Wert der Bildschirmdiagonalen entspricht nicht dem des sichtbaren Bereichs	plane Bildoberfläche, defekte Bildpunkte möglich, eingeschränkter Betrachtungswinkel, keine Strahlungsemissionen	plane Bildoberfläche, defekte Bildpunkte möglich, keine Strahlungsemissionen, sehr weit verbreitet (im TV-Bereich Größen bis 185 Zoll)	biegsame Bildoberfläche, keine Strahlungsemissionen, große Bildhelligkeit, brilliante Ausleuchtung, Lebensdauer zurzeit < 50 000 Std.; im PC-Bereich derzeit noch wenig anzutreffen; zunehmende Verbreitung im TV-Bereich mit Größen zwischen 49 und 185 Zoll	plane Bildoberfläche, keine Strahlungsemissionen, sehr hohe Auflösungen möglich, gute Ausleuchtung, zusätzlicher Lüfter erforderlich, teuere Technologie, daher inzwischen kaum noch verbreitet

Bild 8.76: Kurzvergleich der Technologien (: verdrängt durch die anderen Technologien)*

Abhängig von der Preisklasse verfügen Flachdisplays über VGA-, DVI-, HDMI- oder DisplayPort-Anschlüsse (Kap. 8.2.2.6).

8.2.11.4 E-Paper-Display

> Der Begriff **E-Paper-Display** (E-Paper: „elektronisches Papier") bezeichnet energiesparende elektronische Anzeigetechniken, mit denen man versucht, das Aussehen von Tinte bzw. Farbe auf Papier nachzuahmen. Alternativ wird auch der Begriff **E-Ink** verwendet.

Das Prinzip eines E-Paper-Displays besteht darin, dass Millionen winziger Kügelchen (Durchmesser 50 µm bis 100 µm) in einer ölartigen Substanz schwimmen, die in einer wabenartig aufgebauten, dünnen, transparenten Silikonfolie eingeschweißt ist. Die Kügelchen sind auf der einen Seite schwarz und auf der anderen Seite weiß eingefärbt und elektrisch polarisiert. Werden sie einem elektrischen Feld ausgesetzt, richten sie sich entsprechend aus, die Oberfläche wird – je nach Polung des Feldes – entweder schwarz oder weiß. Die Ausrichtung bleibt auch nach Entfernen des elektrischen Feldes erhalten. Eine Energiezufuhr ist nur zum Ändern der dargestellten Informationen erforderlich. Das E-Paper-Display benötigt keine Hintergrundbeleuchtung, sondern reflektiert lediglich einfallendes Licht (**reflektives Display**). Dargestellte Texte sind auch bei hellem Sonnenlicht sehr gut lesbar. Daher werden E-Paper-Displays vornehmlich in E-Book-Readern (Kap. 8.1.7) eingesetzt.

Ein solches Display kann so dünn gefertigt werden, dass es biegsam ist. Mit einer entsprechenden Anordnung farbiger Kügelchen oder der Verwendung anderer Techniken sind auch Farbdarstellungen möglich.

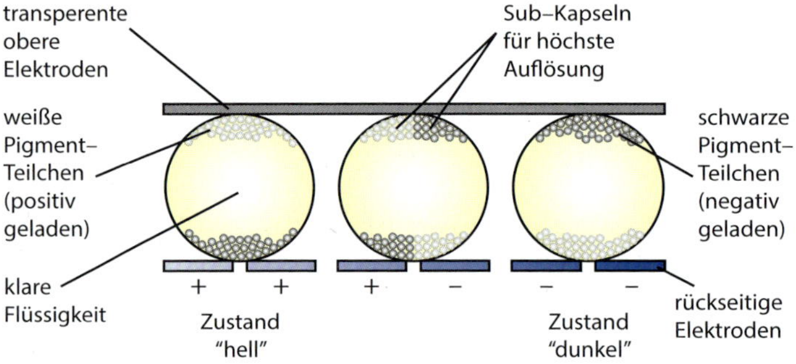

Bild 8.77: Grundprinzip E-Paper-Display

8.2.11.5 Beamer

Ein **Beamer** ist ein Video-Großbildprojektor für die Darstellung eines Fernseh- oder Displaybildes auf einer Leinwand.

Zur Projektion werden verschiedene Prinzipien eingesetzt.

Projektionsprinzip	Merkmale
LCD-/TFT-Panel-Technologie	Ein LCD-/TFT-Panel wird von hinten mit einer starken Lichtquelle angestrahlt; die Lichtdurchlässigkeit wird pixelweise gesteuert, der Einsatz von RGB-Farbfiltern liefert eine farbige Darstellung; digitale Ansteuerung
LCoS-Panel, D-ILA Projektor	**L**iquid **C**rystal **o**n **S**ilicon Prinzipiell wie ein TFT-Panel aufgebaut, jedoch wird das Panel nicht von hinten von einem Lichtstrahl durchleuchtet und ändert seine Lichtdurchlässigkeit, sondern es wird von vorne angestrahlt und ändert je nach Ansteuerung sein Reflexionsverhalten, RGB-Farbfilter liefern eine farbige Darstellung; das reflektierte Licht wird über Linsen gebündelt und auf eine Leinwand projiziert; digitale Ansteuerung, keine Lichtpolarisation erforderlich; alternative Bezeichnung: D-ILA (**D**irect-Driven **I**mage **L**ight **A**mplifier; Fa. JVC)
DLP-Technologie mit DMD-Panel	**D**igital **L**ight **P**rocessing; **D**igital **M**icromirror **D**evice Spezielles Verfahren, bei dem – vereinfacht dargestellt – winzige Spiegel (14 µm × 16 µm) beweglich auf einem Chip platziert sind; die Spiegel reflektieren die mittels RGB-Filter aufbereitete Farbinformation, die dann über eine Linse auf die Leinwand projiziert wird. Es sind jeweils nur diejenigen Mikrospiegel in Richtung Leinwand gerichtet, die gerade die vom RGB-Filter durchgelassene Farbe projizieren sollen.

Bild 8.78: Beamer-Technologien

Zurzeit werden meist LCD-/TFT-Panel-Projektoren eingesetzt. Der prinzipielle Aufbau eines solchen Panels ist in Bild 8.81 dargestellt.

Das weiße Licht einer Lampe wird mit speziellen Filtern in die drei Farbkomponenten Rot, Grün und Blau aufgeteilt. Nach dem Durchleuchten der jeweiligen LCD-/TFT-Matrix werden alle drei Grundfarben in einem dichroitischen Prisma wieder zusammengeführt und über eine Linse auf die Leinwand projiziert. Einfachere Systeme arbeiten auch mit einem einzigen LCD-/TFT-Panel mit integrierten Farbfiltern, wobei die Darstellungsqualität (z. B. Kontrast, Farbintensität) schlechter ist. Die Helligkeit der Darstellung hängt von der Lichtleistung der verwendeten Lichtquelle ab.

* Dichroitischer Spiegel: semitransparenter Spiegel, der Licht eines bestimmten Frequenzbereichs reflektiert, während er für andere Lichtfrequenzen durchlässig ist

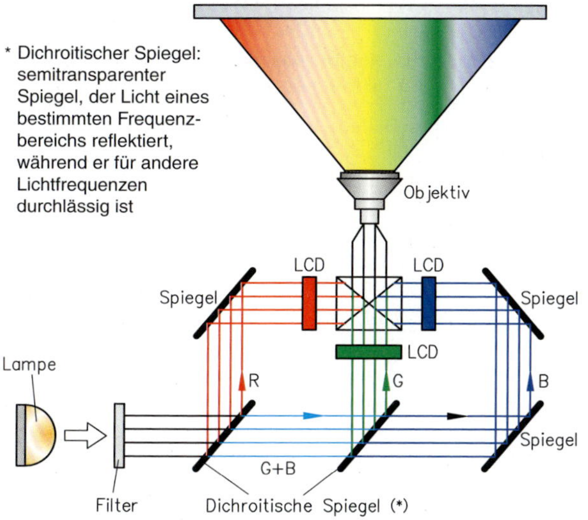

Bild 8.79: Projektionsprinzip mit drei LCD-/TFT-Panels

Diese wird in **Lumen** (lm) angegeben. Bei Werten oberhalb von 1 500 Lumen ist in der Regel kein Abdunkeln des Raums erforderlich.

Neben den TFT-Projektoren gewinnt auch die **DLP-Technologie** zunehmend an Bedeutung. Sie wird eingesetzt in den Bereichen kommerzieller Daten- und Video-Projektoren, DLP-Fernseher und digitales Kino (DLP-Cinema). Zunehmend werden auch Laserprojektoren eingesetzt. Aufgrund der besonderen physikalischen Eigenschaften von Laserlicht lässt sich hiermit auch auf unebenen Projektionsflächen ein in allen Bereichen scharfes Bild erzeugen.

8.2.11.6 Stereoskopische Darstellung

Auf einem Bildschirm oder einer Projektionsfläche lassen sich auch **stereoskopische Darstellungen (3D-Darstellungen**) realisieren. Für die Wahrnehmung eines räumlichen Eindrucks sind für das menschliche Gehirn allerdings *zwingend* zwei getrennte Bilder in leicht versetztem Abstand erforderlich, eines für das linke und eines für das rechte Auge. Durch den Einsatz verschiedener Techniken, die primär auf der Filterung oder der Erzeugung sogenannter stereoskopischer Halbbilder beruhen, kann dieser Effekt erzeugt werden.

Polfilterbrillen können auch im Heimbereich mit einem entsprechenden 3D-Bildschirm eingesetzt werden. Ein 3D-fähiger Bildschirm besitzt eine dünn aufgebrachte Filterfolie, welche die geraden und ungeraden Zeilen des Bildes unterschiedlich polarisiert. Hierbei sollte die Bildschirmauflösung möglichst hoch sein, da sich verfahrensbedingt die Auflösung pro Auge im 3D-Betrieb halbiert.

Auch für die Darstellung von dreidimensionalen Bildern auf einem Display *ohne* 3D-Brille wurden Verfahren entwickelt (Parallaxen-Barriere-Technik, Lenticularlinsen-Technik). Diese Techniken und die hierzu erforderlichen **autostereoskopischen Displays** konnten sich bislang auf dem Markt aber nicht durchsetzen.

Verfahren	Merkmale/Eigenschaften
Farbfilterbrille (altes Verfahren)	– z. B. Rot für das linke und Cyan für das rechte Auge – Bei entsprechender Einfärbung der wechselweise auf dem Bildschirm oder der Leinwand dargestellten Halbbilder entsteht für den Betrachter ein räumlicher Eindruck, allerdings mit dem Nachteil einer gewissen Farbverfälschung.
Shutterbrille	– zwei steuerbare LCD-Brillengläser, die wechselweise durchsichtig und undurchsichtig geschaltet werden – Umschaltung erfolgt synchron zum Takt des Display- bzw. Leinwandbildes, auf dem nacheinander abwechselnd die Bilder für das linke und das rechte Auge dargestellt werden. – Funkverbindung (Infrarot oder Bluetooth) zwischen Shutterbrille und 3D-Bildschirm stellt Synchronität der Bildwechsel in beiden Geräten her.
Polarisationsbrille kurz: **Polfilterbrille**	– Projektion von stereoskopischen Bildern auf einer Leinwand mit wechselweise polarisiertem Licht – Durch die Polfilterbrille kann ein Auge jeweils nur dasjenige Bild sehen, welches vom Polarisationsfilter durchgelassen wird. – Synchronisierung zwischen Projektor und Brille ist nicht erforderlich; eine Polarisationsbrille ist daher wesentlich preiswerter als eine Shutterbrille. – Einsatz im kommerziellen Bereich (3D-Kino) mit unterschiedlichen Verfahren (z. B. XPanD, RealID, Dolby Digital 3D)
Head Mounted Display (HMD)	– wird ebenfalls wie eine Brille aufgesetzt, besitzt jedoch keine Polarisationswirkung, sondern es handelt sich quasi um zwei Kleinst-Displays, die unmittelbar vor den Augen angebracht werden – Durch die Augennähe lässt sich ein relativ groß erscheinendes Bild auf die Netzhaut des Betrachters projizieren, bei Aufnahmen mit einer Stereokamera dann auch in 3D. – Darüber hinaus ermöglicht ein HMD insbesondere bei den immer kleiner werdenden Geräten der Unterhaltungsindustrie mit ihren winzigen Displays auch eine groß erscheinende portable Darstellung, teilweise auch halb durchsichtig, sodass z. B. beim Sightseeing gleichzeitig Informationen zu betrachteten Sehenswürdigkeiten eingeblendet werden können (**Augmented Reality**: „erweiterte Realität“).

Bild 8.80: Verfahren zur 3D-Darstellung

8.2.12 Drucker

Drucker gehören zur Peripherie einer Datenverarbeitungsanlage und dienen der Ausgabe von Texten und Grafiken auf Papier. Sie werden in vielen verschiedenen Ausführungen und für jeden gewünschten Einsatzbereich hergestellt, eine Unterscheidung ist nach verschiedenen Gesichtspunkten möglich:

- **Monochrom- oder Farbdrucker**
  Ob ein Drucker monochrom oder farbig drucken kann, hängt nicht vom Druckverfahren, sondern von der Anzahl der vorhandenen Farbträger (z. B. Farbband, Tintenpatronen) ab.
- **Impact- oder Non-Impact-Drucker**
  Bei Impact-Druckern erfolgt der Zeichendruck aufgrund eines mechanischen Anschlags, bei Non-Impact-Druckern werden die Zeichen nicht mechanisch gedruckt (Impact, engl.: Aufprall).

- **Typendrucker, Matrixdrucker oder Seitendrucker**
  Unter dem Begriff Type versteht man in der Drucktechnik die Zeichen, aus denen gedruckter Text besteht bzw. den gesamten druckbaren Zeichensatz (Typeface) in einer gegebenen Größe und einem gegebenen Stil. Beim Typendruck wird das darzustellende Zeichen als Ganzes gedruckt, beim Matrixdrucker wird das Zeichen punktweise aufgebaut. Bei einem Seitendrucker wird eine komplette Druckseite (z. B. DIN A4) beim Druckvorgang als Ganzes gedruckt.

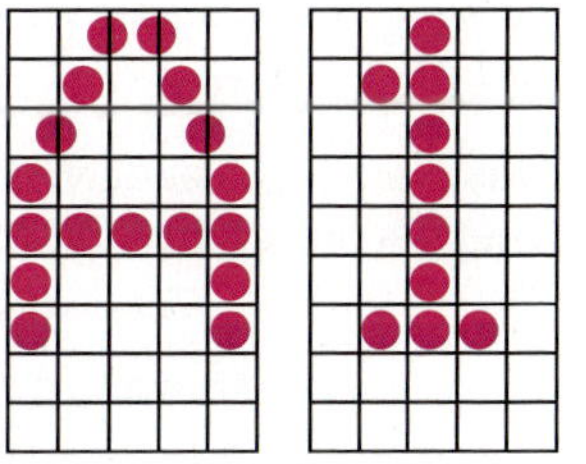

Bild 8.81: Matrixdruck

- **Druckverfahren**
  Das Druckverfahren beschreibt, wie das zu druckende Zeichen auf das Papier gebracht wird. Die Einteilung nach dem Druckverfahren ist die gebräuchlichste Unterteilung. Die zur Zeit aktuellen Druckverfahren werden im folgenden Abschnitt näher erläutert.

In der Fachliteratur findet man auch die Bezeichnung **3D-Drucker**. Hierbei handelt es sich jedoch nicht um einen Drucker, der Bilder mit dreidimensionalen Effekten auf Papier erzeugt, sondern um eine industrielle Maschine, die ein schnell härtendes Material (z. B. Kunststoff) computergesteuert in sehr dünnen Schichten auf einer Trägerplatte aufträgt. Hierdurch lassen sich beliebige dreidimensionale Körper erstellen.

8.2.12.1 Nadeldrucker

Bei einem Nadeldrucker (Wire Pin Printer) sind im Druckkopf mehrere Nadeln senkrecht untereinander angeordnet. Jede Nadel wird einzeln und unabhängig von den anderen Nadeln angesteuert. Beim Druckvorgang schlagen diese Nadeln – bewegt durch einen Elektromagneten – mechanisch auf ein Farbband, das sich zwischen den Nadelspitzen und dem Papier befindet. Durch diesen Vorgang werden kleine Punkte auf dem Papier erzeugt. Untereinander liegende Druckpunkte werden hierbei gleichzeitig aufgebracht. Danach bewegt sich der Druckkopf mechanisch angetrieben einige zehntel Millimeter horizontal über das Papier und setzt eine weitere Reihe von Punkten. Die einzelnen Pünktchen liegen so eng zusammen, dass sich aufgrund der nur begrenzten Wahrnehmungsfähigkeit des menschlichen Auges im Allgemeinen zusammenhängende Strukturen ergeben. Standardmäßig werden heutzutage Drucker mit mindestens 24 Nadeln angeboten.

Nadeldrucker werden als Monochrom- oder Farbdrucker hergestellt; die Farbdrucker arbeiten mit einem Farbband, das über vier Farbstreifen verfügt.

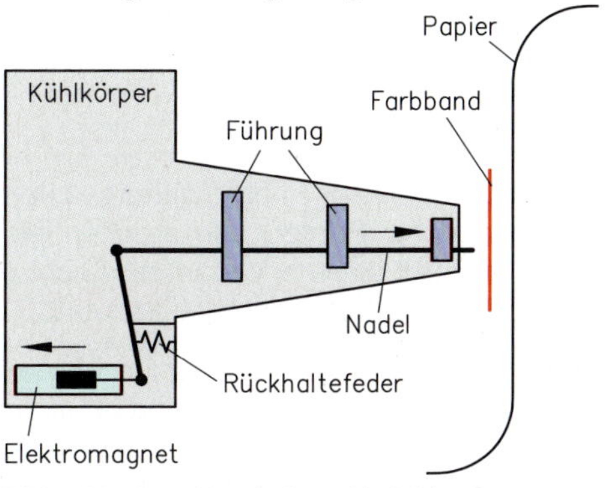

Bild 8.82: Druckkopf eines Nadeldruckers (Grundprinzip)

8.2.12.2 Tintenstrahldrucker

Der Druckkopf eines Tintenstrahldruckers (Ink Jet Printer) besteht im Wesentlichen aus einem Tintenbehälter und vielen untereinander angeordneten Düsen, die mit dem Vorratsbehälter über kleine Kanülen in Verbindung stehen. Das Druckbild wird erzeugt, indem die Düsen kleinste Tintentropfen auf das Papier spritzen, d.h. es handelt sich um einen anschlagfreien Drucker, der gesamte Druckkopf wird lediglich auf einem „Schlitten“ fast berührungsfrei über das Papier bewegt.

Das Herausschleudern der Tinte aus dem Druckkopf wird durch Anwendung unterschiedlicher Techniken bewirkt (z.B. Piezo-Verfahren, Bubble-Jet-Verfahren).

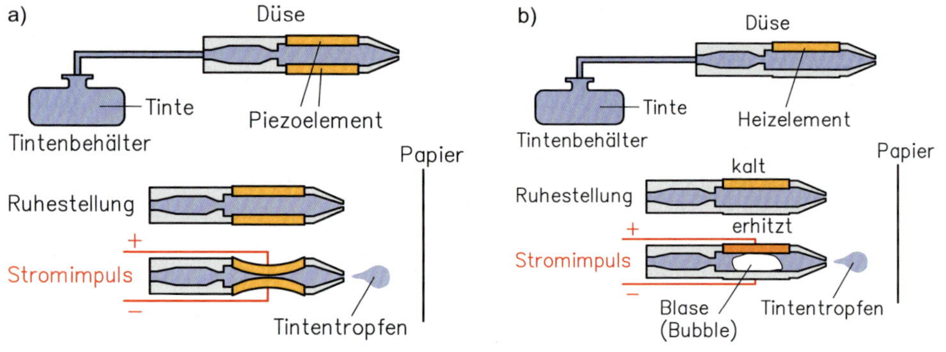

Bild 8.83: a) Piezo-Prinzip b) Bubble-Jet-Prinzip

Die Düsen sind viel kleiner als die Nadelspitzen eines Nadeldruckers, sodass sie wesentlich dichter zusammenliegen. Hierdurch können die einzelnen Tröpfchen wesentlich enger gesetzt werden. Da die Tinte von dem Papier aufgesogen wird, hängt die Qualität des Drucks nicht unerheblich von der Qualität des verwendeten Papiers ab. Für eine hohe Qualität insbesondere beim Drucken von Grafiken oder Bildern ist zum Teil Spezialpapier erforderlich. Farb-Tintenstrahldrucker verfügen in der Regel über Farbbehälter mit den drei Grundfarben **C**yan, **M**agenta und **Y**ellow (**CMY-Farbmischverfahren**) sowie einen Behälter für Schwarz (Blac**k**; **CMYK-Farbmischverfahren**), Geräte der gehobenen Preisklasse verfügen gegebenenfalls über zusätzliche Farbbehälter. Aus Kostengründen sollten die Behälter einzeln austauschbar sein.

8.2.12.3 Laserdrucker

Laserdrucker (Laser Printer) gehören zur Kategorie der elektrofotografischen Drucker (Electrophotographic Printer) und arbeiten wie Fotokopierer nach einem elektrofotografischen Verfahren. Bei diesem Verfahren macht man sich die elektrostatische Kraftwirkung elektrisch geladener Komponenten zunutze.

Innerhalb des Druckers befindet sich eine fotoempfindliche Trommel, die elektrisch (negativ) aufgeladen wird. Auf diese Trommel wird mithilfe eines Laserstrahls, der von einem Spiegelsystem zeilenweise über die rotierende Trommel gelenkt wird, ein Abbild der zu druckenden Zeichen geschrieben („belichten“). An denjenigen Stellen, an denen später keine Druckzeichen entstehen sollen, wird der Laserstrahl abgeschaltet beziehungsweise unterbrochen. An allen Auftreffpunkten des **Lasers** (**L**ight **A**mplification by **S**timulated **E**mission of **R**adiation) wird die elektrische Ladung der Trommel neutralisiert. Nur an diesen Stellen kann der Toner, der mit der gleichen Polarität aufgeladen wird wie die Trommel und der im weiteren Verlauf des Druckvorgangs auf die Trommel aufgetragen wird, haften bleiben. An allen anderen Stellen wird der Toner abgestoßen. Auf diese Weise entsteht auf der Trommel ein unsichtbares elektrisches Abbild des zu druckenden Blattes (Elektrofotografie).

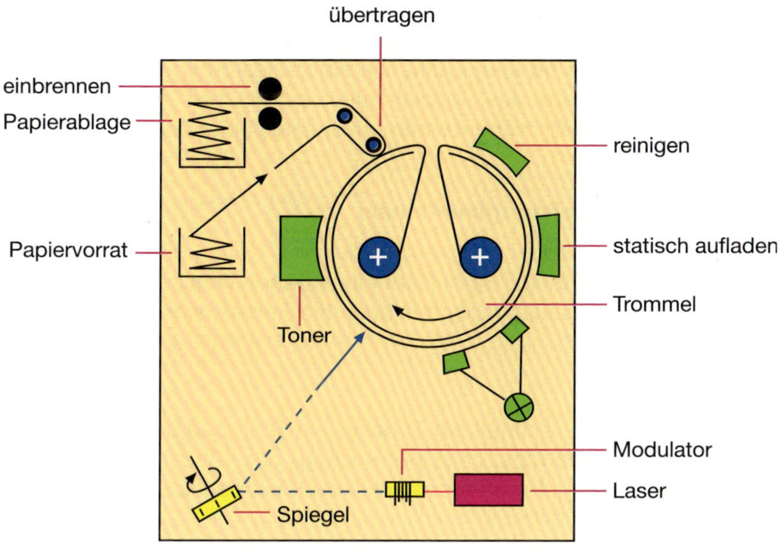

Bild 8.84: Prinzipieller Aufbau eines Laserdruckers

Der Toner besteht aus einer Art sehr feinem Tintenpulver. Das zu bedruckende Papier wird ebenfalls elektrostatisch aufgeladen, jedoch mit entgegengesetzter Polarität zur Ladung der Trommel. Da entgegengesetzt geladene Teilchen aufeinander anziehende Kräfte ausüben, überträgt sich der Toner auf das Papier, das an der Trommel vorbeigerollt wird („entwickeln"). Durch anschließende Hitzeeinwirkung wird der Toner schließlich auf dem Papier dauerhaft fixiert. Eine DIN-A4-Seite kann auf diese Weise in kürzester Zeit bedruckt werden. Nach jedem Druckvorgang wird die Trommel automatisch von Tonerresten gereinigt.

Farblaserdrucker verfügen meist über mehrere Trommeln, auf denen jeweils der entsprechende Farbtoner aufgebracht wird. Erst nachdem das Papier nacheinander an allen Trommeln vorbeigeführt wurde und der gesamte Toner auf dem Papier aufgebracht ist, wird es fixiert.

8.2.12.4 Thermografische Drucker

Bei den thermografischen Druckern (Thermal Printer) werden mithilfe von Heizelementen im Druckkopf Farben erhitzt, die sich entweder direkt auf entsprechendem Spezialpapier (Thermopapier) oder auf Farbträgern befinden. Man unterscheidet:

- **Thermodrucker**
  Druckkopf besteht wie beim Nadeldrucker aus einzelnen Metallstiften; diese werden erhitzt und anschließend kurz mit Spezialpapier (Thermopapier) in Kontakt gebracht (anschlagfreier Drucker); aufgrund der Wärmeeinwirkung hinterlassen sie eine Verfärbung auf der Beschichtung des Thermopapiers.
- **Thermotransferdrucker**
  Winzige Heizelemente im Druckkopf erwärmen wachsartige Farben auf einem speziellen Thermo-Farbband, die sich dann von dem Trägerband lösen und auf das Papier übertragen (anschlagfreier Drucker); die einzelnen Farbpartikel vermischen sich auf dem Papier, es entsteht ein stufenloser Farbverlauf; kein Spezialpapier erforderlich.

- **Thermosublimationsdrucker** (Thermal Sublimation Printer)
  Winzige Heizelemente im Druckkopf erwärmen wachsartige Farben auf einem speziellen Thermo-Farbband so stark, dass sie sofort gasförmig werden; in diesem Zustand diffundieren sie in das Spezialpapier; es resultiert eine hohe Farbqualität (fotorealistische Bilder); hohe Kosten für Spezialpapier und Farbträger.

8.2.12.5 Druckerkenngrößen und Leistungsmerkmale

Die Hersteller beschreiben die Eigenschaften ihrer Drucker mit Kenngrößen, von deren Qualität letztlich der Verkaufspreis abhängt. Beim Kauf eines neuen Druckers sind für den Anwender aber neben dem reinen Anschaffungspreis auch die Folgekosten zu beachten.

Druckgeschwindigkeit

Die Druckgeschwindigkeit gibt an, wie schnell ein Drucker ein Blatt bedrucken kann. Sie wird entweder in Zeichen pro Sekunde (cps: caps per second) oder Anzahl der (DIN A4) Blätter pro Minute (ppm: pages pro minute) oder pro Sekunde (pps: pages pro second) angegeben.

Druckerauflösung

Vergleichbar mit der Darstellung auf einem Bildschirm kann man unabhängig vom Druckverfahren ein kleinstes auf dem Papier druckbares Element definieren. Hierfür wird allgemein der Begriff **Druckpunkt** verwendet. Unter der Auflösung eines Bildes versteht man bei Druckern die Anzahl der zur Verfügung stehenden Druckpunkte pro Längeneinheit. Die Angabe erfolgt in **dpi** (dpi: dots per inch; übersetzt: Punkte pro Zoll; 1 inch = 2,54 cm). Je größer die Anzahl der Druckpunkte pro inch ist, desto besser ist die Qualität des Ausdrucks.

In der folgenden Tabelle sind die typischen Merkmale der wichtigsten Druckertypen kurz zusammengefasst.

	Nadeldrucker	**Tintenstrahldrucker**	**Laserdrucker**
Eigenschaften	– Matrixdrucker – Druckqualität abhängig von Anzahl der Nadeln – grundsätzlich grafikfähig	– Matrixdrucker – grafikfähig	– Seitendrucker (komplettes Abbild einer Seite wird auf Belichtungstrommel projiziert) – grafikfähig
Druckgeschwindigkeit	– 1 bis 4 Seiten pro Minute	– je nach Druckverfahren (monochrom oder farbig) 3 bis 10 Seiten pro Minute	– je nach Typ 5 bis 40 (DIN A4) Seiten pro Minute
Vorteile	– niedriger Anschaffungspreis – geringe Verbrauchskosten (Farbband) – kann Durchschläge erzeugen – dokumentenecht – kann Endlospapier bearbeiten – bedruckt jede Art von Papier	– günstiger Anschaffungspreis – Folgekosten bei reinem Textdruck gering – geräuscharmes Drucken	– hohe Druckqualität – sehr leiser Druckvorgang – dokumentenechter Druck

	Nadeldrucker	Tintenstrahldrucker	Laserdrucker
Nachteile	– sehr lautes Druckgeräusch – langsame Druckgeschwindigkeit – Grafikdruck von geringer Qualität	– unrentabel bei Seitendrucken mit hoher Seitenfärbung (z. B. Bilder) – für hohe Druckqualität Spezialpapier erforderlich – beim Bubble-Jet-Verfahren größerer Verschleiß des Druckkopfes als beim Piezoverfahren – Farben verblassen unter Einfluss von Sonnenlicht – Reparatur meist unrentabel	– zum Teil höherer Anschaffungspreis (insbesondere bei Farbdruckern) – hoher Wartungsaufwand – ggf. hohe Reparaturkosten (z. B. Bildtrommel)
Ursache der Folgekosten	– Drucker-Farbband	– Tintenpatrone – ggf. Spezialpapier	– Tonerkartusche – Bildtrommel
Umweltaspekte	– umweltfreundlich	– umweltfreundlich	– Tonerkartusche muss entsorgt werden – zum Teil Ozonentwicklung (aufgrund der elektrostatischen Aufladungen)

Bild 8.85: Merkmale der wichtigsten Druckertypen

Drucker werden heute üblicherweise an einem USB-Anschluss betrieben, teilweise verfügen sie auch über einen Netzwerkanschluss (RJ-45-Buchse; Kap. 8.5.3) oder sind WLAN-fähig (ggf. auch WiFi-direct; Kap. 8.5.5). Um einen Drucker betreiben zu können, bedarf es stets eines entsprechenden Druckertreibers (Printer Driver). Die Tatsache, dass jeder Drucker seinen eigenen speziellen Druckertreiber benötigt, kann dazu führen, dass Texte, die auf zwei PC-Systemen mit unterschiedlichen Druckern ausgegeben werden, verschieden aussehen (z. B. unterschiedlicher Seitenumbruch). **Postscript** ist eine Seitenbeschreibungssprache, die das Seitenlayout mit standardisierten Befehlen steuert, die auf jedem postscriptfähigen Drucker zum gleichen Ausdruck führen. Die Hersteller bieten auch Kombigeräte an, die sowohl Scannen als auch Drucken können.

8.2.13 Ergonomie am Arbeitsplatz

Ergonomie am Arbeitsplatz bedeutet, dass für die Arbeit des Menschen alle Maßnahmen zur Arbeitssicherheit und zum Gesundheitsschutz getroffen werden. Die damit verbundenen Vorgaben umfassen sämtliche Gegenstände und technischen Geräte am Arbeitsplatz.

Diese Vorgaben gelten insbesondere auch für die Arbeit an Bildschirmgeräten (PC-Arbeitsplatz). Eine entsprechende EU-Richtlinie ist in der sogenannten **Bildschirmarbeitsverordnung** (BildSchArbV) in nationales Recht umgesetzt. In allgemeiner Form legt diese Verordnung die Grundlagen für Anforderungen an die Bildschirmarbeit fest. Hierzu gehören neben Anforderungen an die Sitzposition auch Vorgaben für die Anordnung von Ein- und Ausgabegeräten, Lärmemission, Lichtverhältnisse sowie Blend- und Flimmerfreiheit. Die Bildschirmarbeitsplatzverordnung ist in Deutschland inzwischen Teil der **Arbeitsstättenverordnung** (ArbStättV, Abschnitt 6), die mit Wirkung vom 3.12.2016 inhaltlich dem technischen Fortschritt am Arbeitsplatz angepasst wurde.

Ein wesentlicher Beitrag zur Ergonomie am Arbeitsplatz besteht in der Verwendung emissionsfreier bzw. emissionsarmer Arbeitsmittel („Elektrosmog"). Hierzu werden in nationalen Richtlinien Grenzwerte bezüglich der elektromagnetischen Verträglichkeit (EMV) sowie der Störemission angegeben (Normen EN 55022, EN 50082-1, EN 60950).

Darüber hinaus hat die **ISO** (**I**nternational **S**tandardization **O**rganization) mit der Norm ISO 9241-x die Bildqualitätsanforderungen für Monitore und deren Design festgelegt. Hiernach müssen bestimmte Bedingungen für Entspiegelung, Flimmerfreiheit, Kontrast, Sichtabstand, Zeichenbreite, -höhe und -gleichmäßigkeit erfüllt werden. Auch bei der Entwicklung von neuer Software spielt der Ergonomie-Faktor eine bedeutende Rolle.

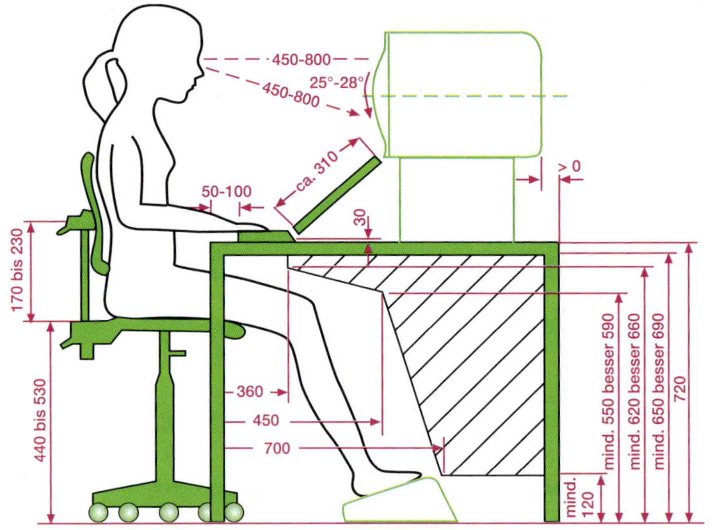

Bild 8.86: Sitzposition am Bildschirmarbeitsplatz nach DIN 33402 (Maße in mm)

> Unter **Software-Ergonomie** versteht man die Anpassung der Arbeitsprogramme an die geistigen und physischen Fähigkeiten des Menschen.

Dieser Ergonomieanspruch erfordert eine benutzerfreundliche Auslegung von Software wie z. B.:

- Software soll so gestaltet sein, dass der Anwender bei der Erledigung von Arbeitsaufgaben unterstützt und nicht unnötig belastet wird.
- Software soll selbstbeschreibend sein, d. h. dem Anwender bei Bedarf Einsatzzweck und Leistungsumfang erläutern.
- Software soll vom Anwender so weit wie möglich steuerbar und individuell anpassbar sein.
- Software soll den Erwartungen des Anwenders entsprechend reagieren.
- Software soll fehlerrobust sein, d. h. fehlerhafte Eingaben sollten nicht zu Systemabbrüchen führen und mit minimalem Korrekturaufwand rückgängig gemacht werden können.
- Die auf dem Bildschirm dargestellten Informationen sollen eindeutig und einheitlich gegliedert sein. Dazu zählen u. a. leicht erkennbare Symbole, Icons und Buttons sowie die Hervorhebung wichtiger Informationen.

8.2.14 Recycling und Umweltschutz

Außer auf Ergonomie und Arbeitssicherheit achten viele Hardware-Hersteller zunehmend auf den Einsatz von umweltverträglichen Werkstoffen und die Möglichkeit, wertvolle Rohstoffe – sogenannte **Wertstoffe** – wiederzuverwenden. Dies gilt prinzipiell für alle Arten von elektronischen Geräten, die von spezialisierten Recyclingfirmen wieder in ihre Ausgangsmaterialien zerlegt werden können.

Das **Recycling-Symbol** weist auf Produkte oder Komponenten hin, die eine besondere Entsorgung erfordern.

Auf diese Weise gekennzeichnete Artikel dürfen nicht einfach in den Hausmüll geworfen werden. Dazu zählen insbesondere schwermetallhaltige Batterien und Akkumulatoren (kurz: Akkus) sowie leere Tinten- oder Tonerkartuschen. Gleiches gilt prinzipiell auch für CD-ROMs und DVDs, die aus 99 % Polykarbonat bestehen, einem hochwertigen Kunststoff, der im Recyclingprozess eingeschmolzen und wieder zu CD-Rohlingen verarbeitet oder mit anderen Kunststoffen vermischt werden kann („silberner Kreislauf").

*Bild 8.87: Recyclingsymbol und GRS-Symbol (**G**emeinsames **R**ücknahmesystem **B**atterien)*

Im Übrigen sind die Hersteller und Vertreiber von Transport- und Verkaufsverpackungen auch verpflichtet, alle Verpackungsmaterialien zurückzunehmen und zu verwerten bzw. wiederzuverwenden.

Für die Entsorgung von Altgeräten sowie den Ersatz von bleihaltigen Stoffen bei Neugeräten wurden innerhalb der EU folgende Richtlinien festgelegt:

- **WEEE-Direktive**: Elektro- und Elektronik-Altgeräte-Richtlinie (WEEE: **W**aste **E**lectrical and **E**lectronic **E**quipment)
- **RoHS-Direktive**: Richtlinie zu Verwendungsbeschränkungen für bestimmte gefährliche Stoffe in neuen Elektro- und Elektronikgeräten (RoHS = Restrictions of the Use of certain Hazardous Substances in Electrical and Electronic Equipment)

Bild 8.88: Kennzeichnung für Rücknahmeprodukt

Die WEEE-Richtlinie sieht vor, dass die Hersteller und Importeure von Elektro- und Elektronik-Geräten den Transport der entsprechenden Altgeräte aus privaten Haushalten – sowohl die Rücknahme als auch die Entsorgung – finanzieren müssen. Den Hersteller/Importeur trifft darüber hinaus eine Kennzeichnungspflicht seiner Produkte. Neue Elektro- und Elektronikgeräte müssen mit dem Symbol der durchgestrichenen Mülltonne gekennzeichnet werden.

Blei und andere gefährliche Stoffe dürfen – von wenigen Ausnahmen abgesehen – seit dem 01.07.2006 definitiv nicht mehr eingesetzt werden („Umweltgerechte Elektronik").

8.2.15 Prüfsiegel

Prüfsiegel *(test marks)* sind genormte Kennzeichnungen auf einem Produkt, die den Verbraucher darüber informieren sollen, dass dieses Produkt bestimmte technische Anforderungen und Qualitätsmerkmale erfüllt.

Käufern und Verbrauchern sollen diese Siegel Informationen in Bezug auf Arbeitssicherheit, Ergonomie und Umweltverträglichkeit liefern. Allerdings ist die Anzahl der in der Praxis verwendeten Prüfsiegel inzwischen unüberschaubar geworden. Unter der Internetadresse www.label-online.de finden sich Informationen zur Vergabe der Siegel sowie zu den Vergabekriterien.

Zu den bekanntesten Siegeln – insbesondere für Monitore – gehören die nachfolgenden Prüfplaketten:

Prüfsiegel	Erläuterung
	Blauer Engel (www.blauer-engel.de) – Umweltschutzzeichen für Produkte und Dienstleistungen, die ganzheitlich gesehen besonders umweltfreundlich sind – getragen u. a. vom Bundesministerium für Umwelt, Naturschutz und Reaktorsicherheit – PCs mit diesem Prüfsiegel müssen festgelegte Anforderungen erfüllen, z. B. müssen sie modular aufgebaut, recyclinggerecht und langlebig sein
	ENERGY STAR (www.eu-energystar.org) – bescheinigt Geräten der IT-Technik, dass sie die Stromsparkriterien der amerikanischen Umweltschutzbehörde EPA (Environmental Protection Agency) erfüllen – jeder Hersteller darf dieses Siegel nutzen, es genügt eine einfache Mitteilung an die EPA – Beispielkriterien für einen PC: Energieverbrauch im Ruhezustand $<$ 15 Watt Energieverbrauch im „Schlafmodus" $<$ 8 Watt
	ERGONOMIE GEPRÜFT – Prüfsiegel für Büromöbel, Bildschirme und Software – Vergabe durch den TÜV Rheinland nur nach vorheriger Prüfung – bescheinigt unter anderem die Erfüllung ergonomischer Anforderungen nach der Norm DIN EN ISO 9341
	GS-Zeichen (Geprüfte Sicherheit) – Vergabe durch TÜV, VDE oder die Berufsgenossenschaften – bescheinigt einem Produkt elektrische und mechanische Sicherheit sowie die Einhaltung von Brandschutzbestimmungen – bescheinigt, dass Sicherheitsregeln für Bildschirmarbeitsplätze eingehalten werden
	VDE-GS (www.vde.de) – nationales Sicherheitszeichen, das von einem neutralen Prüfinstitut des VDE (Verband deutscher Elektrotechnik e. V.) vergeben wird – bescheinigt die Einhaltung nationaler Sicherheitsstandards sowie die Einhaltung der sicherheitstechnischen Anforderungen der Niederspannungsrichtlinie
	TÜV-GS – Prüfsiegel des TÜV – bescheinigt die Einhaltung der sicherheitstechnischen Anforderungen der Niederspannungsrichtlinie sowie die Erfüllung ergonomischer Bedingungen, die an ein PC-System gestellt werden

Prüfsiegel	Erläuterung
	TCO Displays (www.tcodevelopment.com) – Normierung der schwedischen Organisation TCO (Tjänstemännens Central Organisation) bezüglich der technischen und ergonomischen Anforderungen an Monitore und Terminals – nachfolgende Aktualisierungen bauen auf der TCO '06 auf (z. B. TCO Certified Displays 5.2 von 2011) – wird mitlerweile als globales Gütesiegel für Monitore/Displays, Computer, Notebooks, Drucker und sonstige IT-Geräte anerkannt – umfasst die Bereiche **Ergonomie, Emissionen, Energieverbrauch** und **Ökologie** – **macht keine Aussagen über die Qualität von Monitoren/Displays**; hierzu wird zusätzlich noch die ISO 13406 benötigt (z. B.: Einordnung in Pixelfehlerklassen)!
	TÜV ECO-Kreis – Gütesiegel des TÜV Rheinland Berlin/Brandenburg – wird jährlich überarbeitet und den neuesten Entwicklungen bzgl. Ergonomie und Ökologie angepasst – gilt in seiner jeweils aktuellen Ausgabe als das strengste Prüfzeichen – Vergabe an PCs, Laptops, Monitore, TFTs und Tastaturen, die in besonderer Weise Ressourcen und Umwelt schonen sowie den Anforderungen in Sachen technischer Sicherheit und Ergonomie in allen Belangen entsprechen – beinhaltet u. a. die Bereiche Sicherheit, Ergonomie, Geräuschentwicklung, Bedienungsanleitung
	CE-Konformitätszeichen (**C**ommunauté **E**uropéenne: Europäische Gemeinschaft) – gültig innerhalb der gesamten EU, in Deutschland vorgeschrieben seit dem 1. Januar 1996 – **ist weder ein Gütesiegel noch ein Sicherheitskennzeichen**, sondern dient ausschließlich der staatlichen Marktüberwachung – alle Hersteller/Importeure müssen dieses Zeichen auf sämtlichen Waren anbringen, die sie innerhalb der EU auf den Markt bringen; damit wird dokumentiert, dass diese Ware die Anforderungen **aller gültigen Richtlinien** erfüllt, die auf das jeweilige Produkt anzuwenden sind. – Die Überprüfung der Erfüllung dieser Richtlinien erfolgt in der Regel auf der Basis europäisch harmonisierter Normen. – Beispiel PC: Es gelten z. B. die Richtlinien der elektromagnetischen Verträglichkeit, kurz EMV (Richtlinie 2014/30/EU).

Bild 8.89: Prüfsiegel

8.2.16 Elektromagnetische Verträglichkeit

Die Funktion elektrischer und elektronischer Geräte kann erheblich gestört werden durch elektrische Felder, magnetische Felder und durch elektromagnetische Felder, die durch Blitzschlag, durch Schaltfunken an Kontakten oder durch wechselstrombetriebene Leitungen, Geräte und Anlagen verursacht werden. Insbesondere in der PC-Technik kommt es durch immer höhere Taktraten bzw. immer kürzere Schaltzeiten in digitalen Hochgeschwindigkeitsschaltungen zu immer stärkeren Störstrahlungen („Elektrosmog").

Infolgedessen hat das Thema **elektromagnetische Verträglichkeit (EMV)** eine beträchtliche Bedeutung gewonnen. Man unterscheidet hierbei:

- **elektromagnetische Verträglichkeit mit der Umwelt (EMVU)**, die sich mit den Wirkungen elektromagnetischer Felder auf biologische Systeme (Mensch, Tier, Pflanze) befasst und
- **elektromagnetische Verträglichkeit von Geräten (EMVG).**

Das EMV-Gesetz (nach der Fassung vom 30. August 1995 bzw. nachfolgenden Aktualisierungen) definiert:

> **Elektromagnetische Verträglichkeit (EMVG)** ist die Fähigkeit eines Geräts,
> - in der elektromagnetischen Umwelt zufriedenstellend zu arbeiten,
> - ohne dabei selbst elektromagnetische Störungen zu verursachen, die für andere in dieser Umwelt vorhandene Geräte unannehmbar wären.

Die wesentlichen Begriffe der EMVG sind:

- **Störfestigkeit**; sie bezeichnet die Fähigkeit eines Geräts, während einer elektromagnetischen Störung von außen (z. B. durch Blitzschlag) einwandfrei zu funktionieren.
- **Störaussendung**; sie beschreibt die Fähigkeit eines Geräts, elektromagnetische Störungen zu erzeugen.

Geräte im Sinne der EMVG-Vorschriften sind:

- alle Apparate, Anlagen und Systeme, die elektrische oder elektronische Bauteile enthalten, z. B. Rundfunk- und TV-Empfänger, mobile Funkgeräte, informationstechnische Geräte, Telekommunikationsgeräte und -netze usw. sowie
- sämtliche Baugruppen, Geräteteile u. Ä., die allgemein im Handel erhältlich sind, z. B. PC-Karten, Motherboards, Schnittstellenkarten, Schaltnetzteile, Relais, Dimmer, SPS usw.

Alle diese Geräte müssen den EMV-Vorschriften entsprechen, damit sie das CE-Zeichen führen und auf dem freien Markt angeboten werden dürfen.

Keine Geräte im Sinne der EMVG-Vorschriften sind alle elementaren Bauteile wie z. B. Widerstände, Kondensatoren, Spulen, Kabel, Stecker, ICs, Sicherungen usw.

Bei der Frage, ob elektromagnetische Strahlung die **Gesundheit des Menschen** (EMVU) beeinträchtigt, sollte man bedenken, dass alle inneren Regelmechanismen des Körpers auf kleinsten elektrischen Strömen und Spannungen beruhen (EEG, EKG). Künstlich erzeugte Felder rufen oft viel höhere Ströme und Spannungen im Körper hervor, deren gesundheitsgefährdende Wirkung jedoch noch nicht vollständig erforscht ist. Recht gut bekannt ist die Wärmewirkung hochfrequenter elektromagnetischer Strahlung (z. B. Mikrowelle). Die Wassermoleküle – der Mensch besteht zu etwa 60 % aus Wasser – bilden elektrische Dipole. Diese schwingen in dem ständig wechselnden elektromagnetischen Feld im Rhythmus der hohen Frequenz und reiben dabei aneinander. Dadurch entsteht Wärme zusätzlich zur Körpertemperatur. Bei Erwärmung um mehr als 1 °C können Stoffwechsel und Nervensystem gestört werden. Bei zu starker Erwärmung kann es auch zu Schäden im Auge kommen. Diese weitgehend erforschten thermischen Effekte bilden die Grundlage für die „Grenzwerte für elektromagnetische Strahlenbelastung“ nach der 26. Bundesimmissionsschutzverordnung. Als Ergebnis vieler Ansätze und Studien gibt es über diese bekannte Wärmewirkung hinaus bislang keine wissenschaftlichen Ergebnisse, die auf sonstige Wirkungen schwacher elektromagnetischer Felder auf biologische Systeme hinweisen.

Als Summe aller bisherigen Untersuchungen ergibt sich, dass hochfrequente Felder im Rahmen der zulässigen Normen keine negativen gesundheitlichen Einflüsse auf den Menschen haben.

Mit einem Feldstärkemessgerät können Feldstärken in der Umgebung von Störstrahlungsquellen problemlos gemessen werden.

Bild 8.90 zeigt ein solches Gerät, das für Frequenzen von 5 Hz bis 400 kHz gleichzeitig die magnetische Flussdichte *B* von 1 nT bis 200 T und die elektrische Feldstärke *E* von 0,1 V/m bis 20 kV/m messen kann. Damit lassen sich Felder von Bahnanlagen, Stromversorgungsleitungen, Hausinstallationen und Elektrogeräten, aber auch Felder von Monitoren, medizinischen Geräten, Dimmern und Messgeräten sehr einfach erfassen.

Bild 8.90: Feldstärkemessung

Zum Schutz vor elektromagnetischer Strahlung sollte man folgende Hinweise beachten:

- Möglichst Abstand halten von strahlenden Geräten (z. B. TV, Monitor).
- Nicht benötigte Geräte abschalten (z. B. Drucker, Kopierer). Die Netzteile vieler Geräte geben auch im Stand-by-Betrieb ein Magnetfeld ab.
- Strahlenarmen Monitor wählen; gegebenenfalls Flachbildschirm verwenden.
- Schnurlose Telefone am Telefonnetz haben eine relativ geringe Leistung im Vergleich zu Mobiltelefonen.
- Im Schlafzimmer sollte keine TV- oder Stereoanlage stehen; Radiowecker oder Uhren möglichst weit weg vom Bett.
- Netzfreischalter trennen das gesamte Schlafzimmer vom Stromnetz, sobald der letzte Verbraucher ausgeschaltet ist.

Aufgaben

1. Welche anderen Bezeichnungen werden für das Motherboard verwendet?
2. Was versteht man bei einem Motherboard unter dem „Formfaktor"?
3. Was bedeutet die Bezeichnung „Green Mainboard"?
4. Ein Mainboard ist gemäß dem sogenannten µATX-Formfaktor spezifiziert. Welche Abmessungen (in mm × mm) hat dieses Board?
5. Welche Vorsichtsmaßnahmen sind beim Einbau eines Motherboards zu beachten (siehe Bild 8.16)?
6. Erläutern Sie die im Zusammenhang mit Prozessoren verwendeten Bezeichnungen CPU, ALU, FPU, GPU und APU.
7. In Computern des Consumerbereichs findet man vielfach sogenannte x86-Prozessoren und ARM-Prozessoren. Welche allgemeine Information kann man aus diesen Bezeichnungen ableiten? Nennen Sie jeweils Gerätetypen, in denen diese Prozessoren verwendet werden.
8. Welche grundsätzlichen Prozessorstrukturen gibt es? Erläutern Sie ihre maßgeblichen technischen Merkmale.
9. Welche Kenngrößen eines Prozessors geben Auskunft über seine Leistungsfähigkeit? Erläutern Sie die jeweilige Kenngröße.
10. Welche Bedeutung haben die Bezeichnungen ZIF-Sockel und LGA-Sockel? Nennen Sie die prinzipiellen Unterschiede zwischen beiden Sockelarten.
11. Welche besonderen Merkmale weist ein Multi-Core-Prozessor auf?
12. Welche Aufgaben besitzt ein Chipsatz?

13. Wie werden die Komponenten eines Chipsatzes bezeichnet?
14. Kann ein Chipsatz zu einem späteren Zeitpunkt ausgetauscht werden? (Antwort mit Begründung)
15. Welche Vorteile bietet ein Chipsatz, der lediglich aus einem einzigen IC besteht?
16. Welche Arten von internen Halbleiterspeichern unterscheidet man in einem PC? Wie unterscheidet sich deren Speicherverhalten voneinander?
17. Was verbirgt sich hinter den Bezeichnungen Flash-EEPROM, C-MOS-Speicher und Cache-Speicher?
18. Welche Vorteile besitzt ein Double-Data-RAM-Baustein gegenüber einem Single-Data-RAM-Baustein?
19. Die Speicherkapazität wird in MByte bzw. GByte oder neuerdings in MiByte bzw. GiByte angegeben. Erläutern Sie den Unterschied.
20. Ein Arbeitsspeichermodul gehört zur Geschwindigkeitsklasse PC3-14900. Wie schnell wird dieses Modul getaktet? Welche alternative Bezeichnung kann dieses Speichermodul zur Einordnung in eine Geschwindigkeitsklasse tragen?
21. Was bedeutet im Zusammenhang mit Speichern die Bezeichnung „Triple Channel"?
22. Erläutern Sie die prinzipiellen Unterschiede zwischen einem parallelen und einem seriellen Bus.
23. Aus welchen grundsätzlichen Leitungsgruppen besteht ein paralleler Bus?
24. Welcher Unterschied besteht zwischen einem unidirektionalen und einem bidirektionalen Bus?
25. Über einen Datenbus müssen 2,6 GiB an Nutzdaten übertragen werden. Welche Zeit würde hierfür theoretisch unter Zugrundelegung der im Kapitel angegebenen maximalen Übertragungsraten benötigt:
    a) bei USB 2.0, b) bei USB 3.0, c) bei Firewire 2?
26. Ein Prozessor kann maximal 64 GiB Speicher adressieren.
    a) Wie viele Adressleitungen sind hierzu erforderlich?
    b) Berechnen Sie exakt, wie viele Bytes Speicherkapazität ein 64-GiB-Speicher hat.

27. Welche Bedeutung hat das abgebildete Symbol?
28. Wie viele Geräte lassen sich bei USB maximal anschließen? Woraus resultiert diese Begrenzung der Anzahl?
29. Was versteht man unter USB-OTG?
30. Aus welchem Grund verwendet man bei USB zwei unterschiedliche Steckertypen?
31. Was versteht man im PC-Bereich unter einer Schnittstelle?
32. Über welche Arten von Schnittstellen verfügt ein PC standardmäßig?
33. Aus welchem Grund benötigt eine Schnittstelle einen IRQ?
34. Bei den Schnittstellen unterscheidet man unter anderem zwischen PATA und SATA. Erläutern Sie die Abkürzungen sowie die technischen Unterschiede.
35. Was versteht man unter einer Punkt-zu-Punkt-Verbindung? Welchen Vorteil bietet diese Verbindungsart gegenüber einem Bussystem?
36. Nennen Sie technische Daten der verschiedenen SATA-Spezifikationen sowie deren alternative Bezeichnungen.
37. Was bedeutet „eSATAp"?
38. Was bedeutet die Abkürzung RAID? Welcher Unterschied besteht zwischen Software-RAID und Hardware-RAID?
39. Erläutern Sie die Begriffe „Direct Attached Storage" und „Network Attached Storage".
40. Was ist eine PCIe-Lane? Was ist ein PCIe-Link? Was bedeutet die Angabe PCIe 3.0 × 8?

41. Für die Verbindung eines Bildschirms mit dem PC stehen unterschiedliche Anschlusssysteme zur Verfügung. Hierzu gehören VGA, DVI, HDMI und DisplayPort. Erstellen Sie eine Tabelle (ggf. mit einem entsprechenden Computerprogramm), in der Sie die wesentlichen technischen Merkmale der genannten Anschlusstechniken zusammenfassen.
42. Erläutern Sie die Merkmale der Thunderbolt-Schnittstelle!
43. Smartphones verfügen zunehmend über „NFC“. Welche Technologie wird hiermit bezeichnet?
44. a) Erläutern Sie die grundsätzlichen Eigenschaften und den Einsatzbereich von „Bluetooth“.
    b) Benennen Sie Weiterentwicklungen/Versionen der Bluetooth-Technologie und geben Sie jeweils zugehörige technische Merkmale an.
45. Was ist ein Piconetz, was ist ein Scatternetz?
46. Auf welchem Grundprinzip basiert die Speicherung von Daten auf einer Festplatte? Welcher Unterschied bezüglich des Speicherverhaltens besteht zu einem Solid State Drive?
47. Ein Festplattenhersteller gibt zu einem Produkt einen MTBF-Wert von 45 000 h an. Was bedeutet dies?
48. Was versteht man unter dem sogenannten Headcrash und welche Folgen können hierdurch entstehen?
49. Welche Kenngrößen beschreiben maßgeblich die Eigenschaften einer Festplatte?
50. Welche Hinweise sollte man einem Kunden für die Handhabung von Festplatten grundsätzlich geben?
51. Was ist ein „Hybridlaufwerk“?
52. Was versteht man bei einer CD/DVD/BD unter einem *Pit* und einem *Land*?
53. In welchen Größenordnungen liegen die Speicherkapazitäten von CD-, DVD- und Blu-Ray-Speichermedien? Durch welche technischen Maßnahmen lassen sich diese Kapazitäten erzielen?
54. Moderne DVD-Brenner sind multiread-, multiformat- und mit entsprechender Software multisessionfähig. Erläutern Sie diese Begriffe.
55. Erläutern Sie die unterschiedlichen Maßnahmen, die seitens der Industrie eingesetzt werden, um eine unerwünschte Verbreitung von DVDs und BDs zu verhindern.
56. Was versteht man unter der Auflösung einer Grafikkarte?
57. Aus welchem Grund verfügen moderne Mainbords trotz implementierter Grafikfunktion (Graphic-on-Board) über einen oder zwei Slots für externe Grafikkarte(n)?
58. Welche Größe (theoretisch und praktisch) sollte der Videospeicher einer Grafikkarte mit einer Auflösung von 1 024 × 768 bei einer 24-Bit-Farbtiefe in der Praxis *mindestens* haben? Wie viele Farben lassen sich darstellen? Warum ist dieser Speicher in der Praxis stets wesentlich größer?
59. Welche Speicherkapazität ist für die Speicherung eines Musikstücks von zehn Minuten Dauer in CD-Qualität (Stereo, Sample-Rate 44,1 kHz, Auflösung 16 bit) ohne Komprimierung erforderlich?
60. Erläutern Sie verschiedene Soundverfahren, die Soundkarten zur Schaffung eines 3-D-Klangeindrucks unterstützen.
61. Auf dem Typenschild eines PC-Netzteils ist angegeben, mit welchen Strömen die jeweiligen Anschlüsse für die Spannungen maximal belastet werden dürfen (siehe Tabelle).
    a) Berechnen Sie aus den gegebenen Werten die maximale Leistung, die das Netzteil insgesamt abgeben kann.

U/V	+3,3	+5	+5	+12	+12	−12
I_{max}/A	20	22	2,5	14	16	0,5

b) Das Netzteil hat einen Wirkungsgrad von 70 %. Wie groß ist die aus dem 230-V-Energieversorgungsnetz aufgenommene Leistung?
c) Wie groß ist bei obigem Wirkungsgrad der aus dem 230-V-Netz aufgenommene Strom?
d) Welche Kosten würden entstehen, wenn ein PC mit diesem Netzteil das ganze Jahr (365 Tage) ununterbrochen mit maximaler Belastung betrieben wird? (Arbeitspreis pro kWh: 24,5 Cent)

62. Was ist ein QR-Code?
63. Wozu benötigt man ein OCR-Programm?
64. Was versteht man bei einem Display unter einem Pixel?
65. Bei Displays unterscheidet man zwischen der logischen und der physikalischen Auflösung. Worin besteht der Unterschied?
66. Bildschirme lassen sich im Non-Interlaced-Modus oder im Progressiv-Modus betreiben. Erläutern Sie beide Darstellungsmodi.
67. Bei einem Display wird die Größe mit 13,3 Zoll angegeben.
    a) Welche Information kann man dieser Angabe entnehmen?
    b) Welche Erkenntnisse erhält man aus folgender Zusatzinformation: 1 366 × 768?
    c) Welches Seitenverhältnis hat dieses Display?
68. Smartphones sind in der Regel multitouchfähig. Was bedeutet dies? Welche erweiterten Bedienmöglichkeiten ergeben sich hierdurch?
69. Wie funktioniert eine Polarisationsbrille (Polfilterbrille)?
70. Welche Prinzipien liegen der Bilderzeugung bei einem TFT-Display zugrunde?
71. Viele Displayanzeigen werden in OLED-Technik gefertigt. Erläutern Sie die Bedeutung dieser Abkürzung. Nennen Sie Vorteile dieser Technik gegenüber anderen bildgebenden Komponenten.
72. Erläutern Sie die Funktionsweise eines Plasmabildschirms und nennen Sie Vor- und Nachteile.
73. Wie funktioniert ein E-Paper-Display? Nennen Sie Vorteile und ein Anwendungsbeispiel!
74. Für die Großprojektion werden Beamer mit TFT-Panel-Technologie oder DMD-Panel-Technologie eingesetzt. Beschreiben Sie die Grundprinzipien beider Darstellungsverfahren.
75. Nennen und beschreiben Sie drei mögliche Verfahren für stereoskopische Darstellungen (3D-Darstellungen) auf einer Leinwand.
76. Nach welchen Gesichtspunkten lassen sich Drucker einteilen?
77. In Ihrem Betrieb sollen Sie künftig auch für den Verkauf von Druckern zuständig sein. Ihr Ausbilder möchte sich über Ihren Kenntnisstand über Drucker informieren und fragt Sie nach den verschiedenen Druckertypen, den verwendeten Druckverfahren, den Vor- und Nachteilen der jeweiligen Verfahren und welche Empfehlungen Sie Kunden geben würden. Welche Auskünfte geben Sie ihm?
78. Was versteht man unter der Druckerauflösung und wie wird sie angegeben?
79. Woraus leitet sich die Abkürzung CMYK ab?
80. Aus welchem Grund sind Thermosublimationsdrucker besser für die Darstellung fotorealistischer Bilder geeignet als Farb-Tintenstrahldrucker?
81. Beschreiben Sie den Druckvorgang bei einem Laserdrucker.
82. Was versteht man unter einem postscriptfähigen Drucker?
83. Nennen Sie ergonomische Gesichtspunkte, nach denen Software ausgelegt werden sollte.
84. In welchen Bereichen muss ein Monitor Anforderungen erfüllen, damit er der TCO entspricht?
85. Auf manchen Geräten ist sowohl das GS-Zeichen als auch das CE-Zeichen zu finden. Formulieren Sie mit eigenen Worten die jeweilige Bedeutung und begründen Sie, warum eines der Zeichen nicht ausreicht.

86. Aus welchen Gründen sollten zukünftig nur Geräte produziert werden, die das Prüfsiegel „Blauer Engel“ besitzen?
87. Welche Bedeutung haben die Abkürzungen EMVU und EMVG?
88. Erläutern Sie die Begriffe Störfestigkeit und Störaussendung.
89. Was versteht man unter Elektrosmog? Nennen Sie Maßnahmen, mit denen sich Elektrosmog verringern lässt.
90. Worauf weist das dargestellte Symbol hin?

8.3 Computer-Software

Der Begriff **Software** stammt aus dem Englischen und wird allgemein anstelle des deutschen Begriffs **Computerprogramme** verwendet. Eine Software beinhaltet in der Regel Anweisungen, die die Computer-Hardware (also den Rechner) zur Ausführung von Aktionen veranlassen.

Je nach Art der durchzuführenden Aktionen lässt sich Software in verschiedene Kategorien einteilen. Hierbei wird hauptsächlich unterschieden zwischen **Systemsoftware** und **Anwendungssoftware**. Zur Kategorie Software gehören im weitesten Sinne auch die digitalisierten **Informationen** und **Daten**, die vom Anwender erstellt oder bearbeitet werden. Die benutzte Anwendungssoftware erstellt hierzu **Dateien** in einem bestimmten Datenformat. Das jeweilige Datenformat wird durch eine entsprechende Dateinamenserweiterung gekennzeichnet (siehe Kap. 8.4.4).

8.3.1 Systemsoftware

Alle Anwendungsprogramme, die auf einem PC ausgeführt werden, benötigen für ihre Ausführung ein Basisprogramm, das eine Reihe grundlegender Funktionen zur Verfügung stellt. Zu diesen zentralen Funktionen gehören:

- Verwaltung der Ressourcen des PCs (Prozessor, Arbeitsspeicher, angeschlossene Geräte),
- Überwachung des Datenaustauschs zwischen den angeschlossenen Komponenten,
- Überwachung der störungsfreien Ausführung installierter Programme und der damit verbundenen Dateien,
- Koordination von Bearbeitungsprozessen und Programmabläufen,
- Bereitstellung von Benutzerschnittstellen (z. B. Kommandozeile oder Desktop) und normierter Programmierschnittstellen (**API**: **A**pplication **P**rogramming **I**nterface; ggf. auch Compiler oder Editor).

Die Software, die diese Dienste bereitstellt, wird als Betriebssystem (BS) oder englisch Operating System (OS) bezeichnet.

Als **Betriebssystem** bezeichnet man die Gesamtheit der Programme eines Rechnersystems, die die grundsätzliche Betriebssteuerung erledigen und die jeweils erforderlichen Benutzerumgebungen für installierte Anwendungsprogramme bereitstellen. Es wirkt somit als Vermittler zwischen der Hardware und der vom Benutzer installierten Anwendungssoftware.

Das Betriebssystem ist auf einem Speicherlaufwerk – meist einer Festplatte oder einer SSD (Kap. 8.2.7.2) – gespeichert und wird von dort nach dem Einschalten in den Arbeitsspeicher geladen. Dieses Betriebssystem übernimmt dann die komplette Kontrolle über den PC.

Heutige Betriebssysteme bestehen nicht mehr wie früher aus einer einzeln ausführbaren Programmdatei (COM- oder EXE-Datei), die diese Kontrolle ausübt, sondern greifen bei Bedarf auf installierte Programmbibliotheken (**DLL**-Dateien: **D**ynamic **L**ink **L**ibrary) und sogenannte virtuelle Gerätetreiber (Virtual Device Driver) zurück.

DLL-Dateien beinhalten ausführbare Routinen (kleine Programme), die nur bei Bedarf in den Arbeitsspeicher geladen werden.

Ein **Gerätetreiber** ist eine Softwarekomponente, die in einem Computersystem die Kommunikation mit einem angeschlossenen Gerät (z. B. Drucker) ermöglicht, indem die entsprechende Hardware so angesteuert wird, dass das Gerät die Befehle des Prozessors umsetzen kann (z. B. Anpassung der Steuerbefehle an den Befehlssatz des Druckers).

Alle Betriebssysteme enthalten neben den erforderlichen Hauptbestandteilen (**Kernel**) zahlreiche Zusatzprogramme (**Tools**) für die Bearbeitung spezieller Aufgaben und Dienste (z. B. Formatieren, Defragmentieren, Systeminformationen, Taschenrechner, diverse Assistenten).

In der Regel lässt sich ein PC mit verschiedenen Betriebssystemen betreiben, sofern die vorhandene CPU die entsprechenden Befehlsstrukturen unterstützt. So ist beispielsweise eine Intel-CPU mit unterschiedlichen Windows-Betriebssystemen lauffähig, ein Betriebssystem für den Macintosh kann jedoch nicht verwendet werden. Unabhängig vom Hersteller lassen sich Betriebssysteme nach unterschiedlichen Kriterien klassifizieren:

Betriebsart	
Stapelverarbeitungs-betrieb *(Batch Processing)*	Ansteuerung nur durch eingegebene Programmabfolgen, die unterbrechungsfrei abgearbeitet werden (z. B. früher mittels Lochkarten); auch automatisiert über sogenannte Batch-Dateien möglich
Dialogbetrieb *(Interactive Processing; Dialog Processing)*	Bedienung im Dialog mittels vorhandener Ein- und Ausgabegeräte; die Bedienoberfläche kann textorientiert oder grafisch sein; entspricht dem aktuellen Standard
Netzwerkbetrieb *(Network Processing)*	Einbindung des PCs in ein Computernetz, dadurch Nutzungsmöglichkeit von Ressourcen, die von anderen PCs bereitgestellt werden; man unterscheidet: – **Peer-to-Peer-Netze**, bei denen jeder PC gleichberechtigt ist und sowohl eigene Ressourcen bereitstellt als auch von anderen PCs bereitgestellte Ressourcen nutzt (z. B. einen zentral bereitgestellten Drucker) – **Client-Server-Netze**, bei dem ein PC auf einen übergeordneten Server zurückgreift, der das Netzwerk steuert und überwacht
Universeller Betrieb *(Universal Processing)*	mehrere der genannten Betriebsarten sind möglich

Anzahl gleichzeitig laufender Prozesse (Programme, Tasks)	
Einzelprogrammbetrieb *(Singletasking)*	Zu einem bestimmten Zeitpunkt läuft jeweils nur ein einziges Programm; mehrere Programme werden nacheinander ausgeführt.
Mehrprogrammbetrieb *(Multitasking)*	Mehrere laufende Programme werden gleichzeitig (bei mehreren vorhandenen CPUs) oder zeitlich verschachtelt, also quasi-parallel (bei nur einer CPU), bearbeitet. Für die Abarbeitung unterschiedlicher Tasks werden diese durch den sogenannten Scheduler in Threads (kleinste Teile eines Prozesses) unterteilt, die vom Prozessor im schnellen Wechsel abgearbeitet werden.
Anzahl gleichzeitig arbeitender Benutzer	
Einzelbenutzerbetrieb *(Single-User-Mode)*	Der PC steht nur einem einzigen Benutzer zur Verfügung.
Mehrbenutzerbetrieb *(Multi-User-Mode)*	Mehrere Benutzer teilen sich die Leistung eines Computers; sie sind über Terminals oder Netzwerkverbindungen mit diesem Computer verbunden.
Anzahl verwalteter Prozessoren (CPUs)	
Ein-Prozessor-Betriebssystem *(Single Processor Operating System)*	Unterstützung eines einzigen Prozessors (Universal-CPU)
Mehr-Prozessor-Betriebssystem *(Multi-Processing Operating System)*	Unterstützung mehrerer vorhandener CPUs, wobei diese Klassifizierung keine Aussage über die Kopplung der Prozessoren macht. Bei modernen Prozessoren befinden sich mehrere Prozessoren auf einem einzigen Chip (**Multi-Core-Processor**). Folgende Betriebsarten sind möglich: – Jedem Prozessor wird durch das Betriebssystem jeweils eine Aufgabe zugeteilt; die Zahl der gleichzeitg bearbeitbaren Aufgaben hängt von der Anzahl der vorhandenen CPUs ab. – Jede Aufgabe wird auf mehrere Prozessoren verteilt, die diese gleichzeitig verarbeiten; mehrere gleichzeitig ablaufende Aufgaben werden quasi-parallel bearbeitet.

Bild 8.91: Klassifizierung von Betriebssystemen

Moderne Betriebssysteme unterstützen auch Verfahren zur Effizienzsteigerung, wie beispielsweise die von Intel entwickelte **Hyper-Threading-Technologie** (HTT). Diese bewirkt, dass ein Prozessor Softwareprogrammen gegenüber mit der doppelten Anzahl von Prozessorkernen erscheint, als physikalisch tatsächlich vorhanden sind. Hierdurch lassen sich Programme teilweise schneller oder mehr Programme gleichzeitig ausführen.

Des Weiteren beinhalten sie meist auch Programme zur Virtualisierung (Verwendung entsprechender Programme anderer Anbieter ist auch möglich).

> Unter **Virtualisierung** versteht man im Computerbereich verschiedene Techniken zur Erzeugung von *scheinbar vorhandenen* Arbeitsumgebungen wie z. B. Betriebssysteme, Prozessoren, Datenspeicher, Netzwerksressourcen oder Anwendungen. Eine solche von einem Virtualisierungsprogramm bereitgestellte Arbeitsumgebung bezeichnet man auch als **virtuelle Maschine** (**VM**).

Hierdurch ist es möglich, quasi andere Hardware- oder Software-Konstellationen vorzugeben, als physikalisch tatsächlich vorhanden sind. Auf diese Weise lässt sich beispielsweise

- ein älteres Windows-Programm ausführen, für das es unter nachfolgenden Windows-Versionen keine Treiber mehr gibt, indem die virtuelle Maschine das erforderliche Betriebssystem simuliert (z. B. für ein Computerspiel),
- ein Betriebssystem installieren, welches eine andere CPU (mit einem anderen Befehlssatz) benötigt, als physikalisch vorhanden ist, indem die virtuelle Maschine eine komplett andere Hardware simuliert,
- ein neu installiertes Programm auf Funktion, Störfaktoren oder versteckte Schadensroutinen (Malware) untersuchen, indem die virtuelle Maschine ihm „vorgaukelt", Zugriffsrechte auf die gesamte Hardware zu besitzen, es in Wahrheit aber in einer abgeschotteten Umgebung (Sandbox) läuft,
- das Verhalten eines (virtuellen) PC-Netzwerks untersuchen, indem die Virtualisierungssoftware mehrere virtuelle Client-Betriebssysteme auf *einem* physikalisch vorhandenen Rechner bereitstellt, die dann untereinander kommunizieren können (z. B. Test der IP-Vergabe für ein real zu erstellendes LAN).

Auf einem physikalisch vorhandenen Computer können gleichzeitig mehrere virtuelle Maschinen laufen. Die Virtualisierung ermöglicht unter Umständen auch eine effizientere Ausnutzung vorhandener Ressourcen.

In der Praxis findet man unter anderem die nachfolgenden Betriebssysteme.

8.3.1.1 Windows-Client-Betriebssysteme

Statistisch gesehen nehmen Windows-Betriebssysteme im Consumerbereich weltweit den größten Marktanteil ein. Dies hängt einerseits mit einem vielfältigen Softwareangebot, andererseits mit einer aufwendigen Vermarktungsstrategie zusammen. Hierzu gehört beispielsweise, dass Windows – insbesondere im Consumerbereich – als OEM-Version zusammen mit einem PC verkauft wird.

> Die Abkürzung **OEM** (**O**riginal **E**quipment **M**anufacturer) bezeichnet allgemein einen Hersteller, dessen Produkte typischerweise Komponenten anderer Hersteller enthalten, die sie unverändert – also im Original – integrieren und das Gesamtprodukt dann unter einer Bezeichnung als Einheit verkaufen (hier: ein PC mit einem funktionierenden integrierten Betriebssystem).

Abhängig vom Kaufdatum eines Rechners findet man daher heute unterschiedliche Windows-Generationen bei den Endkunden. Einige dieser Versionen gelten inzwischen als technisch veraltet, werden unter Umständen nicht mehr aktualisiert (z. B. Sicherheitslücken bei Windows 7) und sind damit zwangsläufig anfälliger für Malware (Kap. 8.3.3). Alle derzeit auf dem Markt zu findenden Windows-Betriebssysteme sind mehrprozessorfähig, beherrschen Multitasking und können in einer Netzwerkumgebung als Client (PC beim Endkunden, der z. B. Dienste aus dem Internet in Anspruch nimmt, Kap. 8.5.2) fungieren. Hierzu gehören:

Bezeichnung	Merkmale/Eigenschaften
Windows 8	■ Erscheinungstermin: Oktober 2012 ■ Editionen: **Standardversion** für den Consumermarkt, als 32-Bit- und 64-Bit-Version verfügbar; großer Funktionsumfang für den privaten Bereich, aber ohne Windows Media Center; **Windows 8 Pro**, für Kleinunternehmer und Geschäftsleute mit privater und beruflicher Nutzung; enthält alle Funktionen wie die Standardversion, darüber hinaus unter anderem einen **Remote-Desktop-Server** (Fernzugriff, Fernwartung), **Encrypting File System** (Datei Verschlüsselungssystem), **Virtual Hard Disc** (Anlegen und Verwalten virtueller Festplatten) und **BitLocker** (Festplattenverschlüsselung, auch für portable Datenträger); **Windows 8 Enterprise**, für Unternehmenskunden; Vertrieb nur mit Volumenlizenzen; enthält alle Funktionen von Windows 8 Pro sowie zusätzliche Sicherheits- und Virtualisierungsfunktionen; **Windows RT**, Version für mobile Geräte (Smartphone, Tablet) mit ARM-Prozessoren (Kap. 8.2.2); nicht geeignet für das Ausführen herkömmlicher x86-Anwendungen, Office-Funktionen sind jedoch enthalten; kann nur Windows-Store-Apps ausführen. ■ Mindestanforderungen für x86-PCs: 1 GHz-CPU, 1 GB Arbeitsspeicher (2 GB bei 64 Bit-Version) und 16 GB freien Festplattenspeicher (20 GB bei 64-Bit-Version). ■ unterstützt neben BIOS auch das UEFI (Kap. 8.4.1) ■ Die teilweise gewöhnungsbedürftige Benutzeroberfläche arbeitet mit einem einheitlichen Konzept zur Darstellung und Nutzung auf Desktop-PCs, Tablets und Smartphones (Bezeichnung: *Windows 8 Modern **User** Interface*, kurz: **„Modern UI“**, **Kacheln** anstelle von Programmicons); Umschaltung auf die bekannte Desktop-Oberfläche mit Taskleiste (aber ohne das Startmenü!) ist möglich.
Windows 8.1	■ Erscheinungstermin: Oktober 2013 (Codename: Windows Blue) ■ behebt die größten Kritikpunkte von Windows 8 für Desktop-PCs ■ ermöglicht unter anderem mehr individuelle Einstellungen für die Kacheln des Startbildschirms, den Parallelbetrieb *mehrerer* Apps sowie Unterstützung des Dateisystems **ReFS** (Kap. 8.4.4) ■ Außerdem wird wieder eine Art „Startmenü“ eingeführt!
Windows 10	■ Erscheinungstermin: Juli 2015 ■ Nachfolger von Version 8.1; mit Windows 10 soll die Versionsnummerierung eingestellt werden, es gibt nur noch Fehlerkorrekturen und Aktualisierungen, im Zuge kontinuierlicher Verbesserungen auch mit neuen Funktionen (z. B. „Creators Update“) ■ Editionen: **Windows 10 Home** für Privatanwender (**Home N** ohne Media Player); **Windows 10 Pro** für Privatanwender und kleine Firmen, zusätzlich integriert Verschlüsselungstools, BitLocker und Remote-Zugriff; **Windows 10 Enterprise** mit zusätzlichen Funktionen für Unternehmen; darüber hinaus spezielle Editionen für Bildungseinrichtungen (Windows 10 Education), für Mobilgeräte (**Windows 10 Mobile**, Kap. 8.3.1.5) sowie eine reduzierte Variante in Kombination mit kostengünstiger Hardware (**Windows 10 S**, nur über den Windows Store) ■ Mindestanforderungen für x86-PCs: 1 GHz-CPU, 1 GB Arbeitsspeicher (2 GB bei 64-Bit-Version) und 16 GB freien Festplattenspeicher (20 GB bei 64-Bit-Version). ■ Der Startbildschirm besteht aus einer individuell anpassbaren Kombination aus Kacheln und herkömmlicher Desktop-Oberfläche.

Bild 8.92: verbreitete Windows-Betriebssysteme (Auswahl)

Windows 10 ist derzeit die aktuellste Microsoft Betriebssystem-Version. Sie ist auf fast allen Geräteklassen (Desktop-PC, Notebook, Tablet, Smartphone) lauffähig und stellt somit geräteübergreifend eine Softwareplattform mit einer einheitlichen, sich jeweils anpassenden grafischen Benutzeroberfläche zur Verfügung.

Die Installation von Windows 10 verläuft nach dem Start und der Eingabe einiger Basisinformationen (z. B.: PC-Bezeichnung, Benutzername, ggf. Anmeldepasswort) weitgehend automatisch. Zur Nutzung sämtlicher angebotenen Features (z. B.: Zugang zum Microsoft App-Store; Verwendung der Sprachassistentin „Cortana") ist die Einrichtung eines **Microsoft-Kontos** erforderlich. Mit diesem Konto kann ein Nutzer auf verschiedenen PCs arbeiten, die Daten werden automatisch synchronisiert. Apps aus dem Windows Store lassen sich auf allen Geräten in Fenstern ausführen und damit beliebig in ihrer Größe den Gegebenheiten anpassen.

Wählt man die automatisch ablaufende Standardinstallation, räumt sich Windows 10 *sehr weitgehende Rechte* für die Übertragung von Informationen über die vorhandene PC-Hardware und das Nutzerverhalten ein! Daher sollte man unbedingt die *benutzerspezifische Installation* wählen, um individuelle Einstellungen für Freigaben und Rechte für System und Apps vornehmen zu können.

Im Gegensatz zu früheren Windows-Versionen kann der Benutzer bei Windows 10 nicht mehr einzelne Updates von der Installation ausschließen oder ganz darauf verzichten! Lediglich der Installationszeitpunkt kann begrenzt beeinflusst werden. Anhand einer vierstelligen Versionsnummer, die inzwischen zusätzlich zur *Build-Bezeichnung* und zum *Update-Namen* angegeben wird, kann man die Aktualität der installierten Version überprüfen.

■ **Beispiel:**

Version:	**1803**	Jahr und Monat der Veröffentlichung, hier: März 2018
Update:	**4100403**	„**K**nowledge **B**ase" (Microsoft-Support-Datenbankname) und Update-Nummer
Build:	**17134.48**	interne „Betriebssystem-Versionsnummer"

Nach der Installation können sämtliche Einstellungen über das Menü „Einstellungen" vorgenommen und überprüft werden (Aktivierung über das Windows-Symbol links unten in der Taskleiste, danach Aufruf über das Symbol für „Einstellungen").

Bild 8.93: Windows-Einstellungen (Beispiel: Übersichtsmenü; versionsabhängige Abweichungen möglich)

8.3.1.2 Windows-Server-Betriebssysteme

Im Oktober 2016 veröffentlicht Microsoft die Serverversion von Windows 10 unter der Bezeichnung **Windows Server 2016** als Nachfolger von Windows Server 2012. Server 2016 erfordert mindestens einen 1,4-GHz-Prozessor mit 64 bit, einen freien Arbeitsspeicher von 2 GB sowie einen Festplattenspeicher von 32 GB. Es ist in seinen Funktionen für den Einsatz auf Datenservern optimiert, unterstützt daher keine Wechseldatenträger und ist auch nicht bootfähig. Server 2016 sowie die nachfolgenden Releases unterstützen das UEFI (Kap. 8.4.1) sowie das Dateisystem **ReFS** (Kap. 8.4.4)

8.3.1.3 UNIX

UNIX ist ein Mehrbenutzerbetriebssystem, das Anfang der 70er Jahre von den Bell Laboratories entwickelt und in mehreren Versionen ständig verbessert und ausgebaut wurde. Zu den wichtigen Merkmalen eines typischen Unixsystems gehören hohe Stabilität, Multiuser-Betrieb, Multitasking (mittlerweile auch Multithreading), Speicherschutzmechanismen, Bereitstellung von virtuellem Speicher und TCP/IP-Netzwerkunterstützung.

Anders als Windows-Betriebssysteme unterscheidet UNIX nicht zwischen Dateien (Files) und Geräten (Devices). Es werden keine Laufwerksbuchstaben vergeben, vielmehr werden sämtliche Laufwerke, Festplatten, ja sogar fremde Rechner in einem Netzwerk quasi als eine besondere Form von „Dateien“ angesehen. Zwar wird dadurch die Verwaltung von Dateien und Geräten aus der Sicht der laufenden Prozesse vereinfacht, für einen programmiertechnisch weniger kundigen Benutzer ist die Bedienung aber zunächst gewöhnungsbedürftig, da einige grundsätzliche Programmierkenntnisse erforderlich sind. Dieser Umstand sowie die Tatsache, dass UNIX ursprünglich keine grafisch orientierte Benutzeroberfläche besaß, sondern über einen Kommandointerpreter durch zeilenweise Befehlseingabe bedient wurde, haben dazu geführt, dass UNIX im Consumer-Bereich bislang nur wenig Akzeptanz gefunden hat. Aufgrund seiner hohen Betriebssicherheit wird es vornehmlich auf Servern eingesetzt.

8.3.1.4 Linux

Linux ist ein Mehrbenutzerbetriebssystem, das von dem Finnen Linus Torvalds auf der Basis von UNIX entwickelt und 1991 erstmals veröffentlicht wurde. Es handelt sich hierbei um eines sogenanntes **freies Betriebssystem**, das kostenlos zur Verfügung steht, bei dem der Quellcode offenliegt und an dessen Weiterentwicklung Softwareingenieure und Non-Profit-Organisationen auf der ganzen Welt arbeiten (Open Source Software). Der Betriebssystemkern – auch als **Kernel** bezeichnet – ist in der Programmiersprache C geschrieben und ermöglicht es, nur die für die jeweilige Hardware erforderlichen Treiber zu laden, über die Linux in Form einer Zusammenstellung verschiedener systemnaher Softwaremodule verfügt.

> Als **Linux-Distribution** bezeichnet man die Zusammenstellung eines stets gleichen Kernels mit verschiedenen systemnahen Softwaremodulen, die zu einem fertigen Paket zusammengestellt werden.

Die Distributionen unterscheiden sich in Umfang und Leistungsfähigkeit teilweise sehr deutlich voneinander, sie werden in Form fertiger CD- oder DVD-Images kostenlos im Internet bereitgestellt oder in Kombination mit Support-Verträgen oder Handbüchern verkauft.

Linux arbeitet als Desktop-System eingesetzt stabil und vergleichsweise sicher gegenüber Softwareattacken, da es über eine strenge Unterteilung der Zugriffsrechte verfügt, die bei anderen verbreiteten Betriebssystemen im Normalfall nicht eingehalten wird. Hierdurch bieten sich Würmern und Viren nur geringe Angriffsflächen, da deren Funktionsprinzipien bei Linux nicht greifen können. Aufgrund dieser Eigenschaften wird Linux auch auf Servern und Routern, in Rechenzentren und auf Großrechnern eingesetzt.

Linux verfügte zunächst über keine grafische Oberfläche, sodass die Konfiguration über die Eingabe einzelner Befehle erfolgen musste. Hierdurch konnte das Betriebssystem zwar sehr genau auf den jeweiligen Einsatzzweck abgestimmt werden, erforderte aber in einigen Fällen sehr viel Erfahrung und Vorwissen. Erst die Integration einer grafischen Benutzeroberfläche ermöglichte es auch Einsteigern, Linux ohne größere Probleme zu installieren. Mittlerweile werden fast alle Linux-Distributionen mit einer solchen Oberfläche (**KDE**: **K** **D**esktop **E**nvironment; **GNOME**: **G**NU **N**etwork **O**bject **M**odel **E**nvironment) ausgeliefert. Zu den bekanntesten Distributionen zählen SuSE, Debian, Ubuntu, Fedora und Knoppix.

8.3.1.5 Betriebssysteme für Mobilgeräte

Im Smartphone- und Tablet-Bereich werden vorwiegend ARM-Prozessoren eingesetzt, die aufgrund ihrer Struktur andere Betriebssysteme benötigen als PCs mit x86-Prozessoren. Die wichtigsten Vertreter sind mit ihren wesentlichen Merkmalen in der nachfolgenden Tabelle zusammengefasst. Allen gemeinsam ist hierbei die Optimierung auf die Fingerbedienbarkeit über das jeweilige kapazitive Touchdisplay (Kap. 8.2.11) sowie die Multi-Touchfähigkeit.

Name	Merkmale/Eigenschaften
Android	– entwickelt von der OHA (Open Handset Alliance), Hauptmitglied: Google – offenes, freies Betriebssystem und Softwareplattform, zu finden in Smartphones, Tablets und Netbooks (hoher Marktanteil) – baut auf einem Linux-Kernel auf, läuft auf allen ARM-CPUs – Vermarktung seit 2008, inzwischen in verschiedenen, jeweils verbesserten Versionen erhältlich (z. B. Android 8.1, Codename: Oreo; Android 9.0 P) – Zusätzliche Applikationen (meist in Java oder C++ programmiert) sollen aus „Sicherheitsgründen“ nur über den Google Play Store bezogen werden. – Applikationen, die Zugriff auf private Daten (z. B. Adressen, Telefonnummern) haben, können diese auch selbstständig an Google übermitteln. – Google kann per Fernzugriff – und ohne vorherige Genehmigungen einzuholen – Software auf den Geräten eines Nutzers löschen oder verändern!
iOS	– ehemals **iPhone OS**; entwickelt von Apple aus Mac OS X als Standard-Betriebssystem nur für die Eigenprodukte iPhone, iPod touch und iPad – seit 2007 auf dem Markt, inzwischen in verschiedenen, jeweils verbesserten Versionen erhältlich (z. B. iOS 11.4) – beinhaltet bereits eine große Anzahl vorinstallierter Apps – Weitere Apps sind nur über Apples App-Store erhältlich.

Name	Merkmale/Eigenschaften
Windows 10 Mobile	– entwickelt von Microsoft für Mobilgeräte mit ARM-basierenden Prozessoren und Displaygrößen bis zu 8 Zoll (größere Geräte sollen mit Windows 10 Desktop laufen); veröffentlicht 2016 – Nachfolger von **Windows Phone 8.1** – basiert auf dem gleichen NT-Kernel wie Windows 10 – Einführung eines Datei-Explorers nach dem Vorbild des Windows-Explorers bei Desktop-PCs – Zusätzliche Applikationen können nur über den Windows App-Store bezogen werden. – kompatibel zu den bekannten PIM-Programmen eines Windows-basierenden Desktop-PCs (**PIM**: **P**ersonal **I**nformation **M**anager, z.B. Outlook, Word, Excel, Kontakte, Adressbuch)
BlackBerry OS	– Multitasking-Betriebssystem für Smartphones der gleichnamigen Firma – programmiert in C++, unterstützt alle Java-Anwendungen – bietet speziell geschützte E-Mail-Plattform, daher besonders beliebt bei Geschäftsleuten für die Firmenkommunikation – Apps können nur im BlackBerry App-World-Store bezogen werden.

Bild 8.94: Betriebssysteme für Mobilgeräte (Auswahl)

8.3.2 Anwendungssoftware

Anwendungssoftware wird zur Lösung beruflicher oder privater Aufgabenstellungen oder zur Unterhaltung eingesetzt. Neben der Einteilung in anwendungsbezogene Kategorien wie zum Beispiel Büro-, Kommunikations- oder Simulationssoftware unterscheidet man Softwareprodukte auch nach der Art, wie sie im Handel vertrieben werden. Des Weiteren ist eine Unterteilung in **Standardsoftware**, die auf eine breite Masse von Anwendern zugeschnitten ist und damit ein Maximum an möglichen Funktionen aufweist (z.B. Office-Paket mit Word, Excel, Powerpoint, Access), und der sogenannten **Branchensoftware**, die einen für die jeweiligen Bedürfnisse zugeschnittenen Funktionsumfang enthält (z.B. für bestimmte Berufsgruppen wie Steuerberater, Ärzte, Versicherungswesen).

Im Zusammenhang mit Anwendungssoftware werden auch die folgenden Begriffe verwendet:

- **Kommerzielle Software**
  Kommerzielle Software ist diejenige Software, die man im Fachhandel oder auf anderen Vertriebswegen käuflich erwerben muss. Ganz selten kann man sie auch per Download aus dem Internet beziehen; in diesem Fall muss man sie aber zumindest vor der ersten Nutzung bezahlt haben, ansonsten erhält man keinen Freischaltcode!

- **Shareware**
  Shareware ist prinzipiell kommerzielle Software, verwendet aber einen anderen Vertriebsweg als diese. Meist kann man sie als Vollversion oder gegebenenfalls mit geringen Funktionseinschränkungen zum Testen aus dem Internet downloaden oder sie befindet sich auf einem Datenträger in einer Zeitschrift. Nach der Installation kann man sie dann für eine gewisse Zeit uneingeschränkt nutzen. Danach muss man sie bezahlen und man erhält einen Freischaltcode. Ansonsten stellt sie ihre Funktion ganz oder teilweise ein.

- **Freeware**
  Freeware verwendet die gleichen Vertriebsmöglichkeiten wie Shareware. Sie unterscheidet sich von ihr nur dadurch, dass sie kostenlos abgegeben wird. Trotzdem verlangen einige Hersteller den Namen des Nutzers, meist in Form einer Registrierung. Die Weiterverbreitung ist meist erlaubt, nicht jedoch die Veränderung der Software. Der Quellcode, also der Text in einer Programmiersprache, aus dem das fertige Programm kompiliert wurde, ist nicht verfügbar.
- **Cardware und Careware**
  Cardware ist Shareware, die prinzipiell kostenlos erhältlich ist; der Autor der Software verlangt lediglich, dass ihm vom Benutzer seiner Software eine schöne Ansichtspostkarte aus seinem Heimatort geschickt wird, möglichst mit einer Sondermarke frankiert.
  Careware funktioniert ähnlich wie Cardware, nur wird hier keine physische, sondern eine ideelle Gegenleistung verlangt: Der Nutzer der Software wird auf ein bestimmtes Anliegen hingewiesen, beispielsweise Krebshilfe oder amnesty international (Hilfe für politisch Verfolgte). Dabei wird keine zwangsweise Spende verlangt, der Nutzer soll nur darüber nachdenken.
- **Freie Software (Open Source)**
  Freie Software unterscheidet sich von den anderen Softwarearten dadurch, dass bei ihr der Quellcode mitgeliefert wird. Einige Freie Software wird gar nicht als kompiliertes Programm angeboten, sondern nur als Quelltext. Vorteil der Freien Software ist, dass man das Programm selbst ändern und an seine eigenen Bedürfnisse anpassen kann, sofern man über entsprechende Programmierkenntnisse verfügt. Meist ist sogar die Weitergabe solcherart veränderter Programme erlaubt. Freie Software kann kostenlos sein, es kann aber auch Geld dafür verlangt werden.
- **Public Domain**
  Public Domain bezeichnet eine Softwareart, bei der der Autor ganz oder teilweise auf seine Rechte verzichtet, d. h. solche Programme unterliegen keinerlei Urheberrechtsschutz, sie besitzen also kein Copyright. Diese Software darf kostenlos kopiert und eingesetzt werden.
- **Firmware**
  Hierbei handelt es sich um eingebaute Befehlsdaten zur Steuerung einer Festplatte oder eines Geräts wie Scanner, Grafikkarte, o. Ä., die in einem Chip – z. B. EEPROM – gespeichert sind. Diese Daten lassen sich in der Regel über kostenlose Upgrades aktualisieren.

8.3.3 Malware

Der Begriff *Malware* (*Mal*icious Soft*ware*) hat sich inzwischen als Oberbegriff für jegliche Art von Software mit schädlichen Auswirkungen auf Computer oder anderen technischen Geräten etabliert. Schadsoftware gibt es in sehr unterschiedlichen Ausführungsformen, die folgende Aufstellung listet einige spezielle Varianten auf:

- **Viren**
  Ein Computervirus ist generell ein Schadprogramm, welches sich an andere, legitime, ausführbare Programme anheftet. Startet der Benutzer das legitime Programm, so aktiviert sich auch das Virusprogramm. Die Verbreitung erfolgt, indem es sich an weitere ausführbare Dateien anheftet und dann seine Schadensroutine

entweder direkt oder erst nach einer festgelegten Zeit ausführt. Einige Virenarten können sich auch eigenständig aktivieren. Abhängig vom Angriffsziel unterscheidet man Bootsektorviren, Dateiviren und Makroviren (Makro: ein kleines, z. B. in einem Excel-Dokument eingebettetes Programm für automatisiert ablaufende Funktionen). Als polymorphe Viren bezeichnet man spezielle Typen, die sich bei jeder Neuinfektion ändern oder ihren Code anders verschlüsseln, um von einem Virenscanner nicht erkannt zu werden.

- **Würmer**
  Ein **Wurm** ist ein Schadprogramm, welches kein Wirtsprogramm benötigt, sondern sich ausschließlich selbst verbreitet, indem er beispielsweise Verwundbarkeiten in Betriebssystemen oder in Netzwerken ausnutzt.
  Ein solcher Schädling kann Sicherheitssoftware deaktivieren, Hintertüren öffnen und ist auch in der Lage, sich selber per E-Mail an neue Empfänger zu verschicken. Damit der Wurm aktiv werden kann, muss der Empfänger das Programm zunächst selber starten (z. B. einen befallenen Email-Anhang öffnen).

- **Trojaner**
  sind Viren, die offen auftreten. Das Virenprogramm gibt sich hierbei vordergründig als Bildschirmschoner, Passwortverwaltung oder anderes scheinbar nützliches Tool aus. Meistens führt es diese Funktion auch aus, aber in erster Linie geht es darum, den Anwender zu verlocken, das Programm einzusetzen. Wird der Trojaner gestartet, beginnt er im Hintergrund sofort mit seiner Schadens- oder Spionagefunktion (z. B. **Ransomware:** Verschlüsselungs-Trojaner, die sämtliche Daten auf dem PC unleserlich machen, verbunden mit der Aufforderung nach einer „Lösegeldzahlung" für die Entschlüsselung, die dann aber meist nicht erfolgt(!); Tastatur Key-Logger, um Passwörter auszuspionieren).

- **Rootkits**
  Als Rootkit bezeichnet man Schadsoftware, die das Betriebssystem modifiziert, um eine Hintertür (Backdoor) einzurichten, über die auf das befallene System zugegriffen werden kann. Dadurch kann weiterer Schadcode installiert werden (z. B. für Spionagezwecke) oder das System kann ferngesteuert und damit Teil eines so genannten **Bot-Netzes** werden. Bots dient üblicher Weise dazu, ferngesteuert über das Internet zu einem bestimmten Zeitpunkt automatisch Aktionen auszuführen (z. B. massenhafte Anfragen an einen bestimmten Server, um diesen lahm zu legen).

- **Spyware**
  bezeichnet Spionage-Programme, die z. B. Daten über das Surfverhalten eines Users sammeln und diese per Internet an jemanden schicken, der mit diesen Daten Geld verdient. Ein weiterer Begriff für die Spionagesoftware ist auch **Adware** (Advertising-Software). „Advertising" bedeutet „Reklame" oder „Werbung". Diese Programme sind nicht gesetzwidrig. Kriminell wird es erst, wenn sehr persönliche Daten wie Kennwörter oder Kreditkartennummern ausspioniert werden (s. Phishing).

- **Phishing**
  bezeichnet eine spezifische Form der Internetkriminalität. Dabei werden Computernutzer überlistet, ihre persönlichen Daten (wie Benutzername, Passwort, PIN-Nummer und andere wichtige Informationen) offenzulegen, und diese Angaben werden dann benutzt, um unter Vortäuschung falscher Tatsachen Geld zu erhalten.

- **Spam**
  bezeichnet allgemein unverlangt zugestellte E-Mails (Definition der Kommission der EU), sind im eigentlichen Sinn also keine Viren oder Würmer. Die meisten Spams sind kommerziell und werden aufgrund der für den Versender geringen Kosten in großen Massen verschickt (100 000 bis Millionen). Vielfach ist zusätzlich Schadsoftware im Anhang einer solchen Spam-Mail versteckt.

Anzeichen für den Virenbefall eines Computers äußern sich vielfach im abnormen Verhalten des Rechners und seiner Datenträger:

- Harmlose, aber störende Bildschirmmeldungen oder Animationen
- Verlangsamter Zugriff auf Festplatten oder andere Laufwerke
- Datenzerstörung durch Löschen oder Überschreiben
- Gelöschte Systemdateien oder ein fehlender erster Sektor (Bootsektor) der Datenträger, sodass der Computer nicht mehr startfähig ist
- Manipulation von Daten durch Austauschen bestimmter Zeichenketten
- Verfälschung von Tastatureingaben
- Beschädigung von Hardwarekomponenten wie die Erhöhung der Bildschirmfrequenz
- Plötzlich auftretender Speichermangel
- Fehlermeldungen unter Windows oder anderen Systemen in der Form, dass ein Datenträger nicht korrekt angesprochen werden kann bzw. eine Kontrolle der Festplatte nicht mehr möglich ist
- Bekannte Icons verändern sich (vor allem bei Makro-Viren)
- Probleme beim Abspeichern von Daten

8.3.3.1 Abwehrmaßnahmen

Da jedes Jahr durch Computerviren Schäden in Milliardenhöhe verursacht werden, sind Schutzmaßnahmen für jedes PC-System – insbesondere in vernetzten Systemen – zwingend erforderlich. Dabei muss deutlich betont werden, dass es den absoluten Schutz vor Viren nicht gibt. Die wichtigste Abwehrmaßnahme gegen Virenbefall besteht darin, dass man keinen fremden Programmcode ungeprüft auf einem Rechner ausführt. Das gilt sowohl für ausführbare Programme als auch für Dokumente mit Makros. In jedem Fall sollten Programme unbekannter Herkunft mit einem aktuellen Virenscanner auf Viren untersucht werden. Darüber hinaus sollten alle lokalen Festplatten regelmäßig auf Viren überprüft werden.

! Vorsicht bei Downloads und E-Mail-Anhängen! Zum Schutz vor Virenbefall sollten keine Programme und Daten unbekannter Herkunft geöffnet oder ausgeführt werden. Risiken sollten vermieden werden.

Auf jeden Fall muss der Computer vor der Suche nach Computerviren von einer nicht infizierten, schreibgeschützten Quelle (z. B. gesicherter, bootbarer USB-Stick) gestartet werden. Weiterhin kann der Nutzer Virensuchprogramme (**Virenscanner**) einsetzen, die auch im Hintergrund laufend alle Dateioperationen überwachen. Vor allem Computer, die nicht durch eine Firewall geschützt sind, werden leicht zu Opfern von Internetbetrügern. Diese nutzen oft bekannt gewordene Sicherheitslücken in Betriebssystemen und Programmen aus, um unbemerkt Schadcodes einzuschleusen. Oftmals genügt auch schon das Öffnen befallener Internetseiten, um einen PC zu infizieren. Um dies zu verhindern, sollten die regelmäßig von den Herstellern veröffentlichten Sicherheitsupdates (Patches) möglichst zeitnah installiert werden.

! Die installierte Antivirensoftware muss regelmäßig aktualisiert werden.

Oft lassen sich Computerviren nur durch Löschen der infizierten Programmdatei sicher entfernen. Antiviren- und Cleaner-Programme können helfen, auftretende Viren rechtzeitig zu erkennen. Ist ihnen der Virustyp bekannt, sind sie meist in der Lage, den Virus zu entfernen. Jedoch können Virenschutzprogramme nur bereits bekannte Viren beseitigen. Daher ist ein regelmäßiges Updaten der Antivirensoftware dringend zu empfehlen. Eine Übersicht über die derzeitig bekannten sowie aktiven Virentypen kann bei den Herstellen von Antivirensoftware wie Symantec, McAfee, Avira u. a. eingesehen bzw. runtergeladen werden. Gleiches gilt für Antispy- und Antispam-Programme.

Aktuelle Informationen zum Thema Datensicherheit liefert das BSI, zu erreichen unter www.bsi.de und www.bsi-fuer-buerger.de, oder die Seite www.hoax-info.de. Hier können auch Schadensfälle gemeldet werden, die durch Computerviren entstanden sind.

8.3.4 Urheberrechtsschutz

Software gilt allgemein als kulturelle Geistesschöpfung und ist per Urheberrechtsgesetz (UrhG) geschützt. Das Urheberrecht schützt den Urheber eines Werkes in Bezug auf das Werk in seinem Persönlichkeitsrecht und seinen wirtschaftlichen Interessen. Der Urheberrechtsschutz endet erst 70 Jahre nach dem Tod des Urhebers.

Das Urheberrechtsgesetz von 2003 mit den Änderungen von 2008 sowie nachfolgenden Aktualisierungen im Kurzüberblick:

Erlaubt

- Private Sicherheitskopien
- Diese an Freunde verschenken
- Video-DVDs/BDs aus der Videothek kopieren
- Alles oben Genannte, sofern **kein** Kopierschutz vorhanden!

Verboten

- Umgehen eines Kopierschutzes bei Musik-CDs, Video-DVDs/BDs und Software (auch privat)
- Kopien öffentlich anbieten (Filesharing)
- Urheberrechtlich geschützte Filme oder Musik illegal aus dem Internet laden
- Regionalcodes bei DVDs und BDs umgehen

Strafen

- Öffentliches Anbieten geknackter Filme oder Platten: bis zu drei Jahren Freiheitsstrafe
- Gewerbsmäßiges Anbieten: bis zu fünf Jahren Freiheitsstrafe

Um der Softwarepiraterie und anderen Formen illegaler Verwendung entgegenzuwirken, gehen viele Softwarefirmen mittlerweile dazu über, von ihren Kunden eine Produktaktivierung in Form einer Code-Kontrolle zu verlangen. Der durch die Übermittlung des Product-Keys geschlossene Endbenutzer-Lizenzvertrag (EULA) ist ein rechtsgültiger Vertrag zwischen dem Endkunden (entweder als natürliche oder als juristische Person) und dem Software-Hersteller für das dem EULA beiliegende Softwareprodukt.

Aufgaben:

1. Was versteht man allgemein unter der Bezeichnung Software und welche Softwarearten unterscheidet man?
2. a) Erläutern Sie die Aufgaben eines Betriebssystems.
   b) Nach welchen Kriterien lassen sich Betriebssysteme einteilen?
3. Was versteht man unter OEM-Software?
4. Nennen Sie verschiedene Betriebssysteme sowie deren jeweilige Einsatzbereiche.
5. Erläutern Sie die Unterschiede zwischen den Begriffen Standardsoftware, Branchensoftware, Shareware, Freeware, Open-Source-Software und Firmware.
6. Nennen Sie verschiedene Arten von Computerviren und erläutern Sie die jeweiligen Unterschiede.
7. Was versteht man unter Spam?
8. Welches PC-Verhalten kann in der Praxis auf einen Virenbefall hindeuten?
9. Welche Abwehrmaßnahmen sollten zum Schutz vor einem Virenbefall getroffen werden?
10. a) Was versteht man im Zusammenhang mit Software unter dem Urheberrechtsschutz?
    b) Was ist gemäß Urheberrechtsschutz erlaubt, was ist verboten?

8.4 Computer-Inbetriebnahme

8.4.1 Bootvorgang

Generell bezeichnet man den Startvorgang eines Computers als „Hochfahren“ oder „Booten“. Vielfach wird hierbei zwischen dem sogenannten „Kaltstart“ (alle Komponenten werden zurückgesetzt) und dem „Warmstart“ (verkürzte Boot-Prozedur) unterschieden. Ein Kaltstart liegt immer dann vor, wenn der Startvorgang mit dem Einschalten des Computers oder der Betätigung der „Reset-Taste“ am Computergehäuse beginnt, d. h. die Stromzufuhr unterbrochen war. Ein „Warmstart“ liegt vor, wenn der Computer bereits eingeschaltet ist und durch Betätigung der Tastenkombination **<STRG + ALT + ENTF>** neu gebootet wird. Moderne Betriebssysteme fangen diese Tastenkombination allerdings ab, um einen möglichen Datenverlust zu vermeiden. So öffnet sich beispielsweise bei Windows erst ein Auswahlmenü mit verschiedenen Optionen.

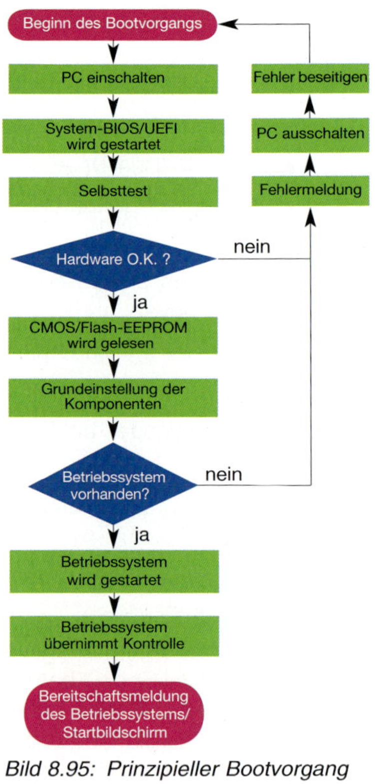

Bild 8.95: Prinzipieller Bootvorgang

Nach jedem Einschalten des Computers wird zunächst automatisch ein Programm aktiviert, das sich fest eingeschrieben im **Flash-EEPROM** auf dem Motherboard befindet. Hierbei handelt es sich entweder um das ältere, klassische **BIOS** (**B**asic **I**nput **O**utput **S**ystem) oder um das neuere **UEFI** (**U**nified **E**xtensible **F**irmware **I**nterface). Beide „Urladeprogramme“ (Bootstrap Loader) führen zunächst jeweils einen allgemeinen Selbsttest (**POST**: **P**ower **O**n **S**elf **T**est) und grundlegende Systemeinstellungen durch. Die hierzu erforderlichen Informationen über die vorhandene Hardware werden aus dem C-MOS-Speicher ausgelesen (siehe Kap. 8.2.4.1). Bis hierhin verläuft der Bootvorgang völlig unabhängig von dem vorhandenen Betriebssystem!

Danach sucht das BIOS/UEFI auf den vorhandenen Speichermedien (Festplatte, DVD, USB-Stick) nach einem Betriebssystem. Das jeweils vorhandene Betriebssystem wird gestartet, übernimmt die Kontrolle und bestimmt damit den weiteren Verlauf des Bootvorgangs.

Der Bootvorgang ist abgeschlossen, wenn sich der PC mit dem entsprechenden Bereitschaftszeichen oder der Benutzeroberfläche des jeweiligen Betriebssystems meldet.

Werden beim Booten Fehler festgestellt, werden diese vom BIOS/UEFI durch Fehlercodes bzw. -meldungen angezeigt. Diese Meldungen sind BIOS/UEFI-abhängig und sollten im Handbuch des Rechners dokumentiert sein.

Das BIOS/UEFI-Programm lässt sich mithilfe entsprechender Tools aktualisieren. Da bei fehlerhaftem Vorgehen der PC nicht mehr startet, sollte dieser Vorgang aber nur von erfahrenen PC-Benutzern durchgeführt werden.

Das Aktualisieren eines BIOS/UEFI wird auch als „**Flashen**" bezeichnet.

Auch die im C-MOS-Speicher vorhandenen Informationen über die vorhandene Hardware können eingesehen und verändert werden. Hierzu dient das Dienstprogramm **C-MOS-SETUP** (BIOS/UEFI Setup Utility), das sich beim Booten des Rechners durch Betätigen der **<Entf>**-Taste oder einer anderen, dem Handbuch zu entnehmenden Tastenkombination aufrufen lässt. Änderungen sollten allerdings auch hier nur von Nutzern vorgenommen werden, die über das entsprechende Fachwissen verfügen, da der Rechner bei falschen Einstellungen nicht bootet.

Die SETUP-Programme der verschiedenen Hersteller unterscheiden sich in ihren Einstellmöglichkeiten voneinander. Der prinzipielle Aufbau ist allerdings gleich: Die Einstellparameter sind in Menüform zusammengefasst und tragen vergleichbare Bezeichnungen. Die Bedeutungen der einzelnen Parameter lassen sich bei Bedarf entsprechenden, ständig aktualisierten Internetseiten entnehmen (z. B. www.bios-info.de).

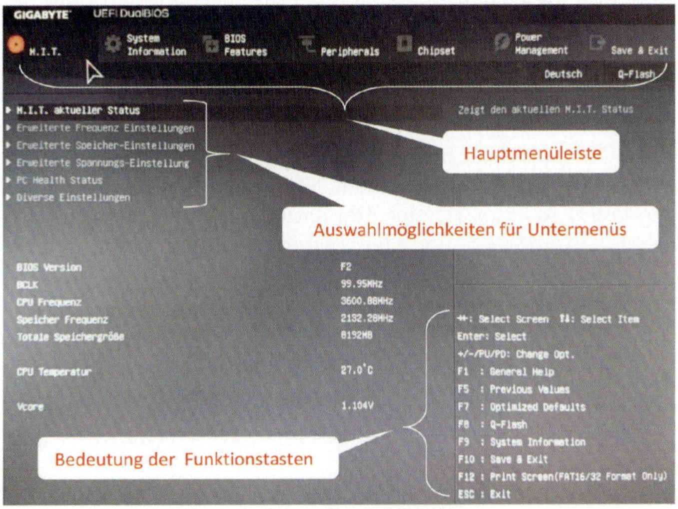

Bild 8.96: Beispiel für ein BIOS-Main-Menü

Nach dem Aufruf eines BIOS/UEFI-SETUPs erscheint auf dem Bildschirm in der Regel automatisch das Startmenü *(Main)* mit Auswahlmöglichkeiten für andere Menüpunkte (z. B. System Information, BIOS Features, Peripherals, Chipset, Power Management; Bild 8.96).

Bei der Eingabe von Parameterwerten ist entweder eine freie Eingabe von Werten oder eine Auswahl aus vorgegebenen Daten möglich.

BIOS-basierende Computer (z. B. PCs mit x86-CPUs; Kap. 8.2.2) stoßen bei der Verwaltung moderner Komponenten inzwischen an ihre technischen Grenzen, da das BIOS nicht beliebig erweiterbar ist. Moderne PCs verwenden daher das (BIOS-kompatible) UEFI, welches modular aufgebaut ist und über zusätzliche Funktionalitäten verfügt.

Bei mobilen Geräten (z. B. Smartphone, Tablet) hat man als Anwender in der Regel keine oder nur sehr eingeschränkte Möglichkeiten, vergleichbare Einstellungen wie mit einem BIOS/UEFI vorzunehmen.

8.4.2 Verhalten bei BIOS/UEFI-Fehlern

Lässt sich ein Rechner nicht mehr booten, so kann dies an einer falschen BIOS/UEFI-Einstellung liegen. In diesem Fall sollte man das BIOS/UEFI-SETUP aufrufen und die eingetragenen Werte überprüfen. Änderungen sollten hierbei nur schrittweise vorgenommen werden. Nach jedem Schritt sollte die Funktion überprüft werden, um die Fehlerursache zu lokalisieren. Sind die ursprünglichen Werte nicht mehr bekannt, kann man zu den „Default-Werten“ zurückkehren, die den Rechner zwar nicht optimal konfigurieren, die aber ein Hochfahren ermöglichen sollten. Lässt sich der Rechner nun immer noch nicht booten, kann man von einem ernsteren Hardwareproblem ausgehen.

Kommt man erst gar nicht ins BIOS/UEFI-SETUP hinein, lässt sich der C-MOS-Speicher manchmal auch auf die vorgegebenen Default-Werte zurücksetzen, indem man die **<Einfg>**-Taste gedrückt hält und dann erst den PC einschaltet. Hilft auch dies nicht, besteht als nächstes die Möglichkeit, den auf dem Motherboard befindlichen C-MOS-RESET-Jumper (CLEAR-Jumper) für 5 bis 30 Sekunden zu setzen.

Vor dem hierzu erforderlichen Öffnen des PC-Gehäuses ist der Rechner vom Netz zu trennen, die Sicherheitsvorschriften bei Arbeiten an elektronischen Bauteilen sind zu beachten!

Der RESET-Jumper befindet sich in der Regel in der Nähe der eingebauten Batterie und ist mithilfe der zu jedem PC gehörenden Unterlagen zu finden. Das Setzen dieses Jumpers bewirkt eine Unterbrechung der Spannungsversorgung des C-MOS-Speichers. Führt auch dies nicht zum Ziel, kann man als Letztes die Batterie für einige Minuten, gegebenenfalls auch für mehrere Stunden, entfernen und danach wieder einbauen. Funktioniert der PC anschließend immer noch nicht, ist er definitiv defekt. Aufgrund des komplexen und hochintegrierten Aufbaus ist eine Reparatur meist mit großen Kosten verbunden, teilweise auch nicht mehr möglich, vor allem, wenn der Fehler nicht näher lokalisiert werden kann.

Die aktuellen BIOS/UEFI-Versionen bieten die Möglichkeit, den Zugang zum PC mithilfe eines BIOS/UEFI-Passwortes zu beschränken. Hat man dieses Passwort einmal vergessen, so kann man es ebenfall durch Unterbrechen der Spannungsversorgung löschen (s. o.). Allerdings funktioniert diese Methode nicht immer, da einige Boards das Passwort in das BIOS/UEFI-EEPROM schreiben. Dann hilft in der Regel nur eine Kontaktaufnahme mit dem Hersteller.

8.4.3 Softwareinstallation

Auf einem Computer, der heutzutage als Massenware für den Consumer-Bereich hergestellt und verkauft wird, ist in der Regel sämtliche Software vorinstalliert, die für einen standardmäßigen Betrieb erforderlich ist. Diese wird bei der Erstbenutzung automatisch aktiviert und konfiguriert sich selbstständig. Außer der Eingabe des Benutzernamens, manchmal auch einer erforderlichen Freischaltung der Software, muss der Benutzer keinerlei Tätigkeiten ausführen. Auch die spätere Installation weiterer Programme verläuft in den meisten Fällen automatisch und wird von einem Installationsprogramm (z. B. Windows-Installer) überwacht, sodass auch eine Deinstallation möglich ist und der ursprüngliche Zustand vor der jeweiligen Installation wieder hergestellt werden kann.

Bei der Erstinstallation oder gegebenenfalls bei aufgetretenen Fehlfunktionen (z. B. durch Virenbefall) ist es erforderlich, die Festplatte neu zu strukturieren.

> Die Strukturierung einer Festplatte zur Aufnahme von Programmen und Daten bezeichnet man als **Formatieren**.

Bei der Formatierung werden mithilfe eines entsprechenden Programms auf der Plattenoberfläche Spuren *(Tracks)* und Sektoren *(Sectors)* erzeugt, deren Anzahl von dem physikalischen Aufbau der Platte abhängt. Hierbei werden sämtliche bereits auf der Festplatte befindlichen Programme und Daten gelöscht!

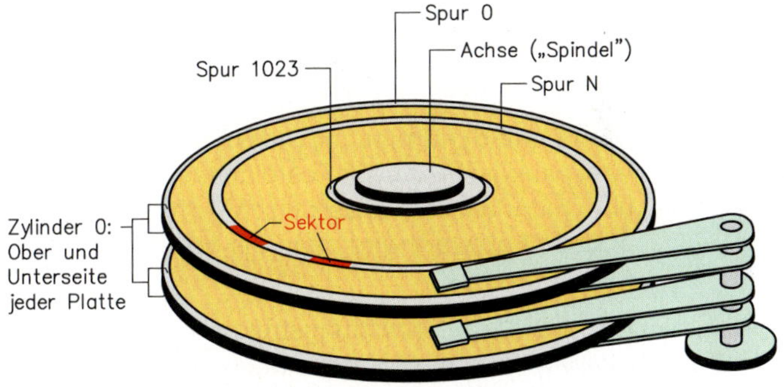

Bild 8.97: Strukturen auf einer formatierten Festplatte

Unter einer **Spur** versteht man einen schmalen ringförmigen Streifen, auf dem später die Speicherung von Daten erfolgt. Die Spuren auf einer Plattenseite werden – jeweils mit der Spur Null beginnend – von außen nach innen durchnummeriert. Jede angelegte Spur ist in Abschnitte – die sogenannten **Sektoren** – unterteilt. Die Speicherkapazität eines Sektors betrug ursprünglich standardmäßig 512 Byte. Um auch große Festplattenkapazitäten verwalten zu können, ohne die Anzahl der Sektoren zu erhöhen, werden heute meist Sektorgrößen mit 4096 Byte (4k-Sektoren) verwendet. Ein oder mehrere Sektoren werden zu sogenannten Clustern zusammengefasst. Die Anzahl der Cluster, die ein Dateisystem verwalten kann, ist begrenzt (vgl. Bild 8.99).

> Ein **Cluster** ist der kleinste Speicherbereich, der von einem Dateisystem adressiert werden kann.

Die Spuren der Plattenober- und -unterseiten mit jeweils der gleichen Spurnummer gehören zu einem sogenannten **Zylinder**.

In einem weiteren Schritt kann dann eine Festplatte in einen oder mehrere voneinander unabhängige logische Bereiche – sogenannte **Partitionen** – unterteilt werden. Bei BIOS-basierenden Partitionen unterscheidet man zwischen der **primären Partition**, die in der Regel das Betriebssystem beinhaltet und bei Windows-Betriebssystemen den Laufwerksbuchstaben **C**: erhält, und der **erweiterten Partition**, der sich je nach Einteilung ein oder mehrere weitere Laufwerksbuchstaben zuordnen lassen (z. B. **D:** und **E:**; unter Linux werden die Laufwerke nummeriert, z. B. **hd1**, **hd2** usw.). Mithilfe vorhandener Partitionierungs-Tools lassen sich die vorhandenen Strukturen auch nachträglich ohne Datenverlust ändern.

Beim ersten Anlegen einer BIOS-basierenden Partition wird stets der sogenannte **Master Boot Record** (MBR) erzeugt. Dieser befindet sich grundsätzlich in Sektor 1 der Spur 0 auf der ersten Platte. Auf diesen Bereich greift das BIOS beim Booten immer als Erstes zu, da hier unter anderem die Information enthalten ist, wo sich das Betriebssystem befindet, mit dem der Bootvorgang fortgeführt werden soll. In den MBR lassen sich maximal vier Partitionen eintragen, eine erweiterte und bis zu drei primäre Partitionen. In jeder primären Partition kann sich ein Betriebssystem befinden, von welchem man booten kann. Diejenige Partition, von der gebootet werden soll, bezeichnet man als **aktive Partition.** Im MBR kann aber stets nur **eine einzige** Partition als aktive Partition deklariert werden. Die Einstellung bzw. die Auswahl derjenigen Partition, von der gebootet werden soll, kann über einen sogenannten **Bootmanager** erfolgen.

Waren in der Vergangenheit insbesondere unter Windows lediglich Partitionen verwaltbar, die sich auf einem einzigen physikalischen Datenträger (d. h. einer Festplatte) befanden, so lassen sich inzwischen Festplatten auch als sogenannte dynamische Datenträger verwalten.

> Der Begriff **dynamischer Datenträger** bezeichnet unter Windows eine flexible Verwaltungsstruktur für Festplattenspeicher mit logischen Laufwerken, die sich über mehr als eine physikalisch vorhandene Festplatte erstrecken können. Ein solches Laufwerk wird dann als **Volume** bezeichnet.

Dem Nutzer wird diese Verwaltungstruktur nicht transparent, da diese Volumes weiterhin mit den bekannten Laufwerksbuchstaben (**C:** oder **D:**) bezeichnet werden. Informationen über die eingerichteten Volumes werden in einer Datenbank in einem speziell geschützten Bereich auf der Festplatte gespeichert. Damit andere Betriebssysteme einen solchen dynamischen Datenträger nicht als unpartitioniert einstufen, wird hierbei weiterhin eine Partitionstabelle angelegt, auf die diese dann zugreifen können. Ab Windows 8 ist zudem eine problemlose Erweiterung der Speicherkapazität für Daten durch einfaches Hinzufügen von kompletten Festplatten möglich, die dann zusammen mit bereits vorhandenen Festplatten einen sogenannten „**Speicherpool**“ (storage space) bilden. Im Explorer erscheint dieser Verbund wie ein einziges Laufwerk (z. B. als **D:**), unabhängig von der Anzahl der tatsächlich vorhandenen Anzahl physikalischer Platten. Ähnliche Strukturen bestehen auch unter Linux.

Bei UEFI-basierenden Partitionen fungiert das UEFI quasi selbst als ein Boot-Manager und kann ohne MBR direkt auf eine eigene Partitionstabelle zugreifen. Diese trägt die Bezeichnung **GPT** (**G**UID **P**artition **T**able), wobei **GUID** wiederum abkürzend für **G**lobal **U**ser **Id**entifier – einer weltweit eindeutigen Kennzeichnung – steht. Bei der ersten UEFI-basierenden Installation wird aber ebenfalls ein MBR angelegt, damit Betriebssysteme, die keine UEFI-Partitionstabelle lesen können, das System zumindest starten können. UEFI beinhaltet auch die Funktion **Secure Boot**, die nur das Booten vorher signierter Bootelemente zulässt und so das Starten von Schadsoftware oder anderer unerwünschter Programme verhindert. Während das BIOS lediglich vier Partitionseinträge und eine Festplattenkapazität bis 2 Terabyte verwalten kann, sind bei UEFI 128 Partitionen und eine Festplattenkapazität von theoretisch 8291 Exabyte (512×2^{64} Byte; Angaben auch mit Binärpräfixen möglich; Kap. 7.1.4.2) ansprechbar.

8.4.4 Dateisysteme

Grundsätzlich werden sämtliche Daten in einem Rechner, seien es nun Programme, Texte, Bilder oder andere Informationen, in sogenannten **Dateien** *(files)* organisiert und auf Massenspeichern (Festplatten, USB-Sticks, DVDs) gespeichert. Jede Datei besitzt einen Namen, der mit einer Erweiterung – auch **Suffix** oder **Extension** genannt – ergänzt wird. Diese Erweiterung (Buchstaben oder Zahlen) dient zur Angabe des jeweiligen Dateityps. Der Punkt zwischen Dateiname und Erweiterung dient als Trennsymbol. Sonderzeichen („ \ / : | < > ? *) dürfen im Dateinamen nicht verwendet werden.

Die Dateien werden in Verzeichnissen abgelegt. Einige dieser Verzeichnisse werden vom System automatisch bei der Installation angelegt (z. B. Wurzelverzeichnis, auch Stammverzeichnis oder Rootverzeichnis genannt), andere kann der Nutzer individuell einrichten.

Im Laufe der Zeit wurden unterschiedliche Dateisysteme entwickelt, die sich in ihrer Struktur und ihren Eigenschaften voneinander unterscheiden und die untereinander meist nicht kompatibel sind. Heutige Betriebssysteme unterstützen in der Regel aber stets mehrere verschiedene Dateisysteme; auch eine Systemkonvertierung ist möglich.

Unter einem **Dateisystem** versteht man die Gesamtstruktur, auf deren Grundlage Dateien benannt, gespeichert und in Verzeichnissen verwaltet werden.

Suffix	Erläuterung
.avi	Videodatei
.bmp	Bitmap-Bilddokument
.cab	Kabinett-Datei (meist für PDA)
.dat	Textdatei
.dll	Programmbibliothek
.docx	Word-Dokument
.dot	Word-Vorlage
.exe	ausführbare Programmdatei
.gif	Gif-Bilddokument
.hlp	Hilfedatei
.htm	Html-Dokument
.ico	Symboldatei
.ini	Konfigurationsdatei
.jpg	JPEG-Bilddokument
.log	Kontrolldatei
.mdb	Access-Datenbank
.mp3	MP3-Musikdatei
.pdf	Acrobat-Reader-Datei
.ppt	Power-Point-Dokument
.pub	Microsoft-Publisher-Dokument
.rtf	Textdatei (rich text format)
.sys	Systemdatei
.tmp	Temporäre Datei
.txt	Textdatei
.vob	DVD-Movie-Datei
.wav	Wavesound-Datei
.wmv	Windows-Media-Audio-/Videodatei
.xlsx	Excel-Dokument
.xlt	Excel-Vorlage
.zip	ZIP-komprimierte Datei

Bild 8.98: Beispiele für Dateierweiterungen

Das Anlegen von Strukturen auf der Festplatte, die das Dateisystem für die Verwaltung benötigt (z. B. Wurzel- bzw. Rootverzeichnis) bezeichnet man auch als **logische Formatierung**. Für die in der Praxis eingesetzten unterschiedlichen Datenträger (z. B. Festplatte, optische Datenträger, Flashspeicher usw.) gibt es jeweils spezielle Dateisysteme, die deren Besonderheiten berücksichtigen. Gängige Beispiele hierzu sind:

Dateisystem	Merkmale
FAT, FAT 16	**FAT**: **F**ile **A**llocation **T**able Dateisystem zur Verwaltung von Festplatten und Disketten; basiert auf einer Dateizuordnungstabelle (FAT), die sich auf dem Datenträger befindet; in dieser sind zu jeder Datei Informationen über Name, Dateityp (typisch 8.3-Format: 8 Zeichen für Dateiname, 3 Zeichen für Suffix), Erstellungsdatum, Größe, Speicherort usw. abgelegt; der Speicherort wird mit einer 16-Bit-Adresse registriert (2^{16} = 65 536 Cluster maximal adressierbar); Clustergröße: 512 Byte bis 32 KByte; maximale Partitionsgröße 4 GB; wird von den meisten Betriebssystemen unterstützt; Verwendung bei Festplatten und USB-Sticks
FAT 32	Weiterentwicklung von FAT 16; zur Adressierung des Speicherorts werden 32-bit-Adressen verwendet; somit lassen sich größere Speicherkapazitäten verwalten; wird von Linux und von allen gängigen Windows-Betriebssystemen unterstützt
exFAT	**eX**tended **F**ile **A**llocatin **T**able Von Microsoft speziell für Flash-Karten entwickeltes Dateisystem, um Speicherkapazitäten größer als 32 GByte zu ermöglichen; ist nicht abwärtskompatibel zu FAT 32; außer von Windows XP, Windows 7 und Windows 8/8.1/9 von anderen Betriebssystemen nicht lesbar
NTFS	**N**ew **T**echnology **F**ile **S**ystem Dateisystem zur Verwaltung von großen Festplatten; entwickelt von Microsoft, verwendet ab Windows NT. Hauptbestandteil ist die Datei **Master File Table** (MFT), in der sämtliche Informationen über eine gespeicherte Datei abgelegt sind; die Adressierung erfolgt mit 64-Bit-Adressen; Dateinamen mit bis zu 256 Zeichen sind möglich; beschädigte Speicherbereiche lassen sich automatisch registrieren und bei künftigen Speichervorgängen außer Acht lassen; verbesserte Sicherheit und Datenschutz bei der Einrichtung mehrerer lokaler Benutzer (Verschlüsselung und Zugriffsschutz auf Verzeichnisse); Verwendung bei Festplatten
ReFS	**Re**silient **F**ile **S**ystem Dateisystem von Microsoft, wird unterstützt ab Windows Server 2012 und Windows 8.1; kompatibel zu NTFS bei Verzicht auf wenig verwendete Funktionen, keine Unterstützung von Wechseldatenträgern, nicht bootfähig; verfügt über spezielle Sicherheitsmechanismen, primär im Serverbereich eingesetzt, kann Partitionen oder Volumes bis zu einer Größe $256 \cdot 2^{70}$ Byte (256 ZebiByte, Kap. 7.1.4.2) bei einer Dateigröße bis zu 2^{64} Byte (16 ExiByte $= 16 \cdot 2^{60}$ Byte, Kap. 7.1.4.2) verwalten; Dateinamen können bis zu 32 768 Zeichen enthalten; Verwendung bei großen „Storage Spaces“
ext2 ext3 ext4 Btrfs	second (third, fourth) **ext**ended file system Dateisysteme für Linux mit jeweils verbesserten bzw. erweiterten Eigenschaften; jeweils vollständig abwärtskompatibel; Verwendung bei Festplatten; Btrfs (B-tree file system) gilt als Nachfolger von ext4
ISO 9660	Dateisystem für CD-ROM-Medien, als Standard von der ISO (**I**nternational **S**tandardization **O**rganization) entwickelt, um Daten unterschiedlicher Betriebssysteme über CD austauschen zu können; Spezifikationen: **Level 1**: Dateinamen im 8.3-Format; maximale Dateigröße bis 2 GB verwaltbar; universelles Austauschformat **Level 2**: Dateinamen mit bis zu 31 Zeichen möglich **Level 3**: Dateien können auch fragmentiert gespeichert werden und Packet-Writing ist möglich, d. h. ein wiederbeschreibbares DVD-Medium ist wie eine Wechselfestplatte bzw. ein USB-Stick verwendbar
UDF	**U**niversal **D**isk **F**ormat (ISO-Norm 13346) von der Optical Storage Technology Association (OSTA) entwickeltes, plattformunabhängiges Dateisystem insbesondere für DVDs, welches das ISO-9660-Format ablöst; bis zu 255 Zeichen lange Dateinamen verwaltbar, Unterscheidung von Groß- und Kleinschreibung, beinhaltet Optimierungen für das Beschreiben von DVD ± R/DVD-RW und DVD-RAM

Bild 8.99: Beispiele für Dateisysteme

8.4.5 Bedienung, Benutzerverwaltung und Rechtevergabe

Die Bedienung eines PCs erfolgt über eine vom Betriebssystem bereitgestellte Bedienoberfläche (auch Benutzeroberfläche genannt), die eine Kommunikation zwischen dem Benutzer und dem PC ermöglicht (Mensch-Maschine-Kommunikation, vgl. Infomodul B auf **www.westermann.de/links/00815**, siehe Vorwort).

> Die Bedienoberfläche für die Mensch-Maschine-Kommunikation wird auch als **Benutzerschnittstelle** *(User-Interface)* bezeichnet.

Im Computerbereich unterscheidet man unter anderem folgende Arten von Benutzerschnittstellen:

- **Kommandozeilen** *(Command Line Interface, CLI)*
  Der Benutzer gibt per Tastatur zeilenweise entsprechende Befehle ein, die von einem Kommandozeileninterpreter *(Command Line Interpreter, CLI)* ausgewertet und verarbeitet werden (früher die einzige Art der Kommunikation mit dem PC, heute noch verwendet z. B. unter der MS-DOS-Eingabeaufforderung).
- **Grafische Benutzeroberflächen** *(Graphical User Interface, GUI)*
  Das Betriebssystem stellt eine grafisch gestaltete Oberfläche zur Verfügung, die üblicherweise mit der Maus oder mit anderen Eingabegeräten bedient werden kann. Durch das Anklicken sogenannter **Icons** (bildliche Symbole) werden die gewünschten Prozesse ausgelöst (z. B. Starten eines Programms). GUIs werden heute hauptsächlich als Benutzeroberfläche verwendet.
- **Zeichenorientierte Benutzerschnittstellen** *(Symbol User Interface, SUI)*
  Hierbei muss der Benutzer keine Befehle per Texteingabe machen, sondern aus vorgegebenen Texten oder Zeichen auswählen, die meist in Menüform (Pull-down-Menü) vorgegeben sind und mittels Maus oder Tastatur ausgewählt werden (kann als Teil der GUI angesehen werden).
- **Sprachbasierte Benutzerschnittstellen** *(Voice User Interfaces, VUI)*
  Der Benutzer kommuniziert sprachbasiert mit einem System. Hierzu ist eine Spracherkennungssoftware erforderlich, die gesprochene Eingaben in entsprechende Aktionen umsetzt (Beispiel: interaktive Telefon-Ansage- oder Wähldienste).

Wird ein PC lediglich von einem einzigen Benutzer verwendet, so kann sich dieser seine Benutzeroberfläche individuell gestalten, ohne befürchten zu müssen, dass diese von anderen Nutzern verändert wird.

Wird ein PC von mehreren Benutzern verwendet oder ist ein PC Bestandteil eines Kommunikationsnetzes (siehe Kap. 8.5), so ist eine **Benutzerverwaltung** erforderlich, die es jedem Nutzer ermöglicht, seine eigene Benutzeroberfläche individuell zu gestalten, ohne dass andere Benutzeroberflächen verändert werden. Zu einer solchen Benutzerverwaltung gehört auch das Einschränken oder Erlauben von Tätigkeiten, die jeweils auf dem PC ausgeführt werden dürfen. Die Benutzerverwaltung wird vom Administrator als Teil der Konfiguration eines Computers oder eines Rechnernetzes durchgeführt. Hierzu wird für jeden Benutzer ein sogenanntes Benutzerprofil angelegt.

> Das **Benutzerprofil** definiert die Benutzerrechte eines oder mehrerer Nutzer auf einem Computer oder in einem Rechnernetz.

Es kann verschiedene Rechte umfassen wie zum Beispiel Zugriffsrechte, Schreibrechte, Nutzung von Verbindungen, Installation von Programmen und Löschrechte. Diese Rechte werden vom jeweiligen Systemadministrator im Rahmen der Benutzerverwaltung vergeben und können nur durch ihn geändert werden. Sie werden in einem sogenannten **Benutzerkonto** verwaltet. Oftmals werden Benutzerkonten zu Gruppen zusammengefasst; die Rechte der Gruppe werden dadurch all ihren Mitgliedern zugeordnet.

Der Administrator verfügt hierzu über ein privilegiertes Benutzerprofil ohne Rechteeinschränkung. Aus Datenschutzgründen muss sich jeder Nutzer stets mit einem ihm zugewiesenen Passwort identifizieren, bevor er an einem PC arbeiten kann. Innerhalb eines Netzwerks kann sich ein Benutzer damit an jedem Computer anmelden und auf seine persönliche Benutzeroberfläche und Daten zugreifen.

Die Art der Benutzerverwaltung erfolgt bei jedem Betriebssystem anders, daher sind Informationen hierzu bei Bedarf der entsprechenden Fachliteratur zu entnehmen.

Aufgaben

1. Welche grundsätzlichen Prozesse laufen bei dem Bootvorgang eines PCs ab? Skizzieren Sie diese in einem Diagramm.
2. Was bedeutet im Zusammenhang mit einem PC die Abkürzung POST?
3. Wozu wird das Dienstprogramm BIOS-Setup-Utility benötigt? Wie kann man dieses Programm starten und welche Einstellungen kann man hiermit vornehmen?
4. UEFI-basierende Partitionen verwenden eine Tabelle mit der Bezeichnung GPT. Erläutern Sie die Bezeichnungen UEFI und GPT!
5. Im Zusammenhang mit der Formatierung einer Festplatte werden die Bezeichnungen Spur, Sektor, Cluster und Zylinder verwendet. Erläutern Sie diese Begriffe.
6. Was versteht man unter einem Dateisystem? Nennen Sie Beispiele und erläutern Sie die Unterschiede.
7. Was versteht man bei einem Dateinamen unter dem sogenannten Suffix? Welche Information kann man dem Suffix entnehmen? Geben Sie Beispiele an.
8. Was versteht man unter einer Benutzerschnittstelle? Welche Arten gibt es? Erläutern Sie die Unterschiede.
9. Aus welchem Grund ist bei einem Computer, der von mehreren Benutzern verwendet wird, eine Benutzerverwaltung erforderlich?
10. Was versteht man unter einem Benutzerkonto?

8.5 Computer-Vernetzung

Heutzutage arbeiten Computer meist nicht mehr alleine (Stand-alone-PC) sondern sind über ein Kommunikationsnetz mit anderen PCs verbunden.

Unter einem **Kommunikationsnetz** versteht man die Verbindung von Computern und anderen Kommunikationseinrichtungen zum Austausch von Informationen (Sprache, Daten, Messwerte).

Die Vernetzung von PCs bringt eine Reihe von Vorteilen, z. B.:

- Direkter elektronischer Datenaustausch über das Netzwerk
- Gemeinsame Nutzung eines Peripheriegerätes (z. B. Drucker)

- Zentrale und automatische Datensicherung
- Integration unterschiedlicher Betriebssystem-Plattformen
- Einrichtung eines E-Mail-Systems
- Gemeinsames Bearbeiten eines Produkts von verschiedenen Standorten
- Jeder Mitarbeiter kann an jedem PC (Client) mit der ihm vertrauten individuellen Oberfläche arbeiten.
- Außendienstmitarbeiter können von außen auf ein Firmennetz zugreifen und aktuelle Daten abrufen.
- Produktdaten können direkt an Kunden verschickt oder von Kunden selbst abgerufen werden.

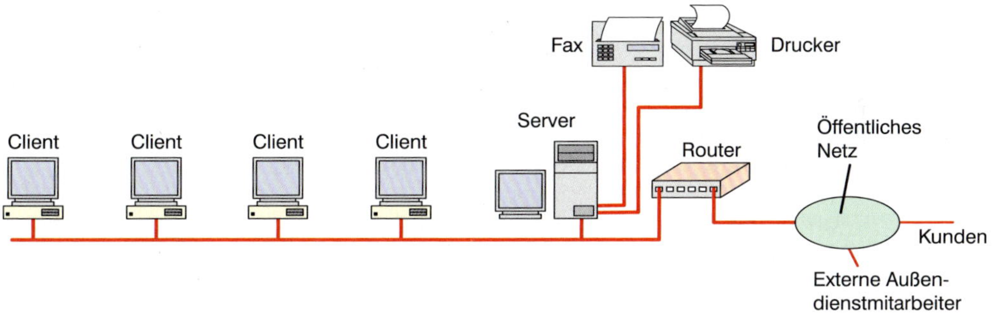

Bild 8.100: Vernetzung von Kommunikationseinrichtungen

8.5.1 Unterscheidungsmerkmale bei Kommunikationsnetzen

Kommunikationsnetze lassen sich nach unterschiedlichen Kriterien klassifizieren, wie zum Beispiel nach

- **Ausdehnung**:
  - **PAN**: **P**ersonal **A**rea **N**etwork;
    Heimvernetzung von Geräten ($\leq$ 10 m; Bluetoothverbindung zwischen Smartphone und PC)
  - **LAN**: **L**ocal **A**rea **N**etwork;
    auf ein Grundstück begrenzte Vernetzung von PCs (1 m bis einige 100 m)
  - **MAN**: **M**etropolitan **A**rea **N**etwork;
    Vernetzung einzelner LANs innerhalb eines Stadtgebiets (Backbonenetz)
  - **WAN**: **W**ide **A**rea **N**etwork;
    Weitverkehrsnetz, Verbindung geografisch getrennter Regionen
  - **GAN**: **G**lobal **A**rea **N**etwork;
    weltumspannende, interkontinentale Vernetzung von Kommunikationseinrichtungen
  - **VPN**: **V**irtual **P**rivate **N**etwork;
    Vernetzung von geografisch getrennten LANs (z. B. lokale Firmennetze an unterschiedlichen Standorten) über speziell gesicherte Leitungen eines öffentlichen Weitverkehrsnetzes, wobei bei der Nutzung der Eindruck entsteht, es handle sich um ein einziges Firmen-LAN

- **Topologie (Art der Leitungsführung)**:

Sternnetz

– Alle Stationen sind über einen „Verteiler" (Hub, Switch) miteinander verbunden.
– Leicht erweiterbar
– Kaum Störungen des Gesamtnetzes bei Ausfall einer Station
– Gesamter Netzausfall bei Störung des Verteilers
– Anwendungsbeispiel: bevorzugte Struktur bei lokalen Netzen

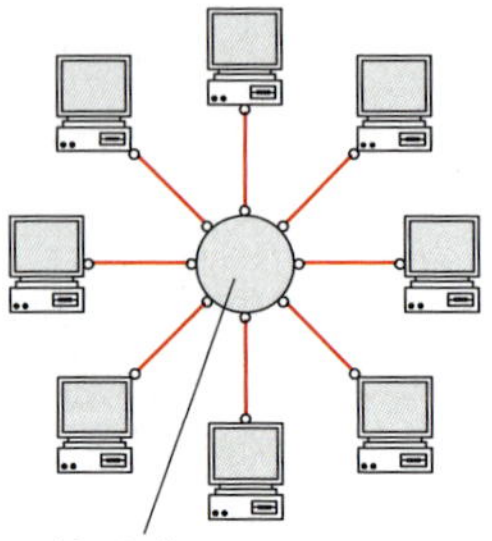

Bild 8.101: Sternnetz

Ringnetz

– Alle Stationen sind in Form eines Ringes miteinander verbunden.
– Die Stationen werden über Adapter angeschlossen, der bei Entfernen einer Station Ein- und Ausgang des Kabels so miteinander verbindet, dass der Ring wieder geschlossen ist.
– Datenübertragung stets in einer Richtung auf dem Ring
– Ausfall der Leitung führt zum Ausfall des gesamten Netzes
– In der Praxis daher meist ein Doppelring zu Erhöhung der Ausfallsicherheit
– Anwendungsbeispiel: Backbonevernetzung von Teilnetzen innerhalb eines Stadtgebiets

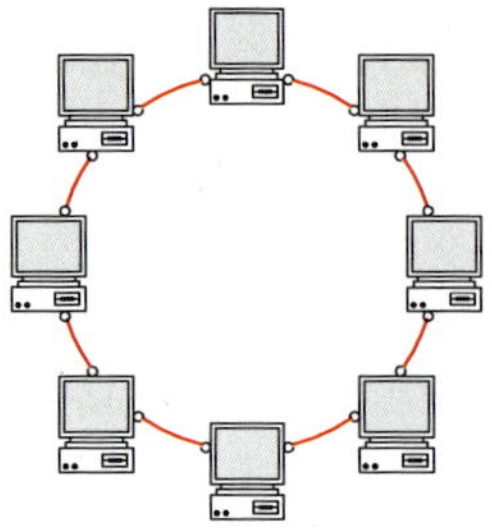
Bild 8.102: Ringnetz

Busnetz

– Alle Stationen liegen parallel am gemeinsamen Übertragungsmedium.
– Geringe Verkabelungskosten
– Bei gleichzeitiger Kommunikation mehrerer Stationen muss Übertragungskapazität des Mediums aufgeteilt werden *(shared medium)*.
– Bei Punkt-zu-Mehrpunkt-Verbindungen ist zwingend ein Zuteilungsverfahren für das Senderecht erforderlich.
– Anwendungsbeispiel: lokale Netze

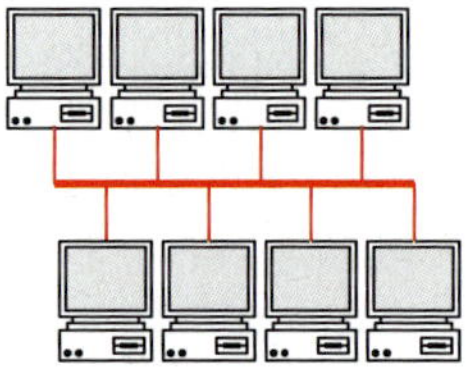
Bild 8.103: Busnetz

Maschennetz

– Eine Station ist mit jeder anderen Station verbunden.
– Bei Vollvermaschung höchste Ausfallsicherheit, aber verbunden mit dem größtem Aufwand
– Anwendungsbeispiel: Weitverkehrsnetze

Bild 8.104: Maschennetz

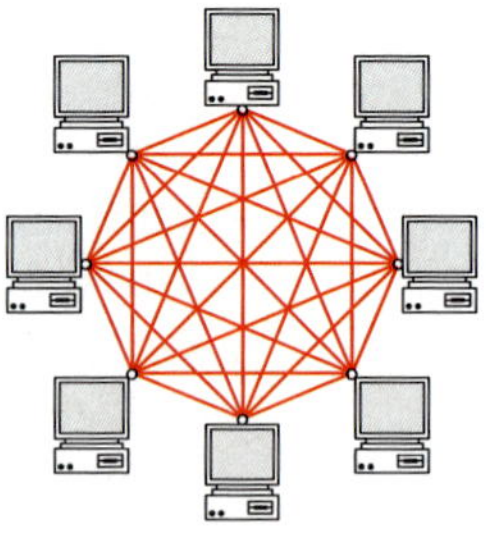

- **Übertragungsmedium**:

Leitungsnetz

Leitungsgebundene Übertragung von
– elektrischen Signalen über Kupferleitungen oder
– Lichtsignalen über Glasfaserleitungen (Lichtwellenleiter).

Funknetz
Leitungsungebundene Übertragung von
- Funkwellen (elektromagnetische Wellen vom kHz- bis zum GHz-Bereich) oder
- Lichtwellen (elektromagnetische Wellen im THz-Bereich, meist wird bei Licht die zugehörige Wellenlänge angegeben, die in der Größenordnung einiger Nanometer liegt); Anwendung nur als Richtfunk über kurze Strecken (z. B. Infrarot).

Weitere Kriterien sind beispielsweise die Übertragungsgeschwindigkeit (z. B. 1 Gbit/s-, 40 Gbit/s-, 100Gbit/s-Netz, 400Gbit/s-Netz), das verwendete Netzwerkbetriebssystem (z. B. Windows-Netz, UNIX-Netz) oder die verwendeten Protokollstrukturen und Zugriffsverfahren.

8.5.2 Internet

Das **Internet** *(**Inter**connected **Net**works)* ist ein globales Kommunikationsnetz, das aus einer Vielzahl einzelner, unterschiedlicher Computernetzwerke besteht. Diese sind über zentrale Knotenpunkte, die regional von öffentlichen Netzbetreibern zur Verfügung gestellt werden, weltweit miteinander verbunden.

Die jeweilige Kommunikation wird mittels verschiedener international normierter Protokolle gesteuert und überwacht. Der Aufbau dieser Protokolle ist im sogenannten **ISO/OSI-Modell** (International Organisation for Standardization/Open Systems Interconnection Model; siehe auch https://de.wikipedia.org/wiki/ISO/OSI) genau festgelegt. Die bekanntesten Protokolle sind das **TCP** (**T**ransmission **C**ontrol **P**rotocol) und das **IP** (**I**nternet **P**rotocol) (siehe z. B. auch: www.wikipedia.de, Suchbegriffe: IP-Adresse, Internet-Protocol).

Das Internet – so wie jedes lokale Netz auch – stellt eine Infrastruktur zur Verfügung, auf deren Basis ein Anwender (**Client**-PC) auf jeweils angebotene **Dienstleistungen** zugreifen kann. Diese Dienstleistungen (kurz: **Dienste**) werden von speziellen Computern – sogenannten **Servern** (to serve: bedienen) – bereitgestellt. Hierbei wird im allgemeinen Sprachgebrauch der Begriff Server sowohl für die erforderliche Hardware (PC) als auch für die auf diesem PC laufenden Serverprozesse (Software) verwendet. Dies kann zu Missverständnissen führen, denn auf einem Server-*PC* können durchaus mehrere Server*prozesse* laufen. Das für den jeweiligen Prozess erforderliche **Protokoll** legt fest, nach welchen Regeln und in welcher Form die Kommunikation zwischen einem Server-*PC* und einem Client-PC abläuft. Hierzu ist auf einem Client-PC die Installation entsprechender Client-Software erforderlich, sofern diese nicht bereits Bestandteil des verwendeten Client-Betriebssystems ist.

Server-Typ	Server-Dienst	Protokolle (Auswahl)/ Merkmale	Client-Software/ Bemerkungen
Web-Server	**www**: **W**orld **W**ide **W**eb über das Internet abrufbares Hypertext-System (vgl. Infomodul B auf **www.westermann.de/ links/00815**, siehe Vorwort)	**http** (**H**yper **T**ext **T**ransfer **P**rotocol): Protokoll für die Kommunikation mit einem Web-Server **HTTPS** (**H**yper **T**ext **T**ransfer **P**rotocol **S**ecure): Protokoll für verschlüsselten Datentransfer mit einem Web-Server **HTML** (**H**yper **T**ext **M**arkup **L**anguage): „Programmiersprache“, in der die Hypertextseiten geschrieben sind **URL** (**U**niform **R**esource **L**ocator): eindeutige Adresse im Internet bzw. Bezeichnung einer Hypertextseite	Webbrowser, z. B. Internet Explorer, Edge, Firefox, Google Chrome

Server-Typ	Server-Dienst	Protokolle (Auswahl)/ Merkmale	Client-Software/ Bemerkungen
Mail-Server	über das Internet übertragene, ggf. auch zwischengespeicherte briefartige Nachrichten, auch mit Dateianhängen	**SMTP** (**S**imple **M**ail **T**ransfer **P**rotocol): Protokoll für den Mailversand **POP3** (**P**ost **O**ffice **P**rotocol): Protokoll zum Abrufen einer Mail von einem Mailserver **IMAP4** (**I**nteractive **M**essage **A**ccess **P**rotocol): Weiterentwicklung von POP3	E-Mail-Programm, z. B. Outlook (bei Web-Mail: Web-Browser)
Name-Server, DNS-Server	ermöglicht die Umsetzung zugewiesener Domainnamen (z. B. www.wikipedia.de), die man sich als Mensch besser merken kann als Zahlen, in die zugehörige IP-Adresse (z. B. 145.97.39.155)	**DNS** (**D**omain **N**ame **S**ystem): Das DNS kann als weltweit auf verschiedenen Servern verteilte hierarchische Datenbank aufgefasst werden. DNS-Anfragen werden meist mittels **UDP** (**U**ser **D**atagram **P**rotocol) zu einem DNS-Server geschickt.	Der DNS-Dienst lässt sich auch lokal für ein Intranet einrichten.
DHCP-Server	ermöglicht die dynamische Zuweisung einer IP-Adresse und weiterer Konfigurationsparameter (z. B. Netzmaske, Gateway) an Computer in einem Netzwerk	**DHCP** (**D**ynamic **H**ost **C**onfiguration **P**rotocol): Durch DHCP ist die vollautomatische Einbindung eines neuen Computers in ein bestehendes (Firmen-)Netzwerk ohne weitere Konfiguration möglich.	Am Client muss im Normalfall lediglich der automatische Bezug der IP-Adresse eingestellt sein.
FTP-Server	Übertragung von Dateien, die von entsprechenden FTP-Servern zur Verfügung gestellt werden	**FTP** (**F**ile **T**ransfer **P**rotocol): Protokoll zur Dateiübertragung über ein TCP/IP-Netzwerk	FTP-Server- bzw. FTP-Client-Software
Chat-Server	Echtzeitkommunikation *(instant messaging)* in Schriftform über das Internet, teilweise auch kombiniert mit Datei-, Video- oder Audiotransfer	meist verschiedene, untereinander nicht kompatible Protokolle	Skype, WhatsApp, Threema, Signal
Terminal-Server	stellt PCs mit geringer Leistungsfähigkeit (Workstation, Terminal) eine Arbeitsumgebung zur Verfügung, auf die sie über das Netz zugreifen können	**RDP** (**R**emote **D**esktop **P**rotocol): Microsoft-Basisprotokoll für die Bereitstellung von Bildschirmausgaben von einem Terminalserver auf einem Terminal-Client	Sämtliche Arbeitsprozesse laufen auf dem Server ab, der Client dient lediglich zur Ein-/Ausgabe, dadurch hohe Netzbelastung.
Print-Server	ermöglicht Client-PCs den Zugriff auf Netzwerkdrucker	**LPP** (**L**ine **P**rinter **P**rotocol)	Einsatz im LAN bzw. Intranet (z. B. internes Firmennetzwerk)

Bild 8.105: Beispiele für Server-Dienste

In Zuge der ständig zunehmenden Vernetzung von technischen Geräten beschränkt sich die Verwendung des Internets heute nicht mehr nur auf die klassischen Kommunikationsmittel (PC, Notebook, Tablet, Smartphone usw.), sondern umfasst auch andere Geräte oder Gegenstände. Diese werden mit entsprechenden technischen Komponenten ausgestattet (Sensoren, Funkmodule) und können so aus der Ferne – *mit* und *ohne* Eingriff eines Nutzers – unter Verwendung der Ressourcen des Internets den Zustand von Geräten und Dingen ermitteln oder aktuelle Daten über physische Objekte und Vorgänge sammeln und übertragen (z. B.: Fitnesstracker; Paketverfolgung im Internet; Heizungssteuerung eines Wohnhauses von unterwegs; Gesundheitsüberwachung eines Herzpatienten mit automatischem Arztnotruf bei Infarkt; Auto mit automatischem Polizeinotruf und Unfallortübermittlung bei einem Verkehrsunfall). In diesem Zusammenhang spricht man daher zunehmend auch vom **Internet der Dinge** (engl. **IoT**: **I**nternet **o**f **T**hings).

Der Zugang eines einzelnen Computers (oder eines anderen kommunikationsfähigen Geräts) zum Internet kann auf unterschiedliche Art realisiert werden:

1. Ein PC wird in ein lokales Computernetz (**LAN**: **L**ocal **A**rea **N**etwork, Kap. 8.5.3) eingebunden. Diese Anbindung kann kabelgebunden oder über eine Funkschnittstelle erfolgen (**WLAN**: **W**ireless **LAN**, Kap. 8.5.5). Das LAN verfügt dann über einen zentralen Zugang für alle angeschlossenen PCs zu einem Internetknotenpunkt.
2. Ein PC arbeitet als Stand-alone-Gerät und besitzt einen direkten Anschluss an einen Internetknotenpunkt. Dieser wird entweder über einen **DSL-Anschluss** (**D**igital **S**ubscriber **L**ine; Kap. 8.5.6) oder über einen **BK-Kabelanschluss** (**B**reitband-**K**ommunikations-Kabelanschluss) realisiert. Beim BK-Kabelanschluss wird das ehemalige TV-Kabelnetz genutzt, das durch Erweiterung mit einem Rückkanal zu einem bidirektionalen Netz ausgebaut wurde. Hierbei sind (theoretisch) Datenraten bis zu 10 Gbit/s Down- und bis zu 1 Gbit/s Upstream bei Leitungslängen bis zu 150 km möglich (DOCSIS 3.1; Hinweis: Die real erreichbaren Datenraten sind entfernungsabhängig kleiner.)! Der PC wird über seinen Netzwerkanschluss mit dem **BK-Kabelmodem** verbunden, welches über die **Multimediadose** (ehemalige Antennenanschlussdose) die Verbindung zum Internet herstellt. Über diese Dose können neben dem Internet- auch der Telefon- und der TV-Zugang realisiert werden (**Triple-Play-Dienste**).
3. Ein Smartphone oder ein Tablet mit Mobilfunkmodem verfügt naturgemäß über einen drahtlosen Zugang zu einem Funknetz (**2G**: GSM-Netz, **3G**: UMTS-Netz, **4G**: LTE-Netz; G steht für Generation, Kap. 8.1.5). Dieser Zugang kann auch für die Datenkommunikation mit dem Internet genutzt werden. Geräte, die über keine solche Funkschnittstelle verfügen, können per **Tethering** (Kap. 8.1.4) die Funkschnittstelle eines Smartphones oder Tablets nutzen. Alternativ lassen sie sich auch per USB-Stick mit einer eigenen GSM-/UMTS-/LTE-Funkschnittstelle nachrüsten. Erforderlich sind eine jeweilige Netzverfügbarkeit und ein entsprechender Mobilfunkvertrag.
4. Alternativ zu einem der genannten klassischen Mobilfunknetze ist auch ein Internetzugang über ein Funknetz gemäß dem **IEEE-802.16-Standard** denkbar. Dieser Standard ist auch unter der Bezeichnung **WiMax** (**W**orldwide **I**nteroperability for **M**icrowave **Access**) bekannt und ermöglicht – sofern er von einem Netzbetreiber angeboten wird – einen drahtlosen bidirektionalen Breitbandzugang mit Datenraten bis zu 1 Gibit/s download bei geländeabhängigen Entfernungen bis zu 5 km.

8.5.3 PC im LAN

LAN (Local Area Network) bezeichnet ein lokales Netzwerk, das aus einer Gruppe von Computern und anderen Geräten (z. B. Drucker, Scanner) besteht, die über einen begrenzten Bereich verteilt und durch Kommunikationsleitungen verbunden sind. Hierdurch ist jedem Gerät die Interaktion mit jedem anderen Gerät im Netzwerk möglich.

Der aktuell verwendete LAN-Standard trägt die Bezeichnung **Ethernet**. Dieser Standard umfasst Vorgaben sowohl für die verwendeten Kabeltypen und Steckverbindungen als auch für die Signalisierung, die Übertragungsformate und die Protokolle.

Ein Ethernet-LAN besteht aus **passiven** und **aktiven Komponenten** sowie den **Endgeräten**.

8.5.3.1 Passive LAN-Komponenten

Zu den passiven Komponenten gehören Stecker, Buchsen, Anschlussdosen, Kabelverteiler und die Leitungen.

Bei Kupferleitungen wird in einem Ethernet-LAN zurzeit ein Stecksystem mit der Bezeichnung **RJ-45** (Registered Jack: genormte Buchse) verwendet, auch bekannt als **Ethernet-Stecker** oder **Western-Stecker** (Name der Entwicklungsfirma). Dieses Stecksystem verfügt über acht Kontakte, die je nach Art des LANs nur teilweise oder verschieden beschaltet sind. Dieses Stecksystem wird auch in anderen Bereichen der Kommunikationstechnik eingesetzt.

Die Anschlussdosen verfügen in der Regel über zwei RJ-45-Buchsen. Zu beachten ist, dass diese Buchsen bei dem im LAN verwendeten Dosentyp separat anzuschließen sind (d.h. zwei Zuleitungen besitzen).

Verwendung	Anschlussbezeichnung u. -belegung							
	1	2	3	4	5	6	7	8
Megabit-Ethernet	TX+	TX−	RX+			RX−		
Gigabit-Ethernet	D1+	D1−	D2+	D3+	D3−	D2−	D4+	D4−

Bild 8.106: RJ-45-Stecker und mögliche Anschlussbelegung (TX: Transmit; RX: Receive)

Bei komplexen Leitungsstrukturen erfolgt die Verteilung über Kabelverteiler, auch Rangierfeld, Patchfeld oder **Patchpanel** genannt. Dieser stellt eine Anzahl durchnummerierter Buchsen (Ports) bereit, in die mit RJ-45-Steckern versehene Kabel gesteckt werden können. Diese Leitungen werden auch als **Patchkabel** bezeichnet.

Die verwendeten Leitungen sind mehradrig, die einzelnen Adern sind jeweils mit einem isolierenden Kunststoff überzogen und werden innerhalb einer gemeinsamen Ummantelung entweder parallel geführt oder paarweise miteinander verdrillt.

> Leitungen, die in einer gemeinsamen Ummantelung paarweise verdrillt sind, werden als **Twisted-Pair-Kabel** – kurz **TP-Kabel** – bezeichnet.

Standardmäßig befinden sich vier Adernpaare in einer Ummantelung. Die jeweils paarweise zusammengehörenden Adern sind farblich entsprechend gekennzeichnet. Hierbei gibt es unterschiedliche Kennzeichnungsnormen (z.B. DIN 47100 oder EIA, Electronic Industries Alliance). Auch die paarweise Zuordnung zu den RJ-45-Anschlusskontakten unterliegt unterschiedlichen Normierungen!

Bei den TP-Kabeln findet man grundsätzlich folgende Ausführungen, die sich in der Art der Abschirmumg gegenüber elektromagnetischen Störungen voneinander unterscheiden. Zur Abschirmung verwendet man eine dünne Metallfolie und/oder ein Metallgeflecht, das jeweils einzelne Adernpaare (Paarabschirmung) oder alle Adern gemeinsam ummantelt (Gesamtabschirmung).

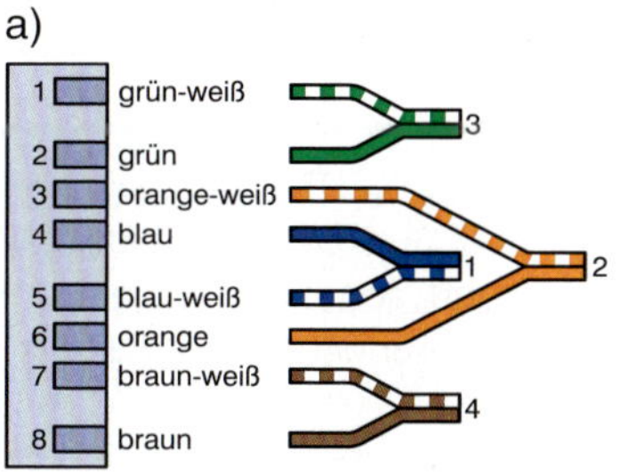

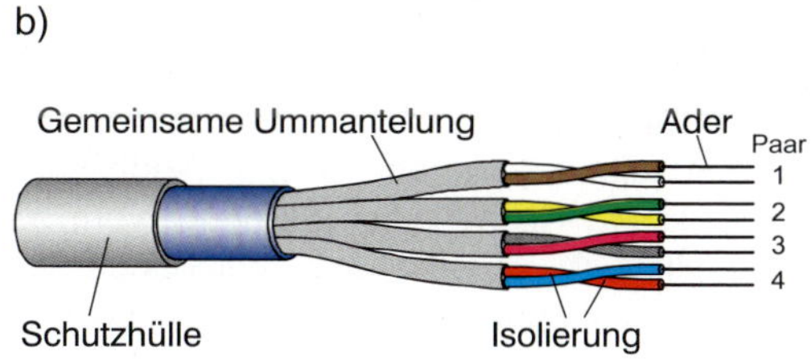

*Bild 8.107: a) Paarkennzeichnung nach **EIA 568A** und deren Kontaktzuordnung (bei **EIA 568B** sind die Farben grün/weiß-grün und orange/weiß-orange vertauscht)*

b) TP-Kabel mit Farbkennzeichnung nach DIN 47 100

Bezeichnungen		**Merkmale**	
neu	**alt**		
U/UTP	UTP	Unscreened/Unshielded Twisted Pair; Kabel ohne Gesamtabschirmung (U: Unscreened) und ohne Paarabschirmung (U: Unshielded)	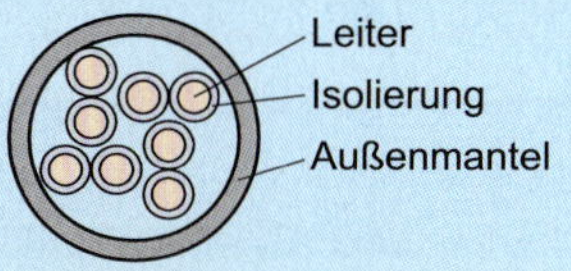 Leiter, Isolierung, Außenmantel
U/FTP; kurz: **FTP**	STP	Unscreened/Folied Twisted Pair; Kabel ohne Gesamtabschirmung (U: Unscreened), aber mit Paarabschirmung (F: Foiled) (alte Bezeichnung STP: Shielded Twisted Pair)	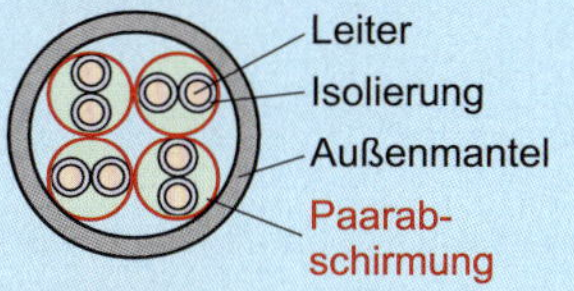 Leiter, Isolierung, Außenmantel, Paarabschirmung
S/UTP, F/UTP, SF/UTP	S/UTP	Screened/Unshielded Twisted Pair; Kabel mit Gesamtabschirmung aus Metallgeflecht (S: Screened) oder Metallfolie (F: Foiled) oder beidem (SF: Screened Foiled), aber ohne Paarabschirmung (U: Unshielded)	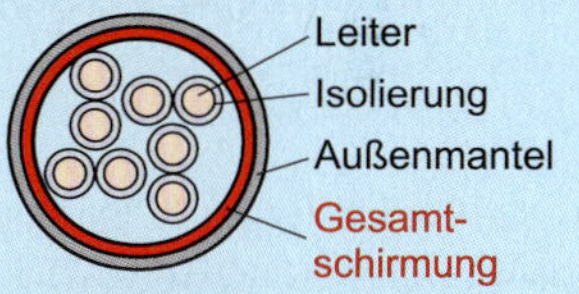 Leiter, Isolierung, Außenmantel, Gesamtschirmung
S/FTP, F/FTP, SF/FTP	S/STP	Screened/Shielded Twisted Pair; Kabel mit Gesamtabschirmung aus Metallgeflecht (S: Screened) oder Metallfolie (F: Foiled) oder beidem (SF: Screened Foiled), und zusätzlich mit Paarabschirmung (F: Foiled)	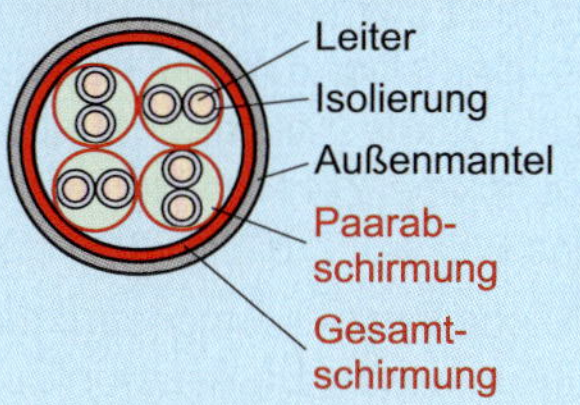 Leiter, Isolierung, Außenmantel, Paarabschirmung, Gesamtschirmung

Bild 8.108: TP-Kabelarten

In Herstellerkatalogen findet man für abgeschirmte Leitungen auch die Bezeichnung **PiMF**-Kabel (**P**aarweise **i**n **M**etall**f**olie).

Des Weiteren werden TP-Kabel nach verschiedenen Kabel-Kategorien klassifiziert (z. B. **Cat 6**: geeignet bis ca. 250 MHz, Einsatz für 100 Gbit/s-Ethernet).

> Eine **Kabel-Kategorie** definiert eine bestimmte Güte eines Kabels und garantiert dadurch entsprechende Übertragungseigenschaften.

Technisch von großer Bedeutung sind hierbei der Wellenwiderstand und die Dämpfung einer Leitung.

Der **Wellenwiderstand** wird auch allgemein als (Kabel-)**Impedanz** bezeichnet. Je nach Art des Leiters betragen typische Werte 50 Ω, 75 Ω, 100 Ω oder 150 Ω. Der Wellenwiderstand ist ein Rechenwert. Er hängt vom geometrischen Aufbau und den verwendeten Materialien ab, er ist jedoch unabhängig von der Leiterlänge und somit nicht identisch mit dem Leitungswiderstand *R* der Leitung! Um eine möglichst störungsfreie Signalübertragung zu gewährleisten, müssen angeschlossene Geräte (z. B. Netzwerkkarten) über einen Eingangswiderstand verfügen, der diesem Wellenwiderstand entspricht. Kommunikationskabel dürfen zur Vermeidung von Signalreflexionen auch kein „offenes Ende" haben, sondern müssen grundsätzlich an den Leitungsenden mit einem Widerstand abgeschlossen werden, dessen Wert dem Wellenwiderstand entspricht! Dies bezeichnet man als **Anpassung** (vgl. Kap. 4.2.1.2).

Als **Dämpfung** bezeichnet man die Abnahme der Signalenergie bei der Übertragung eines elektrischen Signals infolge der auftretenden Verluste entlang des Signalwegs. Je geringer die Dämpfung einer Leitung ist, über umso größere Strecken kann ein Signal übertragen werden, ohne zwischendurch verstärkt zu werden.

Die Größe der Dämpfung wird angegeben durch das Dämpfungsmaß *a*.

Das **Dämpfungsmaß *a*** ist das logarithmische Verhältnis der Eingangsspannung U_1 (Einspeisung am Leitungsanfang) zur Ausgangsspannung U_2 (Spannung am Leitungsende). Das Dämpfungsmaß wird mit der Bezeichnung **Dezibel (dB)** angegeben:

$$a = 20 \log \frac{U_1}{U_2} \text{ dB} \qquad \text{Umgekehrt gilt: } \frac{U_1}{U_2} = 10^{\frac{a}{20}}$$

(Logarithmus siehe Infomodul D auf **www.westermann.de/links/00815**, siehe Vorwort)

In der Praxis werden für die einzelnen TP-Kabelvarianten häufig Kurzbezeichnungen wie zum Beispiel **1000Base-T** verwendet. Der Zahlenwert gibt hierbei die Übertragungsrate in Megabit pro Sekunde an (hier: 1000 Mbit/s); Base bedeutet, dass es sich um ein sogenanntes **Basisbandkabel** handelt (Übertragung einer Information im originalen Frequenzbereich, keine Mehrfachausnutzung oder Modulation); der nachfolgende Buchstabe (auch Buchstabe-Zahl-Kombination) kennzeichnet die dämpfungsbedingte maximal mögliche Leitungslänge (T: bis zu 100 m).

Gleiche Bezeichnungsstrukturen findet man auch bei Lichtwellenleitern (LWL), die im Vergleich zu Kupferleitungen unempfindlich gegenüber elektromagnetischer Störstrahlung sind, eine geringere Dämpfung sowie ein geringeres Gewicht und geringere Durchmesser aufweisen.

8.5.3.2 Aktive LAN-Komponenten

Häufig bestehen lokale Netze aus kleineren Teilnetzen oder Teilstrecken unterschiedlicher Technologie. Außerdem ist die physikalische Länge einzelner Leitungssegmente begrenzt. In diesen Fällen werden unterschiedliche Datenübertragungsgeräte verwendet, um diese Teilstrecken aktiv miteinander zu koppeln.

Bezeichnung	Merkmale
Repeater (Bild a)	– bidirektionaler Verstärker zur Anhebung des Signalpegels, um längere Strecken überbrücken zu können – verbindet zwei Leitungssegmente miteinander – verstärkt und überträgt das Signal unabhängig davon, wo sich Sender und Empfänger befinden
Bridge (Bild b)	– ähnliche Funktion wie ein Repeater – Allerdings werden Daten zwischen zwei Leitungssegmenten nur dann weitergeleitet, wenn sich Sender und Empfänger auch tatsächlich in verschiedenen Segmeten befinden.
Hub (Bild a, b)	– Verstärker/Verteiler im Mittelpunkt einer sternförmigen Verkabelung – verfügt in der Regel über mehrere Anschlüsse (Ports) – An jeden Port lässt sich jeweils ein Endgerät anschließen. – sendet auf allen Ports die Summe aller Eingangssignale (**Punkt-zu-Mehrpunkt-Verbindung**)
Switch (Bild b, c)	– Verstärker/Verteiler im Mittelpunkt einer sternförmigen Verkabelung – verfügt in der Regel über mehrere Anschlüsse (Ports) – An jeden Port lässt sich jeweils ein Endgerät anschließen. – schaltet das zu übertragende Signal intern jeweils nur zwischen zwei beteiligten Ports durch (**Punkt-zu-Punkt-Verbindung**)
Router (Bild c)	– PC oder Übertragungsgerät, mit dem sich zwei (Teil-)Netze miteinander verbinden lassen – Um diese Verbindung zu realisieren, ist der Router Bestandteil beider Netze, d. h. er besitzt zwei Netzwerkkarten, sodass er in beiden Netzen kommunizieren kann.
Gateway	– PC oder Übertragungsgerät, mit dem sich zwei unterschiedliche Netze miteinander verbinden lassen – Während der Router aber nur den Weg von Daten lenkt, kann das Gateway auch Dienste ineinander überführen bzw. miteinander koppeln. Beispiele: – Zugang zu einem E-Mail-Dienst über ein Web-Interface – Sprachkommunikation zwischen dem Festnetz und dem GSM-Netz (**G**lobal **S**ystem for **M**obile Communications; Handy-Mobilfunknetz)

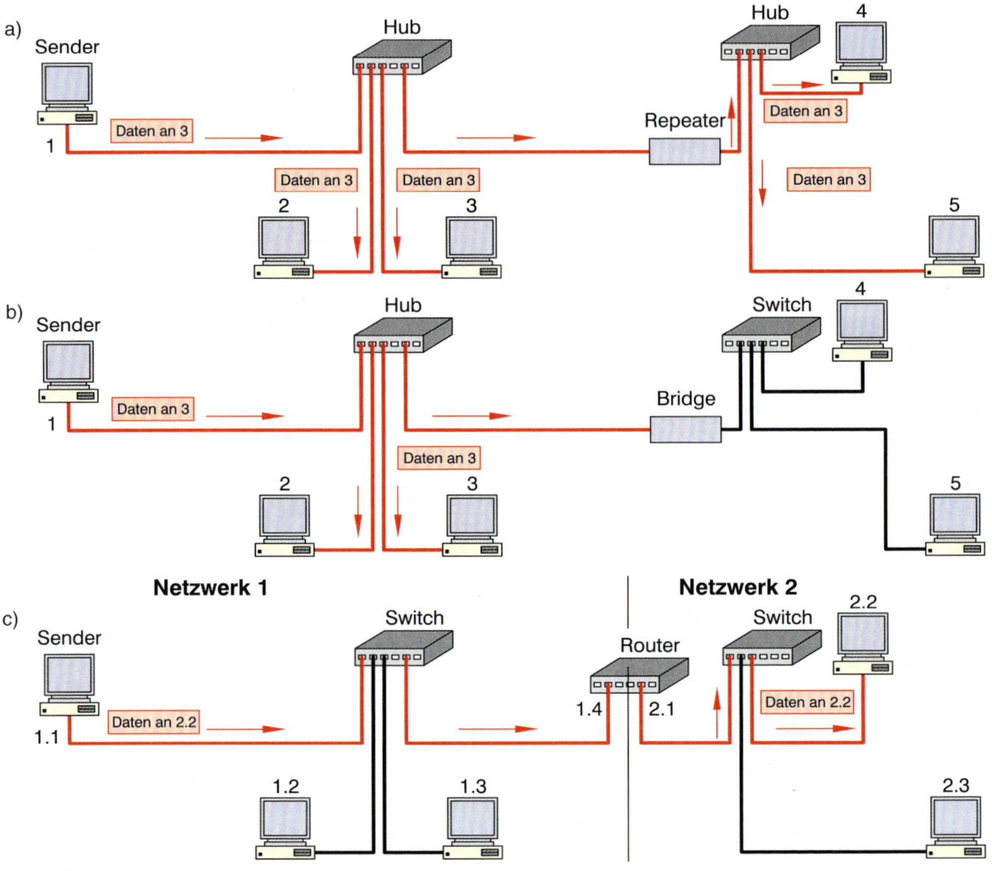

Bild 8.109: Aktive Komponenten in einem Netzwerk

8.5.3.3 Endgeräte im LAN

Zu den Endgeräten zählen die **Clients**, d. h. normale Arbeitsplatzrechner, und die **Server**, d. h. Computer, die meist über eine größere Leistungsfähigkeit verfügen, den Datenverkehr im Netz organisieren und den Clients verschiedene Dienste zur Verfügung stellen. In einem LAN mit Internetzugang befindet sich oft auch ein sogenannter Proxy-Server.

> Der **Proxy-Server** – kurz **Proxy** – verwaltet den Datenverkehr zwischen dem lokalen Netz und dem Internet. Je nach Einstellung kann er eine Zugangskontrolle ausüben und Daten zwischenspeichern, die von den angeschlossenen PCs häufig angefordert werden, sodass diese nicht stets neu aus dem Internet geladen werden müssen (Reduzierung der Download-Datenrate).

Damit besitzt er – sofern vorhanden – eine Schutzfunktion für das lokale Netz vor unerwünschten Zugriffen aus dem Internet und ist möglicher Bestandteil einer Firewall.

Unter einer **Firewall** versteht man ein Schutzsystem für ein Netzwerk gegen unerlaubte externe Zugriffe, bei dem die Kommunikation zwischen einem Netzwerk-PC und einem netzfremden, externen Gerät nach bestimmten vorgegebenen Richtlinien *(Policies)* softwaremäßig überwacht wird.

Die Firewall ist auf dem Router zwischen dem lokalen Netz und dem Internet angesiedelt.

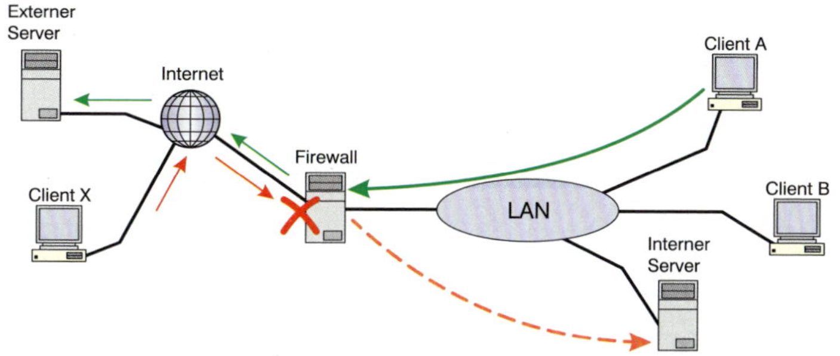

Bild 8.110:
Prinzip einer Firewall

An jeden Server-PC werden hohe Anforderungen bezüglich der Betriebssicherheit gestellt, da ein Netz bei einem Serverausfall zumindest teilweise nicht mehr funktionstüchtig ist. Um bei einem plötzlichen Stromausfall keine wichtigen Daten zu verlieren, werden Server meist nicht direkt am Energieversorgungsnetz betrieben, sondern sind über eine USV (Unterbrechungsfreie Strom-Versorgungseinheit, siehe Kap. 4.2.4.2) angeschlossen. Die USV stellt dann für eine bestimmte Zeit die Energieversorgung sicher, sodass zumindest ein Speichern relevanter Daten und ein geordnetes Herunterfahren des Systems gewährleistet ist.

Damit ein PC (Client oder Server) Bestandteil eines Netzes werden kann, benötigt er eine entsprechende Netzwerkschnittstelle.

Bei den meisten Rechnern ist diese bereits auf dem Board implementiert, die Steuerung und die Anpassung der Signale des Netzes an den Rechner erfolgt dann durch den On-Board-Netzwerkadapter.

Jeder Netzwerkadapter besitzt eine weltweit eindeutige **MAC-Adresse** (**M**edium **A**ccess **C**ontrol), die vom Hersteller vergeben wird. Diese MAC-Adresse kann als Zugangsfilter verwendet werden, sodass sich in einem Netzwerk nur PCs anmelden können, die eine bekannte und vom Netzwerkadministrator zugelassene MAC-Adresse aufweisen. Die MAC-Adresse wird üblicherweise in hexadezimaler Schreibweise angegeben (z. B. 00-12-BF-DC-3B-B8; siehe Kap. 7.1.3).

8.5.4 IP-Adressierung

Um in einem Netzwerk eindeutig erkannt zu werden, benötigt jeder PC eine eindeutige IP-Adresse.

Die **IP-Adresse** (**I**nternet-**P**rotocol **A**ddress) ist eine weltweit eindeutige Kennzeichnung eines Computers, der über das Internet mit anderen PCs kommuniziert.

Auch in einem privaten, lokalen Netz wird diese Art der Kennzeichnung verwendet.

Eine IP-Adresse in der IP-Version 4 (**IPv4**) besteht aus 4 Bytes = 32 bit. Hiermit lassen sich 2^{32} verschiedene IP-Adressen zuordnen. Dieser – aus heutiger Sicht – zu kleine Adressraum wird durch die neue Version **IPv6**, bei der 16 Bytes für die Adressierung verwendet werden, auf 2^{128} IP-Adressen erweitert (siehe auch www.wikipedia.de, Suchbegriff IPv4 bzw. IPv6).

Eine IPv4-Adresse wird binär folgendermaßen angegeben:

	1. Byte	2. Byte	3. Byte	4. Byte
binär	1 0 0 0 1 0 1 1	0 1 0 1 1 0 0 0	0 0 0 0 0 0 1 1	0 1 1 0 0 1 0 0
dezimal	139	88	3	100
Klasse A	Netz-Adressteil	Host-Adressteil		
Klasse B	Netz-Adressteil		Host-Adressteil	
Klasse C	Netz-Adressteil			Host-Adressteil

Bild 8.111: Aufbau einer IPv4-Adresse (Beispiel)

Die binär angegebenen Bytes werden einzeln in Dezimalzahlen umgewandelt und durch Punkte voneinander getrennt: 139.88.3.100.

Ähnlich wie bei der Telefonnummer mit Vorwahl und Rufnummer besteht die IPv4-Adresse aus zwei Teilen, dem sogenannten **Netz-Adressteil**, der das Netz kennzeichnet, in dem sich der PC befindet, und dem sogenannten **Host-Adressteil**, der den einzelnen PC eindeutig kennzeichnet. Bei IPv4 wurden in der Vergangenheit verschiedene Netzklassen definiert (z. B. Klasse A, Klasse B, Klasse C; Bild 8.111). Diese Netzklassen unterscheiden sich dadurch, dass ihre Netz-Adressteile jeweils unterschiedlich lang sind. Für den Host-Adressteil steht dann in jeder Klasse die jeweils verbliebene Anzahl von Bits zur Verfügung. Von der Länge des Host-Adressteils hängt die maximale Anzahl der PCs ab, die in dem Netz eindeutig adressiert werden können (bei 16 bit theoretisch $2^{16} = 65\,536$, davon sind zwei Adressen reserviert und können nicht vergeben werden, siehe unten).

Zur eindeutigen Zuordnung eines PCs zu einem Netz muss zusätzlich zur IPv4-Adresse auch jeweils die Länge des Netz-Adressteils angegeben werden. Dies kann auf zweierlei Arten geschehen:

1. Man hängt die (binäre) Stellenzahl, die das Netz definiert, mit einem Schrägstrich an die IP-Adresse an, also etwa 139.88.3.100/16. Dies bedeutet, dass der Netz-Adressteil aus den ersten 16 bit der IP-Adresse besteht (also in Dezimalschreibweise 139.88; Klasse B-Netz). Der Host-Adressteil besteht demzufolge aus den verbleibenden 16 bit (hier also 3.100).
2. Man gibt eine binäre Zahlengruppe an, die formal wie eine Netzadresse aussieht, die jedoch in den Bits des Netz-Adressteils nur Einsen und in den Bits des Host-Adressteils nur Nullen hat. In Dezimalschreibweise umgewandelt ergibt sich passend zum obigen Beispiel dann 255.255.0.0. Diese Zahlengruppe wird **Netzmaske** *(netmask)* genannt.

Durch das sogenannte **Subnetting** lassen sich private Netze zusätzlich in kleinere Teilnetze (Subnetze) unterteilen, ohne dass dies von außen (d. h. aus dem Internet) sichtbar ist. Hierdurch lassen sich Firmennetze nach Bereichen, Standorten oder anderen gewünschten Strukturen einteilen, wodurch meist eine einfachere Administration bzw. Rechtevergabe möglich ist. In den Eingabemasken für die Netzwerkeinbindung wird daher standardmäßig anstelle des Begriffs Netzmaske die Bezeichnung **Subnetzmaske** *(subnetmask)* verwendet.

Zur vollständigen Kennzeichnung eines PC-Interfaces in einem IPv4-Netz gehören die **IP-Adresse** und die **Subnetzmaske**.

In vielen Fällen verläuft das Einbinden eines Client-PCs in ein bestehendes Netzwerk selbstständig und dem PC werden von einem DHCP-Server automatisch die erforderlichen Daten zugewiesen. Das Standardgateway ist hierbei das Gerät, das die Verbindung zum Internet herstellt (Bild 8.112).

Bild 8.112: Beispiel für die LAN-Konfiguration eines PCs

Bei der Einrichtung eines Netzwerks können IP-Adresse und Subnetzmaske auch manuell in die entsprechenden Felder der Eingabemaske für das Einrichten einer Netzwerkverbindung eingegeben werden. Hierbei ist für die Eindeutigkeit bei der Vergabe von IP-Adressen zu beachten, dass die meisten IP-Adressen von einer zentralen Organisation an öffentliche Netzbetreiber vergeben werden. Für den Einsatz von IP-Adressen innerhalb privater Netze werden jedoch bestimmte Adressbereiche reserviert. Da diese Adressen öffentlich nicht geroutet (weitergegeben) werden, dürfen sie in jedem privaten Netz verwendet werden. Hierzu gehören beispielsweise die IPv4-Adressen 10.x.x.x oder 192.168.x.x, wobei x jeden Wert zwischen 1 und 254 annehmen darf. Sowohl die niedrigste (x = 0) als auch die höchste (x = 255) in einem Netz vorkommende Adresse haben eine besondere Bedeutung und können nicht an einen PC vergeben werden.

Die niedrigste einem Netz zugeordnete IPv4-Adresse (alle Bits im Host-Adressteil sind 0) ist die sogenannte **Netz-Adresse**. Diese Adresse kennzeichnet ein Netz von außerhalb (z. B. aus dem Internet).

Die höchste einem Netz zugeordnete IPv4-Adresse (alle Bits im Host-Adressteil sind 1) ist die sogenannte **Broadcast-Adresse**. Mit dieser Adresse werden alle in einem Netz befindlichen PCs angesprochen.

Diese Adressen können nicht an einzelne Hosts vergeben werden.

Durch die logische, bitweise **UND**-Verknüpfung einer in einem Netz vergebenen IP-Adresse mit der zugehörigen (Sub-)Netzmaske kann die **Netzadresse** softwaremäßig bestimmt werden. Ebenso lässt sich die **Broadcastadresse** durch eine logische, bitweise **ODER**-Verknüpfung (siehe Kap. 7.2.1) einer in einem Netz vergebenen IPv4-Adresse mit der zugehörigen invertierten (Sub)Netzmaske softwaremäßig bestimmen.

■ **Beispiel:**

In einem privaten Firmennetz wird die IPv4-Adresse 192.168.1.31 vergeben. Die (Sub)Netzmaske lautet 255.255.255.0. Um welche Netzklasse handelt es sich? Wie lauten die zugehörige Netzadresse und die Broadcastadresse? Wie viele Hosts sind maximal adressierbar?

Lösung

Die ersten 24 Bits (1. bis 3. Byte) der Netzmaske haben den Wert 1 ($255_{dezimal} = 11\,111\,111_{dual}$). Somit bilden die ersten 24 Bits, d. h. 1. bis 3. Byte der IPv4-Adresse, den Netz-Adressteil. Es handelt sich somit um ein Klasse-C-Netz.

Bestimmung der Netzadresse durch bitweise UND-Verknüpfung von IPv4-Adresse und (Sub-)Netzmaske:

1. Byte								2. Byte								3. Byte								4. Byte								
1	1	0	0	0	0	0	0	1	0	1	0	1	0	0	0	0	0	0	0	0	0	0	1	0	0	0	1	1	1	1	1	IPv4-Adresse
1	**1**	**1**	**1**	**1**	**1**	**1**	**1**	**1**	**1**	**1**	**1**	**1**	**1**	**1**	**1**	**1**	**1**	**1**	**1**	**1**	**1**	**1**	**1**	**0**	**0**	**0**	**0**	**0**	**0**	**0**	**0**	**(Sub-)Netzmaske**
1	1	0	0	0	0	0	0	1	0	1	0	1	0	0	0	0	0	0	0	0	0	0	1	0	0	0	0	0	0	0	0	Netz-Adresse

Die zugehörige Netz-Adresse lautet dezimal 192.168.1.0.

Bestimmung der Broadcastadresse durch bitweise ODER-Verknüpfung von IPv4-Adresse und der invertierten (Sub-)Netzmaske:

1. Byte								2. Byte								3. Byte								4. Byte								
1	1	0	0	0	0	0	0	1	0	1	0	1	0	0	0	0	0	0	0	0	0	0	1	0	0	0	1	1	1	1	1	IPv4-Adresse
0	**0**	**0**	**0**	**0**	**0**	**0**	**0**	**0**	**0**	**0**	**0**	**0**	**0**	**0**	**0**	**0**	**0**	**0**	**0**	**0**	**0**	**0**	**0**	**1**	**1**	**1**	**1**	**1**	**1**	**1**	**1**	**invertierte (Sub-)Netzmaske**
1	1	0	0	0	0	0	0	1	0	1	0	1	0	0	0	0	0	0	0	0	0	0	1	1	1	1	1	1	1	1	1	Broadcast-Adresse

Die zugehörige Broadcast-Adresse lautet dezimal 192.168.1.255.

Der Host-Adressteil besteht nur aus dem 4. Byte. Die maximal adressierbare Anzahl von Hosts beträgt somit 254 ($2^8 = 256$, abzüglich Netzadresse und Broadcastadresse).

IPv6-Adressen werden nicht in dezimaler, sondern in hexadezimaler Schreibweise (Kap. 7.1.3.3) angegeben. Eine IPv6-Adresse besteht insgesamt aus 128 bit, die in acht Blöcken zu je 16 bit gruppiert werden. Jeder Block wird mit 4 Hexadezimalstellen angegeben, die einzelnen Blöcke werden jeweils durch Doppelpunkte voneinander getrennt. Ähnlich wie eine IPv4-Adresse besteht auch eine IPv6-Adresse aus zwei Teilen, dem **Präfix** bzw. **Netz-Identifier** und dem **Interface-Identifier**. Beide Teile können aus der gleichen Anzahl von Bits bestehen (d. h. jeweils 64 bit), die Anzahl kann jedoch auch unterschiedlich sein (z. B. Präfix: 80 bit, Interface Identifier: 48 bit). Die Summe beider Teile muss aber stets 128 bit ergeben. Die Anzahl der Bits, die zum Präfix gehören, wird hinter einem Schrägstrich an die IPv6-Adresse angehängt (**Subnetzpräfix**, Bild 8.113).

IPv6-Adresse	**00D7 :**	**1605 :**	**0000 :**	**19E0**	**: 02AA**	**: 00FF**	**: FE28**	**: 000A**	**/ 64**
Block-Nr.	1	2	3	4	5	6	7	8	**Subnet-präfix**
Länge	16 bit	16 bit	16 bit	16 bit	16 bit	16 bit	16 bit	16 bit	IPv4-Adress-bereich
Bezeichnung	**Präfix/Netz-Identifier (64 bit)**				**Interface Identifier (64 bit)**				

Bild 8.113: Aufbau einer IPv6-Adresse (Beispiel)

Um den Schreibaufwand zu reduzieren, gelten folgende Verkürzungsregeln:

Verkürzungeregel	Beispiele
Führende Nullen innerhalb eines Blockes dürfen weggelassen werden.	00D7:1605:0000:19E0:02AA:00FF:FE28:000A wird zu D7:1605:0:19E0:2AA:FF:FE28:A
Beträgt der Wert *eines oder mehrerer aufeinanderfolgender* Blöcke den Wert 0 (bzw. 0000), dürfen diese **einmalig** ausgelassen werden; dies wird durch zwei aufeinanderfolgende Doppelpunkte dargestellt.	D7:0:0:0:2AA:FF:FE28:A wird zu D7::2AA:FF:FE28:A
	D7:0:0:0:2AA:0:0:A wird zu D7::2AA:0:0:A **oder** D07:0:0:0:2AA::A

Verkürzungeregel	Beispiele
Die letzten 32 bit (Block 7 und 8) entsprechen dem Adressraum von IPv4 (32 bit = 4 Bytes; in Bild 8.113 rot getönter Bereich). Für diese 4 Bytes darf die herkömmliche dezimale Schreibweise verwendet werden.	00D7:1605:0000:19E0:02AA:00FF:**8B58:0364** oder D7:1605::19E0:2AA:FF:**139.88.3.100**
	IPv4-Adresse: **127.0.0.1** als IPv6-Adresse: ::**127.0.0.1** oder ::**7F00:1**

Bild 8.114: Verkürzungsregeln bei IPv6-Adressen

8.5.5 WLAN

> **WLAN** (**W**ireless **L**ocal **A**rea **N**etwork) bezeichnet ein drahtloses, lokales Funknetz, basierend auf dem Standard IEEE 802.11.

Dieser Standard beinhaltet eine ganze Normen-Familie, deren Teile (o. Ä.) durch jeweils einen nachfolgenden Buchstaben näher gekennzeichnet sind und sich in ihren Eigenschaften voneinander unterscheiden. Als Oberbegriff für den 802.11-Standard hat sich auch die Bezeichnung **WiFi** (**Wi**reless **Fi**delity) etabliert.

IEEE	Frequenzbereich	Datenrate (theoretisch, brutto)	Sonstiges
802.11**a**	5 GHz	54 Mbit/s	kompatibel zu 802.11h
802.11**b**	2,4 GHz	11 Mbit/s	lizenzfreies Frequenzband; Mischbetrieb möglich, dann aber geringerer Datendurchsatz
802.11**g**	2,4 GHz	54 Mbit/s	
802.11**h**	5 GHz	54 Mbit/s	kompatibel zu 802.11a
802.11**n**	2,4 GHz, 5 GHz	600 Mbit/s	Verwendung von **MIMO**-Technik (**M**ultiple **I**nput **M**ultiple **O**utput: Geräte, die gleichzeitig mehrere Eingangs- und Ausgangssignale verarbeiten können)
802.11**ac**	5 GHz	6,93 Gbit/s	„Gigabit-WLAN"; Erweiterungen zu 802.11n; gleichzeitige Nutzung von mehreren Verbindungen in Kombination mit 8-fach-MIMO; wegen begrenzter Übertragungsmöglichkeiten im 5-MHz-Band Nutzung des 60-GHz-Bandes
802.11**ad**	60 GHz	6,76 Gbit/s	
802.11**p**	5 GHz	27 Mbit/s	Erweiterung zu 802.11a; Anwendung speziell für intelligente Verkehrssysteme, Car-to-Car-Communication

Bild 8.115: Auswahl von IEEE-802.11-Spezifikationen (Datenraten können auch mit Binärpräfixen angegeben werden; Kap. 7.1.4.2)

Der zur Verfügung stehende Frequenzbereich wird hierbei in mehrere Übertragungskanäle unterteilt (z. B. bei 802.11b/g in Europa 13 Kanäle). Die Reichweite beträgt bei der in Deutschland maximal zulässigen Sendeleistung von 100 mW je nach Gebäude- bzw. Geländebeschaffenheit bis zu 100 Meter. Die Kommunikation kann erfolgen im

- **Infrastrukturmodus**: Endgeräte müssen sich je nach Einstellung mit ihrer MAC-Adresse bzw. ihrer IP-Adresse bei einem zentralen Knotenpunkt (**Accesspoint**) anmelden oder erhalten vom Knoten eine IP zugewiesen; die Kommunikation wird vom Accesspoint gesteuert und überwacht, er kann auch eine Verbindung in ein anderes Netz (z. B. Internet) herstellen; diese Struktur wird meistens verwendet;

- **Ad-hoc-Modus**: Zwei oder mehr Endgeräte bilden ein vermaschtes Netz und kommunizieren miteinander, es ist kein zentraler, konfigurierender und steuernder Knotenpunkt erforderlich. Die Geräte bilden selbst jeweils die Knotenpunkte; wird nur für „spontane" Vernetzung von Endgeräten verwendet, da Routing und Protokollierung aufwendiger.

Vom Ad-hoc-Modus abzugrenzen ist der **WiFi-Direct**-Standard, bei dem lediglich **zwei** (entsprechend zertifizierte) Geräte unter Verwendung vereinfachter, spezieller Protokolle **direkt** miteinander kommunizieren.

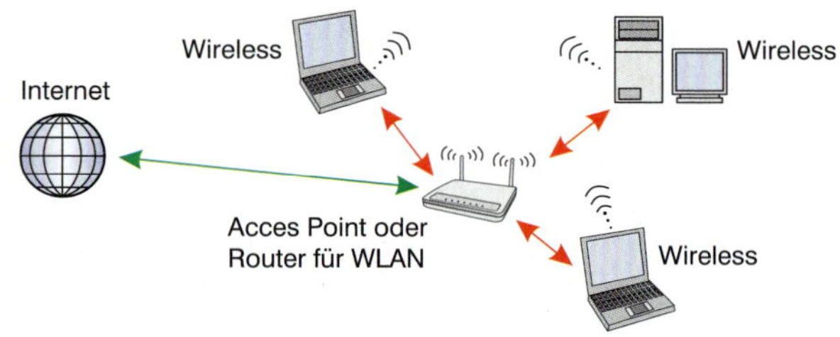

Bild 8.116: Infrastrukturmodus Wireless LAN

Alle Geräte in einem WLAN müssen zur Identifikation denselben Netzwerknamen (**SSID**: **S**ervice **S**et **Id**entifier; Länge: bis zu 32 Zeichen) verwenden. Um ein unerwünschtes Einloggen in ein WLAN und ein Abhören übertragener Daten zu verhindern, ist eine Verschlüsselung zwingend erforderlich. Sie ist Teil des 802.11-Standards. Es sollte eine **WPA/WPA2**-Verschlüsselung verwendet werden, künftig auch die verbesserte Nachfolgeversion **WPA3** (**WPA**: **W**iFi **P**rotected **A**ccess; Verschlüsselungssystem **AES**: **Ad**vanced **E**ncryption **S**tandard, Schlüssellänge bis 256 bit). WPA wird meist in Verbindung mit **PSK** (**P**re-**S**hared **K**ey: Passwort, das bei Anmeldung verschlüsselt übertragen wird) zur Authentifizierung der Nutzer verwendet. Die **WEP**-Verschlüsselung ist unsicher und gilt als veraltet (**WEP**: **W**ired **E**quivalent **P**rivacy, Schlüssellänge meist nur 40 bit). Die Verschlüsselung muss gleichermaßen im Accesspoint und im Endgerät eingestellt werden.

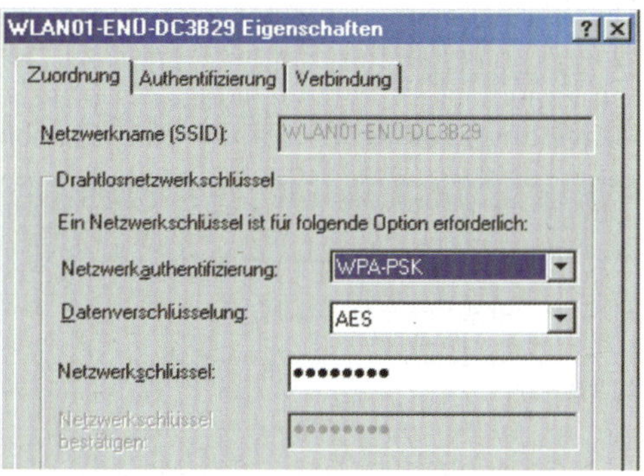

Bild 8.117: Beispiel für WLAN-Einstellungen

8.5.6 PC mit DSL-Anschluss

> **DSL** ist die Abkürzung für **D**igital **S**ubscriber **L**ine (Digitale Anschlussleitung) und beschreibt eine Anschluss- und Übertragungstechnik, mit der ein PC oder ein anderes Kommunikationsgerät über eine vorhandene Telefon-Anschlussleitung (Kupferdoppelader) mit dem Internet verbunden wird.

DSL wurde ursprünglich entwickelt für Internetverbindungen in Kombination mit einem analogen Telefonanschluss (Sprachfrequenzbereich 300 – 3400 Hz) oder einem **ISDN**-Anschluss (**I**ntegrated **S**ervices **D**igital **N**etwork; digitaler Anschluss für die Sprachübertragung, erforderlicher Frequenzbereich bis 120 kHz). Die hiermit erreichbare Datenrate ist um ein Vielfaches höher als mit einem analogen Modem (bis 56 kbit/s) oder einem ISDN-Anschluss (Basisanschluss: 2 Sprachkanäle, auch B-Kanäle genannt, mit jeweils 64 kbit/s, somit bei Kanalbündelung maximal 128 kbit/s, bidirektional), ohne dass zusätzliche Leitungen zwischen einem Verteilknoten des Netzbetreibers und dem Teilnehmer verlegt werden müssen.

Damit sich Telefon- und DSL-Anwendungen bei gleichzeitiger Nutzung nicht gegenseitig stören, wurden die DSL-Signale zunächst *oberhalb* derjenigen Frequenzen übertragen, die für die Analog- bzw. ISDN-Telefonie erforderlich waren (mit Schutzabstand gemäß Spezifikation ab 138 kHz). Die Signaltrennung erfolgte hierbei beim Teilnehmer mit einem sogenannten **Splitter** (passive Frequenzweiche). Inzwischen kommt aber nur noch eine Spezifikation zum Einsatz, bei der gänzlich auf die klassische Analog- und die ISDN-Telefonie verzichtet wird, so dass auch der Frequenzbereich unterhalb von 138 kHz zur Übertragung des DSL-Signals genutzt werden kann. Ein solcher Anschluss wird vielfach unter der Bezeichnung „**All-IP**" vermarktet, die technische Bezeichnung für diese Frequenzzuordnung lautet **Annex J** (vorher bei Analoganschluss: **Annex A**, bei ISDN: **Annex B**; annexus: lateinisch, bedeutet so viel wie „Anhang", „Verbindung"). Ein Splitter ist nicht mehr erforderlich, allerdings kann die Sprachkommunikation hierbei nur noch in Form von **VoIP** (Voice over IP) erfolgen, bei der die Sprachdaten nach der erforderlichen Analog-Digital-Wandlung (Kap. 7.2.5.5) in Form von Datenpaketen in den DSL-Datenstrom eingefügt werden.

> Die **All-IP-**Anbindung eines Teilnehmers (Annex J) wird auch als **entbündeltes DSL** oder **splitterloses DSL** bezeichnet.

Bei DSL unterscheidet man grundsätzlich zwischen **asymmetrischen Verfahren**, bei denen die Datenraten **Upstream** (vom Teilnehmer zum Internet) und **Downstream** (vom Internet zum Teilnehmer) verschieden groß sind, und **symmetrischen Verfahren**, bei denen die Datenraten in beiden Richtungen gleich groß sind.

Asymmetrische Varianten werden unter den Bezeichnungen ADSL1, ADSL2 und ADSL2+ vermarktet (**ADSL**: **A**symmetrical **D**igital **S**ubscriber **L**ine), die sich maßgeblich in der erzielbaren Downstream-Datenrate unterscheiden (ADSL1: bis 6 Mbit/s; ADSL2: bis 8 Mbit/s; ADSL2+: bis 24 Mbit/s). Bei den symmetrischen Verfahren sind **VDSL1** und **VDSL2** (**V**ery High Bit-Rate **D**igital **S**ubscriber **L**ine) am weitesten verbreitet (VDSL1: bis 50 Mbit/s; VDSL2: bis 100 Mbit/s). Die genannten Downloadraten sind theoretische Maximalwerte, die in der Praxis *entfernungsabhängig* wesentlich kleiner sind. Außerdem sind die tatsächlich zur Verfügung stehenden Datenraten auch von den Tarifangeboten der jeweiligen Netzbetreiber abhängig.

Um hohe Datenraten auf der Anschlussleitung zu erreichen, muss die vorhandene Kupferdoppelader (Cu) wegen ihrer Signaldämpfung (Kap. 8.5.3.1) möglichst kurz sein. Daher erfolgt die Anschaltung meist über ein *kundennah* platziertes **MFG** (Multifunktionsgehäuse; früher **KVz**: Kabelverzweiger), in dem dann eine Signalumsetzung auf eine Glasfaserleitung (LWL) erfolgt, mit der sich längere Strecken wegen der geringeren Signalverluste besser überbrücken lassen (Bild 8.119). Zusätzlich sind auch spezielle Übertragungsmaßnahmen erforderlich (z. B. bei VDSL2: **Vectoring**, Verfahren zur Reduzierung von Störeinflüssen durch Übersprechen; **G.fast**, spezielles Modulationsverfahren).

In Deutschland erfolgt die elektrische Anschaltung eines All-IP-Anschlusses beim Teilnehmer meist über die sogenannte **1. TAE** (**T**elekommunikations-**A**nschluss-**E**inheit; genormte Anschlussbuchse des Netzbetreibers). Das hieran angeschlossene **IAD** (**I**ntegrated **A**ccess **D**evice) dient als Netzabschluss und fungiert gleichzeitig als Media Gateway. Meist wird es in Kombination mit integriertem DSL-Modem, LAN-/WLAN-Routerfunktionen sowie erforderlichen Schnittstellen für den internen Anschluss von weiteren Geräten zur Verfügung gestellt (je nach Ausstattung z. B.: USB; Analog-, ISDN-, DECT- oder IP-Telefon; IPTV-fähige AV-Geräte; Bild 8.118). Daher wird das Gerät im allgemeinen Sprachgebrauch auch einfach als „DSL-Router" bezeichnet.

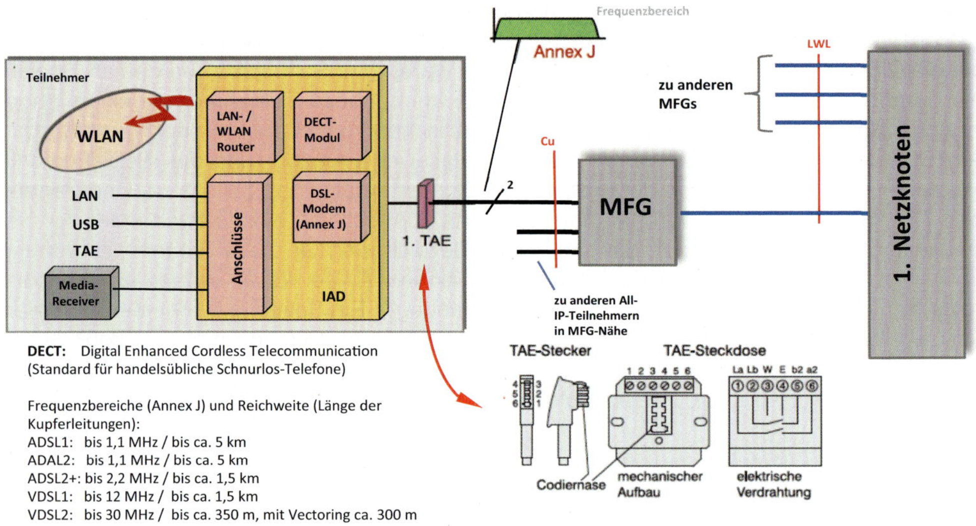

Bild 8.118: DSL-Anschlusskonfiguration (Beispiel)

Um DSL nutzen zu können, muss man eine entsprechende Anschaltung bei einem Anbieter beantragen. Von diesem erhält man dann seine individuellen Zugangsdaten.

Der zunehmende Bedarf an Übertragungsbandbreite führt sowohl bei Firmenanschlüssen als auch bei Privatkunden speziell in Ballungsgebieten dazu, dass die Netzbetreiber ihre Kupferanschlussleitungen durch Glasfaserleitungen ersetzen (**FTTH**: **F**ibre **T**o **T**he **H**ome). Hierdurch wird ein Datenanschluss auch ohne DSL-Techniken möglich, der weitaus höhere Datenraten zur Verfügung stellen kann.

8.5.7 Cloud-Computing

Cloud-Computing erfolgt aufgrund seiner weiten Verbreitung bei Privatkunden meist über den DSL-Anschluss, ist aber prinzipiell über jeden Internetzugang möglich.

> Der Begriff **Cloud-Computing** bezeichnet eine Form der bedarfsgerechten und flexiblen Bereitstellung von IT-Leistungen, die von IT-Service-Providern über verteilte Hardware- und Softwareressourcen angeboten werden. Diese Leistungen werden in Echtzeit als *Service* über einen schnellen Datenzugang bereitgestellt und nach Nutzung abgerechnet. Der Anwender kann diese Dienste jederzeit von jedem Ort aus nutzen.

Der Begriff Cloud („Wolke“) steht hierbei synomym für die örtlich nicht genau identifizierbare Hardware (Router, Server, Speicher), die irgendwo im Internet angesiedelt und über eine skalierbare Netzstruktur mit höchsten Datenraten untereinander verbunden ist.

Man unterscheidet folgende Arten von Services:

	Bezeichnung	Erläuterung
1. Ebene	**IaaS:** **I**nfrastructure-**as-a-S**ervice	– Bereitstellung einer (für den Anwender meist virtuellen) Infrastruktur von IT-Komponenten durch einen entsprechenden IT-Dienstleister – Beispiele: Server, Rechenleistung, Netzkapazitäten, Kommunikationsgeräte, Speicher, Archivierungs- und Backup-Systeme – Vorteile: hohe Effizienz, bedarfsorientierte Skalierbarkeit, große Flexibilität, kostengünstige Nutzung stets aktueller Hardware – nutzungsabhängige Abrechnung
2. Ebene	**SaaS:** **S**oftware-**as-a-S**ervice	– Bereitstellung von Software-Sammlungen, Applikationen oder Anwendungsprogrammen („Mietsoftware") – oft in Kombination mit Ebene 1 zu einem Gesamtbündel kombiniert – Beispiele: Telefonanlage in der Cloud („Communication as a Service"); in der Regel verbirgt sich hinter einem solchen Angebot die Zusammenstellung von „Unified Communications-Diensten", wie z. B. Voice over IP-Telefonie, Instant Messaging, Webkonferenzen, E-Mail – leichte Erweiterbarkeit und bedarfsorientierte Anpassung – nutzungsabhängige Abrechnung
3. Ebene	**PaaS:** **P**latform-**as-a-S**ervice	– Nutzungszugang zu Programmierungs- oder Laufzeitumgebungen mit flexiblen, dynamisch anpassbaren Rechen- und Datenkapazitäten – Entwicklung von Software-Anwendungen innerhalb einer eigenen oder von einem Dienstanbieter bereitgestellten Softwareumgebung – Beispiele: technische Frameworks, Datenbanken, Middleware oder die gesamte Anwendungssoftware (z. B. Windows Azure) – nutzungsabhängige Abrechnung

Bild 8.119: 3-Ebenen-Modell für Cloud-Services

Bei den bereitgestellten IT-Dienstleistungen muss auch sichergestellt werden, dass die tatsächliche Leistung dem erwarteten und vereinbarten Umfang vollkommen entspricht. Neben festen Verträgen (ggf. mit Sonderkonditionen) zwischen einem Dienstleister und einem einzelnen Kunden bieten Service Provider ihre Services oft auch generalisierend (d. h. für alle Kunden gleich) in unterschiedlichen *Service Levels* an.

Service Level Agreements (SLA) legen fest, welche *messbaren* IT-Dienstleistungen ein Service-Provider einem Kunden zu erbringen hat.

Zu den wesentlichen SLA-Parametern bei IT-Dienstleistungen zählen:

- Antwortzeiten (z. B. auf eingehende Anfragen)
- Performance (z. B. Geschwindigkeit der Datenverarbeitung und Übertragungsraten der Schnittstellen)
- Verfügbarkeit (z. B. wie viele Stunden pro Tag muss ein Dienst abrufbar sein)
- Reaktions- bzw. Entstörzeiten (z. B. wie schnell ist nach einem Ausfall der Normalbetrieb wieder hergestellt)

Bei den Cloud-Strukturen unterscheidet man drei verschiedene Arten:

Bezeichnung	Erläuterung/Merkmale
Private Cloud (alternativ: **Owncloud**)	– vom Kunden selbst betriebene Cloud-Umgebung, vielfach auch im eigenen Rechenzentrum – effiziente, standardisierte und sichere IT-Betriebsumgebung – beschränkter Zugang (z. B. Kunde selbst, Geschäftspartner, Lieferanten) – Zugriff über Intranet oder VPN – hoher Datenschutz, da komplette Kontrolle durch den Anwender – erforderliche Services lassen sich optimal an die Firmenstruktur anpassen
Public Cloud	– von einem externen Internet-Provider angebotene Cloud-Umgebung – öffentlich, von jedermann nutzbar – Vielfach werden standardisierte Services angeboten, die nicht auf individuelle Bedürfnisse eines Unternehmens abgestimmt sind. – Zugriff über Internet (potenziell unsicher) – International agierende Anbieter verletzen ggf. nationale Datenschutzbestimmungen. – Bezahlung auf der Basis „pay-per-use" – Skalierung benötigter Kapazitäten möglich – Unterscheidung zwischen **„Exclusive Clouds"** (Anbieter und Nutzer kennen sich; fester Vertrag) und **„Open Clouds"** (Anbieter und Nutzer kennen sich nicht; Beschreibung des Dienstangebots in Form von SLAs)
Hybrid Cloud	– Kombination aus Privater Cloud und Public Cloud – Public Cloud wird nur bei Bedarf genutzt (z. B. bei Belastungsspitzen oder zur Erweiterung seines eigenen Dienstangebotes).

Bild 8.120: Cloud-Arten

8.5.8 Fehlerbeseitigung in PC-Netzen

Nach dem Aufbau oder der Erweiterung eines Computernetzes findet eine Funktionsüberprüfung statt, die in einem Prüfprotokoll zu dokumentieren ist. Ein solches Protokoll umfasst neben dem Ist-Zustand des Netzes (Topologie, Netzart, Netzadresse, Subnetzmaske usw.) auch die Einstellungen der angeschlossenen PCs (Rechnernamen, IP-Adressen, Rechtevergabe usw.). Je ausführlicher diese Einstellungen dokumentiert werden, desto einfacher ist eine spätere Fehlersuche sowie deren Beseitigung.

Bei Fehlfunktion sind sowohl hardwaremäßige als auch softwaremäßige Ursachen möglich. Die Fehlersuche umfasst daher sowohl die Hardware als auch die Software. Aufgetretene Fehler sollen hierbei systematisch eingegrenzt und anschließend behoben werden.

Mithilfe spezieller LAN-Testgeräte lassen sich die wesentlichen Parameter eines Netzwerks und damit auch mögliche Fehlerursachen relativ einfach bestimmen. Allerdings sind diese Messgeräte teuer und stehen daher nicht immer zur Verfügung.

Neben den käuflichen Diagnoseprogrammen mit ihrer großen Funktionsvielfalt bieten aber auch die modernen Betriebssysteme einige einfache Hilfsmittel an, die eine Funktionsüberprüfung und damit eine Fehlereingrenzung ermöglichen.

Hierzu gehört beispielsweise die Möglichkeit, sich bei Windows-Betriebssystemen zunächst in der Systemsteuerung Informationen über den Computer oder über ein vorhandenes Netzwerk anzeigen zu lassen. Des Weiteren gibt es spezielle Befehle, die man unter einem sogenannten **Commandozeileninterpreter** eingeben kann. Einen Kommandozeileninterpreter kann man bei Windows unter der **MS-DOS-Eingabeaufforderung** oder mit dem

Befehl **cmd** (Abkürzung für command.com) starten, den man im *Ausführen*-Fenster auf dem Desktop eingibt.

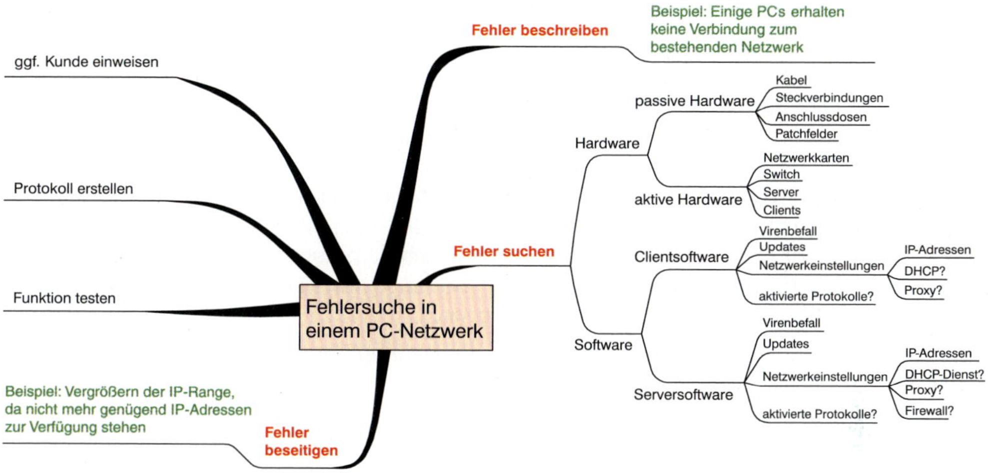

Bild 8.121: Systematische Vorgehensweise bei einer Fehlersuche

Befehl	Erläuterung
systeminfo	– listet Eigenschaften und Konfiguration eines PCs auf
ipconfig	– liefert sämtliche Informationen zu TCP/IP-Einstellungen – **ipconfig/?** zeigt eine Übersicht über mögliche Befehlszusätze (z. B. **ipconfig/all**)
ping	– Hilfsmittel, mit dem sich ermitteln lässt, ob ein bestimmeter PC in einem IP-Netzwerk erreichbar ist – **ping/?** listet mögliche Befehlszusätze auf
netstat	– zeigt sämtliche aktuellen Netzwerkverbindungen – listet geöffnete Ports auf – zeigt bei aktiven Verbindungen die IP-Adresse der Gegenseite – **netstat/?** listet mögliche Befehlszusätze auf
traceroute, tracert, pathping	– Hilfsmittel, mit denen man je nach Betriebssystem ermitteln kann, über welche IP-Router gesendete Datenpakete zum gewünschten Ziel-PC gelangen
route	– ermöglicht Eingriffe in vorhandene Netzwerk-Routingtabellen – **route/?** listet mögliche Befehlszusätze auf und zeigt Beispiele

Bild 8.122: Beispiele für Kommandozeilen-Befehle zur Funktionsüberprüfung

8.5.9 Datenschutz und Datensicherheit

Unter **Datenschutz** versteht man die gesetzlichen Regelungen über die **Erhebung, Speicherung** und **Verarbeitung personenbezogener** Daten.

Personenbezogene Daten werden heute von einer Vielzahl von Institutionen verwaltet, z. B.

- durch staatliche Stellen über ihre Bürger,
- durch Unternehmen über ihre Arbeitnehmer,

- durch Handelsunternehmen über ihre Kunden,
- durch die Anbieter sozialer Netzwerke und Kommunikationsplattformen über ihre Nutzer (vielfach ohne ihre Nutzer über den Umfang und die Verwendung ihrer Daten zu informieren!).

Am 24.5.2018 ist in Deutschland die europaweit geltende **Datenschutz-Grundverordnung (DSGVO)** in Kraft getreten. Hierbei handelt es sich um eine Verordnung der Europäischen Union (EU 2016/679: General Data Protection Regulation, GDPR) mit der *EU-weit* vereinheitlichte Regeln zur Speicherung und Verarbeitung personenbezogener Daten sowohl durch Privatpersonen als auch durch Firmen, Dienstleister, Unternehmen und auch öffentlichen Institutionen festgelegt werden. Nationale Änderungen (Verschärfung oder Abschwächung der Regeln) sind nicht erlaubt. Ziel ist, den Schutz personenbezogener Daten innerhalb der Europäischen Union sicher zu stellen, aber auch den freien Datenverkehr innerhalb des Europäischen Binnenmarktes zu gewährleisten.

Die DSGVO formuliert unter anderem *Pflichten* datenverarbeitender Stellen und *Rechte* betroffener Personen, z. B.:

- vereinheitlichende Grundsätze für die Verarbeitung personenbezogener Daten (Artikel 5)
- die Informationspflicht von Unternehmen und das Auskunftsrecht von Personen über ihre jeweils gespeicherten Daten (Artikel 13 und 15)
- die Informationspflicht von Unternehmen, insbesondere wenn die personenbezogenen Daten *nicht* bei der betroffenen Person selbst erhoben wurden (Artikel 14)
- Recht auf Löschung gesammelter Daten (Artikel 17)
- Recht auf Einschränkung der Verarbeitung von personenbezogenen Daten (Artikel 18)

(siehe auch: https://de.wikipedia.org/wiki/DSGVO; Inhalt der EU-Verordnung 2016/679: https://eur-lex.europa.eu/legal-content/DE/TXT/HTML/?uri=CELEX:02016R0679-20160504)

Die Mitarbeiter, die bedingt durch technische Vorgänge mit schutzwürdigen Daten in Berührung kommen, sind in besonderem Maße zur **Diskretion** verpflichtet.

> **Datenschutz** ist ein gesellschaftspolitisch-juristisches Problemfeld, dessen **Maßgaben** durch technische **Maßnahmen der Datensicherheit** zu gewährleisten sind.

Obwohl der Begriff **Datensicherheit** nicht exakt definiert ist, versteht man darunter im Allgemeinen den Schutz von Daten vor:

1. Verlust der Verfügbarkeit *(denial of service)*,
2. Ausspähung durch nicht autorisierte Personen,
3. Veränderung gespeicherter oder übertragener Daten,
4. Fälschung von Identitätsdeklarationen.

Diese Gefährdungen bestehen auch schon bei unvernetzten Computern und lassen sich durch geeignete Gegenmaßnahmen minimieren:

- Aufrechterhaltung der allgemeinen Betriebssicherheit
- Zwang zur Authentifizierung
- Vergabe von Zugriffsrechten durch die Betriebssysteme

Durch die Vernetzung **erhöht** sich das **Risiko** unrechtmäßiger Fremdeinwirkung.

Im Folgenden wird deshalb speziell auf die Netzsicherheit gegen Sabotage eingegangen. Über zwei Dinge muss man sich hierbei im Klaren sein:

1. Eine vollkommene Sicherheit gibt es nicht; man kann nur die Hürden, die ein Saboteur überwinden muss, so hoch wie möglich errichten.
2. Netzwerksicherheit kann man nicht durch ein Produkt erreichen, nicht durch eine einmalige Aktion, nicht durch technische Maßnahmen allein.

! Netzwerksicherheit ist ein ständiger und vielschichtiger **Prozess**!

Als Ausgangspunkte für eigene Überlegungen kann in diesem Rahmen nur eine lose Folge von Hinweisen angeführt werden, die in jedem Fall an die jeweiligen Verhältnisse angepasst werden müssen, da jedes Netz anders ist.

Organisatorische Maßnahmen:

1. Zugangskontrolle zu Server- und Verteilerräumen und gesondert zu den hierin befindlichen Schränken
2. Einweisung der Benutzer, z.B. in Passwortrichtlinien
3. Gewährung eines Benutzerkontos nur nach Quittierung einer Benutzerordnung
4. Gewährung des Netzzugangs nur nach vorheriger, passwortgesicherter Anmeldung
5. Notfallplan bei Ausfall des Administrators

Technische Maßnahmen:

1. Verteilung aller Netzdienste auf möglichst viele Servermaschinen
2. Abschalten nicht gebrauchter Serverprozesse auf jeder Servermaschine
3. Verzicht auf unsichere Dienste
4. Installation von Verschlüsselungssoftware
5. Einsatz spezieller Überwachungssoftware mit dem Ziel, unautorisierte (erfolgte) Eingriffe aufzuspüren (Intrusion Detection System)
6. Einsatz von Firewalls

Aufgaben

1. Welche Vorteile ergeben sich aus der Vernetzung von PCs?
2. Nach welchen Merkmalen lassen sich Kommunikationsnetze voneinander unterscheiden? Nennen Sie Beispiele.
3. Computer werden stern-, ring-, bus- oder maschenförmig miteinander vernetzt. Erläutern Sie die jeweiligen Strukturen. Nennen Sie jeweils markante Eigenschaften.
4. Was versteht man unter der Abkürzung TCP/IP?
5. Welches Merkmal zeichnet sogenannte TP-Kabel aus? Nennen Sie TP-Kabelarten und erläutern Sie die Unterschiede.
6. Nennen Sie die Komponenten, die zu einem LAN gehören.
7. Was ist eine MAC-Adresse?
8. Zur eindeutigen Kennzeichnung eines PCs in einem Netzwerk benötigt man die IPv4-Adresse und die Subnetzmaske. Erläutern Sie diese beiden Begriffe.

9. Ein PC in einem Netzwerk mit der Subnetzmaske 255.0.0.0 hat die IPv4-Adresse 126.210.135.16.
   a) Um welche Netzklasse handelt es sich? (Antwort mit Begründung)
   b) Bestimmen Sie rechnerisch nachvollziehbar die Netzadresse und die Broadcastadresse zu diesem Netz.
   c) Wie viele Hosts lassen sich maximal in diesem Netz adressieren?
   d) Wie viele Netze dieser Klasse kann es theoretisch geben? (Antwort mit Begründung)
10. a) Aus wie vielen Bytes besteht eine IPv6-Adresse?
    b) In welcher Form wird sie üblicherweise angegeben?
    c) Welche Verkürzungsmöglichkeiten gibt es?
11. Was bedeutet die Abkürzung DHCP? Welche Aufgabe erfüllt ein DHCP?
12. Welche Funktion hat ein Proxy-Server?
13. Sie sollen ein WLAN gemäß IEEE 802.11 einrichten.
    a) Was besagt die Bezeichnung IEEE 802.11?
    b) Die WLAN-Kommunikation kann hierbei im Infrastrukturmodus oder im Ad-hoc-Modus erfolgen. Worin besteht der Unterschied?
14. Bei den Eigenschaften einer WLAN-Verbindung wird angegeben:

    SSID: WLAN01-SBZ12

    Authentifizierung: WPA/PSK

    Verschlüsselung: AES

    Geben Sie die Bedeutung der Abkürzungen an und erläutern Sie diese.
15. Ein Kunde möchte seinen vorhandenen analogen Telefonanschluss mit einem DSL-Anschluss erweitern.
    a) Was versteht man unter dem vom Netzbetreiber angebotenen All-IP-Anschluss? Nennen Sie technische Merkmale.
    b) Skizzieren Sie eine mögliche DSL-Anschlusskonfiguration beim Kunden. Benennen Sie sämtliche Komponenten und erläutern Sie deren Funktion.
16. Was versteht man allgemein unter dem Begriff Cloud-Computing?
17. Welche Cloud-Arten unterscheidet man? Nennen Sie die Unterschiede.
18. Zu Diagnosezwecken werden in einem PC-Netzwerk die Befehle *ping* und *netstat* verwendet. Erläutern Sie, welche Informationen sich hiermit ermitteln lassen.
19. a) Was versteht man allgemein unter den Begriffen „Datenschutz“ und „Datensicherheit“?
    b) Worum handelt es sich bei der Abkürzung „DSGVO“? Benennen Sie maßgebliche Inhalte der DSGVO (ggf. auch mithilfe einer Internetrecherche).
20. Nennen Sie Maßnahmen zur Erhöhung der Datensicherheit in vernetzten Systemen.

Kennbuchstaben für Objekte (Betriebsmittel) in Schaltplänen nach DIN EN 81346-2: 2010 (ehemalige Bezeichnung: DIN EN 61346-2: 2000)

Kennbuchstabe	Zweck oder Aufgabe des Objekts	Funktionen des Objekts	Beispiele für typische elektrische Produkte
A	Zwei oder mehr Zwecke oder Aufgaben		Sensorbildschirm Touchscreen
B	Umwandlung einer Eingangsvariablen in ein zur Weiterverarbeitung bestimmtes Signal	Ermitteln, Messen, Überwachen, Wiegen, Erfassen von Werten	Fühler, Sensor, Bewegungsmelder, Rauchmelder, Messelement, **Photozelle**, Mikrofon, Videokamera
C	Speichern von Material, Energie oder Information	Speichern, Aufzeichnen, Zählen, Registrieren	**Spule**, Pufferbatterie, **Kondensator**, Festplatte, Chipkarte, **CD-/DVD-/BD-**Laufwerke
E	Bereitstellung von Strahlungs- oder Wärmeenergie	Strahlen, Beleuchten, Heizen, Kühlen	**Glühlampe**, Leuchte, Laser, Boiler, Heizkörper, Kühlschrank
F	Selbsttätiger Schutz von Energie und Signalflüssen sowie von Personen und Ausrüstungen vor gefährlichen Zuständen	Schützen, Sichern, Verhindern, Bewachen, Bewahren, Absorbieren	**Schmelzsicherung, Leitungsschutzschalter, Fehlerstromschutzschalter**, Überspannungsableiter, Abschirmung
G	Erzeugung eines Energie- oder Materialflusses; Erzeugung von Signalen als Informationsträger	Erzeugen, Mischen, Mahlen, Pulverisieren, Montieren, Demontieren	**Generator**, Brennstoffzelle, Solarzelle, Signalgenerator, **galvanisches Element**
K	Empfang, Verarbeitung und Bereitstellung von Signalen oder Informationen	Schließen und Öffnen von Steuer- und Regelkreisen, Verzögern, Schalten, Synchronisieren	**Schaltrelais**, Regler, Zeitrelais, **Transistor**, Mikroprozessor, CPU, Optokoppler, **Binärbausteine**
M	Bereitstellung von mechanischer Energie für Antriebszwecke	Betätigen, Antreiben	**Elektromotor**, Linearmotor, Turbine, Hubmagnet, Stellantrieb
P	Darstellung von Informationen	Anzeigen, Melden, Alarmieren, Warnen	Signallampe, **Leuchtdiode**, Wecker, Hupe, **Messgerät**
Q	Kontrolliertes Schalten oder Variieren eines Energie-, Signal- oder Materialflusses	Öffnen, Schließen, Schalten, Kuppeln	**Installationsschalter, Schütz**, Anlasser, **Leistungstransistor**, Thyristor, Triac, IGBT
R	Begrenzung oder Stabilisierung von Bewegung oder Fluss von Energie oder Information oder Material	Blockieren, Dämpfen, Begrenzen, Stabilisieren	**Widerstand**, Drosselspule, **Diode**, Z-Diode, Begrenzer, Heißleiter, Kaltleiter, Varistor, Diac
S	Umwandlung einer manuellen Betätigung in ein Signal	Manuelles Steuern, Wählen, Beeinflussen	**Taster, Tastatur, Maus**, Steuerschalter, Wahlschalter, Sollwerteinsteller
T	Umwandlung von Energie unter Beibehaltung der Energieart; Umwandlung von Signalen unter Beibehaltung des Informationsgehaltes	Transformieren, Verstärken, Modulieren, Schneiden, Schmieden, Gießen	Ladegerät, Netzgerät, **Verstärker, Gleichrichter**, Frequenzwandler, **Transformator, Wechselrichter**, AC/DC-, DC/AC, DC/DC-Wandler
U	Halten von Objekten in einer definierten Lage	Lagern, Tragen, Halten, Stützen	**Isolator**, Kabelwanne, Mast, Spannvorrichtung, Montagegestell
V	Verarbeitung von Materialien, Produkten und Signalen	Beschichten, Reinigen, Trennen, Sortieren, Filtern, Wärmebehandeln	Filter, Zentrifuge, Staubsauger, Waschmaschine

Kennbuchstabe	Zweck oder Aufgabe des Objekts	Funktionen des Objekts	Beispiele für typische elektrische Produkte
W	Leiten oder Führen von Energie oder Signalen oder Materialien	Leiten (elektrisch oder mechanisch), Führen, Verteilen, Positionieren	**Leiter, Leitung**, Kabel, Sammelschiene, **LWL, Bus**
X	Verbinden von Objekten	Klemmen, Kuppeln, Fügen, Löten	**Steckdose**, Klemme, Kupplung, **Steckverbinder**, Klemmleiste, **Abzweigdose**
D, H, J, N, L, Y, Z	Für spätere Normung reserviert	Reserve, falls die oben angeführte Einteilung nicht ausreichend ist	
I, O	Nicht anwendbar als Kennzeichen	Es besteht Verwechslungsgefahr mit I für Input und O für Output	

Sachwortverzeichnis

1. kirchhoffsches Gesetz 61, 71
1. TAE 637
1000Base-T 628
2. kirchhoffsches Gesetz 54, 71
3D-Darstellungen 583
3D-Drucker 585
3D-XPoint 535
µSATA 551

A
AB-Betrieb 257, 258
A-Betrieb 257, 258
Abhängigkeitsnotation 478
Abschirmung 126
Abschnürspannung 242
Abtastfrequenz 315
Abtastrate 315
Abtasttheorem 315
AC 3 572
Accesspoint 635
AC-DC-Wandler 364
Active Matrix-OLED 579
Adapter 548
Adaptive Frequency Hopping 560
ADC 496
Addierer 274, 473
additives Farbmischverfahren 576
Ader 378
Ad-hoc-Modus 636
Adressbus 540
ADSL 637
Advanced RISC Machines 528
Adware 609
AES 636
Akkumulator 356
Akkus 17
aktive Partition 616
aktiver Hochpass 277
aktiver Tiefpass 276
Aktor 502
All-in-One-PC 523
All-IP 637
ALU 529
AM-OLED 579
Ampere 20
Amplitudenbedingung 284
Analog-Digital-Umsetzer 309, 496
analoges Signal 445
Analogverstärker 267
Android 606
Android-Wear 523
Annex (A, B, J) 637
Anode 291
Anpassung 152, 348, 628
Anreicherungstyp 246
Anschlusswert 418
Anstiegsgeschwindigkeit 268
Antiparallelschaltung 191
Antivalenz 457
Anwendungssoftware 599
API 599
App 520
Application Programming Interface 599
APU 517
Arbeitsbereich 208
Arbeitsgerade 222, 223
Arbeitspunkt 37, 205
Arbeitspunkteinstellung 184
Arbeitspunktfestlegung 220
Arbeitspunktstabilisierung 185, 223, 224
Arbeitsspeicher 517, 536, 537
Arbeitsstättenverordnung 589
Arbeitswiderstand 223
Architektur 531
ARM 519
ARM-Architektur 528
ASCII-Code 454
ASIC 279
astabile Kippstufe 216
asymmetrisches Verfahren 637
Atommodell 13
ATX 526, 548
ATX-Netzteil 572
Audioanschluss 556
Auflösung 576
Augenblickswert 78
Ausgangskennlinie 203, 242
Ausgangskennlinienfeld 242
Ausleuchtung 577
Auslösecharakteristik 401
Ausschaltung 405
Ausschaltzeit 290
Außenleiter 90, 409
Ausstattungswert 411
Aussteuerungsbereich 267
autostereoskopisches Display 583

B
Barcodeleser 573, 574
Barcodes 455
Barebone 514
Basis 201
Basisbandkabel 628
Basisisolierung 433
Basisschaltung 236
Basisspannungsteiler 221
Basisvorspannung 220
Basisvorwiderstand 221
BAT 526
Batterien 17
B-Betrieb 257, 258
BCD-Addierer 477
BCD-Zähler 492
BD 566
BD-R 568
BD-RE 568
BD-ROM 568
Beacons 560
Beamer 576, 582
Belastbarkeit 32
Bemessungschaltvermögen 399
Bemessungsstromstärke 384, 385
Bemessungswert 30
Benchmark 532
Benutzerkonto 620
Benutzerprofil 619
Benutzerschnittstelle 619
Benutzerverwaltung 619
Berührungspotenzial 353
Berührungsspannung 430

Betriebsklasse 397
Betriebs-Stromsteuerkennlinie . 227
Betriebssystem 599, 605
bidirektionaler Bus 541
Bildgeometrie 577
Bildschirmarbeitsplatz ... 590
Bildschirmarbeitsverordnung 589
Bildschirmgröße 577
Bildseitenverhältnis 577
binäre Signale 445
Binärpräfix 451, 535
Binärzähler 490
Binärzeichen 444
Biogasanlage 341
BIOS 612, 616
Bipolar Junction Transistor 201
Bipolartransistor 201
bistabiles Element 484
bistabile Kippstufe 213
Bit 450, 540
Bitadresse 505
BK-Kabelanschluss 625
BK-Kabelmodem 625
BlackBerry OS 607
Blauer Engel 592
BLE 560
Blindfaktor 86
Blindleistung ... 85, 147, 328
Blindleitwert 156
Blockierbereich 289
Bluetooth 558
Bluetooth Low Energy .. 560
Bluetooth Smart 560
BlueTrack-Technik 574
Blu-Ray-Disc 566
Bootmanager 616
Bootvorgang 514, 612
Bot-Net 609
Branchensoftware 607
Brennstoffzelle 17, 359
Bridge 629
Broadcast-Adresse 633
Brückenschaltung 186
Brummspannung .. 186, 188
Bubble-Jet-Prinzip 586
Busnetz 622
Bussystem 514, 539
Byte 450, 540
Byteadresse 505

C

Cache-Speicher 536, 538, 539
Candela 577
Cardware 608
Cat 6 627
CCD 575
CCFL 575
CD 566
CD-R 568
CD-ROM 568
CD-RW 568
CE-Konformitätszeichen 593
Central Processing Unit . 528
Chipsatz 532, 533
Chrome OS 517
Chromebook 517
CISC 531
Client 623, 630
Client-Server-Netz 600
Cloud 517, 552
Cloud-Computing 638
Cluster 615
cmd 641
CMOS-Elemente 575
C-MOS-SETUP 613
C-MOS-Speicher 536
CMY-Farbmischverfahren 586
CMYK-Farbmischverfahren 586
Codes 449
Code-Umsetzer ... 480, 481
Codierer 480
Codierung 496
Colpitts-Generator 285
Commandozeileninterpreter 640
Compact Disc 566
Composite-Anschluss ... 571
Computer 513
Computer-Hardware 524
Computerprogramm 599
COM-Schnittstelle 549
Controller 548
Coulomb (1 C) 13
CPLD 278
CPU 528
CPU-Takt 528
Crossfire 570
CRT 580

D

D0-System 396
DAC 497
Dämpfung 172, 628
Dämpfungsmaß 628
Darkfield-Technik 574
Darlington-Transistor 258
Darstellungsmodus 577
DAS 552
DA-Schalter 251
Datei 599, 617
Dateisystem 617
Daten 444, 599
Datenbrille 523
Datenbus 540
Datenbusbreite 540
Datenschutz 641
Datenschutz-Grundverordnung 642
Datensicherheit 641
Datentransfer-Rate 564
Datenübertragungsrate 540, 541
dB 628
DC-DC-Wandler 364
DDR-RAM 537
De Morgan 464
Decodierer 481
Defektelektron 177
dekadischer Zähler 492
Demultiplexer 481
Desktop-Gehäuse 522
Desktop-PC 522
dezentrale Anordnung .. 375
Dezibel 628
Dezimalpräfix 451, 535
D-Flipflop 489
DHCP 624
DHÜ 343
DIAC 295
Dialogbetrieb 600
diamagnetischer Stoff ... 126
DIAZED 396
Dielektrikum 100
Dielektrizitätskonstante . 101
Dienste 623
Differenzbetrieb 261
differenzieller Widerstand 184
differenzielles Signal 446
Differenzierer 276
Differenzspannung 262
Differenzverstärker 260, 262, 265, 274

Differenzverstärkung 262
Diffusion 179
Diffusionsspannung 179
Digital Light Processing . 582
Digital Micromirror Device 582
Digital Signal Processor 571
Digital Subscriber Line .. 636
Digital Versatile Disc 566
Digital Video Interface .. 557
Digital-Analog-Umsetzer 497
Digitale Signale 445
Digitalmultimeter 309
Digits 310
D-ILA 582
Dimmerschaltung .. 298, 410
Diode 182
Diodenkennlinie 182
DIP 35
Dipol 99
Direct Attached Storage 552
Direct Media Interface .. 530
direkte Kopplung 254
disjunktive Normalform .. 460
Displayanschluss 557
Displaygröße 577
DisplayPort 558
DLL-Datei 600
DLP-Technologie .. 582, 583
DMD-Panel 582
DMI 525, 530, 534
DNS 624
Docking-Station 516
Dolby Digital 572
Dolby Pro Logic 572
Doppelschicht-Kondensator 109
Dot Pitch 577, 578
Dotieren 177
Dots per Inch 576
Double-Data-Rate 537
Double-Layer-Technologie 568
Downstream 637
DP 558
dpi 576, 588
Drain 240
Drainschaltung 248
Drain-Source-Spannung 241, 243
Drainstrom 240, 242
DRAM 536
Dreheisenmesswerk 306
Drehkondensator 110
Drehspulmesswerk 306
Drehstrom 88
Drehstrom-Hochspannungs-Übertragung 343
Dreieckgenerator 286
Dreieckschaltung 92
Dreipunktschaltung 285
Drucker 584
Druckerauflösung 588
Druckerkenngrößen 588
Druckgeschwindigkeit ... 588
Druckpunkt 588
Druckverfahren 585
DSGVO 642
DSL 636
DSL-Anschluss 625
DSP 571
D-System 396
DTS 572
Dual Channel 538
Dual-Core-Prozessor
Dual-Porting 552
Dualsystem 448
Dualzahl 473, 490
Dualzähler 490
Durchbruchspannung ... 182
Durchlassbereich .. 182, 290
Durchlassrichtung 180
Durchlassstrom 180
Durchschlagsfestigkeit ... 99
DV-Anlagen 362
DVD 566
DVD-Audio 568
DVD-R 568
DVD-RAM 568
DVD-ROM 568
DVD-RW 568
DVD-Video 568
DVI 557, 581
Dynamic Link Library ... 600
dynamische Ansteuerung 214
dynamischer Ausgangswiderstand 206
dynamischer Ausgangswiderstand 243
dynamischer Datenträger 616
dynamischer Eingangswiderstand 206

E

EAN-Code 455
E-Book-Reader 523
eCall-System 521
E-CHECK 428
EDGE 521
EDR 560
EEPROM 535
Effektivwert 83
Eichen 301
Eigenfrequenz 171
Eigenleitung 177
Eigenschwingung 171
Eigensynchronisation ... 318
Eingabegerät 573
Eingangskennlinie 202
E-Ink 581
Ein-Prozessor-Betriebssystem 601
Einpulsschaltung 185
Einschaltzeit 289
Einschnürbereich 243
Eintaktverstärker 257
Einwegschaltung 185
Einwirkzeit 429
Einzelbenutzerbetrieb ... 601
Einzelprogrammbetrieb . 601
EISA 547
EIST 531
elektrische Durchflutung 122
elektrische Energie 48
elektrische Feldstärke 97
elektrische Ladung 13
elektrische Leistung 50
elektrische Spannung 15
elektrische Stromstärke .. 20
elektrischer Hausanschluss 369
elektrischer Leitwert 24
elektrischer Strom 20
elektrischer Stromkreis ... 19
elektrischer Widerstand .. 23
elektrisches Feld 96
elektrisches Potenzial 14
Elektrizitätszähler 372
elektrochemische Spannungsreihe 354
elektrochemisches Element 354
Elektrode 100
elektrodynamisches Messwerk 308
Elektroinstallation 369
Elektrolumineszenz 579

Elektrolyt ... 353
Elektrolytkondensator ... 107
elektromagnetische Verträglichkeit ... 593
Elektromigration ... 28
Elektronenpaar ... 176
elektronisches Papier ... 581
Elementarmagnet ... 125
Emitter ... 201
Emitterkondensator ... 229
Emitterschaltung ... 220
Empfindlichkeit ... 302
EMV ... 593
EMVG ... 593
EMVU ... 593
Energiedichte ... 356
Energieeffizienz ... 414
Energiekosten ... 49
Energieverlust ... 50
ENERGY STAR ... 592
Enhanced Data Rate ... 560
entbündeltes DSL ... 637
Entkopplung ... 190
E-Paper-Display ... 523, 581
Erdpotenzial ... 16
Erdschluss ... 331
Ergonomie am Arbeitsplatz ... 589
Ersatzwiderstand ... 55, 63
Erstprüfung ... 423
erweiterte Partition ... 615
Erweiterungskarte ... 569
eSATA ... 549
eSATAp ... 551
eSIM ... 521
Ethernet ... 626
Ethernet-Stecker ... 626
EVA-Prinzip ... 503, 513
EVU ... 17
exFAT ... 537, 618
EXOR ... 457
ext ... 618
Extension ... 617

F

F/FTP ... 627
Farad ... 100
faradayscher Käfig ... 98
Farbdrucker ... 584
Farbfilterbrille ... 584
Farbkennzeichnung ... 627
Farbtiefe ... 570
FAT ... 618
Fehlerortbestimmung ... 331
Fehlerstrom-Schutzschalter ... 376
Feldbus ... 503
Feldeffekt ... 239
Feldeffekttransistor ... 239
Feldlinien ... 96, 120
FELV ... 438
Festplattenanschlüsse ... 563
Festplattenlaufwerk ... 562
Festwertspeicher ... 535
FET ... 239
FIFO-Speicher ... 494
Firewall ... 631
Firewire ... 545, 547
Firmware ... 608
First Level Cache ... 539
FI-Schalter ... 435
Fitnessarmband ... 523
Flachdisplay ... 576
Flankensteuerung ... 214
Flash-EEPROM ... 536, 612
Flashen ... 613
Flash-Speicher ... 535
Flash-Speicherkarte ... 537
Flipflop ... 485
FLOPS ... 530
flüchtiger Speicher ... 536
Formatieren ... 615
Formfaktor ... 526
Fotodiode ... 196
Fotoelement ... 17
Fotovoltaik ... 338
Fotowiderstand ... 43
FPGA ... 279
FPU ... 529
Freeware ... 608
Freiauslösung ... 400
freie Software ... 608
Frequenz ... 79
Frequenzmessung ... 330
Frequenzspektrum ... 316
Frequenzteiler ... 493
Front Side Bus ... 529
FSB ... 541
FTP ... 624
FTTH ... 638
Full-HD ... 519
Fundamenterder ... 372
Funknetz ... 623
Funktionsgenerator ... 287
Funktionsklasse ... 397
Funktionsplan ... 507
Funktionsschaltplan ... 458
Funktionsspeicher ... 278
Funktionstabelle ... 458, 459

G

G.fast ... 637
GAL ... 278
galvanische Kopplung ... 254
GAN ... 621
Gaskraftwerk ... 336
Gate ... 240, 291
Gate-Source-Spannung ... 240
Gateway ... 629
Gegenkopplung ... 271
Gegentaktverstärker ... 257
Gehörschutzgleichrichter ... 191
Generator ... 19, 16
Generatorprinzip ... 137
Generatorschaltung ... 283
Geometriefehler ... 577
Geräteklasse ... 514
Gerätesicherung ... 402
Gerätetreiber ... 600
Germanium ... 176
Gesamtverstärkungsfaktor ... 256
Gesamtwiderstand ... 55
Geschwindigkeitsklasse ... 537
Gigatransfer ... 555
Gleichspannung ... 17
Gleichspannungszündung ... 293
Gleichstrom ... 21
Gleichstromkopplung ... 254
Gleichstromwiderstand ... 183
Gleichtaktbetrieb ... 260
Gleichtaktunterdrückung ... 263, 268
Gleichtaktverstärkung ... 261
Global Area Network ... 621
GNOME ... 606
GPGPU ... 571
GPRS ... 521
GPS ... 521, 523
GPT ... 616
GPU ... 515, 529, 570
GRAFCET ... 508
Grafikkarte ... 569
Grafikkern ... 517, 525, 530
grafische Benutzeroberfläche ... 619
Graphic Processing Unit 570
Grenzstrom ... 32

Großsignalverstärker 256
Grundfarben 576
Grundfrequenz 316
Grundwelle 316
GSM 521
GSM-Netz 625
GS-Zeichen 592
GTO-Thyristor 294
GUI 619
GUID 616

H
HAK 369, 370, 373
Halbaddierer 473
Halbleiter 176
Halbleiterspeicher 534
Halleffekt 133
HAR 371
Hard Disk Drive 562
Hardware 524
Hardware-RAID 552
harmonisierte Leitung ... 380
Hauptleitung 373
Hauptverteilung 375
Hausanschlusskabel 369
Hausanschlusskasten ... 369
Hausanschlussraum 371
Hausanschlusssicherung 369
HDD 562
HDMI 557, 581
HD-Qualität 566
HDTV 578
Head Mounted Display .. 584
Headcrash 562
Heißleiter 40
Helligkeit 577
Herstellungstechnologie 531
Hertz 79
Hexadezimalsystem 448
HGÜ 343
High Definition Multimedia Standard Interface 557
HMD 584
Hochspannungs-Gleichstrom-Übertragung 343
Horizontalbaugruppe 314
Host-Adressteil 632
h-Parameter 207
HSCSD 521
HSOPA 521
HT 530
HTML 623
HTT 601
http 623
HTTPS 623
Hub 629
Hutschiene 377
Hybrid Cloud 640
Hybridlaufwerk 565
Hybrid-Tablet 518
Hyperthreading 532
Hyper-Threading 601
HyperTransport 530
Hysteresespannung 218, 270

I
IaaS 639
IAD 637
IEEE 545, 635
IEEE-802.16 625
IGBT 252
IG-FET 244
IMAP4 624
IMEI-Nummer 521
Impact-Drucker 584
Impedanz 628
Impedanzwandler . 236, 272
Impulsbreitensteuerung . 293
Impulsfestigkeit 32
IMSI 521
Induktionsgesetz 136
induktive Kopplung 255
Induktivität 138
Influenz 98
Informationen 444, 599
Infrastrukturmodus 635
Innenwiderstand ... 302, 347
innerer Spannungsverlust 348
Input-Output Controller Hub 533
Installationsdose 391
Installationskleinverteiler 375
Installationsschaltung ... 404
Installationszone 391
Integrierer 275, 286
integrierte Bauelemente 264
Intel-Atom-Prozessor 517
Interface-Identifier 634
Interlaced-Modus 577
Internet 623
Internet der Dinge 625
Interrupt Request 548
Inverter 213
invertierender Eingang 263, 266
invertierender Verstärker 273
Ion 178
iOS 606
IoT 560, 625
IP 623
IP-Adresse 631, 632
iPads 518
IPv4 631
IPv6 .... 631, 634
IRED 197
IRQ 548
ISA 547
ISDN 636
ISM 559
ISO 590
ISO 9660 618
ISO/OSI-Modell 623
IT-System (Drehstromnetz) 432
ITX-Board 514

J
JEDEC-Norm 180
J-FET 240
JK-Flipflop 489
Joule 14
Joystick 573

K
Kabel 378
Kabel-Kategorie 627
Kabelschutzrohr 369
kalibrierte Stellung 319
kaltes Licht 579
Kaltleiter 38
Kaltstart 612
Kapazitätsdiode 199
kapazitive Kopplung 254
kapazitiver Blindwiderstand 114
Katode 291
KDE 606
Kennmelder 397
Kennwert 302
Kernel 600, 605
Kippspannung 289
Kippstufe 213
Kleinsignalverstärker 255
Klemme 393
Klemmenspannung 347, 348

Klirrfaktor 255, 367
Kniespannung 242
Knotenregel 71
Koerzitivfeldstärke 124
Kollektor 201
Kollektor-Emitter-
Sättigungsspannung . 204
Kollektorschaltung 234
Kollektorwiderstand 221
Komfortausstattung 412
Kommandozeile 619
kommerzielle Software .. 607
Kommunikationsnetz 620
Komparator 269
Komparator mit Hysterese 270
Kompensation 167
Komplementärtransistor . 257
Kondensator 96, 100
konjunktive Normalform . 461
Konstantspannungsquelle 351
Konstantstromquelle 351
Kontaktplan 509
Kontrast 577
Kopierschutzverfahren .. 569
Koppelkondensator 226, 229
Kopplung 254
Körperstrom 429
Kreisfrequenz 80
Kreuzschaltung 407
Kühlkörper 258
Kurzschluss 395
KV-Diagramm 458, 465
KVz 637
kWh-Zähler 329

L

L1-, L2-, L3-Cache 539
Ladekondensator 188
Ladezeit 104
LAN 621, 625
Lane 555
Laptop 516
Laser 586
Laserdiode 200
Laserdrucker 586
Lastwiderstand 48
Laufwasserkraftwerk 336
Laufwerk 561
Lawinendurchbruch 193
LCD 578, 580
LCD-/TFT-Panel 582
LC-Generator 284, 285
LCoS 582
LC-Siebung 189
LDR 43
Leckstrom 162
LED 197, 575
Leerlaufspannung 68
Leerlaufspannungsverstär-
kung 268
Leistung 85
Leistungsanpassung 349
Leistungsbedarf 418
Leistungsdreieck 158
Leistungsfaktor 86
Leistungshyperbel 208
Leistungsverstärker 256, 265
Leistungsverstärkung 229, 236
Leiterschluss 331
Leiterunterbrechung 331
Leitfähigkeit 28
Leitung 48, 378
Leitungsart 379
Leitungsnetz 622
Leitungsschutzschalter 22, 400
Leitungsschutzsicherung 395
Leuchtdichte 577
Leuchtdiode 197
LGA-Sockel 532
Lichtemission 198
Lichtempfindlichkeit 196
linearer Widerstand 37
lineares Netzteil 362
Line-Interactive-USV 366
Liniendiagramm 78
Link 541, 555
Linux 605
Linux-Distribution 605
Liquid Crystal Display ... 578
Liquid Crystal on Silicon 582
Local Area Network 621, 625
Logik-Gleichung ... 458, 460
logische Auflösung 577
LPP 624
LPT-Schnittstelle 549
LSB 451
LSI 277
LS-Schalter 400
LTE 519, 521
LTE-Netz 625
Lumen 583
Lüsterklemme 393
LVDS 550

M

M.2 .... 551, 561
MAC-Adresse 631
magnetische Flussdichte 121
magnetischer Fluss 121
magnetisches Feld 119
Magnetisierungskennlinie 124
Mainboard 526
Malware 608
MAN 621
Maschennetz 622
Massepotenzial 16
Master Boot Record 616
Master-Slave-Flipflop ... 487
Matrixdrucker 585
Maus 573
Maximalwert 78
MBR 616
Mehrbenutzerbetrieb 601
Mehrfachkennlinienfeld . 205
Mehrkernprozessor 529
Mehrprogrammbetrieb .. 601
Mehr-Prozessor-
Betriebssystem 601
Mehrschichthalbleiter ... 289
Meißner-Generator 284
Memory Controller Hub . 533
Memory-Bus 541
Memoryeffekt 359
MEMS 521
Messen 301
Messfehler 303
Metropolitan Area Network 621
MFG 637
microATX 526
Micro-SIM 521
MIDI-Gameport 572
Mikrochip 528
Mikroprozessor 528
MIMO 635
Mindestaustattung 412
Mindestquerschnitt 384
Mini-ITX 517, 526
Mini-Notebooks 516
MIPS 530
Miracast 519

Mischspannung 82, 188
Mischstrom 22
Mitkopplung 270, 284
Mittelpunktschaltung 186
Mixed-Signal-Oszilloskop 320
Monitor 576
Monochromdrucker 584
monostabile Kippstufe 215, 216
MOS-FET 240, 244
Motherboard 526
Motorprinzip 131
mSATA 551
MSB 451, 496
MS-DOS-Eingabeaufforderung . 640
MSI 277
MTBF 562
Multi-Core-Processor ... 601
multi-format 567
Multimediadose 625
Multimeter 309
Multiplexer 481
multiread 567
Multisession 567
Multitasking 601
Multi-Touchscreen 578
Multi-User-Mode 601

N
Nadeldrucker 585
Nano-SIM 521
NAS 552
Nennkapazität 110
Nennleistung 32
Nennwert 30
NEOZED 396
Netbook 517
netstat 641
Nettop 523
Network Attached Storage 552
Netz-Adresse 633
Netz-Adressteil 632
Netzfreischaltung 410
Netzgeräte 362
Netz-Identifier 634
Netzmaske 632
Netzsysteme 431
Netzteil 572
Netzwerkbetrieb 600
Neutralleiter ... 90, 375, 409
NFC 521, 561
NH-Sicherung 370
NH-Sicherungssystem .. 397
nichtflüchtiger Speicher . 535
nichtinvertierender Eingang 263, 266
nichtinvertierender Verstärker 271
nichtlinearer Widerstand . 37
nichtperiodischer Wechselstrom 22
nichtstationäre Anlage .. 428
N-Kanal 240
N-Kanal-J-FET 240
N-Kanal-MOS-FET 244, 246
N-Leiter 178, 376
Non-Impact-Drucker 584
Non-Interlaced-Modus .. 577
Normalleitung 380
Notebook 515
NPN-Transistor 201
NPT-IGBT 252
NTC-Widerstände .. 40, 224
NTFS 618
Nullkippspannung 291
Nullpotenzial 16
Nullspannungsabgleich . 268

O
Oberwelle 316
OCR 575
OEM 602
Offline-USV 365
Ohm 24
Ohmmeter 327
OLED 200, 580
OLED-Displays 579
Online-USV 366
Open Source 608
Operationsverstärker 265
optisches Laufwerk 565
Organic Light Emitting Diode 579
organische Substanz 176
Original Equipment Manufacturer 602
ortsfeste elektrische Betriebsmittel 428
ortsveränderliche elektrische Betriebsmittel 428
Oszillator 283
Oszilloskop 312
Owncloud 640

P
Paarbildung 177
Paarkennzeichnung 627
PaaS 639
PAL 278
PAN 621
paralleler Bus 539
Parallelschaltung ... 61, 102, 117, 149, 156, 352
Parallelschwingkreis 172
paramagnetischer Stoff . 126
Paritätsbit 454
Partition 615
Patchkabel 626
Patchpanel 626
PC 514
PC-Arbeitsplatz 589
PCB 526
PCI 547
PCI express (PCIe) 554
PCI-Bus 541
PDA 520
Peer-to-Peer-Netz 600
PEG-Anschluss 570
Pegel 445
PE-Leiter 376
PELV 438
PEN-Leiter 375, 376
Periode 17
Periodendauer 79
Personal Area Network . 621
Personal Computer 514
Personal Digital Assistant 520
perspektivische Darstellung 570
Phablet 523
Phasenabschnittssteuerung 299
Phasenanschnitt 294
Phasenanschnittsteuerung 298
Phasenbedingung 283
Phasenschieber-Generator 285
Phasenverschiebung 145
Phasenwinkel 294
Phishing 609
physikalische Auflösung 577
Piconetz 558
Piezo-Prinzip 586
PIM 521, 607
PiMF-Kabel 627
Pin-Diode 199

ping 641
Pipelining 531
Pixel 569, 578
Pixel pro Inch 576
Pixel pro Millimeter 576
Pixelabstand 577
P-Kanal-J-FET 240
P-Kanal-MOS-FET 245
Plasma-Display 580
Platform Controller Hub . 533
Platine 526
PLD 278
P-Leiter 178, 179
PNP-Transistor 201
PN-Übergang 179
Polarisation 98
Polarisationsbrille 584
Polfilterbrille 584
POP3 624
POST 612
Postscript 589
Potenzialausgleichsleiter 371
potenzielle Energie 13
Potenziometer 36, 68
Power On Self Test 612
Power-MOS-FET 247
ppi 576
ppm 576
primäre Partition 615
Primärelement 17, 353
private Cloud 640
ProElektron-Norm 180
programmierbarer Logikbaustein 278
Programmspeicher 278
Progressiv-Modus 577
Protokoll 623
Proxy 630
Prozessor 528
Prozessorfamilie 529
Prozessorkern 529
Prüfbit 454
Prüfen 301
Prüfsiegel 591
Prüfspannung 305
PS/2 549
Pseudotetrade 453
PSK 636
PTC-Widerstände 38
PT-IGBT 252
Public Cloud 640
Public Domain 608
Pumpspeicherkraftwerk . 337
Punkt-zu-Mehrpunkt-Verbindung 629
Punkt-zu-Punkt-Verbindung 514, 549, 629

Q

Qi-Standard 522
QPI
QR-Codes 575
Quad Channel 538
Quad-Core-Prozessor
Quantisierung 496
Quantisierungsintervall .. 496
Quantisierungsstufe 315
QuickPath Interconnect . 530

R

RAID 552
RAID Level 552
RAID-Controller 552
RAM 535
Ransomware 609
RCD 376, 435
RC-Generatoren 285
RC-Siebglied 189
RDP 624
Real Time Clock 536
Rechteck-Generator 286
Recycling 591
reflektives Display 582
Refresh 536
ReFS 618
Regelung 501
Regionalcode 569
Reihenschaltung ... 54, 102, 117, 148, 154, 163, 351
Reihenschwingkreis 172
Rekombination 177
Remanenz 124
Repeater 629
ReRAM 535
Resonanz 172
RGB 576, 580, 580
Ringnetz 622
RISC 531
RJ 45 .... 561, 626
RoHS 526
RoHS-Direktive 591
ROM 535
Rootkit 609
route 641
Router 629
RS-Flipflop 214, 485
RTC 536
RTC-RAM 536
Rückkoppelfaktor 284
Rückkoppelnetzwerk 283
Rücksetzeingang 214

S

S/FTP 627
S/PDIF 556
S/UTP 627
SaaS 639
Sägezahnspannung 287
Samples 315
Samplingfrequenz 315
Samplingrate 315
SAS 551
SATA 563
SATA Express 8 Gbit/s .. 551
SATA Express 16 Gbit/s 551
SATA-Schnittstelle 549
Sättigung 124
Saugkreis 173
Scalable Link Interface .. 570
Scanner 573, 575
Scatternetz 558
Schalen 176
Schaltalgebra 462
Schaltfunktion 457
Schalthysterese 218
Schaltkreisfamilien 277
Schaltnetze 473
Schaltnetzteil 363, 572
Schaltspannung 289
Schaltstufe 210
Schaltverstärker ... 210, 267
Schaltwerke 484
Scheinleistung 86, 328
Scheinwiderstand 156
Scheitelwert 78
Schichtkondensator 105
Schieberegister 494
Schleifenverstärkung 284
Schleusenspannung 182
Schmelzsicherung .. 22, 397
Schmitt-Trigger 217, 286
Schnittstelle 547
Schottky-Diode 199
Schraubsicherung 396
Schutzart 442
Schutzbereich 420
Schutzgrad 442
Schutzklasse 434
Schutzkontaktsteckdose 404

Schutzleiter 375, 432
Schutzmaßnahmen 433
Schutzpotenzialausgleich 371, 372, 434
Schutztrennung 438
Schwarzwert 577
Schwellwert-Schalter 217, 269
Schwingkreis 170
Schwingungspaketsteuerung 299
SCSI 551
SDHC 537
SD-Karte 537
SDR-RAM 537
SDXC 537
Second Level Cache 539
Secure Boot 616
Sedezimalsystem 448
Seitendrucker 585
Seitenverhältnis 577
Sektoren 615
Sekundärelement .. 17, 356
Selbstheilung 105
Selbstinduktion 138
selbstleitender MOS-FET 244
selbstsperrender MOS-FET 245
Selektivität 402
Selektivitätsklasse 403
SELV 437
Sensor 502
Serial Attached SCSI ... 551
Serial-ATA 549
serieller Bus 541
Serienschaltung 405
Server 623, 630
Service Level Agreements 639
Setzeingang 214
SF/FTP 627
SF/UTP 627
SFF-8639 551
Shader 571
shared medium 622
Shareware 607
Shutterbrille 584
Siebfaktor 189
Siebglied 189
Siemens 24
Signal 444
Signalgeschwindigkeit ... 21
Silizium 176
SIM-Karte 521
Single-Core-Prozessor
Singlesession 567
Singletasking 601
Single-User-Mode 601
Sinusgenerator 283
SLA 639
Slew-Rate 268
Smart Grid 345
Smartlet 523
Smartphone 520
SMD 35
SMTP 624
SoC 280
Software 599
Software-Ergonomie 590
Softwareinstallation 614
Software-RAID 552
Solarthermie-Kraftwerk .. 340
Solarzelle 17, 339
Solid State Laufwerk 564
Sonnenwärme 340
Soundkarte 571
Source 240
Sourceschaltung 248
Spam 610
Spannungsabfall 388
Spannungsanpassung .. 350
Spannungsbegrenzer ... 190
Spannungsbegrenzung . 194
Spannungsebene 342
Spannungsfall 388
Spannungsfehlerschaltung 326
Spannungsfestigkeit 32
Spannungsgegenkopplung 225
Spannungsmesser 324
Spannungsquelle 16 48
Spannungsstabilisierung 194
Spannungsteiler 68
Spannungsteilung 54
Spannungsüberhöhung 165, 173
Spannungsüberlagerung 365
Spannungsübersetzung . 151
Spannungsverstärker ... 265
Spannungswandler 326
Sparwechselschaltung .. 407
Speicher 534
Speicherarten 535
Speicherbaugruppe 314
Speichercontroller 525, 530, 533
Speicherkapazität . 534, 564
Speicherkraftwerk 337
Speicherpool 616
speicherprogrammierbare Steuerung 503
Speicherzelle 534
Sperrbereich 182, 289
Sperrkreis 173
Sperrrichtung 179
Sperrschicht 179, 240
Sperrschichttemperatur . 208
Sperrstrom 179
Sperrwandler 364
spezifischer Widerstand . 27
Spikes 365
Spitze-Spitze-Wert 79
Splitter 637
splitterloses DSL 637
sprachbasierte Benutzerschnittstelle 619
SPS 502
Spur 615
Spyware 609
SRAM 536
SSD 564
SSD-Flash-Speicher 517
SSI 277
SSID 636
Staggered-Spin-up-Betrieb 550
Standardausstattung 412
Standard-SIM 521
Standardsoftware 607
Stapelverarbeitungsbetrieb 600
stationäre Anlagen 428
statische Ansteuerung .. 214
statische Stromverstärkung 206
statischer Widerstand ... 183
statischer Ausgangswiderstand 206, 243
statischer Eingangswiderstand 206
Stecksicherung 397
stehendes Bild 314, 318
Steilheit 243
Stereo 572
stereoskopische Darstellung 583
Sternnetz 622
Sternschaltung 90

Steueranweisung 508
Steuerbus 541
Steuerkennlinie 241
Steuerung 501
Störaussendung 594
Störfestigkeit 594
Störstellenleitung 179
Stromanpassung 350
Stromarten 21
Strombegrenzungsklasse 403
Strombelastbarkeit 384, 385
Stromdichte 22
Stromdreieck 156
Stromfehlerschaltung ... 326
Stromgegenkopplung ... 224
Stromkreisverteiler 372, 375
Stromlaufplan 404
Strommesser 323
Stromsteuerkennlinie 204
Stromstoßschaltung 409
Stromüberhöhung . 165, 173
Stromübersetzung 152
Stromunfall 431
Strömungsgeschwindigkeit 21
Stromverzweigung 61
Stromwandler 324
Subnetting 632
Subnetzmaske 632, 632
Subnetzpräfix 634
Sub-Notebooks 516
Subtrahierer 274
Suffix 617
Surround 572
S-VHS-Anschluss 571
Switch 629
Symbole 457
symmetrisches Verfahren 637
Synchronisation 318
systeminfo 641
Systemsoftware 599

T

TAB 374
Tablet 523
Tastatur 573, 574
Tastkopf 320
TCO 593
TCP 623
Technische AnschlussBedingung 374
technische Stromrichtung 20
Temperaturkoeffizient ... 203
Tethering 519, 625
Tetrade 453
T-Flipflop 490
TFT 515, 578, 579, 580
thermische Kopplung ... 224
Thermodrucker 587
Thermoelemente 17
thermografischer Drucker 587
Thermosublimationsdrucker 588
Thermotransferdrucker .. 587
Thin Film Transistor 578
Third Level Cache 539
Thunderbolt 560
Thyristor 291
Thyristordiode 290
Time-Base-Schalter 317
Tintenstrahldrucker 585
TN-C-S-System 432
TN-S-System 432
Toggle-Mode 490
Toleranz 31
Tools 600
Topologie 622
Toslink 556
Touchpad 515
Touch-Screen 578
Tower-Gehäuse 522
TP-Kabel 626
traceroute 641
Transformator 150
Transistor-Grundschaltung 220
Transistor-Schaltstufe ... 213
Transitfrequenz 207
transmissives Display ... 578
TRIAC 296
Triggerbaugruppe 314
Triggerdiode 290
Triggerimpuls 318
Trimmer 36
Triple Channel 538
Triple-Play-Dienste 625
Trojaner 609
True RMS 310
TrueHD 572
TT-System 432
Tunneldiode 199
Turmkraftwerk 341
TÜV ECO-Kreis 593
TÜV-GS 592
Twisted-Pair-Kabel 626
Two-in-One 518
Typendrucker 585

U

U.2 551
U/FTP 627
U/UTP 627
Übergangsbereich 289
Überkopfzündung 297
Überlagerungsprinzip 72
Überlastung 395
Übersetzungsverhältnis . 151
Übersichtsschaltplan 404
Überspannung 365
Übersteuerungsbereich . 267
Übersteuerungsfaktor ... 212
Überstromschutzeinrichtung 395
Übertrager 150
Übertragungskennlinie .. 267
Übertragungsnetzbetreiber 341
UDF 618
UDP 624
UEFI 612, 616
Ultra HD Blu-Ray 568
Ultra Mobile-PC 523
Ultrabook 516
Umkehrstufe (Inverter) 213, 250
UMTS 519, 521
UMTS-Netz 625
Umweltschutz 591
ungedämpfte Schwingung 284
unidirektional 541
unipolarer Transistor 239
universeller Betrieb 600
UNIX 605
unterbrechungsfreie Stromversorgung 573
Unterverteilung 375
Upstream 637
Urheberrechtsschutz 611
URL 623
Urspannung 348
USB 547
USB-OTG 545
USB Power Delivery 544
USV 362, 365, 573, 631

V

Valenzelektronen 176
VDE-Bestimmung 369
VDE-GS 592
VDSL 637
Vectoring 637
Verarmungstyp 245
Verbindungshalbleiter ... 176
Verbraucher 48
Vergleicher 269
Verkettung 89
Verlegeart 381
Verlustleistung 158, 207, 243, 256, 259, 531
Verschlüsselung 636
Vert.-Amp.-Schalter 319
Verteilungsnetzbetreiber 369
Verteilungsnetzbetreiber 388
Vertikalbaugruppe 314
Verzerrung 255
VGA 557, 581
VGA-Karte 570
Video Graphics Array 557, 570
Vierleitersystem 90
Vierpol 202
Vierquadranten-Kennlinienfeld 205
Vierschichtdiode 289
Viren 608
Virenscanner 610
Virtualisierung 601
virtuelle Maschine 601
VLSI 277
VoIP 522, 637
Volladdierer 474
Vollwellensteuerung 300
Volt 14, 15
Volume 616
VPN 621
VPS 504

W

Wago-Klemme 393
Wahrheitstabelle .. 457, 459
Waitstate 539
WAN 621
Wärmekraftwerk 335
Wärmewiderstand 207, 208, 259
Warmstart 612
Wasserkraftwerk 336
Wasserzeichen 569
Wattsekunde 49
Wearables 523
Wechselrichter 340
Wechselschaltung 405
Wechselspannung 17
Wechselspannungsverstärkung .. 227, 229, 236, 249
Wechselstrom 21
Wechselstrom-Ausgangswiderstand 229, 236, 229, 235
Wechselstrom-Ersatzschaltung 228
Wechselstromverstärkung ... 229, 236
Wechselstromwiderstand 184
WEEE-Direktive 591
Weißwert 577
Wellenwiderstand 628
Welligkeit 186
WEP 636
Wertstoffe 591
Western-Stecker 626
Wickelkondensator 105
Wide Area Network 621
Widerstandsdreieck 156
Widerstandskenngrößen . 30
Widerstandskennlinie 25
Widerstandsmessbrücke 327
Widerstandsnetzwerk 71
Widerstandsübersetzung 152
Wiederholungsprüfung .. 427
Wien-Robinson-Generator ... 285
WiFi 635
WiFi-Direct 556, 636
WiMax 625
Windkraftanlage 338
Windkraftwerk 337
Windows 10 Mobile 607
Windows-Betriebssystem 602
Wirbelströme 142
Wireless Fidelity 635
Wireless LAN 625
Wireless Local Area Network 635
Wireless Power Consortium . 522
Wireless-USB 545
Wirkleistung ... 85, 145, 328
Wirkungsgrad 256
Wirkwiderstand 145
WLAN ... 519, 521, 625, 635
Wobbelgenerator 287
World Wide Web 623
WPA 636
WPC 522
Würmer 609

X

x86-Architektur 528
x86-CPU 514

Z

Zähler 490
Zählerschrank 373
Zangenmultimeter 311
Z-Diode 193
Zeichen 444
Zeichenerkennungsprogramm 575
zeichenorientierte Benutzerschnittstelle 619
Zeichenvorrat 444
Zeigerdiagramm 79
Zeitablaufdiagramm 457
Zeitbasis 314
Zeitkonstante 104, 140
Zenerdurchbruch 193
zentrale Anordnung 375
ZIF-Sockel 532
Z-Spannung 193
Zugriffskamm 562
Zündspannung 289
zusätzlicher Schutzpotenzialausgleich 422
ZVS-Technik 252
Zweierkomplement 452, 452
Zweipulsschaltung 186
Zweirichtungsthyristor ... 296
Zweiwegschaltdiode 295
Zweiwegschaltung 186
Zweiwegthyristor 296
Zweiwegtriggerdiode 295
Zykluszeit 506
Zylinder 615

Bildquellenverzeichnis

Umschlag
Drucks Design, Bonn

Fotos
501 Computerservice Spandau, Berlin: S. 515.1 – 2
AB Elektronik Sachsen GmbH, Klingenberg: S. 36.1, 36.3, 36.5
ABB Ltd., Zürich, Schweiz: S. 344, 346
Agentur Richter GmbH & Co. KG, Essen: S. 404.1 – 8
Amprion GmbH, Dortmund: S. 335
Apple Inc.: S. 518.3
ASUS Computer GmbH, Ratingen: S. 516.3, 517.5
Belkin GmbH, Aschheim: S. 558
Bildungsverlag EINS GmbH, Köln: S. 575
BrightSource Energy, Oakland, CA, USA, S. 341
Compu-Seite.de/Andreas Worblewski, Gelsenkirchen: S. 549
Deutsche Energie-Agentur GmbH (dena), Berlin: S. 592.2
E.ON Energie Deutschland GmbH / Rolf Sturm, München: S. 337
Elektronik – Fachzeitschrift für industrielle Anwender und Entwickler, Ausgabe 4/2007: S. 252
Europäische Kommission, Generaldirektion Energie und Verkehr, Brüssel: S. 593.3
FASTRON GmbH, Feldkirchen-Westerham: S. 143
Fluke Deutschland GmbH, Kassel: S. 310, 320
Fotolia Deutschland GmbH, Berlin: S. 337.1 (corky46), S. 339 (stadelpeter), S. 343 (M. Schuppich), S. 520 (Scanrail), S. 553.2 (Michael Tieck), S. 553.4 (ArtyomRudenko)
GEYER Nederland B.V., Apeloorn, Niederlande: S. 370
GMC-I Messtechnik GmbH, Nürnberg: S. 309, 329
Hager Vertriebsgesellschaft mbH & Co. KG, Blieskastel: S. 376, 377.1 – 2
Hewlet-Packard GmbH, Böblingen: S. 516.2
Intel GmbH, München: S. 528
KAISER GmbH & Co. KG, Schalksmühle: S. 392
Klaas Gettner, Aachen: S. 543, 550, 555
Lenovo Deutschland GmbH, Stuttgart: S. 518.1 – 2
MEV Verlag GmbH, Augsburg: S. 340
Narda Saftey Solutions GmbH, Pfullingen: S. 595
OSRAM Opto Semiconductors GmbH, Regensburg: S. 197.3, 198
Peter Debik/virtuelles-oszilloskop.de, Berlin: S. 314
PIHER International GmbH, Eckental: S. 36.2, 36.4, 36.6
RAL gGmbH, Sankt Augustin: S. 592.1
Samsung Electronica GmbH, Schwalbach/Ts.: S. 518.4
Siemens AG, München: S. 338
TCO Development, München: S. 593.1
TÜV Rheinland Service GmbH, Köln: S. 592.3, 592.6, 593.2
VDE Prüf- und Zertifizierungsinstitut GmbH, Offenbach: S. 592.4 – 5
WestfaliaWerkzeugco. GmbH & Co KG, Hagen: S. 402
Wikipedia gemeinfrei: S. 557.3, 557.11, 565
William Warby, London, England: S. 537
WIMA Spezialvertrieb elektronischer Bauelemente GmbH & Co. KG, Mannheim: S. 105

Zeichnungen
Bild und Technik Michele Di Gaspare, Bergheim